JN214786

Infectious Diseases of Animals 4th Edition

動物の感染症

〈第四版〉

編　集

明石博臣

内田郁夫／大橋和彦／後藤義孝

須永藤子／髙井伸二／宝達　勉

近代出版

＜第四版＞　序

『動物の感染症〈第三版〉』刊行より７年が経過した。この間，動物感染症の発生状況はもとより，獣医学を取り巻く環境も大きく変わりつつある。最も大きな変化は，コア・カリキュラムの導入に伴い，参加型臨床実習のための共用試験が始まったことである。コア・カリキュラムに準拠した教科書も順次刊行され，動物感染症学については，近代出版から『獣医学教育モデル・コア・カリキュラム準拠　動物感染症学』が出版されている。内容的には，本書と類似した項目から構成されていることもあり，本書の改訂に当たってはこの点についての留意が必要であった。

〈第三版〉では，病気の成り立ちを理解しやすいように，それ以前の版と比較して総論を充実させた。総論で扱う内容は，病気がなぜ起こるかを理解するために必要不可欠である。すなわち，微生物と宿主の相互作用から起こる宿主の異常を知るには，微生物側と宿主側双方の知識を必要とするからである。しかし近年，動物の飼育形態の変化と微生物に対する理解が進むなか，再興感染症はもとより，多くの新興感染症が報告されるようになってきた。教科書である『動物感染症学』は，コア・カリキュラムに準拠していることもあり，各論の記載には量的に一定の制約を受けている。このため，〈第四版〉では本書の前身である『獣医伝染病学』に立ち返って，〈第三版〉における総論の内容を新しくしながらコンパクト化することにより，なるべく新しく報告された感染症を採用するとともに，すでに採用されている感染症についても記述を充実することを目指した。

〈第四版〉の編集方針は以下のとおりである。

1．本書の母体である『獣医伝染病学』刊行の理念を踏襲する。
2．動物感染症分野の急速な技術革新と情報の蓄積に基づいて，最新の知識を提供する。
3．教科書を補完する専門書として，個別疾病について読者の理解を深めることを目的とする。

病原体に対する理解が進み，ある程度発病の仕組みがわかってきた現在でも，撲滅された疾病の数は少ない。人や動物と病原体の間のせめぎ合いは，恐らく双方が存在する限り続くものと思われる。しかし，宿主が敗北する結末を少しでも少なくするために，微生物学，感染症学に携わる者は常に努力している。本書が，そのような人々の一助となることを心から願っている。

2019年２月

編集委員長　明石博臣
編 集 委 員　内田郁夫　　大橋和彦
後藤義孝　　須永藤子
髙井伸二　　宝達　勉

獣医伝染病学初版への序

前世紀の後葉，Kochによって発見された病原微生物は，その後多くの研究者によって続々発見され，また彼によって提唱された病原決定の3原則は，長く鉄則として信じられていた。

このことは医学や獣医学に非常な進歩をもたらし，かつて策の施しようもなかった伝染病の防遏に道を拓いた世紀の大発見で，近代科学のうち人類の福祉に貢献した最も偉大なものの一つである。

しかしながら，一方においてこのことは，当時扱われた人畜の伝染病が主として急性かつ激烈なものであったことにもよろうが，伝染病の病原論を極めて簡単なものにし，病原体さえあれば伝染病が成立するといった観念を植付ける結果になった。

わたしは早くからこのことに疑問を抱き，さまざまな疾病を対象に長年研究の結果，人や動物の伝染病のうちには，病原体が必ず他からの伝播によって起こるものと，必ずしも他からの伝播によるものでなく常時健康な人や動物に保有されているものによって起こるもののあることを明らかにし，前者を他発性感染病，後者を自発性感染病としてすでに40数年前に自発性感染論を提唱した。

自発性感染の場合，発病の要因は単に病原体側にあるのでなく宿主側にあるのであるが，その要因は極めて複雑で現在なお充分に解明されていないものが多い。また，多くの伝染病のうちには，かつてしばしばみられ，わたしが他発性感染病と呼んだもののなかには種々の防疫対策によって制圧され，家畜形態が画一的な多頭羽数飼育へと変遷したこともあって，今ではむしろ自発性感染病の範疇に入れられるべきものが多くなってきている。したがって現在では，古くから使われてきた伝染病という呼称はとかく誤解を招くおそれがあるので，できるならこの際，微生物によって起こる人畜の病気の総てを微生物病と呼ぶことにし，その中にかつてKochやPasteurらによって発見された伝染病もあるということにすればよいのであるが，伝染病あるいは感染病という呼称は古くから一般に使われているので今更それを変えることも問題である。

呼称はともかく，微生物による疾病は前述のように理解されるべきであるというのがわたしの基本的な考え方であった。しかるに，従来の伝染病学者においてはほとんどこのような点にふれることなく，病原体病因論的に割り切った記載が多く，これでは伝染病を理解する上で大きな誤りを来すと思われたので，わたしは先にわたし共の研究をおりこんだ「家畜伝染病」(昭和33年8月，南江堂)を発行した。その後家畜伝染病の研究は急速に進み，20年前わたしが同書の序で述べておいたように，当時は種々の点から伝染病と考えられたが未だその病原が明らかでなかったもので現在は少なくとも主役を果たす原因が明らかとなったものもあり，さらに当時原因は明らかであるが発病要因が不明とされていたものが，現在ではそれらが明確となったものも出てきた。したがって，「家畜伝染病」はこの後版を重ねるごとに加筆訂正が行なわれたが，もはや根本的な改訂を行なわなければならない時期になったと考えていた。

他方，わたし共獣医界が多年要望していた獣医教育の年限延長が漸く認められ，53年度から6年制教育が行なわれるようになった。これまでのような一般教養を含めての4年制教育においては，家畜伝染病は一授業科目としては講ぜられてはいたが到底充分な教育を行なうことができなかった。しかし，6年制教育においては，多くの大学において講座として取扱われるであろうから，授業時間も充分に割当てられるはずである。

このような時期に，微生物による疾病を直接，間接にわたしと共に考えてきた，現在各大学において教鞭をとっている人たちがその教育体験を基に，新たな構想によるこの“獣医伝染病学”の刊行を企画した。

本書の構成，内容については，上述のわたしの基本的な考え方のすべてを満たしているとは言えないが，その主たる目的が獣医教育にあること，さらに従来の成書には取りあげられていなかった“総論”には感染病を考える上に欠くことができない基本的な理論と実際防疫に必要な項目が盛り込まれていること，また各論においても実験動物，魚類の章が設けてあるなど，在来の型を破って多くの努力工夫がなされていることに対し，執筆者，編集委員に深く敬意を表したい。

幸いに本書が，教育者，研究者ならびに家畜伝染病の防疫に携わっておられる実務家・臨床家の座右の書としてはもちろん，何よりもまず大学における教科書あるいは参考書として用いられるならば世に裨益するところ多大であると信ずる。この書が版を重ねながら発展してゆくことを期待しつつ，わたしの微生物による疾病についての考え方をいささか付け加えて序とした。

昭和54年1月　　越智　勇一

執筆者一覧（五十音順）

（＊編集委員　＊＊編集委員長）

＊＊明石　博臣	あかし　ひろおみ	東京大学名誉教授
秋庭　正人	あきば　まさと	農業・食品産業技術総合研究機構 動物衛生研究部門細菌・寄生虫研究領域
有川　二郎	ありかわ　じろう	北海道大学大学院医学研究院 微生物学免疫学分野病原微生物学教室
安斉　了	あんざい　とおる	競走馬理化学研究所
伊藤　壽啓	いとう　としひろ	鳥取大学農学部共同獣医学科 応用獣医学講座獣医公衆衛生学研究室
伊藤　直人	いとう　なおと	岐阜大学応用生物科学部共同獣医学科 人獣共通感染症学研究室
伊藤　直之	いとう　なおゆき	北里大学獣医学部獣医学科 小動物第１内科学研究室
伊藤　博哉	いとう　ひろや	農業・食品産業技術総合研究機構動物衛生研究部門疾病対策部生物学的製剤製造グループ
井上　昇	いのうえ　のぼる	帯広畜産大学
猪熊　壽	いのくま　ひさし	帯広畜産大学獣医学研究部門 臨床獣医学分野
猪島　康雄	いのしま　やすお	岐阜大学応用生物科学部共同獣医学科 食品環境衛生学研究室
今井　邦俊	いまい　くにとし	帯広畜産大学獣医学研究部門 基礎獣医学分野
＊内田　郁夫	うちだ　いくお	酪農学園大学獣医学群獣医学類 獣医細菌学ユニット
＊大橋　和彦	おおはし　かずひこ	北海道大学大学院獣医学研究院 病原制御学分野感染症学教室
岡村　雅史	おかむら　まさし	北里大学獣医学部獣医学科 人獣共通感染症学研究室
奥村　香世	おくむら　かよ	帯広畜産大学獣医学研究部門 基礎獣医学分野
甲斐知恵子	かいちえこ	東京大学医科学研究所 感染症国際研究センター
角田　勤	かくだ　つとむ	北里大学獣医学部獣医学科 獣医衛生学研究室
片岡　康	かたおか　やすし	日本獣医生命科学大学獣医学部 獣医学科獣医微生物学研究室
勝田　賢	かつだ　けん	農業・食品産業技術総合研究機構 動物衛生研究部門細菌・寄生虫研究領域
加納　塁	かのう　るい	日本大学生物資源科学部 獣医臨床病理学研究室
苅和　宏明	かりわ　ひろあき	北海道大学大学院獣医学研究院 獣医学部門衛生学分野公衆衛生学教室
河合　一洋	かわい　かずひろ	麻布大学獣医学部獣医学科 衛生学第一研究室
川本　恵子	かわもと　けいこ	帯広畜産大学 グローバルアグロメディシン研究センター
菅野　徹	かんの　とおる	農業・食品産業技術総合研究機構 動物衛生研究部門寒地酪農衛生研究領域
菊池　栄作	きくち　えいさく	農林水産省消費・安全局動物衛生課
木島まゆみ	きじま	農林水産省動物医薬品検査所 検査第二部
木村久美子	きむらくみこ	農業・食品産業技術総合研究機構 動物衛生研究部門病態研究領域
久和　茂	きゅうわ　しげる	東京大学大学院農学生命科学研究科 獣医学専攻実験動物学研究室
桐澤　力雄	きりさわ　りきお	酪農学園大学獣医学群獣医学類 獣医ウイルス学ユニット
＊後藤　義孝	ごとう　よしたか	宮崎大学農学部獣医学科 獣医微生物学研究室
小林　秀樹	こばやし　ひでき	農業・食品産業技術総合研究機構動物衛生研究部門疾病対策部生物学的製剤製造グループ
御領　政信	ごりょう　まさのぶ	岩手大学名誉教授
近藤　高志	こんどう　たかし	日本中央競馬会競走馬総合研究所 企画調整室
今内　覚	こんない　さとる	北海道大学大学院獣医学研究院 病原制御学分野感染症学教室
迫田　義博	さこだ　よしひろ	北海道大学大学院獣医学研究院 病原制御学分野微生物学教室
佐々木宣哉	ささきのぶや	北里大学獣医学部獣医学科 実験動物学研究室
佐藤　久聡	さとう　ひさあき	北里大学獣医学部獣医学科 獣医微生物学研究室
下地　善弘	しもじ　よしひろ	農業・食品産業技術総合研究機構 動物衛生研究部門細菌・寄生虫研究領域
白藤　浩明	しらふじ　ひろあき	農業・食品産業技術総合研究機構 動物衛生研究部門越境性感染症研究領域
末吉　益雄	すえよし　ますお	宮崎大学産業動物防疫リサーチセンター 防疫戦略部門
＊須永　藤子	すなが　ふじこ	麻布大学獣医学部獣医学科 伝染病学研究室
勢戸　祥介	せと　よしゆき	大阪府立大学大学院生命環境科学研究科 獣医学専攻獣医微生物学教室
泉對　博	せんつい　ひろし	日本大学生物資源科学部獣医学科 獣医伝染病学研究室
平　健介	たいら　けんすけ	麻布大学獣医学部獣医学科 寄生虫学研究室
＊髙井　伸二	たかい　しんじ	北里大学獣医学部獣医学科 獣医衛生学研究室
髙木　道浩	たかぎ　みちひろ	農業・食品産業技術総合研究機構動物衛生研究部門疾病対策部生物学的製剤製造グループ
髙松　大輔	たかまつ　だいすけ	農業・食品産業技術総合研究機構 動物衛生研究部門細菌・寄生虫研究領域
竹原　一明	たけはら　かずあき	東京農工大学大学院農学研究院 獣医衛生学研究室
田島　朋子	たじま　ともこ	大阪府立大学大学院生命環境科学研究科 獣医学専攻獣医微生物学教室
田仲　哲也	たなか　てつや	鹿児島大学共同獣医学部獣医学科 病態予防獣医学講座感染症学分野
田原口智士	たはらぐちさとし	麻布大学獣医学部獣医学科 微生物学第二研究室

田村　豊　酪農学園大学
動物薬教育研究センター

中馬　猛久　鹿児島大学共同獣医学部獣医学科
病態予防獣医学講座

坪田　敏男　北海道大学大学院獣医学研究院
環境獣医科学講座野生動物学教室

遠矢　幸伸　日本大学生物資源科学部獣医学科
獣医微生物学研究室

長井　誠　麻布大学獣医学部獣医学科
伝染病学研究室

永田　礼子　農業・食品産業技術総合研究機構
動物衛生研究部門細菌・寄生虫研究領域

西垣　一男　山口大学共同獣医学部獣医学科
獣医感染症学研究室

西野　佳以　京都産業大学総合生命科学部
動物生命医科学科ウイルス学研究室

丹羽　秀和　日本中央競馬会競走馬総合研究所
微生物研究室

芳賀　猛　東京大学大学院農学生命科学研究科
感染制御学研究室

秦　英司　農業・食品産業技術総合研究機構
動物衛生研究部門病態研究領域

畠間　真一　農業・食品産業技術総合研究機構
動物衛生研究部門ウイルス・疫学研究領域

胡　東良　北里大学獣医学部獣医学科
人獣共通感染症学研究室

福士　秀人　岐阜大学応用生物科学部共同獣医学科
獣医微生物学研究室

*宝達　勉　北里大学獣医学部獣医学科
獣医伝染病学研究室

星野尾歌織　農業・食品産業技術総合研究機構
動物衛生研究部門細菌・寄生虫研究領域

堀内　基広　北海道大学大学院獣医学研究院
応用獣医科学講座獣医衛生学教室

前田　健　山口大学共同獣医学部獣医学科
獣医微生物学研究室

前田　直良　北海道大学大学院薬学研究院
創薬科学研究教育センターバイオ医薬学部門

真瀬　昌司　農業・食品産業技術総合研究機構
動物衛生研究部門ウイルス・疫学研究領域

松鵜　彩　鹿児島大学共同獣医学部
附属越境性動物疾病制御研究センター

松林　誠　大阪府立大学大学院生命環境科学研究科
獣医学専攻獣医国際防疫学教室

丸山　総一　日本大学生物資源科学部獣医学科
獣医公衆衛生学研究室

三澤　尚明　宮崎大学産業動物防疫リサーチセンター

宮﨑　綾子　農業・食品産業技術総合研究機構
動物衛生研究部門ウイルス・疫学研究領域

宮沢　孝幸　京都大学ウイルス・再生医科学研究所
ウイルス共進化分野

村上　賢二　岩手大学農学部共同獣医学科
獣医微生物学研究室

村田　亮　酪農学園大学獣医群獣医学類
感染・病理学分野　獣医細菌学ユニット

森友　忠昭　日本大学生物資源科学部獣医学科
比較免疫学研究室

梁瀬　徹　農業・食品産業技術総合研究機構
動物衛生研究部門越境性感染症研究領域

山川　睦　農業・食品産業技術総合研究機構
動物衛生研究部門海外病研究拠点

山口　剛士　鳥取大学農学部共同獣医学科
応用獣医学講座獣医衛生学研究室

山﨑　真大　岩手大学農学部共同獣医学科
小動物内科学研究室

大和　修　鹿児島大学共同獣医学部獣医学科
臨床獣医学講座臨床病理学分野

山中　隆史　日本中央競馬会
馬事部防疫課

山根　大典　東京都医学総合研究所ゲノム医科学研究分野
感染制御プロジェクト

横山　直明　帯広畜産大学
原虫病研究センター

和田　新平　日本獣医生命科学大学獣医学部
獣医学科水族医学研究室

度会　雅久　山口大学共同獣医学部獣医学科
獣医公衆衛生学研究室

菅野　徹先生におかれましては2018年９月にご逝去されました。哀悼の意を表します。

（2019年１月現在）

凡　例

1. 用字・用語

用字・用語は特殊な専門用語以外は和文とし，次の辞典等を参考に採用した。

1）分子細胞生物学辞典（第２版）（2008）：今堀和友・村松正實他，東京化学同人，東京.
2）微生物学用語集 英和・和英（2007）：日本細菌学会用語委員会編，南山堂，東京.
3）第十七改正 日本薬局方（2016）：医薬品医療機器レギュラトリーサイエンス財団編集，じほう，東京.
4）生化学辞典　第四版（2007）：今堀和友・山川民夫　監修，東京化学同人，東京.
5）ステッドマン医学大辞典<改訂第６版>（2008）：メジカルビュー社，東京.
6）新獣医学辞典（2008）：新獣医学辞典編集委員会，土井邦雄・山根義久監修，緑書房，東京.
7）日本獣医学会疾患名用語集（2015）：日本獣医学会疾患名用語委員会，日本獣医学会ホームページ（http://ttjsvs.org/）
8）病性鑑定マニュアル第４版（2016）：農林水産省消費・安全局監修，農業・食品産業技術総合研究機構動物衛生研究部門ホームページ（http://www.naro.affrc.go.jp/org/niah/disease_byosei-kantei2016/index.html）

2. 病原微生物名・分類

ウイルス：基本的に微生物国際連合ウイルス部門のウイルス分類国際委員会九次報告〔Virus Taxonomy: Ninth Report of the International Committee on Taxonomy of Viruses（King AMQ, *et al*., eds., Elsevier, 2011）〕に従ったが，同委員会の最新報告「Virus Taxonomy 2017 release」＜http://www.ictvonline.org/virusTaxonomy.asp＞と九次報告が異なる場合は，2017 releaseに従った。

細菌（リケッチア，クラミジア，マイコプラズマを含む）：Bacterial Nomenclature Up-to-date。最新のものは＜http://www.dsmz.de/bactnom/bactname.htm＞を参照。属以上の分類については，Bergey's Manual of Systematic Bacteriology, 2nd ed.（Garrity GM, ed., Springer, 2005）, "Taxonomic Outline of the Archaea and Bacteria"から抜粋。それ以降に発表された学名は"List of Prokaryotic Names with Standing in Nomenclature（Euzéby JP）", http://www.bacterio.cict.fr/ に従い追加，修正。培養不可能な原核生物の暫定的な分類群をAppendix of the International Code of Nomenclature of Bacteriaに従い*Candidatus*とした。

真　　菌：①Medically Important Fungi: A Guide to Identification, (5th ed.). Larone DH, ASM press, Washington DC, 2011
②Fungi Pathogenic for Humans and Animals (Part A and B). Howard DX, ed, Marcel dekker Inc., New York, 1983

原　　虫：①Parasitism: The diversity and ecology of animal parasites, (2nd ed.). Goater TM, *et al*., Cambridge Univ. Press, 2014
②The Encyclopedia of Arthropod-transmitted Infections. Service MW, *et al*., eds., CABI Publishing, 2002

3. 病　　名：関連法規（家畜伝染病予防法など）の用例と従来の慣用例を重んじながら，最も適当と思われるものを採用した。
また，英語の病名は文献で最も頻用されているものを用いた。
なお，病名につける動物名は次の事項を原則とした。

1）同一病原体が多種類の宿主の病原となる場合，動物名と病名の間に の を入れた。　例：豚の日本脳炎
2）１種類の宿主にのみ用いられる病名は の を入れない。　例：牛伝染性鼻気管炎
3）同一病原体が多種類の宿主の病原となる場合で，その疾病を１カ所にまとめて記述する場合は宿主名を入れない。
　例：口蹄疫（牛のウイルス病の項目に収載するが，他の宿主についても記述する）
4）病名の前後に上付で付した（全）（法）（届出）（特定）（人獣）（海外）はそれぞれ次の意味を示す。
（全）　：同一微生物による種々の動物の感染症を一括して記述
（法）　：家畜伝染病（法定伝染病）
（届出）：届出伝染病
（特定）：持続的養殖生産確保法に規定された特定疾病
（人獣）：人と動物の共通感染症
（海外）：海外伝染病

略　語

2-ME:　2-mercaptoethanol　2−メルカプトエタノール
AMP:　adenosine 5′-monophosphate　アデノシン5′−リン酸
ATP:　adenosine 5′-triphosphate　アデノシン5′−三リン酸
bp:　base pair　塩基対
BSA:　bovine serum albumin　牛血清アルブミン
cAMP:　cyclic AMP　サイクリックAMP(環状AMP)
cDNA:　complementary DNA　相補的DNA
CFU:　colony-forming unit　コロニー形成単位
CPE:　cytopath(ogen)ic effect　細胞変性効果
DNA:　deoxyribonucleic acid　デオキシリボ核酸
DNase:　deoxyribonuclease　デオキシリボヌクレアーゼ
ED_{50}:　50% effective dose　50%効果量
EDTA:　ethylenediaminetetraacetic acid　エチレンジアミン四酢酸
ELISA:　enzyme-linked immunosorbent assay　酵素結合免疫吸着検査法(酵素免疫測定法)
FAT:　fluorescent antibody technique　蛍光抗体法
FCS:　fetal calf serum　牛胎子血清
FITC:　fluorescein isothiocyanate　フルオレセインイソチオシアネート
Hepes:　N-2-hydroxyethylpiperazine-N′-2-ethanesulfonic acid　N−2−ヒドロキシエチルピペラジン−N′−2−エタンスルホン酸
HI:　hemagglutination inhibition　赤血球凝集抑制
HPLC:　high-performance liquid chromatography　高速液体クロマトグラフィー
ID_{50}:　50% infective or inhibiting dose　50%感染量(50%抑制量)
IFN:　interferon　インターフェロン
IL:　interleukin　インターロイキン
IU:　international unit　国際単位
kb:　kilobase　キロ塩基
kDa:　kilodalton　キロダルトン
LAMP:　loop-mediated isothermal amplification
LD_{50}:　50% lethal dose　50%致死量
LPS:　lipopolysaccharide　リポ多糖体
LTR:　long terminal repeat　末端反復配列
MEM:　minimum essential medium　最小必須培地
MHC:　major histocompatibility complex　主要組織適合遺伝子複合体
MIC:　minimum inhibitory concentration　最小発育阻止濃度
NAD:　nicotinamide adenine dinucleotide(V因子)　ニコチンアミドアデニンジヌクレオチド
PAGE:　polyacrylamide gel electrophoresis　ポリアクリルアミドゲル電気泳動
PBS:　phosphate-buffered saline　リン酸緩衝食塩液
PCR:　polymerase chain reaction　ポリメラーゼ連鎖反応
RT-PCR:　reverse transcriptase-polymerase chain reaction　逆転写−ポリメラーゼ連鎖反応
PFU:　plaque-forming unit　プラック形成単位
RNA:　ribonucleic acid　リボ核酸
S:　Svedberg unit of sedimentation coefficient　スヴェドベリ沈降係数
SDS:　sodium dodecyl sulfate　ドデシル硫酸ナトリウム
SPF:　specific pathogen-free
$TCID_{50}$:　median tissue culture infective dose　50%組織培養感染量
TGF:　transforming growth factor　トランスフォーミング成長因子
TNF:　tumor necrosis factor　腫瘍壊死因子
U:　unit　単位

CF反応:　complement fixation reaction
HE染色:　hematoxylin eosin staining
PAS染色:　periodic acid-Schiff staining
VP試験:　Voges-Proskauer test

FAO:　Food and Agriculture Organization of the United Nations　国連食糧農業機関
OIE:　Office International des Epizooties　国際獣疫事務局
WHO:　World Health Organization　世界保健機関
動物衛生研究部門:　独立行政法人農業・食品産業技術総合研究機構動物衛生研究部門

目　次

口絵写真

総　論

各 論

馬

豚

家きんおよび鳥類

水生甲殻類

野生動物

口絵写真

牛

口蹄疫

（本文85頁）

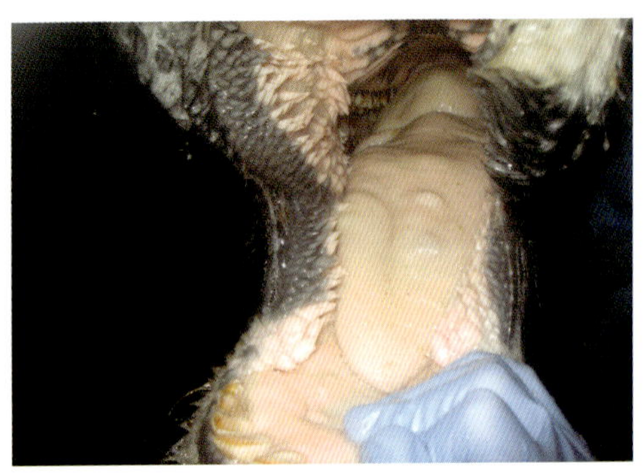

写真１　牛：舌の水疱形成（2010年の発生時における症例）

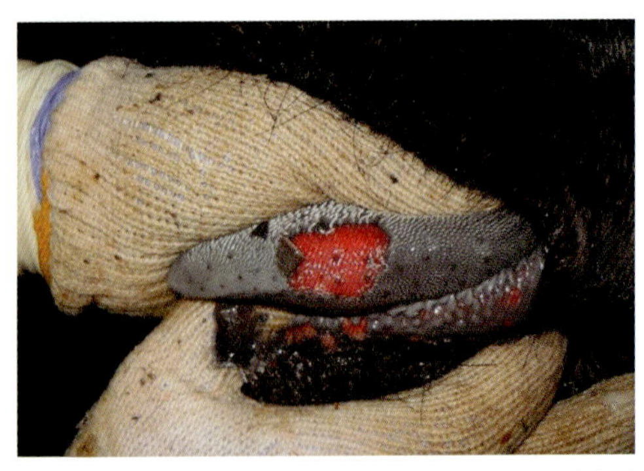

写真２　牛：舌の水疱破裂による上皮剥離と下唇潰瘍（同）

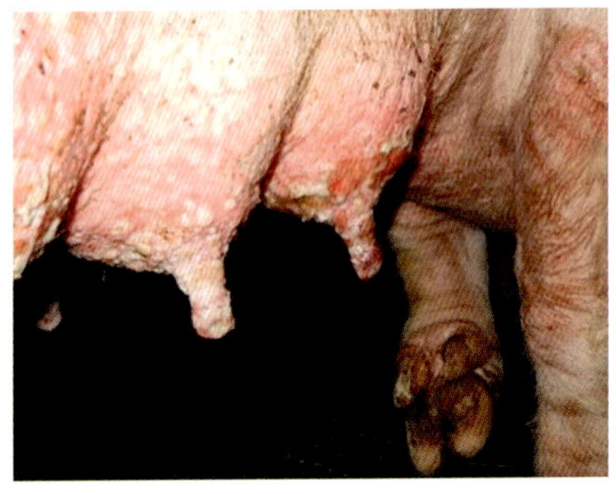

写真３　豚：乳房および乳頭の水疱とびらん（同）

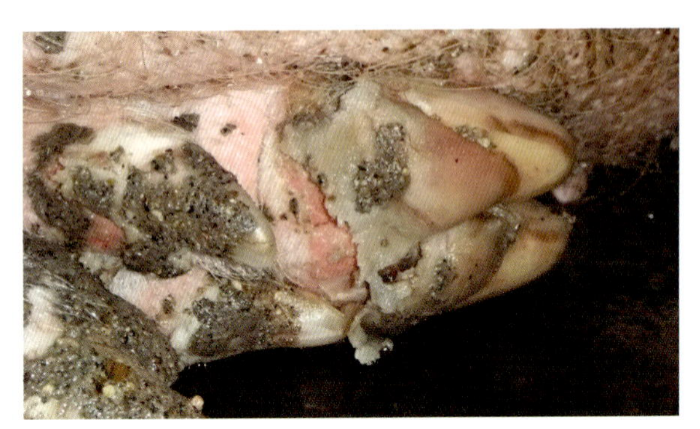

写真４　豚：蹄部の水疱形成と破裂した水疱上皮（同）

（写真１～４：宮崎県 提供）

牛　疫

（本文86頁）

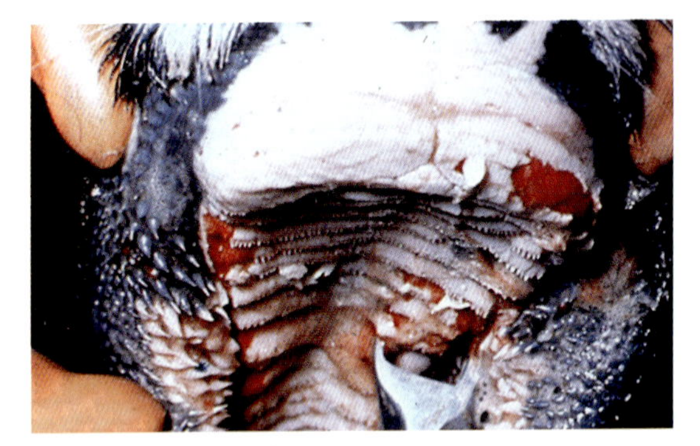

写真１　上顎のびらん

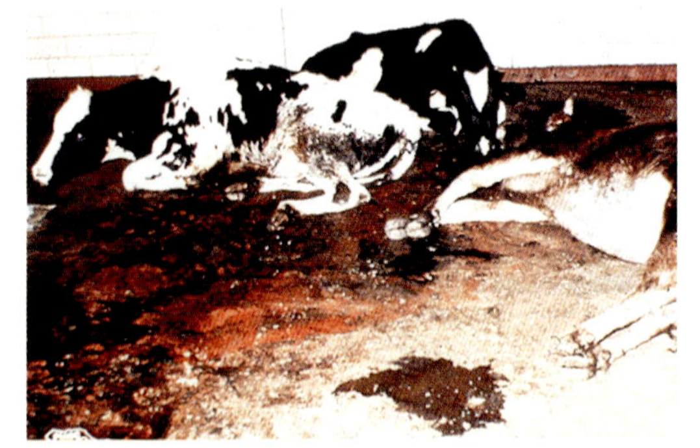

写真２　多量の壊死した粘膜を含む暗褐色の下痢便

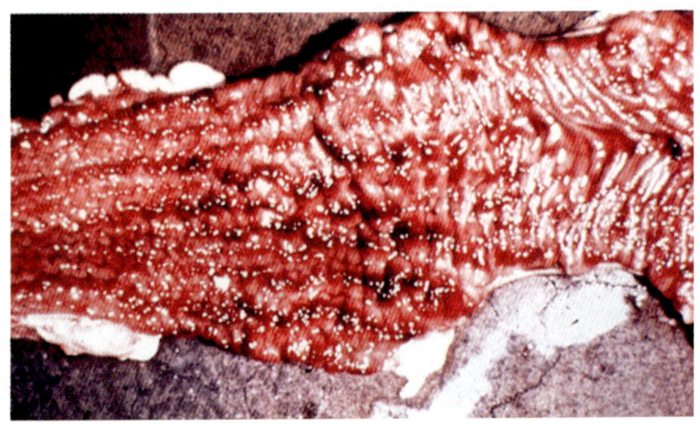

写真３　小腸の高度の充血および出血

（写真１～３：「図解海外家畜疾病診断便覧」より転載）

イバラキ病

（本文87頁）

写真１　嚥下障害を呈している牛

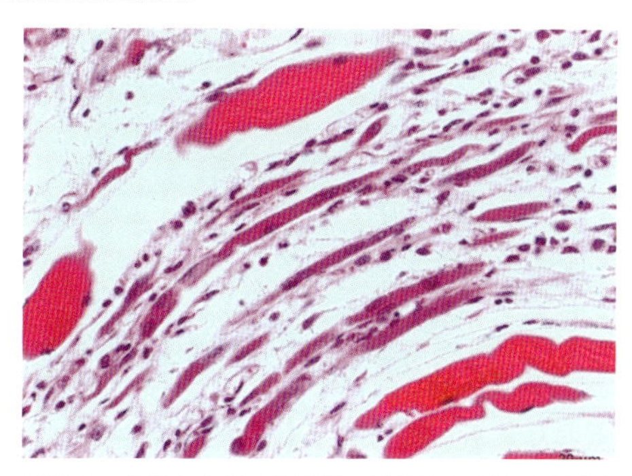

写真２　食道における筋線維の腫大および横紋の消失（硝子様変性）。筋細胞の再生像や結合織の増生も認められる

（写真１，２：農研機構動物衛生研究部門 提供）

牛伝染性鼻気管炎

（本文88頁）

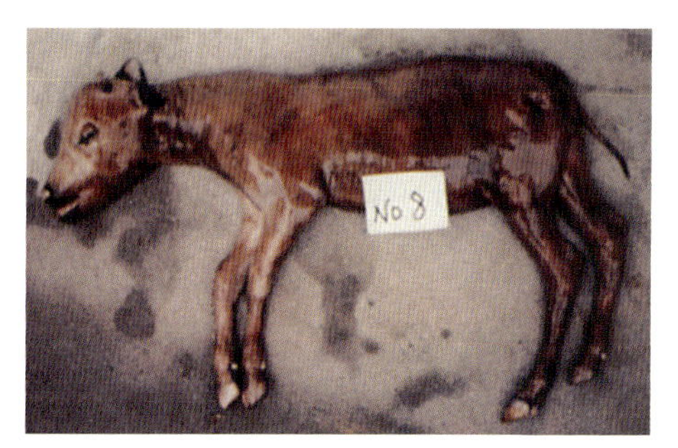

写真２　流産胎子

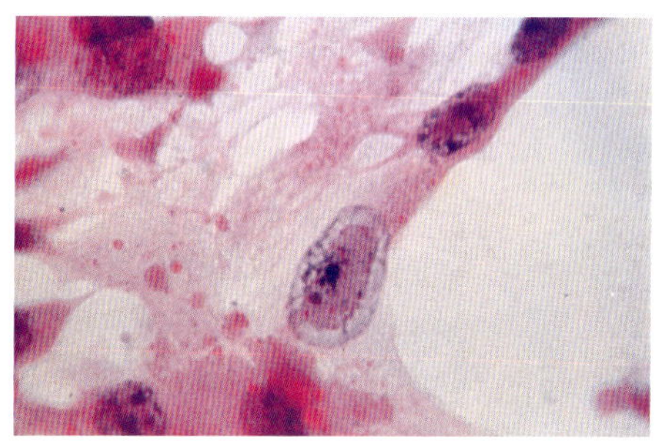

写真３　ウイルス感染牛腎培養細胞にみられるCowdry A型の核内封入体

写真１　発熱，呼吸促迫・喘鳴を伴い，膿様鼻汁がみられる

（写真１～３：農研機構動物衛生研究部門 提供）

牛ウイルス性下痢ウイルス感染症

（本文89頁）

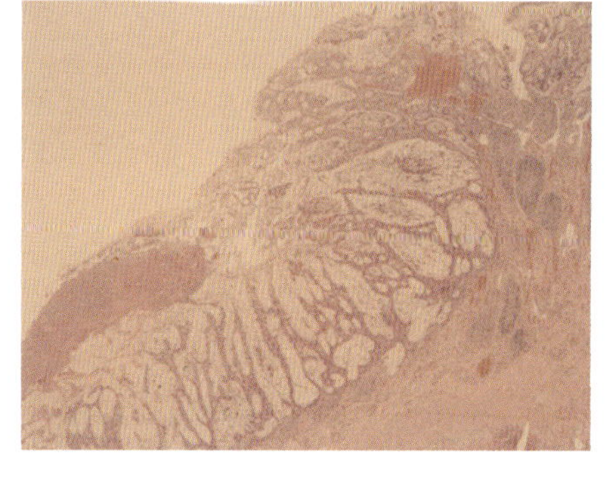

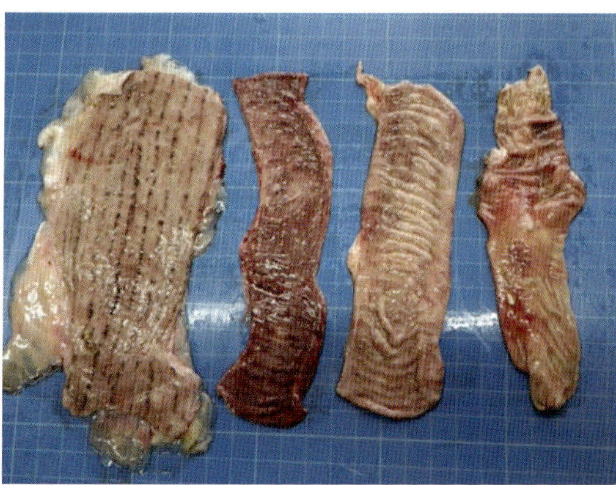

写真１（左上）　月齢の同じ健康牛に比べ，著しい発育不良を示すBVDV持続感染牛（最左）

（益田大動物診療所　提供）

写真２（右上）　回腸の陰窩腔内における剥離上皮細胞，好中球を含む粘液の貯留による陰窩拡張，粘膜下組織におけるパイエル板の軽度萎縮および水腫

（佐賀県中部家畜保健衛生所　提供）

写真３（左下）　剖検写真（右から空腸，回腸上部，回腸下部，結腸）
・空腸および回腸パイエル板のびらん

（岩手県県南家畜保健衛生所　提供）

アカバネ病

（本文90頁）

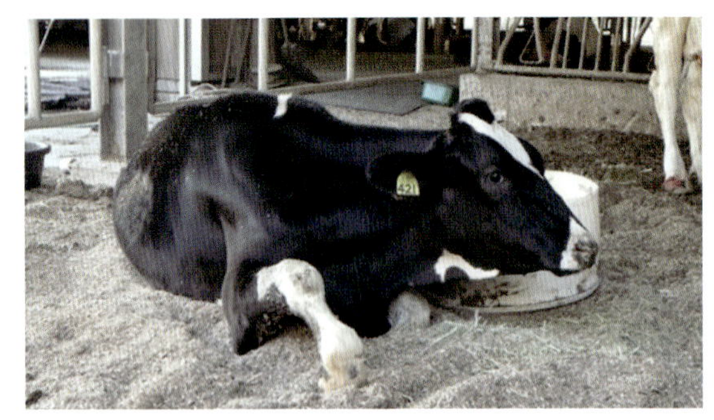

写真１　生後感染により脳脊髄炎を起こし，起立不能に陥った牛

写真２　胎子感染により関節弯曲症を呈した子牛

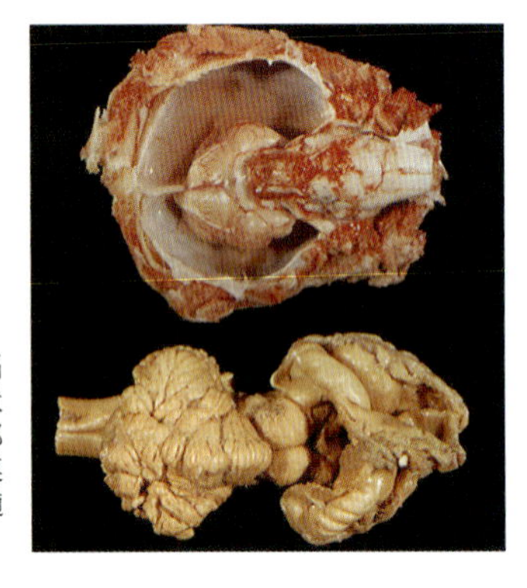

写真３　実験感染例の水無脳症。大脳皮質は膜状に菲薄化し，脳底部のみが残存する。膜内の空隙には脳脊髄液が貯留する

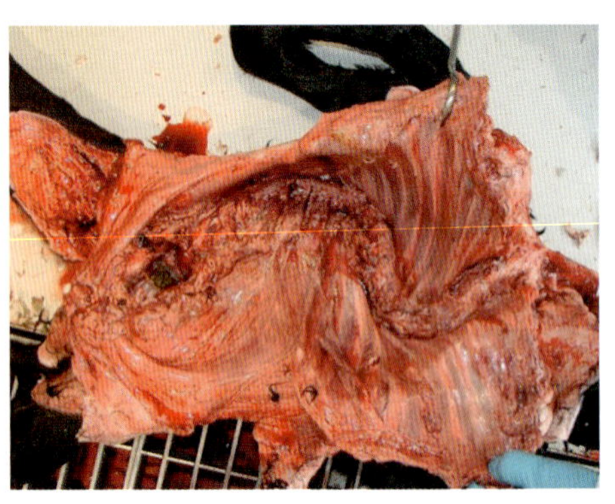

写真４　先天異常子牛にみられた脊柱のＳ字状弯曲

（写真１，２，４：鹿児島県 提供　　写真３：明石博臣氏 提供）

牛白血病

（本文91頁）

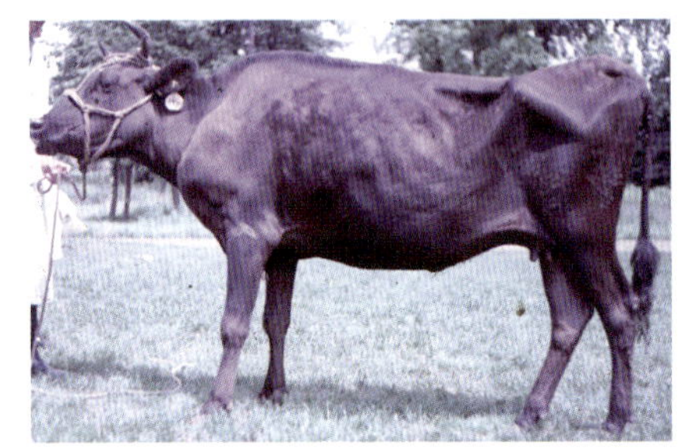

写真１　地方病性牛白血病。高度の削痩および浅頸リンパ節の腫脹が認められる

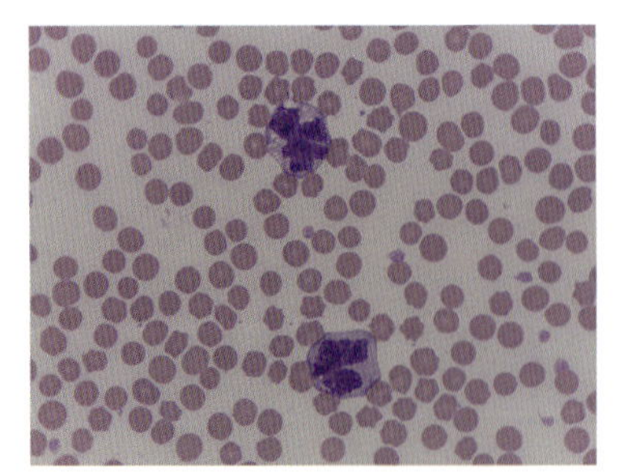

写真２　地方病性牛白血病。末梢血塗抹標本。核は大型で陥凹あるいは切れ込みを有する異形リンパ球が認められる

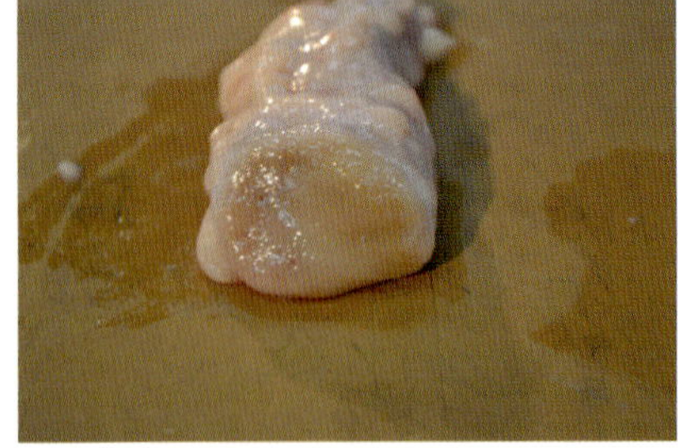

写真３　地方病性牛白血病。浅頸リンパ節の腫大。腫瘍細胞の浸潤により固有構造が認められない

（写真１～３：村上賢二 原図）

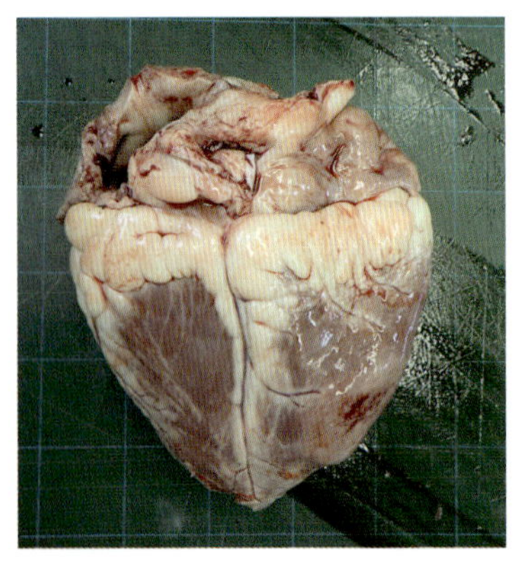

写真４　地方病性牛白血病。右心耳および右心室の外膜下に膨隆する白色病巣が形成されている

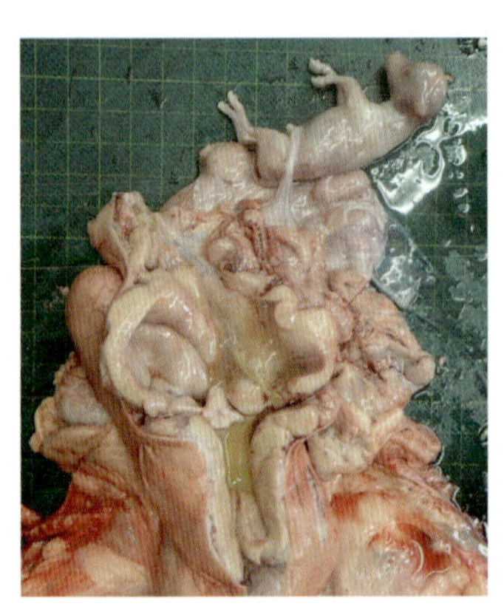

写真５　地方病性牛白血病。腫瘍細胞の浸潤による子宮壁の著しい肥厚

（写真４，５：福島県 提供）

水胞性口炎

（本文93頁）

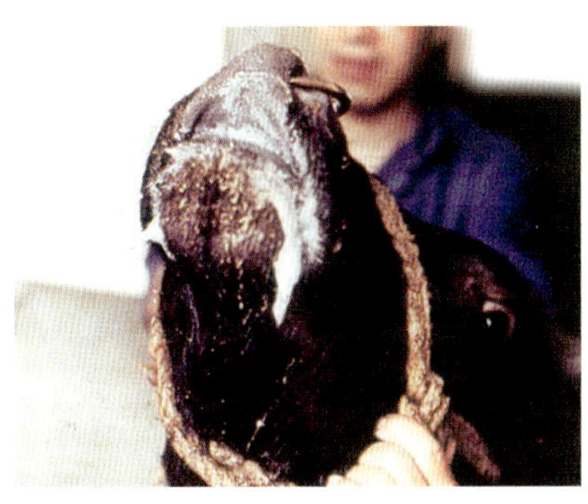

写真１　唾液分泌過多を呈した発症牛

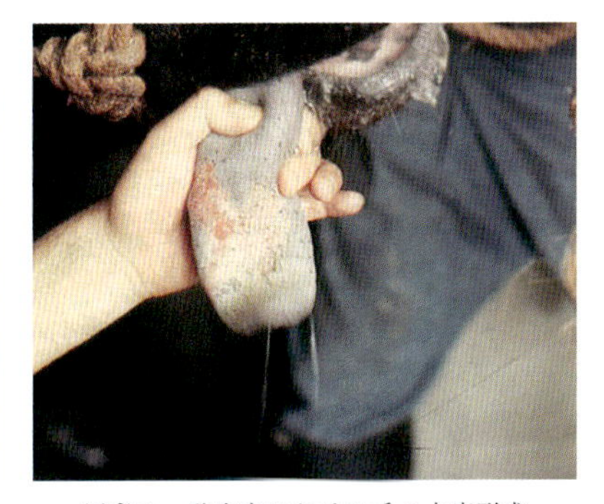

写真２　発症牛における舌の水疱形成

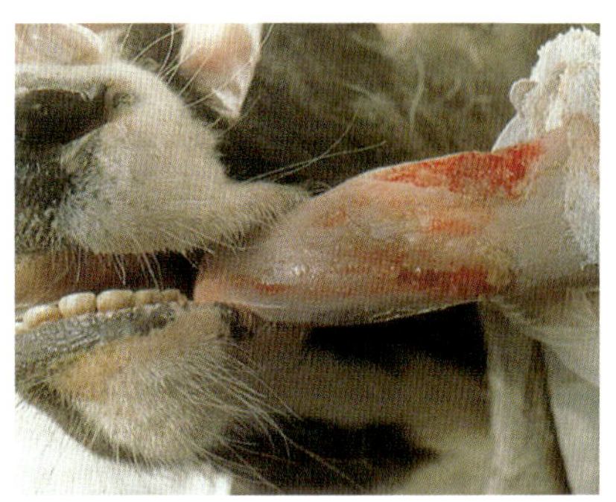

写真３　舌の上皮が剥離した発症牛

（写真１～３：農研機構動物衛生研究部門 提供）

牛流行熱

（本文93頁）

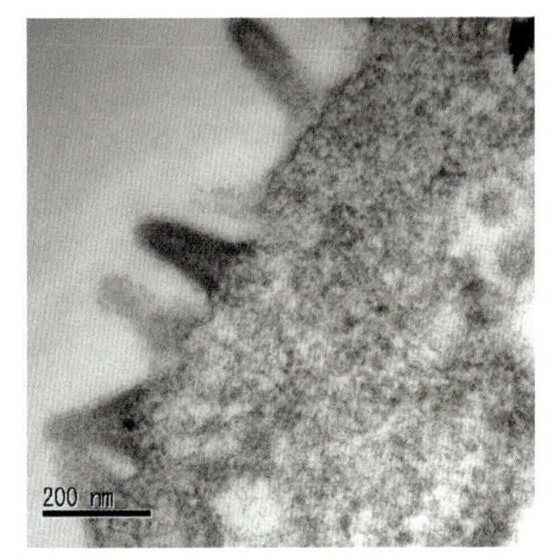

写真１　牛流行熱ウイルスの電子顕微鏡観察像
感染細胞から複数のウイルス粒子が出芽している

（農研機構動物衛生研究部門 提供）

写真２　発熱，元気消失，起立困難を呈している牛

（沖縄県八重山家畜保健衛生所 提供）

ロタウイルス病

（本文96頁）

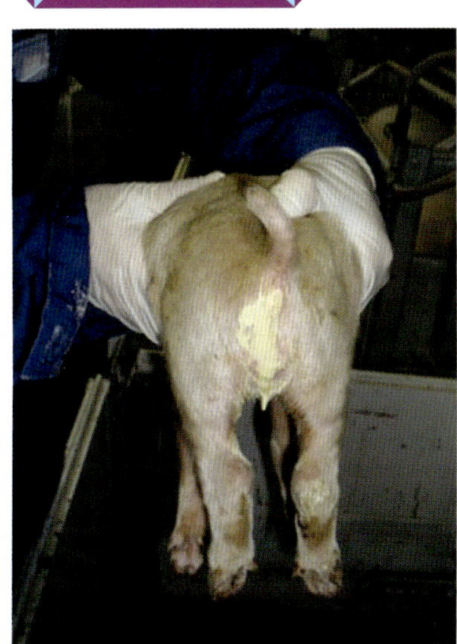

写真　哺乳豚におけるＡ群ロタウイルスの野外発症例

（農研機構動物衛生研究部門 提供）

アイノウイルス感染症

（本文97頁）

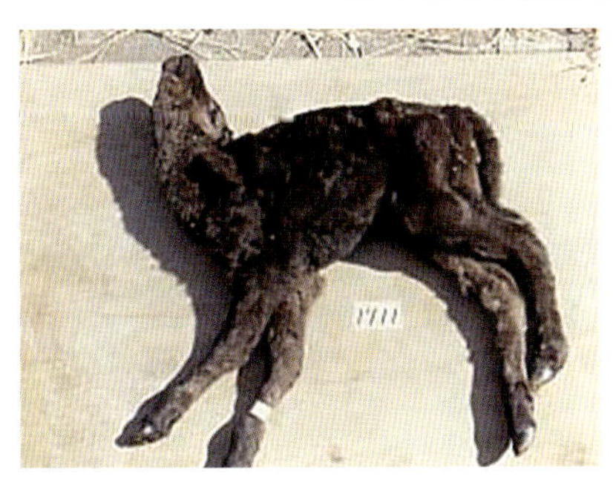

写真１　起立不能と斜頸を示す黒毛和種新生子牛

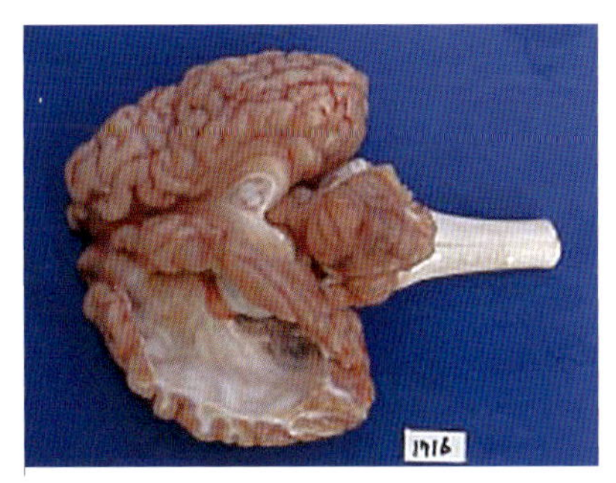

写真２　先天異常牛の側脳室拡張，小脳形成不全，脳幹矮小

（写真１，２：浜名克己氏 提供）

牛海綿状脳症(BSE)

(本文104頁)

写真1　発症牛。運動失調のため，うまく牛房から出ることができない

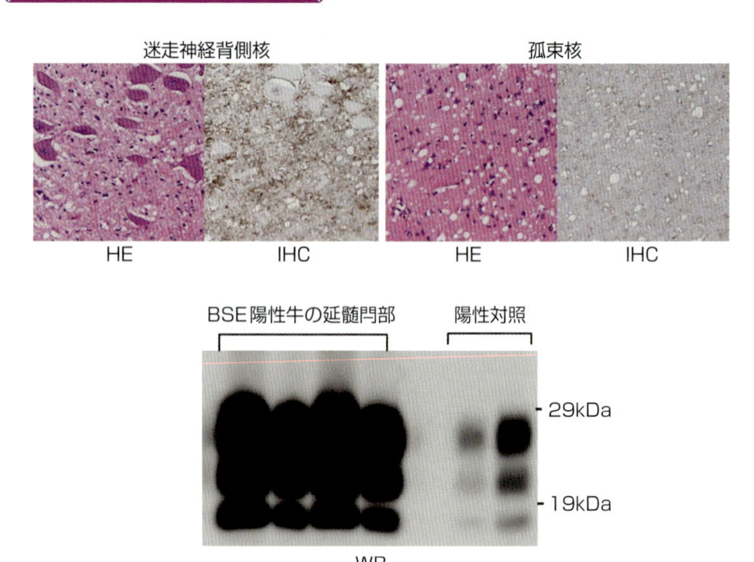

写真2　BSEの確認検査。上：HE染色による空胞変性の確認と免疫組織化学(IHC)によるPrP^Scの検出　下：ウエスタンブロット(WB)によるPrP^Scの検出

(写真1：Central Vet Lab, UK 提供
写真2：堀内基広 原図)

炭疽

(本文105頁)

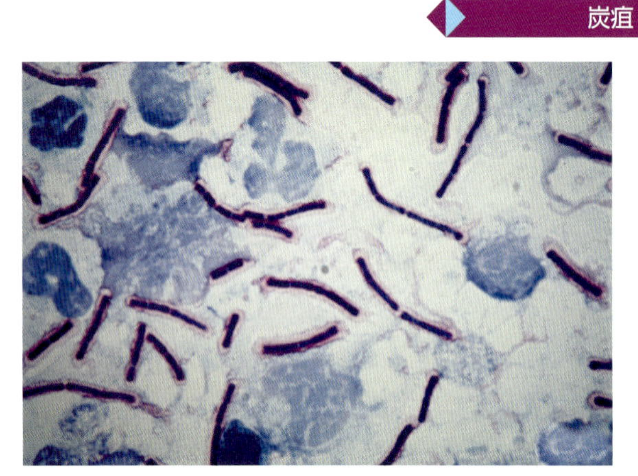

写真1　炭疽菌の莢膜。マウス感染実験例の脾臓(メチレンブルー染色)

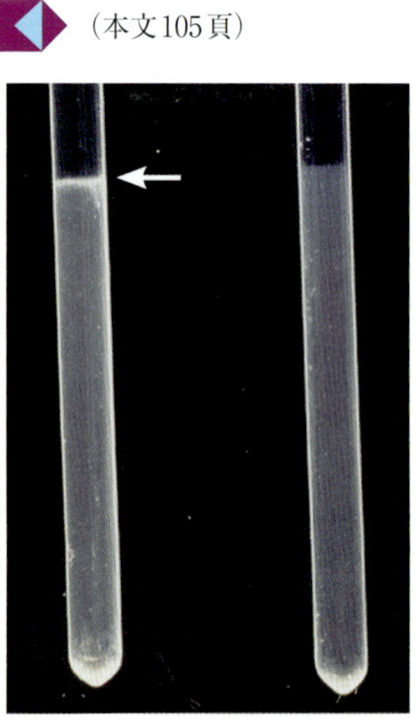

写真2　アスコリーテスト。室温で15分間静置している間に血清と抗原液の接触面に白輪(矢印)が生じた場合を陽性とする

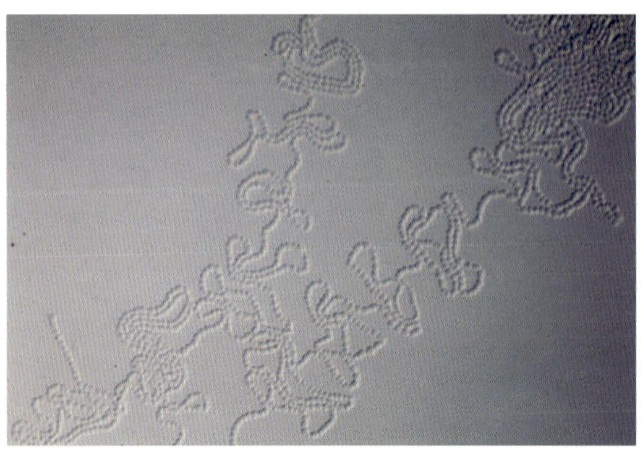

写真3　パールテスト。ペニシリンを含む寒天培地で，菌は真珠状の連鎖となる

写真4　ファージテスト。普通寒天平板培地に菌を塗抹し，その中心部にγファージ液を滴下する。37℃，8～18時間培養後，炭疽菌の場合，溶菌する

(写真1～4：農研機構動物衛生研究部門 提供)

牛結核病 （本文106頁）

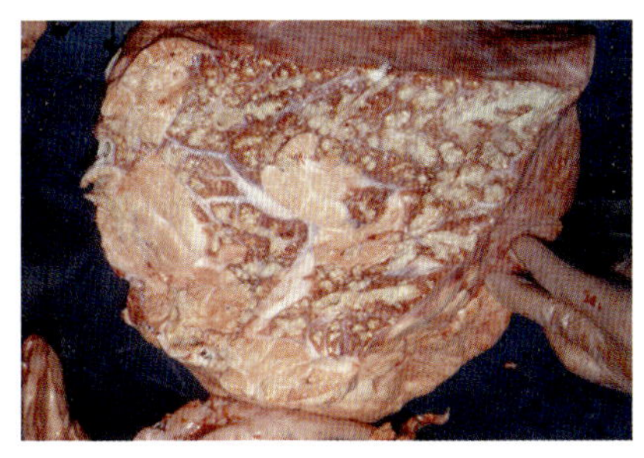

写真１　肺の乾酪化肉芽腫病巣

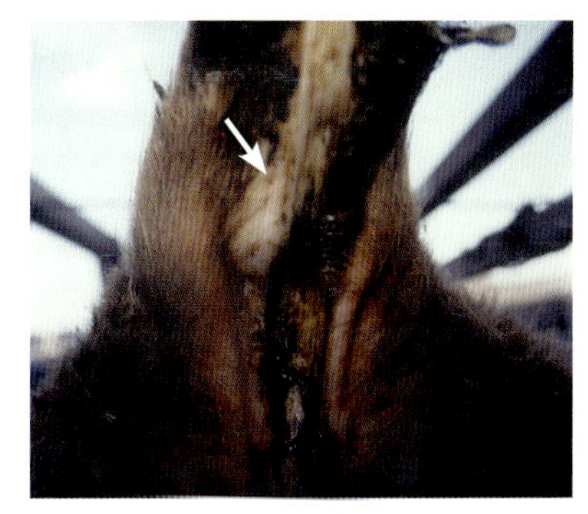

写真３　ツベルクリン接種48時間後の尾根部皺壁部の腫脹反応（矢印）

写真２　胸壁の結核性結節

（写真１～３：横溝祐一氏 提供）

ブルセラ病 （本文107頁）

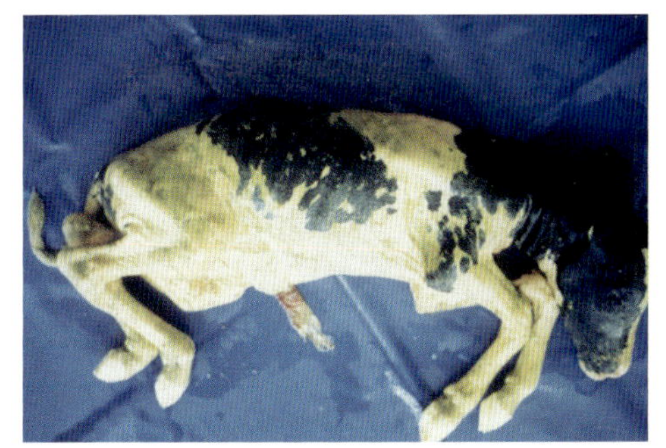

写真１　牛の流産胎子。妊娠７～８カ月の突然の流産

写真２　流産後の汚露の漏出

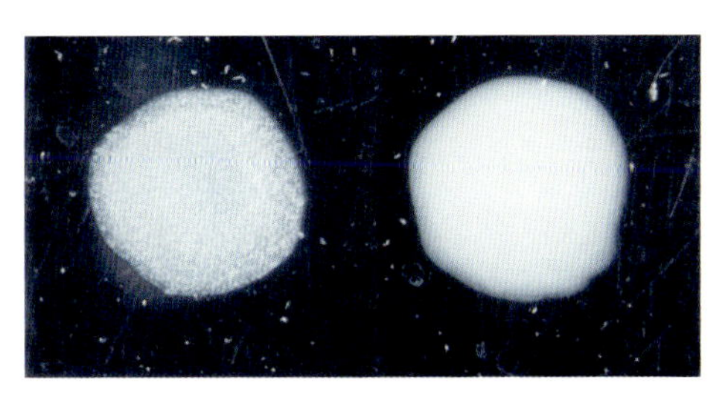

ブルセラ平板凝集反応（日本法）

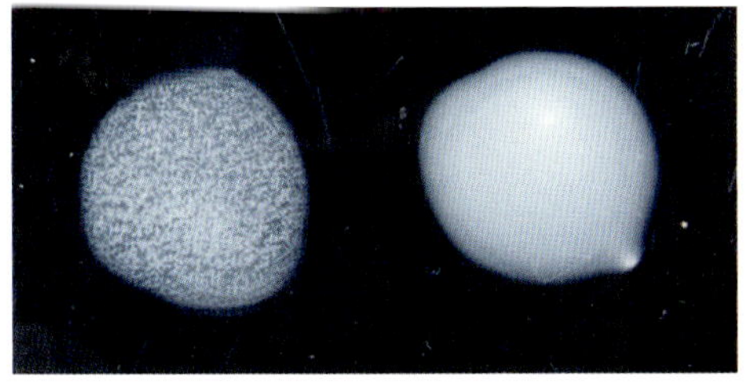

ブルセラ平板凝集反応（米国法）

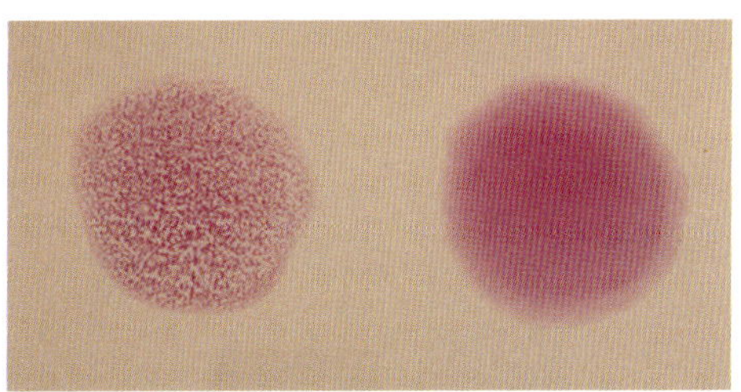

ブルセラローズベンガル平板凝集反応（全世界で使用）

写真３　ブルセラ病の血清診断
反応陽性（左）と陰性（右）

（写真１，２：呂　栄修氏 提供
写真３：伊佐山康郎氏 提供）

ヨーネ病

（本文108頁）

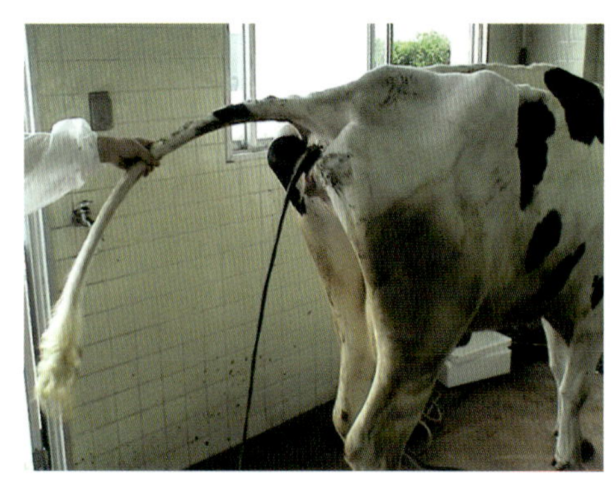

写真1　削痩，水溶性下痢を呈するヨーネ病発症牛（下痢便に100万個以上の菌が含まれる）

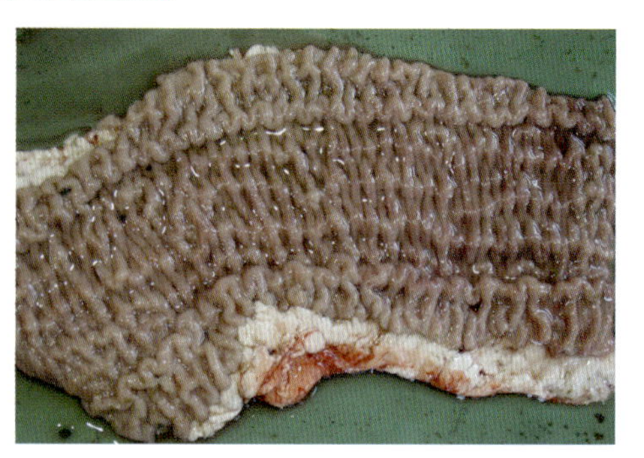

写真2　ヨーネ病発症牛における腸管病変。肥厚した粘膜面は“わらじ状”と表現される

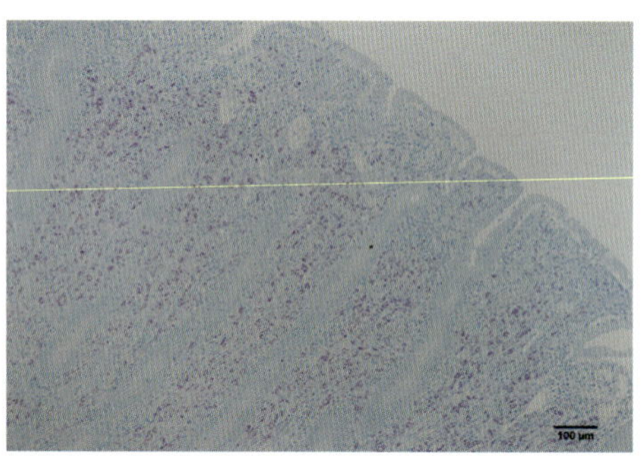

写真3　ヨーネ病発症牛の回腸粘膜に増殖した集塊状の菌（抗酸菌染色で赤く染まる）

（写真1～3：農研機構動物衛生研究部門 提供）

牛のサルモネラ症

（本文110頁）

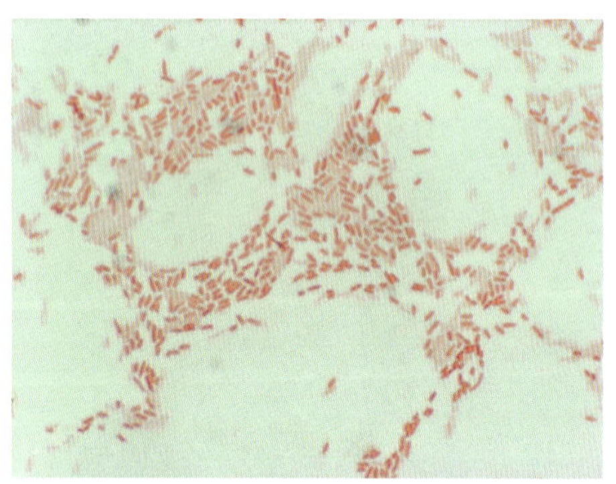

写真1　サルモネラ菌（グラム染色）

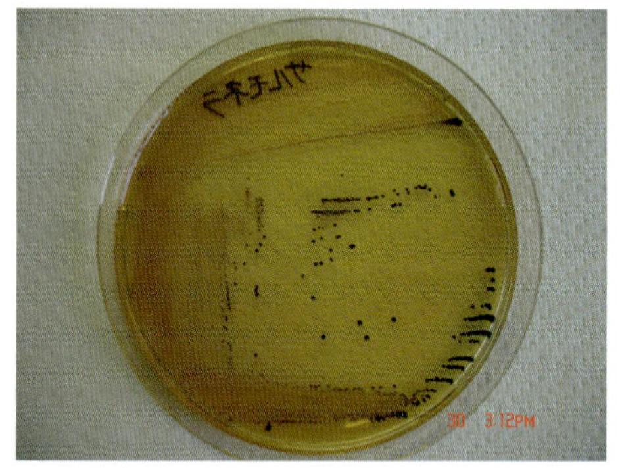

写真2　DHL寒天培地上のサルモネラ菌集落

写真3　成牛の黄白色泥状下痢便

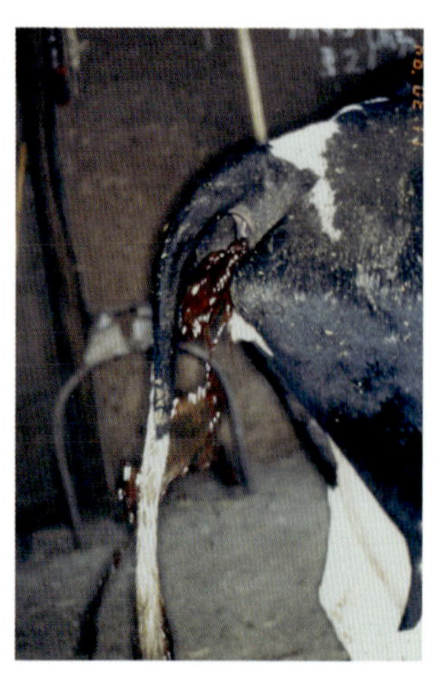

写真4　成牛の血性水様下痢便

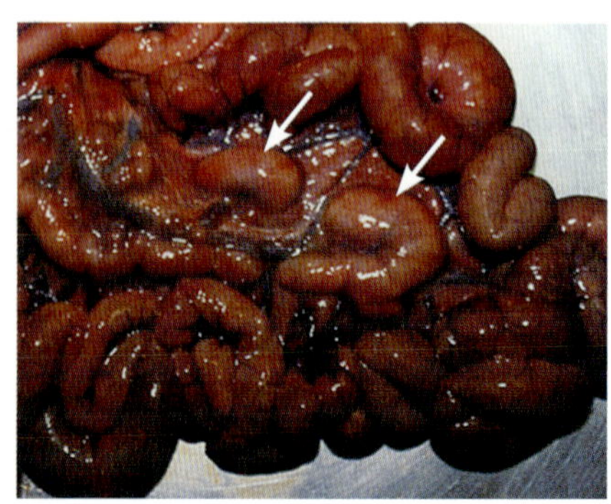

写真5　小腸の著しい充血と腸リンパ節の腫大（矢印）

（写真1，2：農研機構動物衛生研究部門 提供　写真3，4：埼玉県中央家畜保健衛生所 提供　写真5：岐阜県東濃家畜保健衛生所 提供）

乳房炎

（本文111頁）

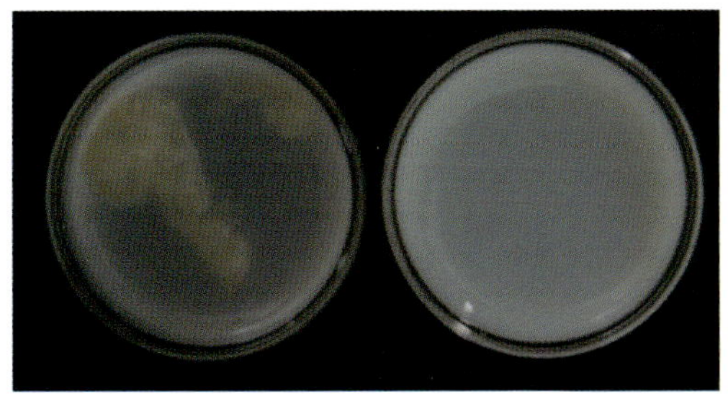

写真1　黄色ブドウ球菌感染による乳房炎乳（左）と正常乳（右）．乳房炎乳は凝固物が混じった異常乳である

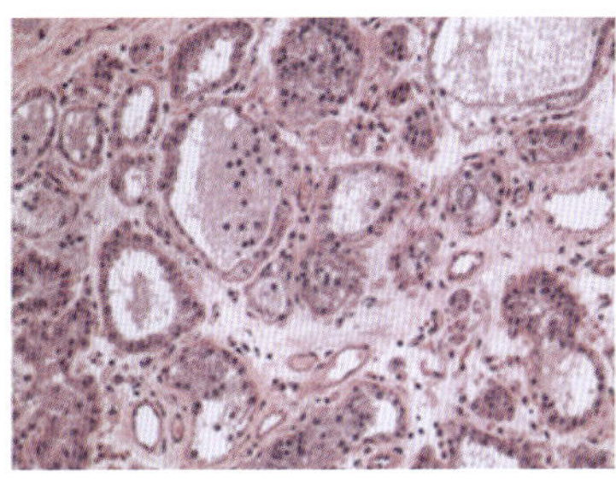

写真2　乳房炎罹患乳房（左）と正常乳房（右）のヘマトキシリン・エオジン染色像。乳房炎罹患乳房では乳腺胞内への細胞浸潤，乳腺上皮の剥離・脱落，ならびに間質の増生が認められる

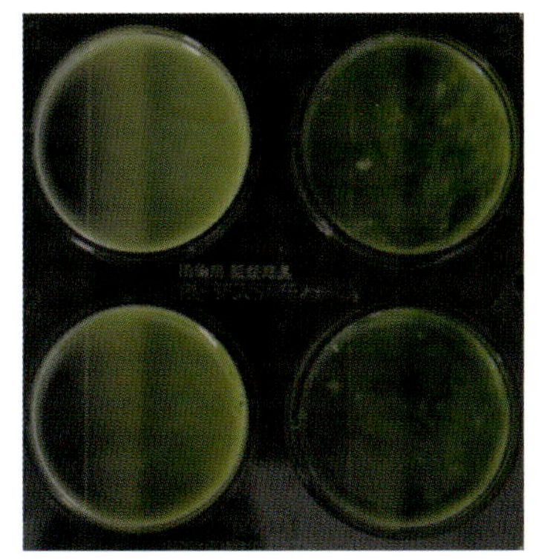

写真3　CMT変法による乳房炎診断像。乳房炎乳（右）は診断液添加により粘稠性が高まる。正常乳（左）

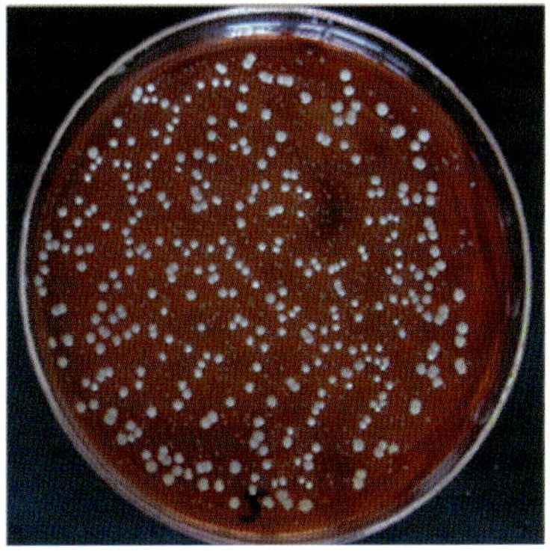

写真4　牛乳房炎乳を塗抹後培養した羊血液寒天培地

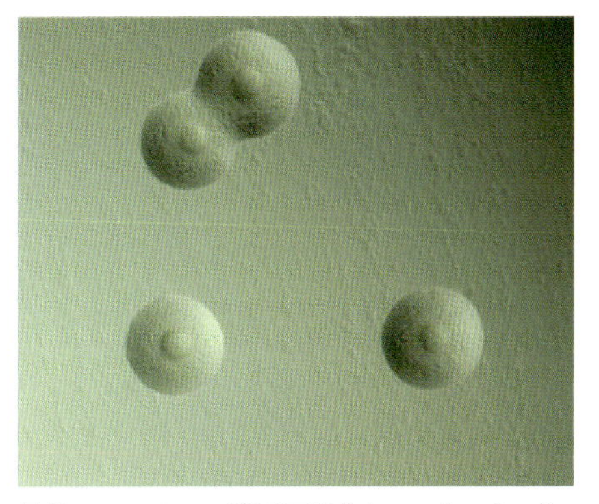

写真5　Hayflick's変法寒天培地上のマイコプラズマコロニー像

（写真１～５：農研機構動物衛生研究部門 提供）

写真6　大腸菌性乳房炎による血乳（左）と凝固物が混じった異常乳（右）

写真7　大腸菌性乳房炎により暗赤色に変色した乳房

（写真６，７：篠塚康典氏 提供）

牛のレプトスピラ症

（本文114頁）

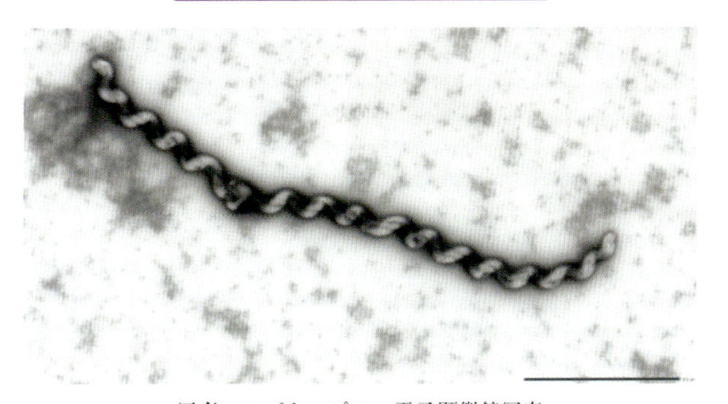

写真　レプトスピラの電子顕微鏡写真

（村田　亮 原図）

気腫疽

（本文116頁）

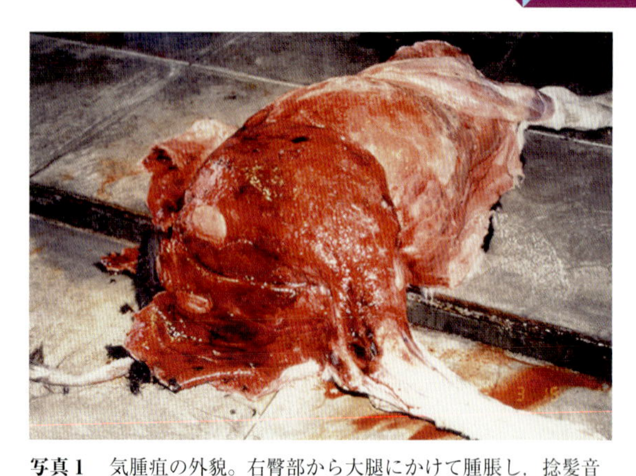

写真1　気腫疽の外貌。右臀部から大腿にかけて腫脹し，捻髪音を発する。剥皮すると筋の暗黒赤色病変が認められる

（青森県十和田家畜保健衛生所 提供）

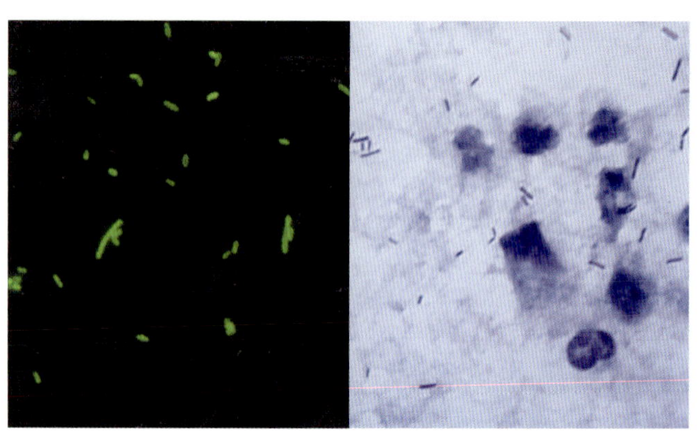

写真2　左：気腫疽菌の塗抹染色標本。気腫疽のFAによる診断材料接種マウス（死亡）のスタンプ標本。特異蛍光を発する桿菌が確認できる

右：*Clostridium chauvoei*接種モルモット（死亡）の肝漿膜面スタンプ標本。ギムザ染色。単から２連鎖の小桿菌がみられる

（農研機構動物衛生研究部門 提供）

悪性水腫

（本文116頁）

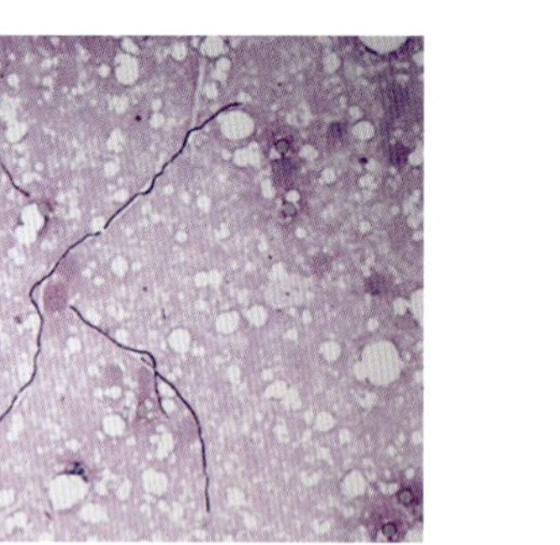

写真　*Clostridium septicum*接種モルモット（死亡）の肝臓スタンプ標本。ギムザ染色。*C. chauvoei*とは対照的にフィラメント状の桿菌が認められる

（農研機構動物衛生研究部門 提供）

子牛の大腸菌性下痢

（本文118頁）

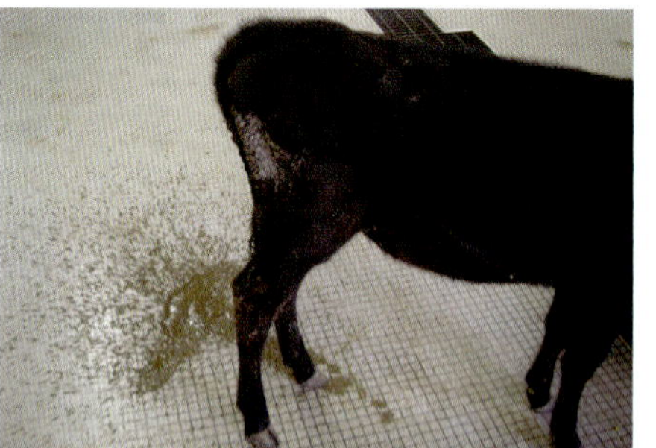

写真1　大量の水様性下痢便の排泄。肛門付近は広範囲に汚染される

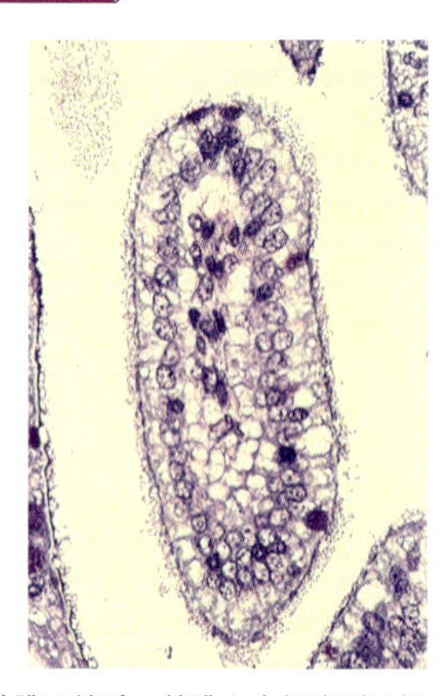

写真2（↗）　空腸粘膜の絨毛。粘膜上皮細胞刷子縁表面に多数の小桿菌が付着する。粘膜上皮細胞に著変は認められない。ギムザ染色

（写真１，２：末吉益雄 原図）

壊死桿菌症

（本文119頁）

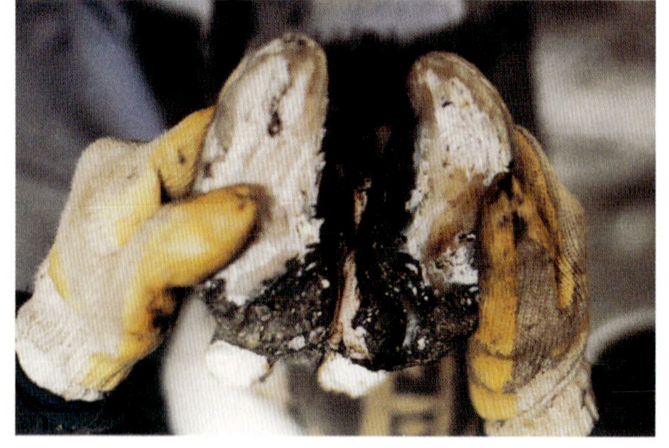

写真1　牛の趾間腐爛。蹄趾間部の重度の化膿と組織の壊死

（浜名克己氏 提供）

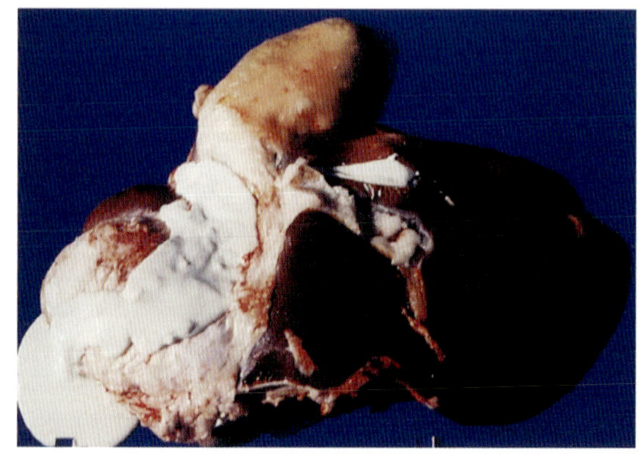

写真2　牛の肝膿瘍。膿瘍の内部は悪臭のあるクリーム様の膿で充満

（新城敏晴氏 提供）

牛肺疫

（本文123頁）

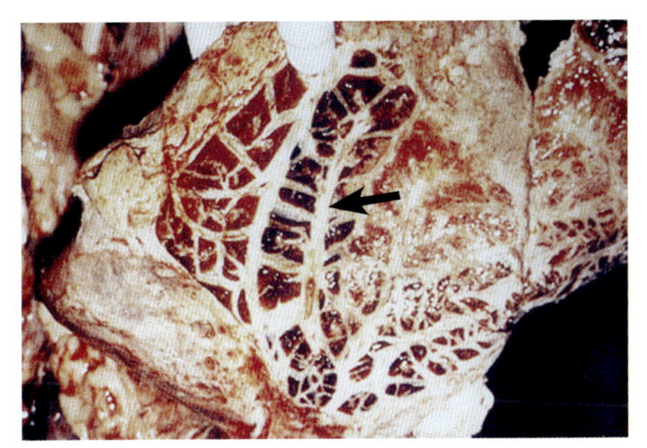

写真１　牛肺疫に特徴的な肺病変部の大理石紋様

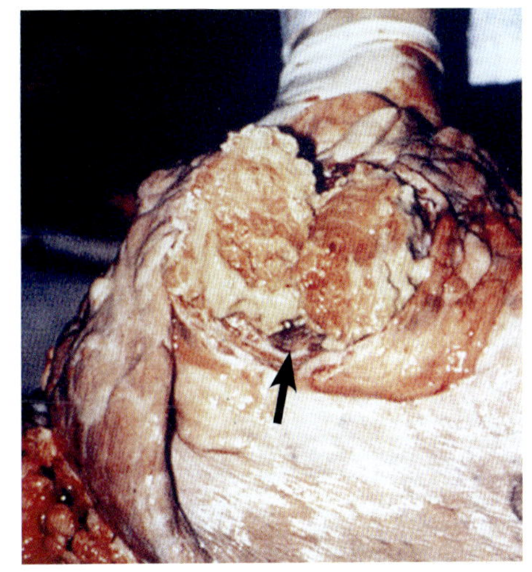

写真２　牛肺疫慢性耐過牛にみられる“sequestra”と呼ばれる壊死巣

〔写真１，２：RAJ Nicholas（Central Veterinary Laboratory, UK）原図〕

牛のマイコプラズマ肺炎

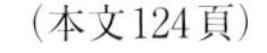

（本文124頁）

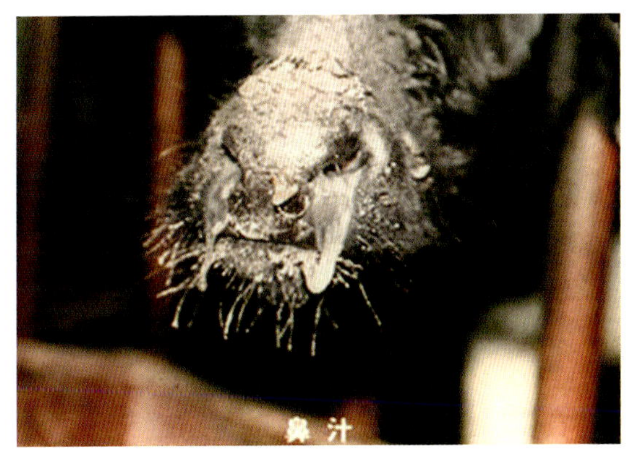

写真１　膿性鼻汁を漏出する感染牛

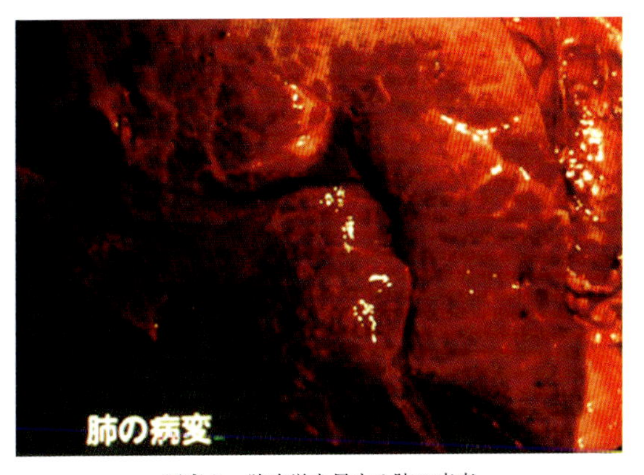

写真２　肺病巣を呈する肺の病変

（写真１，２：北海道農政部 生産振興局畜産振興課 提供）

アナプラズマ病

（本文126頁）

写真１　*Anaplasma marginale* 東風平株実験感染牛の剖検所見。胆嚢腫大，粘稠性の高い胆汁を多量入れる

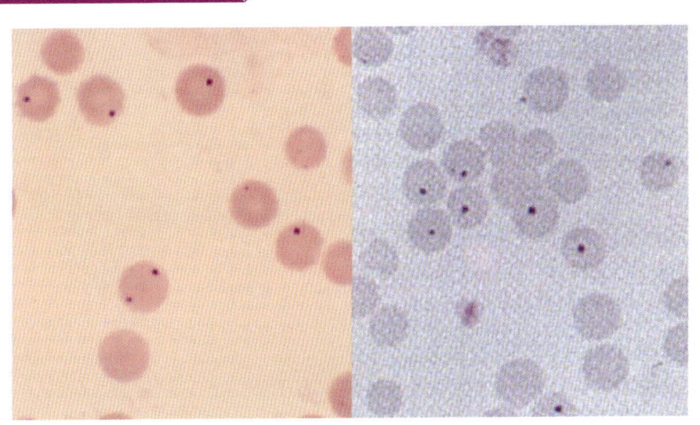

写真２　左：*A. marginale* 発症牛の末梢血塗抹標本（ギムザ染色）
右：赤血球中心部寄生性の *A. centrale* 青森株（実験感染例）

（写真１，写真２右：農研機構動物衛生研究部門 提供　　写真２左：大城　守氏 提供）

アスペルギルス症 （本文131頁）

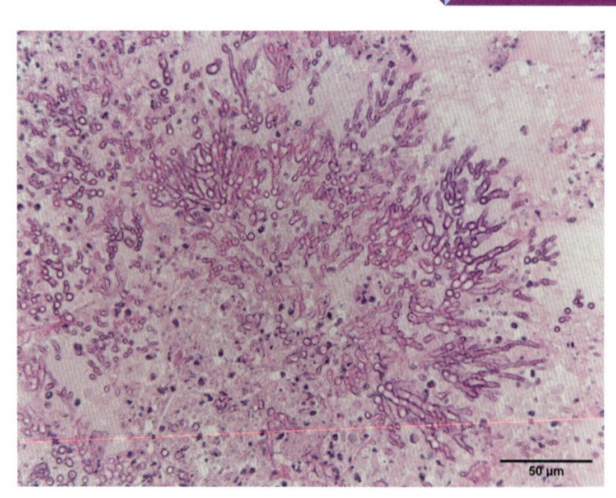

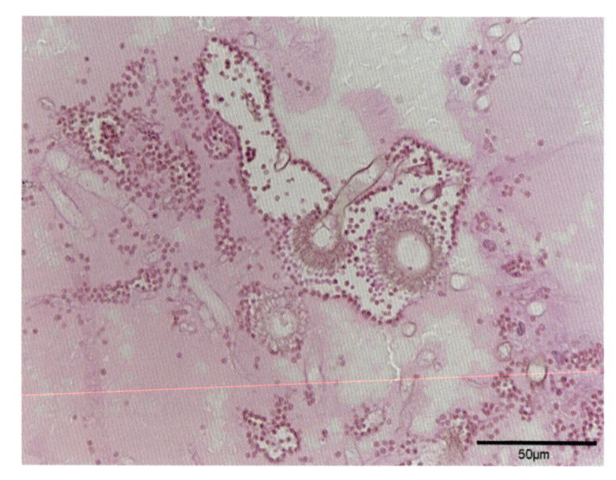

写真　牛の肺アスペルギルス症
左：肺の結節状病変の中心にはY字に分岐したアスペルギルスに特徴的な菌糸の増殖が観察される。PAS反応
右：気管にみられたアスペルジラ。PAS反応

（農研機構動物衛生研究部門 提供）

牛のタイレリア病 （本文132頁）

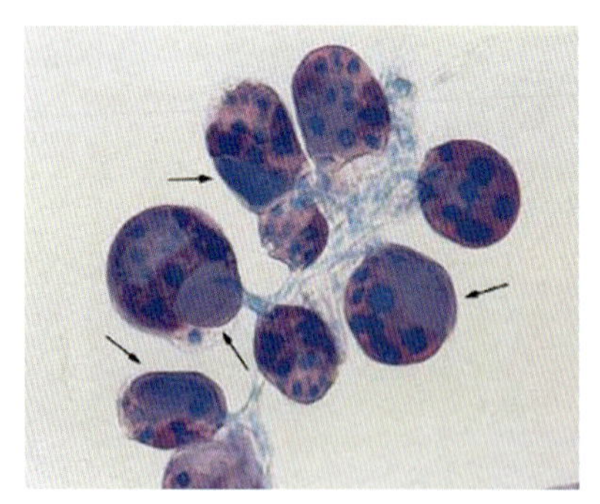

写真1　*Theileria orientalis*のスポロゾイト感染唾液腺腺胞。メチルグリーン・ピロニン染色により紫色～濃青色に染色されるスポロゾイトが観察される（矢印）。×200

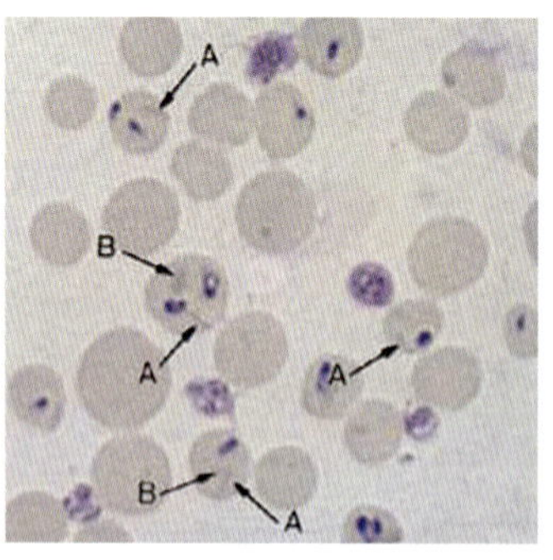

写真2　*T. orientalis*感染牛血液のピロプラズム。×1,250。
感染赤血球内には原虫（紫色）以外にBar（A），Veil（B）という構造物が観察される

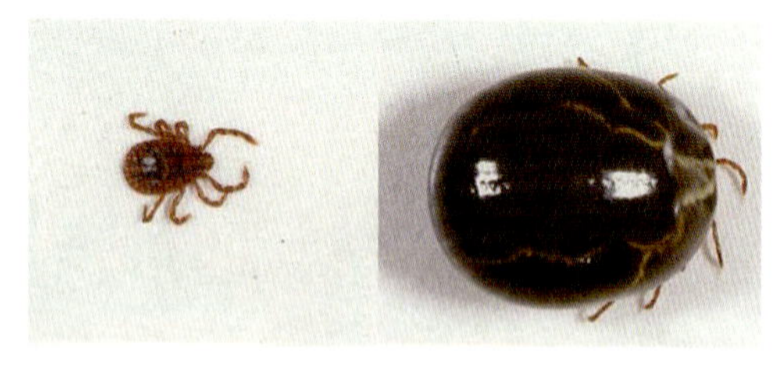

写真3　フタトゲチマダニ（*Haemaphysalis longicornis*）。未吸血成ダニ（左）は動物に付着し，約2週間の吸血により飽血した状態（右）になる。飽血ダニは動物から落下後，2,000～3,000個以上産卵する

（写真1～3：農研機構動物衛生研究部門 提供）

牛のバベシア病 （本文134頁）

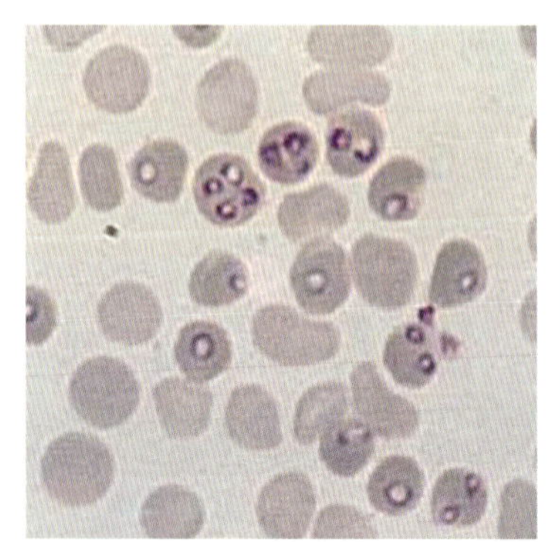

写真1　*Babesia bovis*豪州株。×1,250。実験感染牛血液赤血球内に単～双梨子状，4分裂像の原虫が認められる

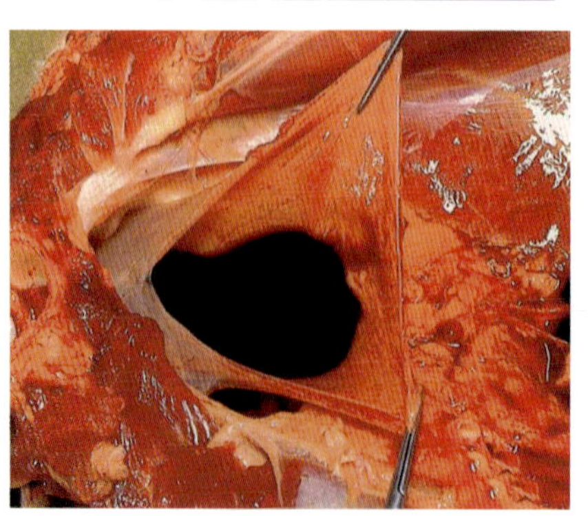

写真2　*B. bigemina*東風平株実験感染牛の血色素尿。血色素尿は原虫の赤血球寄生による血管内溶血に起因する

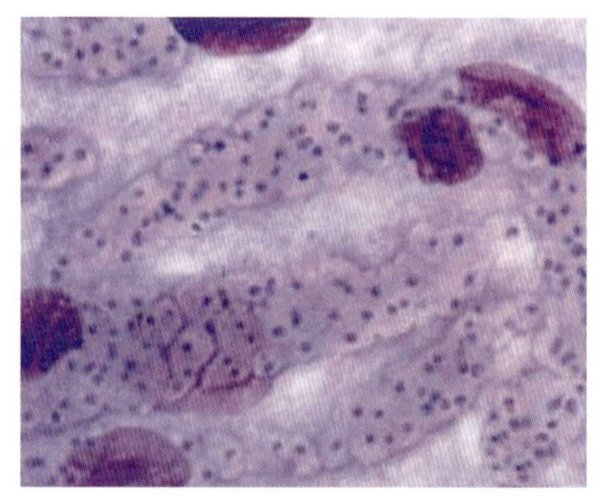

写真3　*B. bovis*豪州株実験感染牛の脳所見。毛細血管内皮に感染細胞が付着し，原虫感染赤血球集積により血流が障害される

（写真1～3：農研機構動物衛生研究部門 提供）

牛のトリパノソーマ病 

（本文135頁）

写真 1　ツェツェバエ

（杉本千尋氏 提供）

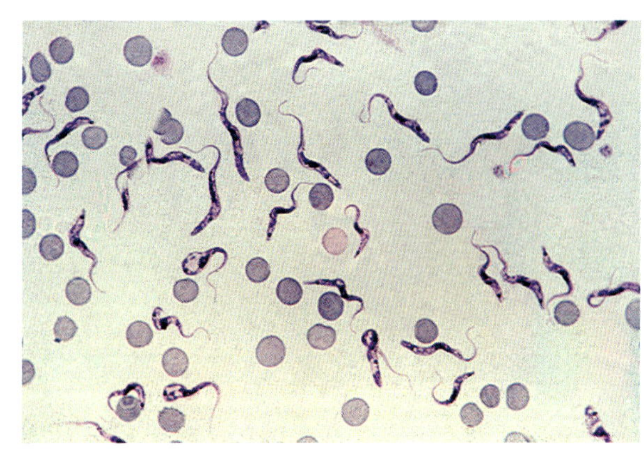

写真 2　*Trypanosama vivax* 感染牛血液

（蛭海啓行氏 提供）

めん羊・山羊

スクレイピー 

（本文143頁）

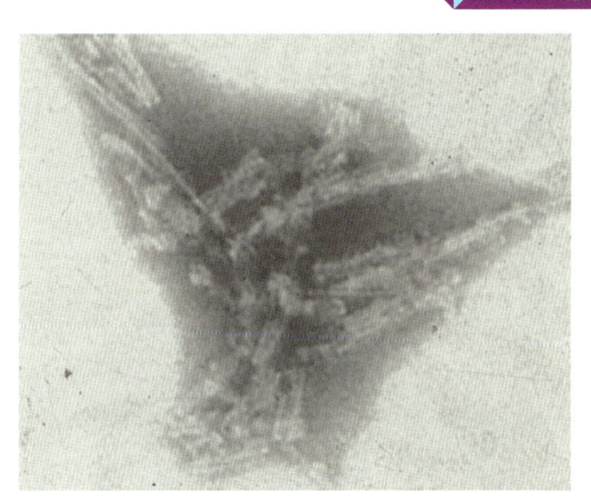

写真 1　マウスのスクレイピー関連線維（SAF）の電子顕微鏡写真。× 80,000

写真 3　掻痒症状により過度に牧柵などに体を擦りつけた結果，脱毛が顕著となる

写真 2　めん羊のスクレイピーの臨床症状
沈うつ症状(上)と歩様異常(下)を示す

（写真 1 ～ 3：堀内基広 原図）

馬

馬伝染性貧血

（本文148頁）

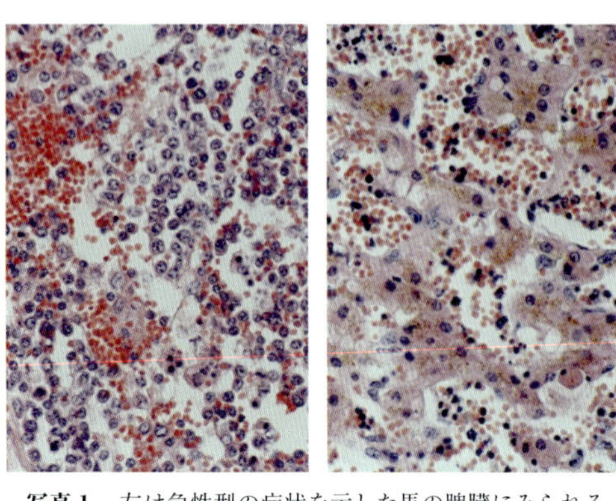

写真1　左は急性型の症状を示した馬の脾臓にみられる出血とリンパ球の核崩壊。
右は急性型の症状を示した馬の肝臓にみられるヘモジデリンの沈着と出血病変

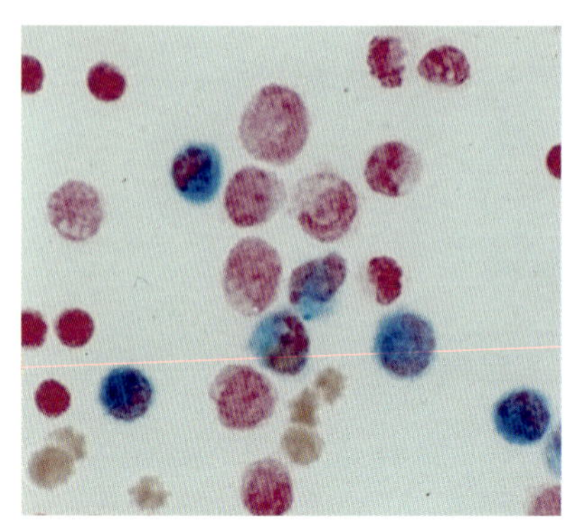

写真2　感染馬末梢血中に検出される担鉄細胞

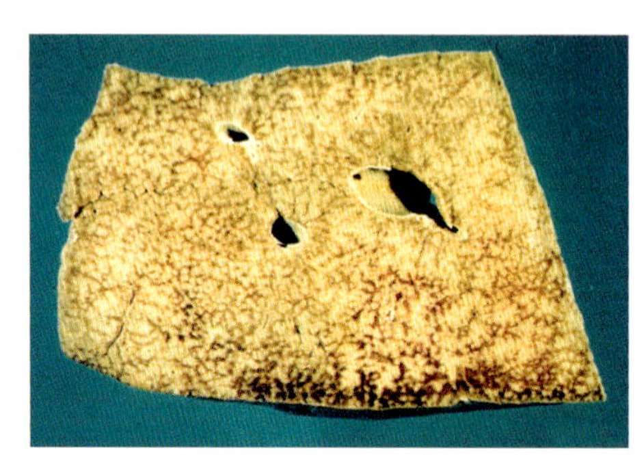

写真3　慢性型の症状を示した馬の肝臓の断面。肝臓は慢性うっ血のため腫大し，堅さを増す

（写真1～3：農研機構　動物衛生研究部門 提供）

馬鼻肺炎

（本文152頁）

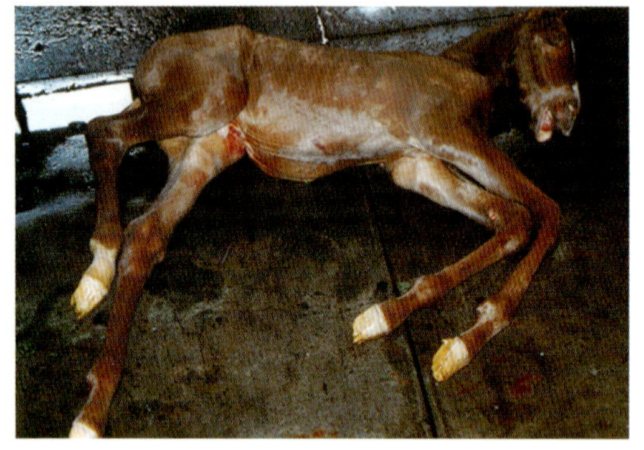

写真1　ウマヘルペスウイルス1型感染による流産胎子（胎齢約10カ月半）

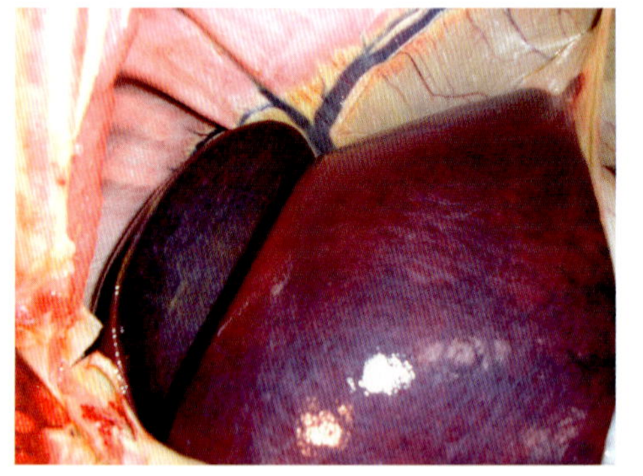

写真2　EHV-1感染流産胎子の肝臓白斑

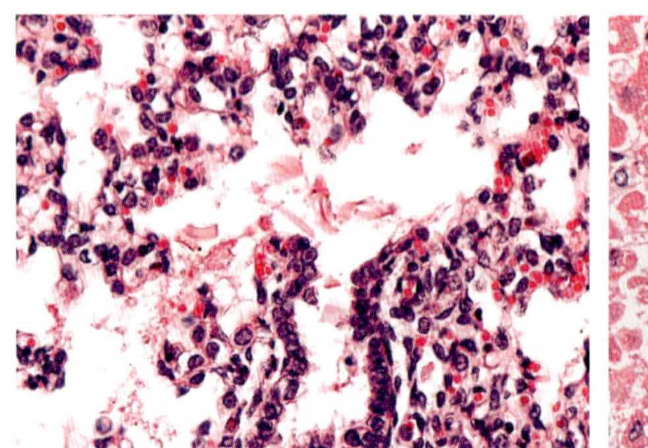

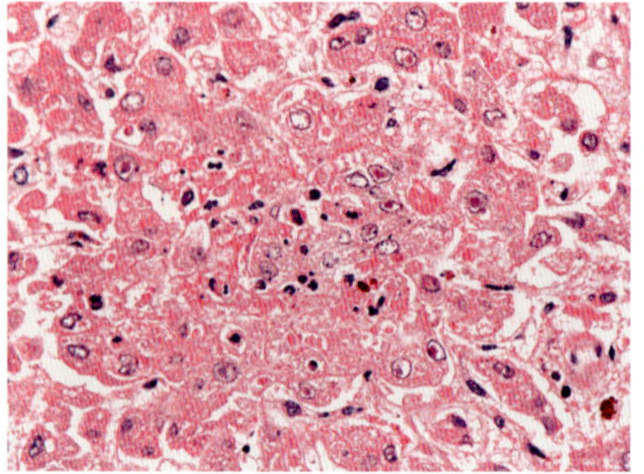

写真3　左：EHV-1感染流産胎子肺－細気管支上皮細胞における核内封入体　HE染色×400
右：EHV-1感染流産胎子肝臓の壊死巣と核内封入体。HE染色×400

（写真1：日本中央競馬会競走馬総合研究所 提供　　写真2，3：岡本　実氏 提供）

破傷風

（本文157頁）

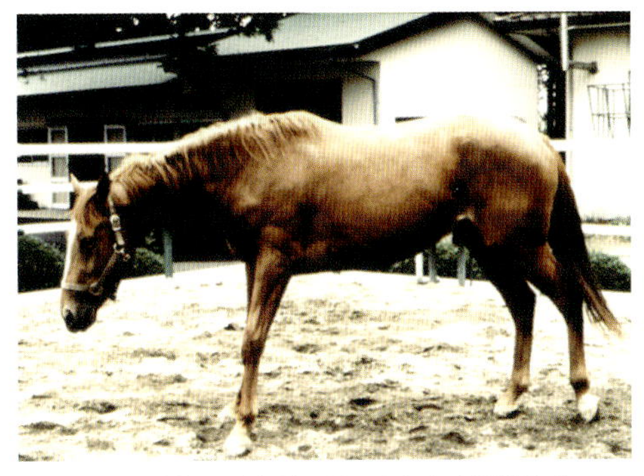

写真　破傷風発症馬に認められた木馬様姿勢
（日本中央競馬会競走馬総合研究所 提供）

馬伝染性子宮炎

（本文157頁）

写真　感染馬の子宮から排出する滲出液
（日本中央競馬会競走馬総合研究所 提供）

ロドコッカス・エクイ感染症

（本文158頁）

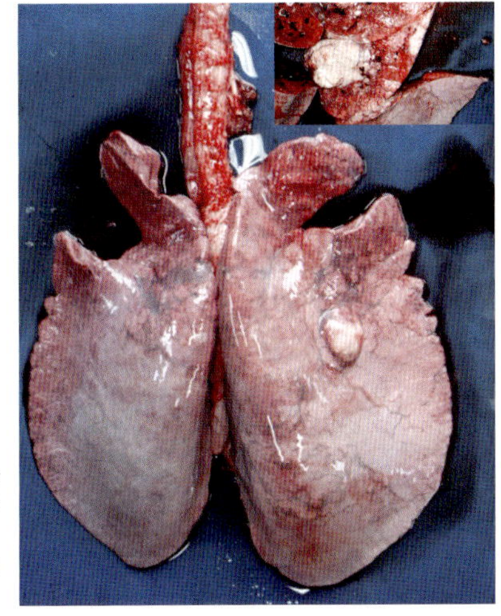

写真 1　複数の膿瘍が形成された子馬の肺病変。右上は腫瘍の割面

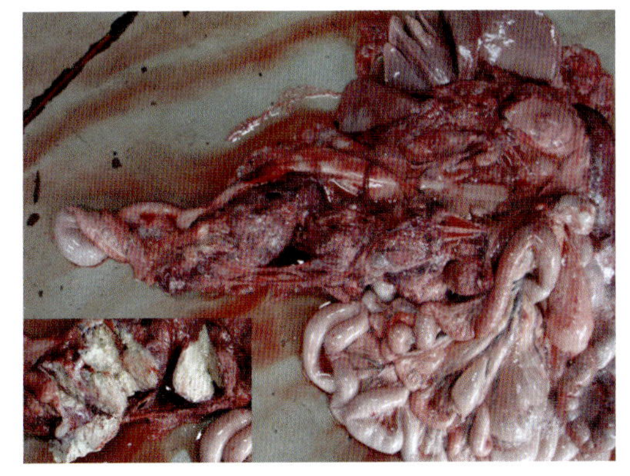

写真 2　写真 1 と同じ子馬の腸間膜リンパ節膿瘍。膿瘍が融合して大きな塊を形成。左下はその塊の割面

（写真 1，2：樋口　徹氏 提供）

馬のトリパノソーマ病

（本文161頁）

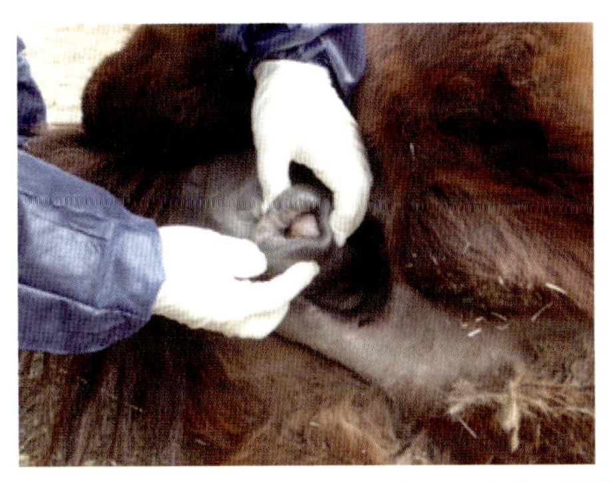

写真 1　*Trypanosoma equiperdum* 感染による包皮の腫脹

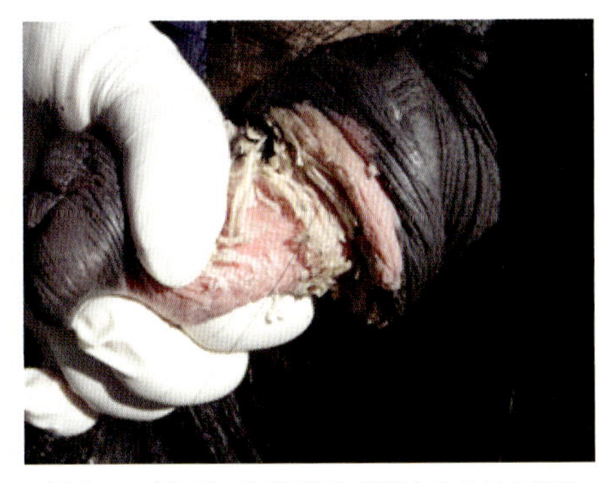

写真 2　感染馬の陰茎周囲に蓄積した多量の恥垢

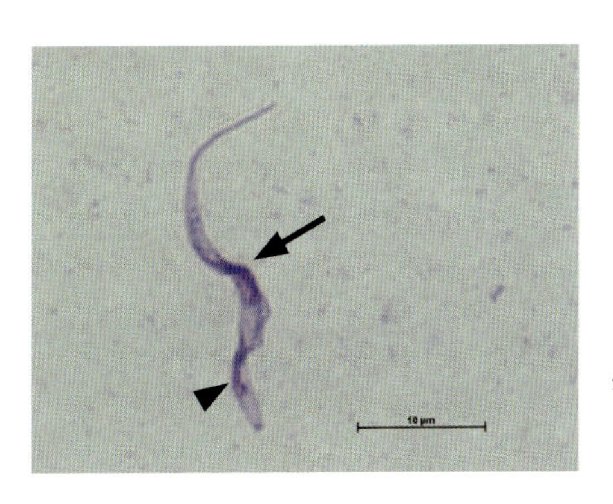

写真 3　尿道粘膜から分離された *T. equiperdum*
矢印：核，矢頭：キネトプラスト

（写真 1 ～ 3：井上　昇 原図）

豚

豚コレラ

（本文163頁）

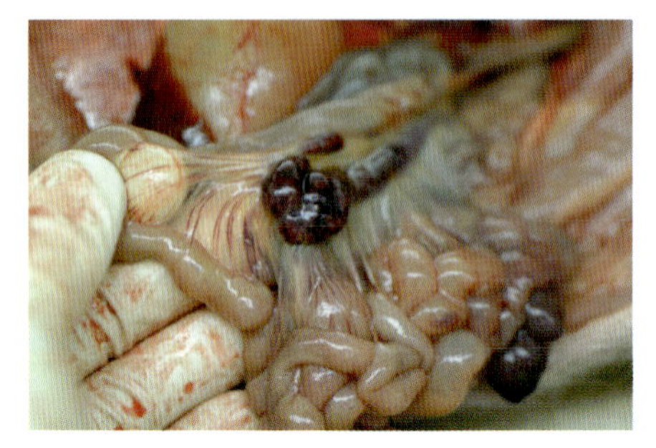

写真１　腸間膜リンパ節の出血

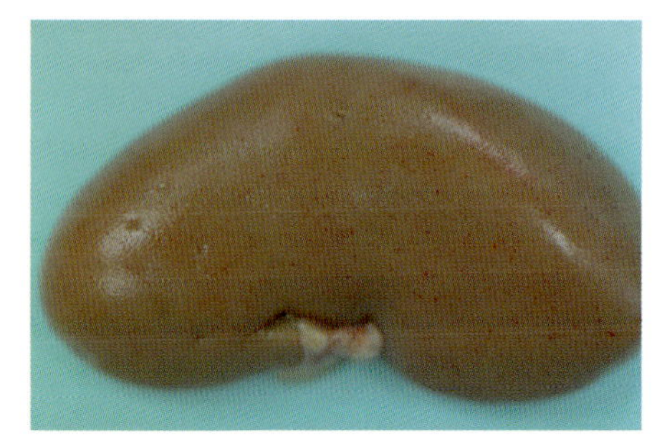

写真２　腎臓の点状出血

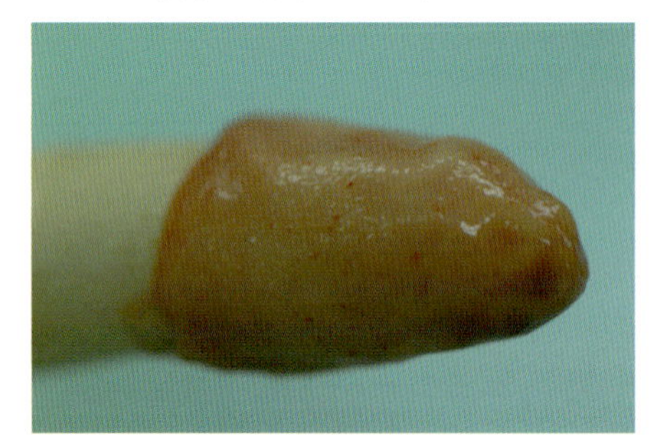

写真３　膀胱の点状出血

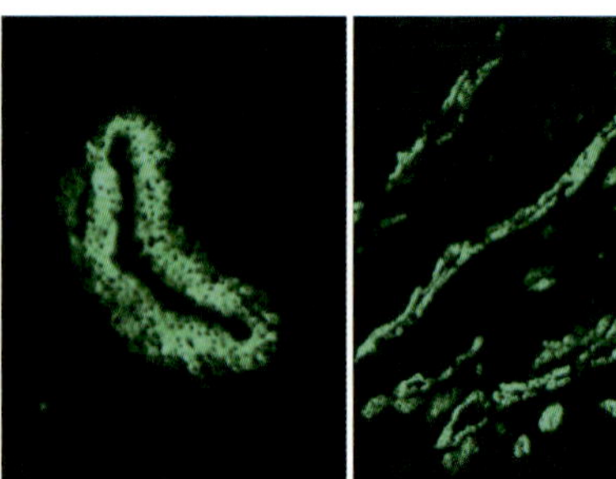

写真４　豚コレラウイルス感染5日目の扁桃凍結切片材料の蛍光抗体像

写真５　豚コレラウイルス感染25日目の腎臓凍結切片材料の蛍光抗体像

（写真１～５：迫田義博 原図）

アフリカ豚コレラ

（本文164頁）

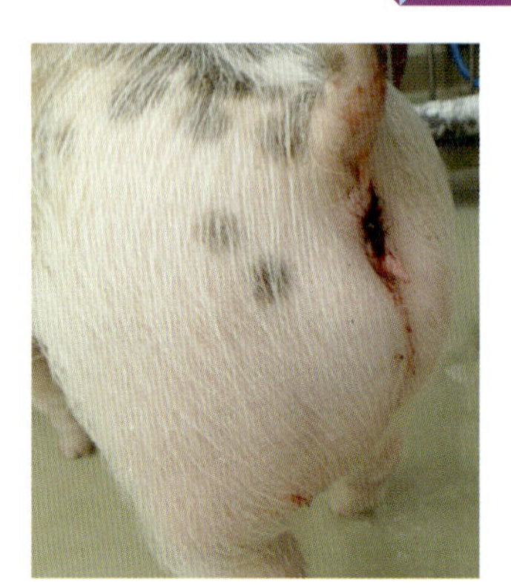

写真１　感染豚肛門からの出血（実験感染例）

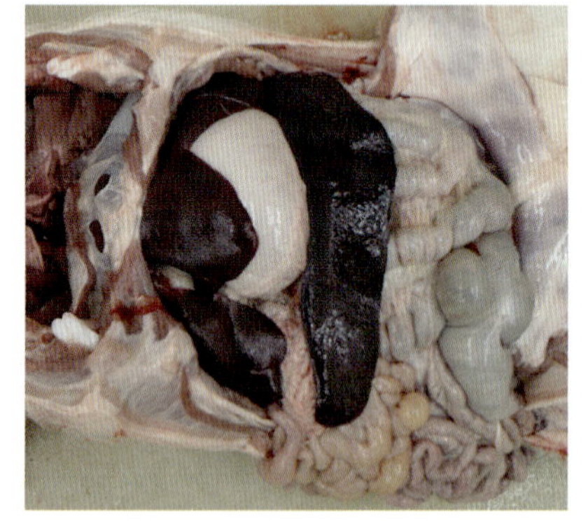

写真２　感染豚にみられる脾臓の腫大（実験感染例）

（写真１，２：農研機構動物衛生研究部門 提供）

豚の日本脳炎

（本文165頁）

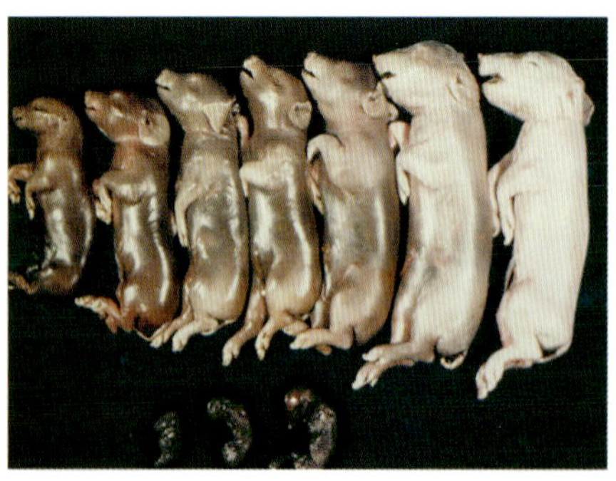

写真１　日本脳炎による豚の死産。下の３頭はミイラ化胎子，上の左５頭は黒子，右の２頭は脳水腫のみられた白子

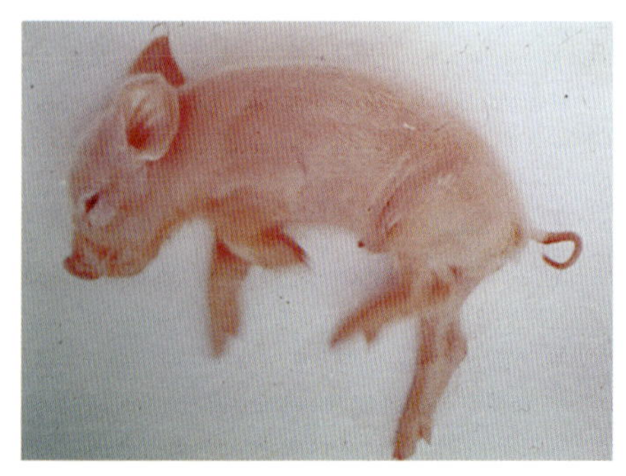

写真２　日本脳炎の発病初生豚。胎内で感染し，生後神経症状を示してまもなく死亡する例がみられる

（写真１，２：農研機構動物衛生研究部門 提供）

オーエスキー病

（本文166頁）

写真 1　オーエスキー病ウイルスによる豚の異常産。黒子，白子など様々な状態の胎子が混在している

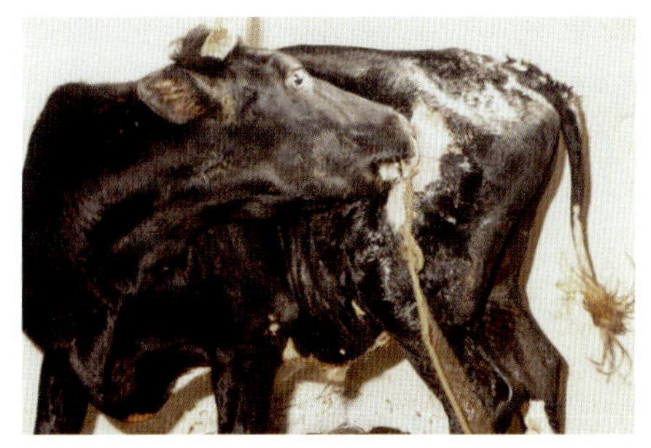

写真 2　牛のオーエスキー病（実験感染）。掻痒部居位をかじったり壁に擦りつけるため，真皮が露出するようになる

（写真 1，2：農研機構動物衛生研究部門 提供）

伝染性胃腸炎

（本文167頁）

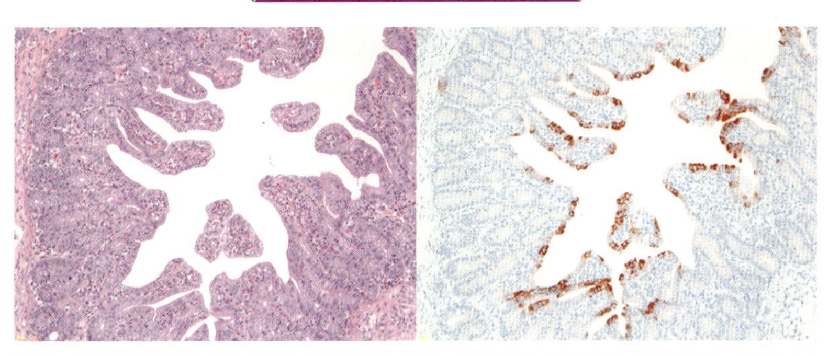

写真　伝染性胃腸炎ウイルス実験感染豚（10日齢）の空腸における絨毛の萎縮（左：HE 染色）および絨毛上皮細胞におけるウイルス抗原（赤色）の検出（右：免疫組織化学染色）

（農研機構動物衛生研究部門 提供）

豚繁殖・呼吸障害症候群

（本文168頁）

写真 1　PRRS ウイルス感染による流死産（一部ミイラ胎子）

写真 2　PRRS ウイルス感染による耳のチアノーゼ

（写真 1，2：農研機構動物衛生研究部門 提供）

豚丹毒

（本文174頁）

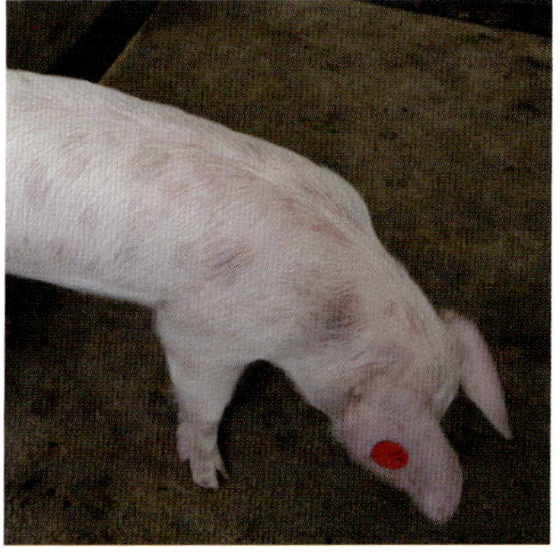

写真　豚丹毒発症豚（蕁麻疹型）

（農研機構動物衛生研究部門 提供）

豚の大腸菌症

（本文177頁）

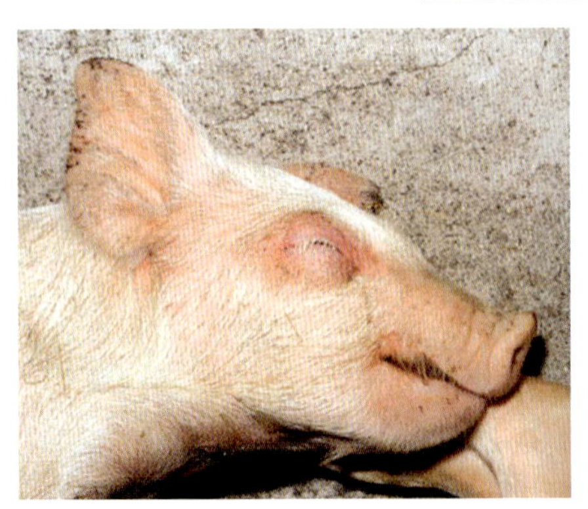

写真１　眼瞼周囲の著明な浮腫（浮腫病）

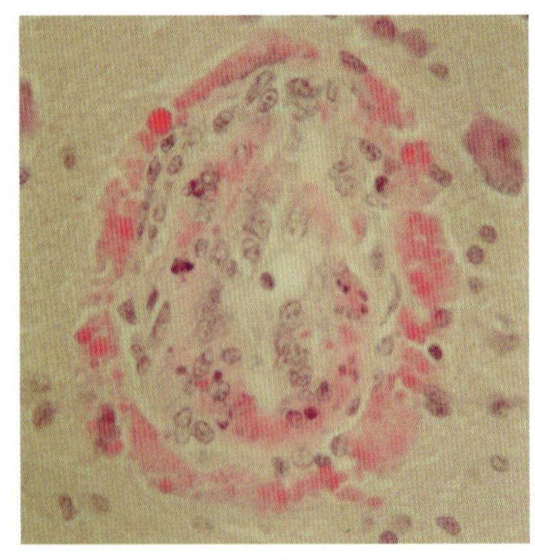

写真２　脳の細動脈。血管中膜の平滑筋細胞の壊死と血管周囲腔に認められる硝子滴

（写真１，２：末吉益雄 原図）

豚のサルモネラ症

（本文178頁）

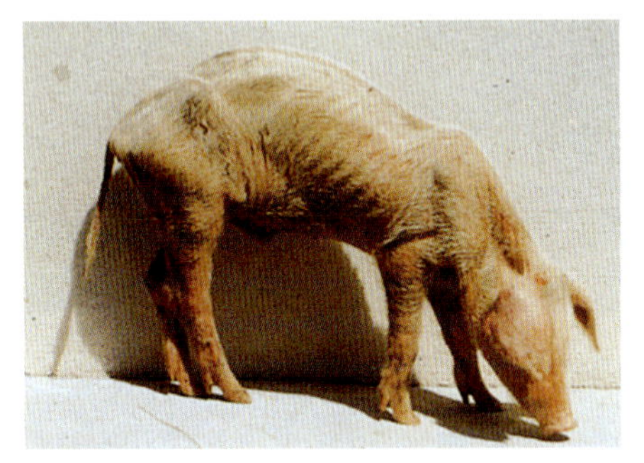

写真１　サルモネラ罹患豚にみられる顕著な痩削

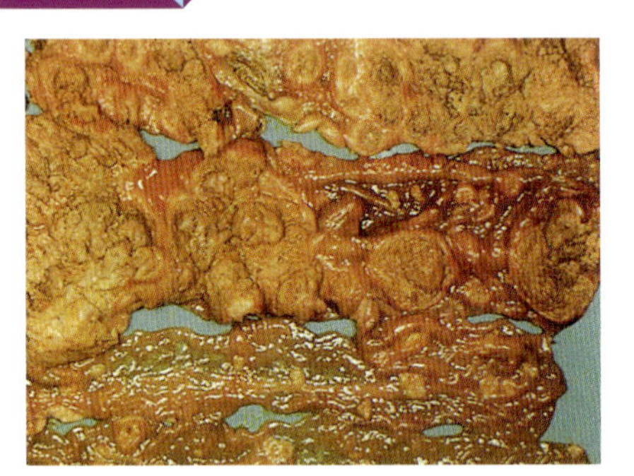

写真２　サルモネラ罹患豚における大腸の潰瘍

（写真１，２：沖縄県家畜衛生試験場 提供）

豚赤痢

（本文179頁）

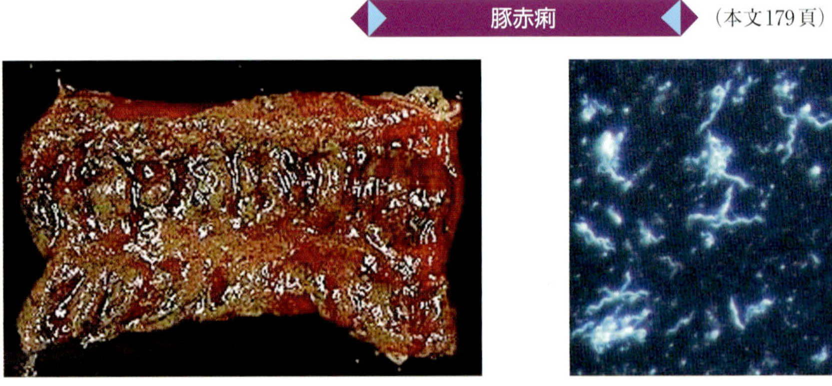

写真１　粘液，出血，線維素の混在した滲出液で覆われる結腸粘膜

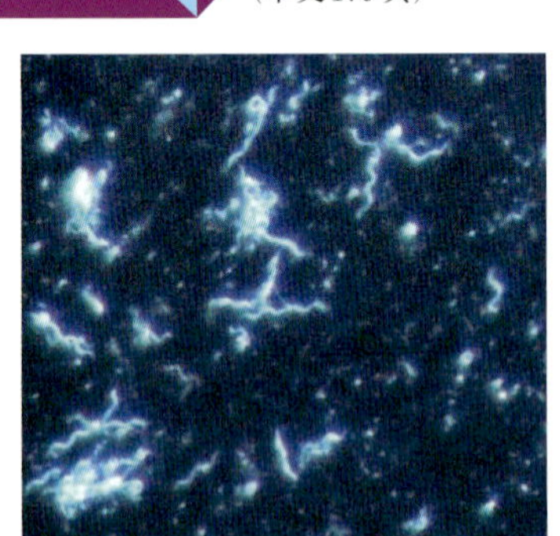

写真２　*Brachyspira hyodysenteriae* の暗視野鏡検像。大型らせん菌が認められる

（写真１，２：末吉益雄 原図）

豚のパスツレラ肺炎

（本文180頁）

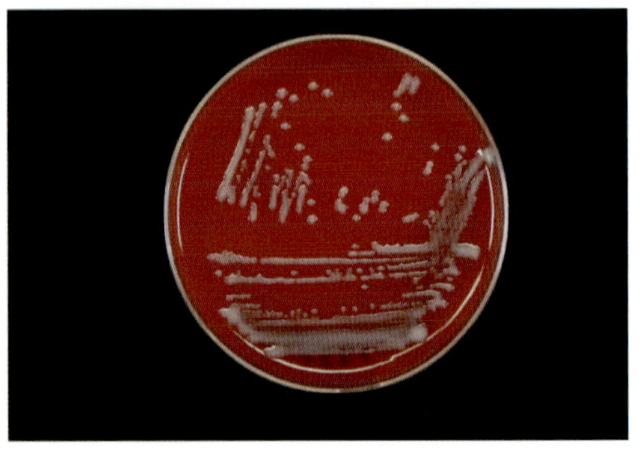

写真　*Pasteurella multocida* の血液寒天培地上のコロニー

（農研機構動物衛生研究部門 提供）

豚胸膜肺炎

（本文181頁）

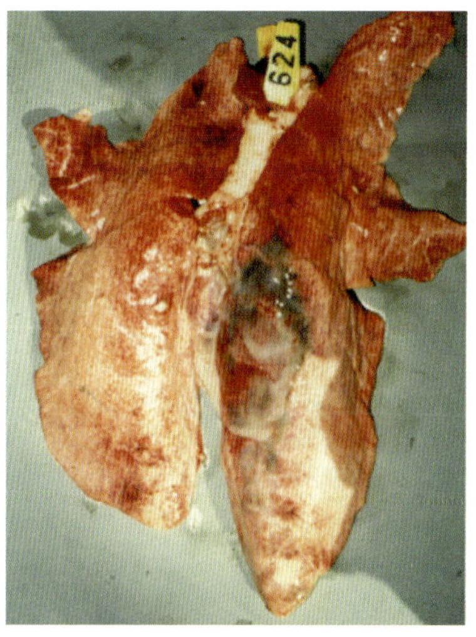

写真 1　斃死例の肺。右葉には，出血のため暗赤色を呈している部分がある

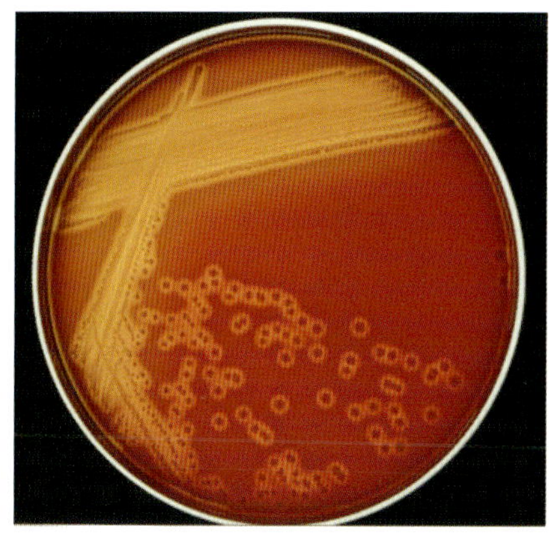

写真 2　*Actinobacillus pleuropneumoniae* の血液寒天上の溶血像。本菌の病原因子である溶血毒（Apx I および Apx II など）によって，赤血球が溶解されるため，コロニー周辺に溶血環が認められる

（写真 1，2：山本孝史氏 提供）

豚のレンサ球菌症

（本文183頁）

写真 1　レンサ球菌感染により神経症状を示す豚

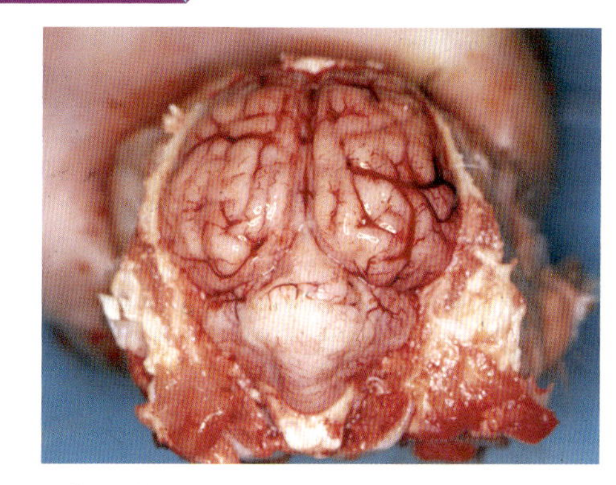

写真 2　神経症状を示す豚に観察される大脳の化膿性髄膜炎

（写真 1，2：片岡　康 原図）

滲出性表皮炎

（本文184頁）

写真 1　滲出性表皮炎罹患豚における滲出物への塵埃の膠着（ススを被ったような様相）

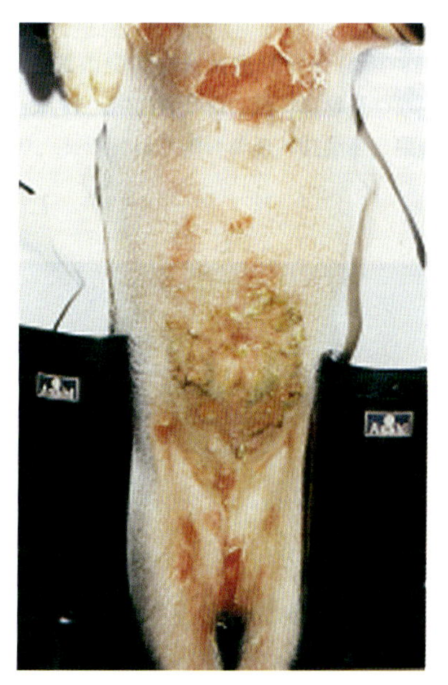

写真 2　罹患豚の皮膚。表皮の脱落と腹部における痂皮形成

（写真 1，2：佐藤久聡 原図）

腸腺腫症候群

（本文184頁）

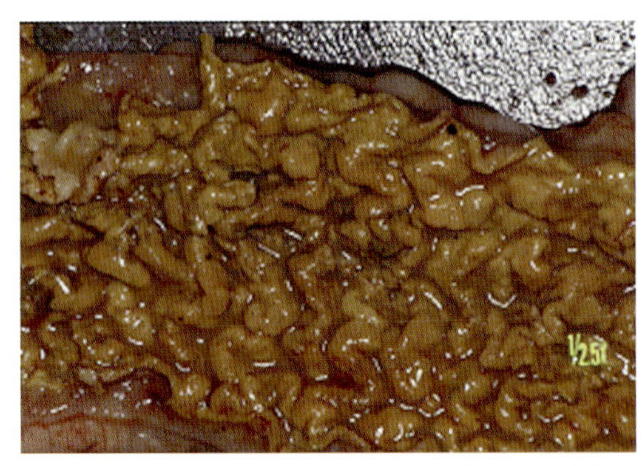

写真１　腸腺腫症の回腸粘膜。腸壁は著しく肥厚し，容易に剥離する偽膜で覆われる
（農研機構動物衛生研究部門 提供）

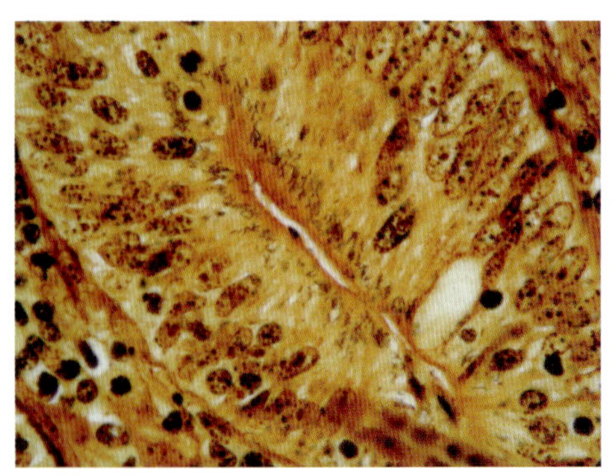

写真２　回腸粘膜の陰窩。陰窩上皮細胞の核上部細胞質内にみられる黒染したカンマ状小桿菌。ワルチン・スタリー染色
（末吉益雄 原図）

豚のマイコプラズマ感染症

（本文188頁）

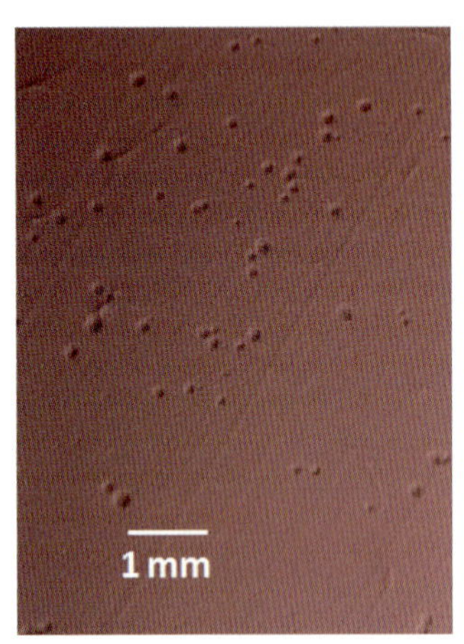

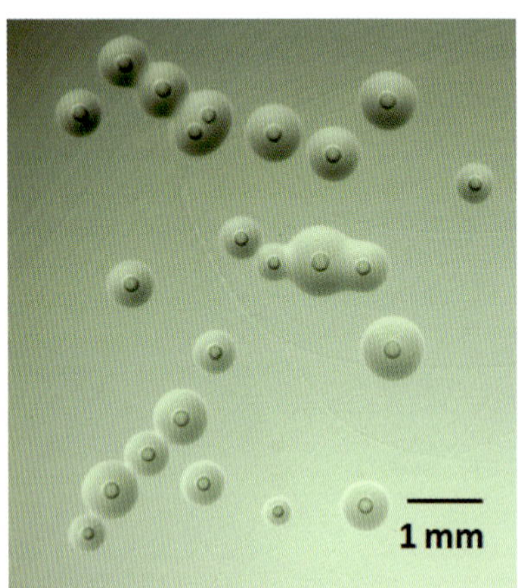

写真１　*M. hyopneumoniae*（左）と*M. hyosynoviae*（右）のコロニー

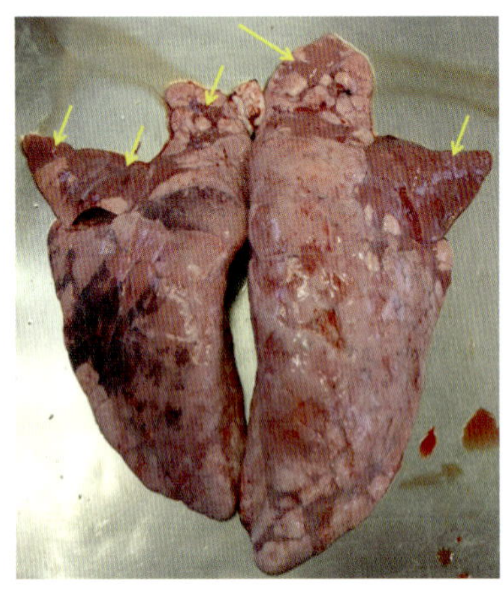

写真２　豚マイコプラズマ肺炎（５カ月齢）。健康部と明瞭に区別可能な肝変化した無気肺病変（矢印）を形成

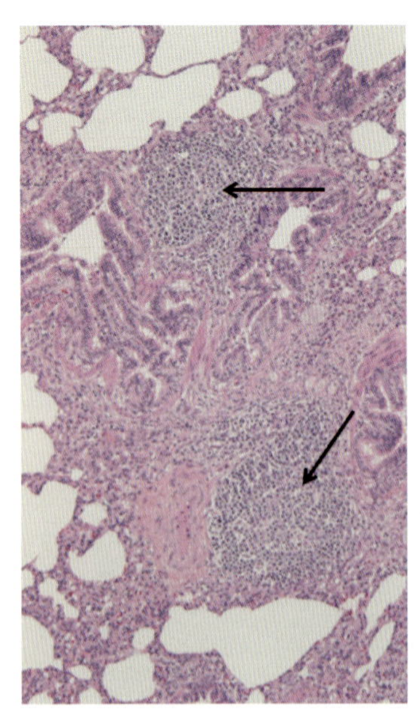

写真３　豚マイコプラズマ肺炎の組織像（HE染色）。リンパ球が集簇し，リンパ濾胞（矢印）の形成がみられる

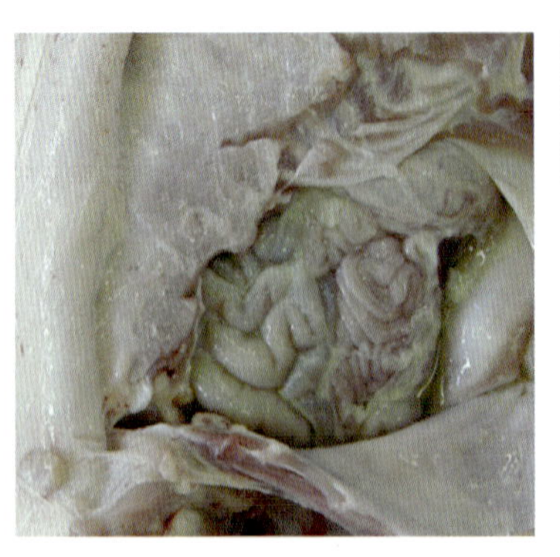

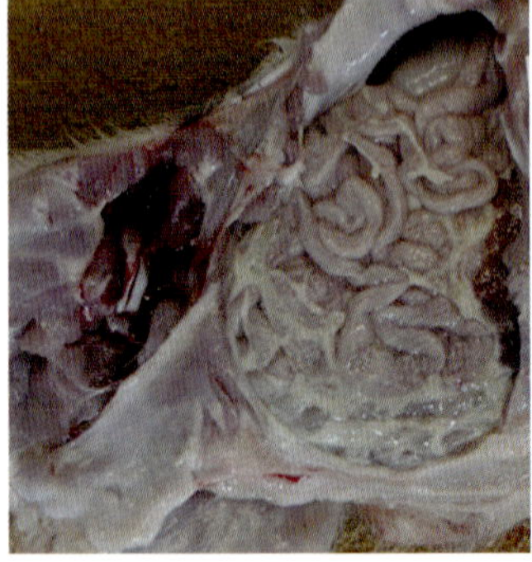

写真４　子豚の多発性漿膜炎。腹水貯留が著明な初期病状（左）と腹水が吸収されフィブリンの蓄積が明瞭な回復期（右）いずれの子豚も55日齢

（写真１～４：農研機構動物衛生研究部門 提供）

豚のトキソプラズマ病

（本文190頁）

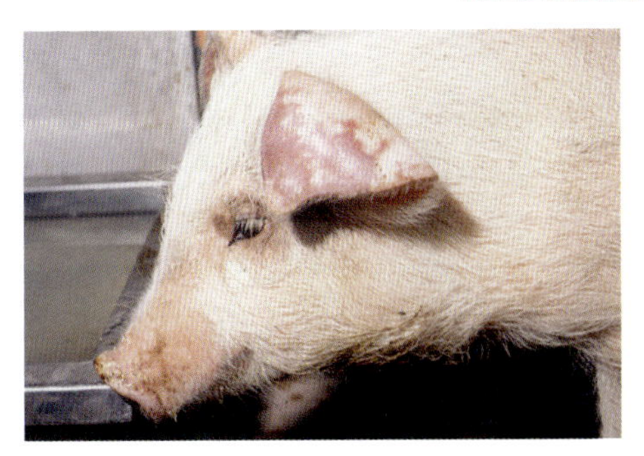

写真１　トキソプラズマ感染豚の耳翼の紫赤斑

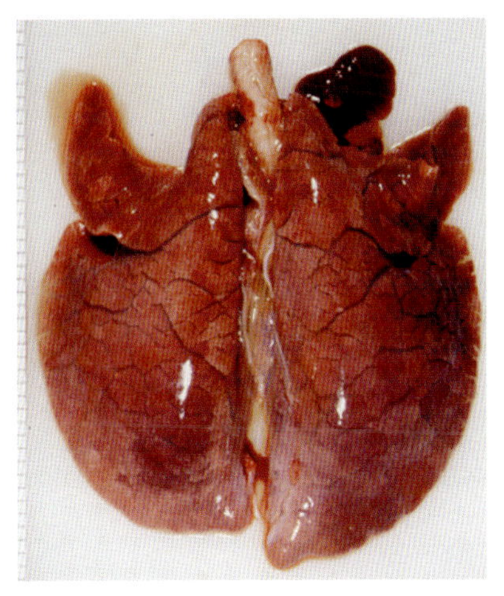

写真２　トキソプラズマ感染豚の肺病変。全葉性に認められる出血を伴った水腫性肺炎

（写真１，２：農研機構動物衛生研究部門 提供）

家きんおよび鳥類

ニューカッスル病

（本文192頁）

写真１　強毒内臓型での呼吸器症状。開口呼吸を示す

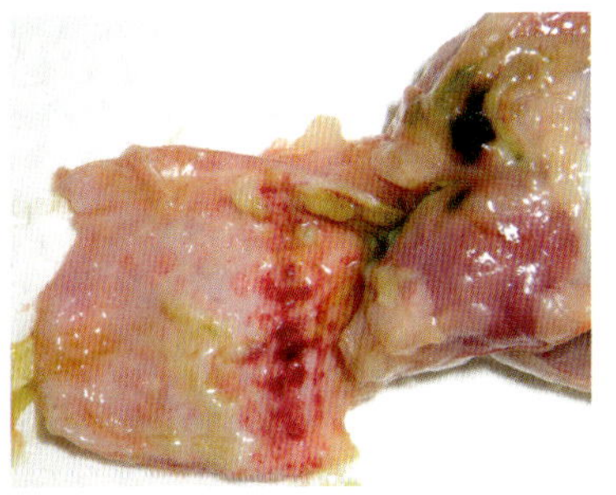

写真２　ニューカッスル病ウイルス強毒株実験感染鶏にみられた腺胃の出血

写真３　強毒神経型の神経症状。脚麻痺のため起立不能となる

（写真１，３：堀内貞治氏 提供　　写真２：農研機構動物衛生研究部門 提供）

高病原性鳥インフルエンザ

（本文193頁）

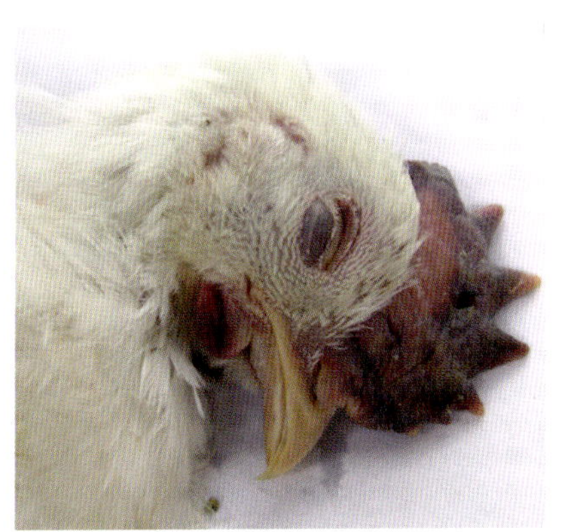

写真１　発症鶏にみられた肉冠のうっ血および顔面の腫脹

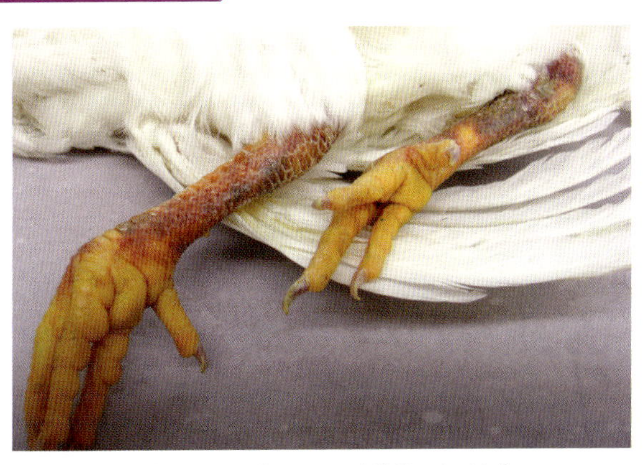

写真２　発症鶏にみられた脚部の皮下出血

（写真１，２：伊藤壽啓 原図）

トリ白血病・肉腫(鶏白血病)

（本文194頁）

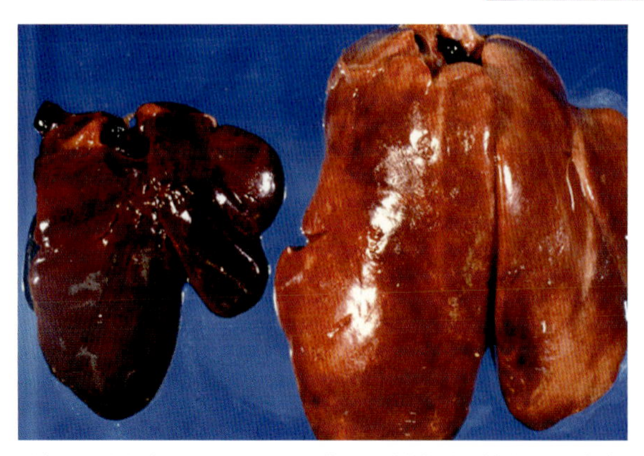

写真１　発症鶏にみられた肝臓の著しい腫瘍性腫大（右側：肝脹れ）。左側は非感染対照

（板倉智敏氏 提供）

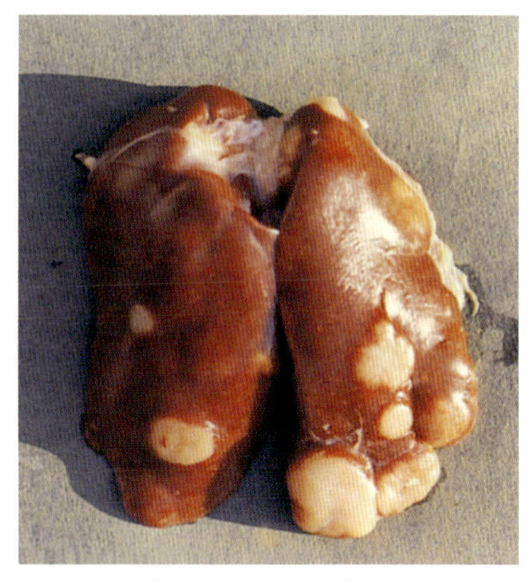

写真２　肝臓における白色の結節性の腫瘍病巣

（栃木県県央家畜保健衛生所 提供）

マレック病

（本文195頁）

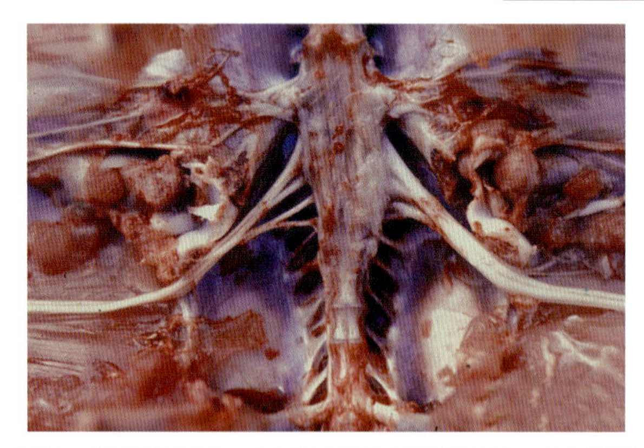

写真１　末梢神経の病変。坐骨神経や腰仙骨神経叢の著しい腫大（右側）

（板倉智敏氏 提供）

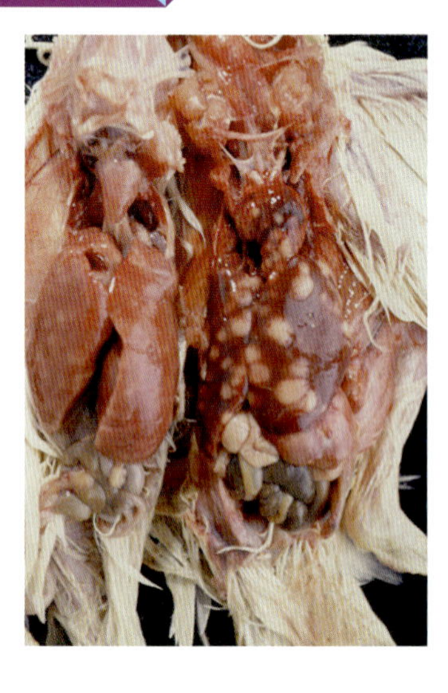

写真２　肝臓の腫瘍。肝臓の著しい腫大や多数の白色結節がみられる

（農研機構動物衛生研究部門 提供）

伝染性気管支炎

（本文196頁）

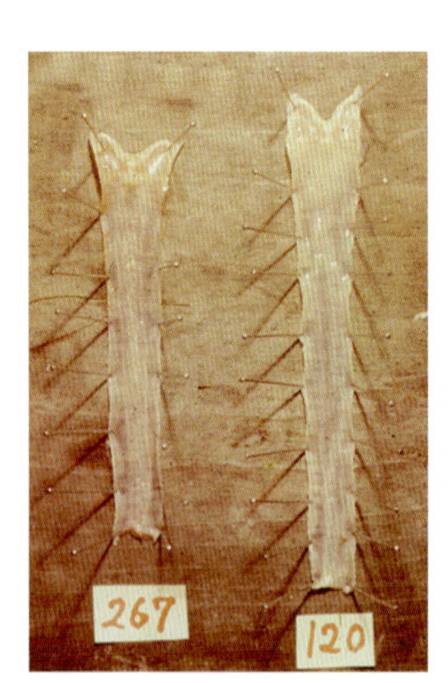

写真１　感染鶏の気管粘膜の充血・肥厚（左）と粘液の増加（右）

（堀内貞治氏 提供）

写真２　腎病性ウイルス感染による死亡鶏の腎臓の肉眼所見。退色と腫大，さらに尿酸塩沈着によって大理石様を呈する

（野牛一弘氏 提供）

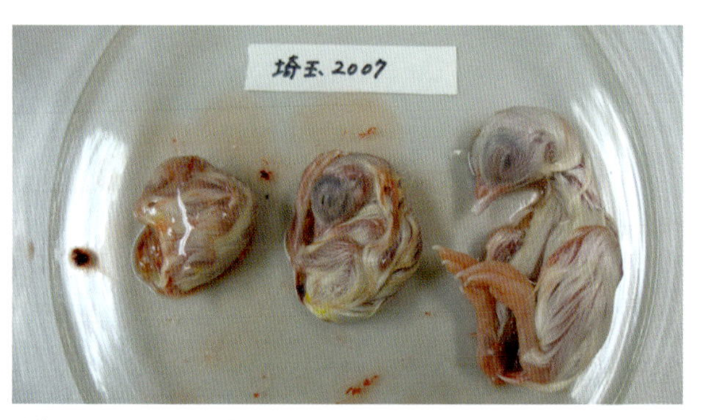

写真３　伝染性気管支炎ウイルス野外分離株を接種された鶏胚の変化。左２つに胎子の変性（カーリング，矮小化）がみられる。右は正常な鶏胚

（農研機構動物衛生研究部門 提供）

鶏痘

（本文198頁）

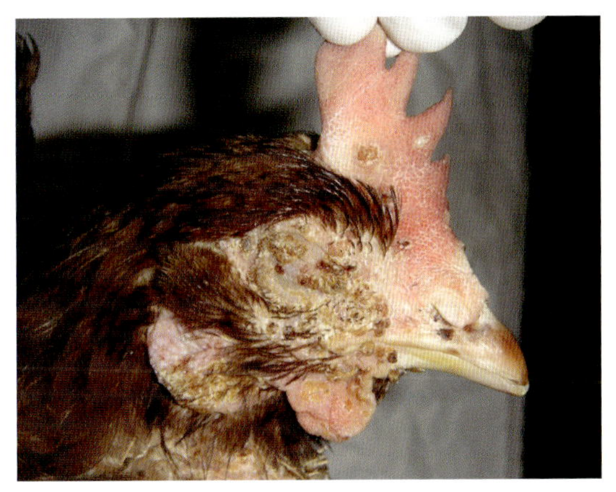

写真 1　皮膚型鶏痘。重度の皮膚病変による眼瞼の閉鎖

（山口剛士 原図）

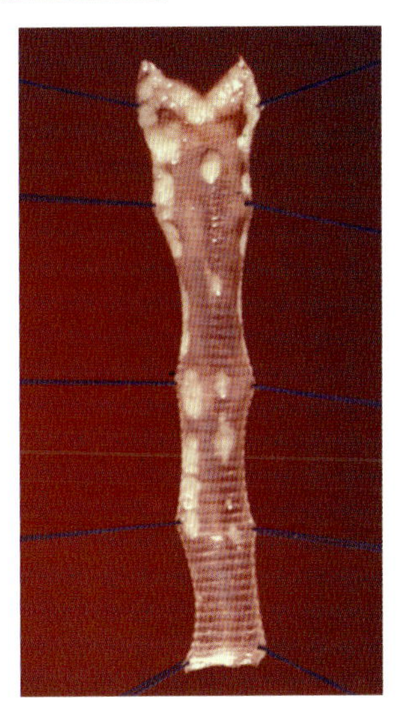

写真 2　粘膜型鶏痘。喉頭および気管粘膜における発痘

（堀内貞治氏 提供）

伝染性ファブリキウス囊病

（本文198頁）

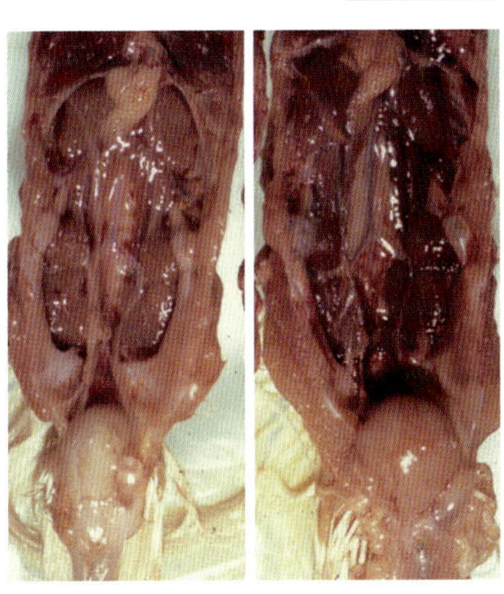

写真 1　伝染性ファブリキウス囊病ウイルス感染鶏のファブリキウス囊と腎臓。感染鶏ではファブリキウス囊の黄変化および腎臓の退色と腫大が認められる（左側）。右側は非感染対照鶏

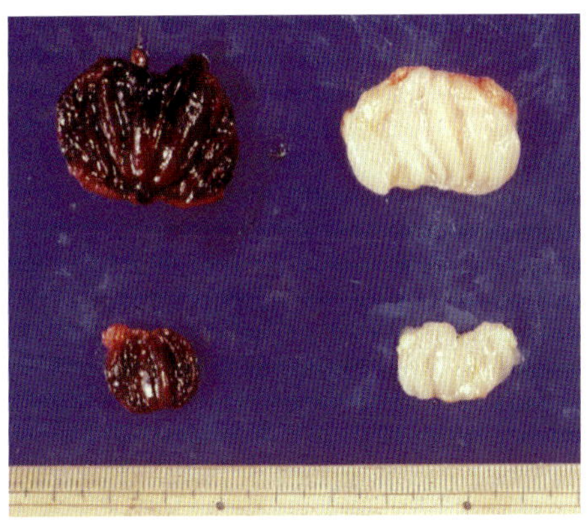

写真 2　実験感染 4 日目のファブリキウス囊に認められた病変。感染鶏では重度の出血が認められる（左側）。右側は非感染対照鶏

上列は 10 週齢
下列は 3 週齢

（写真 1，2：山口剛士 原図）

鶏のサルモネラ症

（本文207頁）

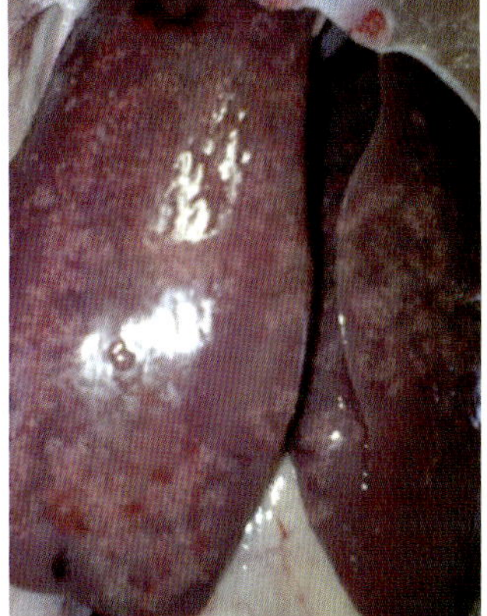

写真 1　*S.* Enteritidis 実験感染鶏の肝臓にみられた灰白色の壊死巣

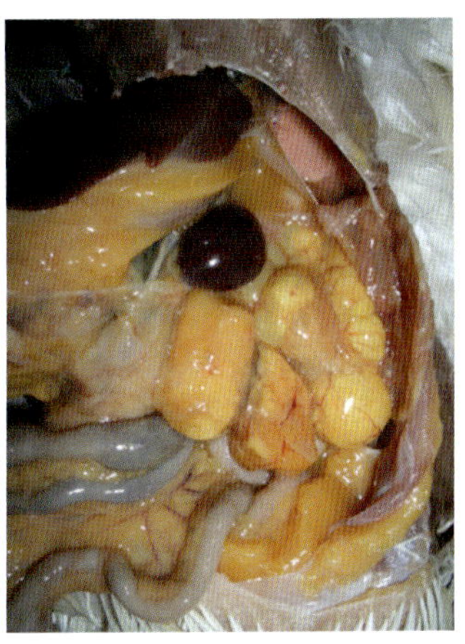

写真 2　*S.* Enteritidis 実験感染鶏の混濁，萎縮した卵巣と卵管

（写真 1，2：岡村雅史 原図）

鳥類のクラミジア病

（本文217頁）

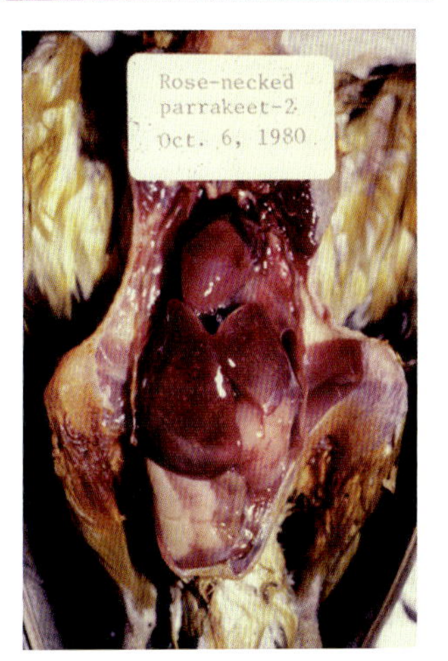

写真　ワカケホンセイインコの剖検。肝臓の腫大・壊死

（平井克哉氏 提供）

鶏のコクシジウム症

（本文218頁）

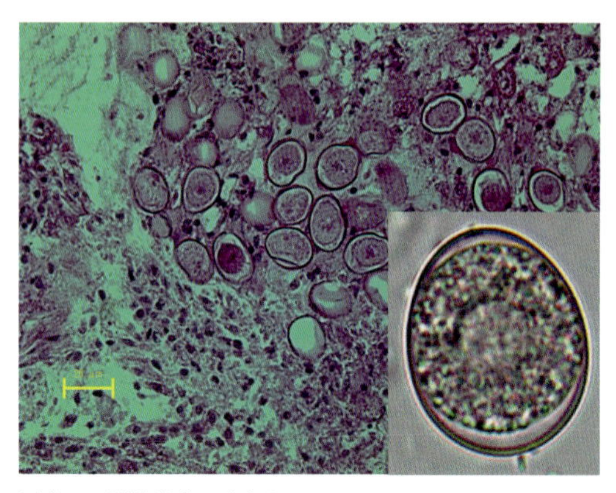

写真1　腸粘膜内で発育する *Eimeria brunetti* のオーシスト（右下は未成熟オーシスト）

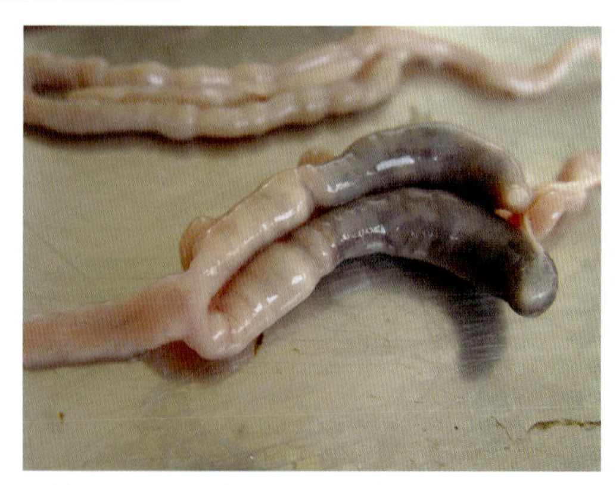

写真2　*E. tenella* 感染鶏における盲腸の腫大および出血

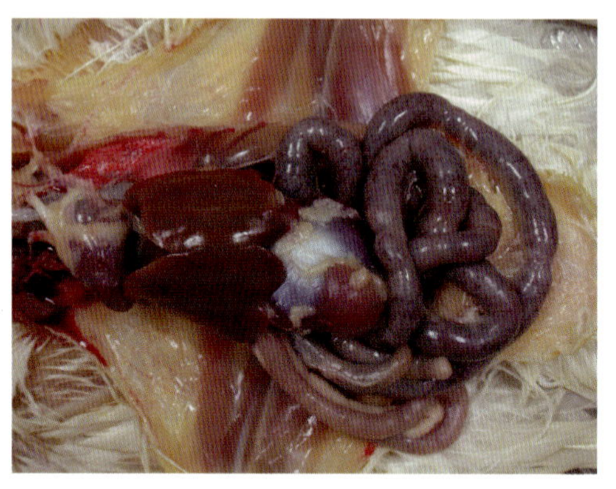

写真3　*E. necatrix* 感染鶏における小腸の腫大および出血

（写真1～3：川原史也氏 提供）

鶏のロイコチトゾーン病

（本文219頁）

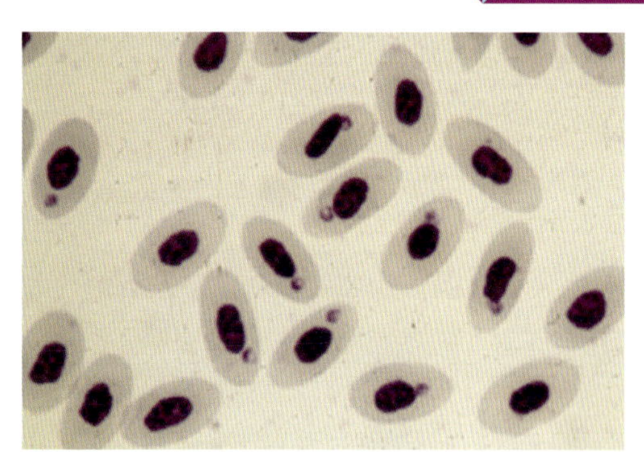

写真1　*Leucocytozoon caulleryi* のメロゾイト（Giemsa染色　×500）

写真2　感染後19日目に認められた鶏ロイコチトゾーンによる貧血（右）。左は正常鶏

（写真1，2：磯部　尚氏 提供）

犬・猫

狂犬病

(本文221頁)

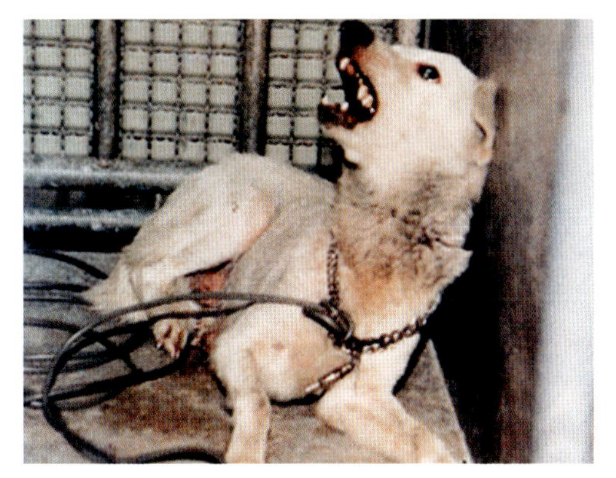

写真 1　狂躁状態の発病犬

写真 2　麻痺状態の犬

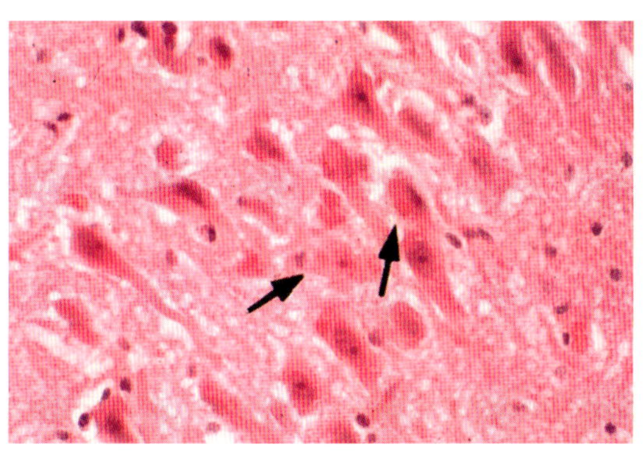

写真 3　脳アンモン角の神経細胞におけるネグリ小体。ネグリ小体は神経細胞の細胞質内に球形あるいは楕円形の好酸性封入体として認められる(矢印)

(写真 1 ～ 3：源　宣之氏 提供)

犬ジステンパー

(本文222頁)

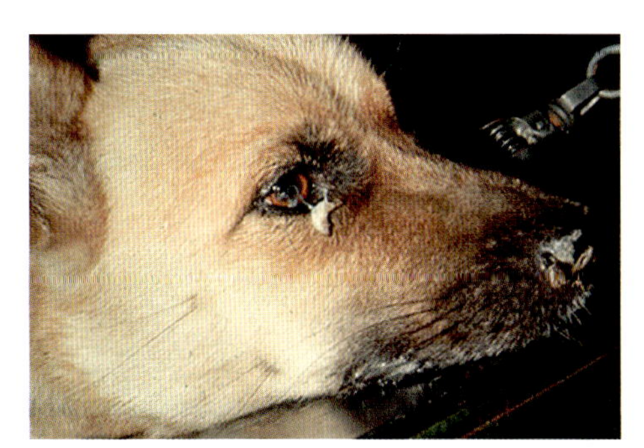

写真 1　二次感染に伴う膿性の眼漏と鼻漏。てんかん様発作に伴う流涎もみられる

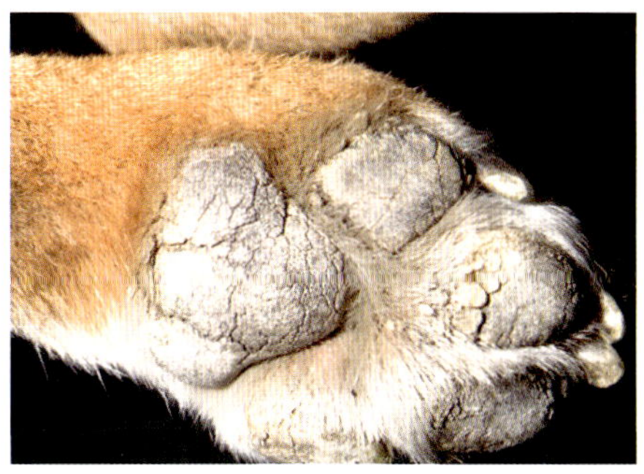

写真 2　蹠球の角化亢進(硬蹠症)。神経型で多く出現する傾向がある

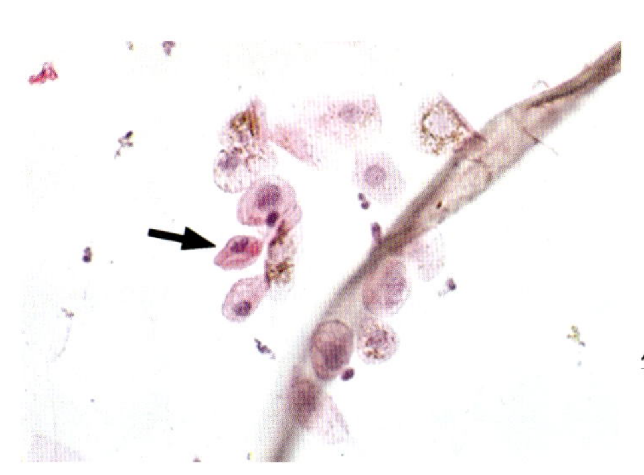

写真 3　眼瞼結膜の擦過細胞にみられる好酸性細胞質内封入体(矢印)。HE 染色

(写真 1 ～ 3：橋本　晃氏 提供)

犬パルボウイルス感染症 （本文223頁）

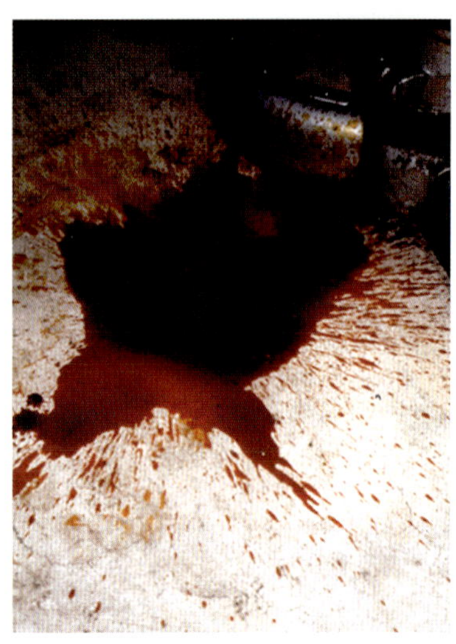

写真 1 日本における流行初期の罹患犬でみられた激しい出血下痢便

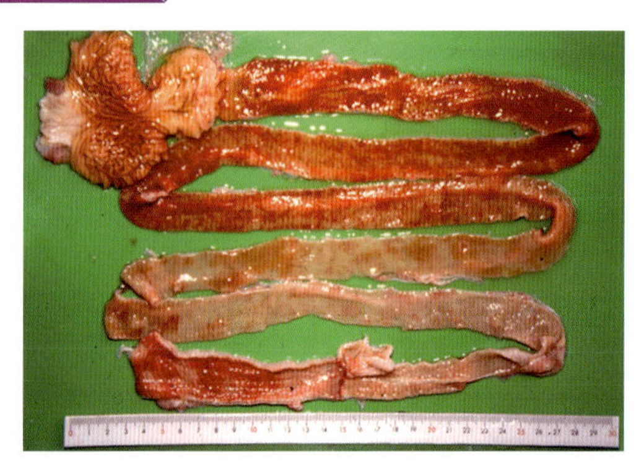

写真 2 実験的感染犬の広範な出血性腸炎。腸粘膜は平滑になっている

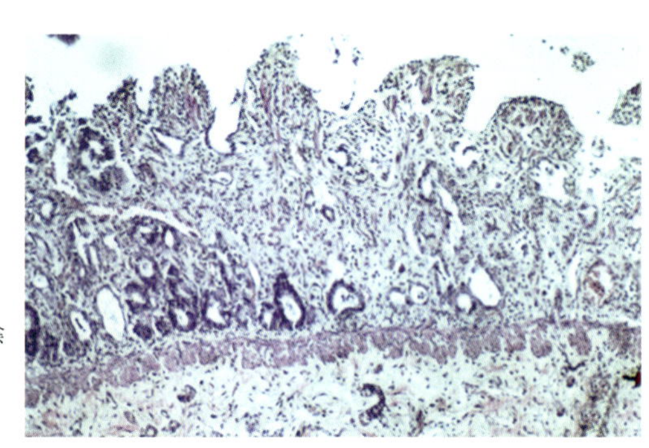

写真 3 小腸粘膜の絨毛の変性壊死，脱落と腸陰窩の拡張や崩壊がみられる。HE 染色

（写真１～３：橋本　晃氏 提供）

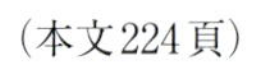

犬伝染性肝炎 （本文224頁）

写真 1 両側性の眼球角膜の白濁（ブルーアイ）

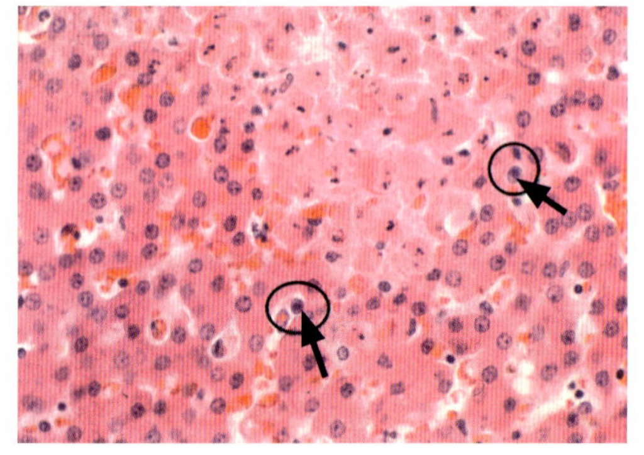

写真 2 肝細胞の巣状壊死と類洞内皮細胞の好塩基性核内封入体（矢印）。HE 染色

（写真１，２：橋本　晃氏 提供）

犬ヘルペスウイルス感染症 （本文226頁）

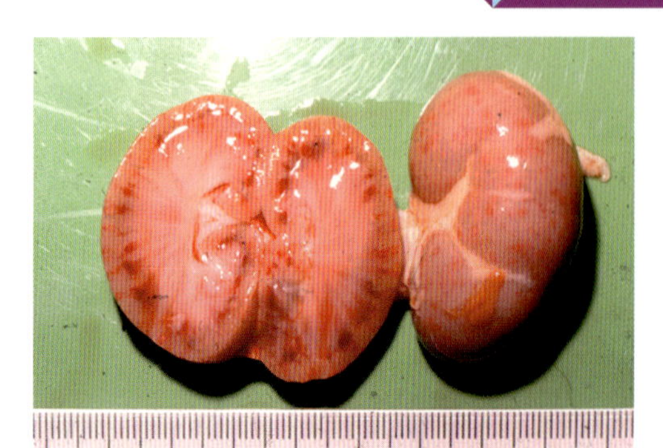

写真 1 腎臓の出血斑。皮質と髄質境界部のくさび型出血斑が特徴的である

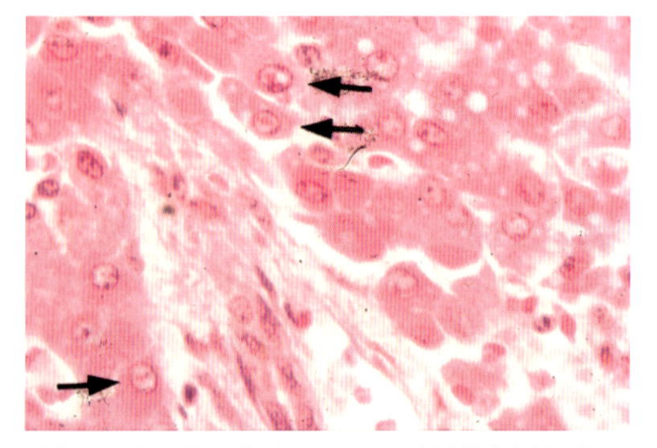

写真 2 肝臓の壊死巣辺縁にみられる好酸性核内封入体（矢印）。HE 染色

（写真１，２：橋本　晃氏 提供）

猫白血病ウイルス感染症

（本文227頁）

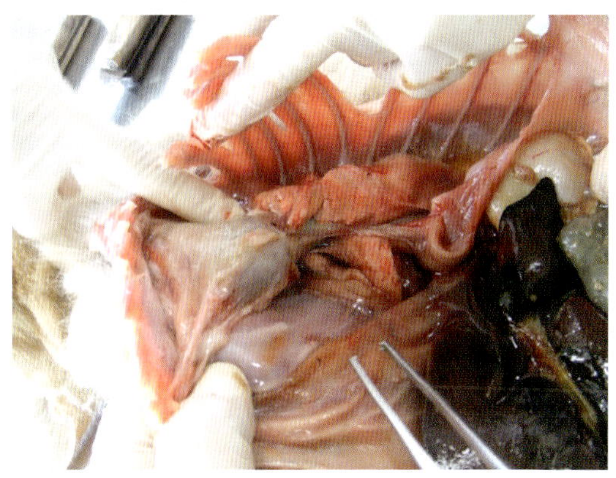

写真１　猫白血病ウイルス感染による縦隔型リンパ腫。胸腔内に腫瘍があり，心臓を取りまいている

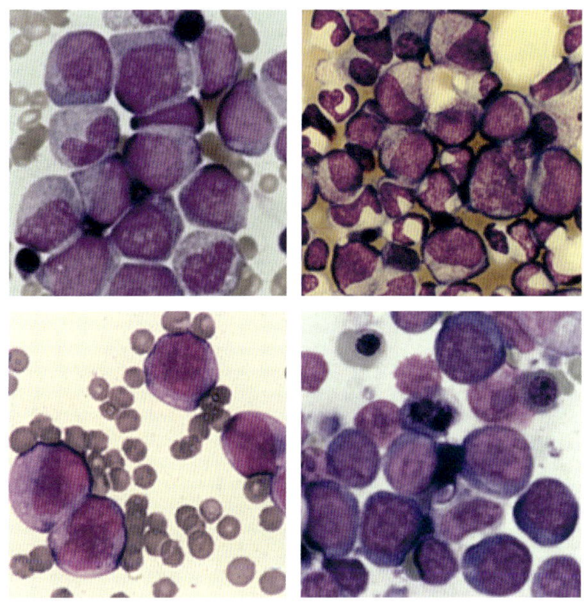

写真２　急性骨髄性白血病の骨髄塗抹。左上：骨髄芽球性白血病（FAB-M2），右上：骨髄単球性白血病（FAB-M4），左下：単球性白血病（FAB-M5），右下：赤白血病（FAB-M6）

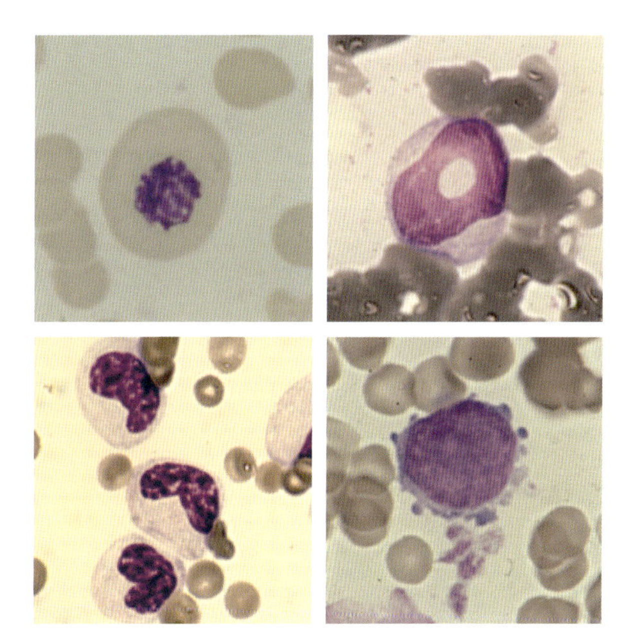

写真３　骨髄異形成症候群の血液塗抹。左上：巨赤芽球様変化，右上：輪状核好中球，左下：偽ペルゲル核異常，右下：微小巨核球

（写真１：西垣一男　原図　　写真２，３：久末正晴氏　提供）

猫免疫不全ウイルス感染症

（本文228頁）

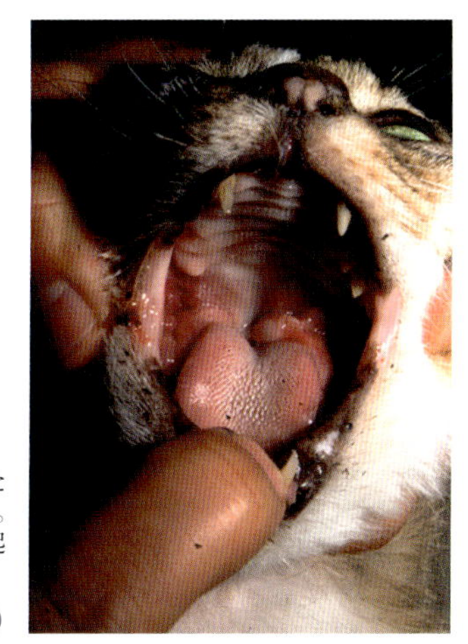

写真１　ARC期に認められた口腔深部の口内炎。左右に肉芽様の隆起がみられる

（橋本　晃氏　提供）

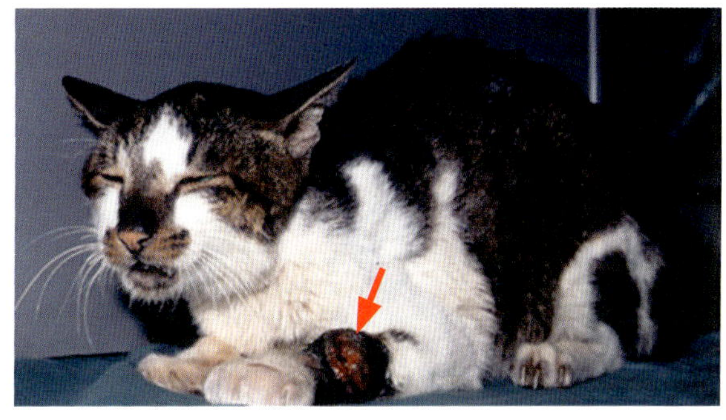

写真２　エイズ期に認められた*Cryptococcus*属感染による左前肢の結節と潰瘍形成（矢印）

（宮沢孝幸　原図）

猫汎白血球減少症

（本文229頁）

写真 1　腸管や腹壁脂肪織の出血斑と小腸の著しい充血がみられる

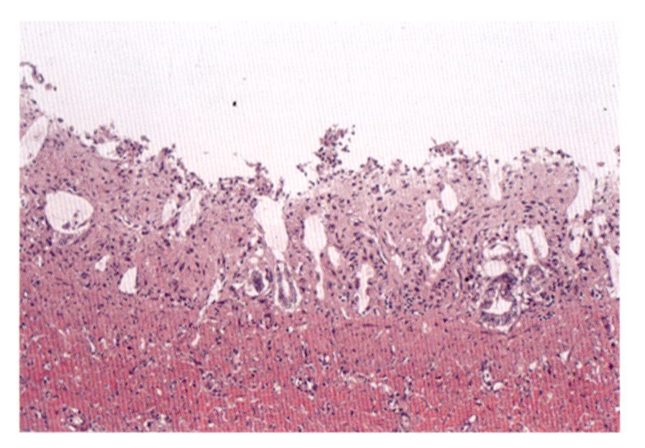

写真 2　小腸絨毛は壊死，剥離している。腸陰窩の拡張と上皮細胞の脱落・消失がみられる。HE 染色

（写真 1，2：橋本　晃氏 提供）

猫伝染性腹膜炎

（本文230頁）

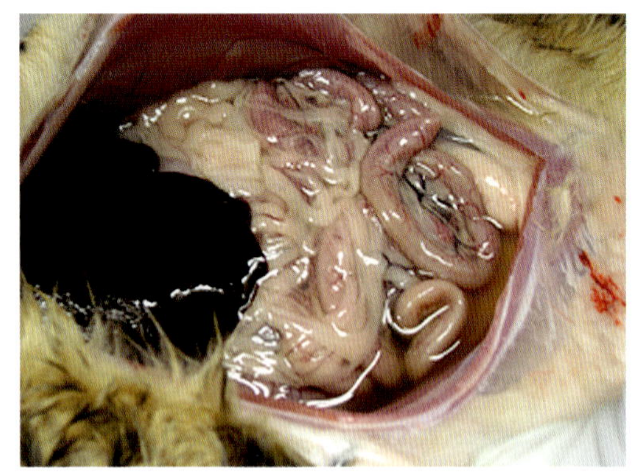

写真 1　滲出型猫伝染性腹膜炎における腹水の貯留

写真 2　非滲出型猫伝染性腹膜炎。腸管に形成された化膿性肉芽腫（灰白色結節）

（写真 1，2：宝達　勉 原図）

猫カリシウイルス病

（本文232頁）

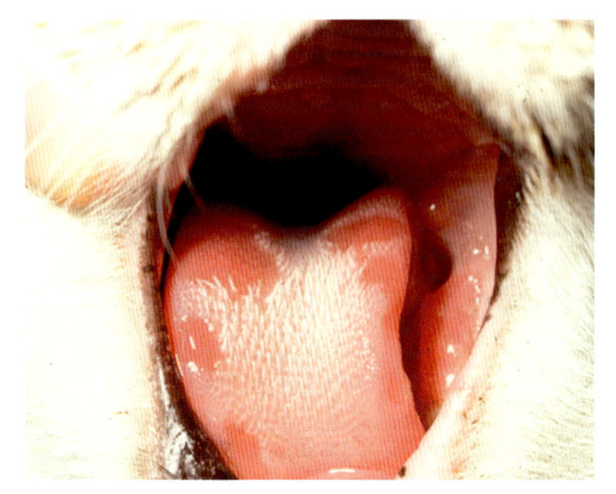

写真 1　舌背に認められる境界の比較的明瞭な様々な大きさのびらん

（橋本　晃氏 提供）

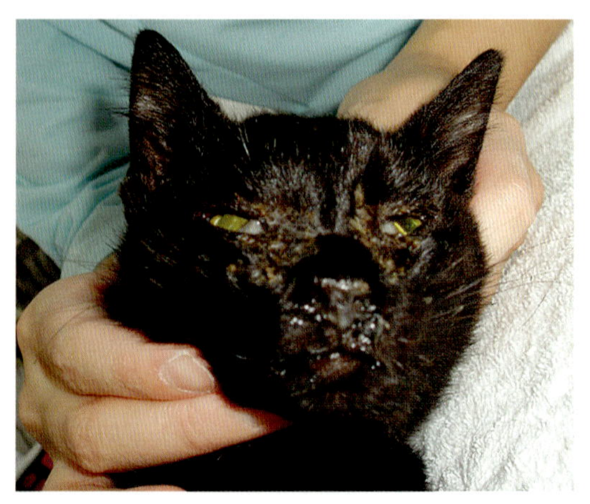

写真 2　鼻汁，流涙，結膜浮腫を示す猫カリシウイルス感染猫

（江尻紀子氏 提供）

猫ウイルス性鼻気管炎

（本文233頁）

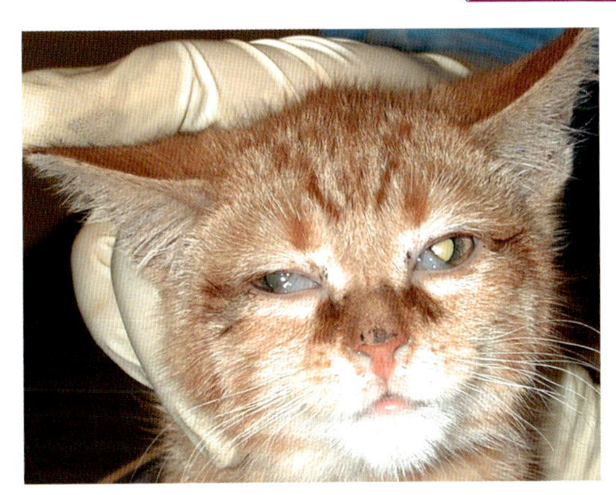

写真1　流涙，鼻水，結膜浮腫を示す感染猫

（前田　健 原図）

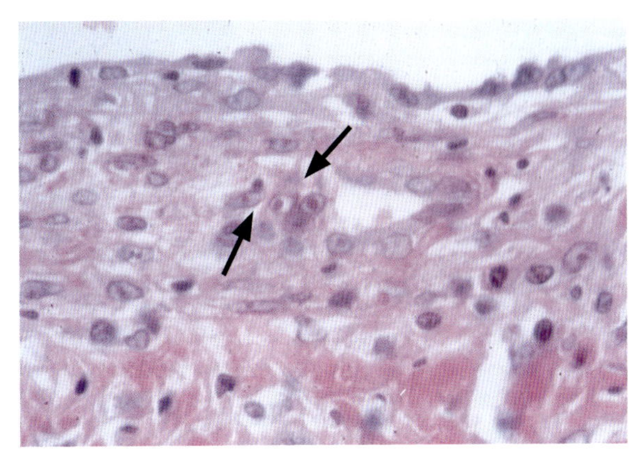

写真2　鼻腔粘膜上皮細胞の好酸性核内封入体（矢印）。HE染色

（橋本　晃氏 提供）

犬のレプトスピラ症

（本文235頁）

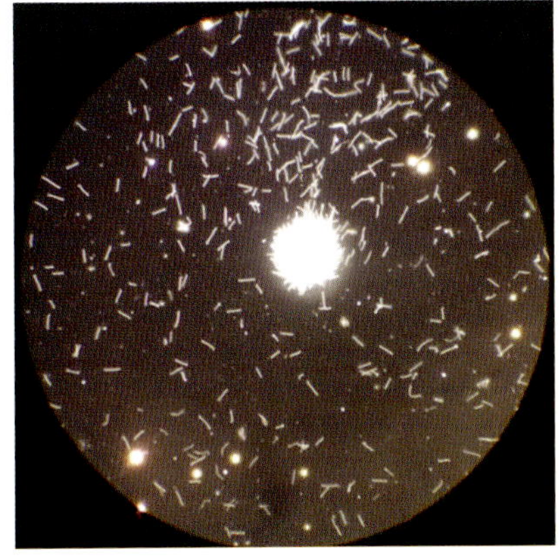

写真　MATにおけるレプトスピラの凝集像

（村田　亮 原図）

犬のブルセラ病

（本文236頁）

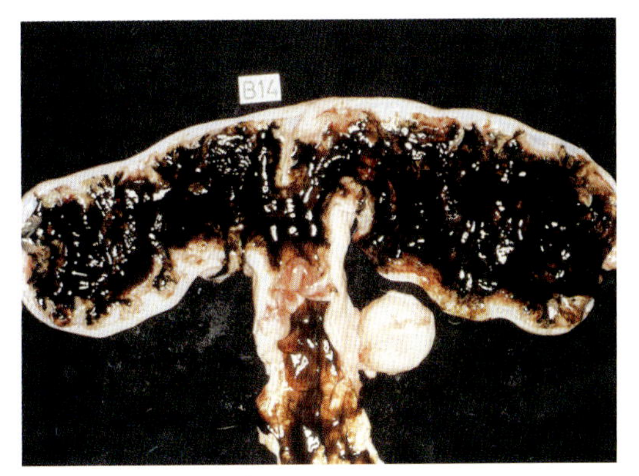

写真　子宮内の胎子および胎子の付属物が変性してタール状を呈している

（筒井敏彦氏 提供）

犬のライム病

（本文237頁）

写真1　シュルツェマダニ（*Ixodes persulcatus*）
（左段）雄の背面と腹面
（右段）雌の背面と腹面

（高田　歩氏 提供）

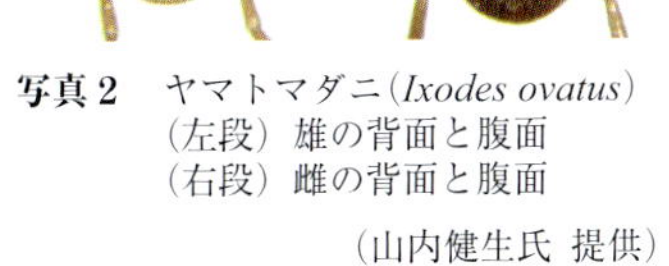

写真2　ヤマトマダニ（*Ixodes ovatus*）
（左段）雄の背面と腹面
（右段）雌の背面と腹面

（山内健生氏 提供）

猫ヘモプラズマ感染症

（本文240頁）

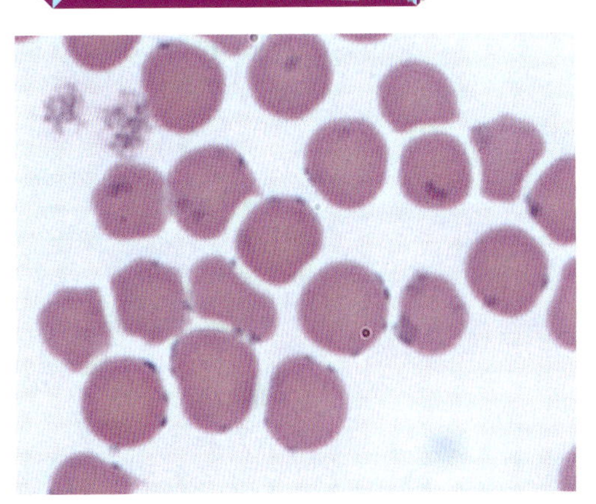

写真　赤血球表面に多数の猫ヘモプラズマが認められる。ライトギムザ染色

（大和　修 原図）

犬・猫のクリプトコックス症

（本文242頁）

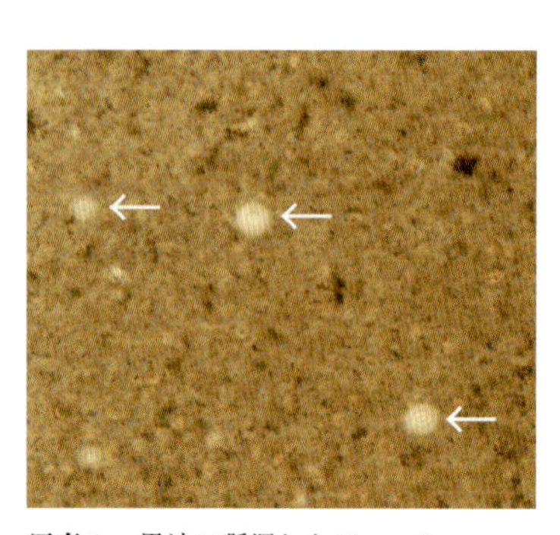

写真 1　墨汁に懸濁した *C. neoformans*。菌体周囲の墨汁が莢膜によって弾かれて，光が透過している（←）

写真 2　クリプトコックス症による鼻部から突出した肉芽腫性結節。網膜炎のため，瞳孔が散大している

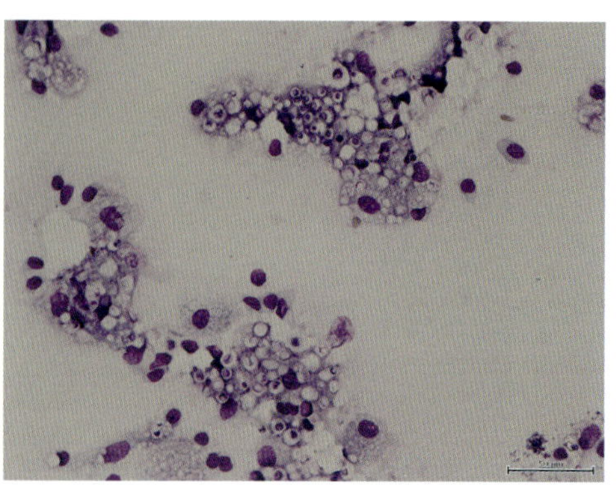

写真 3　猫のクリプトコックス症からのリンパ節の針吸引生検像。莢膜に覆われた多数の酵母を貪食したマクロファージが認められる（ライト染色）

（写真 1 ～ 3：加納　塁 原図）

犬・猫の皮膚糸状菌症

（本文242頁）

写真 1　サブローブドウ糖寒天培地上の *M. canis* の集落。絨毛状で黄色の色素産生が認められる

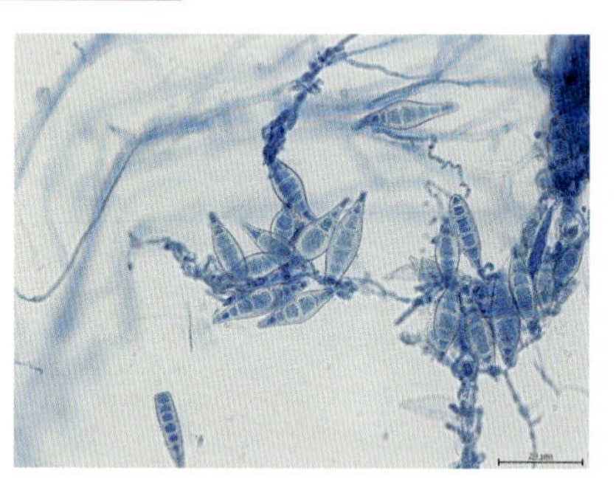

写真 2　*M. canis* の大分生子。紡錘形で細胞壁および隔壁が厚い

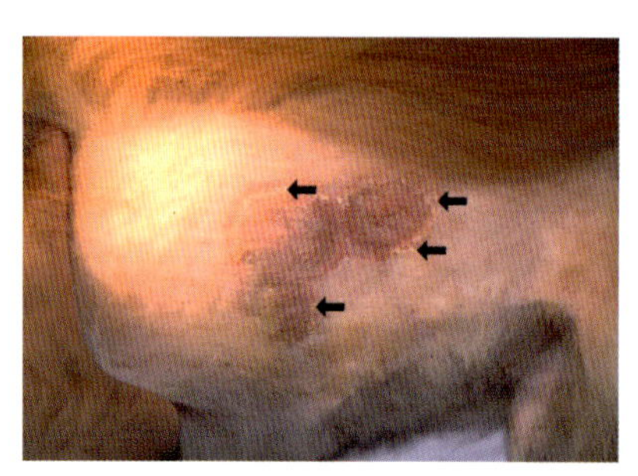

写真 3　皮膚糸状菌症による環状紅斑。矢印の紅斑辺縁部を採取すると菌体が多い

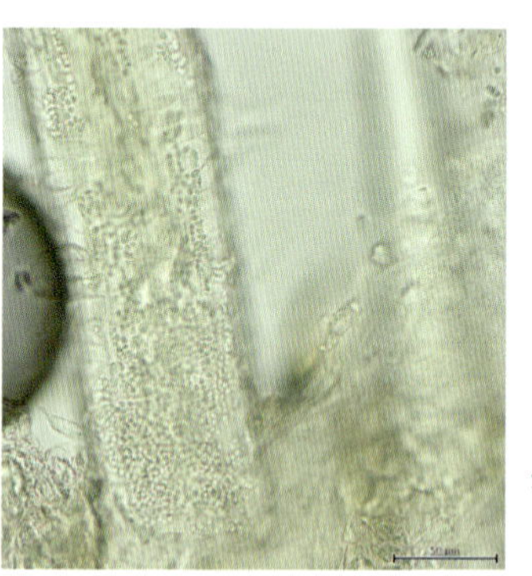

写真 4　被毛周囲に取り巻く *M. canis* の球形の分節分生子

（写真 1 ～ 4：加納　塁 原図）

犬・猫のトキソプラズマ症

（本文245頁）

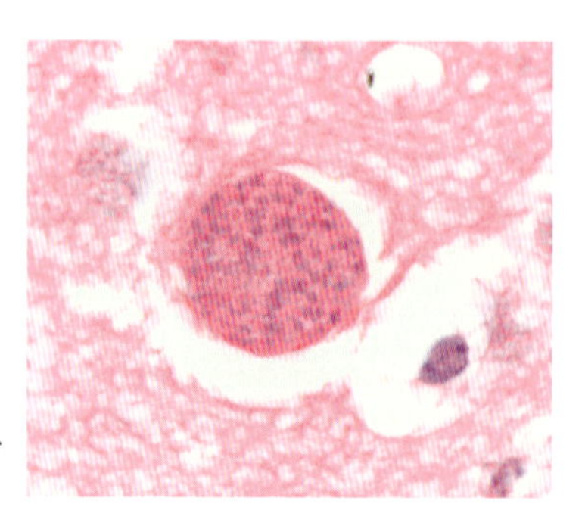

写真 1　トキソプラズマの脳内シスト

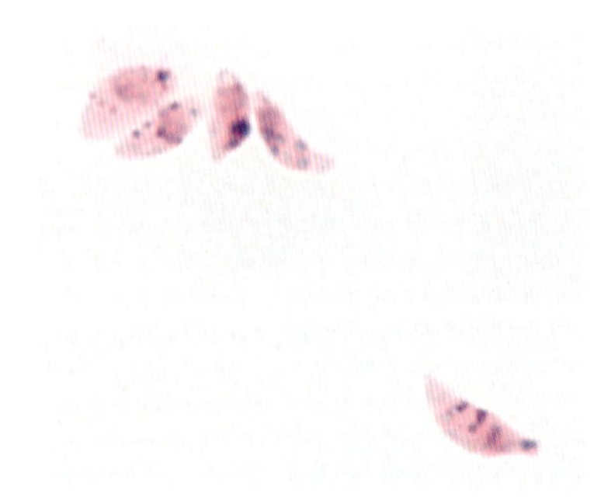

写真 2　トキソプラズマのタキゾイト

（写真 1，2：井上　昇 原図）

犬・猫のバベシア症

（本文247頁）

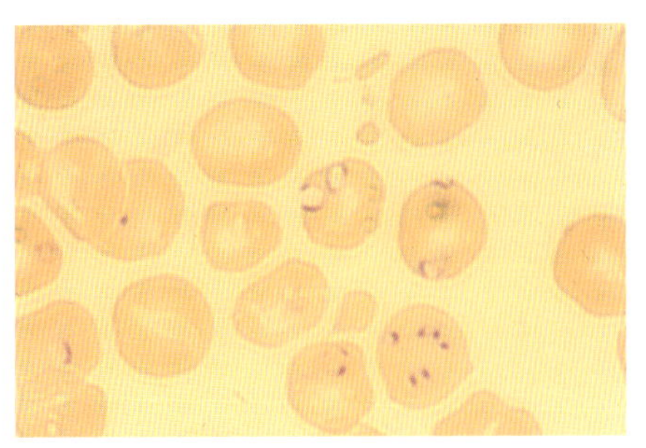

写真 1　*Babesia gibsoni* の顕微鏡写真。小型で様々な形態の原虫が赤血球内に 1 ～複数匹観察できる

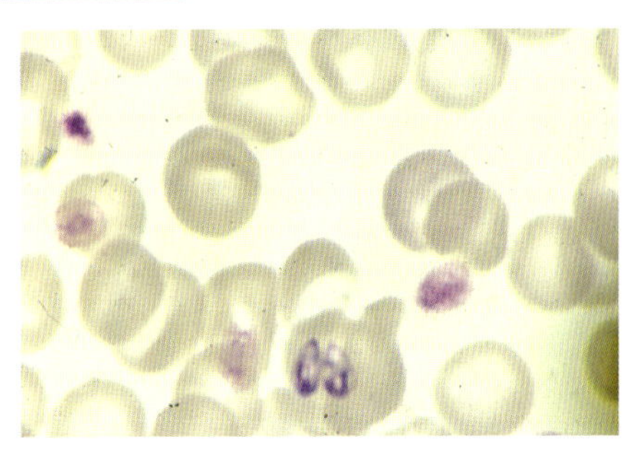

写真 2　*B. canis* の顕微鏡写真。大型で卵円形の一対の原虫が赤血球内に観察できる

（写真 1，2：前出吉光氏 提供）

蜜蜂

腐蛆病

（本文267頁）

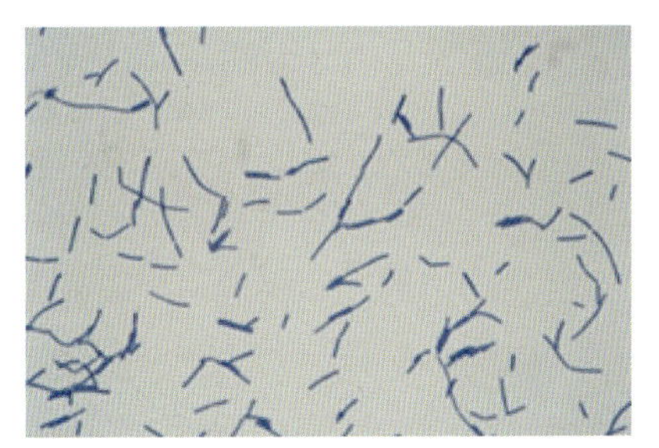

写真 1　アメリカ腐蛆病菌のグラム染色像
（農研機構動物衛生研究部門 提供）

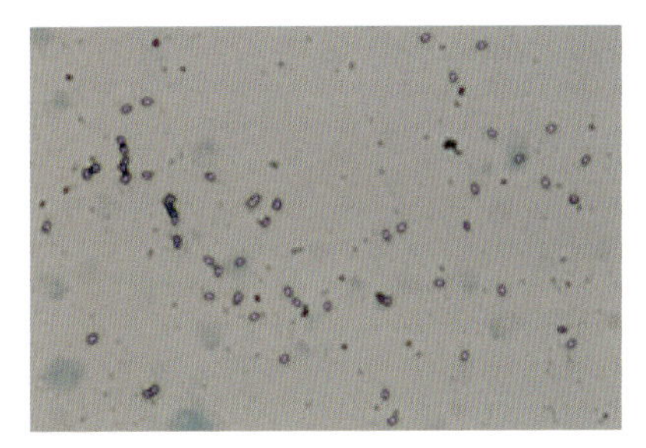

写真 2　アメリカ腐蛆病菌の芽胞
（農研機構動物衛生研究部門 提供）

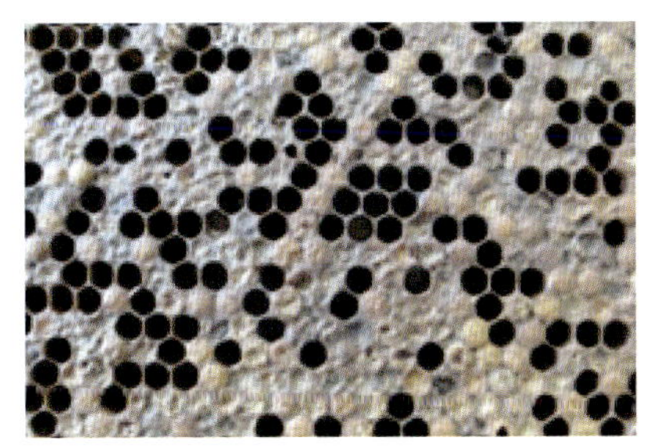

写真 3　アメリカ腐蛆病を発症した蜂群の巣脾。蓋が凹んだり，穴が空いた巣房がみられる

（脇田嘉宏氏 提供）

写真 4　アメリカ腐蛆病でみられる腐蛆。すくい上げると糸を引く

（牛山市忠氏 提供）

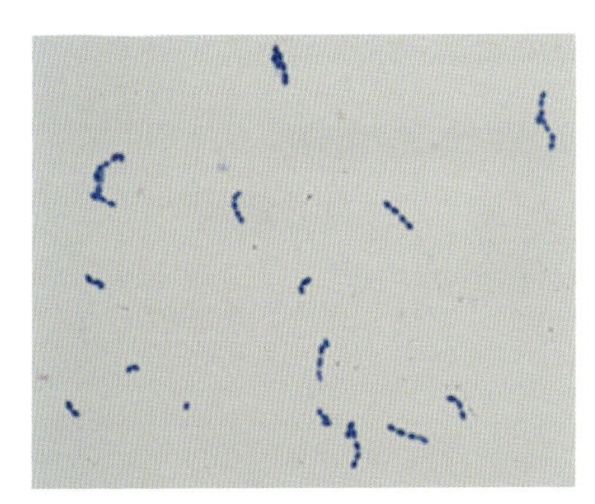

写真 5　ヨーロッパ腐蛆病菌のグラム染色像
（農研機構動物衛生研究部門 提供）

写真 6　ヨーロッパ腐蛆病でみられる巣房内の腐蛆

（荒井理恵氏 提供）

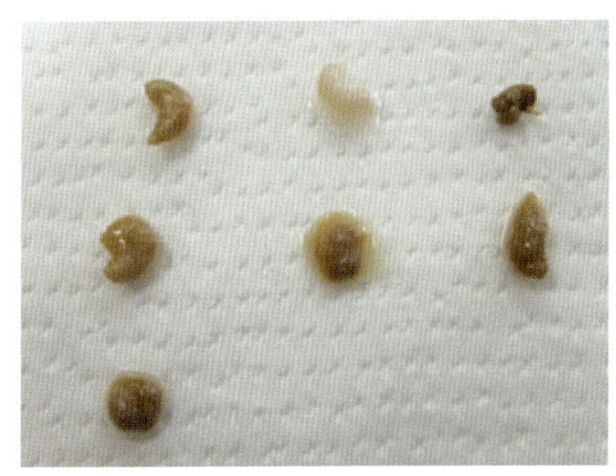

写真 7　ヨーロッパ腐蛆病でみられる腐蛆。粘稠性はなく，水っぽい

（荒井理恵氏 提供）

魚類

マダイイリドウイルス病
（本文269頁）

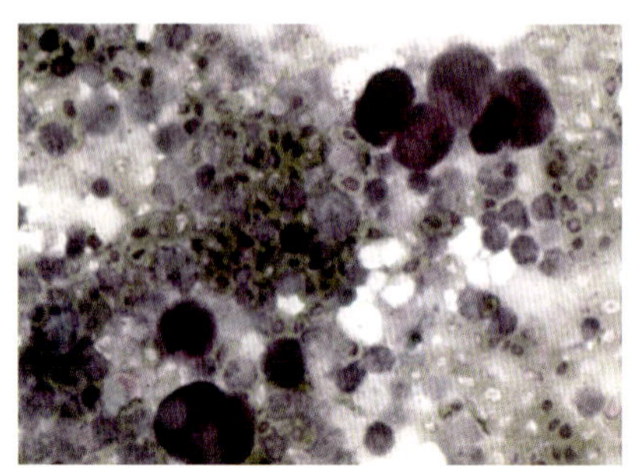

写真　イシガキダイ脾臓スタンプ標本に観察された異形肥大細胞。ギムザ染色

コイの上皮腫
（本文271頁）

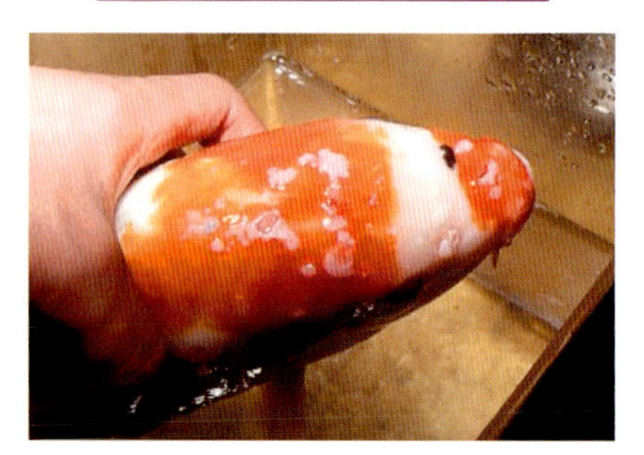

写真　ヘルペスウイルス感染（コイヘルペスウイルスとは別ウイルス）ニシキゴイに形成された頭部皮膚の上皮腫

リンホシスチス病
（本文271頁）

写真　ヒラメの体表と，鰭に形成されたリンホシスチス細胞の集塊からなる病巣

せっそう病
（本文272頁）

写真　体表に形成された膨隆患部の切開像。血液を混じた体液が流出

冷水病
（本文273頁）

写真　罹患アユ鰓蓋の出血病変

類結節症（ブリのフォトバクテリウム症）
（本文273頁）

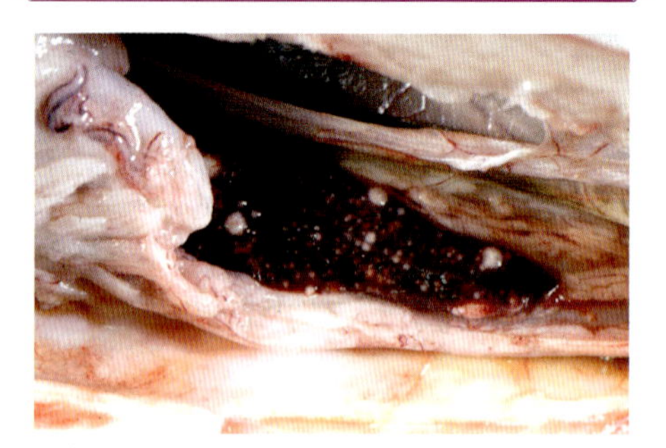

写真　ブリの脾臓に形成された多数の円形白色病巣

穴あき病（非定型エロモナス・サルモニサイダ感染症）
（本文274頁）

写真　コイ。体表の潰瘍形成と出血病変

細菌性腎臓病
（本文275頁）

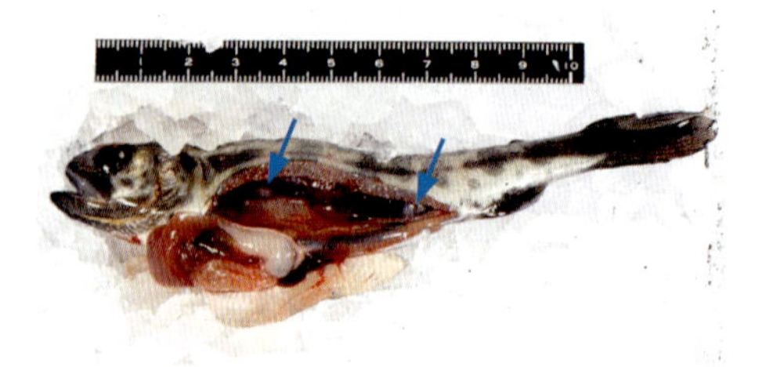

写真　ヤマメの腎臓に形成された膿瘍（矢印）

（写真すべて：児玉　洋氏 提供）

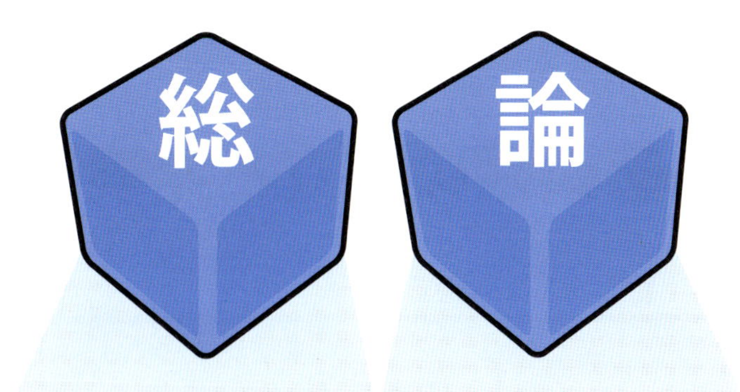
総
論

Ⅰ　感染症の成立と発病機序

1．感染症の成立

1　感染症と伝染病

病原微生物が動物体内に侵入，増殖して発病する疾病を感染症と呼ぶが，伝染病としばしば混同して用いられている。伝染病は動物から動物に感染して重症となる感染症であるが，すべての感染症が動物から動物に感染するわけではない。すなわち，伝染病はすべて感染症であるが，感染症がすべて伝染病ではない。

例えば，豚から豚に感染して，高い致死率を示す豚コレラは伝染病である。しかし，芽胞で汚染された土壌から感染する破傷風や食品を介して感染する細菌性食中毒は，感染症ではあるが，動物から動物に感染するわけではないので伝染病とはいわない。

伝染病は人間の歴史に深い爪痕を残してきた。最も恐れられたのは黒死病，すなわちペストである。しかし，多くの伝染病は抗生物質やワクチンの開発と衛生環境の改善により制圧されてきた。そのため最近では伝染病という言葉はあまり使われず，感染症という場合が多い。

獣医領域においても，昔から家畜の伝染病は脅威とされ，最も恐れられたものは伝播力の強い牛疫や口蹄疫である。21世紀の今日でも，口蹄疫や高病原性鳥インフルエンザの発生は続いており，2010年宮崎県で発生した口蹄疫にみられるように，いったん発生すると社会的，経済的損害は甚大なものとなる。このように，家畜の伝染病は今なお，動物間のみならず，現代社会の脅威となっている。

2　宿主と病原体の関係

微生物（細菌やウイルスなど）が宿主（動物）に感染する過程は宿主－寄生体の関係（host-parasite relationship）と呼ばれ，微生物の感染は宿主（動物）と寄生体（微生物）の２種の異なる生物間の相互作用によって起こる。宿主と寄生体との組み合わせとして，両者が互いに利益を得る共生（symbiosis）と，寄生体が一方的に利益を得る寄生（parasitism）がある。

共生の例としては，牛とルーメン内の細菌叢の関係がある。ルーメン内の細菌叢は牛から栄養を得る一方で，牛が分解できないセルロースを分解することにより，牛がセルロースを食物として利用できるようにしている。また，共生のなかで片方が利益を得ているのに対して，もう一方は何の利益も不利益も被らない関係を片利共生という。例えば，トリパノソーマ原虫とこれを媒介するツェツェバエの関係がそうであり，トリパノソーマ原虫は利益を得るが，ツェツェバエは原虫の寄生などで特段利益も不利益も被らない。寄生は，寄生体のみが利益を得，宿主は害を受ける関係であり，多くの感染症が該当する。病原微生物は自らの生存のために宿主である動物に感染し，動物に障害（病気）を与える。この場合，宿主は病原微生物の感染に対して免疫など様々な手段で対抗する。

現在，地球上で感染症を全く持たない生物は存在しない。地球上に生命が誕生し，感染症はいつの時代から始まったのだろうか？

小さな細菌やそれよりも小さいマイコプラズマでも，これらに感染するウイルスが知られている。細菌より大きい多細胞生物でウイルス感染のない生物はいない。ウイルスが進化のどの時代に出現したかは明らかではないが，地球上に生命が出現した40億年ほど前と考えられる。また，細菌感染も進化のきわめて古い時代からあったと考えられる。多細胞生物（宿主）は，この地球上に出現したきわめて早い時期からウイルスや細菌の感染を受け，これとの闘いのなかでお互いに進化してきた。これを共進化という。

米国の生物学者Lynn Margulisは「すべての複雑な多細胞生物は簡単な単細胞生物を吸収して進化してきた，つまり寄生に始まり共生に至る」という説を提唱している。ここでいう共生の例として，真核生物が酸素を利用するのに不可欠な細胞器官であるミトコンドリアがある。「ミトコンドリアは細菌が真核生物に感染して進化の過程で共生したものと考えられる。地球上に最初の生命体として出現した原核生物である細菌類の古細菌は嫌気性の条件下で発酵によりエネルギーを得ていた。しかし，光合成を行うラン藻類の出現により酸素が大量に発生し，嫌気性の古細菌にとっては有害となった。そこで酸素を利用してエネルギーを産生する好気性細菌を寄生させたのがミトコンドリアであろう」というのがMargulisの共生説である。このミトコンドリアが真核生物に引き継がれて現在に至った。この事実は，細菌感染はすでに単細胞生物の時代からあったことを物語っている。宿主も寄生体も共進化することによって，敵対から最終的には適応という状態に至るのかもしれない。

病原微生物における宿主－寄生体関係の変遷は，微生物がどのように自然界で生存を図っているかを示している。感染症と微生物に関する主な事跡を「Ⅶ　動物の感染症と微生物に関する主な事跡」76頁に示した。

1）宿主と寄生体の闘い

感染症は地球上に生命が出現した早い時期からあったと考えられる。寄生体である微生物にとって，宿主体内は，変化の激しい自然環境とは異なり安定していて，栄養も供給されるので大変恵まれた環境である。しかし，宿主にとって微生物は大変危険な存在であり，場合によっては命を奪われることもある。

そこで，宿主は免疫など様々な防御機構を発達させて，

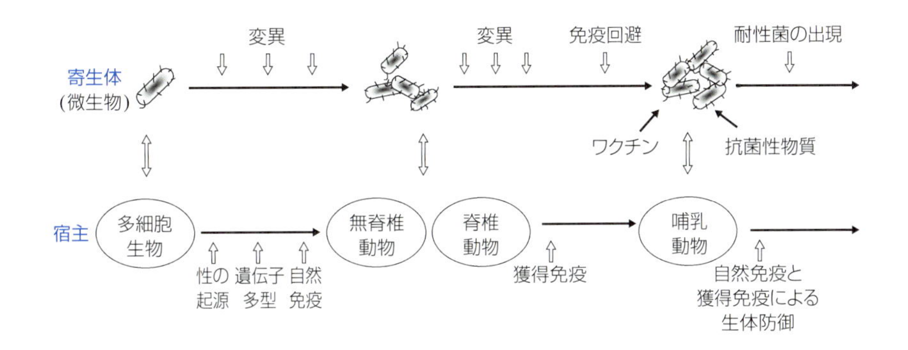

→：　寄生体と宿主の進化を示す

⇨：　寄生体と宿主の軍拡競争におけるそれぞれの対抗戦略

⇔：　宿主は寄生体の感染に対し様々な方法で防御している。
一方，寄生体の側も宿主の防御機構を突破しようと共進化してきた。

宿主は，微生物の感染に対して雄と雌の交配による遺伝子多型を作り出したり，免疫系の発達，抗菌性物質，ワクチンにより対抗してきた。一方，寄生体は急速な変異による免疫回避や耐性菌の出現などの逃避のメカニズムを進化させてきた。このように宿主・寄生体はともに共進化を続けている。

図Ⅰ−1　宿主(動物)と寄生体(微生物)の共進化

寄生体を排除しようとした。一方で，寄生体である微生物は巧みに宿主の攻撃をすり抜けようとする。こうして宿主と寄生体の間では各々の生存のための戦いがなされ，その結果，

①宿主が敗北して死滅する。この場合，微生物は他の宿主に伝播(感染)しない限り死滅する。

②寄生体が敗北して体内から排除される。

③宿主と寄生体が妥協して共生関係を保つ。

宿主と寄生体の攻防は，常にどちらかの勝利に終わるわけではなく，現在でも宿主の防御機構と微生物の逃避機構の間で果てしない闘いが繰り広げられている。このような宿主と寄生体のせめぎ合いは軍拡競争に例えられる。さらに，宿主と寄生体の進化が並行して起こるという考え方は進化生物学では「赤の女王仮説」として知られる。これは『鏡の国のアリス』で赤の女王が「同じところに留まろうとするならば，全速力で走らなければならないぞ」と述べたことによる。

図Ⅰ−1は宿主(動物)と寄生体(微生物)の共進化の様態である。宿主は病原微生物の侵略に常に脅かされ，それに対処すべく進化してきたが，脊椎動物と微生物の闘いでは，世代交代の時間と変異の速度に著しい違いがあり，生命の進化という立場からみれば脊椎動物に不利である。遺伝的な進化は世代交代のときに起こるが，哺乳動物では雄と雌の交配時においてのみ遺伝的変異が起こる。世代交代の時間は，哺乳動物ではどんなに早くとも年単位のレベルであるが，微生物は時間単位のレベルであり，哺乳動物に比べると驚異的な速度で変異を遂げる。ゆえに脊椎動物の世代交代による遺伝的進化では微生物には勝てない。寄生体(微生物)の素早い変異に対して，脊椎動物が世代交代によらない対抗策として編み出したのが免疫学的多様性という戦略である。免疫学的多様性とは，多様な抗原に特異的な多くの種類の抗体を産生するなどにより微生物がどのように突然変異を起こしても，あらかじめそれに対応するように準備しておくというものである。

2）宿主と病原体との共進化

宿主と寄生体は，互いに闘いながら共進化してきた。その結果，いくつかの例で微生物の弱毒化と宿主の抵抗性の獲得という共生の方向に向かっている。しかし，病原微生物が子孫を残す多様な方法(異種間伝播による宿主動物の拡大など)を獲得した場合は，弱毒化せず強毒のまま宿主を殺してしまう。

(1）自然選択圧による病原体の弱毒化

病原微生物が宿主に病気を起こす場合，病原性があるという。この微生物が持つ病原性を表す概念としてビルレンス(毒力，13頁)がある。病原微生物が強い病原性を持つことは宿主に重大な障害を与え，ときには宿主を死に追いやることになり，寄生体としては常に新たな宿主をみつけなければ自身も宿主と運命をともにすることになる。したがって，強い病原性を持つことは寄生体にとって必ずしも有利な戦略とはいえない。むしろ，宿主の攻撃を巧みにかわしながら生き延びた方が多くの子孫を残すことができ，有利な場合がある。宿主と寄生体の共進化により弱毒したことで生存を図っているイモリに寄生するトリパノソーマの例を紹介する。

a　イモリに寄生するトリパノソーマ

イモリに寄生するトリパノソーマ原虫は，牛や人に寄生するものに比べて，非常に病原性が低い。ゆえにイモリでは血中に非常に多数の原虫が寄生していても一見健康そうにみえる。これは弱毒の原虫の方が子孫を残すのにより有利であったためと考えられる。イモリに寄生するトリパノソーマ原虫は池のなかでヒルがイモリを吸血する場合にのみ他のイモリに伝播される。しかし，夏になると若いイモリは池を出て森に入り，成長するために森で数年間を過ごす。強毒の原虫は森で過ごすイモリを殺してしまい，他のイモリへ伝播できず，子孫を残すことができない。そして，弱毒の原虫だけが森のなかでもイモリを殺さず，成長して池に戻ったイモリからヒルを通じて他のイモリに伝播して子孫を増やす。つまり，イモリは森で過ごす間に強毒のトリパノソーマ原虫に選択圧をかけた(**図Ⅰ−2**)。人や家畜に感染するトリパノソーマ原虫は吸血昆虫(ツェツェ

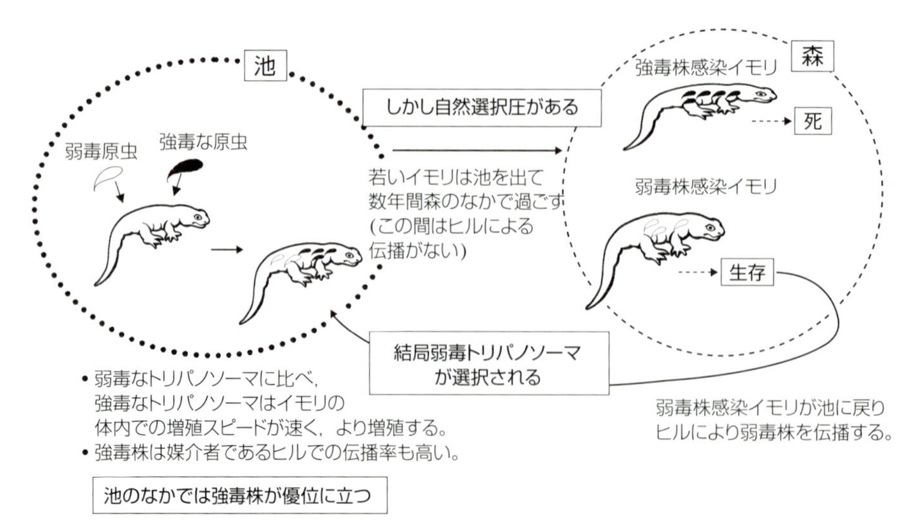

図Ⅰ−2　自然選択圧による寄生体の弱毒化

バエ)や野生動物の体内でも増殖できるので，牛や人に頼ることなく子孫を残す戦略を獲得し，きわめて強毒のままである。

(2) 節足動物媒介性病原体とベクターの共進化

節足動物媒介性病原体の場合，病原体-ベクター宿主の複雑な関係により，病原体の宿主での感染が成立する。節足動物媒介性病原体がいかにベクターと共進化して宿主に効率よく感染を成立させるようになったかについて，ライム病の病原体であるボレリア菌(*Borrelia burgdorferi*)とその媒介ダニ *Ixodes scapularis* について記す。

a　ボレリア菌と媒介ダニの共進化

ダニにボレリア菌が侵入(感染)すると，ダニの唾液腺で，Salp15という蛋白質の合成が高まる。Salp15は，①ダニがマウスを吸血する際に，ダニの唾液腺に侵入したボレリア菌の菌体表面に結合して，ダニの吸血時にマウス体内に注入される。マウスではSalp15による免疫抑制が誘導され，ダニの吸血を助ける。と同時に，②マウス体内に注入されたボレリア菌は，特異抗体による免疫溶菌作用から菌体を保護することでマウス体内でのボレリア菌の増殖も助ける。Salp15の作用はボレリア菌に特異的であり，この戦略はボレリア菌とダニの長い共進化の過程で病原体-ベクターがともに効率よくマウスに寄生するために選択されてきたものであろう。

(3) 宿主と寄生体との共生

宿主と寄生体の関係は長い時間のなかで，高い伝播力と病原性を持つ病原体による流行病(伝染病)から，より病原性の低い病原体による地方病，そしてついには宿主と寄生体の共生に至るといわれている。この有名な例がオーストラリアで野生兎駆逐のために散布された兎粘液腫ウイルスの弱毒化である。このウイルスは散布当初は野生兎に対して，97～99％もの致死率を示したが，数年後には70％近くに低下した。

兎粘液腫ウイルスが短期間に弱毒化した理由として，このウイルスの伝播が蚊でのみなされるという選択圧が考えられる。つまり，弱毒ウイルスの方が兎をより長く生存させるので，蚊による伝播の可能性が高まり，徐々に弱毒株が選択され，同時にウイルスに抵抗性を示す兎個体が増加したと考えられる(詳細は「兎粘液腫ウイルスの弱毒化」8頁参照)。宿主と病原体の共進化の例としてのマラリア流行地の黒人にみられるマラリア抵抗遺伝子について紹介する。

a　人とマラリア原虫との共進化

マラリアは熱帯地方を中心に年間約1億人もの人々が感染し，約150万人が死亡する。人をマラリアから守る遺伝子として鎌状赤血球貧血を発症する遺伝子が知られている。この遺伝子を1個ヘテロで受け継ぐと生存は可能であるが，2個をホモで受け継ぐとヘモグロビン分子の形成が破壊され貧血を呈し死亡する。この遺伝子の保有者は欧州人ではまれだが，アフリカの黒人では多い。この理由はマラリアへの抵抗力が鎌状赤血球貧血による死亡の危険性を上回るため，自然選択の原則により，この遺伝子がマラリア流行地であるアフリカの人々に残ったと考えられる。また，アフリカの人々ではMHCクラスⅠのHLA-Bw53の保有率が西洋人や東洋人に比べはるかに高い。HLA-Bw53は人をマラリアから守る遺伝子であり，マラリアがもたらした進化上の対応であった可能性がある。マラリア原虫は人の他，鶏にも感染するが，鶏では人に比べて被害はずっと少ない。これは鶏が人類の出現以前からマラリア原虫と闘い，その防御策を講じているのに対して，登場して日の浅い人類では防御策をまだ見出していないためかもしれない。

3）病原体の強毒化と弱毒化―病原体への自然選択圧

長い時間のレベルで眺めると，動物(宿主)と微生物(寄生体)は共進化により共生に向かってきた。しかし，もっと短い時間のレベル(例えば，数カ月から数年のレベル)でみると，病原微生物が伝播しやすい条件(環境)にあると強毒化(病気の重症化)が起こり，病原微生物が伝播しにくい条件のもとでは弱毒化(病気の軽症化)が起こる。

(1) 病原体の変異

生物は子孫を残す際にゲノムを複製しなくてはならない。この複製の際に，まれに遺伝子の一部に複製の誤り(変異)が生ずる。変異を持つ動物が環境のなかで優位に適応して生き延びるならば，その生物集団のなかでこの子孫の占める割合が徐々に大きくなっていく。これが自然淘汰による進化であるが，数年のような短期間では動物ゲノム中の遺伝子が変化する可能性はきわめて小さい。一方，病

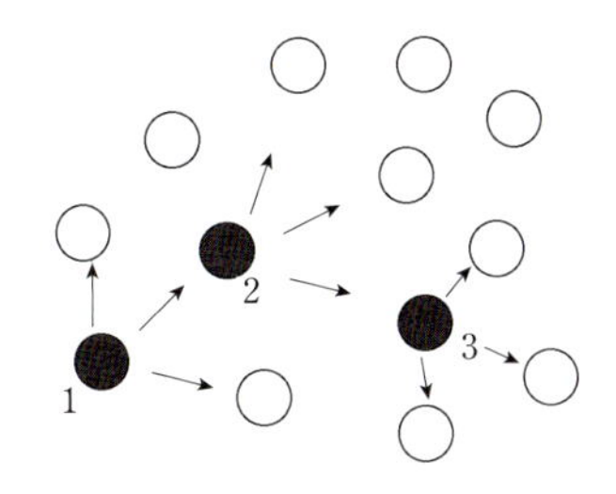

a. 集団(多頭)飼育(重症化)

集団内のように病原体が伝播しやすい状態のもとでは増殖が盛んな強毒株が選択され，それにより病気は重症化する。

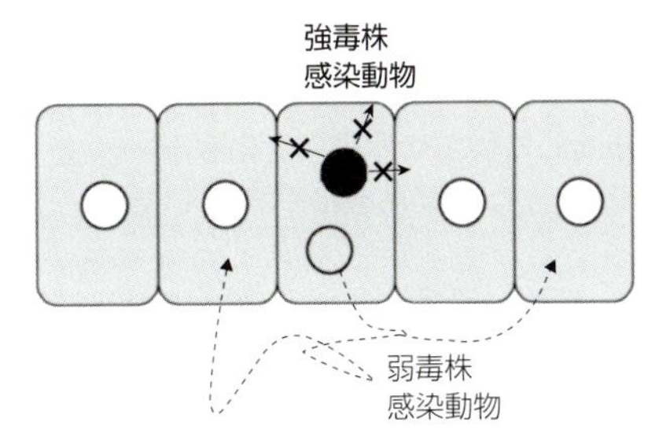

b. アイソレーター(単頭)飼育(軽症化)

各個体が別々に飼育されており，病原体が伝播しにくい状態では強毒株感染動物は動き回れず伝播できない。
一方，弱毒株感染動物は動き回ることにより伝播できるため，病気は軽症化する。

図Ⅰ－3　伝染病の重症化と軽症化

原体はごく短時間で増殖する(例えば，大腸菌では約20分で世代交代する)ので，宿主である動物の遺伝子が変化しない短時間内に微生物の遺伝子は変化(変異)する。病原体の変異は強毒化あるいは弱毒化のどちらの方向にも起こるため，どちらの変異体が主になるかは，その病原体が伝播できるか否かという自然選択圧による。強毒株が選択され，伝染病が重症化する場合と，軽症化する場合について**図Ⅰ－3**で説明する。

(2) 伝染病の重症化（図Ⅰ－3a）

集団のなかの動物間で病原体が伝播しやすい条件にあるとき，最初の感染動物のなかで増殖した病原体のうち最も増殖の盛んな株(変異株)が選択されて，次の動物により伝播されやすくなる。２番目の感染動物でも同じことが起こり，結局増殖力が強く大量に複製する株が次々に選択されていく。この変異株は宿主体内で多量に増殖するので，重症化することが予想される。つまり，病原体にとって伝播しやすい条件があれば増殖力が強く高い病原性の株が選択され，病原性は強くなると考えられる。この例として，人免疫不全ウイルス感染による後天性免疫不全症候群(エイズ)について紹介する。

a　後天性免疫不全症候群（エイズ）の重症化

重症のエイズが世界中に広がったことも強毒株が伝播しやすい条件(環境)が生じたためと考えられている。エイズは初め，アフリカのとある地方で比較的軽い慢性の地方病として存在していた。しかし，アフリカ諸国の経済発展とともに，人の交流が盛んになり，観光客が世界中にウイルスを広めた。さらに，性的接触，汚染注射針により感染しやすいウイルス，つまり増殖が速く，高い病原性の変異株が自然選択されたと考えられる。

人と異なり，家畜や家きんはきわめて高密度で飼育され，かつ動物は排泄物と一緒に生活している。そのような条件下では病原体の伝播は，接触感染(直接接触，間接接触)や空気感染，いずれの伝播様式でも起こる。家畜の伝染病は人の伝染病よりもはるかに広がりやすく，大量に増殖した変異株が選択される条件を満たしている。

(3) 伝染病の軽症化（図Ⅰ－3b）

病原体が伝播しにくい状態にあると，病気は軽症になるといわれている。なお，これは長期的視野での共生関係の成立とは全く異なる話である。

各個体がアイソレート(単頭飼育)された集団のなかに病原体が侵入した場合，強毒株に感染した宿主は重症となり，病気の急性期には移動できない。したがって，アイソレートされた集団のなかでは強毒株は他の健康個体に広がりにくく，途絶えてしまう可能性が高い。一方で，弱毒株に感染した宿主は軽症のため，外を動き回ることで他個体に病原体を伝播する。つまり，各個体が単頭飼育された集団内では伝染病は広がりにくくなるだけでなく，仮に広がっても弱毒株が選択されるため病気は軽症となる。このような例として，人の細菌性赤痢とワクチンの集団接種を紹介する。

a　人の細菌性赤痢

赤痢は開発途上国では重症だが，先進国では軽症である。この理由は，途上国では重症の赤痢菌(志賀赤痢菌)が，先進国では軽症の赤痢菌(ソンネ菌)が蔓延しているためとされている。上下水道が完備されていない地域では，激しい下痢を起こす人は移動できないが，その下痢便に出た赤痢菌(志賀赤痢菌)を水が遠くまで運ぶので，その水を飲んだ人が感染する。下痢が激しいほど大量の菌が排出され，強毒菌ほどより多くの人に感染して子孫を残せる。一方，水道が完備して水が塩素消毒される先進国では水による伝播は遮断され，軽症で移動できる患者の手を介して，弱毒のソンネ菌が伝播すると考えられる。

b　ワクチンの集団接種

ワクチンを接種した集団に病原体が侵入した場合も病原体は弱毒化する。ワクチン接種は集団のすべての動物に行わなくても，ある程度の接種率(70 ～ 80％)が維持されれば感染症の流行は抑えられる。さらに流行が抑えられるだけでなく，わずかに残っている野生株の病原体も弱毒化することになる。これは集団のなかで多数の動物がワクチン接種で病原体に対して免疫が成立していれば，残っている強毒株が感染しても発症中に次の感受性動物に巡り会うのが難しいのに対して，弱毒株であれば感染した動物が移動することで，次の感受性動物に伝播できる可能性が高まるためである。

3 感染症の成立要因

細菌やウイルスなどの病原微生物が動物の体内に侵入し，さらに組織内で増殖して宿主に形態の変化あるいは生理機能の障害を引き起こしたときに感染が成立したという。

感染症の成立要因として，①感染源，②伝播(感染)経路，③感受性宿主の３要因があげられ，どれか１つが欠けても感染は成立しない。感染の成立は病原体と宿主応答のせめぎ合いであり，感染症の成立を防ぐ防御機構が免疫機構である。ある感染症の原因として病原体を特定しようとする場合，一般にはKochの４条件を満たす必要がある。この４条件は，①その疾病からは常に特定の病原体が証明される，②疾病から分離され，純培養で増殖・継代される，③その純培養の病原体を感受性動物に接種するとその疾病を起こす，④実験的に再現した疾病から再びその病原体が分離される，と規定されている。Kochの４条件は微生物学上の大原則となっている。しかし，最近では弱毒株や混合感染による発症など，この条件に合わない日和見感染の発生などが明らかとなってきており，今日ではこの４条件に修飾を加えている。現在は，感染症の原因として病原体を特定する場合，プリオンなど特殊な感染症を除き，病原体に対する宿主の免疫応答も考慮する必要があり，感染動物血清中の特異抗体の産生・上昇なども重要な項目となる。

１）感染源

感染源とは病原体を保有し，それを散布して伝播のもととなるものをいう。これには，①レゼルボア(感染巣)，②感染動物，③畜産物，④外部媒体などがある。感染源から感受性動物に感染が成立するか否かは，感染源に含まれる病原体の病原性や量などに左右される。

(1) レゼルボア (reservoir)

レゼルボアとは病原体がそこで生活・増殖し，感受性動物に伝播される状態になっている場所であり，感染巣とも呼ばれる。レゼルボアは病原体が自然界で存続するための本来の棲家を意味しており，異種動物への感染源を指す場合が多い。オーエスキー病ウイルスのレゼルボアは豚で，感染豚から牛やめん羊が感染する。アフリカ豚コレラウイルスの場合，ダニの間で経卵感染によりウイルスの垂直伝播が起きる。そして，感染したダニがベクターとなり，豚が感染する。したがって，アフリカ豚コレラウイルスにとってダニはベクターであると同時にレゼルボアの役目も果たす(各論164頁参照)。なお，レゼルボアは必ずしも生物である必要はない。炭疽菌や破傷風菌のように，芽胞が生存する土壌がレゼルボアとなる例もある。

(2) 感染動物

病原微生物は感染動物の病巣部から直接，あるいは分泌物や排泄物を介して排出され，新たな動物に伝播する。その排出経路は感染症の種類によって異なる。呼吸器感染症では，鼻汁や唾液など分泌物が飛沫やエアロゾルとなり体外に排出され，健康動物の上部気道より感染する。消化器感染症では，主に糞便(下痢便)中に排出された病原体が飼料などを汚染して経口的に感染する。

図Ⅰ－4に，感染動物が感染源として果す役割を模式的に示した。感染動物には発症動物(不顕性から顕性感染動物)と非発症動物(不顕性感染動物)があり，発症動物はさらに発症中とキャリアー期の動物が含まれる。キャリアーとは，外観は健康であるにもかかわらず，その体内に病原体を保有して排出している動物を指す。ヘルペスウイルス感染の例では回復後，ウイルスが神経節細胞内などに潜伏する。その間に間欠的に潜伏ウイルスの再活性化が起こり，ときには病気が再発する。発症中の動物はキャリアーに比べて多量の病原微生物を排出するが，発見が容易であり，隔離などの処置をとりやすい。しかし，キャリアーは発見が困難であり，発見するまで病原体を排出し，感染を広める危険度が高く重要な感染源である。キャリアーには回復期キャリアー，健康なキャリアー，および潜伏期キャリアーがある。

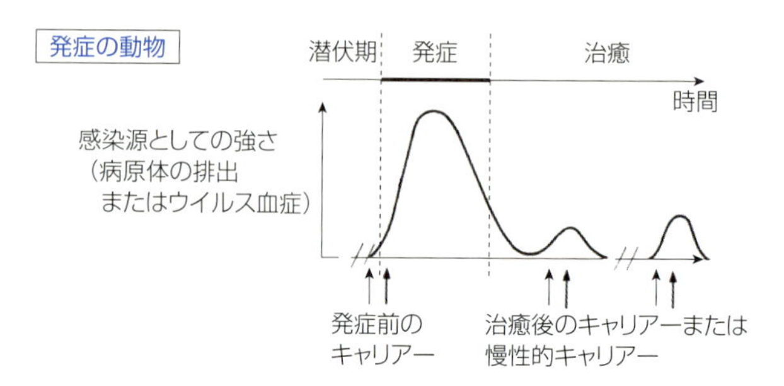

図Ⅰ－4 感染源としての感染動物の役割
(Toma B *et al*, 1997)

a 回復期キャリアー

治癒後も病原体を間欠的または継続的に排出する動物。伝染性胃腸炎の回復子豚は数日～数週間，糞便中にウイルスを排出する。ヘルペスウイルス感染症でも，治癒後，再活性化によりウイルスを排出する。

b 健康なキャリアー

感染しても発病せず不顕性感染を示すが，病原体を排出している動物。牛白血病ウイルス感染牛の多くは不顕性感染であるが，血中にウイルス感染細胞を含み感染源となる。

c 潜伏期キャリアー

発症前の潜伏期にもすでに病原体を排出している動物。口蹄疫では，水疱が出現する１～３日前から咽頭粘膜や乳汁中に多量のウイルスが排出される。また，狂犬病の場合は，潜伏期にある犬の80％において発症前に唾液中にウイルスが検出される。

(3) 畜産物

汚染畜産物は発症動物よりキャリアーから生産されることが多い。感染源となる畜産物としては牛乳，ハム，ソーセージ，肉骨粉，受精卵などがある。肉骨粉による感染として牛海綿状脳症が，ハムなどによる感染として豚コレラやアフリカ豚コレラなどがある。汚染畜産物が人の食用に供された場合，人と動物の共通感染症の原因となることがある(サルモネラ症，ビブリオ病，ブルセラ症，リステリア症など)。

(4) 外部媒体

感染動物の排泄物や汚染畜産品により外部環境が汚染されることがある。汚染源となる外部媒体には土，畜舎，牧草地，車両，水，風，野生動物など様々なものがある。大部分の病原体は外部環境では増殖できず感染源とはならないが，炭疽や破傷風などの原因菌は土壌で芽胞の状態で長期間生存する。芽胞は温度，湿度，有機物栄養源などの特定の環境条件が整った場合に生体内で発芽・増殖し，流行の原因となる。これらの疾病は土壌病と呼ばれる。風は病原体をエアロゾルの形で遠方に運ぶ(口蹄疫ウイルスなど)。

2) 伝播経路

病原体が感染源から他の動物に伝わる(感染する)ことを伝播という。伝播は病原体が自然界で存続するために必須である。伝播様式には水平伝播と，親から子に伝播する垂直伝播がある。自然界での伝播の多くは水平伝播である。

(1) 水平伝播 (horizontal transmission)

水平伝播とは，集団内で個体から個体への伝播であり，これには，①感染源となる動物との直接ないしは間接的な接触伝播，②空気伝播，③水・飼料を介する伝播，④媒介昆虫による伝播などがある。

a　接触伝播

i)直接接触による伝播

感染動物と鼻先などでの接触(各種の呼吸器感染症)，皮膚や粘膜への接触(ブルセラ病，伝染性膿疱性皮膚炎)，交尾感染(ブルセラ病，馬伝染性子宮炎，馬媾疹，媾疫，牛のカンピロバクター病，牛伝染性鼻気管炎ウイルスによる性器感染)，乳汁を介しての伝播(ブルセラ病，牛白血病，結核)，咬むことによる伝播(狂犬病，パスツレラ症)などがある。

ii)間接接触による伝播

汚染された畜産物を摂取して感染する伝播が最も一般的であるが，飼育管理者の手や衣服，家畜運搬車両，飼料の容器などが汚染され伝播することもある。

iii)その他

高病原性鳥インフルエンザ(野鳥)やアフリカ豚コレラ(イボイノシシ)にみられるように，野鳥や野生動物を介する伝播も知られている。

b　空気伝播

呼吸器感染症では感染動物のくしゃみや咳により病原体が多量の飛沫やエアロゾルとして放出され，それを吸入した動物が感染する。このような伝播を空気伝播(飛沫感染や飛沫核感染)と呼ぶ。尿や乳汁からも病原体が飛沫やエアロゾルとして空中に散布される。オウム病，ニューカッスル病，口蹄疫などがあり，特に口蹄疫は発症動物の鼻汁から排出されたウイルスがエアロゾルとなり，数十キロも運ばれ感染を広げることからwind-borne diseaseとも呼ばれる。

c　飲料水・飼料を介する伝播

飲料水や食品，飼料が病原体に汚染されている場合，広範囲に伝播することがある。人の食中毒は食品による中毒の典型的な例である。食中毒を起こす細菌のうち，サルモネラ菌は主として家畜の腸管に，カンピロバクターは鶏の腸管に，大腸菌O157は牛の腸管に存在し，食品を汚染して食中毒を起こす。また，人の赤痢やクリプトスポリジウム症は飲料水を介して伝播する。レプトスピラ症は河川の水を介して伝播する。飼料を介する伝播として，感染動物由来の臓器や肉が飼料に含まれていて，残飯・厨芥を介する豚の疾病(豚コレラ，アフリカ豚コレラ，豚水疱疹)や，汚染肉骨粉の飼料添加による牛海綿状脳症の発生例がある。

d　媒介昆虫による伝播

媒介節足動物(ベクター)による伝播には，生物学的伝播と機械的伝播がある。

i)生物学的伝播

病原体がベクター体内で増殖して伝播する。例えば，蚊は日本脳炎ウイルスやマラリア原虫などを伝播し，ヌカカはアカバネウイルス，牛流行熱ウイルス，ブルータングウイルス，ロイコチトゾーン原虫などを伝播する。ダニは，アフリカ豚コレラウイルス，ダニ脳炎ウイルス，ライム病ボレリア，Q熱リケッチア，タイレリア原虫，バベシア原虫などを伝播する。トリパノソーマ原虫はツェツェバエにより伝播する。

増幅動物と終末宿主：日本脳炎では，感染豚は高力価のウイルス血症が数日間持続するので吸血したコガタアカイエカを高率に有毒蚊とする。これら有毒蚊は人，馬，ネズミなどの哺乳動物を吸血してウイルスを伝播する。豚のように病原体を増幅して他の宿主に供給できる動物を増幅動物(amplifier)と呼ぶ。豚は日本脳炎ウイルスの主要なレゼルボアであるが，豚以外の動物はウイルス血症が微弱で吸血蚊を有毒蚊とすることができないので，このような動物を終末宿主(dead-end host)と呼ぶ。

ii)機械的伝播

病原体はベクター体内では増殖せず，吸血時に節足動物の口吻に付着して他の動物に伝播する。サシバエやアブによる牛白血病ウイルスや馬伝染性貧血ウイルス，ヌカカやワクモによる鶏痘ウイルスなどの例がある。

(2) 垂直伝播 (vertical transmission)

垂直伝播は，病原体が親から子へ直接伝播するものであり，妊娠期間中に起こることが多く，胎子の死産や流産をもたらす場合がある。垂直伝播には子宮内感染や産道感染がある。染色体に組み込まれての伝播(多くのレトロウイルス)，胎盤から胎子への感染(アカバネウイルス，馬鼻肺炎ウイルス，ブルセラ菌など)，出産時の経産道感染(犬ヘルペスウイルス感染症など)などがある。また，乳汁を介する感染(牛白血病ウイルス，ビスナ/マエディウイルス，ヨーネ菌など)も広い意味では垂直伝播に含めることがある。鶏では介卵感染があり，卵殻形成前に病原体が卵中に侵入するin egg(ニューカッスル病ウイルス，鶏脳脊髄炎ウイルス，鶏白血病ウイルス，産卵低下症候群ウイルスなど)と，卵殻形成後に侵入するon egg(鶏パラチフス菌や大腸菌など)がある。

(3) 胎内感染による免疫寛容動物

妊娠中に胎内感染を受け，病原体を保有する免疫寛容動物が出現することがある。これらの免疫寛容動物は一見正常であるが，感染した病原体に対して抗体を産生せず，持続的に病原体を排出する。そのため，重要な感染源となり管理衛生上注意を要する。豚コレラウイルス，牛ウイルス性下痢ウイルス，羊のボーダー病ウイルスなどのペスチウイルス感染などがある。

3) 感染・発症に関与する宿主要因

病原体が宿主に侵入してもすべての宿主が同じように感

染・発症することは少ない。宿主側の要因により，病原体に対する感受性(susceptibility)に差があるためである。また，同じ個体でも各種のストレスなどで感染防御能が低下した場合は感染を受けやすくなる。このような動物を易感染宿主と呼び，日和見感染を受けやすい。

(1) 日和見感染

a　弱毒株による日和見感染

感染症は宿主－寄生体の関係で成立するため，健康な動物にとっては非病原性あるいは弱毒の微生物が宿主の健康状態により発症を引き起こすことがある。このような感染を日和見感染(opportunistic infection)と呼び，人や家畜で大きな問題となっている。

人の場合，悪性腫瘍，栄養不良，過度なストレスや放射線治療，臓器移植などの要因により，感染防御能が低下して易感染状態に陥り，それが引き金となり，日和見感染を起こす。動物でも日和見感染は，飼養管理の不備，各種ストレスや白血病などの基礎疾患により感染防御能の低下を背景として起こる。子牛を輸送するとしばしば呼吸器疾患がみられる。健康な牛に牛パラインフルエンザ３型ウイルスが感染しても，多くは症状を示さない不顕性感染であるが，輸送などのストレスが加わると，不顕性感染していた病原体が活発化して発症する。これを輸送熱と呼ぶ(21頁参照)。他にも，高密度で飼育され衛生環境が悪化した場合に幼犬などにみられる犬伝染性気管気管支炎(kennel cough)などがある。また，日和見感染を起こしやすい病原体としては，ヘルペスウイルス，アデノウイルス，エンテロウイルスや，ブドウ球菌，肺炎球菌，緑膿菌などの細菌，カンジダやクリプトコックスなどの真菌，トキソプラズマ原虫などがある。

b　菌交代現象による日和見感染

抗菌薬の投与は日和見感染の直接の原因とはならないが，大量かつ長期にわたる使用により正常細菌叢が変動して，ある種の菌が異常に増殖すること(菌交代現象)がある。増殖した菌により宿主が障害を生じた場合，これを菌交代症(microbial substitution)という。菌交代症も一種の日和見感染症とみなすことができる。

(2) 宿主側の要因による発症度合いの違い

宿主側の要因による発症の度合いに違いが生じるものとして，以下の要因が考えられる。

年齢：一般に幼若動物は成熟動物に比較して感染症に罹患しやすい。幼若動物では成熟動物に比べて獲得免疫が十分でないことによると考えられる。

性：性に関連する疾病として，分娩性低カルシウム血症(乳熱)，乳房炎，子宮炎などがある。牛のブルセラ菌は，子宮に嗜好性があるため，妊娠牛に流産を起こすが，子牛は抵抗性である。繁殖障害に関与する病原体では，性別により病原性が異なる。

品種(遺伝的要因)：感染症に及ぼす宿主側の品種(系統)差は遺伝子型によるものと，表現型によるものの２つに分けられる。遺伝子型は環境との共同作用によって表現型を決定するので，両者の疾病への関与は重複部分が多く，実際には明確に区別できない。鶏において，鶏白血病やマレック病などいくつかの疾病で主要組織適合抗原の違いによる疾病感受性の差が報告されている。牛や他の家畜でも主要組織適合抗原の違いによる疾病感受性の差が報告されているが，鶏ほど明確ではない。

宿主(個体・集団)の免疫状態：疾病の拡散と持続は感受性宿主の個体ならびに集団(群)での免疫状態によっても影響を受ける。ワクチン接種による免疫において，その集団での免疫率が70～80%以上であると流行が起こらないとされている。このような集団全体の抵抗力を集団免疫(herd immunity)といい，ワクチンによる感染予防の際の目安とされている。

(3) その他

動物種の感受性や分布密度は，感受性異種動物間で維持されている感染の連鎖(感染環)に影響を与える(次項参照)。

4　自然界での病原体の存続

病原微生物の自然界での存続形態を知ることは，これら病原体に起因する感染症を制圧するうえで重要である。病原微生物は，いかにして新たな感受性宿主に伝播できるかが最も重要な点である。そのためには，宿主の免疫系を回避して，できるだけ多くの子孫を残すことが必要となる。

①病原体が新たな感受性動物に伝播するのに限られた方法しかとれない場合は，より効率よく子孫を残すためには弱毒の方向に向かい，宿主との共生を目指す。しかし，多くの病原体は多様な伝播様式を持っている。例えば，②サルモネラ菌，狂犬病ウイルス，口蹄疫ウイルスなどは多種類の宿主に伝播し，ある動物種では不顕性感染することで病原体を自然界で存続させている。③アルボウイルス(ベクター媒介性のウイルス)やアフリカ豚コレラウイルス，バベシア原虫，タイレリア原虫のように節足動物の体内で増殖し伝播する(生物学的伝播)病原体は，強毒のまま自然界に存続している。一方，④宿主の免疫系を回避する方法を獲得した病原体，例えば抗原変異(口蹄疫ウイルス，トリパノソーマ原虫，インフルエンザウイルス，免疫不全ウイルス，馬伝染性貧血ウイルスなど)，潜伏感染(ヘルペスウイルス)，垂直伝播による免疫寛容を起こすような病原体(牛ウイルス性下痢ウイルス，豚コレラウイルスなど)は持続感染することにより，新しい宿主への伝播の機会を広げている。この他，⑤プリオンのように宿主に全く異物として認識されず持続感染する病原体もある。

1）主に１種類の宿主で存続する場合

１種類の宿主(動物種)にのみ感受性を示す病原体はほとんどないが，主要な自然宿主が１種類のみで，その宿主によって存続している場合，例えば，豚のように出荷までの期間が牛などに比べて短いサイクルで次々に入れ換わる場合，常に感受性個体が供給されることになり病原体の存続にとって有利となる。また，個体での感染を持続させることにより，新たな感受性個体への伝播の確率が高まる。病原体が１種類の宿主間で存続し，しかも宿主の免疫系から逃れて感染を持続させる戦略を獲得できない場合，病原体は，兎粘液腫ウイルスのように，その動物集団のなかで適応して弱毒化の方向に向かうことがある。一方で，牛ウイルス性下痢ウイルスの場合は主に牛の間でのみ維持されているが，胎内感染による持続感染を成立させることにより，弱毒化せずに自然界で存続している。

(1) 兎粘液腫ウイルスの弱毒化

1859年頃，狩猟目的で英国からオーストラリアに導入されたヨーロッパ系野生兎が，猛スピードで繁殖して全オーストラリアに広がり，農作物や牧畜に甚大な被害をもたらした。そこでこれを駆逐するため，うさぎのみに特異的に感染して死亡させる兎粘液腫ウイルスの散布が行われた。兎粘液腫ウイルスは蚊により機械的に伝播され，ヨーロッパ系野生兎に感染すると体表に粘液腫を形成し，2週間以内にほぼ100％のうさぎを殺す。

1950年に散布した際，夏期に蚊によって伝播され，多数のうさぎが死亡した。ウイルス散布後2年間，野外から分離されたウイルスは散布ウイルスと同様の病原性を示した。しかし3年目以降，病原性の低いウイルスが徐々に出現し，うさぎの致死率は低く生存日数が長くなり，その割合が増加してきた。この理由は，弱毒株（1カ月以内に70～90％致死）は，強毒株（12日以内に100％致死）に比べて蚊による新しい宿主への伝播の効率がより高いことによると考えられた。さらに，うさぎの方でも抵抗性に変化が起こった。野生兎の寿命は1年以内であり，獲得免疫による防御はあまり重要ではなく，この病気の抵抗性には兎粘液腫ウイルスに対する遺伝的抵抗性が関与する。散布3年目以降，遺伝的抵抗性のうさぎが生き残り，その子孫が増加していった。つまり，病原体は弱毒化した変異株が出現し（元々，種々の病原性を持つウイルスが混在しており，自然環境下での生存という圧力で選択されたという考え方もある），それが遺伝的抵抗性兎の選択的増加を促したことになる。

オーストラリアで使用された兎粘液腫ウイルスはヨーロッパ系野生兎に致死的な粘液腫を作るが，アマゾンの密林地帯に生息する野生兎に常在するウイルスであり，これら野生兎には明確な症状を示さない。これは，南米の密林地帯では長い年月をかけ野生兎とこの兎粘液腫ウイルスが共生関係を樹立したためと考えられる。

(2) 牛ウイルス性下痢ウイルスの胎内伝播と免疫寛容

牛ウイルス性下痢ウイルス（BVDV）は子牛に発育不良，下痢，呼吸器症状を主徴とする疾病の他，胎内感染により奇形や流産などの繁殖障害を引き起こす。胎齢20～125日齢頃の妊娠牛にウイルスが感染すると，持続感染を起こした子牛が生まれることがある。持続感染牛（PI牛）は免疫寛容により感染しているウイルスに対して抗体を産生しないが，みかけ上大きな異常を示さない。そのため，このPI牛が牧場内でウイルスの汚染源となり感染を拡大する。このような胎内伝播と免疫寛容という戦略がBVDVが弱毒化せずに牛間で存続することを可能にした。

2）多種類の宿主間で存続する場合

多種類の宿主に感染することにより自然界で存続している病原体として，サルモネラ属菌，狂犬病ウイルス，口蹄疫ウイルスなど，多くの病原体がある。

(1) サルモネラ属菌

サルモネラ属菌は腸内細菌科に属し，人の食中毒の原因として公衆衛生上重要である。自然宿主は人や広範な動物種で，家畜（馬，牛，めん羊，豚，家きん），伴侶動物，げっ歯類，爬虫類を含む野生動物である。人や家畜では，それぞれの宿主に適応したサルモネラ属菌・血清型に対し高い感受性を示す。発病耐過あるいは不顕性感染した家畜はサルモネラ属菌を保菌し，主に糞便に排菌して感染源となる（乳汁や腟分泌物中にも存在）。感染は主に排出された菌の経口感染によるが，他の感染経路もある。鳥類のサルモネラ菌は主に介卵感染により同じ鶏群のひなに感染する。介卵感染以外にひなへの同居感染もあり，汚染卵を介して人にも感染して食中毒の原因となる。さらに鳩，ネズミ，ヘビ，カエルなどの野生動物もサルモネラ菌を保菌しており菌を排出している。特に*S.* Enteritidisや*S.* Typhimuriumはネズミ体内で積極的に増殖して糞便中に排菌され，環境を汚染して感染源となる。

サルモネラは動物体外でも長期間生存するため，不顕性感染動物や多くの野生動物から排出された菌が飲水・飼料や河川などの環境を汚染して感染源となり，自然界で存続している。

(2) 狂犬病ウイルス

狂犬病ウイルスは自然界でほとんどすべての哺乳動物に感染し，感染動物で潜伏期間や病原性を変えることにより自然界での存続を図っている。狂犬病の致死率がきわめて高いことはウイルスの存続には不利である。しかし，狂犬病の場合，哺乳動物での潜伏期間は6～150日（平均26日）と個体によってばらつきが大きく（咬傷部位，感染ウイルス量，ウイルス株，ワクチン歴により異なる），長い潜伏期を経て発病するものもある。このことは，感染動物が潜伏期キャリアーとなり，狂犬病ウイルスの自然界での存続にとって有利となる。また，吸血コウモリは持続感染あるいは無症状キャリアーとなることから，狂犬病ウイルスの自然界での存続にはきわめて有利となる。最近オオコウモリから新しいリッサウイルスがいくつも分離されている。このなかには，人に感染して狂犬病様症状を呈して死亡した例もあり，狂犬病という疾病の概念を複雑にしている。

(3) 口蹄疫ウイルス

口蹄疫ウイルスの自然宿主は偶蹄類を中心とする広範な動物種である。このうち牛は最も感受性が高く，口蹄疫の流行は主に牛の集団で起こる。豚は牛に比べて潜伏期が少し長く，低率ながら不顕性感染例も認められる。しかし，ウイルスの体内増殖は著明であり，1頭あたりのエアロゾルの排出量は牛の数十倍に達するので，多頭密集集団として飼育される豚はウイルスの増幅・供給源として大きな役割を担う。めん羊は比較的不顕性感染例が多く，症状も軽いので見逃される場合も少なくないため，ウイルスの自然界での維持の役割を担っている。さらに野生動物での口蹄疫ウイルス感受性動物は，偶蹄類約43種，食虫類約3種，兎類約1種，げっ歯類約12種と多種にわたる。ウイルスの自然界での維持における野生動物の役割は不明であるが，アフリカでは野生動物間でもウイルスが維持されており，家畜と野生動物間の交差伝播がみられる。

3）節足動物に感染して存続する場合

節足動物ベクターにより脊椎動物間を媒介されるウイルス（アルボウイルス）や，リケッチア，原虫はベクター体内で増殖し，あるものはベクター内の介卵伝達や交尾感染により節足動物間でも維持されている。

(1) アフリカ豚コレラウイルス

アフリカ豚コレラウイルスは，アフリカに生息するダニ（*Ornithodoros moubata*など），イボイノシシなどの間で保持されている（164頁参照）。ダニから感染した豚の集団では致死率が高く，流行は持続しない。イボイノシシ，ハイエナなどの野生動物は，ダニから感染してウイルスを長期間保持する。これらはほとんど感染源とならない終末宿主であるが，感染ダニを豚に運搬する役割を果たす。幼若動物ではウイルス血症を示すが，成熟動物では示さず持続感染する。感染豚は唾液，尿，呼気に多量のウイルスを排出し，容易に豚間の接触感染が起こり，豚間での感染環が作られる。感染豚は高力価のウイルス血症を示すため吸血ダニに感染が成立して豚からダニ，そして豚への感染環が成立する。

一方，ダニに感染したウイルスは介卵感染，雄から雌ダニへの交尾感染，また幼ダニ，若ダニなどへの脱皮に際しても伝播される。これはアフリカ豚コレラウイルスがダニ集団のなかで独自の感染環を持って存続していることを示している。

(2) 馬脳炎ウイルス

西部および東部馬脳炎ウイルスは，野鳥と蚊の間で維持されており，有毒蚊が人や馬に吸血して脳炎ウイルスを媒介する。ベクターである蚊の体内で増殖したウイルスは，ベクター間ないしはベクターと野生動物間で感染環を形成して自然界で存続している。

4）環境中で存続する場合

病原体が生物以外で存続し，それが感染源となる例として，土壌中の芽胞が土壌病の原因となる炭疽菌とクロストリジウム属菌がある。芽胞は熱・乾燥・酸・アルカリなどにきわめて耐性であり，自然環境中で長期間生存して感染源となる。炭疽菌の芽胞の場合は土壌中に50年以上も生存する。そして高湿(100%)，高温(37℃)と有機物栄養源があると芽胞は急速に増殖を始める。このような場所をincubation areaといい，多くは池や水たまりであり，動物が水を飲みにきた際に増殖した菌により感染が成立する。

5）宿主の免疫系から逃れて存続する場合

病原体は宿主の免疫系から逃れるために種々の戦略を用いている(29頁参照)。病原体が宿主免疫系を回避する方法として，①抗原変異，②潜伏感染，③免疫寛容などがある。この他にも，④宿主が病原体を異物として認識せず排除されない場合(プリオン病)がある。いずれも感染が持続することにより，病原体が新たな宿主に伝播する機会を広げている。また近年，慢性感染症を引き起こす多くの病原体(牛白血病ウイルス，ヨーネ菌など)が，その感染細胞にPD-L1などの免疫チェックポイント分子を発現させて，免疫回避することも明らかになってきている(52頁参照)。

プリオンに起因するめん羊のスクレイピー，牛海綿状脳症などをプリオン病という。正常な人や動物もプリオン遺伝子を持っているが，プリオンが感染すると正常型プリオン蛋白質が異常型プリオン蛋白質に置き換わる。異常型プリオン蛋白質が中枢神経系の細胞質内に蓄積してスクレイピーや牛海綿状脳症を引き起こす。異常型プリオン蛋白質は正常型プリオン蛋白質が構造変化を起こしたもので，両者は抗原性が同一であるため，全く免疫反応を起こさず炎症反応も示さない。そのため，異常型プリオン蛋白質が排除されることはなく，発症動物は100%致死的である。

5　新興・再興感染症

1970年代，人の感染症は制圧されたかにみえたが，1980年代に入って米国でエイズが広がり，その後，アジアやアフリカでも急激に患者数が増加していった。さらに，人，食品，飼料，家畜が国境を越えて移動する経済のグローバル化に伴い，エイズのみならず越境性動物感染症病原体をはじめ多くの病原体も地球上に広がるという感染症のグローバル化が生じた。このような背景のもと，1990年代には，感染症は制圧された過去のものではなく，新たなものが出現し(新興感染症)，過去のものも復活する(再興感染症)という「新興・再興感染症」の概念が米国で提唱された。

1）新興感染症（emerging infectious disease）

新興感染症とは，これまで潜在していたが，新たに集団のなかで問題となった感染症をいう。新興感染症の病原体のほとんどは野生動物が保有するもので，なかでもウイルスによるものはエボラ出血熱，マールブルグ病に代表されるように激しい症状と高い致死率を示す。**表Ⅰ－1**に主な新興・再興感染症を示す。

新興感染症の病原ウイルスの自然宿主はすべて野生動物であり，これらのウイルスと自然宿主とは共存関係を保っている。しかし，農業の発展，都市化による森林開発などで人や家畜がウイルスの生息環境に入り込むことで家畜や人への感染が起こった。ウイルス以外の新興感染症としては，病原性大腸菌O157感染症，新型コレラ菌O139によるコレラ，クリプトスポリジウム症などがある。

2）再興感染症（reemerging infectious disease）

再興感染症とは，いったん社会的に問題とならなくなったが，再び浮上した既知の感染症である。このうち結核，狂犬病，デング熱，コレラ，ペスト，マラリアなどが注目されている。結核は20世紀後半，BCG接種による予防，ストレプトマイシンをはじめとする抗結核薬の導入などにより激減した。しかし，2000年以降，米国，日本などで結核の新患者数が増加しつつある。結核が増加した原因としては，エイズの増加による免疫低下や結核に免疫を有しない人の増加，BCGが効かない結核菌や非定型抗酸菌の出現などが考えられる。最近では高齢者の結核が指摘されているが，加齢に伴う免疫系の低下などで結核が再発してくるものと思われる。

6　人と動物の共通感染症（人獣共通感染症）

脊椎動物と人の間で自然に伝播する感染症を人と動物の共通感染症(zoonosis，ズーノーシス)，ないしは人獣共通感染症と呼ぶ。人と動物の共通感染症はレゼルボアとなる動物の種類が哺乳動物，鳥類，爬虫類，魚類などきわめて多様であり，しかも病原体に対する感受性や症状も動物種ごとに様々である。例えば，狂犬病や炭疽のように人と動物の両方で重篤な症状を示すもの，ニューカッスル病などのように鶏で重篤であっても人では軽症のもの，逆に腎症候性出血熱のように動物では不顕性感染を示すが人では重症になり致死率の高いものなど様々である。また，狂犬病やペストのように，野生動物を含めた多種類の哺乳動物間で感染環が形成される場合，野生動物の制御が困難なため，その予防対策はきわめて難しい。**表Ⅰ－2**に，主な人と動物の共通感染症をあげる。また，家畜(法定)伝染病と届出伝染病の計97疾病のなかでは，23疾病が人と動物の共通感染症である(63頁参照)。

一般に人獣共通感染症の病原体は人と動物の双方への伝

表I－1　最近50年間における主な新興・再興感染症

年	病気	病原体	種類	自然宿主	発生地域など
1967	マールブルグ病	マールブルグウイルス	ウイルス	不明	輸入ミドリザルでドイツで発生
1969	ラッサ熱	ラッサウイルス	ウイルス	マストミス	アフリカ
〃	急性出血性結膜炎	エンテロウイルス70	ウイルス	人	別名:アポロ病
1976	エボラ出血熱	エボラウイルス	ウイルス	不明	ザイール, スーダンで発生
〃	下痢	クリプトスポリジウム	原虫		
1977	在郷軍人病	レジオネラ属菌	細菌		米国での発生
〃	リフトバレー熱*	リフトバレーウイルス	ウイルス	めん羊, 山羊, 牛	エジプトで大流行
〃	下痢	カンピロバクター	細菌		
1979	エボラ出血熱*	エボラウイルス	ウイルス	不明	スーダンでの発生
1980	人T細胞白血病	HTLV-1	ウイルス	人	日本, カリブ海での地方病
1981	エイズ	人免疫不全ウイルス	ウイルス	人	米国など
1982	ライム病	ボレリア菌	細菌		米国
〃	毒素性ショック症候群	TSST毒素産生ブドウ球菌	細菌		
〃	腸管出血性大腸菌症	大腸菌O157	細菌		
1983	胃潰瘍	ヘリコバクター菌	細菌		
1985	牛海綿状脳症	BSEプリオン	プリオン		
1988	突発性発疹	人ヘルペスウイルス6型	ウイルス	人	
〃	E型肝炎	E型肝炎ウイルス	ウイルス	人	
1989	C型肝炎	C型肝炎ウイルス	ウイルス	人	
1991	エボラウイルス感染	エボラウイルス･レストン株	ウイルス	不明	輸入猿の致死的感染
1992	ベネズエラ出血熱	グアナリトウイルス	ウイルス	コットンラット	
〃	コレラ	コレラ菌O139	細菌		
1993	猫ひっかき病	バルトネラ･ヘンセレ	リケッチア		
〃	リフトバレー熱*	リフトバレーウイルス	ウイルス	めん羊, 山羊, 牛	エジプトでの再流行
1994	ハンタウイルス肺症候群	ハンタウイルス	ウイルス	シカネズミ	米国南西部
1995	エボラ出血熱*	エボラウイルス	ウイルス	不明	コートジボワールでの研究者の感染
〃	ヘンドラウイルス病	ヘンドラウイルス	ウイルス	オオコウモリ	オーストラリアでの馬と人の致死的感染
〃	ブラジル出血熱	サビアウイルス	ウイルス	齧歯類?	
1996	エボラ出血熱	エボラウイルス	ウイルス	不明	ザイールでの大流行
1997	エボラ出血熱*	エボラウイルス	ウイルス	不明	ガボンでの流行, 南アフリカでの発生
1998	リフトバレー熱*	リフトバレーウイルス	ウイルス	めん羊, 山羊, 牛	ケニア, ソマリアでの発生
1998～99	鳥インフルエンザ	鳥インフルエンザウイルス	ウイルス	鳥	香港での発生
1999	ニパウイルス病	ニパウイルス	ウイルス	オオコウモリ	マレーシアでの発生
〃	マールブルグ病*	マールブルグウイルス	ウイルス	不明	コンゴ民主共和国での発生
1999～09	ウエストナイル熱	ウエストナイルウイルス	ウイルス	鳥	全米各地で発生
2002～03	SARS	SARSコロナウイルス	ウイルス	不明	中国～世界各国
2003～08	高病原性鳥インフルエンザ	インフルエンザウイルス	ウイルス	かも	東南アジア, トルコ, 日本
2005	マールブルグ病*	マールブルグウイルス	ウイルス	不明	アンゴラ
2011	重症熱性血小板減少症候群	重症熱性血小板減少症候群ウイルス	ウイルス	不明	中国, 日本(2013年に初の報告)
2012	MERS	MERSコロナウイルス	ウイルス	不明	サウジアラビアなど中東諸国
2014～15	エボラ出血熱	エボラウイルス	ウイルス	不明	西アフリカ諸国

＊再興感染症

播が可能であるが，実際には動物から人への感染が多い。動物から人へ感染する疾患は咬傷(狂犬病)，蚊の吸血によるもの(日本脳炎，ウエストナイル熱)，飲水(クリプトスポリジウム症)や食品(サルモネラ症，大腸菌O157感染症など)を介する感染など様々である。

1）家畜から人に感染する疾患

家畜の疾病が予防されるに従い家畜を介する人の疾病も減少している。しかし，人に感染した場合，炭疽，ブルセラ病，結核，鼻疽，狂犬病は重篤な臨床症状を引き起こし問題となる。また，症状の度合いや感染の機会から考えて，これらの疾病ほど大きな被害は引き起こさないが，サルモネラ症，トキソプラズマ症，レプトスピラ症，リステリア症，破傷風なども問題となる。

2）犬，猫などの伴侶動物から人に感染する疾患

狂犬病，猫ひっかき病，パスツレラ症などがある。狂犬病はウイルス感染犬の咬傷により，猫ひっかき病は猫のひっかき傷を介して感染・伝播する。犬・猫では高率にパスツレラ菌を保有しているので，これら動物との接触，あるいは創傷から菌が感染しパスツレラ症を発症する。レプトスピラ症，Q熱，オウム病などは，病原体が糞尿中に排出され，それを吸入経口摂取することで感染・発症する。トキソプラズマ症は，加熱不十分な汚染豚肉を食して感染・発症する。

3）野生動物を介する人の疾病

野生動物から人に感染する疾病として，野兎病やエルシニア症などが知られている。また日本でもみられる野生動物を介する人の疾病として，野鼠からダニを介して伝播するライム病，バベシア病，いのししや鹿の肉や肝臓の生食

表I－2　主な人と動物の共通感染症

疾病名	病原体	レゼルボア（感染巣）	日本での発生
狂犬病	ウイルス	犬，きつね，肉食獣	－
日本脳炎		豚，馬，牛，野鳥	＋
ニューカッスル病		鳥類	＋
腎症候性出血熱		ラット，野生げっ歯類	＋
ラッサ熱		野生げっ歯類	－
マールブルグ病		野生哺乳類	－
リフトバレー熱		家畜	－
炭疽	細菌	牛，馬，豚	＋
ブルセラ病		牛，豚，めん羊，犬	＋
結核		牛	＋
サルモネラ症		豚，鶏，犬，亀など	＋
大腸菌症		家畜，家きん，伴侶動物	＋
豚丹毒		豚，魚類	＋
リステリア症		牛，めん羊，豚	＋
パスツレラ症		犬，猫	＋
ペスト		野生げっ歯類	－
エルシニア症		牛，豚，犬，猫，げっ歯類	＋
レプトスピラ症		犬，豚，牛など	＋
ライム病		犬，野生動物	＋
Q熱	リケッチア	野生動物，家畜，伴侶動物	＋
		鳥類	＋
オウム病	クラミジア	鳥類	＋
トキソプラズマ症	原虫	猫，豚，めん羊，犬	＋
クリプトスポリジウム症		家畜，家きん，伴侶動物	＋
牛海綿状脳症	プリオン	牛	＋

により感染・発症するE型肝炎がある。また近年，国内で野生哺乳動物などからダニを介して伝播すると考えられている重症熱性血小板減少症候群（SFTS）も報告されている。野生動物を介する疾病はその感染環が複雑であり，防疫はきわめて困難である。

4）食品が媒介する共通感染症

エルシニア症やサルモネラ症などがあり，病原菌の多くは食中毒菌である。食肉の安全性に関してはと畜場における食肉検査が重要であるが，カンピロバクター症，腸管出血性大腸菌症，リステリア症などは家畜が健康であるため食肉検査での検出は期待できず，生産現場から流通までの衛生管理が重要である。

7　越境性動物疾病（越境性動物感染症，transboundary animal disease）

伝播力が強く，国境に関係なく，急速に感染拡大（蔓延）する可能性が高い動物感染症を越境性動物疾病（越境性動物感染症）という。近年，経済のグローバル化に伴い，食品，畜産物，飼料，家畜（生きた家畜や鶏卵・ひななど）が国境を越えて移動し，感染症のグローバル化が生じている。また，媒介節足動物が気流や人・動物に付着して越境・侵入する場合もある。かつて「海外悪性伝染病」といわれていたものであり，重要なものとして口蹄疫，アフリカ豚コレラがあり，他にも，高病原性鳥インフルエンザ，豚コレラ，牛肺疫，リフトバレー熱，小反芻獣疫などがある。なお，牛疫は，2011年に世界的な撲滅が宣言されている。

2．感染と発病機序

病原体が単に宿主に侵入しただけでは，感染が成立したとはいわない。感染（infection）とは，病原体が生体に侵入し定着・増殖することを意味し，その結果，生体に機能障害をもたらし，病的状態を呈することを発病（onset of disease）という。感染が成立しても発病しない場合を不顕性感染（inapparent infection）という。

原核生物である細菌や真菌は独立生命体であり，動物に感染後，宿主細胞の合成系を利用することなく増殖できる。細菌は，細胞表面の構造に巧みな免疫回避機構を備えており，宿主の免疫系からの攻撃に対して多彩な防御反応を示す。

一方，ウイルスは，感染から増殖までの大部分を宿主に依存している。そのためウイルス感染においては，ウイルス側の因子と宿主側の因子の相互作用が，ウイルスの細胞指向性（トロピズム），宿主における体内分布，そして病原性発現を規定する。「II　感染の経路と経過」26頁も参照。

1　細菌感染と発病

病原細菌は様々な侵入門戸から宿主体内に侵入する（**表I－3**）。主な侵入門戸は体表（眼，皮膚），呼吸器（口，鼻），消化器，泌尿生殖器である。侵入門戸と増殖部位の関係から，局所感染と全身感染に分けることができる（「II　感染の経路と経過」を参照）。

1）細菌の表面構造と宿主免疫系の反応

細菌は表層細胞壁の構造の違いにより，グラム陽性菌，

表I－3　病原細菌の宿主への主な侵入経路

経　路	病原体	疾病(動物)
経　口	*Escherichia coli*	大腸菌症(牛，豚，鶏)，浮腫病(豚)
	Salmonella enterica	サルモネラ症(牛，豚，馬)，ひな白痢(鶏)
	Brachyspira hyodysenteriae	豚赤痢
	Clostridium perfringens	壊死性腸炎(牛，豚)
	Mycobacterium paratuberculosis	ヨーネ病(牛)
	Erysipelothrix rhusiopathiae	豚丹毒
経気道	*Bordetella bronchiseptica*	萎縮性鼻炎(豚)
	Actinobacillus pleuropneumoniae	胸膜肺炎(豚)
	Haemphilus parasuis	グレーサー病(豚)
	Histophilus somni	ヒストフィルス・ソムニ感染症(牛)
	Pasteurella multocida	出血性敗血症(牛)，家きんコレラ，萎縮性鼻炎，肺炎(豚)
	Mycoplasma spp.	マイコプラズマ性肺炎(牛，豚)，牛肺疫
	Mycobacterium bovis	牛結核
泌尿生殖器	*Taylorella equigenitalis*	馬伝染性子宮炎
	Brucella spp.	ブルセラ病(牛，豚，犬)
	Campylobacter fetus	カンピロバクター症(牛)
	Corynebacterium renale	腎盂腎炎(牛)
皮膚の創傷	*Clostridium tetani*	破傷風(馬)
	Bacillus anthracis	炭疽(牛)
	Staphylococcus spp.	ブドウ球菌症(鶏)，滲出性表皮炎(豚)
乳　腺	*Staphylococcus* spp., *Streptococcus* spp., *E. coli*, *Klebsiella* spp., *Mycoplasma* spp.	乳房炎(牛)
節足動物の刺傷	*Moraxella bovis*	伝染性角結膜炎(牛)
	Borrelia burgdorferi	ライム病(犬)
	Francisella tularensis	野兎病(うさぎ)

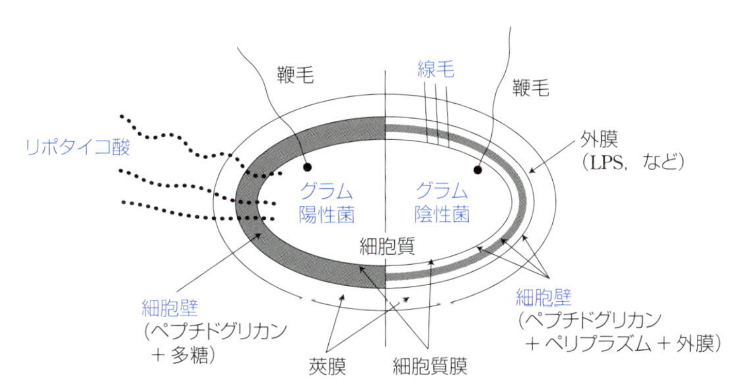

グラム陽性菌は厚いペプチドグリカンの細胞壁を持つため グラム染色の際，塩基性色素とヨードの結合体が漏出せず青色に染まりグラム陽性を示す。グラム陰性菌は細胞壁が薄いため塩基性色素とヨードの結合体が漏出し，グラム陰性を示す。

グラム陰性菌では線毛が宿主細胞への付着にかかわっている。一方，線毛を持たないグラム陽性菌ではリポタイコ酸が付着に重要な役割を担う。

注：グラム陽性菌では特殊な例（コリネバクテリウムの一部）を除いて線毛を持たないため，図には示していない。

図I－5　細菌表面の模式図

グラム陰性菌，細胞壁を持たないマイコプラズマに分けられる。**図I－5**にグラム陽性菌とグラム陰性菌の菌体表面の模式図を示す。

グラム陽性菌は外膜を持たず，最外層に細胞壁，その内側に細胞質膜がある。細胞壁は強固で主成分は架橋された厚いペプチドグリカン(細胞壁成分の40～90％)からなり，これに多糖と蛋白質が共有結合している。ペプチドグリカンが最外層のため，リゾチーム(lysozyme)による細胞壁の分解を受けやすいが補体の攻撃に対して抵抗性を示す。

グラム陰性菌は，最外層にリポ多糖(LPS)，リン脂質，蛋白質からなる外膜があるため，細胞壁のペプチドグリカン(細胞壁成分の10％以下)はリゾチームによる分解を受けない。しかし，グラム陰性菌の外膜のLPSは補体第二経路を活性化するため，活性化の最終産物である膜侵襲複合体(MAC)が菌体表面に透過孔を形成し，この孔からリゾチームが侵入する。そしてリゾチームによるペプチドグリカン層の切断により細胞壁が失われ球状となり破綻することがある。外膜のLPSは内毒素(エンドトキシン)とも呼ばれ，多彩な生物活性を示す。

真菌の最外層を構成する細胞壁は，キチンを骨格としてグリカンやマンナンなどを主成分とする。これらはアジュバント活性を示す。

2）細菌の病原性

細菌の病原性は，その菌が生体内に，①侵入(付着能)，②増殖(鉄獲得能)して全身に広がる性質(侵襲性)と，③毒素産生性によって規定される。感染症を起こす病原体側の能力を病原性(pathogenicity)またはビルレンス(virulence，毒力)という。

(1) 宿主細胞への細菌の付着と定着

動物の体内に侵入した細菌にとって，付着(adherence)は感染の成立を決める重要な因子の1つである。付着は細菌の鞭毛運動による走化性と非鞭毛性細菌のブラウン運動により促進される。細菌と宿主細胞表面の結合を可能にし

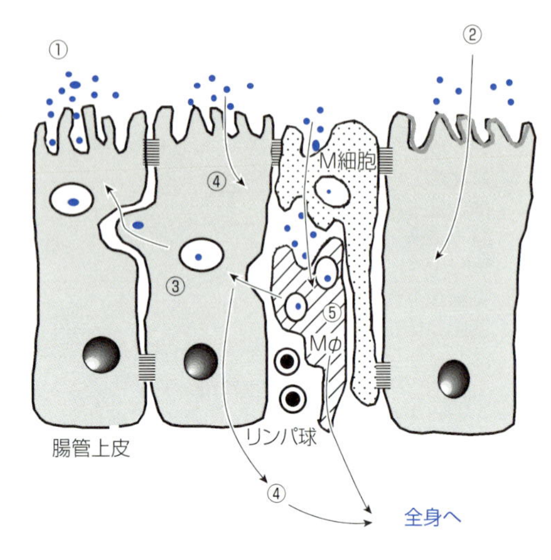

①上皮細胞外寄生細菌
例：コレラ菌，毒素原性大腸菌
小腸上皮に結合するが侵入はせず，細胞外に寄生。

②組織破壊侵入性細菌
例：ブドウ球菌，化膿レンサ球菌，肺炎レンサ球菌
細胞外寄生菌であるが，外毒素や菌体外酵素により組織が破壊され炎症反応を起こして侵入する。

③上皮細胞内侵入性細菌
例：赤痢菌
小腸上皮に結合した後にM細胞，Mφ(マクロファージ)を介して上皮細胞に侵入する。

④上皮細胞下侵入性細菌
例：チフス菌，パラチフスA菌などを含むサルモネラ
小腸上皮に結合後，エンドサイトーシスにより上皮細胞に侵入し，エキソサイトーシスにより上皮細胞下に出て増殖する。感染が血流を介し全身に広がることもある。

⑤細胞内寄生細菌
例：結核菌，リステリア属菌
マクロファージや単球などの食細胞に食菌されても殺されずに増殖し，全身に伝播する。

図Ⅰ－6　細菌の腸粘膜上皮からの感染

ている菌側の付着因子がアドヘジン(adhesin)である(線毛性アドヘジンと非線毛性アドヘジンがある)。

グラム陰性菌の多くは，線毛(pili)を持ち，宿主細胞に付着する。線毛の付着特異性は，線毛先端部にあるアドヘジンと宿主細胞表面レセプター間の特異性に規定される。このアドヘジン-レセプター結合の特異性が，細菌の細胞(組織)特異性，さらには宿主特異性を規定する要因の1つである。家畜の腸管毒素原性大腸菌ではF5，F7というアドヘジンが知られており，これに対する抗体で感染症を予防できる。グラム陽性菌は，通常線毛を持たないので付着機構はより複雑である。例えば，レンサ球菌(*Streptococcus pyogenes*)では，第1段階としてリポタイコ酸による非特異的な疎水性付着が起こり，次いで非線毛性アドヘジンであるM蛋白質，フィブロネクチン結合蛋白質(F蛋白質など)，またはビトロネクチン結合蛋白質などによる特異的結合が起こる。

(2) 細菌の組織侵襲

動物の体の体管腔を覆う粘膜上皮は，外界と接して病原体の侵入を防ぐ生体防御の最前線である。病原細菌はこの粘膜上皮細胞に付着・定着し，さらに一部の菌は細胞内に侵入する。上皮細胞は非貪食性なので菌を自ら取り込む能力はないが，細菌は様々な方法で上皮細胞に貪食運動を誘導し，細胞内に侵入する。このような細菌を侵入性細菌(invasive bacteria)と呼び，エルシニア属菌，サルモネラ属菌，赤痢菌，リステリア属菌などがこれに当たる。また，結核菌，レジオネラ属菌，クラミジア，リケッチアのように食細胞のなかで生存できる細胞内寄生細菌も，一般に細胞侵入性を備えている。さらに腸管病原性大腸菌，レンサ球菌，百日咳菌など，本来粘膜上皮へ付着して病原性を発揮する細菌のなかにも細胞への侵入性を示すものが多数発見されている。

a　細菌の細胞侵入性蛋白質産生

細菌が産生する細胞侵入性蛋白質として，エルシニア属菌の外膜蛋白質(インベイシン：invasin)，分泌性蛋白質であるサルモネラ属菌のSip蛋白質，赤痢菌のIpa蛋白質などがある。サルモネラ属菌や赤痢菌などは，Ⅲ型分泌装置を持ち，これを介して直接宿主細胞内に機能性蛋白質(エフェクター因子)を注入する。注入される因子は病原性に深く関与するため，この分泌装置の欠損株では病原性が極度に低下する。したがって，グラム陰性菌の蛋白質分泌装置はそれ自身が毒力を決定するものとなっている。

b　細菌の腸粘膜上皮からの体内侵入

侵入性細菌は，細胞に侵入後細胞質内でアクチンを重合し，これを原動力として細胞質内を活発に移動する。リステリア属菌や赤痢菌は細胞に侵入後，直ちにファゴゾームを溶解して細胞質中へ逃れる。そして分泌する蛋白質などが関与して菌体の周囲にFアクチンを凝集してコメット状のFアクチンの凝集束(アクチンコメット)を形成する。アクチンコメットを形成した菌は細胞質内を移動するのみでなく，隣接した上皮細胞へも感染する。

細菌が分泌する細胞侵入性蛋白質が上皮細胞に作用して貪食運動が引き起こされ，細菌が体内に取り込まれる。細菌が体内にどのように侵入するか，腸粘膜上皮細胞への侵入を例として**図Ⅰ－6**に沿って説明する。

①上皮細胞外寄生細菌：コレラ菌や腸管毒素原性大腸菌(ETEC)は，上皮細胞内や上皮細胞下に侵入することなく，外毒素を産生して上皮から水分を流出させて下痢を起こす。

②組織破壊侵入性細菌(細胞外寄生細菌)：組織を破壊して侵入する菌には，黄色ブドウ球菌，化膿レンサ球菌，肺炎レンサ球菌がある。黄色ブドウ球菌は，外毒素や菌体外酵素によって組織を破壊し，炎症反応を誘導する。

③上皮細胞内侵入性細菌：赤痢菌は経口的に消化管に入り，大腸粘膜のリンパ濾胞に隣接するM細胞から細胞直下のマクロファージに侵入して，アポトーシスを誘導して破壊する。細胞外へ出た赤痢菌は基底膜下へは向かわず，炎症性サイトカインの刺激で緩んだ上皮細胞層の細胞間に移動する。そこでエンドサイトーシスを誘導して上皮細胞の側面から細胞内に侵入する。感染を受けた上皮細胞は変性壊死により剥離し，さらに潰瘍へと進行し血性下痢(赤

表Ⅰ－4　代表的な外毒素とその作用

病原体	毒　素	作　用	生体反応
Clostridium perfringens	α毒素	レシチナーゼC活性	溶血毒，細胞壊死
C. tetani	神経毒	運動神経細胞シナプスの抑制物質の放出阻害	運動神経の亢進 筋の痙攣
C. botulinum	神経毒	アセチルコリンの放出阻害	筋収縮の阻害と麻痺
Vibrio cholerae	エンテロトキシン	アデニル酸シクラーゼを活性化し，細胞内cAMP濃度が上昇	腸管上皮細胞に作用して，電解質と水分吸収阻害による下痢
Escherichia coli	エンテロトキシン	同上	同上
Staphylococcus aureus	エンテロトキシン	中枢神経の嘔吐中枢に作用	嘔吐，下痢はまれ
Streptococcus pyogenes	ストレプトリジンO, S	溶血毒	赤血球を破壊
Shigella dysenteriae 1	志賀毒素	神経毒，腸管毒	出血性下痢
腸管出血性大腸菌(EHEC)	ベロ毒素	腸管毒	出血性下痢，溶血性尿毒症

志賀赤痢菌の産生する志賀毒素と腸管出血性大腸菌が産生するベロ毒素1（志賀毒素様毒素1）は同一のものである。

痢)となる。

④上皮細胞下侵入性細菌：チフス菌は，回腸下部のM細胞や上皮細胞からエンドサイトーシスにより侵入し，次いでエキソサイトーシスによって細胞下に出て，基底膜に達して増殖する。また，一部のサルモネラ属菌は血管やリンパ管内に侵入して全身に広がる。エルシニア属菌の外膜蛋白質(インベイシン)は細胞表面のβ1インテグリンを認識してパイエル板のM細胞に付着する。この刺激で細胞による菌体の取り込みが誘導され，容易に細胞内に侵入する。

⑤細胞内寄生細菌：ブルセラ菌，結核菌やリステリア属菌などは，マクロファージのような食細胞に貪食されても殺菌されずに増殖できる。

(3) 細菌の鉄獲得能

宿主体内ではフリーの鉄はほとんどなく，血液中のトランスフェリンやヘモグロビン，分泌液中のラクトフェリンのような鉄結合蛋白質(シデロフォア)と結合している。鉄はすべての生物に必須であり，細菌が宿主体内での生存に必要な鉄を得るために，宿主の鉄結合蛋白質から鉄を奪い取るためのレセプターを持つ細菌もある。例えば，腸管感染大腸菌，サルモネラ属菌，赤痢菌などは，鉄結合蛋白質であるエロバクチンを合成・分泌した後，宿主の鉄結合蛋白質から鉄をキレートして自らのエロバクチンレセプターを介して鉄を菌体内に取り込む。この他にも，トランスフェリンレセプターを菌体表面に発現させて結合したトランスフェリンから鉄を獲得する細菌や，外毒素によって細胞を傷害して細胞中の鉄を取り込む細菌も存在する。細菌が持つ宿主から鉄を奪い取る能力(鉄獲得能)は細菌の増殖にとって必須の因子である。

(4) 細菌の毒素産生性

a　外毒素

細胞外寄生細菌は外毒素(蛋白質毒素)を産生して宿主細胞を破壊し，免疫機能を抑制する。外毒素の本態は「酵素」であり，通常の酵素よりも生体への毒性が強い(この例として，ジフテリア毒素による蛋白質合成阻害，破傷風毒素による中枢神経麻痺，コレラ毒素による重篤な下痢などがある)。また，黄色ブドウ球菌が産生するエンテロトキシンはスーパー抗原であるが，これも外毒素である。グラム陽性菌とグラム陰性菌ともに外毒素を産生する。外毒素は作用部位から神経毒，腸管毒，細胞毒などに分類でき，その作用は，①ボツリヌス毒素のように毒素で汚染された食品を介して食中毒を起こす，②大腸菌やコレラ菌のように腸管内での菌の増殖に伴いエンテロトキシンを産生して下痢を起こす，③破傷風菌が産生する毒素は血行，リンパ系，神経系を介して中枢神経に付着し主に筋肉の強直，痙攣を起こす。なお，破傷風菌などの外毒素は，ホルマリン処理で毒性はないが免疫原性を持つトキソイドワクチンとして利用されている。代表的な外毒素の作用と生体反応を**表Ⅰ－4**に示す。大腸菌やコレラ菌の他，ブドウ球菌，クロストリジウム属菌，エロモナス属菌，エルシニア属菌などもエンテロトキシンを産生する。

b　内毒素

細菌の死に伴い生じる自己融解液中に遊離される耐熱性菌体毒素が内毒素(エンドトキシン)である。内毒素の本態は，グラム陰性菌の細胞壁のリポ多糖(LPS)であり，リピドA(糖と脂肪酸の複合体)にエンドトキシン活性がある。LPSが血中に入ると，血小板と好中球の減少，発熱，Shwarzman現象，微小循環内の播種性血管内凝固(DIC)，補体活性化などの生体反応が起こる。また，LPSはマクロファージや単球上のCD14に結合し，Toll様受容体(TLR4)を介して，これらの細胞を活性化する。これらエンドトキシン活性は細菌種間での違いは少なく，グラム陰性菌に共通している。内毒素による生体反応を以下に示す。

発熱：内毒素が視床下部の体温調節中枢へ作用して，またマクロファージへの作用により内因性発熱因子インターロイキン-1(IL-1)の産生が促進されて起こる。

内毒素ショック：悪寒や発熱などを伴い，急速な血圧降下，末梢循環障害を引き起こしてショック状態となり，死亡することがある。

Shwarzman現象：うさぎ皮内に少量の内毒素を接種し，24時間後に再度投与すると，先に投与した皮膚局所に激しい出血壊死が起こる。内毒素の投与で好中球が毛細血管内膜を傷害し，再度の投与で集積した好中球と血小板が沈着し，血液凝固と小血栓が形成されて組織の壊死が起こる。Shwarzman現象はDICの特異な例である。

DIC：内毒素による血管内皮への血小板沈着による血管閉塞に伴う臓器の虚血や壊死である。

アナフィラトキシン，走化性反応，膜障害など：内毒素により補体第二経路が誘導され，補体が関与する種々の反応が起こる。

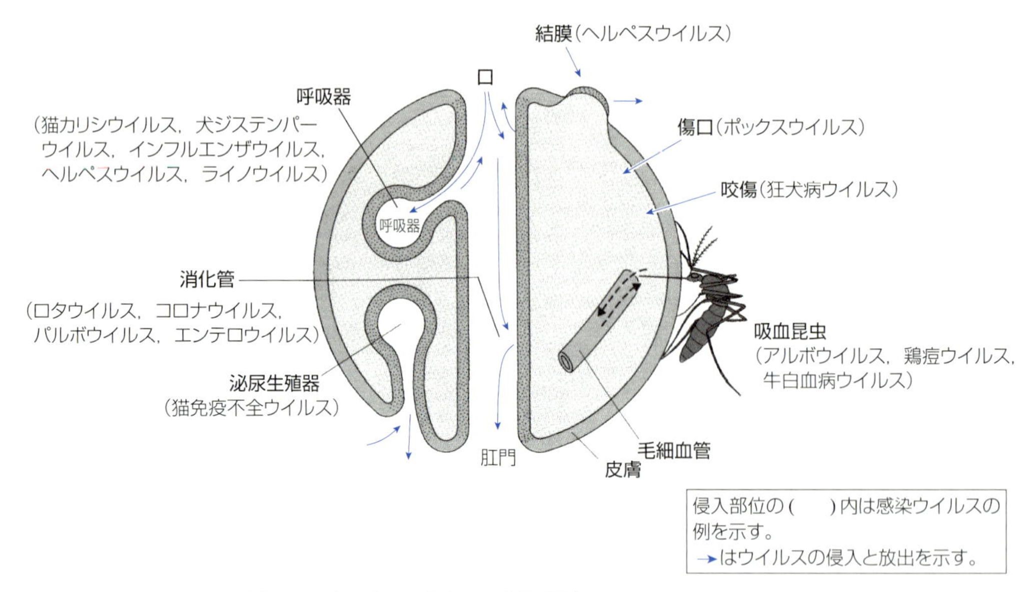

図I－7　ウイルスの宿主への侵入部位(Mims & Wite, 1984を改変)

(5) 食細胞（好中球やマクロファージ）に抵抗する因子

細菌は食細胞に貪食されて殺菌されるが，多くの病原細菌は食菌に抵抗する。ブドウ球菌は，菌体表面にプロテインAを持ち，IgGのFc部位に結合して，抗体によるオプソニン化を阻害する。菌体表面の多糖からなる莢膜(炭疽菌のD-グルタミン酸からなるポリペプチド性莢膜)，細胞壁表面に存在する蛋白質(レンサ球菌)，線毛などは食細胞を阻害するが，莢膜やM蛋白質に対する抗体が作用すると菌体がオプソニン化され，食細胞に貪食されやすくなる。

食細胞に取り込まれても寿命の短い好中球では殺菌されず，寿命の長いマクロファージ内でも生存・増殖できる細菌(細胞内寄生体：intracellular parasite)がある。これらの食細胞内での殺菌回避機構には，①食細胞内の食胞(ファゴソーム)から細胞質内への脱出，②食胞とリソソームとの融合阻止，③リソソーム内の消化酵素に対する抵抗性，の3つがある。

2　ウイルス感染と発病

ウイルスは，感染と増殖を宿主細胞に依存しているため，ウイルスが個体に感染して病気を起こすまでにはウイルス側因子(病原性)と生体側の防御因子との間に多くの反応が起こる。ウイルスが細胞に感染した場合，通常，以下の3つの様式をとる。このうち，どの型をとるかはウイルスの性質による。

細胞破壊型：感染細胞の破壊によりウイルスが細胞外に放出され，それが新たな細胞に侵入して伝播する(ポリオウイルス，アデノウイルスなど)。

細胞非破壊型：ウイルスが増殖しても細胞を破壊せずに出芽などでウイルスを放出する(ヘルペスウイルス，レトロウイルス，パラミクソウイルスなど)。

腫瘍化する型：ウイルスの感染により癌化する場合であり，鶏や猫の肉腫ウイルスはこの型をとる。

1）侵入門戸

ウイルスが感染するには，まず皮膚，呼吸気道，消化管などの体表面の細胞に吸着しなくてはならない。体表のうち粘膜の占める割合は大きく，さらにその粘膜面の80～90％を消化器粘膜が占めており，病原微生物の侵入門戸として粘膜の重要性が理解できる。粘膜はラクトフェリンやリゾチームのような非特異的抗菌・殺菌物質を含む粘液や分泌液に洗われており，これらの分泌液が粘膜からの微生物感染を防御する。**図I－7**にウイルスの個体への侵入部位を，**表I－5**には体表や粘膜から侵入するウイルスとその代表的な疾病を示す。侵入門戸の詳細は「II　感染の経路と経過」を参照。

2）ウイルスの体内での伝播

ウイルスが感染して細胞で複製する際に，最初に利用する宿主分子は宿主細胞表面のレセプターであり，レセプターが存在しない細胞には感染は成立しない。レセプターとウイルス粒子表面分子の結合が，ウイルス感染を第一義的に決定している。これまでに動物由来ウイルスで多くのレセプターが同定されているが，多くのウイルスは宿主細胞表面の分子をウイルス特異レセプターとして用いている(**表I－6**)。

ウイルスは体内侵入部位の細胞で増殖後，最終標的組織にたどり着き，そこで再び増殖してウイルス特異的疾患を引き起こす。

3）ウイルスの病原性

ウイルスの病原性(pathogenicity)とは，宿主に感染して病気を起こす能力をいう。病原性ウイルスは宿主に病気を起こすが，非病原性(non-pathogenic)ウイルスは感染・増殖しても病気を起こさない。ウイルスの病原性(毒力)に関係するものとして，①ウイルスの増殖性，②体内伝播能，③宿主免疫系の撹乱や組織破壊性などがある。

(1) ウイルスの増殖性と病原性

多くのウイルスで，野生株は病原性を示すが，人工的な操作などで野生株の増殖性を低下させたウイルスは病原性も低下する。しかし，ウイルスによっては増殖性と病原性は必ずしも一致しない。

表Ⅰ－5　体表や粘膜から侵入するウイルスとその感染症

侵入部位		ウイルス	疾　病
体表の創傷		ポックスウイルス	牛痘，牛丘疹性口炎，鶏痘など
		ヘルペスウイルス	牛乳頭炎など
		パピローマウイルス	牛乳頭腫
脊椎動物の咬傷		ラブドウイルス	狂犬病
汚染注射針		レトロウイルス	牛白血病，馬伝染性貧血
気　道		ヘルペスウイルス	牛伝染性気管炎，鶏の伝染性咽頭気管炎，犬ヘルペスウイルス病，猫ウイルス性鼻気管炎
		ペスチウイルス	牛ウイルス性下痢ウイルス感染症
		アデノウイルス	アデノウイルス病，犬伝染性肝炎，犬伝染性咽頭気管炎
		ニューモウイルス	牛RSウイルス病
消化器		ロタウイルス	ロタウイルス病
		コロナウイルス	牛コロナウイルス病，豚伝染性胃腸炎，豚流行性下痢
		パルボウイルス	牛・犬のパルボウイルス病，猫汎白血球減少症
節足動物による刺咬			
	機械的	ポックスウイルス	鶏・豚のポックスウイルス病
		レトロウイルス	牛白血病，馬伝染性貧血
	生物学的	フラビウイルス	馬の脳炎，日本脳炎
		ブニヤウイルス	アカバネ病，アイノウイルス病，リフトバレー熱
		ラブドウイルス	牛流行熱，水胞性口炎
		オルビウイルス	ブルータング，アフリカ馬疫
生殖器		ヘルペスウイルス	馬鼻肺炎，馬媾疹
		アルテリウイルス	馬ウイルス性動脈炎
結　膜		ヘルペスウイルス	牛伝染性鼻気管炎

表Ⅰ－6　ウイルスに対する細胞側の受容体(レセプター)

ウイルス	レセプター
口蹄疫ウイルス	インテグリン
インフルエンザA，B型ウイルス	シアル酸(N-acetyl neuraminic acid)
ロタウイルス	アシアロGM1
ヘルペスウイルス	ヘパラン硫酸
ワクチニアウイルス	上皮細胞増殖因子(EGF)レセプター1
ライノウイルス，コクサッキーウイルス	ICAM-1(intercellular cell adhesion molecule 1)
伝染性胃腸炎ウイルス	豚アミノペプチターゼN
狂犬病ウイルス	アセチルコリンレセプター 神経細胞接着分子(CD56) 神経増殖因子レセプター
犬ジステンパーウイルス	膜蛋白質SLAM(CD150)，CD46
猫伝染性腹膜炎(FIP)ウイルス	アミノペプチダーゼN(CD13)
犬パルボウイルス，猫パルボウイルス	トランスフェリンレセプター
猫白血病ウイルスB型	phosphate transporter protein(Pit)-1
猫免疫不全ウイルス	主受容体：CD134(膜蛋白質) 副受容体：CXCR4(ケモカインレセプター)
ポリオウイルス	CD155(immunoglobulin superfamilyの一員)
SARSコロナウイルス	ACE2(angiotensin-converting enzyme 2)
猫カリシウイルス	JAM-1 (junction adhesion molecule-1)
アデノウイルス	CAR，インテグリンなど
マウス肝炎ウイルス	CEACAM1
C型肝炎ウイルス	CD81
ラッサ熱ウイルス	α-dystroglycan

ニューカッスル病ウイルス(NDV)やインフルエンザウイルスは，切断を受けるプロテアーゼの違いにより強毒株と弱毒株に分けられる。この違いが病原性の差となっていると同時に，ウイルス感染が全身性となるか，局所性となるかをも決定している。これらのウイルスでは，病原性とウイルスのエンベロープに存在する糖蛋白質であるF蛋白質(NDV)やHA蛋白質(インフルエンザウイルス)との関連が明らかにされている。

NDVは鶏に急性致死性疾病を引き起こす。強毒株は組織特異性がなく，全臓器で増殖し致死的であるが，弱毒株は気道，消化管など限定された組織でしか増殖できず，病原性は低い。強毒株と弱毒株ともにウイルスレセプターは全身臓器に分布するシアル酸であり，特定臓器に限定されているわけではない。NDVの細胞への感染は，ウイルスエンベロープと細胞膜が膜融合を起こすために，NDV F蛋白質(F0)の開裂(F1とF2のサブユニットに分解される)が必須のプロセスであり，この開裂は宿主細胞の蛋白質分解酵素により起こる。強毒NDV株のF蛋白質は全身臓器に存在するフーリン(furin)のような酵素で開裂されるが，弱毒株F蛋白質は特定臓器(気道と消化器)にのみ存在する蛋白質分解酵素で開裂され，感染性が賦与される。したがって，強毒株は全身臓器で増殖できるが，弱毒株は気道や腸管でしか増殖できず，それが病原性を規定している。インフルエンザウイルスの場合も同様の現象がHA蛋白質でみられる。

(2) ウイルスの神経伝播と病原性

ウイルス株により神経伝達性で異なる場合がある。例えば，単純ヘルペスウイルス1型のgD糖蛋白質は神経伝達にかかわっており，gD糖蛋白質のアミノ酸を変化させると末梢に接種したウイルスが中枢神経系へ伝播できなくなり，病原性を発揮できずに排除される。ブニヤウイルスでもGc糖蛋白質が末梢から中枢神経への侵入に重要なこと

表Ⅰ－7　ウイルスによる宿主免疫系の抑制

現　象	ウイルス	機序(ウイルスの作用)
補体の作用から逃れる	ヘルペスウイルス	補体調節因子の類似分子を産生し，補体活性化を阻害する。
	ポックスウイルス	ポックスウイルスでは補体類似分子を産生し，膜攻撃複合体(MAC)形成を阻害してウイルス感染細胞の溶解を防ぐ。
サイトカインの作用を妨害	ポックスウイルス ヘルペスウイルス	サイトカインとそのレセプター類似分子(virokinesやviroceptors)を産生し，サイトカインの作用を妨害することにより生体防御系から逃避する。
IFNの作用を妨害	ポックスウイルス ヘルペスウイルス	可溶性IFNレセプターやIFN様分子を産生し，IFNの作用を妨害することによりウイルスの感染を拡大する。
免疫系細胞に障害を与える	猫免疫不全ウイルス(T細胞) 鶏ファブリキウス嚢病ウイルス(B細胞) 犬ジステンパーウイルス(マクロファージ)	(　　)内の白血球や食細胞に感染し，傷害を与えて生体防御から免れる。
アポトーシスを抑制	ポックスウイルス アデノウイルス レトロウイルス	カスパーゼカスケードの阻害，細胞周期の制御などによりアポトーシスを抑制して細胞破壊を阻害し，ウイルスの増殖を図る。

が示されている。

(3) ウイルスによる宿主免疫系の抑制（表Ⅰ－7）

ウイルスには，宿主の生体防御を修飾する分子を産生するものがある。ヘルペスウイルスやポックスウイルスは補体類似分子を産生して補体の作用から逃れている。サイトカインはウイルス感染初期から全感染期を通じて生体防御という面で重要な役割を担っているが，ポックスウイルスやヘルペスウイルスはサイトカインあるいはそのレセプター類似分子をコードする遺伝子を持っている。インターフェロン(IFN)はウイルス感染初期の防御因子として重要であるが，ポックスウイルスが産生するIFNレセプター類似分子は，宿主細胞が産生・放出するIFNの本来のレセプターへの結合を阻害して抗ウイルス作用を妨害する。ポックスウイルスは他にも増殖時に腫瘍壊死因子(TNF)レセプター，IL-1レセプター様分子を産生してサイトカインの作用を妨害する。これらのウイルスはケモカインやケモカインレセプター様分子も産生し，生体防御を撹乱することで宿主の攻撃から逃れている。

また，宿主免疫系を直接妨害する場合として，ウイルスの標的細胞が免疫担当細胞の場合がある。T細胞，特に$CD4^+$T細胞に感染する猫免疫不全ウイルスや猫白血病ウイルス，B細胞に感染する伝染性ファブリキウス嚢病ウイルス，単球・マクロファージに感染する犬ジステンパーウイルスやアフリカ豚コレラウイルスなどがある。免疫担当細胞であるT細胞やB細胞にウイルスが感染して細胞傷害を起こすと，それにより生体防御能が低下してウイルス排除が不十分となる。

(4) 宿主免疫系から逃れるウイルスの戦略

ウイルスが体内に侵入して増殖・伝播する過程で，宿主の免疫反応から逃れる戦略を持たないウイルスは排除されてしまう。病原ウイルスと呼ばれるウイルスは様々な戦略を用いて宿主の免疫系から逃れて病原性を発揮する(**表Ⅰ－8**)。多くのレトロウイルス(猫白血病ウイルス，猫免疫不全ウイルスなど)は，増殖しても感染細胞を破壊せず，中和抗体などから逃れている。ヘルペスウイルスの場合はより顕著で，宿主体内での免疫系により増殖が抑制されると，神経節などに潜伏感染する。潜伏感染した細胞ではウイルス蛋白質の発現が抑えられるため，宿主免疫系は異物と認識できず排除できないので感染が持続する。犬ジステンパーウイルスのように細胞融合によって感染が広がるウイルスの場合，細胞外に遊離型のウイルスが放出されない。そのため，中和抗体の作用を受けずに感染が拡大する。

ウイルス感染に対する生体の獲得免疫として，中和抗体とキラーT細胞が最も重要である。エボラウイルスやアレナウイルスは抗体様分子を自ら産生して中和抗体の作用から逃れる。また，単球・マクロファージに感染する猫伝染性腹膜炎ウイルス(FIPV)は単球・マクロファージに取り込まれても細胞内で殺されず増殖する。FIPV感染猫ではFIPVに結合した抗体のFc部位を用いて効率よく単球・マクロファージに感染して全身に伝播する(抗体依存性感染増強)。すなわち，FIPVに対する抗体のある猫の方が，ウイルスが全身に伝播して症状が悪化するため，FIPのワクチンによる予防を困難にしている。また，病原性(造腫瘍性)アデノウイルスは感染細胞表面の主要組織適合抗原(MHC)クラスⅠ抗原の発現低下を誘導して，キラーT細胞による認識や攻撃から逃れている。

牛白血病ウイルスやヨーネ菌などの病原体は，長期間宿主体内に存在して病態を形成する。これらの病原体は，感染細胞にPD-L1などの免疫チェックポイント分子を発現させ，活性化したT細胞上に発現するPD-1などのレセプター分子に結合して，T細胞の疲弊化を引き起こした免疫回避が知られている。このような機序は，慢性難治性感染症を引き起こす多くの病原体が用いていると考えられる。

宿主の免疫系から逃れる戦略の別の例として，牛ウイルス性下痢ウイルスやマウスリンパ球性脈絡髄膜炎ウイルスなどのように妊娠母獣に感染して胎子に垂直伝播するウイルスがある。この場合，胎子ではウイルスに対して免疫寛容(T，B細胞ともに)が誘導され，生後，垂直伝播したウイルスに対して免疫応答が起こらず感染が持続する。

病原体が免疫系の攻撃を回避する最も一般的な方法として抗原変異がある。病原体の抗原変異で有名なものとして

表Ⅰ－8　宿主免疫系から逃れるウイルスの戦略

現　象	ウイルス	機序（ウイルスの作用）
CPEを示さない感染	猫白血病ウイルス 猫免疫不全ウイルス ハンタウイルス ヘルペスウイルス	宿主感染細胞の核酸・蛋白質合成を阻害せず，細胞を殺さないで感染を持続させる（ウイルス抗原の発現も最小限に抑え，宿主の攻撃から逃れる）。
膜融合による感染で細胞に伝播	犬ジステンパーウイルス ヘルペスウイルス 猫免疫不全ウイルス	細胞外にフリーの状態で放出されるというよりは，細胞融合により感染を拡大するため中和抗体の作用を受けにくい。
中和抗体から逃避	エボラウイルス アレナウイルス	特異抗体に結合するおとり分子を産生し，中和抗体の作用から逃れる。
非中和性抗体の産生	猫伝染性腹膜炎ウイルス デング熱ウイルス	非中和性抗体産生を誘導するため，ウイルスは中和されないばかりか抗体が結合したオプソニン化ウイルスが，Fcレセプターを介して容易にマクロファージに感染を拡大してゆく。
MHCの発現抑制	アデノウイルス ヘルペスウイルス 人免疫不全ウイルス	アデノウイルス感染細胞ではウイルスの作用によりMHCクラスI発現が低下する。そのことによりキラーT細胞による傷害作用が妨害されウイルスの感染が持続する。
免疫チェックポイント分子の発現による免疫回避	牛白血病ウイルスなど （慢性感染症を引き起こす多くの病原体）	感染細胞に種々の免疫チェックポイント分子（PD-L1など）を発現し，活性化T細胞上のレセプター（PD-1など）を介してT細胞の疲弊化を誘導して免疫回避する。
免疫寛容	牛ウイルス性下痢ウイルス 豚コレラウイルス マウスリンパ球性脈絡髄膜炎ウイルス	感染母獣からウイルスの胎内伝播を受けて生まれた新生獣はウイルスを異物と認識せず，免疫寛容を起こし，免疫系の攻撃から逃れる。
変　異	人免疫不全ウイルス 口蹄疫ウイルス 猫白血病ウイルス インフルエンザウイルス	次々にウイルス構造蛋白質の抗原性が変化したウイルスが生ずることにより免疫系の攻撃から逃れる。
異物として認識されない	ヘルペスウイルス	中枢神経系に潜伏感染するヘルペスウイルスは潜伏感染時，ウイルス遺伝子発現をほとんどせず異物と認識されず免疫系から排除されない。

トリパノソーマ原虫やレトロウイルスがある。レトロウイルス科のウイルス（ビスナ/マエディウイルス，人免疫不全ウイルス，馬伝染性貧血ウイルスなど）はウイルスゲノムRNAから逆転写反応によってプロウイルスDNAが複製され，宿主細胞ゲノムに組み込まれるが，逆転写反応は複製エラーが高頻度に起こるとされている。人免疫不全ウイルスの場合は，複製エラーに加えて複数のウイルス間の組換えにより急速な変異を遂げていく。

（5）ウイルス感染に伴う組織破壊と病原性

ウイルスは体内に侵入後増殖して宿主の組織破壊をもたらす。しかし，ウイルスの病原性は培養細胞での細胞傷害性（CPEの形成など）とは必ずしも一致しない。培養細胞で細胞傷害性を示して増殖するウイルスでも病気を起こさない例が多い（腸管に感染するエンテロウイルスなど）。一方，培養細胞で細胞傷害性を示さないウイルスが致死的感染を示す例もある。レトロウイルスは培養細胞に多核巨細胞を形成するが細胞は破壊しない。狂犬病ウイルスの街上毒も細胞破壊性はないが，これらのウイルスは生体に感染すると致死的である。

a　直接組織破壊をもたらし病原性を示す場合

呼吸器から感染するインフルエンザウイルスや，消化器粘膜から感染して下痢を起こすウイルスは組織を破壊して病気を起こす。腸管粘膜に感染するロタウイルスやコロナウイルスなどは，腸管絨毛上皮に感染増殖することで絨毛の萎縮や欠損を起こし，腸管絨毛の吸収能を阻害して下痢の主因となる（図Ⅰ－8）。

b　組織に傷害を与えず病原性を示す場合

感染してもほとんど組織破壊を起こさないが，病原性を発揮するウイルスがある。多くの場合，これは感染細胞に対して宿主免疫系がウイルス排除のために過剰に反応する結果，重篤な病気を起こすものである。

肝炎ウイルスやマウスリンパ球性脈絡髄膜炎ウイルスは，感染だけでは重篤な組織傷害を与えないが，$CD8^+$T細胞（キラーT細胞）が強く活性化されてウイルス感染細胞を攻撃することで重篤な組織傷害を与える。ビスナ/マエディウイルスの感染では，$CD4^+$T細胞が炎症反応を誘起して，TNF-αなどを放出する結果，脳脊髄炎などが引き起こされる。デングウイルスには4血清型があり，初感染では感染した人間はその血清型に対する抗体を産生するが，2回目に別の血清型に感染すると，以前の感染によって産生された抗体はウイルスに結合するが中和できない。さらに抗体のFc部位を介してより効率よく血中の単球に感染して全身性のデング出血熱を発症する。

（6）ウイルス遺伝子産物の毒素としての機能

ウイルスの遺伝子産物が毒素として働く例はまれであるが，ロタウイルスの非構造蛋白質であるNSP4は細菌が持つエンテロトキシン様作用を示して腸炎を誘発する。

3　発病機序

病原体は体内に侵入し，宿主の防御機構に打ち勝ち，標的器官や臓器・組織で増殖して病気を起こす。どのようにして病気が起こるのか，①全身感染症（例として犬ジステンパー），②下痢，③呼吸器性疾病，④流産，⑤脳神経系

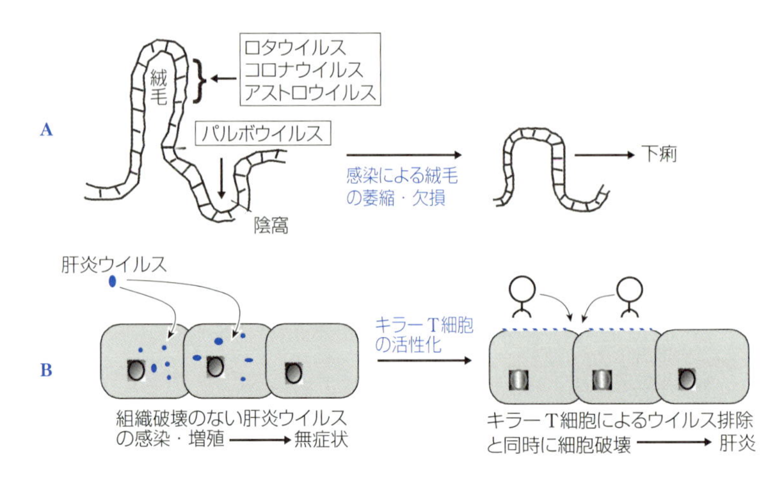

A：腸管の絨毛上皮細胞に感染するウイルスのうちパルボウイルスは陰窩付近に，ロタ，コロナおよびアストロウイルスは絨毛上部に感染し，いずれも絨毛の萎縮・欠損を引き起こす。これが吸収阻害となり下痢の要因となる。
B：肝炎ウイルスは肝細胞に感染し，ウイルスは増殖してもさほど危害を与えない。しかしキラー T 細胞がウイルス感染肝細胞を攻撃してウイルスを排除すると同時に肝炎を発症する。

図Ⅰ−8　組織破壊により病原性を示す例

疾病の発病機序について述べる(各疾病の発病機序については各論を参照)。

1）全身感染症

気道内に侵入した犬ジステンパーウイルスは，粘膜上皮で増殖後，マクロファージに担われて気管支リンパ節で増殖する。増殖したウイルスは血中に入り，単核球に侵入して増殖し，第一次ウイルス血症を呈して全身臓器に到達する。感染後1週間ほど各臓器で増殖したウイルスは再び血中に出て，第二次ウイルス血症を起こす。ウイルスが全身臓器・組織で増殖することにより発熱とインターフェロン(IFN)-α，-βが産生されウイルス増殖の抑制がみられる。感染後8～10日頃までに中和抗体が出現した犬ではウイルスは排除され回復する。

一方，感染後9日までに検出できるレベルの抗体が陰性であり，2週後でも低レベルの犬ではウイルスは全身から排除されず，腸管，気道，尿道の上皮細胞や皮膚での増殖が盛んとなる。胃腸での増殖は嘔吐・下痢の原因となり，呼吸器での増殖は気管支炎(ときに肺炎)を起こし，皮膚での増殖は皮膚炎の原因となる。

内臓で増殖後，ウイルスが血管周囲，外膜から脳に侵入するとグリア細胞やニューロンに感染が広がる。神経系に感染が広がると異常行動や麻痺が回復後にしばしばみられる。一見回復したようでも40～60日後に脱髄を特徴とする脳炎がみられることがあり，この場合は致死的である。回復後は長期間，多分一生涯免疫が成立する。まれではあるが，回復後，神経系に残っているウイルスがゆっくりと増殖して数年後に老犬脳炎を起こすことがある(麻疹ウイルスによる汎硬化性脳症と類似)。

2）下痢

幼若動物では免疫機構などが未熟で防御能が低いため，下痢や肺炎を起こしやすく，以下に示すような多くの病原体が下痢の原因となる。

細菌：大腸菌，サルモネラ属菌，クロストリジウム属菌，ヨーネ菌など

ウイルス：ロタウイルス，コロナウイルス，パルボウイルス，アデノウイルス，エンテロウイルスなど

原虫：クリプトスポリジウム，コクシジウムなど

その発生機序として，以下のようなことが考えられる。

(1) 透過性の亢進による滲出性の下痢

腸管上皮細胞の接合部には非常に小さな孔があり，細胞自体の呼吸・分泌以外に，この孔を介した水分や物質の流れが存在する。血液から腸管腔内へ向かう流れが滲出である。炎症の際には，この腸粘膜の小孔が拡張し血液から腸管腔へ水分流出が増加して下痢が起こる。牛のヨーネ病の慢性下痢がこの範疇に入るが，血漿蛋白質の漏出が著しく急激に削痩する。*Clostridium perfringens*感染に伴う壊死性腸炎では，小孔が数ミクロンに拡大し(正常は0.5nm)，出血性滲出を示す。

(2) 分泌過剰や吸収阻害による下痢

正常な腸管では，水分・栄養分を吸収するとともに，腸管腔内へ水分と電解質の分泌をも行っている。この分泌が過剰な状態や吸収が阻害された場合に分泌性の下痢が生ずる。過分泌による下痢はcAMP，cGMP，Caイオンなどの細胞内メディエーターを介して起こり，粘膜の損傷はみられない。主な要因としてコレラ毒素，大腸菌のエンテロトキシンなどがある。

(3) 吸収不良による下痢

吸収されない物質が腸管内に貯留することにより，腸管内外の浸透圧差が生じ，水分が腸管内腔に貯留されてしまうために下痢が生ずる。腸管内に吸収されない物質が存在する原因としては腸線毛の萎縮・欠損あるいは損傷がある。例えば，牛コロナウイルス，牛ロタウイルス，伝染性胃腸炎ウイルスなどは選択的に線毛上皮細胞で増殖するため，線毛は萎縮し吸収能が障害される。

(4) 腸管の運動異常による下痢

蠕動亢進により腸粘膜と内容物の接触時間が短くなり，消化・吸収不良を起こして下痢が生ずる。しかし，蠕動亢進すなわち下痢という考えには疑問もある。なぜなら子牛

や子豚の毒素原性大腸菌による下痢では腸内容物の移動速度が速くなるが，これは蠕動亢進によるものではなく，腸管が弛緩して筒状になるとともにエンテロトキシンの作用で内容物の水分含量が増加するためである。

(5) 腸陰窩細胞の破壊による出血性下痢

腸陰窩細胞は絨毛基部に位置しており，腸粘膜細胞の摩耗に伴う再生に重要な役割を持つ。犬パルボウイルス２型や猫汎白血球減少症ウイルスは，抵抗力の低い若齢動物に感染して出血性下痢を起こす。これらのウイルスは，経口・経気道で侵入し咽喉頭リンパ節などでの増殖後に全身感染を起こすが，標的細胞である分裂の盛んな細胞中で効率よく増殖する。腸陰窩細胞もその１つであり，その破壊により出血性下痢が生ずる。

3）呼吸器性疾病

呼吸器性疾病を起こす病原因子の侵入経路には経気道と血行性があり，一般には経気道感染が多い。気道経由の場合は，気管支炎から末梢の付属肺胞に炎症は拡大する。気道から吸い込まれた微粒子（１～５μm）は容易に気道深部に到達でき呼吸細気管支に病変を形成する。一方で全身性病変に続いて，血行性にウイルス血症や敗血症を起こし，肺に病変を形成することもある。

(1) インフルエンザ

インフルエンザウイルス感染では，ウイルスが気道の奥深く侵入するが，多くは線毛の運動で排除される。粘膜上皮に到達したウイルスも，粘膜上皮には細胞側のウイルスレセプターであるシアル酸と類似の糖蛋白質が存在しており，これがウイルスの粘膜上皮細胞表面への結合を阻害している。これに対してウイルスの側では，エンベロープ上に存在するノイラミニダーゼが，この糖蛋白質を破壊してウイルスの粘膜上皮への結合を助ける。粘膜上皮に到達したウイルスは粘膜上皮細胞に侵入・増殖して気道内に放出された子ウイルスが周辺細胞に感染を広げる。感染の拡大に伴い粘膜上皮細胞の破壊と同時にサイトカイン産生が誘導され，炎症細胞を含む滲出液の増加がみられる。

インフルエンザウイルスは局所感染であり，通常は不顕性から軽度の上部気道感染にとどまる。しかし，細菌などの二次感染があると呼吸器症状は重篤化し間質性肺炎を発症することがある。宿主が回復した場合やワクチンを受けていた場合は感染粘膜上に存在する特異IgAにより再感染ウイルスは中和され感染は成立しない。

(2) 輸送熱（shipping fever）

輸送熱は，気温変動，飼育管理の不備，輸送などの各種の環境ストレスにより免疫機能が低下したときに，呼吸器粘膜上皮細胞に親和性のある呼吸器ウイルス（牛ヘルペスウイルス１，牛パラインフルエンザウイルス３，牛RSウイルスなど）が感染することで，呼吸器に常在する細菌が増殖して起こる。呼吸器感染ウイルス，マイコプラズマ，細菌などが混合感染（mixed infection：同一宿主に２種以上の病原体がほぼ同時に感染している状態）して気管支肺炎や線維素性胸膜肺炎を発症し，北米のフィードロット牧場では被害の大きな疾病の１つである。

輸送熱による呼吸器症状の発現を**図Ⅰ－9**に示す。ウイルスが呼吸器で増殖すると，食細胞の傷害や肺胞粘膜上皮の破壊で炎症反応が誘導される。粘膜が傷害を受け，食細胞機能が低下した環境は常在細菌（*Pasteurella multocida*,

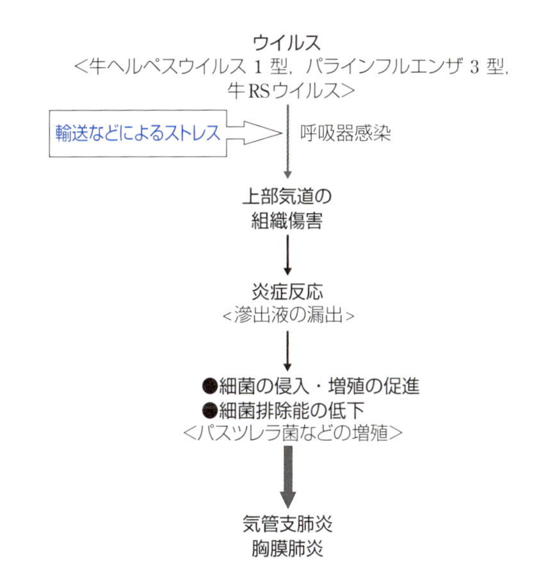

図Ⅰ－9　輸送熱による呼吸器症状の発現

Mannheimia haemolytica など）の増殖，呼吸粘膜内部への侵入を助長する。また，傷害された細胞は，細胞内の鉄または鉄結合蛋白質を放出し，細菌の増殖が促進される（鉄については「細菌の鉄獲得能」15頁参照）。

輸送熱の主な原因菌である *P. multocida* 感染による組織傷害には内毒素の役割が大きい。内毒素は肺胞マクロファージと血管内の単球を活性化させ，TNF-α，プロテアーゼ，各種の活性酸素を放出させる。これが直接・間接的に炎症反応を介して組織傷害を起こす。*M. haemolytica* 感染の場合は，菌体外毒素であるロイコトキシンによる好中球の破壊と，それに伴う肺組織傷害が指摘されている。

輸送熱の予防は，二次感染（secondary infection：２種の微生物の混合感染で両者の感染時期にずれがある場合，後の感染を二次感染という）する細菌に対処するより，ワクチン接種によるウイルス感染の阻止の方が効果的である。これは，*P. multocida* は牛の上部気道に常在しており，この菌の排除は難しいためである。また *M. haemolytica* 感染に対してはロイコトキシンと菌体莢膜抗原を用いたワクチンも開発されている。抗菌薬による治療も効果はあるが，膿瘍形成がみられる例では抗菌薬の治療効果は低い。回復した子牛でもしばしば発育不良が続き虚弱となるので，輸送熱の予防は重要である。

4）流産

妊娠母獣が病原体に感染した場合，胎盤感染により胎子に感染がおよび流産・死産を起こすことがある。原因のわかっている流死産の約90％は感染症による。胎盤感染を起こす主な病原体とその疾病を**表Ⅰ－9**に示す。

なお，病原体が胎盤を通過して胎子に感染しても必ず流産が起こるわけではない。流産が起こるか起こらないかは病原体の病原性，感染時の胎齢によって異なる。胎盤における母体と胎子間の血管の交差は動物によって異なるが，母体血中の病原体の胎子血中への侵入を防いでいる。胎子感染について，以下に例をあげて説明する。

(1) 馬ヘルペスウイルス感染による流産

馬ヘルペスウイルス１（EHV1）は流産を起こすが，馬ヘルペスウイルス４（EHV4）はほとんど起こさない。これは，

表Ⅰ－9　胎盤感染を起こす主な病原体とその病気

病原体	病　気
ヘルペスウイルス	牛伝染性鼻気管炎
	馬鼻肺炎
	オーエスキー病
オルトブニヤウイルス	アカバネ病
	アイノウイルス感染症
オルビウイルス	チュウザン病
ペスチウイルス	牛ウイルス性下痢ウイルス感染症
	豚コレラ
フレボウイルス	リフトバレー熱
アルテリウイルス	馬ウイルス性動脈炎
	豚繁殖・呼吸障害症候群
ブルセラ	牛・豚・犬などのブルセラ病
カンピロバクター	カンピロバクター症
サルモネラ	馬パラチフス
	家きんのサルモネラ感染症
リステリア	リステリア症
クラミジア	牛の流産・不妊症
	流行性羊流産
ネオスポラ	牛のネオスポラ症

EHV1はリンパ球に感染できるが，EHV4はリンパ球に感染できず，ウイルス血症をほとんど起こさず胎盤を通過できないためと考えられる。EHV1は，妊娠馬の上部気道から感染し，粘膜上皮のバリアを通過して，感染後24時間以内に皮下組織に侵入する。皮下組織へ侵入したウイルスは局所リンパ節で増殖し，ウイルス感染したリンパ球の状態で血中に出てウイルス血症を引き起こす。血中の感染リンパ球はEHV1を妊娠馬の子宮や胎子に広げる役割を果たしている。血中の感染リンパ球は子宮で，子宮内膜の血管内皮細胞に付着する。この付着によりEHV1はリンパ球から子宮の血管内皮細胞に効率的に伝播される。EHV1が引き起こす子宮内膜の血管の炎症（血管炎）に伴う組織損傷が，ウイルスが胎盤を通過して胎子に到達する機序の重要な一因となっている。

(2) ブルセラ属菌による流産

*Brucella abortus*は主に流産胎子とともに排出された菌に汚染された飼料や牧草などから経口的に感染し，腸管から侵入する。体内に侵入した菌はマクロファージに貪食されるが消化に抵抗し，マクロファージ内で増殖して，菌血症を引き起こし血行性に全身に広がる。感染前期には菌は全身に分布するが，後期には乳房やその周辺リンパ節に限局する。ブルセラ属菌は特に妊娠子宮に指向性が強く，子宮内で増殖して胎子に感染する。妊娠動物が感染した場合，他の臓器に比較して胎盤や胎子において菌の増殖がみられる。感受性は性成熟に左右され，また子牛では抵抗性であり，成牛になると感受性になり妊娠して胎盤が形成されると最高に達する。

ブルセラ属菌による流産は，菌増殖による栄養膜巨細胞の機能阻害とサイトカインバランスの崩壊によると考えられている。胎盤における菌の増殖は栄養膜巨細胞において特異的にみられ，栄養膜巨細胞を介して胎子に感染する。栄養膜巨細胞は胎盤の形成・維持にきわめて重要な機能を担っており，菌の増殖による機能阻害が流産の一誘因になっている。妊娠母体内では，妊娠を維持するために胎子に対する免疫拒絶反応を抑制してサイトカインがTh2＞Th1となっているが，ブルセラ属菌の感染により，Th1優位に傾くことで（Th2＜Th1），サイトカインバランスを崩して流産を誘導する。

5）神経症状，運動障害

微生物感染により神経症状を示す疾病の多くは，狂犬病ウイルスのように病原体が中枢神経系に侵入することにより起こる。

(1) 狂犬病ウイルスの神経内伝播・病理発生

狂犬病ウイルスは，咬傷により体内に侵入する。ウイルスはまず筋肉内で増殖し十分なウイルス量になると，知覚神経か運動神経末端に到達して神経末端のアセチルコリンレセプターか他の神経細胞増殖レセプターなどの受容体に特異的に結合する。次にウイルスは，神経末端から知覚神経や運動神経に侵入し，神経内での第二次ウイルス増殖とともに軸索内を上向する。軸索内を上向するに従って神経の機能不全がみられる。ウイルスが大脳辺縁に到達し，そこで増殖して異常行動を伴う狂躁型か麻痺型の神経症状を発症させる。

咬まれてから発病までの潜伏期間は通常14～90日（平均1カ月）であるが，数年に及ぶこともある。これはウイルスが神経末端から神経に侵入する前の筋肉内での増殖がゆっくりであるためと考えられる。中枢神経ではウイルス抗原が陽性で機能障害があるにもかかわらず神経細胞の傷害は少ない。またウイルスは，脳で増殖すると同時に，中枢から神経を下向して副腎皮質，唾液腺などの多くの組織に到達する。特に唾液腺に到達したウイルスは，粘膜細胞で増殖して腔内に放出され，唾液中に多量のウイルスを含むようになり，他の動物を咬むことで新たな感染が起こる。

狂犬病の病理発生で特徴的なことは，ウイルスが中枢神経系へ伝播して臨床症状を発現してもほとんど免疫反応を示さないことである。これは狂犬病のウイルス抗原は免疫原性が高いにもかかわらず，ウイルスが増殖する筋肉や神経細胞内で抗原が隠れて存在し，ほとんど抗原提示されないためと思われる。感染防御や発症予防には中和抗体が重要であり，それは咬まれた後に治療のために曝露後免疫（post-exposure vaccination）としてワクチンを免疫グロブリンと組み合わせて接種したときに効果があることからも明らかである。しかし，免疫応答は初期の筋肉内でのウイルス増殖と神経系への侵入に対して阻害効果があるが，咬傷部位が頭部に近いか，ウイルスが直接神経末端に入り込むような場合は曝露後免疫も効果がない。

3．感染症の対策

1　感染症の対策

日本の家畜伝染病は，その多くが衛生管理と診断技術の向上，ワクチンの開発により制圧されてきた。

ところが，2000年に口蹄疫が，2001年にBSEが，2004年に鳥インフルエンザが発生した。2000年の口蹄疫と2001年のBSEは輸入飼料の可能性が強く示唆されている。

2004年の高病原性鳥インフルエンザの発生は野鳥を介して日本に侵入したのではないかと考えられている。そして，2010年４月に再び口蹄疫が発生し，日本の獣医畜産界を震撼させたが，その後の防疫対応により７月に終息し，2011年２月，OIEが清浄化を認めた。

これまで地理的あるいは時間的に制限されていた感染症が，動物，畜産品，飼料などの流通の国際化と輸送時間の短縮により，容易に日本に侵入する危険性は大きい。これら感染症の国内への侵入を監視する国内・国際防疫が重要である。

疾病の制御は，監視と疫学情報の把握を基礎とした，①発生前の衛生対策と予防，②発生時の早期診断と治療，③発生後の撲滅である。

感染症の対策は，①サーベイランス（surveillance：発生状況やその推移を継続的に監視し，系統的に収集，分析，解釈し，定期的にフィードバックすること）とモニタリング（monitoring）による疾病の監視，②国内，国際検疫による侵入防止，③疾病の早期発見，かつ重要な感染症に対しては，④撲滅計画を策定しての清浄化が行われる。

日本では，家畜伝染病予防法により重要疾病が発生した場合の届出が義務づけられており，届出義務のある疾病として，監視伝染病（家畜伝染病と届出伝染病：63頁　**表Ⅴ－1，2**）と新疾病（すでに知られている家畜の伝染性疾病とその病状または治療の結果が明らかに異なる疾病）が指定されている。これらの疾病は，発生状況やその推移が常に監視されており（サーベイランス），発生の届出を受けて予算措置が講じられ，防疫と対策が行われる。

感染症は，疾病の早期発見と適切な診断がその帰転を左右し，早期発見により被害を最小限に食い止めることができる。疾病の発生は家畜の障害出現により確認されるので，発見には家畜の飼育者と臨床獣医師の役割は大きい。例として，2000年に宮崎県で発生した口蹄疫の早期発見がある。

感染症の診断は，感度，特異性，再現性，簡易性，そして安価な方法が望まれる。実用的診断法を確立し，野外の疾病の状況を常に把握することが感染症の早期診断に結びつく。

口蹄疫の早期発見で拡大を防いだ例：2000年３月12日に飼育者の依頼により農業共済組合連合会の獣医師が診察し，発咳，発熱などの呼吸器症状を確認した。その後，同様の症状が同居牛に広がり，鼻腔内のびらんも認めたため，獣医師は口蹄疫を疑い，同月21日に家畜保健衛生所に届け出た。この届出が日本での92年ぶりの口蹄疫の発見となった。

届出を受け，動物衛生研究所（現 動物衛生研究部門）で検査を行ったところ，PCRにより口蹄疫ウイルスの遺伝子断片と，血清検査により抗体が検出された。届出が早期でその後の診断，防疫が的確であったことが，日本国内での口蹄疫の広がりを防ぎ，９月には再度清浄国に復帰できた（2010年に発生した口蹄疫に対する対応については「Ⅵ　伝染病の防疫の実際」73頁を参照）。

2　感染源対策

感染源にはレゼルボア，感染動物，ベクター，媒介物（飼料，土壌，水，衣服など）などが含まれ，感染源対策はこれらに含まれる病原体を排除することにある。

感染源から病原体を排除する際，病原体を完全に殺す必要はなく，感染が成立しない程度に感染量を減少させることを基本とする。感染源対策としては，①消毒，②感染源動物の摘発と感染源の除去，③ベクター対策がある。

1）消毒

家畜の感染症には，強毒株による急性伝染病の他，宿主の抵抗性が低下した場合に発症する日和見感染症や飼育管理に起因した生産病がある。生産病とは生産性を上げることに付随して発生した疾病で，呼吸器障害，繁殖障害，循環器障害および運動器障害などが含まれる。今日の畜産現場では，家畜の多頭羽飼育化が進み，より高い生産性と収益性が求められており，不適切な飼料の給与などによって起こる。

急性伝染病に対しては主に衛生管理とワクチン接種により対処するが，日和見感染症や生産病に対しては消毒などの衛生対策に加え，発生要因の排除として飼養環境（飼料，温度，湿度，光，音，ベクターなど）の整備が大事である。

病原微生物に汚染された畜舎や器具の消毒は，感染症の防疫上きわめて重要であるが，土壌，水系などの対象環境の広域性を考えるとその効果は限定的である。しかし，日常的に管理者の手の消毒，搾乳時の乳頭の消毒などは重要であり，外科手術における局所の消毒は感染を阻止するうえで必須である。

消毒薬の作用は，菌体細胞内蛋白質の変性，細胞膜脂質の脱脂，酵素の破壊などである。したがって，ウイルスでは脂質二重膜を構成するエンベロープに対してより効果が高い。

消毒薬の効果は，消毒薬が直接病原微生物に接触した場合に高いが，ウイルスが粘液，糞尿などで覆われていると低下する。

消毒を目的として用いられる殺菌性化合物には生体消毒薬（antiseptics）と非生体消毒薬（disinfectant）がある。生体消毒薬は主に動物の組織での感染の抑制に用いられ，非生体消毒薬は無生物表面に使用する。

獣医・畜産領域で使用されている消毒薬としては，塩素類（次亜塩素酸ナトリウム，さらし粉），ヨウ素類（ヨードホール），アルデヒド類（ホルムアルデヒド），界面活性剤，フェノール類（クレゾール）などがある。

2）感染動物の摘発と感染源の除去

感染動物の摘発と感染源の除去として，患畜ならびに疑似患畜（「Ⅴ　関連法規の概要」62頁参照）を発見した場合は，これら動物を直ちに隔離して農場内への蔓延を防止する。口蹄疫や高病原性鳥インフルエンザのように伝播力の強い家畜（法定）伝染病が発生した場合，同一牧場内の全動物の殺処分と消毒が行われる。

家畜の殺処分は経済的損失を伴うが，家畜疾病の防疫ではきわめて有効な措置である。また，畜舎は，新たな導入動物への感染を防止するため，オールアウトオールイン方式が行われる。これは畜舎からいったん全動物を除いて消毒清掃後，一定期間空けた後モニター動物を飼育し，清浄化を確認してから導入するものである。

3）ベクター対策

ベクター対策としては，通常，殺虫剤の散布，防虫ネットなどが用いられるが，完全に排除するのはきわめて難しい。アルボウイルス感染症のようにベクターを介して感染が成立する場合，有効なワクチンがあれば，その使用は効果的である。その際，節足動物の活動時期が夏場に限られているときは，その時期に動物が免疫(抗体価の上昇)を獲得しているようにワクチンを接種する。

3　感染経路対策

感染経路とは，感染源に含まれる病原体の感受性宿主への侵入経路(伝播様式)をいい，主に感染源との直接，ないしは間接的な接触による伝播がある。

直接伝播は感染源との直接接触，吸入，経口などの経路をとるため，感染源や宿主に対する対策に重点がおかれる。

間接伝播は空気，水，飼料，乳，土壌，衣服，ベクターなどによって起こるので，対策としては，消毒(水，土壌，衣服，飼料，乳など)やベクターとなる節足動物の駆除が有効な防疫手段である。

具体的な感染経路対策としては，①検疫，②閉鎖的飼育(一貫経営とSPF動物の利用)，③バイオセキュリティ，④HACCP(危害分析重要管理点)の導入が基本となる。

1）検疫

海外からの病原体の侵入防止には，輸出入検疫が行われている。国内においても，県境を越えての家畜の移動には一定の制限を課す必要がある。また，個別の農場でも，外部からの動物の導入に際しては，隔離けい留(検疫)などの対応が必要である。

2009年まで口蹄疫清浄国であった日本では口蹄疫の国内侵入を防ぐため発生国からの動物および畜産物などの輸入禁止措置をとっていた。しかし，2010年１月から日本の周辺国で口蹄疫が発生し，４月には国内発生をみたため，清浄国への輸出は制限された。その後，清浄国に復帰をしたが，輸出制限の解除には時間がかかった。

口蹄疫以外にも，アフリカ豚コレラなど，国内に侵入すれば畜産に重大な影響を及ぼすおそれのある海外悪性伝染病が発生あるいは流行している国からの家畜や畜産品については，輸入禁止の措置がとられている(66頁参照)。

(1) OIEリスト疾病

OIEは家畜の輸出入に伴う感染症侵入の危険度評価を行い，国境を越えて急速に伝播し重大な経済被害をもたらす疾病をリストA疾病，国内で伝播し経済被害の大きい疾病をリストB疾病としていた。しかし，現在ではこれらの疾病を「OIEリスト疾病(OIE listed diseases)」として国際的な監視の対象としている。2018年の対象疾病として，ブルセラ３菌種によるブルセラ病を含んだ多宿主感染疾病23，牛疾病14，めん羊・山羊疾病11，馬疾病11，豚疾病６，家きん疾病13，兎疾病２，蜂疾病６，魚類疾病10，軟体動物疾病７，甲殻類疾病９，両生類疾病３，その他２疾病をあげている(63頁　**表Ｖ－１，２**参照)。

2）閉鎖的飼育

閉鎖的飼育は，繁殖・育成・生産(肥育)までの過程を他施設に移動することなしに１農場施設で行うため，外部からの病原体の侵入を阻止するためにはよい方法である。

(1) 一貫経営

外部からの病原体の侵入は主にキャリアーによる導入によるが，キャリアーの摘発は容易でない。外部からの家畜の導入を最小限にとどめ，閉鎖的に飼育することが集団防疫上重要である。養豚では自家繁殖豚から生産された子豚を肥育生産する閉鎖的経営形態(一貫経営)が主流となっている。ブロイラー生産ではきわめて閉鎖的に行われており，一度に孵化したひなを一群とし，各群を隔離状態で飼育する。このような閉鎖的飼育によって病原体の侵入を防いでいる。

(2) SPF動物

感染源と感染経路対策で有効な方法は，きれいな(病原体を持たない)動物を，きれいな環境で飼育することである。

それを実現したのがSPF(specific pathogen-free)動物(特定の病原体を保有していない動物)であり，養豚，養鶏現場で使われている。SPF豚は子宮摘出術，または帝王切開で分娩直前の胎子を無菌的に取り出し準無菌的に育成し，閉鎖的に飼育したものである。特定病原体等としては，豚マイコプラズマ肺炎，萎縮性鼻炎，豚赤痢など，予防や清浄化が困難な疾病の病原体がある。SPF鶏は清浄卵を孵化させ，増やしたもので，鶏白血病やマイコプラズマ感染症の排除を主目的とする。

3）バイオセキュリティ

バイオセキュリティ(biosecurity)とは，家畜の生命と生活を脅かす病原体，節足動物，野生動物の侵入と感染の危険性を防止するために取り得る，または取るべきすべての対策をいう。

先進国の畜産の多くは，多数の家畜が集団飼育されている。この集団飼育農場に，ひとたび感染症が発生すると，感染はその集団の家畜に伝播し，畜産経営において甚大な被害をもたらす。これを防ぐためには，集団飼育の家畜に病気を発生させないためのマネージメント，すなわちバイオセキュリティが重要である。

なお，バイオセキュリティの基本概念のなかには，病原体の危険度評価を行い，それに対応して病原体取り扱い上の危害を防止するためのハード，ソフト両面のガイドラインを作成することも含まれる。

バイオセキュリティの目的は，病原微生物の農場への侵入を阻止し家畜の健康と生産物の安全性を守ることである。人，家畜，飼料，車両，動物，水などの流れをコントロールし，病原微生物の農場への侵入を防ぎ，農場内での伝播，蔓延を防ぐため，例えば，米国の養豚場では検疫，導入豚の血液検査，人の移動制限，害虫駆除，養豚場の隔離(他の養豚場から離す)，車両の入場制限などが行われている。

4）HACCPによる衛生監視体制

HACCPとはhazard analysis critical control point(危害分析重要管理点)の略で，もともと食品の衛生品質管理のためのシステムであるが，家畜の飼養管理にも応用されている。

HACCPの重要項目である危害分析(hazard analysis)は飼育過程における病原体の汚染，感染症の発生，薬物の体内残留などについて分析を行い，防止対策を立てる。それに基づいて消毒，オールアウトオールイン，ワクチン接種，投薬またはその休止などを実施する。これらの実施効果は，臨床病理検査や食品衛生検査によって確認する。

そのHACCPにより家畜・家きんの疾病を排除して畜産食品の衛生監視体制を確立する。HACCPによって，感染源の特定が容易になり，感染症対策が系統化されるばかりでなく，畜産物の病原体汚染や薬物残留などの危害防止を通じて安全な畜産品の供給が可能となる。

4　感受性宿主対策

1）発症前の対策

発症前の対策として，衛生・飼養管理，ワクチン接種，例外的に鶏コクシジウム症における抗菌薬の飼料添加による予防措置がある。発症後の対策として，疾病の感染性や経済性などを考慮して行う治療と殺処分がある。

なお，抗菌薬の飼料添加による予防措置には法的規制がある。特に抗菌薬の飼料添加は耐性菌の出現と畜産物中の薬物残留が公衆衛生上の問題となっているため，使用には十分注意する。抗菌薬の飼料添加による予防措置に代わるものとして幼若動物の免疫機能を非特異的に高める免疫増強剤（アジュバント）や免疫調整剤の投与が試みられている。

(1) 衛生・飼養管理

過密飼育などの飼育管理などの不手際によって宿主の生理機能が低下し，これに伴って常在する細菌などの微生物が急激に増殖して発症することがある（易感染宿主：compromised host）。易感染動物では，免疫機能の低下のため，健康状態では問題のない弱毒なウイルス，細菌や真菌などでも発症する。このような日和見感染症に対する対策は，飼育環境の改善と衛生管理に注意し，易感染状態の防止に努める。

(2) ワクチン

ワクチン接種は，発症前の対策として最も広く行われている（「Ⅳ　感染症の予防と治療」45頁参照）。

(3) 抗病性動物

鶏では感染症感受性と遺伝的系統の関係が報告され，抗病性品種として飼育現場で導入・利用されている。しかし，家畜ではまだ実用化された抗病性品種は作出されていない。

(4) プロバイオティクス

最近では，プロバイオティクス（腸内細菌叢のバランス改善）による疾病予防が人をはじめ獣医領域でも広がりつつある。腸内細菌叢は宿主と共生しながらアレルギーや自己免疫疾患などの予防にかかわっていると考えられており，この作用を積極的に利用しようとするのがプロバイオティクスの考え方である（「Ⅳ　感染症の予防と治療」45頁参照）。

2）発症後の対策

治療と殺処分であるが，治療や殺処分は疾病の臨床症状の激しさ，広がり方，経済的被害などを考慮して行う。

5　伝染病の撲滅

伝染病の撲滅（「Ⅳ　感染症の予防と治療」45頁参照）とは，特定の国，地域で微生物封じ込め施設以外に特定の病原体が存在しない状態を指す。ある感染症を国家レベルで撲滅しようとして計画・策定する際の条件として，目標にする疾病は，家畜衛生上ないしは公衆衛生上撲滅が必要であり，撲滅によって得られる経済的利益が撲滅に必要な経費よりも明らかに大きいことがある。

そのうえで撲滅しようとする疾病の，

①確実な診断法とその実施体制が整っていること
②移動制限や殺処分などの強制措置を可能とする環境，法制，補償制度が整備されていること
③飼育者などの関係者の理解と協力，そのための教育と広報が実施できること

が必要である。

そして，目標とする疾病について，その疫学的特性がよくわかっており，有効な対策を取り得ることが重要である。それは撲滅しようとする疾病の疫学的特性に撲滅の成否がかかっているからである。

唯一，世界的に撲滅が達成された人の感染症である天然痘がよい例である。しかし，すべての感染症が同じように撲滅できるわけではない。野生動物に感染が拡大し撲滅達成が困難な疾病も存在する。

6　家畜の疾病撲滅対策の意義

家畜の疾病が畜産に及ぼす経済的損失のなかには，動物の死亡および罹患に伴う直接的損失と，それ以外の間接的損失がある。間接的損失には，動物の価値低下に伴う経済的損失（例えば，出荷停止による損失ならびに風評被害などによる市場の喪失なども含む），動物の治療や予防に要する費用，公衆衛生面での問題などが含まれる。

家畜疾病の撲滅政策には多額の費用を要する。そのため，撲滅政策がとられる疾病としては，一般的に，口蹄疫や高病原性鳥インフルエンザのように伝播力が強く，直接的損失の大きな疾病，あるいはBSEのように，公衆衛生上危険な疾病があげられる。

一方，牛白血病は口蹄疫や高病原性鳥インフルエンザのように直接的損失はそれほど高くないにもかかわらず，欧州では撲滅政策がとられている。これは経済的な価値基準をベースとして疾病対策を行う経済評価に基づく政策であり，撲滅政策のあり方として重要な示唆を含むものである。

（大橋和彦）

II　感染の経路と経過（局所感染と全身感染）

病原体は侵入門戸から感受性宿主体内に入ると，局所あるいは全身で増殖する。この過程で宿主が異常を示せば，感染症として認識される。病原体が侵入した箇所の周囲に限局して感染するものを局所感染（local infection）という。また，体内に侵入した病原体が，血液やリンパ系などを介して，全身に広がっていく感染を全身感染（systemic infection）という。感染後，短期間で病原体の増殖に伴う症状と徴候が現れるものが急性感染症である。一般に急性期を耐過した個体では病原体は体内から排除される。なかには感染が持続し，慢性感染や潜伏感染などを起こすものもある。

1　感染の経路（侵入門戸）

感染が成立するためには，病原体が感染源から，特定の感染経路を通って感受性の宿主体内に入ることが必要である。

感染源としては，発病中の動物や感染しているにもかかわらず異常を示さない動物（無症状キャリアー）そのもの，これらの動物から分泌される病原体を含んだ体液や排泄物，病原体に汚染された飼料や飲み水などがある。生体から離れた環境で，長時間感染性を保持する病原体では，病原体が付着したもの（例：土壌中の芽胞，汚染された畜産物など）が感染源となって，経口感染や接触感染が成立するものもある。

最初に病原体が侵入するのは，病原体に曝露される宿主の傷口（創傷，刺傷，咬傷など）や粘膜（呼吸器，消化器，泌尿器，生殖器，眼球など）である。皮膚や粘膜は，微生物の侵入を防ぐ最初のバリアーとして重要な役割を果たす。哺乳類や鳥類の正常な皮膚は，表面は死んだ細胞で覆われた物理的なバリアーとなっているため，一般的には病原体の侵入部位とならない。ただし，魚類のようにケラチン層の上皮がないものでは，体表が粘膜上皮として多くのウイルスの侵入を最初に許す部位となる。

1）皮膚

哺乳動物の体表の健康な皮膚は，ケラチンの外層に覆われ，微生物の侵入に対して，物理的なバリアーとなっている。体表は皮脂腺から分泌される脂肪酸や，正常細菌叢として皮膚表面に共生する細菌が皮脂を分解して生じる脂肪酸で覆われ，さらに汗腺から分泌される乳酸などにより，pHが低く保持され，化学的なバリアーとなっている。また，ランゲルハンス細胞など体内を移動するタイプの樹状細胞をはじめ，宿主の免疫が生物的なバリアーとなっている。

（1）創傷

創傷により，微生物が皮膚から体内に侵入し，増殖する病原体がある。皮膚の局所感染を起こす細菌としては，ブドウ球菌がある。パピローマウイルスは，上皮細胞自体が標的となるウイルスで，創傷から侵入したウイルスが基底層に達して感染が成立する。また，深い傷により，皮下の血管やリンパ，あるいは神経が病原体に曝露されると，そこから全身に広がることがある。皮膚から入ったウイルスが，全身感染症を引き起こす例としては，ランピースキン病，羊痘がある。

（2）刺傷

蚊やサシバエなどの吸血昆虫が，刺傷によって病原体を持ち込むことがある。馬伝染性貧血や牛白血病などの原因となるレトロウイルス，兎粘液腫，鳥痘などの原因となるポックスウイルスは，昆虫の体内では増殖せず，吸血器に付着したウイルスが感受性宿主体内に機械的に持ち込まれることで伝播するため，機械的伝播と呼ばれる。

蚊やダニなどの吸血活動をする節足動物の体内で増殖し，伝播される様式は生物的伝播と呼ばれ，節足動物媒介性（arthropod-borne）に感染が広がるウイルスという疫学的な意味合いからアルボウイルスと呼ばれる。日本脳炎（フラビウイルス），アカバネ病（ブニヤウイルス），牛流行熱（ラブドウイルス），ブルータング（レオウイルス）などは，アルボウイルス感染症である。

（3）咬傷

狂犬病ウイルスは唾液中にウイルスが排出され，感染した犬や野生動物などの動物の咬傷によって，新たな個体の体内に侵入する。狂犬病ウイルスは，筋肉での増殖を経て，神経細胞に侵入し，上向性にウイルスが伝播し，中枢神経に到達する。

（4）獣医療行為

ワクチン接種時に注射針を使い回しすると，獣医療行為に伴う感染リスクが生じる。この場合，注射針が病原体の皮膚通過を許すことになる。牛白血病ウイルスは，注射針に付着した血液中の感染リンパ球を介して伝播することから，獣医療行為に伴う感染拡大が問題となり，家畜で１頭１針を徹底する１つのきっかけとなった。

2）粘膜

（1）呼吸器

咳やくしゃみ，鼻水は，鼻腔や上部気道に侵入した異物を体外に排除しようとする生理的防御反応だが，同時に病原体を含んだ鼻汁や唾液の飛沫は呼吸器感染症の感染源となる。呼吸器の上皮細胞は，ウイルスの増殖を許すことがあるため，杯（ゴブレット）細胞から分泌される粘液によって守られているが，特に密飼い状態で飼育されている家畜の場合，呼吸器感染は，非常に頻繁にみられる。

呼吸器感染を起こすウイルスとして，呼吸器の局所で増殖し病変を起こすインフルエンザウイルスや，呼吸器から侵入し，全身へ広がるジステンパーウイルスなどがある。

ライノウイルスは一般的に低温で複製するため，鼻腔などの上部気道で効率よく複製される。それに対し，牛RSウイルスは下部気道の上皮細胞で効率よく複製される。牛伝染性鼻気管炎などのヘルペスウイルス，犬伝染性喉頭気管炎などのアデノウイルスも呼吸器から侵入する。

(2) 消化管

汚染された水や餌を経口的に摂取することで消化管感染が成立する。侵入門戸として，口腔内や食道(反芻動物では前胃)は，比較的感染を起こしにくい部位であるが，扁桃に感染するものは多い。感染防御のため，胃は酸性に保たれ，粘度の高い粘液で腸管上皮が守られている。腸管の正常細菌叢は，相互に干渉し合いながら調和を保ち，病原細菌が定着しにくい環境を作り上げている。また，消化酵素，胆汁や膵液が病原体を失活させたり，デフェンシンや腸管関連リンパ組織(gut-associated lymphatic tissue：GALT)から分泌される分泌型IgAなども感染防御に働く。

腸管から感染するタイプの病原体は，腸管粘膜や，パイエル板のM細胞などを介して感染する。

ロタウイルスやエンテロウイルスのように，経口的に侵入するタイプの病原体の多くは，胃酸や胆汁に耐性を持っている。しかし，胃酸や胆汁で失活してしまうウイルスも，重要な腸管感染症を引き起こす。コロナウイルスに属する伝染性胃腸炎ウイルスの場合，若齢動物では飲んだミルクが胃のなかで胃酸に対して緩衝的に作用するため，ウイルスの感染力が保持される。

一部のウイルスは，消化酵素に耐性というだけでなく，むしろ酵素によって感染性が増強される。ロタウイルスや一部のコロナウイルスは，腸管の蛋白分解酵素により，カプシドやエンベロープに存在するレセプター結合蛋白質が開裂し，宿主細胞にウイルスゲノムを放出することによって感染が成立する。ロタウイルス，コロナウイルス，トロウイルス，アストロウイルスは，動物の下痢の主な原因となるウイルスである。エンテロウイルスやアデノウイルスの大部分は，感染しても無症状である。

パルボウイルスやモルビリウイルスも消化管に感染し，下痢症状を示すことがあるが，これらは経口感染によるものではなく，ウイルス血症による全身感染の結果，胃腸まで達した病原体により引き起こされたもので，消化管への侵入経路が異なっている。

(3) 生殖器

ヘルペスウイルスやパピローマウイルスなど，生殖器を介して侵入する病原体がある。性行為(交尾)に伴う感染症は，人では性行為感染症(sexually transmitted disease：STD)と呼ばれる。

馬では，馬パラチフス(*Salmonella* Abortusequi)や馬伝染性子宮炎(*Taylorella equigenitalis*)などの細菌感染症や，馬ウイルス性動脈炎などのウイルス感染症が生殖器を介して感染する。馬動脈炎ウイルスは，一見健康なキャリアーから数カ月～数年にもわたってウイルスが精液に排出され，交尾の際に感染する。

人工授精が盛んな畜産分野では，病原体の混入した精子が感染症を広げる可能性がある。こういった背景から，国境を越えて監視が必要な病原体(口蹄疫，牛疫，牛肺疫，牛海綿状脳症，水胞性口炎，ランピースキン病，狂犬病，リフトバレー熱，オーエスキー病，出血性敗血症およびトリパノソーマ病)については，精液の輸出入に際し病原体の混入に注意が必要となる。

(4) 結膜・眼球

結膜や眼球には，皮膚のように異物侵入を防ぐケラチン層がないため，物理的バリアー機能が弱く，病原体の侵入を受けやすい。

これらの表面は，涙腺より分泌される涙液によって病原体が持続的に排除される仕組みがある。涙液は物理的に異物を洗い流すだけでなく，リゾチームやラクトフェリンといった抗菌性物質を含有している。リゾチームは細菌の細胞壁を構成する多糖類を分解することで抗菌作用を発揮する。ラクトフェリンは，初乳中に多く含まれることでも知られるが，細菌の増殖に必要な鉄を奪い取ることで細菌の増殖を抑制する。

2　体内での拡散

病原体が侵入局所で増殖した後，全身へと広がって感染を起こすことがある。どのようなルートで病原体が体内に入り拡散するかは，基本的には病原体と宿主の関係で決まるが，そのパターンは多様である(**図Ⅱ－1**)。

ウイルス感染の場合，粘膜上皮細胞から放出される成熟ウイルスの方向性が，全身へと拡散するかどうかを規定する上で重要である。極性を持った粘膜上皮細胞の体表側(腸管や呼吸器などの管腔側)にウイルスが放出されれば局所感染にとどまる(哺乳類のインフルエンザウイルスやロタウイルスなど)が，体内側(基底膜側)に放出されると，血行性(またはリンパ行性)に全身へ広がることが多い(ワクチニアウイルスや水疱性口内炎ウイルスなど)。

通常，ウイルスが侵入した局所では，その組織損傷の程度に応じた炎症反応が起こる。炎症は，局所の血流や血管透過性を変え，結果として，ウイルスの拡散に影響を与える。アルボウイルスの場合，ウイルスの侵入門戸となった刺傷部の炎症反応の程度が，その後の病態に大きく影響する。

全身へと病原体が広がる経路には，血液の流れに乗る血行性，あるいはリンパ系や神経細胞を介して広がるものなどがある。

1）血行性の拡散

全身を循環する血液は，病原体にとって急速に広がるには最も効率がいい媒体である。ウイルスの場合，侵入局所で増殖したウイルスが最初に血液に入った状態を第一次ウイルス血症(primary viremia)と呼ぶが，この段階では通常，宿主は無症状である。第一次ウイルス血症により感染部位から離れた増殖の主たる標的臓器へと到達したウイルスは，そこで大量に増殖した後，再び血管に入る。この状態を第二次ウイルス血症(secondary viremia)と呼び，この段階で臨床症状が顕著になる。

血液中でウイルスは，白血球や赤血球，あるいは血小板のなかや表面に存在するものと，血漿中に細胞から遊離した(フリーの)状態で存在するものとがある。パルボウイルス，エンテロウイルス，トガウイルス，フラビウイルスは，通常，フリーの状態で血流を循環する。血中の細胞に感染または付着するウイルスは，個々のウイルスに親和性のある細胞とともに移動する。例えば，犬ジステンパーウイルスは単球性のウイルス血症，マレック病ウイルスはリンパ球性のウイルス血症を起こす。

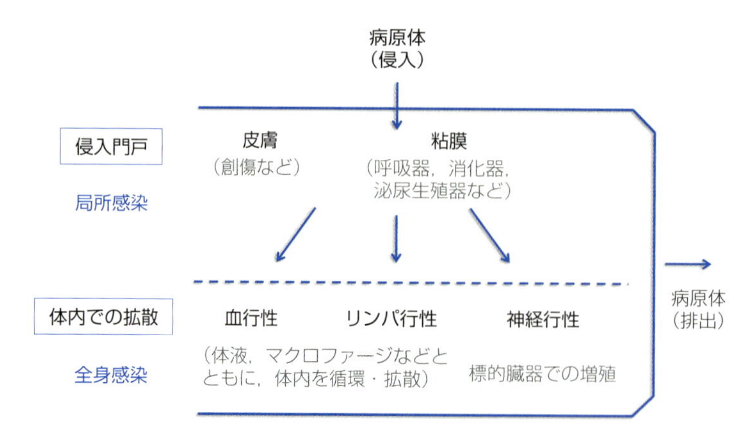

図Ⅱ−1　局所感染と全身感染

また，本来無菌であるはずの血中に細菌が入って全身を循環する状態を菌血症（bacteremia）というが，病原細菌による感染症において，細菌自身やその代謝産物が体内の感染巣から持続的に血中に流出し，生命を脅かすような重篤な全身症状が出ている状態を，敗血症（sepsis）と呼ぶ。

2）リンパ行性の拡散

リンパは，血管から滲み出した組織液などの液性成分（リンパ液）と，血管から流出した白血球などの細胞性成分からなる。体内をくまなく監視する免疫担当細胞も，このリンパ液の流れに乗ってリンパ管に入り，近隣の付属リンパ節に流れ込む。

上皮のバリアーを通過し，皮下へと侵入したウイルスがリンパ行性に広がるには，食作用を持っている白血球（樹状細胞やマクロファージなど）に乗って移動する場合と，感染した上皮細胞から基底膜側にウイルスが排出され，フリーの状態でリンパ液の流れに乗る場合がある。

皮膚や粘膜表面にはランゲルハンス細胞などの樹状細胞が多く存在し，侵入した異物に対する最初の生体防御反応としての自然免疫やその後の獲得免疫に大きくかかわっている。ウイルスのなかには，これらの細胞に感染し感染性を保持したまま上皮表面から近隣の付属リンパ節に運び込まれ，そこで最初の拡散を起こすものがある。通常リンパ節では，ウイルスは感染性を失ってマクロファージや樹状細胞に取り込まれて抗原提示され，獲得免疫が動き出すことになるが，マクロファージや樹状細胞，リンパ球のなかで複製するようなタイプのウイルスは，リンパ節で増殖する。このようなウイルスは，付属リンパ節から輸出リンパ管を通って血管に入り，速やかに全身へと広がっていく。血液を濾過する臓器として，肺，肝臓，脾臓などの臓器はこういったウイルス拡散の際の標的になりやすい。

多くのレトロウイルスや，オルビウイルス，犬ジステンパーウイルスなどのモルビリウイルス，豚繁殖・呼吸器症候群ウイルス（PRRSV）などのアルテリウイルス，ヘルペスウイルスの一部などが，樹状細胞やリンパ球で複製する。

ウイルスとマクロファージとの関係は，ウイルスの病原性の違いや宿主の防御能の違いにより影響を受ける可能性がある。もともと食作用の能力が高いマクロファージだが，微生物が産生する特定の物質や，インターフェロンγなどのサイトカインなどによって，その食作用や抗菌活性が変化する。また，マクロファージは表面にFc受容体やC3受容体を持ち，抗体や補体が結合した微生物（オプソニン化）が取り込まれやすくなっている。しかし，マクロファージのなかで増殖するウイルスにとっては，このようにオプソニン化によってマクロファージに取り込まれやすくなることで，感染が効果的に進むことになる。猫伝染性腹膜炎ウイルス，人のデングウイルスやレトロウイルスでは，このような現象がみられる。

3）神経行性の拡散

狂犬病やボルナ病，一部のアルファヘルペスウイルス感染症（オーエスキー病，Bウイルス感染症，牛ヘルペスウイルス５型脳炎）などは，末梢神経が感染の重要な経路となっている。

ヘルペスウイルスは，軸索の細胞質から神経鞘のシュワン細胞へ感染しながら，中枢神経へと至る。狂犬病ウイルスやボルナウイルスも，軸索の細胞質からウイルスが中枢神経へと侵入するが，通常，神経鞘ではなく，知覚神経あるいは運動神経が関与する。これらのウイルスは神経の中枢に向かって移動していくため，細胞間接合部位を通過する必要がある。狂犬病ウイルスやオーエスキー病ウイルスは，シナプス接合部位を通過することも知られている。

狂犬病ウイルスは唾液中に排出され，しばしば咬傷部位から体内に侵入する。その後，ウイルスは筋肉細胞で複製し，神経−筋接合部から神経に入り，上向性にウイルスが中枢神経へと向かう。

また，狂犬病の特徴として，感染後ウイルスが中枢神経に達して臨床症状を示すまでの間，免疫反応がほとんど現れないことがあげられる。したがって，抗体検査による感染の診断ができない。しかしながら，ワクチン接種では抗体の上昇が防御の指標となり，また曝露後も迅速で効果的なワクチンと免疫グロブリンの投与で，ほとんどの場合，発症防御ができる。狂犬病は感染してから発症するまでの潜伏期が一般に１～３カ月，長いものでは１～２年に及ぶため，感染初期に十分な抗体が産生され，ウイルスが中和されれば，筋肉内でのウイルス増殖と神経への侵入が阻害され，発症を防御することができる。

4）中枢神経系への侵入

中枢神経系への血行性の拡散に対しては，脳血液関門（blood-brain barrier）が存在し，血管内皮細胞の物理的，解剖学的なバリアーが中枢神経系を守っている。中枢神経系にはリンパ液ではなく，脳脊髄液が存在する。

病原体が中枢神経系に達するためには，狂犬病ウイルスなどのように末梢から神経を介して上行性に侵入するか，脳血液関門を突破して侵入することが必要である。ビスナウイルスや人免疫不全ウイルス(HIV)などのレンチウイルスによる脳炎では，感染マクロファージが脳血液関門を超えて脳内に侵入し，ウイルス感染を広げることが知られている。また，脈絡叢では血管内皮細胞が薄く，脳血液関門のバリアー機能が弱いため，感染細胞の侵入が起こりやすい。

5）胎子への感染

妊娠獣がウイルスに感染しても胎子に影響を与えないことが多いが，重篤な場合には，胎子の流死産が起こることがある。また，一部のウイルスは胎盤を通過し，胎子へと感染をする。このような事例は若い母獣で多く，それはまだ当該ウイルスに曝露されたことがないか，あるいは適切なワクチン接種を受けていないために免疫を持たないことに起因する。胎子感染が胎子にどのような影響を与えるかは，ウイルスの病原性の強さや胎齢による。

流産の起こりやすさは動物種によって異なる。妊娠の維持に必要なプロゲステロンを胎子が産生する羊などの動物は特に流産を起こしやすいが，豚のように母獣に由来するプロゲステロンで妊娠が維持される多産の動物では，流産は比較的起こりにくい。

催奇形性ウイルスは，子宮内で胎子に感染することで発育異常をもたらす。異常の状況は胎齢期によって大きく異なる。例えばアカバネウイルス，牛ウイルス性下痢ウイルス(BVDV)，ブルータングウイルスなどが臓器の発生に重要な時期に感染すると，胎子は脳欠損などの重篤な奇形を示す。胎子の免疫機能は妊娠中期に発達してくるが，それ以前の胎子にウイルス感染があった場合，それらは自己とみなされて，免疫の対象として排除されることがなくなる(免疫寛容)。そのため，この時期に感染した胎子は，生後もそのウイルスに対する免疫応答がないまま感染が持続する。牛のBVDVやマウスのリンパ球性脈絡髄膜炎ウイルス(Lymphocytic choriomeningitis virus：LCMV)がこういった事例に当たる。

3　感染の経過

1）急性感染

これまで述べたように，病原体は様々な感染経路を経て宿主の体内に侵入し，増殖・拡散に伴って宿主へ様々な影響を及ぼす。感染から2～3日以内程度の短期間で，宿主に症状が現れるものを急性感染症という。急性感染症は，病原体の病原性が強く，宿主に十分な抵抗力がない場合，宿主を死に追いやることがある。

一般に，病原体が体内に侵入し増殖すると宿主の防御免疫が誘導され，その病原体が排除されるように働くため，急性期を耐過した宿主では病原体は消失する。しかし，なかには，症状が消えても感染は持続して，病原体が体内に留まることもある(持続感染)。

感染の経過は，病原体と宿主との関係によって異なる。例えば，口蹄疫ウイルスの場合，感受性が高い牛では，少量のウイルスでも容易に感染発病し，多くは急性期を経て回復するが，一部はウイルスが咽頭などに持続感染してキャリアーとなる。また，水牛では比較的症状が現れにくく，長期間，持続感染する。感受性が低い豚では，感染成立には牛の場合と比較して大量のウイルスに曝露される必要があるが，感染すると牛の100～1,000倍のウイルスを排出する。しかし，牛や水牛と異なり急性期を耐過するとウイルスは排除され，持続感染は成立しない。

2）持続感染

持続感染は，体内で感染性のウイルス産生がみられるかどうかなどにより，慢性感染，潜伏感染などに分けられる。

(1) 慢性感染

宿主の体内で感染性の微生物が長期間にわたって産生され続ける状態であり，病原体が持続的または断続的に排出されるため，個体レベルでは感染源となりうる。一般的に感染した宿主では免疫が惹起され，病原体が免疫による防御機構に晒されるので，慢性感染では何らかの免疫回避の仕組みが働いている。

(2) 潜伏感染

ウイルスが感染していながら潜んでいる状態をいい，再活性化されない限り，病原体が分離できない。例えば，牛アルファヘルペスウイルス1感染による性感染症である伝染性嚢胞性外陰腟炎(infectious pustular vulvovaginitis)は，再発しない限りウイルスの分離ができない。潜伏感染の間，ヘルペスウイルスは感染維持に必要な，いわゆる潜伏関連因子と呼ばれる遺伝子のみが発現している。免疫抑制やホルモンあるいはサイトカインによって再活性化が起こると，全ゲノムの遺伝子発現が再開される。潜伏感染の期間は，このようにしてウイルスが宿主の免疫機構から逃れているが，長期間にわたって感染が持続する結果，腫瘍性の変化をもたらしたり，ストレスや免疫抑制などが引き金となって再活性化により再び発病することがある。

(3) 遅発性感染

病原体が感染してから発病するまで数カ月から数年以上という非常に長い潜伏期があり，進行がゆっくりだが確実に進行し致死的となる一連の感染様式を遅発性感染と呼ぶ。レトロウイルス科のレンチウイルス属(lentiは，slowの意味のラテン語lentusに由来する)には，人のエイズの病原体であるHIVも含まれるが，古くから知られる羊のビスナ/マエディウイルスなどのように遅発性感染症を引き起こすものが多い。

パラミクソウイルス科に属する犬ジステンパーウイルスは急性感染を起こした後，まれに老犬脳炎(old dog encephalitis：ODE)という遅発性感染症を起こすことがある。ODEは症例数が少ないため機序には不明な点が多いが，同じパラミクソウイルス科の麻疹ウイルスによる人の亜急性硬化性全脳炎(SSPE)は，急性期にリンパ球とともに脳内に侵入したウイルスが長年残存し，成熟に関与するM蛋白の変異で出芽機能を欠如したウイルスが神経細胞に徐々に広がり，致死的となる遅発性感染症であると考えられている。

プリオン病は，プリオン(異常プリオン蛋白質)という特殊な病原体によって起こる疾病で，その発病機序には感染性，遺伝性，孤発性と3通りあるが，感染性の場合，遅発性感染症となる。羊のスクレイピーや牛海綿状脳症などの伝達性海綿状脳症が含まれる。人のプリオン病であるクールー病はパプアニューギニアの風土病で，死んだ人の脳を食べるという食人の儀式から濃厚に伝播されたが，1950年代に食人習慣を止めることで終息に向かった。その後の発病者(食人習慣を止める前に病原体曝露を受けた人)の疫学的研究から，潜伏期間が50年以上にわたるものがあることが報告されている。

プリオン病は，もともと体内にあった正常型プリオン蛋白質が変異し蓄積することで発病に至るが，病原体に対する免疫反応がみられないという特徴がある。

(4) 造腫瘍性ウイルス感染症

動物における腫瘍ウイルスの存在は，鶏におけるラウス肉腫の病原体など古くから知られるものがあり，様々な腫瘍ウイルスがみつかっている。

ラウス肉腫ウイルスや牛白血病ウイルスなどのレトロウイルスは，その複製の過程でゲノムRNAが逆転写されてDNAとなり，宿主の染色体の中に組み込まれプロウイルスとなる(インテグレーション)。体内でプロウイルスとなった完全長のウイルスゲノムが挿入された宿主細胞が生存している限り，感染動物はウイルスを産生する可能性がある。

DNAウイルスでは，パピローマウイルス，ヘルペスウイルスなどで発癌性がみつかっている。人パピローマウイルスにより癌化した人の子宮頸癌細胞では，宿主染色体に挿入されたウイルスゲノムが認められる。パピローマウイルスのゲノムは閉鎖環状DNAであるが，癌細胞ではE2蛋白質のコード領域の途中で切断され線状になったウイルスゲノムが宿主の染色体に組み込まれていることが多い。E2蛋白質はE6やE7といった発癌に関与するウイルス蛋白質の発現を抑制しているため，E2領域が破壊されたゲノムを持つ細胞ではE6やE7が過剰発現し，癌化を促進すると考えられている。

4　持続感染の成立機序

一般に急性感染の後，宿主にとって異物である病原体は免疫により排除されるが，排除されずに感染が持続する場合がある。持続感染は，若齢で免疫が未熟な状態で感染した宿主や免疫抑制時などにもみられることがある。

1）免疫寛容

免疫機能の発達段階にある宿主(胎子)が垂直感染によりウイルスに曝露され，それを異物として認識できないまま発生が進むと免疫寛容が成立する。

BVDVが妊娠牛に感染すると，胎齢によっては感染胎子に免疫寛容が成立するが，その場合，ウイルスは胎子に持続感染し，出生後も抗体の産生がないままウイルスを保持し排出する。BVDVと同じペスチウイルスに属する豚コレラやボーダー病の病原体も同様である。

2）エスケープ変異

トリパノソーマ原虫では，細胞表面に高密度に発現している糖蛋白質(VSG)が頻繁に変異を繰り返し，抗原変異を起こすことにより，感染した牛の体内で抗体からの攻撃を逃れている。

馬伝染性貧血の病原体であるレトロウイルス(馬伝染性貧血ウイルス：EIAV)は，ゲノム複製の際に使うRNA依存性DNAポリメラーゼ(逆転写酵素)が読み間違いを起こしやすく，変異体が出現しやすい。EIAVの複製過程で，免疫で中和されない(エスケープ)変異体が現れると，その変異体が体内で急増し，発熱などの症状が出る。やがて，変異体に対して新たに中和抗体が産生されるようになるとその変異体は中和され，排除される。しかし，その過程で，また新たなエスケープ変異体が出現する，といった繰り返しにより，臨床的には回帰熱のように一定期間に症状が現れては消えるというパターンを繰り返す。

3）潜伏

ヘルペスウイルスやパピローマウイルスでは，ウイルスゲノムが宿主の染色体に組み込まれることなく，細胞質や核のなかで浮いた状態(エピソーマルの状態)で存在することがある。ヘルペスウイルスによる感染では，神経細胞(単純ヘルペスウイルスやオーエスキー病ウイルスなど)や免疫細胞(マレック病ウイルスやEBウイルスなど)に長期間，ウイルスの蛋白質発現がない状態で感染が持続する。

パピローマウイルスが感染する上皮細胞では免疫が機能しにくい。上皮細胞は，表皮に向かって細胞が分化するが，パピローマウイルスは分化依存的にウイルス蛋白質が発現される。そのため，パピローマウイルスがまず感染する基底細胞では，ウイルス蛋白質の発現がほとんどみられない状態(植物ステージ)で維持される。

ストレスや紫外線曝露，免疫抑制などによってエピソーマルに存在しているウイルスゲノムが再活性化され，発症することがある。

4）遺伝子組込み

レトロウイルスはプロウイルスという形でまれに宿主の生殖細胞に入ることがある。このような場合，世代を超えてウイルスゲノムが受け継がれる。完全長のプロウイルスは，何らかの刺激によってウイルス粒子を産生することがあるが，一部の遺伝子が欠損している場合もある。このようなレトロウイルスを内在性レトロウイルスと呼ぶ。

生殖細胞にプロウイルスが入った場合，次世代以降の動物は，生まれながらにしてウイルスゲノムを持った状態となる。鶏白血病ウイルスでは，このようなことが起こるため，ウイルスフリーの動物を作るには育種から始めなければならない。感染母鶏の一部が垂直伝播を起こすが，垂直感染した雛は免疫寛容になっており，終生ウイルスを排出し続ける。垂直感染した雛と同居飼育された雛は孵化後まもなく水平感染し，抗体保有鶏になる。発症時期は産卵期が多く，発症率は前者で高く，後者ではまれである。

(芳賀　猛)

Ⅲ　感染症の実験室内診断とバイオハザード

1．細菌，ウイルス，原虫，真菌感染症の病原・血清診断

診断の基本は，正確さと迅速さである。しかし，この2つは両立が難しい。「迅速さ」は実験室内診断技術の進歩とともに，飛躍的に改良されてきた。一方，「正確さ」は今でもKochの4原則が生きていることでもわかるように，時代の進歩とともに飛躍的に改善されたとはいいがたい。蛋白質レベルや遺伝子レベルでの微生物の存在確認方法および抗体の鋭敏な検出法の進歩に伴い，微生物の存在は比較的簡単に早く，かつ正確に判断することができる。目前に存在する感染症が，検出された微生物に起因するかどうかについては，感染症の疫学的解析，環境要因の影響，宿主の飼育状況など，様々な因子を総合的に判断する獣医師の知識と経験が必要である。

実験室内検査法の発達には目を見張るものがあるが，検査を正確に行い，結果を正しく読み取るためには，適切な検査材料を用いることが必要不可欠である。また，動物の病原体には，人にも病気を引き起こす人獣共通感染症の病原体が含まれている。検査材料の採取はこのことを念頭におき，人獣共通感染症でなくとも慎重な検査材料の取り扱いが必要とされる。交通機関の発達や輸送方法の進歩に伴い，検査材料の輸送にかかる時間が大幅に短縮され，かつ低温での輸送が可能になり，検査材料が宅急便などで送られるケースが増えている。輸送中の不慮の事故のため，検査材料中の病原体が飛散漏出しないよう輸送基準に適合した容器で送付されねばならない。

具体的な検査法，検査の進め方，結果の読み方については多くの成書があり，各論においても触れられているため，ここでは「検査法の概要」「検査の進め方および結果の読み取り」について記す。

1　検査材料の取り扱い（採取，輸送）

1）検査材料の採取

検査材料の採取時期，採取部位，採取方法および検査材料の保管，輸送の適否は診断の精度を左右する重要事項であるため，注意事項などを詳細に述べる。

(1) 検査材料の採取時期と採取部位

通常，病原微生物が最も増殖している時期は，臨床症状の極期にほぼ一致する。そのため，検査材料の採取は臨床症状の出始めから最も激しい時期になされるのが一般的である。また，採材部位も臨床症状を呈している部位が選ばれる。しかし，これは一般論であって，同一の病原体による疾病でも個体によって症状が異なるように，最適な検査材料の採取時期や部位は異なってくる。したがって，診断を行う者の知識や経験が重要であることはいうまでもない。また，発症個体の診断以外にも，同居群の感染状況調査，あるいは特定感染症のサーベイランスなど検査目的は多様であるため，検査目的によっても検査材料の内容や数量が異なってくる。

(2) 検査材料採取上の注意

検査材料の採取にあたっては，人に対する感染の危険性を考慮のうえ，採取者の安全が十分確保できるように行うことは当然であるが，同時に採取される動物が他の動物や人の病原体に曝露されることのないよう，慎重かつ安全に行わねばならない。採取時には可能な限り滅菌手袋を装着する。また，検査材料の採取は動物に対しストレスやダメージを与えるので，動物福祉にも配慮した採材手法が求められる。

検査材料は，可能な限り環境中の微生物に汚染されないように採取する。滅菌された採材器具を用いるのは当然であるが，採材器具を使い回す場合も消毒用アルコールで消毒してから用いるなど微生物の混入に注意しなければならない。死亡した動物や，安楽殺後剖検する場合も，内臓を無菌的に採取することが必要である。発症個体由来の微生物であっても，検査材料に対する微生物の人為的混入は診断を誤らせる場合があるからである。

検査材料は取り違えを避けるため，表面に必要事項を記入した滅菌容器に手早く移し氷上など低温下で保管した後，速やかに検査施設に搬送する（「検査材料の輸送」33頁を参照）。個々の疾病における検査材料の採取時期，部位，手法などは，各論にも一部述べられているので参照していただきたい。

2）主要検査材料別の採取方法

(1) 組織・臓器

全身感染を起こした動物の微生物学的あるいは病理組織学的な検査を行う場合に，組織・臓器が検査材料として採取される。一般的には，死亡した動物や瀕死状態のため病性鑑定殺された動物から採材される。微生物の分離を目的とした材料の採取にあたっては微生物の人為的混入や消毒薬の混入が起こらぬように注意する。赤熱した金属スパーテルなどで臓器表面を焼いて滅菌した後，臓器内部から採材することもある。

採取した材料は冷蔵保管の後，なるべく速やかに検査することが望ましい。準備などで検査までに時間がかかる場合は凍結保存する場合もある。

病理組織学的検査のための材料は，組織・臓器を適当な大きさに切り出し，材料の10倍量以上の中性ホルマリン溶液中に保存する。蛍光抗体法に用いるなど特殊な目的を除けば，病理組織学的検査材料の凍結は避ける。

(2) 血液

生化学的検査や微生物の分離培養，原虫などの直接観察

を目的とする場合は，ヘパリンなどの抗凝固剤入り採血管を使用し，無菌的に採血する。一部のウイルスはヘパリンにより感染が阻害されるため，ウイルス分離を目的とする場合はヘパリンを使用せず，ガラスビーズを入れた採血管で採血後，よく撹拌してフィブリンを除いた脱線血を用いる。

血清診断用の血液材料は，抗凝固剤を含まない採血管を使用し，血液凝固後分離した血清を用いる。確定診断のために，発症期(急性期)と発症後2～4週後(回復期)に採血する。採血は通常，牛では頸静脈ないし尾静脈，豚では前大静脈，家きんでは翼下静脈から行われるが，目的によっては心臓採血も含めて他の採血法も使われる。やむを得ない場合を除いて，血清に抗凝固剤や防腐剤を加えることはしない。血清は通常－20℃以下で凍結保存される。血清反応に際して補体の影響を除くため，56℃，30分間の非働化が行われる場合がある。

(3) 糞便

検査材料として新鮮糞便や直腸便が使用される。糞便は多数の細菌を含むため，長期間の保存は避ける。特にウイルス性下痢便では，混入している細菌の増殖を防ぐため，採材後速やかに処理を行う。

(4) 皮膚

水疱は水疱液や水疱上皮を用いる(「a　水疱材料が得られる場合」参照)。水疱基底部の細胞拭い液を用いる場合もある。発疹や潰瘍などの皮膚病変部は，外科的に切除後，採取するか，滅菌綿棒で拭い液を採取する。

(5) 生殖器

滲出液や洗浄液の他，生殖器各部の拭い液が検査材料となる。

(6) 眼

眼各部位の拭い液や外科的に切除した病変部位が検査材料となる。

(7) 鼻汁

鼻腔拭い液や鼻汁が検査材料となる。気管支炎や肺炎を疑う症例では，気道深部の拭い液を採取する必要がある。ただし，常に病原体が分離されるとは限らない。また，常在菌による汚染も起こりやすく，培養結果の解釈には注意する必要がある。

(8) ミルク

乳頭口を消毒用エタノールでよく拭い，ひと搾り目を捨てた後，採材する。採材者由来細菌の混入を避けるため，特に滅菌手袋の装着が必要である。

(9) 環境の材料

採材する場所，量，方法は検査目的によって異なる。

3) 病原体別の検査材料採取

病原性の強い微生物による急性感染症では，一般的に臨床症状，病変が明瞭であるため，検査材料の採取は比較的容易な場合が多い。しかし，最近では，ワクチンの普及や衛生管理の改善のため，典型的な急性感染症の発生は減少しており，日和見感染症が増加傾向にある。また，急性感染症においても定型的な臨床症状や病変を示さない例が増えてきている。このため，検査材料の採取にあたっては，環境中の微生物混入を避けることや原因微生物を多く含むと考えられる病変部を的確に採取することが必要となる。

細菌

検査材料は新鮮な病変部から採取するのが望ましいが，死後時間の経過した動物から採材する場合は，死亡後に増殖した菌が検査材料に含まれる可能性があるため，培養結果の解釈は慎重に行う。また，症状から炭疽が疑われるときは，バイオハザードとバイオセキュリティの観点から剖検は避けるべきである。

感染症の発生現場では，獣医師の診断による治療が開始されるのが普通である。細菌感染症を疑う症例では原因菌の特定よりも抗菌薬投与が優先されることが多く，治療開始後に採取された材料では，抗菌薬により原因菌の増殖が抑えられ，分離が困難となることもある。そのため，原則として採材は抗菌薬治療を開始する前に行うべきである。ただし，原因菌が投与薬剤にもともと非感受性の場合もあり，投薬開始後であっても症状の改善が認められない場合は，必要に応じて検査材料を採取する。

真菌

感染症を起こす真菌の多くが常在菌叢の一部であり，土壌など動物が飼養されている環境中に腐生菌として分布しているため，真の原因病原体であるかどうかの識別は容易ではない。

真菌症は感染部位によって，深在性真菌症(深在性皮膚真菌症，内臓真菌症，全身性真菌症)と，表在性真菌症(浅在性真菌症)に大別される。真菌症の診断においては，病巣内に存在する原因真菌を確認することが最も重要かつ確実である。表在性真菌症の場合は，直接鏡検，病理組織学的検査，培養検査，分子生物学的検査などにより，原因真菌を同定することが可能であるが，深在性真菌症においては直接的な観察や分離培養が困難なことが多く，血清学的に診断することも必要である。

ウイルス

ウイルス分離のための検査材料採取では，発症してから採取までの時間が短いほど分離の効率は高くなる。一般的に，発症直後の病変部位ではウイルスが活発に増殖しており，病変部を採材する。剖検材料から分離を行う場合も，主に病変を示す臓器，組織を採取する。また，侵入部位と増殖部位の異なるウイルスの多くはウイルス血症を示すところから，発症時の血液も検査材料となる。

ウイルス分離の試みは，材料を組織培養細胞・発育鶏卵に接種しCPEを指標として行われるため，材料中への細菌の混入は分離を著しく困難にする。このため，材料採取はできる限り無菌的に行い，細菌混入の可能性のある場合は抗菌薬を加えたり，濾過滅菌する。

材料の採取方法，保存方法，処理方法などはウイルスや採取部位によって異なるが，一例として，口蹄疫に関する特定家畜伝染病防疫指針に基づく発生予防および蔓延防止措置の実施にあたっての留意事項に定められた口蹄疫を疑う疾病材料の採材方法を以下に示す。

(1) 病性鑑定材料の採取および送付の方法（口蹄疫の場合）

a　水疱材料が得られる場合

材料：水疱上皮1g以上（異常家畜の舌または口腔内のものが最良であるが，蹄部のものでもよい。水疱上皮は新鮮な破裂前のものが望ましく，同一群であれば複数頭から集めてもよい。発病当日のものが理想的である)。

水疱上皮の保存：pH7.2 ～ 7.6に調整された0.04mol/Lのリン酸緩衝液または最少必須培地に入れる。

材料の処理：保存液（水疱液そのものが得られた場合には保存液は不要）を入れた送付容器に入れ，密栓し容器の外側は４％炭酸ソーダ液で消毒し，破損や水漏れがないように，さらに包装を厳重にして，氷を入れた容器に収めて運搬する。

b　水疱材料が得られない場合

材料：病変部拭い液，食道咽頭粘液など（食道咽頭粘液については，採取器による採取後，広口びんに入れ，性状を観察し細胞成分が含まれていることを確認する。胃内容物や血液が混入した場合には，水または緩衝液で口腔を洗浄し再度採取する)。

食道咽頭粘液の保存液：0.08mol/Lのリン酸緩衝液に牛血清アルブミン0.01%，フェノールレッド0.002%，抗菌性物質（ペニシリン1,000単位，ストレプトマイシン1,000μg/mL，ファンギゾン2.5μg/mL）を添加し，pH7.2 ～ 7.6の範囲に調整する。

材料の処理：食道咽頭粘液は，採取後直ちにその２mLを等量の保存液が入った送付容器に入れて混和密栓する。容器の外側は４％炭酸ソーダ溶液で消毒し，保冷（非凍結）して運搬する。病変部拭い液または扁桃拭い液は，拭った綿棒が確実に浸る量の細胞培養液（pHは中性に調製）を入れた送付容器に綿棒ごとつけ込み，密栓して外側を４％炭酸ソーダ溶液で消毒し保冷（非凍結）して運搬する。

c　血液採取

材料：血清〔常法により血液を採取し，密栓試験管に入ったまま凝固させる。いかなる血液凝固防止剤（ヘパリンなど）も用いないこと〕。

材料の処理：外側を消毒し破損しないように包装を厳重にして，容器に収めて保冷（非凍結）して運搬する。

d　材料の運搬

動物衛生研究部門海外病研究拠点(東京都小平市)への運搬は事前に連絡の上，直接連絡員が持参する。空輸など最も早く確実な運搬方法を選ぶ。検査材料には必ず病性鑑定依頼書を添付する。

この他，高病原性鳥インフルエンザ，豚コレラ，牛海綿状脳症，牛疫，牛肺疫，アフリカ豚コレラについて特定家畜伝染病防疫指針に基づく留意事項が定められ，病性鑑定あるいはモニタリングの検査方法などが規定されている。口蹄疫の場合は水疱形成を伴う疾病の材料採取法であり，高病原性鳥インフルエンザや豚コレラは，それぞれの疾病に特有の材料採取法や診断法などが記載されている。

その他の一般的な疾病では，『病性鑑定マニュアル第４版』（農林水産省消費・安全局監修）に病性鑑定材料採取時の一般的な留意点が述べられている。いずれの場合も基本的な材料採取の考え方は同様である。

サーベイランスやモニタリングなどの疫学調査は，調べようとする病原体の病原性，感染様式，伝播力，検査法の感度や特異性によって大きな影響を受けるため，疫学手法を用いて綿密な材料採取計画を立てる必要がある。

4）検査材料の輸送

送付する検査材料を取り違えた場合，陽性材料を誤って陰性と診断し，疾病の蔓延を許したり，陰性材料を陽性と診断することによって不必要な治療などを行うことになる。したがって，検査材料には取り違えが起こらないように内容を明瞭に示すラベルの貼付と情報が記載された文書の添付が必要である。

ラベルに関しては，動物種(品種，性別，年齢，その他の個体識別にかかわる情報などを含む)，検査材料(部位，数量など)や特に診断に際して有用であると考えられる特記事項(薬剤の含有や浮遊液の組成など)を記載する。その他，検査目的，疾病の発生状況(発生場所，飼養頭数，発生頭数，臨床症状，過去の病歴，すでにとった処置など)，材料および送付の状況などの情報を別に添付する。

病性鑑定を行う者が直接検査材料を採取し速やかに検査を行うことが望ましいが，採取者と検査者が異なったり，遠隔地に検査材料を送付し病性鑑定を依頼することも多い。病原体を含む検査材料の輸送にあたっては定められた法規(郵便法，郵便法施行規則，万国郵便条約，国際郵便規則，内国郵便約款など)に従って送付する。内国郵便約款では，びん，缶，その他の適当な容器に入れ，これを内容物が漏出しないよう密封したうえ，外部の圧力に耐える堅固な箱に納め，箱には万一容器が破損しても完全に内容物の漏出を防ぐ措置をすることとなっている。また，郵便物の表面のみやすいところに品名および「危険物」の文字を朱記することが定められている。

国際連合でも国際間の危険物の輸送に関する勧告により，伝染性物質の輸送用容器の基準を定めており，容器表面に**図Ⅲ－1**の輸送許可物件表示ラベル(分類番号6.2)を貼付することとされている(ドライアイスを梱包した場合は，分類番号９)。なお，ドライアイスが入る容器は密封性のないものに限る。例えば，３重包装による梱包でドライアイスを用いる場合，ドライアイスは２次容器よりも外側(３次容器)に入れ，２次容器内には絶対に入れてはいけない。加えて３次容器が密閉性でないことを確認する。２次容器にドライアイスを入れ，爆発した事例が報告されている。

5）分離株の保存

分離後，純粋培養された微生物(分離株)の生物学的性状，遺伝学的性状を解析することにより，多くの情報を得ることができる。特に，分子系統樹解析による遺伝子の塩基配列の比較から，分離株がどのように進化してきたかを知ることも可能である。また，流行地の異なる分離株同士の疫学的関連についても推定することができる。このため，分離株は分離当初の生物学的，遺伝学的性状が変異しないよう，可能な限り少ない継代数で保存することが望ましい。一般的に，細菌ではグリセリン添加培地懸濁，ウイルスでは培養液のまま，超低温冷凍庫で保存されることが多いが，安定的な長期保存のためには，凍結乾燥保存が推奨される。保存方法の詳細は専門書を参照されたい。

2　検査法の概要

感染症の診断は，微生物の感染を証明することから始まる。このためには，①微生物を分離する，②微生物あるいはその構成成分を検出する，③微生物の感染によって起こる宿主の免疫反応を検出(血清学的検査)する，などが行われる。しかし，複合病や二次感染の場合，検出された微生

1　輸送許可物件表示ラベル（分類番号：6.2）

病毒をうつしやすい物質
INFECTIOUS SUBSTANCE
損傷又は漏えいの場合は直ちに検疫所、都道
府県衛生主幹部局へ連絡すること
IN CASE DAMAGE OR LEAKAGE
IMMEDIATELY NOTIFY
PUBLIC HEALTH AUTHORITY
6

2　輸送許可物件表示ラベル（分類番号：9）

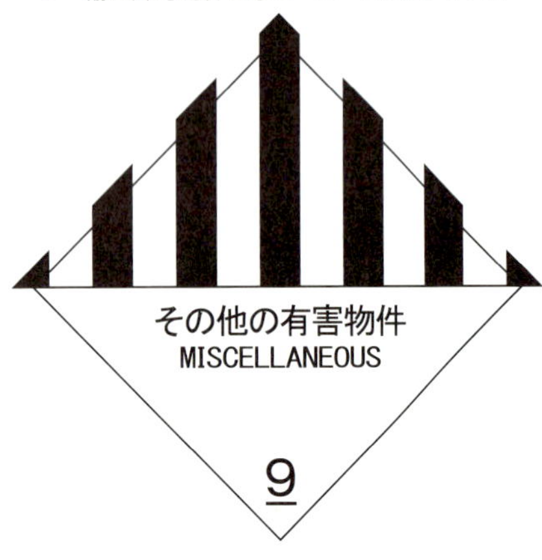

図Ⅲ−1　輸送許可物件表示ラベル

物が必ずしも主因病原体でないことがあり，注意を要する。宿主の非特異的炎症反応を検出することで，微生物感染を知る場合もあるが，ここでは特異的検査法について概説する。図Ⅲ−2には一般的な感染症の病原・血清学的検査の進め方を示した。検査手技はそれぞれの感染症で異なるので，詳細は各論を参照されたい。

1）微生物の分離

微生物の感染を知る最も確実な診断法である。細菌，真菌の場合は分離用培地（人工培地）を用い，ウイルスは培養細胞に接種する。人工培地や培養細胞で分離が困難な微生物にあっては，発育鶏卵，実験小動物，本来の宿主動物などを用いる場合もある。

細菌

細菌感染症の原因となる細菌の種類は多種多様であり，発育条件も菌種により異なることがある。基本的には，検査材料を直接寒天培地にスタンプするか，液体培地または滅菌生理食塩水などでホモジナイズや希釈した後，培地に接種し，適当な発育環境下で培養する。

(1) 菌の分離培養

a　検査材料と培地

推測される原因菌に応じて，適切な検査材料の採取部位および分離培養法を選択する。一般的には，本来無菌であるべき部位から採取した検査材料は，そこに存在するいかなる細菌も確実に発育させるように培養する。

この目的には，選択因子を含まない栄養が豊富な培地，例えばチョコレート寒天培地，血液寒天培地など，できるだけ多種類の細菌の発育を支持する培地を用いる。一方，検査材料中の菌数が少ないことが予想される場合は，適当な培地で増菌した後，分離培地で培養する。検査材料が想定される細菌以外の微生物に汚染されている可能性のある場合は，目的とする細菌以外の菌の発育を抑え，かつ目的とする細菌の発育に影響を与えない選択剤を加えた選択培地で培養する。

b　培養方法

細菌の発育には，温度，湿度，炭酸ガス濃度，酸素濃度，培養時間などが影響する。通常は37℃で培養するが，菌種によってはこの温度以外での発育が良好な場合もある。好気培養を行うときは，通常湿度に注意を払う必要はないが，炭酸ガス培養では適度な加湿が必要である。目的とする菌種により，好気培養，炭酸ガス培養，微好気培養，嫌気培養を使い分ける。それぞれの培養のためのガス発生器材には多くの市販品があり，それらを使うと簡便である。発育の遅い特殊な細菌を除いて，通常の好気培養では最低２日間は観察する。炭酸ガス培養，微好気培養では，１週間程度の観察が望ましい。

c　培養結果の判定

分離培養の結果，「培養陰性」「塗抹陽性」となる場合もある。その場合は使用した培地，培養条件，培養時間が適当でないことが考えられる。

本来無菌であるべき検査材料から分離された菌は，原因菌である可能性が高い。一方，例えば下痢原性大腸菌などの場合，腸管常在菌である非病原性の大腸菌との鑑別が重要である。しかし，このような常在菌が含まれている可能性のある検査材料でも，急性期に採取された材料であれば，原因菌が有意に培養される場合が多い。原因菌と推定される細菌はクローニングの後，コロニー形態の観察やグラム染色などによる菌体の顕微鏡観察を行う。

(2) 菌種の同定

菌種の同定には，市販の簡易同定キットが利用できる。ただし，多くの市販簡易同定キットは人由来細菌の検査成績をもとに作製されているため，菌種により同定不能となることがある。また，ときに誤った同定結果が得られる場合もある。そのため，同定にあたっては，獣医細菌学の知識を必要とする。

菌種の同定は，コロニーの観察から始まり，各種生化学的性状による特徴づけを行い，すでに知られている，どの菌種に最も近いかを判断する作業である。しかし，最終判定は検査材料の由来，採取部位，採取方法，採取時期など，様々な条件を勘案して行うべきであり，疾病の発生状況から予想される菌種名と異なる場合は別種の確認試験を行うなど細心の注意が必要である。分離菌の性状を詳細に把握するためにも，必要に応じて血清型別，プラスミド型別を行う。

腐敗の進行が激しく，分離培養が困難な検査材料中の菌の証明（炭疽），菌数が少ないことが予想される検査材料中の菌の証明（炭疽，ブルセラ病，気腫疽，レプトスピラ症，悪性水腫など），検査材料あるいは培養上清中の毒素の証明（ボツリヌス症，牛，豚，鶏の壊死性腸炎など）を目的とする場合は，感受性小動物に検査材料を接種する。接種後，死亡あるいは発症した小動物から病原体を分離する。

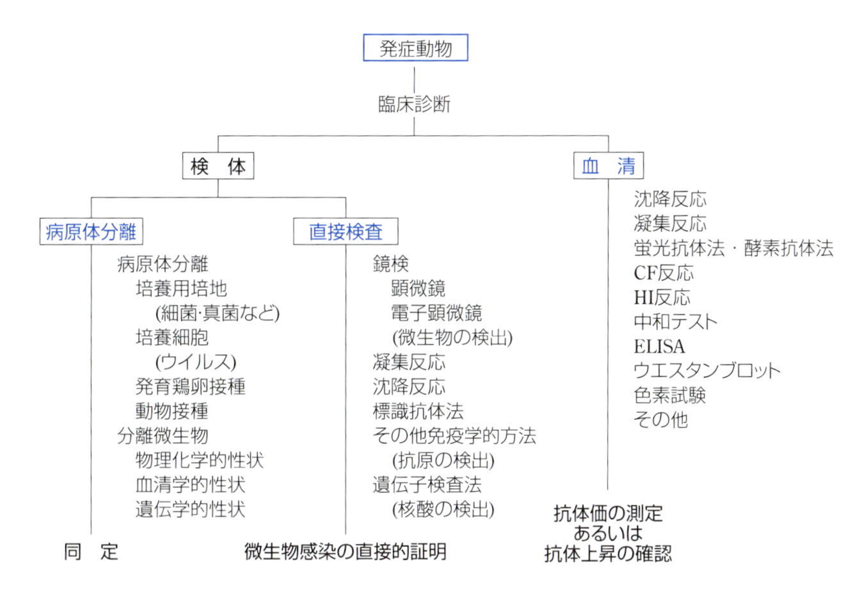

図Ⅲ−2　微生物の病原・血清学的検査

また，毒素の証明は検査材料接種によって起こる特徴的な症状の発現あるいは死亡が特異抗体(抗毒素/中和抗体)によって阻止されるか否かを指標にして行われる。

真菌

真菌培養の方法は，細菌培養法と基本的には同じであるが，使用する培地の種類，接種法，培養温度，培養日数などが異なる。糸状菌のなかには，菌株の植え替え時に分生子の飛散しやすいものがあり，他の検査材料や検査室の汚染を避けるため，隔離された専用の場所で取り扱うことが望ましい。

(1) 菌の分離培養

a　培地

検査材料から原因菌を分離するための選択培地には通常，抗菌薬などの選択物質が添加される。しかし，真菌の種類によっては選択物質による発育阻害を受ける場合があるため，サブロー・ブドウ糖寒天培地などの非選択培地を併用する。

b　培養方法

真菌の発育至適温度は，一般に細菌のそれより低いが，一部の病原真菌は35～37℃でもよく発育する。しかし，低温培養より早くコロニーを形成するため，培養は25℃と37℃で行うことが望ましい。酵母は数日以内に発育するが，糸状菌のなかには発育の遅いものもあり，4～6週間は培養を続ける。

(2) 菌種の同定

集落の観察はコロニーが十分な大きさに発育した時点で行う。2種類以上の糸状菌が発育した場合，そのまま放置すると分生子が飛散し，純培養菌が得られなくなるおそれがあるので，早めに移植し保存する。

菌種の同定には，形態観察が重要である。コロニーの発育速度，表面の外観(色調，きめ)，裏面の色調，培地の着色などを観察する。莢膜の有無，形状と大きさ，着生様式，配列，表面構造，細胞壁の厚さ，隔壁の有無や数，菌糸の修飾によって作られる特殊器官の形態などは顕微鏡で観察する。病原真菌の同定は，検査材料の採取部位を知ることで容易となる。

次に，検査材料から分離された真菌が原因菌であるか判断しなければならない。病変部から分離された真菌が強毒病原真菌の場合は，分離菌数の多寡にかかわらず原因菌とみなされる。その他の真菌であれば，どのような検査材料から分離されたかが，病原学的意義を決める上で重要となる。常在菌の場合には，分離菌数，分離頻度が病原学的意義を推定するのに重要である。

血液，髄液，体腔，臓器など，本来無菌であるべき検査材料から分離された真菌は，どんな菌種であっても原因菌の可能性を持つと考えるべきである。

ウイルス

ウイルスは生きた細胞のなかでしか増殖できないので，ウイルス分離のために生きている動物，発育鶏卵，培養細胞などを用意する必要がある。

(1) ウイルス分離

a　分離材料

感受性動物や細胞に接種するために，臓器・組織などの乳剤，糞便や各種拭い液などの検査材料をPBSや培養液(ハンクス液，アール液，イーグル液など)で浮遊ないし希釈する。この際，血清アルブミンや血清を添加することもあるが，血清はウイルスに対する抗体を含む場合があるので注意する。浮遊液には，細菌や真菌の増殖を防ぐため，抗菌薬や抗真菌薬(ペニシリン，ストレプトマイシン，カナマイシン，マイコスタチンなど)をあらかじめ加えておく。浮遊液に細胞片などの爽雑物が少ない場合は，450nmのメンブランフィルターで濾過した無菌的材料を接種する。この際，濾過膜にウイルスが静電気的に吸着する場合があるので，可能なら非濾過材料からの分離も同時に試みるべきである。

b　分離方法

ⅰ)培養細胞接種法

分離には，病原ウイルスに最も高い感受性を持つ培養細胞を用いるべきであるが，通常，腎臓などの臓器をトリプシンなどの酵素で消化し培養した初代培養細胞が適している。もし疫学的に病原ウイルスの可能性が絞り込めるなら，感受性の高い継代細胞を使用することも可能である。

ウイルス接種後は，毎日CPEを観察する。接種材料中のウイルス量やウイルスの性状によって，培養初代でCPEを起こす場合もあるが，盲継代(CPEが出現しない場合，接種材料を新しい細胞に継代接種すること)を重ねた後に，初めてCPEを示す場合も多い。特徴的なCPE(多核巨細胞や封入体形成など)を呈する場合，その形態からウイルスの推定が可能な場合もある。

ウイルスと使用する細胞の組み合わせによっては，増殖はするがCPEを示さない場合や細胞の形質転換を起こす場合もある。この場合，END(exaltation of Newcastle disease virus)法(豚コレラウイルスおよび牛ウイルス性下痢ウイルス)，干渉法やRIF(resistance inducing factor)テスト(鶏白血病ウイルス)などを用いることにより，それぞれのウイルス増殖を確認することができる。この他，ウイルスの性状を利用した赤血球吸着反応や，抗原抗体反応を利用した蛍光抗体法，CF反応，寒天ゲル内沈降反応などによりウイルス増殖を確認することも可能である。最近は，PCRやRT-PCRによるウイルス遺伝子検出を併用する場合も多い。

ⅱ)発育鶏卵接種法

鳥類のウイルスやインフルエンザウイルス，ポックスウイルスなどでは，発育鶏卵を分離に使用することもある。この場合，目的とするウイルスによって鶏胚の日齢や接種経路，ウイルス増殖の指標が異なる。卵黄嚢内接種法では5～10日卵，漿尿膜上接種法では10～13日卵，尿膜腔内接種法では10～11日卵，羊膜腔内接種法では7～13日卵，静脈内接種法では10～14日卵を用いる。ウイルスの増殖は鶏胚の死や発育状況によって判断し，ウイルスによっては漿膜上のポック形成や，羊水，尿液の赤血球凝集性によって確認される場合もある。

ⅲ)実験動物接種法

宿主動物自体や実験小動物でウイルスの分離・継代を行った時期もあったが，ウイルスが組織培養では増殖しないなど，特殊な場合を除き，現在ではほとんど使われない。ただ，アルボウイルスのように多くのウイルスが哺乳マウスの脳内で増殖するため，現在でも哺乳マウスの脳内接種法がウイルス分離に使用される例もある。もちろん，2005年に改正された動物の愛護及び管理に関する法律に基づいた指針通り，代替法のある場合は極力実験動物の使用を回避し，また使用数を減らす努力をすることを常に念頭におかねばならない。

(2) 分離ウイルスの同定

分離ウイルスの同定は，核酸型，粒子形態，エンベロープの有無(脂質溶剤に対する感受性)，酸や熱に対する感受性などの物理化学的性状をもとに行うが，ある程度予想がつく場合は，既知ウイルスの免疫血清を用いてCF反応，寒天ゲル内沈降反応，HI反応，中和テストなどで血清学的に同定することもできる。特に，血清型の多いウイルスの最終的な同定は，交差中和テストによらねばならない。

PCRによってウイルス遺伝子が増幅できる場合は，きわめて短時間でウイルスの同定が可能である。

ウイルスが分離された場合，発病動物群内で分離ウイルスに対する抗体上昇が認められるなど，疫学調査の結果とあわせて最終的な診断を下す。分離されたウイルスが宿主に持続感染していたり，病変形成の引き金になっただけで病変そのものは別の病原体によって引き起こされた可能性もあるので注意を要する。

2）微生物あるいはその構成成分の検出

(1) 病理組織学的検査法

細菌

a　直接塗抹標本

検査材料の直接塗抹標本の作製，染色，鏡検を実施する。直接塗抹標本の観察により，ときに培養結果を待たずに原因菌種を推定できる場合もあり，また，分離された菌が原因菌であるか否かの判断の参考にもなりうる。有意な原因菌が分離されなかった場合は，分離培養法が適切であったかどうかの検証も可能である。

液状の検査材料は3,000rpm，10分間遠心後，その沈渣の1白金耳量を塗抹するとよい。綿棒で採取した検査材料は，スライドグラスに軽く押しつけ，回転させながら塗抹する。水様性下痢便は1白金耳量を，軟便であればスライドグラス上で希釈して塗抹する。濃厚な塗抹は菌体の観察が困難となる。組織材料は直接塗抹するか，滅菌生理食塩水でホモジナイズしたものを少量塗抹する。

メタノール固定後，グラム染色，抗酸菌染色，その他の染色を行う。グラム染色法としてはハッカーの変法が一般的に使用されてきたが，最近では，Bartholomew & Mittwer法もよく使われる。鏡検は細菌の染色性，形，数，芽胞や莢膜の有無，炎症細胞の有無や細胞数，貪食細胞による細菌の貪食像などに注意して行う。急性感染では，同じ染色性と形状を示す菌体が多数観察されることが多い。

b　病理組織切片標本

病理組織切片標本についても，直接塗抹標本と同様に病原体の検索，観察を行う。症状から特定の原因菌が疑われる場合には，免疫染色による抗原の検出も診断の参考になる。

真菌

a　直接塗抹標本

血液，脳，脊髄液，胸水，腹水，関節液，耳垢，口腔粘膜，膿汁，尿，膣分泌液，糞便などの検査材料，および皮膚，鱗屑，毛，粘膜などの直接鏡検は，検査材料中の真菌の有無を簡便かつ迅速に直接確認できるため，診断の意義は大きい。直接鏡検では無染色による観察の他，グラム染色，蛍光染色，墨汁染色，PAS染色などを行い観察する。直接塗抹標本で真菌を認める場合は，原因菌の可能性が高い。表在性真菌症の鱗屑などの検査には20～40% KOHスライド法が使われる。この方法は，深在性真菌症の材料検査にも有効である。

原虫

a　直接塗抹標本

組織内原虫は，塗抹あるいは新鮮標本によって観察できる。検査材料中に存在する原虫の種が予想されるときは，免疫染色も有効である。豚のバランチジウム，種々の家畜や家きんのコクシジウムなど消化管壁や消化管内腔に寄生する原虫の多くは，栄養型虫体，シストまたはオーシストとして糞便とともに排出されるため，糞便中の原虫を集め，新鮮標本あるいはギムザ染色標本を作製し形態を観察する。ピロプラズマ，マラリア原虫，ロイコチトゾーン，トリパノソーマなど血液中に寄生する原虫は，血液の薄層塗抹標本を作製し，ギムザ染色して観察する。

b　病理組織切片標本

剖検材料は，病理組織学的検査により，それぞれの原虫感染症によく認められる変化を観察すると同時に，HE染色やPAS染色し組織内の原虫を観察する。トキソプラズマの増殖型およびシスト，コクシジウムの様々な発育ステージのもの，ロイコチトゾーンのシゾント，サルコチスティスのシストなどが観察対象となる。

ウイルス

a　直接電子顕微鏡観察

下痢便，鼻汁，水疱液など，高濃度にウイルスを含有する材料では，濃縮や部分精製により夾雑物を除去後，陰性染色によって直接ウイルス粒子を観察できる。もし，ウイルス粒子が特異な形態(例えば，ポックスウイルス，コロナウイルス，ロタウイルスなど)を持っていれば同定も可能である。しかし，鏡検材料中に少なくとも10^6個/mL以上の粒子がないと観察は難しい。このため，検査材料を濃縮することによりウイルス濃度を上げて観察したり，同定を行う目的を兼ねて既知の免疫血清を使用した免疫電子顕微鏡法も用いられる。

b　超薄切片電子顕微鏡観察

電子顕微鏡による病変部の超薄切片観察によって，ウイルス粒子を確認できる場合がある。ただし，特異な形態を持つウイルス粒子も，切る方向が変わると形が変わってみえる場合や，組織の固定・染色方法によって非特異的な像が観察される場合があり，この方法のみで同定することは難しい。

(2) 免疫学的検査法

抗原抗体反応を利用し，微生物そのものや微生物の構成成分，微生物感染に伴って特異的に産生される物質などを検出する方法である。

免疫学的検査を行うに際しては，様々な理由による偽陰性や偽陽性の出現や検査法の検出限界などに配慮すること，特異性の検証のため陽性・陰性対照を置くことなどが重要である。

a　凝集反応

特異性の高い抗体を，抗原(微生物そのものや，微生物の構成成分，微生物感染に伴って特異的に産生される物質)に直接反応させたり，あるいは粒状担体(赤血球，ラテックス粒子，ゼラチン粒子，細菌など)に結合させ，抗原と反応させる。細菌と直接的に反応させる方法は細菌種の同定や血清型別に使用され，毒素検出などに利用される抗体結合粒状担体は，ウイルスを含めて広範囲の抗原検出に使用可能である。

ⅰ)菌体凝集反応

家兎などの小動物を免疫して得た特異抗体と菌体を，ガラス板上あるいは試験管内で直接反応させ，凝集塊を観察する方法である。サルモネラ属菌や大腸菌などの血清型別などに利用されている。

ⅱ)共同凝集反応

黄色ブドウ球菌が産生するプロテインAが免疫グロブリンのFc部分と結合する性質を利用した反応で，プロテインA産生性の高い黄色ブドウ球菌(Cowan I株など)を担体として特異抗体を結合させ，抗原との間の抗原抗体反応を観察可能にしたものである。*Actinobacillus pleuropneumoniae*やその他の菌の血清型別，菌種同定，菌の直接検出などに応用されている。

ⅲ)逆受身凝集反応

担体としてラテックス粒子を用い，表面に特異抗体を結合させたもので，担体の凝集によって抗原の存在を知ることができる。各種微生物に応用可能である。また，ラテックス粒子の他に，ゼラチン粒子や赤血球を担体として用いる場合がある。

b　沈降反応

可溶性抗原と特異抗体の反応を，肉眼で観察できる方法である。抗原と抗体を寒天ゲル内で拡散させ，抗原-抗体反応を沈降線として観察する寒天ゲル内沈降反応が一般的で，寒天ゲル内免疫拡散法(agar gel immunodiffusion technique)とも呼ばれる。

細菌ではアスコリーテスト(炭疽)が有名である。これは末梢血や脾臓乳剤中の菌体を抗原とし，毛細ガラス管内で抗体液に重層し抗原抗体複合物を白線として観察するもので，重層法と呼ばれる。また，*Erysipelothrix rhusiopathiae*，*A. pleuropneumoniae*，*Pasteurella multocida*などの血清型別やウイルスの抗原検出に寒天ゲル内沈降反応が利用される。

c　標識酵素法

特異抗体(または免疫グロブリン)を酵素，蛍光物質，放射性物質などで標識し，抗原-抗体複合物を標識に使った物質の特性を利用して検出する方法である。微生物に対する特異抗体を標識して用いる直接法と，抗原と反応した特異抗体に対する抗体を標識して用いる間接法がある。間接法は，作業時間が長く非特異反応が強い傾向がある。蛍光抗体法，酵素抗体法，ラジオイムノアッセイなどがあり，蛍光抗体法および酵素抗体法が主に用いられる。

ⅰ)蛍光抗体法

フルオレセインなどの蛍光色素で標識した特異抗体を用い，抗原に結合させた後，蛍光顕微鏡により紫外線照射下で蛍光を検出する方法である。細菌などでは病変部の組織切片標本や直接塗抹標本中の菌体の検出，ウイルスでは剥離細胞の塗抹標本や非固定の感染組織をクリオスタットで薄切し，抗原検出を行う。特異抗体を用いるため，微生物の種の同定も同時に行うことができる。

ⅱ)酵素抗体法

ペルオキシダーゼなどの酵素で標識した特異抗体と反応した抗原を，標識酵素に反応する基質および発色剤を加えることによって生ずる発色を指標に観察する方法である。蛍光抗体法と同様，組織切片標本や直接塗抹標本中の抗原検出に用いられる。

ⅲ)イムノクロマト法

イムノクロマトグラフィーによる迅速診断法が普及し，動物用の簡易診断キットとして市販されている。そのほとんどが犬・猫用の診断キットであり，犬・猫の各種ウイルス，犬糸状虫，犬のエキノコックス検出を効能とする。産業動物用には鶏用のインフルエンザウイルス検出キットなどが承認されているのみである。

(3) 遺伝子検査法

検査材料中に存在する微生物のゲノムや遺伝子を高感度に検出できるPCRおよびRT-PCRは，微生物のゲノム解析が進むにつれ，多くの細菌やウイルスで利用可能となっている。術式が共通しているため，微生物種に特異的なプライマーを使用することにより，広い範囲で応用可能である。分離株の保存の項に記載した通り，PCR産物の塩基配列を決定すれば，分子系統樹解析によって微生物の疫学的解析も可能である。

ハイブリダイゼーションによる遺伝子の検出も応用可能であるが感度に難点があり，現在では分離された病原体の同定，型別に応用されている。

a　PCR，RT-PCRおよびリアルタイムPCR

耐熱性DNAポリメラーゼにより，DNA合成反応を繰り返す技術である。特定遺伝子を増幅させる方法とランダムにDNA断片を増幅させる方法〔arbitrarily primed PCRやrandom amplified polymorphic DNA(RAPD)〕がある。また，リボソームRNAやRNAウイルスでは転写酵素を用いてcDNAを合成した後，PCRを行うRT-PCRが用いられる。PCRによる増幅を経時的に測定することにより鋳型DNAの量を測定することが可能なリアルタイムPCRも用いられている。TaqManプローブを用いたリアルタイムPCRは定量性ばかりでなく特異性も非常に高く，診断として有用である。また，一定の温度で標的DNAを増幅できるためサーマルサイクラーの使用が不要で，かつ結果を目視で確認できるloop-mediated isothermal amplification(LAMP)法も簡易迅速診断法として注目を浴びている。

感染症の診断には，主として病原体に特異的な遺伝子を増幅させる方法が用いられる。検査材料中に存在する病原体に特異的な遺伝子を直接検出できるところから，病原体が分離培養できない，あるいは分離培養に時間のかかる感染症の診断にも有用性が高い。また，検査材料への微生物の混入により，原因微生物の分離培養が困難な場合にも有用である。糞便や腸内容物中のヨーネ菌の検出は前者の例であり，生殖器拭い液中の馬伝染性子宮炎原因菌の検出は後者の例である。既知のウイルスはゲノムの塩基配列が明らかとなっており，PCR，RT-PCR，リアルタイムPCR，LAMPなどによる遺伝子検査が日常的に行われている。その他，真菌や原虫感染症でも一般的検査法になりつつある。

一方，検査対象の微生物を取り扱っている場合，検査材料への混入が起こりやすく，増幅効率の高さゆえに，わずかの量の混入が誤診断を招く。また，プライマーの塩基配列の類似性や非特異的結合のため，対象微生物核酸とは別のDNAやRNAを増幅してしまう欠点がある。さらに，プライマー配列に変異を持つ微生物の核酸を増幅できない場合もある。このため，PCRでバンドが出た場合も，制限酵素による切断パターン解析，ハイブリダイゼーション，PCR産物の塩基配列解析など，いくつかの方法を併用して対象とする微生物由来であるか確認することが必要である。TaqManプローブを用いたリアルタイムPCRは特異性を高めるのみならず，定量性があるため病気への関与も検討することができる特徴がある。

b　ハイブリダイゼーション

熱やアルカリで１本鎖に変性した核酸(DNAまたはRNA)は，適当な温度条件下で塩基配列に相補性の１本鎖核酸と結合し２本鎖となる。ハイブリダイゼーションはこの性質を利用し検出しようとする微生物に特異的な核酸断片を放射性同位元素や酵素で標識して，標識核酸断片が結合したかどうか，標識物質を検出することにより，最終的に微生物核酸の存在を知る方法である。PCRに比べ感度が劣り，手技も煩雑なため，分離病原体の同定や型別にのみ応用される。また，ハイブリダイゼーションでは，相同性の高い遺伝子を持つ微生物を識別することは難しい。TaqManプローブを用いたリアルタイムPCRは，診断の特異性を高めるためPCRにハイブリダイゼーションを組み合わせた手法である。

c　次世代シークエンス

近年，検査材料中に存在する遺伝子の塩基配列を網羅的に決定する次世代シークエンスが比較的安価に実施できるようになってきた。検査材料中に存在する微生物の遺伝子を網羅的に決定し，データベースと照合して微生物の存在を知ることができる。また，決定された断片の数により半定量的な解析も可能である。しかし，臨床検体中には宿主由来の核酸も含め様々な核酸が存在するため，病原体がそれほど増殖していない場合は検出が困難なことが多い。実際は，分離ウイルスの同定ができない場合など，ウイルスの濃縮が可能な場合に用いられているのが現状であるが，今後検査に要する費用が安くなるとより診断に用いられると期待される。

さらに細菌分野では，１回の解析で全ゲノム配列の決定も可能であり，multilocus sequence typing(MLST)やパルスフィールドゲル電気泳動に代わる分類・疫学調査に利用されつつある。

３）血清学的検査法

感染した動物は通常，体内に侵入した微生物に対する抗体を産生する。微生物に対する抗体を検出すれば，その微生物の感染を証明することができる。この特異的な抗体を後述する各種方法で検出し，診断を行う。

(1) 血清学的検査法

感染動物が産生する免疫は，主として液性免疫と細胞性免疫に分けられる。感染症の診断には液性抗体が用いられる場合が多い。したがって，抗体検査の材料は血清を用いる。血液を採取した後，血清分離が可能になれば，なるべく早く行うことが望ましい。長時間放置した血液は溶血を起こし，血清診断における非特異反応のもととなる。

動物が特定の微生物に対して抗体を保有していれば，過去にその微生物が体内に侵入した証拠となる。しかし，抗体は病原体，宿主動物，抗体の種類によって持続期間が様々である。したがって，抗体を検出したのみでは，いつ感染したかを特定することは難しい。過去に感染，治癒しており，検査対象の疾病とは全く関係ない場合もありうるからである。このため，「主要検査材料別の採取方法(2)血液」(31頁)で述べたごとく，急性期と回復期に血清を採取(ペア血清)し，検査することが重要である。

ペア血清が得られない場合，血清中のIgM抗体を測定することにより感染の時期を推定できる場合がある。一般的に初感染ではIgG抗体に先立ってIgM抗体が上昇する場合が多く，しかも持続期間も短い。簡便法として，もし検出された抗体が血清を2-メルカプトエタノール(2-ME)で処理することによって消失すれば(IgMが2-ME感受性のため)，感染の初期であることを推定できる。また，実験室レベルでIgM捕捉ELISAが開発されているウイルス病もある。しかし，この方法のみで感染時期を特定するのは困難で，臨床症状などとともに総合的に診断する必要がある。

(2) 血清反応

a　沈降反応

「微生物あるいはその構成成分の検出」(36頁)で述べた方法で，既知の抗原を使用すれば抗体を検出できる。主に寒天ゲル内沈降反応が用いられる。抗原または抗体を一方向にのみ拡散させる一元免疫拡散法，平板中で抗原と抗体の双方を拡散させる二重免疫拡散法(Ouchterlony法)，支持体に抗原または抗体を混合し沈降輪を形成させる放射免疫拡散法の他に，電気泳動を組み合わせた免疫電気泳動法やロケット免疫電気泳動法など種々の方法がある。

本法を始め，ELISA，蛍光抗体法，CF反応などは，ウイルス粒子内部の蛋白質を抗原とする場合が多いことから，群共通抗原(group-specific antigen)に対する抗体を検出することができ，血清型の多いウイルスに対する抗体の検出に向いている。手技が非常に簡便で，所要時間も短いが，非特異反応には注意が必要である。

b　凝集反応

本法も微生物あるいはその構成成分の検出の項で述べた方法で，菌体そのものや担体に微生物由来蛋白質を結合させ，抗体を検出する。スライドグラス上で行う急速凝集反応や，試験管内で行う試験管凝集反応などがある。

c　蛍光抗体法・酵素抗体法

感染組織や感染培養細胞中の既知抗原に結合した抗体を，抗イムノグロブリン抗体によって検出する間接蛍光抗体法・酵素抗体法が用いられる。どちらの方法も，被検血清中の抗体の検出に経験が必要であり，多検体処理も難しい。

d　CF反応

既知の抗原と被検血清を混合し抗原-抗体複合物が産生されると，非特異的に補体が結合し消費される。この反応を可視化するため，めん羊赤血球と抗めん羊赤血球抗体(溶血素，赤血球との混合物を感作血球と呼ぶ)に補体を添加すると溶血反応が起こることを利用し，抗原-抗体複合物により消費された補体の量を感作血球の溶血の程度から測定し，そこから抗原-抗体複合物の産生量を測定する。検査血清中の捕体あるいは抗補体作用物質を失活する必要があることから，血清の非働化温度を上げる場合がある。猿，犬，家兎，ハムスターなどの血清では63℃，20分間，馬やマウスでは60℃，20分間が用いられる。

通常，補体としてモルモットの新鮮血清が使用されるが，牛や鶏の抗体はモルモットの補体第1成分(C1q)とは結合しづらいため，検査対象動物の補体をアクセサリーファクターとして添加する必要がある。このように，蛍光抗体法や免疫拡散法と比較すると判定が容易で，50%溶血法や補体希釈法などを使うと抗体検出の精度を上げることができる反面，手技が複雑で反応に関与する因子が多いため，それぞれに対照をおき，非特異反応のないことを確かめる必要がある。

e　HI反応

赤血球凝集性を持つウイルスであれば，赤血球とウイルス蛋白質(赤血球凝集素)の結合を抗体によって阻止することで抗体価を測定することができる。これを赤血球凝集抑制(HI)反応と呼び，その抗体をHI抗体と呼ぶ。HI反応は，中和テストと同様に後述の血清型特異抗体を検出でき，反応時間が短時間で済むという利点を持つ。

一方，血液中には非特異的に赤血球凝集素と結合する物質や，用いる赤血球と非特異的に結合する物質が存在することがあり，非特異物質を除去する操作が必要となる。赤血球凝集素と結合する物質の除去には，receptor destroying enzyme(RDE)，過ヨウ素酸，中性カオリン，エーテルなどが使用される。抗体測定に用いる動物と異種の動物の赤血球を使用する場合，赤血球と非特異的に結合する物質が存在する場合が多い。このため，反応には抗体測定と同種の動物の赤血球を使うか，抗体測定用の血清を反応に使用する赤血球で吸収することが必要である。

f　中和テスト

中和テストはウイルスに対する抗体価測定のゴールドスタンダードである。培養細胞，発育鶏卵，実験動物などで増殖可能であれば，ほぼすべてのウイルスで抗体測定法として使用可能である。ウイルス粒子表面に位置し，細胞のレセプターに吸着しうる蛋白質が抗原となる。この蛋白質が抗体と結合するとレセプターと結合できず，細胞への吸着・侵入が阻止される。培養細胞では，CPEの発現阻止，プラック数の減少などを指標とし，発育鶏卵では，鶏胚の生存，羊水や尿液中の赤血球凝集性の阻止，漿膜上のポック形成阻止，実験動物では動物の生存や発病阻止を指標として判定する。この反応を中和テストといい，抗体量の測定のために一定のウイルス量と階段希釈した血清を混ずる「血清希釈法」と，血清濃度を一定にし，ウイルスを希釈する「ウイルス希釈法」の2種がある。通常，血清希釈法がよく用いられ，抗体価は一定のウイルス量(100$TCID_{50}$程度)を中和する血清の最高希釈倍数で表す。中和テストに用いる動物血清は56℃，30分間加熱する。これは，血清中に含まれる補体を不活化する目的で，補体成分はときに非特異的にウイルスを中和することがあるためである。また，ヘルペスウイルスなどでは，感染初期に補体要求性の中和抗体が出現することが知られており，補体添加時と非添加時の中和抗体価を比較する必要がある。

ウイルス粒子表面の蛋白質は変異の度合いが一般的に高く，同一のウイルスでありながら中和テストやHI反応で区別される株が存在する場合がある。これを血清型と呼び，中和テストやHI反応で検出される抗体を血清型特異抗体(type-specific antibody)と呼ぶ。したがって，これらの血清反応は原因ウイルスを細かく同定できるが，流行ウイルスが標準株と血清型が異なる場合，抗体の測定が難しい場合もありうる。また，培養細胞の準備も含めると，判定までに1週間以上の時間がかかる場合がある。

g　ELISA

特異的な抗原-抗体反応であれば，ほぼすべての反応を検出することができる。抗原をプラスチックの96穴マイクロプレートに固相化し，血清を加え抗体を反応させた後，酵素標識抗体(抗体測定に用いる動物種の抗イムノグロブリン抗体に，アルカリホスファターゼやペルオキシダーゼなどの酵素を標識したもの)を反応させる。基質を加え，抗原-抗体複合物に結合した標識酵素の量に応じた呈色反応によって抗体量を測定する。固相化する抗原は，微生物そのものや微生物構成蛋白質が用いられる場合がある。

標準抗体と抗原の結合を血清中に含まれる抗体で阻止することによって，阻止率から抗体量を測定する競合

ELISA(competitive ELISA)も使用される。また，モノクローナル抗体を標準抗体に使用し，特異性を高めることも行われる。簡便で鋭敏な反応であるが，非特異反応も起こりやすく，標準陽性血清，陰性血清の他に，弱陽性血清の対照を置くなど再現性に注意する必要がある。

h　ウエスタンブロット

微生物そのものや微生物感染細胞をSDSで可溶化しポリアクリルアミドゲル電気泳動を行う。泳動によって分離した蛋白質やペプチドを，電気的にニトロセルロースなどの膜に転写した後，膜上で抗原–抗体反応を起こさせ，酵素標識抗体と基質による呈色反応で検出する。手技は複雑で，専用の機材がないと行えない点，多検体処理が難しい点から，一般的な方法ではないが，抗体の有無と同時に抗原の特定が可能なところから，特定の抗原に対する抗体の消長をみる場合に用いられる。

i　色素試験

トキソプラズマ病の特異抗体検出法である。アルカリ性メチレンブルーに対する虫体の染色性が抗体の有無によって変化することを利用した方法であり，信頼性が高く，感染初期の診断に利用される。

j　その他

感染症によっては細胞性免疫を測定することにより，感染を知ることができる。*In vivo*での遅延型過敏反応，*in vitro*でのマクロファージ遊走阻止試験，リンパ球幼若化反応，細胞傷害試験，抗原刺激後のインターフェロンの産生などによって検出できる。遅延型過敏反応を利用した診断には，ツベルクリン反応(結核病)，ヨーニン反応(ヨーネ病)，マレイン反応(鼻疽)などがある。ヨーネ病においては*in vitro*の細胞性免疫の診断として，ヘパリン処理血液にヨーニンPPDなどの抗原を加えて一晩培養後，抗原特異応答性ヘルパーT細胞から産生されたIFN-γを測定する方法がある。ヨーニン反応に比べると検査労力と判定時間の軽減・短縮になり感度も高い。ただし，刺激用抗原が菌種共通のPPDであるためヨーネ菌以外の*M. avium*感染でも反応(IFN-γ産生)がみられる。

3　検査の進め方および結果の読み取り

感染症の診断に当たっては正確性，迅速性が求められる。そのためには，あらゆる可能性を考慮に入れ慎重に検査材料を採取し，臨床症状，疫学所見とともに病原体の分離・同定，その病原体に対する血清学的・免疫学的検査および病理学的検査等を組み合わせて総合的に診断を行う必要がある。

感染症診断のための検査法は様々あり，そのなかで分離培養は最も信頼性の高い検査法で必ず行うべきであるが，市販されている病原細菌の簡易同定キットは人由来病原細菌のデータベースを元に作製されているため家畜衛生領域で扱う細菌が同定不能，あるいは誤同定されることがある。正確に結果の妥当性を判断するためには検査法の原理および限界を熟知しておくことが必要である。また，病原菌によっては分離培養が困難な場合や長時間を要することもありうるので，PCRなど遺伝子診断法の併用も必要となる。しかし，PCRは，施設内や使用器材に付着・残存する検査対象遺伝子の検査材料への汚染があれば，それが増幅され偽陽性となるため，厳格な汚染防止対策を立てておくことが必要である。さらに，病原体の種類を特定するために免疫染色による病原体の直接検出が可能な場合もあるため，病変部の病理組織学的検査は可能な限り行うべきである。

一般的に病原微生物の直接証明は採材時期に大きく左右されるため，血清学的に最終診断をする場合も多い。発症と感染の時間的関係を知るためにも，ペア血清の採取が必要である。また，血清学的検査は個体診断に適用される他，群内における感染動向の把握や病原体浸潤状況の調査など，診断精度を上げる目的にも使われる。

検査には必ず過誤が伴うので，それを早期に発見し，かつ最小限に抑えることで，検査精度を一定に保持することが重要となる。このため精度管理に留意する必要がある。精度管理には内部精度管理と外部精度管理がある。内部精度管理は，自らの試験室内で日常行う精度管理で，再現性，すなわち精密度を管理するために実施される。そのためにはまず，検査手法や検査機器管理などを文書化した標準作業手順書を作成し，同様の手順で毎回検査を行う必要がある。また，統一的なフォーマットを用い検査結果を記載し，第三者による検証が可能にすべきである。同時に，再検査が可能なように，材料は一定期間保存する。さらに，適切な対照の設定は検査結果の信憑性の確保に不可欠である。一方，外部精度管理は，第三者機関より，参加希望する施設に同一の検体を配布し，参加施設が施設間の平均値または目標値にどの程度一致する測定値を得ているか，正確度を確認するために実施される。近年，家畜衛生分野においても診断の信頼性確保のために精度管理の導入が進められている。

（須永藤子，前田　健）

2．バイオハザード対策

2009年に発生した豚インフルエンザの世界的流行，2014年の中東呼吸器症候群(MERS)の流行，2014年に米国内において初めてエボラ出血熱が発生するなど，近年危険度の高い人獣共通感染症が先進国においても発生する事例がみられることから，バイオハザード対策に対する社会的意識が高まっている。このような危険度の高い病原体のみならず，様々な人や家畜に対する病原微生物は多くの研究施設や大学で取り扱われており，それらの研究対象となる病原微生物は常に外部環境への漏出リスクを抱えているといえる。各研究施設において，「研究用微生物安全管理マニュアル」が制定されており，各機関によって機関承認制度を設けるなど万全を期してはいるが，天災，人災による微生物漏出の危険が常に存在する。ここではそのようなリスクを最小限に抑えるための対策およびその根拠となる考え方について概説する。

バイオハザードと病原体等の安全管理

バイオハザード(biohazard：生物学的危害または生物災害)とは，ウイルスや細菌，寄生虫，真菌，プリオンなどの構成成分，それらの産生する物質，またはそれらの感染そのものが人の健康，畜産業に損害を与えることを総称したものである。病原微生物を取り扱う従事者の実験室内感

表Ⅲ－1　BSL取り扱い基準

レベル	
BSL 1	（1）通常の微生物学実験室を用い，特別の隔離の必要はない。 （2）一般外来者は当該部の管理者（部長等，室長，管理運営委員）の許可および管理者が指定した立ち会いのもと立ち入ることができる。
BSL 2	（1）通常の微生物学実験室を限定した上で用いる。 （2）エアロゾル発生の恐れのある病原体等の実験は必ず生物学用安全キャビネットの中で行う。 （3）オートクレーブは実験室内，ないし前室(実験室につながる隣室)あるいはさらにその周囲の部屋に設置し使用する。できるだけ実験室内におくことが望ましい。 （4）実験室の入り口には国際バイオハザード標識を表示する。 （5）実験室の入り口は施錠できるようにする。 （6）実験室のドアは常時閉め，一般外来者の立ち入りを禁止する。
BSL 3	（1）BSL3区域は，他の区域から実質的，機能的に隔離し，二重ドアにより外部と隔離された実験室を用いる。 （2）実験室の壁，床，天井，作業台等の表面は洗浄および消毒可能なようにする。 （3）ガス滅菌が行える程度の気密性を有すること。 （4）給排気系を調節することにより，常に外部から実験室内に空気の流入が行われるようにする。 （5）実験室からの排気はヘパフィルターでろ過してから大気中に放出する。 （6）実験室からの排水は消毒薬またはオートクレーブで処理してから排出し，さらに専用の排水消毒処理装置で処理してから一般下水に放出する。 （7）病原体を用いる実験は，生物学用安全キャビネットの中で行う。 （8）オートクレーブは実験室内におく。 （9）BSL3区域の入り口には国際バイオハザード標識を表示する。 （10）BSL3区域の入り口は施錠できるようにする。 （11）入室を許可された職員名簿に記載された者および管理に関わる者以外の立ち入りは禁止する。
BSL 4	（1）BSL4区域は他の区域から実質的，機能的隔離を行い独立した区域とし，BSL4実験室とそれを取り囲むサポート域を設ける。また，独立した機器室，排水処理施設，管理室を設ける。 （2）実験室の壁，床，天井はすべて耐水性かつ気密性のものとし，これらを貫通する部分(給排気管，電気配線，ガス，水道管等)も気密構造とする。 （3）実験室への出入り口には，エアロックとシャワー室を設ける。 （4）実験室内の気圧は隔離の程度に応じて，気圧差を設け，高度の隔離域から，低度の隔離域へ，また低度の隔離域からサポート域へ空気が流出しないようにする。 （5）実験室への給気は，１層のヘパフィルターを通す。実験室からの排気は２層のヘパフィルターを通して，外部に出す。この排気ろ過装置は予備を含めて２組設ける。 （6）実験室内の滅菌を必要とする廃棄物等の滅菌のために，実験室とサポート域の間には両面オートクレーブを設ける。 （7）実験室からの廃水は専用オートクレーブにより121℃以上に加熱滅菌し冷却した後，専用排水消毒処理装置でさらに処理してから，一般下水へ放出する。 （8）実験は完全密閉式のグローブボックス型安全キャビネット(クラスⅢ安全キャビネット)の中で行う。 （9）BSL4区域の入り口には国際バイオハザード標識を表示する。 （10）BSL4区域の入り口は施錠できるようにする。 （11）入室を許可された職員名簿に記載された者および管理に関わる者以外の立ち入りは禁止する。

染および病原微生物が外部に漏れ出すことによって起こる二次感染は，社会的に大きな問題となる。そのため，日本を含めた各国は，バイオハザード防止を目的とした病原微生物の取り扱い基準を定めている。

動物の病原体を取り扱う場合においても，微生物を取り扱う検査室や研究室から病原微生物が漏出することで他の動物に感染し，畜産業に甚大な被害を及ぼす場合がある。その例が2007年英国サリー州において発生した口蹄疫であり，この際に広まったウイルスは，同国動物衛生研究所と製薬会社メリアルが共同で使用しているパーブライト研究所から，ワクチン製造に使用したウイルスが漏出したことによるものとされている。このように，取り扱う微生物に対する安全対策は動物の病原体取扱者にとっても重要な問題であるといえる。

微生物を取り扱う検査室や研究室における室内感染対策において最も重要な点として，微生物取り扱い作業中に発生するエアロゾルの制御が挙げられる。エアロゾルの発生要因としては，ピペッティング操作，感染臓器や細胞の破砕，超音波処理，遠心沈殿および遠心上清のデカント，白金耳による塗布や火炎滅菌，真空容器を開ける動作などが挙げられる。これらの汚染は，作業を注意深く行うことで減らすことが可能であり，また適切な設備や器具を使用することによって危険性をほぼなくすことができる。

また，病原体が研究施設などから意図的に持ち出され，生物テロリズム(バイオテロ)に悪用される事例も実際に起きている。2001年に米国で炭疽菌芽胞の入った手紙の送付により22名が肺炭疽を発症し，５名が死亡するという事件が起こった。このように天然痘ウイルスや炭疽菌など致死性の高い病原微生物がバイオテロの道具として拡散される可能性が問題視されている。

厚生労働省は，バイオテロに使用されるおそれのある病原体等であって，国民の生命および健康に影響を与えるおそれがある感染症の病原体等の管理の強化のため，2006年に「感染症の予防及び感染症の患者に対する医療に関する法律(感染症法)」の一部を改正し，2007年６月１日から施行されることとなった。改正の趣旨は，人の生命や健康に与える影響の大きい病原体を特定病原体等に指定し，その危険度をもとに一種病原体等から四種病原体等に区分

表Ⅲ－2　ABSL取り扱い基準

レベル	
ABSL 1	（1）通常の実験室とは独立していること。一般外来者の立ち入りを禁止する。 （2）防護服等を着用する。 （3）標準作業手順書を作成し周知する。 （4）従事者は微生物および動物の取り扱い手技に習熟していること。 （5）動物実験施設への昆虫や野鼠の侵入を防御する。 （6）動物実験施設からの動物逸走防止対策を講じる。 （7）実験施設の壁・床・天井，作業台，飼育装置等の表面は洗浄および消毒可能なようにする。
ABSL 2	（1）入室は許可された者に限る。 （2）入り口は施錠できるようにする(動物実験施設の入り口でも可)。 （3）動物安全管理区域の入り口には国際バイオハザード標識を表示する。 （4）動物安全管理区域内の飼育室等には動物種に応じた逸走防止対策を講じる。 （5）エアロゾル発生の恐れのある操作は生物学用安全キャビネットまたは陰圧アイソレーターの中で行う。感染動物がエアロゾルを発生する恐れがある場合は飼育も含める。 （6）糞尿，使用後の床敷・ケージなどは廃棄または洗浄する前に滅菌する。 （7）動物実験施設内にオートクレーブを設置する。 （8）滅菌を必要とする廃棄物等は密閉容器に入れて移動する。 （9）個人防護装備を着用する。 （10）手洗い器を設置する。 （11）メス，注射針など鋭利なものの取り扱いに注意する。
ABSL 3	（1）入室者を厳重に制限する。 （2）動物安全管理区域の入り口は二重のドアになっていること。 （3）ガス滅菌が行える程度の気密性を有すること。 （4）給排気系を調節することにより，常に外部から飼育室等内部に空気の流入が行われるようにする。 （5）排気はヘパフィルターでろ過してから大気中に放出する。 （6）排水は消毒薬またはオートクレーブで処理してから排出する。 （7）オートクレーブを動物安全管理区域内に設置する。 （8）滅菌を必要とする廃棄物等は動物安全管理区域内で滅菌する。 （9）全操作および飼育を生物学用安全キャビネットまたは陰圧アイソレーターの中で行う。
ABSL 4	（1）BSL4に準拠する。

したことである。さらに，これら「特定病原体等」の管理体制(所持や輸入の禁止，許可，届出，基準の遵守等)を細かく規定することで病原体による危害を防止することを目的としている。この感染症法の改正や情勢の変化に応じて，病原体等の盗難や紛失，不正流用や意図的な放出を防止するための枠組みが追加要求されることとなり，国立感染症研究所は病原体等安全管理規程を全面改正した。バイオハザードやバイオテロを起こさないため，改正された感染症法や国立感染症研究所病原体等安全管理規程を参考に，各研究機関や学会がバイオハザード防止のための微生物取扱規程を定めている。各大学は1998年1月に文部省(現：文部科学省)より通達のあった「大学等における研究用微生物安全管理マニュアル(案)」を元に，個別に微生物安全管理マニュアルを定めていたが，感染症法，家畜伝染予防法および国立感染症研究所病原体等安全管理規程の改正に伴い，各大学が研究用微生物安全管理マニュアルを改正している。

危険度の高い微生物ほど厳密な取り扱いが必要であり，よって汚染を防ぐ施設・器具も安全度の高いものが要求される。検査室および実験室内で特定病原体等を用いる際にエアロゾル対策として設置が義務付けられているのが，安全キャビネットである。安全キャビネットは検体のみを保護する目的に設計されたクリーンベンチと異なり，キャビネット内は陰圧に保たれ，実験者をエアカーテンにより仕切ることで，検体と実験者を同時に保護する構造となっている。キャビネット内を循環する空気は高性能(high efficiency particulate air：HEPA)フィルターを介して吸気と排気が行われており，また不使用時にはキャビネット内の殺菌灯を一定時間照射することで無菌状態を保てる仕様となっているものもある。

危険度の高い病原体を取り扱う際は，より高度に安全性に配慮した施設が必要となる。このような病原微生物等への曝露を予防するための基準を，バイオハザードに対する安全対策という意味でバイオセーフティ(biosafety)と呼ぶ。国立感染症研究所病原体等安全管理規程(2007年6月全面改正，2010年6月一部改正)では，病原体等のリスク群分類を基準とし病原体等のリスク評価を行うことによって，各病原体のバイオセーフティレベル(BSL)を定めている。また，それぞれの病原体を扱う際の手技や安全機器および実験室の設備についても定めている。

病原体を用いた動物実験の場合は，実験動物および人への感染のリスク評価を行うことによって，別途動物バイオセーフティレベル(ABSL)が規定されている。

＜国立感染症研究所病原体等安全管理規程＞

病原体のリスク群による分類

リスク群1(「病原体等取扱者」および「関連者」*に対するリスクがないか低リスク)：人あるいは動物に疾病を起こす見込みのないもの。

リスク群2(「病原体等取扱者」に対する中等度リスク，「関連者」に対する低リスク)：人あるいは動物に感染すると疾病を起こし得るが，病原体等取扱者や関連者に対し，重大な健康被害を起こす見込みのないもの。また，実験室内の曝露が重篤な感染を時に起こすこともあるが，有効な治療

表Ⅲ－3　国立感染症研究所および農研機構動物衛生研究部門においてBSL 3以上に指定されている微生物

BSL 4

フニンウイルス（一種病原体等）
マチュポウイルス（一種病原体等）
ラッサウイルス（一種病原体等）
クリミア・コンゴ出血熱ウイルス（一種病原体等）
アイボリーコーストエボラウイルス（一種病原体等）
ザイールエボラウイルス（一種病原体等）
スーダンエボラウイルス（一種病原体等）
レストンエボラウイルス（一種病原体等）
レイクビクトリアマールブルグウイルス（一種病原体等）
バリオラ（痘瘡）ウイルス（major，minor）（一種病原体等）
ガナリトウイルス（一種病原体等）*1
サビアウイルス（一種病原体等）*1

動物の病原としてBSL3より厳重な管理の必要な微生物

アフリカ馬疫ウイルス
アフリカ豚コレラウイルス
口蹄疫ウイルス
小反芻獣疫ウイルス
牛疫ウイルス

BSL3（ウイルス，プリオン）

ハンタンウイルス（三種病原体等）
リフトバレー熱ウイルス（三種病原体等）
SARSコロナウイルス（二種病原体等）
MERSコロナウイルス（三種病原体等）*1
重症熱性血小板減少症候群ウイルス（三種病原体等）*1
キャサヌル森林病ウイルス（三種病原体等）
マレーバレー脳炎ウイルス
ポワッサンウイルス
セントルイス脳炎ウイルス
ダニ媒介脳炎ウイルス（三種病原体等）
ウエストナイルウイルス（四種病原体等）
黄熱ウイルス（17Dワクチン株を除く）（四種病原体等）
Bウイルス（三種病原体等）
インフルエンザAウイルス（四種病原体等）
（H5N1またはH7N7の強毒株，新型インフルエンザ等感染症の病原体）
コロラドダニ熱ウイルス
人免疫不全ウイルス1，2
狂犬病ウイルス（街上毒）（三種病原体等）
チクングニアウイルス
マヤロウイルス
ベネズエラ馬脳炎ウイルス（三種病原体等）
ソウルウイルス（三種病原体等）*1
ドブラバーベルグレドウイルス（三種病原体等）*1
プーマラウイルス（三種病原体等）*1
アンデスウイルス（三種病原体等）*1
シンノンブレウイルス（三種病原体等）*1
ニューヨークウイルス（三種病原体等）*1
バヨウウイルス（三種病原体等）*1
ブラッククリークカナルウイルス（三種病原体等）*1
ラグナネグラウイルス（三種病原体等）*1
ニパウイルス（三種病原体等）*1
ヘンドラウイルス（三種病原体等）*1
ラゴスバットウイルス，モコラウイルス他*1
跳躍病ウイルス*1
オムスク出血熱ウイルス（三種病原体等）*1
東部馬脳炎ウイルス（三種病原体等）*1
ゲタウイルス*1
セムリキ森林ウイルス*1
西部馬脳炎ウイルス（三種病原体等）*1
Ateline herpesvirus 2 *2
豚コレラウイルス*2
デングウイルス*2
ランピースキン病ウイルス*2
リンパ球性脈絡髄膜炎ウイルス*2
サル痘ウイルス（三種病原体等）*2
オニョンニョンウイルス*2
ポリオウイルス*2
成人性T細胞白血病ウイルス*2
ロシア春夏脳炎ウイルス*2
タカリベウイルス*2
水胞性口炎アラゴアスウイルス*2
水胞性口炎インディアナウイルス*2
水胞性口炎ニュージャージーウイルス*2
プリオン（Scrapie agentを除く）*2

BSL 3（細菌）

Coxiella burnetii（三種病原体等）
Orientia tsutsugamushi
Rickettsia Spotted fever group（三種病原体等を含む）
Rickettsia Epidemic typhus group（三種病原体等を含む）
Bacillus anthracis（34F2株を除く）（二種病原体等）
Brucella 全菌種（三種病原体等を含む）
Burkholderia mallei（三種病原体等）
Burkholderia pseudomallei（三種病原体等）
Francisella tularensi subsp. *tularensis*（二種病原体等）
Mycobacterium tuberculosis（三または四種病原体等）
Mycobacterium bovis（BCG株を除く）
Pasteurella multocida（出血性敗血症菌，家きんコレラ菌）
Mycobacterium africanum *1
Salmonella enterica serovar Paratyphi A（四種病原体等）*1
Salmonella enterica serovar Typhi（四種病原体等）*1
Yersinia pestis（二種病原体等）*1
Mycoplasma mycoides subsp. *mycoides*（V株を除く）*2

BSL 3（真菌，寄生虫・原虫は指定なし）

Histoplasma farciminosum
Blastomyces dermatitidis *1
Coccidioides immitis（三種病原体等）*1
Histoplasma capsulatum *1
Paracoccidioides brasiliensis *1
Penicillium marneffei *1

青字は両研究機関で同レベルに指定されているもの
*1：国立感染症研究所でのみ指定されているもの
*2：動物衛生研究部門でのみ指定されているもの

法，予防法があり，関連者への伝播のリスクが低いもの。
リスク群3（「病原体等取扱者」に対する高リスク，「関連者」に対する低リスク）：人あるいは動物に感染すると重篤な疾病を起こすが，通常，感染者から関連者への伝播の可能性が低いもの。有効な治療法，予防法があるもの。
リスク群4（「病原体等取扱者」および「関連者」に対する高リスク）：人あるいは動物に感染すると重篤な疾病を起こし，感染者から関連者への伝播が直接または間接に起こり得るもの。通常，有効な治療法，予防法がないもの。

＊：「関連者」とは病原体等取扱者と感染の可能性がある接触が直接あるいは間接的に起こりうるその他の人々を指す。

BSLは上記の基準に沿って決定され，病原体（原核生物，真菌，ウイルス，ウイロイド，原虫，寄生虫およびプリオンを含む）のレベルによって取り扱うことのできる実験室の安全設備および運営要領が**表Ⅲ－1**のとおり定められている。同様に，動物実験施設における病原体の取り扱いの際の安全設備や運営基準についても**表Ⅲ－2**の通り別途定められており，ABSL1の動物実験は通常の動物実験施設，ABSL2以上については動物実験施設内病原体等安全管理区域（動物安全管理区域）内で行うこととされる。

人に対するBSLと動物に対するBSLは，動物種による微生物の病原性の違いから必ずしも一致しない。すなわち，人に感染する能力を持たないが，本来の宿主である動物には強い病原性や高い感染力を持ち，甚大な経済的被害をもたらす微生物は，対人のレベルは低いが対動物レベルは高くなる。反対に，動物への感染では不顕性であっても，人に感染すると重篤な疾病を引き起こし，公衆衛生上問題となる微生物も存在する。そこで，動物疾病の研究機関である動物衛生研究部門（旧：家畜衛生試験場）では，人に対するBSLに，動物に対する病原性の強さを加味した独自のBSLを定めている（動物衛生研究部門微生物等取扱規程）。国立感染症研究所および動物衛生研究部門でそれぞれ定められているBSL3以上の病原体について，個別病原体の一覧（**表Ⅲ－3**）に示されている通り，いくつかの微生物は両基準において異なるレベルに分類されている。

現代のバイオテクノロジーにより改変された生物が，生物の多様性の保全および持続可能な利用に及ぼす可能性のある悪影響を防止する目的で，バイオセーフティに関するカルタヘナ議定書が定められたことを受けて，日本でも遺伝子組換え生物等の使用等の規制による生物の多様性の確保に関する法律が制定された。これは従来のDNA組換え指針に替わるものであるが，組換えDNA実験施設において，遺伝子組換え微生物が実験者，器物，外部へ伝播拡散することを防止するための物理的封じ込めレベルは文部科学省の告示として受け継がれている。物理的封じ込め（physical containment）のレベルであるP1～4はBSLとは異なるものであるが，実験室の安全基準等については多くの共通点を持っている。

このように，微生物のBSLは人，動物，遺伝子組換え生物におけるDNA供与体としての危険度に従った，それぞれ異なる基準が混在しているが，いずれの基準においても基本的な理念は，微生物や微生物に由来するDNAが人，動物，環境に悪影響を及ぼさないことを目的とすることで一貫している。

また，実験室内においてはバイオハザード対策のみならず，使用する試薬（ケミカルハザード等）や機器等によって引き起こされる危険性への対策も必要である。これらを取り扱う者は，それらの特性をよく理解した上で，起こりうる様々な危険性を想定しながら，細心の注意を払って取り扱わねばならない。

（山根大典）

Ⅳ　感染症の予防と治療

1．感染症の予防

感染症予防の３原則は，感染源と感染経路の遮断と感受性動物への予防接種による免疫賦与である。一部，抗生物質，いわゆる抗菌薬を用いた化学療法による予防措置も行われているが，薬剤耐性菌の出現などの問題が世界規模で指摘され，近年では健康動物に対して，病原体増殖抑制を目的とした抗菌薬の予防的な使用は原則禁止されている。また，感染症を治療する目的で家畜へ抗菌薬を使用する場合でも，家畜由来の食品中の使用薬物の残留について十分注意が必要となる。

宿主への免疫の賦与には能動的および受動的免疫賦与がある。能動的賦与とはワクチンによる予防接種であり，予防接種された動物は特異的な免疫が賦与（免疫記憶）され，野外株の感染ないし発症防御が可能となる。受動的免疫賦与とは免疫血清の投与であり，ワクチンによる予防が困難な若齢動物や，抗体産生を待たずに緊急に感染動物に抗体を賦与して発病を防ぐ場合に行われる。例えば，破傷風の発症を防ぐ抗毒素血清療法や狂犬病ウイルス曝露（咬傷）後の抗ウイルス抗体（人ガンマグロブリン製剤）接種などである。

1　予防接種

動物は病原微生物の侵入に対して，食細胞を中心とした自然免疫とリンパ球による獲得免疫の協調作用により病原微生物に対抗する。このうち獲得免疫では，抗原特異的なリンパ球が体内で長期間維持され，同じ病原体の再侵入時に速やかな免疫応答を起動することで病原体を排除する。この現象が免疫記憶である。予防接種（ワクチネーション）とは，病原性を減弱した微生物あるいは微生物由来の物質を抗原（厳密にはこの抗原をワクチンという）として人工的に接種し，免疫記憶を賦与することで，実際の病原体感染時に特異病原体に対する液性免疫または細胞性免疫を効率的かつ速やかに誘導させるものである。ワクチンによる免疫方法は，このように能動免疫であり，免疫動物において感染防御するものと，感染は許容するが発症を防ぐものに大別される。

2　ワクチンの歴史

人類は昔から，一度罹患し回復すると同じ感染症に罹らない，または罹ったとしても悪化しない抵抗性を獲得する，いわゆる「二度なし現象」を経験的に認知していた。この知見を背景としたワクチンによる感染症の予防は，1796年に英国の医師Edward Jennerが人の天然痘（痘瘡）の予防に牛痘を接種し，免疫を賦与することに成功したことに始まる。これはJennerが牛痘感染牛に接触した農婦らが天然痘を発症しないことを発見したことによる。Jennerは８歳の少年の腕に牛痘を接種した後に，天然痘患者由来の膿胞を接種すると発病しないことを証明し，後の天然痘ワクチンの礎となった。しかし，免疫学として成立するまでには，Jennerの知見から約80年を要した。フランスの生化学者Louis Pasteurは，1880年に病原微生物の長期培養，高温培養，異種動物での継代培養によって病原性が減弱することを次々に見出した。Pasteurは，これらを応用して作製した弱毒病原体を動物に免疫すると感染防御（発症予防）が可能であることを発表し，ワクチン開発の基礎を構築した。PasteurはJennerの功績を記念して，牛痘（Variolae vaccinae）の名前から予防接種を意味するワクチネーション（vaccination）および予防接種に用いる抗原物質をワクチン（vaccine）と名付けた。

長年，人類を最も脅かしてきた感染症の１つである天然痘は，1977年の患者を最後に報告がなく，ついには1980年にWHOから根絶宣言がなされた。なお，Jennerが牛痘接種に使用したウイルスは，牛痘ウイルスではなく馬痘ウイルスに近縁であったことが近年の遺伝子解析により明らかとなっている。

天然痘の根絶が可能であった大きな理由としては，有効なワクチンの存在に加え，天然痘ウイルスは人のみに感染し野生動物などがウイルスを媒介するキャリアーになり得なかったことなどが挙げられる。同様に，小児麻痺を引き起こすポリオウイルスについても人しか感染しないため，WHOによる世界ポリオ根絶活動が行われており，近い将来でのポリオ根絶が期待されている。

3　動物感染症とその病原体を用いたワクチン研究の歴史

Pasteurによるニワトリコレラ菌（家きんコレラ起因菌）強毒株を改変したワクチン研究は，現行の弱毒生ワクチン作製法の礎となっている。Pasteurは，この現象が感染症に普遍的であると考え，狂犬病ウイルスや羊や牛の炭疽菌を用いて応用研究を続け知見を深めた。Pasteurの知見は以降の免疫学研究の礎となっており，細菌学者として著明であるだけでなく，免疫学の開祖でもある。JennerやPasteurだけでなくワクチン研究や開発の歴史において，動物感染症の病原体が用いられたことが多くあり，獣医学領域とゆかりが深い。

1）家きんコレラ

Pasteurは家きんコレラの病原菌である*Pasteurella multocida*を長期間培養すると病原性が弱まることを偶然にも発見した。さらに，長期培養株を鶏へ接種した後に新鮮培養株（強毒株）を接種した鶏は発症しないことも確認し，家きんコレラ弱毒株がワクチンとして応用できることを1880年に報告した。なお，菌の学名である*Pasteurella*はPasteurに由来する。

2）炭疽

炭疽菌（*Bacillus anthracis*）は，1876年にRobert Kochによって発見された。その数年後，Pasteurは，炭疽菌を高温（42℃）で培養すると病原性が弱まることを発見した。これは，体温が高い鶏は炭疽に対して抵抗性が強いことに加え，高温で長期培養した菌は弱毒化するだけでなく，それを30～35℃に戻して培養しても病原性が復帰しないことから証明された。この現象については近年，高温培養によって病原性に関与するプラスミドが脱落するためであることが明らかになった。Pasteurは，この現象を100年以上も前に発見し，病原プラスミド脱落株は炭疽生ワクチン（Ⅱ苗）として，日本を含めた世界中で使用されている（日本では1977年度まで市販されていた）。

3）豚丹毒

Pasteurは，豚丹毒菌（*Erysipelothrix rhusiopathiae*）を本来の宿主でないうさぎで継代すると病原性が弱まることも発見し，異種動物を用いた病原性弱毒化法の基礎を築いた。

4）狂犬病

狂犬病研究におけるPasteurの最大の功績は，狂犬病ワクチンの開発である。彼は，狂犬病ウイルスに感染した犬の脊髄をうさぎに接種し，継代を重ねることで発症までの潜伏期間が一定になることを確認（固定毒）した上，薬剤を用い減毒した。1885年には実際に人に接種し，発症を防ぐことに成功している（曝露後予防の礎）。

5）サルモネラ症と豚コレラ

1886年に米国のDaniel E. SalmonおよびTheobald Smithは豚コレラ罹患豚から分離された細菌（当初は*Bacillus choleraesuis*と呼ばれていた）を加熱すると，病原性は喪失するが免疫原性は保持されたままであることを発見した。なお，豚コレラはフラビウイルス科ペスチウイルス属の豚コレラウイルスが原因になって起こる疾病である。しかし，Salmonが研究を行っていた時代は，ウイルスが発見される以前で，病因は細菌であると誤認されており，当然この加熱死菌は豚コレラウイルス罹患豚に対して防御効果が認められなかった。しかし，Salmonらのこの知見は，現行の不活化ワクチンの礎となり，また同研究によって分離された菌は後にSalmonの名が属名として冠せられ，*Salmonella choleraesuis*と呼ばれるようになり，これが人や動物の重要な病原体としての*Salmonella*菌群発見につながった。

6）破傷風（トキソイドワクチンの開発）

1890年にEmil von Behringと北里柴三郎は，破傷風毒素をうさぎに接種すると血清中に毒素を中和する抗毒素が産生されることを発見した。さらに1924年にはフランスのGaston Ramonがジフテリア菌の毒素をホルマリン処理すると免疫原性を保持したまま毒性を除去すること（トキソイド化）が可能なことを報告し，トキソイドがワクチンとして使用できることを明らかにした。

4　ワクチンの種類

ワクチンの目的は，接種した動物に病原体に対する獲得免疫を賦与することにある。獲得免疫の確立には自然免疫の活性化も重要であり，自然免疫と獲得免疫の共役により抗病原体免疫が誘導される。弱毒生ワクチンは直接自然免疫を活性化し，獲得免疫を誘導するが，不活化ワクチンは自然免疫の活性化能が弱くアジュバントが必要となる。このようにワクチンとして用いる病原微生物を不活化するか否かで弱毒生ワクチンか不活化ワクチンに大別される。

1）弱毒生ワクチン

自然界に存在する病原性が低い病原体か，長期継代培養などによって人為的に病原性を低くした病原体を使用するため弱毒生ワクチンといわれる。それぞれの弱毒生ワクチンによって免疫持続期間は異なるものの，生体内で増殖するため，通常1回ないし2回の接種によって長期間免疫が持続する。また，CD4陽性T細胞による細胞性免疫やB細胞・形質細胞の誘導による抗体産生（液性免疫）だけでなく，病原体感染細胞に対して傷害活性を発揮するCD8陽性T細胞による細胞性免疫も誘導する。弱毒生ワクチンは，アジュバントの必要性がないことに加え，液性および細胞性免疫の両方を誘導するなどの利点があり，ワクチン効果が大きい。しかし，弱毒株の作出までに時間を要することに加え，移行免疫の影響を受けやすく，病原性復帰の可能性が否めないことや幼若動物や免疫不全動物へ接種した場合の影響など安全性の問題点も残るため安全面に関する研究開発が継続されている。

近年，病原性を減弱させるための技術面での進展が著しく，動物用の新規生ワクチンの開発や実用化が進んでいる。遺伝子欠損ワクチンは，人工的に遺伝子を欠損させた弱毒生ワクチンで，豚のオーエスキー病ワクチンとしてすでに実用化されている。このオーエスキー病ワクチンの場合は，ウイルスの病原性に関与するチミジンキナーゼ（TK）遺伝子を人工的に欠損させている。また，野外株と区別するためにウイルスの糖蛋白質遺伝子（gⅠ，gⅢあるいはgX）を欠損させている。

弱毒化したウイルスや細菌をベクターとして，このベクターに目的とする病原微生物の感染防御抗原をコードする遺伝子を組み込み，生体内で抗原を発現させる遺伝子組換え（ベクター）ワクチンもある。ウイルスではワクチニアウイルス，アデノウイルス，ポリオウイルス，カナリア痘ウイルスなど，細菌ではサルモネラなどがベクターとして利用されている。猫白血病に対する防御抗原遺伝子をカナリア痘ウイルスに組み込んだウイルスベクターワクチンは，動物医薬品ではカルタヘナ法に基づく第一種使用規程の承認を経て，国内で初めて市販された。ニューカッスル病ウイルス由来F蛋白遺伝子導入マレック病ウイルス1型生ワクチンも日本で開発され，承認されている。本ワクチンは，マレック病ウイルスゲノムの非必須領域であるgB蛋白質遺伝子領域にニューカッスル病ウイルス由来のF蛋白質遺伝子を挿入したもので，鶏に対し病原性を示すことなく，マレック病ウイルスおよびニューカッスル病ウイルス両方に対して防御効果を示し，また組換えウイルス自体も接種された宿主体外へ排出されないという特徴を有する。

2）不活化ワクチン

不活化ワクチンは病原体全体または一部の成分をワクチンの主成分とするもの(死滅させたウイルスや細菌など)である。一般的に不活化処理としてホルマリンが使用され，病原体は生体内で増殖はしないが免疫原性は保持される。不活化ワクチン接種により，生体には液性免疫が誘導され，中和抗体によって病原体は不活化される。不活化ワクチンは病原性復帰の可能性がなく安全性が高い反面，免疫誘導能が生ワクチンより低く，多量の抗原を必要としたり，アジュバントによる免疫増強が必要なことや免疫持続のために追加免疫を必要とするなどの問題点がある。

不活化ワクチンとは総称としての呼び名であり，以下に分類される

(1) 全粒子ワクチン

病原体をホルマリンなどの化学処理でそのまま不活化して製造したワクチンで，病原体は生体での増殖能を失っているが，病原体の構成成分はすべて保たれている。そのため，他の不活化ワクチンよりも強い免疫効果を発揮するが，副反応(発熱など)の頻度も高い。

(2) スプリットワクチン

全粒子ワクチンから核酸や脂質層を除去したワクチンで，精製したウイルス粒子をエーテルなどの処理により分解し，ホルマリンで不活化することで製造する。全粒子ワクチンに比べ安全とされるが，自然免疫の誘導能が低い。

(3) サブユニットワクチン

病原体を不活化した後に免疫を誘導する抗原蛋白質のみを濃縮，精製したワクチンで安全性が高い。成分(コンポーネント)ワクチンとは同義語で，全粒子ワクチンに比べ副作用が少ない。一般的に単体では免疫原性が低いためアジュバントを併用する。

(4) ペプチドワクチン

サブユニットワクチンで使用される抗原よりも小さく，T細胞やB細胞が認識可能な抗原由来のエピトープ部分を，人工的に10数個のアミノ酸からなるペプチドとして合成し抗原として用いたワクチンである。

(5) 植物組換えワクチン

感染防御に重要な病原微生物の抗原を発現する植物(野菜，果物，牧草など)を遺伝子組換え技術により作製し，抗原発現植物を摂取することで免疫を賦与する経口ワクチンである。いわゆる食べるワクチンといわれ，摂取した抗原は腸管リンパ組織に認識されて免疫が誘導される。

(6) コンジュゲートワクチン

免疫誘導能が弱い抗原とキャリア蛋白質(トキソイドなど)を結合させ免疫原性を高めたワクチンで，キャリアー蛋白質によりT細胞を活性化させ，ヘルパーT細胞によるB細胞補助機構により特異抗体産生を誘導することが可能なワクチンである。

(7) トキソイドワクチン

細菌由来の外毒素をホルマリンなどの処理により不活化し，免疫原性を有した状態でその毒性を消失させ(トキソイド)，抗原としたものである。トキソイドワクチンは，外毒素に対する中和抗体を誘導することにより発症を抑える。破傷風トキソイドなどが該当する。

3）アジュバント

不活化ワクチンは弱毒生ワクチンと比べ免疫原性が弱いことから，強固な免疫を賦与するために，多くの不活化ワクチンやトキソイドワクチン(および一部の生ワクチン)にはアジュバントが添加されている。アジュバントの語源はラテン語のadjuvate(助ける)に由来し，ワクチンの免疫応答を効率よく強める物質をいう。アジュバントはワクチン抗原と混合して使用することにより接種部位に抗原を長く残留させ，持続的に免疫担当細胞を刺激する効果がある。また，抗原を食細胞に貪食されやすくすることで効果的に抗原提示を行わせる作用や，自然免疫を活性化させる作用もある。

アジュバントとして最も多く使用されているのは毒性が低いアルミニウムゲルで，水酸化またはリン酸化アルミニウムゲルアジュバントがある。オイルアジュバントも汎用されており，ワクチン抗原を含む水溶液と流動パラフィンなどのオイルを乳化させてエマルジョン状態にすることで効率的に細胞性免疫を誘導する。新しいアジュバントの開発も進んでいる。不活化ワクチンには，その作製過程で樹状細胞などの自然免疫レセプター(パターン認識受容体，pattern recognition receptors：PRRs)を刺激する病原体関連分子パターン(pathogen-associated molecular patterns：PAMPs)を喪失してしまっているものが多く，アジュバントの添加が必要である。Toll様受容体(Toll-like receptor：TLR)やTLRリガンドによる自然免疫系と炎症応答の研究から，樹状細胞やマクロファージを活性化するTLRリガンドが新規のアジュバントとして注目されている。例として，TLR-3のアゴニストであるポリイノシン・ポリシチジン酸(polyinosinic-polycytidylic acid：Poly-IC)，TLR-4のアゴニストであるモノホスホリルリピドA(monophosphoryl lipid A：MPL)やTLR-9のアゴニストであるCpGオリゴデオキシヌクレオチド(CpG oligodeoxynucleotides：CpG-ODNs)などが今後のワクチンアジュバントとして期待されている。

5　ワクチンの作用機序と病原体の排除

一般的に生ワクチンは細胞性免疫を誘導しやすく，不活化ワクチンは細胞性免疫を誘導しにくいとされる。これはそれぞれのワクチン抗原がどのようにT細胞に認識されるかという作用機序の差によるものである。樹状細胞などの貪食細胞内で分解されたワクチン抗原はペプチドとなり主要組織適合性抗原(major histocompatibility complex：MHC)と会合する。これらの抗原提示細胞は，細胞表面でMHC分子(MHC class ⅠまたはMHC class Ⅱ)にペプチドが挟み込まれた状態でT細胞に初めて抗原提示がなされる。MHC class Ⅰを介した抗原提示は細胞傷害性を有するCD8陽性細胞傷害性T細胞の活性化を誘導する。一方，MHC class Ⅱを介した抗原提示はCD4陽性ヘルパーT細胞の活性化を誘導する。ヘルパーT細胞は細胞性免疫を惹起するTh1細胞と液性免疫(抗体産生)を惹起するTh2細胞に大別される。

1）弱毒生ウイルスワクチン

接種された弱毒生ウイルスは細胞内で増殖し，ウイルス抗原はプロテアソームで酵素の作用を受けペプチドへと分解される。分解されたウイルスペプチドはトランスポーターにより粗面小胞体に運ばれ，ここでMHC class Ⅰと会合する。その後，ゴルジ装置を経て細胞表面に発現され

る。このウイルスペプチド-MHC class I 複合体はCD8陽性細胞傷害性T細胞へ抗原提示され，細胞性免疫が誘導される。一方，増殖に伴い細胞外に放出されたウイルス抗原は抗原提示細胞に貪食されMHC class IIに会合することで抗体も産生する。このように弱毒生ウイルスワクチンはアジュバントの必要性がないことに加え，液性および細胞性免疫の両方を誘導する有用なワクチンである。

2）弱毒生菌ワクチン

結核菌やサルモネラ属菌のような細胞内寄生菌は，マクロファージや樹状細胞内で増殖する。弱毒生菌を接種するとマクロファージや樹状細胞内の細胞質小胞内で増殖し，菌体抗原は細胞内小胞体で分解され，ペプチドとなる。この分解された菌体由来ペプチドはエンドソームに運ばれ，ここでMHC class IIと会合し，細胞表面に発現される。この菌体ペプチド-MHC class II 複合体は，不活化ワクチンの機序と異なり，CD4陽性Th1細胞へ抗原提示され，細胞性免疫が誘導される。抗原提示によって活性化されたTh1細胞はinterferon-γ(IFN-γ)などのサイトカインを分泌しマクロファージや樹状細胞を活性化して遅延型過敏反応(IV型アレルギー)を引き起こし，細胞内寄生菌の排除を行う。結核菌のBCGワクチンの作用機序はこれに相当する。一方，増殖に伴い細胞外に放出された抗原は抗原提示細胞に貪食され，MHC class IIに会合することで結果的に抗体産生が起こる。

3）不活化ワクチン

不活化ワクチン抗原は生体内に入るとマクロファージや樹状細胞に貪食され，エンドソーム内で蛋白分解酵素により10数個のペプチドに分解される。分解されたペプチド断片は粗面小胞体で形成されたMHC class IIと会合した後，細胞表面に輸送され発現し，CD4陽性ヘルパーT細胞(Th2細胞)へ抗原提示される。Th2細胞はinterleukin-4(IL-4)やIL-10を分泌し，B細胞の抗体産生細胞(形質細胞)への分化を促し，液性免疫(抗体産生)が誘導される。一般的に不活化ワクチンは増殖能がないため，細胞傷害性T細胞は誘導せず，主に液性免疫を誘導すると考えられている。

6　感染症の予防・制御例

1）ワクチンによる感染症の根絶

ワクチンは感染症に対する最も有効な制御手段である。ワクチンによる予防対策の成果は，達成レベルにより3段階に分けられる。第1段階は制圧(control)で，感染症の発生頻度や病態を無害なレベルにまで減少させた場合。第2段階は排除(elimination)で，国内での発生は制圧(清浄化)したが，国外から再び侵入するおそれがあるため，定期的ワクチン接種による予防を必要とする場合。第3段階が根絶(eradication)で，ワクチン接種を中止しても，その後，感染症の発生がない状態である。これまでに感染症の根絶が達成されたのは，天然痘と牛疫のみである。

(1) 天然痘

ワクチンを用いて感染症の根絶が達成された最たる例として，人の天然痘が挙げられる(「2　ワクチンの歴史」の項45頁を参照)。

1980年WHOは天然痘ウイルスの根絶を宣言した。天然痘が撲滅できたのは次の条件が揃っていたためである。

①人のみに感染するウイルスであり，宿主が限られている，②有効なワクチンがある(種痘)，③顕性感染である(不顕性感染しないことから感染者を容易に区別できる)，④急性一過性感染である(回復すればウイルスは体内からなくなりキャリアーがいない)，⑤全身感染である(獲得免疫が得られ再感染しにくい)。

WHOの作戦は監視と封じ込め戦略であった。天然痘が残っている途上国で患者発生の監視を続け，患者がみつかるとその地域の交通を遮断し，患者の周りの人々にだけ種痘を行った。患者が回復するまで交通遮断を行えば，その場所のウイルスは消滅する。これを繰り返して，ついに地球上から天然痘を根絶した。

(2) 牛疫

牛疫は，パラミクソウイルス科の牛疫ウイルスの感染により偶蹄類動物に下痢，発熱，白血球減少症などを引き起こす急性感染症で，きわめて伝播力が強く，牛では致死率が高い悪性感染症である。牛疫は古代ローマ時代から発生記録があり，1711年にBernardino Ramazziniによって伝染病であると報告されたが，甚大な被害を伴う大流行を繰り返すも原因は長年不明であった。口蹄疫ウイルスが動物ウイルスとして最初に発見された5年後の1902年に牛疫ウイルスが発見されたが，古くから対策が試みられてきた歴史ある感染症である。

また，1917年に蠣崎千春によって感染牛の脾臓乳剤をグリセリン処理して作られたのが世界最初の不活化牛疫ワクチンである。蠣崎らは，より免疫持続効果が長いトリオール不活化ワクチンも開発した(1922年)。その後，中村稕治によってウサギ順化ワクチンや鶏胚に順化し単独接種が可能な弱毒生ワクチンが開発された。1960年代に培養細胞(Vero細胞や牛腎臓細胞)を用いた弱毒生ワクチンが樹立された。1994年にFAOは，集団ワクチン接種による根絶プログラムを発足させ，世界各国で実施した結果，2000年頃までには主な流行地域であったアジアおよびアフリカの牛疫はほぼ制圧され，遂には2011年にFAOならびにOIEから牛疫根絶宣言がなされた。これは，1980年にWHOが宣言した天然痘の根絶に次いで2番目の感染症根絶例となった。この2つの偉業はワクチンにより達成されたもので，ワクチンの最大の成果であり，牛疫の根絶には多くの日本人研究者が貢献した。

(3) 豚コレラ

豚コレラは豚コレラウイルスの感染により起こる重要な越境性動物疾病の1つである。①人の天然痘と同様に，病原体の抗原性が単一であり，不顕性感染がほとんどない，②有効な診断法があり，さらに有効かつ安全性の高いワクチンがある，ことから豚コレラは撲滅可能な疾病と考えられている。2018年9月現在，北米，欧州やオーストラリアなど34カ国で清浄化が達成されているが，ロシアなど東欧や，近隣諸国を含む多くのアジア・アフリカ諸国ではいまだに流行がみられている。日本では以下のとおり，1996年から国として撲滅事業に取り組み，2007年に清浄国となったが，2018年9月に岐阜県で豚や野生いのししでの発生が26年ぶりに確認され，「豚コレラに関する特定家畜伝染病防疫指針」に従い，防疫措置を実施した。

日本では1993年以降，豚コレラの発生がなかったこと，貿易自由化，家畜生産コストの低減，衛生管理の徹底などから，1996年度から国家レベルでの豚コレラ撲滅事業を開始した（図**Ⅳ－1**）。この撲滅事業では，最初に豚コレラ生ワクチン（GP⁻株）接種を徹底して，野外の強毒ウイルスをなくしてから，ワクチン接種を全面的に中止して，清浄化を達成し，その後は国外からの病原体侵入を防ぐための検疫の強化へと移行するものである。

第１段階：1996年からワクチン接種を徹底し，同時に病原検査および抗体検査の推進を開始。

第２段階：清浄化が確認された地域から順次ワクチン接種を中止して，病原検査および抗体検査の推進を開始。

第３段階：2000年から原則としてワクチン接種を全面中止（なお，一部地域では，その後もワクチン接種を実施）。

この間，全国の家畜保健衛生所により，精力的に病原検査および抗体検査が実施されており，その結果，2005年12月までに野外で豚コレラウイルスの存在を示唆する結果は得られなかった。

これを受けて2006年に，発生予防および蔓延防止措置の方向性を示すために「豚コレラに関する特定家畜伝染病防疫指針」を策定して，全国的にワクチン接種の全面的な中止が実施された。そしてワクチン接種の全面的な中止から１年を経過して豚コレラの発生がないことから，2007年４月，豚コレラの清浄国としてOIEに報告した。なお，OIE規約による清浄国の条件は，12カ月以上ワクチン接種を禁止していること，サーベイランス検査が実施されていて12カ月以上の発生のないこと，とされており，清浄国として報告後も，国内では継続して清浄化サーベイランスが実施されている。

清浄国では，ワクチンを使用しない防疫体制に移行することで，ワクチン接種経費（日本では年間約40億円）を節減でき，さらに清浄国への畜産物等の輸出が可能となり，養豚業の発展へ大きく寄与できる。

（4）狂犬病

狂犬病ウイルスの感染による狂犬病は，一旦発症すれば効果的な治療法はなく，ほぼ100％死亡する。一方で，感染動物に咬まれるなど感染した疑いがある場合には，その直後から連続したワクチン接種（曝露後ワクチン接種）をすることで発症を抑えることが可能である。

狂犬病ウイルスは犬のみならず家畜や鳥類，野生動物も感染し，感染動物から人への伝播も多発している。アカギツネは欧州における感染野生動物の一種であることから，生息域である森林に遺伝子組換え狂犬病ワクチンを含む餌（bait vaccine）を散布した例がある。すなわち感染環を考慮した経口免疫を行うことで野生動物間の感染を遮断しようとした試みである。その結果，きつねをはじめとする野生動物から犬，猫，家畜への狂犬病ウイルスの感染例が減少し，ひいては人の狂犬病の発生を抑えたというワクチネーションの成功例がある。

日本においては，1950年に900頭以上の犬に狂犬病の発生があったが，同年に犬の登録，野犬などの抑留の徹底および犬全頭に不活化ワクチン接種を義務づける狂犬病予防法が施行された結果，３年後には176頭，５年後には23頭に激減，ついには1957年の猫での発生を最後に狂犬病は撲滅された。人の患者も1956年を最後に，海外で感染し国内で発症した輸入感染症例を除けば発生がなく，狂犬病予防法が施行後７年間という短期間で，日本は清浄化に成功した。しかし，今なお世界中の多くの国で狂犬病は発生しており，死者数も非常に多い。日本は世界で数少ない狂犬病清浄国である。

年　度	豚コレラの発生状況と撲滅計画
1888年（明治21）	日本で豚コレラ発生
1969年（昭和44）	豚コレラワクチン（GP⁻）の使用により発生が激減
1992年（平成4）	熊本県で最後の発生
1995年（　7）	農水省で撲滅について検討開始
1996年（　8）	豚コレラの撲滅計画の開始
1997年（　9）	<第1段階>
1999年（　11）	・ワクチン接種の徹底 ・病原検査，抗体検査の推進
	<第2段階>
2000年（　12）	・清浄化が確認された地域からワクチン接種を中止 99年～鳥取・岡山・香川・三重・島根・高知県でワクチン接種を中止 00年～北海道他25府県で接種中止 ・病原検査，抗体検査の推進
	<第3段階>
2001年（　13）	・全国的にワクチン接種の中止 （ただし，都道府県知事の許可によるワクチン接種が可能であり，2005年でも関東・九州の14都県で使用）
2005年（　17）	・疫学調査（病原体，抗体調査）の実施
2006年（　18）	「豚コレラに関する特定家畜伝染病防疫指針」を策定し，ワクチン接種の例外なしの全面中止
2007年（　19）	豚コレラの撲滅達成，清浄国宣言（以降，清浄化サーベイランスを継続して実施）
2018年（　30）	岐阜県で養豚・野生いのししでの発生が確認され，防疫措置を実施

⇩

豚コレラ清浄化維持のための臨床検査・抗体検査の実施

図Ⅳ－1　日本での豚コレラ撲滅計画の推進

2）口蹄疫ワクチン（口蹄疫備蓄ワクチン）

口蹄疫は，口蹄疫ウイルスの感染によって起こる偶蹄類を主とした家畜の伝染病で，家畜（法定）伝染病に指定されている。きわめて伝播力が強く，2010年の日本での発生では315の感染農場で飼育されていた牛と豚合わせて約21万頭が殺処分され，約2350億円の被害を与えた。口蹄疫ウイルスには互いにワクチン効果がない７種類の血清型が存在し，北米や欧州，オセアニアを除く世界各国に分布し，アフリカとアジアでは発生が続いている。口蹄疫常在国や周辺国では本病に対する不活化ワクチンが使用され，日本においても緊急用として備蓄されている。日本では，2010年の発生時に流行地の家畜に対して，不活化ワクチンが初めて使用された。同ワクチンは，感染防御を目的としたものではなく，感染拡大を遅らせるために使用された（リングワクチネーション）。そのため，ワクチン接種動物は，すべて殺処分の対象となり1,064農場の125,668頭が殺処分・埋却された。これはワクチン接種と自然感染の鑑別診断が困難なことに加え，ワクチンを接種しても完全には口蹄疫ウイルスの感染防御や排除ができず，キャリアーとして感染源になりうる可能性があるためである。口蹄疫ウイルスは様々な血清型があるうえ，流行株の抗原変異によってワクチン効果が認められないか，あっても効果が弱く感染を阻止できないという問題が残されており，有効なワクチンとその使用法についてのさらなる研究開発が望まれている。

3）牛白血病の清浄化

牛白血病は，①有効なワクチンがないこと，②ウイルス感染後長い不顕性感染を経て一部の感染牛が発症する慢性疾患であるところから，撲滅が難しい疾病である。しかし，欧州の国々では国家レベルでの牛白血病ウイルス(BLV)の清浄化プログラムが進んでいる。

日本では牛白血病の発生頭数が年々増加しているが，国家レベルの清浄化プログラムは作られていない。BLV清浄化について，国家レベルの組織的な清浄化が進んでいる欧州諸国の取り組みを参考に考えてみたい。

（1）欧州諸国の取り組み

a　デンマークにおける牛白血病清浄化達成

1950年まで多くの白血病牛の発生で苦しんでいたデンマークでは，1960年代から以下のような摘発・淘汰を基本とした清浄化の取り組みを始め，1991年に清浄化を達成した。

1959～1968年：臨床的に白血病を疑う例，と場で腫瘍を認めた例についての病理学検査。白血病陽性牛を認めた牧場の全頭血液検査で摘発・淘汰。

1969～1978年：全国規模の血液検査を1969～1971年，1972～1974年，1975～1978年の3回実施。これにより全国レベルの摘発・淘汰を推進。

1979～1981年：血液検査に代え，血清反応(抗体検出)による全国調査。

1982～1985年：血清反応による全国調査，と殺牛のうち1/6を検査。検査で陽性牛が検出されたときは，その牧場の全頭検査。

1986～1991年：肉牛についても検査。と場ではと殺牛の1/6～1/12を検査。1989年から乳牛についてはバルク乳を用い抗体検査。

1991年：7月1日，BLVフリーであることを宣言。引き続きと場での24カ月以上の牛の1/6のランダムな検査と，乳牛ではバルク乳を用い3年ごとに全牧場を検査。

b　スウェーデンにおける牛白血病清浄化プログラム

1990年から行われているスウェーデンの牛白血病の防疫プログラムはBLV感染牛を摘発し，速やかに牧場内から排除して広がりを防ぐというものである。そのために，

①12カ月齢以上の牛は可能な限り速やかに防疫プログラムに参加し，抗体検査を受ける。
②抗体陽性牛は2カ月以内に殺処分。
③殺処分の後，その牧場は引き続き4カ月ごとに全頭BLV検査を受ける。2回続けて全頭が抗体陰性の場合，BLVフリー牧場と認定される。

この方法により，1990年以降全国で6,000牧場の55,000頭余の牛を摘発・淘汰(殺処分)した。これによりスウェーデンは2001年1月からBLVフリーを宣言している。

c　英国におけるBLVスクリーニングプログラム

英国はBSEの発生に伴い1996年以降，英国生まれと英国内に輸入されたすべての牛はパスポートを保持することが義務づけられた。英国でも泌乳牛ではバルク乳を，若齢牛と肉牛は血清を用いて検査するBLVスクリーニングプログラムを実施している。

これにより1996年に最後の牛白血病が発生して以降，発生はなく，1999年7月1日にBLVフリーを宣言した。それ以降も引き続き，国家レベルのスクリーニングプログラムを実施している。

このように欧州の多くの国々では組織的な防疫体制により牛白血病はもとよりBLV感染牛も激減している。

一方，北米では国家レベルの防疫プログラムは実施されておらず，BLV感染の検査は各農家の任意検査に任されているため，多数の陽性牛がいる。北米では防疫のプログラム実施に要する費用の方がBLV感染に伴う経済損失より大きいと考えているからである。

（2）日本でのBLVの清浄化はどうするか？

日本でのBLVの清浄化はどうするのか考えてみたい。

感染牛を摘発する診断方法については高感度で簡易な方法がよい。

検査材料は血清を用いることが多いが，欧州諸国，カナダなどでは搾乳牛のバルク乳を用いた血清反応が実施されている。バルク乳を用い100～150頭に1頭陽性でも摘発できる高感度なELISAが開発されている。

欧州の例を参考に，日本でも清浄化プログラムを実施するとしたら，搾乳牛については採材が容易なバルク乳を用い，若齢牛と肉牛については血清を用いて以下の要領で陽性牛を摘発し，国家補償による淘汰を実施することにより清浄化は達成されるであろう。

①6カ月齢以上の牛について，全頭を3年ごとに検査する。
②バルク乳検査で陽性のとき，牧場の全頭を採血して陽性牛を摘発する。
③陽性牛はできるかぎり速やかに淘汰する(と殺し，転売を禁止)。
④陽性牛が検出された牧場は陽性牛を淘汰した後，半年ごとに全頭検査し，2回続けて全頭陰性の場合，BLVフリーと認定する。
⑤外部からの導入牛については検疫を実施し，陰性牛のみ導入する。

BLV検査により，陽性牛が1～2頭程度であれば直ちに淘汰も可能であるが，陽性率が30～50%にも及ぶ牧場の場合，BLV感染牛の全頭を直ちに淘汰することは難しい。経済的理由などで直ちに淘汰できない場合，BLV感染牛が汚染源であることを認識し，以下の点を注意することが重要である。

①BLV感染牛はできる限り陰性牛群から隔離する
②BLV感染牛のうち，優先順位をつけて淘汰してゆく(例えば，リンパ球数が多い牛やBLV産生量の多い牛など)
③陽性牛からは子を取らない
④注射器具や直検手袋は1頭ごとに代える
⑤出血を伴う処置では洗浄・消毒に十分注意する。
⑥導入牛の検疫と定期的な疫学調査を実施して牧場内でのBLVの広がりに注意を払う。

これらを実施すれば，高度汚染牧場でもBLVの牧場内での伝播はかなり抑えることができる。陽性牛を直ちに淘汰しないで経済的損失を最小限にした淘汰方法によっても清浄化は達成できることがすでに証明されている。

4）ベクターコントロールによる感染症制御

病原体の一部は蚊やマダニなどの吸血性節足動物(ベクター)によって媒介される。ベクター媒介性病原体による感染症において，ワクチンがいまだ開発されていないもの

も多いため，病原体を媒介するベクター自体を標的とした感染症対策も行われている。マラリア流行地では媒介する蚊の幼虫ならびに成虫に対する殺虫剤散布が行われている。アフリカ睡眠病やナガナ病の原因であるアフリカトリパノソーマを媒介するツェツェバエに対しては殺虫剤の使用の他，誘引剤を用いた補虫器(ツェツェバエトラップ)による駆虫の他，放射線照射により不妊化したハエを野外に放ち繁殖を妨げる不妊防除法も実践されている。マダニは吸血の際に様々な病原体の伝播を媒介し，家畜生産や公衆衛生上の深刻な問題となっている(ピロプラズマ症，タイレリア症，アナプラズマ症，ダニ媒介性脳炎，重症熱性血小板減少症候群，ライム病，ダニ媒介性回帰熱など)。他のベクター同様，殺虫剤による動物への塗布や薬浴によるマダニ駆除が行われている。しかし，薬剤耐性ダニの出現や薬剤散布による環境汚染，畜産製品への薬剤残留などの問題が指摘されている。

薬剤に代わるものとしてマダニに対するワクチンも一部使用されている。抗マダニワクチンとは，吸血に関与するマダニ由来因子などを抗原として牛などの宿主に免疫することで吸血を阻害し，産卵量や孵化率の低下により野外のマダニ個体数の減少を期待するワクチンである。バベシア原虫を媒介するオウシマダニに対する抗マダニワクチンがオーストラリアやブラジルで使用されている。

5）駆虫薬を使用した寄生虫病制御

エキノコックス症は，きつねや犬の糞便に含まれるエキノコックスの虫卵を人が経口摂取したときに感染する人獣共通寄生虫症である。主に肝臓に幼虫が寄生し，外科的切除以外に根治療法はない。日本では北海道が主な流行地とされ，きつねの感染率は40％前後で推移しており，患者も毎年20名ほど発見されている。エキノコックス症対策として，駆虫薬(プラジクアンテル)を入れたベイトを野外に散布し，きつねに食べさせて感染個体を駆虫する方法の有効性が報告されている。北海道札幌市において，きつねの糞の半分以上からエキノコックスの虫卵が発見された地区で行われた対策では，無雪期に毎月１回，１個/haの密度でベイト散布を行い，散布前後にきつねの糞を採集してエキノコックス虫卵の有無を調査した。その結果，散布前に53％だった虫卵陽性率は散布開始後０％になった例が報告されている。

7　病原体の免疫回避

動物は精巧な免疫機構を備え持っており，病原体の感染防御のみならず異物の無毒化や除去，自己組織抗原を特異的に免疫寛容することで生体を正常な状態に保っている。しかし，一部の病原体はさらに巧みな免疫回避機構を駆使して宿主免疫から逃れ，宿主に感染，定着，増殖し，ときには死に至らしめる。感染症の制御法の確立は，常に病原体の免疫回避機構とのせめぎ合いであり，ワクチン開発が困難な感染症や難治性の感染症の制御には，このような病原体の免疫回避機構を先回りした新規制御法となりうる薬剤やワクチンなどの開発が必要である。

1）自然免疫からの回避機構

(1) 細菌の免疫回避機構

結核菌，ヨーネ菌，リステリア属菌などの細胞内寄生菌はマクロファージなどの細胞に侵入することで抗体を主とする体液性免疫から逃れるが，細胞内に到達し定着するまでは自然免疫を回避しなければならない。すなわち，エンドサイトーシス経路によるリソソームでの分解，オートファジーによる分解，細胞内のパターン認識受容体を介した自然免疫応答から逃れることで細胞内に侵入する。本来，エンドサイトーシスによって取り込まれた細菌はエンドソームを介してリソソームに運ばれ分解されるが，細胞内寄生菌はエンドソームの成熟阻害やエンドソーム自体を破壊することでリソソームによる分解排除から逃れる。また，エンドソームから脱出した菌はオートファゴソーム膜に取り込まれ，オートファジー依存的に分解されるが，細胞内寄生菌は菌体表面に発現する蛋白質を介してオートファゴソーム膜による取り込みから逃れることが可能である。また，結核菌は，亜鉛メタロプロテアーゼを分泌することでIL-1 βなどのサイトカイン産生やカスパーゼ１の活性化を抑制し，パターン認識受容体を介した自然免疫応答から逃れている。

細胞外寄生菌の場合は，補体経路または好中球やマクロファージなどの貪食細胞による貪食という自然免疫から逃れ定着する。すなわち補体構成蛋白質を阻害することによる補体活性化阻害や多糖体で構成される莢膜を被覆することで補体の付着を阻害し貪食から逃れるなどの機序がある。

(2) ウイルスの免疫回避機構

ウイルスの自然免疫からの回避機構にはIFNまたはIFN活性化遺伝子群の阻害による種々の機序が知られている。ウイルスによるIFNの産生抑制は，直接的な細胞内のパターン認識受容体とそのアダプター分子の活性化の阻害や分解，転写因子の分解や核移行を阻害するなどの機序による。エンテロウイルスやA型/C型肝炎ウイルスは，保有するプロテアーゼ因子がTLR3下流のアダプター分子TRIFを分解することでシグナル経路を遮断する。人免疫不全ウイルス(HIV)は蛋白質分解酵素によりretinoic acid-inducible gene-I(RIG-I)をリソソームに誘導することで分解しIFNの産生を抑えたり，VprやVifにより転写因子IRF3を分解することで自然免疫から逃れている。また，エボラウイルスやパラインフルエンザウイルスはリン酸化STAT1の核への移行を阻害し，IFN活性化遺伝子群の発現を抑制することで自然免疫を回避している。

2）獲得免疫からの回避機構

(1) 抗原変異による免疫回避

獲得免疫は抗原提示細胞による免疫記憶を持つＴ細胞への抗原提示によって開始される。すなわち生体のなかで，抗原提示細胞を介して病原体や腫瘍由来抗原を認識したナイーブ細胞(未分化リンパ球)が活性化し，認識した抗原だけに反応する単一な細胞集団へと分化する。この抗原特異的に分化した細胞をエフェクター細胞といい，感染細胞などの標的細胞を破壊し生体内の恒常性を保っている。病原体の獲得免疫からの主たる回避機構には，病原体表面抗原の変異機構などが挙げられる。アフリカ睡眠病病原体*Trypanosoma brucei*は宿主体内でその表面抗原(variant surface glycoprotein：VSG)を変化させることにより，宿主の免疫(主に抗体)からの攻撃を逃れて持続感染を成立させる。このような表面抗原の変異機構は多くの原虫感染症

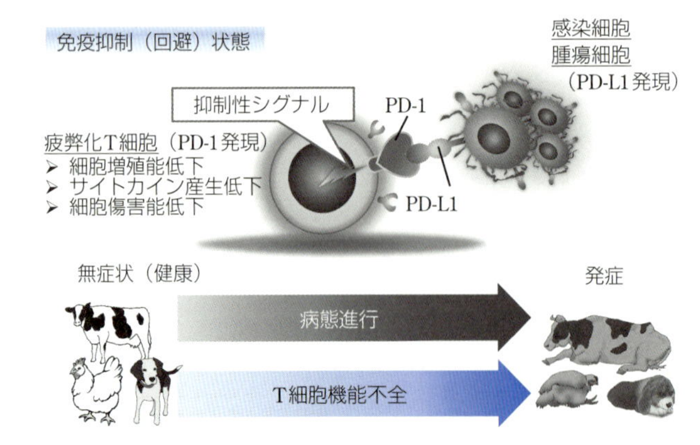

図Ⅳ－2　動物疾病における病態進行に伴うT細胞の疲弊化
牛：牛白血病，ヨーネ病，マイコプラズマ症，アナプラズマ病など，
鶏：マレック病，犬：悪性腫瘍疾患

(マラリア，バベシア症，タイレリア症など)やウイルス感染症(HIVなど多数)などで認められ，ワクチン開発を妨げている要因の１つになっている。

(2) MHC機能阻害による免疫回避

T細胞は，抗原提示細胞上のMHCに提示された異物を認識することで活性化する。例えば，ウイルス感染細胞の場合は，宿主のMHCにウイルス分子の一部が提示され，それがT細胞に認識されることで細胞傷害性T細胞などの活性化T細胞によって感染細胞が排除される。しかし，ヘルペスウイルスなどの一部のウイルスは，MHCの機能を阻害したり，発現そのものを抑制したりすることで自身の感染細胞がT細胞に認識されなくなるため，宿主免疫から逃れている。さらにサイトメガロウイルスやヘルペスウイルスではウイルス自身がMHC様分子を発現し正常細胞を装うことにより，非自己の認識から逃れる回避機構も明らかとなっている。

(3) 免疫疲弊化

獲得免疫によって導かれた抗病原体エフェクター細胞が，標的抗原が存在するにもかかわらず細胞性免疫の機能を発揮できない免疫回避機構も知られている。主に難治性の慢性感染症や腫瘍疾患で認められる現象であり，この状態をリンパ球の疲弊化という(**図Ⅳ－2**)。近年の研究からprogrammed cell death 1(PD-1)/PD-ligand 1(PD-L1)機構を代表とする種々の免疫抑制因子が，この免疫疲弊化に強く関与することが示唆され，難治性疾病の病態進行および維持に関連することが明らかにされている。すなわち，PD-1が抗原特異的T細胞(エフェクター細胞)上で発現上昇し，感染細胞や腫瘍細胞で発現したPD-L1と結合することでエフェクター細胞の疲弊化を誘導する。PD-1の細胞内領域には，免疫抑制レセプターの細胞内にみられるimmunoreceptor tyrosine-based inhibitory motif(ITIM；I/L/V/S/TxYxxL/V/I)が２カ所存在する。PD-1とPD-L1が結合するとITIMによって２つのチロシン脱リン酸化酵素SHP-1およびSHP-2が誘導され，抑制性シグナルが細胞内に伝達される。この抑制性シグナルが，近傍のCD3/CD28からの活性化シグナルを阻害することでIL-2，tumor necrosis factor-α(TNF-α)やIFN-γなどのサイトカインの転写活性を低下させ免疫寛容が起こっていると考えられている。結果的にPD-1からの抑制性シグナルを受けたT細胞は抗原提示などの活性化刺激を受けても反応しない無応答(アネルギー)という状態に陥り，細胞増殖能，サイトカイン産生能，パーフォリンやグランザイム依存性の細胞傷害機能が著しく低下する。

慢性感染症の例を挙げると，HIV感染症，人T細胞白血病ウイルス１型(HTLV-1)感染症，B型およびC型肝炎，エプスタイン・バーウイルス感染症，結核，リステリア症，マラリア，トキソプラズマ症などで報告されている。また，慢性感染症だけではなく，メラノーマ，非小細胞肺癌，ホルモン療法耐性前立腺癌，腎細胞癌，大腸癌などの種々腫瘍性疾患においてもPD-1/PD-L1機構の関連が示唆されている。これらの報告以外にも，種々のウイルス感染症，自己免疫疾患，細菌感染や寄生虫感染でも関連があることが報告されており，PD-1/PD-L機構は免疫異常を引き起こしている様々な疾患において，非常に重要な役割を果たしている。また，近年の解析で，抗原特異的リンパ球に発現するcytotoxic T-lymphocyte antigen 4 (CTLA-4)，lymphocyte-activation gene 3 (LAG-3)，T-cell immunoglobulin and mucin domain-containing protein 3 (Tim-3)などのPD-1/PD-L1機構以外の免疫抑制作用を持つ因子についても免疫疲弊化への関与が明らかにされ，解析が進められている。

一方，この免疫疲弊化は可逆的であることから，抗体などを用いて抗原特異的リンパ球の免疫賦活化を図る研究も行われている(**図Ⅳ－3**)。各種動物感染モデルや腫瘍モデルにおいて，免疫制御因子に対する抗体の投与によって細胞性免疫が再活性化され，病原体の排除効果や腫瘍の退縮ならびに延命効果が報告されており，人では新規抗癌薬として臨床応用されている。

動物における免疫チェックポイント分子(免疫にブレーキをかける免疫制御分子)とその働きに関する研究は，牛の慢性感染症や犬の腫瘍疾患，鶏のウイルス性腫瘍疾患を中心に進められている。免疫チェックポイント分子の遺伝子配列は，すでに様々な動物種で決定されており，哺乳類(人，マウスを含む)については各遺伝子の相同性が高く，細胞質内の抑制性シグナルモチーフも保存されていたことから，研究が進んでいる人やマウスの免疫チェックポイント分子と同様の機能があると予想されている。さらに各動物種における慢性疾患などの病態解析の結果，牛(牛白血病，ヨーネ病，アナプラズマ病，マイコプラズマ症，牛ウイルス性下痢ウイルス感染症など)，豚(サーコウイルス感

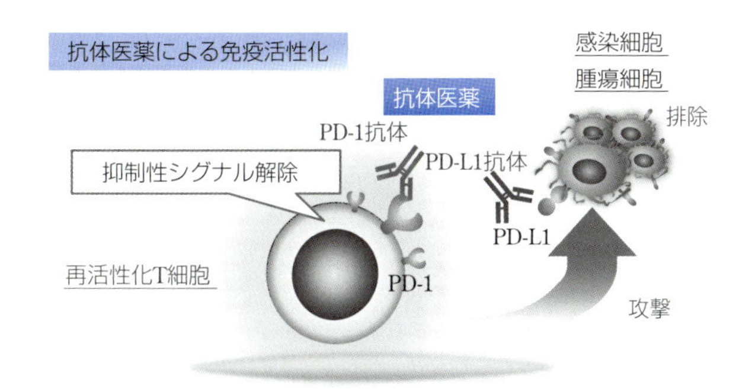

図Ⅳ－3　PD-1/PD-L1経路を標的とした免疫賦活化
（抗体医薬などによる抗腫瘍効果や抗病原体効果）

染症，豚コレラ，豚生殖器呼吸器症候群など），犬（リーシュマニア症や悪性黒色腫，骨肉腫，血管肉腫，乳腺腺癌などの腫瘍疾患），猫（猫免疫不全ウイルス感染症），鶏（マレック病）などの各疾病で，PD-1/PD-L1をはじめとした免疫チェックポイント分子が病態進行に伴って過剰発現していることが報告されている。このことから動物の慢性疾患においても，免疫チェックポイント分子が起点となってT細胞の疲弊化が誘導され，腫瘍細胞や感染細胞による免疫回避や疾病の病態悪化に寄与することが示唆されている。免疫チェックポイントを標的とした抗体医薬は疾病横断的，かつ動物種横断的な新たな治療法・制御法としての応用も期待されている。

8　次世代の感染症予防法

今なお，多くの動物の感染症において有効なワクチンが未開発のまま残されている。また，現行のワクチンも期待どおりの感染ならびに発症予防効果が得られない事例も報告されている。近年の薬剤耐性病原体の増加は世界レベルで問題となっており，抗菌薬の動物への使用はますます制限されることは避けられない。よって動物の感染症に対する新たな感染症予防法の開発が必須である。

人では病原体の詳細な遺伝子解析を基盤とした新規のワクチンが次々と開発されている。さらに次世代ワクチンとして悪性腫瘍に対するワクチン開発が精力的に行われている他，アレルギー，アルツハイマー病，生活習慣病に対するワクチン開発も行われている。次世代ワクチンでは効果の向上に加え，安全性ならびに利便性の向上も求められている。動物用ワクチンについても接種回数が少なく，投与法が簡便で無痛，かつ保存法や作製が容易であるなど利便性が求められる。より効果的で安全な次世代ワクチンの開発には，病態解析に基づく有用性の高いワクチン抗原の選定，適切なワクチン抗原を用いてより効率的に獲得免疫を誘導可能なアジュバントの選定，ワクチン抗原を効率的に抗原提示細胞へ導くドラックデリバリー（手段）の構築も重要である。

次世代ワクチンとして粘膜ワクチンやDNAワクチンがある。病原体は気道，腸管，生殖器などの粘膜を経由して感染する場合が多い。しかし，現行のワクチンは筋肉内注射や皮下注射によって行われ，主に中和抗体（IgG）を誘導することを目的としているものが大部分を占める。そこで病原体の侵入経路を考慮し，感染予防効果の向上を目指すワクチンとして粘膜ワクチンの開発が進んでいる。粘膜ワクチンは，粘膜に投与することで粘膜防御に重要なIgAを誘導し，病原体の体内侵入を粘膜上で防ぐことを目的としている。人では経口粘膜ワクチンとして，ポリオワクチン，腸チフスワクチン，コレラワクチン，ロタウイルスワクチン，経鼻ワクチンとしてインフルエンザワクチンのほかスギ花粉成分を用いた舌下ワクチンが承認されている。粘膜ワクチンの利点の1つとして針を使用せず痛みを伴わない点も挙げられている。このことは獣医療においても接種時の動物保定労力の軽減，接種時の痛みによるストレス解消，医療廃棄物の処理問題の解消などが期待され，さらに発展途上国での利便性を考えると実用化が待たれる。

1）DNAワクチン

DNAワクチンは病原体に対するワクチン抗原をコードする遺伝子を挿入した発現プラスミドを使用する次世代ワクチン候補の1つである。接種されたDNAワクチンは生体内の細胞に取り込まれ，DNAにコードされたワクチン抗原が細胞内で発現し，抗原特異的な免疫応答が誘導される。弱毒ワクチンのように生体内で強毒復帰する危険性や感染性もないためより安全で細胞性および体液性免疫の両方が誘導される。また，DNAワクチンは使用する核酸プラスミド自体がDNAセンサーを介して免疫を活性化（TANK-binding kinase-1を介した自然免疫活性化など）させることからアジュバントとして機能する。このような理由に加え，加工や調整が比較的容易で安価での大量合成が可能なことや，化学的安定性が高く長期保存が可能で低温での保存を必要としないなどの利点があることからも次世代ワクチンとして期待されている。米国国立衛生研究所データーベースによると2016年現在，100件以上の人のDNAワクチンの臨床試験が行われており，そのうち69件がウイルス感染症（HIV，インフルエンザ，ウイルス性肝炎，ヘルペスウイルス感染症など）に対する試験である。獣医学領域では人に先駆けて馬のウエストナイル熱（米国で承認），サケ伝染性造血器壊死症（カナダで承認）の他，犬悪性黒色腫や豚成長ホルモン放出ホルモン治療のDNAワクチンが実用化されている。また，口蹄疫や鳥インフルエンザに対するDNAワクチンの有用性も報告され，開発が進んでいる。

2）細菌ベクターワクチン

ウイルスや細菌のゲノムを応用したワクチン開発も進んでいる。これはウイルスや細菌のゲノムに病原体を中和可能な抗体を誘導する抗原エピトープなどの感染防御抗原遺伝子を挿入したワクチンで，投与対象動物に対して病原性

表Ⅳ－1　日本と欧米で承認されている遺伝子組換えウイルスワクチン

	ウイルス	対象疾病
欧米	鶏痘ウイルス	鳥インフルエンザ，ニューカッスル病，伝染性喉頭気管炎，鶏脳脊髄炎
	カナリア痘ウイルス	馬インフルエンザ，ウエストナイル熱，狂犬病，猫白血病，犬ジステンパー
	ワクチニアウイルス	狂犬病
	黄熱ワクチンウイルス	ウエストナイル熱
	ニューカッスル病ウイルス	鳥インフルエンザ
	七面鳥ヘルペスウイルス	ニューカッスル病，伝染性ファブリキウス嚢病，伝染性喉頭気管炎
	豚サーコウイルス１型	豚サーコウイルス２型感染症
日本	マレック病ウイルス	ニューカッスル病

表Ⅳ－2　研究中の組換え植物経口ワクチン

植物	対象疾病
トウモロコシ	ニューカッスル病，豚伝染性胃腸炎，狂犬病
イネ	ニューカッスル病，回虫症，伝染性ファブリキウス嚢病
ジャガイモ	伝染性気管支炎，兎ウイルス性出血病
トマト	口蹄疫，ロタウイルス病，狂犬病
アルファルファなどの牧草	口蹄疫，牛ウイルス性下痢ウイルス感染症，ロタウイルス病，大腸菌性下痢症
オオムギ	大腸菌性下痢症
落花生葉	牛疫
パパイヤ	嚢虫症
タバコ	口蹄疫，牛伝染性鼻気管炎，大腸菌性下痢症，ロタウイルス病，牛乳頭腫，ブルータング，皮膚乳頭腫，ニューカッスル病，伝染性ファブリキウス嚢病，豚伝染性胃腸炎，豚流行性下痢，狂犬病

を持たないことや安全性が確認されているウイルスなどをベクターとして用いる。利点として長期にわたり免疫(抗体や細胞性免疫)を誘導可能な点の他，製造規模の拡大が可能であることや培養困難な病原体に対するワクチンとして応用可能であることが挙げられている(**表Ⅳ－1**)。細菌ベクターについては大腸菌，乳酸菌などを用いた研究が行われているが，異種の病原体由来の遺伝子を挿入した細菌ベクターワクチンとして承認を受けたものはまだない。

3）組換え植物経口ワクチン

組換え植物経口ワクチン(食べるワクチン)とは，病原体の感染防御抗原を植物で発現し，経口的に投与または摂取させるワクチンで，摂取した抗原は腸管リンパ組織に認識されて免疫が誘導される。最大の利点は摂食可能な作物(穀物，野菜，果物，葉，藻類)で発現することで直接的に経口投与可能で，従来のワクチン生産に必要だった大型施設を必要としない上，煩雑な抽出や精製過程がなく安価に生産可能な点である。また従来，ワクチンの流通には低温に保って輸送および保存するための低温流通系(コールドチェーン)が必須であったが，植物発現因子は常温でも保存が可能であることから輸送や保存においても有利とされる。さらに従来の注射によるワクチン接種に対し，餌として経口で投与可能であることからワクチン接種にかかる労力負担の軽減が図られ，動物用ワクチンとして期待されている。**表Ⅳ－2**のような動物用ワクチン研究が進行中で，それぞれにおいて感染防御効果や抗体産生などが実証されている。なお，日本では犬の歯周病の予防を目的とした，イチゴで生産した犬インターフェロンαが組換え植物での最初の動物医薬品として承認されている。

4）プロバイオティクス，プレバイオティクス

近年，薬剤耐性病原体の出現が相次ぎ，家畜のみならず人の健康も脅かしている。畜産分野においては，家畜および家きんの成長促進と疾病予防を目的として抗菌薬を飼料に添加し，抗菌性発育促進物質(antimicrobial growth promotor)として長年使用してきた。しかし，一部の薬剤耐性病原体が家畜感染症対策で使用された抗菌薬の長期乱用によって生じたことが明らかとなり，欧州諸国では1980年代から成長促進目的での抗菌薬の使用が禁止されている。抗菌薬の使用規制により人への健康危害リスクは低減された反面，家畜においては感染性疾病の増加に伴う成長率低下や飼料転換効率の低下など家畜生産上の問題が生じており，抗菌薬のみに頼らない家畜の感染症対策，健全育成が切望されている。抗菌性発育促進物質の代替候補としてプロバイオティクス，プレバイオティクス(腸内で特定の細菌の増殖や活性を誘導するオリゴ糖などの難消化性因子)，有機酸，精油混合物，亜鉛や銅の化学物質などが挙げられている。プロバイオティクス(probiotics)は抗生物質(antibiotics)に対比する言葉で，FAOおよびWHOにより「十分な量を接種したときに宿主に有益な健康効果をもたらす生きた微生物」と定義されている。プロバイオティクスは人や動物において抗病原体効果を含む有用性が多く報告されている。抗菌薬に代わる家畜および家きんの疾病対策法として，ビフィドバクテリウム属，ラクトバチルス属，エンテロコッカス属，ラクトコッカス属，ロイコノストック属，ペディオコッカス属，ストレプトコッカス属，バチルス属，サッカロミセス属，アスペルギルス属が家畜飼料として使用されている。これらのプロバイオティクスは腸管内病原体に対して，腸管への接着の競合阻害，病原体との栄養素競合，ディフェンシンやバクテリオシンなどの抗菌物質の産生誘導などの機序により抗病原体効果を発揮するとされ，牛ではサルモネラ属菌や腸管出血性大腸菌などへの感染防除や抗菌効果，豚でも腸内免疫の改善による腸管内病原体への抑制効果が報告されているが，詳細な作用機序については不明な点も多く，解明が待たれる。

（今内　覚）

2．細菌感染症に対する化学療法（抗菌化学療法）

1929年，Alexander Flemingは青カビの分泌産物がブドウ球菌の増殖を阻害することを偶然発見し，その物質をペニシリンと名づけた。その後，Howard FloreyとErnst Chainが1941年にペニシリンの臨床応用に成功した。ペニシリンは「魔法の弾丸」と呼ばれ，多くの細菌感染症患者を救った。こうして近代抗菌化学療法の幕が開いた。

宿主には害を与えずに病原微生物に特異的に作用して，その増殖を抑制または死滅させる化合物を用いた治療法を化学療法（chemotherapy）と呼ぶ。今日ではウイルスや癌細胞に対しても有効な化学療法薬が開発されているので，混乱を避けるために細菌感染症に対する化学療法を，特に抗菌化学療法と呼ぶこともある。

化学療法薬（chemotherapeutic）は微生物が産生する抗生物質と化学的に合成される合成抗菌薬（synthetic antimicrobial agent）に大別される。しかし，現在では多くの抗生物質が完全合成または半合成で製造されており，このような区別が難しくなっているため，両者を合わせて抗菌薬と表現することが一般的である。

なお，「抗菌薬」と「抗菌剤」という用語の区別については，「薬」は成分または作用に着目した用語であり，「剤」は用法に着目した用語と考えられる。本稿では「抗菌薬」を使用する。

1　抗菌薬の作用機序

細菌細胞の構造と抗菌薬の一時作用点を**図Ⅳ－4**に，動物に現用される抗菌薬を**表Ⅳ－3**に示した。

1）ペプチドグリカン合成阻害薬

ペプチドグリカンは細胞壁の主要な構成成分の1つであり，浸透圧の変化に抵抗して細胞の形態を維持することに役立っている。人も含めた動物細胞はペプチドグリカンを持たないので，細胞壁合成を阻害する抗菌薬は選択毒性が高い。グラム陽性菌では細胞質膜の外側に厚いペプチドグリカン層が存在し，グラム陰性菌では外膜と内膜の間に比較的薄いペプチドグリカン層が存在する。いずれの場合もペプチドグリカンの合成が阻害されると細胞壁が不完全となり，細胞形態が変化し，正常に分裂増殖することができず，死滅する。

ペプチドグリカンはN-アセチルムラミン酸とN-アセチルグルコサミンの繰り返し構造からなるグリカン鎖を「縦糸」とし，それらをつなぐ「横糸」としてのペプチド鎖からなる。その合成はN-アセチルグルコサミンへのピルビン酸エノールエーテルの付加反応から出発するが，この反応を阻害するものとしてホスホマイシンがある。その後，いくつかの段階を経て二糖ペンタペプチド（ムレインモノマー）が合成され，それが細胞質膜外に輸送される。ペンタペプチドのC末端はD-Ala-D-Alaで，ペプチド転移活性を有するペニシリン結合蛋白質（penicillin binding protein：PBP）はこれを認識して結合し，ペプチド鎖の架橋を形成する。β-ラクタム系薬はPBPに結合することでペプチドグリカンの高次構造形成を阻害する。

一方，バンコマイシンなどのグリコペプチド系薬はムレインモノマーのD-Ala-D-Alaに強固に結合する。そのため，ムレインモノマーが既存のペプチドグリカンに組み込まれなくなり，ペプチドグリカンの高次構造形成が阻害される。なお，動物用医薬品として現用されるβ-ラクタム系薬にはペニシリン系薬とセファロスポリン系薬がある。

2）細胞膜阻害薬

細胞膜はすべての生物が保有するので一般的に選択毒性を期待することが難しく，副作用も強い。代表的な抗菌薬としてはポリペプチド系薬がある。動物用医薬品として唯一使用されるコリスチンはグラム陰性菌の外膜表面のリポ多糖に結合し，陽イオン系界面活性剤として働いて膜障害を起こす。グラム陽性菌に対しては無効である。

3）蛋白質合成阻害薬

リボソームはRNAと蛋白質から構成される高分子複合体で，mRNAに結合して蛋白質の合成を行う。細菌のリボソームの沈降係数が70Sであるのに対して人を含む動物のリボソームの沈降係数は80Sである。また，細菌のリボソームは30Sと50Sのサブユニットから構成されるのに対して動物のリボソームは40Sと60Sのサブユニットから構成される。このような構造の相違に基づいて選択毒性が発揮される。抗菌薬としてアミノグリコシド系，マクロライド系，リンコサミド系，テトラサイクリン系，アンフェニ

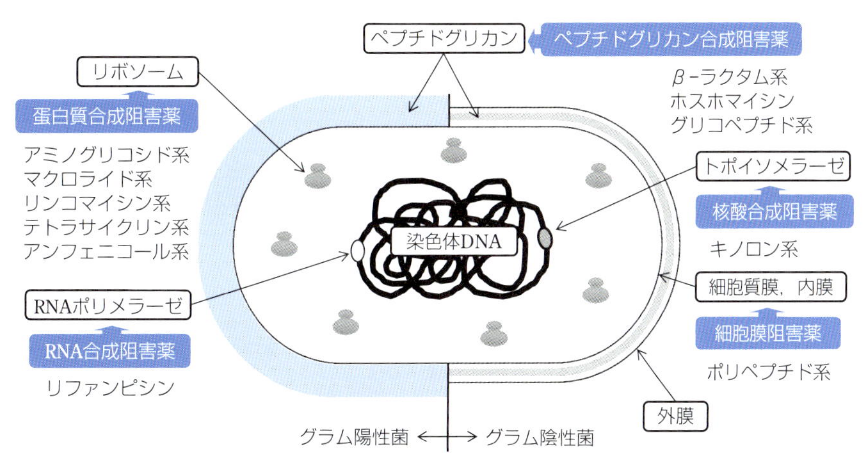

図Ⅳ－4　細菌細胞の構造と抗菌薬の一次作用点

表Ⅳ－3　動物に現用される抗菌薬と対象動物種

系統		抗菌薬名	略号	対象動物種						
				牛	馬	豚	鶏	犬	猫	蜜蜂
抗菌薬	ペニシリン系	ベンジルペニシリン	PCG	○	○	○	○	○	○	
		クロキサシリン	MCIPC	○						
		ジクロキサシリン	MDIPC	○						
		ナフシリン	NFPC	○						
		アンピシリン	ABPC	○		○	○	○	○	
		アモキシシリン	AMPC	○		○	○			
		アスポキシシリン	ASPC	○		○				
		メシリナム	MPC	○		○				
	セファロスポリン系	セファゾリン	CEZ	○						
		セファピリン	CEPR	○						
		セファロニウム	CEL	○						
		セフロキシム	CXM	○						
		セフキノム	CQN	○						
		セフチオフル	CTF	○		○				
		セファレキシン	CEX					○		
		セフォベシン	CFV					○	○	
		セフポドキシムプロキセチル	CPDX					○		
	アミノグリコシド系	ストレプトマイシン	SM	○		○	○			
		ジヒドロストレプトマイシン	DSM	○	○	○	○	○		
		カナマイシン	KM	○		○	○	○		
		ゲンタマイシン	GM	○		○		○	○	
		アプラマイシン	APM			○				
		フラジオマイシン	FRM					○	○	
	マクロライド系	エリスロマイシン	EM	○	○	○	○	○	○	
		ジョサマイシン	JM			○	○			
		タイロシン	TS	○		○	○	○	○	○
		チルミコシン	TMS	○		○				
		酢酸イソ吉草酸タイロシン	AIV-TS			○	○			
		ミロサマイシン	MRM			○	○			○
	リンコサミド系	リンコマイシン	LCM			○	○	○	○	
		クリンダマイシン	CLDM					○		
	テトラサイクリン系	オキシテトラサイクリン	OTC	○		○	○	○	○	
		クロルテトラサイクリン	CTC	○		○	○			
		ドキシサイクリン	DOXY			○	○			
	アンフェニコール系	クロラムフェニコール	CP					○	○	
	ペプチド系	コリスチン	CL	○		○				
	その他の抗菌薬	チアムリン	TML			○				
		バルネムリン	VML			○				
		ビコザマイシン	BCM	○		○				
		ホスホマイシン	FOM	○						
	抗真菌性抗菌薬	ナナフロシン	NNF	○						
		ピマリシン	PMR					○		
合成抗菌薬	サルファ剤	スルファジメトキシン	SDMX	○	○	○	○	○		
		スルファモノメトキシン	SMMX	○	○	○	○	○		
	アンフェニコール系	チアンフェニコール	TP	○		○	○			
		フロルフェニコール	FFC	○		○	○			
	キノロン系	オキソリン酸	OXA	○		○	○			
		ノルフロキサシン	NFLX			○	○			
		オフロキサシン	OFLX				○	○	○	
		エンロフロキサシン	ERFX	○		○	○	○	○	
		オルビフロキサシン	OBFX	○		○		○	○	
		ダノフロキサシン	DNFX	○		○				
		マルボフロキサシン	MBFX	○		○		○	○	
		ロメフロキサシン	LFLX					○		
	アゾール系抗真菌薬	ミコナゾール	MCZ					○		

コール系などがこの範疇に含まれる。

アミノグリコシド系薬とテトラサイクリン系薬は主にリボソームの30Sサブユニットに結合し蛋白質合成を阻害するが，ゲンタマイシンは50Sサブユニットにも結合する。マクロライド系，リンコマイシン系，アンフェニコール系は50Sサブユニットに結合して蛋白質合成を阻害する。

4）核酸合成阻害薬

トポイソメラーゼのうち，DNAジャイレースとDNAトポイソメラーゼⅣは細菌がDNAを複製する際に一時的にDNAを切断，再結合する酵素である。キノロン系抗菌薬はこれらの酵素とDNAとの複合体に結合することによってDNAの複製を阻害する。フルオロキノロン系薬はキノロン骨格にフッ素が導入されたもので，オールドキノロン系薬と比べて抗菌スペクトルが広く，抗菌力が増大している。

5）代謝阻害薬

細菌の多くは葉酸合成系を有するが，動物細胞には存在しないため，葉酸合成阻害薬であるサルファ薬は高い選択毒性を有する。トリメトプリムは葉酸合成経路上のサルファ薬とは別の部位を阻害する。作用点の異なる2つの葉酸合成阻害薬の併用により，抗菌力が相乗的に増強される。サルファ薬とトリメトプリムが配合されたST合剤が使用されている。

6）RNA合成阻害薬

リファンピシンは細菌のRNAポリメラーゼに選択的に作用してmRNAの合成を阻害する。動物のRNAポリメラーゼには作用しない。

2　抗菌薬の選択と使用

1）抗菌薬感受性とブレイクポイント

(1) 抗菌薬感受性の測定法

同じ細菌種であっても株によって抗菌薬に対する感受性は異なる。したがって，病巣から分離された細菌の抗菌薬に対する感受性を調べることは，抗菌薬選択のための第一の要件である。感受性を調べる方法については寒天平板希釈法や微量液体希釈法などによって最小発育阻止濃度(minimum inhibitory concentration：MIC)を測定する方法と，より簡便な方法として市販の感受性ディスクを用いたディスク拡散法などがある。

(2) MIC測定の意義とブレイクポイント

MICは抗菌薬の有効性に対する指標の1つであり，試験管内で細菌の増殖を抑制できる最小の濃度である。この値が小さいほど抗菌活性が強いと考えられる。測定された各菌株のMICについて感受性と耐性を区別する基準がブレイクポイントであり，濃度(mg/Lまたはμg/mL)で表示される。

供試菌株がすべて感受性である場合，MICのヒストグラムは一峰性のピークを描くが，耐性株が含まれる場合はMICの高いところにもう1つのピークが出現し，二峰性のヒストグラムとなる。2つのピークの中間値が微生物学的ブレイクポイントである(図**Ⅳ－5**)。MICが微生物学的ブレイクポイントより低い場合は感受性，高い場合は耐性と判定できる。

抗菌薬は生体内で様々な代謝を受けることや組織移行性が異なることなどから，この方法で感受性と判定された抗菌薬が必ずしも有効であるとは限らない。そこで医療の現場では抗菌薬の吸収，分布，排出に関する情報と臨床効果を考慮した臨床的ブレイクポイントが設定されている。獣医領域ではこれらの情報が不十分で臨床的ブレイクポイントを設定できる段階にない。

2）作用特性

抗菌薬の作用は殺菌作用(bactericidal action)と静菌作用(bacteriostatic action)に大別され，さらに殺菌作用は溶菌的作用と非溶菌的作用に分けることができる。ただし，このような作用特性は抗菌薬の濃度にも依存するので，明確に区別することは難しい。一般的にβ-ラクタム系薬やアミノグリコシド系薬はともに殺菌的に作用するが，β-ラクタム系薬が溶菌的に作用するのに対し，アミノグリコシド系薬は非溶菌的である。一方，マクロライド系薬などは静菌的作用を示すことが多い。

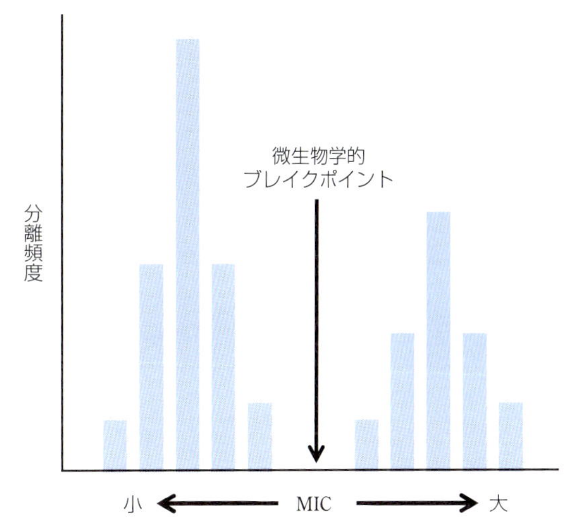

図Ⅳ－5　最小発育阻止濃度(MIC)のヒストグラム

細菌にMIC濃度以上の抗菌薬を作用させた後，抗菌薬を除去しても増殖の抑制が持続することがある。この現象をpost-antibiotic effect(PAE)と呼ぶ。PAEの高い抗菌薬は常にMIC以上の濃度を維持する必要がない。PAEは抗菌薬の適切な投与法を考える上で重要な要素である。

3）体内動態

薬物動態(pharmacokinetics：PK)とは投与後の薬物の生体内における吸収，分布，排出などの動態を示し，最高血中濃度(C_{max})や血中濃度曲線下面積(area under the curve：AUC)をパラメーターとする。一方，薬力学(pharmacodynamics：PD)は薬物濃度と作用の関係性を示し，抗菌薬の場合，MICを代表的なパラメーターとする。抗菌薬には濃度に依存して効果を示すもの(濃度依存型)と，時間に依存して効果を示すもの(時間依存型)が存在する。濃度依存型の抗菌薬のPK-PDパラメーターはC_{max}/MICまたはAUC/MICで，時間依存型のそれは「MIC以上の血中濃度を示す時間(time above MIC：TAM)」で示される。これらのパラメーターを図**Ⅳ－6**に示した。

アミノグリコシド系薬，キノロン系薬，テトラサイクリン系薬などはPAEが強く，持続的なので，その効果は濃度依存型である。これらの抗菌薬を用いるときはC_{max}またはAUCが高くなるように投与量と投与法を設定する。一方，β-ラクタム系薬，アンフェニコール系薬，サルファ系薬等はPAEが弱く持続性が期待しにくいので，TAMを長くする必要のある時間依存型である。

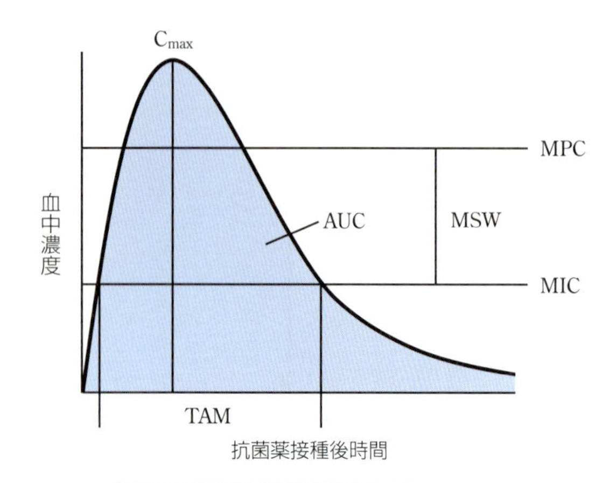

C_{max}	最高血中濃度
AUC	血中濃度曲線下面積
TAM	MIC以上の血中濃度を示す時間
MPC	変異菌抑制濃度
MIC	最小発育阻止濃度
MSW	耐性菌選択濃度域

図Ⅳ−6　薬物動態のパラメーターと耐性菌選択濃度域

4）抗菌薬使用の実際

(1) 原因菌の推定

抗菌薬は病原菌を分離・同定し，感受性を確認した上で選択するのが理想であるが，臨床の現場ではそこまで待てない場合も多く，病原菌を推定して抗菌薬を投与することがしばしば行われる。病原菌を推定する方法としては病変部直接塗抹標本のグラム染色が推奨されている。病変部のサンプリングが難しい場合は臨床症状，疫学情報などから原因菌を推定する。

(2) 抗菌薬の選択

正常細菌叢に及ぼす影響をできるだけ小さくするため，第一選択薬は抗菌スペクトルの狭いものを選ぶ。感受性試験で耐性と判定された抗菌薬と同系統のものは交差耐性（ある抗菌薬に対して耐性化した細菌が化学構造や作用機序の類似した他の抗菌薬にも耐性を獲得すること）を示すことがあるので注意が必要である。人の感染症治療薬として重要な第３世代セファロスポリン系薬，フルオロキノロン系薬，コリスチンなどは第二選択薬として使用することが基本である。添付文書を参考に，組織への移行性や排出経路にある臓器などを考慮しながら選択する。

(3) 効果の判定と対応

抗菌薬投与開始後の症状や血液性状の変化などから治療効果を判定し，使用の継続か，切り替えるかを判断する。通常の感染症の場合，抗菌薬投与開始後２〜３日で原因菌が分離されなくなり，その後，臨床症状が改善される。投与開始後３〜５日経過しても臨床症状に改善が認められない場合は抗菌薬の切り替えを考慮すべきである。

その場合，抗菌薬感受性試験の結果から，感受性の認められる抗菌薬へと変更する。原因菌が投与した抗菌薬に感受性であるにもかかわらず臨床症状の改善が認められない場合は患畜の免疫機能に異常はないか，基礎疾患がないかどうかを調べる。異常が認められない場合は感染組織への移行性の高い抗菌薬に変更するか，殺菌性の抗菌薬に変更するかを早期に決定する。

(4) 使用禁止期間と休薬期間

ともに医薬品残留の可能性がある畜水産物が食卓に運ばれることを防ぐために定められた期間である。使用禁止期間は食用に供するためのと殺や搾乳前に抗菌薬などを使用してはならない期間のことで，休薬期間は抗菌薬投与後，投与動物から可食組織または生産物を採取するまでの期間をいう。

農林水産省は動物用医薬品ごとに使用対象動物，用法・用量，使用禁止期間等，使用者が遵守すべき基準（使用基準）を定めている。獣医師には使用基準以外の使用方法により動物用医薬品を処方することが認められているが，その場合は出荷制限指示書により使用者に対して出荷制限を指示しなければならない。

(5) 抗菌薬の併用

抗菌薬は単剤での投与が原則であるが，抗菌スペクトルの拡大や抗菌力の増強を目的として異なる２つの抗菌薬を併用する場合がある。ただし，組み合わせによっては抗菌力が互いに減弱する拮抗がみられたり，可食部位への残留期間が延長する場合もあるので慎重に行う必要がある。

5）副作用

(1) 一般的な副作用

抗菌薬は対象動物に影響がなく，細菌に対してのみ毒性を示すものが望ましいが，多くの抗菌薬で対象動物に対して悪影響を与える場合のあることが報告されている。副作用とは医薬品を使用したときに，その疾患治療の目的に沿わないか，あるいは生体に対して不都合な作用を意味する。抗菌薬の主な副作用を**表Ⅳ−4**に示した。

(2) 併用による副作用

抗菌薬の併用では，両者の投与量を減らす結果，副作用の軽減が期待できる組み合わせがある一方で，それぞれの副作用の増強が問題になる場合もある。これまでに副作用の発現増強が報告，警告されている併用例を**表Ⅳ−5**に示した。

3　抗菌薬耐性

1）抗菌薬耐性とは

抗菌薬に感受性が低く，高濃度の抗菌薬存在下でも発育できる性質を抗菌薬耐性（antimicrobial resistance）といい，自然耐性（natural resistance），獲得耐性（acquired resistance），生理的耐性（physiological resistance）などに大別される。

(1) 自然耐性

内在耐性（intrinsic resistance）とも呼ばれ，細菌が生来有している抗菌薬抵抗性を意味する。したがって，遺伝的変化は伴わない。例えば，マイコプラズマは細胞壁構成成分としてのペプチドグリカンを欠くため，ペプチドグリカンの生合成を阻害するβ-ラクタム系抗菌薬はマイコプラズマには無効である。疎水性の強いマクロライド系抗菌薬は緑膿菌，大腸菌，サルモネラ属菌などの細胞外膜を通過しにくいため，これらの細菌はマクロライド系抗菌薬に対して自然耐性を示す。グラム陰性菌が保有する多剤排出ポンプや染色体性β-ラクタマーゼも自然耐性に貢献する。多剤排出ポンプは構造的に関連のない多種類の化学物質を細胞外へ排出するが，これによる抵抗性のレベルは高くない。染色体性β-ラクタマーゼは恒常的に発現しておらず，

表Ⅳ－4　抗菌薬の主な副作用

抗菌薬	主な副作用
β-ラクタム系	薬剤過敏症（ショック，溶血性貧血，蕁麻疹，接触性皮膚炎，消化器障害）
アミノグリコシド系	腎障害，第８脳神経障害（前庭機能障害および聴神経障害）
マクロライド系	肝障害，消化器障害，薬過敏症
エリスロマイシン	心臓障害（犬）
リンコマイシン系	
リンコマイシン	ケトーシス（牛），下痢（牛，豚）
テトラサイクリン系	肝障害，光線過敏症，薬剤過敏症，骨の発育阻害，歯牙の着色，催奇形性，消化器障害
塩酸ドキシサイクリン	心臓脈管系障害（馬）
クロルテトラサイクリン	乳房注入により乳腺損傷（牛）
サルファ剤	腎・尿路障害，血液・造血器障害，薬剤過敏症，消化器障害，肝障害，催奇形性，関節障害
アンフェニコール系	
クロラムフェニコール	血液・造血器障害，消化器障害，グレイ症候群（新生児）
キノロン系	中枢神経系症状，腎障害，関節障害（特に幼若犬）

表Ⅳ－5　併用によって副作用の発現増強が報告，警告されている主な薬剤

抗菌薬	併用薬	相互作用
β-ラクタム系		
ベンジルペニシリン	スルファジメトキシン	動脈血圧低下，中枢刺激作用（馬静脈注射）
アミノグリコシド系		
ストレプトマイシン・カナマイシン	デキストラン，アルギン酸ナトリウム（腎障害を起こす可能性のある血液代用薬）	腎毒性の増強
ストレプトマイシン・カナマイシン	麻酔剤・筋弛緩剤	呼吸抑制
カナマイシン	フロセミドなどの利尿剤	腎毒性および聴器毒性の増強の可能性
マクロライド系		
エリスロマイシン	テオフィリン，ワルファリン	肝代謝抑制による併用薬の血中濃度の上昇
	エルゴタミン含有剤	四肢の虚血
	ジゴキシン	作用の増強
	塩酸リンコマイシン	拮抗作用
リンコマイシン系		
塩酸リンコマイシン	末梢性筋弛緩剤（塩化スキサメトニウム，塩化ツボクラリン等）	筋弛緩作用の増強
テトラサイクリン系		
クロルテトラサイクリン	ペニシリン	拮抗作用
アンフェニコール系		
クロラムフェニコール	骨髄抑制を起こす可能性のある薬剤	骨髄抑制作用の増強
	クマリン誘導体，血糖降下剤（トリブタミド，クロルプロパミド），抗痙攣薬（ジフェニルヒダントイン）	血中濃度半減期の延長
チアムリン	ポリエーテル系抗生物質（サリノマイシン，モネンシン等）	運動失調等（豚），併用薬の代謝抑制による毒性の発現（鶏）
キノロン系	非ステロイド系消炎鎮痛剤	神経症状の増強
	テオフィリン	テオフィリン血中濃度の上昇

細胞壁の分解産物により発現が誘導される。

(2) 獲得耐性

細菌が何らかの遺伝的変化によって恒常的に高レベルの耐性を獲得したもので，抗菌薬耐性といえば通常はこれを指す。

(3) 生理的耐性

特殊な増殖条件下で細菌が抗菌薬耐性を示すことであり，人の嚢胞性線維症においてバイオフィルム中の緑膿菌が抗菌薬に低感受性となることなどがその例である。

2）耐性の生化学的機構

抗菌薬耐性の機構は**図Ⅳ－7**に示す４つのカテゴリーに分けられる。これらの機構は自然耐性と獲得耐性の両方において認められる。すなわち，細菌が生来保有する場合と遺伝的変化により獲得する場合がある。

(1) 不活化

抗菌薬が活性を示さなくなることを不活化といい，様々な分解酵素や修飾酵素が関与する。細菌が産生する酵素によって分解や修飾を受けた抗菌薬は作用点への親和性が失われることにより不活化される。β-ラクタム系抗菌薬を加水分解するβ-ラクタマーゼやアミノグリコシド系抗菌薬のアデニル化，アセチル化，リン酸化にかかわる酵素などがその例である。

(2) 作用点の変化

作用点の構造が変化し，抗菌薬が結合できなくなることで細菌が耐性化する。キノロン系抗菌薬はDNAの複製に関与する酵素であるDNAジャイレースやDNAトポイソメラーゼⅣとDNAの複合体に結合して，その機能を阻害するが，これらの酵素遺伝子の点変異によりアミノ酸置換が起こると，キノロン系抗菌薬が結合できなくなり，細菌

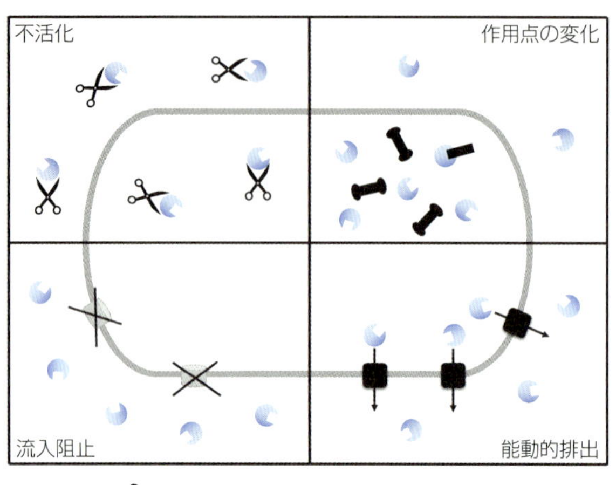

図Ⅳ－7　抗菌薬耐性の生化学的機構

が耐性を示すようになることなどがその例である。

(3) 細胞内への流入阻止

グラム陰性菌の場合，ポーリンという膜貫通蛋白質が細胞外膜に存在し，拡散による様々な分子の流入に関与している。ポーリンの数が減ることで細胞内に流入する抗菌薬が減少すると細菌が耐性化する。

(4) 細胞外への能動的排出

細胞内膜に存在する排出ポンプ(efflux pump)により様々な抗菌薬を能動的に細胞外へ排出することで，細菌が耐性化する。

3）耐性獲得の遺伝的機構

一般的に自然耐性のレベルはそれほど高くなく，耐性菌が顕在化する最初のステップにはほとんどの場合，遺伝的な変化が伴う。耐性にかかわる遺伝的変化には自然突然変異(spontaneous mutation)と遺伝子の水平伝播(horizontal gene transfer)がある。

(1) 自然突然変異

細菌が生来保有する遺伝子に点変異，重複などが起こって耐性化する場合がある。アミノ酸置換を伴うDNAジャイレースやDNAトポイソメラーゼⅣ遺伝子上の点変異はその一例である。また，蛋白質の合成にかかわるリボソームはリボソームRNAと蛋白質から構成されるが，そのリボソームRNAに点変異が入ることでマクロライド系抗菌薬が結合できなくなり，結果としてマクロライド系抗菌薬に耐性化する。重複などにより抗菌薬の分解や修飾にかかわる酵素の遺伝子のコピー数が増えることで細菌が耐性化することもある。

(2) 遺伝子の水平伝播

抗菌薬の分解，修飾にかかわる酵素や排出ポンプの遺伝子などは抗菌薬耐性遺伝子と呼ばれる。細菌は抗菌薬耐性遺伝子を獲得して耐性化する。その際，プラスミド，トランスポゾン，挿入配列(insertion sequence：IS)，バクテリオファージ等の可動性遺伝因子(mobile genetic element)が重要な役割を果たす。

プラスミドは染色体DNAとは独立して自律的に複製を行う遺伝単位で，ときに抗菌薬耐性遺伝子を含む。自らを他の細菌に移動させるための伝達装置の遺伝子を含むことがあり，そのようなプラスミドを自己伝達性プラスミド(self-transmissible plasmid)と呼ぶ。自己伝達性プラスミド上に存在する抗菌薬耐性遺伝子は他の細菌に伝播するので注意が必要である。

トランスポゾンは動く遺伝子と説明されるが，最小のトランスポゾンであるISの場合，自らの切り出しと挿入に関与する酵素であるトランスポゼースをコードする遺伝子と両端の逆方向反復配列のみから構成される。ISが転移する際に周辺の遺伝子を伴うことがあり，プラスミドから染色体へ，あるいは染色体からプラスミドへ遺伝子を転移させる。染色体上に存在した抗菌薬耐性遺伝子がISの転移に伴い，自己伝達性プラスミドに転移すれば，その遺伝子は他の細胞に伝播することができる。

バクテリオファージは細菌に感染するウイルスで，抗菌薬耐性遺伝子を保有する場合，感染した細菌に耐性を付与する。

4）耐性菌の顕在化

自然突然変異や遺伝子の水平伝播といった遺伝的変化は抗菌薬が誘導するものではなく，$1/10^{6\sim9}$の頻度で偶然に生じる。抗菌薬耐性に関与する遺伝的変化が生じたとしても，それが顕在化するためには抗菌薬の作用によって感受性菌が死滅し，生き残った耐性菌が選択的に増殖するという過程が必要である(図Ⅳ－8)。

一方，プラスミドなどの遺伝因子に複数の異なる系統に対する耐性遺伝子が存在する場合，1つの抗菌薬の使用で選択された細菌が，選択に用いたのと異なる系統の抗菌薬に対しても耐性を示すことになる。これを共選択(co-se-

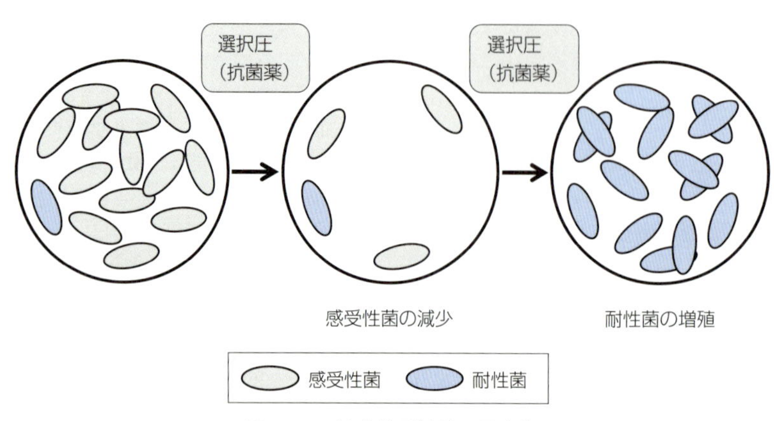

図Ⅳ－8　抗菌薬耐性菌の顕在化

lection）と呼ぶ。

5）適合負担（フィットネスコスト）

抗菌薬耐性にかかわる遺伝的な変化は抗菌薬の存在下では細菌にとって有利に働くが，非存在下ではむしろ不利な場合が多い。例えば，DNAジャイレースやDNAトポイソメラーゼⅣは細菌遺伝子の複製に関与している。キノロン系抗菌薬が結合できなくなる点変異は細菌の耐性化に貢献するが，これら酵素の本来の機能を低下させ，遺伝子の複製速度が落ちる場合がある。このとき，変異株の増殖速度が野生株より遅くなるので，前者が生き残るためには何らかの代償が必要となり，これをフィットネスコストと呼ぶ。他の遺伝子領域に代償的な変異が入ることで増殖速度が上がればフィットネスコストは低下する。また，耐性遺伝子の重複やプラスミド獲得に伴う遺伝子量の増加はゲノムの複製に必要なエネルギーの増加をもたらし，フィットネスコストは上昇する。通常，選択圧がなくなれば抗菌薬耐性菌はフィットネスコストの低い感受性菌に置き換わると考えられる。

6）耐性菌の出現を防ぐための抗菌薬投与法

図Ⅳ－4に示したように，生体に抗菌薬が投与されるとその血中濃度は一過性に上昇し，その後，時間の経過とともに低下する。細菌のMICを上回るように処方される抗菌薬の血中濃度は一過性に上昇してMICを超え，その後，MIC以下に低下する。遺伝的変化に基づく耐性の程度は様々で，細菌がMICを超える濃度に耐性化したとしても，無限に高い濃度に耐えられるわけではない。耐性菌が生存できない抗菌薬濃度の下限を変異菌抑制濃度（mutant prevention concentration：MPC）と呼び，MPCとMICの間で耐性菌が選択されることから，この血中濃度を耐性菌選択濃度域（mutant selection window：MSW）と呼んでいる。理論的にはMPC以上に抗菌薬の血中濃度を維持すれば耐性菌の出現を抑えることが可能で，これまでにフルオロキノロン系薬，テトラサイクリン系薬，マクロライド系薬，β-ラクタム系薬などの黄色ブドウ球菌，大腸菌，結核菌，肺炎球菌，マイコプラズマなどに対する有効性が証明されている。

7）抗菌薬の慎重使用

医療現場で抗菌薬耐性菌の蔓延が世界的に問題となっており，その供給源の1つとして大量の抗菌薬が消費される家畜の生産現場が重要視されている。そのため，動物用抗菌薬については内閣府食品安全委員会によるリスク評価が適宜行われ，結果によっては農林水産省がリスク管理措置として使用制限を設定する場合がある。抗菌薬は家畜衛生上，重要な対策資材の1つであり，今後も使用できる抗菌薬の選択肢は確保していく必要がある。

そのためには使用基準などの法令や用法・用量を遵守し，使用上の注意を守り正しく使用する「適正使用」に加えて，抗菌薬耐性菌の出現を極力抑え，抗菌薬の有効性を最大限に発揮する「慎重使用」を徹底しなければならない。具体的には，飼養衛生管理の徹底やワクチンの使用により感染症の発生を減らし，抗菌薬の使用機会も減らすことと，抗菌薬の使用を真に必要な場合に限定することである。

（秋庭正人）

V　関連法規の概要

1．家畜伝染病予防法（要約）

目的：家畜の伝染性疾病（寄生虫病を含む）の発生を予防し，および蔓延を防止することにより，畜産の振興を図ることを目的とする。

家畜伝染病（同法第1条）：**表V－1**の伝染性疾病を家畜伝染病という。ピロプラズマ病，アナプラズマ病，ニューカッスル病，家きんサルモネラ感染症については省令（家畜伝染病予防法施行規則）第1条によって対象となる病原体が定められている。

2011年（平成23年）4月の改正によって，従来，高病原性鳥インフルエンザとして定められていたH5およびH7血清型インフルエンザA型ウイルス感染症が，その病原性によって高病原性鳥インフルエンザと低病原性鳥インフルエンザに分けられた。ニューカッスル病については，その病原性によってニューカッスル病と低病原性ニューカッスル病に分けられた。また，小反芻獣疫が追加され，計28疾病が指定されている。対象家畜は同法第2条および政令（家畜伝染病予防法施行令）第1条に定めている。同法第3条の2に基づき，家畜伝染病のうち，特に総合的に発生の予防および蔓延の防止のための措置を講じる必要がある疾病（牛疫，牛肺疫，口蹄疫，牛海綿状脳症，豚コレラ，アフリカ豚コレラ，高病原性鳥インフルエンザおよび低病原性鳥インフルエンザ）を省令（施行規則第1条の3）で定め，それらの疾病については，農林水産大臣が必要となる措置を総合的に実施するための指針を作成・公表している。

患畜（同法第2条第2項）：家畜伝染病（腐蛆病を除く）にかかっている家畜。

疑似患畜（同法第2条第2項）：患畜である疑いがある家畜および牛疫，牛肺疫，口蹄疫，狂犬病，豚コレラ，アフリカ豚コレラ，高病原性鳥インフルエンザまたは低病原性鳥インフルエンザの病原体に触れたため，または触れた疑いがあるため，患畜となるおそれがある家畜。

届出伝染病（法第4条第1項）：家畜伝染病以外の伝染性疾病で都道府県知事（以下，知事）に届け出なければならない伝染性疾病と家畜の種類が**表V－2**のように定められている（同法施行規則第2条）。

新疾病（同法第4条の2）：すでに知られている家畜の伝染性疾病とその病状または治療の結果が明らかに異なる疾病。

監視伝染病（同法第5条第1項）：家畜伝染病と届出伝染病を総称して監視伝染病という。家畜以外の動物（野生動物等）が家畜伝染病にかかり，またはかかっている疑いが発見された場合，家畜伝染病の発生を予防するための措置の企画・立案・実施に資するよう，知事は当該動物についての当該伝染性疾病の発生の状況等を把握するための検査を当該都道府県の職員に行わせることができる（同法第5条第3項）。

1）家畜の伝染性疾病の発生予防

伝染病疾病の防疫にとって重要なことは，早期発見と早期診断であり，その発生を迅速かつ正しく把握することが行政当局にとっては重要である。したがって，同法では，獣医師または家畜の所有者（管理者）が講ずべき義務あるいは措置を定めている。

(1) 届出伝染病の届出の義務（同法第4条の1）

届出伝染病にかかり，またはかかっている疑いがある家畜を診断し，またはその死体を検案した獣医師は，直ちに知事に届け出なければならない。知事は届出があったときは，直ちに管轄する市町村長に通報するとともに農林水産大臣に報告する。

(2) 新疾病の届出の義務（同法第4条の2）

当該家畜を診断し，またはその死体を検案した獣医師は，遅滞なく都道府県知事にその旨を届け出なければならない。

①知事は，家畜の所有者に家畜防疫員の検査を受けるよう命じ（同法第4条の2の第3項），②その結果，当該疾病が新疾病であり，かつ家畜の伝染性疾病であると判明し，疾病の発生を予防することが必要であると認めたときは，知事はその旨を直ちに大臣に報告し，所轄市町村長に通報する（同法第4条の2の第4項）。③また知事は，その家畜の所有者に対して，発生の状況を把握し，病原と病因を検索するために家畜防疫員の検査を受けるように命じる（同法第4条の2の第5項），④命令は省令による手続きに従い，実施期日の3日前までに以下の事項を公示して行う（同法第4条の2の第6項）。

> 公示事項
> 1. 実施の目的，2. 実施する区域，3. 実施の対象となる家畜またはその死体の種類および範囲，4. 実施の期日，5. 検査の方法

(3) 監視伝染病の発生状況等を把握するための検査等（法第5条）

知事は，監視伝染病の発生予防または発生予察のため，家畜またはその死体の所有者に対し，監視伝染病の発生を予防し，またはその発生を予察するため必要があるときは，その発生の状況および動向を把握するための家畜防疫員の検査を受けるべき旨を命じることができる。命令は省令による手続きに従い，実施期日の10日前（緊急の場合は3日前まで短縮できる）までに新疾病と同じ事項を公示して行う。ブルセラ病，結核病，ヨーネ病については少なくとも5年ごとに，伝達性海綿状脳症（死体の検査のみ）については毎年行うことになっており，検査の術式，方法等が規定されている。

表V－1　家畜(法定)伝染病

(平成26年6月 法第69号 家畜伝染病予防法第2条　　平成26年7月 政令第269号 同施行令第1条)

疾病名	対象家畜(太字は法第2条で，細字は施行令第1条で指定されている家畜)	人獣共通感染症[a]	海外家畜伝染病[b]	OIEリスト疾病[c]	日本での発生[d]		
					2014年	2015年	2016年
01. 牛疫	牛, めん羊, 山羊, 豚, 水牛, 鹿, いのしし		海外	○			
02. 牛肺疫	牛, 水牛, 鹿		海外	○			
03. 口蹄疫	牛, めん羊, 山羊, 豚, 水牛, 鹿, いのしし		海外	○			
04. 流行性脳炎[1]	牛, 馬, めん羊, 山羊, 豚, 水牛, 鹿, いのしし	人獣		○	6(豚)	2(豚)	5(豚)
05. 狂犬病[2]	牛, 馬, めん羊, 山羊, 豚, 水牛, 鹿, いのしし	人獣	海外	○			
06. 水胞性口炎	牛, 馬, 豚, 水牛, 鹿, いのしし	人獣	海外	○			
07. リフトバレー熱	牛, めん羊, 山羊, 水牛, 鹿	人獣	海外	○			
08. 炭疽	牛, 馬, めん羊, 山羊, 豚, 水牛, 鹿, いのしし	人獣		○			
09. 出血性敗血症	牛, めん羊, 山羊, 豚, 水牛, 鹿, いのしし			○			
10. ブルセラ病	牛, めん羊, 山羊, 豚, 水牛, 鹿, いのしし	人獣		○			
11. 結核病	牛, 山羊, 水牛, 鹿	人獣		○	1(牛)		
12. ヨーネ病	牛, めん羊, 山羊, 水牛, 鹿			○	326(牛)	327(牛), 1(めん羊), 1(山羊)	315(牛), 1(山羊)
13. ピロプラズマ病[3]	牛, 馬, 水牛, 鹿			○			
14. アナプラズマ病[4]	牛, 水牛, 鹿			○			
15. 伝達性海綿状脳症[5]	牛, めん羊, 山羊, 水牛, 鹿	人獣		○			1(めん羊)
16. 鼻疽	馬	人獣	海外	○			
17. 馬伝染性貧血	馬			○			
18. アフリカ馬疫	馬		海外	○			
19. 小反芻獣疫	めん羊, 山羊, 鹿		海外	○			
20. 豚コレラ	豚, いのしし		海外	○			
21. アフリカ豚コレラ	豚, いのしし		海外	○			
22. 豚水胞病	豚, いのしし		海外	○			
23. 家きんコレラ	鶏, あひる, うずら, 七面鳥						
24. 高病原性鳥インフルエンザ	鶏, あひる, うずら, きじ, だちょう, ほろほろ鳥, 七面鳥	人獣		○	4(鶏)	2(鶏)	5(鶏), 2(あひる)
25. 低病原性鳥インフルエンザ	鶏, あひる, うずら, きじ, だちょう, ほろほろ鳥, 七面鳥	人獣		○			
26. ニューカッスル病[6]	鶏, あひる, うずら, 七面鳥	人獣		○			
27. 家きんサルモネラ感染症[7]	鶏, あひる, うずら, 七面鳥			○			
28. 腐蛆病	蜜蜂			○	57(蜜蜂)	59(蜜蜂)	43(蜜蜂)

1) 流行性脳炎：日本脳炎(馬, 豚), 東部馬脳炎, 西部馬脳炎, ベネズエラ馬脳炎, 馬のウエストナイルウイルス感染症を含む。
2) 狂犬病予防法第2条で①犬, ②猫その他の動物(牛, 馬, めん羊, 山羊, 豚, 鶏, あひるを除く)として猫, あらいぐま, きつね, スカンクが定められている。
3) ピロプラズマ病：*Theileria parva* と *T. annulata*(牛), *Babesia bovis* と *B. bigemina*(牛), *B. equi*(1998年, *Theileria*属に変更)と *B. caballi*(馬)による疾病が対象。
4) アナプラズマ病：*Anaplasma marginale* による疾病が対象。
5) 伝達性海綿状脳症：牛海綿状脳症, スクレイピー, 慢性消耗病を含む。
6) ニューカッスル病：1. 鶏の初生ひなにおけるその病原体のICPI(脳内接種試験により得られた病原体の病原性の高さを表した指数をいう。以下同じ)が0.7以上であるニューカッスル病。
2. 以下のいずれにも該当するニューカッスル病 a. その病原体のF蛋白質の113番目から116番目までのアミノ酸残基のうち3以上がアルギニン残基またはリジン残基であると推定されること。b. その病原体のF蛋白質の117番目のアミノ酸残基がフェニルアラニン残基であると推定されること。
7) 家きんサルモネラ感染症：ひな白痢, 鶏チフスを含む。
a) 人にも感染する人と動物の共通感染症を示す。
b) 日本国内で発生をみない伝染性疾病を海外家畜伝染病とした。
c) 国際獣疫事務所(OIE)は, 国際的に重要な119疾病をOIEリスト疾病と指定して注意を喚起している。該当疾病を○印で示す。
d) 家畜衛生週報(農水省消費・安全局 畜水産安全管理課, 動物衛生課)年報より。海外病など報告のない疾病を空欄とした。
(注)牛疫は2011年5月25日のOIE総会において, 全加盟国を含む198の国・地域で清浄化されたとする評価案が決議され, 世界から撲滅が宣言された。
口蹄疫は2010年4月宮崎県で発生したが, その後の防疫対応により7月に終息し, 2011年2月, OIEが清浄化を認めた。
低病原性鳥インフルエンザは, 2011年4月の法改正で家畜伝染病に指定された。したがって発生数の報告はない。

表V－2　届出伝染病

(平成27年12月 省令第83号 家畜伝染病予防法施行規則第2条)

疾病名	対象家畜	人獣共通感染症[a]	海外家畜伝染病[b]	OIEリスト疾病[c]	日本での発生[d]		
					2014年	2015年	2016年
01. ブルータング	牛, 水牛, 鹿, めん羊, 山羊			○			
02. アカバネ病	牛, 水牛, めん羊, 山羊				2(牛)	3(牛)	2(牛)
03. 悪性カタル熱	牛, 水牛, 鹿, めん羊				1	1(牛)	—
04. チュウザン病	牛, 水牛, 山羊						
05. ランピースキン病	牛, 水牛		海外	○			
06. 牛ウイルス性下痢・粘膜病	牛, 水牛			○	135	158	222
07. 牛伝染性鼻気管炎	牛, 水牛			○	19	14	15
08. 牛白血病	牛, 水牛			○	1683	2,023	1,998
09. アイノウイルス感染症	牛, 水牛						

疾病名	対象家畜	人獣共通感染症[a]	海外家畜伝染病[b]	OIEリスト疾病[c]	日本での発生[d]		
					2014年	2015年	2016年
10. イバラキ病	牛, 水牛						
11. 牛丘疹性口炎	牛, 水牛	人獣			1	4	5
12. 牛流行熱	牛, 水牛					11	-
13. 類鼻疽	牛, 水牛, 鹿, 馬, めん羊, 山羊, 豚, いのしし	人獣	海外				
14. 破傷風	牛, 水牛, 鹿, 馬	人獣			67(牛), 4(馬)	81(牛), 1(馬)	73
15. 気腫疽	牛, 水牛, 鹿, めん羊, 山羊, 豚, いのしし				1(牛)	4(牛)	3
16. レプトスピラ症[1]	牛, 水牛, 鹿, 豚, いのしし, 犬	人獣			1(牛), 39(犬)	36(犬)	24(犬)
17. サルモネラ症[2]	牛, 水牛, 鹿, 豚, いのしし, 鶏, あひる, うずら, 七面鳥	人獣			21(牛), 121(豚)	31(牛), 113(豚), 2(あひる), 1(鶏)	49(牛), 108(豚), 1(あひる)
18. 牛カンピロバクター症	牛, 水牛			○		1	1
19. トリパノソーマ病	牛, 水牛, 馬		海外	○			
20. トリコモナス病	牛, 水牛			○			
21. ネオスポラ症	牛, 水牛				7	6	11
22. 牛バエ幼虫症	牛, 水牛	人獣					
23. ニパウイルス感染症	馬, 豚, いのしし	人獣	海外	○			
24. 馬インフルエンザ	馬			○			
25. 馬ウイルス性動脈炎	馬		海外	○			
26. 馬鼻肺炎	馬				19	25	26
27. 馬モルビリウイルス肺炎	馬	人獣	海外				
28. 馬痘	馬						
29. 野兎病	馬, めん羊, 豚, いのしし, うさぎ	人獣		○			
30. 馬伝染性子宮炎	馬		海外	○			
31. 馬パラチフス	馬				1		
32. 仮性皮疽	馬	人獣	海外				
33. 伝染性膿疱性皮膚炎	鹿, めん羊, 山羊	人獣					
34. ナイロビ羊病	めん羊, 山羊	人獣	海外	○			
35. 羊痘	めん羊		海外	○			
36. マエディ・ビスナ	めん羊		海外	○			
37. 伝染性無乳症	めん羊, 山羊		海外	○		-	1(山羊)
38. 流行性羊流産	めん羊	人獣	海外	○			
39. トキソプラズマ病	めん羊, 山羊, 豚, いのしし	人獣			30	29	38(豚)
40. 疥癬	めん羊						
41. 山羊痘	山羊		海外	○			
42. 山羊関節炎・脳脊髄炎	山羊			○		1	
43. 山羊伝染性胸膜肺炎	山羊		海外	○			
44. オーエスキー病	豚, いのしし			○		1	
45. 伝染性胃腸炎	豚, いのしし			○	14		1
46. 豚エンテロウイルス性脳脊髄炎	豚, いのしし				1		1
47. 豚繁殖・呼吸障害症候群	豚, いのしし			○	19	34	29
48. 豚水疱疹	豚, いのしし		海外				
49. 豚流行性下痢	豚, いのしし				866(豚)	218(豚)	87(豚)
50. 萎縮性鼻炎	豚, いのしし						
51. 豚丹毒	豚, いのしし	人獣			785(豚)	856(豚)	588(豚)
52. 豚赤痢	豚, いのしし				47	69	50
53. 鳥インフルエンザ	鶏, あひる, うずら, 七面鳥	人獣		○			
54. 低病原性ニューカッスル病	鶏, あひる, うずら, 七面鳥						
55. 鶏痘	鶏, うずら				13	12	15
56. マレック病	鶏, うずら				65	78	64
57. 伝染性気管支炎	鶏			○	13	12	21
58. 伝染性喉頭気管炎	鶏			○	4	5	1
59. 伝染性ファブリキウス囊病	鶏			○	5	15	3
60. 鶏白血病	鶏				21	17	4
61. 鶏結核病	鶏, あひる, うずら, 七面鳥						
62. 鶏マイコプラズマ病	鶏, 七面鳥			○	3	6	16
63. ロイコチトゾーン病	鶏				15	17	14
64. あひる肝炎	あひる			○		1	
65. あひるウイルス性腸炎	あひる		海外				
66. 兎ウイルス性出血病	うさぎ			○			
67. 兎粘液腫	うさぎ		海外	○			
68. バロア病	蜜蜂			○	54	44	42
69. チョーク病	蜜蜂				66	76	60
70. アカリンダニ症	蜜蜂			○	18	25	31
71. ノゼマ病	蜜蜂						5

1）レプトスピラ症：*Leptospira interrogans* 血清型 pomona, canicola, icterohaemorrhagiae, grippotyphosa, hardjo, autumnalis および australis による疾病が対象。
2）サルモネラ症：*Salmonella enterica* 血清型 Dublin, Enteritidis, Typhimurium, Choleraesuis による疾病が対象。
a）〜 d）前頁参照。

家畜以外の動物（野生動物等）が家畜伝染病にかかり，またはかかっている疑いが発見された場合，家畜伝染病の発生を予防するための措置の企画・立案・実施に資するよう，知事は当該動物についての当該伝染性疾病の発生の状況等を把握するための検査を当該都道府県の職員に実施することができる（同法第５条第３項）。

(4) 発生予防のための注射，薬浴または投薬（同法第６条）

知事は，特定疾病（同法第４条の２第５項）または監視伝染病の発生を予防するため必要があるときは，家畜の所有者に対し，家畜防疫員による注射，薬浴または投薬を受ける旨を命じることができる。

(5) 消毒設備の設置等の義務（同法第８条の２）

家畜の所有者は，畜舎その他省令で定める施設およびその敷地の出入り口付近に特定疾病または監視伝染病の発生を予防するために必要な消毒設備を設置しなければならない。

(6) 発生予防のための消毒方法（同法第９条）

知事は，特定疾病または監視伝染病の発生を予防するため必要があるときは，区域を限り，家畜の所有者に対し，省令の定めるところにより，消毒方法，清潔方法またはネズミ，昆虫等の駆除方法を実施すべき旨を命ずることができる。

(7) 伝染性疾病の病原体により汚染された場所の消毒等（同法第10条）

知事は，家畜以外の動物が家畜伝染病にかかっていることが発見された場合において，当該伝染性疾病が当該動物から家畜に伝染するおそれが高いと認めるときは，当該動物がいた場所またはその死体があった場所その他汚染したおそれがある場所または物品を当該都道府県の職員に消毒させることができ，また，消毒する場所の付近を通行する者や車両の消毒を受けるよう求めることができる。知事又は市町村長は，家畜以外の動物が牛疫，牛肺疫，口蹄疫，豚コレラ，アフリカ豚コレラ，高病原性鳥インフルエンザまたは低病原性鳥インフルエンザにかかっていることが発見された場合，当該伝染性疾病の病原体による家畜伝染病の発生を予防するため緊急の必要があるときは，72時間を越えない範囲内において期間を定め，通行の制限や遮断を行うことができる（法第10条３項）。

(8) 飼養衛生管理基準（同法第12条の３）

大臣（特に指定しない限り農林水産大臣）は，家畜の飼養規模の区分に応じ，省令で家畜の飼養に係る衛生管理（焼却または埋却が必要となる場合に備えた土地の確保その他の措置を含む）の方法に関して家畜の所有者が遵守すべき基準（衛生管理基準）を定めなければならない。

(9) 定期の報告（同法第12条の４）

飼養衛生管理基準が定められた家畜の飼養者は，毎年家畜の頭羽数や飼養に係る衛生管理状況を知事に報告しなければならない。

(10) 指導および助言（同法第12条の５），**勧告および命令**（同法第12条の６）

知事は，家畜の所有者に飼養衛生管理基準に定めるところにより適切な衛生管理が行われるよう必要な指導や助言をすることができる。知事が指導や助言をした場合，家畜の所有者がなお飼養衛生管理基準を遵守していない場合，知事は期限を定めて衛生管理の方法を改善すべきことを勧告，勧告に従わないときは，期限を定めて勧告に係る措置をとるべきことを命ずることができる。

(11) 家畜の飼養に係る衛生管理の状況等の公表（同法第12条の７）

農林水産大臣は，毎年飼養衛生管理基準が定められた家畜の衛生管理状況，知事がとった措置の実施状況および家畜防疫員確保の状況について公表する。

2）家畜伝染病の蔓延の防止

(1) 患畜等の届出義務（法第13条）

患畜や疑似患畜の診断またはその死体を検案した獣医師（獣医師による診断や検案を受けていない場合は所有者）は，直ちに知事に届け出る。知事は遅滞なくその旨を公示するとともに所轄および隣接市町村長，関係知事に通報し，かつ農林水産大臣に報告する。ただし，輸入検査（法第40条），輸出検査（法第45条）で発見した場合等には適用しない。

(2) 大臣の指定する症状を呈している家畜の届出義務（法第13条の２）

家畜が家畜の種類ごとに指定する症状を呈していることを発見したときは，当該家畜を診断またはその死体を検案した獣医師（獣医師による診断や検案を受けていない場合は所有者）は，遅滞なく知事に届けねばならない。知事は農林水産大臣へ報告するとともに，大臣の指定する症状を呈している家畜が複数の畜房内で発見したときは，家畜防疫員に検体を採取させ，大臣に提出しなければならない。

(3) 隔離の義務（法第14条）

患畜または疑似患畜の所有者は遅滞なく当該家畜を隔離する。家畜防疫員は，患畜もしくは疑似患畜と同居していたため，またはその他の理由により患畜となるおそれがある家畜（疑似患畜を除く）の所有者に21日を超えない範囲で一定の区域外へ移動させないように指示することができる。

(4) 通行の制限または遮断（法第15条）

知事または市町村長は，家畜伝染病の蔓延防止のため必要があるとき，72時間を超えない範囲で期間を定め，牛疫，牛肺疫，口蹄疫，豚コレラ，アフリカ豚コレラ，高病原性鳥インフルエンザまたは低病原性鳥インフルエンザの患畜または疑似患畜の所在場所とその他の場所との通行を制限または遮断することができる。

(5) と殺の義務（法第16条）

家畜の所有者は，家畜防疫員の指示に従い，牛疫，牛肺疫，口蹄疫，豚コレラ，アフリカ豚コレラ，高病原性鳥インフルエンザまたは低病原性鳥インフルエンザの患畜および疑似患畜（牛肺疫は患畜のみ）を直ちに殺さなければならない。家畜防疫員は，家畜伝染病の蔓延を防止するため緊急の必要があるときは，自らこれらを殺すことができる。

(6) 患畜等の殺処分（法第17条）

知事は，家畜伝染病蔓延を防止するため必要があるときは，家畜の所有者に期限を定めて以下の20疾病の患畜と11疾病の疑似患畜を殺すよう命じることができる。また，所有者不明の場合で緊急時には，知事は，家畜防疫員に殺させることができる。

患畜：流行性脳炎，狂犬病，水胞性口炎，リフトバレー熱，炭疽，出血性敗血症，ブルセラ病，結核病，ヨーネ病，ピロプラズマ病，アナプラズマ病，伝達性海綿状脳症，鼻疽，馬伝染性貧血，アフリカ馬疫，小反芻獣疫，豚

水胞病，家きんコレラ，ニューカッスル病，家きんサルモネラ感染症

疑似患畜：牛肺疫，水胞性口炎，リフトバレー熱，出血性敗血症，伝達性海綿状脳症，鼻疽，アフリカ馬疫，小反芻獣疫，豚水胞病，家きんコレラ，ニューカッスル病

(7) 患畜等以外の家畜の殺処分(法第17条の2)

農林水産大臣は，口蹄疫が蔓延し，または蔓延するおそれがある場合，その蔓延防止が困難な場合，その急速かつ広範囲な蔓延を防止するため，患畜および疑似患畜以外の家畜を蔓延防止のため殺す必要があるとき，その地域(指定地域)および殺す必要のある家畜(指定家畜)を指定することができる。指定地域および指定家畜の指定があったときは，知事は指定家畜の所有者に，期限を定めて当該家畜を殺すことを命ずるものとする(法第17条の2の5項)。命令を受けた者が従わないときや，指定家畜の所有者もしくはその所在が不明の場合，知事は家畜防疫員に指定家畜を殺させることができる(法第17条の2の6項)。

(8) 死体の焼却等の義務(法第21条)

以下の患畜および疑似患畜の死体の所有者は，家畜防疫員の指示に従い，遅滞なく焼却か埋却しなければならないが，指示のあるまでは焼却，埋却してはならない。また，家畜防疫員の許可なく，他の場所へ移動，損傷，解体してはならない。

①牛疫，牛肺疫，口蹄疫，狂犬病，水胞性口炎，リフトバレー熱，炭疽，出血性敗血症，伝達性海綿状脳症(焼却のみ)，鼻疽，アフリカ馬疫，小反芻獣疫，豚コレラ，アフリカ豚コレラ，豚水胞病，家きんコレラ，高病原性鳥インフルエンザ，低病原性鳥インフルエンザまたはニューカッスル病の患畜または疑似患畜の死体

②流行性脳炎，ブルセラ病，結核病，ヨーネ病，馬伝染性貧血または家きんサルモネラ感染症の患畜または疑似患畜の死体(と畜場で殺したものを除く)

③指定家畜の死体

焼却，埋却および消毒は，焼却，埋却等の基準，消毒基準に準じて行う(施行規則第30条)ため，その細部が同施行規則別表第3(腐蛆病は別表第4)に示されている。

(9) 汚染物品の焼却等の義務(法第23条)

家畜伝染病の病原体により汚染し，またはそのおそれのある物品の所有者は，家畜防疫員の指示に従い，遅滞なく焼却，埋却，または消毒しなければならない(伝達性海綿状脳症では焼却のみ)。

ただし，家きんサルモネラ感染症の病原体により汚染した物品は指示を待たないで焼却，埋却，消毒することを妨げない。

(10) 畜舎等の消毒の義務(法第25条)

患畜あるいは疑似患畜またはこれらの死体のあった畜舎等(要消毒畜舎等)の所有者は，家畜防疫員の指示に従い消毒しなければならない。ただし，家きんサルモネラ感染症の場合は指示を待たないで消毒することを妨げない。

要消毒畜舎等の所有者は，要消毒畜舎等およびその敷地の出入り口付近に消毒設備を設置しなければならない(法第25条4項)。要消毒畜舎等の敷地から車両を出す者は，車両の消毒をしなければならない(法第25条6項)。

(11) 家畜等の移動制限(法第32条)

知事は，家畜伝染病の蔓延を防止するため必要があるときは，家畜，その死体，汚染物品の当該都道府県区域内での移動，当該都道府県内への移入および当該都道府県外への移出を禁止または制限することができる。農林水産大臣は，区域を指定し，家畜，その死体，汚染物品の当該区域外への移出を禁止または制限することができる。

(12) 家畜集合施設の開催等の制限(法第33条)，**放牧等の制限**(法第34条)

知事は，家畜伝染病蔓延防止のため，競馬，家畜市場，家畜共進会，と畜場や化製場の事業の停止または制限および放牧，種付，と畜場以外でのと殺またはふ卵の停止または制限をすることができる。

(13) 発生の原因の究明(法第35条の2)

大臣は，牛疫，牛肺疫，口蹄疫，豚コレラ，アフリカ豚コレラ，高病原性鳥インフルエンザまたは低病原性鳥インフルエンザが発生したときは，速やかに原因を究明するよう努めるものとする。

3）輸出入検疫

(1) 輸入禁止(法第36条の1の1項，第37条)

次に掲げるものは原則として輸入が禁じられているが，試験研究用に供する場合等，農林水産大臣の許可を受けたときは，この限りではない。

①省令で定められている地域(施行規則第43条)から発送またはこれらの地域を経由したもので農林水産大臣が指定する以下のもの(指定検疫物)。

(ⅰ)動物，その死体または骨肉卵皮毛類およびこれらの容器包装，(ⅱ)穀物のわら(省令で定めた飼料以外のものは除く)および飼料用の乾草，(ⅲ)監視伝染病の病原体を広げるおそれのある敷料その他これに準ずるもの

②監視伝染病の病原体，既知の家畜の伝染性疾病以外の疾病の病原体

(2) 輸入のための検査証明書の添付(法第37条)

前項(ⅰ)～(ⅲ)に掲げるものであって大臣の指定するもの(指定検疫物：施行規則第45条)は，輸出国政府機関発行の検査証明書がなければ原則として輸入できない。

(3) 輸入場所の制限(法第38条，施行規則第47条)

指定検疫物は原則として指定された港，飛行場以外の場所で輸入してはならない。

(4) 動物の輸入に関する届出と検査(法第38条の2，第40条)

大臣の指定する動物を輸入する場合は，原則として動物の種類，数量，場所等を動物検疫所に届け出し，家畜防疫官による検査を受けねばならない。

(5) 輸出検査(法第45条)

輸入国政府が，家畜の伝染性疾病の病原体を広げるおそれの有無についての輸出国の検査証明を必要としている動物その他のもの，および農林水産大臣が国際動物検疫上必要と認めて指定するものについては，家畜防疫官の輸出検疫証明書の交付を受けなければならない。

(6) 輸入・輸出検査のためのけい留期間(施行規則第50条)

輸入検査と輸出検査はけい留して行うものとし，動物の種類とけい留期間が定められている。ただし，輸出検査の場合，輸入国政府がそれ以上の期間を必要とする場合は当該必要期間とする。

(7) 入国者に対する質問等(法第46条の2)，**入国者の携帯品の消毒**(法第46条の3)，**協力の要請**(法第46条の4)

家畜防疫官は，入国者の携帯品に要消毒物品が含まれる

かどうかを判断するため，質問，検査を行うことができ，要消毒物品が含まれていた場合，消毒することができる。動物検疫所長は，上記を円滑に実施する必要があるときは，船舶もしくは航空機の所有者もしくは長または港もしくは飛行場管理者等に協力を求めることができ，協力の要請を受けた者は応じるよう努めねばならない。

4）病原体の所持に関する措置

(1) 家畜伝染病病原体の所持の許可に関する事項(法第46条の5～第46条の22)

省令で定める家畜伝染病病原体を所持しようとする者は，農林水産大臣の許可を受けなければならない(法第46条の5)。大臣は，病原体所持の目的が①検査，治療，医薬品その他省令で定める製品の製造または試験研究であること，②取扱施設が省令で定める基準を満たし，家畜伝染病が発生し，または蔓延するおそれがないことを満たしていない場合は許可をしてはならない(法第46条の6)。大臣は，許可をしたときは許可証を交付しなければならない(法第46条の7)。許可所持者は，許可事項の変更をしようとするときは，原則として大臣の許可を得なければならない(法第46条の8)。大臣は，許可の基準等に適合しなくなったとき，許可の取り消し，または許可の効力を停止することができる(法第46条の9)。家畜伝染病病原体は，原則的に譲り渡し，または譲り受けてはならない(法第46条の10)。許可所持者が，所持することを要しなくなった場合，許可の取り消し，もしくは許可の効力を停止された場合，家畜伝染病病原体の滅菌もしくは無害化またはその譲渡をしなければならない(法第46条の11)。その他，病原体所持開始前の家畜伝染病発生予防規程の作成(法第46条の12)，病原体取扱主任者の選任(法第46条の13)，許可所持者の教育訓練(法第46条の14)，許可所持者の保管，使用，滅菌等に関する事項，発生予防および蔓延防止に関する必要事項の記帳義務(法第46条の15)，取扱施設の基準(法第46条の16)，病原体保管等の基準(法第46条の17)，災害時の応急措置(法第46条の18)等について定められている。届出伝染病等病原体についても，所持の開始から7日以内に大臣に届け出なければならない(法第46条の19)。また，届出伝染病等病原体については，家畜伝染病病原体の規定を準用し，記帳の義務，施設の基準，保管の基準，災害時の応急措置が定められている(法第46条の20)。大臣は，家畜伝染病病原体または届出伝染病等病原体を扱う者が，農林水産省所管外の事業所に属する場合，その事業所を所管する大臣等に必要な措置を講じるよう依頼することができる(法第46条の21)。

(2) 立入検査等(法第51条)

家畜防疫官または家畜防疫員は，家畜の伝染性疾病を予防するため必要があるときは，競馬場，家畜市場，家畜共進会会場，畜舎，化製場，と畜場，船舶，車両，航空機，伝染性疾病により汚染した場所等に立ち入って動物等を検査し，関係者に質問し，または血液等を採取することができる(法第51条1項)。また，病原体許可所持者の事務所または事業所に立入検査を行うことができる(法第51条第2項)。

(3) 伝染性疾病の発生の状況等に関する情報の収集および公表(法第52条の2)

農林水産大臣は，外国における家畜の伝染性疾病発生に関する情報を収集し，整理・分析を行い，積極的に公表するものとする。

(4) 家畜防疫官および家畜防疫員(法第53条)

家畜伝染病予防法に規定する事務を従事させるため，農水省に家畜防疫官を置く。

知事は，獣医師等の職員を家畜防疫員として任命するとともに，獣医師を職員として採用することにより，法を処理するために必要となる数の家畜防疫員を確保するよう努めねばならない(法第53条第3，4項)。

(5) 手当金(法第58条)

国は，法律に基づき殺処分または焼却・埋却した家畜または物品の評価額に基づき，家畜等の所有者に対して手当金として交付する(法第58条第1項)。なお，一部の家畜伝染病については，従来の手当金の他に，特別手当金(手当金と合わせて評価額の全額保証となるように)を交付する(法第58条の2)。ただし，家畜伝染病発生予防や蔓延を防止するための措置を講じなかった者には，手当金および特別手当金の一部または全部を交付せず，またはすでに交付した場合は返還させるものとする。

(6) 家畜伝染病予防費(法第60条)

国は，知事または家畜防疫員がこの法律を執行するために必要な費用を負担する。

(7) 指定家畜に係る補償金等(法第60条の2)

国は，移動制限等による農場の売上げの減少額等に相当する額を都道府県が家畜，死体，物品の所有者に交付した額の2分の1を負担する(法第60条2項)。国は，指定家畜として殺処分されたために損失を受けた者に対し，損失を補償しなければならない(法第60条の2第1項)。

(8) 予防のための自主的措置(法第62条の2)

家畜の所有者は，飼養家畜の伝染性疾病の発生を予防し，蔓延を防止することについて重要な責任を有していることを自覚し，予防のために必要な消毒等の措置を適切に実施するよう努める(法第62条の2第1項)。

(9) 厚生労働大臣および環境大臣との関係(法第62条の3)，**連絡および協力**(法第62条の4)

大臣は，家畜から人に伝染するおそれが高い家畜の伝染性疾病の発生予防または蔓延防止措置を講じようとする場合，厚生労働大臣に意見を求め(法第62条の3の第1項)，また厚生労働大臣は意見を述べることができる(法第62条の3の第2項)。家畜伝染病が野生動物から家畜へ伝染するおそれが高いため予防または蔓延防止のための措置を講じる場合，環境大臣に意見を求め(法第62条の3の第4項)，また環境大臣は意見を述べることができる(法第62条の3の第5項)。大臣および関係行政機関の長は，法律の執行に当たり，家畜の伝染性疾病の発生の予防または蔓延防止に関する事項について，相互に緊密に連絡し，協力しなければならない(法第62条の4)。

5）罰則

2011年4月に改正された家畜伝染病予防法では，法に違反した場合の罰則が強化された。以下に改正で追加された罰則をあげる。

3年以下の懲役または100万円以下の罰金に，指定家畜の殺処分命令違反および家畜病原体所持，譲渡，譲り受けについての違反が追加された(法第63条)。

1年以下の懲役または50万円以下の罰金に，指定症状を呈する家畜の届出義務違反並びに家畜伝染病病原体所持に関する許可事項の変更の許可，滅菌譲渡義務，病原体取扱主任者選任および災害時の応急措置などの規定違反が加わった。また，立入検査において妨害，忌避，虚偽の報告などをした場合が加わった(法第64条)。

また，50万円以下の罰金を新しく加え，家畜病原体所持の許可に条件がつけられた場合の遵守，滅菌譲渡の届出，届出伝染病病原体所持の届出，滅菌譲渡に係る必要な措置の命令，取扱施設の改善命令，病原体の保管，使用，運搬，滅菌に係る改善命令に違反した場合，本条文が適用されることになった(法第65条)。

30万円以下の罰金が課される場合として，畜舎などにおける消毒設備設置の義務違反，家畜伝染病が発生した要消毒畜舎等ないし倉庫等の消毒設備の設置と車両や人の消毒，消毒設備が設置された場所を通行する車両や人の消毒の規定に違反した場合，飼養衛生管理基準による改善命令に違反した場合，入国者が入国時の携帯品持ち込みに際し，家畜防疫官の質問に答えなかったり，虚偽の答えをしたり，携帯品の検査および消毒を命じられたにもかかわらず拒み，妨げ，忌避した場合，家畜伝染病病原体所持許可条件の変更届出，教育訓練，記帳義務，災害時の応急措置の届出，届出伝染病病原体所持の変更事項届出を怠るなど義務違反をした場合が追加された(法第66条)。

10万円以下の過料が新しく定められ，飼養衛生管理基準に定められた家畜の飼養や衛生管理状況の報告義務，家畜伝染病病原体予防規程の作成と届出，取扱主任者の届出を怠るなどの違反，予防規程の変更命令遵守に違反した場合に適用されることとなった(法第68条)。

家畜伝染病病原体所持許可の事項の一部や予防規程に変更があった際の届出を怠った場合は，５万円以下の過料に処せられることも新たに定められた(法第69条)。

2．飼養衛生管理基準の改正(2011年4月4日公布，10月1日施行)

(関連する家畜伝染病予防法の条文：法第８条の２，第12条の３～７，第13条の２)

家畜伝染病予防法では，家畜の伝染性疾病の発生を予防するため，日頃の飼養管理において所有者が遵守すべき基準(飼養衛生管理基準)を農林水産省令で定めている(法第12条の３第１項)。飼養衛生管理基準は，飼養管理技術の向上等による飼養変化を踏まえ，その内容をより現場の実態に対応した効果的なものとするため，少なくとも５年ごとに再検討を加え，必要がある場合には改正を行っている。

飼養衛生管理基準は，2011年の改正から５年が経過し，この５年間には，豚に水様性の下痢を引き起こす豚流行性下痢の発生(2013年)とそれを受けた豚流行性下痢(PED)の疫学調査に関する中間とりまとめ(2014年10月，豚流行性下痢(PED)疫学調査に関する検討会決定)や都道府県による飼養衛生管理基準の指導の徹底を促す家畜伝染病対策に関する行政評価・監視に基づく勧告(2015年11月，総務省公表)等が示されたことから，こうした新たな知見や社会的要請を踏まえ，2017年２月に飼養衛生管理基準の一部改正を行った。主な改正内容は以下のとおり。

1）疫学調査報告書等を踏まえた飼養衛生管理基準の改正

(1)豚およびいのししに食品循環資源を原材料とする飼料を利用するに当たって，原材料の詳細および処理方法が確認できない事例が確認されたため，生肉が含まれる可能性がある飼料の加熱処理を規定。

(2)畜舎に侵入した野生動物による病原体伝播の可能性が確認されたため，現行の給餌施設等への野生動物の排泄物の混入防止の規定に加え，家畜の死体の保管場所への野生動物の侵入防止を規定。

(3)と畜場や糞尿処理施設に持ち込まれる家畜の死体や排泄物による病原体伝播の可能性が確認されたため，家畜の死体および排泄物を移動する場合の適切な措置を規定。

2）行政評価を踏まえた家畜伝染病予防施行規則別記様式の改正

農場における基準の遵守状況を的確に把握できるよう，基準の全項目を同法第12条の４に基づく報告の対象とするよう，報告事項を追加。

飼養衛生管理基準は，牛等(牛，水牛，鹿，めん羊，山羊)，豚等(豚，いのしし)，家きん等(鶏，あひる，うずら，きじ，だちょう，ほろほろ鳥，七面鳥)，馬についてそれぞれ個別に基準が定められており，以下に牛等の基準を示す。

(牛等の基準)

1. 家畜防疫に関する最新情報の把握

自らが飼養する家畜が感染する伝染性疾病の発生の予防および蔓延の防止に関し，家畜保健衛生所から提供される情報を必ず確認し，家畜保健衛生所の指導等に従うこと。家畜保健衛生所等が開催する家畜衛生に関する講習会への参加，農林水産省のホームページの閲覧等を通じて，家畜防疫に関する情報を積極的に把握すること。また，関係法令を遵守するとともに，家畜保健衛生所が行う検査を受けること。

2. 衛生管理区域の設定

自らの農場を，衛生管理区域とそれ以外の区域とに分け，両区域の境界が分かるようにすること。

3. 衛生管理区域への病原体の持ち込みの防止

衛生管理区域へ病原体を持ち込まないよう，立ち入りの制限，消毒の徹底を図り，他の畜産関係施設や海外からの持ち込みについて特に注意すること。

4. 野生動物等からの病原体の侵入防止

野生動物等からの病原体感染防止を図るため，餌，水への異物混入阻止のための必要な措置を講じること。家畜が死亡したときは，処理するまでの間，野生動物に荒らされないよう保管すること。

5. 衛生管理区域の衛生状態の確保

衛生管理区域の良好な衛生状態確保のため，清掃や消毒を行い，密飼いを避けること。

6. 家畜の健康観察と異常が確認された場合の対処

毎日，飼養する家畜の健康観察を行うとともに，家畜が特定症状を呈していることを発見したときは，直ちに家畜保健衛生所に通報するとともに管理区域内物品を持ち出さないこと。また，家畜の健康観察に努め，特定症状以外の異常についても早期の診療を受けること。家畜の死体・排泄物の移動させる場合には，周辺を汚さないこと。

7. 埋却地の確保

埋却の用に供する土地の確保または焼却もしくは化製のための準備措置を講じること。

8. 感染ルート等の早期特定のための記録の作成及び保管

衛生管理区域に立ち入った者についての記録を作成し，1年以上保存すること。家畜所有者および従業員の海外渡航，家畜の導入や移動の際の記録整備および異常畜の詳細記録の作成，保存についても同様に行うこと。

9. 大規模所有者に関する追加措置

大規模農場は，農場ごとに，家畜保健衛生所と緊密に連絡を行っている担当の獣医師または診療施設を定め，定期的に飼養する家畜の健康管理について指導を受けること。また，従業員に対して感染症に関する情報伝達と家畜の異常についての届出を周知徹底すること。

牛等と豚等の基準はほぼ同様で，特定症状は口蹄疫の症状が定められている。牛飼育農家では衛生管理区域専用の衣服や靴の設置および使用が難しいところから，省かれている点が豚等の基準と異なる点である。一方，豚飼育の場合，食物残渣が給餌される場合には加熱処理を行うことが定められている。

家きん等では，衛生管理区域専用の衣服，靴の設置とともに，家きん舎ごとに専用の靴を設置することが定められている。また，防鳥ネットの設置を含めた野生動物の侵入防止対策が強く求められている。特定症状は，当然のことながら高病原性および低病原性鳥インフルエンザが記載されている。これに対し，馬の場合は一般的な衛生対策が主である。

大規模農場とは，それぞれの動物種によって飼養頭羽数が異なり，牛の場合，成牛と水牛では200頭以上，育成牛，鹿，めん羊，山羊では3,000頭以上，豚の場合，3,000頭以上，家きんの場合，鶏，うずらにあっては10万羽以上，あひる，きじ，だちょう，はろほろ鳥，七面鳥にあっては1万羽以上，馬では200頭以上を飼育する場合をいう（施行規則第21条の2の8項）。

3．狂犬病予防法（要約）

目的：狂犬病の発生を予防し，その蔓延を防止し，撲滅することにより，公衆衛生の向上および公共の福祉の増進を図ることを目的とする。

1）適用範囲（法第2条）

①犬（法の全部適用），②猫その他の動物（牛，馬，めん羊，山羊，豚，鶏およびあひるを除く）であって，狂犬病を人に感染させるおそれが高いものとして狂犬病予防法施行令で定めるもの（猫，あらいぐま，きつねおよびスカンク，法の一部適用）。①と②を犬等という。

2）通常措置（法第4～6条）

①犬の所有者は，市町村長に犬の登録を申請し，交付された鑑札を犬に着けなければならない。

②狂犬病の予防注射を毎年1回受けさせ，注射済票を犬に着けておかなければならない。

③狂犬病予防員は登録を受けず，鑑札を着けず，または予防注射を受けず，注射済票を着けていない犬を認めたときは抑留しなければならない。

④所有者の知れていない犬を捕獲した場合，市町村長はその旨を2日間公示し，その後1日以内に所有者が引き取らない時は処分することができる。

3）狂犬病発生時の措置（法第8～19条）

①狂犬病に罹ったか，もしくは罹った疑いのある犬等，またはこれらの犬等に咬まれた犬等を診断し，またはその死体を検案した獣医師は，その犬等の所在地を管轄する保健所長に届け出し，直ちにその犬等を隔離しなければならない。

②狂犬病が発生した場合，知事は期間および区域を定めて，区域内のすべての犬に口輪をかけ，けい留し，狂犬病予防員に犬の一斉検診をさせなければならない。また，必要に応じ臨時の予防接種や移動禁止，交通遮断または制限（72時間以内），犬の展覧会などの禁止，犬の抑留，けい留されていない犬の薬殺を命ずることができる。

4）犬等の輸出入検疫規則（要約）

犬等を輸出入する時には，検疫を受けた犬等に限られる（狂犬病予防法第7条）。輸入する場合は，船または航空機が到着する日の40日前までの間に動物検疫所に届け出なければならない。

検疫の場所およびけい留期間は，犬等の輸出入検疫規則で定められている（省令第4条）。

4．感染症の予防及び感染症の患者に対する医療に関する法律（感染症法：要約）

目的：感染症の予防および感染症の患者に対する医療に関し必要な措置を定めることにより，感染症の発生を予防し，およびその蔓延の防止を図り，もって公衆衛生の向上および増進を図ることを目的とする。

1）獣医師等の責務（法第5条の2）

獣医師その他の獣医療関係者は，感染症の予防に協力するとともに，寄与するよう努めなければならない。また，動物等取扱業者は，動物が感染症を人に広めることがないように，感染症の予防に関する知識および技術の習得，動物の適切な管理その他の必要な措置を講ずるよう努めなければならない。

2）定義（法第6条）

感染症を，一類感染症，二類感染症，三類感染症，四類感染症，五類感染症，新型インフルエンザ等感染症，指定感染症および新感染症に分類する（**表Ⅴ－3**）。また，感染症の病原体および毒素を病原体等とし，特定病原体等として一種病原体等，二種病原体等，三種病原体等および四種病原体等を定める（**表Ⅴ－4**）。

3）感染症に関する情報の収集および公表

（1）獣医師の届出（法第13条，政令第5条，施行規則第5条）

獣医師は，次の感染症に罹るか，罹っている疑いがあると診断したとき，またこれらの感染症に罹った動物の死体を検案したときは，直ちに最寄りの保健所長を経由して都道府県知事に届け出る。
1. エボラ出血熱：猿
2. マールブルグ病：猿
3. ペスト：プレーリードッグ
4. 重症急性呼吸器症候群（病原体がコロナウイルス属SARSコロナウイルスであるものに限る）：イタチアナグマ，たぬきおよびハクビシン
5. 細菌性赤痢：猿
6. ウエストナイル熱：鳥類に属する動物
7. エキノコックス症：犬
8. 結核：猿
9. 鳥インフルエンザ（H5N1，H7N9）：鳥類に属する動物
10. 新型インフルエンザ等感染症：鳥類に属する動物
11. 中東呼吸器症候群（病原体がベータコロナウイルス属MERSコロナウイルスであるものに限る）：ヒトコブラクダ

4）感染症の病原体を媒介するおそれのある動物の輸入に関する措置

(1) 輸入禁止（法第54条，政令第13条，法54条第1号の輸入禁止地域等を定める省令第1条）

猿はすべての地域から輸入禁止（試験研究機関における試験，研究用または動物園における展示用に供される場合は米国，インドネシア，ガイアナ，カンボジア，スリナム，中国，フィリピンおよびベトナムを除く）。イタチアナグマ，コウモリ，たぬき，ハクビシン，プレーリードッグおよびヤワゲネズミ（マストミス）はすべての地域から輸入禁止。

(2) 輸入検疫（法第55条，政令第14条）

指定動物の輸入に際しては，指定動物ごとに政令で定める感染症に罹っていないか，罹っている疑いのないことの輸出国の証明が必要。また，指定された港または飛行場以外の場所で輸入してはならない。輸入者は，指定動物が政令で定める感染症に罹っているか，またはその疑いがあるかどうかについて家畜防疫官の検査を受けなければならな

表V－3　感染症法における疾病分類
（平成26年11月 法第115号 第6条　　平成28年2月 政令第41号 第1条）

分　類	疾患名
一類感染症	1. エボラ出血熱，2. クリミア・コンゴ出血熱，3. 痘そう，4. 南米出血熱，5. ペスト，6. マールブルグ病，7. ラッサ熱
二類感染症	1. 急性灰白髄炎，2. 結核，3. ジフテリア，4. 重症急性呼吸器症候群（病原体がベータコロナウイルス属SARSコロナウイルスであるものに限る），5. 中東呼吸器症候群（病原体がベータコロナウイルス属MERSコロナウイルスであるものに限る），6. 鳥インフルエンザ［病原体がインフルエンザウイルスA属インフルエンザAウイルスであってその血清亜型が新型インフルエンザ等感染症の病原体に変異するおそれが高いものの血清亜型として政令で定めるもの（特定鳥インフルエンザ：H5N1またはH7N9）に限る］
三類感染症	1. コレラ，2. 細菌性赤痢，3. 腸管出血性大腸菌感染症，4. 腸チフス，5. パラチフス
四類感染症 （動物由来感染症）	1. E型肝炎，2. A型肝炎，3. 黄熱，4. Q熱，5. 狂犬病，6. 炭疽，7. 鳥インフルエンザ（特定鳥インフルエンザを除く），8. ボツリヌス症，9. マラリア，10. 野兎病，11. 1～10の他，既に知られている感染性の疾病であって，動物またはその死体，飲食物，衣類，寝具その他の物件を介して人に感染し，1～10と同程度に国民の健康に影響を与える恐れのあるものとして政令で定めるもの。 1. ウエストナイル熱，2. エキノコックス症，3. オウム病，4. オムスク出血熱，5. 回帰熱，6. キャサヌル森林病，7. コクシジオイデス症，8. サル痘，9. ジカウイルス感染症，10. 重症熱性血小板減少症候群（病原体がフレボウイルス属SFTSウイルスであるものに限る。），11. 腎症候性出血熱，12. 西部ウマ脳炎，13. ダニ媒介脳炎，14. チクングニア熱，15.つつが虫病，16. デング熱，17. 東部ウマ脳炎，18. ニパウイルス感染症，19. 日本紅斑熱，20. 日本脳炎，21. ハンタウイルス肺症候群，22. Bウイルス病，23. 鼻疽，24. ブルセラ病，25. ベネズエラウマ脳炎，26. ヘンドラウイルス感染症，27. 発しんチフス，28. ライム病，29. リッサウイルス感染症，30. リフトバレー熱，31. 類鼻疽，32. レジオネラ症，33. レプトスピラ症，34. ロッキー山紅斑熱
五類感染症	1. インフルエンザ（鳥インフルエンザおよび新型インフルエンザ等感染症を除く），2. ウイルス性肝炎（E型肝炎およびA型肝炎を除く），3. クリプトスポリジウム症，4. 後天性免疫不全症候群，5. 性器クラミジア感染症，6. 梅毒，7. 麻しん，8. メチシリン耐性黄色ブドウ球菌感染症， 1～8の他，既に知られて感染性の疾病（四類感染症を除く）であって，1～8と同程度に国民の健康に影響を与える恐れのあるものとして厚生労働省令で定める38疾病。
新型インフルエンザ等感染症	1. 新型インフルエンザ：新たに人から人に伝染する能力を有することとなったウイルスを病原体とするインフルエンザであって，一般に国民が当該感染症に対する免疫を獲得していないことから，当該感染症の全国的かつ急速なまん延により国民の生命および健康に重大な影響を与える恐れがあると認められるもの。 2. 再興型インフルエンザ：かつて世界的規模で流行したインフルエンザであってその後流行することなく長期間が経過しているものとして厚生労働大臣が定めるものが再興したものであって，一般に現在の国民の大部分が当該感染症に対する免疫を獲得していないことから，当該感染症の全国的かつ急速なまん延により国民の生命および健康に重大な影響を与える恐れがあると認められるもの。
指定感染症	既に知られている感染性の疾病（一類感染症，二類感染症，三類感染症および新型インフルエンザ等感染症を除く）であって，当該疾病のまん延により国民の生命および健康に重大な影響を与える恐れがあるものとして政令によって定めるもの。
新感染症	人から人に伝染する疾病であって，既に知られている感染性疾病とその病状または治療の結果が明らかに異なるもので，当該疾病にかかった場合の病状の程度が重篤であり，かつ，当該疾病のまん延により国民の生命および健康に重大な影響を与える恐れがあるもの。

表V－4　感染症法で規定されている特定病原体等
（平成26年11月 法第115号 第6条　　平成28年2月 政令第41号 第2条）

分　類	病原体
一種病原体等	1．アレナウイルス属ガナリトウイルス，サビアウイルス，フニンウイルス，マチュポウイルスおよびラッサウイルス 2．エボラウイルス属アイボリーコーストエボラウイルス，ザイールウイルス，スーダンエボラウイルスおよびレストンエボラウイルス 3．オルソポックスウイルス属バリオラウイルス（別名痘そうウイルス） 4．ナイロウイルス属クリミア・コンゴヘモラジックフィーバーウイルス（別名クリミア・コンゴ出血熱ウイルス） 5．マールブルグウイルス属レイクビクトリアマールブルグウイルス 6．先に掲げるものと同程度に病原性を有し，国民の生命および健康に極めて重大な影響を与える恐れがある病原体等として政令で定めるもの 1．アレナウイルス属チャパレウイルス，2．エボラウイルス属ブンディブギョエボラウイルス
二種病原体等	1．エルシニア属ペスティス（別名ペスト菌） 2．クロストリジウム属ボツリヌム（別名ボツリヌス菌） 3．ベータコロナウイルス属SARSコロナウイルス 4．バシラス属アントラシス（別名炭疽菌） 5．フランシセラ属ツラレンシス種（別名野兎病菌）亜種ツラレンシスおよびホルアークティカ 6．ボツリヌス毒素（人工合成毒素であって，その構造式がボツリヌス毒素の構造式と同一であるものを含む） 7．政令で定めるもの（現在なし）
三種病原体等	1．コクシエラ属バーネッティイ 2．マイコバクテリウム属ツベルクローシス（別名結核菌）（イソニコチン酸ヒドラジド，リファンピシンその他結核の治療に使用される薬剤として政令で定めるものに対し耐性を有するものに限る） （三種病原体等の結核菌が耐性を有する薬剤） 1．オフロキサシン，ガチフロキサシン，シプロフロキサシン，スパルフロキサシン，モキシフロキサシンまたはレボフロキサシン 2．アミカシン，カナマイシンまたはカプレオマイシン 3．リッサウイルス属レイビーズウイルス（別名狂犬病ウイルス） 4．以下の政令で定めるもの 1．アルファウイルス属イースタンエクインエンセファリティスウイルス（別名東部ウマ脳炎ウイルス），ウエスタンエクインエンセファリティスウイルス（別名西部ウマ脳炎ウイルス）およびベネズエラエクインエンセファリティスウイルス（別名ベネズエラウマ脳炎ウイルス） 2．オルソポックスウイルス属モンキーポックスウイルス（別名サル痘ウイルス） 3．コクシディオイデス属イミチス 4．シンプレックスウイルス属Bウイルス 5．バークホルデリア属シュードマレイ（別名類鼻疽菌）およびマレイ（別名鼻疽菌） 6．ハンタウイルス属アンデスウイルス，シンノンブレウイルス，ソウルウイルス，ドブラバーベルグレドウイルス，ニューヨークウイルス，バヨウウイルス，ハンタンウイルス，プーマラウイルス，ブラッククリークカナルウイルスおよびラグナネグラウイルス 7．フラビウイルス属オムスクヘモラジックフィーバーウイルス（別名オムスク出血熱ウイルス），キャサヌルフォレストディジーズウイルス（別名キャサヌル森林病ウイルス）およびティックボーンエンセファリティスウイルス（別名ダニ媒介脳炎ウイルス） 8．ブルセラ属アボルタス（別名ウシ流産菌），カニス（別名イヌ流産菌），スイス（別名ブタ流産菌）およびメリテンシス（別名マルタ熱菌） 9．フレボウイルス属SFTSウイルスおよびリフトバレーフィーバーウイルス（別名リフトバレー熱ウイルス） 10．ベータコロナウイルス属MERSコロナウイルス 11．ヘニパウイルス属ニパウイルスおよびヘンドラウイルス 12．リケッチア属ジャポニカ（別名日本紅斑熱リケッチア），ロワゼキイ（別名発しんチフスリケッチア）およびリケッチイ（別名ロッキー山紅斑熱リケッチア）
四種病原体等	1．インフルエンザウイルスA属インフルエンザAウイルス〔血清亜型がH2N2，H5N1，H7N7，H7N9であるもの（新型インフルエンザ等感染症の病原体を除く）または新型インフルエンザ等感染症の病原体に限る〕 2．エシェリヒア属コリー（別名大腸菌）（腸管出血性大腸菌に限る） 3．エンテロウイルス属ポリオウイルス 4．クリプトスポリジウム属パルバム（遺伝子型が1型または2型であるものに限る） 5．サルモネラ属エンテリカ（血清亜型がタイフィまたはパラタイフィAであるものに限る） 6．志賀毒素（人工合成毒素であって，その構造式が志賀毒素の構造式と同一であるものを含む） 7．シゲラ属（別名赤痢菌）ソンネイ，デイゼンテリエ，フレキシネリーおよびボイデイ 8．ビブリオ属コレラ（別名コレラ菌）（血清型がO1またはO139であるものに限る） 9．フラビウイルス属イエローフィーバーウイルス（別名黄熱ウイルス） 10．マイコバクテリウム属ツベルクローシス（三種病原体等に含まれるものを除く） 11．以下の政令で定めるもの。 1．クラミドフィラ属シッタシ（別名オウム病クラミジア） 2．フラビウイルス属ウエストナイルウイルス，ジャパニーズエンセファリティスウイルス（別名日本脳炎ウイルス）およびデングウイルス

い。

(3) 検査に基づく措置(法第56条，政令第14条)

動物検疫所長は，政令で定める感染症に罹り，または罹っている疑いがある指定動物を発見した場合は，家畜防疫官に隔離，消毒，殺処分その他必要な措置をとらせることができる。

5) 特定病原体等

(1) 一種病原体等(法第56条の3～5，政令第15条)

何人も，一種病原体等を所持，輸入，譲渡および譲り受けてはならない。ただし，厚生労働大臣が指定する施設において試験研究のために所持，輸入，譲渡および譲り受ける場合は，この限りではない。

(2) 二種病原体等(法第56条の6～15，政令第16～19条)

二種病原体等を所持，輸入，譲渡および譲り受けようとする者は，厚生労働大臣の許可を受けなければならない。その際，検査，治療，医薬品その他厚生労働省令で定める製品の製造または試験研究を目的として，取扱施設の位置，構造および設備が厚生労働省令で定める技術上の基準に適合するものであることを条件とする。

(3) 三種病原体等(法第56条の16，17，政令第20条)

三種病原体等を所持，輸入する者は所持の開始の日から7日以内に，当該三種病原体等の種類その他厚生労働省令で定める事項を厚生労働大臣に届け出なければならない。

5．家畜の伝染病防疫組織

農林水産省消費・安全局動物衛生課が所掌するが(動物用医薬品については同畜水産安全管理課)，実際の防疫の権限の多くは都道府県知事に委任されており，都道府県には実施機関として家畜保健衛生所が設置され，家畜防疫員が配置されている。家畜防疫員は検査，注射，薬浴，投薬の実施ならびに殺処分方法，死体の焼却，汚染物品の焼却，埋却，消毒および畜舎の消毒等に対する技術指導などの家畜伝染病予防法によって与えられている職務を行っている。

家畜伝染病予防法(第12条の3，施行規則21条)では，特定家畜の飼養衛生管理の方法に関し，家畜の所有者が遵守すべき基準(飼養衛生管理基準)を設けている。そのなかで，家畜の所有者に対し畜舎や器具の清掃，消毒をはじめとして伝染性疾病の予防のために必要な措置を実施することを義務づけており，その実効性を担保するため，知事が衛生管理の方法について改善勧告や改善措置を命ずることができるとされている。

このような自衛的防疫活動を援助するため，各種自衛防疫団体を通じて，予防接種や家畜衛生講習会などの事業を行うことで生産者の自主的な取り組みを推進している。

一方，動物や畜産物を介した伝染性疾病の海外からの侵入を防ぐため，主要な空海港に動物検疫所が設置されている。動物検疫所では家畜伝染病予防法(第36条～46条)に基づいて農林水産大臣の指定する家畜や畜産物等の輸出入検疫，狂犬病予防法(第7条)に基づいて犬等の輸出入検疫，感染症法(第54条～56条の2)に基づいて猿等の指定動物について輸入検疫を行っている。これらの検査は農林水産大臣が任命した家畜防疫官が行う。

家畜の伝染病防疫には，試験研究機関として動物衛生研究部門，ワクチン等の検定に係る動物医薬品検査所など，その他にも様々な組織や人々が関係している(以下，厚生労働省結核感染症課確認済み)。

人と動物の共通感染症の防疫のため，厚生労働省には健康局結核感染症課，国立感染症研究所獣医科学部などがあり，都道府県には衛生研究所，都道府県，中核市，政令市または特別区市には保健所が設置されている。また，と畜場にはと畜検査員が，食鳥処理場には食鳥検査員等がおかれ，検査その他の衛生管理業務を行っている。その他，狂犬病の発生予防，蔓延防止，撲滅のため，都道府県等には狂犬病予防員がおかれている。

(菊池栄作)

Ⅵ　伝染病の防疫の実際

1．監視伝染病と新疾病の指定

1998年4月の「家畜伝染病予防法」一部改正によって，監視伝染病が定められ，またすでに知られている家畜の伝染性疾病と明らかに異なる疾病が「新疾病」と定義された。現在，監視伝染病は，家畜伝染病28疾病，届出伝染病71疾病が指定されている。

この法律は，家畜の伝染性疾病の発生を予防し蔓延を防止することにより，畜産の振興を図ることを目的としている。発生予防および防疫措置を効果的かつ効率的に実施するためには，国，都道府県，市町村，関係団体，家畜所有者，獣医師それぞれの役割分担等を明確にし，密接な連携の下，総合的に家畜防疫を推進していく必要があることから，農林水産大臣は「家畜防疫を総合的に推進するための指針」を公表して，その基本的な考え方を示している。

疾病ごとの対策としては，疾病の性質に応じたものでなければならない。特に総合的に発生の予防および蔓延防止のための措置を講ずる必要がある家畜伝染病については，法律に基づき特定家畜伝染病に指定され，「特定家畜伝染病防疫指針」（農林水産大臣公表）によって平時および疾病発生時の防疫措置の詳細が示されている。2017年10月現在，口蹄疫，牛海綿状脳症，高病原性鳥インフルエンザおよび低病原性鳥インフルエンザ，豚コレラ，牛疫，牛肺疫，アフリカ豚コレラに関する防疫指針が公表されている。このうち牛海綿状脳症は，反芻動物由来蛋白質を原料とする飼料等の給与により発生するため，いわゆる通常の伝染病とは防疫措置が若干異なるが，基本的な防疫対応は他の疾病と共通している。

被害を抑えるために一定の防疫措置が必要とされる56疾病については，農林水産省消費・安全局長通知によって「防疫対策要領」が定められ，そのなかで措置の詳細が示されている。この他に，「牛白血病に関する衛生対策ガイドライン」や「牛ウイルス性下痢・粘膜病に関する防疫対策ガイドライン」「牛のヨーネ病防疫対策要領」などが個別に定められている。

これら法律や通知等に定められた措置を，地域の特性等を勘案した上で実効性を高めるために，各都道府県や団体においてそれぞれ防疫マニュアル等を定めている。また，都道府県における病性鑑定を迅速かつ的確に実施するため，消費・安全局長は「病性鑑定指針」を定めており，それをハンドブックとしてまとめた「病性鑑定マニュアル」には確定診断を行うための手順や留意点が示されている。

2．特定家畜伝染病防疫指針（例：口蹄疫）

1）2010年の宮崎県における口蹄疫発生

2010年4月20日，宮崎県において10年ぶりに口蹄疫が発生した。発生地域は豚と乳牛，肉牛の飼育農家が密集した地域であり，豚への感染が起こって大量のウイルスが排出されたことから，2000年の発生をはるかに上回る大流行となった。当時の防疫指針に則して防疫対応が行われたが，殺処分・埋却が追いつかないため，日本では初めてワクチン接種による蔓延防止措置がとられた。6月24日には迅速な診断および防疫措置を履行するため，臨床的変化を確認するための写真撮影と，これによる病性鑑定を可能とした「口蹄疫防疫措置実施マニュアル」が公表された。7月4日に診断された農場が292例目で最終発生となったが，ワクチン接種動物も殺処分の対象となるため，合計約29万頭にも上る牛，水牛，豚，山羊，めん羊が殺処分された。

この大流行における防疫上の問題点に対する反省から，「口蹄疫に関する特定家畜伝染病防疫指針」が改定され，2011年10月1日に公表された。2015年11月20日には，新たな科学的知見を踏まえた全般的な見直しが実施されたため，以下に新しい防疫指針について概略を記載する。

2）口蹄疫に関する特定家畜伝染病防疫指針の基本方針

口蹄疫の防疫対策上，最も重要なのは発生の予防，早期の発見・通報および初動対応である。家畜の所有者は飼養衛生管理基準を遵守し，口蹄疫を疑う症状を呈する家畜を発見した場合，直ちに都道府県に通報する。当該疾病が口蹄疫であった場合，国，都道府県，市町村ならびに関係団体は口蹄疫に関する特定家畜伝染病防疫指針に従って，役割分担の上，迅速・的確な初動対応を行う。国は，初動対応によって感染拡大を防止できないときは，速やかに防疫指針の見直しを行い，特定家畜伝染病緊急防疫指針を策定し，対応しなければならない。

口蹄疫に罹っていることが判明した家畜（患畜）や患畜となるおそれがある家畜（疑似患畜）は殺処分する。この際，発生農場を中心とした一定範囲の家畜の移動を禁止し，家畜集合施設における催物の開催等の制限を行うことによって，疾病の蔓延防止を図る。万一，殺処分と移動制限による方法では蔓延防止が困難であり，早期の清浄化を図ることが必要な場合，予防的殺処分，ワクチン，抗ウイルス資材の使用を検討する。

3）防疫措置

指針には，まず発生予防や発生時に備えた事前の準備として国，都道府県，市町村・関係団体のなすべきことが列記されており，次に口蹄疫の異常家畜を発見した場合，家畜の所有者，獣医師，家畜防疫員，家畜保健衛生所，都道府県家畜衛生部局農林水産省のなすべきことの留意事項が詳細に記載されている。異常家畜が特定症状（①39℃以上の発熱および泡沫性流涎，跛行，起立不能，泌乳量の大幅な低下または停止があり，かつ口腔内等に水疱，びらん，潰瘍または瘢痕があること，②同一畜房内の複数の家畜に水疱などがあること，③同一畜房内で半数以上の哺乳畜が2日の間に死亡すること）を示した場合，国へ報告する。

都道府県は，①特定症状を呈している家畜が複数の畜房内で確認された場合，②1つの畜房につき1頭の家畜を飼養している際は，特定症状を呈している家畜が隣接する複数の畜房内で確認された場合，③動物衛生課が検体の提出を求めた場合，検体を適切に採材し，動物衛生課とあらかじめ協議した上で動物衛生研究部門に送付し，都道府県は直ちに移動制限措置および国への疫学情報を提出する。さらに，実際に病性鑑定により診断が確定した場合の，行政対応方針，患畜および疑似患畜の殺処分や死体の処理などを含めた発生地域における防疫措置，防疫作業にかかわる人員の確保や作業時，作業後の留意点が細かく記載されている。この他，疫学調査や感染源および感染経路の究明の必要性についても述べられている。

2010年の口蹄疫流行拡大を招いた理由の1つに，初動防疫の遅れがあげられている。この点についての反省もあり，農林水産省は，全国一斉に口蹄疫に関する机上防疫演習を実施している。各都道府県に実在する農場で口蹄疫が発生したと想定し，各都道府県は，発生農場の情報を整理し，関係各所への連絡や防疫対応の内容について農林水産省に報告する。

各都道府県，市町村，各地域単位で重要疾病の発生対策として，従来から防疫研修や机上および実地型の防疫演習を行っている。ほとんどが口蹄疫，高病原性鳥インフルエンザを対象としたものである。参加者はそれぞれの演習によって異なるが，実際の発生を想定し，地方自治体の畜産関係部局や家畜保健衛生所の職員が主となるが，生産者，獣医師，市町村も含めた地方自治体の職員が参加する大規模な演習，例えば大型防疫資材を使用した演習が実施されることもある。

以下に，高病原性鳥インフルエンザ防疫机上演習を例として，伝染病発生現場における防疫についてまとめてみる。

3．高病原性鳥インフルエンザ防疫演習

1）行政的対応

(1) 通報（死亡鶏の増加等）

まず，家きん飼養者から所轄の家畜保健衛生所に鶏の死亡率増加や鶏冠，肉垂などのチアノーゼ，沈うつ，産卵率の低下ないし5羽以上の家きんがまとまって死亡したりするなど高病原性鳥インフルエンザまたは低病原性鳥インフルエンザの発生を疑う旨の通報が入る。もちろん，飼養者が獣医師に相談し，獣医師から通報が入る場合もある。家畜防疫員は直ちに発生農場に立ち入り，疾病発生の現状確認，畜主への聞き取り，検査材料の採取および簡易検査を行う。簡易検査の結果，疾病の発生を確認した家畜防疫員等は，家畜保健衛生所内で情報共有および協議を行い，同時に県の家畜衛生部局を通して国に疾病の発生を報告する。

(2) 病性決定までの措置

疾病発生の連絡を受けた現地の家畜保健衛生所は，農場内の鶏および汚染物品などの移動制限，立入制限を行うとともに，消毒ポイントの確保や通行遮断の準備を行う。その他，防疫措置の準備や県庁との連絡を取り現地対策本部を設置する。

(3) 病性鑑定

材料を送付された家畜保健衛生所の病性鑑定部署は，高病原性鳥インフルエンザの病性鑑定を開始する。

①まず，気管およびクロアカの拭い液，ならびに死亡鶏の臓器材料を採取して，H5またはH7亜型に特異的な遺伝子を検出する遺伝子検査（RT-PCRやリアルタイムRT-PCR）を行う。また，採取した血清を用いたELISAおよび寒天ゲル内沈降反応による抗体検出や気管およびクロアカの拭い液を用いたウイルス分離（発育鶏卵への尿膜腔内接種）を行う。

②ウイルス分離材料を発育鶏卵に接種後，24時間以上経過して鶏胚が死亡した場合はその時点で，48時間後に生残した場合は4℃に1夜冷却した後，尿膜腔液の鶏赤血球凝集性を検査する（HA反応）。HA反応が陰性の場合は，さらに発育鶏卵への接種を行う。

③HA反応で陽性を示した場合，A型インフルエンザウイルスか鳥パラミクソウイルスの可能性が強いため，抗ニューカッスル病ウイルス血清を用いてHI反応を行う。

④HI反応によってニューカッスル病ウイルスが否定された場合，分離ウイルスまたは遺伝子増副産物を動物衛生研究部門に送付する。

(4) 同定，亜型の決定，病原性の判定

動物衛生研究部門ではHI反応，ノイラミニダーゼ活性抑制試験，または遺伝子解析によりウイルス亜型特定検査を行うとともに，病原性判定試験を実施する。病原性判定試験は，OIEマニュアルに準拠した方法により行い，下記のいずれかに該当したときに，分離ウイルスを高病原性と判定する。

①滅菌PBSで10倍に希釈した感染尿膜腔液0.2mLを4～8週齢の感受性鶏8羽に接種し，10日以内に6～8羽を死亡させた場合。

②分離されたウイルスがH5またはH7亜型であり，かつヘマグルチニンの結合ペプチドのアミノ酸配列が他の高病原性鳥インフルエンザウイルスと類似している場合。

(5) 対策本部の設置

都道府県は，遺伝子検査の結果H5またはH7亜型に特異的な遺伝子が検出された時点で農林水産省と協議し，動物衛生研究部門への材料送付について検討するとともに，今後の防疫対応について協議する。

まず，都道府県知事を本部長とした都道府県鳥インフルエンザ防疫対策本部が設置され，さらに円滑な防疫措置を行うため，現地対策本部が設置される。発生地域の対策本部は，農林水産省が設置する対策本部と密接に協議を行いながら，防疫対応を行う。

2）防疫措置

農林水産省対策本部により防疫方針が定まると，初動防疫を開始する。移動制限および搬出制限範囲の設定，患畜などの殺処分・埋却，ウイルス浸潤状況の確認，清浄性確認のための検査，移動制限解除等が行われる。

(1) 移動制限

まず，発生農場への通行および立ち入りが規制される。移動制限区域は原則として発生農場から半径3km以内であるが，ウイルスの伝播力などを勘案し，農林水産省との

協議の上，拡大，縮小することができる。発生が低病原性鳥インフルエンザであった場合は，半径1kmを移動制限区域として設定する。実際の区域は，行政単位，道路，河川，鉄道など，明確に認識されるものが使用される場合があり，都道府県の対策本部によって決定され，都道府県知事が告示する。

移動制限期間は，原則として移動制限区域内のすべての発生農場における防疫措置の完了10日後に行われる清浄性確認検査で陰性が確認され，かつ移動制限区域内のすべての発生農場における防疫措置の完了から21日以上が経過するまでとされ，発生状況，清浄性の確認状況などを勘案した上で，農林水産省と協議し最終的に決定される。

検査結果および上記要件に該当し，病原体の蔓延のおそれがないと認められる場合は，例外的に移動制限および搬出制限区域内外で家きんや卵などを移動させることができる。

(2) 搬出制限

移動制限区域への立入りに際し，車両などの消毒ポイントが設定され，基本的に畜産関係車両は消毒後，制限地域内への立入りが可能となる。また移動制限区域以外の区域であって，発生農場を中心とした原則半径10km以内で搬出制限区域を定め，病原体を広げるおそれのある物品は区域外への搬出が禁止される。低病原性鳥インフルエンザの場合は，半径5km以内とする。

(3) 患畜などの殺処分・埋却

発生農場および発生農場と共通の管理者が飼養管理を行っている農場(同一飼養管理農場)では，患畜などの殺処分が始まる。鶏は一般に飼養羽数が多いので，殺処分には炭酸ガス等が使用される。患畜または疑似患畜の死体は，原則として判定後72時間以内に焼却または発生農場もしくはその周辺に埋却する。焼却や埋却が困難な場合，農林水産省と協議の上，化製処理を実施し，それも困難なときは発酵による消毒を行う。

(4) ウイルス浸潤状況の確認

高病原性鳥インフルエンザの判定後，発生前21日間の発生農場における家きん，人および車両の出入りに関する疫学情報を収集し，ウイルスに汚染されたおそれのある家きんに関する調査を実施する。低病原性鳥インフルエンザの場合は，180日まで遡る。この結果，感染したおそれのある家きんについては，移動の禁止，臨床検査および血清抗体調査を行う。また，発生状況確認のため，高病原性鳥インフルエンザでは移動制限区域内，低病原性鳥インフルエンザでは制限区域内の農場(いずれも家きんを100羽以上飼養する農場)に立ち入り，臨床検査が行われる。

鳥インフルエンザの発症抑制に効果があるワクチンは備蓄されているが，自然感染による感染抗体との区別がつかない不活化ワクチンである。清浄性確認のための抗体検査の際に支障をきたし，清浄化を達成するまでに長時間かつ多大な経済的負担や混乱を招くおそれがあり，ワクチン接種でなければ蔓延防止が図れなくなった場合，農林水産省は緊急防疫指針を策定し，都道府県は指針に基づきワクチンを接種する。この際，農林水産省は必要十分なワクチンおよび注射関連資材を当該都道府県に譲渡，または貸し付ける。

(5) 清浄性の確認のための検査

制限区域内における清浄性を確認するため，移動制限区域内のすべての発生農場における防疫措置が完了した10日後に，移動制限区域内の農場に立ち入り，臨床検査が行われる。

(6) 移動制限解除・清浄化宣言

移動もしくは搬出制限区域内の清浄性が確認され，かつ防疫措置完了後21日が経過すれば，農林水産省との協議の結果，最終的に移動制限が解除され，清浄化が宣言される。発生農場のうち経営を再開する農場は，すべての防疫措置が終了した後，反復して消毒を行う。その後，環境中のウイルス分離検査を行い，陰性を確認後，清浄性確認のためのモニター家きんを，1家きん舎あたり30羽以上導入する。導入後，14日後に立ち入り検査によって臨床検査，ウイルス分離検査および血清抗体検査を実施し，清浄性が確認された場合に限り，経営を再開することができる。

3）監視体制の維持

発生農場の清浄性確認のみでなく，本病の発生を迅速に発見する監視体制確立と，発生した場合の適切な防疫措置実施のため，各都道府県はウイルス分離と抗体検査によるモニタリングを行っている。モニタリングには，一定の農場を選択する定点モニタリングと，疫学的に95%の信頼度で10%の感染を検出できる数の農場を抽出して抗体検査を実施する強化モニタリングがある。ハクチョウなどの死亡野鳥の検査も事業として行われている。

2010年の口蹄疫発生の際，殺処分，埋却や診断などで様々な問題点が指摘されたように，実際の疾病発生では防疫演習のようにスムースに事態が進行するとは限らない。2011年4月の家畜伝染病予防法の改正では，国と地方自治体との密接な連携が定められ，国，地方自治体，畜産農家の家畜防疫に対する責務とその厳重な履行の必要性が明記された。また，特定家畜伝染病防疫指針も適宜改定され，それらをもとに，各都道府県は様々な演習を実施し，重大な家畜，家きん疾病の発生に対する措置に習熟し，被害を最小限に抑えるために尽力している。しかし，日々動物に向かい合う飼養者や現場獣医師の疾病に関する知識の充実と，わずかの臨床的な異常を見逃さない深い観察眼があってはじめて，疾病の早期発見が可能になるのはいうまでもない。

このため，農林水産省，都道府県，日本獣医師会では，獣医師や動物飼養関係者に対して研修会等，個々の疾病に関する知識習得の機会を含む様々な情報を提供している。

(畠間真一)

VII 動物の感染症と微生物に関する主な事跡

BC 2300頃　バビロンのエシュナ法典に狂犬病の最初の記載。狂犬病という病名は紀元前3000年サンスクリットのなかのrabhas（狂暴にふるまう）に由来。

BC 1122頃　中国で天然痘と思われる病気について，皮膚に膿疱ができ，増数して膿汁を作り，回復することの記事。

BC 1100頃　古代エジプト国王ラムゼスV世のミイラに発痘（天然痘）。

BC 1000頃　メソポタミアの法律に狂犬病と思われる病気に罹った犬について，飼い主の義務に関する記述。

BC 460　ヒポクラテス（BC 460 ～ BC 377）：エーゲ海のコス島に生まれ，コス医学創設。ミアスマ病因説（瘴気説）提唱。

BC 79頃　ベスビアス火山爆発直後，イタリアで家畜に炭疽と思われる病気が蔓延した。

164　イタリアでガレンの悪疫と呼ばれる疾病によって多数が死亡。アントニーの悪疫とも呼ばれる。189年頃まで続いた。天然痘の最初の記録。

376　欧州で牛の流行病の大流行。アキテーヌの詩から，古代ローマ領のパンノニアが牛疫の起源。

542頃　コンスタンチノープルに始まった腺ペストは地中海沿岸の国で大流行し，50年間に約1億人が死亡。

801　カール大帝統治下で801，810，820年牛疫大発生。547，561，570，801年にすでに発生があり，その後欧州各地に拡大したことが記録されている。

900　東ローマ帝国の皇帝レオVI世は，ボツリヌス病と思われる食中毒のため血液ソーセージの食用を禁止。

1200　Maimonides M：牛結核について記述。

1546　Fracastro G：疫学の創始。De Contagion（接触伝播）とseminaria（種，微生物）の概念を提唱。

1638　十三朝紀聞（1641刊）に牛疫の西日本での大流行の記録。

1664　Sellejsel：馬の腺疫について記載（日本で1413年，足利義持が手写させた「蒼鷹祕伝記」に内羅（腺疫）の記述）。

1673　van Leeuwenhoek A：顕微鏡の作製，1676年細菌を鏡検。

1708　イタリアで狂犬病の流行。

1711/14　欧州で牛ペスト（牛疫）の大流行。

1711　Lancisi JM：牛疫を初めて診断。
Ramazzini B：牛疫の基礎研究を行い，牛疫が伝染性であることを報告。

1713/14　欧州で牛疫大流行。シレジアで10万頭，フランダースで30万頭，ローマで3万頭の牛が死亡。

1735　南米で犬ジステンパーが初めて発生。

1736　野呂元丈：1716 ～ 35年に狂犬病が日本各地で発生したことを「狂犬病咬傷治法」に記述。

1745/49　牛疫の被害増大。デンマークで牛28万頭，オランダで20万頭が死亡（欧州全体で1711 ～ 79年の68年間に約2億頭）。

1771　Adámi P：動物の伝染病の予防法の原則を提唱（獣医衛生行政対策の父と呼ばれる）。

1773　Müller OF：細菌の最初の記述。

1774　Jesty B：天然痘に対して牛痘接種法を試みる。

1776　Adámi P：口蹄疫の計画感染による免疫。

1796　Jenner E：種痘法を発見。

1822　フランスで豚コレラ様疾病発生。

1834　Delafond HMD：炭疽病獣血液中に小桿体。後の炭疽菌。

1840　Henle FGJ：「病原微生物病因論」。病原とみなすための条件，contagium animatum（伝染性生物）の概念再構築。

1847　森　枳園：鶏痘を「遊相医話」に記述。

1858　Virchow R：細胞病理学樹立。人へ伝播する動物の感染病をzoonosisと呼ぶ。

1861　Pasteur L（1822 ～ 95）：自然発生説否定，狂犬病ワクチンの創製，炭疽の予防法。

1870頃　ロシアに牛疫蔓延，約35万頭死亡。シベリア，中国北東部を経て朝鮮へ拡大し，1872年日本へ侵入。

1876　Koch R：炭疽菌の研究によって細菌が病因となることを明確化。

1878　Lister J：乳酸発酵と細菌の純粋培養。

1880　Pasteur L：鶏コレラ菌の弱毒化とそれによる防御。
Laveran CLA：マラリア原虫を発見。

1881　Koch R：細菌の純粋培養のための固形培地。
Pasteur L：狂犬病の伝染性を実験的に証明。炭疽ワクチンの開発，加熱滅菌法を実験に使用。
Hesse F：寒天固形培地を細菌培養に使用することを提案。

1882　Koch R：結核菌の発見。炭疽菌の純培養。
Metchnikoff E：食細胞現象の発見，細胞免疫説提唱。

1883　Mauson P：中国で象皮病を研究，蚊が伝播することを発見，昆虫媒介病のはじめ。1877年マラリアが蚊で媒介されることを示唆した。

1884　Gram HC：細菌のグラム染色法。
Koch R：結核の病因決定のためのコッホの3原則提唱。
Chamberland C：細菌濾過器（素焼きの陶器製）を開発。

1885　Pasteur L：狂犬病ワクチンの実地応用。

1890　Behring E，Kitasato S：破傷風とジフテリアの血清療法と受身免疫の概念確立。抗毒素を作製，防御効果を確認。
Koch R：結核の治療薬として，結核菌の抽出液ツベルクリンを報告。ツベルクリンと同じ方法で鼻疽の診断液マレインを開発。

1891　Ehrlich P：抗体の免疫への関与を確認。
Bang B：牛結核の診断へツベルクリンの応用。
Koch R：遅延型アレルギーの発見。

1892　Ivanovski DI：タバコモザイク病の病原の濾過性を証明。ウイルスの最初の発見。

1895　Bordet J：補体を発見。
Bang B，Striobolt V：牛伝染性流産の原因としてブルセラ菌と牛ブルセラ病の発見。

1898　Bang B：牛の伝染性流産の起因菌の発見に関する研究を公表。
Loeffler F，Frosch P：口蹄疫の病原体を発見，濾過性，顕微鏡で不可視であることを確認。動物ウイルスの最初の発見。

1900	Reed W：黄熱が蚊によって媒介されるウイルスであることを明らかにした。ウイルスによって起こる人の病気の最初の報告。
	Landsteiner K：ABO式血液型。
1903	Remlinger P：狂犬病病原体の濾過性。
	Dorset M, Schweinitz A：豚コレラウイルスの発見。
	Negri A：狂犬病の細胞内封入体(ネグリ小体)の発見。
1904	Vallé H, Carré H：馬伝染性貧血ウイルスの発見。
1905	Carré H：犬ジステンパーウイルスの発見。
1907	Harrison RG：動物組織のガラス器内培養。組織培養法のはじまり。
	Marek J：鶏多発性神経炎マレック病の発見。
1908	Ellerman V, Bang O：鶏白血病ウイルスの発見。
1909	Ricketts HT：ロッキー山紅斑熱の病因微生物の発見，リケッチアの発見。
1912	Halasz F：ハンガリーでニューカッスル病様疾病発生を報告。
1918/19	豚に由来するスペインかぜ(インフルエンザ)の大流行。ウイルスは1933年に分離され，後にH1N1型とされた。
1920	Creutzfeldt HG, Jakob AM：クロイツフェルト・ヤコブ病を報告。1968年Gajdusek Dが伝染性を報告するまでは遺伝性と思われていた。
1924	世界獣疫事務局(OIE)設立。日本で日本脳炎発生。
1926	インドネシア(Kraneveld FC)と英国(Doyle TM)で鶏のニューカッスル病の発生。
1929	Fleming A：ペニシリンを発見。
1931	Elford WJ：種々の孔径の濾過膜が作製可能なコロジオン膜を開発。
1932	Knoll M, Ruska E：電子顕微鏡を初めて作製。
1942	Cooms AH, Creech HJ, Jones RN, Berliner E：蛍光抗体法の創案。
	Freund J, McDemott K：結核菌の加熱死菌を含む油中水滴型フロイントアジュバントを開発。
1944	Waksman SA, Schatz A, Bugie E：ストレプトマイシンの発見と結核への応用。1941年Waksman SA，抗生物質という語を創始。
1953	Watson J, Crick F, Wilkins M：DNAの二重らせん構造提唱，核酸の分子構造と生体における情報伝達に対するその意義。
1957	Kornberg A：大腸菌のDNA合成酵素によるDNA試験管内合成。
1959	Burnet FM：抗体産生におけるクローン選択説提唱。
1960	Jacob Fら：細菌遺伝子の制御にオペロン説。
1961	Nierenberg M, Matthaei JH：遺伝子コード解明，トリプレット説，遺伝子塩基に対応してアミノ酸合成。
1965	Arber W：細菌体内にDNAの特定部位を切断する制限酵素を発見。
1969	ナイジェリアでラッサ熱の発生。
1970	Baltimore D, Mizutani S, Temin H：逆転写酵素の発見。
1971	Engvall E, Perlman P：ELISAの開発。
	Diener TO：植物のウイロイドの発見。
1973	Cohen S, Chang A, Helling R, Boyer H：組換えDNAの作製と発現，遺伝子操作技術の創始。
1975	Koeller G, Millstein C：モノクローナル抗体の作製。
1977	Gilbert W, Sanger F：DNA配列の決定法。
1978	犬パルボウイルス2型の世界的大流行。
	米国，豚コレラ撲滅宣言。
1980	天然痘撲滅宣言。1977年ソマリアで最後の発生。
1981	エバーメクチン(動物薬)販売開始→2015年ノーベル生理学・医学賞(大村　智)
1982	Prusiner S：羊のスクレイピーの原因プリオン。
1983	Montagnier L, Gallo R：HIVの発見。
	米国ペンシルベニア州で鳥インフルエンザ(家きんペスト)H5N2型の大発生。被害約4億ドル。
1985	Mullis K：PCRの創案。
	英国でBSE発生。
1990	ペルーでエルトールコレラ発生，4,000人死亡。
1994	FAO 2010年を目標に世界牛疫撲滅計画開始。
1995	*Haemophilus influenzae*の全遺伝子配列を決定。
1996	日本で豚コレラ撲滅対策事業を開始。
1996	英国ロスリン研究所で世界初の哺乳類の体細胞クローン羊ドリー誕生。
1997	香港で高病原性鳥インフルエンザウイルスH5N1型が流行。鶏から人へ感染し6名が死亡。2003～04年韓国，日本，中国，東南アジアで同型ウイルスが流行。
1998/99	マレーシアで人と豚のニパウイルス感染症が発生し，105名の死者と90万頭の豚を殺処分。
1999/03	ニューヨーク市で，西半球では初めてウエストナイル熱が発生。人，馬，野鳥が感染，徐々に拡大。2002年には全米各地で流行。2003年には死者264名。
2000	口蹄疫が日本に侵入したが摘発淘汰で半年後に清浄国に復帰。
2001	日本でBSE発生。
2003	日・米など6カ国の国際チームによる人ゲノムの解読が完了。
2003	感染性と致死性の高い新しい呼吸器病，重症急性呼吸器症候群(SARS)が香港で発生。
2004	高病原性鳥インフルエンザ(H5N1型)の日本への侵入，2005年，2006年にも発生。
2007	日本，豚コレラの清浄国となる。
2007	京都大の山中教授らは，人人工多能性幹細胞(iPS細胞)の樹立に成功。再生医療に大きな第一歩となる。
2009	新型インフルエンザ(豚インフルエンザH1N1型)の蔓延を防止するためWHOはパンデミック警報を出す。
2010	米国Venter JCのグループは，合成DNA断片を接続させた細菌ゲノムから「人工細菌」を誕生させた。人工生命の創造に近づくか。
2010	宮崎で口蹄疫が大流行。ワクチン接種も実施し，牛・豚の計28万8千頭あまりを殺処分して終息。
2011	日本が口蹄疫ワクチン非接種清浄国となる(OIE認定)。
2011	牛疫の撲滅がOIE総会において宣言される。
2012	日本がニューカッスル病清浄国に復帰したことを宣言した。
2013	日本が無視できるBSEリスク国に認定される(OIE認定)。
2015	豚コレラ清浄国として認定される(5月OIE認定，2007年4月清浄宣言)。
2018	豚コレラが発生する(9月)。

各論

牛	げっ歯類・兎類
めん羊・山羊	ミンク
馬	蜜蜂
豚	魚類
家きんおよび鳥類	水生甲殻類
犬・猫	野生動物
猿類	

1．病　名

1）同一病原体が多種類の宿主の病原となる場合，動物名と病名の間に *の* を入れた。

例：豚 *の* 日本脳炎

2）1種類の宿主にのみ用いられる病名は *の* を入れない。

例：牛伝染性鼻気管炎

3）同一病原体が多種類の宿主の病原となる場合で，その疾病を1カ所にまとめて記述する場合は宿主名を入れない。

例：口蹄疫（牛のウイルス病の項目に収載するが，他の宿主についても記述する）

4）病名の前後に上付で付した（全）（法）（届出）（特定）（人獣）（海外）はそれぞれ次の意味を示す。

（全）　：同一微生物による種々の動物の感染症を一括して記述
（法）　：家畜伝染病（法定伝染病）
（届出）：届出伝染病
（特定）：持続的養殖生産確保法に規定された特定疾病
（人獣）：人と動物の共通感染症
（海外）：海外伝染病

2．宿主の項

家畜（法定）伝染病，届出伝染病の対象家畜はゴシック体で示した。なお，家畜（法定）伝染病は法律で指定されているものと，政令で指定されているものの区別はしていない。この区別については63頁を参照。

疾病別 主な症状一覧

法：家畜（法定）伝染病（家畜伝染病予防法で指定されている疾病）　届出：届出伝染病（同施行令で指定されている疾病）
特定：持続的養殖生産確保法に規定された特定疾病
人獣：人と動物の共通感染症　海外：海外伝染病（現在のところ，日本での発生が報告されていない疾病）

1．呼吸器症状を示す感染症

病　名	その他の症状	動物種	掲載頁
口蹄疫(法)(海外)	皮膚，体表，外貌の異常	牛，豚，めん羊，山羊	85
イバラキ病(届出)	異常産・生殖器障害	牛	87
牛伝染性鼻気管炎(届出)	異常産・生殖器障害	牛	88
牛ウイルス性下痢ウイルス感染症(届出)	消化器症状 異常産・生殖器障害	牛	89
水胞性口炎(法)(人獣)(海外)	皮膚，体表，外貌の異常	牛，馬，豚，めん羊	93
牛流行熱(届出)		牛	93
牛RSウイルス病		牛	94
アデノウイルス病		牛，めん羊，馬，豚	95
悪性カタル熱(届出)	消化器症状	牛，めん羊，鹿	99
牛パラインフルエンザ		牛	99
牛ライノウイルス病		牛	102
牛結核病(法)(人獣)		牛，山羊	106
牛の出血性敗血症(法)	急性死	牛	112
子牛のパスツレラ症		牛	113
牛肺疫(法)(海外)		牛	123
牛マイコプラズマ肺炎		牛	124
アスペルギルス症(人獣)		牛	131
マエディ・ビスナ(届出)	神経症状，運動障害	めん羊	140
野兎病(届出)(人獣)		めん羊，うさぎ，豚，馬	144
山羊伝染性胸膜肺炎(届出)(海外)		山羊	146
アフリカ馬疫(法)(海外)	急性死	馬	149
馬鼻肺炎(届出)	異常産・生殖器障害	馬	152
馬インフルエンザ(届出)		馬	153
馬ウイルス性動脈炎(届出)(海外)	異常産・生殖器障害	馬	153
馬モルビリウイルス肺炎(届出)(人獣)(海外)		馬	154
馬ライノウイルス感染症		馬	155
類鼻疽(届出)(人獣)(海外)		めん羊，山羊，牛，馬，豚	156
ロドコッカス・エクイ感染症	消化器症状	馬	158
腺疫		馬	159
オーエスキー病(届出)	異常産・生殖器障害 神経症状，運動障害 急性死	豚，いのしし，犬，猫	166
豚繁殖・呼吸障害症候群(届出)	異常産・生殖器障害	豚	168
ニパウイルス感染症(届出)(人獣)(海外)		豚，馬	170
豚インフルエンザ(人獣)		豚	170
豚サイトメガロウイルス病（封入体鼻炎）		豚	172
レオウイルス病		豚，牛，めん羊，鶏	173
萎縮性鼻炎(届出)	皮膚，体表，外貌の異常	豚	176
豚のパスツレラ肺炎		豚	180
豚胸膜肺炎	急性死	豚	181
グレーサー病	神経症状，運動障害 急性死	豚	182
豚のマイコプラズマ感染症		豚	188
豚のトキソプラズマ病(届出)(人獣)		豚，めん羊，山羊	190
ニューカッスル病(法)(人獣) 低病原性ニューカッスル病(届出)(人獣)	消化器症状 産卵異常 神経症状，運動障害 急性死	鶏	192
高病原性鳥インフルエンザ(法)(人獣)	産卵異常 急性死	鶏，あひる，うずら	193
伝染性気管支炎(届出)	産卵異常	鶏	196
伝染性喉頭気管炎(届出)	出血，血尿（便）	鶏	197
家きんコレラ(法)	急性死	鶏，あひる，七面鳥，うずら	208
伝染性コリーザ		鶏	210
鶏の大腸菌症		鶏	211
鶏の呼吸器性マイコプラズマ病（鶏マイコプラズマ病(届出)）		鶏	215
クラミジア病(人獣)	消化器症状	鳥類，猫，豚	189 217 241
犬ジステンパー	神経症状，運動障害 免疫不全	犬	222
犬伝染性肝炎	急性死	犬	224
犬伝染性喉頭気管炎		犬	225
犬パラインフルエンザウイルス感染症		犬	225
犬ヘルペスウイルス感染症		犬	226
猫カリシウイルス病		猫	232
猫ウイルス性鼻気管炎		猫	233
犬・猫のボルデテラ症		犬，猫	238
犬・猫のクリプトコックス症(人獣)	皮膚，体表，外貌の異常	犬，猫	242

2. 消化器症状を示す感染症

病 名	その他の症状	動物種	掲載頁
牛疫(法)(海外)	急性死	牛,めん羊,山羊,豚	86
牛ウイルス性下痢ウイルス感染症(届出)	呼吸器症状 異常産・生殖器障害	牛	89
ロタウイルス病		牛,豚,馬,鳥類,犬,猫	96
悪性カタル熱(届出)	呼吸器症状	牛,めん羊,鹿	99
牛コロナウイルス病		牛	100
牛エンテロウイルス病		牛	103
牛パルボウイルス病		牛	103
ヨーネ病(法)		牛,めん羊,山羊	108
牛のサルモネラ症(届出)(人獣)		牛	110
エンテロトキセミア	出血,血尿(便) 急性死	牛,豚	117
子牛の大腸菌性下痢		牛	118
牛のクリプトスポリジウム症(人獣)		牛	137
コクシジウム病		牛,豚	137
ナイロビ羊病(届出)(人獣)(海外)		めん羊,山羊	141
小反芻獣疫(法)(海外)		めん羊,山羊	141
ロドコッカス・エクイ感染症	呼吸器症状	馬	158
豚コレラ(法)	異常産・生殖器障害 皮膚,体表,外貌の異常 急性死	豚,いのしし	163
伝染性胃腸炎(届出)		豚	167
豚流行性下痢(届出)		豚	169
豚の大腸菌症	神経症状,運動障害 皮膚,体表,外貌の異常	豚	177
豚のサルモネラ症(届出)(人獣)		豚	178
豚赤痢(届出)	出血,血尿(便)	豚	179
腸腺腫症候群	出血,血尿(便)急性死	豚	184
ニューカッスル病(法)(人獣) 低病原性ニューカッスル病(届出)(人獣)	呼吸器症状 産卵異常 神経症状,運動障害 急性死	鶏	192
鶏白血病(届出)	産卵異常	鶏	194
伝染性ファブリキウス嚢病(届出)	免疫不全	鶏	198
家きんのサルモネラ感染症(ひな白痢,家きんチフス)	産卵異常	鶏	207
鶏のサルモネラ症(届出)(人獣)	産卵異常	鶏	208
鶏パラチフス(人獣)	産卵異常	鶏	207
クラミジア病(人獣)	呼吸器症状	鳥類,猫,豚	189 217 241
鶏のコクシジウム症	出血,血尿(便)	鶏	218
鶏のロイコチトゾーン病(届出)	出血,血尿(便)貧血,黄疸	鶏	219
犬パルボウイルス感染症	出血,血尿(便) 急性死	犬	223
犬コロナウイルス感染症		犬	227
猫汎白血球減少症		猫	229
犬・猫のカンピロバクター腸炎(人獣)		犬,猫	238
犬・猫のサルモネラ感染症(人獣)		犬,猫	238

3. 異常産・生殖器障害・産卵異常(鶏)を示す感染症

病 名	その他の症状	動物種	掲載頁
イバラキ病(届出)	呼吸器症状	牛	87
牛伝染性鼻気管炎(届出)	呼吸器症状	牛	88
牛ウイルス性下痢ウイルス感染症(届出)	呼吸器症状 消化器症状	牛	89
アカバネ病(届出)		牛,めん羊,山羊	90
アイノウイルス感染症(届出)		牛	97
チュウザン病(届出)		牛,山羊	98
ブルセラ病(法)(人獣)		牛,めん羊,山羊,豚,犬	107
牛カンピロバクター症(届出)		牛	114
リステリア症(人獣)	神経症状,運動障害	牛,めん羊	119
牛のコクシエラ症(Q熱)(人獣)		牛	127
牛の流産・不妊症		牛	128
ネオスポラ症(届出)		牛,馬,めん羊,犬	136 249
トリコモナス病(届出)		牛	136
リフトバレー熱(法)(人獣)(海外)		牛,めん羊,山羊	141
ボーダー病		めん羊,山羊	143
流行性羊流産(届出)(人獣)(海外)		めん羊	147
馬鼻肺炎(届出)	呼吸器症状	馬	152
馬ウイルス性動脈炎(届出)(海外)	呼吸器症状	馬	153
馬伝染性子宮炎(届出)(海外)		馬	157
馬パラチフス(届出)		馬	159
豚コレラ(法)	消化器症状 皮膚,体表,外貌の異常 急性死	豚,いのしし	163
日本脳炎(人獣) (流行性脳炎(法))		馬,豚	148 165
オーエスキー病(届出)	呼吸器症状 神経症状,運動障害 急性死	豚,いのしし,犬,猫	166
豚繁殖・呼吸障害症候群(届出)	呼吸器症状	豚	168
豚パルボウイルス病		豚	171
ニューカッスル病(法)(人獣) 低病原性ニューカッスル病(届出)(人獣)	呼吸器症状 消化器症状 神経症状,運動障害 急性死	鶏	192

(3. 異常産・生殖器障害・産卵異常(鶏)を示す感染症)

病　名	その他の症状	動物種	掲載頁
高病原性鳥インフルエンザ(法)(人獣)	呼吸器症状 急性死	鶏，あひる，うずら	193
鶏白血病(届出)	消化器症状	鶏	194
伝染性気管支炎(届出)	呼吸器症状	鶏	196
産卵低下症候群		鶏	201
家きんのサルモネラ感染症(ひな白痢，家きんチフス)	消化器症状	鶏	207
鶏のサルモネラ症(届出)(人獣)	消化器症状	鶏	208
鶏パラチフス(人獣)	消化器症状	鶏	207

4. 皮膚・体表・外貌の異常を示す感染症

病　名	その他の症状	動物種	掲載頁
口蹄疫(法)	呼吸器症状	牛，豚，めん羊，山羊	85
牛白血病(牛リンパ肉腫)(届出)		牛	91
水胞性口炎(法)(人獣)(海外)	呼吸器症状	牛，馬，豚，めん羊	93
牛丘疹性口炎(届出)(人獣)		牛	100
ランピースキン病(届出)(海外)		牛	101
偽牛痘(人獣)		牛	102
牛乳頭腫		牛	102
乳房炎		牛	111
気腫疽(届出)	出血，血尿(便) 急性死	牛，めん羊，山羊，豚	116
悪性水腫(人獣)	急性死	牛	116
伝染性角結膜炎		牛	121
牛の放線菌症		牛，豚	122
牛の趾乳頭腫症		牛	122
デルマトフィルス症(人獣)		牛	123
皮膚糸状菌症(人獣)		牛，めん羊，馬，豚，鶏，犬，猫	128 242
カンジダ症		牛，豚，鶏，犬，猫	130 243
牛バエ幼虫症(届出)(人獣)		牛	138
伝染性膿疱性皮膚炎(届出)(人獣)		めん羊，山羊	139
ブルータング(届出)		めん羊，山羊，牛	139
羊痘(届出)(海外) 山羊痘(届出)(海外)		めん羊，山羊	142
伝染性無乳症(届出)(海外)		めん羊，山羊	146
疥癬(届出)(ヒゼンダニ症)		めん羊	147
馬痘(届出)		馬	154
ゲタウイルス病		馬，豚	155 173
馬媾疹		馬	155
鼻疽(法)(人獣)(海外)		馬，ろば，らば	156
仮性皮疽(届出)(人獣)		馬	160
豚コレラ(法)	消化器症状 異常産・生殖器障害 急性死	豚，いのしし	163
アフリカ豚コレラ(法)(海外)	急性死	豚	164
豚水胞病(法)(海外)		豚	165
豚水疱疹(届出)(海外)		豚	170
豚サーコウイルス関連感染症		豚	172
豚丹毒(届出)(人獣)	急性死	豚	174
萎縮性鼻炎(届出)	呼吸器症状	豚	176
豚の大腸菌症	神経症状	豚	177
滲出性表皮炎		豚	184
豚のトゥルエペレラ・ピオゲネス感染症	神経症状，運動障害	豚	186
豚のアクチノバチルス症	急性死	豚	187
鶏痘(届出)		鶏	198
鶏のブドウ球菌症		鶏	212
鶏結核病(届出)		鶏	212
猫白血病ウイルス感染症	貧血，黄疸 免疫不全	猫	227
猫免疫不全ウイルス感染症	免疫不全	猫	228
猫伝染性腹膜炎	神経症状，運動障害	猫	230
犬・猫のクリプトコックス症(人獣)	呼吸器症状	犬，猫	242

5. 神経症状・運動障害を示す感染症

病　名	その他の症状	動物種	掲載頁
牛海綿状脳症(人獣)(伝達性海綿状脳症(法))		牛	104
リステリア症(人獣)	異常産・生殖器障害	牛，めん羊	119
牛のヒストフィルス・ソムニ感染症	急性死	牛	120
山羊関節炎・脳脊髄炎(届出)		山羊	140
マエディ・ビスナ(届出)	呼吸器症状	めん羊	140
スクレイピー(伝達性海綿状脳症(法))		めん羊，山羊	143
日本脳炎(人獣)(流行性脳炎(法))	異常産・生殖器障害	牛，馬，めん羊，山羊，豚	148 165
ウエストナイルウイルス感染症(人獣)(海外)		馬，鳥類	149
東部馬脳炎(人獣)(海外)		馬	150
西部馬脳炎(人獣)(海外)		馬	151
ベネズエラ馬脳炎(人獣)(海外)		馬	151
破傷風(届出)(人獣)		馬，牛	157
オーエスキー病(届出)	呼吸器症状 異常産・生殖器障害 急性死	豚，いのしし，犬，猫	166
豚エンテロウイルス性脳脊髄炎(届出)		豚	169
豚血球凝集性脳脊髄炎		豚	171
先天性筋痙攣症		豚	173
豚の大腸菌症	皮膚，体表，外貌の異常	豚	177

(5. 神経症状・運動障害を示す感染症)

病　名	その他の症状	動物種	掲載頁
グレーサー病	呼吸器症状 急性死	豚	182
レンサ球菌症(人獣)	急性死	豚, 鳥類	183 214
豚のトゥルエペレラ・ピオゲネス症	皮膚, 体表, 外貌の異常	豚	186
豚のマイコプラズマ感染症		豚	188
ニューカッスル病(法)(人獣) 低病原性ニューカッスル病(届出)(人獣)	呼吸器症状 消化器症状 産卵異常 急性死	鶏	192
マレック病(届出)	免疫不全	鶏	195
鶏のウイルス性関節炎／腱鞘炎		鶏	199

病　名	その他の症状	動物種	掲載頁
鶏脳脊髄炎		鶏	200
鳥類のボツリヌス中毒(人獣)		鳥類	210
家きんのマイコプラズマ滑膜炎 (鶏マイコプラズマ病(届出))		鶏, 七面鳥	216
狂犬病(定)(人獣)(海外)		牛, めん羊, 山羊, 豚, 犬, 猫	221
犬ジステンパー	呼吸器症状 免疫不全	犬	222
猫伝染性腹膜炎	皮膚, 体表, 外貌の異常	猫	230
犬のライム病(人獣)		犬	237

6. 出血・血尿・血便を示す感染症

病　名	その他の症状	動物種	掲載頁
クリミア・コンゴ出血熱(人獣)(海外)		牛, めん羊, 山羊	102
炭疽(法)(人獣)	急性死	牛, 馬, めん羊, 山羊, 豚	105
レプトスピラ症(届出)(人獣)	貧血, 黄疸	牛, 豚, 犬	114 235
気腫疽(届出)	皮膚, 体表, 外貌の異常 急性死	牛, めん羊, 山羊, 豚	116
エンテロトキセミア	消化器症状 急性死	牛, 豚	117

病　名	その他の症状	動物種	掲載頁
牛の膀胱炎および腎盂腎炎		牛	121
豚赤痢(届出)	消化器症状	豚	179
腸腺腫症候群	消化器症状 急性死	豚	184
伝染性喉頭気管炎(届出)	呼吸器症状	鶏	197
鶏のコクシジウム症	消化器症状	鶏	218
鶏のロイコチトゾーン病(届出)	消化器症状 貧血, 黄疸	鶏	219
犬パルボウイルス感染症	消化器症状 急性死	犬	223

7. 貧血・黄疸を示す感染症

病　名	その他の症状	動物種	掲載頁
レプトスピラ症(届出)(人獣)	出血, 血尿(便)	牛, 豚, 犬	114 235
アナプラズマ病(法)		牛	126
牛のタイレリア病 (ピロプラズマ病(法))		牛	132
牛のバベシア病 (ピロプラズマ病(法))		牛	134
トリパノソーマ病(届出)(海外)		牛, 馬	135 161
馬伝染性貧血(法)		馬	148

病　名	その他の症状	動物種	掲載頁
鶏貧血ウイルス病		鶏	201
鶏のロイコチトゾーン病(届出)	消化器症状 出血, 血尿(便)	鶏	219
鶏マラリア		鶏	219
猫白血病ウイルス感染症	皮膚, 体表, 外貌の異常 免疫不全	猫	227
猫ヘモプラズマ感染症 (猫ヘモバルトネラ症)		猫	240
犬・猫のバベシア症		犬, 猫	247

8. 免疫不全を伴う感染症

病　名	その他の症状	動物種	掲載頁
マレック病(届出)	神経症状, 運動障害	鶏	195
伝染性ファブリキウス嚢病(届出)	消化器症状	鶏	198
犬ジステンパー	呼吸器症状 神経症状, 運動障害	犬	222

病　名	その他の症状	動物種	掲載頁
猫白血病ウイルス感染症	皮膚, 体表, 外貌の異常 貧血, 黄疸	猫	227
猫免疫不全ウイルス感染症	皮膚, 体表, 外貌の異常	猫	228

9. 急性死を伴う感染症

病　名	その他の症状	動物種	掲載頁
牛疫(法)(海外)	消化器症状	牛, めん羊, 山羊, 豚	86
炭疽(法)(人獣)	出血, 血尿(便)	牛, 馬, めん羊, 山羊, 豚	105
大腸菌性乳房炎	皮膚, 体表, 外貌の異常	牛	112
牛の出血性敗血症(法)	呼吸器症状	牛, めん羊, 山羊, 豚	112
気腫疽(届出)	皮膚, 体表, 外貌の異常 出血, 血尿(便)	牛, めん羊, 山羊, 豚	116
悪性水腫(人獣)	皮膚, 体表, 外貌の異常	牛	116
エンテロトキセミア	消化器症状 出血, 血尿(便)	牛, 豚	117
牛のヒストフィルス・ソムニ感染症	神経症状, 運動障害	牛	120
アフリカ馬疫(法)(海外)	呼吸器症状	馬	149
豚コレラ(法)	消化器症状 異常産・生殖器障害 皮膚, 体表, 外貌の異常	豚, いのしし	163
アフリカ豚コレラ(法)(海外)	皮膚, 体表, 外貌の異常	豚	164
オーエスキー病(届出)	呼吸器症状 異常産・生殖器障害 神経症状, 運動障害	豚, いのしし, 犬, 猫	166
豚のゲタウイルス病		豚	173
豚の脳心筋炎		豚	173
豚丹毒(届出)(人獣)	皮膚, 体表, 外貌の異常	豚	174
豚胸膜肺炎	呼吸器症状	豚	181
グレーサー病	呼吸器症状 神経症状, 運動障害	豚	182
豚のレンサ球菌症(人獣)	神経症状, 運動障害	豚	183
腸腺腫症候群	消化器症状 出血, 血尿(便)	豚	184
豚のアクチノバチルス症	皮膚, 体表, 外貌の異常	豚	187
ニューカッスル病(法)(人獣) 低病原性ニューカッスル病(届出)(人獣)	呼吸器症状 消化器症状 産卵異常 神経症状, 運動障害	鶏	192
高病原性鳥インフルエンザ(法)(人獣)	呼吸器症状 産卵異常	鶏, あひる, うずら	193
封入体肝炎		鶏	200
家きんコレラ(法)(海外)	呼吸器症状	鶏, あひる, 七面鳥, うずら	208
犬パルボウイルス感染症	消化器症状 出血, 血尿(便)	犬	223
犬伝染性肝炎	呼吸器症状	犬	224

1 (全)口蹄疫(法)(海外)

(口絵写真2頁)

Foot-and-mouth disease

概　要　口蹄疫ウイルス感染による牛，豚など多くの偶蹄類動物の口腔，鼻腔および蹄部への水疱形成を主徴とする急性熱性伝染病。

宿　主　牛，水牛，豚，いのしし，めん羊，山羊，鹿，らくだなどの偶蹄類家畜と偶蹄類野生動物。アフリカ大陸ではアフリカ水牛がウイルスの感染環に重要な役割を持つ。

病　原　*Picornavirirales*，*Picornaviridae*，*Aphthovirus*に属する口蹄疫ウイルス(*Foot-and-mouth disease virus*)が原因。約8.5kbのプラス1本鎖RNAをゲノムに持つ。相互にワクチンの効果が認められない7つ(O，A，C，Asia1，SAT1，SAT2，SAT3)の血清型がある。また，同一血清型間においても抗原性が多様であり，部分的にしかワクチン効果が期待できない。ウイルス遺伝子の変異に伴う抗原性変異が起こりやすいことや，反芻獣ではワクチン接種後の感染でウイルスが長期間持続感染するキャリアー化の問題があるため，ワクチンによる疾病コントロールは困難である。

一方，ウイルスの理化学的抵抗性は弱く，低温条件下ではpH7～9の中性領域では安定であるが，50℃以上の加熱処理およびpH6以下やpH9以上で速やかに不活化される。

分布・疫学　口蹄疫の発生は世界中で認められ，ここ数十年間，本病の発生が確認されていないのは北米とオセアニア地域だけである。

東アジア地域では20世紀末から，本病の発生が相次いで確認されている。

日本では2000年に92年ぶりに2道県(宮崎県および北海道)でOタイプ口蹄疫が発生したが，非定型的な病原性株が原因であったことも幸いし，発生は4件に留まり，牛740頭の処分により清浄化された。しかし，2010年の宮崎県におけるOタイプ口蹄疫の発生は，発生地が畜産密集地帯であり，さらにウイルス量が多い豚に感染したことも原因し，急速な感染拡大が生じた。また，拡大防止目的で日本にとって初めての口蹄疫不活化ワクチン接種措置もとられた。この発生により292戸約21万頭の患畜および疑似患畜が処分され，ワクチン接種後殺処分された頭数も含めると約30万頭の家畜が犠牲になった。その後，2011年2月には再びワクチン非接種清浄国として認定されている。

隣国である韓国では2000年にOタイプ口蹄疫が牛で発生し，ワクチンを使用したため清浄化に1年半をかけた。再び2002年にOタイプ口蹄疫が発生したが，迅速な摘発淘汰(16万頭)による防疫措置により約3カ月後に終息に至った。続いて2010年1月，Aタイプ口蹄疫が牛で，4月にOタイプ口蹄疫が牛，豚で発生した。いずれも発生農場周囲のすべての偶蹄類動物の淘汰を行うことにより清浄化し，9月にはワクチン非接種清浄国に復帰したが，同年11月にOタイプ口蹄疫が再発生した。これ以降，すべての牛・豚へのワクチンによる疾病コントロールを実施し，2014年5月にワクチン接種清浄国となるも，同年7月に再びOタイプ口蹄疫が豚で発生した。この発生は2015年4月まで継続し，180件を超える発生例をみた。その後も2016年1月，2017年2月と発生が散発している。さらに2017年2月にはAタイプ口蹄疫が約7年ぶりに牛で発生した。

台湾では1997年にOタイプ口蹄疫が豚で発生し，日本への主要豚肉輸出国であった同国の畜産業に壊滅的被害を与えた。これ以降ワクチンによる疾病コントロールを実施しているが，その後もOタイプによる発生が散発している。近年の発生の特徴として，臨床症状が認められず，遺伝子検出およびウイルス分離も陰性で，定期サーベイランスでの感染抗体検出ELISAで陽性を示す発生例が多い。さらに2015年にはAタイプによる初発例が報告された。

中国では，1998年に雲南省，1999年に福建省，海南省およびチベットでOタイプ口蹄疫の発生が報告されたのを皮切りにほぼ全土に広がり，2005年にはAsia1タイプ，2009年にはAタイプ口蹄疫の発生が認められ，現在はOおよびAタイプによる発生が継続している。

このほか，東南アジア諸国，極東ロシア，北朝鮮においても発生が報告されている。ワクチン非接種清浄国はインドネシア，シンガポール，ブルネイ，フィリピンの4カ国だけであり，日本は口蹄疫発生国に囲まれている状況にある。

欧州では2001年英国で，Oタイプ口蹄疫が牛，豚および羊で発生した。家畜の移動が原因で発生が全国的に広がり(発生件数2,030件)，600万頭以上の家畜を殺処分する結果となり，フランス，オランダ，アイルランドに飛び火した。2007年には口蹄疫の研究，そしてワクチン製造を行う英国の施設からウイルスが漏出し，近隣に発生する事件があった。

口蹄疫ウイルスの特徴として，その感染力の強さが知られている。感染動物は発症前からウイルスを排出し，容易に周囲の感受性動物が感染する。牛は家畜のなかで最も感受性が高く，次いで豚，めん羊・山羊の順となる。一方，豚の感受性は牛に比べて低いものの感染後のウイルス排出量は牛の100～2,000倍といわれ，潜伏期間に大量のウイルスを排出する。豚農場での口蹄疫発生は，2010年の宮崎県における例のように発生が広がる傾向が強い。これに対してめん羊，山羊の感受性は低いが，同時に病状も弱いことから感染動物の摘発が困難で，その移動により感染を拡大化させるおそれがある。実際に2001年の英国における口蹄疫の大発生の原因が感染羊の移動であった。しかし，これらは一般的なものであり，ウイルス株によっては特定の動物に高い親和性を示すものも認められる。さらに，気象条件(高湿度，短日照時間，低気温)によっては空気伝播が起こり，長距離を風に乗って伝播した報告がある。

診　断

<症　状>　潜伏期間は牛で約6日，豚で約11日，めん羊で約9日とされるが，ウイルス株や感染ウイルス量によっても変動する。通常は発熱，食欲不振，乳量低下，流涎，跛行などの症状が認められ，口腔粘膜，舌，鼻腔，乳頭，蹄部の水疱形成を特徴とし，容易に破裂してびらんや潰瘍となる(**写真1～4**)。二次感染がなければ1～2週間で治癒に至る。同居動物への感染率は100%に近いが，致死率は幼若動物で20%以上を示す場合があるものの，成畜では5%未満である。上記症状は典型例であり，ウイルス株によっては明瞭な水疱形成が認められない例もある。

<病　理>　口腔粘膜，舌，鼻腔，乳頭，蹄部の粘膜および皮膚の水疱や上皮組織の崩壊によるびらんや潰瘍形成が

みられる。幼若動物では心筋の変性壊死病変(虎斑心：tiger heart)が認められる。

<病原・血清診断>

病原診断：水疱液や水疱上皮あるいはびらん，潰瘍病変の拭い液を材料として各種培養細胞(初代牛・豚腎細胞・初代牛甲状腺細胞，BHK-21，IBRS-2細胞など)への接種によるウイルス分離や抗原検出ELISAおよびRT-PCRを行う。

また，キャリアー動物からのウイルス分離には食道咽頭液(プロバング)を用いる。

血清診断：抗体検出ELISAおよびウイルス分離後には分離株による中和テストが用いられる。

本病を疑う疾病の発生があった場合は，材料採取方法や運搬も含め，「口蹄疫に関する特定家畜伝染病防疫指針」に基づいて実施される(「総論Ⅲ」31頁参照)。

予防・治療　国内で発生がみられた場合は，「家畜伝染病予防法」に基づき患畜の早期摘発・淘汰を実施し，迅速な蔓延防止対策をとる必要がある。家畜の移動制限を実施するとともに，汚染飼料，畜舎および汚染の可能性のあるすべての器具，資材も消毒または焼却する。本病の伝播はきわめて速いため，患畜の早期発見と速やかな初動防疫が重要である。

蔓延防止目的で国が不活化ワクチンを備蓄している。近年の流行株の抗原性状を勘案して毎年ワクチン株を選定しているが，発生原因株に対する効果は本ウイルスの抗原性が多様であることから未知である。また，ワクチン接種は発症を防げても感染防御できない場合があり，その場合には摘発がより困難になる。さらにキャリアー化することにより，感染源となる可能性もある。このため，清浄国では発生件数が多く殺処分のみでは防疫が間に合わない場合に，一時的に地域を限定して蔓延を防止する戦略ワクチンとして使用する方針をとっている。この場合，上記の理由からワクチン接種動物についても移動制限および淘汰する必要がある。2010年の発生においても牛，豚を主に約13万頭の動物にワクチンを接種し，全頭を殺処分した。このうち，ワクチン接種後に患畜あるいは疑似患畜として処分された家畜は約4割に及んだことからもワクチン接種が感染防止対策として万全ではないといえる。

(菅野　徹)

2　牛疫(法)(海外)
Rinderpest

(口絵写真2頁)

概　要　牛疫ウイルス感染による牛に激しい下痢や白血球減少を起こす急性致死性伝染病。

宿　主　牛，水牛，めん羊，山羊，豚，鹿，いのしし，野生偶蹄目

病　原　*Mononegavirales*, *Paramyxoviridae*, *Morbillivirus*に属する牛疫ウイルス(*Rinderpest morbillivirus*)はマイナス1本鎖RNAウイルス。構造蛋白質はN，P/C/V，M，F，HおよびLからなる。血清型は単一とされているが，病原性や生物学的性状の面では流行株間に差異が認められる。

分布・疫学　4世紀以降アジア，アフリカ，欧州の各地で大流行した。18世紀，欧州での流行により，約2億頭の牛が死亡した。主な発生地域は西アフリカ，西アジア。

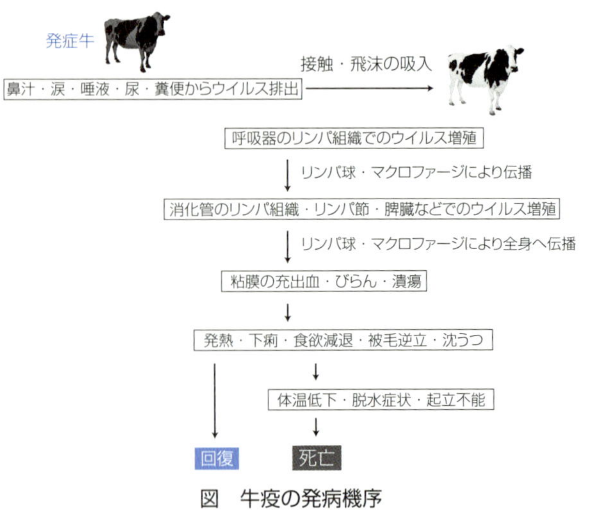

図　牛疫の発病機序

FAOによる国際的な撲滅キャンペーンが進められ，2011年根絶が宣言された。日本では，1872～1911年の間に中国大陸から侵入し流行した。動物種によって感受性が異なり，最も高いのは牛と水牛である。東南アジアやアフリカの牛は感受性が比較的低いが，和牛や朝鮮牛は非常に高い。野生動物では偶蹄目の多くが感受性。

ウイルスは，発病牛の鼻汁，涙，唾液，尿，糞便に多量に排出され，分泌物や排泄物の飛沫の吸入や発病牛との直接接触によって伝播する。

診　断

<症　状>　通常2～9日の潜伏期の後，突然の発熱，食欲減退，被毛逆立，動作緩慢，沈うつなどの様相を呈する(前駆期)。続いて，眼瞼腫脹，結膜充血を示し，流涙や鼻汁は水様から膿様へと移行する。口や鼻周囲からあらゆる粘膜に充血，点状出血，限局性潰瘍，びらんが認められる(**写真1**：粘膜期)。粘膜期は発熱から2～5日後に始まる。粘膜のびらん開始から2～3日後に，体温低下，暗褐色便の激しい下痢を呈する(**写真2**：下痢期)。この後，脱水症状，起立不能，体温の低下により死亡する。発熱から6～12日後に死亡する例が多い。

致死率は，牛疫常在地帯の原産牛では30％前後，外来牛の場合は80～90％に及ぶ。第3週まで生存すれば回復する。白血球減少は発熱の直前から認められ，かなり長期間持続する。

<病　理>　消化管粘膜に強い出血性変化，壊死，偽膜，びらん斑，潰瘍など激しい病変が認められる(**写真3**)。パイエル板でリンパ濾胞の腫脹，出血，壊死が観察される。肝臓は黄疸による黄褐色を呈し，胆嚢は胆汁が充満して膨大する。

組織病理学的には，リンパ組織における細胞質内および核内封入体を含む多核巨細胞が特徴的で，極期には濾胞内のリンパ球の壊死が著しい。多核巨細胞は消化管や上部気道の上皮細胞にも認められる。

<病原・血清診断>

病原診断：患畜の脾臓，リンパ節，涙，血液を検査材料として，家兎免疫血清を用いてCF反応や寒天ゲル内沈降反応，RT-PCRでの遺伝子増幅診断法により診断する。組織材料については蛍光抗体法や酵素抗体法でウイルス抗原の検出を行う。さらにB95a細胞，BK細胞を用いた野外ウイルス分離が可能である。

血清診断：中和テスト，CF反応，間接血球凝集反応，蛍光抗体法，ELISA，寒天ゲル内沈降反応などを用いて抗体価を測定する。寒天ゲル内沈降反応は，流行地での野外診断に広く用いられる。アフリカなど小反芻獣疫の常在地では，牛疫と小反芻獣疫の鑑別が重要で，各ウイルス特異的モノクローナル抗体による競合ELISAが行われる。

予防・治療　汚染国では生ワクチンが用いられた。弱毒生ワクチン原株には，山羊化ウイルス，家兎化ウイルス，家兎化鶏胎化ウイルス(LA株)があるが，牛腎組織培養馴化ウイルスが広く用いられていた。日本における最後の発生は1922年で，その後は清浄国として汚染国からの動物や畜産物の輸入制限等や輸入検疫等によりその侵入を防止してきた。FAO等により撲滅キャンペーンが進められた結果，2011年6月に世界的な撲滅が宣言された。現在日本では，ワクチン株を含むすべてのウイルスが政府によって管理されている。

(甲斐知恵子)

3 イバラキ病(届出)

(口絵写真3頁)

Ibaraki disease

概　要　流行性出血病ウイルス血清型2に属するイバラキウイルスによる急性疾患である。発熱を主徴とし，本病に特徴的な嚥下障害を呈することもある。

宿　主　牛，水牛

病　原　*Reoviridae*, *Sedoreovirinae*, *Orbivirus*の流行性出血病ウイルス(*Epizootic hemorrhagic disease virus*：EHDV)血清型2に属するイバラキウイルス。1959～1960年に牛の急性熱性疾患が流行した際に，茨城県で発症牛から分離されたことにちなんで命名された。

イバラキウイルスは同属のブルータングウイルスに類似する直径約70nmの球状の粒子であり，10分節からなる2本鎖RNAゲノムを有する。10分節は7つの構造蛋白質(VP1～VP7)と3つの非構造蛋白質(NS1～NS3あるいはNS3a)をコードしている。外殻カプシドはVP2とVP5によって構成され，VP2は宿主細胞への吸着に関与するとともに，赤血球凝集素および血清型特異中和抗原としての機能を有する。VP3とVP7は内殻カプシドを形成し，その内部にはウイルス遺伝子の転写・複製に必要な酵素として働くVP1(RNA依存性RNAポリメラーゼ)，VP4(グアニリルトランスフェラーゼ)，VP6(RNAヘリカーゼ)とウイルスRNAが取り込まれた形で存在する。酸性域で弱く容易に失活するが，有機溶媒には耐性を示す。4℃および－80℃では安定であるが，－15℃の冷凍保存では数日間で不活化される。EHDVには血清型2以外に血清型1，血清型4～8が知られている。なお，以前に血清型3とされていたウイルス株は，血清型1と同一の抗原性を有することが後に判明したため，血清型1に再分類された。

分布・疫学　日本，韓国，台湾で報告されている。日本では1959年に初めて発生し，8～12月に九州，中国，四国，近畿，中部，関東地方において約39,000頭の牛が発症した。また，翌年には中部地方で約4,700頭の牛が発症した。その後，ワクチンの開発および普及により20年以上発生が認められなかったものの，1982年には九州地方で33頭，1987年には西日本で約200頭の牛で発生が認められている。また，2000年には沖縄県，2013年には鹿児島県でそれぞれ2頭の牛に発生が認められている。なお，1997年に九州地方で約1,000頭の牛に流産・死産ならびに熱性疾患が発生しており，その流行はイバラキウイルス変異株の感染によるものと考えられていた。しかし，その後の遺伝学的および血清学的解析により，そのウイルス株はEHDV血清型7であることが判明した。また，2015年には兵庫県で46頭の牛に発熱を主徴とする熱性疾患の流行があり，イバラキ病と非常に類似した臨床症状や病変が認められたが，その流行はEHDV血清型6の感染によるものであることが判明している。

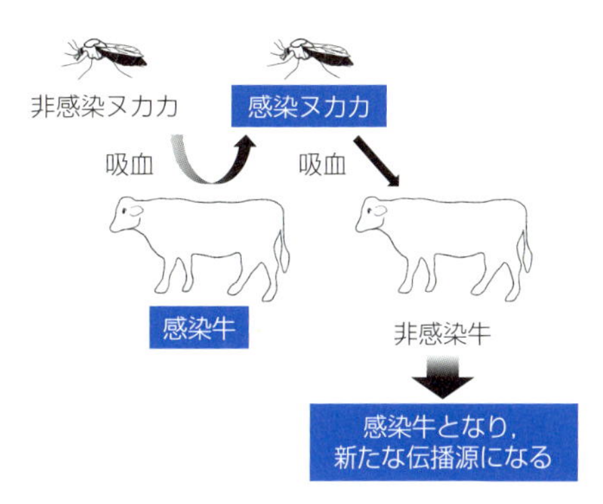

図　イバラキ病の感染環
感染牛からの吸血により非感染ヌカカが感染する。その後，感染ヌカカが非感染牛から吸血することにより，その牛が感染して新たな伝播源となる

本病はヌカカによって媒介されるため，ウイルスの伝播に伴って季節性(夏～秋)および地域性(日本では関東地方以南)をもって流行する。また，感染牛では症状の有無にかかわらずウイルス血症が4～8週間程度持続するため，長期間にわたり伝播源となる。感染牛との同居や接触による感染の伝播はない。日本では，過去に本病が牛流行熱とともに「流行性感冒」として取り扱われていたが，家畜伝染病予防法の一部改正により，1998年以降は単独で牛と水牛の届出伝染病となっている。

診　断

<症　状>　不顕性感染が多いが，発症牛では感染初期においては発熱(39～40℃)，元気消失，食欲低下，流涙，結膜の充血や浮腫，水様～膿様の鼻汁漏出，泡沫性流涎がみられる。また，跛行を示す例や，初期症状の後に本病の特徴的症状である嚥下障害を呈する例がある(**写真1**)。嚥下障害を呈した牛は飲水可能であるが，頭部を下げると飲んだ水が口や鼻孔から逆流するため，脱水症状や誤嚥性肺炎を呈する。嚥下障害を起こさない限り，予後は良好であることが多い。発症牛における致死率は10～20%程度と考えられる。また，本病は黒毛和種などの肉用種で多発し，乳用種での発生は少ない傾向がある。

<病　理>　舌，咽喉頭や食道における出血や水腫が顕著である。蹄冠部の発赤や腫脹がみられることもある。重症化すると鼻腔や口腔粘膜の充血，うっ血や潰瘍，蹄冠部の潰瘍がみられる。嚥下障害を呈した牛では食道壁の弛緩が認められ，組織学的には食道，咽喉頭や舌の横紋筋における硝子様変性が観察される。その際，筋細胞の再生像や結合織の増生がみられることもある(**写真2**)。

<病原・血清診断>

病原診断：イバラキウイルスは血中に抗体が出現した後も

血球から分離可能である。発症牛のヘパリン加血液を採取し，PBSで洗浄した血球を－80℃にて凍結した後，融解してウイルス分離材料とする。発症牛のリンパ節や脾臓乳剤もウイルス分離材料として利用可能である。これらの材料をBHK-21（ハムスター腎臓由来），HmLu-1（ハムスター肺由来），C6/36（ヒトスジシマカ由来），BK（牛腎臓由来）細胞に接種し，３代目まで盲継代を行う。乳飲みマウスの脳内接種によるウイルス分離も可能である。分離ウイルスは蛍光抗体法や中和テストによって同定する。RT-PCRおよび塩基配列解析によるウイルスの同定も可能である。また，RT-PCRによる分離材料からのウイルスゲノムの直接検出も診断の補助として有用である。ゲノム分節３などを標的としたEHDV群検出用RT-PCRと，ゲノム分節２を標的とした各血清型特異検出用RT-PCRがある。類症鑑別が必要な疾病として，口蹄疫，水胞性口炎，ブルータング，牛流行熱，牛ウイルス性下痢ウイルス感染症，牛伝染性鼻気管炎，悪性カタル熱などが挙げられる。

血清診断：急性期と回復期の血清を採取して中和テストを行い，抗体価の上昇の有無を調べる。

予防・治療　日本では単味生ワクチンや牛流行熱ウイルスとの２種混合不活化ワクチンが市販されている。媒介昆虫の吸血活動が盛んになる初夏前に接種を完了させる。他の予防法としてピレスロイド系や有機リン系の薬剤散布によるヌカカの吸血阻止も挙げられるが，本病に対する予防効果は低いと考えられる。

本病は特異的な治療法がないため，発症牛には対症療法を行う。嚥下障害を呈した牛に対しては，誤嚥防止のため胃カテーテルを用いて水分補給を行う。輸液も脱水症状を防ぐために効果がある。

（白藤浩明）

4　牛伝染性鼻気管炎（届出）

（口絵写真３頁）

Infectious bovine rhinotracheitis

概　要　牛アルファヘルペスウイルス１感染による結膜炎，膿胞性陰門腟炎，亀頭包皮炎，流産などを起こす急性熱性呼吸器病。潜伏感染した耐過牛が感染源となる。

宿　主　**牛，水牛**。めん羊，山羊，らくだ，豚などの偶蹄類も感染する。実験的にはうさぎが感受性を示す。

病　原　*Herpesvirales*, *Herpesviridae*, *Alphaherpesvirinae*, *Varicellovirus*に属する牛アルファヘルペスウイルス１（*Bovine alphaherpesvirus 1*）。牛伝染性鼻気管炎ウイルス（Infectious bovine rhinotracheitis virus）ともいう。牛の初代培養細胞（腎臓，肺，精巣など）やMDBK細胞などの牛由来株化細胞で細胞の円形化，円形化細胞の房状集簇，ときにシンシチウムなどのCPEを示してよく増殖する。

ゲノムは直鎖状２本鎖DNAで，制限酵素切断パターンによって３つの亜型1.1，1.2a，1.2bに分けられる。亜型1.1ウイルスは呼吸器，亜型1.2は生殖器から分離されることが多い。通常の免疫血清では両者を区別することはできない。本ウイルスはC57BLマウス赤血球を凝集する。

物理化学的処理に対する抵抗性は比較的低く，適切な消毒剤で容易に不活化される。

分布・疫学　本病は世界各地で発生しているが，オーストリア，スイス，デンマーク，オランダと北欧３国は根絶に成功している。日本では1970年に北海道で初発後，全国に拡散した。2010年以降も北海道を中心に年間約100～1,000頭の発生が報告されている。当初は亜型1.1ウイルスのみの流行であったが，1983年には，亜型1.2aによる生殖器感染が確認されている。

感染牛の鼻汁，涙あるいは生殖器の分泌物を吸入することで気道感染する。また，交配，汚染精液による人工授精で生殖器感染する。急性感染から回復後，ウイルスは生涯にわたり三叉神経節あるいは腰・仙椎神経節に潜伏感染し，輸送，気温の変化，飼養環境の変化や分娩などのストレスおよびステロイドの投与によって再活性化して排出される。見かけ上健康な耐過牛が感染源となるため防疫は難しい。牛の放牧病，輸送熱として重要な疾病である。

診　断

＜症　状＞　２～４日の潜伏期の後，40～41℃の発熱，漿液性鼻汁，流涎，流涙，結膜炎，食欲不振，元気の低下などがみられ，数日内に鼻汁および涙は漿液性から膿性となる（**写真１**）。鼻腔粘膜の壊死病巣はしばしば膿胞化し，潰瘍が形成される。ジフテリア性炎を併発し，気道が塞がれると開口呼吸となる。乳牛では突然乳量が低下する。妊娠牛では突然流産を起こすことがある（**写真２**）。胎内感染あるいは出生直後に感染した新生子牛では，内臓諸臓器に限局性壊死性病変を伴った全身感染，頑固な下痢や呼吸器症状を示し，死亡率が高い。

生殖器感染では膿胞性の陰門腟炎あるいは亀頭包皮炎を呈する。汚染精液の人工授精によって子宮内膜炎を起こすことがある。

類症鑑別が必要な疾病は，牛RSウイルス病，牛流行熱，牛ウイルス性下痢ウイルス感染症などである。

＜発病機序＞　呼吸器および生殖器粘膜から侵入したウイルスは局所で増殖し，上部気道炎，腟炎，包皮炎を起こす。ウイルスの鼻汁中への排出は５～14日間続き，ピーク時には10^8～$10^{10}TCID_{50}$/mLに達する。精液中にもウイルスは排出される。流産や若齢牛の全身感染には単核球へのウイルス感染が関与している。抗体を有しない初生牛では，しばしば致死的である。

症状の程度はウイルス株，免疫状態，年齢，ストレスの有無などによって異なる。パスツレラなどの二次感染により気管支肺炎を併発することがある。３カ月齢以上の牛では，二次感染がなければ５～10日で回復する。

＜病　理＞　鼻腔，喉頭，気管および生殖器粘膜に限局性の壊死病変が認められ，次第にリンパ球の浸潤を伴った大きな膿胞が形成される。感染初期には上部気道の粘膜に充血，点状出血がみられ，漿液性あるいは粘液膿性の滲出物が充満する。組織学的には上皮細胞に核内封入体がみられる（**写真３**）。流産胎子には肝臓をはじめとして様々な臓器に微細な壊死斑がみられるが，核内封入体は新鮮な流産胎子でないと検出は困難である。

＜病原・血清診断＞

病原診断：感染初期の鼻腔，腟および包皮の拭い液からウイルス分離を試みる。剖検例では呼吸器，扁桃，肺および気管リンパ節を，流産胎子では肝臓，肺，脾臓，腎臓ならびに胎盤小葉を分離材料とする。精液の場合は細胞毒性があるので10倍に希釈したものを分離材料とする。感受性細胞に接種すると，通常，３～５日でCPEが出現する。

分離されたウイルスは免疫血清あるいはモノクローナル抗体を用いた中和テストで同定する。鼻腔，結膜および生殖器拭い液の塗抹標本を市販の蛍光抗体で染色し，ウイルス抗原を検出する方法は迅速診断法として有用である。最適な迅速診断法はチミジンキナーゼ，gB，gC，gDあるいはgE遺伝子を標的としたリアルタイムPCRである。PCRによりワクチン株と野外株の識別が可能である。

血清診断：中和テストとELISAによる。急性期と回復期のペア血清を調べ，４倍以上の抗体価上昇をもって感染と判定する。C57BLマウス赤血球を用いたHI反応も可能である。

予防・治療　初乳の給与は初生牛の発症および重症化を防ぐためにきわめて重要である。日本では，低温馴化株が弱毒生ワクチンとして用いられており，単味ワクチンと牛呼吸器病３～６種混合ワクチンがある。ワクチン接種は発症予防には有効であるが，感染を防止することはできない。外国では，gE欠損ウイルスによる生ワクチンと不活化ワクチンが実用化されており，gE抗体の有無を指標に野外感染牛の摘発が可能となっている。この戦略で，欧州では本病の撲滅運動がなされている国がある。

原因療法はなく，細菌の二次感染による気管支肺炎防止のため抗菌薬投与が有効である。

（桐澤力雄）

5　牛ウイルス性下痢ウイルス感染症（届出）

Bovine viral diarrhea　（口絵写真３頁）

病名同義語：牛ウイルス性下痢・粘膜病（Bovine viral diarrhea-mucosal disease）

概　要　牛ウイルス性下痢ウイルス１および２の感染による，牛に急性感染，先天性感染，持続感染および粘膜病を引き起こす伝染病。

宿　主　自然宿主は牛，水牛であるが，それ以外にもめん羊，山羊，豚などの家畜や，鹿，カモシカ，キリンなどの野生の偶蹄目動物からも分離され，宿主域は広い。

病　原　*Flaviviridae*，*Pestivirus*に属する牛ウイルス性下痢ウイルス（Bovine viral diarrhea virus：BVDV）１および２。最近，国際ウイルス分類委員会により*Pestivirus A*および*B*として再分類された。BVDVは直径40～60nmのエンベロープを有するプラス１本鎖RNAウイルスで，ウイルスゲノムの大きさは約12.3kbである。BVDV1および２のなかには，さらに遺伝子の塩基配列により分類された遺伝子亜型があり，BVDV1には少なくとも21亜型（1a～1u），BVDV2には少なくとも４亜型（2a～2d）が確認されている。ペスチウイルスに属するウイルスは共通抗原を保有しているが，種の間には抗原性の相違があり，さらに遺伝子亜型間にも差が認められる。地域ごとに流行している株の遺伝子亜型は年々変化しており，日本ではBVDV1の亜型（1a，1b）とBVDV2の亜型（2a）が主に流行している。近年，南米，東南アジアで従来のBVDVとは遺伝的に異なるウイルスが牛から分離され，新しいグループBVDV3として提唱されている。

BVDVは牛由来の初代細胞でよく増殖し，培養細胞にCPEを引き起こすか起こさないかで細胞病原性（cytopathogenic：CP）株と非細胞病原性（noncytopathogenic：NCP）株に分けられる。細胞病原性とは，感染している牛の細胞に対してではなく，培養に供する細胞に対することをいう。通常の感染牛からはNCP株が分離されることが多く，粘膜病発症牛からはNCP株とともにCP株が分離される。粘膜病発症牛から分離されるCP株は持続感染しているNCP株が変異することで発生すると考えられている。

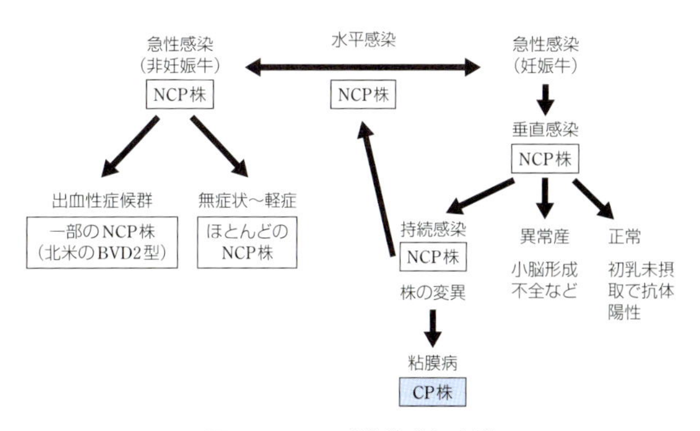

図　BVDVの感染様式と病態

分布・疫学　BVDVは世界各地に分布し，日本にも広く分布している。ウイルスの伝播は，ウイルスで汚染された牛舎や管理者を介しての間接伝播もあるが，ウイルスを排出している動物からの直接伝播が重要である。本ウイルスに感染しウイルス血症を起こしている牛や後述する持続感染牛は，鼻汁，唾液，乳汁，精液，尿などからウイルスを排出し，他の牛がこれらに接触することによって水平伝播が起こる。特に持続感染牛は生涯ウイルスを排泄し続けるため，本ウイルスの流行に重要な役割を果たしており，公共牧場など牛が集合する場所に持続感染牛が存在すれば牛群全体にウイルスが蔓延する。また，野生の偶蹄目動物にもBVDV感染が認められ，海外では持続感染している個体も確認されていることから，特に放牧場に近づくおそれのある鹿などには注意を払う必要がある。

診　断

＜症　状＞　ウイルス感染を起こした宿主の状態によって，以下に述べる様々な病態を示す。

急性感染：特に若い牛に起こりやすく，軽い呼吸器症状や下痢が観察されるか，臨床症状をほとんど認めない場合が多い。本ウイルスは免疫抑制を起こすことから，症状の発現は免疫抑制に起因する二次感染による可能性もある。種雄牛が感染した場合，生殖能力の低下や一時的に精液へウイルスが排出される。繁殖雌牛の場合，卵巣機能低下や性腺刺激ホルモンおよびプロゲステロンの分泌の変化による不受胎が起こる。短期間のウイルス血症が起こり，鼻汁などからウイルスが排出される。さらに一時的な白血球減少，血小板減少および発熱が起こるが，これらの程度は感染した動物の個体差により様々である。通常感染後３週目までに生涯残存する抗体が産生される。一般的に罹患率は高く致死率は低いが，ときに致死率が高く被害の大きい流行が発生する。北米ではBVDV2の高病原性株の感染によって発生した出血性症候群で，高い致死率が報告されているが，国内での発生はない。

先天性感染：抗体を保有しない妊娠牛にBVDVが感染した場合，容易に垂直感染が起こり，感染する胎齢によって様々な障害が発生する。流死産はほとんどの胎齢で発生し，妊娠初期の感染では持続感染牛の出産がみられる。妊娠初期から中期にかけての感染では神経線維髄鞘形成不全，小脳形成不全，白内障や網膜萎縮などの眼障害など，先天異常が発生する。胎子に免疫機能が備わった後（胎齢100日以降）に感染した場合，胎子は免疫応答でウイルスを排除し，BVDVに対する抗体を保有して正常に娩出される。

持続感染：免疫機能が成熟する前の胎齢約100日以前にBVDVが感染すると，胎子は感染したウイルスに対して免疫寛容となり，ウイルスを体内に保有し続ける持続感染牛となって生まれる。持続感染牛は生涯にわたりウイルスを排出し続ける感染源となる。持続感染牛は発育不良を示すものが多く（**写真1**），慢性の下痢や呼吸器症状を呈するものもあるが，一般的に臨床的特徴に乏しく，健康牛と全く区別のつかないものもいる。性成熟に達した持続感染牛が，繁殖に供される例もあるため，供卵牛のなかから持続感染牛を排除する必要がある。また，卵子の体外培養を実施する場合，用いる牛血清や共培養用の細胞がBVDVに汚染されていないことを確認する必要がある。

粘膜病：持続感染牛に感染しているNCP株が変異しCP株が出現するか，NCP株と抗原性の同じCP株が重感染すると，持続感染牛は粘膜病を発症する。CP株への変異は，種々の遺伝子構造の変化とそれに伴うウイルス非構造蛋白質NS2-3のNS2とNS3への開裂により，細胞内のウイルスRNAの蓄積，宿主細胞のDNA修復に重要なポリADPリボースポリメラーゼの分解によりアポトーシスが誘導されることによる。粘膜病の発生率は低く，発症年齢は数週齢から数歳と幅がある。粘膜病は常に致死的で，瀕死になってから気がつくこともある。発症牛は最初食欲不振となり，動くのを嫌い，腹部に疼痛を示す。その後下痢となり，急速に衰える。口腔内，特に歯肉縁の潰瘍が確認され，流涙，唾液分泌過剰が認められる。

＜病　理＞　粘膜病では，消化管の様々な部位に潰瘍がみられ，最も顕著な病変は小腸のパイエル板および回盲部のリンパ節に認められる（**写真2，3**）。組織学的には消化管のリンパ組織が破壊され，パイエル板はリンパ球が溶解し，炎症性の細胞や崩壊した上皮組織などに置き換わる。

＜病原・血清診断＞

病原診断：各種臓器，鼻汁，血液，乳汁，精液，尿などからウイルス分離が可能である。特に血中抗体の影響を受けない洗浄白血球はウイルス分離材料として最適であり，初乳を摂取し移行抗体を獲得した子牛における検査にも有効である。培養細胞は牛の胎子筋肉細胞，精巣細胞，腎細胞，鼻甲介細胞などが用いられる。細胞培養に用いる培地に添加する牛血清は，BVDVあるいはBVDVに対する抗体を含まないことを確認してから使用することが重要である。CP株についてはCPEを指標として分離の有無を確認できるが，NCP株の場合には蛍光抗体法で特異蛍光を確認するか，CP株を用いた同種干渉法により判定する。また，抗原検出ELISAやRT-PCRによる診断も行われる。乳用牛において牛群全体のスクリーニング検査として，バルク乳を材料とするRT-PCRも可能である。

血清診断：抗体検出法として，ウイルス中和テストが用いられている。また，抗体検出ELISAのキットが市販されており，野外で応用可能である。

治療・予防　急性感染に対しては，対症療法を行う以外治療方法はない。持続感染牛は治療不能であり，摘発したら早急に淘汰すべきである。

現在，国内では，BVDV1を含む呼吸器病3～5種混合生ワクチンおよびBVDV1および2の生または不活化成分を含む呼吸器病5～6種混合ワクチンが市販されている。BVDV1およびBVDV2の両方の抗原が含まれるワクチンの使用が望ましい。持続感染牛の摘発・淘汰は本病を予防する上できわめて重要で，清浄化した農場における導入牛検査や公共牧場への入牧検査などにより新たな持続感染牛を侵入させないことが最も重要な予防策である。

（長井　誠）

6　（全）アカバネ病（届出）

Akabane disease

（口絵写真4頁）

概　要　アカバネウイルスの胎内感染による牛，めん羊，山羊などの流死産および関節彎曲症や水無脳症などを伴う先天異常子の娩出および生後感染による若齢牛の脳脊髄炎を主徴とする疾病。

宿　主　牛，水牛，めん羊，山羊，らくだなどの反芻獣や，豚，いのししなど

病　原　アカバネウイルス（*Akabane orthobunyavirus*）は，*Bunyavirales*，*Peribunyaviridae*，*Orthobunyavirus*に属する。エンベロープを持つウイルス粒子は，直径90～100nmの球形で表面に外被糖蛋白質（GcおよびGn）が突出している。Gc蛋白質には，中和抗体が結合するエピトープが含まれている。

ウイルスゲノムは，ヌクレオカプシド蛋白質に包まれ，RNAポリメラーゼが結合した3分節のマイナス鎖RNA（S，M，L）で構成される。S RNA分節には，ヌクレオカプシドとI型インターフェロンに拮抗作用を持つ非構造蛋白質NSsがコードされている。M RNA分節にコードされたポリ蛋白質は，翻訳後GcおよびGn，ならびに非構造蛋白質NSmに切断される。L RNA分節はRNAポリメラーゼがコードされている。以前，*Orthobunyavirus*はCF抗原性をもとに少なくとも18の血清型に分けられ，アカバネウイルスやアイノウイルスはそのうちのシンブ血清群に含まれていた。国際ウイルス分類委員会による現行の分類体系には採用されていないが，便宜上，血清群の名称を使用する場合がある。

分布・疫学　東アジア，中東，オーストラリアで本病の発生が報告されている。また，抗体保有状況調査やウイルス分離によって，東南アジア，アフリカにアカバネウイルスが広く分布することが明らかになっている。

アカバネウイルスは，1959年に群馬県館林市赤羽地区で採集されたキンイロヤブカ（*Aedes vexans*）から初めて分離されたが，当時は疾病との関連は不明であった。1972～1975年に国内で牛の異常産（流産，早産，死産，子牛の先天異常）の大規模な流行（42,000頭）が起こり，血清疫学的調査によりアカバネウイルスが原因であったことが明らかにされた。アカバネウイルスは，日本，オーストラリア，中東で，*Culicoides*属のヌカカから多く分離されるため，ヌカカが主要な媒介節足動物であると考えられている。また，ウイルス分離の頻度から，国内ではウシヌカカ（*Culicoides oxystoma*）が主要な媒介種と推測されている。

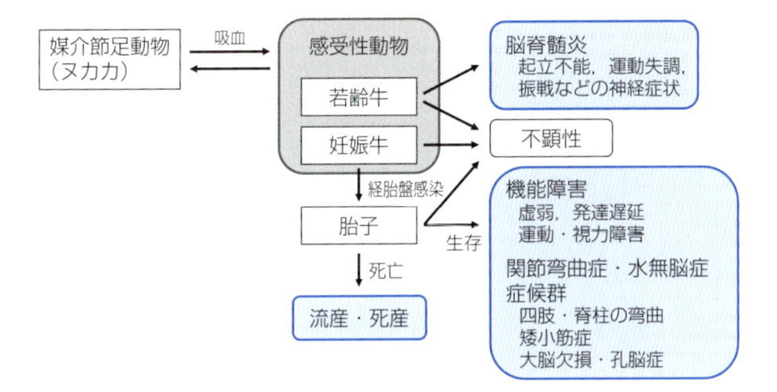

図　アカバネ病の発病機序

しかし，ウシヌカカが分布しない東北や北海道でもアカバネ病の発生があることから，他種のヌカカも媒介能を持つことが示唆されている。媒介節足動物を介さない，接触感染や飛沫感染などによる伝播は起こらない。アカバネウイルスの伝播は，ヌカカの活動が盛んになる夏から秋にかけて起こる。

流産は伝播時期の直後から発生するが，先天異常子は冬から翌年春にかけて娩出される。一方，妊娠期間の短いめん羊では，先天異常子の分娩は冬期で終息する。国内では数千～数万頭のアカバネ病の大規模な発生があったが，近年はワクチンの普及により発生頭数は減少傾向にある。しかし，アカバネ病の発生は東北，北海道までの広範囲に及ぶ場合もあり，特にワクチン未接種の地域で大きな被害が出ている。一方，近年，若齢牛でアカバネウイルスの生後感染による脳脊髄炎の発生が増加しており，多くは予後不良により廃用になるため，経済的な被害が無視できない状況になっている。生後感染による子牛の脳炎は，1984年に鹿児島県で初めて確認されていたが，その後，2006年と2011年には，若齢牛の脳脊髄炎が，それぞれ九州と中国地方を中心に，160～180頭発生している。また，2010年には韓国で約500頭のアカバネウイルスの生後感染による脳脊髄炎の発生が報告されている。国内で分離されるアカバネウイルスは，genogroup ⅠとⅡの2つの遺伝子グループに分けることができるが，生後感染による脳脊髄炎には，genogroup Ⅰに含まれるウイルスが主に関与していると考えられている。

アカバネウイルスは国内では常在化しておらず，夏期にウイルスに感染したヌカカが周辺地域から気流に乗って侵入することにより，伝播が始まると推測されている。国の事業として，各都道府県に配置されたおとり牛のアカバネウイルスに対する抗体陽転状況の調査が行われており，毎年のように陽転が報告されている。抗体陽転はこれまで九州もしくは山陰地方で最初に認められることが多かったが，2010年には東北地方で最初に陽転が確認され，直接ウイルスが侵入した可能性が指摘されている。

診　断

<症　状>　アカバネウイルスに感染した成獣は，発熱や白血球減少症以外に目立った症状を示さないと考えられている。しかし，若齢牛では，脳脊髄炎とそれに伴う起立不能(**写真1**)や運動失調，振戦，眼球振盪，後弓反張，異常興奮などの中枢神経の障害による症状が発現する場合がある。妊娠獣では，流産，死産，体形異常を伴った先天異常子(**写真2**)の娩出が認められる。また，体形異常がみられない子牛でも，虚弱や盲目，発育不良を示す場合がある。

<病　理>　先天異常子では，水無脳症(**写真3**)，孔脳症，脊柱のS字状弯曲(**写真4**)，四肢の関節の弯曲・拘縮(**写真2**)，躯幹筋の発育不良などがみられる。アイノウイルス感染症やチュウザン病とは異なり，一般的に小脳形成不全は認められない。病理所見では，脊髄腹角の神経細胞の減数もしくは消失，骨格筋の筋繊維の大小不同・矮小化がみられる。生後感染例では，肉眼的な病変は認められないが，病理組織学的には，中枢神経系において囲管性細胞浸潤，グリア結節，グリオーシスおよび神経細胞の変性・壊死などがみられる。

<病原・血清診断>　胎盤や流産胎子材料を用いたBHK-21細胞およびHmLu-1細胞によるウイルス分離，RT-PCRおよびリアルタイムRT-PCRによるウイルス遺伝子の検出，蛍光抗体法による抗原の検出が可能である。生後感染例では，脳幹部などの中枢神経組織を用いることにより，アカバネウイルスの分離や遺伝子の検出を行う。また，中枢神経組織を用いて，免疫組織化学的手法によってウイルス抗原を検出することが可能である。ウイルスは感染後，一過性の増殖を経て体内から消失していくため，先天異常子からの抗原検出は困難であり，初乳未摂取の子牛の血清もしくは体液を用いたウイルス中和テストやELISAによる抗体の検出により診断する。伝播シーズンの夏～秋にかけて採取したおとり牛の血液材料から，ウイルスが分離される場合もあり，疫学調査の一助となる。

予防・治療　市販の不活化ワクチン(アイノウイルス感染症，チュウザン病との混合)や弱毒生ワクチンによる予防は可能であり，伝播が起こる初夏までに接種を行う。不活化ワクチンは初年度2回接種，以後，毎年1回の追加接種が推奨されている。弱毒生ワクチンは，毎年1回の接種で効果があるが，めん羊や山羊では胎内感染が起こるため，使用することはできない。ヌカカ類の防除による伝播阻止は，費用対効果の面から困難である。先天異常子の分娩では，難産となるため介助が必要となる。胎子感染例では治療法はない。生後感染例では，投薬などによる治療効果はほとんど認められず，予後不良により廃用となる場合が多い。

（梁瀬　徹）

7　牛白血病(届出)
Bovine leukosis

(口絵写真4頁)

概　要　地方病性(enzootic bovine leukosis：EBL)と散発性(sporadic bovine leukosis：SBL)に分類。地方病性牛白血病は牛白血病ウイルス(BLV)の感染によるB細胞性リンパ腫で，成牛型と呼ばれている。散発性牛白血病は発病年齢とリンパ腫の発生臓器の違いから子牛型，胸腺型，皮膚型に分類される。その発生原因は不明。

宿　主　牛，水牛。実験感染では牛以外にめん羊，山羊にも感染が成立する。めん羊はウイルス感受性が高く短期間にリンパ腫を形成するが，牛，山羊では発病しにくい。

病　原　*Ortervirales*, *Retroviridae*, *Orthoretrovirinae*, *Deltaretrovirus*に属する牛白血病ウイルス(*Bovine leukemia virus*：BLV)。複数の遺伝子型があるが，血清型の多型は知られていない。構造蛋白質はコア主要蛋白質(p24)とエンベロープ主要糖蛋白質(gp51)で，gp51抗原は抗体検査

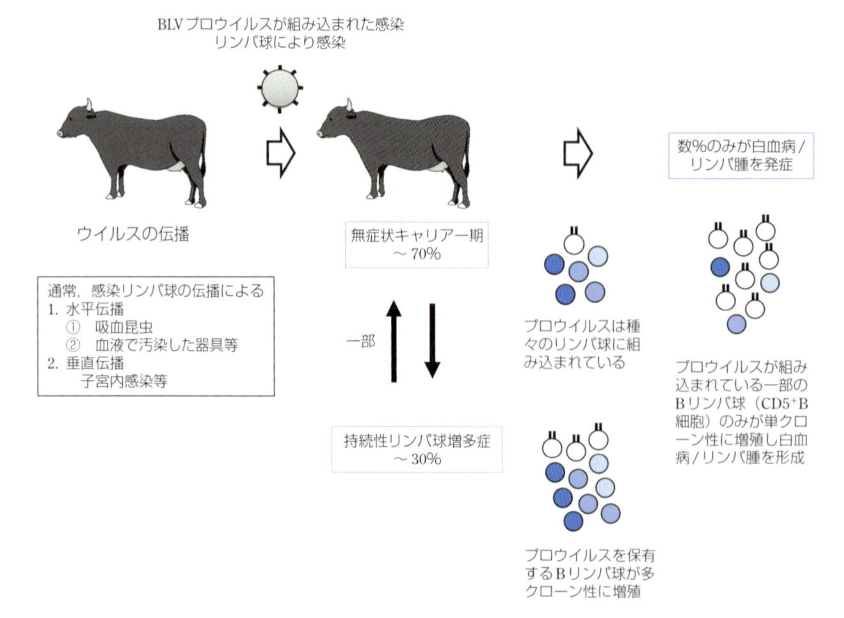

図　牛白血病ウイルス(**BLV**)の感染から白血病発症まで

に用いられる。構造蛋白質をコードする遺伝子以外に逆転写酵素をコードする遺伝子(*pol*)を持つ。BLVは癌遺伝子を持たない腫瘍ウイルスであるが，*tax*と呼ばれる調節遺伝子が腫瘍化に関与しているといわれる。散発性牛白血病は原因が不明。

分布・疫学　日本では1927年に岩手県で初発生後，全国で認められている。1998年に届出伝染病に指定された。近年の調査では感染牛の増加に伴って発病牛が急激に増加している。

ウイルスはBLV感染細胞を含む血液の輸血，注射器具や直腸検査手袋の使い回しなどにより伝播する。野外では主にアブなどの吸血昆虫による機械的伝播により感染が拡大する。BLV感染母牛の乳汁(初乳・常乳)を介しての感染もあるが，初乳には抗BLV抗体も含まれ感染を防御するため乳汁感染はそれほど多くはない。胎子が感染母牛の子宮内で感染する例も3～4％程度ある。

診　断

<症　状>

地方病性：BLV感染牛の多くは長期間臨床的に無症状であるが，約30%は持続性リンパ球増多症(persistent lymphocytosis：PL)を示す。感染牛の数%がB細胞性の白血病/リンパ腫を発病する。発病牛では体内のリンパ節を始めとする諸臓器にリンパ腫が認められる(**写真1**)。約半数は末梢血中に異型リンパ球が増加して白血病を呈する(**写真2**)。発病牛の多くは5～8歳であることから成牛型と呼ばれている。臨床症状は腫瘍が浸潤した臓器・組織に依存する。体表リンパ節の腫脹，削痩，元気消失，眼球突出，乳量減少などの症状を呈し，発病後，突然～数カ月以内に死の転帰をとる。

散発性：子牛型は6カ月齢未満の子牛に好発しリンパ節の腫脹を主症状とする。胸腺型は6カ月～2歳齢未満の若齢牛に好発し，頸部胸腺の著しい腫脹を呈する。皮膚型は2～3歳齢の牛に好発し，全身皮膚の8mm～3cm面大に至る蕁麻疹様ないしは丘疹状の病変を特徴とする。

<発病機序>　BLVに感染したリンパ球を含む血液または乳汁を介して感染する。感染直後は細胞遊離型のウイルス血症を呈するが，抗体出現後はリンパ球系細胞DNA中にプロウイルスとして組み込まれ持続感染する。無症状期(キャリアー)牛の病態の進行にはサイトカインのTh1からTh2へのシフト，癌抑制遺伝子*p53*の変異，MHCクラスⅡの多型などが関与しているといわれているが，詳細な発病機序は不明。散発性の発病機序は不明である。

<病　理>

地方病性：腫瘍形成は全身リンパ節を中心に全身諸臓器で認められるが，特に心臓，前胃，第四胃，子宮(**写真3～5**)で顕著である。

散発性：子牛型は地方病性に類似するが，リンパ節の他に肝臓，脾臓，腎臓，骨髄などにB細胞性ないしはT細胞性のリンパ腫を認める。胸腺型では胸腺のT細胞性リンパ腫，皮膚型では体表ならびにリンパ節のT細胞性リンパ腫を認める。

<病原診断>

地方病性：ウイルス分離はBLV抗体陽性牛から末梢血リンパ球を分離し，牛胎子筋肉細胞または猫由来CC81細胞などに接種してシンシチウム(合胞体)形成をみる。ただし，牛にはBLVの他，RSウイルス，牛免疫不全ウイルスのようにシンシチウムを形成するウイルスの感染があることに注意する。遺伝子の検出には，感染牛のリンパ球DNAを用いBLVプロウイルスの*env*，*pol*，*tax*などの領域を増幅するPCRないしはリアルタイムPCRが用いられている。

散発性：病原学的および血清学的診断法はない。臨床・病理学的に診断される。

<血清診断>　BLV感染牛は生涯抗体を産生するため，抗体検出による診断が有用である。抗BLV抗体の検出法としてはgp51抗原を用いたELISA，受身HA反応などがある。検査材料は血清が主流であるが，乳汁も用いられる。

予防・治療　ワクチン・治療法はない。感染の拡大を防ぐためには感染牛の早期の摘発・淘汰が有効。欧州では国家レベルで感染牛の摘発・淘汰による清浄化に成功している国もある。子牛への初乳の給与には凍結・融解や加温が感染予防に有効。散発性に対する予防対策・治療法はない。

（村上賢二）

8 (全)水胞性口炎(法)(人獣)(海外)

Vesicular stomatitis

（口絵写真５頁）

概　要　水疱性口内炎ウイルス（水胞性口炎ウイルス）感染による牛，馬，豚など多くの動物の口腔，鼻腔および蹄部への水疱形成を主徴とする急性熱性伝染病。

宿　主　**牛，水牛**，馬科動物（馬，ろば，らば），**鹿，豚，いのしし**，南米のらくだ類（アルパカ，ラマなど）などの家畜と多くの野生動物。めん羊や山羊は症状が軽度で抵抗性を示す。また，流行地域においては人にも感染する場合がある。

病　原　*Mononegavirales*，*Rhabdoviridae*，*Vesiculovirus* に属する水疱性口内炎ウイルス（Vesicular stomatitis virus：VSV）。約11kbのマイナス１本鎖RNAをゲノムに持ち，５つの蛋白質（N，P，M，G，L）をコードする。ウイルス粒子は約180×80nmの砲弾型を示し，エンベロープから300～400個のG蛋白質が突出しており，ウイルス中和抗体を産生させる免疫抗原となる。*New Jersey vesiculovirus*（VSNJV）と血清学的に近縁な *Indiana vesiculovirus*（VSIV），*Cocal vesiculovirus*（COCV），*Alagoas vesiculovirus*（VSAV）に分類されるが，COCVおよびVSAVの家畜に対する病原体としての意義は不明である。

分布・疫学　19世紀末や20世紀初頭に南アフリカやフランスでの発生が報告されているが，現在はアメリカ大陸に発生が限局される。VSNJVとVSIVに属するウイルスは南メキシコ，中米地域，ベネズエラ，コロンビア，エクアドル，ペルーの家畜に常在化しており，北メキシコや米国では散発的な発生がみられる。特に米国では周期的に大きな流行が繰り返されている。最近では2004～2006年に馬および牛でのVSNJVの流行がみられ，メキシコと国境を接するテキサス，ニューメキシコおよびアリゾナ州における発生は続発・北上しカナダ国境のモンタナ州まで拡大した。COCVはトリニダード・トバゴ，VSAVはブラジルにおいて分離された。

一般に，本病の流行は温帯地域では夏の終わりから初霜が降りる頃までに，熱帯地域では雨季の終わりから乾季を迎えるまで季節的に起こる。常在化地域におけるウイルスの感染環は明らかになっていないが，蚊，スナバエ，ブユなどの吸血昆虫が伝播に関与すると考えられる。これは，動物間の感染伝播試験においてその結果が一様ではなく，効率よい感染成立には創傷や擦り傷を介した皮膚および粘膜からのウイルス侵入が必要であるという報告からも推察される。また，吸血昆虫からウイルスも分離されている。さらに，本ウイルスは元来が植物ウイルスであることから，その感染環に牧草などの植物が関与する可能性もある。常在化地域においては，野生豚が潜在的な増殖動物であるとする報告もある。このように，本ウイルスの生態は不明な点が多い。

診　断

＜症　状＞　潜伏期間は２～９日で，口腔粘膜，舌，鼻腔，乳頭，蹄部の水疱形成を特徴とし，容易に破裂してびらんや潰瘍となる（**写真１～３**）。これらの症状は口蹄疫と類似している。二次感染がなければ１～２週間で治癒に至る。馬や豚においても同様の症状を示す。そのほか，発熱，流涎，食欲不振，跛行および乳量低下がみられる。人では軽度のインフルエンザ様症状を示す。発症率は流行期において10～15%であり，死亡することはまれである。

＜病　理＞　口腔粘膜，舌，鼻腔，乳頭，蹄部の粘膜および皮膚の水疱や上皮組織の崩壊によるびらんや潰瘍形成。

＜病原・血清診断＞　牛や豚などの偶蹄類の症例では口蹄疫およびその他の水疱性疾病との迅速な類症鑑別が重要である。

病原診断：水疱液や水疱上皮あるいはびらん・潰瘍病変の拭い液を材料として各種培養細胞（Vero，BHK-21，IBRS-2細胞など）への接種によるウイルス分離や抗原検出ELISAおよびRT-PCRなどが用いられる。

血清診断：抗体検出ELISA，ウイルス中和テストおよびCF反応などが用いられる。

本病を疑う疾病の発生があった場合は，都道府県の家畜保健衛生所を通じて農林水産省消費安全局動物衛生課に連絡し，病性鑑定の必要があると判断された場合には，病性鑑定材料を速やかに動物衛生研究部門海外病研究拠点に輸送し，病性鑑定が実施される。なお，症状からは口蹄疫と識別できないため，上記については「口蹄疫に関する特定家畜伝染病防疫指針」に基づいて実施する必要がある。

予防・治療　国内で発生がみられた場合は，「家畜伝染病予防法」に基づき患畜の早期摘発・淘汰を実施し，迅速な蔓延防止対策をとる必要がある。国外では過去に不活化あるいは弱毒生ワクチンの検証試験が行われた経緯があるが，現在市販されているものはない。

（菅野　徹）

9 牛流行熱(届出)

Bovine ephemeral fever

（口絵写真５頁）

概　要　牛流行熱ウイルスの感染による主に牛と水牛の急性疾患。発熱，鼻汁漏出，流涎，四肢の関節痛，乳量低下ないし泌乳停止等の症状がみられる。

宿　主　**牛，水牛**，鹿，野生反芻獣

病　原　*Mononegavirales*，*Rhabdoviridae*，*Ephemerovirus* に属する牛流行熱ウイルス（*Bovine fever ephemerovirus*）。ウイルス粒子はエンベロープを有する直径70nmの弾丸型あるいは円錐型である（**写真1**）。マイナス１本鎖RNAをゲノムに持ち，５つの構造蛋白質（N，P，M，L，G）によって構成される。G蛋白質はウイルス粒子表面に存在する糖蛋白質であり，中和エピトープを有する。pH5.0以下およびpH10.0以上で不活化される。有機溶媒や界面活性剤にも感受性である。血清型は単一である。宿主は主に牛と水牛であるが，鹿や他の野生反芻獣が宿主としての役割を果たしている可能性もある。

分布・疫学　アフリカ，中近東，アジア，オーストラリアの熱帯・亜熱帯の一部や温帯地域で発生があり，アジアでは日本，台湾，中国，韓国，インドネシアで発生が報告されている。

日本では1949～1951年に約77万頭の牛が発症し，約１万頭が斃死した。その後，数年おきに発生を繰り返したものの，ワクチンの開発と普及に伴って発生頭数は減少し

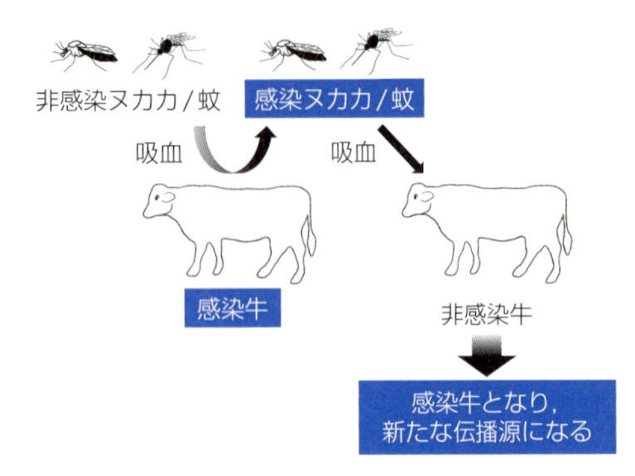

図　牛流行熱の感染環
感染牛からの吸血により非感染ヌカカおよび蚊が感染する。その後，感染ヌカカおよび蚊が非感染牛から吸血することにより，その牛が感染して新たな伝播源となる

た。本病の流行は毎年繰り返されないことから，ウイルスは国内に常在せず，国外から侵入し一過性の流行を起こすものと考えられる。2001年，2004年，2012年には沖縄県八重山地方で，また2015年には沖縄県八重山地方と鹿児島県で本病が発生しており，これらの流行を引き起こしたウイルス株は，台湾あるいは中国本土で過去に分離されたウイルス株と遺伝学的に近縁であることが判明している。

本病はヌカカおよび蚊によって媒介されるため，ウイルスの伝播に伴って季節性および地域性をもって流行する。感染牛との同居や接触による感染の伝播はない。

診　断

<症　状>　突発的な発熱，元気消失，食欲低下，呼吸促迫，流涙，鼻汁漏出，流涎，四肢の感染痛や浮腫による歩行困難，起立不能，筋肉の振戦，反芻停止，乳量低下ないし泌乳停止があり，妊娠牛では流産を起こすこともある(**写真2**)。これらの症状は，感染から3～5日程度の潜伏期を経た後に現れる。また，発熱と前後してリンパ球や血中カルシウム量の減少と，好中球の増加が起こる。発症率は一定でなく，数%～100%近くまでと大きな幅があるが，多くの例では発症から1～3日後には症状が消失する。また，致死率は1%以下と考えられているが，重症例では呼吸数の異常な増加とそれに伴う肺胞の破裂が起こり，頸部～背部，胸部に肩端部などに皮下気腫が形成され，窒息死に至ることがある。

<発病機序>　臨床症状は血管における炎症が原因で生じると考えられている。

<病　理>　胸腔，腹腔や心膜腔に多発性漿膜炎がみられる。線維素析出を伴う滑膜炎や関節炎のほか，腱炎，蜂窩織炎，骨格筋の巣状壊死がみられることもある。また，血管内皮の腫大や過形成，血管壁の壊死，血栓の形成といった血管病変や間質性肺気腫を伴うことがある。

<病原・血清診断>

病原診断：発熱時のヘパリン加血液を採取し，遠心分離により血漿と血球に分けてウイルス分離材料とする。また，血球はPBSで洗浄して－80℃にて凍結した後，融解してからウイルス分離に使用する。特にバフィーコートを材料とした場合，分離効率がよいとされる。分離材料はBHK-21，HmLu-1あるいはVero細胞に接種する。乳飲みマウスの脳内に接種してウイルス分離を行うこともできる。培養細胞，乳飲みマウスのいずれに接種した場合でも3代目まで継代を行う。RT-PCRによる分離材料からのウイルスゲノムの直接検出も診断の補助として有用である。

血清診断：急性期と回復期の血清を採取して中和テストを行い，抗体価の上昇の有無を調べる。

予防・治療　日本では単味不活化ワクチンおよびイバラキウイルスとの2種混合不活化ワクチンが市販されている。媒介昆虫の吸血活動が盛んになる初夏前に接種を完了させる。本病には特異的な治療法がなく，発症牛には対症療法を行うが，回復にはまず安静が大切であるため，なるべく整った環境で休ませる。また，非ステロイド系抗炎症薬は発症の予防および症状の軽減に有効とされている。起立不能に陥った牛については，血行障害や筋の損傷を防ぐために1日数回は体勢を変えるようにすべきである。低カルシウム血症の症状を呈した牛に対しては，ボログルコン酸カルシウムの静脈内注射，あるいは皮下および静脈内注射の併用が有効とされている。

（白藤浩明）

10 牛RSウイルス病
Bovine respiratory syncytial virus infection

概　要　牛RSウイルス感染による発熱と呼吸器症状を主徴とする急性伝染病。寒冷期に多発。

宿　主　牛が自然宿主。めん羊，山羊にも感染する。

病　原　*Mononegavirales*，*Pneumoviridae*，*Orthopneumovirus*に属する*Bovine orthopneumovirus*。分類学上の名前のほかに，牛RSウイルス(Bovine respiratory syncytial virus：BRSV)が一般的に用いられる。マイナス1本鎖RNAウイルスであり，直径80～450nm(平均200nm)の球形ないし不定形で，ひも状粒子も認められる。低pH，熱(56℃ 30分)，有機溶媒，凍結融解に弱く，容易に感染性が失われる。BRSVには，糖蛋白質をコードするG遺伝子を基にした遺伝学的分類によって7種類の遺伝子型が存在する。ワクチン株(rs-52，山形KS)や標準株(NMK7)はⅡ型，日本での主な流行株はⅢ型に分類され，欧州では近年，Ⅴ，Ⅵ，Ⅶ型が流行している。

分布・疫学　世界中で発生。日本では1968年10月に北海道で初発後，全国的に流行した。本病は広く国内に定着し，毎年散発的な発生を繰り返している。伝播は飛沫または飛沫核感染による。12カ月齢以下の子牛の発生が多く，若齢ほど症状が激しいが，成牛での発症，死亡事例も報告されている。11～12月をピークとして，秋から冬に発生が増加する。また，離乳や集団飼育，群編成，牛の輸送，密飼い，不十分な清掃・換気などのストレスによって気道の抗病性が低下し，発生しやすくなる。

診　断

<症　状>　ウイルス感染から2～5日の潜伏期の後，発症する。約40℃の稽留熱が5～7日継続し，湿性咳嗽，鼻漏，流涙，呼吸促迫が特徴的に認められる。多くの場合，発症から2週間程度で回復し，予後は良好である。しかし，上部気道炎から細気管支炎，肺炎まで進展した場合に重症化し，上記症状に加えて喘鳴，泡沫性流涎，呼吸困難，元気・食欲の消失，肺気腫，皮下気腫を起こし，死亡することがある。泌乳牛の乳量は著しく低下し，妊娠牛では流産もみられる。

BRSVは牛呼吸器病症候群(BRDC)の一次的要因として

も重要であり，*Mannheimia haemolytica*, *Pasteurella multocida*, *Histophilus somni*などの二次的細菌感染を誘導して複雑な混合感染となり，重度の呼吸器疾病となる。牛RSウイルス病の死亡率は0.4％前後である。

<病　理>　肉眼所見では，間質性・肺胞性の肺炎，肺の肝変化，気管・気管支粘膜の充出血，気管内の粘稠・泡沫性粘液の貯留，胸腔内リンパ節の腫大，皮下気腫が観察される。組織学的には気管支・細気管支粘膜上皮や肺胞における合胞体(シンシチウム)と好酸性細胞質内封入体の形成が認められる。免疫組織化学染色によってウイルス抗原が検出される。

<病原・血清診断>　臨床および疫学所見，病理，病原・血清学的検査の結果を総合して診断する。最も確実な病原検査はウイルス分離であり，感染初期の鼻腔，咽喉頭拭い液や，死亡牛の気管スワブ，肺病変部位の組織乳剤を，牛腎臓や精巣の初代培養細胞，Vero細胞などに接種し，34℃ 10～14日間，回転培養することで行う。2～3代の継代後に，シンシチウムおよび細胞質内封入体形成を伴うCPEが認められる場合もある。ウイルスの同定は，特異抗血清を用いた抗原の検出や，G遺伝子を標的としたRT-PCRによって行う。迅速な診断が求められる場合に，上記検査材料から直接RNAを抽出し，RT-PCRを行うこともある。補助診断として，人RSウイルス抗原検出キットを用いた簡易検査や，発病初期の鼻腔や咽喉頭拭い液の直接塗抹ないし細気管支や肺炎病巣部の組織切片を用いた蛍光抗体法によるウイルス特異抗原の検出を行う。

血清診断としては，発症初期と回復期のペア血清を用いた中和テストやELISAで，ウイルス抗体価の上昇を確認する。

予防・治療　単味生ワクチンのほかに，牛のウイルス性呼吸器病である牛伝染性鼻気管炎，牛ウイルス性下痢ウイルス感染症（1型，2型），牛パラインフルエンザ，牛アデノウイルス病との5～6種混合生ワクチン，牛アデノウイルス病を除いた5種混合不活化ワクチン，ヒストフィルス・ソムニ感染症を加えた6種混合ワクチンが市販されている。牛RSウイルスは変異しやすく，遺伝学的，抗原学的に多様性が存在するため，ワクチンによる感染予防が困難であるが，ワクチン接種によって発症牛の症状軽減および死廃事故率の低減が期待される。

BRSVに対する有効な治療薬はなく，細菌の二次感染防止のための抗菌薬投与や，補液，去痰剤，抗炎症剤，解熱剤投与などの対症療法を行う。

（畠間真一）

11 (全)アデノウイルス病
Adenovirus infection

概　要　動物由来アデノウイルス感染による呼吸器症状や消化器症状を主徴とする急性感染症。

宿　主　牛，めん羊，馬，豚

病　原　アデノウイルスは，直径70～90nmの正20面体構造を呈するエンベロープを持たない2本鎖DNAウイルスで，*Atadenovirus*（8種），*Aviadenovirus*（14種），*Ichtadnovirus*（1種），*Mastadenovirus*（45種），*Siadenovirus*（6種）の5属に分類される。51種類の血清型および52種目以

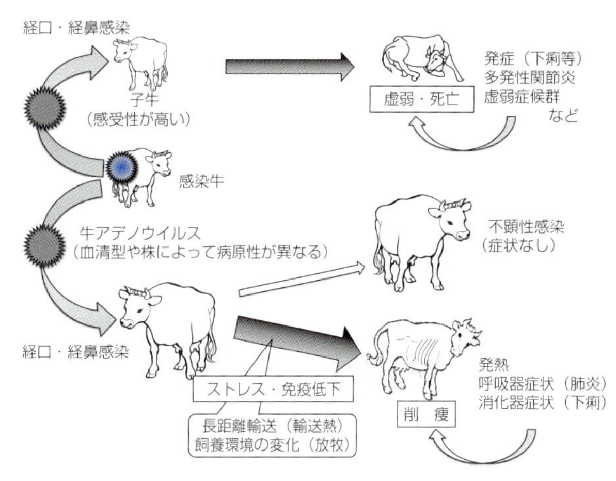

図　牛アデノウイルスの発症機序

降が全塩基配列の決定による遺伝子型として同定され，A～Hの8亜属に分類されている。

牛アデノウイルス病は，牛アデノウイルス1型（*Bovine mastadenovirus A*），同2型（*Ovine mastadenovirus A*），同3型（*Bovine mastadenovirus B*），同4～8型（*Bovine atadenovirus D*），同9型（*Human mastadenovirus C*），同10型（*Bovine mastadenovirus C*）および*Ovine atadenovirus D*の感染による。日本においては血清型3，4および7型に起因する報告が多い。

めん羊アデノウイルス病は*Ovine mastadenovirus A*と*B*，豚アデノウイルス病は*Porcine mastadenovirus A*, *B*, *C*，馬アデノウイルス病は*Equine mastadenovirus A*と*B*に起因する。

分布・疫学　牛アデノウイルス病は，世界各国に分布する。牛アデノウイルスは感染牛の排泄物（鼻汁，糞便など）を介した水平感染により伝播し，年間を通じて発生が認められる。子牛では感受性が高く，重篤化や死亡する場合があり多発性関節炎や虚弱症候群(weak calf syndrome)の原因の1つであると考えられている。しかし，ほとんどの牛アデノウイルス感染牛は単独感染しても発症はせず不顕性感染を示す。長距離輸送（輸送熱）や飼養環境の変化（放牧や新規導入時等）に伴うストレスや免疫低下による発症や他の感染症との重複感染により発症することがある。牛アデノウイルス7型は高病原性を示し，発熱や下痢等の症状を呈する。他の動物のアデノウイルス感染症も不顕性感染が多いが，若齢動物では感受性が高いとされる。

診　断

<症　状>　牛アデノウイルスは，感染するウイルスの血清型や株や宿主の免疫状態によって症状や重篤度は異なる。牛アデノウイルス7型などの病原性が高い株（袋井株など）は，高熱，発咳，角結膜炎，鼻炎，気管支炎，肺炎，呼吸困難，軽度から重度の腸炎（カタル性）などを呈し，食欲不振に伴う削痩が認められる。牛アデノウイルス4型などの病原性が中等度の株では，発熱，軽度の呼吸器症状や消化器症状を呈する。その他の株については一般的に不顕性感染を示すが，宿主要因で症状を示すこともある。子牛への感染は重篤化や虚弱化する場合があり，注意が必要である。

めん羊アデノウイルスは，一般的に不顕性感染であるが，幼若齢で呼吸器症状や消化器症状を呈する場合があ

る。

豚アデノウイルスは，一般的に成豚では不顕性感染であるが，幼若齢で発熱や重篤な肺炎や腸炎を起こすことがあり，慢性に経過した場合，発育遅延の一因となりうる。SPF子豚への感染では致死率が高い呼吸器疾患や消化器症状を発症する場合があり，SPF豚においても不妊などの繁殖障害が報告されている。

馬アデノウイルスは，不顕性感染または軽度の呼吸器症状で経過する。しかし，遺伝的免疫不全を呈するアラブ種への感染では肺炎などが重篤化しやすく致死率が高い。

＜病　理＞　臨床症状を呈した感染動物において気管支間質性肺炎，肺気腫，肺赤色肝変化，胃粘膜のびらんや潰瘍，小腸壁の拡張や壊死，偽膜形成が認められる。ウイルス感染組織の細胞においては好塩基性または両染性核内封入体が観察される。

＜病原・血清診断＞　動物アデノウイルス病の確定診断は，ウイルス学的および血清学的診断によって行う。ウイルス分離は，発症動物の血液，鼻汁，糞便，小腸内容物，病変部由来乳剤および死亡胎子脳由来乳剤などを用いて行う。牛アデノウイルスの分離は，牛腎臓培養細胞および牛精巣培養細胞を同時に使用して行い，盲継代を行う場合もある。馬アデノウイルスの分離は，馬胎子腎臓培養細胞や馬胎子皮膚培養細胞を用いて行う。めん羊および豚アデノウイルスの分離も同種動物の腎臓培養細胞などを用いる。感染培養細胞におけるCPEは，細胞が球状化およびブドウ状を呈し，核内封入体が認められる。分離ウイルスの同定は既知ウイルス株との交差中和テストやPCRならびにダイレクトシークエンス法による遺伝子解析により行う。血清診断は，急性期と回復期のペア血清を用いたHI反応，中和テスト，CF反応により特異抗体の上昇を確認する。

予防・治療　日本では牛アデノウイルス7型を用いた牛呼吸器病5種または6種混合生ワクチンが承認されている。牛以外のめん羊・豚・馬に対するワクチンはない。牛アデノウイルス感染症は，有効な治療法がなく，二次感染を防ぐ対症療法のみであることから，ワクチンを適切に使用し予防することが重要である。子牛の感受性が高いことから適切な初乳給与を行い，十分な移行抗体を賦与することも有効な感染対策法である。

（今内　覚）

12 (全)ロタウイルス病

Rotavirus infection

（口絵写真5頁）

概　要　ロタウイルス感染による下痢を主徴とする急性疾病で，主に乳幼期に発生。牛，豚，馬などの家畜と比較して犬，猫，鳥類では臨床上の重要性は高くない。

宿　主　人，猿，牛，馬，豚，めん羊，山羊，犬，猫，うさぎ，マウス，ラット，コウモリなど多くの哺乳類と鶏，七面鳥，鳩，きじなどの鳥類

病　原　*Reoviridae*，*Sedoreovirinae*，*Rotavirus*に分類されるA～I群ロタウイルス（*Rotavirus A～I*）。ゲノムは11分節の2本鎖RNA。ウイルス粒子は直径約75nmでコア，内殻，外殻の3層構造からなる。以前は内殻を構成するVP6の抗原性により血清群別されていたが，現在ではVP6の遺伝学的性状に基づきA～I群の9遺伝子群に大別される。A群は検出頻度が最も高く，多くの哺乳類や鳥類で，B群は人，牛，豚，めん羊およびラットから，C群は人，牛，豚，フェレット，ミンク，犬および猫から，E，H群は豚から，D，F，G群は鳥類から，I群は犬と猫からそれぞれ検出されている。

外殻を構成するVP7とVP4に独立して中和抗原が存在し，それぞれがG血清型とP血清型を規定する。A群ロタウイルスで39種類のG遺伝子型と50種類のP遺伝子型が現在までに確認されている。B群およびC群ロタウイルスの両遺伝子型でも同様の多様性が確認されている。A群ロタウイルスでは宿主動物ごとに優勢に検出されるGおよびP遺伝子型に偏りがある。しかし，異なる宿主動物由来のGまたはP遺伝子型を持つ遺伝子型が検出される種間伝播の報告も多い。また，ロタウイルスは分節状ゲノムを持つため複数株の同時感染により遺伝子再集合を起こす。この種間伝播と遺伝子再集合はロタウイルスの遺伝学的多様性獲得と生存戦略の1つとなっている。

A群ロタウイルスでは同型免疫（homotypic immunity）が感染防御に重要である。感染を繰り返すごとに異なる遺伝子型のウイルスに対する交差免疫（異型免疫，heterotypic immunity）を獲得する。異型免疫では症状は軽減されるが感染は防御されない。なお，遺伝子群が異なるロタウイルス間では，交差免疫による症状軽減や感染防御は確認されていない。

分布・疫学　A群ロタウイルスは世界中に分布する。B群およびC群ロタウイルスも欧州，北南米ならびにアジアの各国で検出されており，世界的に広く分布すると考えられる。一般に1～8週齢の乳幼期動物に発生する。伝播は糞便を介した経口感染であり，発病初期の糞便中には大量のウイルスが含まれ，感染は群内で急速に拡大する。ウイルスは室温下でも糞便中で数カ月間感染性を保持可能である。

＜牛ロタウイルス病＞　新生子牛下痢の30～50％にA群ロタウイルスが関与する。牛コロナウイルス，クリプトスポリジウム，病原性大腸菌などとの混合感染も多く，症状を悪化させる。成牛のA，B，C群ロタウイルス病では下痢と産乳量の低下が認められる。

＜豚ロタウイルス病＞　哺乳期から離乳期の下痢の約60％にロタウイルスが関与し，主にA，B，C群ロタウイルスが検出される（**写真**）。哺乳期は単独感染が多いものの，離乳期では複数群のロタウイルスと病原性大腸菌など他の腸管病原体との混合感染が多い。不顕性感染も多い。

＜馬ロタウイルス病＞　出生直後から4カ月齢までの子馬で国内では6～8月に多発する。新生子馬下痢の約50％以上にA群ロタウイルスが関与する。

診　断

＜症　状＞　症状の重篤度，発病率と致死率は母体からの受動免疫レベル，環境中のウイルス濃度ならびに飼養管理などにより異なり，不顕性感染も多い。子牛や子豚では12～36時間の潜伏期の後，元気消失，食欲不振，黄色あるいは黄白色の水様性下痢を呈する。哺乳豚ではときに嘔吐も認められる。通常数日で回復する。実験感染では若齢動物ほど重篤な症状を示す。搾乳牛では下痢と産乳量の減少が認められる。子馬は水様性下痢と哺乳停止により脱水に陥りやすい。また，下痢ではなく，便秘になる場合もある。

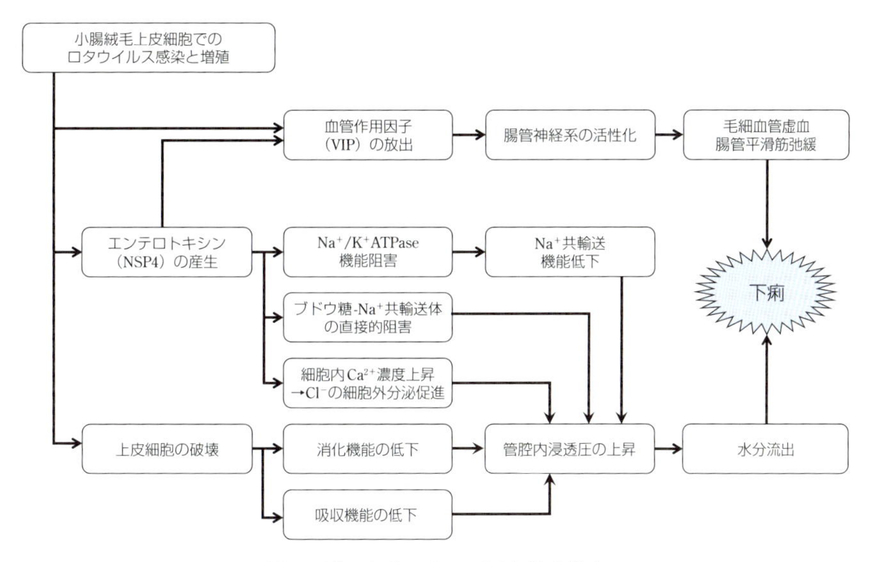

図　A群ロタウイルスの下痢発病機序

＜発病機序＞　ロタウイルスは主に小腸絨毛先端の上皮細胞で増殖し，上皮細胞は変性・壊死により脱落する。この過程で吸収不良性下痢や浸透圧性下痢が起きる。また，ウイルスの非構造蛋白質であるNSP4のエンテロトキシン活性によっても下痢が誘発される。下痢による水分と電解質の喪失は脱水と代謝性アシドーシスを引き起こし死亡原因となる。

＜病　理＞　病変は小腸に限局し，肉眼的には絨毛の萎縮による小腸壁の菲薄化が認められる。組織所見として，絨毛上皮細胞の膨化，空胞化などの変性と脱落，絨毛の萎縮と一部融合，絨毛での扁平化した上皮細胞の被覆などが認められる。

＜病原・血清診断＞　病原診断は発病初期の糞便を用いた電子顕微鏡によるウイルス粒子の検出，RT-PCRやSDS-PAGEなどによるウイルス核酸の検出による。A群ロタウイルスではイムノクロマトやラテックス凝集反応によるウイルス抗原の検出（人A群ロタウイルス検出キットが動物でも利用可能），MA104細胞やCaco-2細胞を用いたウイルス分離，小腸材料を用いた免疫組織化学染色によるウイルス抗原の検出も可能である。子牛，子豚での血清学的診断は移行抗体により困難である。

予防・治療　牛および馬A群ロタウイルスに対する不活化ワクチンがそれぞれ市販されている。豚A群ロタウイルス不活化ワクチンは米国と韓国で市販されている。他の遺伝子群ロタウイルスに対するワクチンはない。清掃と消毒による環境中ウイルス量の低減，初乳の十分な給与，密飼を避けた適切な飼養管理を実施する。子牛においては高い抗体価を有する初乳などの連続給与やカーフハッチの利用も有用である。

対症療法として脱水とアシドーシス改善を目的とした輸液療法を行う。細菌との混合感染例の治療には抗菌薬を投与する。

（宮﨑綾子）

13 アイノウイルス感染症（届出）（口絵写真５頁）

Aino virus infection

概　要　牛，めん羊，山羊などにおけるアイノウイルスの胎内感染による流死産および関節弯曲症や水無脳症，小脳形成不全などを伴う先天異常子の娩出を主徴とする疾病。

宿　主　牛，水牛，めん羊，山羊に感染。馬や豚からも抗体が検出される。

病　原　アイノウイルス（Aino virus）は，*Bunyavirales*, *Peribunyaviridae*, *Orthobunyavirus*に属するシュニウイルス（*Shuni orthobunyavirus*）に含まれるウイルスの１つである。エンベロープを持つウイルス粒子は，直径90～100nmの球形で，ゲノムは３分節のマイナス鎖RNA（S, M, L）で構成される。S RNA分節には，ヌクレオカプシドとＩ型インターフェロンに拮抗作用を持つ非構造蛋白質NSsがコードされている。M RNA分節にコードされるポリ蛋白質は，翻訳後，外被糖蛋白質のGcおよびGn，ならびに非構造蛋白質NSmに切断される。Gc蛋白質は中和エピトープを含んでおり，アカバネウイルスのGc蛋白質とのアミノ酸配列の相同性は低い（30％程度）。L RNA分節には，RNAポリメラーゼがコードされている。同じく，シュニウイルスとは，血清学的および遺伝学的に近似する。ウイルス中和テストでは，アカバネウイルスとの交差性はほとんどみられない。以前の分類では，アカバネウイルス同様，シンブ血清群に含まれていた。

分布・疫学　日本およびオーストラリアで本病が発生し，ウイルスが分離されている。血清学的なサーベイランスでは，東アジア，東南アジア，オーストラリアの広域に分布することが明らかになっている。1964年に長崎県旧愛野町（現雲仙市）で，コガタアカイエカ（*Culex tritaeniorhyncus*）から最初に分離されたが，その後の調査では*Culicoides*属のヌカカから検出される場合が多く，ヌカカが主要な媒介節足動物であると考えられている。媒介節足動物を介さない接触感染などでの伝播は起こらない。アイノウイルスの伝播は，ヌカカの活動が盛んになる夏から秋にかけて起こる。流産はこの伝播時期の直後から発生するが，先

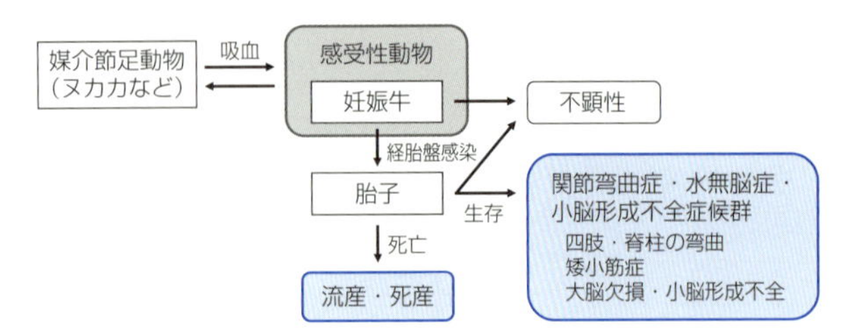

図　アイノウイルス感染症の発病機序

天異常子は冬から翌年春にかけて娩出される。

1995～1996年に九州から近畿地方に及ぶ広範囲で約700頭の牛の異常産(流産，早産，死産，先天異常)が発生し，血清疫学的にアイノウイルスの関与が証明された。また，1998～1999年にかけて全国的にアカバネ病が流行した際に，西日本でアイノウイルス感染症の発生が同時にみられた。以降，アイノウイルス感染症の発生は，散発的なものに留まっている。これまで本病の発生は，近畿地方以西でのみ確認されている。一方，シュニウイルスはアフリカおよび中東に分布し，馬の脳脊髄炎や子羊の先天異常の原因となっている。

診　断

<症　状>　アイノウイルスに感染した成獣は，発熱や白血球減少症以外，目立った症状を示さない。妊娠獣では，アカバネ病と同様に流産，死産，体形異常(**写真1**)を伴った先天異常子の娩出が認められる。

<病　理>　先天異常子では，水無脳症，孔脳症，側脳室の拡張(**写真2**)，脊柱の彎曲，四肢の関節の彎曲・拘縮，躯幹筋の発育不良などがみられる。また，アカバネ病と異なり，小脳形成不全(**写真2**)が高頻度で認められる。病理所見では，脊髄腹角神経細胞の減数もしくは消失，骨格筋の筋繊維の大小不同・矮小化がみられる。実験感染において，子宮内の胎子へのウイルス接種によって，上記の先天異常の症状は再現されているが，妊娠牛への接種では異常産はみられなかった。この結果から，ウイルスの胎盤通過の難易が，アカバネウイルスと本ウイルスの病原性の差異を規定する要因の1つであることが示唆されている。

<病原・血清診断>　流産胎子材料を用いたBHK-21細胞およびHmLu-1細胞によるウイルス分離，RT-PCRおよびリアルタイムRT-PCRによるウイルス遺伝子の検出が可能である。先天異常子からのウイルスの検出は困難であり，初乳未摂取の子牛の血清もしくは体液を用いたウイルス中和テストによる抗体の検出により診断する。伝播シーズンの夏～秋にかけて採取したおとり牛の血液材料から，ウイルスが分離される場合もある。

予防・治療　市販の不活化ワクチン(アカバネ病，チュウザン病との混合)による予防は可能であり，伝播が起こる初夏までに接種を行う。ヌカカ類の防除による伝播阻止は，費用対効果の面から困難である。治療法はない。先天異常子の分娩では，難産となるため介助が必要となる。

(梁瀬　徹)

14 チュウザン病(届出)

Chuzan disease

概　要　カスバ(チュウザン)ウイルスの胎内感染による水無脳症・小脳形成不全症候群を伴う子牛の先天異常を主徴とする疾病。

宿　主　牛，水牛，山羊，めん羊

病　原　カスバ(チュウザン)ウイルス(Kasba virus)は，*Reoviridae*，*Sedoreovirinae*，*Orbivirus*に属するパリアムウイルス(*Palyam virus*)に含まれるウイルスの1つである。ウイルス粒子は，直径約90nmの球形で，10分節の2本鎖RNAと7つの構造蛋白質から構成される。同じパリアムウイルスに含まれるディアギュラウイルス(D'Aguilar virus)とは，血清学的に交差性がみられる。

分布・疫学　日本および台湾，韓国の牛でのみ本病の発生が報告されている。1985～1986年に初めて国内で本病の発生が確認され，おとり牛やヌカカから分離されたウイルスの感染に起因することが明らかになった。当初，分離ウイルスはチュウザンウイルスと新規に名付けられたが，後に1959年にインドで分離されたカスバウイルスと血清学的に同一であることが示された。ウイルスは*Culicoides*属のヌカカから検出されることから，ヌカカが主要な媒介節足動物であると考えられている。媒介節足動物を介さない接触感染などでの伝播は起こらない。ヌカカの活動が盛んになる夏から秋にかけて伝播が起こり，先天異常子は冬から翌年春にかけて娩出される。

診　断

<症　状>　カスバウイルスに感染した成獣は，一過性の白血球減少症以外，目立った症状を示さない。妊娠獣では，大脳欠損や小脳形成不全を伴う先天異常子の娩出が認められる。アカバネ病やアイノウイルス感染症とは異なり，先天異常子に体形異常はみられない。先天異常子牛では，起立不能，歩行困難，哺乳力欠如，間欠性のてんかん様発作，後弓反張などの神経症状がみられる。

<病　理>　顕著な症例では，大脳の大部分は欠損，膜状化し，脳脊髄液の貯留がみられ，脳幹部の露出が認められる場合がある。小脳では，様々な程度の形成不全が確認される。病理組織学的な観察では，大脳の残存部において神経網の疎性化や細胞浸潤，石灰沈着が，小脳において髄質や顆粒層の菲薄化，プルキンエ細胞の減数が観察される。

<病原・血清診断>　先天異常子牛からの抗原の検出は困難であり，初乳未摂取の子牛の血清中の抗体価を測定することにより診断を行う。伝播シーズンに採取したおとり牛の洗浄血球からウイルスが分離されることが多く，疫学調査の一助となる。分離ウイルスは，RT-PCRや交差中和テストなどにより同定が可能である。また，近縁のディアギュラウイルスは，チュウザン病と同様の症状を起こすと考えられるため，類症鑑別が必要となる。

予防・治療　市販の不活化ワクチン(アカバネ病，アイノウイルス感染症との混合)による予防は可能であり，伝播が起こる初夏までに接種を行う。ヌカカ類の防除による伝播阻止は，費用対効果の面から困難である。治療法はない。

(梁瀬　徹)

15 悪性カタル熱(届出)
Malignant catarrhal fever

概　要　ウシカモシカガンマヘルペスウイルス１またはめん羊ガンマヘルペスウイルス２感染による発熱，呼吸器・消化器のカタル性炎，角膜混濁，皮膚炎，神経症状を主徴とする牛の致死的感染症。

宿　主　牛，水牛，めん羊，鹿。ウシカモシカ(ヌー)を自然宿主とするウシカモシカ随伴型(wildbeest-associated malignant catarrhal fever：WA-MCF)と，めん羊を自然宿主とする羊随伴型(sheep-associated malignant catarrhal fever：SA-MCF)がある。それぞれの自然宿主では不顕性感染。

病　原　WA-MCFはウシカモシカガンマヘルペスウイルス１(*Alcelaphine gammaherpesvirus 1*：AHV1)，SA-MCFはめん羊ガンマヘルペスウイルス２(*Ovine gammaherpesvirus 2*：OHV2)。いずれも*Herpesvirales*，*Herpesviridae*，*Gammaherpesvirinae*，*Macavirus*に属する２本鎖DNAウイルスである。自然宿主では細胞遊離性のウイルスが産生されるが，発症動物では細胞随伴性である。

AHV1は牛の甲状腺細胞や鼻甲介細胞などで分離可能であるが，OHV2はAHV1と近縁な遺伝子が証明されているのみで，ウイルス分離はできていない。両者は抗原的に交差する。

分布・疫学　WA-MCF，SA-MCFともに発症した動物はウイルスを排出しないので感染源になることはない。

WA-MCF：アフリカの牛ならびに動物園の反芻動物で発生している。ウシカモシカでは子宮内感染し，新生子の鼻汁，涙液および糞便中にウイルスが排出される。牛はこれらに汚染された埃やエアロゾルを吸入することで感染する。日本での発生はない。

SA-MCF：世界中で発生。鹿が高感受性で，豚でも発生する。めん羊の一部では子宮内感染し，周産期にほとんどの新生子がエアロゾルを吸入して感染する。牛への感染は，出産期の感染めん羊との濃厚接触によると考えられている。

診　断

<症　状>　WA-MCFとSA-MCFの症状はほぼ同じである。甚急性型では無症状から発熱，口腔・鼻腔粘膜の炎症，出血性胃腸炎を呈し，１～３日で死亡する。一般的には発熱，流涎，漿液性から膿性鼻汁，大量の流涙，口腔粘膜のびらん，両側性の角膜の混濁，皮膚炎，神経症状などを呈して短期間で死亡する。

牛ウイルス性下痢ウイルス感染症，牛疫，口蹄疫，水胞性口炎などとの類症鑑別が必要である。

<病　理>　リンパ節の腫大，全身粘膜の充出血，びらん，潰瘍。しばしば呼吸器粘膜に偽膜が形成される。全身性血管炎，リンパ組織の過形成と壊死，非リンパ組織へのリンパ球の浸潤が認められる。

<病原・血清診断>　WA-MCFでは末梢血リンパ球を牛甲状腺細胞に接種してAHV1の分離を試みる。感染細胞は合胞体(シンシチウム)を形成する。SA-MCFではウイルス分離は成功していない。両タイプともPCRによる遺伝子検出ならびにAHV1を抗原としたELISAや蛍光抗体法により抗体を検出して診断する。

予防・治療　ワクチン・治療法はない。予防はウシカモシカおよびめん羊との接触を避ける。

(桐澤力雄)

16 牛パラインフルエンザ
Parainfluenza in cattle

概　要　牛パラインフルエンザ３型ウイルス感染による牛の呼吸器病。

宿　主　牛

病　原　*Mononegavirales*，*Paramyxoviridae*，*Respirovirus*に属する*Bovine respirovirus 3*。分類学上の名前のほかに，牛パラインフルエンザ３型ウイルス(Bovine parainfluenza 3 virus：BPI3V)が一般的に使われる。マイナス１本鎖RNAウイルスで，大きさは100～300nmの球形もしくは多型性，表面にスパイク状の突起を有する脂質エンベロープに包まれている。パラインフルエンザウイルスの血清型は１～５型までが知られており，このうち牛に感染するのは３型のみである。BPI3Vには３種類の遺伝子型(A～C型)が存在する。*Human respirovirus 3*とは中和テストやHI反応により交差を示す。

分布・疫学　世界中で発生。日本では1958年の最初のウイルス分離報告以降，各地で発生している。年間を通じて発生するが，４～６月にかけて若齢牛で多発する。主な伝播経路は，接触または飛沫感染による。牛の輸送に関連して発生するところから，輸送熱(shipping fever)と呼ばれる。

診　断

<症　状>　40～41℃の一過性発熱，元気・食欲の消失，流涙，流涎，水様性から膿性の鼻漏，発咳，呼吸促迫などが認められる。下痢や流産を起こすこともある。BPI3Vの単独感染では症状が軽度か不顕性感染となることが多く，ほかの呼吸器病ウイルスや細菌との混合感染によって重症化し，牛呼吸器病症候群(BRDC)と診断される。

<病　理>　病理組織学的には，気管支から肺胞にかけての間質性炎が認められ，肺胞上皮細胞に合胞体(シンシチウム)や細胞質内および核内封入体が観察される。重症例では前葉および中葉に肝変化が認められることが多い。

<病原・血清診断>　鼻腔拭い液や肺病変部の乳剤を牛腎臓の初代または株化細胞に接種してウイルスを分離する。ウイルスの同定には，特異抗血清を用いた抗原の検出やRT-PCRを行う。補助的診断として，蛍光抗体法や酵素抗体法によって鼻腔拭い液中の細胞から抗原証明を行う。また血清診断として，ペア血清を用いた中和テストやHI反応を実施し，抗体価の上昇を確認する。

予防・治療　牛のウイルス性呼吸器病である牛伝染性鼻気管炎，牛ウイルス性下痢ウイルス感染症(１型，２型)，牛RSウイルス病，牛アデノウイルス病との５～６種混合生ワクチン，牛アデノウイルス病を除いた５種混合不活化ワクチン，ヒストフィルス・ソムニ感染症を加えた６種混合ワクチン，牛RSウイルス病との鼻腔内投与型２種混合生ワクチンが市販されている。BPI3Vに対する有効な治療薬はなく，細菌の二次感染防止のための抗菌薬投与や，対症療法を行う。

(畠間真一)

17 牛コロナウイルス病
Bovine coronavirus infection

概　要　牛コロナウイルス感染による子牛・成牛の下痢や呼吸器症状を主徴とする急性疾病。

宿　主　牛

病　原　牛コロナウイルス（*Betacoronavirus 1*：Bovine coronavirus）は，*Nidovirales*，*Coronaviridae*，*Coronavirinae*，*Betacoronavirus*に分類される。プラス1本鎖RNAウイルス，直径約60～210nmの多型性ないし球形で，大小2種のスパイクを持つ。血清型は単一で，腸管（小腸と大腸）と上気道に親和性を有する。

分布・疫学　世界中で発生が確認される。経口あるいは経鼻感染により伝播する。子牛下痢は1～3週齢の新生子牛に多発し，死亡率は寒冷ストレス，他の病原微生物の混合感染，初乳の摂取不足などにより上昇する。混合感染として牛ロタウイルス，クリプトスポリジウム，大腸菌などが多い。冬季赤痢と呼ばれる成牛の伝染性下痢は冬季に多発する。呼吸器病にも関与する。

診　断

<症状・病理>　子牛では1～2日間の潜伏期後，元気消失，食欲不振，黄色または灰白色の水様性下痢がみられる。下痢が続くと脱水，代謝性アシドーシスなどにより衰弱・死亡する。病変は小腸と大腸に認められ，肉眼的には小腸壁の菲薄化と弛緩，組織所見としては小腸絨毛の萎縮と融合，大腸粘膜表層部の萎縮が認められる。

成牛では3～7日間の潜伏期後，暗緑色または黒色の水様性下痢がみられる。発症牛の5～10%は糞便中に血液が混じる。本病は牛群内で急速に蔓延し，乳牛では泌乳量の急激な減少が認められる。発咳，鼻汁漏出などの呼吸器症状を併発する。腸管壁（特に結腸）の浮腫と肥厚が認められ，ときに結腸粘膜面にうっ血や斑状ないし点状出血がみられる。

他のウイルス性，細菌性下痢との類症鑑別が必要であり，特に牛ロタウイルス病との鑑別が重要である。

<病原・血清診断>　病原診断は，発病初期の糞便あるいは腸管内容物を用いた電子顕微鏡によるウイルス粒子の観察，ELISAなどによるウイルス抗原の検出，RT-PCRによるウイルス核酸の検出，HRT-18細胞を用いたウイルス分離などが行われている。腸管材料を用いた免疫組織化学染色も有用である。血清診断は，成牛においてペア血清を用いた中和テスト，HI反応による抗体価の有意上昇を確認する。

予防・治療　牛下痢症混合不活化ワクチンが市販されている。畜舎の清掃と消毒を徹底し，密飼いを避ける。子牛では出生直後の十分な初乳給与（乳汁免疫）が重要。また，カーフハッチの利用や寒冷対策も有用である。

対症療法として脱水とアシドーシスの改善を目的とした補液療法や細菌の二次感染を抑えるために抗菌薬を使用。

（髙木道浩）

18 牛乳頭炎
Bovine mammillitis

宿　主　牛，水牛。野生牛，キリン，オオカモシカ，レイヨウなどの野生反芻動物

病　原　牛乳頭炎ウイルス（*Bovine alphaherpesvirus 2*）は*Herpesvirales*，*Herpesviridae*，*Alphaherpesvirinae*，*Simplexvirus*に属するエンベロープを有する2本鎖DNAウイルス。牛由来の培養細胞で多核巨細胞を形成するCPEを示す。病原性の違いにより偽ランピースキン型と乳頭炎型に分けられる。

分布・疫学　偽ランピースキン型はアフリカ南部の低地や川沿いに多い。乳頭炎型は世界各地（欧州，米国，オーストラリアなど）で散発的な発生がある。日本では抗体陽性牛の存在が報告されている。主な感染様式は，昆虫の機械的伝播と搾乳器を介した伝播が疑われる。

診　断　偽ランピースキン型は発熱とともに顔，首，背，会陰部に結節が出現し広範囲の皮膚に広がる。乳頭炎型は潰瘍や水疱が乳頭や乳房に限局して発症するが，重症例では病変が乳房全面の皮膚に及ぶ。ランピースキン病，口蹄疫，水胞性口炎との類症鑑別が必要。

病変は皮膚の表皮に限局。電子顕微鏡により病変組織中にビリオンが検出される。

病変組織からDNAを抽出してPCR診断やウイルス分離で確定診断。血清診断は中和テストによる。

予防・治療　ワクチンはない。自然治癒する。

（泉對　博）

19 牛免疫不全ウイルス感染症
Bovine immunodeficiency virus infection

宿　主　牛

病　原　牛免疫不全ウイルス（*Bovine immunodeficiency virus*）。*Ortervirales*，*Retroviridae*，*Orthoretrovirinae*，*Lentivirus*に属し，人や猫の免疫不全ウイルスに近縁である。

分布・疫学　世界各国に分布。感染牛からの垂直感染（子宮内感染や経乳感染）および感染血液を介した水平感染により伝播する。

診　断

<症　状>　臨床症状は顕著ではないが，リンパ節腫脹，衰弱，削痩，神経症状などを呈する場合がある。

<病　理>　ウイルスの標的細胞は単球系で，免疫不全に起因する二次感染やワクチン効果の減弱が示唆される。

<病原・血清診断>　シンシチウム法によるウイルス分離，ウエスタンブロットやELISAによる抗体検出，PCRによるウイルス遺伝子の検出により診断を行う。

予防・治療　ワクチンおよび治療法はない。感染防御が困難なため摘発・淘汰が推奨される。

（今内　覚）

20 牛丘疹性口炎（届出）（人獣）
Bovine papular stomatitis

概　要　パラポックスウイルス感染による口唇，歯齦，乳頭などの丘疹，結節を主徴とする皮膚疾患。

宿　主　牛，水牛

病　原　主に，*Poxviridae*，*Chordopoxvirinae*，*Parapoxvirus*に属する牛丘疹性口炎ウイルス（*Bovine papular stomatitis virus*）。ただし，偽牛痘ウイルスなど他のパラポッ

クスウイルスが原因の場合もあり，発症部位による本疾病名と原因ウイルスは必ずしも一致しない。2本鎖DNAウイルスで，同属の偽牛痘ウイルスおよびオーフウイルスと血清学的に交差するが，エンベロープ領域の塩基配列解析およびPCR産物の制限酵素切断パターンにより識別が可能である。ウイルス粒子は，220～300×140～170nmの特徴的な楕円形竹カゴ状形態で，他の脊椎動物に感染するレンガ状形態のポックスウイルスと異なる。

分布・疫学　世界中に分布。人にも感染する。日本では，1990年代に実施された牛の血清調査において，地域に偏りなく高率に抗体陽性牛が確認され，年齢とともに陽性率が高かった。

病変部の痂皮や脱落した痂皮中には感染力を持つウイルス粒子が存在し，病変部が付着した器具や飼育施設，痂皮が脱落した放牧場などが感染源となる。体表の傷口に，ウイルスを含むこれらの病変部や汚染物などが接触すると感染が成立する。

診　断

＜症　状＞　主に口唇，歯齦，口腔，舌，乳頭などに発赤丘疹，結節を形成する。膿疱，潰瘍まで進行することもあるが，全身症状や死亡はまれである。痂皮を形成し，痂皮脱落後1カ月程度で外見上治癒したようにみえる。

口蹄疫をはじめ，水胞性口炎，牛痘，牛乳頭炎，牛乳頭腫などとの鑑別が重要。

＜病　理＞　病変部における有棘細胞の増生と空胞変性，細胞質内封入体が観察される。

＜病原・血清診断＞

病原診断：PCRによるウイルス遺伝子検出，電子顕微鏡による特徴的なウイルス粒子検出，病変部における封入体確認およびウイルス抗原検出。牛胎子由来初代培養細胞によるウイルス分離も可能だが，困難なことが多い。

血清診断：寒天ゲル内沈降反応などによる抗体検出。

予防・治療

＜予　防＞　早期発見，早期隔離が感染拡大防止に最も有効。飼育施設の消毒，皮膚病変が軽減するまで二次感染の防止に努めるなど衛生管理の徹底。

＜治　療＞　治療法はない。多くは治療せずに一定期間後治癒し，予後は良好である。ただし，再感染する。

（猪島康雄）

21 ランピースキン病（届出）（海外）
Lumpy skin disease

概　要　ランピースキン病ウイルス感染による体表に硬い結節が多数現れる皮膚疾患。

宿　主　牛，水牛

病　原　*Poxviridae*, *Chordopoxvirinae*, *Capripoxvirus*に属するランピースキン病ウイルス（*Lumpy skin disease virus*）。同属のカプリポックスウイルスと血清学的に交差するが，羊痘や山羊痘と発生地域が異なるため，ランピースキン病ウイルスは羊と山羊には感染しないと考えられる。人には感染しない。症状が軽度な場合，牛ヘルペスウイルス2型感染による偽ランピースキン病と類似することから，区別するためNeethlingウイルスとも呼ばれる（この場合，牛ヘルペスウイルス2型はAllertonウイルスと呼ばれる）。Lumpy skinは塊の多い，こぶだらけの，でこぼこの皮膚を意味する。

分布・疫学　1929年ザンビアで最初に発生。その後，アフリカのサハラ砂漠以南に限局して発生していたが，近年はアフリカ全域，マダガスカル，モーリシャス，中近東でも発生している。感染率は5～45％といわれるが，50～100％に達したボツワナなど発生地により多様である。死亡率は10％以下。雨期に河川地域や低地で発生し，乾期の初めにみられなくなる。豪雨によりしばしば流行する。

節足動物による機械的伝播が主な感染経路であるが，牛の背中に付着した節足動物などを食べる野鳥2種類も機械的伝播への関与が疑われている。感染牛の唾液で汚染された飼料や飲み水の摂取による伝播も起きる。

診　断

＜症　状＞　2～4週間の潜伏期間後，発熱，食欲不振，鼻汁，流涙，リンパ節炎，四肢，腹部，胸部の浮腫が認められる。発熱後48時間以内に多数の硬い結節・発疹が体表や，口腔，鼻腔，生殖器粘膜などに現れる。結節の多くは直径1～3cmであるが，数mmから癒合により10cmと様々であり，二次感染により壊死，潰瘍に進行し，深さ1～2cmに達するものもある。

症状が軽度のものでは，牛乳頭炎（偽ランピースキン病），牛丘疹性口炎，偽牛痘との鑑別が重要。

＜病　理＞　病変部に核と同じ大きさの細胞質内封入体が観察される。

＜病原・血清診断＞

病原診断：PCRによるウイルス遺伝子検出，電子顕微鏡によるウイルス粒子検出，ELISAによるウイルス抗原検出，羊か牛の初代培養細胞によるウイルス分離。最初のウイルス分離には，発育鶏卵やVero細胞は適さない。

血清診断：中和テスト，蛍光抗体法，ELISAによる抗体検出。

予防・治療　発生国では培養細胞，あるいは培養細胞と発育鶏卵で継代した弱毒生ワクチンが使用される。

有効な治療法はない。

（猪島康雄）

22 牛痘（人獣）
Cowpox

宿　主　げっ歯類，猫科動物，牛，人

病　原　*Poxviridae*, *Chordopoxvirinae*, *Orthopoxvirus*に属する牛痘ウイルス（*Cowpox virus*）。牛痘に感染し耐過した人は天然痘（smallpox）に耐性となることから，Jennerの牛痘接種法に応用された。しかし，近年まで天然痘撲滅のためにワクチンとして用いられていたのはワクチニアウイルスであり，その由来は不明。

分布・疫学　英国からロシア，アジアまでのユーラシアに分布。人では搾乳時に感染するとともに，牛と接触していないケースも多いことから，自然宿主であるげっ歯類や，猫から感染すると考えられる。

診　断

＜症　状＞　乳房や乳頭に発痘。水疱，膿疱，痂皮を形成。猫科動物は牛痘ウイルスに対する感受性が牛や人よりも高い。人では手，腕，顔に発痘。

偽牛痘など発痘を主徴とする疾病との鑑別が重要。

＜病原・血清診断＞　電子顕微鏡によるウイルス粒子検出，病変部におけるウイルス抗原検出，AおよびB型封入体確認，発育鶏卵漿尿膜接種によるウイルス分離。
予防・治療　多くは治療せずに治癒する。二次感染の防止。

（猪島康雄）

23 偽牛痘（人獣）
Pseudocowpox

宿　主　牛。人にも感染し，搾乳者結節（milkers' nodule）として知られる。
病　原　主に，*Poxviridae*, *Chordopoxvirinae*, *Parapoxvirus*に属する偽牛痘ウイルス（*Pseudocowpox virus*）。同属の牛丘疹性口炎ウイルス感染の場合もある。エンベロープ領域の塩基配列解析などにより識別可能。
分布・疫学　日本を含め世界中に分布。病変部が付着した搾乳器や飼育施設，脱落した痂皮により伝播。人は搾乳時に手指に感染することが多い。
診　断
＜症　状＞　主に乳頭および哺乳子牛の口腔，口唇部に発赤丘疹，結節，痂皮を形成。
　口蹄疫，牛乳頭炎などとの鑑別が重要。
＜病　理＞　病変部における有棘細胞の増生と空胞変性，細胞質内封入体が観察される。
＜病原・血清診断＞　PCRによるウイルス遺伝子検出，電子顕微鏡によるウイルス粒子検出，病変部における封入体確認とウイルス抗原検出。牛胎子由来初代培養細胞によるウイルス分離も可能だが，困難なことが多い。
予防・治療　多くは治療せずに治癒する。二次感染の防止。

（猪島康雄）

24 クリミア・コンゴ出血熱（人獣）（一類感染症）（海外）
Crimean-Congo hemorrhagic fever

宿　主　人，牛，めん羊，山羊，野生動物
病　原　*Bunyavirales*, *Nairoviridae*, *Orthonairovirus*に属するクリミア・コンゴ出血熱オルトナイロウイルス（*Crimean-Congo hemorrhagic fever orthonairovirus*）。3分節のマイナス1本鎖RNAをゲノムとするエンベロープウイルスである。人に感染すると致死的な疾患を引き起こすばかりでなく，人から人への感染も起こるため，多くの国でBSL4の病原体に指定されている。日本では一種病原体等に指定。
分布・疫学　アフリカ大陸から東欧，中近東，中央アジア諸国，中国西部にかけて広く分布。*Hyalomma*属のマダニがウイルスを媒介する。
診　断
＜症　状＞　人では発熱，頭痛，筋肉痛，関節痛，皮膚の出血がみられ，重症例では肝腎不全と消化管出血が起こる。野生動物，牛，めん羊，山羊などは感染しても症状を示さない。
＜病　理＞　血管内皮細胞の障害や血小板減少，播種性血管内凝固などの血液凝固系の異常の他，多臓器不全がみられる。
＜病原・血清診断＞　乳飲みマウスの脳内接種やVero E6細胞を用いたウイルス分離を行う。抗体検出はELISAによって行う。
予防・治療　特異的な予防法や治療法はない。

（苅和宏明）

25 牛乳頭腫
Bovine papillomatosis

宿　主　牛
病　原　*Papillomaviridae*, *Firstpapillomavirinae*に分類されるBovine papillomavirus（BPV）。1～22の遺伝子型が報告されている。乳頭腫の主要な原因は，BPV1，2（*Deltapapillomavirus*），BPV5（*Epsilonpapillomavirus*），BPV3，4，6，9（*Xipapillomavirus*）であるが，その他の型も乳頭腫との関連が示唆されている。
分布・疫学　世界中で発生。0～1歳齢の雌牛に発生しやすい。接触伝播。*Deltapapillomavirus*は馬にも感染する。
診　断
＜症　状＞　顔面，頸部，胸部，腹部，外部生殖器などの体表皮膚が好発部位で，カリフラワー状や小結節状の腫瘍を形成する。上部消化管や膀胱粘膜に腫瘍を形成することもある。
＜病　理＞　過角化，有棘細胞層の肥厚，真皮の過増殖が認められる。顆粒層細胞に単染性の好塩基性核内封入体を認め，この部分の電子顕微鏡観察でウイルス粒子がみられる。
＜病原・血清診断＞　組織学的，免疫組織化学的検査，PCRによる遺伝子検査を総合して診断する。培養に適した細胞がみつかっておらず，ウイルス分離ができない。
予防・治療　ワクチンはない。サリチル酸とヒノキチオールを主成分とする液剤を腫瘍に塗布するか外科的治療を行う。

（畠間真一）

26 牛ライノウイルス病
Bovine rhinitisvirus infection

宿　主　牛
病　原　*Picornavirales*, *Picornaviridae*, *Aphtovirus*に属する*Bovine rhinitis A virus*および*Bovine rhinitis B virus*
分布・疫学　世界中で発生。接触または飛沫感染により伝播する。単独感染では不顕性もしくは軽度の症状であるが，他のウイルスや細菌との混合感染により悪化する。
診　断
＜症　状＞　軽度の発熱，食欲消失，鼻漏，発咳，呼吸促迫，呼吸困難を起こす。牛の輸送に関連して発生する（輸送熱）。
＜病　理＞　鼻甲介や気管上皮細胞の炎症。気管支周囲への細胞浸潤。まれに間質性肺炎を起こす。
＜病原・血清診断＞　牛腎臓初代細胞またはMDBK細胞を用いた34℃回転培養により，鼻腔ぬぐい液からウイルスを分離する。中和テストによりペア血清の抗体価上昇を確認。補助的診断として，鼻腔拭い液中の細胞から蛍光抗体法による抗原証明を行う。

予防・治療　ワクチンや治療法はない。抗菌薬の投与による細菌の二次感染抑制。

（畠間真一）

27 牛エンテロウイルス病
Enterovirus infection in cattle

宿　主　牛
病　原　*Picornavirales*, *Picornaviridae*, *Enterovirus* に属する *Enterovirus E* または *F*
分布・疫学　世界中で発生。
診　断
＜症　状＞　下痢や発熱，発咳，鼻漏などの呼吸器病，繁殖障害に関連すると考えられているが，実験感染によって病気を再現できない。不顕性感染が多く，健康牛の糞便や咽喉などぬぐい液からもウイルスが分離される。乳房炎との関連性が疑われているが不明。
＜病原・血清診断＞　牛腎臓由来初代または継代細胞を用いたウイルス分離。分離ウイルスをCF反応やELISAなどにより同定。RT-PCRによる遺伝子診断も可能。エンテロウイルスEはモルモットとめん羊，エンテロウイルスFはモルモットの赤血球を凝集させることからHI反応が可能であるが，抗体保有率の高さから血清学的診断は実際的でない。
予防・治療　ワクチンや治療法はない。抗菌薬の投与による細菌の二次感染抑制。

（畠間真一）

28 トロウイルス病
Bovine torovirus infection

宿　主　牛
病　原　*Nidovirales*, *Coronaviridae*, *Torovirinae*, *Torovirus* に属する *Bovine torovirus*
分布・疫学　日本を含め世界各地に分布。主な伝播様式は糞口感染。
診　断
＜症　状＞　子牛および成牛に水様の下痢を起こす。鼻汁からもウイルスが検出されるため呼吸器病との関連が示唆されている。搾乳牛への感染で一過性の乳量低下を起こすことがある。
＜病原・血清診断＞　HRT-18細胞を用いたウイルス分離が行われる。RT-PCRによる遺伝子診断。中和テスト，HI反応，ELISAでペア血清の抗体上昇確認。牛コロナウイルスと類似するが，血清学的に交差は認められない。
予防・治療　ワクチンや治療法はない。抗菌薬の投与による細菌の二次感染抑制や輸液などの対症療法。

（畠間真一）

29 牛パルボウイルス病
Bovine parvovirus infection

宿　主　牛
病　原　牛に感染するパルボウイルスとして6種が報告されているが，本病の原因は *Parvoviridae*, *Parvovirinae*, *Bocaparvovirus* に属する *Ungulate bocaparvovirus 1*。
分布・疫学　日本を含め世界各地に分布。主な伝播様式は糞口感染。経胎盤感染も起こす。
診　断
＜症　状＞　新生子牛に下痢を起こす。成牛に発咳，鼻漏，呼吸困難などの呼吸器症状を起こし，細菌の二次感染により症状を増悪させる。妊娠初期の感染で，まれに流産を起こす。流産胎子は水腫性で，胸水・腹水の貯留を認める。不顕性感染も多い。
＜病　理＞　腸絨毛の萎縮，融合。陰窩の変性。胸腺などリンパ組織の壊死。感染細胞核内に好酸性封入体を形成。
＜病原・血清診断＞　血液検査によるリンパ球減少の確認。牛由来細胞を用いたウイルス分離。蛍光抗体法による抗原証明。PCRによる遺伝子診断。中和テスト，HI反応，ELISAでペア血清の抗体上昇確認。
予防・治療　ワクチンや治療法はない。抗菌薬の投与による細菌の二次感染抑制。

（畠間真一）

30 ジェンブラナ病（海外）
Jembrana disease

宿　主　牛，水牛
病　原　*Ortervirales*, *Retroviridae*, *Orthoretrovirinae*, *Lentivirus* に属する *Jembrana disease virus*
分布・疫学　1964年インドネシア，バリ島で最初の発生報告。バリ牛（*Bos javanicus*）への感染率60%，致死率99%であった。その後，インドネシア各島に広がったが，1992年以降は4～5年間隔の散発的な発生のみで，致死率は15～20%。バリ牛以外の牛は感受性が低く，臨床症状は顕著でない。日本での発生はない。唾液，乳，尿を介した接触感染や注射針の使い回しなどにより伝播する。吸血昆虫による伝播の可能性も示唆されている。
診　断
＜症　状＞　1～12日の潜伏期間の後，食欲消失，発熱，嗜眠，無気力，体表リンパ節の腫脹，流涎，鼻漏，出血を伴う下痢，ウイルス血症を起こす。
＜病原・血清診断＞　血液検査によるヘマトクリット・白血球数・血漿蛋白量の低下，BUN上昇の確認。牛由来培養細胞と単球，リンパ球の混合培養によるウイルス分離。PCRによる遺伝子診断。ELISAによる抗体検出。
予防・治療　ワクチンや治療法はない。感染牛を淘汰する。

（畠間真一）

31 シュマレンベルクウイルス感染症（海外）
Schmallenberg virus infection

宿　主　牛，めん羊，山羊などの反芻獣
病　原　シュマレンベルクウイルス（Schmallenberg virus）は，*Bunyavirales*, *Peribunyaviridae*, *Orthobunyavirus* に属する。エンベロープを持つウイルス粒子は，直径80～120nmの球形で，ゲノムは3分節のマイナス鎖RNAで構成される。国内で確認されているサシュペリウイルス（*Sathuperi orthobunyavirus*）と血清学的に交差性を持つ。
分布・疫学　欧州，トルコに分布。*Culicoides* 属のヌカカが媒介する。

診　断

＜症　状＞　成獣では多くは不顕性であるが，乳用牛では発熱，乳量減少，下痢などの症状が報告されている。妊娠獣では，流産，死産，先天異常子の娩出が認められる。

＜病　理＞　先天異常子では，水無脳症，孔脳症，小脳低形成，下顎短小，脊柱の彎曲，小脊髄症，関節の拘縮などを主徴とする。病理所見では，脊髄の神経細胞の減数，骨格筋の筋繊維の矮小化や脂肪置換が認められる。

＜病原・血清診断＞　昆虫細胞やBHK-21，Vero細胞によるウイルス分離，リアルタイムRT-PCRによるウイルス遺伝子の検出，ELISAやウイルス中和テストによる抗体の検出。

予防・治療　不活化ワクチンによる予防は可能であるが，治療法はない。

（梁瀬　徹）

32 プリオン病

（口絵写真6頁）

1）牛海綿状脳症（人獣）（伝達性海綿状脳症（法））

Bovine spongiform encephalopathy (BSE)

概　要　BSEプリオンの感染による牛の遅発性，致死性神経変性疾患。感染原因はプリオンに汚染された肉骨粉の給餌。1986年に英国で初めて存在が報告。

宿　主　BSEの宿主は家畜としての牛である。BSE病原体(BSEプリオン)は，汚染飼料などの給餌により，家猫，動物園で飼育されている猫科動物や反芻動物に感染し，海綿状脳症を起こした。人の変異クロイツフェルト・ヤコブ病の発生もBSEプリオンが原因と考えられている。

病　原　感染因子「プリオン」が病原体である。由来する病気や宿主を区別する場合は，BSEプリオンと呼ぶ。プリオンの主要構成要素は異常型プリオン蛋白質(PrP^{Sc})で，PrP^{Sc}は宿主遺伝子PrPにコードされる正常型プリオン蛋白質(PrP^{C})の構造異性体である。ゲノムに相当する病原体固有の核酸を持たない。

プリオンは紫外線照射，ホルマリン処理，一般の消毒薬には抵抗性が高い。通常の高圧蒸気滅菌でも完全には不活化できない。プリオンの感染性を著しく減弱させる方法として，1～2Nの水酸化ナトリウムへの浸漬，3％以上の次亜塩素酸ナトリウムへの浸漬，134℃以上の高圧蒸気滅菌などがあげられる。

分布・疫学　BSEの起源は，羊スクレイピーとする説と，元来まれな牛固有の疾患という説がある。どちらの場合でも，BSEの感染拡大は，プリオンがレンダリング過程で完全に不活化されずに肉骨粉に残存したことが原因である。1980年前半に起こったレンダリング工程の変更が，その原因と推測されている。英国では人工乳に肉骨粉を添加していたため，人工乳を与えられていた乳牛でBSEの発生が多い。

英国では1985年頃から本症が発生していた。1992～1993年に発生はピークに達し，年間30,000頭以上のBSE牛が確認された。当時は臨床症状からBSEが疑われた牛の検査が主体であったことから，実数ははるかに多かったと推測されている。その後，発生は減少し，2003年以降は年間の発生数が1,000頭以下になった。欧州ではスイス，ポルトガルで1990年代前半から，他の国では1990年代後半～2000年初頭に罹患牛が摘発されるようになった。2000～2001年に能動的サーベイランスを開始してから摘発数が増加したが，2003～2004年頃から減少傾向にある。2009年には欧州での発生数が100頭以下となり，2015年には10頭以下となった。飼料規制などのBSE対策が功を奏し，BSE発生は収束に向かっている。

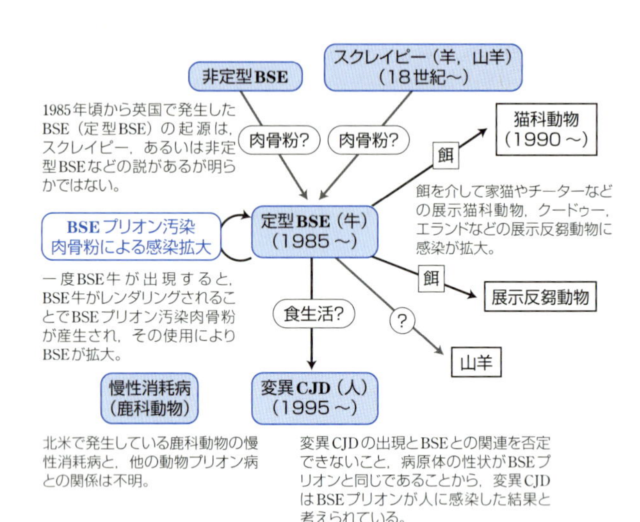

図1　動物プリオン病の感染拡大

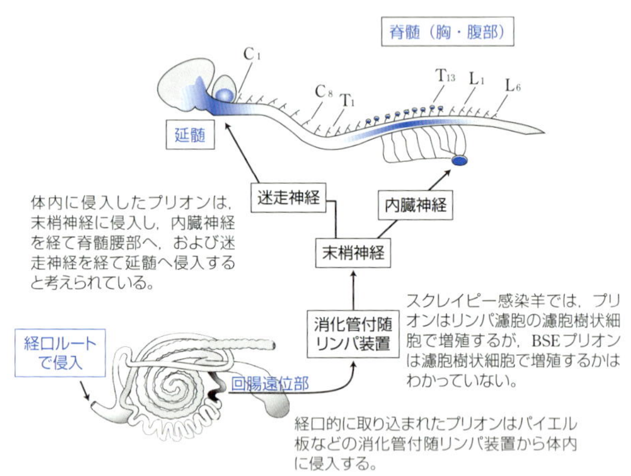

図2　BSE感染牛におけるプリオンの体内伝播

日本では2001年9月に第1例が摘発された。2001年10月から，食用に供される牛全頭を対象としたスクリーニングが開始され，2003年4月から24カ月齢以上の死亡牛の検査が開始され，これまでに36頭のBSE牛が摘発された。出生地は北海道が最も多く，神奈川県，群馬県，熊本県生まれの牛でもBSEが発生している。

BSEプリオンは経口ルートで感染する。経口的に取り込まれたプリオンはパイエル板などの消化管付随リンパ装置から体内に侵入する。その後，末梢神経に侵入し，内臓神経を経て脊髄腰部へ，および迷走神経を経て延髄へ侵入する。

診　断

＜症　状＞　BSEの潜伏期は平均4～6年である。BSEが多発していた1992年には20カ月齢でのBSE発症例がある。汚染度の低下に伴い，発病までの期間は延長する。発症初期は不安動作などの行動異常，音に対する過敏反応が認められ，中期には音や接触に対する過敏反応，運動失調

(ふらつき，歩様異常など)(**写真1**)が認められる。発症後，数週間～数カ月の経過で病状は進行し，末期には転倒しやすい，起立不能など，運動失調が顕著となる。臨床症状のみから本病を診断することは困難である。

<病　理>　肉眼的な特徴所見はない。病理組織学的には，中枢神経系組織，特に延髄門部の迷走神経背側核，孤束核，三叉神経脊髄路核や脳幹部の神経細胞と神経網の空胞変性，および星状膠細胞の増生が特徴である。細胞浸潤のような炎症像は認められない。

BSE感染牛では，プリオンは脳脊髄，三叉神経節，背根神経節，回腸遠位部などに存在する。病末期の牛では，末梢神経や副腎でもわずかにPrP^{Sc}が検出される。羊スクレイピーとは異なり，プリオンはリンパ系組織でほとんど検出されない。

<病原診断>　中枢神経系組織からウエスタンブロット，ELISA，免疫組織化学染色によりPrP^{Sc}を検出(**写真2**)することで確定診断する。延髄への侵入経路に一致して，迷走神経の起始核である延髄門部の迷走神経背側核で最初にPrP^{Sc}の蓄積が認められるので，延髄門部を被検材料とする。病原体に対する免疫応答はないので，血清診断は応用できない。

2003年にイタリアで，従来のBSEとは病型の異なる非定型BSEが発見された。その後，欧州，北米，日本，ブラジルでも非定型例が確認されている。従来のBSEとはウエスタンブロットで検出されるPrP^{Sc}の分子量およびバンドパターンが異なる。分子量の違いからHおよびL型のBSEに分けられる。非定型BSEのほとんどが8歳以上の牛でみつかっている。これまでに計100例以上が確認されている。

予防・治療　ワクチン，治療法はない。感染牛を食物連鎖から排除すること，汚染地域からの牛や動物用飼料の輸入の制限，動物由来飼料の給餌制限を徹底することで，本病の感染拡大は阻止できる。

2）猫海綿状脳症
Feline spongiform encephalopathy

BSEプリオンに汚染された餌の給餌が原因と考えられている猫科動物のプリオン病。1990年の初報告以降，英国では家猫で89例が確認されたが，2002年以降発生はない。他にノルウェー，リヒテンシュタイン，スイスで各1例が報告されている。

1992年以降，動物園のチーター，ライオンなどの猫科動物でも発生している。進行性の神経症状が主徴で，有病期間は8～12週間程度，5歳以上の猫での症例が多い。

(堀内基広)

33 (全)炭疽(法)(人獣)(四類感染症)　Anthrax
(口絵写真6頁)

概　要　炭疽菌の感染により起こる急性敗血症性の疾病。土壌中の芽胞が主な感染源となる。

宿　主　牛，水牛，鹿，馬，めん羊，山羊などの草食動物は炭疽菌に対して感受性が高い。豚，いのしし，犬，人は比較的抵抗性が強い。

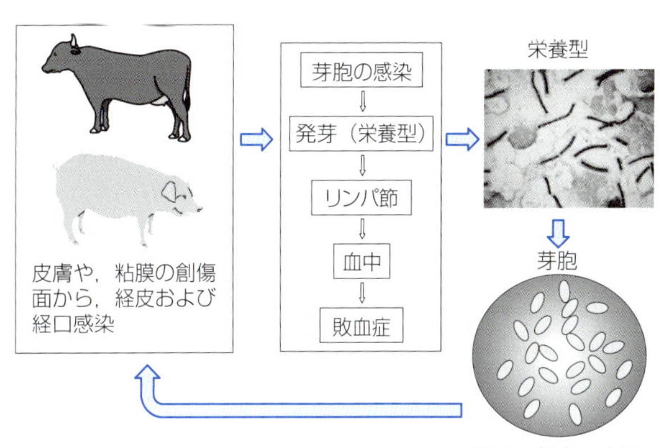

図　炭疽菌の感染環

病　原　*Bacillus anthracis*(炭疽菌)はグラム陽性の大桿菌(1～1.2×3～5 μm)で，生体内では菌体表層に莢膜を伴う単独，または短い連鎖状であるが，人工培地では竹節状の長い連鎖となる。鞭毛を欠き，運動性がない。寒天培地上で辺縁が縮毛状の集落を形成する。芽胞を形成して，熱，乾燥，消毒薬などに強い抵抗性を有する。本菌の病原性因子として莢膜と外毒素がある。莢膜はD-グルタミン酸からなるポリペプチドで構成され，宿主の食菌作用に抵抗する働きがあるとされている(**写真1**)。外毒素は浮腫因子(edema factor：EF)，致死因子(lethal factor：LF)および防御抗原(protective antigen：PA)と呼ばれる3種類の蛋白質からなる。毒素は，PAの存在下でLFとEFが毒性を示す。LFは金属プロテアーゼで，細胞内の情報伝達に関与するMAP-kinase kinase(MAPKK)を切断する。炭疽に感染した動物が死亡するのはLFの作用によるものであるといわれている。EFはcAMP合成酵素であるアデニル酸シクラーゼ活性を持ち，細胞内のcAMPの上昇を誘導し，炭疽特有の浮腫を惹起する。莢膜形成および毒素の産生に関与する遺伝子は，それぞれ菌の保有する毒素プラスミド(pXO1)および莢膜プラスミド(pXO2)上にある。現在，家畜に用いられている無莢膜ワクチン株は莢膜プラスミドが脱落したものである。野外から分離される強毒な菌株は通常この2種類のプラスミドを保有する。

分布・疫学　世界各国で発生がみられる。日本においては昭和の初め頃まで，牛，馬を中心に年間数百頭の発生が記録されている。しかし，家畜の飼養形態の変化や衛生管理技術の向上により，発生は急減し，1991年と2000年にそれぞれ牛での発生が1件，豚においては1985年以降発生報告がない。

致死率は高いが，発生規模は小さく，概して散発的である。炭疽菌が個体から個体へ直接伝播されることはほとんどない。菌は感染動物の分泌物や排泄物中に排出され，死体の血液をはじめ全身各臓器に存在する。炭疽で死亡した動物の処理が適切でなく，土壌が汚染された場合，芽胞が土壌に長期間生存し，その後の感染源となる。また，かつて日本においては，汚染した輸入骨粉が肥料として使用され，芽胞によりその地方の土壌が汚染され，炭疽多発地帯となった例がある。動物における感染経路はそのほとんどが経口であり，土壌中の芽胞が直接あるいは飲水，牧草を介して感染すると考えられている。また，創傷部からの経皮感染や，サシバエにより芽胞が媒介されることもまれにある。

診　断

<症　状>　牛，馬，めん羊，山羊などの感受性の強い動物においては，急性敗血症を呈し急死する。潜伏期は1～5日と考えられている。症状は体温の上昇，眼結膜の充血，呼吸・脈拍の増数，さらに進み敗血症期に入ると，可視粘膜の浮腫，チアノーゼ，肺水腫による呼吸困難，ときに血色素尿のみられることがあり，経過の早いものでは発症から24時間以内に死亡する。

豚などの比較的抵抗性の強い動物では，慢性的な経過をたどる場合が多く，腸炎型，咽喉部に病変を作るアンギナ型，および急性敗血症型に大別される。

腸炎型では特徴的な臨床症状に乏しく，重症の場合，吐き気や嘔吐，下痢または便秘，血便がみられる。アンギナ型は咽喉部の浮腫性腫脹が特徴である。呼吸困難を引き起こし，重症では鼻血をみることがあり，ときには窒息死する。幼豚の場合，急性敗血症で急死することがある。

<病　理>　牛，馬，めん羊，山羊などにおける，剖検での特徴的病変は，皮下の浮腫，口腔，鼻腔や肛門などの天然孔から凝固不良で暗赤色タール様の出血，脾臓の腫大などがあげられる。豚の腸炎型で経過の長いものでは，腸壁が肥厚しホース状となる。腸間膜リンパ節の腫大，出血がみられる。アンギナ型では咽頭リンパ節あるいは顎下リンパ節の腫大，出血がみられる。

<病原・血清診断>　炭疽を生前に診断することは難しい。また，防疫上の観点から，早急かつ確実な診断が要求される。家畜が急死したときには，外見上炭疽の徴候を示していなくても，一応，炭疽を疑う必要がある。その場合，まず血液あるいは脾臓を採取し，塗抹染色，ファージテスト，パールテスト，アスコリーテスト(**写真2～4**)などによる細菌学検査を行う。材料採取には，傷口をできるだけ小さくし，菌が散乱しないようにする。通常，汚染を避けるため，一般的な病理解剖は行わない。

予防・治療　牛および馬には無莢膜弱毒変異株の(生菌)芽胞液が予防ワクチンとして用いられている。

本病が生前に診断されることは少なく，治療することは事実上ほとんどない。敗血症が進行した段階では，抗菌薬投与の効果は期待できない。同居家畜に対して緊急予防的に抗菌薬を注射することがある。少数例ではあるがペニシリン耐性菌も報告されている。しかし，通常，本菌は抗菌薬に対して広い感受性を有し，ペニシリンをはじめとして，テトラサイクリン，エリスロマイシン，クロラムフェニコールなどが用いられる。

本病を疑う患畜が死亡した場合，畜主，獣医師は直ちに都道府県知事(家畜保健衛生所)へ届け出て，その指示に従って対処する。炭疽の防疫上，この届出が最も重要である。炭疽と診断されたら，家畜伝染病予防法による処置(死体，飼育舎，乳汁などの処理および消毒，ワクチン接種，同居家畜など周辺動物への抗菌薬投与，移動禁止など)をとる。炭疽菌が有芽胞菌であることから，その消毒には高圧滅菌，塩素剤，ヨード剤，さらし粉など目的に応じて用いる。

(内田郁夫)

34 牛結核病(法)(人獣)(二類感染症)

(口絵写真7頁)

Tuberculosis in cattle

概　要　牛型結核菌の感染による慢性の呼吸器感染症。主に肺および胸腔内リンパ節の結節性病変を特徴とした疾患。

宿　主　牛，水牛，めん羊，山羊，鹿，豚，人など

病　原　*Mycobacterium bovis*は人型結核菌(*M. tuberculosis*)やアフリカ菌(*M. africanum*)などとともに結核菌群に分類される。人工培地では集落形成に2～3週間以上を必要とする遅発育性の抗酸菌で，発育温度域も結核菌群以外の抗酸菌に比べて37℃前後と非常に狭いのが特徴である。*M. bovis*はうさぎに対する強い病原性，グリセリン添加培地での発育の悪さ，ナイアシン産生能を欠くなど，*M. tuberculosis*と性状がやや異なる。1998年，Coleらによって人型結核菌の全ゲノム配列が初めて明らかにされ，その後BCGを含む牛型結核菌のゲノム情報も判明した。その結果，*M. bovis*は*M. tuberculosis*や*M. africanum*が保有する遺伝子領域のいくつかが欠落していることがわかった。

*M. bovis*に感受性の動物は牛や豚など家畜のほかに犬，猫などの伴侶動物，オウムなどの鳥類，野生動物では，鹿，レイヨウ，キリン，オポッサム，アナグマ，アザラシ，トド，ライオン，ヒョウなど非常に多い。外国では*M. africanum*の家畜(牛および豚)への感染も知られている。*M. bovis*は人獣共通感染症の重要な病原体であり，感染材料や菌の取扱いは安全キャビネット内で行い，人への感染防止に注意しなければならない。

分布・疫学　日本でもかつては牛の結核が多発していた。1901年から乳牛を対象にツベルクリン陽性牛の摘発と淘汰が進められ，1903年に4.6%もあった患畜摘発率が1967年には0.03%にまで減少した。最近でも全国で年間1～2頭のツベルクリン陽性牛が摘発されることがあるが，これらからは*M. avium*や*M. scrofulaceum*などの非定型抗酸菌が分離される。一方，肉牛はツベルクリン全頭検査の対象外であるため，散発的に集団発生がみられている。このほか日本では過去に養鹿農場において*M. bovis*が集団感染した例がある。

最近，世界各国で，*M. bovis*に感染した家畜や野生動物が多くみられるようになった。英国では1996年以降，毎年5,000頭以上のツベルクリン陽性牛が摘発され，牧野に生息するアナグマが放牧牛や羊への感染源として疫学的に重要視されている。ニュージーランドではフクロギツネが保菌動物として注目され，牛や羊への感染源となっている。牛の結核症がほとんどみられなくなった日本で，人が*M. bovis*に感染することはきわめてまれであるが，英国では感染者が毎年約50名近く発生している。患者が集中しているのは，牛の結核病が多発している地域で，その多くは未殺菌乳の摂食に起因したものである。罹患牛からの直接飛沫感染と考えられる事例もないわけではないが，感染リスクは低いと考えられている。野生動物から人への感染例はあまり多くない。カナダではエルクからの感染例，オーストラリアではアザラシから人が感染したとの報告がある。米国ではハンターが解体時に受けた怪我が元で牛型結核菌に感染した例が報告されている。これまでに報告された事例の多くでは，動物との直接接触による感染は獣医師

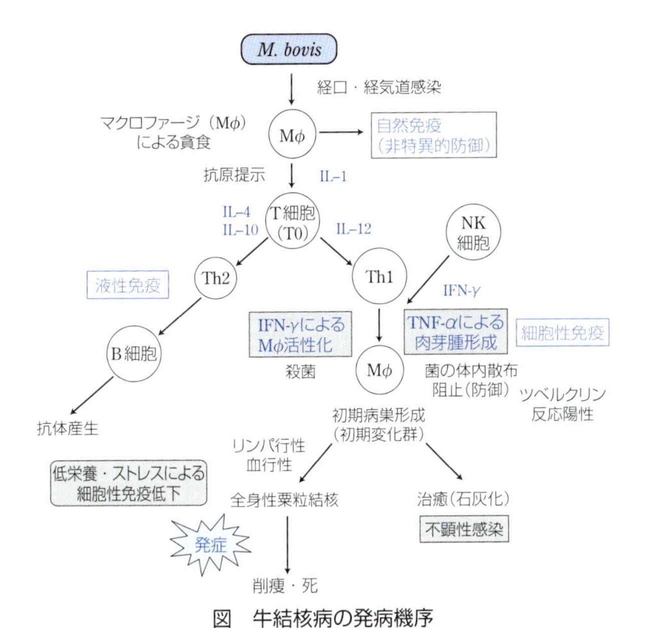

図　牛結核病の発病機序

や動物飼育者などであり，そのほかは牛型結核菌に汚染した食品(特に乳製品)を介した感染である。

診　断

＜症　状＞　原発病巣は肺および胸腔内リンパ節に形成されるが，病巣が全身に広がると発咳，食欲不振，削痩など栄養不良症状を示す。重症例では鼻汁や唾液または糞便中に排菌，環境を汚染することにより集団感染が容易に起こる。妊娠牛では全身性の粟粒結核となりやすい。乳牛において乳房に病巣が形成されると乳汁中に菌が排出されるようになる。

＜病　理＞　*M. bovis*の侵襲を受けた臓器と付属リンパ節では限局性の初期結核病巣が形成される。飛沫核感染や経気道感染では肺および縦隔膜リンパ節や肺門リンパ節が，経口感染では腸管や腸管膜リンパ節に初期病巣が形成される。これらの病巣は免疫の成立に伴って治癒するが，妊娠や免疫機能が低下した個体では，菌がリンパ行性および血行性に広がり全身性粟粒結核(**写真1，2**)となる。感染初期の病変は炎症性細胞の浸潤を主体とした滲出性炎であるが，慢性化し増殖性の結核結節を形成する。結核結節の中央部は乾酪化した凝固壊死巣でこれを取り巻くように多核巨細胞を含む類上皮細胞層，さらにその外周を線維細胞と膠原線維および浸潤してきたリンパ球が層状に取り囲む。

＜病原・血清診断＞　生前診断には，菌が産生する各種蛋白質の混合物であるツベルクリンを皮内に投与し，皮膚の発赤や硬結といった局所の遅延型アレルギー反応を半定量的にとらえるツベルクリン反応が用いられる(**写真3**)。ツベルクリン診断液を尾根部，または皮内に注射し，48～72時間後の腫脹差を測定して判定する。鳥型ツベルクリンと牛型ツベルクリンを頸部皮内にそれぞれ接種し，両反応値を比較することによりヨーネ菌(*M. avium* subsp. *paratuberculosis*)やそれ以外の*M. avium*亜種による感染との識別も可能である。このほか新たな牛結核の診断法として，本菌の持つ25kDaの蛋白質抗原を用いた間接ELISA(血中抗体価を測定)や細胞性免疫を指標としたインターフェロンガンマ検査法が試みられている。

病巣部からの菌分離と同定：肺結核では喀痰や咽頭分泌物，肺外結核では血液や髄液などの体液や滲出物が検査材料となる。それらの塗抹標本中の菌を抗酸染色あるいは蛍光法によって検出する。小川培地や寒天培地による菌の分離と生化学試験による同定法は長時間を要するため，培地に増殖した菌の溶存酸素消費量を鋭敏な蛍光物質で検出するMGIT法，菌の増殖により生じるCO_2を検出するBac T/Alert法など，迅速診断のための改良法が考案されている。*M. bovis*の初代分離には卵培地，寒天培地を問わずグリセリンではなくTween80を添加した培地の方が適している。初代分離時にグリセリン添加培地で旺盛な発育を示す集落は*M. bovis*以外の抗酸菌である可能性が高い。同定法として直接検体から菌の遺伝子を検出する核酸増幅法検査では，DNAを増幅するPCR，RNAを増幅するMTD(市販キット)がある。MTDは結核菌群のみの検出であるが，PCRは結核菌群だけでなく非結核性抗酸菌も検出可能である。その他プローブを用いたハイブリダイゼーションを利用するアキュプローブ法やDDHマイコバクテリア法(いずれも市販キット)があり，前者は結核菌群と*M. avium* complexのみを検出するが，後者は結核菌群を含め18種類の抗酸菌が検出可能である。

予防・治療　英国では家畜と野生動物を対象としたワクチン開発が進められているが，日本ではワクチン接種や化学療法を行うことはなく，陽性牛は家畜伝染病予防法により殺処分となる。ツベルクリン陽性反応個体の摘発・淘汰が確実な防疫手段となる。病気が発生した場合は，同居牛について定期的にツベルクリン検査を実施し，陽性個体の摘発・淘汰に努める。牛舎も消毒(生石灰の散布)による除菌を行う。

(後藤義孝)

35 (全)ブルセラ病(法)(人獣)(四類感染症)

Brucellosis

(口絵写真7頁)

概　要　ブルセラ属菌の感染による流産，早産，死産を主徴とする疾病。不妊，乳腺炎，関節炎を引き起こすことがある。雄では精巣炎，精巣上体炎がみられる。

宿　主　牛，水牛，豚，めん羊，山羊，鹿，いのしし，犬。その他，種々の動物および人に感染。

病　原　ブルセラ属菌は主たる宿主に基づいて，*Brucella melitensis*(めん羊，山羊)，*B. abortus*(牛)，*B. suis*(豚)，*B. canis*(犬)，*B. ovis*(めん羊)，*B. neotomae*(キネズミ)の6菌種に分類されていたが，遺伝学的類似性が高いことから1菌種(*B. melitensis*)にまとめられた。これまでの菌種は生物型とされている。しかし，医学，獣医学では混乱を避けるため6生物型を従来通りの6菌種として扱うことが認められている。近年，従来から知られていた菌種以外に，海洋哺乳類から*B. pinnipedialis*, *B. ceti*，ユーラシアハタネズミから*B. microti*が分離されている。

この6菌種のうち，*B. melitensis*, *B. abortus*, *B. suis*, *B. canis*は三種病原体等，BSL3に指定されている。

ブルセラ属菌は動物の細胞内で増殖するグラム陰性好気性短桿菌である。発育がやや遅く，菌分離には血清や血液を加えた培地が用いられる。*B. abortus*と*B. melitensis*は共通抗原を持つ。*B. ovis*の抗血清(抗R型血清)は，*B. abortus*と*B. melitensis*のR型変異株にも反応し凝集する。ブルセラ属菌は*Yersinia enterocolitica* O9などの病原細菌

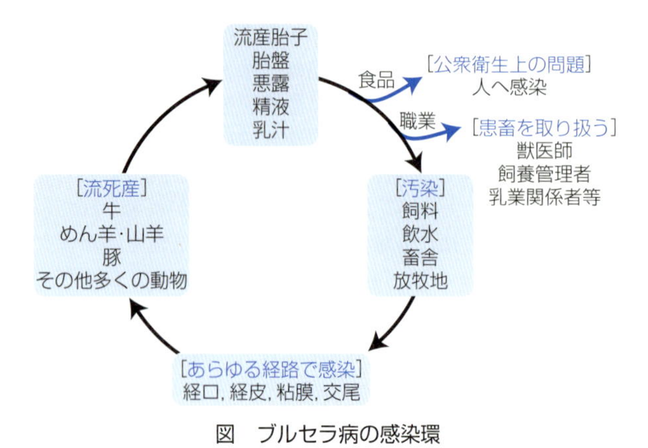

図　ブルセラ病の感染環

と共通抗原を持ち，交差反応する。

分布・疫学　世界各国。特に地中海地域，アラビア湾地域，インド，中米および南米では多くの発生がある。日本では1890年代後半にブルセラ属菌感染が原因と思われる牛の流産の発生が報告され，1913年に初めて*B. abortus*が分離された。次いで，他の菌種の分離も報告されている。

1953年以降，輸入されたジャージー牛から侵入したと思われるブルセラ病の蔓延が問題となったが，摘発と淘汰による防疫対策を推進した結果，1970年代から発生数が減少し，現在ではほぼ清浄化された。定期検査でときおり抗体保有牛が摘発されるが，細菌学的検査で菌が分離された例はない。

ブルセラ病の自然感染は経口，経皮，交尾，粘膜感染などすべての経路で成立し，動物間のみならず感染動物から人への感染もほぼ同様の経過による。流産胎子，胎盤，悪露，精液，乳汁に大量の菌が存在し感染源となる。特に汚染した飼料，飲水などを健康家畜が摂取したり，流産後子宮からの悪露が畜舎を汚染することによって同居家畜が感染する。また，人では直接流産患畜を取り扱った獣医師，飼養管理者，乳業関係者などの感染例がある。菌は乳汁中にも排出されることから公衆衛生上重要な疾病でもある。

診　断

＜症　状＞　牛では，流産，不妊，精巣炎，関節炎，膿瘍形成，乳房炎などがみられる。流産は妊娠7～8カ月が最も多いが，4～9カ月まで発生報告がある(**写真1，2**)。その他の家畜においても同様の症状を示すが，流産は妊娠期間に関係なく起こる。

人では，発熱，関節痛，疲労，うつ状態などの症状がみられる。また，妊婦の感染例では流産も報告されている。一方，流産した動物では人でみられる発熱やその他の所見に乏しく，臨床的に感染を知ることは難しい。流産の前駆症状を示さないため予測も困難である。

＜発病機序＞　体内に侵入した菌はマクロファージに貪食されるが，消化を回避し細胞内で増殖する。感染初期では菌は広く全身に分布しているが，後期では乳房およびその周囲のリンパ節に限局する傾向が認められる。

妊娠動物が感染した場合，他の臓器に比較して胎盤および胎子において菌の増殖がみられる。胎盤での菌の増殖は栄養膜巨細胞において特異的に観察され，栄養膜巨細胞の機能が菌の感染によって阻害されることが流産の一誘因となっている。この栄養膜巨細胞を介して菌が胎子に感染する。また，胎子は母体にとって異物であり，免疫拒絶反応を抑制し妊娠を維持するために母体内ではTh2サイトカインが優位になっている。宿主にはブルセラ属菌の感染に応答し，Th1が誘導され菌の細胞内増殖を阻害することによって病態の進行を抑える機構が存在する。妊娠動物の場合も同様に，菌の感染によってTh1が優位になり，母体のTh1/Th2のバランスが崩れることにより流産が起こるのではないかといわれている。

＜病　理＞　組織学的には脾臓，肝臓，リンパ節，胎盤，子宮，乳腺，精巣などの結節性の肉芽腫病変を特徴とする。結節の中心部には細胞質の広い淡明な類上皮細胞が集合し，その周囲をリンパ球が取り囲む。不規則に線維性細胞が混入し，ときに中心部は壊死または細菌の集積が認められる。

＜病原・血清診断＞

病原診断：流産や死産胎子の消化管内容，胎盤，悪露，乳汁，精液，リンパ節，主要臓器を採取して菌の分離培養を行う。*B. melitensis*と*B. suis*は大気中で発育するが，*B. abortus*は3～10％のCO_2を要求することがある。モルモットなどの実験動物に材料を接種後分離する方法もある。

血清診断：牛では，急速凝集反応(**写真3**)で陽性の場合，ELISA，CF反応の順に検査を行う。日本における診断基準は，ELISAおよびCF反応が陽性の場合，あるいは細菌検査でブルセラ属菌が分離された場合，本病の患畜とする。

めん羊・山羊の診断法は，牛のそれと同様であるが，豚の場合，血清反応は系統により感度が異なり，かつ非特異反応が多いことに留意し，群の感染の程度を知るために用いる。

予防・治療　外国ではワクチンを使用した予防策をとっている国もあるが，日本では検疫と淘汰で清浄度を守る体制をとっているためワクチンは使用しない。本病は家畜伝染病(法定伝染病)として予防対策を実施しているため治療は行わず，患畜は淘汰する。

(度会雅久)

36　ヨーネ病(法)

(口絵写真8頁)

Johne's disease

病名同義語：Paratuberculosis

概　要　ヨーネ菌の経口感染による反芻動物の慢性消化器感染症。長い潜伏期間の後，肉芽腫性腸炎を発症し持続性下痢，削痩などを起こす。

宿　主　牛，めん羊，山羊，水牛，鹿，その他の野生反芻動物

病　原　*Mycobacterium avium* subsp. *paratuberculosis*(ヨーネ菌)。非結核性抗酸菌の一種であり，鳥型結核菌の1亜種として分類される。培地上にコロニーを形成するまでに6週以上を要する遅発育性菌であり，鉄のキレート物質であるマイコバクチン発育要求性を特徴とする。水中や低温環境下でも1年以上生存する。細胞壁は脂質に富み，抗酸染色により赤く染色される。本亜種に特異的な遺伝子IS*900*を16～18コピー保有している。

分布・疫学　世界中で発生が認められ，北米，欧州諸国での感染率が高い。日本における最初の報告は，1930年英国からの輸入牛である。1998年以降，家畜伝染病予防法

第5条において少なくとも5年ごとの搾乳牛と種牛における全頭検査が義務づけられ，診断および淘汰による防疫対策を実施しているため，日本の感染率は諸外国と比較して低い。現在は年間600頭前後の患畜が摘発されている。

主要な感染経路は水平感染であり，患畜の糞便で汚染された餌，水，牧草などを介した経口感染であるが，重症例では乳汁感染や胎盤感染も起こる。年齢により感受性が異なり，特に6カ月齢以下の子牛が感染しやすいとされる。

体内へ侵入したヨーネ菌は，マクロファージに取り込まれたまま腸管局所および付属のリンパ節に初期病巣と呼ばれる肉芽腫を形成し，宿主の細胞免疫を誘導する。長い潜伏期間の後，感染動物は妊娠・分娩に伴う内分泌系の変化によるストレスなどにより発症するが，発症には至らず治癒する個体もいる。

本病は反芻動物以外に，野生鳥獣にも感染するといわれている。ヨーネ病発生農場における野兎や捕食者のきつね，テンにおいても菌分離や腸管感染が確認されている。また，本病は人獣共通感染症ではないとされているが，海外では人のクローン病などの自己免疫疾患との関連が報告されている。

診　断

<症　状>　感染後期の間欠性下痢からやがて持続性下痢に変わる(**写真1**)。乳牛の発症年齢は分娩前後の3～5歳が最も多く，肉牛は数カ月にわたる授乳期間中に多量の菌に曝露されることから，発症年齢はやや低い。発症牛は，栄養状態の悪化による削痩，乳量低下，空胎期間延長などを示し，やがて衰弱死する。

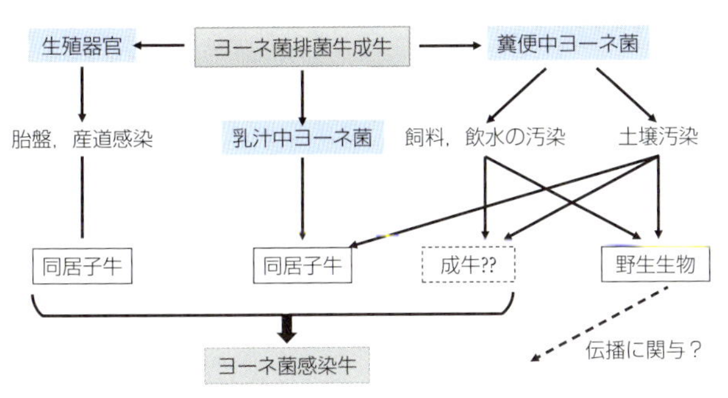

図1　ヨーネ菌の感染経路

<病　理>　感染初期には類上皮細胞肉芽腫からなる病変が回腸下部の粘膜固有層と隣接するリンパ節に限局するが，末期病変は大腸までの腸管全域に広がる。類上皮細胞肉芽腫の形成とリンパ流の停滞により通常の数倍に肥厚した粘膜面は，分厚いすう壁状に盛り上がる特徴的な肉眼病変を形成する(**写真2**)。発症牛の腸管粘膜には，抗酸染色により，類上皮細胞や多核巨細胞の細胞質に増殖したヨーネ菌の集塊を認める(**写真3**)。

<病原・血清診断>

病原診断：糞便の塗抹染色により集塊状のヨーネ菌を直接検出する方法の他，マイコバクチン添加ハロルド培地(固形培地)や液体培地(MGIT Para TB mediumなど)を用い，糞便材料などからヨーネ菌の分離・同定を行う。遅発育性のため最大培養期間は寒天培養で4カ月，液体培養で12週とする。発育コロニーおよび液体培地の一部からDNAを抽出し，IS*900*をターゲットとするPCRを行い同定する。糞便や病変部組織乳剤から直接DNAを抽出し，PCRによりIS*900*を検出することも可能である。本検査法の特異性は高く，感度は糞便培養と同等以上である。

免疫診断：感染初期における診断法として，ヨーネ菌に対する細胞性免疫応答を指標とするヨーニン皮内反応とインターフェロン-γ検査がある。感染後期診断法として抗体検査があり，牛ではELISAが，めん羊・山羊ではCF反応がそれぞれある。

予防・治療

<予　防>　定期的検査による感染・排菌牛の早期摘発と淘汰が防疫上重要である。さらに同居子牛の衛生管理，特に成牛の糞便との接触を避けることが効果的な感染防止策となる。牛の導入にあたっては，清浄であることが確認された農場からの導入が望ましい。発生農場においては，蔓延防止のための同居牛検査を行い，患畜と疫学的に関連のある牛は感染の可能性が高いので淘汰対象とする。

欧米では，死菌および生菌ワクチンは感染を予防する効果は低いが，発病を阻止する効果を期待して使用される。しかし，日本では使用せず，家畜伝染病予防法により患畜は淘汰することで防疫を推進している。

<治　療>　化学療法による治療は困難である。

(永田礼子)

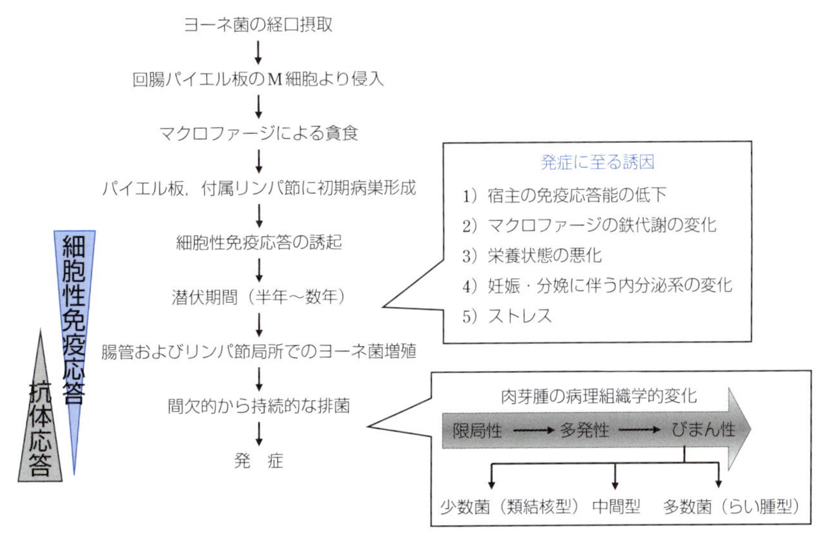

図2　ヨーネ病の発病機序

37 牛のサルモネラ症(届出)(人獣) (口絵写真8頁)
Salmonellosis in cattle

概　要　経口的に摂取されたサルモネラ属菌の腸管内増殖に伴う下痢症に加え，腸管粘膜から体内に侵入した菌により肺炎，関節炎，流産，神経症状などの全身症状が認められる場合がある。

宿　主　多くの哺乳類，鳥類，爬虫類，両生類，魚類が宿主となる。一部血清型の宿主域は狭く，例えばDublinは生乳による人の食中毒を除き，ほとんどの場合，牛からの分離である。

病　原　*Salmonella*属菌。腸内細菌科に属し，通性嫌気性，グラム陰性の短桿菌で，わずかの例外を除き，鞭毛を有して運動性を示す(**写真1，2**)。本属は*S. enterica*と*S. bongori*の2菌種に分類され，前者は6つの亜種から構成される。この国際命名規約上の分類の他に，サルモネラでは菌体(O)抗原と鞭毛(H)抗原の組み合わせによる血清型別システムが確立され，広く利用されている。これまでに2,600を超える血清型が報告されており，このうち*S. enterica* subsp. *enterica*に属する血清型に限って固有の血清型名が付与されている。多くの血清型が牛サルモネラ症の原因となるが，特に*S. enterica* subsp. *enterica* serovar Typhimurium (*S.* Typhimurium)，*S.* Dublin，*S.* Enteritidisによるものが届出伝染病に指定されている。

サルモネラの病原因子はこれまでに多数，報告されているが，なかでもⅢ型分泌機構とそこから宿主細胞に送り込まれるエフェクター蛋白質群が重要な役割を果たす。エフェクター蛋白質は細胞内シグナル伝達を攪乱することで本菌の上皮細胞内への侵入を可能とし，さらにマクロファージに貪食された後の食菌抵抗性を付与する。

分布・疫学　世界各国で発生をみる。原因血清型としては*S.* Typhimuriumと*S.* Dublinによるものが多い。日本では1937～1940年に*S.* Enteritidisによる子牛の集団発生が報告された。その後，1965年，乳用雄子牛の育成牧場において，*S.* Typhimuriumによる集団発生が報告され，集団哺育の普及に伴って全国に広がった。*S.* Dublinは1976年に九州で発生した子牛の下痢・敗血症と妊娠牛の流産の原因菌として，日本で初めて報告され，その後全国に広がった。このように1980年代までは流産を除けばサルモネラ症は主に子牛の下痢症であったが，1990年代以降，*S.* Typhimuriumによる成牛，特に搾乳牛の症例が増加するとともに，分離される血清型は多様化する傾向にある。

1990年代にみられた発生様相の変化の原因は特定されていない。生体側の要因を無視することはできないが，菌側にも変化があったことは事実である。すなわち，近年の分子疫学的研究の進展により，同じTyphimuriumでも数年から10年ごとに優勢クローンが変化することが示されている。1990年代以降は多剤耐性Typhimuriumによる優勢クローンの交代が3回認められた。これらの研究成果は，物流の活発化に伴う特定クローンの世界的播種が日本におけるサルモネラ症の発生様相に影響を与えることを示唆している。

サルモネラの農場への侵入ルートとしては保菌牛の導入，鳥類を含む野生動物による持ち込み，あるいは汚染飼料を介した感染の可能性などが考えられる。感染ルートは

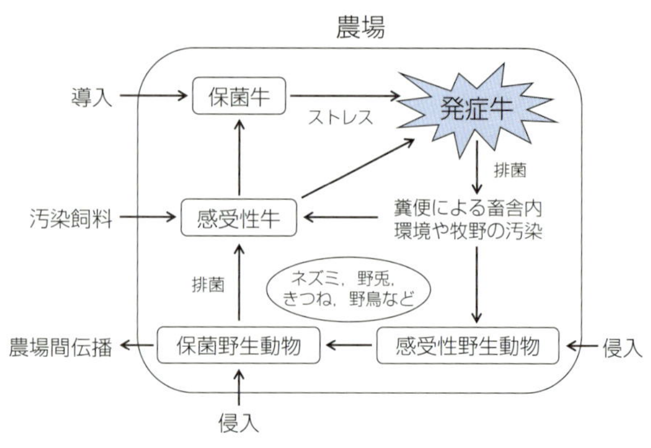

図　牛のサルモネラ症の感染環

主に経口であり，胃を通過して小腸に到達したサルモネラはそこで増殖して下痢を引き起こす。下痢便に含まれる大量の菌が環境を汚染し，他個体への感染源となる。本菌は自ら上皮細胞に侵入する能力を有しており，子宮，結膜，呼吸器などの上皮から侵入する可能性も指摘されている。

診　断

<症　状>　6カ月齢以下の子牛では，サルモネラは血清型を問わず腸炎を起こすことが多く，発熱，食欲不振，重度の下痢，脱水などが認められる。下痢便は水様で粘液，偽膜，血餅を混じることがある。*S.* Dublinの場合はやや異なり，感染履歴のない農場に侵入した場合，甚急性の敗血症を起こし，1～2日で他に症状を認めることなく死亡することがある。このとき下痢便中には多量の菌が含まれる。慢性例では糞便中への排菌は必発ではなく，体温の軽度上昇，被毛粗剛，発育不良，骨髄炎や関節炎に基づく跛行などが認められる。

搾乳牛で問題となる成牛のサルモネラ症では食欲不振に続いて発熱が認められる。軟便から偽膜を混じた下痢便まで便の状態は様々で(**写真3，4**)，肺炎症状を認めることもある。起因菌は*S.* Typhimuriumであることが最も多いが，他にも多くの血清型の分離報告がある。一方，妊娠後期の黒毛和種に*S.* Dublinが感染すると急性の胃腸炎に加えて，早・流産を引き起こすことが知られている。

<病　理>　下痢症例では腸間膜リンパ節がうっ血，腫大し，小腸の菲薄化と充・出血が認められる(**写真5**)。腸内容は悪臭のある黄白色ないしは褐色の水様から泥状で，カタル性偽膜性腸炎を示す。脾腫，黄疸，肺炎などを伴うことがあり，肝臓に小壊死巣(チフス様結節)が認められる場合がある。肺炎を伴う症例では肺の限局性肝変化が認められるが，急性敗血症例では特徴的な所見に欠ける。

<病原・血清診断>

病原診断：死亡個体の主要臓器，血液，腸内容物，発症個体の糞便などのほか，必要に応じて悪露，流産胎子，環境材料などを検査材料として菌分離を試みる。選択培地に直接塗抹すると同時に，菌数が少ない場合にそなえて増菌培養を行う。選択培地としてはDHL寒天培地やMLCB寒天培地のほか，複数の酵素基質培地が実用化されている。増菌培地としては材料が糞便の場合，ハーナテトラチオン酸塩培地を，比較的汚染の少ない臓器材料の場合はラパポートまたはその変法培地を用いる。サルモネラ様コロニーが分離された場合は，TSI寒天培地とLIM培地で生化学的性状を確認する。その後，市販の抗血清を用いた血清型別

を実施する。

血清診断：群単位での汚染状況を把握するため，菌体表面のリポ多糖（lipopolysaccharide：LPS）抗原を用いたELISAが利用できる。

遺伝子診断：家畜伝染病予防法で届出伝染病に指定されている血清型であるか否かを迅速に特定するためのPCRが実用化されている。

予防・治療

＜予　防＞　保菌牛の導入を防ぐため，導入時に隔離飼育と糞便検査を行う。摘発された保菌動物は確実に除菌する。飼養衛生管理を適切に行い，動物にストレスを与えないよう注意する。鳥類を含む野生動物やネズミによりサルモネラが農場に持ち込まれないよう，野生動物の侵入防止やネズミの駆除を行う。定期的な畜舎内外の清掃・消毒も重要である。*S.* Typhimurium と *S.* Dublin に対する２価の不活化ワクチンが市販されている。

＜治　療＞　サルモネラ症が発生した場合には同居牛の糞便検査を行い，保菌牛を隔離するとともに抗菌薬治療を行う。牛由来サルモネラは多剤耐性を示す場合が多いので，分離菌の薬剤感受性試験を行い，感受性の薬剤を使用する。下痢による脱水症状の激しい牛ではリンゲル液の注射，経口輸液剤の投与など，対症療法を行う。

（秋庭正人）

38-1 乳房炎 Mastitis

（口絵写真９頁）

概　要　乳房内の感染や傷害に対応した生体側の防御・組織修復反応に伴う臨床症状の総称である。病原体・発育段階・病態進行速度などを基に様々な病型に区分される。

宿　主　牛，山羊，めん羊

病　原　主に細菌（マイコプラズマも含む）であるが，まれに真菌や藻類も原因となる。病原細菌は，感染乳房の搾乳を介し伝染性に蔓延する伝染性原因菌と，畜舎内環境中に常在し環境から直接乳房に感染する環境性原因菌に大別される。主な伝染性原因菌として *Staphylococcus aureus*, *Streptococcus agalactiae*, *Corynebacterium bovis*, *Mycoplasma bovis* が挙げられる。一方，主な環境性原因菌として大腸菌群（*Escherichia coli*, *Klebsiella pneumoniae* など），*S. aureus* 以外のブドウ球菌，*S. agalactiae* 以外のレンサ球菌，腸球菌が挙げられる。また，畜舎内の低湿な環境を中心に生息する緑膿菌や藻類による乳房炎は多くの場合，難治性である。環境性原因菌による乳房炎の多くは散発的な発生であるが，一旦感染個体が出現すると，伝染性原因菌と同様に搾乳を介し集団感染を起こす場合もある。これら以外にも主な昆虫媒介性原因菌として *Trueperella pyogenes* が挙げられる。

分布・疫学　日本の乳牛において，乳房炎は病傷事故の30.6％，死廃事故の７％を占め，地域・季節にかかわらず最も頻発する疾病である。乳牛に対するストレスは乳房炎の発生を助長する。外的要因として天候不順・牛舎構造・管理失宜などが挙げられ，特に変敗飼料の給餌など栄養面でのストレスは乳房炎発生の重大な要因となる。一方，内的要因としては遺伝，乳期，年齢，乳頭の状態，他の疾病の存在などが挙げられる。伝染性乳房炎の場合，導入・預託に伴う牛の移動，搾乳衛生の失宜や搾乳機器の不調，不顕性感染牛の見逃しが重要な発生要因となる。環境性乳房炎の場合，牛舎環境や牛体が不潔であることが最大の発生要因である。また，昆虫が媒介する夏季乳房炎は放牧が本病発生の誘因となる。

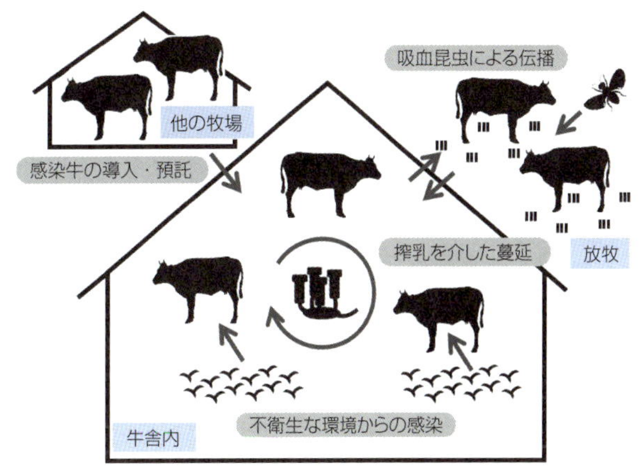

図　牛乳房炎原因菌の主な感染環

診　断

＜症　状＞　臨床症状の有無により臨床型乳房炎と潜在性乳房炎に大別される。臨床型乳房炎は乳房・乳汁に肉眼的な異常や乳量の低下が認められる。ときとして発熱・下痢・食欲不振などの全身症状を伴う。慢性乳房炎では乳房の硬結や萎縮が認められ，突発的に発生する急性乳房炎の場合，乳房には様々な程度の腫脹・熱感・疼痛がみられ，乳汁は正常乳とは異なる色調・粘稠性を示し，凝固物が混じる（**写真1**）。さらに重篤な症状を示す甚急性乳房炎の場合，乳房は冷感があり壊死することもある。潜在性乳房炎は乳房・乳汁に肉眼的な異常は確認できないが，乳汁中の体細胞数の増加と微生物の存在が認められ，乳質・乳量が低下する。

＜発病機序＞　乳房炎は微生物の乳房内への侵入が契機となる。微生物は通常乳頭口から乳管，乳腺へと上行性に侵入するが，マイコプラズマのように血流を介し下行性に侵入するものもある。また，昆虫を介し機械的に侵入する場合もある。次いで微生物の増殖に伴い，白血球を中心とした炎症性細胞が微生物排除のために乳房内に集簇する。微生物が産生する各種毒素や炎症性細胞が過剰に産生する炎症性物質は乳腺組織を破壊し乳汁生成を妨げる。重篤な組織破壊に至った箇所は修復過程で線維素に置き換わり，泌乳機能は完全に失われる。

＜病　理＞　急性乳房炎では間質・乳腺胞・乳管への炎症性細胞の強い浸潤，腺胞や乳管の上皮細胞の変性・剥離が認められる（**写真2**）。慢性乳房炎では間質の増生，腺胞の萎縮，乳管上皮の肥厚などが散見され，間質にはリンパ球や形質細胞などの侵入，腺胞には好中球の侵入が認められる。また，厚い結合組織に取囲まれた膿瘍が確認される場合がある。潜在性乳房炎では腺胞内に細胞浸潤は認められるが変性の程度は軽く，乳管では病変がない場合も多い。

＜病原・血清診断＞　臨床検査・乳汁の理化学性状ならびに細菌検査などによる。ストリップカップ法（黒布法），California mastitis test（CMT）変法（**写真3**），電気伝導度やNAGase（*N*-acethyl-β-*D*-glucosaminidase）活性値，体細胞数の測定などがある。黒布法やCMT変法は搾乳現場で実施できる。バルク乳中の体細胞数とその推移は乳質改善の最重要指導項目となる。原因微生物の分離には血液寒天培地が通常用いられるが(**写真4**)，マイコプラズマを疑う場合はHayflick変法寒天培地で培養する(**写真5**)。また，分離菌の薬剤感受性を確認し治療の参考にする。

予防・治療

＜予　防＞　正しい搾乳手順の励行(ディッピング，乳頭の清拭と乾燥，乳房炎罹患牛搾乳の後回し)，搾乳器具の適切な保守管理が予防の基本である。また，セレンとビタミンEの補給，ビタミンAとβ-カロチンの不足解消など適切な栄養管理による牛の健康確保，免疫能の向上，慢性保菌牛の淘汰も重要である。導入牛や預託牛の着地検査は伝染性乳房炎の予防となり，清潔な畜舎や牛体，乾燥した環境の維持は環境性乳房炎の予防となる。

＜治　療＞　乳房内抗菌薬注入法が治療の基本である。泌乳期より乾乳期の方が一般的に治療効果は高いため，泌乳中～後期であれば強制乾乳後の治療も有効である。全身注射法は局所療法が期待できないような，病態が深刻な場合に適応する。対症療法として，副腎皮質ステロイド剤，輸液，オキシトシン(頻回搾乳と併用)の投与などが挙げられる。

(秦　英司)

38-2 大腸菌性乳房炎
Coliform mastitis

概　要　大腸菌群が原因となって起こる乳房炎であり，甚急性乳房炎ならびに急性乳房炎などの重篤な臨床型乳房炎に陥る事例が多い。

宿　主　牛，山羊，めん羊

病　原　大腸菌群(*Escherichia coli*，*Klebsiella pneumoniae*，*Enterobacter*属菌，*Proteus*属菌など)が原因となる。

分布・疫学　原因菌は糞便，床，敷料，汚水などの牛舎内環境に存在する。泌乳期ならびに乾乳期のいずれにおいても感染するが，急性乳房炎は夏季と分娩後の発生が多く，甚急性乳房炎は泌乳最盛期と分娩後の発生が多い。

診　断

＜症　状＞　一般的に急性乳房炎や慢性乳房炎の症状を呈す(**写真6**)。約10%は甚急性乳房炎の症状を呈し，急性乳房炎の症状に続き，眼粘膜や外陰部粘膜の充血など播種性血管内凝固に伴う症状を呈し，半日程度の経過で起立不能となる。なかには感染乳房の壊死脱落，死亡に至る場合もある。

＜発病機序＞　分娩直後は免疫能が一時的に低下するため，乳房内感染菌が増殖しやすく，各種病原因子も大量に産生される。大腸菌群が産生する内毒素は通常好中球によって除去されるが，同時に好中球はリソソーム顆粒を放出するため，乳房組織を損傷しショック症状を増悪させる。乳頭の内張り内皮は強い出血を起こし，重度な血管損傷は血流停滞につながる。血管損傷が広範に広がった乳房では血流停滞により乳房皮膚表面に血清が滲出するようになり，このような病態に陥った乳房では部分壊死，さらに乳房の脱落に至る。

＜病　理＞　大腸菌性乳房炎では病変部は暗赤色または紫赤色を呈し(**写真7**)，やや硬く，ガスがあれば圧迫により小気泡の滲出が認められる。

＜病原・血清診断＞　血液中および乳汁中の内毒素の測定，ならびに乳汁からの細菌分離を実施する。

予防・治療

＜予　防＞　環境性乳房炎の予防法に準ずる。

＜治　療＞　凝固物を排除するためのオキシトシン投与(頻回搾乳と併用)，輸液，抗菌薬，抗炎症剤の投与が挙げられる。

(秦　英司)

39 牛の出血性敗血症(法)
Hemorrhagic septicemia in cattle

概　要　*Pasteurella multocida*の莢膜抗原型BもしくはEの感染による全身の皮下，臓器粘膜・漿膜の点状出血を伴う急性敗血症である。

宿　主　牛，水牛，めん羊，山羊，鹿，豚，いのしし，らくだ，象

病　原　原因菌は*P. multocida*莢膜抗原型BもしくはEである。グラム陰性，非運動性，非溶血性の球桿菌ないし短桿菌で，極染色性を示し，マッコンキー寒天には発育しないが，血液寒天にはよく発育する。BおよびE型菌の集落は半透明，円形で小型である。純培養菌は非溶血性，非運動性，カタラーゼ陽性，オキシダーゼ陽性，インドール陽性，硫化水素陽性，ウレアーゼ陰性で，硝酸塩を還元し，ブドウ糖を発酵的に分解する。莢膜保有株はムコイド型集落を有し，病原性が強い。一方，莢膜非保有株は非ムコイド型集落を有し，病原性が弱い。本菌は型特異的なCarterの莢膜抗原型(A，B，D，E，F)とHeddlestonの菌体抗原型(1～16)を保有し，前者は間接赤血球凝集反応もしくはmultiplex PCRにより，後者は免疫拡散法により型別できる。本病は莢膜抗原型がBおよびE，菌体抗原型が2および2・5の株によって起こる。

分布・疫学　出血性敗血症は，主に水牛および牛に莢膜抗原B型またはE型が感染することにより発生する急性で致死的な敗血症であり，過労，体調不良，長雨などが発生の誘因となる。*P. multocida*血清型B：2は，アジア，中東およびいくつかの南欧諸国における原因菌で，血清型E：2はアフリカにおける原因菌である。現在，東南アジア，中近東，アフリカおよび中南米諸国では発生があるが，日本，オーストラリア，カナダ，西欧では発生がみられない。本症は，急性経過を辿るため，家畜飼育農家に深刻な経済的損失を引き起こす。年間を通じて発生するが，特に乾期の終わりから雨期の初めに多発する。感染動物は発症時に膨大な数の菌を排出するため，わずか1～2頭の動物から近くの動物に次々と感染を起こし，きわめて迅速に集団発生に至る。

*P. multocida*は牛，水牛はもとより象，ヤク，らくだ，めん羊，山羊，豚などからも分離され，これらの動物に本症に類似した疾病を起こすが，感受性が高いのは水牛である。全年齢で感染を起こすが，風土病地域では6～24カ月齢の動物の感染が一般的である。多くの老齢動物は潜在的なキャリアーであり，扁桃腺の陰窩に*P. multocida*を保有している。感染動物の鼻分泌物の直接接触もしくは飛沫

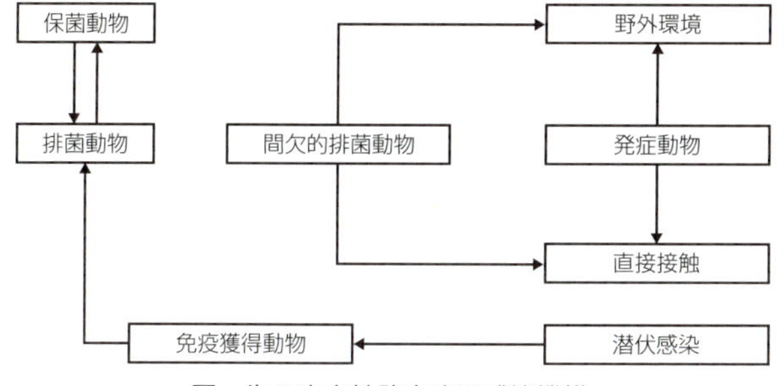

図　牛の出血性敗血症の感染機構

により他の動物に感染が伝播し，集団発生する。流行地の健康牛の1.5～44.3%が上部気道に*P. multocida*を保菌し，罹患率は30～60%で，発症牛のほとんどが7～10日以内に死亡する。

診　断

＜症　状＞　2～4日間の潜伏期の後，発症する。高熱（41～42℃），呼吸困難，浮腫が本症の特徴であるが，流涎，流涙，粘液様鼻汁もみられ，下顎，頸側などが腫脹する。赤痢，浮腫，粘膜のチアノーゼを発症し，呼吸困難になると横臥する。浮腫は咽喉頭，耳下腺から胸部に及ぶこともある。死亡率は50%以上であるが，100%に近い例もある。甚急性例では，症状に気づく前に突然死亡する。発症から死亡までの経過は概ね数時間～2日間である。亜急性型でも病変は胸部領域に限定され，多数の*P. multocida*が組織および体液中に認められる。類症鑑別には発生状況と症状が重要であり，血液がタール様ではないことで炭疽と，筋肉病変の相違で気腫疽や悪性水腫と本症を鑑別できる。

＜病　理＞　甚急性例では顕著な所見はない。急性例では下顎，頸部，胸前の皮下に膠様浸潤が認められる。胃壁，腸管の漿・粘膜面，心膜などに広範な点状の充・出血がみられる。亜急性型では肺の充血，浮腫，線維素性心外膜炎が認められる。

＜病原・血清診断＞

病原診断：発症牛の血液または実質臓器の塗抹・染色標本中に極染色性の球桿菌もしくは短桿菌が認められる。血液や臓器乳剤を血液寒天培地で好気的に分離培養すると，ムコイド型集落がみられ，次に純培養菌の生化学的性状試験と血清型別を行い，BもしくはE型*P. multocida*と同定されたら，本症と診断できる。また，臓器乳剤をマウスに接種し，1日以内に死亡するようであれば心血から本菌が培養できる。

血清診断：本症は急性経過を辿るため，血清診断は実用的ではない。

予防・治療

＜予　防＞　発生地域で流行している血清型に属する菌株の死菌にアジュバントを添加した不活化ワクチンが有効である。

＜治　療＞　本症は甚急性または急性経過をとるので的確な治療法はない。

（佐藤久聡）

40 子牛のパスツレラ症

Pasteurellosis in calves

概　要　*Mannheimia haemolytica*，*Pasteurella multocida*の単独または混合感染による子牛の重度の気管支肺炎または胸膜炎。輸送熱とも呼ばれる。

宿　主　子牛

病　原　*M. haemolytica*の血清型A1もしくはA2，A6と，*P. multocida*の血清型A6が主たる病原体。*M. haemolytica*はマッコンキー寒天に発育し，溶血性で，インドール非産生である。一方，*P. multocida*はマッコンキー寒天に発育せず，非溶血でインドールを産生する。まれに子牛の肺炎病巣から*M. haemolytica*に類似した性状を有するが，トレハロースを分解する*P. trehalosi*が分離される。

分布・疫学　欧米では本病の発生が多く，経済的損失が大きいため重要視されている。日本国内でも発生が増加している。輸送，厳しい気候，去勢などのストレスを誘因に発生する。通常，子牛は飼育場に到着してから2週間以内に発症し，排出された菌は子牛から子牛へとエアロゾルで伝播する。本症はストレス以外に牛パラインフルエンザ3ウイルス，牛伝染性鼻気管炎ウイルス，マイコプラズマなどの先行感染の後に発生する。

診　断

＜症　状＞　輸送熱では，発熱，沈うつ，食欲不振，頻脈および鼻汁漏出などがみられる。混合感染では通常，顕著な咳および目やにがみられる。罹患率は50%に達し，死亡率は1～10%に及ぶ。肺炎発症牛では罹患率30%，死亡率5～10%で2～6カ月齢の子牛に好発する。

＜病　理＞　気道内に粘液や血液がみられ，多発性凝固壊死を特徴とする広範な肺炎病巣が観察される。凝固壊死層の周囲には本菌が産生したロイコトキシンにより浸潤した好中球の変性壊死像がみられる。壊死巣周囲の肺組織では，線維素析出が顕著である。

＜病原診断＞　臨床症状，病理組織検査の他，気管内洗浄液または肺病変組織からの*M. haemolytica*または*P. multocida*の分離・同定。

予防・治療

＜予　防＞　ロイコトキソイドと莢膜抗原を加えた*M. haemolytica*不活化ワクチン，*M. haemolytica*，*P. multocida*，*Histophilus somni*の不活化混合ワクチンが本病の予防に有効である。また，ストレスの軽減と環境の改善も発生を抑止する。

＜治　療＞　オキシテトラサイクリンおよびアンピシリンによる治療は，発症の初期には有効である。ただし，近年耐性菌が出現しているので，薬剤の選択には注意する必要がある。

（佐藤久聡）

41 牛カンピロバクター症(届出)

Bovine venereal campylobacteriosis

概　要　*Campylobacter fetus* による伝染性低受胎や散発性流産などの繁殖障害を主徴とする疾病で，世界各地に分布する。

宿　主　牛，水牛

病　原　*C. fetus*。牛で病原性を示す *C. fetus* は２つの亜種(subsp. *fetus* と subsp. *venerealis*)に分類される。らせん状，S字状，カモメ状のグラム陰性桿菌で，菌体の一端あるいは両端に単一の鞭毛を有し，活発な運動性を示す。微好気性で大気中や嫌気条件下では増殖しない。血液寒天培地上の集落は非溶血性。オキシダーゼおよびカタラーゼ陽性。炭素源として炭水化物を利用せず，アミノ酸や有機酸を利用する。馬尿酸塩を加水分解しない。至適発育温度は37℃で，25℃では発育するが，ほとんどの株は42℃では発育しない。subsp. *fetus* は１％グリシン存在下で増殖するのに対し，多くの subsp. *venerealis* は１％グリシン存在下で増殖しないが，一部増殖性を示す株があることが報告されており，それらは *C. fetus* subsp. *venerialis* biovar intermedius として分類される。O抗原は当初A，B，AB型の３型に分類されていたが，精製されたLPSの解析ではAB型はB型のLPSプロファイルと区別できず，したがってB型のマイナー変異体であると考えられている。subsp. *venerealis* はA型のみ，subsp. *fetus* はAまたはBに分類される。A型は羊由来株に，B型は牛由来株に多い。爬虫類から分離された subsp. *fetus* は subsp. *testudinum* として新たに再分類され，この亜種は人にも感染することが報告されている。

分布・疫学　世界各地に分布している。日本では発生はまれで，北海道や東北地方などで散発的に発生しているのみである。人工授精の普及により先進国では減少傾向にある。

subsp. *fetus* は，牛や羊等の腸管に無症状で感染する。菌により汚染された飼料や水を介して経口的に感染し，その後，一時的な菌血症を生じる。subsp. *fetus* は胎盤親和性が強く，妊娠中期に流産を引き起こす。

subsp. *venerealis* は泌尿生殖器に親和性を示し，主に性交や汚染された精液による人工授精の際に伝播する。雄牛では陰茎包皮腔内に定着する。亀頭や尿道からも分離される。若い牛(３～４歳未満)は感染に対して比較的耐性で，より高齢の牛が易感染性を示し，一度感染を許すと終生感染が持続する。雌牛では腟，子宮頸部，子宮，さらに上行性に卵管にも感染する。感染が持続するとIgGを主体とする抗体応答により子宮の感染を排除できるが腟の感染は排除できず，妊娠はできるがキャリアーとなる。

本菌の病原因子として鞭毛およびS-layerが知られている。S-layerは分子量100kDa前後のSapAあるいはSapBと呼ばれる蛋白質により構成され，菌体表層を覆うことで補体結合の阻害により補体仲介性の膜障害やオプソニン化を妨げているものと考えられている。各 *C. fetus* 株は少なくとも６コピーのS-layer蛋白質遺伝子を保有しており，それらはすべて比較的狭い遺伝子領域内に含まれている。各コピーのS-layer蛋白質はSapA間あるいはSapB間でよく保存されたN末端領域を有しているが，残りのアミノ酸配列はアリル間で著しく異なっており，多様な抗原性を生じさせる。S-layer蛋白質は単一のプロモーターから転写されるため一度に発現するのは１種類の蛋白質のみであるが，近隣の遺伝子領域を含むプロモーター領域の逆位により転写されるアリルが変化することにより，菌体表面の抗原性を変化させ宿主の免疫応答を回避していると考えられている。

診　断

<症　状>　雄は無症状で，精液も正常。雌では子宮内膜炎や軽度の子宮頸管炎，卵管炎などを生じる。全身症状は認められない。子宮内膜炎による着床の失敗で不妊になると考えられており，胚の早期死滅，黄体期延長，不規則な発情周期などが生じる。

<病　理>　雄の包皮粘膜などに病理組織的変化は認められない。雌では肉眼的に，子宮頸の充血や子宮から腟にかけての粘液性滲出物の増加などが観察される。組織学的変化は顕著ではなく，軽度の形質細胞浸潤やリンパ球集簇が認められるだけである。胎盤の肉眼的・組織学的病変はブルセラ症の所見に類似するが，一般に重篤とはならず，栄養膜の剥離などが観察される。

流産胎子では線維性胸膜炎と腹膜炎，気管支肺炎，第四胃や十二指腸の充血，肝臓に黄褐色の壊死巣が観察される。

<病原・血清診断>　不妊牛では，腟粘液や腟洗浄液，雄牛では精液や包皮腔洗浄液を，また流産例では子宮滲出液，胎盤，胎子の第四胃内容などを検体として採取する。検体は蛍光抗体法による菌検出や培養に用いることができる。培養３～５日後に，直径１～３mmの光沢のある灰白色半透明のコロニー形成を確認する。亜種の鑑別法として１つの反応で両者を区別できる multiplex PCR が近年よく用いられている。感染後数カ月にわたり腟粘液中に高濃度のIgA抗体が含まれることから，腟粘液凝集試験やELISAなどにより検出することができる。

予防・治療　海外ではアジュバント加不活化ワクチンが使用されている。日本の場合は発生状況を考慮して摘発淘汰が推奨されている。雄は包皮腔洗浄液や精液の細菌学的検査を行い，検出された場合は淘汰することが望ましい。

(角田　勤)

42 牛のレプトスピラ症(届出)(人獣)

Bovine leptospirosis

(口絵写真９頁)

概　要　病原性レプトスピラの感染による黄疸，貧血，血色素尿および流死産などの繁殖障害を主徴とする。

宿　主　牛，水牛，鹿，豚，いのしし，犬といった家畜や人，野生動物に至るまで，あらゆる哺乳類が宿主となり得る。特にげっ歯類は高率に保菌しており，自然宿主と考えられている。

病　原　スピロヘータ目，レプトスピラ科，レプトスピラ属に属する病原性レプトスピラ。グラム陰性好気性～微好気性の細長い(0.1×6～20 μm)らせん状の菌で，菌体末端が鈎状に屈曲している。トレポネーマ属，ボレリア属，ブラキスピラ属に比べて，らせんの回転数が40～50と非常に多い。菌の両側端から軸糸(ペリプラスム鞭毛)が１本ずつ，菌体中央部に向かって絡みついており，菌体全体をうねらせることで活発な運動性を示す(**写真1**)。湿潤な好適環境下では数カ月にわたって生存することもあるが，乾燥状態や低pH中では死滅しやすい。消毒剤，抗菌薬に対しても感受性である。

レプトスピラ属は遺伝学的に，*Leptospira interrogans*, *L. borgpetersenii*, *L. kirschneri*など16菌種に分類される。しかし，この遺伝子種にまたがって250以上の血清型が存在しており，疫学的には血清型の方がより重要である。例えば，牛は血清型Hardjoの維持宿主と考えられているが，このHardjoは*L. interrogans*に属する菌株も，*L. borgpetersenii*に属する菌株もみつかっている。

日本では7血清型(血清型Pomona, Canicola, Icterohaemorrhagiae, Hardjo, Grippotyphosa, Autumnalis, Australis)による疾病が届出伝染病に指定されている。

分布・疫学　日本を含めた世界各地で発生している。原因となる血清型は国や地域によって異なる。日本では血清型Hebdomadis, Autumnalis, Australisが，諸外国ではPomona, Icterohaemorrhagiae, Hardjoなどの感染が多く報告されている。

日本における牛のレプトスピラ症は，1970年代以降ほとんど発生報告がなく，1982年の北海道と2007年の群馬県の症例のみである。ただし，菌分離はされていないものの，血清学的調査では全国的に抗体陽性牛が認められ，本症の広範囲な浸潤が示唆されている。温暖な地域に多発すると考えられがちな疾病であるが，牛における血清型Hardjoの抗体陽性率は北海道が最も高いことから，寒暖にかかわらず，注意が必要な疾病であると再認識する必要がある。

診　断

＜症　状＞　宿主となる動物種や，感染した菌の血清型により相違が認められる。

牛：急性または亜急性の場合，数日間の発熱(平熱から1～2.5℃の上昇)後，元気・食欲の低下，下痢，結膜炎，貧血などを呈する。重度の場合は黄疸，暗赤色から黒色の血色素尿を排出する。泌乳量の減少，無乳症，不妊症を伴う。妊娠牛の急性感染では1～3週間後に流死産することがあり，その胎子や胎盤の感染性は高い。近年は顕著な症状を示す症例が少ないが，繁殖効率の低下などに着目し，農場内の汚染がないか注意する必要がある。

豚：初期には発熱(平熱から0.5～1.5℃の上昇)，抑うつ，黄疸，痙攣がみられる。妊娠豚では感染後2～4週後に流死産，虚弱子の娩出が起こる。特に血清型PomonaとCanicolaは流死産の主要な原因菌である。生存豚は発育不全，保菌動物となる。非妊娠豚の場合，一般的に軽症で，症状は不明瞭である。

＜発病機序＞　経皮または経口的に菌が動物体内に侵入すると，レプトスピラ血症を起こし，発熱などの急性症状を呈する(発熱期)。その後，宿主の抗体産生に伴って血液中から菌は消失するものの，液性免疫が到達しにくい腎尿細管に定着して尿中に排菌されるようになる(慢性期)。

＜病　理＞　急性例では黄疸や点状あるいは斑状出血が臓器，皮下織，粘膜に認められる。慢性例では病変は腎臓に限局し，皮質に小白斑が多発する。

組織学的には，急性例において腎糸球体と尿細管の高度な変性と壊死，肝小葉の中心性壊死，胆汁うっ滞が，慢性例では腎皮質にリンパ球の浸潤と線維化がみられる。鍍銀

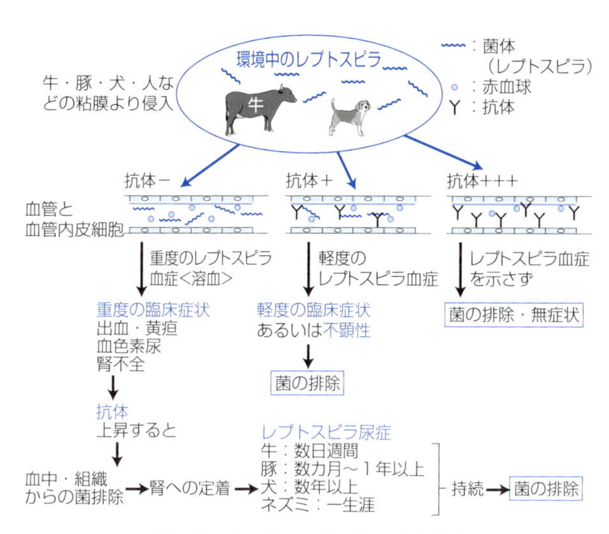

図　牛のレプトスピラ症の発病機序

染色により，腎尿細管上皮細胞内あるいは管腔内にレプトスピラ菌体が観察される。

＜病原・血清診断＞

病原診断：感染初期の発熱期においては血液を培養材料とすることも可能であるが，血中に菌が存在する期間は限られているため，慢性期の尿の方が菌の分離にはより適している。レプトスピラの培養には，液体培地であるコルトフ培地あるいはEMJH培地を用い，材料を接種して5～7日間以上30℃で培養する。菌陰性の場合はさらに2カ月程度は培養を続ける。発育阻害因子の影響を抑えるために，材料の接種量はいずれもごく微量とし，臓器を材料とする場合も5～10mLのEMJH培地に対して2mm以下の小片を培地に加える。雑菌で汚染されているものはハムスターや幼若モルモットに接種し，発熱期の心血から菌を分離する。

診断には，病原性レプトスピラに特異的な遺伝子を標的としたPCRも用いられている。

血清診断：特異抗体は感染1週以降から出現し，3～4週で最高に達するため，ペア血清による有意な抗体上昇を確認する。暗視野顕微鏡を用いた顕微鏡下凝集試験(microscopic agglutination test：MAT)が用いられているが，各血清型に属する生菌が必要とされるため，検査が実施できる研究機関は限られている。牛の血清診断には血清型Hardjoを対象としたELISAも応用されている。

予防・治療　畜舎周辺に生息するげっ歯類や野生動物の制御が重要である。ネズミなどの駆除あるいは侵入阻止により，家畜の生活環境のレプトスピラ汚染を防止する。ワクチンは北米や欧州で使用されてきたが，近年，日本でも不活化ワクチン(血清型Hardjo)が承認された。

治療開始時期の遅れによって重症化しやすく，予後を左右する。菌血症に対してはペニシリンも効果があるが，腎臓に定着した症例も考慮するとストレプトマイシンが最も治療に適している。ゲンタマイシン，テトラサイクリンも用いられている。

（村田　亮）

43 (全)気腫疽(届出)

(口絵写真10頁)

Blackleg

概　要　*Clostridium chauvoei*による筋肉の出血およびガス壊疽を主徴とする反芻動物の急性致死性感染症。

宿　主　自然感染は牛，水牛に多く，鹿，めん羊，山羊，まれに豚，いのしし，馬および鯨にも認められる。

豚は一般に抵抗性を示すが，衛生意識の低い農家で発生。日本と米国で人の病変部から分離されたとの報告があるが，人に対する病原性は確定していない。

病　原　*C. chauvoei*はグラム陽性の偏性嫌気性桿菌で，芽胞形成菌である。芽胞は卵円形，多くは端在性だが，まれに菌体の中央にも認められ，菌体より膨隆するためスプーン状またはレモン状を呈する。周毛性の鞭毛を有するため活発な運動性を示し，分離初期には固形培地上で培地表面全体に薄く広がる傾向にある(swarming)。莢膜は形成しない。

本菌は，溶血毒，DNase，ヒアルロニダーゼを産生するが，病原因子としてよく調べられているのはノイラミニダーゼ，細胞毒である*Clostridium chauvoei* toxin A(CctA)と鞭毛である。

血液寒天上の集落は扁平で，周辺が隆起し，ボタン状を呈し，不完全溶血を示す。*C. septicum*と鑑別が可能な生化学的性状として，本菌はサッカロースを分解し，サリシンを分解しない。

分布・疫学　*C. chauvoei*は世界中の土壌に分布し，温暖な地方に汚染地帯を形成する。動物の腸管に生息し，健康な動物の肝臓や脾臓からの分離報告もある。アフリカで本病の集団発生が報告されているが，一般的に散発的な発生が多い。栄養が十分な6カ月齢から3歳の若牛が罹りやすい。これまで，日本では特定の地域を中心に年間数十頭前後の発生が認められたが，ワクチン接種の普及に伴い減少傾向にあり，現在，年間数例の発生をみるに過ぎない。

診　断

<症　状>　突然40～42℃の発熱から始まり，仙骨，肩甲，胸部，大腿部などに腫脹が認められる。腫脹は急速に広がり，冷性または熱性で浮腫性である。腫脹部はその後，中央が冷感を帯び，無痛性で圧すると捻髪音が聞かれる。

局所リンパ節は腫脹し充血，疼痛があり，運動機能障害を起こし跛行を呈する。筋組織は暗赤色となり，大量の気泡が認められる(**写真1**)。経過は激烈で，発病後12～24時間以内で死亡する。

豚では咽頭浮腫や顔面腫脹が認められ，病変部は腐敗したバターのような悪臭を放つ。

<病　理>　皮膚または飼料や飲水を通じて消化管粘膜の損傷部から侵入した菌は，血流を介して筋肉に達して増殖し，毒素を産生して病巣を形成する。毒素は筋肉の壊死や，細菌の組織侵入を助長する。発病には宿主の多形核白血球を中心とした自然抵抗性も関与すると考えられる。

鼻孔から血液を混じた泡沫様物の排出があり，皮下組織には出血性膠様浸潤および暗赤色の滲出液やガス泡形成がみられ，病変部は酪酸臭を放つ。また，体表リンパ節は充血し，出血，水腫性腫大を認める。そのほか，肝臓，脾臓および腎臓のスポンジ様変化，脆弱，腐敗性変化，肺の間質性水腫および充血，出血，小腸の限局性充血がみられる。胸腔や腹腔には血様液が貯留する。

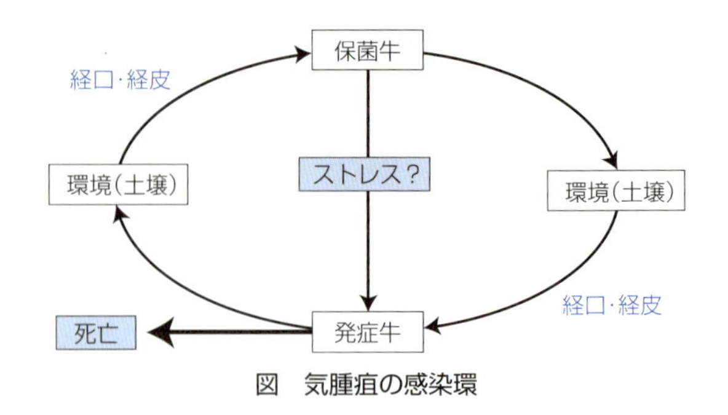

図　気腫疽の感染環

<病原・血液診断>　病変部から菌を分離し同定することにより診断が可能である。ただし，培養には嫌気培養が必要で，特に厳格な嫌気環境を要求する。病変部の材料をスライドグラスに塗抹し，芽胞形成性，無莢膜の大型短桿菌を確認する。

診断にあたっては，*C. septicum*との鑑別が最も重要である。直接あるいは間接蛍光抗体法では両者の鑑別が可能で，野外で応用されている(**写真2**)。最近，鞭毛のフラジェリン遺伝子などを標的とした気腫疽菌に特異的なPCRが開発され，迅速診断に応用されている。また，組換えフラジェリン蛋白質を抗原とするELISAも報告されている。

病変部の3％塩化カルシウム水溶液乳剤をモルモットやマウスの筋肉内に接種すると，1～2日で死亡する。死亡動物の肝臓表面のスタンプ標本を作製しギムザ染色すると，単在あるいは短連鎖した桿菌を認める。フィラメント状を呈する*C. septicum*とは容易に鑑別できる。最終的には蛍光抗体法やPCRで確認する。

予防・治療

<予　防>　全培養菌液をホルマリンで不活化した気腫疽不活化ワクチンがきわめて有効であり，従来から用いられていた。最近，気腫疽菌の感染防御抗原は鞭毛に存在することが報告されており，本菌の鞭毛および他のクロストリジウム属菌毒素を主成分とした牛クロストリジウム感染症混合ワクチンが市販されている。環境の整備や飼育環境の改善は，感染の機会を少なくし，ストレスを緩和することから，間接的に予防に役立つ。

<治　療>　本菌の薬剤耐性はほとんどないが，症状が明らかな患畜では抗菌薬の治療効果はない。感染初期であればペニシリンによる治療効果が期待できる。

(田村　豊)

44 (全)悪性水腫(人獣)

(口絵写真10頁)

Malignant edema

概　要　ガス壊疽菌群の感染によって起こるガス形成と組織の壊死を主徴とする急性致死性疾病。

宿　主　牛，馬，豚，めん羊，人

病　原　*Clostridium septicum*，*C. novyi*，*C. perfringens*，*C. sordellii*などのガス壊疽菌群がまれに単一に，多くは混合して病変部から分離される。最も多く分離される*C. septicum*は形態的に*C. chauvoei*ときわめて類似する大型の桿菌で，培養菌では単在，短連鎖として認める。寒天平板上の集落は不規則で，中央はわずかに隆起し，周辺は樹根状を呈し，狭い溶血環を形成する。感染動物の肝臓のスタンプ標本では長連鎖ないしフィラメントを形成し，他のクロストリジウム属菌との鑑別は可能である(**写真**)。

分布・疫学　原因菌は土壌中や動物の腸管内に生息し，本病の発生は世界的である。日本でも全国的に発生がみられるが，散発的である。

本病は偶発的あるいは外科手術により生じた創傷面に，起因菌で汚染された土，泥，汚水などが付着して，菌の侵入が起こり発生する。飼料または飲水を通じての発生もある。

めん羊では断尾や毛刈り後の傷や去勢創などからの感染が多い。人では手術後の院内感染が問題視されている。

診　断

＜症　状＞　創傷部分は初期に熱性の浮腫を呈し，疼痛があり，急に患部がガスにより腫大する。後に浮腫部の皮膚は壊死に陥り，冷感，無痛性となる。創傷部から血様の漿液が出る。食欲は減退し，消失する。歩行困難，横臥が恒常的となり，呼吸困難となって，心拍動が弱まる。発症から1～4日の経過で死亡する。

＜病　理＞　病変は菌種の違い，病性の違いによって産生する毒素も異なるため均一ではない。一般に，感染部位に隣接する広範囲な部分にわたり，出血性，浮腫性の腫脹が広がり，皮下組織に及んでいる。さらに筋間筋膜に沿って広がり，筋肉は暗赤色となる。

肝臓は気腫性で，腎臓は混濁変性，包膜下気泡，心臓は充出血，心嚢水は多量で血様を示し，胸・腹腔も多量の血様液が貯留する。リンパ節は腫大，出血性，水腫性である。また，急性の死亡例では天然孔からの出血を認めることがある。

＜病原・血液診断＞　悪性水腫は臨床や剖検所見で菌種を決定することは困難である。したがって，菌分離や同定などの細菌学的診断が重要となる。死亡動物の病変部位をできるだけ早く培養する。部位ごとに分離される菌種のなかで菌数が多く頻度が高いものが主要な起因菌と考えられる。

最近，病変部位から直接起因菌のDNAを検出するPCRが開発されている。特に，ガス壊疽菌群のフラジェリン遺伝子を標的としたマルチプレックスPCRは簡便に各種菌種を決定できる。

予防・治療

＜予　防＞　悪性水腫の原因となるガス壊疽菌群の毒素をトキソイド化して混合した牛クロストリジウム感染症混合ワクチンが市販されており，効果をあげている。

＜治　療＞　本菌の薬剤耐性はほとんどないが，症状が明らかな患畜では抗菌薬の治療効果はない。

（田村　豊）

45 (全) エンテロトキセミア
Enterotoxemia

概　要　*Clostridium perfringens*の毒素による腸管の壊死性および出血性病変を主徴とする急性致死性感染症。

宿　主　牛。豚，めん羊，山羊，馬，人

病　原　牛では*C. perfringens*のA～E型菌すべての発生報告がある。豚はC型菌によるものが多いが，A型菌，まれにB型菌によるものもある。α毒素が主に病変形成に関与する。本菌の性状は，グルコース，マルトース，ラクトース，シュクロースを分解するが，サリシンを分解せず，レシチナーゼを産生する。ゼラチンを水解するが，凝固血清は液化しない。ミルク培地では嵐状発酵(stormy fermentation)を起こす。運動性はない。

分布・疫学　本菌は広く自然界に分布し，土壌，下水，河川からも分離され，人や動物の腸内細菌叢であることが多い。本病は世界各地で散発的な発生が認められている。発生は10日齢以下の子牛や3日齢以下の新生豚に多い。2～4週齢の子豚や，離乳後の豚にもみられる。子牛では各菌型により発病時期が異なっていることが多く，1～10日齢ではB，C型菌が多い。

診　断

＜症　状＞　突然死することが多い。最初は衰弱，腹痛で，次いで震え，出血性の下痢，四肢の麻痺が起こる。挙動不安となり食欲は消失し，発熱する。粘膜はチアノーゼを呈し，呼吸促迫，横臥，痙攣発作の後に死亡する。まれに慢性経過を示す牛や豚が存在し，間欠的，持続的な下痢を呈する。

＜病　理＞　本菌の大量接種による実験感染は成功しているが，自然界における動物間の伝播は不明である。

動物側の栄養状態や，気象条件，給与飼料の変更なども本病の発生要因となる。

死亡動物は十二指腸・回腸粘膜の壊死，落屑を伴う出血性の炎症を認める。小腸には剥離組織片や半流動状の血様粘液などの内容物が充満し，悪臭ガスが充満している。腹部リンパ節の腫脹，出血，浮腫をみる。肺，心外膜には点状出血がみられ，肝臓は退色を伴う変性を呈する。

＜病原・血清診断＞　病変部からの菌分離と同定による。卵黄液を加えたカナマイシン加CW寒天培地に小腸内容を接種し嫌気培養すると，レシチナーゼ反応により培地の黄変を伴う乳白色の円形集落を形成する。A型菌は腸内細菌叢の構成菌でもあるので，菌数が多いこと(10^5個/g以上)，分離株が有毒株であること，さらに腸管内に毒素が証明できることを診断の目安にする。分離菌の型決定は，A型以外の診断用血清の入手は困難であるので，A型以外のものは研究機関に依頼する。

予防・治療　ホルマリン不活化菌液や沈降トキソイドが有効とされる。日本では牛クロストリジウム感染症混合ワクチンにA型菌α毒素のトキソイドが含まれている。本病の経過が早いことから抗毒素や抗菌薬による治療は困難である。

（田村　豊）

46 細菌性血色素尿症
Bacillary hemoglobinuria

病名同義語：レッドウォーター病(Red water disease)

宿　主　牛，めん羊，まれに馬，豚

病　原　本疾患は，*Clostridium haemolyticum*(以前は，*C. novyi* type D)が産生する溶血素(β-トキシン)による急性トキセミア。

分布・疫学　鹿児島県，山口県，広島県，茨城県，青森県での報告がある。本菌は，土壌菌として全国に分布する。

診　断

<症　状>　突然の食欲廃絶，反芻および泌乳の停止，腹痛，背弯姿勢，呻吟，呼吸促迫，下痢（血様便），鼻汁（血様）など。明確な症状がなく急死する場合も多いが，暗赤色尿の排泄は必発で，重度の貧血を生じ，後に黄疸がみられる。初期には体温上昇するが，死亡する前には正常以下に低下する。

<発病病理>　牧草，飼料，水などを介して経口的に摂取された菌は，肝臓のクッパー細胞内に芽胞としてとどまる。肝蛭などにより肝臓実質が損傷され，嫌気状態などの条件が整うと菌は増殖し，肝静脈に血栓を形成，そこで増殖する菌から産生されるβ-トキシンにより溶血や組織壊死が起こる。

<病　理>　全身組織の貧血，肝臓のうっ血，膀胱内暗赤色尿，ときに黄疸，血様胸水や腹水が認められる。肝臓には，本症の特徴的病変である貧血性梗塞とグラム陽性桿菌が認められる。

<病原・血清診断>　確定診断は，原因菌を分離し同定するのが最も確実だが，高いレベルの嫌気度が要求されるため分離培養はきわめて困難である。材料から直接PCRなどでフラジェリン遺伝子などの特異配列を調べる遺伝子診断法が可能である。

予防・治療　治療には，高用量のペニシリンG製剤が第一選択で，テトラサイクリン系抗菌薬も有効である。しかし，発症早期の治療でない限り，救命率は低い。海外で用いられるワクチンは日本では使用されていない。肝蛭寄生が発症に深くかかわっているため，肝蛭の駆虫は本症の予防につながる。本菌の芽胞は土壌中で長く生存できるので，環境の浄化（消毒や土壌入替）も予防として重要である。

（大和　修）

47　子牛の大腸菌性下痢　（口絵写真10頁）

Diarrhea caused by *Escherichia coli* in calves

概　要　下痢原性大腸菌（ETEC，STECなど）による下痢を主徴とする子牛の腸管感染症である。

宿　主　牛（子牛）

病　原　腸内細菌科の大腸菌属でグラム陰性，通性嫌気性，大きさ0.4～0.7×1～3 μmの下痢原性大腸菌（diarrheagenic *Escherichia coli*：DEC）である。DECは発症機序の違いにより腸管病原性大腸菌（enteropathogenic *E. coli*：EPEC），腸管侵入性大腸菌（enteroinvasive *E. coli*：EIEC），腸管毒素原性大腸菌（enterotoxigenic *E. coli*：ETEC），志賀毒素産生性大腸菌（Shiga toxin-producing *E. coli*：STEC）および腸管凝集付着性大腸菌（enteroaggregative adherent *E. coli*：EAggEC）の５つ，あるいは腸管接着性微絨毛消滅性大腸菌（attaching-effacing *E. coli*：AEEC）を入れて６つのカテゴリーに分けられる。各カテゴリーは以前には血清型で分類されていたが，近年は病原遺伝子型別で分類されている。上記のうち，子牛ではETECおよびSTECによる下痢が発生している。ETECは幼若動物で下痢を発症させる代表的な下痢原性大腸菌であり，エンテロトキシンを産生するのが特徴である。エンテロトキシンには易熱性毒素（LT）と耐熱性毒素（ST）がある。また，ETECには付着能病原因子としてF5あるいはF41などの線毛がある。STECは志賀毒素（Stx）を産生する大腸菌で，Stx1またはStx2のいずれか一方あるいは両者を産生する。その他病原遺伝子として，*eaeA*遺伝子（接着因子インチミン）や*bfp*遺伝子（線毛）を保有する菌株もある。

分布・疫学　主な牛生産国で発生している。国内においても発生事例報告はしばしばあるが，確定診断は少なく，その実態は不明である。下痢原性大腸菌は母牛あるいは同居牛の感染便などの環境から経口的に子牛体内に侵入する。

診　断

<症　状>　ETECの単独感染による下痢発生はほぼ生後３日齢までで，複合感染の場合，約２週齢においても発生する。ETECによる下痢発症子牛は，灰白色から黄白色の軟便あるいは水様性便を大量に排泄し，肛門付近は広範囲に汚染される（**写真1**）。体内の水分および電解質は著しく失われ，脱水とアシドーシスが進行し，皮膚の弾性がなくなり，眼球陥没，倦怠感および哺乳欲廃絶などが認められる。

STECは新生子牛から成牛まで感染するが，発病は一般的に２～８週齢の子牛にみられる。症状は不顕性から発熱，食欲低下，軟便あるいは粘液便，水様性下痢，慢性的な軽度の脱水，重篤な出血性下痢あるいは死亡など広範囲にわたる。

子牛の赤痢は２～４日の潜伏期を経て，潜血または凝固血液を含む悪臭ある下痢便または黒緑色粘液様便の排泄を特徴とする。経過が長引くと脱水症状を示し，哺乳欲廃絶や体重減少がみられる。

<発病機序>　経口的に子牛体内に侵入・増殖したETECは線毛により小腸あるいは大腸の粘膜上皮細胞表面のレセプターに付着し増殖・定着する。発症はETECが小腸に定着しエンテロトキシンを産生することで顕在化する。その誘因として，初乳給与失宜，不衛生な飼育環境，寒冷ストレスなどがあり，経口的に侵入したETECが直接小腸に定着する場合と，大腸内に潜在的に定着していたETECが日和見的に小腸に上行し，同様の病原性を示す。付着したETEC自体およびエンテロトキシンは腸管粘膜に損傷を与えず，生体組織内の分泌の異常亢進を引き起こし，症状として水様性下痢，脱水およびアシドーシスを引き起こす。STEC感染の場合，産生されるStxの意義は重要であるが，牛に対するその病原性は不明である。牛のSTEC感染実験でもその病原性はきわめて弱いと報告されている。しかし，STECは人においてしばしば致死性の出血性腸炎を引き起こすため血清型O157：H7などのように腸管出血性大腸菌（enterohemorrhagic *E. coli*：EHEC）と称され，食中毒菌として，注視されている。*eaeA*遺伝子保有STEC感染の場合に認められるAE（attaching-effacing）病変は，菌体が粘膜上皮細胞により接着して，細胞表面の微絨毛を破壊し，さらに菌体接着直下部位の細胞表面に台座様突起物を発現させることにより，小腸および大腸粘膜により強固に定着する要因となる。

<病　理>

肉眼所見：ETEC感染の場合，小腸から大腸にかけて水様性内容物が認められる。STEC感染の場合は，大腸に泥状，粘液状あるいは血様内容物が認められる。

組織学的所見：ETEC感染の場合，小腸絨毛の粘膜上皮細

胞の刷子縁上に多数の小桿菌塊付着が認められる(**写真2**)。その場合，絨毛の萎縮や粘膜上皮細胞の変性・壊死などは認められない。*eaeA*遺伝子保有STEC感染では，しばしば腸粘膜にAE病変が認められ(**写真3**)，重篤な場合，出血性大腸炎となる。

<病原・血清診断>

病原診断：小腸内容物から10^6個/g以上，大腸内容物および糞便から10^8個/g以上の当該大腸菌が検出された場合に本症を疑う。検出には，増菌培地，選択培地での分離培養を行う。PCRによる補助的検出も用いられる。正確なETECの同定にはエンテロトキシン産生確認試験が，またSTECの同定には志賀毒素産生確認試験が必要である。

血清診断：実用化されていない。

予防・治療

<予　防>　ETECに対してはワクチンが開発されている。出産2～6週前の妊娠牛へのETECワクチン接種，その初乳～常乳の新生子牛への給与はETEC感染予防に効果的である。下痢便などで汚染された牛房の敷料などは消毒後，除去し，床やウォーターカップの洗浄・消毒・乾燥などの環境衛生対策および子牛の個体衛生管理は重要である。新生子牛への分娩直後の初乳給与は予防上必須である。プレバイオティクス，プロバイオティクス，シンバイオティクスなどや鶏卵抗体(IgY)の飼料添加も予防に有効である。

<治　療>　ETEC感染牛の治療法は体内の水分，電解質と酸・塩基の不均衡を補液によって適切に補正することである。子牛の下痢症は大腸菌性下痢以外にも感染症として，サルモネラ感染症，クロストリジウム感染症，ロタウイルス病，牛コロナウイルス病，コクシジウム病およびクリプトスポリジウム症があり，また非感染症の下痢も多く認められている。そのため，診断とともに抗菌薬による治療は慎重に実施する必要がある。不用意な抗菌薬の投与は耐性菌の出現あるいは腸内常在菌叢の撹乱などを誘発する。STECに対するワクチンは開発されていない。

(末吉益雄)

48 壊死桿菌症

Necrobacillosis

(口絵写真10頁)

概　要　*Fusobacterium necrophorum*の感染による局所の壊死性，化膿性病変を特徴とした疾患。

宿　主　牛，豚，人

病　原　*F. necrophorum*はグラム陰性の偏性嫌気性多形性桿菌。芽胞および鞭毛は形成しない。本菌はペプトンやブドウ糖から酪酸を，またスレオニンと乳酸からプロピオン酸を産生するのが特徴。本菌は現在2亜種(subsp. *necrophorum*とsubsp. *funduliforme*)に分類され，前者は病変部から，後者は消化管からそれぞれ分離される。両亜種は鶏赤血球の凝集能の違いやPCRにより亜種特異的遺伝子配列を増幅することで鑑別可能である。その他DNase，ロイコシジン，プロテアーゼなどの産生能やマウスに対する病原性なども異なっている。

分布・疫学　畜産国において穀類多給の肉用牛に多発する。日本では濃厚飼料多給のホルスタイン雄肥育牛に発生が多い。季節性はない。本症は内因性嫌気性菌感染症の一種であり，後述するごとく第一胃粘膜が損傷した場合，消化管内に生息する*F. necrophorum*，特にsubsp. *necrophorum*が粘膜を通過し，肝臓に膿瘍(肝膿瘍)を形成する。本菌は肝膿瘍以外にも，子牛ジフテリア，趾間腐爛，乳房炎，臍帯炎，肺炎などからも分離される。

診　断

<症　状>　削痩がみられる場合もあるが，臨床症状に乏しく，大部分はと畜検査で発見される。趾間腐爛(趾間フレグモーネ)では顕著な跛行を示すようになる。その他，乳房炎，肺炎，子牛では臍帯炎などがみられる。新生子牛では臍帯感染による肝膿瘍形成もみられる。

趾間腐爛：趾間隙皮膚の傷口から皮下織に侵入した原因菌により蹄冠からつなぎにかけての部分に重度の化膿と組織の壊死を引き起こす(**写真1**)。単発性で，ひどくなると趾間隙の皮膚が裂け，壊死塊を混じた膿汁が排泄される。

<病　理>　育成期や肥育期の牛で濃厚飼料多給・粗飼料不足状態が続くと，反芻胃の運動低下，乳酸アシドーシスや細菌叢の変動などが起こり，こうした要因が複合してルーメンパラケラトーシスや第一胃炎を引き起こす。その結果，第一胃粘膜バリアが障害され菌が門脈経路で肝臓に達し膿瘍を形成すると考えられる。しかし，菌が肝臓に達するのは必要条件であって，感染菌量や随伴菌の存在，さらには局所における本菌の発育に適した環境条件など，複数の要因が膿瘍形成に関与している。

肝膿瘍には小膿瘍が多発する例と少数の大膿瘍が形成される例とがある。膿瘍は表面から容易に観察されるが，内部に形成されるものもある。膿瘍は硬い膿瘍膜に囲まれ，内部は悪臭のあるクリーム様の膿で満たされる(**写真2**)。

<病原・血清診断>　膿の直接鏡検により，特徴的な長桿菌が観察される。菌の分離は市販の変法FM培地(選択培地)またはGAM寒天(非選択培地)を用いて37℃で2～3日，嫌気培養を行う。血液を添加した培地上で，病原性の強いsubsp. *necrophorum*は直径2～3mmのラフ型扁平集落を形成し広い溶血環(β溶血)を示す。菌の同定は市販の簡易同定キットやガスクロマトグラフィーによる最終代謝産物の分析によって行うが，PCRによる同定法も開発されている。血清診断は様々試みられたが有効な方法は確立されていない。

予防・治療　ワクチンはない。生前診断法が確立されていないので治療は行わない。粗飼料を与え，ルーメンパラケラトーシスなど本病の発生にかかわる諸要因をなくし，牛本来の生理にかなった飼育をすることが最善の予防法である。

(後藤義孝)

49 (全) リステリア症 (人獣)

Listeriosis

概　要　リステリア属菌感染による脳炎，流産，敗血症を主徴とした主に反芻獣の疾病。畜産食品を介した人の食中毒と妊婦の流死産。

宿　主　牛，めん羊，山羊，馬，豚，犬，野生動物，鳥類，人

病　原　リステリア属10菌種中*Listeria monocytogenes*と*L. ivanovii*の2菌種に病原性がある。グラム陽性通性嫌気

性短桿菌。発育の温度域とpH域が広く，25℃で運動性を示す。*L. monocytogenes*の種名は家兎への生菌接種による単球増多(monocytosis)に由来するが，反芻獣や人では必ずしもみられるというわけではない。*L. monocytogenes*の血清型は13種類あるが，4b，1/2a，1/2b，1/2cなどが最も多く分離される。本菌は細胞内寄生菌であり，マクロファージ内で生存し増殖可能。

分布・疫学　全世界的に発生。変敗したサイレージが感染源となることから春先に好発。牛の発生は散発的であるが，めん羊は集団発生する傾向がある。

*Listeria*属菌は自然環境中に広く分布する腐生菌で，哺乳動物，鳥類の消化管からも分離され，糞便や敷料のなかで数カ月から1年程度生存可能。菌に汚染された飼料を家畜が摂取することにより感染。特に，春先の品質が劣化・変敗したサイレージ(pH5.5以上)には多数の菌が存在し，主要な感染源となる。

感染経路：粗剛な飼料によって傷つけられた口腔粘膜から侵入した菌は，三叉神経を介して脳幹部に壊死巣を形成し，脳炎を発症する。汚染飼料の摂取により腸管上皮細胞やM細胞から侵入した場合は，リンパあるいは血行性に伝播し，敗血症や流産を引き起こす。人では畜産食品を介した食中毒，流死産などが公衆衛生上問題となる。

診　断

＜症　状＞

脳炎型：羊など反芻動物では脳炎が主症状で，斜頸，平衡感覚の失調，旋回運動，流涎，咽喉頭麻痺，舌麻痺，耳翼の下垂がみられ，起立不能，昏睡状態から死に至る。成牛では14日以内，子牛やめん羊・山羊では2日以内に死亡。

流産型：流産は妊娠後期(牛7カ月，めん羊12週以降)に散発的にみられる。

敗血症型：敗血症は幼若子牛や子羊で半日から1日程度の経過で死亡する。

＜病　理＞

脳炎型：主要臓器の剖検所見に著変はないが，組織学的には脳幹部(主に延髄および脳橋)にリンパ球，組織球系細胞，好中球による囲管性細胞浸潤と小膠細胞(ミクログリア)の結節性増殖，微小膿瘍形成を伴う化膿性(髄膜)脳炎を認める。

＜病原・血清診断＞　脳炎型は延髄と脳橋の境界付近から，流産型は胎子(胃内容)や胎盤からの菌分離を試みる。PALCAM選択培地あるいはCHROMagar培地を用いる場合は指示書に従って培養。細胞内侵入関連分子internalin A遺伝子(*inlA*)のPCRによる菌の検出・同定が可能。ELISAによる血清診断法が流産経験のある牛や山羊のスクリーニングに利用された報告はある。

予防・治療　品質の低下したサイレージの妊娠反芻獣への給与を避ける。ワクチンはない。初期の敗血症型には抗菌薬の投与が効果的だが，脳炎型に対する治療効果は期待できない。

(髙井伸二)

50 牛のヒストフィルス・ソムニ感染症
Histophilus somni infection in cattle

概　要　*Histophilus somni*感染による血栓栓塞性髄膜脳脊髄炎(thromboembolic meningoencephalomyelitis：TEME)，肺炎，心筋炎や生殖器の炎症。

宿　主　牛，めん羊

病　原　*H. somni*。グラム陰性，非運動性の多形性桿菌で，莢膜，鞭毛，線毛を持たない。細胞付着性，細胞毒性，食細胞機能抑制能，血清抵抗性，免疫グロブリン結合蛋白質の産生などが認められる。

分布・疫学　1950年代以降，北米で多く報告され，その後，世界各地で発生が確認されている。日本では1978年に島根県でTEME発生例が確認され，以後全国各地で発生している。

TEMEの発生は年間を通じて散発的にあるが，気温が低下する晩秋から初冬に発生しやすい。輸送ストレスや他の呼吸器疾患なども誘因となるため，導入後数週間以内に多くみられる。*H. somni*は子牛の肺炎の原因菌の1つでもあり，*Pasteurella multocida*，*Mannheimia haemolytica*，マイコプラズマ，ウイルスとの混合感染が多い。1980年代以降，北米で本菌感染による心筋炎を原因とした突然死が増加しており，近年は国内でも報告がある。本菌は流死産の原因にもなり，子宮内膜炎や腟炎，乳房炎などからの分離例もある。また，健康牛の呼吸器や生殖器からも分離され，特に雄の包皮口や包皮腔からの分離率は高い。

診　断

＜症　状＞　TEMEの発症初期には発熱，元気消失，食欲不振がみられ，運動失調や呼吸器症状を呈することもある。四肢麻痺，痙攣，起立不能などの神経症状が現れ，さらに昏睡状態に陥り死亡する。発症から死亡までは数時間～数日と，きわめて急性の経過をとる。肺炎では発熱や発咳，鼻汁漏出が認められ，慢性に経過すると発育不良を伴う。

＜病　理＞　TEMEでは肉眼的には髄膜の充血と混濁，脳全般に散在する出血性壊死が認められる。脳脊髄液は混濁増量する。組織学的には脳および髄膜の血栓形成，血管炎，好中球の浸潤やうっ血，出血が認められ，中枢神経以外の臓器においても血栓形成と血管炎を伴う限局性壊死性病巣が認められる。肺では肝変化病巣，多発性凝固壊死を伴う化膿性気管支肺炎がみられる。

＜病原・血清診断＞　菌分離には血液加寒天培地を用いて，37℃，5～10% CO_2存在下で2～3日培養する。酵母エキスを添加すると発育が促進される。光沢があり，やや黄色味を帯びた小円形集落を形成し，かき取るとレモン色を呈する。市販の簡易同定キットを用いた性状検査や特異的PCRにより本菌の同定が可能である。健康牛でも抗体を保有していることがあり，またTEMEでは急性経過をとるため血清診断は実用的ではない。

予防・治療　TEME予防には全菌体不活化ワクチンが，また肺炎予防には*M. haemolytica*，*P. multocida*との混合ワクチンが使用される。TEME発症牛の治癒率は低いため，ストレス軽減やワクチンによる予防が重要となる。

(星野尾歌織)

51 牛の膀胱炎および腎盂腎炎
Bovine cystitis and pyelonephritis

概　要　牛の尿路コリネバクテリア感染による血尿を主徴とする疾病。

宿　主　牛

病　原　牛の尿路コリネバクテリア(*Corynebacterium renale*, *C. cystitidis*, *C. pilosum*)。グラム陽性通性嫌気性桿菌。多形性。松葉状(V字)から柵状配列。ウレアーゼ陽性。線毛を保有し，牛の膀胱粘膜細胞への付着に関与。3菌種のうちで*C. renale*のみがCAMP反応陽性。

分布・疫学　牛の下部泌尿器常在菌で雌牛の外陰部や腟前庭，雄牛の包皮内に生息。散発的発生。寒冷地，特に冬季に発生が多い。主としてホルスタイン種の雌成牛に発生し，妊娠・出産・多産が誘因となる。近年，乳牛は平均3.3産の70カ月齢で廃用となるため，本症の発生はほとんどない。雄はまれ。菌が上行性に侵入し膀胱内で増殖して感染が成立し，さらに片側あるいは両側の尿管に上行，尿管炎や腎盂腎炎を起こす。病原性が強いのは*C. renale*と*C. cystitidis*で，ともに膀胱炎と腎盂腎炎を起こすが，*C. pilosum*はほとんど病気を起こさない。感染牛が尿中に排菌することで環境が汚染される。

診　断

＜症　状＞　尿の混濁と血尿が初期症状。3菌種のなかで*C. cystitidis*が最も重度の出血性膀胱炎を起こす。病勢が進み腎盂腎炎を起こすと，発熱・食欲不振・乳量低下を招き，疝痛，下痢，頻尿，排尿困難な姿勢を示し，ときに痛みで腹部を蹴る仕草をする。直腸検査により尿管と腎臓の腫大が確認できる。尿の潜血反応と尿蛋白質が陽性。尿沈渣には上皮細胞，赤血球，白血球，グラム陽性桿菌が観察される。

＜病　理＞　尿管，膀胱および尿道粘膜の充出血，びらん，潰瘍。尿管は片側あるいは両側が拡張腫大。腎盂の拡張と膿汁の貯留や結石。皮膜は癒着し剥離困難。腎臓表面には灰白色斑がみられる。組織学的には，尿管，膀胱および尿道における線維素性壊死性化膿性炎症。化膿性尿細管間質性腎炎。

＜病原・血清診断＞

病原診断：血液寒天培地などを用いて尿沈渣から菌を分離。アピコリネあるいはPCRで菌を同定。*C. renale*はCAMP反応陽性を示すので，他の尿路コリネバクテリアとの鑑別に簡便かつ有用な方法である。

血清診断：デオキシコール酸ナトリウム処理抗原を用いた寒天ゲル内沈降反応によって，腎盂腎炎発症例では抗体陽性個体を摘発できる。現在は症例数が少なく利用されていない。

予防・治療

＜予　防＞　ワクチンなどの予防法はない。感染牛の尿中には多量の菌が含まれるので，早期摘発し隔離する。

＜治　療＞　ペニシリンやトリメトプリム-スルファメトキサゾール(ST合剤)などの抗菌薬を3週間以上の連続投与。

（髙井伸二）

52 伝染性角結膜炎
Infectious keratoconjunctivitis

病名同義語：ピンクアイ(Pink eye)

概　要　*Moraxella bovis*による角膜や結膜の炎症性疾患で，角膜病変部の特徴的な様相からピンクアイと呼ばれる。

宿　主　牛

病　原　*M. bovis*。グラム陰性球桿菌または球菌で，グラム染色像で菌体が2つ連鎖して観察されることが多い。β溶血性。好気性。糖を分解しない。オキシダーゼ陽性。硝酸塩還元陰性。インドール非産生。ゼラチン液化陽性。非運動性。卵黄加寒天培地上で集落の周囲に卵黄反応帯および真珠様層を形成する。Ⅳ型線毛を有する。マッコンキー寒天培地上では増殖しない。

分布・疫学　世界各地で発生がみられ，日本では全国的に発生している。本菌は正常な眼からも分離され，紫外線，塵埃，植物や昆虫などによる角膜への刺激や損傷が疾病発生の誘引となると考えられている。伝播は直接的な接触によるが，ハエなどの昆虫による機械的伝播も重要である。そのため，これらの条件が揃う夏季の放牧地での発生が多くみられる。線毛と溶血素(RTX毒素)の発現は，疾病を引き起こす上で必須である。

診　断

＜症　状＞　感染初期は，水様性流涙，羞明，眼瞼の浮腫と痙攣などがみられる。病状が進行するに従い，粘稠性流涙，角膜の中心性白斑の形成，結膜の充血と腫脹が生じる。その後，角膜の中心部に潰瘍が形成される。潰瘍を取り囲むようにして角膜の白濁と浮腫が生じ，角膜縁から潰瘍にかけて血管新生が起こる。さらに潰瘍底に肉芽組織が形成され，角膜から円錐状に突出して赤色を呈することからいわゆるピンクアイと呼ばれる状態になる。肉芽組織と潰瘍はやがて角膜瘢痕を残して退行する。潰瘍の穿孔が生じた場合には虹彩脱出により失明することもある。

＜病　理＞　結膜に浮腫と充血がみられる。角膜は潰瘍形成や白濁など多彩である。

＜病原・血清診断＞　滅菌綿棒で眼の分泌物を拭い，速やかに血液寒天培地に接種する。培養48時間後に平らで円形，灰白色の小コロニー(直径1 mm程度)が形成される。コロニーの周囲は狭い完全溶血帯で取り囲まれる。

予防・治療　ワクチンは実用化されていない。感染牛を早期に発見し抗菌薬による治療を行う。ハエなどの昆虫の駆除は舎内感染を防ぐ上で有効である。*M. bovis*は，様々な抗菌薬に感受性を示す。ペニシリン，クロキサシリンなどの抗菌薬による点眼，ツラスロマイシンの皮下投与，オキシテトラサイクリン，フロルフェニコールの筋肉内投与などが行われている。

（角田　勤）

53 牛の放線菌症
Actinomycosis in cattle

概　要　*Actinomyces bovis*による慢性化膿性増殖性炎。牛の下顎部や歯齦部に硬結を伴う腫瘤を形成する。

宿　主　牛，豚

病　原　*A. bovis*はグラム陽性の無芽胞，非運動性で分岐性菌糸状発育をする嫌気性～微好気性細菌。10% CO_2加嫌気培養でよく発育し，ブドウ糖，グリコーゲン，デンプンを利用し発酵する。カタラーゼ，オキシダーゼはともに陰性。多くの株は非溶血性，ゼラチンやカゼインなどの加水分解性もない。人の放線菌症の原因菌である*A. israelii*が牛に感染することもある。*A. israelii*がリボース分解性であるのに対し，*A. bovis*はリボース非分解性を示す。

分布・疫学　*A. bovis*は自然界に広く分布し，動物の体表や消化管内に生息する。口腔内にも常在し，鋭利な金属片，粗剛な茎や尖鋭な芒を含んだ飼料などによる粘膜損傷部や歯齦の骨膜から内部組織に菌が侵入して発病する。世界中で発生がみられ，日本では散発的に発生している。年齢，品種，系統に関係なく発生する。動物間の直接伝播はない。

診　断

＜症　状＞　動物の頭部，特に下顎部や歯齦部に比較的硬い腫瘤が形成される。膿瘍性の肉芽腫で，ときに顎骨を侵し顔貌の変形をきたす。他の軟部組織にはほとんど発生しない。体表近在の膿瘍は瘻孔を生じて自壊，排膿する。そのほか*A. bovis*は雌牛の乳房炎の原因となったり，雄牛で精液生産の不良を引き起こしたりする。

＜病　理＞　感染部位は通常下顎骨で，化膿性増殖性炎を主徴とする。比較的硬い膿瘍性肉芽腫で，割面は蜂巣状の骨組織を包含する緻密な線維性組織で構成され，そのなかには硫黄（黄色）顆粒（sulfur granule）がみられ，鏡検すると中心部に菌糸が，その周囲に棍棒体（club）が並んで菊花弁状物（rosette）として観察される。

＜病原・血清診断＞　膿汁または病巣部生検材料を10% KOH（またはNaOH）溶液でほぐし，膿中の硫黄顆粒をスライド上で圧片して無染色で鏡検，菊花状のロゼットを確認する。グラム染色を施し顕微鏡下で観察すると陽性桿菌からなる菌塊が確認できる。

菌分離は病巣部生検をブレインハートインフュージョン血液寒天培地に接種し，10% CO_2加嫌気条件下で4～7日培養して行う。非溶血性，白色の隆起した瘤状集落を形成。集落は寒天に固着しエーゼで簡単にかき取ることができない。チオグリコレート液体培地中では試験管底部に虹色の冠毛球状の菌塊を形成する。鏡検によりグラム陽性コリネ型ないし菌糸型の菌体が確認できる。同定は生化学的性状とPCRによる16S rRNAの遺伝子解析により行う。

予防・治療　有効なワクチンはない。口腔内損傷の原因となる給餌を避ける。発症初期ならば外科的処置が可能。ヨード剤による消毒，ペニシリンなどの抗菌薬を投与する。*A. bovis*はペニシリン，ストレプトマイシン，テトラサイクリン，エリスロマイシンなどに感受性を示すが，病勢の進行した症例では完治は困難である。

（後藤義孝）

54 牛のアクチノバチルス症
Actinobacillosis in cattle

宿　主　牛，めん羊

病　原　*Actinobacillus lignieresii*。牛の上部消化管に生息する正常細菌叢の構成菌の1つ。グラム陰性通性嫌気性桿菌でマッコンキー寒天培地での分離が可能である。

分布・疫学　菌は，通常は採食時の植物の茎や種子の棘による創傷または軽度の外傷から皮膚に侵入する。

診　断

＜症　状＞　口腔軟部組織に菌が侵入し，舌に病巣が形成されると硬結（木舌）となって飲食できない状態となり，飢餓と渇きによって急激な体調不良となる。舌は痛みを伴うとともに腫大，口腔より突出し流涎が著しい。また，局所リンパ節は腫脹し，膿瘍が形成された場合はそこから顆粒を含むクリーム状の膿を排出することがある。

＜病　理＞　軟部組織における慢性の化膿性肉芽腫性炎が特徴。肉芽腫性中には硫黄顆粒を認め，硫黄顆粒中には周囲が棍棒状になった菊花弁状のロゼットと菌塊をみる。肉芽腫性病巣は，ときとして顎，肺，食道溝，または乳房にも認められることがある。

＜病原・血清診断＞　病巣部からの菌分離と同定を行う。*Actinomyces bovis*による慢性化膿性増殖性炎（「牛放線菌病」の項参照）に類似するが，軟部組織を好んで侵襲すること，菌の性状や分離・培養の方法などが鑑別点となる。

予防・治療　予防のためのワクチンはない。早期発見と迅速な治療によってコントロールするのが最良であり，感染動物を単離または処分することが推奨される。粗剛な茎類の給餌は避ける。一般的な治療法は，ヨウ素療法またはテトラサイクリンの投与を行う。重症例では，外科的に排膿しヨウ素溶液による灌注が数日間必要となる。再発しやすいので，治療後も定期的に観察する必要がある。

（後藤義孝）

55 牛の趾乳頭腫症
Papillomatous digital dermatitis in cattle

病名同義語：趾皮膚炎（Digital dermatitis）
趾間乳頭腫症（Interdigital papillomatosis）
疣状皮膚炎（Verrucous dermatitis）
有毛イボ（Hairy footwart）など

概　要　トレポネーマ属菌を主体とする混合感染による蹄皮膚表層の伝染性炎症性疾患。

宿　主　牛（主に乳牛），めん羊

病　原　病変部塗抹標本に大型のグラム陰性らせん菌が優勢に検出される。これらは，16S rRNA遺伝子の塩基配列から，*Treponema phagedenis*，*T. denticola*，*T. vincentii*，*T. medium*，*T. pedis*などに近縁な複数の菌種からなることが確認されている。この他にも複数種の嫌気細菌が検出されているが，真の原因菌は不明である。

分布・疫学　1974年にイタリアで初めて報告されてから，欧州諸国，北米などでその発生が確認されている。日本では1992年に群馬県での発生が報告され，以後，北海道を中心に全国的な広がりをみせている。これまでの発生報告は主として乳牛で，和牛での発生はまれである。

保菌あるいは罹患牛の導入による牛舎内汚染と湿潤な舎内環境などの発生要因が揃うと集団的発生がみられる。湿潤不潔な牛床を介して蹄踵部に原因菌が付着し，経皮的に感染すると考えられる。フリーストール牛舎での発生が多く認められる。

診　断

＜症　状＞　前後肢ともに発生するが，特に後肢の蹄踵辺縁に好発し，病変の進行とともに外観が変化する。

感染初期は境界明瞭なイチゴ状の発赤丘疹で，表皮のびらん・潰瘍なども認められ，しばしば疼痛と悪臭を伴う。次第に病変部はカリフラワー状あるいはイソギンチャク状の肉芽組織となり，表皮は乳頭腫状の外観を呈する。罹患牛は疼痛ストレスにより生産性が低下することもある。趾間皮膚炎との類症鑑別に注意する。

＜病　理＞　病変部の表皮の割面は乳頭状を呈し，表皮の著しい肥厚が認められる。病理組織学的には，有棘細胞層から角質層にかけての著しい細胞増殖と，真皮乳頭の伸展を伴う乳頭腫様の組織像を示す。

Warthin-Starry染色で観察すると，らせん菌は有棘細胞層の上皮細胞間に多数認められる。

＜病原・血清診断＞　病変部の塗抹標本を作製し，大型のらせん菌を検出する。らせん菌は難培養性で，分離培養は難しい。

罹患牛群のELISAによる*T. phagedenis*に対する血中抗体価は，非罹患牛群に比べ有意に高い。

予防・治療　有効なワクチンはない。予防は新規導入牛の趾蹄消毒と畜舎環境の清浄化対策が重要となる。

治療としては患部の洗浄の後，オキシテトラサイクリンやリンコマイシン，またはチンク油などの塗布が有効である。一旦治癒しても再発することがある。

（三澤尚明）

56 デルマトフィルス症（人獣）

Dermatophilosis

宿　主　牛，めん羊，山羊，馬，豚，犬，猫，人

病　原　*Dermatophilus congolensis*。グラム陽性，菌糸状の好気性菌。菌糸は縦横に断裂し，各断裂細胞は叢毛性鞭毛を形成し遊走子となる。

分布・疫学　熱帯から亜熱帯地域の発育不良牛に好発。接触感染，吸血昆虫により伝播する。めん羊，山羊，豚，犬，猫における感染例があり，人にも感染する。

診　断

＜症　状＞　被毛が刷毛様，樹皮様に変化し，膿疱を形成する。また，頭部はじめ背部，臀部，四肢に岩状の痂皮を形成するが，痒覚症状はない。

＜病　理＞　表皮に著しい痂皮形成を伴う増殖性，滲出性皮膚炎。雨で皮膚が濡れると遊走子の運動が活発になり，病巣部から健常部へと伝播拡散する。鞭毛や菌体に対する抗体産生がみられるが，症状の改善には貢献していないと考えられる。

＜病原・血清診断＞　病巣部の直接鏡検により分岐性菌糸状発育した菌を検出する。血液寒天培地による菌分離，PCRや16S rRNA配列の解読による遺伝子診断が可能。可溶性抗原を用いたゲル内沈降反応，間接赤血球凝集反応，ELISAによる診断も可能。

予防・治療　ペニシリンやストレプトマイシンなどの抗菌薬投与による治療が行われる。ワクチンはない。衛生的飼養管理が重要である。

（後藤義孝）

57 牛のノカルジア症（人獣）

Bovine nocardiosis

宿　主　牛，豚，犬，猫

病　原　*Nocardia asteroids*または*Nocardia*属菌。弱抗酸性のグラム陽性，好気性菌。多形性菌糸を形成

分布・疫学　世界各地で散発的に発生。本菌は土壌や水などの自然環境に広く分布するほか，動物の消化管内にも存在し，創傷あるいは呼吸器を介して感染する。動物間の直接伝播は知られていない。

診　断

＜症　状＞　皮下やリンパ節，各種臓器に結節性化膿性病変を形成する。牛では乳房炎や肺炎もみられる。

＜病　理＞　本属菌は*Mycobacteria*属菌と同じく細胞壁にミコール酸を有するため，結核病巣に類似した慢性の肉芽腫を形成するが，結核病巣に比べて化膿性炎の傾向が強く，石灰化を伴わないなどの特徴がある。

＜病原・血清診断＞　普通寒天培地や小川卵培地による菌分離と同定。集落は淡黄色から鮮やかな紅色まで多様で，瘤状に隆起し培地に食い込む。種同定は一般的な生化学性状や脂肪酸組成の分析により行うが，いくつかの菌種ではPCRや16S rRNA配列の解読による遺伝子診断が可能。

予防・治療　サルファ剤などの抗菌薬投与による治療が可能。ワクチンはない。衛生的飼養管理が重要である。

（後藤義孝）

58 牛肺疫（法）（海外）

（口絵写真11頁）

Contagious bovine pleuropneumonia

概　要　牛肺疫マイコプラズマによる牛の胸膜肋膜肺炎を主徴とした急性致死性疾病。

宿　主　牛，水牛。本菌は鹿，めん羊，山羊などにも感染するが，これらに対する病原性は低く，感染期間も短い。

病　原　*Mycoplasma mycoides* subsp. *mycoides*。菌体表面に莢膜を形成し，その主成分であるガラクタンが毒性因子となる。本菌が産生したガラクタンを0.1mg/kgの割合で子牛に静注すると，子牛は急性の激しい呼吸器症状を呈し，肺や脳の水腫，毛細血管の栓塞などが起こる。いわゆる肺割面の大理石紋様は，ガラクタンによる肺小葉間結合織（間質）の水腫性拡張が小葉実質を取り囲んだ形態である。

「牛肺疫」の名称は古典的な表現で，英名の直訳どおり「牛伝染性胸膜肺炎」の方が科学的である。なお，「胸膜肺炎」とは，肺の炎症が胸膜にまで及ぶ，すなわち肺の漿膜を突き破り胸腔組織にまで炎症が及んだ所見である。以前の成書において，牛肺疫マイコプラズマは*M. mycoides* subsp. *mycoides* SC（small colony）typeと表記されていたが，これは同菌種に山羊伝染性無乳症の原因菌の１つとされた生物型LC（large colony）typeが存在していたためである。近年，LC typeは*M. mycoides* subsp. *capri*に編入さ

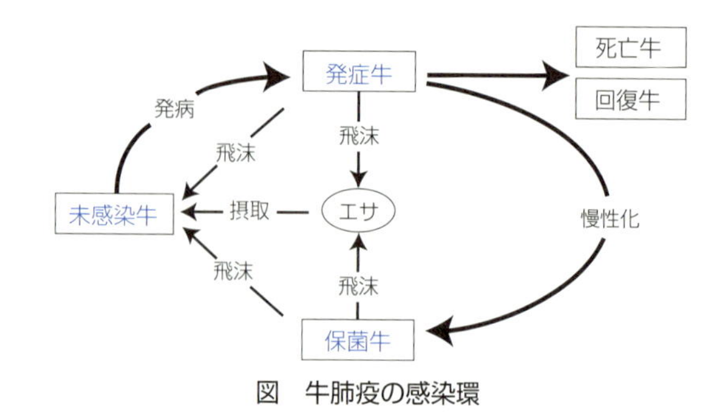

図　牛肺疫の感染環

れたため，LC，SCの表記が解消された。

分布・疫学　アフリカ，アジア，中南米，南欧など，様々な地域で発生がある。特に西・中央アフリカ諸国での発生が顕著。日本での発生は1925年，1929年，1940年の３回。いずれも朝鮮半島を経由して日本国内へ侵入したが，徹底した摘発・淘汰により撲滅された。感染経路は感染牛との接触や飛沫吸入による気道感染が一般的である。発症牛の鼻汁や気管粘液には多量の病原体が含まれ，発咳により飛沫となるため集団における伝染力はきわめて高い。特異な感染様式として牛肺疫マイコプラズマが付着した乾牧草から経口感染することもある。

致死率は５～80％と牛の月齢で大きく異なり若齢牛ほど高い。３歳以上ではほとんどが耐過して保菌牛となり，感染源となる。また，南欧の牛の致死率はアフリカの牛のそれよりも低く，牛の栄養状態が影響しているものと考えられている。本病の伝播，感染および発病には季節要因や特別な発病誘因はない。

診　断

＜症　状＞　２～８週間の潜伏期の後，初期症状として39℃前後の発熱と食欲不振などを呈するが，肺の病変は認められない。病勢が進むと40℃を超える高熱，疼痛性の強い発咳，鼻汁漏出，呼吸困難となり食欲と反芻が廃絶する。乳牛では泌乳も停止する。さらに病勢が進むと発熱は42℃に達し，起立不能，死の転帰をとる。慢性では軽度の発咳がみられる程度であるが，関節炎を併発することもある。

＜病　理＞　胸膜肋膜肺炎の所見を呈する。肺表面は線維素性皮膜で覆われ，肺割面は大理石紋様の所見を呈し(**写真1**)，胸腔内には多量の胸水貯留が認められる。耐過牛の肺は肋膜および胸膜との癒着が顕著である(**写真2**)。肺炎部は多形核白血球，単球およびリンパ球の高度の浸潤が必発し，出血性像を認めることもある。

＜病原・血清診断＞

病原診断：肺や近傍リンパ節の圧片標本中の牛肺疫マイコプラズマを蛍光抗体法で検出するか，肺病変を乳剤にしてPCR-RFLP(PCR産物の制限酵素切断パターン)解析で牛肺疫マイコプラズマの遺伝子診断を行うことが迅速かつ確実。分離培養は比較的容易であり，培養後２～３日でコロニーを確認できる。分離株はPCR-RFLP解析あるいは牛肺疫マイコプラズマ特異免疫抗血清を用いた診断により同定する。

血清診断：罹患牛の診断として，日本の水際防疫ではCF反応を用いている。海外では競合ELISAも利用されている。いずれの診断法も感度と特異性に優れるが，OIEでは簡便性の優る競合ELISAを推奨している。山羊と牛が同居する農場では，牛に*M. mycoides* subsp. *capri*が不顕性感染してCF反応が陽性になる場合があるので留意する。

予防・治療　日本をはじめ清浄国では動物検疫の徹底が大原則。国内で発生があった場合には，「家畜伝染病予防法」による摘発・淘汰。高度汚染地域であるアフリカ諸国では効果が不透明な自家生ワクチンによる感染拡大の問題から，OIEの指導による不活化ワクチンの使用や抗菌薬による治療が検討されている。

（小林秀樹）

59 牛のマイコプラズマ肺炎 (口絵写真11頁)

Bovine mycoplasma pneumonia

概　要　*Mycoplasma bovis*などのマイコプラズマによるカタル性炎や間質性肺胞炎を主徴とする牛の伝染性肺炎。

宿　主　牛，水牛

病　原　*M. bovis*，*M. dispar*，*M. californicum*，*M. alkalescens*，*M. bovigenitalium*，*M. canadens*，*Ureaplasma diversum*など。

いずれの病原マイコプラズマも単独感染ではごく軽微な肺炎を惹起するのみで死に至ることはほとんどない。感染してもこれらのマイコプラズマに対する特異抗体が産生され治癒する。しかし，これらのマイコプラズマのなかには免疫を攪乱するスーパー抗原を有するものがある。また，マイコプラズマは呼吸器粘膜上皮に定着し，粘膜上皮細胞の絨毛運動を停止させることが知られており，他の病原体の侵入を容易にさせる。スーパー抗原による感作や絨毛運動の停止により易感染状態となった宿主はウイルスや細菌などの二次感染による混合感染性の肺炎を呈するようになる。混合感染により肺炎が広がり始めると自然治癒は困難となる。

日本ではマイコプラズマ感染を基礎疾患とした混合感染性肺炎が一般的に観察される。特に子牛の混合感染性肺炎は死廃率が高いだけでなく，病原体の温床となり，下痢とともに経済的損失が大きい疾病である。

日本をはじめ各国で混合感染性肺炎の根本となるマイコプラズマは*M. bovis*が圧倒的に多い。*M. dispar*も子牛肺炎の重要な病原であると考えられていたが，全国的に病原性の低い株が健康牛にも高率に蔓延していることが明らかとなっている。一方，この15年間に，日本での分離報告のなかった*M. californicum*と*M. canadens*も国内に浸潤してきている。

分布・疫学　世界各地に分布。感染経路は感染牛との接触や飛沫吸入による気道感染が一般的である。病原性マイコプラズマは健康な子牛の上部気道からも分離されることが多いが，正常肺からはほとんど分離されない。すなわち，これらのマイコプラズマは子牛に常在するものの，肺に移行して増殖するためには他の病原因子やストレスなどの誘因が必要と考えられている。したがって，マイコプラズマ肺炎の発生とその頻度は季節や飼養，衛生環境あるいは常在する微生物の種類などによって農場ごとに異なる。

診　断

＜症　状＞　マイコプラズマの単独感染ではほとんど無症状である。*M. bovis*による子牛の気管支肺炎では39～40℃の発熱，乾性発咳，頻呼吸および高粘性鼻汁の漏出を呈

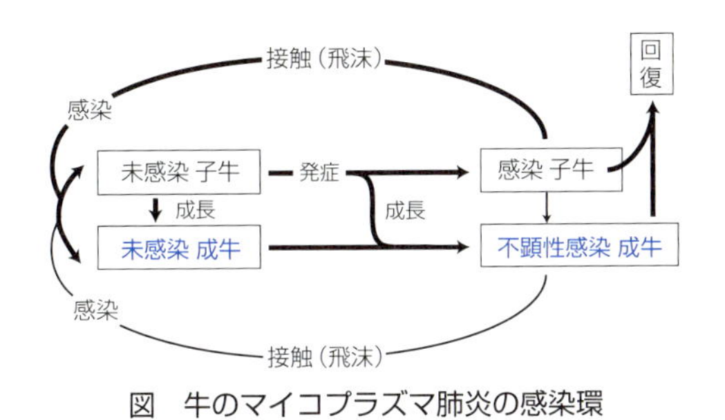

図　牛のマイコプラズマ肺炎の感染環

する（**写真1**）。慢性化すると関節炎や中耳炎を惹起する。子牛での中耳炎が進行すると，いわゆる斜頸を呈するようになる。

＜病　理＞

肉眼的所見：肺前葉と中葉辺縁部に肝変化した無気肺病変が認められる（**写真2**）。他の微生物との混合感染により，肺病変部は前葉全体から中葉，副葉，そして後葉へと拡大する。病変部と健常部との境界部は明瞭で病変部は硬化している。混合感染した微生物の種類によって膿瘍や気腫など様々な所見が観察される。

組織所見：*M. bovis*単独感染の場合にはカタル性気管支炎と気管支周囲の著明な細胞浸潤，いわゆる周囲性細胞浸潤肺炎あるいはリンパ濾胞の過形成が特徴である。*M. dispar*による病変は間質性肺胞炎が主で，周囲性細胞浸潤肺炎像は必ずしも認められない。

自然発生例のほとんどは他の微生物との混合感染であるため，上述の典型的な組織所見のみが認められる病変部位は少なく，化膿性肺炎，線維素性肺炎，水腫・浮腫肺などの病変が混在している。

＜病原・血清診断＞

病原診断：肺病変部の蛍光抗体法，あるいはPCRによるマイコプラズマDNA検出，同部位からの病原体の分離と同定。

血清診断：特に確立されているものはないが，代謝阻止試験，CF反応，間接赤血球凝集反応，HI反応，ELISAなどが報告されている。

予防・治療

国内で承認されたワクチンはない。飼養管理と環境衛生を徹底しストレスを与えない，患畜の早期発見と治療。治療の遅れや不適切な処置は予後不良となる。

十分な水分補給とともに，マイコプラズマに効果のあるマクロライド系抗菌薬（*M. bovis*はほとんどが耐性化している）などの他，混合感染している病原体に有効な薬剤を併用する。このためには日頃から農場に蔓延している病原体の把握と有効薬剤のスクリーニング，各種ウイルスに対するワクチンの接種を行うことが肝要である。外部導入牛の検疫は必須である。

（小林秀樹）

60 牛のマイコプラズマ乳房炎
Mycoplasma mastitis in cows

概　要　*Mycoplasma bovis*などによる急激な泌乳量低下や無乳症を主徴とする牛の伝染性乳房炎。

宿　主　牛

病　原　*M. bovis*が主体。他に*M. bovigenitalium*，*M. californicum*，*M. alkalescens*，*M. canadens*など

分布・疫学　世界各地に分布。日本での発生は増加傾向にあり，大規模酪農場での発生もみられる。*M. bovis*の場合，乳頭槽内に10^2CFU程度の菌の侵入で容易に感染が成立する。乳房炎原発牛はマイコプラズマ肺炎罹患牛の発症に続発して，または肺炎罹患牛の鼻汁や飛沫が搾乳者の手指を介して乳頭から上行性に感染することで生じる。発症は突発的で急性に経過する。発症牛は乳汁中に10^8CFU/mL程度排菌することから，搾乳作業を通じて集団発生する危険性が高い。また，新たに導入した牛は移動，環境変化ストレスにより乳房炎を発症しやすく，周囲への伝播原となるリスクが高い。

診　断

＜症　状＞　乳汁中の体細胞（好中球）数が10^6個/mL以上となり，泌乳量は極端に減少，やがて無乳症となる。この間，未感染分房も次々と感染する。病勢の進んだ牛の乳汁は固体成分と液体成分の分離が認められ，粘性も高くなる。軽度の場合，乳汁の肉眼所見に異常はないが，体細胞数は増加している。

＜病　理＞　罹患分房は腫脹・硬結し，なかに鶏卵大～拳大の膿瘍結節を認める。後期になると分房は弛緩し萎縮する。分房の断面は黄色あるいは灰色がかり，圧力のため小葉が断面から浮き上がる。膿瘍結節以外にも周囲の乳細管内に硬化した膿や，乳槽や乳管粘膜に粟粒大の結節を認めることが多い。乳房上リンパ節の腫脹は著しい。

組織学的には，急性期には小胞や乳細管に好中球が充満し，次第に単核球に置き換わる。亜急性期には小リンパ球の浸潤と小胞の萎縮を伴う小胞結合織の肥厚，乳管上皮の過形成と乳管周囲へのリンパ球浸潤による肉芽腫形成が認められる。後期には浸潤細胞が消失し結合組織が肥厚する。

＜病原診断＞　乳汁からの病原体の分離が確実である。PCRによる検出も可能であるが，乳房炎乳汁から直接マイコプラズマDNAを調整するのは困難である。乳汁材料を増菌培養した液体培地からPCR用のテンペレートDNAを調整するのが一般的である。

予防・治療　*M. bovis*による発症牛は薬剤による治療は困難であり，予後不良の場合が多いため淘汰が望ましい。その他のマイコプラズマによる乳房炎は，隔離と経過観察，場合によってマクロライド系抗菌薬による治療を行う。

搾乳衛生の徹底が基本であるが，バルク乳の定期的なスクリーニングやマイコプラズマ肺炎牛の管理も重要である。

（小林秀樹）

61 ㊎ヘモプラズマ病（エペリスロゾーン病）
Hemoplasmosis (Eperythrozoonosis)

概　要　血液寄生性マイコプラズマ感染による病気の総称。軽度の溶血性貧血がみられることがある。

宿　主　牛，めん羊，山羊，豚，犬，猫

病　原　ヘモプラズマは，以前は偶蹄類ではエペリスロゾーン，犬と猫ではヘモバルトネラと呼ばれ，リケッチアに分類されていたが，近年これら病原体の16S rRNA遺伝子

解析から，マイコプラズマ属に再分類された。一連の赤血球寄生マイコプラズマはヘモプラズマと総称される。動物種固有のヘモプラズマがあり，牛では*Mycoplasma wenyonii*，めん羊，山羊では*M. ovis*，豚では*M. haemosuis*が感染する。また，牛では*Candidatus M. haemobos*，めん羊，山羊では*Candidatus M. haemovis*が近縁種として検出されている。他に牛では*Eperythrozoon teganodes*と*E. tuomii*，豚で*E. parvum* 感染が知られているが，遺伝子解析が行われておらず，分類学上の位置は未確定である。

分布・疫学　世界各地に分布し，日本でもその存在が知られている。シラミ，ノミ，ダニなどの吸血性節足動物が媒介するとされている。また，輸血により容易に感染が成立する。

診　断

＜症　状＞

牛：感染しても通常は無症状である。血液検査により偶発的に軽度貧血が検出されることがある。ただし，重度ストレスや他の全身性疾患に併発して発症する。牛では*C. M. haemobos*の方が，*M. wenyonii*よりも病原性が強い。発症した場合には，発熱，食欲不振，元気消失，貧血，削痩などがみられる。貧血を生じるタイレリア感染や消化管内寄生虫との混合感染も考慮して鑑別診断することが必要である。

めん羊，山羊：めん羊で症状が顕著に表れることがあり，発熱，抑うつ，貧血がみられ，若齢個体では死亡することもある。

豚：発熱，元気消失，食欲減退，貧血ないし黄疸がみられ，急性重度感染では死亡することもある。

＜病　理＞　発症個体では溶血性貧血に関連して全身の黄疸，脾腫，胆嚢腫大と胆汁濃縮がみられる。

＜病原・血清診断＞　ギムザ染色またはアクリジンオレンジ染色した末梢血塗抹標本で，赤血球表面への病原体付着が観察されることがある。ゴミとの鑑別が難しく，きれいな標本を作製する必要がある。病原体は急性感染症では容易に観察されるが，慢性感染症では検出困難である。また，保存血液中では検出率が下がる。末梢血DNAを用いたPCRが有効である。

予防・治療　媒介吸血昆虫類の防除が予防となる。治療にはテトラサイクリン系抗菌薬が有効である。抗菌薬投与により臨床症状は軽減するが，完全な病原体除去は困難であり，回復動物はキャリアーとなる。

（猪熊　壽）

62 アナプラズマ病(法)　（口絵写真11頁）

Anaplasmosis

概　要　アナプラズマ科細菌の赤血球感染による貧血性疾患。家畜（法定）伝染病は病原体が*Anaplasma marginale*によるもの。

宿　主　*A. marginale*は牛科（**牛，水牛**，アメリカバイソン，アンテロープ，カモシカ，ブレスバックなど），鹿科（**鹿**，エルク），らくだ科（らくだ）の動物が宿主である。

病　原　リケッチア目アナプラズマ科*Anaplasma*属の*A. marginale*。近縁種の*A. centrale*は病原性が弱く，家畜伝染病の対象病原体に指定されていない。

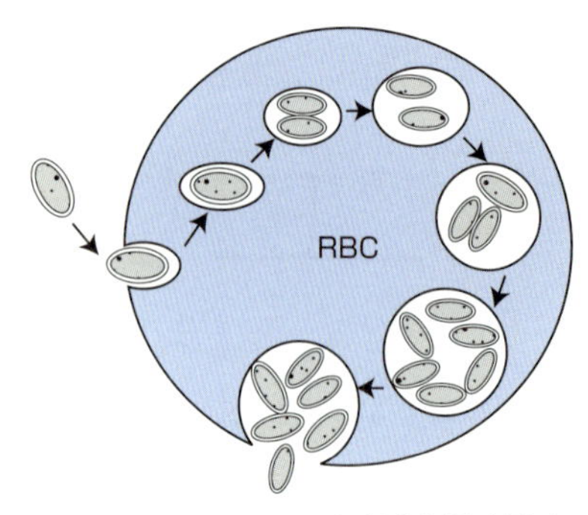

図　*Anaplasma marginale*の赤血球内増殖模式図
赤血球内に侵入した基本小体は2分裂により増殖し，生じた娘細胞は4～8個に達する　（Ristic, 1981を改変して作図）

分布・疫学　*A. marginale*はほぼ世界中の熱帯，亜熱帯および一部温帯に分布。日本では1977，1980～1983，1989～1991，2007，2008年に発生が記録されている。*A. centrale*は世界中に分布しており，日本の牛にも広く感染していると考えられる。

特定のマダニとヒメダニが生物学的ベクターとなる。日本ではオウシマダニ（*Rhipicephalus microplus*）が*A. marginale*の最も重要なベクターである。病原体はマダニの経卵巣または経発育期伝播により動物に感染する。アブ，サシバエ，蚊による機械的伝播も起こりうるが，感染性を示すのは吸血後短時間だけである。注射針などによる医原性機械的伝播もありうる。感染母牛から子牛への胎盤感染や子宮内感染も，まれではあるが報告されている。感染動物はキャリアーとなり，感染源となる。

診　断　疫学，臨床症状，臨床病理所見および末梢血液塗抹標本での病原体検出により容易に診断可能。感染源となりうる耐過牛検出は血清診断以外では困難。

＜症　状＞　*A. marginale*の潜伏期は2～5週間。赤血球破壊による溶血性貧血が主症状。急性型では貧血，発熱，元気食欲低下，便秘，黄疸，脱水，呼吸数増加，流産，不妊がみられ，死亡することもある。甚急性は重篤で，症状発現後2～3時間で死亡する。重症例や瀕死期を除いて血色素尿の出現は少ない。1歳未満では軽症で良性経過をとるが，1歳以上では急性経過をとり，2歳以上では死亡例が増加する。3歳以上では甚急性経過で死亡することが多い。耐過牛は再感染に対して強い抵抗性を示すが，回復後も感染動物の体内から病原体が完全に消失することはない。

*A. centrale*の病原性は弱いが，発熱や貧血を発症した例が報告されている。タイレリアとの混合感染牛で*A. centrale*が検出されることが多く，放牧牛の貧血発症因子である。

＜病　理＞　粘膜，皮膚，皮下織の蒼白あるいは黄色化といった貧血・黄疸性の変化が主。脾臓の腫大と胆汁貯留による胆嚢腫大が顕著（**写真1**）。肝臓はやや腫大し，割面は種々の黄疸色を示す。組織学的には肝臓の小葉中心性壊死の他，脾臓などの細網内皮系で赤血球を貪食した食細胞が多数みられる。

＜病原・血清診断＞　病原体は末梢血液塗抹のギムザ染色またはアクリジンオレンジ染色標本上で，赤血球に感染する直径0.3～1.0μmの点状または類円状の小体として観察される。*A. marginale*は赤血球辺縁部，*A. centrale*は赤血球の中央部に病原体の存在が認められる(**写真2**)。ハウエル・ジョリー小体，標本上のゴミ，タイレリアなどとの鑑別が重要。PCRによっても病原体を高感度に検出することができる。市販の診断用CF抗原を用いて*A. marginale*の抗体を検出できる。抗原を80℃で10分間加熱すると，*A. centrale*抗体の交差反応が消失し，両種の鑑別が可能となる。海外ではELISA診断キットが発売されているが，*A. centrale*との鑑別ができないため国内使用は推奨されていない。

予　防　*A. marginale*については国内侵入防止が最重要。輸入牛の検疫および輸入後の飼育地における観察により摘発淘汰を行う。以前本病発生のあった地域では高齢牛が無症状耐過牛として生存している場合があるので，再発に注意し，早期発見と淘汰に努める。また，マダニ，アブなどの媒介吸血動物の駆除も重要である。本病常在国では生ワクチンが用いられている。

治　療　テトラサイクリン系抗菌薬が有効。キャリアー状態を断つためにクロルテトラサイクリン1mg/kg経口投与120日間，またはテトラサイクリン22mg/kg筋肉内注射5日間が有効。急性症治療に長期作用型テトラサイクリン20mg/kg(筋肉内注射)1回投与が有効と報告されている。

(猪熊　壽)

63 牛のコクシエラ症(Q熱) （人獣）（四類感染症）

Coxiellosis in cattle (Q fever)

概　要　*Coxiella burnetii*感染による種々の動物および人の様々な病態を示す疾患。

宿　主　牛，豚，馬，めん羊，山羊，犬，猫，各種野生動物，人

病　原　*C. burnetii*。三種病原体等，BSL3。レジオネラ目コクシエラ科の細胞内寄生菌で，宿主細胞質の空胞内で増殖し，大型細胞から胞子様構造を持つ小型細胞が作られる。熱，乾燥，紫外線，消毒薬などに強い抵抗性を示す。実験室内継代によりS-R変異がみられる。血清型は今のところ単一である。

分布・疫学　世界各国に存在。国や地域により感染環は異なる。ダニ-野生動物-ダニの感染環に人や家畜が入り込むことにより人が感染する。家畜は保菌動物として乳汁や糞便にコクシエラを排出する。

欧米では感染動物の分娩時に人への伝播がみられている。日本における調査では全国的に家畜，犬，猫，野生動物に抗体が確認されている。また，ダニ，乳製品などからコクシエラが分離・検出されている。日本の動物において疾患としての報告はまれである。

人のコクシエラ感染症はQ熱として知られ，感染症法における全数届出(四類感染症)に指定されている。人の国内症例は年間数例程度である。

診　断

<症　状>　感染動物は軽い発熱程度でほとんど無症状。保菌動物は無症状のまま乳汁や糞便にコクシエラを排出する。妊娠動物は流死産または虚弱子を出生し，新生獣は数週間で死亡する。感染母牛では繁殖障害を起こすとされている。

人ではインフルエンザ様症状を起こす。慢性感染では心内膜炎を引き起こし，死亡率が高い。

<病　理>　家畜や伴侶動物などの流産胎子では脾臓，肝臓，腎臓，生殖器に肉芽腫性・壊死性病変がみられる。

<病原・血清診断>

病原診断：コクシエラは発育鶏卵の卵黄嚢内接種，サル腎細胞(BGM)ないしA/Jマウス腹腔内接種により分離する。発育鶏卵に接種した場合はヒメネス染色，培養細胞に接種した場合は蛍光抗体法による菌の検出，動物接種の場合は体重減少と抗体応答により判定する。コクシエラ外膜蛋白質遺伝子などを標的とするPCRによる遺伝子診断を行う。

血清診断：感染細胞を抗原とした間接蛍光抗体法により行う。

予防・治療　日本ではワクチンは実用化されていない。テトラサイクリン系抗菌薬が有効。

(福士秀人)

64 放牧熱

Pasture fever, Tick-borne fever

宿　主　牛，めん羊，山羊

病　原　*Anaplasma phagocytophilum*。馬，犬，猫，人への感染・発症も起こる(「犬のエールリヒア症」240頁参照)。

分布・疫学　米国，欧州で発生。日本では与那国島や北海道の牛からDNAが検出されている。マダニが媒介する。

診　断

<症　状>　めん羊では発熱，食欲不振を主徴とし，咳を伴うこともある。乳牛では乳量の減少と流産を主徴とし，呼吸器症状もみられる。

<病　理>　感染初期には好中球が増加するが，次いでリンパ球，好中球ならびに血小板の減少が起こる。好中球内に封入体を認める。

<病原・血清診断>　末梢血塗抹のギムザ染色標本で好中球内に桑の実状の封入体(morula)を検出。末梢血由来のDNAを用いたPCRによる遺伝子検出と感染細胞を抗原とする蛍光抗体法による抗体検出が有効。

予防・治療　ワクチンはない。テトラサイクリン系抗菌薬が有効。

(田島朋子)

65 牛とめん羊のエールリヒア病

Ehrlichiosis in cattle and sheep

宿　主　牛，水牛，めん羊

病　原　*Anaplasma bovis*(牛と水牛)，*Ehrlichia ovina*(めん羊)

分布・疫学　アフリカ，中近東(牛，めん羊)，インド(牛，水牛)，スリランカ(牛)で発生。日本では北海道の牛とエゾシカ，静岡県のニホンジカでDNAが検出されている。*A. bovis*は*Hyalomma*(イボマダニ)属，*E. ovina*は*Rhipicephalus*(コイタマダニ)属のダニが媒介。

診　断

<症　状>　発熱，食欲不振，運動失調，リンパ節腫脹。めん羊では貧血。

<病　理>　肝と腎のうっ血，リンパ節腫大。急性の場合

は胸水・腹水の貯留，心筋の点状出血や脳のうっ血がみられることもある。
<病原・血清診断>　末梢血・脾臓の塗抹標本でマクロファージ・単球に桑の実状の封入体(morula)を確認。
予防・治療　ワクチンはない。テトラサイクリン系抗菌薬が有効。

(田島朋子)

66 牛出血熱(海外)
Bovine petechial fever, Ondiri disease

宿　主　牛
病　原　*Cytoecetes ondiri*。*Ehrlichia*属のリケッチアとされるが分類は確定していない。
分布・疫学　ケニア高地の森林や雑木林において散発的に発生する。日本での発生報告はない。野生の反芻獣が保菌しており節足動物が媒介すると考えられているが，詳細はわかっていない。
診　断
<症　状>　発熱，昏睡，粘膜の点状出血を主徴とする。重症例では結膜の浮腫と出血がみられ「poached egg eye」と呼ばれる。妊娠牛は流産を起こす。死亡率は50％に達することもある。
<病　理>　全身に出血，浮腫，リンパ組織過形成を認める。肺の浮腫により急死。リンパ節，脾臓，肝臓の腫大と点状出血。
<病原・血清診断>　病原体は分離培養されていない。脾細胞，肝臓のクッパー細胞，末梢血中の顆粒球と単球に封入体を認める。
予防・治療　ワクチンはない。テトラサイクリン系抗菌薬が有効。

(田島朋子)

67 牛の流産・不妊症
Abortion and infertility in cows

宿　主　牛
病　原　*Chlamydophila abortus*
分布・疫学　発生はまれ。米国，ドイツ，イタリア，フランスなど。
診　断
<症　状>　妊娠7～8カ月で流産。流産後の回復牛は不妊症になり，クラミジアを持続排出。妊娠牛は無症状のまま流産，死産または虚弱子を娩出。虚弱子は生後数日で死亡。
<病　理>　羊膜は浮腫性で肥厚。流産胎子には皮下の浮腫，胸腔および腹腔滲出液の増量，リンパ節の腫大，口腔粘膜，咽頭，気管，結膜の点状出血。流死産胎子臓器に肉芽腫性炎症。
<病原・血清診断>　羊膜，胎盤，胎子肝臓などの乳剤からPCRによる遺伝子検出ないしは培養細胞接種によりクラミジア分離。
予防・治療　実用的なワクチンはない。テトラサイクリン系ないしマクロライド系抗菌薬の投与。畜舎の消毒など衛生管理。

(福士秀人)

68 散発性牛脳脊髄炎
Sporadic bovine enephalomyelitis

宿　主　牛
病　原　*Chlamydophila pecorum*
分布・疫学　北米，オーストラリア，欧州で報告。日本では1960年代以降，報告はない。不顕性感染牛が存在。排泄物中のクラミジアが感染源。
診　断
<症　状>　食欲減退，元気消失，流涎，鼻漏など。咳を伴う呼吸困難。全身の硬直，神経症状。3～5週間で死亡。軽症では回復。
<病　理>　脳脊髄の浮腫，充血。漿液線維素性腹膜炎，肝臓と脾臓表面にフィブリン沈着。脳脊髄における非化膿性脳脊髄炎。
<病原・血清診断>　脳，脊髄からPCRによる遺伝子検出ないし培養細胞接種によりクラミジア分離。
予防・治療　実用的なワクチンはない。テトラサイクリン系ないしマクロライド系抗菌薬の投与。畜舎の消毒など衛生管理。

(福士秀人)

69 牛の多発性関節炎
Bovine polyarthritis

宿　主　牛
病　原　*Chlamydophila pecorum*
分布・疫学　米国。日本では証明されていない。
診　断
<症　状>　発熱，跛行，食欲不振，関節の腫大，ときに結膜炎。発症後2～12日で死亡することがある。新生子牛は重篤な症状を示し，致死率が高いとされている。
<病　理>　漿液線維素性または線維素性関節炎。関節周囲の浮腫と関節腔のフィブリン塊沈着。滑膜と滑液の塗抹または切片標本に基本小体が観察される。
<病原・血清診断>　滑液などの病変部を材料とし，PCRによる遺伝子検出ないし培養細胞接種によりクラミジア分離。
予防・治療　実用的なワクチンはない。テトラサイクリン系ないしマクロライド系抗菌薬の投与。畜舎の消毒など衛生管理。

(福士秀人)

70 (全)皮膚糸状菌症(人獣)
Dermatophytosis, Ringworm

概　要　動物で一般的にみられる皮膚糸状菌症は，*Trichophyton*(白癬菌)属や*Microsporum*(小胞子菌)属の真菌が皮膚表面(表皮)の角層や被毛に感染・増殖して，円形の脱毛を特徴とする皮膚病変を形成する表在性皮膚糸状菌症である。

宿　主　牛，馬，めん羊，山羊，豚，家きん，うさぎ・げっ歯類
病　原　*T. verrucosum*(牛，めん羊，山羊，すべての動物が感染の可能性)，*T. equinum*(馬，まれに猫や犬)，*M. canis*

(馬，猫，犬，すべての動物が感染の可能性)，*M. equinum*(馬)，*M. nanum*(豚)，*M. gallinae*(家きん，犬，猫)，*T. mentagrophytes*(うさぎ・げっ歯類，すべての動物が感染の可能性)，*M. persicolor*(うさぎ・げっ歯類，犬，猫)，*T. erinacei*(ハリネズミ，犬)，*M. gypseum*(すべての動物が感染の可能性)，*T. simii*(霊長類の動物，家きん，犬，猫)。人獣共通感染として特に重要なのは，*T. verrucosum*，*M. canis*，*T. mentagrophytes*，*M. gypseum*である。

分布・疫学

牛，めん羊，山羊：牛では*T. verrucosum*によるものがほとんどであり，通常，牛舎内などの群内で発生する。世界中で発生が認められている。めん羊や山羊での発生は牛よりも低率で，*T. verrucosum*以外に*T. mentagrophytes*も分離される。

馬：*T. equinum*の感染は全年齢でみられ，*M. equinum*の感染は若い馬でみられるのが一般的である。*T. mentagrophytes*や*M. gypseum*が分離されることもある。世界的に発生がある。

豚：豚での皮膚糸状菌症は少ない。欧州では*M. nanum*が一般的であるが，*T. mentagrophytes*，*M. canis*，*M. gypseum*，*M. persicolor*なども分離されている。子豚や肥育豚で感染率が高い。日本での発生は知られていない。

家きん：散発的な発生のみである。*M. gallinae*によるものが一般的であり，ヒヨコや雄鶏での発生が雌鶏よりも多い。*T. simii*や*T. mentagrophytes*による感染も報告されている。日本での発生は知られていない。

うさぎ・げっ歯類：*T. mentagrophytes*による感染が一般的であり，日本国内でも発生が認められている。他に，*M. persicolor*はハタネズミと，*T. erinacei*はハリネズミと関連があり，両者ともに犬への伝播がみられる。

皮膚糸状菌の伝播は，感染動物との直接的な接触によって生じる他に，感染動物の表皮や被毛が脱落することで，皮膚糸状菌の胞子によって環境が汚染されることによる動物の感染もある。過密な飼育環境や非衛生的な管理および幼齢の動物では感染リスクが高まる。

診　断

＜症　状＞

牛，めん羊，山羊：牛では頭部，頸部，臀部が皮膚病変の好発部位であるが，疥癬やシラミなどの寄生で瘙痒があると，舌で舐めることで全身に拡大する。10～50mmの薄い粉状鱗屑，あるいは分厚く剥がれにくい痂皮状の鱗屑を伴った環状斑が典型的な病変である。デルマトフィルス症との鑑別が必要とされる。めん羊や山羊の皮膚病変も牛と類似する。皮膚病変は，自然に消失することもある。

馬：感染の始まりには小さな脱毛病変を伴った被毛のわずかな逆立ちが認められる。薄く粉状の痂皮と裂毛を基本とする病変は，*T. equinum*や*M. equinum*による馬の皮膚糸状菌症の最も一般的な所見である。病変の原発部位は，主に鞍の下と胴周囲である。病変は非瘙痒性であるが，急速に全身へ拡大し，厩舎内の他の馬へも波及する。

豚：*M. nanum*による感染では痂皮状の円形病変がみられ，炎症が激しい。

家きん：鶏冠や肉垂が好発部位であり，白色の鱗屑や過角化を伴った局面がみられる。病変は，羽毛の脱落を伴って頭部および頸部の皮膚に拡大する。

うさぎ・げっ歯類：うさぎでの病変は耳介，眼周囲および鼻部に存在し，鱗屑と痂皮がみられる。ハリネズミでは薄い痂皮が頭部，爪の基部，パッドで認められる。外部寄生虫(*Caparinia tripilis*)の同時感染に注意が必要である。

＜病　理＞　最も一般的な病理組織学的所見は，①毛包炎とフルンケル，②増殖性の血管周囲性あるいは間質性皮膚炎，③表皮内膿疱性皮膚炎である。分節分生子(胞子)と菌糸がPAS染色組織標本で容易に検出される。

＜病原診断＞

被毛および鱗屑の直接検査：被毛と鱗屑を皮膚の掻爬で集める。10% KOHで角質を溶解すると，感染した被毛は粗造で不規則な表面を呈して膨化しているのが観察され，表面に菌糸や胞子が確認できる。*M. persicolor*は被毛には侵入しないため，菌糸や胞子は鱗屑でのみ観察可能である。

培養：真菌培養は皮膚糸状菌症の診断と菌種の同定に必要であり，病変部の被毛や鱗屑，痂皮，爪および生検組織などが材料として使用される。サブローデキストロース寒天培地を用いて培養し，コロニーの性状を観察すると同時に，菌糸や分生子の特徴を観察する。

PCR：一部の皮膚糸状菌の検出や培養材料の菌種同定に利用されている。

予防・治療　海外では*T. verrucosum* LTF-130株を用いた牛用のワクチンがあるが，日本国内では販売されていない。群内での皮膚糸状菌症の蔓延や人への感染を防ぐためには，疑わしい病変を持つ動物との接触を避けるとともに，畜舎や厩舎の環境および使用する櫛やブラシの衛生管理にも注意が必要である。

抗真菌薬の内服による治療は，コストの面から産業動物では一般的ではない。ナナオマイシン溶液が，日本国内で牛の*T. verrucosum*による皮膚糸状菌症の外用治療薬として販売されている。その他，人で使用されている外用抗真菌薬も有効である。

(伊藤直之)

71 (全)真菌中毒症

Mycotoxicosis

概　要　真菌中毒症は，真菌が産生する毒性代謝産物であるマイコトキシンを摂取することで，動物が急性もしくは慢性の様々な障害を示す。動物の真菌中毒症は，穀類，乾草，サイレージなどの飼料や主に床敷きに使用される稲わらや麦わらが真菌で汚染され，それらを摂取することで引き起こされる。マイコトキシンは二次的な代謝産物であり，宿主植物の状況など真菌のストレスに応じて産生される。ほとんどが耐熱性であり，環境の変化や加熱処理で真菌が死滅した後も飼料中に残存することが多く，除去は困難である。

宿　主　牛，馬，めん羊，豚，家きん

病　原・症状　マイコトキシンは，真菌が産生する毒性物質の総称で*Aspergillus*属，*Penicillium*属および*Fusarium*属の真菌が代表的なものであるが，その他にも多くの真菌によって産生され，100種以上のマイコトキシンが知られている。

アフラトキシン：*A. flavus*，*A. parasiticus*。低成長を引き起こし，肝毒性および免疫毒性を有する。トウモロコシ，米・麦類，ナッツ類，豆類，綿実，ソルガム(サトウモロコシ）などの汚染が原因。家きん，豚，牛，めん羊で発生がみられる。

オクラトキシン：*A. ochraceus*（一部は*P. viridicatum*により産生される）。腎毒性，肝毒性および免疫毒性を有する。トウモロコシ，麦類，ナッツ類，豆類，ワイン，ビールなどの汚染が原因。豚，家きんで発生がみられる。

シトリニン：*P. citrinum*，*P. viridicatum*。オクラトキシンと類似。

ゼアラレノン：*F. graminearum*。エストロゲン作用がある。トウモロコシ，麦類，穀物ペレット，コーンサイレージなどの汚染が原因。豚では外陰腟炎や偽妊娠，胚の早期死滅を引き起こす。牛とめん羊では不妊や繁殖障害の原因となる。家きんでは影響は少ないが，産卵数の低下を招く。

フモニシン：*F. verticillioides*。中枢神経毒性や脂質代謝経路の阻害作用，肝毒性がある。トウモロコシの汚染が原因。馬に白質脳軟化症を引き起こす。豚では急性小葉間肺水腫や胸水を引き起こし，低酸素症やチアノーゼの原因となり，生存した場合は，黄疸や慢性肝障害を示す。

トリコテセン類（ボミトキシン，ニバレノール，T-2トキシンなど）：*F. sporotrichioides*，*F. culmorum*，*F. graminearum*，*F. nivale*。上皮壊死作用，細胞の蛋白質合成阻害作用，免疫毒性，脳神経の伝達障害作用などが知られている。嘔吐，下痢，血便，食欲低下・廃絶などの消化器障害や乳量の減少，皮膚の神経過敏，免疫抑制を示す。穀物，食用ぬか，麦わらの汚染が原因。豚，牛，馬，家きんで発生がみられる。

疫　学　*Aspergillus*属や*Penicillium*属の真菌は，ほとんどが収穫された農産物の貯蔵・運搬の際に侵入して増殖するものである。これに対して，*Fusarium*属の真菌は，世界中に広く分布する土壌真菌であり，農作物の栽培中に植物組織に侵入・増殖することで植物に対して病原性を示し，トウモロコシなどの作物が栽培されている時点ですでに根，茎，種子などに感染している。

家畜の飼料は，主に輸入原料から作られる配合飼料（濃厚飼料）と，農家が各自で栽培する自給飼料（粗飼料）に区分される。配合飼料は，法律（飼料の安全性の確保及び品質の改善に関する法律）によって品質や安全性が管理され，マイコトキシンも許容基準値が設定されている。一方，自給飼料に関しては，ガイドライン（粗飼料の品質評価ガイドブック）は存在するが，品質や安全性の保証は各自に任せられ，マイコトキシンの評価は，ほとんど実施されていないのが現状である。

マイコトキシンに起因する真菌中毒症には，次のような特徴がある。①原因はすぐには判明しないことが多い，②1頭の動物から他の動物へ伝播することはない，③発生にはしばしば季節性があり，特に気候が深く関与している。また，野外例では真菌中毒症は軽度かつ慢性的であることが多く，さらに消化器障害や繁殖障害，免疫毒性による感染症，成長遅延や乳量および産卵数の低下など特徴的な症状を示さないため，マイコトキシンの関与に気づかないことが多い。なお，マイコトキシンは乳汁へ移行することから，哺乳中の動物に対する影響も考慮する必要がある。その他，原因となるマイコトキシンは1種類とは限らず，複数のマイコトキシンによって相乗的な影響があることも注意すべき点である。

診　断　臨床症状から真菌中毒症を診断するのは困難であり，様々な情報を組み合わせて診断する必要がある。飼料中の真菌の確認・同定やマイコトキシンの検出が診断の手助けとなる。一部のマイコトキシンは，商業ベースの検査機関で検出が可能である。

予　防　真菌中毒症の薬剤による治療は困難であることから，マイコトキシンを含有する飼料を摂取しないようにする予防対策が重要である。粗飼料の管理としては，衛生的で乾燥した状態であることやサイレージの確実な空気の排除，貯蔵期間の短縮などが求められる。

マイコトキシンを軽減する物質を飼料へ添加することで，真菌中毒症による障害を防ぐ対策もなされている。マイコトキシンの摂取による血液や組織への拡散を抑制するために，固定や吸着を目的としたもので，ゼオライト，活性炭，グルコマンナン，ポリマーなどが使用されている。

（伊藤直之）

72 (全)カンジダ症
Candidiasis

概　要　*Candida*属真菌による表在性ないし深在性日和見型真菌症である。

宿　主　牛，豚，家きん，めん羊，馬，猫，犬

病　原　子嚢菌門の*Candida*属菌による。主要菌は*C. albicans*であるが，*C. tropicalis*，*C. glabrata*，*C. krusei*，*C. parapsilosis*，*C. famata*，*C. etchellsii*などによる感染も認められる。*Candida*属菌には数百種の菌種が存在し，分子生物学的解析手法の向上により，新たな菌種による感染事例が多数報告されている。酵母形，仮性菌糸および菌糸形の二形性を呈す。

分布・疫学　世界各地で発生がみられる。宿主の口腔，鼻咽頭，腟，皮膚などで検出される正常細菌叢である。

診　断

＜症　状＞　表在性と深在性の感染がみられ，病変形成部位によって症状は多様である。家畜における表在性カンジダ症では粘膜および皮膚粘膜移行部に滲出性，膿疱性ないし潰瘍性の病変が観察される。重度のカンジダ症を呈した子牛では水様性の下痢，食欲不振，脱水を呈し，徐々に衰弱して死に至る。播種性に感染することもある。また，乳房炎や膀胱炎も引き起こす。豚では鵞口瘡が観察される。下痢および削痩がみられることもある。家きんでは消化管に感染し，嗉嚢炎が最も多い。沈うつ，食欲低下および発育遅延がみられるが，不顕性感染の場合もある。

＜発病機序＞　日和見感染する。発症因子は，粘膜の傷害，抗菌薬や免疫抑制剤の投与あるいは基礎疾患などである。続発性の感染が多い。

＜病　理＞　皮膚および粘膜の肉眼病変は単発あるいは多発性の隆起した，円形の白色腫瘤で，表面を痂皮（偽膜）で覆われている。

牛：前胃カンジダ症では，粘膜上皮の角化亢進と分芽胞子ないし仮性菌糸の増殖が観察され，びらんないし潰瘍を形成することがある。

豚：舌から胃無腺部に，分芽胞子ないし仮性菌糸の増殖を伴う黄白色斑状の病変が観察され，びらんないし潰瘍を形成することがある。

家きん：嗉嚢，食道および口腔粘膜に白色円形の潰瘍と偽

膜形成がみられる。粘膜上皮の角化亢進と，粘膜表層の分芽胞子および粘膜深層の仮性菌糸が観察される。

＜病原・血清診断＞　病変部の擦過ないし生検材料からの菌分離と併せて，病理組織学的検査による病変部菌体の確認が必須である。病変部では直径約２～５μmの卵円形の出芽した酵母様真菌と仮性菌糸が観察される。リボソームRNA遺伝子(rDNA)の解析による菌種の同定も補助診断として有用である。

予防・治療　衛生状態を改善し，過剰な抗菌薬投与を中止するなど宿主の健康状態を管理する。口腔および皮膚カンジダ症ではナイスタチン軟膏やアムホテリシンBの局所投与が有用とされ，他にフルコナゾールやイトラコナゾールが使われることもある。

(木村久美子)

73 (全)アスペルギルス症(人獣)　(口絵写真12頁)

Aspergillosis

概　要　*Aspergillus*属真菌による呼吸器，消化器，生殖器等の感染症で，様々な動物種で発生がみられる日和見型真菌症である。

宿　主　牛，馬，家きん，犬，猫，野生動物など

病　原　子嚢菌門の*Aspergillus*属菌による。主要菌は*A. fumigatus*であるが，*A. terreus*，*A. nigar*，*A. nidulans*，*A. flavus*，*A. deflectus*などによる発生もある。フィアロ型分生子を形成する。侵襲性ないし非侵襲性アスペルギルス症の他に，分生子に対するアレルギー性気管支肺アスペルギルス症や産生マイコトキシンによる中毒を起こすことがある。

分布・疫学　世界各地で発生がみられる。最も普遍的な環境生息菌で，土壌，腐朽・枯死植物，敷料，空気中など様々な環境に存在する。また，黴びた飼料なども感染源となる。鳥類(鶏，七面鳥，がちょう，アヒル，鳩，ペンギンなど)で感受性が高く，ペンギンは特に高い。日和見感染症であり，基礎疾患や抗菌薬の長期投与などによる免疫抑制動物で発症しやすい。

診　断

＜症　状＞

牛：呼吸器，消化器，生殖器感染があり，全身に播種することもある。臨床症状は病変形成部位によって異なるが，肺炎や流産を伴わない症例は無症状であることが多い。肺炎例は急速に致死的経過をとることもあり，発熱，呼吸速迫，鼻汁および湿性の咳などがみられる。流産は妊娠６～９カ月で起こる。中枢神経系に播種した症例では神経症状を呈する。皮下に肉芽腫を形成することもある。

馬：喉嚢(「喉嚢真菌症」161頁参照)および肺への感染では呼吸器症状がみられる。流産を起こすことがある。皮下の肉芽腫形成あるいは角膜の炎症を起こすことがある。

家きん：幼雛で感受性が高いが，衰弱した成鳥も発症する。呼吸困難，頻呼吸，過呼吸などの呼吸器症状を呈し，嗜眠，食欲不振，削痩を伴う。脳へ播種した症例では斜頸や平衡感覚の喪失などの神経症状がみられる。

犬：*A. fumigatus*による真菌性鼻炎を起こす。長頭種に多い。嗜眠，鼻腔の痛み，鼻孔潰瘍，くしゃみ，片側ないし両側の血液膿性の鼻汁，鼻出血，前頭洞骨髄炎を伴う。*A. terreus*，*A. deflectus*および*A. niger*は播種性に感染することがあり，ときに全身のリンパ節腫大および神経障害を呈する。

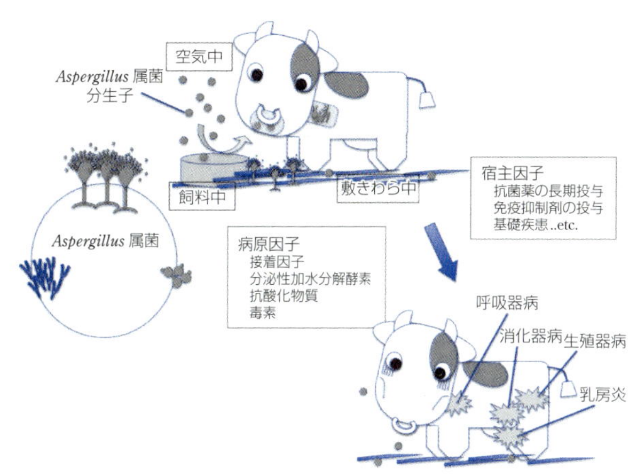

図　アスペルギルス症の発生機序
環境中の分生子が経気道的，経口的に取り込まれ，病変を形成する。あるいは血行性に播種される

猫：犬よりも発生はまれである。犬と同じ副鼻腔炎の他，眼窩(副鼻腔後部)に侵襲性の強い病変を形成し，顔面腫脹を起こす。神経症状を示すこともある。また，パルボウイルス感染あるいは抗菌薬治療に関連して腸炎を起こすこともある。

＜発病機序＞　抗菌薬の長期投与や免疫抑制剤の投与などによる易感染性宿主が，環境中の胞子を吸引することによって発症する。曝露された宿主の上部気道あるいは消化管に一過性に定着した分生子が，発芽・菌糸へ発育し，血行性に全身の標的組織に播種される。

＜病　理＞

牛：急性致死性の肺炎では，びまん性壊死性肺炎を呈する。亜急性から慢性では，肺に多数の境界明瞭な肉芽腫あるいは化膿性肉芽腫を形成し，肉眼的に結核病変に類似する。組織学的に病変の中心部ないし血管壁に真菌の菌糸が観察される。流産例ではブルセラ症に類似した壊死性胎盤炎を起こす。胎子の皮膚に亜急性皮膚炎あるいは過角化症がみられる。消化管病変は前胃よりも四胃で発生しやすく，出血および梗塞である。播種性感染の症例では，感染臓器に壊死あるいは肉芽腫を形成する。

馬：肺では多発性の塞栓性肺炎がみられる。流産症例では壊死性胎盤炎，他に化膿性潰瘍性角膜炎を起こす。

家きん：肺，気嚢を含む呼吸器系臓器および体腔膜に，数mm～数cmの様々な堅さの白色から黄色の結節ないし斑状病変が観察される．気嚢は肥厚し，表面に胞子形成が観察されることもある。組織学的に壊死性化膿性炎あるいは肉芽腫性炎が観察され，経過が長いと被包化される。播種性感染例では肝臓，腸管，脳，角膜等に病変が観察されることもある。

犬：病変は鼻腔および副鼻腔に局在し，粘膜は壊死産物と白色から灰白色の菌塊によって覆われることがある。慢性肉芽腫性ないし壊死性鼻炎を起こし，鼻甲介や鼻中隔を破壊し，粘膜，鼻骨あるいは上顎骨に潰瘍を形成することがある。播種性感染例では腹腔内および胸腔内リンパ節，腎臓，脾臓，椎骨に病変を形成する。通常，椎間板脊椎炎がみられる。

猫：鼻腔および副鼻腔の病変，翼口蓋窩の腫瘤あるいは硬口蓋の潰瘍がみられることがある。脳病変を形成することもある。腸炎では軽度の出血と壊死病変を形成する。播種性感染では肺病変の形成がみられることもある。

＜病原・血清診断＞　培養検査あるいは血清学的検査のみの診断は不適切である。病変部におけるアスペルギルスに特徴的な菌糸あるいは分生子頭の観察が必須である。病変部では直径3～6 μmの有隔菌糸が観察され，Y字型に分岐して増殖する。気管のような好気的環境下では分生子頭が観察される(**写真**)。分子生物学的技術を用いた菌種の同定も可能であり，リボソームRNA遺伝子(rDNA)などの解析による菌種の同定も有用である。

予防・治療　飼養環境中の病原体の除去(清掃，洗浄，消毒など)など衛生管理の徹底が重要である。種々の外科的切除および投薬療法が使われ，効果がみられる場合もある。ポリエン系抗真菌薬でアムホテリシンBが古くから使われている。数種のアゾール系抗真菌薬が効果的であるが，コストが高いものもある。

(木村久美子)

74 (全)ムーコル症

Mucormycosis

宿　主　牛，豚，馬，めん羊，犬，猫

病　原　接合菌門ムーコル科に属する*Rhizopus*属，*Rhizomucor*属，*Mucor*属，*Lichtheimia*属，*Mortierella*属など

分布・疫学　世界各地で発生がみられる。環境生息菌であり，土壌，腐朽・枯死植物，敷料，空気中など様々な環境に存在する。汚染飼料などが感染源となる。

診　断

＜症　状＞　消化管感染では下痢を伴う重篤な胃腸炎を呈する。播種により全身感染した場合には様々な症状を呈する。牛と馬で流産を起こすことがある。

＜病　理＞　消化管病変は境界明瞭な出血および潰瘍である。流産例では壊死性胎盤炎を起こす。血管侵襲性が強く，血栓形成を伴う血管炎，出血および血管下流域の壊死性病変ないし肉芽腫病変が観察される。

＜病原・血清診断＞　生前診断は難しい。病変部組織からの分離培養および病変部に幅広無隔壁の菌糸の観察が必須である。リボソームRNA遺伝子(rDNA)などの解析による菌種の同定も補助診断として有用である。

予防・治療　衛生管理の徹底と基礎疾患の治療が重要である。アムホテリシンBなどによる抗真菌薬投与が効く場合もある。

(木村久美子)

75 牛の真菌性乳房炎

Mycotic mastitis in cattle

宿　主　牛

病　原　*Pichia kudriavzevii*(*Candida krusei*)，*Candida tropicalis*，*Clavispora lusitaniae*，*Kluyveromyces marxianus*，*Candida rugosa*，*Candida albicans*，*Aspergillus fumigatus*など

分布・疫学　世界各地に広く分布。原因菌は酵母が主要であり，糸状菌は菌種が限定される。酵母が原因の場合の約半数は自然治癒するが，他は難治性である。

診　断

＜症　状＞　酵母が原因の場合は乳房の硬結・腫脹を伴う局所症状に限定される場合が多い。糸状菌が原因の場合は局所症状に加え全身の発熱を伴うが食欲は減退しない。

＜病　理＞　*Candida*感染ではリンパ節が肥厚し，粘膜は菌体の増殖により灰白色となる。

＜病原診断＞　酵母は乳汁の直接鏡検または培養後のグラム染色において細菌の5倍以上の大きさの米粒様の菌体を認める。糸状菌は培養後，菌糸を目視または鏡検で確認できる。

予防・治療　酵母感染は頻回搾乳にて半数は治癒する。予防は衛生的な乳房内治療と畜舎環境が重要。

(河合一洋)

76 牛の真菌性流産

Mycotic abortion in cattle

宿　主　牛

病　原　*Aspergillus fumigatus*，*A. flavus*，*Absidia corymbifera*，*Rhizopus microsporus*，*R. oryzae*，*Mucor racemosus*，*Candida albicans*，*C. krusei*など

分布・疫学　世界各地に広く分布。感染は飼料，乾草，敷きわらなどから真菌を吸入したり，摂食することによって起こる。

診　断

＜症　状＞　流産は気道や消化管を通して，または経皮的に侵入した真菌が血行を介し，胎盤に病巣を形成することで起こる。流産前には特徴的臨床症状は認められない。

＜病　理＞　胎盤感染により胎子は壊死を呈し，胎子の皮膚や胎子膜には真菌および炎症性細胞の浸潤に伴う水腫性肥厚が認められる。

＜病原診断＞　流産前の診断は困難である。流産胎子と胎盤の病変部に組織内真菌浸潤(例：グロコット染色で黒色に染まる菌糸を認める。確定診断は真菌の分離同定による。

予防・治療　治療不能となる場合が多い。予防は適正な飼養管理により牛体の健康管理に留意すること，真菌の付着・増殖した飼料や敷きわら類を使用しないことが重要。

(河合一洋)

77 牛のタイレリア病(法)

(口絵写真12頁)

Bovine theileriosis

概　要　リンパ球と赤血球内に寄生するタイレリアの感染に起因する発熱，貧血，黄疸を主徴とする疾病。家畜(法定)伝染病に指定されている原虫種は*Theileria annulata*と*T. parva*のみ。牛のタイレリア病並びに牛と馬のバベシア病は，法令上ピロプラズマ病と総称される。

宿　主　牛，水牛

病　原　アピコンプレックス門ピロプラズマ亜綱ピロプラズマ目に属するタイレリア(*T. annulata*，*T. parva*，*T. orientalis*)が原因。本原虫はマダニによって媒介される。マダニ唾液腺で成熟したスポロゾイト(**写真1**)が吸血時に牛の体内に注入され，主にリンパ球内でシゾントを形成す

る。その後，赤血球に侵入しピロプラズムとなる(**写真2**)。赤血球内原虫はマダニに摂取され，マダニ中腸で有性生殖を行い，キネートを経て，唾液腺でスポロゾイトとなる。マダニの経発育期伝播を経て，原虫は新しい宿主へと感染していく。すなわち，幼ダニ，若ダニが吸血後それぞれ若ダニ，成ダニへと変態し，新たな宿主に寄生した際にタイレリアを伝播する。*T. annulata* と *T. parva* のシゾント感染リンパ球は，癌細胞のように生体内で増殖を続ける。一方の *T. orientalis* のシゾント感染リンパ球は，巨大化するのみで増殖はしない。

分布・疫学

T. orientalis：日本を含め世界中に広く分布し，*T. sergenti/buffeli/orientalis* 群原虫とも呼称される。日本では「牛の小型ピロプラズマ病」と称される本種による疾病は，日本，韓国，中国，オーストラリア，ニュージーランドで畜産上問題視されている。ベクターは主に幼ダニ，若ダニ，成ダニで宿主を変える3宿主性のフタトゲチマダニ(*Haemaphysalis longicornis*：**写真3**)が知られている。

T. annulata：熱帯タイレリア病の原因であり，中近東から中国南部に至るユーラシア大陸やサハラ以北のアフリカに分布する。イボマダニ属(*Hyalomma*)のマダニによって媒介される。日本での報告はない。

T. parva：東海岸熱の原因で，東・南部アフリカに分布する。本種はコイタマダニ属(*Rhipicephalus*)のマダニにより媒介される。

診　断

<症　状>

T. orientalis：赤血球内ピロプラズマの出現に伴い，感染牛に発熱と難治性の大球性高色素性貧血がみられる。一方で，貧血は血管外溶血に起因し，バベシア病と異なり黄疸は軽度で血色素尿症をみない。急激な貧血の進行で致死的経過をたどることもある。特に，放牧牛で被害が大きく，マダニが活動する最盛期に感染後約2週間を経て発病のピークを迎える。また，*Babesia ovata* と混合感染すると重症化しやすい。原虫は持続感染し，他の感染症，妊娠分娩，輸送，不十分な放牧馴致などの後のストレス要因が再発の誘因となる。致死率は低いが，経済的被害は大きい。

T. annulata：感染約2週間後から40℃以上の高熱が稽留し，体表リンパ節が腫大する。原虫の赤血球侵入に伴って貧血も顕著となり，ときに黄疸も認められる。致死率は5～90％である。

T. parva：シゾント発育期が病態形成の中心的役割を果し，感染初期の症状は前者と同様である。感染後3～4週間の経過で死亡し，致死率は70％以上，ときに100％にも達する。感染牛では鼻腔や口腔から泡沫状分泌物の多量流出がみられ，肺水腫による呼吸困難が死因となる。感染の末期には赤血球内ピロプラズムが検出できる。

<病　理>　*T. orientalis* 感染に伴う悪性貧血には酸化ストレスによる赤血球膜の酸化障害が関与し，感染・非感染赤血球が脾臓などの食細胞系に認識され，処理される。結果，再生が追いつかず未成熟な大型赤血球が大量に出現する。また，ヘモグロビン変性に伴うHeinz小体もしばしば観察される。

T. annulata や *T. parva* では，高度な膜障害により不定形の赤血球像がしばしば観察される。一方，全身臓器ではシゾント感染リンパ球の浸潤がみられる。

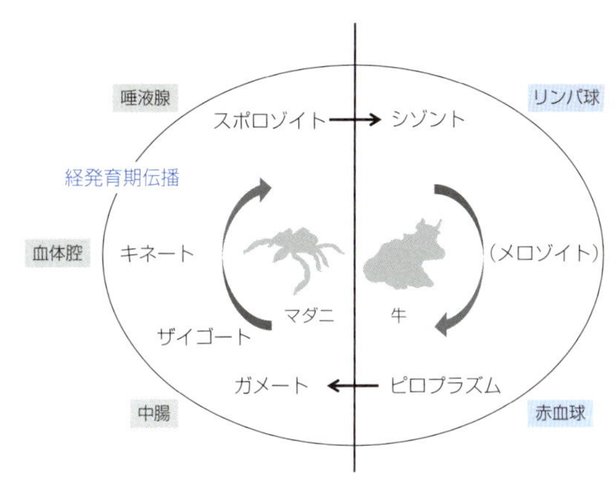

図1　タイレリアの発育環

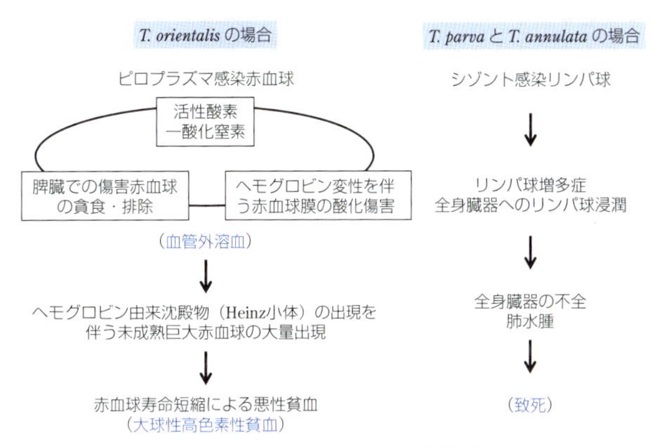

図2　タイレリア病の発病機序

<病原・血清診断>

病原診断：血液塗抹標本のギムザ染色により赤血球内に寄生した小型のピロプラズムやシゾント感染細胞を検出する。バベシアやアナプラズマなどの他の住血微生物との形態学的区別が重要である。*T. annulata* と *T. parva* では，腫脹したリンパ節のバイオプシー検体のギムザ染色標本からシゾント感染細胞を検出する。遺伝子診断法(PCR)も3種のタイレリアで確立されている。

血清診断：個体診断に適した方法はなく，虫体抗原あるいは組換え抗原を利用したELISAが疫学調査に用いられている。

予防・治療　予防はマダニ対策が重要で，マダニ発生期にあわせて牛個体への抗マダニ剤(フルメトリンなど)の塗布を定期的に行うことが有効である。

T. orientalis 感染症の治療には抗ピロプラズム剤(8-アミノキノリンやジミナゼン)が使われていたが，現在は製造・販売中止となっている。輸血や補液など貧血への対症療法は症状を軽減させる。また，放牧馴致を十分に行い，さらに放牧期間の定期的な血液検査で感染牛の早期発見と治療に努める。牛の小型ピロプラズマ病は放牧病として重要視されているが，いまだワクチンは開発されていない。

流行国では，*T. annulata* および *T. parva* 感染症の治療にテトラサイクリンやナフトキノンが使われているが，感染初期以外での治療効果は少ない。*T. annulata* では培養細胞継代弱毒株(シゾント感染リンパ球)による生ワクチン接種が，また *T. parva* では感染治療法(凍結スポロゾイトおよびテトラサイクリンの同時接種)が予防に使われている。

(横山直明)

78 牛のバベシア病(法)

Bovine babesiosis

（口絵写真12頁）

概　要　赤血球に寄生するバベシアの感染に起因する発熱，貧血，黄疸，血色素尿症を主徴とする疾病。家畜(法定)伝染病に指定されている原虫種は*Babesia bigemina*と*B. bovis*のみ。牛のタイレリア病並びに牛と馬のバベシア病は，法令上ピロプラズマ病と総称される。

宿　主　牛，水牛，鹿

病　原　アピコンプレックス門ピロプラズマ亜綱ピロプラズマ目に属するバベシア(*B. bigemina*, *B. bovis*, *B. divergens*, *B. ovata*)が原因。マダニ媒介性であり，基本的な発育環はタイレリアとほぼ同一であるが，哺乳動物体内では有核細胞内での増殖ステージ(シゾント)を欠き，侵入したスポロゾイトは直接赤血球に寄生してピロプラズム(メロゾイト)となる(**写真1**)。マダニに感染した原虫(キネート)は経卵伝播により次世代の幼ダニへと移行し，次世代の幼・若・成ダニを通じて新しい宿主へとバベシアを伝播する。

分布・疫学

B. bigemina：ダニ熱やテキサス熱と称される疾病を起こす。

B. bovis：脳バベシア症の原因となる。

両バベシア種は中南米，南・北アフリカ，オーストラリア東部，南欧，アジア諸国に広く分布する。かつて沖縄に分布していたが，徹底したマダニ対策により撲滅に成功し，近年日本での報告はない。媒介マダニはウシマダニ亜属(*Boophilus*)を含むコイタマダニ属(*Rhipicephalus*)で，アフリカでは*Rhipicephalus* (*B.*) *decoloratus*が，その他の地域ではオウシマダニ〔*R.* (*B.*) *microplus*〕が知られている。ともに幼・若・成ダニを通じて同じ宿主に寄生する1宿主性のマダニである。

B. divergens：中欧から北欧に分布する種で，マダニ属(*Ixodes*)により媒介される。

B. ovata：日本では「牛の大型ピロプラズマ」と称され，牛の小型ピロプラズマである*Theileria orientalis*と同じフタトゲチマダニが媒介する。日本，韓国，中国，モンゴル，ベトナムでの分布が確認されている。

診　断

＜症　状＞

B. bigemina：感染後1～2週間で発症し，41～42℃の高熱が2～7日間続く。この間，貧血と血色素尿症や高度の黄疸が認められる。下痢などの消化器症状や妊娠牛では流産も起きる。成牛の急性例では発症後4～8日で死亡し，致死率も90%に上る。

B. bovis*, *B. divergens：発熱，貧血，黄疸，血色素尿症が主徴となる。*B. bovis*では脳バベシア症も多く認められ，流涎，興奮，麻痺などの神経症状を呈して急死する。成牛の致死率は*B. bovis*で20～30%，*B. divergens*はそれよりやや低い。

B. ovata：上記3種に比べて病原性は低い。媒介マダニが共通であるため*T. orientalis*との混合感染が多く，*Anaplasma centrale*や*Mycoplasma wenyonii*との混合感染もみられる。混合感染例では重症化しやすい。原虫寄生に伴い血管内溶血による貧血と黄疸がみられるが，致死率はきわめて低い。

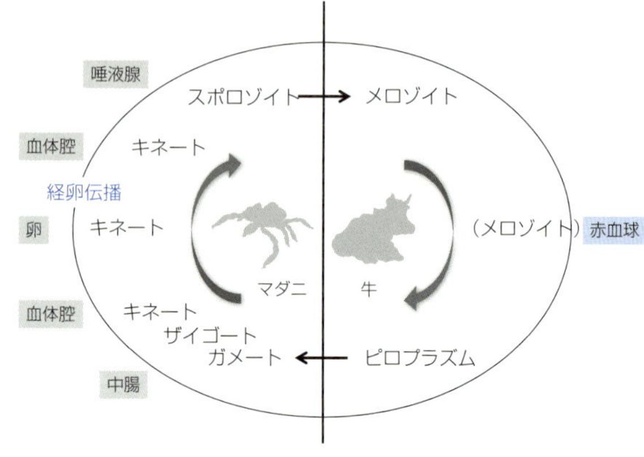

図1　バベシアの発育環

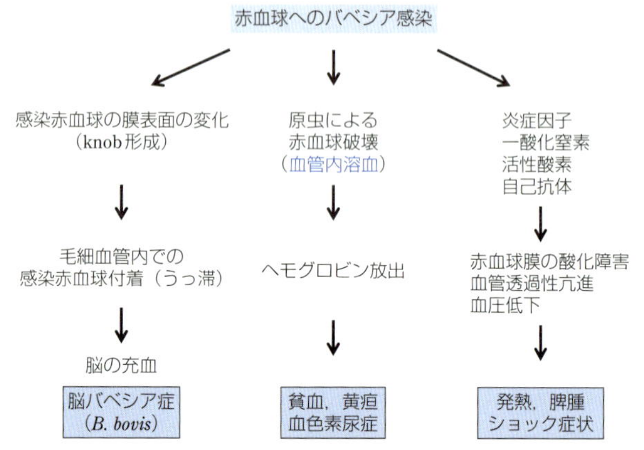

図2　バベシア病の発病機序

＜発病機序＞　貧血は主に原虫感染による赤血球の破壊に起因する。さらに，感染により産生が誘導される各種炎症因子，一酸化窒素，活性酸素，赤血球認識自己抗体などが，発熱，脾腫，血圧低下に伴うショック症状などバベシア感染による諸症状の発現に深くかかわっている。幼牛より成牛の感受性が高い。

*B. bovis*感染赤血球表面には突起した構造物(knob)の形成が観察される。この構造物により脳毛細血管へ感染赤血球が付着し，脳バベシア症が起こる。

＜病　理＞　貧血や黄疸に伴う肉眼並びに顕微鏡所見が認められる。膀胱内に暗赤色の血色素尿が貯留する(**写真2**)。皮下織や漿膜下織の水腫や黄疸，脾臓，肝臓，腎臓の腫大が認められる。

脳バベシア症では脳の充血が顕著となり，毛細血管内に感染赤血球のうっ滞が認められる(**写真3**)。

＜病原・血清診断＞

病原診断：ギムザ染色した末梢血液塗抹標本から赤血球内寄生原虫を検出する。*B. bigemina*感染赤血球は全身血液にほぼ均等に見出されるが，*B. bovis*の場合は感染赤血球が末梢血管に偏在することから，耳端や尾端等の毛細血管から採取した血液を用いる必要がある。*B. ovata*は急速に増殖した後，速やかに回復するため原虫の検出を見落とす場合が多い。

各種バベシアの赤血球内ステージの形態は，ハの字に分裂した双梨子状虫体の場合*B. bigemina*(4.2×1.5μm)，*B. bovis*(2.0×0.9μm)，*B. divergens*(2.2×0.8μm)，*B. ovata*(3.2×1.7μm)で，それぞれの単梨子状虫体はそれよりやや大きい。タイレリアやアナプラズマとの形態学的鑑別が必要である。高感度で正確な種同定にはPCRが有効である。

血清診断：CF反応，間接赤血球凝集反応，間接蛍光抗体法などが利用されてきたが，現在では組換え抗原を用いたELISAが主流になりつつある。

予防・治療

＜予　防＞　いくつかの流行国では弱毒株による生ワクチン接種が，*B. bovis*と*B. bigemina*感染症に対して用いられている。しかし，成牛や妊娠牛では発病するリスクがあり，また多彩な抗原多型を示す野外株に対応できないなど様々な欠点が指摘されている。予防はマダニ対策が重要で，プアオン法，薬浴法，スプレー法，イヤータッグ法などがある。牛個体への抗マダニ剤塗布を定期的に行うことが有効である。

＜治　療＞　イミドカルブやジミナゼンなどが有効であるが，急性例では奏効しない場合も多い。輸血や補液など貧血への対症療法も必要である。

（横山直明）

79 牛のトリパノソーマ病（届出）（海外）

Trypanosomosis in cattle　（口絵写真13頁）

概　要　トリパノソーマ原虫に起因する発熱と貧血を主徴とする疾病。

宿　主　牛，水牛，馬の他，ほとんどの家畜，野生哺乳動物が感染する。

病　原　キネトプラスト目に属する*Trypanosoma brucei*（*T. brucei brucei*，*T. b. rhodesiense*，*T. b. gambiense*の３亜種），*T. congolense*，*T. vivax*，*T. evansi*，*T. theileri*。*T. b. brucei*は動物にしか感染せず，*T. b. rhodesiense*は人急性アフリカトリパノソーマ症を，*T. b. gambiense*は人慢性アフリカトリパノソーマ症を起こす。

T. b. brucei，*T. b. rhodesiense*および*T. congolense*はツェツェバエによる生物学的伝播で動物にナガナ（nagana）を起こし，*T. evansi*と*T. theileri*はアブやサシバエによる機械的伝播，*T. vivax*はツェツェバエ（**写真１**）による生物学的伝播とアブやサシバエによる機械的伝播により感染。動物の*T. evansi*感染症はスーラ（surra）と呼ばれる。

トリパノソーマ原虫は寄生性鞭毛虫で，紡錘形で単一の核とキネトプラストを有し，大きさ20～40μm×２～４μm，核は細胞のほぼ中央に位置し，キネトプラストは細胞後端にある。

分布・疫学　牛のトリパノソーマはその性状と分布を，次の３グループに分けることができる。①サハラ砂漠以南のツェツェバエ生息地帯（北緯14°から南緯29°までのアフリカ）にのみ分布するアフリカトリパノソーマの*T. brucei*，*T. congolense*。②アブやサシバエによって媒介されるためアフリカに限らず，中南米，中国，東南アジア，中央アジア，インド，中近東などの温帯～熱帯地域に広く分布している非ツェツェ媒介性トリパノソーマ（non-tsetse transmitted animal trypanosomosis：NTTAT）の*T. evansi*と*T. vivax*。なお，*T. vivax*（**写真２**）はツェツェバエとアブの両方で媒介されるため，「ツェツェバエ媒介性」と「NTTAT」の両方に分類されている。③アブが媒介し，日本を含む世界中に分布している非病原性トリパノソーマの*T. theileri*。

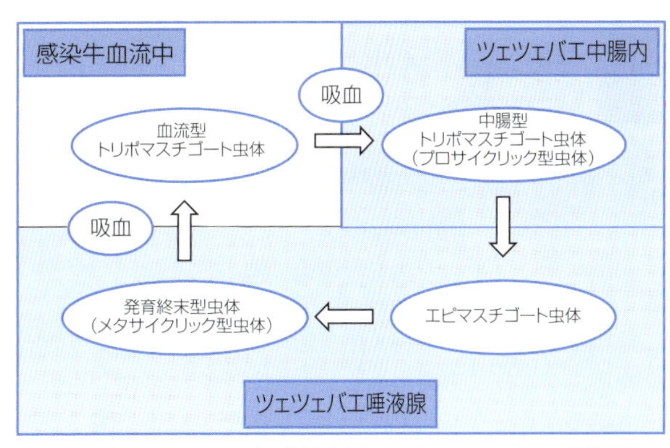

図　牛のツェツェバエ媒介性トリパノソーマ病の感染環

診　断

＜症　状＞　トリパノソーマ原虫の牛に対する病原性は，一般に*T. congolense*＞*T. vivax*＞*T. brucei*の順に強い。*T. evansi*の病原性は分離株によって異なる。*T. theileri*は合併症などがない限り単独で病原性を示すことがない。

トリパノソーマ病の特徴は，貧血と血液中の原虫数増減に一致する回帰熱であり，ほぼ12日間隔で発熱し，高熱は２～３日続く。急性の場合は治療しなければ１カ月以内に斃死するが，一般に流行地では１年以上の慢性経過をたどることが多い。*T. b. rhodesiense*は牛に感染しても強い症状を示さずに慢性化するため，保虫宿主となった牛が人への感染源となり得る。

その他の症状としてはリンパ節の腫脹，腹部の浮腫，神経症状，流産などがあげられる。

＜病　理＞　貧血を主徴とし，血小板減少症，白血球減少症，播種性血管内凝固症候群，リンパ節と脾臓の腫大がみられる。慢性に経過した場合は心臓の肥大，腎炎，肝臓の腫大などが認められる。

＜病原・血清診断＞

病原診断：本病の診断で最も簡便かつ確定的なのは新鮮血液塗抹標本の鏡検による原虫検出である。宿主が斃死するとトリパノソーマ原虫も急速に死滅するため死後の検出は困難である。原虫の識別は特異的プライマーを用いたPCRにより可能。

血清診断：ベルギー熱帯病研究所からラテックス凝集反応による血清診断キットが入手できる。トリパノソーマ虫体可溶化抗原を用いるELISAや蛍光抗体法でも抗トリパノソーマ抗体の検出が可能である。

予防・治療　ワクチンはない。トリパノソーマは細胞外寄生原虫であるため，宿主の特異抗体応答から逃れるために細胞表面に高発現しているGPIアンカー性糖蛋白質（variant surface glycoprotein：VSG）の抗原性を頻繁に変異させる。これがワクチン開発を困難にしている理由である。予防は媒介昆虫の駆除。大量の殺虫剤を環境へ投入することは望ましくないため，ツェツェバエの習性を利用し，効率よく捕獲することができるトラップが用いられている。

治療は，スラミンの静脈内注射（７～10g/１頭），ジミナゼンの筋肉内注射（3.5～７mg/kg），またはイソメタミジウム0.25～0.5mg/kgを筋肉内注射。イソメタミジウムを予防薬として用いるときは0.5～１mg/kgの筋肉内注射。

（井上　昇）

80 牛のネオスポラ症（届出）
Bovine neosporosis

概　要　*Neospora caninum*感染による牛の流産を主徴とする疾病。

宿　主　牛，水牛，めん羊，山羊，鹿，犬。
病　原　*N. caninum*。アピコンプレックス門真コクシジウム目ザルコシスティス科ネオスポラ属に属する原虫で，犬を終宿主ならびに中間宿主とし，トキソプラズマと同様な生活環をとる。なお，コヨーテ，ディンゴなど，他のイヌ科動物も終宿主となることが確認あるいは類推されている。牛，めん羊，山羊および鹿などが中間宿主となる。
分布・疫学　1989年以降，多数の国で発生が報告されており，世界的に分布。米国，ニュージーランド，オランダなどでは，乳用牛の流産の主原因と考えられている。日本では，1991年の初報告以降，大多数の都道府県で発生が確認。発生に地域性と季節性はない。発生はおおむね地方病性であるが，集団発生も報告。主要な感染経路は，胎盤を介した垂直伝播。集団発生の場合は，オーシスト摂取による感染が疑われる。牛から牛への水平伝播はないと考えられている。
診　断
<症　状>　流産が主要症状。流産胎齢は通常３～８カ月齢，平均5.5カ月齢。胎子の死亡・吸収，ミイラ胎子の娩出および死産をみることもある。抗体陽性牛から娩出された子牛は高頻度に経胎盤感染しているが，大多数は不顕性感染のまま成長し，シストを中枢神経系組織に保持し続ける。妊娠中にシストからブラディゾイトが遊出しタキゾイトとなり，感染が再活性化して胎子感染が起こる。胎子感染した子牛の一部は，生後２カ月齢までに神経症状，成長不良，起立困難などの症状を呈する。
<病　理>　流産胎子で皮下の膠様浸潤，胸水および腹水などが観察。本症の確定診断は病理組織学的および免疫組織化学的検査による。病理組織学的には，非化膿性脳炎，肝炎，心筋炎・心膜炎，骨格筋炎および胎盤炎が観察され，病変部ではタキゾイトがまれに観察される。シストは中枢神経（まれに骨格筋）でみられる。上記組織病変を有する症例で，免疫組織化学的にタキゾイトないしシストを検出することにより，確定診断がされる。
<病原・血清診断>　PCRによる原虫特異遺伝子の検出。間接蛍光抗体法，ELISA，ドットブロット法および凝集法などによる抗体検査が可能。アカバネ病，牛ウイルス性下痢ウイルス感染症，チュウザン病，牛伝染性鼻気管炎などによる流産との類症鑑別が必要。
予防・治療　ワクチンはない。最も重要なのは，飼料や飲水へのオーシストの混入防止である。また，ネオスポラ抗体陽性母牛と産子を繁殖候補から除外することにより，牛群内の感染率を下げることができる。有効な治療法は報告されていない。

（木村久美子）

81 トリコモナス病（届出）
Trichomoniasis

概　要　トリコモナスの感染によって引き起こされる生殖器感染症。低受胎や妊娠早期の流産を伴う。

宿　主　牛，水牛
病　原　鞭毛虫類の*Tritrichomonas foetus*。約10～25×３～15μmの紡錘型または洋梨型で，表面には運動器官である鞭毛（前鞭毛３本，後鞭毛１本）と波動膜が存在し特徴的な運動能を有する。生殖器に寄生し，２分裂増殖する。
分布・疫学　世界的に分布し，牛の繁殖障害の主因となるが，日本を含め人工授精の普及した先進諸国では発生はほとんどみられない。生殖器を介した接触（交尾）感染で伝播。感染雄牛からの汚染精液や，消毒不十分な人工授精器具を介した伝播もある。
診　断
<症　状>　雌牛は感染後約３日で腟炎を起こし，白色から淡黄色の悪露を排出。感染後約２週後には，原虫は子宮内に侵入し低受胎の原因となる。その後，回復に向かい原虫は消失するが，１年以上感染が持続する例もある。種付け後約１～16週で早期の流産が起こり，死亡胎子や胎盤の子宮内残留は子宮蓄膿症や子宮内膜炎の原因ともなる。また，ごく早期の流産は発情周期の異常や不受胎を引き起こす。
　感染雄牛は通常は無症状であるが，ときに包皮炎を引き起こし，充血，腫脹，膿様粘液の排出がみられる。症状消失後も局所に持続感染しており，生涯にわたり感染源となる。
<病　理>　雌牛ではカタル性腟炎。
<病原・血清診断>
病原診断：急性期では生殖器粘液，流産例では胎子胃内容，羊水，尿膜液の無染色標本を顕微鏡下で観察し，運動性を有する原虫を検出。雄牛では急性期以外での原虫検出は困難。原虫数が少ない場合，生殖器洗浄液や尿を遠心し沈渣を観察。本原虫はDiamond培地で培養が可能で，接種後37℃，１～４日間培養し，増殖した原虫を確認する。
　雌雄生殖器や流産例からの試料を用いた遺伝子診断（PCR）も可能であり，特に持続感染例など原虫が形態的に検出できない場合，有効な診断法となる。
血清診断：血清や腟粘液中の抗体を検出する方法も報告されているが，日本では用いられていない。
予防・治療　種付け，人工授精にあたって衛生管理を徹底することで予防が可能である。雌牛に対しては，生殖器の洗浄とルゴールグリセリン液の注入を複数回実施する。抗原虫薬（メトロニダゾール，ジメトリダゾールなど）の投与は有効であるが，食用産業動物への使用は禁止されている。雄牛では完治が困難であり，感染雄牛の淘汰が清浄化には必須。

（横山直明）

82 牛のクリプトスポリジウム症(人獣)
Bovine cryptosporidiosis

概　要　*Cryptosporidium parvum*の感染によって起こる新生牛の下痢症。人にも感染し激しい下痢を起こす。

宿　主　牛，めん羊，山羊，馬，豚，鹿，犬，マウス，人など

病　原　アピコンプレックス門コクシジウム亜綱コクシジウム目アイメリア亜目クリプトスポリジウム科に属する*C. parvum*。オーシストは小型の類円形(4.5×5.0μm)で，腸管上皮細胞の微絨毛内に寄生する。寄生部位は腸管上皮細胞の微絨毛内である。感染牛の糞便には4個のスポロゾイトを内蔵した感染性オーシストが排出されるが，腸管内で脱殻してスポロゾイトが宿主の腸上皮細胞に再感染するものもあり(自家感染)，本原虫の増殖能はきわめて高い。牛に寄生する*Cryptosporidium*には，*C. purvum*以外に，*C. andersoni*，*C. bovis*，*C. ryanae*があり，これらは病原性が低く，下痢を起こさない。オーシストの大きさは，*C. andersoni*が6×7μm，*C. bovis*は*C. purvum*とほぼ同じで，*C. ryanae*では3×4μmである。

分布・疫学　世界的に分布。日本でも普通にみられ，子牛における寄生率は概して高い。感染しても発症しない不顕性感染が多いが，若齢動物ほど発症しやすく，重症例では激しい下痢を呈して死亡する。人では免疫不全の場合に下痢が長期化し，死亡することもある。

診　断

＜症　状＞　1～3週齢の子牛が発症しやすい。主な症状は下痢で，灰白～黄色かつ泥状～水様の粘液を含む下痢便がみられる。その他，発熱，元気喪失，沈うつ，脱水，発育遅延などが認められる。毒素原性大腸菌やロタウイルスなどの混合感染があると重症化する。

＜発病機序＞　感染は1個のオーシストの摂取でも成立するといわれているが，摂取オーシスト数が多いほど発症しやすい。感染後3～6日で糞便中にオーシストが排出されるようになり，このころから下痢が始まる。下痢は1～2週間持続し，排出オーシスト数もこの間にピークに達する。その後，子牛が耐過すれば下痢が改善され，排出オーシスト数も少なくなる。

＜病原・血清診断＞　浮遊法，糞便塗抹の抗酸染色や蛍光抗体法を用いて糞便中のオーシストを検出。最も簡便で安価なのは浮遊法である。比重1.20以上のショ糖液で浮遊させると，オーシストはピンク色にみえる。蛍光抗体法には扱いが容易なキットが市販されている。種や遺伝子型の同定にはPCRが用いられる。

予防・治療　有効な薬剤は今のところない。脱水の改善や代謝性アシドーシスの補正を目的とした対症療法として，輸液が行われる。予防は，環境中のオーシストを殺滅することであるが，一般の消毒薬は無効である。熱には弱く，55℃ 30分，60℃ 15分，70℃ 5分，72.4℃ 1分の加熱でオーシストは殺滅される。糞便の堆肥化において十分な発酵熱が生じればオーシストは殺滅される。また，オーシストは乾燥にも弱いことから，畜舎洗浄後の十分な乾燥が重要。

(平　健介)

83 牛のコクシジウム病
Bovine coccidiosis

概　要　*Eimeria*属の原虫が牛の腸管に寄生して起こす下痢症。3週齢～3カ月齢の子牛で発症が多い。

宿　主　牛

病　原　アピコンプレックス門コクシジウム亜綱コクシジウム目アイメリア亜目アイメリア科に属する*Eimeria*属原虫。牛に寄生する*Eimeria*にはおよそ13種があり，病原性が高い*E. zuernii*および*E. bovis*が重症下痢の主因。放牧牛では*E. alabamensis*が下痢を起こす例もある。オーシストの形態は，*E. zuernii*が15×19μmの類円形で，*E. bovis*が20×28μmの卵円形。感染牛の新鮮便には感染性を持たない胞子未形成オーシストが排出され，外界で発育して，2個のスポロゾイト含むスポロシスト4個を含有した感染性の胞子形成オーシストになる。

分布・疫学　世界的に分布。日本でも普通にみられる。感染は胞子形成オーシストの経口摂取による。感染しても発症しない不顕性感染が多いが，若齢動物ほど発症しやすく，重症例では激しい下痢を呈して死亡する。*Eimeria*属原虫は宿主特異性が高く，牛の*Eimeria*は牛にだけ寄生し，その他の動物には寄生しない。

診　断

＜症　状＞　主に3週齢～3カ月齢の子牛が発症しやすいが，成牛でもまれに発症することがある。主な症状は下痢で，高病原性の*E. zuernii*と*E. bovis*の濃厚感染では血便がしばしばみられ，便には血液の他に腸の粘膜組織が混じる。発熱，腹痛，貧血，脱水，衰弱も認められ，重症例では死亡する。ウイルスや細菌などの混合感染があると重症化する。

＜発病機序＞　牛に摂取された*E. zuernii*のオーシストからスポロゾイトが脱殻すると，小腸の粘膜上皮細胞を通過して内皮細胞に侵入し，初代メロントに発育する。初代メロントには10^5以上のメロゾイトが含まれ，これらが放出されると腸の粘膜細胞に侵入して第二代メロントが発育する。この第二代メロントから放出される第二代メロゾイトがガメトゴニーと呼ばれる有性生殖を粘膜上皮細胞で行う。第二代メロントの発育とガメトゴニーにおいては，腸管上皮細胞の剥離，固有層および毛細血管の露出が生じ，大腸に激しい出血を起こす。重度の損傷で子牛は死亡する。

＜病原・血清診断＞　診断は，マックマスター法やOリング法などの定量的な糞便検査法を行い，糞の性状とOPG値(糞便1gあたりのオーシスト数)および*Eimeria*種を調べることにより行う。オーシストの形態的特徴で種の区別は可能である。必要に応じてPCRで種同定を行う。

予防・治療　予防薬としてトルトラズリル製剤が用いられる。治療薬にはスルファモノメトキシン，スルファジメトキシン，またはスルファモノメトキシンとオルメトプリムとの合剤がある。これらの予防薬および治療薬の効果は概して高い。しかし，重症牛では頑固な下痢が続き，早期回復に至らないこともある。オーシストは塩素剤などの一般の消毒薬には高い抵抗性を持つが，熱には弱く，畜舎や器具などの熱湯撒布による消毒効果は有効。ただし，75℃以上の熱湯がオーシストに直接付着する必要がある。多剤型

オルソ剤を用いた踏み込み槽の設置も奨められている。

（平　健介）

84 牛のベスノイティア症（海外）

Bovine besnoitiosis

宿　主　牛や他の反芻動物が中間宿主で，終宿主は猫科動物と考えられている。

病　原　アピコンプレックス門コクシジウム亜綱コクシジウム目アイメリア亜目肉胞子虫科に属する *Besnoitia besnoiti*。

分布・疫学　アフリカ，欧州，アジア，ベネズエラなどで発生が報告。特に近年，西欧において感染エリアが拡大し，新興再興感染症の1つとして重要視されている。日本における報告は今のところない。

診　断

＜症状・病理＞　急性期には発熱，頭部や頸部の浮腫，リンパ節の腫脹がみられ，慢性期には皮膚の肥厚・硬化，脱毛，脂漏，過角化がみられる。眼表面，鼻粘膜や腟粘膜に形成される原虫のシストは検出しやすい。

＜病原診断＞　病変部の生検で原虫シストを検出。あるいは血液（急性期）や病変部（慢性期）から原虫遺伝子をPCRで検出する。ELISAなどによる血清診断も行われる。

予防・治療　有効な治療法はない。導入牛の検査を徹底し，感染牛を導入しない。

（平　健介）

85 牛バエ幼虫症（届出）（人獣）

Hypodermosis

宿　主　牛，水牛。まれに馬，人など

病　原　双翅目ヒツジバエ科のウシバエ（*Hypoderma bovis*）およびキスジウシバエ（*H. lineatum*）の幼虫。成虫は牛の被毛に産卵し，約4日後に1齢幼虫が孵化。1齢幼虫は牛体内に経皮的に侵入し，体内移行して，数カ月後に背部皮下に達して2齢幼虫になる。3齢幼虫になって蛹化前になると背部皮膚に穴を開ける。このため皮革の価値は大きく損なわれる。

分布・疫学　ウシバエ，キスジウシバエともに北半球に広く分布。日本では北海道，青森県，熊本県，鹿児島県などで散発的な発生があったが，近年はみられない。

診　断

＜症　状＞　1齢幼虫の体内移行は疼痛を伴う。幼虫が脊髄に迷入して運動障害を起こしたり，死滅幼虫によるアナフィラキシーショックが起こることがある。

＜病　理＞　幼虫の体内移行が，組織の溶解，出血，壊死を招く。背部皮下に寄生する幼虫がクルミ大から鶏卵大の腫瘤を形成する。

＜病原診断＞　腫瘤内の虫体を摘出し，形態学的に同定。

予防・治療　幼虫に対してイベルメクチンなどのアベルメクチン系製剤が有効。死滅幼虫を体内に残すとアレルギー反応を起こす可能性があるので注意する。

（平　健介）

1 (全)伝染性膿疱性皮膚炎(届出)(人獣)

Contagious pustular dermatitis

病名同義語：Orf, Scabby mouth

概　要　パラポックスウイルス感染による口唇，歯齦，乳頭などの丘疹，結節を主徴とする皮膚疾患。

宿　主　めん羊，山羊，鹿，ニホンカモシカ

病　原　*Poxviridae, Chordopoxvirinae, Parapoxvirus*に属するオーフウイルス(*Orf virus*)。2本鎖DNAウイルスで，同属の牛丘疹性口炎ウイルスおよび偽牛痘ウイルスと血清学的に交差するが，エンベロープ領域の塩基配列解析およびPCR産物の制限酵素切断パターンにより識別が可能である。ウイルス粒子は220～300×140～170nmの特徴的な楕円形竹カゴ状の形態である。

分布・疫学　日本を含め世界中に分布。羊飼いの間では古くから知られており，1780年代頃から記録がある。orfは古いスコットランド語で痂皮を意味する。子羊に多くみられ，経済的被害が大きい。

伝播様式は主として接触感染で，皮膚の創傷から直接的に，またウイルス汚染飼料などを介して感染する。罹患率は100％に達するが，致死率は低く1～2％。分娩，長距離輸送などのストレスにより症状が悪化する。ウイルスは乾燥に強く，乾燥した痂皮のなかでは低温で長期間感染性を保持する。痂皮や病変部が脱落・付着した器具，飼育施設などは長期にわたり感染源となる。人では発症動物と直接接触する機会の多い獣医師や羊飼育者などが感染する。

診　断

<症　状>　口唇部，口腔，乳頭，蹄間部，まれに外陰部などに発赤丘疹，結節を形成する。膿瘍，潰瘍まで進行することもあり，痂皮を形成し，痂皮脱落後1～2カ月で治癒するが，持続感染するものもある。病変部によって哺乳・採食や歩行が困難なものや，二次感染がみられるものでは重症となる。

口蹄疫との類症鑑別が重要。

人は病変部に接触した手指や顔面に同様の病変が現われる。

<病　理>　組織学的には病変部における有棘細胞の増生と空胞変性および細胞質内封入体が観察される。

<病原・血清診断>

病原診断：PCRによるウイルス遺伝子の検出，電子顕微鏡によるウイルス粒子の検出，病変部における封入体の確認とウイルス抗原の検出。羊胎子由来初代培養細胞で分離は可能だが，困難なことが多い。

血清診断：寒天ゲル内沈降反応などによる抗体検出。

予防・治療　病変部の乳剤を用いた生ワクチンが一部の国で市販されているが，本ウイルスの非汚染群では，ワクチン接種動物が新たな感染源となるため注意が必要である。早期発見，早期隔離が重要。

治療法はない。一定期間後に治癒し予後は良好。ただし，再感染する。実験的には，DNA合成阻害薬であるシドフォビルなどの軟膏塗布が効果的との報告，また，焼きごてによる病変部の焼烙と飼育環境の石灰散布により感染拡大を防止した報告がある。

(猪島康雄)

2 (全)ブルータング(届出)

Bluetongue

概　要　ブルータングウイルス感染によって生じるめん羊，山羊，牛の熱性疾患。発熱，口腔や鼻の粘膜におけるチアノーゼ，腫脹，潰瘍形成を主徴とする。

宿　主　めん羊，山羊，牛，水牛，鹿，野生反芻獣

病　原　*Reoviridae, Sedoreovirinae, Orbivirus*に属するブルータングウイルス(*Bluetongue virus*)。10分節からなる2本鎖RNAゲノムを有する。pH6.0以下およびpH8.0以上で感染性の低下がみられるが，有機溶媒には耐性を示す。27の血清型が知られている。ウイルス株によって感受性動物に対する病原性に差異が認められる。

分布・疫学　世界中の熱帯・亜熱帯・温帯地域で発生しているが，中欧～北欧の高緯度での発生も2006年以降に認められている。日本では北関東で1994年(めん羊，牛)と2001年(牛)に発生している。本病はヌカカによって媒介される。

診　断

<症　状>　めん羊では，発熱，食欲不振，流涎，顔面浮腫，水様性の鼻汁漏出，舌・口腔粘膜・鼻腔粘膜におけるチアノーゼ，腫脹，潰瘍形成，関節炎，跛行，蹄冠の腫脹や潰瘍形成，嚥下障害，呼吸促迫～呼吸困難，嗜眠，皮膚炎，妊娠個体の異常産(流産，死産，新生子羊の大脳欠損)がみられる。牛では不顕性感染が多い。まれに牛において発熱，食欲不振，顔面浮腫，口や鼻鏡における潰瘍形成といった症状を示すことがある。ただし，2006～2009年の欧州における血清型8の感染ではめん羊のみならず牛の発症例も多く，流産や新生子牛の体形異常もみられた。

<発病機序>　ブルータングウイルスの感染に伴う血管の損傷が原因となり，全身の粘膜における浮腫，出血，潰瘍が起こる。

<病　理>　食道，舌，咽喉頭の横紋筋において硝子様変性，断裂，壊死やリンパ球の浸潤が起こり，線維芽細胞の増殖を伴う。

<病原・血清診断>

病原診断：発熱時のヘパリン加血液を採取し，PBSで洗浄した血球を－80℃にて凍結した後，融解してウイルス分離材料とする。10～11日齢の発育鶏卵あるいは各種培養細胞(BHK-21，HmLu-1，VeroあるいはC6/36)に接種してウイルス分離を行う。分離ウイルスは蛍光抗体法による同定を行い，特異抗血清を用いた中和テストによって血清型を決定する。RT-PCRおよび塩基配列解析によるウイルスの同定や血清型の決定も可能である。

血清診断：抗体は寒天ゲル内沈降反応や競合ELISAによって検出する。中和テストによる抗体検出も可能であるが，血清型が多いため実用性に乏しい。

予防・治療　外国では不活化ワクチンや弱毒生ワクチンの使用例があるが，日本ではワクチンは市販されていない。特異的な治療法はなく，対症療法のみ。

(白藤浩明)

3 山羊関節炎・脳脊髄炎(届出)

Caprine arthritis-encephalomyelitis

概　要　山羊関節炎・脳脊髄炎ウイルス感染による成山羊の関節炎，幼山羊の脳脊髄炎や肺炎を主徴とした疾病。

宿　主　山羊，めん羊

病　原　*Ortervirales, Retroviridae, Orthoretrovirinae, Lentivirus* に属する山羊関節炎・脳脊髄炎ウイルス（*Caprine arthritis encephalitis virus*）。エンベロープを持つ１本鎖RNAウイルスで，逆転写酵素を持ち宿主細胞のゲノムに組み込まれて持続感染する。短期間に抗原変異を繰り返し宿主の免疫作用から逃れるため，感染動物は生涯変異ウイルスを産生し続ける。標的細胞はマクロファージである。

分布・疫学　米国，欧州，オーストラリアなどで発生が報告されており，世界各国に浸潤していると推測される。日本でも2002年８月に発生が報告された。

主たる伝播様式は乳汁中に含まれるウイルスによる母子感染と考えられる。また，肺炎などの呼吸器症状を起こした感染山羊から周囲の動物へ水平感染する。山羊は年齢，品種に関係なく感染する。

診　断

＜症　状＞　成獣では慢性的な関節炎が最も一般的な症状で，病勢の進行は緩やかである。初期症状として手根関節の腫脹や歩行異常が観察され，患部の腫脹や関節痛が徐々に増し，最終的には歩行困難，起立不能となる。乳房炎を起こすこともある。新生子や４カ月齢以下の幼若山羊では脳脊髄炎や肺炎を発症することがあり，疾病の進行は比較的早い。まれに成獣でも肺炎や脳炎を起こすことがある。成獣では発病率は低く，関節炎発症は10％以下と考えられる。

山羊伝染性胸膜肺炎や伝染性無乳症などとの類症鑑別が必要。

＜病　理＞　幼若山羊の脳脊髄炎例では，白質に限局した囲管性の単核性細胞浸潤と脱髄がみられる。成山羊の関節炎例では，非化膿性増殖性関節炎が特徴的病変である。顕著なリンパ球浸潤を伴った間質性肺炎および乳腺炎などを伴うこともある。

＜病原・血清診断＞

病原診断：発症動物の関節液，乳汁，末梢血の白血球を羊胎子由来の培養細胞と混合培養し，形成される多核巨細胞を指標にウイルス分離を行う。末梢血白血球中のウイルス遺伝子をPCRにより検出する遺伝子診断も有効である。

血清診断：ウイルスのエンベロープ抗原を用いた寒天ゲル内沈降反応やELISAによる抗体検出を行う。

予防・治療　不顕性感染が多いため，山羊を導入する際の検疫，抗体陽性動物の摘発淘汰が重要である。主たる伝播は母乳を介した感染なので，感染母獣が出産した子山羊は親から隔離し，非感染山羊の乳や人工乳で育てる。感染山羊は隔離飼育または淘汰する。治療法はない。

（泉對　博）

4 マエディ・ビスナ(届出)

Maedi-visna

概　要　ビスナ/マエディウイルス感染による羊に遅発性の進行性肺炎および慢性脳脊髄炎を起こす疾病。

宿　主　めん羊，山羊

病　原　*Ortervirales, Retroviridae, Orthoretrovirinae, Lentivirus*に属するビスナ/マエディウイルス（*Visna-maedi virus*）。１本鎖RNAウイルスで逆転写酵素を持ち，宿主細胞のゲノムに組込まれて持続感染する。標的細胞は単核球である。

分布・疫学　遅発性感染症のため臨床症状から診断することが困難で，本疾病の存在が明らかでない国が多い。オーストラリア，ニュージーランドを除く世界各国に浸潤していると推測される。日本では2012年に抗体陽性のめん羊が摘発され，ウイルスが分離されている。ウイルスの伝播は感染単核球により起こるので，主たる伝播様式は乳汁を介した母子感染であるが，感染動物が肺炎などの呼吸器症状を起こした場合は，呼吸器からの排泄物を介して水平感染する。子宮内感染も起きるが，その感染率は低い。めん羊は年齢，品種に関係なくウイルスに感染するが，品種により感受性に差がある。まれに山羊も感染する。

診　断

＜症　状＞　進行性のめん羊の疾病で，潜伏期間は２～３年またはそれ以上で，感染めん羊の大部分が生涯ウイルスを保有する無症状のウイルスキャリアーとなる。マエディ型の進行性肺炎を発症すると乾性の咳をして呼吸困難となる。ビスナ型の慢性脳脊髄炎では歩行異常がみられ，後肢麻痺が起こり起立不能となる。

羊肺腺腫，スクレイピー，類鼻疽などとの類症鑑別が重要。

＜病　理＞　マエディ型では，肺は正常の２～３倍に腫脹し，周辺のリンパ節も腫大する。組織学的には肺，リンパ節，乳腺組織にリンパ球浸潤がみられ，肺胞中隔がびまん性に肥厚する。

ビスナ型では脳組織の白質における脱髄が特徴で，脱髄部分や脳および脊髄の髄膜にリンパ球浸潤がみられる。

＜病原・血清診断＞

病原診断：組織乳剤からのウイルス分離は困難で，末梢血や哺乳期乳汁中の白血球とめん羊や山羊胎子由来の初代培養細胞を混合培養してウイルス分離を行う。

末梢血白血球，骨髄，肺組織から抽出したDNAを使用したPCRによる遺伝子診断も行われている。

血清診断：寒天ゲル内沈降反応やELISAによる抗体検出が一般に行われている。抗体陽性のめん羊はウイルスキャリアーである。

予防・治療　不顕性感染が多いため，抗体陽性動物の摘発・淘汰が重要である。汚染農場を清浄化するには，感染母獣が出産した子羊を隔離し，非感染母獣の乳や人工乳で育てる。病原・血清診断で陽性となっためん羊は隔離飼育または淘汰する。外部からのめん羊導入は陰性農場から行う。

ワクチンや治療法はない。

（泉對　博）

5 (全)リフトバレー熱(法)(人獣)(海外)(四類感染症)

Rift Valley fever

概　要　リフトバレー熱フレボウイルスによるめん羊，山羊，牛に致死的な疾患で，膿状の鼻汁，下痢血便，流産などを特徴とする。人に感染すると髄膜炎や黄疸などの重篤な疾患を引き起こす。

宿　主　めん羊，山羊，牛，らくだ，水牛，鹿，人など

病　原　*Bunyavirales*，*Phenuiviridae*，*Phlebovirus*に属するリフトバレー熱フレボウイルス(*Rift Valley fever phlebovirus*)が原因である。3分節のマイナス1本鎖RNAをゲノムとするエンベロープウイルスである。人にも重篤な疾患を引き起こすためBSL3以上の施設で取り扱う必要がある。

分布・疫学　アフリカの各地で周期的に流行を繰り返しており，アラビア半島でも発生がある。イエカ属，ヤブカ属，ハマダラカ属，マダラカ属などの多くの蚊がベクターとなって家畜にウイルスを媒介する。多雨後に蚊が大発生すると流行が起こりやすい。感染した家畜の血液や組織から人に直接伝播する。

診　断

<症　状>　めん羊，山羊，牛の幼獣では急激な発熱，虚脱の後死亡する。めん羊と山羊の成獣では発熱，嘔吐，膿状の鼻汁，下痢血便がみられ，約20%が死亡する。成牛では症状はより軽症である。妊娠動物(めん羊，山羊，牛)が感染すると高率に流産や死産が起こる。

ブルータング，ウェッセルスブロン病，牛流行熱，ナイロビ羊病，小反芻獣疫との鑑別が必要。

<病　理>　肝臓や細網内皮組織でウイルスが増殖し，病変を形成する。死亡動物では重度の肝炎が認められる。その他脾臓の腫大，腸管と漿膜下組織の出血がみられる。

<病原・血清診断>

病原診断：乳飲みマウス，ハムスター，発育鶏卵，Vero細胞もしくはCER細胞によるウイルス分離を行い，陽性血清を用いた中和テストでウイルスを同定する。その他，採材組織中のウイルス抗原を蛍光抗体法で検出する，もしくはウイルス遺伝子をRT-PCRで検出するなどの方法もある。

血清診断：ELISA，HI反応，CF反応，ゲル内沈降反応，蛍光抗体法などによって抗体を検出する。

予防・治療

<予　防>　流行国ではめん羊，山羊，牛用に生ワクチンや不活化ワクチンがある。清浄国では，流行国からの家畜の輸入禁止を行い，侵入時には摘発淘汰を行うことが重要である。

<治　療>　有効な治療法は存在しない。

(苅和宏明)

6 ナイロビ羊病(届出)(人獣)(海外)

Nairobi sheep disease

概　要　ナイロビ羊病オルトナイロウイルス感染によるめん羊，山羊の致死的な疾患で，粘血便を伴う下痢を主徴とする。妊娠動物には流産を起こす。

宿　主　めん羊，山羊

病　原　*Bunyavirales*，*Nairoviridae*，*Orthonairovirus*に属するナイロビ羊病オルトナイロウイルス(*Nairobi sheep disease orthonairovirus*)。3分節のマイナス1本鎖RNAをゲノムとするエンベロープウイルスである。

分布・疫学　東アフリカで発生。*Rhipicephalus appendiculatus*などのマダニがベクターとなって家畜にウイルスを媒介する。レゼルボアは不明。ケニアでは北部の非流行地から流行地のナイロビ地区に，めん羊や山羊を移動させたときに流行が起こることが多く，高い致死率を示す(めん羊の致死率は30～90%)。インド，スリランカでは血清学的に近似のGanjam virusが分布しており，*Hemaphysalis intermedia*が主なベクターとなっている。Ganjam virusはめん羊や山羊を中心に感染し，高い致死率を示す。人にも感染するため，人獣共通感染症の原因ウイルスとしても重要である。

診　断

<症　状>　高熱，元気消失，粘血便を伴う下痢を主徴とする。リンパ節の肥大や白血球の減少がみられる。妊娠動物に感染すると流産が起こる。人の感染は非常にまれであり，感染しても軽症である。

小反芻獣疫，リフトバレー熱，水心嚢などとの鑑別が重要。

<病　理>　感染初期には，出血を伴うリンパ節炎と，消化管，脾臓，心臓などの諸臓器に点状もしくは斑状出血がみられる。感染後期になると，第四胃，回盲部，結腸，直腸などに出血を伴う胃腸炎が顕著となる。回盲部，結腸，直腸には，シマウマ縞がしばしば現れる。また，胆嚢の肥大や出血もみられる。

組織学的に心筋の変性，腎炎，胆嚢の壊死が観察される。

<病原・血清診断>

病原診断：本病の罹患が疑われる動物から，血液，腸間膜リンパ節，もしくは脾臓を採材し，乳飲みマウスへの脳内接種，もしくはBHK-21細胞に接種することにより，ウイルスを分離する。

血清診断：抗体検出は間接蛍光抗体法により行う。

予防・治療　予防策としては，抗体を保有しない動物の流行地への導入制限や，ウイルスを媒介するマダニの非流行地への侵入阻止などがあげられる。流行地では実験的なワクチンが導入されている。

有効な治療法はない。

(苅和宏明)

7 小反芻獣疫(法)(海外)

Peste des petits ruminant

病名同義語：Pseudorinderpest of small ruminant

概　要　小反芻獣疫ウイルス感染によるめん羊，山羊に激しい下痢を起こす致死性伝染病。

宿　主　めん羊，山羊，鹿

病　原　*Mononegavirales*，*Paramyxoviridae*，*Morbillivirus*に属する小反芻獣モルビリウイルス(*Small ruminant morbillivirus*)。小反芻獣疫ウイルス(Peste-des-petits-ruminant virus)ともいい，牛疫ウイルスと近縁。

分布・疫学　西および中央アフリカ，中近東，インドに存在していたが，近年モンゴル，中国など東アジアに発生が

拡大。感染動物の分泌物や排泄物との接触によって伝播。山羊の致死率はきわめて高く，めん羊はやや低い。牛と豚は感受性だが発症せず，病気を伝播しない。

診　断

＜症　状＞　2～7日の潜伏期後，発熱，食欲不振，流涙を呈し，鼻汁は水様から膿様に進行。口や鼻の粘膜の充血・びらん，咳，下痢，削痩が認められる。発熱後，急性型は4～7日で，亜急性型は2～7週で死亡。回復することもある。牛疫との類症鑑別が重要。

＜病　理＞　肺の赤色化，消化管粘膜の充出血，びらん，潰瘍，結腸の点状出血が認められる。

＜病原・血清診断＞

病原診断：CF反応や寒天ゲル内沈降反応。同定はウイルス分離や，抗原捕捉ELISA，モノクローナル抗体の使用，RT-PCRが有効。

血清診断：中和テスト，寒天ゲル内沈降反応，競合ELISAなどによる抗体測定。

予防・治療

＜予　防＞　発生国では弱毒生ワクチンを用いる。清浄国では発生国からの家畜輸入禁止と検疫が重要。

＜治　療＞　直接の治療法はない。細菌の二次感染を防ぐ抗菌薬投与治療法は死亡率減少に役立つ。

（甲斐知恵子）

8　羊痘（届出）（海外），山羊痘（届出）（海外）

Sheep pox，Goat pox

概　要　羊痘または山羊痘ウイルス感染による発熱とともに全身の皮膚や粘膜に丘疹や結節を発症する致死率の高い疾病。

宿　主　めん羊，山羊。羊痘の届出対象は**めん羊**，山羊痘の届出対象は**山羊**。

病　原　羊痘，山羊痘ともに*Poxviridae*，*Chordopoxvirinae*，*Capripoxvirus*に属する羊痘ウイルス（*Sheeppox virus*）および山羊痘ウイルス（*Goatpox virus*）。エンベロープを有する2本鎖DNAウイルスである。両ウイルスはめん羊および山羊に感染するが，その病原性は両動物間で差がある傾向がある。両者はきわめて近縁もしくは同一種で，遺伝子の制限酵素切断像の違いで区別する。

分布・疫学　中央および北アフリカ，中近東からインドにかけて流行。近年南欧でも発生報告があるが，常在地ではない。両疾病とも日本国内での発生報告はない。主な伝播様式は病変組織との直接接触，痂蓋などで汚染された環境下での経口・経鼻，皮膚の傷を介しての感染であるが，昆虫の機械的伝播や汚染器具を介した人為的伝播も起こる。

診　断

＜症　状＞　年齢，性，品種に関係なく発症する。感染力は強く，若齢の動物で重篤な症状を示す。潜伏期は接触感染の場合8～10日，実験感染では約4日。発熱に続いて，軽症の場合は無毛部の皮膚に充血した発疹や丘疹が限局性に出現する。重症の場合は発疹や丘疹が全身の皮膚，呼吸器粘膜，消化器粘膜に広がり，結節や痂蓋を形成する。粘膜部では丘疹は潰瘍となり，粘液性の滲出液を排出し，鼻炎，結膜炎，呼吸困難を起こす。典型的な病変は流行地へ外部から導入された動物で多くみられ，在来種の症状は一般に軽度である。

伝染性膿胞性皮膚炎，口蹄疫との類症鑑別が重要。ランピースキン病は症状が類似するが，自然宿主が異なる。

＜病　理＞　皮膚に特徴のある丘疹が生じ，病変組織の細胞質内に封入体が観察される。体表リンパ節は腫大し浮腫状になる。死亡例では潰瘍化した丘疹が第三胃粘膜にみられる。

＜病原・血清診断＞

病原診断：電子顕微鏡による病変組織中のビリオン検出や，ELISAによる抗原検出。病変組織の乳剤を作製し，めん羊，山羊，牛由来の培養細胞でウイルス分離。野外材料から分離するときは2週間以上の培養または継代培養が必要な場合が多い。

血清診断：中和テストは特異性が高いが感度は低い。蛍光抗体法や寒天ゲル内沈降反応は広く用いられているが，他のポックスウイルスと交差する。ウエスタンブロットによる特異抗体検出は特異的で高感度である。OIEでは組換え体抗原を使用したELISAを標準的な血清診断法として奨励している。

予防・治療　常在地では生および不活化ワクチンが使用されている。不活化ワクチンは免疫効果が持続する期間が短い。

（泉對　博）

9　跳躍病（人獣）（海外）

Louping ill

宿　主　めん羊，雷鳥，野兎。牛，山羊，ラマ，アルパカ，豚，馬，鹿，犬，人で発症の報告がある。

病　原　*Flaviviridae*，*Flavivirus*に属する跳躍病ウイルス（*Louping ill virus*）

分布・疫学　英国をはじめ，欧州各国で発生。ウイルス伝播はマダニ（*Ixodes ricinus*）がウイルス血症を起こしためん羊や雷鳥から吸血し媒介する。

診　断

＜症状・病理＞　めん羊では6～18日程度の潜伏期間を経て，二峰性発熱，振戦，強直，協調運動失調，過興奮，進行性麻痺。脳幹，小脳，脊髄前角に髄膜炎，脳脊髄炎の病変がみられる。

＜病原・血清診断＞　乳飲みマウス，ニワトリ胚，豚腎由来培養細胞を用いたウイルス分離。免疫組織染色により感染脳・脊髄から抗原検出が可能。RT-PCRによる遺伝子診断。HI反応，中和テスト，CF反応，感染初期のIgM捕捉ELISAが有効。

予防・治療　ダニ駆除剤によるマダニ発生制御，感染マダニやウイルス保有動物との接触回避。発生国ではめん羊，山羊，牛にワクチンを使用。

（前田直良）

10　ウェッセルスブロン病（人獣）（海外）

Wesselsbron disease

宿　主　めん羊，山羊，牛。馬，豚，らくだ，野鳥，野生げっ歯類，人にも感染。

病　原　*Flaviviridae*，*Flavivirus*に属する*Wesselsbron virus*

分布・疫学　発生国はサハラ砂漠以南のアフリカに限局されているが，唯一タイでの報告がある。*Aedes*属の蚊によって主に媒介されるが，*Culex*属，*Anopheles*属，*Mansonia*属の蚊からもウイルスが検出される。

診　断

＜症状・病理＞　年齢の進んだめん羊，山羊，牛では不顕性感染，もしくは軽度な臨床症状を示す。3～6日程度の潜伏期間を経て，新生子羊では発熱，食欲不振，呼吸促迫，衰弱，数日以内に急死することもある。胎子感染では流産・死産，または内水頭症，先天性の関節拘縮，小脳欠損を発症する。病理学的には黄疸を伴った肝腫大，胆汁うっ滞，肝実質組織の壊死病巣が特徴である。

＜病原・血清診断＞　乳飲みマウス，ニワトリ胚，ハムスター腎由来培養細胞を用いたウイルス分離。蛍光抗体法，免疫組織染色による抗原検出が可能。RT-PCRによる遺伝子診断。HI反応，中和テスト，CF反応，IgG捕捉ELISAが有効。

予防・治療　蚊幼虫の撲滅，発症動物の移動制限。発生国では弱毒生ワクチンが使用されたことがあるが，妊娠羊では流産や異常胎子出産の原因となるため接種不可。

（前田直良）

11 羊肺腺腫
Ovine pulmonary adenocarcinoma

病名同義語：Sheep pulmonary adenomatosis，Jaagsiekte

宿　主　めん羊。新生子羊，新生子山羊で実験的に発症。

病　原　*Ortervirales*，*Retroviridae*，*Orthoretrovirinae*，*Betaretrovirus*に属する*Jaagsiekte sheep retrovirus*。めん羊，山羊の鼻腔に腫瘍を形成するEnzootic nasal tumor virusと近縁。

分布・疫学　オーストラリアとニュージーランドを除いた世界各国で発生。アイスランドは根絶。経口，経鼻感染によって伝播。新生子羊へは初乳も主要な伝播経路。

診　断

＜症状・発症機序＞　半年から3年程度の潜伏期間を経て，衰弱，体重減少，進行性の呼吸困難を示す。鼻孔から白濁した肺滲出液の漏出が典型的な臨床症状。肺に結節病巣を示す。エンベロープ蛋白質のトランスフォーメーション活性による細胞の腫瘍化が肺腺腫発症の要因。

＜病原・血清診断＞　病理組織学的に診断のほか，羊脈絡叢由来培養細胞を用いたウイルス分離。イムノブロット，免疫組織染色による抗原検出が可能。腫瘍組織，肺滲出液，末梢血リンパ球からPCRによるウイルス遺伝子検出。抗体産生がないため，血清学的診断は困難である。

予防・治療　感染羊の摘発・淘汰により発症率の低減は可能だが，根絶は困難である。カプシド蛋白質や不活化ウイルスの接種により抗原特異的免疫誘導が可能だが，有効なワクチンは開発されていない。

（前田直良）

12 ボーダー病
Border disease

病名同義語：毛深い震え病（Hairy shaker disease）

宿　主　めん羊と山羊。野生動物を含む偶蹄類に広く感染する。

病　原　*Flaviviridae*，*Pestivirus*に属するボーダー病ウイルス（Border disease virus：BDV）。最近，*Pestivirus D*として再分類された。豚コレラウイルス，牛ウイルス性下痢ウイルスと近縁である。BDVは少なくとも6つの遺伝子亜型に分類されている。

分布・疫学　欧州，米国，オーストラリア，ニュージーランドなど世界中に分布する。日本では北海道，青森県，岩手県でめん羊に抗体が確認されているが，病気の発生は報告されていない。2012年，豚から日本で最初となるBDV（BDV-1亜型）が分離された。感染は接触および飛沫により起こるが，妊娠前期の感染により発生する持続感染羊が重要な感染源となる。

診　断

＜症　状＞　めん羊および山羊がBDVに感染した場合，軽度か臨床症状を認めない場合が多いが，妊娠動物が感染すると胎盤感染が起こり，流死産や異常産が発生する。流死産を免れた新生子羊は多くの場合，小さく虚弱で，体の震えが観察され，被毛の異常が多く認められるため，毛深い震え病とも呼ばれる。持続感染羊の一部は牛の粘膜病に類似した疾病を発症する。

＜病　理＞　異常産では小脳形成不全や内水頭症が認められる。

＜病原・血清診断＞　羊由来培養細胞でウイルス分離が可能であるが，CPEを示さない非細胞病原性ウイルスが多いため，蛍光抗体法で特異蛍光を確認するか，RT-PCRによる遺伝子診断を行う。国内で市販されている豚コレラのELISAキットはBDVに対する抗体も検出するが，BDVに対する特異抗体を証明するためには中和テストを行う必要がある。

予防・治療　発生国ではワクチンが用いられているが，日本にはない。持続感染羊の摘発・淘汰が重要である。

（長井　誠）

13 スクレイピー（伝達性海綿状脳症[法]）
Scrapie

（口絵写真13頁）

概　要　運動失調，掻痒感などの神経症状を主徴とするスクレイピープリオンの感染による遅発性，致死性神経変性疾患。

宿　主　自然感染宿主はめん羊と山羊で，これらの動物では自然状態で感染が成立する。

病　原　病原体は感染因子プリオン。BSEなど他の動物プリオン病の病原体と区別する場合には，スクレイピープリオンと呼ぶことがある。スクレイピー関連線維（SAF）はプリオンの主要構成要素であるPrP^{Sc}が高度に凝集したものである（**写真1**）。

スクレイピーに罹患しためん羊では，プリオンは中枢神経系組織，扁桃，パイエル板，リンパ節などのリンパ系組織，消化管の神経叢やリンパ濾胞などに分布する。乳汁や尿中からは検出されない。

分布・疫学　英国や欧州では18世紀から病気の存在が知られていた。現在では，世界各地で発生が認められている。臨床症状から本病を診断することは困難であるため，病理組織学的，免疫組織化学的あるいは免疫生化学的な検査を実施していない国や地域では本病の有無は判断できない。オーストラリアやニュージーランドは，めん羊の輸入に伴いスクレイピーが侵入したが，現在では清浄国とみなされている。

日本では1974年にカナダから輸入しためん羊に付随して北海道に侵入したと考えられ，1982年に本病の存在が確認されてから，主に北海道で散発している。宮城県，山形県，神奈川県，東京都，宮崎県などでも発生がある。

自然状態では，出生直後の母子感染が伝播の主体と考えられる。胎盤にもプリオンが存在するので，後産などでプリオンに汚染された母羊や環境から，出生後早期に子羊が経口的にプリオンを摂取すると考えられる。経口ルートで取り込まれたプリオンはパイエル板などの消化管付随リンパ装置から体内に侵入する。リンパ濾胞の濾胞樹状細胞で増殖し，末梢神経に侵入する。その後，内臓神経を経て脊髄腰部，および迷走神経を経て延髄に侵入する。

診　断

＜症　状＞　好発年齢は2.5～5歳。発病初期は移動時に群れから遅れる沈うつ状態がたまにみられる。音などの刺激に対して過敏になるなど，症状は軽微である。病気の進行に伴い，歩様異常などの運動失調，沈うつ症状が頻繁に観察されるようになる(**写真2**)。牧柵に体を過度に擦りつけ脱毛する掻痒症状を呈する場合もある(**写真3**)。食欲はあるが上手に餌を食べることができないなど摂食行動にも異常を認める。病状が進行すると歩様異常は顕著となる。病状は数週間から数カ月の経過で進行して，起立不能に陥り，死に至る。臨床症状のみから本病を診断することは困難である。

＜病　理＞　肉眼的な特徴所見はない。病理組織学的には中枢神経系組織，特に延髄門部の迷走神経背側核や脳幹部の神経細胞の空胞変性と神経網の空胞化，および星状膠細胞の増生が特徴である。炎症像は認められない。

＜病原診断＞　中枢神経系組織およびリンパ系組織から，ウエスタンブロット，ELISA，あるいは抗PrP抗体を用いた免疫組織化学染色により，PrP^{Sc}を検出することで確定診断する。延髄門部を検査するのが一般的である。最近，ノルウェーやその他の欧州諸国で，従来の型とは病型が異なる非定型スクレイピーの存在が明らかとなった。この例では延髄ではPrP^{Sc}の蓄積が少なく，小脳などで多いことから，延髄以外の組織も検査する必要がある。

めん羊では発症以前に，扁桃，リンパ節，第三眼瞼のリンパ濾胞などの濾胞樹状細胞でPrP^{Sc}が検出されるので，これら組織のバイオプシーによる発症前診断がある程度可能である。病原体に対する免疫応答がないため，血清診断法はない。

予防・治療　ワクチンおよび治療法はない。汚染地域からのめん羊や動物由来の飼料の導入禁止，能動的サーベイランスによる汚染状況の把握などにより感染源の拡大阻止に努める。PrP遺伝子型によりプリオンに対する感受性に違いがある。PrPコドン136にValを有するめん羊は感受性が高く，コドン171がArgのめん羊はスクレイピー抵抗性である。136Valを有するめん羊を排除し，171Argを有するめん羊の割合を高める選抜育種が試みられてきたが，非定型のスクレイピーでは，171Argを有するめん羊でも発生しており，選抜育種に対する慎重論もある。

(堀内基広)

14 (全)野兎病(届出)(人獣)(四類感染症)
Tularemia

概　要　野兎病菌による感染症で広い宿主範囲を有する。感染動物種によって致死的感染から無症状と多様な病態を示す。

宿　主　めん羊，馬，豚，いのしし，うさぎ，犬，猫，熊，げっ歯類，鳥類など200種以上の動物。人にも感染する人獣共通感染症である。

病　原　*Francisella tularensis*。病原性や生化学的性状の違いから３亜種(*F. tularensis* subsp. *tularensis*，*F. tularensis* subsp. *holarctica*，*F. tularensis* subsp. *mediasiatica*)に分類される。類縁菌として，*F. novicida*および*F. philomiragia*が存在する。subsp. *tularensis*とsubsp. *holarctica*は二種病原体等，BSL3に指定。グラム陰性多形性小桿菌。オキシダーゼ陰性，カタラーゼ弱陽性を示す。栄養要求性が高く，培地にシステインの添加を要する。subsp. *tularensis*は感染力が強く，10個程度の菌数でも感染が成立するため，バイオテロでの使用のおそれが高い病原体として警戒されている。

分布・疫学　主に北半球に広く分布する。日本では東北地方を中心に，関東，甲信越などで分離報告がある。通常家畜は重篤な症状を示さないとされているが，めん羊ではsubsp. *tularensis*による高い死亡率を示す集団発生事例がある。国内の人の感染例は1924年から現在までに約1,400件あるが，感染動物，多くは野兎との直接あるいは間接的な接触が主な感染ルート。人から人への感染は報告されていない。

診　断

＜症　状＞　感受性の高い動物種では敗血症により短期間で死亡するが，それ以外の場合は感染しても顕著な症状は認められない。人では感冒様症状がみられる。

＜病　理＞　リンパ節の腫脹。脾臓，肝臓，肺，心膜などに壊死がみられる。

＜病原・血清診断＞　脾臓や肝臓などの病巣部からの菌分離。血液加ユーゴン寒天培地などの使用が推奨される。特定の遺伝子を標的にしたPCRが有効である。試験管凝集反応やELISAなどの血清学的診断法も用いられるが，感受性の高い動物種では抗体価の上昇前に死亡する場合があるため注意を要する。

予防・治療　一部の国では弱毒生ワクチンが使用されているが，日本にはない。ストレプトマイシンやテトラサイクリンなどの抗菌薬による治療が有効である。

(奥村香世)

15 めん羊・山羊の仮性結核
Caseous lymphadenitis in goats and sheep

宿　主　山羊，めん羊。他に馬，牛，らくだ，豚，水牛，人の症例あり。

病　原　*Corynebacterium psuedotuberculosis*。グラム陽性通性嫌気性桿菌で多形性。*Rhodococcus equi*と相乗溶血作用。無芽胞，無莢膜，運動性なし。

分布・疫学　羊毛生産国を中心に世界各地で発生。オーストラリアでは成羊の26%が罹患。北海道のめん羊の約40

%が抗体陽性。毛刈り，去勢，耳標装着，外傷など皮膚の創傷部より感染する。

診　断

<症　状>　臨床症状は認められない。と畜場で発見。

<病　理>　皮下膿瘍と浅外側頸リンパ節膿瘍が主で，ときに肺，腎臓，肝臓，脾臓などにも小豆大から小児頭大の乾酪性膿瘍を形成する。

<病原・血清診断>　膿瘍部分を血液寒天培地に接種して菌分離。アピコリネあるいはPCRで同定可能である。血清診断として菌が産生する外毒素を抗原とした寒天ゲル内沈降反応やELISAが用いられる。

予防・治療　ワクチンはない。毛刈り時の創傷部へのヨードチンキの塗布によって，感染をある程度は防ぐことが可能。本菌は抗菌薬に感受性だが，膿瘍を形成しており，治療効果はない。

（髙井伸二）

16 めん羊赤痢
Lamb dysentery

宿　主　めん羊

病　原　*Clostridium perfringens*。α，βおよびε毒素を産生するB型菌が主原因で，特にβ毒素は溶血性の致死活性を有する。本菌のB型，C型は，若い子羊において重度の腸炎，赤痢，毒血症，および高い死亡率を引き起こす。

分布・疫学　英国や南アフリカで発生。冬と春に多発し，夏にはほとんど発生はみられないとする報告もある。菌を含む糞便によって土壌が汚染され数カ月にわたって感染源となる。一般的に子羊は，糞便に汚染された乳汁を経口的に摂取することで感染する。β毒素を不活性化するのに十分量のトリプシンが分泌されない生後2週齢までの子羊に発生する。

診　断

<症状・発病機序>　甚急性例では特徴的な症状を示すことなく数日以内に急死する。急性例では，歩行が緩慢となり，呼吸促拍，流涎，発熱がみられ，褐色水様または血液を混じた下痢便を排出する。腸管内の毒素は，組織の壊死および潰瘍形成を引き起こし，蠕動，下痢を増加させ，脱水，アシドーシス，毒素血症を引き起こし，ショックにより死亡する。

<病　理>　腸管内腔への出血がみられ，腸間膜リンパ節は充血・腫脹する。経過の長い症例では小腸粘膜に潰瘍形成が認められる。

<病原・血清診断>　腸内容物からの菌の分離と毒素遺伝子をPCRにより検出可能。

予防・治療　流行地ではワクチンが使用。妊娠しためん羊に投与し，受動免疫により子羊を免疫する。治療法はない。良好な飼養管理による発病阻止。

（後藤義孝）

17 めん羊のクロストリジウム症
Clostridial infection in sheep

宿　主　めん羊

病　原　種々の*Clostridium*属菌。*C. perfringens*をはじめ*C. novyi*，*C. chauvoei*など多くの*Clostridium*属菌が関与している。

分布・疫学　飼育環境中に存在する*Clostridium*属菌を経口的に摂取，消化管内で増殖した菌から産生される毒素により，特徴的な症状を呈する。特定の国や地域で特定の菌種による疾病が多発する傾向がみられ，糞便とともに排出された菌が地域環境を汚染し，感染を拡大させると考えられている。

診　断

<症　状>　エンテロトキセミア（*C. perfringens*），壊死性肝炎（*C. novyi* B型），気腫疽（*C. chauvoei*）。

<病原・血清診断>　病変部からの菌分離とPCRまたは16S rRNA遺伝子解析などによる菌種の同定。特に産生される毒素を証明（*Clostridium*属の多くの毒素はPCRにより検出可能）することが重要となる。

予防・治療　発生国ではトキソイドによる能動免疫や抗毒素（抗体）による受動免疫が応用されているが，日本ではめん羊を対象としたものはない。

（後藤義孝）

18 めん羊の伝染性趾間皮膚炎
Contagious interdigital dermatitis in sheep

宿　主　めん羊，牛

病　原　*Dichelobacter nodosus*。非運動性のグラム陰性偏性嫌気性桿菌で菌端が膨隆。糖非分解性（非発酵性）。菌が産生する蛋白分解酵素（エラスターゼ）が蹄や組織を消化分解し，障害を与える。

分布・疫学　オーストラリアやニュージーランドのように大規模な羊産業を持つ国で発生。感染動物の排泄物に含まれる菌により汚染された土壌が感染源となる。

診　断

<症状・発病機序>　趾間の皮膚の炎症にとどまるものから深部にまで炎症が波及し〔趾間腐爛（foot rot）とも呼ばれる〕，重度の跛行を呈するものまで様々である。趾間部皮膚上皮の損傷部位に菌が付着し，線毛によって定着する。次いで，産生された蛋白分解酵素が蹄や組織に障害を与える。本病には本菌以外に*Fusobacterium necrophorum*をはじめとする複数のグラム陰性偏性嫌気性菌の相乗作用が必要である。

<病　理>　趾間腐爛は，趾間部の皮膚炎症と下層組織からの蹄冠部分の剥離が特徴。

<病原・血清診断>　蹄の炎症部や壊死部から菌の分離と同定。蹄粉末を1.5％に加えた寒天培地に接種し，嫌気条件下で37℃ 4～5日間培養する。PCRによる菌種同定も可能である。

予防・治療　硫酸亜鉛溶液による病変部の薬浴。抗菌薬（テトラサイクリンなど）の投与。ワクチンによって発症率が低減するとの報告がある。本病の予防には外傷部への菌汚染を防ぎ，飼育環境を含めた衛生管理の徹底が重要となる。

（後藤義孝）

19 めん羊の豚丹毒菌症（人獣）
Erysipelothrix infection in sheep

宿　主　めん羊，豚，人

病　原　*Erysipelothrix rhusiopathiae*, *E. tonsillarum*
分布・疫学　世界中のめん羊産生国でみられる。剃毛，断尾などによる経皮感染，経口感染，新生時の臍帯からの感染のほか，蹄や球節の創傷部からも感染する。
診　断
＜症状・病理＞　2～6カ月齢の子羊に非化膿性蹄葉炎および多発性関節炎を起こす。蹄葉炎では蹄やつなぎ部分に熱感，疼痛。脚下部に脱毛，跛行を呈する。死亡例もみられるが，多くは体重が減少する程度で，数週間で自然治癒する。
　多発性関節炎の場合，外傷から侵入した菌は血中に入り全身に移行した後，最終的に関節に限局性の病変を形成。関節は急性期には熱感を帯び，腫脹する。膝，肘，後肢踵または膝関節が最も影響を受け，疼痛のため子羊は跛行を起こし，起立や歩行が困難になる。多くは2～3週で回復するが，20％程度に関節の異常が残る。
＜病原・血清診断＞　病変部からの菌の分離と同定。関節炎の場合は血清中または関節腔内液中の抗体を検出する。
予防・治療　蹄葉炎の予防には0.05％の硫酸銅液または消毒薬による洗浄，治療にはβ-ラクタム系抗菌薬の注射を行う。多発性関節炎の予防策としては，外傷部からの汚染を防ぎ，衛生管理を徹底させる。発症個体および同居群にはβ-ラクタム系抗菌薬を投与。

（後藤義孝）

20 山羊伝染性胸膜肺炎（届出）（海外）
Contagious caprine pleuropneumonia

宿　主　山羊，めん羊。山羊のみ発病。
病　原　届出対象は*Mycoplasma capricolum* subsp. *capripneumoniae*。同様の疾病は*M. mycoides* subsp. *capri*による感染でも確認されている。
分布・疫学　中近東，地中海沿岸地帯での発生が多い。伝播様式は牛肺疫（123頁）と同じ。潜伏期は，敗血症を伴うものは短く2～7日，胸膜炎や関節炎を伴うものはそれより長い。子山羊の発症率は約100％，致死率も50％以上。成山羊では不顕性感染が多い。
診　断
＜症　状＞　40℃を超える発熱，食欲減失，呼吸困難。関節炎を伴い起立不能となる場合が多い。発症個体の呼吸器，関節部から多量の起因菌が分離される。パスツレラ症，マイコプラズマ肺炎，伝染性無乳症との類症鑑別が必要である。
＜病　理＞　胸膜肺炎の病理像は牛肺疫に類似している。
＜病原・血清診断＞　呼吸器，関節，主要臓器からの病原体分離が確実。臓器乳剤の直接PCRも可能。潜伏期が短く発症率が高いので血清診断の意義は低い。
予防・治療　ワクチンはない。早期にマクロライド系抗菌薬などのマイコプラズマに有効な薬剤を投与する。

（小林秀樹）

21 伝染性無乳症（届出）（海外）
Contagious agalactia

宿　主　めん羊，山羊
病　原　*Mycoplasma agalactiae*, *M. capricolum* subsp. *capricolum*, *M. mycoides* subsp. *capri*, *M. putrefaciens*
分布・疫学　世界各地に分布。日本では1991年以降，散発的に発生。伝染力はきわめて強く，汚染乳汁の飛沫感染や経口感染で起こる。起因病原体によっては山羊伝染性胸膜肺炎と同じ症状の経過をとる。
診　断
＜症　状＞　慢性経過で，倦怠，食欲不振，乳房炎となり泌乳量が漸減し閉乳する。病原体は発症初期に血流を介し全身に移行するため痛性関節炎，肋胸膜炎，多発性漿膜炎などを併発する。
＜病　理＞　牛のマイコプラズマ乳房炎と類似するが病変は弱い。病原体が乳腺細胞周囲に長期間観察される。
＜病原・血清診断＞　慢性経過で長期間排菌すること，不顕性感染が多いことから，乳汁からの病原体分離のほか，血清診断（特にCF反応）は有意義である。
予防・治療　海外では生ワクチンおよび不活化ワクチンを使用。抗菌薬の使用は病勢を改善させるが完治は困難。発症家畜は早期淘汰が望ましい。

（小林秀樹）

22 水心嚢（海外）
Heart water

宿　主　牛，めん羊，山羊
病　原　*Ehrlichia ruminantium*
分布・疫学　サハラ以南のアフリカ，マダガスカルと近辺の島々，西インド諸島。日本での発生報告はない。
診　断
＜症　状＞　甚急性では突然死，急性では突然の発熱，呼吸困難，知覚過敏や歩行異常などの神経症状を呈する。軽症では一時的な発熱で回復する。
＜病　理＞　心嚢水貯留，肺水腫
＜病原・血清診断＞　大脳皮質の血管内皮細胞に大小不同の封入体として認められるリケッチアを確認。末梢血白血球から抽出したDNAを用いるPCRによる遺伝子検出も可能。蛍光抗体法やELISAによる抗体検出も行われるが，他の*Ehrlichia*や*Anaplasma*との交差反応が認められるので注意が必要である。
予防・治療　ワクチンはない。テトラサイクリン系抗菌薬が有効。

（田島朋子）

23 伝染性眼炎（海外）
Contagious ophthalmia

宿　主　めん羊，山羊
病　原　*Colesiota conjunctiviae*
分布・疫学　アフリカ，オーストラリア，ニュージーランド，南米，北米で発生がみられる。日本での発生報告はない。
診　断
＜症状・病理＞　軽微な膿性結膜炎から重篤な角膜炎，角膜潰瘍，血管新生まで様々な病態を示す。
＜病原・血清診断＞　結膜内皮上皮細胞の塗抹標本にリケッチア様の細菌を証明する。
予防・治療　ワクチンはない。テトラサイクリン系抗菌薬が有効。

（田島朋子）

24 流行性羊流産（届出）（人獣）（海外）

Enzootic ovine abortion，Enzootic abortion of ewes

宿　主　めん羊

病　原　*Chlamydophila abortus*。偏性細胞内寄生菌で，増殖には培養細胞ないし発育鶏卵を用いる。

分布・疫学　英国，欧州，北米，ニュージーランドなどで発生。日本での発生報告はない。常在地の損耗率は5～20％である。流死産胎子，胎盤，子宮分泌液を感染源とし，汚染物を介して伝播する。感染めん羊からの感染による人の流産の報告がある。

診　断

＜症　状＞　妊娠めん羊は症状があるとすれば発熱。感染後50～90日で胎盤炎が起き，流死産する。親めん羊の大部分は回復し，予後は良好。カンピロバクター症との鑑別が必要である。

＜病　理＞　胎盤炎が主要病変である。胎盤絨毛膜の浮腫と壊死が認められ，流産胎子では浮腫と充血が認められる。

＜病原・血清診断＞　胎盤，流産胎子の塗抹標本における基本小体検出（直接蛍光抗体法）やPCR，ないし培養細胞・発育鶏卵卵黄嚢内接種による病原体の分離を行う。

予防・治療　欧州では熱感受性変異体を用いた生ワクチンが実用化されている。

（福士秀人）

25 めん羊の多発性関節炎（海外）

Infectious polyarthritis in sheep

宿　主　めん羊

病　原　*Colesiota conjunctiviae*

分布・疫学　米国中西部に多い。夏に発生しやすい。日本での報告はない。罹患率は高いが，致死率は1％以下。発病羊の涙，鼻汁，糞便，尿に病原体が排出され，経口および結膜から感染する。

診　断

＜症状・病理＞　発熱，食欲不振，硬直，沈うつ，跛行，ときとして結膜炎。長期経過例では関節の腫大が時折出現。2～4週間で回復。漿液線維素性ないし線維素性関節炎。関節周囲の浮腫と関節腔のフィブリン塊沈着。

＜病原・血清診断＞　漿膜ないし滑膜などの病変部を材料とし，PCRによる遺伝子検出ないしHeLa229やL929細胞への接種によりクラミジア分離。

予防・治療　実用的なワクチンはない。テトラサイクリン系ないしマクロライド系抗菌薬の投与。畜舎の消毒など衛生管理。

（福士秀人）

26 伝染性漿膜炎（海外）

Transmissible serositis

宿　主　めん羊

病　原　*Chlamydophila pecorum*

分布・疫学　米国，ニュージーランド，欧州。日本では未確認。不顕性感染羊が感染源。輸送などのストレスが発症誘因。

診　断

＜症状・病理＞　元気・食欲の消失，発熱・咳，下痢や粘液性鼻汁。種々の呼吸器細菌，レオウイルスやパラインフルエンザウイルスなどとの混合感染により病勢悪化。気管支炎，胸膜炎，肋膜肺炎がみられる。肺炎病巣は前葉腹部に限局し，肺葉単位の間質性肺炎を示す。

＜病原・血清診断＞　病変部の直接ないし間接蛍光抗体による病原体の証明。PCRによる遺伝子検出。

予防・治療　治療は，テトラサイクリン系抗菌薬の投与。予防は，畜舎の消毒など衛生管理。

（福士秀人）

27 疥癬（届出）（ヒゼンダニ症）

Psoroptic mange of sheep

病名同義語：羊ヒゼンダニ症（Sheep scab）

概　要　ヒツジキュウセンヒゼンダニの寄生による強い痒覚を伴う皮膚炎。

宿　主　めん羊，牛，山羊

病　原　ダニ亜綱無気門目キュウセンヒゼンダニ科のヒツジキュウセンヒゼンダニ（*Psoroptes ovis*）。成虫の体長はおよそ0.75mmで，脚の先端に吸盤あるいは剛毛を持つ。生涯を宿主体上で過ごす。皮膚組織内には侵入しないが，口器を皮膚に穿刺して組織液を吸うため，局所に炎症を起こして強い痒覚を惹起する。

分布・疫学　世界的に分布するが，日本ではめん羊が少ないので発生もほとんどない。伝播は主として感染羊との接触で，特に寒い時期に発生しやすい。めん羊は集団飼育されることから被害は急速に拡大し，羊産業の盛んな国では本症による経済的損失が大きくなりうる。

診　断

＜症　状＞　ダニの寄生部位は全身で，病変は全身に及ぶ。感染初期には炎症部に水疱および滲出液を生じ，病巣が広がると中央部が乾燥して痂皮が形成され，その周囲に活発な虫体がみられる湿潤な発赤部が広がる。宿主は痒みのため自己損傷し，被毛は脱落する。また，宿主は痒みによる強いストレスから食欲不振となり，増体率が悪化あるいは体重が減少する。

＜病原・血清診断＞　ダニの検出と形態学的同定による。ショクヒヒゼンダニ類（*Chorioptes bovis*，*C. texanus*）との鑑別は重要。キュウセンヒゼンダニ属のダニでは，口器先端が尖り，脚の吸盤下にある柄（爪間体）が3分節するのに対して，ショクヒヒゼンダニ属では口器先端は丸みを帯び，爪間体は1節である。血清診断としてELISAが行われる。

予防・治療　有機リン剤，カーバメイト剤，ピレスロイド剤などの殺虫剤を用いた薬浴は古くから行われていた。近年は，アベルメクチン系製剤（イベルメクチン，ドラメクチン，モキシデクチンなど）の注射や経口投与が主流である。

（平　健介）

1 馬伝染性貧血(法)

（口絵写真14頁）

Equine infectious anemia

概　要　馬伝染性貧血ウイルス感染による回帰熱と貧血を特徴とする急性，亜急性，慢性の致死性疾病。

宿　主　馬，ろば，らばなど。実験動物を含め馬属以外の動物が感染した報告はない。

病　原　*Ortervirales*, *Retroviridae*, *Orthoretrovirinae*, *Lentivirus*に属する馬伝染性貧血ウイルス（*Equine infectious anemia virus*）。プラス１本鎖RNAウイルスで，短期間に連続的な抗原変異を繰り返し宿主の免疫作用から逃れるとともに，ウイルスcDNAは宿主の単球やマクロファージのゲノムに組み込まれる。

感染馬は持続的なウイルス血症を呈し，生涯治癒することはない。ウイルスは馬末梢血単球の初代培養でCPEを伴って増殖する。

分布・疫学　馬属の病気として古くから記録があり世界中で流行していたが，流行地は縮小している。日本では1960年代までは感染馬が多数存在し，1950年代だけでも５万頭以上が感染馬と診断され淘汰されている。しかし，血清診断法の開発とその適切な実行により感染馬は激減し，1993年に抗体陽性馬が２頭摘発されたこと，2011年に天然記念物に指定されている野生馬から感染馬が数頭摘発されたことを除くと，1984年以後は発生がない。北米，欧州，オーストラリアでも発生は減少している。

自然界では吸血昆虫の機械的媒介による伝播が主な感染様式である。夏季放牧中に感染するものが多く，アブやサシバエの多い湿地帯で多発する。子宮内感染や乳汁を介しての垂直感染，皮膚の傷による創傷感染もある。

競走馬の集団発生は汚染注射器を介した人為的感染と考えられている。

診　断

＜症　状＞　臨床症状から，急性，亜急性，慢性の３型に分けられる。急性型は貧血を伴う41～42℃の高熱が持続し，貧血，元気消沈，粘膜や結膜の出血，黄疸性浮腫が観察され，起立不能となり急死する。亜急性型は上記の症状を伴う発熱を示した後に回復するが，しばらくして再発し，その繰り返しにより死亡する。慢性型は繰り返される発熱が徐々に軽度になるとともに無熱期が長くなり，健康馬と見分けがつかなくなるが，徐々に衰弱する。

感染馬がどの症状を示すかは，感染したウイルス株の病原性の強さやウイルス量とともに，宿主側の個体差の影響を受ける。

＜病　理＞　急性型の病変は血管透過性の失調に基づく変化と組織の実質変性が主体で，全身脂肪組織の膠様化，体腔および各臓器の漿膜下の浮腫と出血，実質臓器ならびにリンパ節の水腫性肥大と出血，充出血がみられる。肝臓は腫大して黄疸を示し，実質の巣状不完全壊死，脂肪変性，著しいヘモジデリン沈着がみられる。脾臓も腫脹し，脾臓やリンパ節などのリンパ組織ではリンパ球の重篤なびまん性変性がみられ，核崩壊（**写真1**）が顕著である。骨髄組織においても造血細胞群のびまん性変性が著しい。

亜急性型は出血所見が軽減するが，その他の組織変化は同様にみられる。貧血が著しい場合は実質臓器の退色がみられる。発熱期から熱分離期の末梢白血球中には，鉄染色

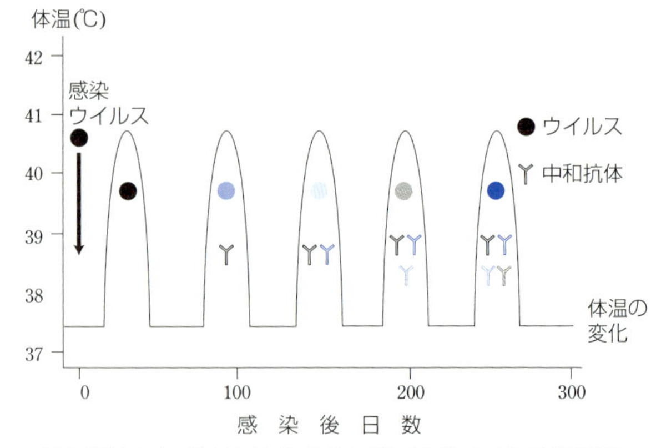

馬は感染したウイルスに対する抗体を産生するが，ウイルスは短期間に抗原変異を起こすため，抗体で中和されない変異ウイルスが宿主体内で増殖し，そのたびに発熱が繰り返される（**回帰熱**）。馬伝染性貧血ウイルス感染馬には持続的なウイルス血症が起こり，生涯治癒することはない。

図　馬伝染性貧血の発病機序

により青色に染まる担鉄細胞（**写真2**）が検出される。慢性型では肝臓が慢性うっ血のため腫大し，ニクズク肝（**写真3**）となる。

＜病原・血清診断＞

病原診断：感染馬は持続的なウイルス血症を示すため，血清を初代培養の馬末梢血単球に接種してウイルス分離を行い，CF反応や蛍光抗体法でウイルス抗原を確認する。無熱期が長く続いた慢性型の場合，ウイルス分離ができない場合もある。末梢血白血球や血清からもPCRおよびRT-PCRでウイルス遺伝子が検出できる。

血清診断：OIEでは，ヌクレオカプシド構成蛋白質を抗原に使用した寒天ゲル内沈降反応を感染馬の診断法として推奨している。同じ抗原を使用したELISAも用いられる。感染馬は発症後１～２週間で抗体陽性となり，以後長期間持続する。ウイルス株に特異的な血清診断法としては，初代培養馬末梢血単球を使用した中和テストが行われる。

予防・治療　ワクチンはない。国内の馬は定期的に寒天ゲル内沈降反応またはELISAによる抗体検査を行い，摘発された場合は淘汰していた。現在，本疾病は清浄化されたと判断され，飼育馬の検査を義務づけていた家畜伝染病予防法施行規則は2018年４月から廃止された。輸入馬や競技参加で一時的に滞在する馬には血清診断を義務づけ，外国からの侵入を制御している。治療は行わない。

（泉對　博）

2 馬の日本脳炎(人獣)(四類感染症)

（流行性脳炎(法)）

Japanese encephalitis in horses

概　要　日本脳炎ウイルスの感染による馬の急性脳炎を主徴とする疾病である。感染蚊の吸血により伝播する。

宿　主　馬，牛，豚，めん羊，山羊，水牛，鹿，いのしし，人

病　原　*Flaviviridae*, *Flavivirus*に属する日本脳炎ウイルス（*Japanese encephalitis virus*）。プラス１本鎖RNAウイルス。四種病原体等。

分布・疫学　日本，中国，韓国，東南アジア，インド，オーストラリア北部。日本には毎年６月頃，南方から渡り鳥

によってウイルス保有蚊が運ばれ，9月頃にかけて流行地域が北上する。通常は東北地方を北限とするが，北海道まで達したこともある。1948年には3,687頭の発症馬が報告されたが，ワクチン接種の普及と，蚊の発生場所となる湿地の減少により，近年は発生が大幅に減少している。1986年以降，馬での発生はなかったが，2003年に1頭のワクチン未接種馬での発生が報告されている。ウイルスの増幅動物は豚であり，吸血した蚊(主にコガタアカイエカ)の唾液腺でさらにウイルスが増殖し，その吸血により馬や人が感染する。一般に，感染しても脳炎を発症することはまれであり，感染馬における発症率は0.1～0.3％程度とされる。

診　断

＜症　状＞　発熱型，麻痺型および興奮型の3つに大別される。発熱型では，一過性の発熱に終わり，不顕性として見逃されることも多い。一方，麻痺型では，発熱だけでなく，食欲不振や沈うつ，視力障害，咀嚼や嚥下困難，後躯麻痺や起立困難などの神経症状がみられる。興奮型では，沈うつと興奮を繰り返し，痙攣，重度の場合には起立困難となる。麻痺型および興奮型ともに，後遺症により当該馬の経済的価値を大きく損なわせることがある。

＜病　理＞　病理組織学的には，神経細胞の変性，ニッスル小体の崩壊あるいは消失および囲管性細胞浸潤などを伴う非化膿性脳炎を示す。

＜病原・血清診断＞

病原診断：検査対象馬からの病原体の検出は，ウイルス分離およびRT-PCRなどの遺伝子検査による。馬の日本脳炎ではウイルス血症が一過性であり，含まれるウイルス量も少ないことから，馬が生存している場合には，脊髄液からの病原体の検出を試みることが望ましい。死亡した場合は，脳や脊髄などの中枢神経組織を乳剤化し，遺伝子検査や適切な培養細胞(例：Vero細胞など)を用いてウイルス分離を試みる。また，脳などの組織標本に対するウイルス抗体を用いた免疫染色も病原体の検出に有用である。

血清診断：ペア血清に対するウイルス中和テスト，HI反応，CF反応およびELISAによる抗体価の測定がある。しかし，結果の解釈には，他のフラビウイルスとの交差反応に留意する必要がある。このことは，組織標本に対する免疫染色でも同様である。

予防・治療　不活化ワクチン(日本で市販されている)の接種が発症予防に有効であり，毎年，蚊の発生時期より前に，約1カ月間隔で2回接種しておくことが望ましい。治療法はなく，対症療法のみである。

（山中隆史）

3 (全)ウエストナイルウイルス感染症(流行性脳炎(法))

(人獣)(海外)(四類感染症)

West Nile virus infection

概　要　ウエストナイルウイルスの感染による馬と鳥類の脳炎を主徴とした疾病であり，人も感染し脳炎を発症することがある。感染蚊の吸血により伝播する。

宿　主　馬，鳥類，犬，人などの多くの脊椎動物

病　原　*Flaviviridae*，*Flavivirus*に属するウエストナイルウイルス(*West Nile virus*)。プラス1本鎖RNAウイルス。四種病原体等。オーストラリアで分離されているクンジンウイルスは亜種。

分布・疫学　1937年，ウガンダのウエストナイル地区において，発熱を呈した人より初めて分離された。以後，アフリカ，欧州，中東，中央アジアおよび西アジアなどの東半球の広い地域に分布していることが判明した。1999年に米国ニューヨーク州において，人の脳炎症例が報告された後，数年の間に北米大陸全体に広がり，さらにはカリブ海諸国にまで発生例が拡大した。2004年には，米国内で約15,000頭もの馬が発症し，3分の1が死亡あるいは安楽殺となり，2012年には286人もの死亡例が報告された。本疾病は主にイエカの仲間により媒介されるが，近縁の日本脳炎ウイルスを媒介するコガタアカイエカやヤマトヤブカなども媒介する可能性が示唆されている。また，増幅動物として野鳥が重要であり，300種類以上もの鳥類が感染することが知られている。特に都市部で多数生息しているカラス(*Corvus brachyrhynchos*)，アオカケス(*Cyanocitta cristata*)，イエスズメ(*Passer domesticus*)は，感受性が高く死亡することもある。また，渡り鳥が本疾病の分布拡大の役割を果たしているとも考えられている。感染した馬や人はウイルス血症を起こすがウイルス量は少なく，感染者あるいは感染馬を吸血した蚊がさらに感染を伝播させることはないとされる。このことから，馬や人は終末宿主(dead-end host)と呼ばれる。

診　断

＜症　状＞　馬における潜伏期は5～10日であり，多くの場合，不顕性感染に終わる。また，軽症例では一過性の発熱を認めることがある。重症例では脳炎を発症し，四肢(多くの場合，後肢)の麻痺による運動失調，ひいては起立不能に至り昏睡し死亡することもある。

＜病　理＞　馬では，非化膿性脳炎が認められる。

＜病原・血清診断＞　病原診断および血清診断ともに，日本脳炎におおむね準じる。血清診断については，他のフラビウイルス(日本では特に日本脳炎ウイルス)への交差反応に留意しなければならない。

予防・治療　馬用の組織培養由来不活化ワクチンおよびカナリーポックスウイルス遺伝子組換えワクチンが，米国やカナダで市販されている。治療法はなく，対症療法のみである。

（山中隆史）

4 アフリカ馬疫(法)(海外)

African horse sickness

概　要　アフリカ馬疫ウイルスの感染による致死率の高い馬属の急性熱性伝染病。

宿　主　馬，らば，ろば，シマウマなどの馬科動物

病　原　*Reoviridae*，*Sedoreovirinae*，*Orbivirus*に属するアフリカ馬疫ウイルス(*African horse sickness virus*)。2本鎖RNAウイルス。中和テストで区別可能な9種類の血清型が存在し，吸血性節足動物(ヌカカ)によって媒介される。

分布・疫学　サハラ砂漠以南の中央・南アフリカに限局・常在しているが，感染馬や媒介節足動物の移動などに伴い，北アフリカや中近東，イベリア半島でも発生が報告さ

れている。1959～1961年に中近東からインドにかけて大規模な流行が確認され，30万頭を超える馬が死亡あるいは殺処分された。スペインでは1987～1990年にかけて不顕性感染シマウマの輸入が原因とされる流行があった。本ウイルスは，主にヌカカの吸血によって媒介されるため，その活動時期に一致して流行する。

診　断

＜症　状＞　ウイルスの病原性と感染歴によって4つの病型に分けられる。①肺型（甚急性）：強毒株感染馬や初感染馬にみられ，3～5日の潜伏期の後，40～41℃の高熱，呼吸困難・促迫などを呈し，発作性の咳と泡沫を含む血清様鼻汁を流出して起立不能となり短時間で死亡する。②混合型（急性）：5～7日の潜伏期を経て発熱，肺炎および浮腫が合併して認められる。発熱後3～6日で死亡することが多い。③心臓型（亜急性）：弱毒株の初感染時あるいは低い抗体価を示す個体の再感染時にみられる。潜伏期は7～10日で，発熱が3～6日継続した後，側頭部，眼上窩，眼窩，眼瞼から浮腫の発現が始まり，口唇や下顎を経てやがて頸部，胸部，腹部に認められるようになる。末期には心不全と疝痛で死亡するが，浮腫が消失する場合には回復する。④発熱型（一過性）：免疫獲得馬や抵抗性のあるろばやシマウマが感染した場合に認められる。5～14日の潜伏期の後，39～40℃の発熱を呈する。その他の症状はないことも多く，軽度の眼結膜充血や心拍数増加が観察される程度である。

＜病　理＞　全身性の顕著な浮腫病変，胸腔，腹腔および心嚢内の多量な漿液の貯留が特徴である。肺型による死亡馬では重度の肺水腫が観察される。

＜病原・血清診断＞

病原診断：血液や肺，脾臓，リンパ節の乳剤などを材料とし，培養細胞や乳飲みマウス脳内に接種してウイルスを分離する。また，同材料を用いてELISAやRT-PCR，リアルタイムRT-PCRによる抗原検出および遺伝子検出を試みる。

血清診断：感染後8～12日には抗体が産生されるため，ELISAやCF反応，中和テストなどで抗体価を測定する。

予防・治療　常在国ではワクチンが使用可能である。特別な治療法はない。日本を含む清浄国では，海外からの侵入防止に努め，万が一発生した場合には，感染馬の早期摘発・淘汰，飼養馬の移動禁止などの対策をとる必要がある。また，媒介節足動物の駆除も重要となる。

（山川　睦）

5 東部馬脳炎（人獣）（海外）（四類感染症）（流行性脳炎（法））

Eastern equine encephalomyelitis

概　要　東部馬脳炎ウイルスによる馬と人の脳炎を主徴とする蚊媒介性の感染症。蚊と鳥類で感染環を形成する。

宿　主　馬，鳥類，人

病　原　*Togaviridae*，*Alphavirus*に属する東部馬脳炎ウイルス（*Eastern equine encephalitis virus*）。プラス1本鎖RNAウイルス。三種病原体等。

分布・疫学　カナダ南東部（ケベック州とオンタリオ州），米国の中央部から東部の州，カリブ海諸国，中南米にかけて分布している。Ⅰ～Ⅳの4系統に区別される。系統Ⅰのウイルス（北米型）は北米とカリブ海諸国に，系統Ⅱ～Ⅳのウイルス（南米型）は中南米に分布している。

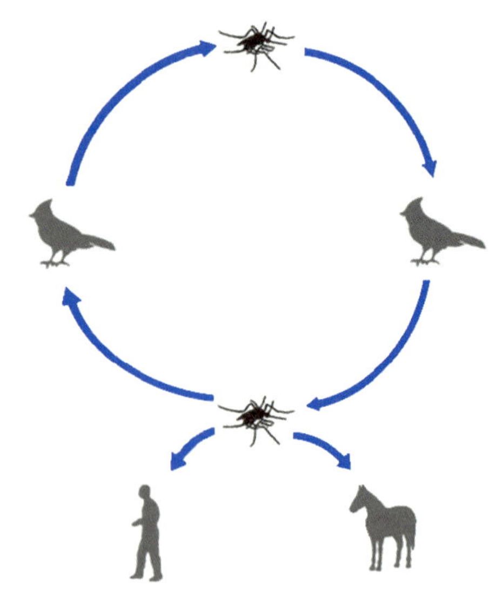

図　東部馬脳炎ウイルスの感染環

北米では主にスズメ目の鳥とハボシカ属の蚊（*Culiseta melanura*）との間で感染環を形成している。南米では，イエカ属（*Culex*）が主要なベクターである。米国では，主に森林地帯の沼地や湿地で感染環を維持していると考えられている。フロリダなど南部の州では通年で感染環が維持されるが，温帯地域での感染の維持についてはよくわかっていない。自然宿主であるスズメ目の鳥は，通常感染しても発症しない。しかし，ヤマウズラ，きじ，シラサギ，エミューなどは発症して，致死的になることがある。

馬や人は蚊の吸血により偶発的に感染する終末宿主である。牛，豚，犬，猫，ラマなどの発症例も報告されている。両生類や爬虫類にも感染し，ヘビがウイルスの保有動物として役割を果たしている可能性も示唆されている。

1947年にルイジアナ州とテキサス州で，1万頭以上の馬が死亡したと報告されている。近年の米国では，毎年およそ100～300頭の発生報告がある。2005～2009年にはブラジルで馬と人の流行があったが，南米での発生状況はよくわかっていない。

診　断

＜症　状＞　馬の潜伏期間は5～14日。発熱，食欲不振，沈うつなどの症状が認められ，重症例では運動失調，痙攣，嗜眠，起立不能などの神経症状を呈し，予後不良となり死亡する。死亡率は90％に達することがある。西部およびベネズエラ馬脳炎と比較して症状は最も重い。馬や人に病原性を示すのは北米型ウイルスで，南米型ウイルスの病原性は低いと考えられている。

＜病　理＞　非化膿性の脳炎あるいは脳脊髄炎を主徴とし，主要な病変は脳と脊髄の灰白質に認められる。比較的広い範囲にリンパ球や単球の囲管性の浸潤，好中球浸潤，巣状壊死，出血，神経変性やグリア細胞の集簇（ミクログリオーシス）などが認められる。重症例では多くの臓器に点状あるいは斑状の出血が認められる。咽頭麻痺と粒状物の吸引に起因すると考えられる気管支肺炎が認められることがある。

＜病原・血清診断＞
病原診断：発症馬の血液や血清あるいは脳炎症状を呈して死亡した馬の脳組織からのウイルス分離とRT-PCRによる遺伝子検出が用いられる。

ウイルス分離には通常，株化培養細胞（Vero細胞，RK-13細胞，BHK-21細胞など）が用いられるが，初代培養の鶏あるいはアヒル胚線維芽細胞も用いることができる。生後1～4日齢の乳飲みマウスの脳内接種，発育鶏卵でもウイルス分離が可能である。
血清診断：HI反応，CF反応，IgM-捕捉ELISA，プラック減少中和テストなどがある。中和テストの特異性が最も高い。IgM-捕捉ELISAは感染初期のIgM抗体の検出に用いられる。
予防・治療　蚊の吸血によって感染するために，蚊の防除や駆除対策が重要である。海外では不活化ワクチンが使用されている。日本で利用可能なワクチンはない。特異的な治療法はなく，症状に応じた対症療法を行う。

（近藤高志）

6 西部馬脳炎（人獣）（海外）（四類感染症）（流行性脳炎（法））
Western equine encephalomyelitis

概　要　西部馬脳炎ウイルスによる馬と人の脳炎を主徴とする蚊媒介性の感染症。蚊と鳥類で感染環を形成する。

宿　主　馬，鳥類，げっ歯類，人
病　原　*Togaviridae*, *Alphavirus*に属する西部馬脳炎ウイルス（*Western equine encephalitis virus*）。プラス1本鎖RNAウイルス。三種病原体等。
分布・疫学　カナダ西部，米国の中央部から西部の州，中南米に分布している。1941年には米国およびカナダ西部において馬および人で最も大きな流行が報告されている。米国では1970年代には毎年20～700頭の発生があったが，その後1990年代にかけて徐々に発生が減少し，近年は発生報告が認められない。中南米での発生状況はよくわかっていない。

主にスズメ目の鳥と蚊の間で感染環を形成しているが，げっ歯類などの小型哺乳類も感染環の維持に重要な役割を果たしている。北米での主要な媒介蚊はイエカ属の*Culex tarsalis*である。南米ではセスジヤブカ亜属の*Ochlerotatus albifasciatus*が主要なベクターと考えられている。馬や人は，蚊の吸血により偶発的に感染する終末宿主である。
診　断
＜症　状＞　まず発熱，食欲不振，沈うつなどの症状を示す。その後，重症例では運動失調，痙攣，嗜眠，起立不能などの神経症状を呈し，予後不良となり死亡する場合がある。東部馬脳炎やベネズエラ馬脳炎と比較すると一般的に症状は軽度で，死亡率は30％程度である。
＜病　理＞　非化膿性の脳炎あるいは脳脊髄炎が主徴であり，リンパ球を主体とする囲管性細胞浸潤，神経変性やグリア細胞の集簇などが認められる。
＜病原・血清診断＞
病原診断：発熱期の血液や解剖馬の脳材料を用いてウイルス分離やRT-PCRによる遺伝子検出を行う。ウイルス分離には，Vero細胞，RK-13細胞，BHK-21細胞などの株化細胞や鶏胚線維芽細胞を用いるが，乳飲みマウス，発育鶏卵もウイルス分離に利用できる。東部馬脳炎およびベネズエラ馬脳炎と比較すると脳炎で死亡した馬の脳からのウイルス分離は困難である。
血清診断：HI反応，CF反応，IgM-捕捉ELISA，プラック減少中和テストなどがある。中和テストの特異性が最も高い。IgM-捕捉ELISAは感染初期のIgM抗体の検出に用いられる。
予防・治療　蚊の防除対策が重要である。海外では不活化ワクチンが使用されているが，日本で利用可能なワクチンはない。特異的な治療法はなく，症状に応じた対症療法を行う。

（近藤高志）

7 ベネズエラ馬脳炎（人獣）（海外）（四類感染症）（流行性脳炎（法））
Venezuelan equine encephalomyelitis

概　要　ベネズエラ馬脳炎ウイルスによる馬と人の脳炎を主徴とする蚊媒介性の感染症。流行型では馬と蚊で感染環を形成する。

宿　主　馬，鳥類，げっ歯類，人
病　原　*Togaviridae*, *Alphavirus*に属するベネズエラ馬脳炎ウイルス（*Venezuelan equine encephalitis virus*）。プラス1本鎖RNAウイルス。Ⅰ～Ⅵの血清型に区分されていたが，現在はⅡ～Ⅵ型はそれぞれ別のウイルスとして分類されている。Ⅰ型は抗原性の違いによりⅠAB，ⅠC～ⅠFの5つの抗原変異型に区別される。三種病原体等。
分布・疫学　中米および南米北部に分布している。感染環には流行型と地方病型（森林型）がある。流行型にはⅠABとⅠC型ウイルスのみが関与し，馬が増幅動物となり馬と蚊の間で感染環が成立する。流行型ウイルスはⅠD型ウイルスのE2糖蛋白質の変異によって生じたと考えられている。

地方病型は，中米～南米北部の森林や湿地で，げっ歯類などの小型哺乳類とヤブカ属（*Aedes*）やイエカ属（*Culex*）の間で感染環が持続的に維持されている。

1971年には米国テキサス州でIAB型ウイルスによる馬での大きな流行が認められた。この流行は1969年のエクアドルから始まりグアテマラ，エルサルバドル，メキシコを経由して発生した。1972年以降は米国で発生は報告されていない。ⅠC型ウイルスの流行がベネズエラで1992年と1995～1996年，コロンビアで1995年に報告されている。2000年以降は中米，南米北部の国で散発的な発生が報告されている。
診　断
＜症　状＞　馬は地方病型ウイルスに感染しても通常は症状を示さない。流行型では，潜伏期間は1～3日で，まず40℃を超える発熱と食欲不振が認められる。口唇麻痺，嚥下困難，嗜眠，痙攣，興奮と沈うつを繰り返すなどの神経症状を発現し，起立不能となり死亡する。死亡率は80％を超えることがある。
＜病　理＞　非化膿性の脳炎あるいは脳脊髄炎を主徴とする。囲管性細胞浸潤，神経変性やグリア細胞の集簇などが認められる。
<病原・血清診断>
病原診断：発熱期の血液や解剖馬の脳材料を用いてウイルス分離やRT-PCRによる遺伝子検出。ウイルス分離には，Vero細胞，RK-13細胞，BHK-21細胞などの株化細胞や鶏胚線維芽細胞を用いるが，乳飲みマウス，発育鶏卵も利用できる。
血清診断：HI反応，CF反応，IgM-捕捉ELISA，プラック減少中和テストなどがある。中和テストの特異性が最も高い。IgM-捕捉ELISAは感染初期のIgM抗体の検出に用いられる。
予防・治療　蚊の防除対策が重要である。海外では生ワクチンと不活化ワクチンがあるが，日本で利用可能なワクチンはない。特異的な治療法はなく，対症療法を行う。

（近藤高志）

8 馬鼻肺炎（届出）

Equine rhinopneumonitis

（口絵写真14頁）

概　要　馬アルファヘルペスウイルス1（EHV-1）および4の感染による馬の疾病で，子馬の初感染では鼻肺炎，妊娠馬では流死産を起こす。EHV-1の感染では神経症状を示すこともある。

宿　主　馬
病　原　*Herpesvilares*, *Herpesviridae*, *Alphaherpesvirinae*, *Varicellovirus*に属する馬アルファヘルペスウイルス1（*Equid alphaherpesvirus 1*：EHV-1）と馬アルファヘルペスウイルス4（*Equid alphaherpesvirus 4*：EHV-4）。2本鎖DNAウイルスで，両者には共通抗原がある。両ウイルスは中和テストで区別できるが，CF反応では区別できない。

EHV-1は馬赤血球凝集能を有するがEHV-4にはない。EHV-1は主として流産に，EHV-4は主として上部気道疾患に関与している。EHV-1は馬を含め多くの動物由来培養細胞で増殖するが，EHV-4は宿主特異性が高いため，馬由来細胞がウイルス増殖に用いられる。

両ウイルスとも感染細胞にヘルペスウイルス特有の核内封入体を形成する。

分布・疫学　世界各国に分布。1966年以前，日本にはEHV-1の感染は存在しなかったが，1966～1967年初めにかけて北海道日高地方で輸入妊娠馬を原発とする流産が大発生し，その後，各地に常在化した。1989年以降，EHV-1感染による神経疾患も散発している。生産地では主にEHV-4による子馬の鼻肺炎が秋口から春先に流行する。

妊娠馬が妊娠中期以降にEHV-1に感染すると流産を起こし，1～3月に多発する。初発の流産は外部から導入した馬からの感染，あるいは潜伏感染していたウイルスの再活性化で起こる。潜伏部位は三叉神経節あるいはリンパ系組織と考えられている。EHV-4の感染でも流産が起こるが，その頻度は非常に低い。

EHV-1の神経疾患は鼻肺炎あるいは流産に続発することが多いが，単独で発生することもある。

診　断
<症　状>
鼻肺炎：子馬が初感染を受けると，1～3日の後，39～41℃の発熱が2～3日続き，漿液性の鼻汁を大量に排出し，後に膿性となる。鼻汁の漏出と同時に下顎リンパ節の腫大がみられる。発熱時に白血球減少症が短期間みられる。病勢は一過性で経過は一般に良好であるが，細菌などの二次感染を伴った場合は肺炎などを起こし経過が長引く。

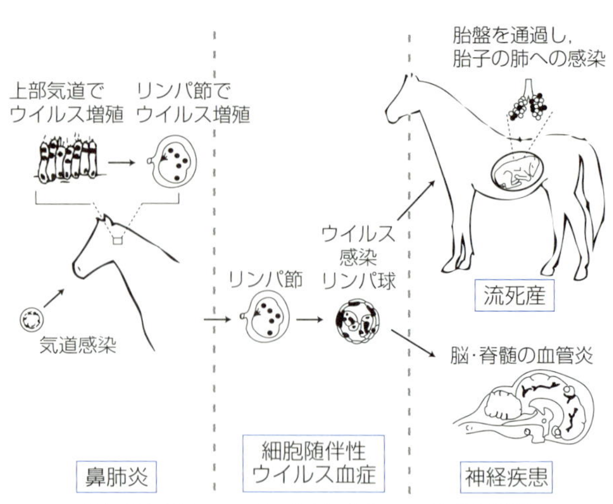

図　馬アルファヘルペスウイルス1の感染病態

流死産：妊娠馬はほとんど前駆症状を示すことなく，突然，流死産を起こす。流産は妊娠9～10カ月齢を中心に発生する（**写真1**）。胎子はほとんど死んで娩出される。妊娠末期の感染では生きていることもあるが，多くは2日以内に死亡する。一般に，母馬に流産後異常は認められないが，まれに神経疾患を続発することがある。
神経疾患：EHV-1の感染で歩行失調，後肢の麻痺，転倒，犬座姿勢，尿失禁，後肢や臀部の知覚麻痺などの神経症状を示すことがある。発症時，ウイルス血症がみられるが発熱はない。ほとんどの馬は後遺症もなく回復するが，横臥した場合は死に至る。
<発病機序>　1型は口，鼻から体内に侵入し，上部気道で増殖する。次いでリンパ節で増殖し，感染リンパ球によるウイルス血症が起こる。妊娠馬ではウイルスが胎盤を通過して胎子に感染して流産を起こす。まれに，子宮の血管内皮細胞でウイルス増殖が起こり，その結果，血管炎，血栓を生じて流産することがある。

脳や脊髄の血管内皮細胞でウイルスが増殖すると，血管炎，血栓を生じ，神経症状を呈する。

4型も上部気道，次いでリンパ節でウイルスが増殖する。しかし，ウイルス血症はほとんど起こらない。
<病　理>　鼻肺炎では，上部気道粘膜に充血とカタル性炎が，下顎リンパ節に充血・腫脹がみられる。流産の場合，胎盤や胎膜に充出血や壊死斑が，胎子には皮下組織の浮腫と充出血，黄色または血様の胸水・腹水の増量が，また肺には水腫と点状出血がみられる。

肝臓は充血腫大し，皮膜下に白色または黄色の粟粒大の壊死斑（**写真2**）が多数みられる。

組織学的には，肺，肝臓，脾臓およびリンパ節に巣状壊死の多発と終末細気管支，肺胞上皮細胞，肝細胞および細網細胞などに多数の好酸性の核内封入体がみられる（**写真3**）。

神経疾患の場合，脳あるいは脊髄における血管炎が特徴で，ウイルス抗原は血管内皮細胞で検出される。

＜病原・血清診断＞
病原診断：病原ウイルスを証明するのが最も確実な診断法である。鼻肺炎では発症時の鼻汁をウイルス分離に用いる。流産胎子の場合は肺，肝臓，脾臓などの乳剤を用いる。神経症状を示した場合は末梢血白血球を用いる。ウイルス分離には馬腎培養細胞を用いるのが最もよい。分離ウイルスの型別はモノクローナル抗体を用いた免疫染色，あるいは分離ウイルスDNAの制限酵素切断パターン解析で行う。

最も迅速な診断法として型特異的なプライマーを用いたPCRやLAMPが用いられている。

血清診断：鼻肺炎の場合，ペア血清を採取してCF反応，中和テスト，ELISAなどで抗体の有意上昇を確認して診断するが，EHV-1とEHV-4感染の区別は困難である。感染抗体の型別は両ウイルスの糖蛋白質gGを抗原とするELISAで行う。流産例では，母体が抗体陰性の場合はウイルスの感染を否定できるが，陽性の場合は決め手にならない。

予防・治療　外部からの導入馬は，３週間の隔離観察期間を置くなど，ウイルスの侵入阻止を図る。

流産胎子・胎盤・羊水には大量のウイルスが含まれていて流産の続発原因となるので，速やかにそれらと周囲の汚染物を処理するとともに消毒を行う。また，妊娠末期の感染により虚弱で生まれてきた場合には，呼気中にもウイルスが排出されているので隔離する。

日本では，近年，EHV-1の呼吸器疾病の軽減および妊娠馬の異常産の抑制にgE欠損生ワクチンが実用化された。また，流産予防と呼吸器疾病の予防に従前より不活化ワクチンが用いられているが，流産予防効果は十分ではない。胎齢を考慮に入れて妊娠馬の免疫状態が最高になるようにワクチン接種を計画する。

特別な治療法はないが，鼻肺炎の場合，細菌の二次感染による病勢悪化を防ぐために抗菌薬を投与する。

（桐澤力雄）

9 馬インフルエンザ(届出)
Equine influenza

概　要　馬のインフルエンザウイルス感染により起こる急性呼吸器疾患。飛沫感染により容易に他馬に伝播し，伝染性がきわめて高い。

宿　主　馬。犬への自然感染例がある。

病　原　*Orthomyxoviridae*，*Alphainfluenzavirus*に属するインフルエンザAウイルス(*Influenza A virus*)。８分節のマイナス１本鎖RNAウイルス。H7N7とH3N8の２つの亜型が知られている。以前，前者は馬１型，後者は馬２型とも呼ばれていた。H7N7は1980年を最後に馬からは分離されていないが，H3N8は現在も頻繁に馬より分離されている。

分布・疫学　H3N8ウイルスは，1963年に米国で初めて分離されて以降，ごく一部の例外を除き，ほぼ全世界の馬群で流行したことが記録されている。現在も，主に北米大陸および欧州で，その流行は頻発しており，それらの国々から感染馬が本病の非流行国(地域)に輸出されることにより，大きな流行を引き起こす(例：南アフリカ1986年および2003年，日本1971年および2007年，オーストラリア2007年，香港1992年，マレーシア2015年など)。感染馬からのウイルスを含む飛沫を吸い込むことにより，容易に馬から馬へと伝播する。また，2003年米国では，馬由来のH3N8ウイルスが犬へ異宿主間伝播し，犬の急性呼吸器疾患の流行を引き起こした。

診　断
＜症　状＞　潜伏期は１～３日。鼻漏や咳嗽などの呼吸器症状を示し，通常，発熱を伴う。死に至ることはまれであるが，しばしば上部気道の日和見細菌が下部気道へ侵入することによる２次的な細菌性気管支炎や気管支肺炎を招き，重症化することがある。

＜病　理＞　鼻腔および気管の上皮における線毛の消失および杯細胞の減少が急性期に認められる。また，回復期には，上皮細胞の過形成あるいは扁平上皮の化生が観察される。

＜病原・血清診断＞
病原診断：鼻腔あるいは鼻咽頭スワブを採取し，RT-PCRなどの遺伝子検査，簡易インフルエンザ診断キット(人用)，あるいは発育鶏卵を用いたウイルス分離により行う。

血清診断：ペア血清に対するHI反応，ウイルス中和テストおよび一元放射溶血試験により行う。

予防・治療　健康な馬群へ感染馬が侵入することにより速やかに流行が拡大するため，感染馬の迅速な摘発および隔離が有効な予防法である。また，流行株の抗原性に合致した不活化ワクチンを接種することにより，あらかじめ馬群に中和抗体を賦与しておくことは，万が一の際における群内での流行拡大を抑制するだけでなく，個体レベルでの症状軽減にも寄与する。日本でも単味および３種混合不活化ワクチンが市販されている。実験的には，抗ウイルス薬の治療効果が報告されているが，現在のところ一般的ではない。

（山中隆史）

10 馬ウイルス性動脈炎(届出)(海外)
Equine viral arteritis

概　要　馬動脈炎ウイルス感染による馬科に特有な疾病。発熱，呼吸器症状，発疹，四肢の浮腫，妊娠馬では流産を起こす。雄馬では生殖器に持続感染する。

宿　主　馬，ろば

病　原　*Nidovirales*，*Arteriviridae*，*Equartevirus*に属する馬動脈炎ウイルス(*Equine arteritis virus*)。プラス１本鎖RNAウイルス。系統樹解析により北米型と欧州1型および２型に区分されるが，血清型は１種類である。

分布・疫学　ウイルスは1953年に米国で流産胎子から初めて分離された。南北アメリカ，欧州，オセアニア，アフリカなど世界的に分布している。日本は清浄国である。

鼻汁中のウイルスによる呼吸器感染，尿や流産胎子で汚染された敷きわらなどを介して伝播する。感染雄馬はウイルスが生殖器に持続感染し，精液中にウイルスを長期間(数年以上にわたることがある)排出するキャリアーとなる。キャリアー種雄馬は無症状で，交配あるいは汚染精液の人工授精により雌馬に感染が拡大する。

診　断

＜症　状＞　潜伏期は3～14日。発熱，食欲不振，元気消失，鼻汁漏出，流涙，結膜炎，眼瞼浮腫，四肢の浮腫，主に頸部から肩部の発疹，陰嚢および包皮の浮腫など多様な症状を示すが，すべての症状が同一馬に現れるわけではなく不顕性感染例も多い。新生子馬では死亡する場合がある。妊娠馬は，胎齢に関係なく高率に流産を起こす。

＜病　理＞　呼吸器あるいは生殖器感染したウイルスは所属リンパ節で増殖後，各種臓器で増殖する。剖検所見では皮下組織，腸間膜，リンパ節や各臓器の膠様浸潤，浮腫，充血，点状出血が認められる。胸水や腹水の貯留を認める症例もある。流産胎子に特徴的な所見はない。組織学的には，病名の由来となった小動脈中膜の変性壊死が特徴的である。

＜病原・血清診断＞

病原診断：鼻汁，白血球，尿，精液，胸水・腹水，リンパ節，各種臓器，流産胎子などから培養細胞を用いてウイルス分離を実施する。RK-13細胞の感受性が高いが，Vero細胞など他の哺乳動物由来培養細胞も利用できる。RT-PCRによる遺伝子検出も用いられる。

血清診断：確定診断には中和テストが用いられる。他にELISAやCF反応も利用できる。

予防・治療　海外では弱毒生ワクチン(北米)と不活化ワクチン(欧州)が主に種雄馬に用いられている。日本では防疫対策として不活化ワクチンを備蓄している。交配シーズン前のキャリアー種雄馬および汚染精液の摘発が重要である。特異的な治療法はなく，対症療法を行う。日本ではワクチン接種種雄馬を除き，抗体陽性馬は輸入できない。

（近藤高志）

11 馬モルビリウイルス肺炎 (届出)(人獣)(海外)(四類感染症)

Equine morbillivirus pneumonia

病名同義語：ヘンドラウイルス感染症

概　要　ヘンドラヘニパウイルス感染による，重篤な肺炎を主徴とする致死率の高い馬の急性呼吸器疾患。神経症状を示す例もある。

宿　主　馬，人。自然宿主はオオコウモリ

病　原　*Mononegavirales*, *Paramyxoviridae*, *Henipavirus* に属するヘンドラヘニパウイルス(*Hendra henipavirus*)。マイナス1本鎖RNAウイルスで，分離当初は馬モルビリウイルスと呼ばれたが，後に最初に分離された厩舎の所在地の地名をとり名称が変更された。三種病原体等。

分布・疫学　1994年にオーストラリアで初めて発生し，感染馬21頭中14頭が死亡し，同じ厩舎で働く2名が呼吸器症状を呈して発症し1名が死亡。1999年以降ほぼ毎年，1ないし数頭の散発的な発生が報告されている。馬からの水平感染よりも，オオコウモリから馬への間接的な感染が主な経路と考えられている。オオコウモリの尿，唾液，血液中にウイルスが検出されることから，尿などで汚染された牧草を摂食して感染すると推測される。人では感染馬と濃厚な接触をした場合に感染が認められている。実験感染では猫，モルモットが発症するが，オオコウモリ，馬以外の動物の自然感染の報告はない。症例のほとんどはクイーンズランド州に限局しており，オーストラリア以外での発生報告はない。

診　断

＜症　状＞　潜伏期は5～10日程度。発症後は，急性に経過し，40℃以上の発熱，沈うつ，食欲不振，顔面の浮腫，心拍数上昇，呼吸困難など重度の呼吸器症状を呈する。末期には血液が混った泡沫鼻汁の漏出がみられる。神経症状を呈する症例では筋肉の痙攣，歩様異常，顔面麻痺などが認められる。発症から死亡までは1～3日程度で，致死率は70%以上である。人では呼吸器症状と髄膜脳炎を主徴とする。

呼吸器症状はアフリカ馬疫と，神経症状はウイルス性脳炎との類症鑑別が重要である。

＜病　理＞　血管内皮細胞のウイルス感染による血管炎。肺の水腫，充血，リンパ管の拡張，血栓，肺胞の壊死。肺や脾臓，腎臓などの毛細血管や小血管の内皮細胞に特徴的な合胞体形成が認められる。リンパ節の腫脹と充血，胸水や心嚢水の貯留，胃，腸間膜の水腫，腸管や腹膜の点状出血を認めることがある。

＜病原・血清診断＞

病原診断：血液，鼻汁，咽頭拭い液，尿，肺，リンパ節，脾臓，腎臓などからウイルス分離，合胞体形成の確認，抗原検出あるいはRT-PCRによる遺伝子検出。ウイルスはVero細胞などの多くの哺乳動物由来細胞や鶏胚で増殖する。

血清診断：ELISA，中和テスト。確定診断はオーストラリア家畜衛生研究所で行う。

予防・治療　有効な治療法はない。オーストラリアでは馬用ワクチンがある。

（西野佳以）

12 馬痘 (届出)

Horse pox

宿　主　馬

病　原　*Poxviridae*, *Chordopoxvirinae*, *Orthopoxvirus* に分類される馬痘ウイルス(Horsepox virus)，ウアシン・ギシュー病ウイルス(Uasin Gishu disease virus)，*Molluscipoxvirus* に分類される伝染性軟疣(属)腫ウイルス(*Molluscum contagiosum virus*)

分布・疫学　発生はまれ。19世紀から20世紀前半まで欧州で古典的な馬痘の発生報告があるが，現在はない。ウアシン・ギシュー病は1934年にアフリカで最初に報告。感染源として野生動物が疑われる。伝染性軟疣(属)腫ウイルスによる伝染性軟属腫は米国で報告。直接接触および汚染器具などを介して感染。

診　断

＜症　状＞　脚の繋部，鼻腔や口腔部，歯肉，生殖器周囲，頸部，肩部などに丘疹，膿疱や痂皮を形成。水胞性口炎，馬媾疹との類症鑑別が必要。

＜病　理＞　病変部は水腫性で，上皮細胞の増生，単核球や好中球の浸潤，細胞質内封入体が認められる。

＜病原・血清診断＞

病原診断：電子顕微鏡観察によるウイルス粒子の検出。子牛腎培養細胞，羊腎細胞を用いたウイルス分離，ウイルス抗原の検出，PCRによる遺伝子検出。

血清診断：ペア血清を用いた寒天ゲル内沈降反応，中和テスト，HI反応。
予防・治療　ワクチンはない。患部を清潔にし，細菌の二次感染を防ぐ。

（西野佳以）

13 (全)ボルナ病ウイルス感染症(人獣)
Borna disease virus infection

概　要　哺乳類ボルナウイルス感染による馬，牛および猫の行動異常および運動機能障害を主とした中枢神経疾患。

宿　主　馬，牛，めん羊，山羊，ろば，うさぎ，猫，犬，だちょう，アライグマ，ニホンザル，リス，人
病　原　*Mononegavirales*，*Bornaviridae*，*Bornavirus*に属する哺乳類ボルナウイルス（*Mammalian 1, 2 bornavirus*）。エンベロープを有するマイナス1本鎖RNAウイルス。神経系由来細胞と親和性があり，核内で転写・複製を行う。
分布・疫学　1894年と1896年にドイツ南東部で馬とめん羊に神経疾患の大流行があり，流行地名からボルナ病と命名された。以後，中欧における馬とめん羊の地方病として捉えられていたが，北米および日本を含むアジア各国でも感染が確認されている。牛はスイス，ドイツおよび日本，猫はこれに加えスウェーデン，オーストリア，英国，フランス，フィリピン，インドネシアおよびトルコにおいて感染が確認されている。2015年にドイツのリスから分離された哺乳類ボルナウイルスは，3名のリスブリーダーが死亡した原因ウイルスと同定された。近年，鳥類やコブラから分離されたウイルスは，哺乳類ボルナウイルスとは別の独立したボルナウイルス種として再分類されている。
　伝播経路は直接接触による水平感染が疑われているが，垂直感染（馬）の報告もある。
診　断
＜症　状＞　馬の急性型においては数週間の潜伏期の後に，微熱，軽度の行動異常，知覚過敏，無関心などの症状が認められ，次第に痙攣，不動，麻痺などを呈した後，全身麻痺に陥り，80％が死亡する。慢性型は不顕性であり，症状は不明瞭。牛と猫では詳細な症状の推移は不明。猫の運動機能障害であるよろよろ病は猫ボルナ病の一類型。
　馬では，ウイルス性脳炎との類症鑑別が必要。
＜病　理＞　馬では，組織学的には灰白質を中心とする非化膿性髄膜脳脊髄炎と神経細胞核内の好酸性封入体（Joest-Degen小体）が特徴的。経過が長びくと，炎症性病変が大脳辺縁系，間脳ならびに中脳の脳室周囲にも認められる。
　猫での好発部位は脳幹部，海馬，大脳皮質および脊髄。
　牛では大脳，小脳，脊髄。病変は，猫，牛ともに馬と同様である。ただし，馬ほど顕著でない場合が多い。
＜病原・血清診断＞
病原診断：ウイルス分離は感染動物の脳乳剤をラット，うさぎに脳内接種するが容易ではない。RT-PCRによるウイルスの遺伝子検出，脳内ウイルス抗原の免疫組織学的診断。
血清診断：蛍光抗体法，イムノブロット，あるいはELISAによる。
予防・治療　ワクチンはなく，予防法，治療法とも確立されていない。

（西野佳以）

14 馬のゲタウイルス病
Getah virus infection in horses

宿　主　馬，豚
病　原　*Togaviridae*，*Alphavirus*に属するゲタウイルス（*Getah virus*）。プラス1本鎖RNAウイルス
分布・疫学　日本，極東ロシア，台湾，東南アジア，オーストラリアなどに分布。抗体調査では人，牛，山羊，犬，鶏，野鳥，カンガルーなどにも感染が認められる。主要ベクターはキンイロヤブカ，コガタアカイエカ。
診　断
＜症　状＞　発熱，頸部から臀部にかけての米粒大から小豆大の発疹，下肢部の冷性浮腫が主徴。細菌の二次感染がなければ多くは1週間以内に回復する。
＜病　理＞　主要臓器に特徴的な病変は認められない。全身のリンパ節の軽度な水腫性腫大。
＜病原・血清診断＞　血漿からVero細胞，RK-13細胞を用いたウイルス分離。RT-PCRによる遺伝子検出。血清診断は主に中和テスト。HI反応も利用できる。
予防・治療　日本脳炎との2種混合不活化ワクチンが市販されている。特異的な治療法はなく，対症療法を行う。

（近藤高志）

15 馬媾疹
Equine coital exanthema

宿　主　馬
病　原　*Herpesvirales*，*Herpesviridae*，*Alphaherpesvirinae*，*Varicellovirus*に属する馬媾疹ウイルス（*Equid alphaherpesvirus 3*）。2本鎖DNAウイルス
分布・疫学　日本を含め世界各地に分布している。交配によって伝播する。潜伏感染したウイルスの再活性化による伝播も報告されている。
診　断
＜症　状＞　雌雄の生殖器粘膜（陰唇，膣，陰茎，包皮など）が充血，腫脹し，やがて水疱，膿疱を形成する。経過は多くの場合良好で，細菌の二次感染がなければ2週間程度で回復する。
＜病　理＞　病変部は生殖器に限局する。感染上皮細胞に核内封入体を認める。
＜病原・血清診断＞　水疱液，病変部の材料から馬由来培養細胞（馬胎子腎臓など）を用いたウイルス分離。PCRによる遺伝子検出。中和テストによる抗体検出。
予防・治療　ワクチンはない。患部を清潔にし，細菌の二次感染を防止する。患畜を隔離し交配を中止する。

（近藤高志）

16 馬ライノウイルス感染症
Equine rhinovirus infection

宿　主　馬
病　原　*Picornavirales*，*Picornaviridae*，*Aphthovirus*に属する馬鼻炎Aウイルス（*Equine rhinitis A virus*）および*Picornaviridae*，*Erbovirus*に属する馬鼻炎Bウイルス（*Erbovirus A*：旧名Equine rhinitis B virus）。プラス1本鎖RNAウイルス

分布・疫学　日本を含め世界各地に分布。鼻汁中に排出されたウイルスの飛沫感染により多くの馬は２歳までに感染する。馬鼻炎Ａウイルスでは尿も感染源として重要である。

診　断

＜症　状＞　発熱，食欲不振，リンパ節の腫脹，鼻汁漏出，咳など軽度の呼吸器症状を呈するが，不顕性感染も多い。両ウイルス間で血清学的交差反応はない。

＜病　理＞　細菌の二次感染がなければ上気道の炎症病変は軽度で一過性である。

＜病原・血清診断＞　鼻腔スワブ，血液，尿からVero細胞，RK-13細胞あるいは馬由来培養細胞を用いてウイルス分離。RT-PCRによる遺伝子検出。中和テストにより抗体価の上昇を確認。

予防・治療　ワクチンはない。対症療法を行う。

（近藤高志）

17 鼻疽（法）（人獣）（海外）（四類感染症）

Glanders

概　要　鼻疽菌によって起こる致死率の高い馬科動物の伝染病。

宿　主　馬，ろば，らばなどの馬科動物が自然宿主であり，感受性が高い。マウスやモルモットなどの実験用小動物も感受性がある。猫や犬などの肉食動物，らくだ，人へも感染する。

病　原　*Burkholderia mallei*。0.3～0.8μm×２～５μmの好気性ブドウ糖非発酵グラム陰性桿菌。鞭毛を持たず運動性を欠く。日光やほとんどの消毒薬に対して感受性を示し，環境中では長期に生存することはできない。細胞内寄生菌である。三種病原体等。

分布・疫学　中東，東アジア，アフリカ，東欧，南米での発生が報告されている。ドイツでは2015年に60年ぶりの発生が確認された。日本は清浄国である。

*B. mallei*は，感染動物の鼻汁，膿汁などの分泌物に含まれ，経気道感染や皮膚の創傷部位から感染を起こす。肉食動物では，汚染肉の摂取による経口感染が確認されている。人での発生はまれだが，2000年に実験室内感染と思われる症例が報告されている。

診　断

＜症　状＞　発熱，呼吸器症状，鼻腔粘膜の結節や潰瘍，皮下リンパ管の念珠状結節や膿瘍が認められる。潰瘍は治癒すると星状瘢痕を形成する。臨床症状の違いにより，肺鼻疽，鼻腔鼻疽，皮疽と呼ばれることがあるが，発生地域では複合した病型を示す。急性経過を示す場合には症状が急激に進行，敗血症を引き起こして死亡する。慢性経過では，発熱，体重の減少，努力性の呼吸などが認められ，再発と回復を繰り返す。

＜病　理＞　鼻腔粘膜，気管，肺，リンパ節，肝臓，脾臓などで結核結節様の乾酪化結節（鼻疽結節）や膿瘍を形成。組織学的には化膿性肉芽腫性炎が認められる。

＜病原・血清診断＞

病原診断：菌分離には，血液またはグリセリン添加培地を使用し，好気的に37℃で72時間培養する。非開放性または汚染されていない病変からの採材が望ましい。*B. mallei*は特徴的な生化学的性状に乏しく，同定は難しいとされる。PCRやリアルタイムPCRによる検出・同定法も開発されている。

血清診断：CF反応が主流だが，特異性の高いELISAやイムノブロットも開発されている。アレルギー反応の一種であるマレイン反応は，特異性と動物福祉の観点からOIEでは推奨していない。モルモットの腹腔内に鼻疽菌が含まれる検査材料を接種すると精巣炎を起こすストラウス反応と呼ばれる検査法もある。

予防・治療　ワクチンはない。感染動物は殺処分される。菌に汚染された可能性のあるものすべてに対して焼却または消毒を行う必要がある。

（丹羽秀和）

18 （全）類鼻疽（届出）（人獣）（海外）（四類感染症）

Melioidosis

概　要　類鼻疽菌による人獣共通感染症。様々な動物が感染する。馬は比較的抵抗性があるが，鼻疽に類似した症状を示す。

宿　主　山羊，めん羊，牛，水牛，豚，鹿，馬などの家畜，いのしし，人，犬，猫など様々な動物が感染する。山羊やめん羊，モルモットなどのげっ歯類は，感受性が高い。

病　原　*Burkholderia pseudomallei*。土壌菌の一種である。好気性ブドウ糖非発酵グラム陰性桿菌。鞭毛を有し，運動性がある。細胞内寄生菌である。グラム染色では両端が濃染し，「安全ピン」のようにみえる。至適発育温度は35～37℃，42℃でも発育する。三種病原体等。

分布・疫学　類鼻疽は，オセアニアや東南アジアの熱帯～亜熱帯（北緯20°～南緯20°の間）を中心に発生している。近年では，それ以外の地域でも発生が確認されており，分布の拡大が危惧されている。日本の家畜では発生がないが，人ではこれまでに10症例以上の輸入感染例が報告されている。

*B. pseudomallei*は，低湿地を好み，森林よりも水田などでの検出率が高い。主に経皮や経気道的に感染が成立する。ベトナム戦争の際に，ヘリコプターによって巻き上げられたエアロゾルを吸引し，多数の米国兵が類鼻疽を発症した。人での潜伏期は，１～20日（平均９日）と報告されているが，再発例も多い。宿主間の伝播はまれである。

診　断

＜症　状＞　症状は感染経路と経過（急性～慢性）によって様々である。発熱，呼吸器症状，多発性関節炎，乳房炎などが認められる。重症例では敗血症を引き起こして死に至る。感染が中枢神経系へ進展し，神経症状を示すこともある。馬では，鼻疽と類似した症状を示すことから類症鑑別が必要となる。

＜病　理＞　肺，リンパ節，心臓，肝臓，脾臓に乾酪性結節が認められる。

＜病原・血清診断＞　確定診断は病原診断のみである。病変部の組織やスワブなどの臨床検体から平板培地を用いて菌分離する。血液寒天培地，マッコンキー寒天培地などにも発育するが，雑菌の混入が予想される検体ではAshdown培地などの選択培地の使用が推奨される。遺伝子検査としてリアルタイムPCRが開発されている。血清診断は一般的ではない。

予防・治療　ワクチンはない。国内での清浄性を維持するためには，感染動物の淘汰が最も推奨される。その際には感染動物によって汚染された可能性のある環境の消毒も徹底する必要がある。

（丹羽秀和）

19 (全)破傷風(届出)(人獣)(五類感染症)　（口絵写真15頁）

Tetanus

概　要　破傷風菌が産生する神経毒（破傷風毒素）によって強直性痙攣を引き起こす感染症。

宿　主　すべての家畜。牛，水牛，鹿，馬での発生は届出の対象となる。犬，猫，人へも感染する。猿，象，カンガルーなど野生動物への感染例も報告されている。動物種により，破傷風毒素（テタノスパスミン）への感受性が異なる。馬が最も高く，人やモルモットも感受性が高い。次いでめん羊，牛などの家畜，犬や猫などの肉食動物が続く。鳥類は破傷風毒素に対する抵抗性が強く，ハトや鶏は馬と比較して体重あたり10,000～300,000倍の抵抗性を持つとの報告もある。

病　原　*Clostridium tetani*。0.4～0.6×2～5μmの偏性嫌気性グラム陽性有芽胞菌。グラム染色は，しばしば陰性になりやすい。芽胞は端在性であり，芽胞形成菌は太鼓のバチ状の形態となる。周毛性鞭毛を持ち，湿潤な平板寒天培地上では網目状に遊走する。*C. tetani*は神経毒であるテタノスパスミン（tetanospasmin）と溶血毒であるテタノリジン（tetanolysin）を産生するが，破傷風に関連する毒素はテタノスパスミンのみである。テタノスパスミンは菌の自己融解に伴って菌体外に放出される。

分布・疫学　*C. tetani*は世界各国に分布している。土壌中や哺乳類の腸管に生息し，土壌では特に耕作地での汚染率が高いといわれている。日本における*C. tetani*の土壌分布率は，およそ30％前後と推定されている。国内での破傷風の発生は北海道～沖縄の全国で認められ，2012～2016年の5年間に馬では6頭（0～4頭/年），牛では402頭（74～88頭/年）の発生が確認されている。牛での発生は，南九州や沖縄，北海道などで多い。日本における人の発症例数は年間100症例程度である。

感染は，創傷部位から侵入した芽胞が発芽・増殖することによって起こる。新生子では臍帯感染が多く，去勢や断尾，めん羊では毛刈りの後にも起こる。*C. tetani*の増殖とともに産生された破傷風毒素は，神経線維末端部のガングリオシドをレセプターとして細胞内に取り込まれた後，神経軸索内を上行し，抑制ニューロンに伝達されるとGABA（4-アミノ酪酸）やグリシンなどの抑制性神経伝達物質の放出を阻害する。これにより筋肉の強直を引き起こすと考えられているが，作用機序については現在でもなお不明な点が多い。死亡率は，馬では50～80％，牛でも適切な治療が行われなければ60％といわれている。

潜伏期は，1日～数週間と幅があり，*C. tetani*が侵入した創傷の部位や創傷面の状態によって影響を受ける。

診　断

<症　状>　馬では，通常2～20日の潜伏期後に反射作用が亢進して刺激に対する反応が強くなり，眼瞼や瞬膜の痙攣，尾の挙上などに続いて全身の骨格筋の強直性痙攣が起こる（写真）。まず頭部では咬筋の痙攣による牙関緊急ならびに耳筋，動眼筋，鼻筋，嚥下筋の痙攣，眼球振とう，瞬膜露出，鼻翼開張など特有の症状を示す。さらに頸部筋肉の強直，全身の筋肉の痙攣により，四肢の開張姿勢，いわゆる木馬様姿勢を呈する。病勢が進むと全身の発汗および不安感が強くなり，呼吸困難で死亡する。牛，犬，猫では馬と同様の症状を示すが，症状の進行は緩慢である。また，犬，猫では，感染部位の周囲の筋肉のみに症状が認められる場合がある。強直性痙攣などは，破傷風特有の症状であることから，疫学的背景および臨床症状から本病を診断することも可能である。

<病理所見>　明らかな受傷部や手術創が見当たらず，肉眼・組織学的所見がない場合には感染部位を特定できないことが多い。受傷部位に化膿巣が存在する場合には壊死組織とともに太鼓バチ状の芽胞菌が観察されることもある。

<病原・血清診断>　創傷部位のデブリードマン（外科的切除）による組織片，膿汁などを病原診断の材料として使用する。これらの材料の直接塗抹標本を作製し，メラー法やウィルツ法などの芽胞染色により芽胞の有無を確認するか，あらかじめ脱気したクックドミート培地などの増菌培地で培養後，変法GAM寒天培地などの分離培地を用いて菌分離する。また，培養濾液や分離株を用いたマウス接種試験や，PCRにより破傷風毒素遺伝子を確認することができる。

予防・治療

<予　防>　各動物種に使用できるトキソイドワクチンが市販されている。馬では，1歳の1～3月に基礎免疫（4週間隔で2回）を行い，以降，毎年5～6月に補強接種を行うことが推奨されている。

人では，3種または4種混合ワクチンとして小児期に基礎・補強接種，11～13歳時に2種混合ワクチンとして補強接種が行われている。

また，感染の可能性が疑われる場合には予防的に少量（治療用の1/5～1/10量）の破傷風抗毒素血清を投与する方法もある。

<治　療>　市販の破傷風抗毒素血清をできるだけ早期かつ大量に投与することが推奨される。抗血清の効果は，毒素が神経に結合する前に限定されることから，末期では効果が少ない。大動物では33,000～66,000単位，中動物では16,500～33,000単位，小動物では3,300～6,600単位を投与する。ペニシリンの大量投与や病変部の除去と洗浄は，体内から*C. tetani*を排除するために有効である。筋痙攣に対してはクロルプロマジンなどの鎮静剤を投与する。また，発症時には刺激に対して敏感になっているため，暗く静かな環境を提供することも重要である。

（丹羽秀和）

20 馬伝染性子宮炎(届出)(海外)　（口絵写真15頁）

Contagious equine metritis

概　要　馬伝染性子宮炎菌による馬科動物に特有の性感染症。交尾感染して子宮内膜炎を起こす。防疫上は保菌馬の摘発と治療が重要。

宿　主　馬，ろば

病　原　*Taylorella equigenitalis*。グラム陰性微好気性桿菌。非運動性で芽胞は作らない。培養にはチョコレート寒天培地を用い，37℃で1週間まで微好気培養する。血清型はない。多くの生化学的性状試験に陰性を示すが，カタラーゼ試験とオキシダーゼ試験は強陽性。多くの抗菌薬に感受性を示すが，ストレプトマイシン感受性株と耐性株がある。消毒薬，加熱，乾燥，紫外線に弱い。

*Taylorella*属には，ろばの生殖器から分離される*T. asinigenitalis*が存在するが，馬に対する病原性は低い。

分布・疫学　1977年に，アイルランドと英国のサラブレッド生産地で，原因不明の伝染性子宮炎として確認されたのが最初である。同年には欧州各国，さらにはオーストラリアと米国で発生が認められたが，オーストラリアでは1980年を最後に認められなくなり，清浄性が維持されている。米国では1979年に一旦清浄化されたが，2008年に輸出用の人工授精用精液から検出されたことを発端に再び集団感染が確認され，その後も発生がある。欧州では，サラブレッドでの発生は沈静化しているものの，それ以外の品種での発生が毎年報告されている。その他には，ブラジル，ドバイ，南アフリカ，韓国で発生報告がある。

日本では，1980年に北海道で最初の発生が報告され，その後はほぼ毎年，サラブレッド生産地域で発生が認められた。2001年になって，清浄化を目的とした保菌馬摘発事業がPCRを用いて本格的に始められ，2005年には摘発数が0頭となり，2010年に専門家による評価を受けて清浄化の達成を確認した。その後，清浄性は維持されている。なお，血清疫学調査の成績から，本病は1977年には国内へ侵入していた可能性が示唆されている。

馬伝染性子宮炎は交尾伝播する。子宮内に侵入した菌は子宮粘膜上皮細胞に定着して子宮内膜炎を起こすが，卵巣を含め他の臓器には感染は広がらない。一方，人の手指や用具等を介した間接的な伝播がしばしば認められるが，これは菌を含む子宮滲出液に加えて雌馬の外陰部や雄馬の陰茎の恥垢（スメグマ）中で菌が長期間生存できるためであり，臨床的に異常が認められない保菌馬が新たな感染源となることがある。したがって，防疫上は保菌馬を摘発して治療することが重要になる。人工授精用の精液を介した感染にも注意が必要である。

診　断

<症　状>　雌馬は交尾後1～14日の潜伏期間を経て子宮内膜炎を発症し，滲出液の排出，不受胎，早期発情の繰り返しなどの臨床症状を示す（**写真**）。発熱やその他の全身症状は示さない。ただし，典型的な症状を示さない例や，発症せずに保菌馬となることもある。雄馬は発症せずに保菌馬となる。

<病　理>　肉眼的病変は子宮内膜にほぼ限局され，粘膜の充血や水腫と，子宮内には滲出液の貯留が観察される。病理組織学的には，急性子宮内膜炎像を呈し，特に粘膜固有層の水腫と好中球およびリンパ球からなる炎症性細胞浸潤が顕著である。

<病原・血清診断>

病原診断：感染部位および保菌部位からPCRにより菌を検出する。雌馬では感染部位である子宮もしくは子宮頸管の粘膜および保菌部位である外陰部の正中陰核洞と陰核窩から検体としてスワブを採取する。雄馬では，保菌部位である陰茎の尿道洞，亀頭窩および包皮の襞内からスワブを採取する。培養検査も可能であるが，本菌は分離培地上での増殖が遅く，先に増殖した他の菌が集落形成を阻害するほか，選択培地の選択性も強くないことから，保菌部位からの培養検査は推奨されない。

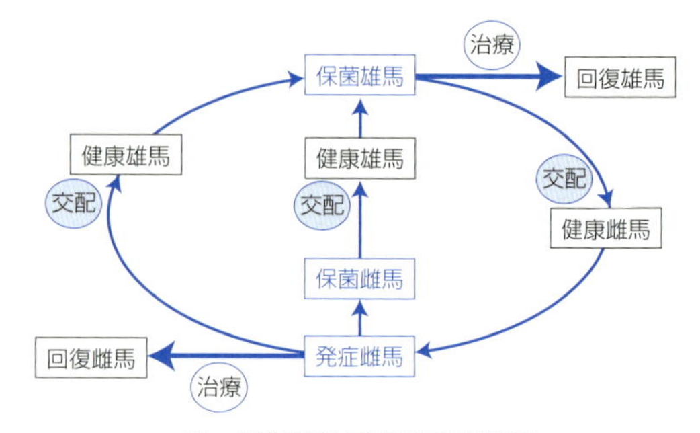

図　馬伝染性子宮炎の感染環

血清診断：CF反応，受身赤血球凝集反応，ELISAなど報告されているが，本症は局所の粘膜感染であるために感染しても血清抗体の検出期間が短く，また保菌馬では抗体が全く産生されないことから，その診断価値は限定的である。

予防・治療

<予　防>　ワクチンはない。交尾前の検査と水平伝播の防止策が，予防に重要な措置である。現時点で日本の馬伝染性子宮炎は清浄化されていることから，防疫上は海外からの侵入防止および再侵入に備えた早期発見と緊急防疫対応の体制を整えておくことが重要である。

<治　療>　感染馬および保菌馬は隔離し，子宮滲出液や恥垢が接触した可能性のあるものはすべて消毒する。

感染馬の治療は抗菌薬による子宮洗浄を行う。抗菌薬の全身投与は必要ない。保菌馬の治療は，抗菌薬もしくは消毒液を含む洗浄液を用いた保菌部位の洗浄と抗菌薬軟膏の塗布を繰り返し，菌を含む恥垢を保菌部位から完全に除去する。ただし，陰核洞内の恥垢を洗浄により除去することは難しいので，雌馬は陰核を外科的に除去する陰核洞切除手術を併せて実施する。なお，雌馬は感染していれば保菌もしていると考え，必ず両方の治療を行う。

治療後は，PCRを複数回実施し，菌が完全に除去されたことを確認する。

（安斉　了）

21　ロドコッカス・エクイ感染症

Rhodococcus equi infection in foals　（口絵写真15頁）

概　要　*Rhodococcus equi*による子馬の化膿性肺炎（肺膿瘍），潰瘍性腸炎と付属リンパ節炎を主徴とする疾病。

宿　主　馬。豚，牛，山羊，らくだや野生動物，猫，犬，エイズ患者での日和見感染

病　原　*R. equi*には3種類の病原性プラスミド（pVAPA，pVAPB，pVAPN）が存在し，毒力が規定されている。pVAPAを保有する強毒株は子馬の化膿性肺炎，pVAPBを保有する中等度毒力株は豚の下顎リンパ節炎，pVAPNを保有する毒力株は牛と山羊に化膿性肺炎を引き起こす。3種の毒力株はマクロファージ内で増殖可能な細胞内寄生菌。

疫　学　世界各地の馬生産牧場の環境土壌中に強毒株が広

表　*Rhodococcus equi*の病原性プラスミド，宿主，病原性

菌　株	病原性プラスミド	宿主・棲息場所	マウス LD_{50}
VapA陽性強毒株	pVAPA（環状）	馬	10^6
VapB陽性中等度毒力株	pVAPB（環状）	豚	10^7
VapN陽性株	pVAPN（線状）	牛，山羊	10^7
無毒株	なし	土壌	＞10^8

VapA：15～17kDa抗原，VapB：20kDa抗原，VapN：19kDa抗原

く分布し，毎年春から初夏に生後1カ月前後の子馬に経気道感染する。散発的に発生する牧場がほとんどである。気道分泌液中の強毒株が感染子馬の腸管内で増殖・二次感染し，糞便中に多量の強毒株を排泄することにより飼育環境を汚染し，経年的に汚染が進むと地方病的発生をみる。6カ月齢以上での初感染はまれであることから，子馬は加齢抵抗性を獲得する。

診　断

＜臨　床＞　多くの子馬では2週間ほどの潜伏期を経て39℃以上の発熱を示し，鼻漏・発咳などの呼吸器症状を主とする臨床症状を呈する。乾性の粗励音や明瞭な気道音が聴診され，重症例では挙動不安あるいは運動を嫌うようになり横臥姿勢をとる。腹腔内膿瘍を形成したものでは削瘦，関節炎・骨髄炎では跛行を示す。一方，臨床症状をほとんどみせずに病勢が進行し，呼吸困難になった状態（鼻翼の拡張や腹式呼吸）で発見され，病理解剖時に本症と診断される場合もある。胸部X線検査・超音波検査による肺の硬結（膿瘍）の確認も診断の一助となる。

＜病　理＞　死亡例・予後不良例では化膿性気管支肺炎が特徴で，急性例では赤色肝変化巣に微小膿瘍を認め，慢性例では小豆大から鶏卵大の様々の多発性膿瘍形成が認められる（**写真1**）。肺炎からの2次病巣として小腸パイエル板の化膿に由来する潰瘍性腸炎と前腸間膜リンパ節，腸付属リンパ節を含む大きな腹腔膿瘍を形成する（**写真2**）。菌血症に伴った四肢・脊椎の関節炎や骨髄炎も認められる。

＜病原・血清診断＞　気管洗浄液からの菌分離が確定診断となるが，血液検査では白血球数の増加（13,000/μL以上）と血漿フィブリノーゲン濃度（400 mg/dL以上）の上昇，ELISA血清抗体価の上昇（0.3以上が陽性値）などにより，本症と診断する。

予防・治療　ワクチンはない。毎年発生が認められる生産牧場では毎日の検温と28・35日齢での定期検診・血液検査が早期発見・早期診断治療につながる。感染子馬の隔離が環境汚染防止となり地方病的発生を防ぐ。感染子馬の治療にはリファンピシンとエリスロマイシン/アジスロマイシン併用があげられるが，下痢などの副作用に注意が必要。早期発見が遅れ膿瘍形成が認められると難治性となる。

（髙井伸二）

22 馬パラチフス（届出）

Equine paratyphoid

概　要　馬パラチフス菌による馬科動物特有の流産を主徴とした伝染病。

宿　主　馬，ろば

病　原　*Salmonella enterica* subsp. *enterica* serovar Abortusequi（*Salmonella* Abortusequi）。サルモネラの血清型の1つで，Kauffmann-Whiteの抗原構造表では［4，12：－：e，n，x］と表され，2相鞭毛のみを発現する。硫化水素を産生しない，クエン酸として炭素源を利用しない，粘液酸を発酵しないなどの点で一般的なサルモネラとは異なる性状を示す。宿主特異性があり，馬科動物以外に感染することはない。

分布・疫学　1893年に米国で初めて分離され，それ以降，世界各国で発生が確認された。現在は，アジア，東欧，南米の一部の国で発生が報告されている。日本では，北海道のサラブレッド以外の品種を中心に発生が認められている。

感染は，主に経口的に起こる。流産胎子，胎盤，流産馬の悪露には大量の馬パラチフス菌が含まれ，しばしば集団発生の原因となる。感染馬の一部は保菌馬となり，新たな感染源となることがある。保菌は，どの部位にも起こり得るが，骨髄や前腸間膜動脈の寄生虫性動脈瘤から菌が分離された症例報告がある。精巣に保菌した種雄馬からの交尾感染も報告されている。

症　状

＜症　状＞　流産を主徴とする。流産はどの時期にも起こるが，妊娠後期に多い。流産の徴候はほとんど認められず，突然流産する。流産以外では，膿瘍，き甲瘻，精巣炎，関節炎などの症状が報告されている。子馬では敗血症を起こし，死亡することが多い。

＜病　理＞　流産胎子では，諸臓器の充出血などが認められるが，他の細菌性流産と共通点も多く，特徴的な所見はない。

＜病原・血清診断＞

病原診断：流産例では，胎子，胎盤，悪露を材料として菌を分離・同定する。症状を示さない保菌馬からの分離は成功しないことが多い。サルモネラに用いられる選択増菌培地の一部（ラパポート培地，セレナイト培地）では増殖しないことから注意が必要。

血清診断：市販の抗原を用いた試験管凝集反応，マイクロ凝集反応で1,280倍以上を示した血清を陽性と判定する。スクリーニングとして急速凝集反応も用いられる。しかし，現在の血清診断法は，非特異反応や他のO4群サルモネラの感染による交差反応が認められることから，診断は総合的に行わなければならない。

予防・治療　ワクチンはない。流産が発生した場合は，感染馬の隔離，消毒など防疫対策を徹底することが重要である。必要に応じて治療や淘汰を実施し，保菌馬を残さないことが重要である。

（丹羽秀和）

23 腺疫

Strangles

宿　主　馬，ろば

病　原　*Streptococcus equi* subsp. *equi*

分布・疫学　世界中で発生がみられる馬科動物に特有の伝染病。感染馬の膿汁や鼻汁との接触により直接，あるいは汲み置きの水などを介して間接的に伝播する。菌は鼻粘膜などの上部気道粘膜を介して体内へ侵入し，主に頭部から

頸部のリンパ節で増殖する。

診 断

＜症 状＞ 発熱と頭部から頸部にわたるリンパ節の化膿性腫脹が典型的な症状。重症例では全身のリンパ節に感染が拡大したり，出血性紫斑病などの続発症が認められることもある。喉嚢内に保菌して鼻汁中に長期間排菌し続けることがある。

＜病 理＞ リンパ節は化膿性に著しく腫脹し，多数の好中球に取り囲まれた長連鎖球菌が観察される。

＜病原・血清診断＞ 膿汁や鼻粘膜スワブからの菌分離，もしくはPCRで腺疫菌を検出する。血清診断法として，合成ペプチドを抗原に用いたELISAも開発されている。

予防・治療 国内ではワクチンは使用されていない。伝染力が強く，感染馬は隔離する。抗菌薬の投与は治癒を遅らせて保菌を誘導することがあるので，感染初期や重症例以外では慎重に実施する。長期排菌馬は，保菌部位である喉嚢の治療が必要である。

（安斉 了）

24 馬のレンサ球菌感染症

Streptococcus infection in horses

宿 主 馬，ろば

病 原 主に*Streptococcus equi* subsp. *zooepidemicus*。他には*S. dysgalactiae* subsp. *equisimilis*, *S. pneumoniae*など

分布・疫学 *S. zooepidemicus*は，馬の扁桃および生殖器に常在しており，ストレスなどが引き金となって日和見感染を起こす。

診 断

＜症 状＞ 最もよく認められるのは，長距離輸送あるいは呼吸器ウイルス感染症に伴って起こる*S. zooepidemicus*による自発性の下気道感染で，若齢馬では進行して肺炎，さらには胸膜炎に至ることがある。

＜病 理＞ 致死的な胸膜肺炎では，扁桃炎，気管粘膜線毛の形態異常，出血性化膿性肺炎および胸水の貯留が認められる。

＜病原診断＞ 病変部位から菌を分離培養して同定する。

予防・治療 治療は抗菌薬の全身投与を行うが，しばしば混合感染あるいは治療中の菌交代症が起こるので，抗菌薬の選択には注意が必要。

（安斉 了）

25 馬のポトマック熱（海外）

Potomac horse fever

宿 主 馬

病 原 *Neorickettsia risticii*

分布・疫学 米国，カナダ，オランダで発生。日本での発生報告はない。本菌を持つ吸虫が寄生した貝や昆虫を草と一緒に食べることで感染する。

診 断

＜症 状＞ 発熱，水様性の激しい下痢，疝痛。20～30%が蹄葉炎を起こす。妊娠馬が感染・発症すると治癒後に流産が起こることがある。

＜病 理＞ 流産を起こした馬では胎盤炎，停留胎盤。胎子は大腸炎，肝炎，腸間膜リンパ節と脾のリンパ組織の過形成を示す。

＜病原・血清診断＞ 血清学的診断には間接蛍光抗体法が用いられるが，PCRによる遺伝子診断がより感度が高い。

予防・治療 米国ではワクチンが市販されている。テトラサイクリン系抗菌薬が有効。

（田島朋子）

26 仮性皮疽（届出）（人獣）（海外）

Pseudofarcy

病名同義語：流行性リンパ管炎（Epizootic lymphangitis），ファルシミノーズム型ヒストプラズマ症（Histoplasmosis farciminosi）

宿 主 馬，ろば，らば，らくだ

病 原 *Histoplasma capsulatum* var. *farciminosum*

分布・疫学 北～西アフリカ，地中海沿岸部，東アジアに分布している。日本では，戦前に大きな流行があったが，現在の発生はない。汚染された土壌，馬具，感染馬などから皮膚の損傷部位を通じて感染を起こす。結膜への感染には節足動物の関与が疑われている。

診 断

＜症 状＞ 主に頸部，四肢に播種性，化膿性あるいは潰瘍性の皮膚炎やリンパ管炎が認められる。鼻疽との類症鑑別が必要となる真菌症。

＜病 理＞ 上記の病変部位には，組織学的に線維増殖を伴う化膿性肉芽腫性炎が認められる。

＜診 断＞ 膿汁の直接鏡検や培養による同定診断が可能であるが，BSL3に該当する病原体であることから，一般的な検査室での実施は推奨されない。

予防・治療 適切な予防法や治療法はない。感染馬の摘発・淘汰，環境の消毒など厳密な防疫対策が有効。

（丹羽秀和）

27 皮膚糸状菌症（一部人獣）

Dermatophytosis

宿 主 主として馬，人や他の動物に感染を起こす菌種もある。

病 原 *Trichophyton equinum*, *Microsporum equinum*, *M. canis*など。前者２種は宿主特異性が高いが，後者は人を含め様々な動物に感染する真菌。

分布・疫学 世界中で発生が認められる。日本でも日常的に発生。感染馬との接触以外にも馬具や手入れ道具を介した間接接触伝播も起こる。

診 断

＜症 状＞ 掻痒感と脱毛が主な症状。病変は限局性・乾燥性で，隆起した大豆～そら豆大の小病巣を形成し，落屑とともに被毛の脱落も起こる。

＜病 理＞ 顕微鏡下では毛幹の内外部への分生子や菌糸の侵襲が観察される。感染が進むと毛髄などの構造が消失。

＜診 断＞ 病変部の被毛や痂皮を採取し，パーカーインクまたはDMSO加水酸化カリウム処理後，顕微鏡で分生子などの真菌要素を確認する。また，市販の皮膚糸状菌鑑別診断用培地やサブロー寒天培地を用いた培養検査も可能。

予防・治療　治療を行わなくても大部分は治癒する。感染馬と接触の防止，馬具の消毒などにより他馬へ伝播を防ぐことが重要である。

（丹羽秀和）

28 喉嚢真菌症
Guttural pouch mycosis

宿　主　馬

病　原　主に*Aspergillus nidulans*

分布・疫学　*A. nidulans*は，飼料や敷料，土壌中にも広く分布。馬の品種や性別に関係なく，世界各国で発生。馬房で飼育されている馬が罹患しやすい。なお，病巣部位となる喉嚢は奇蹄目に特有の耳管が拡張した器官である。

診　断

＜症　状＞　喉嚢粘膜の真菌感染が粘膜下を走行する内頸動脈に波及し，血管が破綻することによる鼻孔からの出血で判明することが多い。血液の色は通常は鮮紅色を示す。喉嚢内には真菌塊が認められる。感染により喉嚢近傍を走行する神経の障害を受けた場合は，嚥下や摂食障害が認められる。

＜病　理＞　採取した真菌塊の染色（過ヨウ素酸シッフ反応，グロコット染色など）により，細長く隔壁を有した菌糸要素が確認される。

＜診　断＞　内視鏡検査により真菌塊を採取し，菌分離や病理組織学的検査を実施。

予防・治療　止血と抗真菌薬による化学療法。大量出血の予防のため，プラチナコイルやバルーンによる動脈の閉塞，手術用縫合糸による結紮が有効。

（丹羽秀和）

29 馬ピロプラズマ病（法）
Equine piroplasmosis

病名同義語：馬胆汁熱（Equine biliary fever），馬のダニ熱（Horse tick fever），馬のマラリア（Equine malaria）

概　要　貧血と血色素尿を主徴とする馬属のダニ媒介性原虫病。家畜（法定）伝染病は施行規則で指定された原虫種〔*Babesia caballi*と*Theileria*（*Babesia*）*equi*〕による疾病のみ。法令上，牛のバベシア病，タイレリア病と合わせてピロプラズマ病と総称される。

宿　主　馬，ろば，らば，シマウマなどの馬属

病　原　*B. caballi*，*T. equi*

*T. equi*はシゾゴニーをリンパ球で行うことが明らかとなったため，1998年に*Babesia*属から*Theileria*属へ分類変更された。

*B. caballi*は大型で赤血球内の虫体は洋梨型と円形，*T. equi*は小型で赤血球内の虫体は点状ないし類円形で，*B. caballi*には認められない十字型の4分裂虫体マルタクロス（maltese cross）が出現する。

分布・疫学　2種とも欧州，アフリカ，中央アジア，インド，南北アメリカなど世界的に分布し，*T. equi*の方が*B. caballi*より分布域が広いが，多くの感染動物では2種が混合感染している。日本には発生がない。2種ともマダニによって媒介される。

診　断

＜症　状＞　潜伏期間は，*B. caballi*が約6～10日，*T. equi*が約10～21日。ともに急性または慢性の経過をたどるが，病原性は一般に*T. equi*の方が強いとされる。両者で発熱，貧血，黄疸が認められ，これに加えて*B. caballi*では後躯麻痺や胃腸炎，*T. equi*では血色素尿が特徴的である。

＜病　理＞　全身諸組織の貧血，黄疸。肺の水腫性腫大，肝臓および脾臓のうっ血性腫大，胸・腹水の貯留が認められる。

*B. caballi*感染例では赤血球への原虫寄生率（parasitemia）が*T. equi*と比較して低いにもかかわらず（1％以下）病原性を示すのは，一種の播種性血管内凝固（DIC）やサイトカイン誘導異常（サイトカインストーム）による影響と考えられる。

*T. equi*では，極期には原虫寄生率60～85％となり，ヘマトクリット値が10％程度まで急激に減少する。

＜病原・血清診断＞　OIEによって定められた国際標準診断法はCF反応である。簡便診断では血液塗抹のギムザ染色標本の顕微鏡検査で行う。

予防・治療

＜予　防＞　ワクチンはない。予防はマダニの駆除および感染馬の摘発。

＜治　療＞　イミドカルブの筋肉内注射。*B. caballi*に対しては2 mg/kgを24時間間隔で2回，*T. equi*に対しては4 mg/kgを72時間間隔で4回。ろばはイミドカルブに対する感受性が高く，後者の投与量で中毒を起こす可能性がある。

（井上　昇）

30 馬のトリパノソーマ病（届出）（海外）
Trypanosomosis in horses

（口絵写真15頁）

概　要　トリパノソーマ原虫に起因する発熱と貧血を主徴とする馬の疾病。媾疫，スーラ，ナガナがある。

宿　主　馬，ろば，らばなどの馬属

病　原　*Trypanosoma equiperdum*

ここでは馬属特有のトリパノソーマ病で，*T. equiperdum*感染によって起こる媾疫について記す。

*T. equiperdum*はベクターなしで伝播する唯一のトリパノソーマで，キネトプラスト目に属する寄生性鞭毛虫である。紡錘形で1本の長い自由鞭毛，単一の核とキネトプラストを有する。大きさは20～40μm×2～4μm，核は細胞のほぼ中央に位置し，キネトプラストは細胞後端にある。*T. equiperdum*は他のトリパノソーマと比べて組織親和性が高く，生殖器粘膜などに寄生するため、血流中に多数の原虫が出現することはまれである（**写真1**）。

馬属のトリパノソーマ病にはこのほかにスーラ（病原は*T. evansi*）とナガナ（病原は*T. brucei*，*T. congolense*，*T. vivax*）がある。スーラおよびナガナについては，牛のトリパノソーマ病（135頁）を参照。

分布・疫学　媾疫はかつて強毒のアフリカタイプと弱毒の欧州タイプが寒帯から熱帯までの世界中に広く分布し，軍馬などの間で流行していた。現在は感染馬の淘汰などによる対策が功を奏し，先進国ではまれな疾病となっている

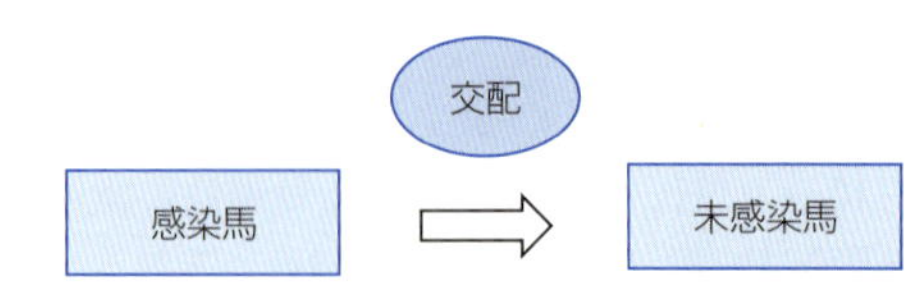

図　媾疫トリパノソーマの感染環

が，2016年以降モンゴルにおいて媾疫の臨床例が多数報告されており，今もなお根絶されてはいない。

診　断

＜症　状＞　媾疫は，馬，ろば，らばが主な宿主であるが，特に馬は感受性が高い。潜伏期は1週間～数カ月。雌雄ともに，皮膚に直径5～8cm，厚さ1cm大の円形浮腫性斑(ターラー斑：taler-flecke)が出現することが多い。浮腫は不規則な間隔で消失と出現を繰り返す。感染後期には貧血，削痩，悪液質，後躯麻痺，硬直などの症状が出現する。

感染馬の死亡率は，ときに50%以上であり，通常は1～2カ月で死亡する。慢性化した馬では4～5年の生存をみることもある。雌雄特有の症状は以下のとおり。

雄：陰茎，陰嚢，包皮，下腹部に浮腫と腫脹がみられ，陰茎周囲には多量の恥垢が認められる(**写真2，3**)。生殖器粘膜に赤色斑，水疱，潰瘍が生じる。他には，尿道口からの粘液・膿の排出，鼠径リンパ節の腫脹など。

雌：陰唇の腫脹と粘液の排出，膣粘膜の充血と潰瘍，会陰部，乳房，下腹部の浮腫など。

＜病　理＞　全身のリンパ節の腫脹，充血，腰椎・仙椎などの神経性の萎縮退化，筋肉の脂肪変性。

＜病原・血清診断＞　OIEが定めた媾疫の国際標準診断法はCF反応である。他に，血液や生殖器粘膜の顕微鏡検査による原虫検出，特異的プライマーを用いたPCRによる原虫の識別が可能である。

予防・治療

＜予　防＞　媾疫トリパノソーマのワクチンはない。媾疫は交尾感染によってのみ伝播するため，感染動物の摘発・淘汰により，比較的容易に感染拡大の阻止が可能である。

＜治　療＞　治療にはスラミンを1頭あたり7～10g静脈内注射，ジミナゼンを3.5～7mg/kg筋肉内注射，またはイソメタミジウムを0.25～0.5mg/kg筋肉内注射する。また，イソメタミジウムを予防薬として使用する際は0.5～1mg/kg筋肉内注射する。

（井上　昇）

1 豚コレラ(法)

(口絵写真16頁)

Classical swine fever(英), Hog cholera(米)

概　要　豚コレラウイルス感染による豚およびいのししの熱性，敗血症性の疾病。強い伝染力と高い致死率を特徴とする。

宿　主　自然宿主は**豚**と**いのしし**。実験的にはめん羊，山羊，鹿，うさぎが感染する。

病　原　*Flaviviridae*, *Pestivirus*に属する豚コレラウイルス(Classical swine fever virus)。最近，国際ウイルス分類委員会によって*Pestivirus C*として再分類された。エンベロープを有するプラス1本鎖RNAウイルスで，遺伝子産物の配列はNH_2-(N^{pro}-C-E^{rns}-E1-E2-p7-NS2-NS3-NS4A-NS4B-NS5A-NS5B)-COOHである。C，E^{rns}，E1およびE2がウイルス構造蛋白質であり，それ以外は非構造蛋白質である。同属の牛ウイルス性下痢ウイルスおよびボーダー病ウイルスと中和テストで交差する。

豚の腎臓および精巣由来細胞でよく増殖するが，一般にCPEは示さない。まれに野外分離株や実験室内継代株としてCPE株が報告される。豚コレラウイルス感染細胞ではI型インターフェロンの産生が抑制され，重感染させたニューカッスル病ウイルスのCPEが増強されるexaltation of Newcastle disease virus(END)現象が認められる。この現象が豚コレラウイルスの検出法(END法)として用いられてきた。

分布・疫学　アジア，アフリカ，南米，欧州の多くの国に分布。米国，カナダ，オーストラリア，ニュージーランド，スカンジナビア諸国では豚コレラの撲滅を達成している。

日本での初めての報告は1887年の北海道における発生である。その後，1969年に実用化された弱毒生ワクチンの接種により発生は激減し，1993年以降発生はない。なお，2004年，鹿児島県で，国内で承認されていないワクチンであったと考えられる内容不明の薬品に起因した豚コレラウイルス分離事例が確認された。

豚コレラ撲滅計画を推進し，2000年から段階的に，そして2006年には全国的にワクチンを中止した。ワクチン中止後も発生はなく，2007年にOIEの規約に基づき，日本は豚コレラ清浄国と国際的に認められた(48頁参照)。

2018年，26年ぶりに岐阜県の養豚場で発生が報告され，近隣のいのししからもウイルスが検出された。ウイルスは近年アジアや欧州で報告されている株と遺伝的に近縁である。現在，農場における衛生対策の徹底と，いのししにおけるウイルス保有状況の把握が進められている。

感染豚は唾液，涙，尿，糞便中にウイルスを排出する。経口および経鼻感染が主な感染経路であり，ベクターの関与はない。ウイルスの伝播は，感染豚との直接接触，汚染した豚肉の非加熱給餌，汚染した精子の人工授精への使用，汚染した人・器具との接触などによる。また，野猪に豚コレラが蔓延している場合には，これらの動物も感染源となる。

診　断

<症　状>　ウイルスは口，鼻から体内に侵入し，最初に扁桃で増殖する。その後，リンパ流を介してリンパ組織，骨髄，血管内皮細胞で増殖後，ウイルス血症を起こし，全身臓器で増殖する。

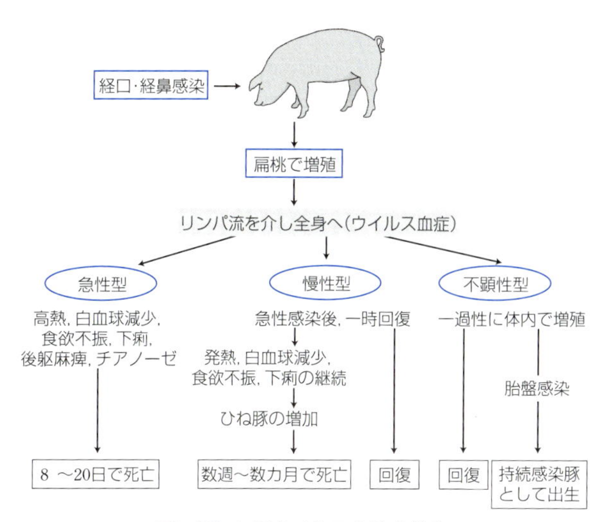

図　豚コレラウイルスの発病機序

急性型：2～6日の潜伏の後，高熱，食欲不振，元気消失，結膜炎，鼻漏，便秘後下痢，嘔吐，後躯麻痺，紫斑などが認められる。高度の白血球減少が高熱に併発し，8～20日の経過で死亡する。死亡前には血小板の減少も著しい。群内の全豚が感染するまでに約10日を要するが，死亡率はほぼ100%である。

慢性型：病原性が若干低いウイルス株に感染した場合，症状は多様で，急性型と同様の症状を示し死亡するものから軽症で回復するものもあり，数週間から数カ月の経過をとる。食欲不振，発熱，白血球減少，下痢，皮膚炎を起こし，ひね豚となる。また，二次感染をしばしば併発する。胎子感染の場合，流産，死産，生後死，奇形，胎子のミイラ化などが起こる。

不顕性型：さらに病原性の低いウイルス株に感染した場合，成豚ではほとんど症状を示すことなく抗体応答のみ確認される。低病原性株の胎子感染では，牛ウイルス性下痢ウイルスの妊娠牛への感染の場合と同様に，豚コレラウイルスに対し免疫学的に寛容な持続感染豚が生まれることがある。

<病　理>　急性型では全身性，特にリンパ節，腎臓，膀胱の出血(**写真1～3**)，脾臓の出血性梗塞，播種性血管内凝固(DIC)など敗血症の特徴を示す。呼吸器，消化器，泌尿器の炎症，囲管性細胞浸潤を特徴とする脳炎も認められる。毛細血管内皮細胞の変性壊死と，リンパ球の壊死消失後に組織球，細網細胞の過形成などの増殖性変化を認める。

経過が長い場合，胸腺の完全な萎縮，末梢リンパ組織中のリンパ球の消失が認められる。

<病原・血清診断>

病原診断：扁桃，腎臓などの凍結切片から蛍光抗体法によるウイルス抗原の検出(**写真4，5**)。また，これらの臓器乳剤を豚腎株化細胞(CPK細胞など)に接種し，ウイルスを分離する。RT-PCRによるウイルス遺伝子の検出も補助手段として利用される。

牛ウイルス性下痢ウイルスやボーダー病ウイルスとの識別には，モノクローナル抗体パネリングや，ウイルス遺伝子の比較解析が用いられる。

血清診断：スクリーニングを目的としたELISAと，確定試験としての中和テストが用いられる。特に中和テストは，弱毒生ワクチン株であるGPE⁻株が豚腎株化細胞(CPK-NS細胞)で示す特有のCPEを利用して行われている。牛ウイルス性下痢ウイルスやボーダー病ウイルスに対する抗体との識別には，交差中和テストが利用される。

予防・治療

＜予　防＞　発生国では生ワクチンが主に使用されている。日本では効力と安全性に優れたGPE⁻株が開発され，約30年間ワクチン接種が続けられていたが，現在はワクチンを中止し，摘発・淘汰を基本とする新しい防疫体制へ転換した。豚コレラが発生した場合，「豚コレラに関する特定家畜伝染病防疫指針」に基づいて，患畜および同居豚の殺処分，畜舎や車両の消毒，家畜の移動制限により蔓延を防止する。早期発見および速やかな初動防疫が重要。

＜治　療＞　治療法はない。

（迫田義博）

2 アフリカ豚コレラ（法）（海外）

（口絵写真16頁）

African swine fever

概　要　アフリカ豚コレラウイルスの感染による発熱と全身の出血性病変を主徴とする豚のウイルス性伝染病。

宿　主　豚，いのしし

病　原　*Asfarviridae*，*Asfivirus*に分類されるアフリカ豚コレラウイルス(*African swine fever virus*)。直径約200nmの大型の2本鎖DNAウイルスであり，内膜，正20面体のウイルスカプシドおよび細胞膜由来エンベロープの3層構造を示す。本ウイルスは豚の単球やマクロファージなど細網内皮系細胞でよく増殖する。

分布・疫学　サハラ砂漠以南のアフリカでは，イボイノシシ(レゼルボア)とダニとの間で感染環が形成・維持されている。この感染環に感受性の高い豚が加わると致死性の高い出血性疾病が発生する。本ウイルスは豚，いのしし，イボイノシシのみならず，オルニソドロス(*Ornithodoros*)属マダニにも感染し増殖するため，感染・非感染個体間の接触とダニによる吸血により容易に感染が拡大していく。また，感染豚肉・加工肉の流通や感染肉を含んだ汚染厨芥の給餌による伝播，汚染された人・物品・車両を介した伝播，感染野生動物の移動に伴う伝播も確認されている。

アフリカにおいて散発する風土病とみられていたが，1950年代後半から近隣欧州諸国に波及し，1970年代には中南米(カリブ海諸国ならびにブラジル)に発生し各国の養豚業に甚大な被害をもたらした。2007年に黒海沿岸のジョージアに侵入すると，近隣のコーカサス諸国やロシアを始めとした周辺国に急速に拡大した。ジョージアに寄港した船舶から出された東アフリカ由来汚染厨芥が豚へ給餌されたことを発端に，豚およびいのししの間に感染が起こり，これらの移動に伴って瞬く間に拡大していったと考えられている。これらの地域でダニによる媒介は現在まで確認されていない。2017年以降，ロシア中央部，チェコ，ルーマニア，ハンガリー，中国での発生が新たに報告され，流行地域がさらに拡大する傾向にある。

診　断

＜症　状＞　感染豚は甚急性，急性，亜急性，慢性および不顕性と幅広い病態を示し，致死率も数～100%と多様である。甚急性および急性型では，高熱と食欲不振，白血球減少，皮膚の出血，天然孔からの出血，全身(特に耳翼と下腹部)のチアノーゼなどが観察される(**写真1**)。甚急性型では数日で，急性型では1週間前後で死亡する。亜急性型の症状や病変は急性型とほぼ同様であるが，死亡までに3～4週間を要する。慢性型では発熱，流産，肺炎，関節炎，皮膚の壊死や潰瘍が観察され，致死率は2～3%と低いものの，病期は約1カ月にも及ぶ。

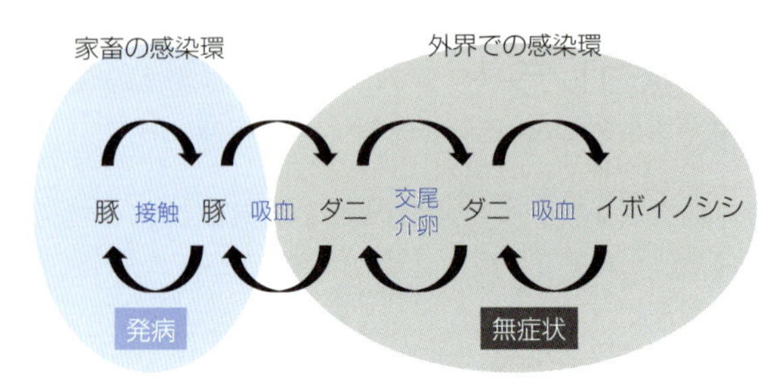

図　アフリカ豚コレラの感染環
（村上洋介原図）

＜病　理＞　初感染部位は扁桃と下顎リンパ節であり，血液およびリンパ液を介して全身に広がったウイルスは，その他のリンパ節，骨髄，脾臓，腎臓，肺などで二次増殖する。潜伏期は感染経路によって異なり，数日から2週間程度と幅がある。感染後約1週間で観察されるウイルス血症は長期間(4週間程度)持続する。甚急性および急性型では，脾臓や腎臓，心臓，肺，その付属リンパ節を始めとする諸臓器の激しい出血病変を特徴とする。消化管粘膜や膀胱粘膜の出血，脾腫，腹腔内リンパ節の腫大，腹水・胸水の貯留も観察される(**写真2**)。亜急性型や慢性型では，出血病変は比較的軽度で顕著な病変が認められない場合もある。

急性型ではリンパ系や血管壁の細胞の出血壊死，赤脾髄周囲の細網内皮系細胞や肝臓クッパー細胞の壊死が特徴的である。慢性型では関節炎の他，心膜炎や胸膜炎，結節性の壊死性間質性肺炎などが認められる。

＜病原・血清診断＞　急性・亜急性型の臨床症状や病変は豚コレラに類似するため，臨床所見による鑑別は困難である。診断は，罹患豚の末梢血白血球を用いた赤血球吸着試験，血液や扁桃，脾臓，腎臓，リンパ節などを用いたウイルス分離，臓器の凍結切片や塗抹標本を用いた蛍光抗体法により行う。遺伝子診断に用いるPCRおよびリアルタイムPCRは感度・迅速性に優れ，ウイルス抗原検出に適さない腐敗した材料にも有効である。特異抗体検出のための血清診断は，主に慢性および不顕性感染豚の摘発を目的としたものであり，間接蛍光抗体法，抗体検出ELISAならびにイムノブロットにより実施する。

予防・治療　有効なワクチンや特異的な治療法はない。本病が発生した場合には，感染豚の早期摘発・淘汰，飼養豚の移動禁止などの対策をとる。日本のような清浄国においては，汚染地からの生畜や精肉，非加熱加工肉を介した侵入を防止するため，検疫強化を図ることが重要となる。国際線の航空機や船舶から出される厨芥の消毒・廃棄にも十分な注意を払う必要がある。

（山川　睦）

3 豚の日本脳炎(人獣)(四類感染症)　(口絵写真16頁)
(流行性脳炎(法))
Japanese encephalitis in swine

概　要　日本脳炎ウイルス感染による妊娠豚に流死産と雄豚に造精機能障害を起こす疾患。人と馬の感染では脳炎を主症状とする。

宿　主　自然宿主は鳥類であるとする説もあるが，詳細は不明。豚は本ウイルスの増幅動物である。

病　原　*Flaviviridae*, *Flavivirus*に属する日本脳炎ウイルス(*Japanese encephalitis virus*)。直径40～60nmの小型球形RNAウイルスで，スパイクを有するエンベロープが25～30nmのヌクレオカプシドを取り巻いている。ウイルス構成蛋白質はカプシド蛋白質，膜蛋白質，エンベロープ蛋白質の3種類からなる。ウイルスの増殖は細胞質内で起こる。日本脳炎は人獣共通感染症として重要で，ウイルスは四種病原体等に指定されている。

分布・疫学　日本をはじめとする東南アジアの広い地域に分布。日本では本州以南でしばしば流行する。北海道ではまれにしか流行が起こらない。

日本脳炎ウイルスは主にコガタアカイエカによって媒介される。感染豚は高力価のウイルス血症を引き起こし，吸血蚊を容易に有毒化するため，豚は本ウイルスの増幅動物として重要である。豚以外の家畜は感染してもウイルス血症が微弱なため，増幅動物とはなりえないと考えられている。

日本では毎年，蚊の吸血活動が盛んになる春から秋にかけて豚と蚊の間に感染環が成立し，本病の流行が起こる。

診　断

<症　状>　免疫のない妊娠豚が妊娠中に初めて感染すると，異常産を起こす。異常産はその地域のウイルスの流行開始一定時間経過後に発生する。日本では8～11月が異常産の多発期となる。経産豚には異常産は多発しない。雄豚が感染すると生殖器の炎症によって造精機能が低下するなど，繁殖障害が問題となる。

蚊の吸血で豚の体内に侵入したウイルスは内臓で増殖後，ウイルス血症を起こす。成豚はこの時期ほとんど症状を示さないが，妊娠豚では血流中のウイルスが胎盤に到達後，胎子が感染して死亡する。死亡した胎子は分娩予定日まで子宮内に残るため，死産の形をとることが多い。体内で感染する胎子は感染時期が異なるため，ミイラ化胎子，黒子，白子などの死亡子豚(**写真1**)と，痙攣，震え，旋回，麻痺などの神経症状を伴う異常子豚(**写真2**)がしばしば一緒に娩出される。

豚繁殖・呼吸障害症候群(PRRS)，オーエスキー病，豚パルボウイルス病，大腸菌感染症，溶血性レンサ球菌症などは，豚の日本脳炎と症状が非常に類似しているため，臨床症状のみでは鑑別は困難である。

<病　理>　肉眼的に異常産胎子に脳室拡大や脳水腫がみられる場合や，組織学的に非化膿性脳炎像がみられる場合もあるが，さらに実験室内検査が必要である。

<病原・血清診断>　異常子豚の材料をC6/36細胞(ヒトスジシマカ由来)やVero細胞(アフリカミドリザル由来)などの培養細胞に接種してウイルスが分離されれば，確定診断となる。この他，異常胎子の体液中から血清学的診断として HI反応などによってウイルス特異抗体を検出したり，母豚が妊娠中に抗体陽転したことを確認するなどの方法が有効である。

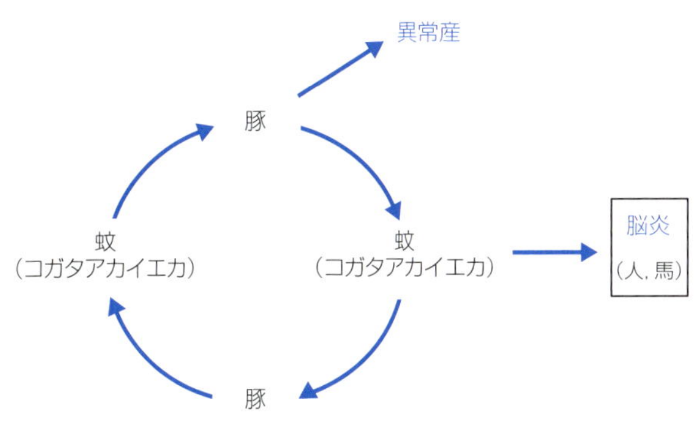

日本脳炎ウイルスに感染した豚は高いウイルス血症を呈し，蚊への感染源となる(**増幅動物**)。人，馬などの感受性動物でのウイルスレベルは低く，他への感染源となりえない(**終末宿主**)。
免疫のない妊娠豚に感染した場合，異常産を起こす。

図　日本脳炎ウイルスの感染環

また，本病発生地域のウイルス流行状況などの疫学情報も診断上重要である。

予防・治療　単味不活化ワクチン，単味生ワクチン，豚パルボウイルス感染症との2種混合生ワクチン，これに豚ゲタウイルスを加えた3種混合生ワクチンが市販されている。春から秋にかけて種付けを予定している豚を対象に予防接種を行えば，日本脳炎による異常産は予防できる。それぞれの地域ごとに予測される日本脳炎の流行開始時期までに確実な免疫を与えておくことが重要である。ワクチン接種率を毎年高い状態で保つことで，流行を最小に抑えることができる。

有効な治療法はない。

(苅和宏明)

4 豚水胞病(法)(海外)
Swine vesicular disease

概　要　豚水胞病ウイルス感染による豚の口腔，鼻および蹄部への水疱形成を主徴とする急性熱性伝染病。

宿　主　豚，いのしし

病　原　*Picornavirales*, *Picornaviridae*, *Enterovirus*に属する豚水胞病ウイルス(Swine vesicular disease virus：SVDV)が原因。約7.4kbのプラス1本鎖RNAをゲノムに持ち，血清型は単一であるが，*Enterovirus B*に含まれる人のコクサッキーウイルスB5ときわめて近い抗原性を持つ。同じ*Picornaviridae*に属する口蹄疫ウイルスが熱やpHに対して感受性であるのに対して，本ウイルスは抵抗性を示す。

分布・疫学　1966年にイタリアでの初発後，香港や欧州全域に広がった。日本においても1973年に茨城県，神奈川県，愛知県で，1975年には東京都で発生したが，迅速な防疫活動による撲滅以降，発生はない。

感染豚の移動や汚染された残飯給餌が主な伝播要因であるため，欧州では残飯養豚を規制し，1980年代には，イタリアを除いて発生が途絶え撲滅されるかのようにみえた。しかし，1990年代に入ると，再びオランダ，ベルギー，スペイン，ポルトガルで発生し，2000年以降もイタリア，ポルトガルで発生が認められている。香港や台湾での発生報告から推測すると，東アジア諸国にも常在しているものと考えられる。しかし，2014年にOIEのリスト疾病から除外され，国際的な監視対象疾病ではなくなったため，現在ではその発生の詳細は不明である。

診　断

＜症　状＞　潜伏期間は2～7日で，口腔粘膜，舌，鼻，蹄部の水疱形成を特徴とし，容易に破裂してびらんや潰瘍となる。これらの症状は口蹄疫と類似している。二次感染がなければ2～3週間で治癒に至る。そのほか，発熱，跛行がみられる。

＜病　理＞　口腔粘膜，舌，鼻，蹄部の粘膜および皮膚の水疱や上皮組織の崩壊によるびらんや潰瘍形成。

＜病原・血清診断＞

病原診断：水疱液や水疱上皮あるいはびらん・潰瘍病変の拭い液を材料として豚由来株化細胞（IBRS-2細胞）への接種によるウイルス分離や抗原検出ELISAおよびRT-PCRなどが用いられる。

血清診断：中和テストを行う。

本病の症状からは口蹄疫と識別できないため，病性鑑定は「口蹄疫に関する特定家畜伝染病防疫指針」に基づいて実施する必要がある。

予防・治療　国内で発生がみられた場合は，「家畜伝染病予防法」に基づき患畜の早期摘発・淘汰を実施し，迅速な蔓延防止対策をとる必要がある。

（菅野　徹）

5 （全）オーエスキー病（届出）　（口絵写真17頁）

Aujeszky's disease

病名同義語：仮性狂犬病（Pseudorabies）

概　要　豚ヘルペスウイルス1感染による主に神経症状，呼吸器症状を示す疾病。新生豚は高率に発症し死亡，妊娠豚は流死産を起こす。犬や猫は掻痒症を示し，急性経過で死亡。

宿　主　豚，いのしし。牛，めん羊，山羊などの家畜，犬，猫など多くの動物が自然感染する。

病　原　*Herpesvirales*, *Herpesviridae*, *Alphaherpesvirinae*, *Varicellovirus*に属する豚ヘルペスウイルス1（*Suid alphaherpesvirus 1*）。多くの動物由来細胞が感受性を示し，細胞の円形化などのCPEを伴い増殖する。ゲノムは直鎖状2本鎖DNAで，GC含有量は全塩基の73％と高い。クロロフォルム，エーテルに感受性があり，熱（56℃ 15分）や界面活性剤などの消毒剤で容易に不活化される。

分布・疫学　ハンガリーのAujeszkyが，1902年に狂犬病（rabies）と異なる感染症であることを報告した。欧米では1960年代以降，豚の集約飼育化に伴い発生が増加し，その後発生は世界に拡大。

日本では，1981年に山形県で最初の発生が確認され，1989年までは関東に限局していたが，1990年に入り一部の地域を除き全国的に拡大。1991年以降，識別マーカーを持った生および不活化ワクチンが認可され，発生頭数は減少したが，清浄化には至っていない。

豚：主に感染豚の鼻汁・唾液やウイルスを含むエアロゾルの吸入，汚染乳や食物の摂取による経口感染，交尾や汚染器具による人工授精によって伝播し胎盤感染も成立する。豚またはいのししが感染耐過した場合，ウイルスは三叉神経節に潜伏感染する。潜伏感染宿主は，輸送や分娩などのストレスなどによってウイルスが再活性化して排出され，感染源になる。

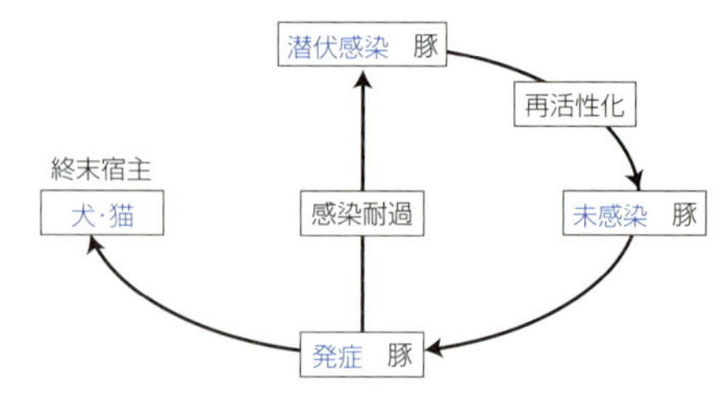

図1　オーエスキー病ウイルスの感染環

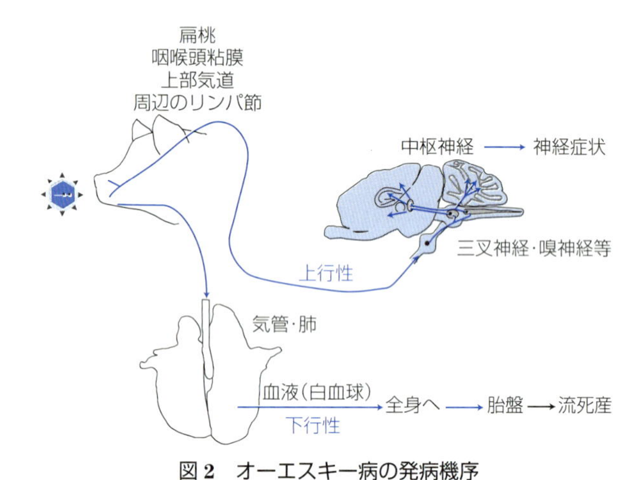

図2　オーエスキー病の発病機序

犬・猫など豚以外の感受性動物：感染豚やいのししとの直接接触，または感染豚由来非加熱食物の摂食などの間接接触によって感染が成立する。豚以外の感受性動物は致死的感染を起こし，他動物へのウイルス伝播はない。

診　断

＜症　状＞

豚：初生から3週齢以下の豚の多くは，発熱・虚弱・食欲減退，運動失調や痙攣などの神経症状が認められる。妊娠豚が感染すると，高率に流死産が起こる（**写真1**）。成豚は，症状は軽く発熱あるいは鼻水などの症状が認められる程度で，神経症状が認められるのはまれ。

犬・猫など豚以外の感受性動物：多くは特徴的な掻痒症や痙攣，運動失調などの神経症状を示し急性経過で死亡する（**写真2**）。

＜発病機序＞　ウイルスが経鼻あるいは経口によって侵入後，扁桃・咽喉頭粘膜・上部気道または，周辺のリンパ節で一次増殖し，上行性に三叉神経・嗅神経などを介し中枢神経に到達する場合と，気管や肺に到達後，血液（白血球）によって下行性に多くの臓器に到達し，増殖する場合がある。

＜病　理＞

豚：オーエスキー病の特徴的な肉眼所見はほとんど認められないが，若齢の感染例では咽頭粘膜，扁桃，リンパ節，肺，肝臓および副腎に巣状壊死が観察されることがある。主な組織学的変化は神経系に限局し，非化膿性髄膜脳炎と神経節神経炎が観察され，神経細胞とグリア細胞の核内には封入体を認めることがある。

犬・猫など豚以外の感受性動物：掻痒症に基づく体表の外傷ならびに多発性の脳炎および脳髄膜炎が観察される。組織学的変化は，非化膿性髄膜脳炎と神経節神経炎が観察され，神経細胞とグリア細胞の核内には封入体が認められる。

<病原・血清診断>

病原診断：脳，脊髄および扁桃などの凍結切片を検査材料とした蛍光抗体法による抗原の検出や，豚をはじめ種々の動物由来の培養細胞を用いてウイルス分離。

血清診断：中和テスト，ELISAなどが行われる。

予防・治療　原則的に発生または浸潤している地域にのみ生および不活化ワクチンの使用が許可されている（農林水産省畜産局長通達「オーエスキー病防疫対策要領」）。豚以外の感受性動物において安全で有効なワクチンは開発されていない。有効な治療法はない。

（田原口智士）

6 伝染性胃腸炎（届出）

Transmissible gastroenteritis

（口絵写真17頁）

概　要　伝染性胃腸炎ウイルス感染に起因する水様性下痢と嘔吐を主徴とする豚の急性疾病。年齢を問わず高率に罹患するが，若齢豚ほど致死率が高い。

宿　主　豚，いのしし

病　原　*Nidovirales*, *Coronaviridae*, *Coronavirinae*, *Alphacoronavirus*に属する*Alphacoronavirus 1*。伝染性胃腸炎ウイルス（Transmissible gastroenteritis virus：TGEV）ともいう。ゲノムはプラス鎖の1本鎖RNA。ウイルス粒子はエンベロープを有する直径約60～160nmの多形性から球形であり，特徴的な棍棒状の突起〔スパイク(S)〕を有する。同じくアルファコロナウイルス属に分類される豚流行性下痢ウイルスとは中和テストや間接蛍光抗体法における交差反応性はない。豚の呼吸器より検出される豚呼吸器コロナウイルス（Porcine respiratory coronavirus：PRCV）は腸管親和性を失ったTGEVのS蛋白質遺伝子欠失変異体であり，中和テストや間接蛍光抗体法などで完全な交差反応を示す。

糞尿中のTGEVは室温以上では数日で感染性を失うが，低温下では数カ月感染性を保持する。一方，70%エタノールや逆性石けんなど多くの消毒薬に感受性を示す。

分布・疫学　世界中に分布する。国内では季節を問わずに発生するが，特に冬に多発する。ウイルス保有導入豚や犬・猫など豚以外のウイルス保有宿主，ならびに汚染された器具機材や車両，野鳥を介してウイルスが農場に侵入する。感染豚は糞便中にウイルスを排出し，主に経口感染により豚から豚へと伝播する。

農場における発生形態は抗体保有状況により異なる。抗体陰性農場にウイルスが侵入した場合，感染豚から大量のウイルスが糞便に排出され，急速に農場内に伝播し，すべての日齢の豚で下痢が爆発的に発生する（流行型）。若齢豚ほど重篤な症状を示し，２週齢までの哺乳豚の致死率はときに100%に達する。通常，流行は１～２カ月で終息するが，頻繁な種豚導入を行う農場や大規模一貫経営農場などでは感受性豚が連続的に供給されるためにウイルスが農場に常在することがある（常在型）。ウイルスは免疫を持たない繁殖候補豚や離乳前後の豚の間で感染環を形成する。繁殖豚では不顕性感染に終わることが多いが，哺乳豚や離乳豚で下痢が持続する。常在型での致死率は通常10～20%以下である。

PRCV浸潤農場では交差免疫によりTGEの症状が緩和されるため，常在型発生と類似した発生形態をとる。国内でもPRCVが浸潤しており，PRCV浸潤農場での常在型TGE発生も確認されている。

診　断

<症　状>　流行型では，すべての日齢の豚で水様性～泥状下痢，一部で嘔吐が認められる。潜伏期間は１～３日。７日齢までの豚では発病後２～３日の経過で脱水と代謝性アシドーシスにより高率に死亡する。離乳豚では致死率が低いものの，ときに発育不良豚となる。肥育豚や成豚では通常４～７日の経過で回復する。泌乳中母豚は泌乳量減少または泌乳停止を起こし，哺乳豚の飢餓と脱水を悪化させる。常在型では乳汁を介した母豚からの受動免疫により症状が緩和されるため，ロタウイルス病や大腸菌症と区別が困難となる。

<病　理>　ウイルスは主に空腸および回腸の粘膜上皮細胞で増殖する。上皮細胞は変性・壊死に陥り感染後12～24時間で脱落する。その過程で吸収・消化不良性および浸透圧性の下痢が発生する。肉眼的には，哺乳豚で脱水と削痩，胃では膨満と未消化凝固乳の貯留，胃大弯部粘膜面のうっ血，小腸では腸壁の菲薄化と弛緩，凝乳塊や黄色泡沫状液の貯留が観察される。組織学的には，小腸粘膜上皮

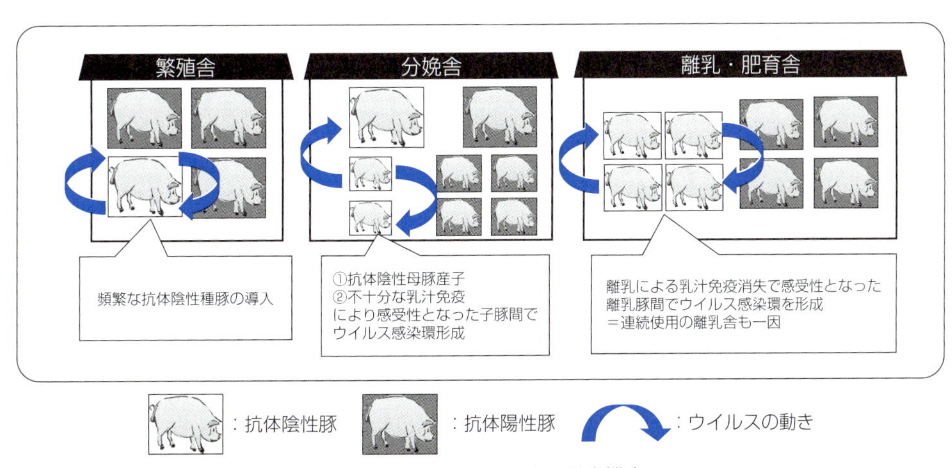

図　常在型伝染性胃腸炎の発生機序

細胞の空胞形成や扁平化などの変性と壊死，ならびに絨毛の萎縮などが認められる（**写真左**）。腸絨毛の萎縮は空腸で最も著しい。

＜病原・血清診断＞ 流行型は豚流行性下痢と豚デルタコロナウイルス感染症，常在型は豚ロタウイルス病や大腸菌症などと臨床症状が類似するため，実験室内診断が不可欠である。

病原診断として，発病初期の糞便を用いたRT-PCRなどによるウイルス核酸の検出，免疫電子顕微鏡法によるウイルス粒子検出，豚腎臓由来株化（CPK）細胞などを用いたウイルス分離ならびに小腸材料を用いた蛍光抗体法や免疫組織化学染色によるウイルス抗原の検出（**写真右**）を実施する。PRCVとの識別にはS蛋白質遺伝子欠失部分を標的としたRT-PCRが有用である。

血清診断として，急性期と回復期のペア血清における中和抗体価の有意な上昇を確認する。

予防・治療 農場の出入り管理と衛生対策を組み合わせたバイオセキュリティ対策によりウイルスの侵入・蔓延防止に努める。また，乳汁免疫の誘導を目的とした母豚接種ワクチン（弱毒生ワクチンと不活化ワクチン）が市販されている。発生時の治療は二次感染防御のための抗菌薬投与，脱水防止の補液投与などの対症療法が主となる。

（宮﨑綾子）

7 豚繁殖・呼吸障害症候群（届出） （口絵写真17頁）

Porcine reproductive and respiratory syndrome

概　要 豚繁殖・呼吸障害症候群ウイルス感染による繁殖障害と呼吸障害を主徴とする伝染性疾病。

宿　主 豚，いのしし

病　原 *Nidovirales*，*Arteriviridae*，*Porartevirus*に属する豚繁殖・障害症候群ウイルス1および2〔*Porcine reproductive and respiratory syndrome virus*（PRRSV）*1, 2*〕。ウイルス粒子は直径50～60nmの球形でエンベロープを有し，約15kbのプラス1本鎖RNAをゲノムに持つ。PRRSVは遺伝学的および抗原学的に欧州型（1型）と北米型（2型）に区別され，両者はゲノムの塩基配列で約40％の相違がある。日本では2009年に欧州型のウイルスが分離されたが，多くのPRRSVは北米型である。両型のウイルスともそれぞれ株間で遺伝学的に多様性が認められ，抗原性の違いも存在する。北米，欧州やアジアでは時折病原性の強い株が出現している。

PRRSVは豚のマクロファージやMARC145（猿腎臓由来株化）細胞で増殖する。エーテル，クロロホルムなどの有機溶媒に感受性で，37℃ 48時間や56℃ 45分間で不活化され，pH6以下および7.5以上で感染性は急速に低下する。ウイルスは乾燥にきわめて弱く，乾燥状態では室温下で1日以内に不活化される。

分布・疫学 1980年代後半に出現した新興感染症で，世界各国で発生。日本の農場の60～80％はPRRSV陽性農場で，大規模農場ほど陽性率は高い。オーストラリア，ニュージーランド，スイス，スウェーデン，フィンランド，ノルウェーは清浄国である。

PRRSV陰性農場にウイルスが侵入した場合（初発生農場），母豚の流死産を主徴とする繁殖障害，次いで新生豚の死亡ならびに呼吸障害などが発生する（流行型）。繁殖障害と新生豚の死亡は通常1～4カ月で終息するものの，その後，不顕性感染も多く認められ常在化する。ウイルスが常在化した農場では離乳後子豚（離乳豚と肥育初期豚）に呼吸障害や発育遅延が継続して発生する。大規模農場ではPRRSVが一度侵入すると常在化しやすい。

ウイルスは感染豚の鼻汁，唾液，尿，精液，糞便，血液，乳汁から排出され，経口・経鼻感染，傷口を介した接触感染，経胎盤感染などで伝播する。蚊やハエによる機械的伝播や空気感染も起こる。

診　断

＜症　状＞ 発生過程や症状の程度は農場によって異なり，ウイルス株の病原性や抗原性，初感染あるいは常在感染，感染日齢，免疫状態，混合感染，飼育環境や飼育管理などに影響される。

繁殖障害：母豚感染で受胎率が低下し，妊娠後期では胎子感染が高率に起こり，白子や黒子などの流死産がみられる（**写真1**）。母豚が死亡することもある。母子感染して生まれた子豚は虚弱で，開脚姿勢，震えなどを呈し，高い致死率を示す。生後感染では，症状の重さは通常感染時の日齢に依存し，若齢豚ほど重篤となる。

呼吸障害：腹式呼吸（ヘコヘコと聞こえる呼吸音）が特徴的で，眼瞼浮腫，結膜炎，耳や鼻などのチアノーゼ（**写真2**），下痢などがみられる。離乳豚や肥育豚では二次感染や複合感染により常在疾病の発生率が高まり，致死率が高まる。離乳子豚の被害が大きい。種雄豚では精子の機能低下と精液中にウイルスの排出がみられる。

＜病　理＞ 流死産には特徴的な病変は認められない。子豚の呼吸器病では，肉眼所見として，肺全域で黄褐色あるいは赤色を呈して硬化が認められることが多い。また，全身リンパ節の腫大がみられる。組織学的には間質性肺炎が特徴である。

＜病原・血清診断＞ 病原検査として豚のマクロファージあるいはMARC145細胞を用いたウイルス分離，RT-PCRが有用である。抗体検査はELISAと間接蛍光抗体法が利用されている。

流死産の診断には，胎子の肺やリンパ組織あるいは母豚の血清を用いた抗原検査，またペア血清を用いた抗体の陽転あるいは抗体価の有意上昇を確認する。

子豚の呼吸障害においては，肺ならびに血清材料を用いた病原検査に併せて，肺の免疫組織化学染色を含めた病理検査が重要である。

予防・治療 ウイルス株が異なると容易に再感染するため，PRRSV陽性農場においても外部からウイルスを侵入させない防疫対策が重要である。精液や繁殖候補豚は陰性農場から導入し，繁殖舎導入前に少なくとも60日間，可能であれば90日間の隔離飼育を行う。

PRRSV陽性農場では病態軽減のため，子豚の感染日齢を遅らせるための飼育管理が重要であり，里子の制限，離乳豚のオールインオールアウト管理などを行う。オールインオールアウト管理を比較的容易に行うため，様々な簡易子豚舎が利用されている。

母豚群でPRRSVに対する免疫が不安定な陽性農場に対して市販の生ワクチンが使用されている。

（髙木道浩）

8 豚エンテロウイルス性脳脊髄炎(届出)

Porcine enterovirus encephalomyelitis

病名同義語：豚テシオウイルス性脳脊髄炎，Teschen病，Talfan病

概　要　豚テシオウイルス，豚サペロウイルスおよび豚エンテロウイルス感染による豚の伝染性神経疾患。

宿　主　豚，いのしし

病　原　*Picornavirales*，*Picornaviridae*，*Teschovirus*に属する豚テシオウイルス(*Teschovirus A*)と同目同科，*Sapelovirus*に属する豚サペロウイルス(*Sapelovirus A*)および*Enterovirus*に属する豚エンテロウイルス(*Enterovirus G*)。プラス1本鎖のRNAウイルスでエンベロープなし。豚の腎臓由来細胞などでよく増殖。

以前，本病の病原はエンテロウイルス属に一括して分類されていたが，現在は大半がテシオウイルス属，一部がサペロウイルス属およびエンテロウイルス属に改名・再分類されている。

本病は，かつて豚テシオウイルス血清型1の高病原性株が原因と考えられたが，神経症状を示す豚の脳神経材料から豚テシオウイルスの他の血清型や豚サペロウイルス，豚エンテロウイルスも分離されるなど，病原と診断に関して統一されていない。

分布・疫学　豚テシオウイルス，豚サペロウイルスおよび豚エンテロウイルスは世界各地に広く分布。日本の農場にも高率に浸潤し，2010年，2014年，2016年に発生が報告されている。

ウイルスは糞便とともに排出され，糞便や汚染した器具，餌，資材を介して，同居豚へ経口・経鼻感染する。脳脊髄炎を呈する豚のみならず，腸炎や肺炎を呈する豚や，無症状豚からも多くのウイルスが分離されるため，発病期の豚や不顕性感染豚も感染源となりうる。ある血清型の株に感染しても，血清型の異なる株の感染を容易に受けるため，感染は持続しやすい。

診　断

＜症　状＞　神経症状を主徴とする。重篤なものは，豚の月齢を問わず，高熱を発し，食欲不振・元気消失・四肢(特に後肢)の麻痺，起立不能，眼球振とう，全身性の痙攣，後弓反張，昏睡などを示す。発症後3～4日で死亡し，罹患率・致死率は70～90%に達する。しかし，近年ではこのような罹患率・致死率の高い例は報告されておらず，主に若齢豚において運動失調や後肢麻痺といった穏やかな病態が日本を含む世界各地で報告されている。また，不顕性感染で終わる豚も少なくない。

日本脳炎，オーエスキー病，急性型豚コレラ，豚血球凝集性脳脊髄炎，豚パルボウイルス病との類症鑑別が必要。

＜病　理＞　囲管性細胞浸潤を特徴とする灰白質の非化膿性炎を呈する。大半の感染は不顕性に耐過するが，ウイルス血症を起こし，中枢神経に感染した場合に発症すると考えられている。

＜病原・血清診断＞　神経症状を呈する豚の脳神経材料からのウイルス分離が不可欠。無症状豚の扁桃，腸管などからも分離されるため，脳神経材料以外からのウイルス分離に診断価値はない。ペア血清における有意な抗体上昇も補助診断として有効である。

予防・治療　現在国内外にワクチンはない。また，特別な治療法はない。

（迫田義博）

9 豚流行性下痢(届出)

Porcine epidemic diarrhea

概　要　水様性下痢と嘔吐を主徴とする豚の急性疾病。年齢を問わず高率に罹患するが，若齢豚ほど高致死率。

宿　主　豚，いのしし

病　原　*Nidovirales*，*Coronaviridae*，*Coronavirinae*，*Alphacoronavirus*に属する豚流行性下痢ウイルス(*Porcine epidemic diarrhea virus*)。ゲノムはプラス1本鎖RNA。ウイルス粒子はエンベロープを有する直径約95～190nmの多形性から球形で特徴的な棍棒状の突起を有する。ウイルスは50℃で2時間処理後も感染性を保持し，低温下ではpH4～9で安定。種々の消毒薬が有効である。

分布・疫学　1971年英国で初発。1990以降は中国，韓国など東アジアが流行の中心であったが，2013～2015年に欧州，東アジア，北米ならびに中南米の各国で同時多発的に流行した。日本でも同時期に本病が流行，2013年10月の初発から10カ月間で38道県817農場において，約122万頭が発症し約37万頭が死亡した。感染経路は経口感染。感染豚の糞便に排出されたウイルスは豚から豚へ直接または汚染媒介物を介して間接的に伝播する。発生形態は伝染性胃腸炎と酷似し，抗体陰性農場における流行型と抗体陽性農場における常在型が存在する。

診　断

＜症　状＞　流行型ではすべての日齢の豚で水様性～泥状下痢，一部で嘔吐が認められる。7日齢までの豚では発病後3～4日の経過で高率に死亡する。離乳豚での致死率は低く，肥育豚や成豚では通常4～7日の経過で回復する。泌乳中母豚は泌乳量減少または泌乳停止を起こし，哺乳豚の死亡要因となる。常在型発生ではロタウイルス病や大腸菌症の症状と類似する。

＜病　理＞　肉眼的には，哺乳豚で脱水と削痩，胃では膨満と未消化凝固乳の貯留，小腸では腸壁の菲薄化と弛緩，凝乳塊や黄色泡沫状液の貯留が観察される。組織学的には，小腸粘膜上皮細胞の空胞形成や扁平化などの変性と壊死，絨毛の萎縮が認められる。

＜病原・血清診断＞　伝染性胃腸炎，豚デルタコロナウイルス感染症，豚ロタウイルス病や大腸菌症などとの類症鑑別が不可欠である。病原診断として，発病初期の糞便を用いたRT-PCRなどによるウイルス核酸の検出，免疫電子顕微鏡法によるウイルス粒子検出，Vero細胞を用いたウイルス分離ならびに小腸材料を用いた蛍光抗体法や免疫組織化学染色によるウイルス抗原の検出を実施する。血清診断として，急性期と回復期のペア血清における中和抗体価の有意な上昇を確認する。

予防・治療　農場の出入り管理と衛生対策を組み合わせたバイオセキュリティ対策によりウイルスの侵入・蔓延防止に努める。また，乳汁免疫の誘導を目的とした母豚接種ワクチン(弱毒生ワクチン)が市販されている。

（宮﨑綾子）

10 豚水疱疹（届出）（海外）

Vesicular exanthema of swine

宿　主　豚，いのしし

病　原　*Caliciviridae*，*Vesivirus*に属する豚水疱疹ウイルス（*Vesicular exanthema of swine virus*）。海生動物由来のサンミゲルアシカウイルスと類似し，海生動物が本来の自然宿主と考えられている。プラス１本鎖RNAウイルスで，ウイルス粒子は直径35～39nmの球形で，エンベロープを持たない。粒子表面に特徴的なコップ型の窪みがある。多数の血清型が存在する。

分布・疫学　かつて米国とアイスランドでのみ発生したが，現在では世界的に発生がない。伝播は本ウイルスで汚染された厨芥の給餌と病豚や豚由来汚染物との接触。品種や日齢に関係なく発病。致死率は低い。

診　断

＜症　状＞　ウイルスは表皮胚芽層で増殖し，発熱，水疱形成，壊死，痂皮化。水疱は鼻鏡，口唇，舌，口腔粘膜，趾間，蹄冠，乳頭などで好発。１～２週で回復。ときに，脳炎，心筋炎，下痢，流産を伴う。臨床症状による口蹄疫，豚水胞病，水胞性口炎との鑑別が困難なため，病原学的診断が必要。

＜病原・血清診断＞　水疱液や水疱上皮を材料としてウイルス分離や電子顕微鏡観察により診断。

予防・治療　ワクチンや有効な治療法はない。感染豚の隔離と淘汰。非加熱残飯給餌を禁止。

（髙木道浩）

11 （全）ニパウイルス感染症（届出）（人獣）（海外）（四類感染症）

Nipahvirus infection

宿　主　豚，いのしし，馬，人

病　原　*Mononegavirales*，*Paramyxoviridae*，*Henipavirus*に属するニパウイルス（*Nipah henipavirus*）が原因である。三種病原体等に指定され，BSL3実験施設内で取り扱う。

分布・疫学　1998～1999年にマレーシア，シンガポールで本ウイルスによる豚の呼吸器感染症が大流行したが，豚から人が感染して致死率40％の急性脳炎が多発した。この他にもバングラデシュやインドで人での発生が報告。いずれの地域でもオオコウモリが自然宿主と考えられている。

診　断

＜症　状＞　豚では呼吸器症状を主徴とするが，ときに痙攣やその他の神経症状が現れる。マレーシアでの豚の流行では罹患率は高いものの致死率は５％以下であった。

＜病　理＞　多核巨細胞形成を伴う肺炎像が多く認められる。ウイルス抗原は，主に上部気道の巨細胞や上皮細胞，気管腔内の壊死片などに検出される。

＜病原・血清診断＞　RT-PCRによる遺伝子検出やELISAによる抗体検出を行う。

予防・治療　ワクチンなどの予防法や治療法はない。感染動物との接触を避けるのが唯一の予防策。

（苅和宏明）

12 豚インフルエンザ（人獣）

Swine influenza

概　要　インフルエンザAウイルス感染による豚の急性呼吸器病で，多大な損耗をもたらす豚の慢性呼吸器病の基礎疾患。人の新型ウイルス出現に重要。

宿　主　豚，人

病　原　*Orthomyxoviridae*，*Alphainfluenzavirus*に属するインフルエンザAウイルス（*Influenza A virus*）。四種病原体等に指定される８分節のマイナス１本鎖RNAウイルス。

分布・疫学　血清亜型H1N1ウイルスによるいわゆる古典的豚インフルエンザは1930年に米国で初めて報告され，豚の導入に伴って世界中に広がった。1979年に欧州では鳥型のH1N1ウイルスが流行し，その後，一部ではH1N2ウイルスも流行した。H3N2ウイルスも1970年以降，世界各地で報告されているが，H1N1ウイルスと異なり，これらのウイルスは流行規模も小さく，病原性も低い。

一方，豚は，人由来および鳥由来の両方のインフルエンザAウイルスに容易に感染して，人の新型ウイルス出現に重要な役割を果たすと考えられているが，2009年に出現して世界中に広がった人の新型インフルエンザウイルスも豚と鳥と人のウイルスの遺伝子再集合体であった。このA（H1N1）2009ウイルスはいまだ多くの地域で豚にも流行を繰り返している。

診　断

＜症　状＞　飼育舎の豚が一斉に食欲減退，元気喪失，鼻汁漏出，発作性の咳，喘ぎ呼吸，発熱などを呈する。軽症の場合は呼吸器粘膜上皮のカタル性炎のみで，１週間以内に回復し，致命率は１％以下である。肺炎に進行すると予後は不良で，ことに幼若豚では致命的。不顕性感染例が世界各地で認められている。豚の日齢，気候の急変や寒冷ストレス，豚の移動や導入などは病態を左右する重要な因子である。臨床症状から他の呼吸器性疾病との鑑別が困難のため，病原学的診断が必要。

＜病　理＞　呼吸器粘膜上皮のカタル性炎症，咽頭粘膜の充血，粘液分泌ならびに気管支・気管内腔に粘液貯留を認める。肺炎に進行したものでは，混合感染がなければ典型的なウイルス性肺炎像，すなわち限界明瞭な暗赤紫色の病変を認める。

気管支と細気管支上皮の変性壊死，その内腔に剥離細胞，好中球と単球の浸潤に加え，毛細血管の充血，拡張，肺胞中隔に細胞浸潤を認める。病変部には無気肺，間質性肺炎および気腫がみられる。

＜病原・血清診断＞　ウイルス分離と特異抗体の検出。ウイルス分離材料には発症３日以内，発熱時の鼻腔ぬぐい液が最適。死亡した豚では気管または肺の乳剤からMDCK細胞など，あるいは発育鶏卵を用いて分離を試みる。

血清学的にはHI反応や中和テストが用いられる。

予防・治療　日本では予防にホルマリン不活化全粒子ワクチンが用いられている。対症療法と抗菌薬の投与は二次感染による重症化を防ぐ。

（伊藤壽啓）

13 E型肝炎（人獣）
Hepatitis E

宿　主　自然宿主は豚，いのしし。人も感染。

病　原　*Hepeviridae*, *Orthohepevirus*に属するE型肝炎ウイルス（*Orthohepevirus A*）。遺伝子型3～6が豚やいのししに感染。遺伝子型1，2は水系感染。人への感染は遺伝子型1～4。人獣共通感染症は遺伝子型3，4。

分布・疫学　世界各地。国内のほぼすべての養豚場，野生のいのししが感染。豚間では糞便中に排出されたウイルスの経口感染。母豚からの移行抗体がきれた3～4カ月齢の子豚が感染。5カ月齢になるとほぼすべての豚が抗体陽性になる。人は，非加熱の豚肉や野生獣肉の喫食により感染。

診　断

＜症　状＞　豚，いのししでは不顕性感染。人が感染すると多くは不顕性であるが，一部は劇症肝炎を発症。妊婦は致死率が高い。

＜病原・血清診断＞　血清，肝臓などの材料からRT-PCRによる遺伝子検出。ELISAによる抗体検出。ウイルス分離は困難。

予防・治療　ワクチンや有効な治療法はなし。人は，肉の十分な加熱により予防。

（前田　健）

14 豚パルボウイルス病
Porcine parvovirus infection

概　要　豚パルボウイルス感染による不妊，異常産子，総産子数減少などの繁殖障害を起こす疾病。

宿　主　豚，いのしし

病　原　*Parvoviridae*, *Parvovirinae*, *Protoparvovirus*に属する豚パルボウイルス（*Ungulate protoparvovirus*）。直径20～26nmの小型球形DNAウイルスでエンベロープを持たない。環境中できわめて安定。人，モルモット，鳥類などの赤血球を凝集する。豚腎臓由来細胞でCPEを起こして増殖し，感染細胞に好酸性の核内封入体が観察される。

分布・疫学　世界各地に分布。ウイルスは主に経口あるいは経鼻感染し，鼻汁，唾液，糞便および精液中に排出。ウイルスの排出期間は約2週間と短いが，環境中で長期間生存する。多くの農場に常在化して大半は不顕性感染であるが，母豚が妊娠中に初感染すると死産などの繁殖障害を起こす。妊娠中期の感染時に異常産発生が高率となる。年間を通じて発生がみられる。感染耐過豚は終生免疫が成立。ウイルス浸潤農場では繁殖障害の発生は初産豚に多い。

診　断

＜症　状＞　妊娠豚以外の豚は症状を示さない。胎子感染により死亡した胎子は子宮内に残存し，分娩予定日前後に娩出される。流産はまれ。母豚に感染後，各胎子が感染する時期が異なるため，娩出される異常子は同腹でもミイラ化胎子，黒子，白子，虚弱子など多様。これらの異常子と正常子を同時に分娩する例も多い。妊娠初期の感染では胚の死亡と吸収が起こるので，不妊や産子数の減少がみられる。

豚繁殖・呼吸障害症候群，オーエスキー病，日本脳炎など異常子豚分娩を主徴とする疾病との鑑別が必要。

＜病　理＞　死産胎子や虚弱子において，脳実質および軟膜に分布する血管周囲に小円形細胞が増殖して細胞套を形成することがある。

＜病原・血清診断＞

病原診断：異常子の組織を用いて蛍光抗体法や免疫組織化学染色による抗原検出，またPCRによる遺伝子検出を行う。ウイルス分離は脳や臓器乳剤を豚腎由来株化細胞に接種し，2～3代継代培養する。

血清診断：母豚の分娩前後のペア血清を用いてHI反応あるいは中和テストにより抗体価の有意上昇を確認する。初乳未摂取の異常子について血清，胸水，腹水などを用いて抗体の存在を証明する。

予防・治療　生ワクチン，不活化ワクチンが市販されている。初産豚では種付き1カ月前にワクチン接種する。死産を起こした母豚は，その後の妊娠に支障はない。治療法はない。

（髙木道浩）

15 豚血球凝集性脳脊髄炎
Porcine hemagglutinating encephalomyelitis

宿　主　豚

病　原　*Nidovirales*, *Coronaviridae*, *Coronavirinae*, *Betacoronavirus*に属する豚血球凝集性脳脊髄炎ウイルス（*Betacoronavirus 1*：Porcine hemagglutinating encephalomyelitis virus）

分布・疫学　世界中に分布。大半の豚が不顕性感染であり，移行抗体価の低い哺乳豚や離乳豚が発症。致死率が高い。ウイルスは呼吸器や扁桃などの上皮細胞で増殖後，末梢神経を介して中枢神経へ感染。伝播経路は主に鼻口腔液を介した接触または吸入感染。

診　断

＜症　状＞　くしゃみや咳に続き，嘔吐，咽頭麻痺，呼吸困難を伴う衰弱（嘔吐衰弱型），または歩行異常，筋肉震盪，痙攣などの神経症状（脳脊髄炎型）が単独あるいは混合して認められる。

＜病　理＞　組織所見として間質性気管支周囲性肺炎，肺胞上皮の肥大，肺胞気腫，囲管性細胞浸潤とグリア結節を伴う非化膿性脳脊髄炎などが認められる。

＜病原・血清診断＞　肺，扁桃，脳幹を用いたRT-PCRによるウイルス核酸検出と豚腎由来株化（PK-15）細胞などを用いたウイルス分離を実施。血清診断はペア血清を用いた中和テストまたはHI反応。

予防・治療　ワクチン，治療法はない。

（宮﨑綾子）

16 豚サーコウイルス関連感染症
Porcine circovirus associated disease (PCVAD)

概　要　豚サーコウイルス２型感染の関与による離乳後多臓器性発育不良症候群，豚皮膚炎腎症症候群，豚の呼吸器複合感染症，繁殖障害などを含む疾病。

1）豚の離乳後多臓器性発育不良症候群
Postweaning multisystemic wasting syndrome

宿　主　豚，いのしし

病　原　*Circoviridae*，*Circovirus*に属する豚サーコウイルス２型（*Porcine circovirus 2*：PCV2）。ゲノムは約1.8kbpの１本鎖環状DNA。ウイルス粒子は直径約17nmの小型球形で，エンベロープを持たない。環境中できわめて安定。これまでPCV2は３つの遺伝子型（PCV2a，PCV2b，PCV2c）が知られていたが，最近，PCV2dとPCV2eが報告された。主にPCV2a，PCV2b，PCV2dの感染に起因。

分布・疫学　PCV2は世界中に分布。日本でもSPF農場を含むほとんどの豚集団に浸潤しており，出荷豚の抗体陽性率はほぼ100％。豚の離乳後多臓器性発育不良症候群（PMWS）の発生は日本も含めて多くの国で確認されている。

本病は1990年代初めに突如出現した新興感染症であるが，PCV2抗体は1960年代にはすでに存在していた。PMWSの発症には補因子の存在が考えられ，豚繁殖・呼吸障害症候群ウイルスや豚パルボウイルスなどの病原体，ワクチン接種による免疫刺激，ストレス負荷などが重要視されている。

発生農場では主に７～15週齢の豚の５～20％が発症し，致死率は最大80％を示す。離乳後子豚（離乳豚と肥育初期豚）の死亡率上昇は数カ月から１年以上続く。伝播は経口ならびに経鼻感染による。

診　断　臨床症状，発生状況，病理検査および病変部からのウイルスの検出成績を総合して診断する。

＜症　状＞　PMWSは，離乳子豚の死亡率上昇により通常発見され，増体量減少，削痩，被毛粗剛，呼吸困難，ときに黄疸，下痢，皮膚の蒼白などがみられる。

＜病　理＞　肉眼病変として全身リンパ節の腫大がみられ，特に浅鼠径，腸間膜，肺門および縦隔リンパ節で著しく，ときに正常の２～５倍に達する。

組織学的にはリンパ濾胞でのリンパ球減少と傍リンパ領域を含めた組織球や多核巨細胞による肉芽腫病変が認められる。浸潤した組織球内にはぶどうの房様の細胞質内封入体がみられる。間質性肺炎，間質性腎炎，壊死性肝炎などがときに観察される。リンパ球減少により二次感染を誘発する。

＜病原・血清診断＞　ウイルスの検出はウイルス分離，免疫組織化学染色およびPCRによる。

予防・治療　不活化ワクチンが市販され，ワクチン接種により発生被害が減少している。オールインオールアウトの徹底，ストレスの除去などの防疫対策（マデックの20原則）も予防上重要である。治療法はない。

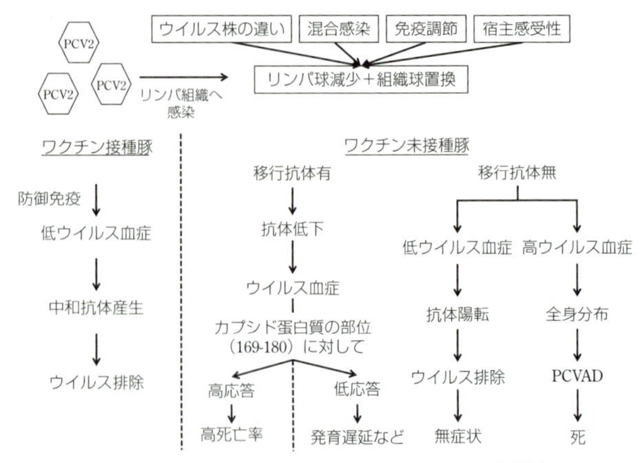

図　豚サーコウイルス２型関連疾病の発病機序
（Opriessnig T *et al.*：*J Vet Diagn Invest* 19：591–615, 2007. Trible BR *et al.*：*Virus Res* 164：68–77, 2012より作成）

2）豚皮膚炎腎症症候群
Porcine dermatitis and nephropathy syndrome

宿　主　豚

病　原　病原は不明であるが，豚サーコウイルス２型，新たな豚サーコウイルス３型（*Porcine circovirus 3*）や*Anelloviridae*に属する*Iotatorquevirus*が関与すると考えられている。他に*Pasteurella multocida*なども報告されている。

分布・疫学　南米，北米，欧州，日本を含むアジアで発生が確認されている新興感染症。PMWS流行に先行，あるいはPMWS流行時に発生することが多く，主に育成～肥育豚に発生する。発生率は低いが，致死率は高い（ときに50％以上）。

診　断　臨床症状と病理検査成績から診断する。

＜症　状＞　皮膚に不定形の赤紫色の斑点および丘疹が主に後肢，会陰部，腹部，臀部でみられ，ときに全身に及ぶ。元気消失，食欲減退，跛行，呼吸困難，ときに突然死する。豚コレラとの類症鑑別が必要。

＜病　理＞　点状出血を伴う腎臓の腫大，リンパ節の暗赤色腫大。組織学的には糸球体腎炎と全身性の壊死性血管炎を特徴とする免疫複合体病。

予防・治療　PCV2に対するワクチンが使用されて以降は発生報告が減少していることから，当該ワクチンは予防に有効と考えられる。治療法はない。

（髙木道浩）

17 豚サイトメガロウイルス病
Porcine cytomegalovirus infection

病名同義語：封入体鼻炎（Inclusion body rhinitis）

宿　主　豚，いのしし

病　原　*Herpesvirales*，*Herpesviridae*，*Betaherpesvirinae*，属未確定の豚サイトメガロウイルス（*Suid betaherpesvirus 2*）

分布・疫学　日本を含め世界中に広く分布し，ほとんどの豚が感染。感染豚の鼻汁，尿，目やに，子宮頸部粘液などによる水平感染のほか，垂直感染も知られている。

診　断

＜症　状＞　新生豚以外では症状は軽症。移行抗体陰性の新生豚ではくしゃみ，鼻汁漏出，呼吸困難により死亡することもある。日齢が進むと軽症，不顕性感染。妊娠末期に初感染すると死産や新生子の死亡がみられることがある。脳軟化症例も報告されている。
＜病　理＞　鼻粘膜の腺上皮細胞に好塩基性の大型の核内封入体を形成。
＜病原・血清診断＞　臓器由来のDNAを用いたPCRによる診断が可能。
予防・治療　ワクチン，治療方法はない。
（田島朋子）

18 (全)レオウイルス病(人獣)
Reovirus infection

宿　主　豚，牛，めん羊，犬，猫，人など多くの哺乳類
病　原　*Reoviridae*，*Spinareovirinae*，*Orthoreovirus*に属する*Mammalian orthoreovirus*
分布・疫学　日本を含め世界中に分布。感染動物の糞便から経口感染。コウモリのレオウイルスは最近，人の重篤な呼吸器疾患との関連が報告されている。
診　断
＜症　状＞　豚，牛，めん羊，犬，猫では軽度の呼吸器疾患，下痢。
＜病　理＞　特徴的な病変は認められない。
＜病原・血清診断＞　宿主動物由来培養細胞でのウイルス分離。哺乳類オルトレオウイルスはHI反応が可能。
予防・治療　哺乳類ではワクチン，治療法ともにない。
（田島朋子）

19 豚呼吸器型コロナウイルス病
Porcine respiratory coronavirus infection

宿　主　豚
病　原　*Nidovirales*，*Coronaviridae*，*Coronavirinae*，*Alphacoronavirus*に属するPorcine respiratory coronavirus。伝染性胃腸炎ウイルスのスパイク蛋白の一部が欠損。
分布・疫学　欧州では常在化。日本では1996年に分離。感染動物からの呼吸器感染。風でウイルスが運ばれることもある。
診　断
＜症　状＞　通常無症状。一過性の発咳。
＜病　理＞　特徴的な病変は認められない。
＜病原・血清診断＞　豚精巣細胞などを用いたウイルス分離。伝染性胃腸炎ウイルスと抗原性が交差するので血清診断には注意が必要。
予防・治療　ワクチン，治療法ともにない。
（田島朋子）

20 豚のゲタウイルス病(人獣)
Getah virus infection in swine

宿　主　豚，馬，牛，鳥類，人
病　原　*Togaviridae*，*Alphavirus*に属する*Getah virus*
分布・疫学　日本，オーストラリア，東南アジア，シベリアで発生。キンイロヤブカ（*Aedes vexans nipponii*），コガタアカイエカ（*Culex tritaeniorphynchus*）が媒介するため，発生は夏から秋にかけて起こる。ウイルスはこれらの蚊の体内で増殖する。
診　断
＜症　状＞　妊娠豚が感染すると流死産を起こす。新生豚は食欲不振，元気消失，下痢のほか，全身の震え，後躯麻痺などの神経症状を呈し，2～3日で死亡。
＜病　理＞　特徴的な病変は認められない。
＜病原・血清診断＞　主要臓器や血清からESK細胞，Vero細胞でウイルス分離。市販の抗原を用いたHI反応が可能。
予防・治療　日本脳炎，豚パルボウイルス病との3種混合生ワクチンが市販されている。
（田島朋子）

21 豚の脳心筋炎
Encephalomyocarditis virus infection in swine

宿　主　豚
病　原　*Picornavirales*，*Picornaviridae*，*Cardiovirus*に属する*Cardiovirus A*（Encephalomyocarditis virus）
分布・疫学　世界各地で発生。日本の豚でも抗体検出。げっ歯類がウイルスの保有動物と考えられており，糞便や尿中に排出されたウイルスから経口で豚が感染。
診　断
＜症　状＞　幼齢豚では心機能障害による突然死が起こり，致死率は高い。加齢に伴い症状は軽減し，発症せず耐過することが多い。妊娠豚が感染すると流死産が起こることがある。
＜病　理＞　心臓の右心室・右心房の拡張と多発性白色心筋病変。心筋壊死，単核細胞浸潤，うっ血や水腫を伴う巣状心筋炎。
＜病原・血清診断＞　死亡豚の心臓・脾臓からVero細胞，HeLa細胞，BHK細胞でウイルス分離。抗体検査は中和テスト，HI反応，ELISA。
予防・治療　米国ではワクチンが市販されているが，日本ではない。ネズミの駆除と排泄物による汚染に注意。
（田島朋子）

22 先天性筋痙攣症
Congenital tremor

宿　主　豚
病　原　脳と脊髄の病変からＡⅠ～ＡⅤタイプとＢタイプに分けられる。ＡⅠタイプ：豚コレラウイルス，ＡⅡタイプ：新種の*Pestivirus*の可能性，ＡⅢ，ＡⅣタイプ：遺伝的疾患，ＡⅤタイプ：中毒，Ｂタイプ：不明。
分布・疫学　世界各地に分布。日本でも散発的に発生。ＡⅡタイプでは*Pestivirus*が妊娠母豚に感染し，新生豚が発症すると考えられている。
診　断
＜症　状＞　新生豚にみられる頭部と体幹の震顫。出生直後にみられることが多いが，数日後に発症することもある。一般に痙攣は徐々に軽減し，生後1カ月頃までに消失して，死亡することは少ない。性別や品種に関係なく，同腹の子豚の多くが発症する場合はＡⅠ，ＡⅡ，ＡⅤタイプを疑う。
＜病　理＞　肉眼病変はほとんどない。脊髄の髄鞘形成不全が認められる。

＜病原・血清診断＞　AⅡタイプについてはウイルスが特定されていないので不可能。

予防・治療　AⅠタイプはワクチンが有効。遺伝性のものについては繁殖計画を考慮。AⅤタイプは中毒原因物質の排除。

（田島朋子）

23 豚アストロウイルス感染症
Porcine astrovirus infection

宿　主　豚

病　原　*Astroviridae*, *Mamastrovirus*に属する*Mamastrovirus 3*

分布・疫学　英国，米国，南アフリカ，日本で発生。日本では成豚の約40％が抗体陽性。他の下痢関連ウイルスとの混合感染が多い。

診　断

＜症　状＞　子豚の急性の下痢。

＜病　理＞　特徴的な病変は認められない。

＜病原・血清診断＞　電子顕微鏡で糞便中のウイルス粒子を検出。豚腎由来培養細胞を用いてトリプシン存在下でウイルス分離。

予防・治療　ワクチンはない。下痢は軽度で回復する。脱水とアシドーシス改善のため，補液を行う。

（田島朋子）

24 豚痘
Swine pox

宿　主　豚

病　原　*Poxviridae*, *Chordopoxvirinae*, *Suipoxvirus*に属する*Swinepox virus*

分布・疫学　世界各地で発生。日本でも散発的に発生。接触感染ないしブタジラミ，ヒゼンダニが機械的に媒介する。経胎盤感染による先天性豚痘の発生報告もある。

診　断

＜症　状＞　腹部を中心に，水疱，丘疹，膿疱が出現。2～3日で水疱は裂けて痂皮を形成。1～3週で治癒。先天性の場合は出生時に発痘が認められ，死産あるいは出生直後に死亡。

＜病　理＞　全身皮膚に水疱，膿疱，痂皮の形成。皮膚有棘細胞の風船様膨化・増生，有棘細胞に細胞質内封入体形成。表皮・真皮の細胞浸潤。

＜病原・血清診断＞　病変部から電子顕微鏡観察によってウイルス粒子を証明。病変部のDNAを用いたPCR。豚腎株化細胞や鶏胚漿尿膜接種によるウイルス分離。

予防・治療　ワクチンはない。ブタジラミ，ヒゼンダニの駆除が有効。

（田島朋子）

25 青目病
Blue eye disease

宿　主　豚。発病は豚に限られるが，犬，猫，うさぎ，ラットで抗体が確認。

病　原　*Mononegavirales*, *Paramyxoviridae*, *Rubulavirus*に属する*Porcine rubulavirus*

分布・疫学　メキシコで1980年に初発。以来，他国での発生報告はないが，近縁のウイルスが日本にも存在。呼吸器感染が主。

診　断

＜症　状＞　角膜混濁，結膜浮腫などの眼症状，四肢の麻痺，震顫などの神経症状，多呼吸，呼吸困難などの呼吸器症状が一般的。子豚では便秘や下痢がみられる。成豚では繁殖障害。

＜病　理＞　片側性の角膜混濁が一般にみられる。子豚では軽度の肺炎，膀胱と胃の拡張，腹腔内のフィブリン析出，脳の充血がみられる。成豚では腎臓と心嚢の出血，脳の充血がみられる。

＜病原・血清診断＞　扁桃・脳・肺を検体としてPK15細胞，豚腎細胞を用いたウイルス分離。中和テスト，HI反応が可能。

予防・治療　ワクチン，治療法ともにない。

（田島朋子）

26 豚丹毒（届出）（人獣）
Swine erysipelas

（口絵写真17頁）

概　要　豚丹毒菌の感染による豚の疾病で，急性の敗血症，蕁麻疹，慢性の関節炎，心内膜炎，リンパ節炎を主徴とする。

宿　主　豚，いのしし，七面鳥，鶏，その他，人を含む様々な哺乳類

病　原　*Erysipelothrix*属には，現在，*E. rhusiopathiae*, *E. tonsillarum*, *E. inopinata*, *E. larvae*の4菌種が報告されているが，文献上，豚や鶏に病気を起こす菌種は*E. rhusiopathiae*のみに限られる。これらの菌種は，通性嫌気性菌のグラム陽性細小桿菌（0.2～0.4×0.5～2.5 μm）で，非運動性，無芽胞性，非抗酸性を示す。

*Erysipelothrix*属菌の血清型は，細胞壁由来の耐熱性抗原と家兎血清を用いた寒天ゲル内沈降反応により，1～26型とその抗原を欠くN型に分類されている。その多くは*E. rhusiopathiae*に属するが，血清型と菌種の関係は必ずしも一致しない。急性型の豚丹毒に罹患した豚から分離される*E. rhusiopathiae*のほとんどは1a型菌であり，慢性型からは2型菌が多く分離される。文献上，人での症例は*E. rhusiopathiae*感染による報告のみであり，その他の*Erysipelothrix*属菌種の人に対する病原性は明らかではない。

*E. rhusiopathiae*は莢膜を保有し，これが菌の病原性に決定的な役割を果たす。本菌の莢膜多糖は肺炎球菌（*Streptococcus pneumoniae*）など，多くの粘膜寄生病原体が免疫回避のために保有するホスホリルコリン（phosphorylcholine）によって分子修飾を受けており，ホスホリルコリンを発現できない変異株はマウスや豚に対して病原性を示さなくなる。*E. rhusiopathiae*はマクロファージなどの食細胞内で増殖をする細胞内寄生菌である。ゲノム解析の結果では，本菌は必要な栄養素のほとんどを宿主細胞に依存すること，また，食細胞による細胞内殺菌を回避するための手段として，活性酸素から逃れるための抗酸化酵素遺伝子やファゴゾームなどを構成する細胞膜を分解するため

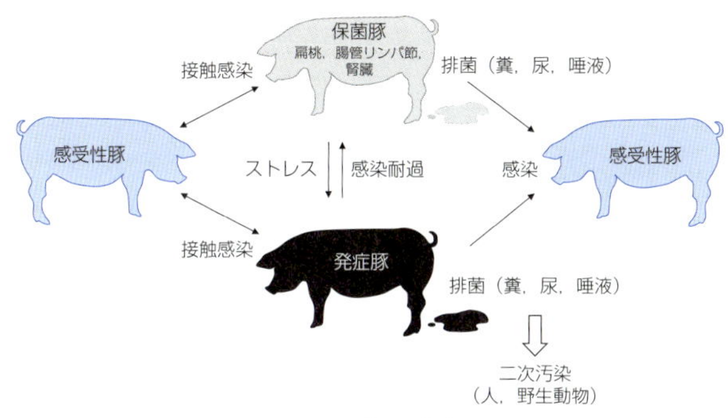

図　豚丹毒の感染環

のホスホリパーゼ酵素遺伝子を多数持つことが明らかになっており，食細胞内環境に適応する形で進化をしてきたと考えられる。

分布・疫学　*E. rhusiopathiae*の宿主域はきわめて広く，豚，いのしし，鳥類，海棲哺乳類を含め，世界中の様々な動物種から分離されている。近年では，北極圏や亜寒帯地方に棲むジャコウウシやムースなど，大型野生偶蹄類の大量死の原因となった。産業的には，豚および七面鳥での被害が大きい。欧州諸国では，近年の飼育形態の変化に伴い産卵鶏での発生が増えている。

*E. rhusiopathiae*の動物体内への侵入は経口感染が主であるが，創傷感染も起こりうる。ただし，菌が体内へ侵入しただけで直ちに発症するものではなく，高温，多湿，輸送など，宿主の抵抗性を減弱させるようなストレス条件が加わった場合に発症すると考えられる。本菌は家畜の扁桃からしばしば分離されるが，特に豚ではその割合が高く，外見上健康な豚でも扁桃に保菌していることが多い。豚を使った実験では，経口投与された菌は扁桃陰窩上皮のM細胞様の細胞を介して体内へ侵入することが証明されている。

本疾病の感染源あるいは汚染源として保菌豚が重要である。これらの豚は糞尿とともに菌を排出して環境を汚染し，さらに野生動物や人が二次的に汚染源を広げると考えられる。

診　断

<症状・病理>　豚では，急性の敗血症の場合，40℃以上の高熱が突発し1　2日の経過で急死する。その際，全身性のチアノーゼを示すことも多い。脾およびリンパ節は充血肥大し，胃および小腸上部の粘膜は充出血がみられる。死亡率は高く，豚コレラ，トキソプラズマ症との鑑別が重要になる。亜急性の蕁麻疹型(**写真**)は，発熱や食欲不振などの症状に加えて，感染1～2日後に菱形疹(ダイヤモンドスキン)と呼ばれる特徴的な皮膚病変を示すが，致死の経過をとることは少ない。慢性型は，通常，急性型や亜急性型に引き続いて起こることが多く，関節炎の場合，四肢の関節に好発し，腫脹，疼痛，硬直，跛行がみられる。心内膜炎の多くは無症状で，解剖時に発見される。

人では，感染動物と濃厚に接触したり，汚染物が皮膚の創傷部位に接触して感染し，皮膚病変(類丹毒と呼ばれる)や敗血症を起こす。類丹毒は，辺縁明瞭で軽度隆起を伴う紫色の限局性皮膚病変で，痒み，疼痛を伴う。また，きわめてまれであるが，心内膜炎や敗血症を呈する場合もある。

<病原・血清診断>　豚丹毒の確定診断には検体から菌を分離する必要がある。トリプトソーヤ寒天培地に0.5～1.0%のグルコース，あるいは5%の血清を添加することにより菌の発育が増進される。また，0.1%のTween 80の添加によっても同様の発育促進がみられる。急性および亜急性型由来菌は通常，単～2連鎖で，寒天培地48時間培養で小さな露滴状の集落を作るが，慢性型由来菌はしばしば長連鎖をし，固形培地上でやや大きな表面粗造，周辺が鋸歯状の集落を作る。血液寒天上では不明瞭なα溶血を示す。液体培地では通常混濁発育をするが，菌株によっては沈殿がみられる。選択培地として，トリプトソイブイヨンあるいはブレインハートインフュージョン培地にクリスタルバイオレットを0.001～0.002%，アジ化ナトリウムを0.02～0.05%に添加する。この培地は本来*E. faecalis*の分離用培地であるので，出現した集落の同定には注意を要する。必要に応じて，本培地にカナマイシン(100μg/mL)，ゲンタマイシン(100μg/mL)，バンコマイシン(100μg/mL)を添加し，選択性を高める。本菌はグラム陽性菌であるが，古い培養菌や慢性型疾病由来の分離菌はしばしば陰性となることがあり，注意を要する。

分離菌株の同定には特異的遺伝子検出法が有用であり，*Erysipelothrix*属，*E. rhusiopathiae*のそれぞれを特異的に検出できるPCRが開発されている。血清診断は，農場の汚染度の調査の他，ワクチン接種後の免疫獲得状態の判断の手段として有用となる。自家凝集性のないMarienfelde株を用いた生菌発育凝集反応(growth agglutination test)を用いる。また，感染防御抗原であるSpaAや10mmol NaOHのアルカリ処理により抽出した菌体表層抗原を利用したELISAも有用である。

予防・治療

<予　防>　弱毒生菌ワクチン，死菌および成分ワクチンが使用されている。細胞内寄生菌である本菌を排除するには細胞性免疫を誘導できる生ワクチンがより効果的である。国内で使用される生菌ワクチンは強毒株をアクリフラビン色素添加培地で継代して弱毒化した菌で，1回の接種により6カ月以上の免疫が持続するといわれる。現在，関節炎や心内膜炎の病変部からワクチン株がきわめて高頻度に分離される。生菌ワクチンを接種する場合，移行抗体を持つ哺乳豚への接種や抗菌薬の使用は避ける。不活化ワクチンは安全性の点では問題がないが，十分な免疫を誘導するために2回接種を必要とする。現在では，感染防御抗原のリコンビナント蛋白質を利用した成分ワクチンも市販されている(スワイバックERA)。人に対するワクチンはない。本疾病は，と畜検査において，豚丹毒の症状が発見，もしくは関節炎や心内膜炎等の病変から菌が分離された場合，と殺禁止または全部廃棄の対象となる。したがって，予防対策として適切なワクチンの使用が必須であり，その他，個々の飼養管理，衛生管理が必要となる。

<治　療>　本菌にはペニシリン系抗菌薬がきわめて有効であり，これまでペニシリン耐性菌が出現しているとの報告はない。

（下地善弘）

27 萎縮性鼻炎（届出）
Atrophic rhinitis

概　要　*Bordetella bronchiseptica*および毒素産生性*Pasteurella multocida*による鼻甲介の形成不全・萎縮を示す呼吸器病。

宿　主　主な宿主は豚といのしし。犬，猫，牛，馬，うさぎ，ネズミなど種々の動物から本菌が分離されるが，他動物からの分離株は豚に病原性を示さない。

病　原　*B. bronchiseptica*単独，または*P. multocida* A型ないしD型と*B. bronchiseptica*の混合感染により本病が発生する。まず豚の鼻腔に*B. bronchiseptica*が定着し，正常な鼻粘膜に炎症を起こし，定着部位で産生した皮膚壊死毒(dermonecrotic toxin：DNT)により幼若豚の鼻甲介骨形成が阻害される。さらに，損傷部粘膜に*P. multocida*が感染すると，産生された毒素(*Pasteurella multocida* toxin：PMT)により重症化する。

分布・疫学　世界中の養豚地域で発生している。病豚および保菌豚との直接接触，くしゃみや咳に伴う飛沫により感染する。保菌母豚で病原菌が維持され，その子豚および同居豚に感染し，他の豚群に感染を拡大する。*B. bronchiseptica*は鼻粘膜の上皮細胞に接着し，DNTにより鼻甲介萎縮，鼻中隔弯曲，上顎短縮などを起こす。鼻甲介骨萎縮は3～4週齢によくみられ，6～8週齢では発症することはまれである。なお，11～13週齢の豚にも萎縮性鼻炎が発生する可能性があるが，幼若期に感染した豚に比べて発生率が低い。重症例では，*P. multocida* A型もしくはD型菌が感染豚の病巣から分離される。*P. multocida*は健康豚からも分離されるが，生後3カ月以降の豚にも感染する。

診　断

<症　状>　3～4週齢の豚で通常みられる初期症状は，くしゃみ，鼻汁漏出，鼻づまりで，ときに鼻出血がみられる。鼻汁は次第に漿液性から粘液性に変わる。鼻粘膜の炎症が涙管の鼻腔開口部に及ぶと狭窄・閉塞により流涙がみられる。流涙により眼の下の皮膚が汚染され，黒褐色の斑点「アイパッチ」が生ずる。発病後1カ月を過ぎると，鼻骨，上顎骨，前頭骨などの変形が明らかになる。上顎の発達が阻害されると下顎の切歯が上顎の切歯より前方に突出し，鼻梁背側の皮膚に皺襞が形成される。骨の発達が片側性に強く阻害される場合には鼻梁の側方弯曲，いわゆる「鼻曲がり」がみられる。発病豚が死亡することはまれである。罹患豚は通常低体重となり，甲状腺萎縮がみられることもある。

<病　理>　病変は通常鼻甲介，鼻中隔，鼻および顔面の骨に限定され，特徴的な鼻甲介の形成不全あるいは萎縮を除けば肉眼的変化に乏しい。軽症例の病変は腹側鼻甲介の萎縮であるが，重症例では萎縮が背側鼻甲介に至る。

病理組織学的には，上皮細胞の変性・剥離と繊毛の脱落，上皮の過形成，固有層および粘膜下組織における細胞浸潤と線維芽細胞の増生などが認められ，鼻粘膜にカタル性炎像がみられる。鼻甲介において線維骨形成と骨過形成がみられ，骨組織において骨芽細胞の変性・壊死，類骨形成の阻害など造骨機構の抑制がみられる。*P. multocida*が混合感染すると，破骨細胞が増生して骨融解が起こり，激しい病変像となる。

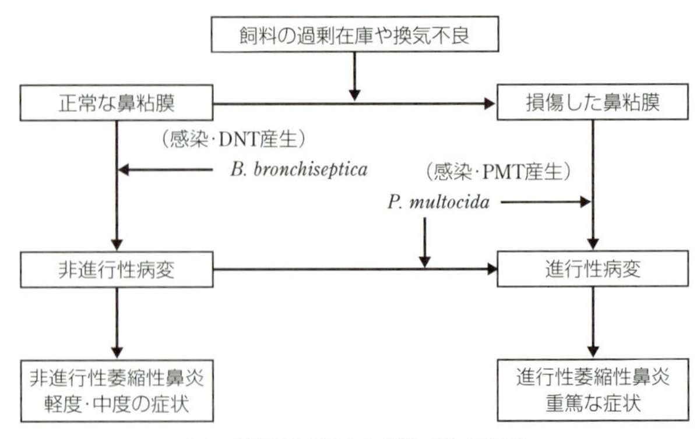

図　萎縮性鼻炎の感染・発病機構

<病原・血清診断>

病原診断：罹患豚の鼻腔分泌液を血液寒天，ボルデー・ジャング寒天あるいはマッコンキー寒天に塗抹し，好気的に分離培養する。分離菌がグラム陰性の微小球桿菌でカタラーゼ陽性，オキシダーゼ陽性，ウレアーゼ陽性で糖非分解ならば*B. bronchiseptica*である。分離菌がグラム陰性の球桿菌ないし短桿菌で，極染色性を示し，カタラーゼ陽性，オキシダーゼ陽性，ウレアーゼ陰性，ブドウ糖発酵，インドール産生，硝酸塩還元ならば*P. multocida*である。*P. multocida*が分離された場合には，莢膜抗原型と毒素(PMT)産生能についても調べる必要がある。従来，莢膜抗原型別には間接赤血球凝集反応が用いられていたが，現在はmultiplex PCRが応用されている。PMTの検出にはモルモット皮内接種試験，マウス腹腔内接種試験，Vero，EBLなどの組織培養細胞接種試験，ELISAなどが用いられる。毒素遺伝子の検出に当たってはPCRが用いられる。

血清診断：*B. bronchiseptica*では，Ⅰ相菌(DNT産生，莢膜保有)を抗原とした試験管内凝集反応もしくはスライド凝集反応があり，抗体の検出と定量ができる。血清抗体価の測定は，主に各豚群の汚染状況を把握する目的で行われる。これに対し*P. multocida*では，莢膜抗原型(A，B，D，E，F)を上記の間接赤血球凝集反応で，菌体抗原型(1～16)を免疫拡散法でそれぞれ検出可能であるが，特定の菌体抗原を用いた定量的な血清診断法は開発されていない。また，PMT産生性*P. multocida*のみを検出する血清診断法もない。

予防・治療

<予　防>　*B. bronchiseptica*不活化菌体と*P. multocida*トキソイドや*B. bronchiseptica*と*P. multocida*の不活化菌体などを用いた妊娠豚および子豚へのワクチン接種は，病気の重症度を軽減し，体重増加率を改善する可能性がある。本病は保菌豚の導入により持ち込まれることが多いため，清浄な農場からの豚を導入し，飼育環境・管理を改善することが発症予防に必要である。

<治　療>　サルファ剤，テトラサイクリン系抗菌薬，カナマイシンなどが使用される。しかし，これらの薬剤に対する耐性菌の存在が世界中で報告されており，抗菌薬を治療または予防のために投与する前に分離菌の抗菌薬感受性試験を実施すべきである。

（佐藤久聡）

28 豚の大腸菌症

（口絵写真18頁）

Colibacillosis in swine

概　要　大腸菌に起因する疾病で，下痢症型（新生期下痢症，離乳後下痢症），腸管毒血症型（浮腫病，脳脊髄血管症），敗血症型などの病型がある。

宿　主　豚

病　原　*Escherichia coli*

下痢症型：主因は腸管毒素原性大腸菌（enterotoxigenic *E. coli*：ETEC）である。ETECは付着因子を介して小腸粘膜に定着し，下痢原性毒素であるエンテロトキシンを産生して水分や電解質の分泌亢進により下痢を起こす。付着因子の主体は線毛でF4，F5，F6，F18ac，F41などがある。エンテロトキシンはLT1とSTaが重要である。F4保有ETECの多くは溶血毒素を保有している。主なO型血清型はO8，O9，O141，O149，O157などである。離乳後下痢症の一部からは腸管接着性微絨毛消滅性大腸菌（attaching-effacing *E. coli*：AEEC）のO45やO108が分離されている。

腸管毒血症型：原因菌は腸管毒血症性大腸菌（enterotoxaemic *E. coli*：ETEEC）と総称され，志賀毒素（Stx）2eを産生することから志賀毒素産生性大腸菌（Shiga toxin-producing *E. coli*：STEC）に属する。付着因子は線毛F18abである。主なO群血清型はO139，O141であるが，特定されない型も多い。ほとんどの株が羊血液寒天培地で明瞭な溶血環を形成する。

敗血症型：病原因子は不明だが，O20が比較的高頻度に分離される。

分布・疫学　豚を飼養する国で広く発生している。感染源は原因大腸菌を保菌する豚の糞便とそれに汚染された飼育環境である。

下痢症型：新生期下痢症の発生は２週齢以下に集中している。死亡率は発症日齢により異なり，若齢ほど高い。通常，同腹豚が同時に発病する。離乳後下痢症は離乳後４～10日に集中する。発生率は20～50％と高いが，死亡率は10％以下である。

腸管毒血症型：浮腫病は離乳豚舎あるいは肥育豚舎に群編成導入後１～２週に認められる。飼料の切り替えや飼養環境の変化が誘因と指摘されている。本病は発育の良好な子豚で散発的に，ときに急性経過の集団死亡として発見され，死亡率が30～50％に及ぶことがある。哺乳豚や成豚での発生は報告されていない。脳脊髄血管症は８～12週齢の豚でしばしば認められ，この場合，腸内容物や便から原因のETEECは検出されない場合がある。脳脊髄血管症は浮腫病を耐過した豚に認められることが多い。

敗血症型：生後１～２週齢以下の新生豚に発生し，急性の致死的経過をとり，発生率は１～２％，死亡率は高く40～80％になる。敗血症は子豚の生理的免疫不全と初乳の摂取失宜と関連して発生する。

その他：上記の３つの型の他，乳房炎，子宮内膜炎，尿路感染症がみられる。

診　断

＜症　状＞

下痢症型：新生期下痢症では，何ら前駆症状なしに突然下痢が始まる。便性状は黄色軟便，白色粥状，粘液様，水様である。被毛は粗剛となり，体表は汚れる。水様下痢の持

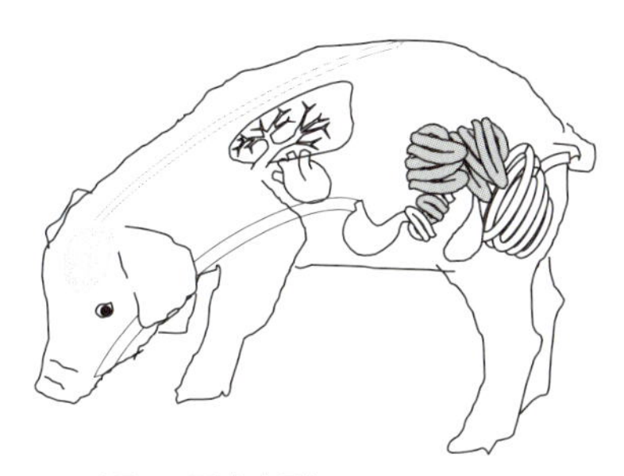

図１　下痢症型
主に小腸が侵襲される

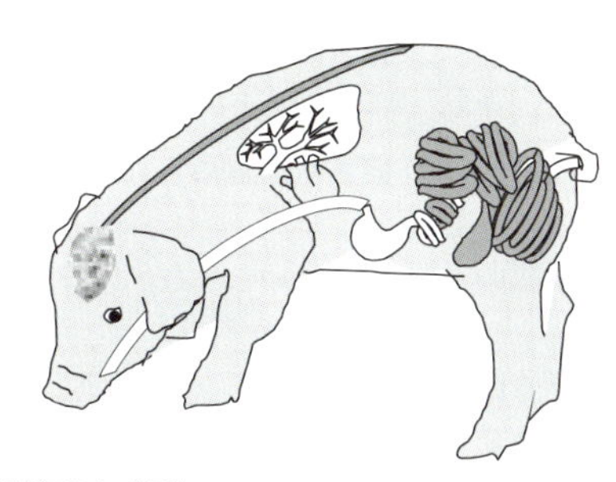

図２　腸管毒血症型
主に全身の血管（特に中枢神経系，消化管，皮下など）が侵襲される

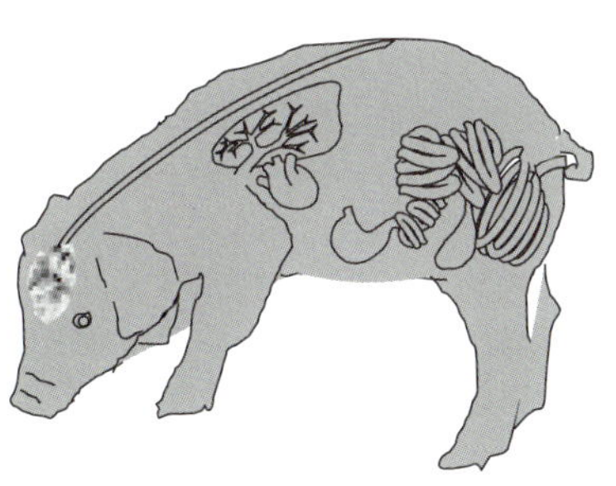

図３　敗血症型
全身が侵襲される

続により脱水状態となり，削痩し死亡する。離乳後下痢症では，灰白色，黄色～緑褐色便，泥状便を呈し，水様になることは少ない。通常回復するが，その後の発育は遅延する。

腸管毒血症型：浮腫病は食欲不振，元気消失に始まり，開口呼吸，歩様蹌踉，後躯麻痺，犬座姿勢，間代性痙攣，平衡感覚失調，遊泳運動などの中枢神経障害を示す。浮腫は眼瞼周囲，前頭部皮下などに著明に出現する（**写真1**）。浮腫病に耐過した子豚の一部は，歩様蹌踉，後躯麻痺，斜頸，眼球振盪，嚥下障害などの神経症状を呈し，削痩し，起立不能に陥り，脳脊髄血管症となる。また，症状として浮腫や神経症状は軽度で，下痢が著明に認められ，急性経過で死亡する場合，エンテロトキシンSTまたはLTを産生するETEECがしばしば多数分離される。

敗血症型：急性で，哺乳欲消失，沈うつ，発熱，下痢がみられる。耐過した例では脳脊髄，関節などに限局感染を起こす。

＜病　理＞

下痢症型：新生期下痢症では，胃には未消化ミルクを入れ，腸管は全体に弛緩し，腸内容物は水様でガスを混じている。腸絨毛粘膜上皮細胞の刷子縁表面に多数の大腸菌が付着する。離乳後下痢症では，胃は未消化飼料を含み，腸

管は黄色または血様の粘液様～水様物を満たす。
腸管毒血症型：浮腫病の剖検所見では，複数箇所に水腫がみられる．皮下水腫（浮腫）は，前頭部，鼻部，眼瞼周囲，顎下部，腹部，鼠径部などにみられる．体内では，心膜水腫，胸膜や腹膜水腫が認められる。漿膜面は光沢があり，結腸間膜，胃の噴門部の粘膜下組織，腸間膜リンパ節で水腫がみられる。また，腸間膜リンパ節の腫大などが認められる。ときに，脳幹部に両側性に壊死巣がみられる。組織学的には全身の小動脈において，内皮細胞の腫大，中膜の平滑筋細胞の変性など血管病変がみられる。脳脊髄血管症では肉眼的な水腫性変化は乏しいが，脳幹部から脊髄にかけて，脱随や血管周囲にPAS染色陽性の好酸性滴状物を伴う動脈中膜の平滑筋細胞の類線維素変性を伴った核濃縮や核崩壊，そして硝子様変性が認められる（**写真2**）。ときに，硝子様血栓も認められる。
敗血症型：内臓の充出血，腫大をみるが，特徴的な病変は少ない。
<病原・血清診断>
下痢症型：新生期下痢症，離乳後下痢症の急性期に採取した下痢便を培養し，分離大腸菌のエンテロトキシン産生性や付着因子の有無をPCRなどで調べる。凝集反応でO群あるいはH群の型別試験を実施する。類症鑑別として，ロタウイルス病，伝染性胃腸炎，豚流行性下痢，デルタコロナウイルス病，サルモネラ症，レンサ球菌症，グレーサー病およびオーエスキー病などがある。
腸管毒血症型：浮腫病では小腸内容物，腸間膜リンパ節などから溶血性大腸菌を分離し，Stx産生性や*stx2e*遺伝子の有無をVero細胞培養法やPCRで調べる。脳脊髄血管症では病理組織学的検査が主体となり，脳幹部や脊髄の血管病変およびPAS染色により滴状物を確認する。類症鑑別として，大腸菌性腸炎，食塩中毒，サルモネラ性髄膜脳炎，豚サーコウイルス関連疾病，その他の感染性脳炎などがある。
敗血症型：採材臓器からの大腸菌の分離培養を行う。
予防・治療　適正な衛生管理が必要である。新生期下痢症に対しては母豚免疫用のワクチンがある。乳汁中の移行抗体を利用して予防する。離乳後下痢症には，離乳時のストレスの緩和，飼料給与の適正化および抗菌薬の投与などがある。下痢の初期では経口補液も併用する。

浮腫病に対してはワクチンが開発され，欧州で実用化されている。抗菌薬による治療の際には，薬剤感受性とともにStxの放出を抑える薬剤を選択する。また，プレバイオティクス，プロバイオティクスあるいはシンバイオティクスなどが予防として実施されている。酸化亜鉛や炭酸亜鉛などが離乳後下痢症や浮腫病に有効で使用されているが，土壌汚染などの課題が指摘され，EUでは使用が禁止されつつある。

（末吉益雄）

29 豚のサルモネラ症（届出）（人獣）　（口絵写真18頁）

Salmonellosis in swine

概　要　*Salmonella* Choleraesuis または *Salmonella* Typhimurium による豚の敗血症や下痢症を特徴とする疾病。

宿　主　豚
病　原　本症の原因菌は*Salmonella*属菌であり，腸内細菌科に属するグラム陰性通性嫌気性で，0.4 ～ 1.0 μm × 1.3 ～ 2.5 μm の短桿菌である。原因となる血清型は主として*S.* Choleraesuis と*S.* Typhimurium である。*S.* Choleraesuis は敗血症型，腸炎，肺炎，肝炎，髄膜炎，ときに流産を起こす。*S.* Typhimurium とその他の血清型は主に腸炎の原因となる。本菌属のほとんどの菌が菌体周囲に多数の鞭毛を持ち，運動性を示す。凍結や乾燥に比較的強く，7 ～ 45℃で増殖可能で，適当な有機物の存在下では数カ月以上も生存する。pH5.0以下では生存性が急速に低下し，フェノール系，塩素系，ヨード系消毒剤の他，熱や日光でも容易に死滅する。本菌属は2菌種および6亜種に分類され，菌体（O）抗原と鞭毛（H）抗原との組み合わせで約2,600の血清型がある（「牛のサルモネラ症」110頁参照）。*S.* Choleraesuis と*S.* Typhimurium 以外の血清型も豚に感染するが，不顕性感染の場合が多く，人の食中毒菌として，公衆衛生上重要な位置づけにある。近年，*S.* Typhimurium 単相変異株O4:i:-が分離・検出されている。
分布・疫学　世界中の豚生産国で発生している。*S.* Choleraesuis には硫化水素非産生性のCholeraesuis型（アメリカ型）と硫化水素産生性のKunzendorf型（ヨーロッパ型）の2つの生物型が知られている。現在では，米国を含めてKunzendorf型が主流となりつつあるが，日本国内では，両生物型による発生が散見される。*S.* Choleraesuis では発病豚や保菌豚の排泄物を介して伝播する場合が多く，*S.* Typhimurium の場合には，汚染器具，飼育環境，ネズミなど媒介動物などによる伝播もある。豚に病原性の強い*S.* Choleraesuis でも発症率は20％前後とされる。
診　断
<症　状>　敗血症型の急性経過では特徴的な症状のみられないまま1～4日で死亡する。一般に，食欲不振，元気消失，40 ～ 42℃の発熱，耳，四肢や下腹部のチアノーゼが認められる。その他，浅い湿性の咳，黄色下痢などを認めることもある。

腸炎型は，水様性下痢から始まり，黄白～黄褐色泥状下痢便，ときに粘血便を排泄する。元気消失，食欲減退，臀部の汚れがみられる。下痢症状は2～3日で同居豚に伝播し，敗血症などを呈し死亡することもある。通常死亡率は低い。耐過しても，発育不良となり，いわゆる「ガリ」あるいは「ひね豚」となり，経済的価値がなくなる（**写真1**）。また，症状が回復しても再感染が成立し，なかには数カ月間にわたって間欠的な排菌を示す保菌豚となる場合がある。
<病　理>　敗血症型では，肉眼病変として肝臓の混濁腫脹，脾腫，咽頭や膀胱粘膜の点状出血，リンパ節の腫脹，組織病変として肝臓の巣状壊死，チフス結節様病変，カタル性肺炎が認められる。

腸炎型では，小腸～大腸に壊死性腸炎がみられ，ときに

図1　*S.* Choleraesuis によるサルモネラ症
全身が侵襲される

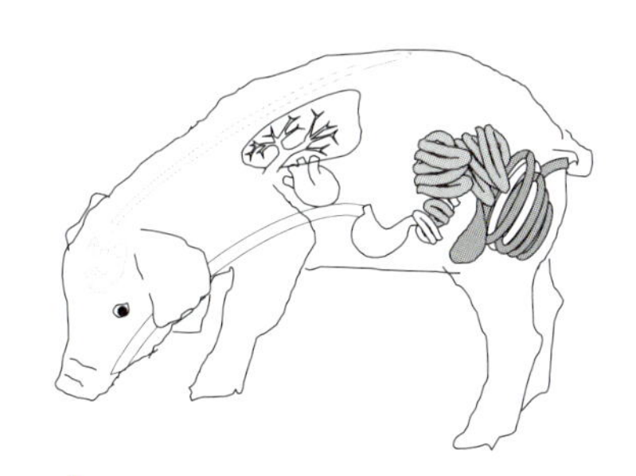

図2　*S.* Typhimurium によるサルモネラ症
主に小腸～大腸、肝臓が侵襲される

潰瘍を形成し，慢性例ではボタン状潰瘍が認められる（**写真2**）。脾腫，腸間膜リンパ節の腫大，肝臓のチフス結節様病変などを認めることもある。

ときに，限局性の出血性肺炎が認められる。

＜病原診断＞　死亡豚では臓器，腸間膜リンパ節，血液，腸内容物などから，発症豚では糞便および鼻腔スワブなどから原因菌を分離・同定する。選択培地にはDHL寒天培地を用い，増菌が必要な場合には，ハーナテトラチオン酸塩培地を使用する。*S.* Choleraesuis の Choleraesuis 型では，DHL上で黒色集落を形成しないので注意する。分離菌の血清型別は市販の診断用血清を用いて，載せガラス凝集テストによりO型別を，試験管内凝集テストによりH型別を行う。補助的診断法として，サルモネラが共通に保有する *invA* 遺伝子や *S.* Choleraesuis，*S.* Typhimurium が保有する *spvC* 遺伝子のPCRによる検出がある。

＜血清診断＞　*S.* Typhimurium の O4 および *S.* Choleraesuis の O7 由来LPS抗原を用いたELISAにより群単位での抗体価の変動を調べることは，汚染状況の把握に有効である。欧州では，食肉処理場において肉抽出液中の抗体検査がスクリーニングとして実用化されている。

類症鑑別として豚コレラ，豚赤痢，大腸菌症，腸腺腫症，豚鞭虫症，エンテロトキセミアおよびバランチジウム症などがある。また，近年，*S.* Typhimurium のH抗原第２相が欠失した単相変異株であるとされる O4:i:- が国内外の豚や牛および人において分離されていることから，鑑別診断が必要である。

予防・治療

＜予　防＞　良好な衛生管理と飼育管理の維持が予防の基本であり，プレバイオティクス，プロバイオティクスあるいはシンバイオティクスなどが給与されている。本菌属は不顕性感染が成立し，常在化することから，*S.* Choleraesuis と *S.* Typhimurium 以外の血清型も人の食中毒菌として公衆衛生上重要であり，汚染農場の清浄化対策が求められている。

＜治　療＞　感受性のある抗菌薬を投与するが，多剤耐性株の出現リスクがあるため，慎重に使用する。

（末吉益雄）

30　豚赤痢（届出）

Swine dysentery

（口絵写真18頁）

概　要　*Brachyspira hyodysenteriae* による粘血下痢便を主徴とする急性または慢性の豚の大腸疾患。

宿　主　豚，いのしし

病　原　*B. hyodysenteriae* は 0.3～0.4 μm × 7～10 μm の緩やかならせん状を示すグラム陰性の嫌気性菌で，菌体外皮膜下において菌体の両端から７～14本の鞭毛状の軸糸が整列して，らせん状に走行している。新鮮糞便または腸内容物の暗視野鏡検法では，激しい菌体の運動性が確認される。血液寒天培地上では β 溶血を伴って発育する。本菌の病原因子として溶血毒素およびLPSがある。数種ある溶血毒のいくつかは細胞毒性を有し，豚の腸管粘膜上皮細胞に対して毒性を有している。

分布・疫学　世界中の豚生産国で発生している。品種，性別に関係なく，離乳後の15～70kgの豚に多く発生がみられる。発生例の多くは保菌豚の導入が感染源となっている。経口感染し，伝播速度は緩やかで，発病率は80％に及ぶこともあり，一旦発生すると常在化しやすく，長期間持続する。

診　断

＜症　状＞　元気消失，食欲減退，削痩，脱水，体重減少，発育遅延，飼料効率の低下あるいは死亡がみられる。本疾病の特徴は悪臭のある粘血下痢便を排泄する赤痢症状である。一般的経過として，軟便から下痢便に進行し，粘稠な粘液が混入し，出血がみられ，剥離・脱落した上皮細胞の混入が認められるようになる。下痢は，一般に５～10日間持続する。

＜発病機序＞　経口感染（発病豚や保菌豚の糞便を直接摂取）により伝播し，潜伏期は１～２週間である。大腸に達した菌は，激しい運動性と細胞傷害毒素などで粘膜上皮細胞内あるいは細胞間に侵入し，粘膜細胞層下の基底膜に沿ってさらに深く侵入する。このため，上皮細胞は剥離・脱落し，水分，電解質などの吸収不全が起きる。

また，本菌の一部は粘膜固有層にも侵入し，血管に傷害を与え，出血性病変を誘発する。一方，腸陰窩から水分などの分泌が亢進するとともに杯細胞の過形成が起こり，粘液の分泌亢進も認められる。赤痢発症豚の腸管内容物や下痢便の経口投与で赤痢の発症は再現されるが，本菌のみの投与では赤痢の再現性は低く，発症には本菌に加えて，他の腸内細菌あるいはストレスが関与しているとされる。

＜病　理＞

肉眼病変：盲腸，結腸，直腸に限局して認められ，腸壁の水腫性肥厚，粘膜の暗赤色化および出血が認められる。表面は，粘稠な粘液や血液の混在した滲出液で覆われる（**写真1**）。偽膜を形成することもある。腸間膜リンパ節は腫脹する。

組織病変：急性の場合，粘膜表層では粘膜上皮細胞の変性，壊死，剥離・脱落が著明で，出血，細胞退廃物および線維素の析出が認められ，粘膜固有層には好中球の浸潤が

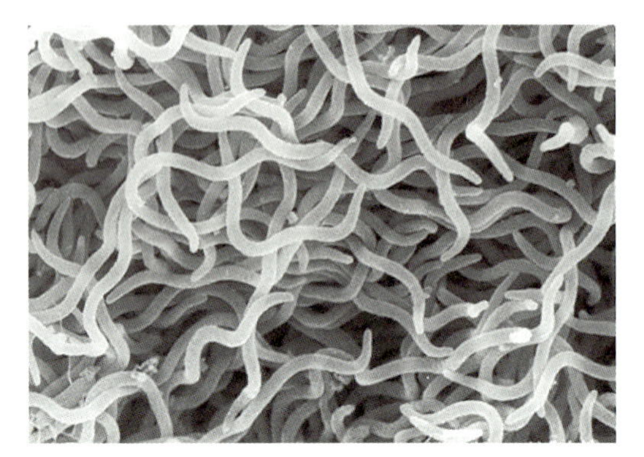

図1　*B. hyodysenteriae*は大型で緩やかならせん状を示す形態が特徴である

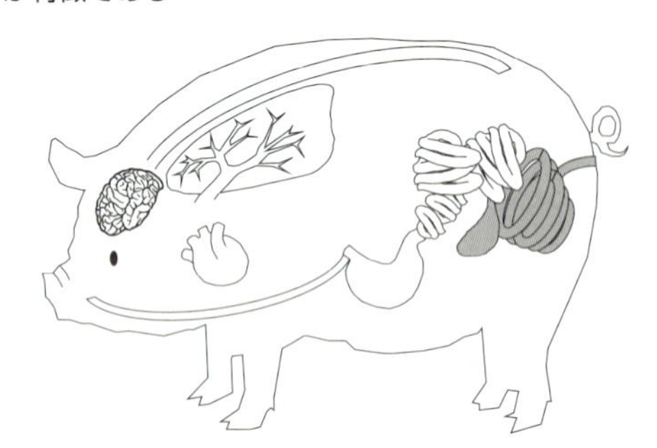

図2　病変は盲腸，結腸あるいは直腸に限局して認められる

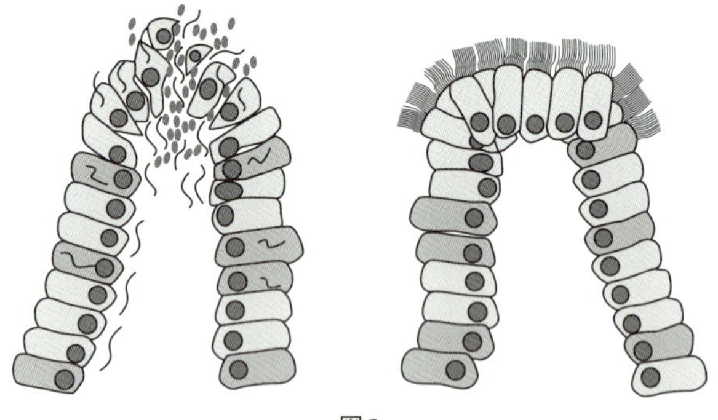

図3

左：豚赤痢大腸病変組織図。*B. hyodysenteriae*は，激しい運動性と細胞傷害毒素などで粘膜上皮細胞内あるいは細胞間に侵入し，基底膜に沿ってさらに深く侵入する。このため，吸収上皮細胞は剥離・脱落し，水分，電解質などの吸収不全が起きる。また，本菌の一部は粘膜固有層にも侵入し，血管にも傷害を与え，出血性病変を誘発する

右：豚腸管スピロヘータ症組織病変図。*B. pilosicoli*は上皮細胞表面に密に縦に整列･付着し，フリンジ様を呈し，偽刷子縁像を呈する

みられる。陰窩では上皮細胞の過形成，陰窩腔の拡張，粘液の充満が認められる。鍍銀染色（Warthin-Starry法）あるいは免疫組織化学的染色では，本菌が粘膜表面，陰窩腔内および杯細胞などの上皮細胞質内に大型らせん菌として認められる。慢性の場合，粘膜は肥厚し，陰窩の上皮細胞の著明な過形成が認められる。

＜病原・血液診断＞

病原診断：迅速診断としては，感染豚の腸内容物あるいは糞便材料の暗視野鏡検法により，大型らせん菌の存在を観察する（**写真2**）。確定診断には，下痢便または粘膜病変部からの本菌の分離・同定が必要である。選択培地にはスペクチノマイシン（400 μg/mL）添加，あるいは，さらにコリスチン（25 μg/mL）およびバンコマイシン（25 μg/mL）を添加した5％血液加トリプチケースソイ寒天培地で37～42℃，3～6日間，ガスパック法などで嫌気培養する。他の*Brachyspira*属菌との鑑別には，β溶血環が指標となる。PCRは補助的診断法として有用である。

血清診断：実用化されていない。

類症鑑別として，豚腸管スピロヘータ症（*Brachyspira pilosicoli*の感染によって起こり，下痢を主徴とする豚の細菌性腸管感染症。人獣共通感染症），サルモネラ症，豚鞭虫症，腸腺腫症，エンテロトキセミア，バランチジウム症などがある。

予防・治療　予防として，罹患豚との接触防止，オールインオールアウト方式などを取り入れ，飼養環境を改善する。治療として，リンコマイシン，バルネムリン，タイロシンおよびチアムリンなどの抗菌薬が有効であるが，時折，耐性菌の出現が報告されており，定期的な薬剤感受性試験が必要である。

（末吉益雄）

31 豚のパスツレラ肺炎

（口絵写真18頁）

Pasteurellosis in swine

概　要　*Pasteurella multocida*感染によって起こる豚の細菌性肺炎。

宿　主　豚。家畜・家きん，犬，猫，野生動物，人からも分離される。

病　原　*P. multocida*は非運動性のグラム陰性通性嫌気性の小桿菌（0.3～1.0×1.0～2.0 μm）で，芽胞を形成しない。血液寒天培地上では直径1～4 mmの円形で灰白色，非溶血性の集落を形成する（**写真**）。*P. multocida*はカタラーゼおよびオキシダーゼ陽性でインドールを産生する。感染動物の組織中や新鮮培養菌では，明瞭な両端染色性が認められる。*P. multocida*は抗原性の異なる5種類（A，B，D，E，F）の莢膜型に分類されているが，豚からは血清型A型およびD型の分離が多く，B型も分離される。莢膜型は本菌の寒天平板上での集落形態とも関連しており，莢膜抗原A型の菌株は水溶性ムコイド集落を示すことが多く，D型の株は比較的小さな集落を形成する。*P. multocica*は莢膜型に加え，16種類の菌体抗原型を保有しており，莢膜型と抗原型との組み合わせで，複数の血清型に分類されている。国内における豚肺炎病巣由来株の血清型はA：3，D：3，A：1などが多い。

分布・疫学　本病は養豚が行われている世界各国で発生が認められる。年間を通して発生するが，冬季，特に初秋および早春の気候の急変時期や，飼養環境の悪化，長距離輸送などのストレス感作があった場合に多発する。発生は散発的なことが多いが，多頭化飼育が行われている農場では集団的に発生することもある。

*P. multocida*は発症豚だけではなく，健康豚の上部気道粘膜からも高頻度に分離されることから，上部気道粘膜に常在していると考えられる。本病は環境要因（換気不良，不適切な飼育密度，環境の急変など），宿主要因（感受性，免疫状態，移行抗体の有無など），マイコプラズマ，豚繁殖・呼吸障害症候群（PRRS）ウイルスや豚サーコウイルス2型など呼吸器病原体，およびその他の病原体の感染などが相互に関連して発病に至ると考えられる日和見感染症である。

菌の伝播は，感染豚や保菌豚との直接接触，病原体を含

んだ飛沫の吸入や，汚染物との接触によって起こる。感染した菌は上部気道粘膜に定着し増殖する。保菌豚は感染の持続や伝播に重要な役割を果たしている。また，本菌は豚以外の動物も感染または保菌していることから，これら動物からの伝播も考えられる。

診　断　他の病原体と混合感染を起こしていることが多いので，臨床症状や肺病変は様々である。

＜症　状＞　感染する菌株や豚の免疫状態，混合感染の有無により症状は異なるが，急性型，亜急性型，慢性型に大別され，慢性型が最も多くみられる。急性型は，突然の発熱(41～42℃)，元気・食欲の消失，発咳と激しい腹式呼吸を呈し，虚脱状態となって発症後数時間から数日で死亡する。死亡豚の腹部がエンドトキシンショックにより紫色に変色することがある。急性型は莢膜型Bの感染によるが，日本や欧米ではほとんどみられない。亜急性型は，主に肥育豚でみられ，発病豚は発咳と腹式呼吸などの臨床症状を呈する。発病後数日で死亡するものが多いが，２週間以上にわたる場合もある。経過の長いものでは，削痩，食欲不振，貧血などの症状が認められる。慢性型は，哺乳後期から育成期の豚(10～16週齢)で発生する。臨床症状は，発咳と軽度の発熱で，ほとんど死亡することはないが，増体量の低下を招き，生産性を低下させる。

＜病　理＞　剖検時の肺には大小様々な斑状の肝変化が認められ，膿様滲出物を伴うこともある。肺胸膜や間質の水腫性肥厚，胸膜への線維素の付着や胸水の増量が認められることもある。肺門リンパ節は軽度に腫脹し，うっ血する。組織学的には化膿性気管支肺炎を呈するが，線維素化膿性胸膜炎が認められることもある。急性型を除くと胸腔以外の臓器にはほとんど変化は認められない。

＜病原・血清診断＞　原因菌の分離は，肺病変部および肺門リンパ節を分離材料に，血液寒天培地，dextrose starch agar(DSA)培地，yeast extract protease peptone cysteine agar(YPC)培地などを用いて行う。検査材料の汚染が激しい場合は，上記培地に抗菌薬を添加し選択性を高めて分離培養を行う。培養は37℃で24～48時間，好気性または10％炭酸ガス培養を行う。*kmt1*遺伝子を対象とした本菌特異的なPCRによる同定が有用である。莢膜抗原型別は抗血清を用いた間接赤血球凝集反応で行われるが，PCRによる莢膜抗原型別も可能である。

予防・治療

＜予　防＞　萎縮性鼻炎の予防として，*Bordetella bronchiseptica*との混合不活化ワクチンなどが販売されているが，パスツレラ肺炎罹患豚から主に分離される莢膜抗原A型菌に有効なワクチンは開発されていない。このため，換気や保温など飼養衛生管理を徹底し，発病誘因を取り除くことが重要となる。また，発病の誘因となる豚マイコプラズマ肺炎や豚胸膜肺炎などのワクチン接種を行うことも，本病の予防に有効と考えられる。

＜治　療＞　ペニシリン系，テトラサイクリン系，チアムリン，マクロライド系，フルオロキノロン系，フェニコール系など複数の抗菌薬に高い感受性があり，臨床的にも有効と考えられる。しかし，これら抗菌薬に対する薬剤耐性菌の出現が報告されていることから，使用に際しては，投薬効果を確認しながら用法・用量を守り，慎重に使用する必要がある。

（勝田　賢）

32 豚胸膜肺炎
Porcine pleuropneumonia

（口絵写真19頁）

概　要　*Actinobacillus pleuropneumoniae*による胸膜炎を伴う線維素性出血性壊死性肺炎を特徴とする豚の呼吸器系疾病。

宿　主　豚，いのしし

病　原　パスツレラ科に属する*A. pleuropneumoniae*。球桿状を呈するグラム陰性の小桿菌であり，ときに多形性を示す。ウレアーゼ陽性，マンニットおよびキシロース分解陽性，CAMP反応陽性，血液寒天上で溶血性(**写真１**)を示す。

NAD要求性の有無に基づき，２つの生物型に型別される。NAD要求性の生物型１はかつて*Haemophilus pleuropneumoniae*(それ以前は*H. parahaemolyticus*)に，一方，非要求性の生物型２はかつて*Pasteurella haemolytica*様菌に分類され別菌種とされていた。その後の遺伝学的および生化学的性状解析の結果から，ともに同一菌種の*A. pleuropneumoniae*に再分類された。世界的にも生物型２の分離例は非常に少なく，国内でも生物型１の分離がほとんどである。本菌は，抗食菌機能を持つ莢膜を保有し，さらに白血球やマクロファージを溶解する外毒素(ApxⅠ～Ⅲ)を分泌することにより，宿主の防御機構から回避できる。宿主特異性が高いことも本菌の特筆すべき性状である。

莢膜の抗原性に基づき血清型別されるが，これまでに18の血清型が確認されている。大陸，国，地域および農場によって，流行・浸潤している血清型は異なり，日本では血清型２(約68％)の分離が最も多く，次いで血清型１(約19％)，血清型５(約9％)と続く。

分布・疫学

＜分　布＞　世界各国で発生が認められ，日本を含むアジア，欧州，中南米では，特に問題となっている。近年，北米では比較的よく制御され，流行は少ないと報告されている。

＜疫　学＞　菌は肺などの下部気道，扁桃，鼻腔などに定着し，接触感染により非感染豚に伝播する。空気または器具・衣類などの媒介物によっても伝播する。慢性例や不顕性感染豚は，非感染豚への感染源となる。哺乳豚や成豚での発生はまれで，子豚期以降，特に肥育豚での発生が多い。

非感染豚群への不顕性感染豚の導入が非常に重要な発生要因であり，特に移行抗体価やワクチン抗体価が低下した時期に発病リスクが高い。１日の寒暖差が激しい時期に発生が多く，寒冷ストレスも重要な発病要因となる。また，他の病原体の感染や，劣悪な飼育環境(換気の不備など)も重要な発生要因である。

レゼルボアはない。また，発生率は高く，死亡率も高い(特に非感染豚群での発生の場合)。

診　断

＜症　状＞　動物の日齢，免疫状態，飼育環境，菌の曝露量によって，甚急性，急性および慢性のそれぞれの経過をとる。感染しても無症状の不顕性感染例も多い。甚急性例では，経過が非常に早く，臨床症状を示さず死亡した豚を剖検して，初めて豚胸膜肺炎による死亡と認識することも多い。急性例では，呼吸困難，発咳および口呼吸などの激

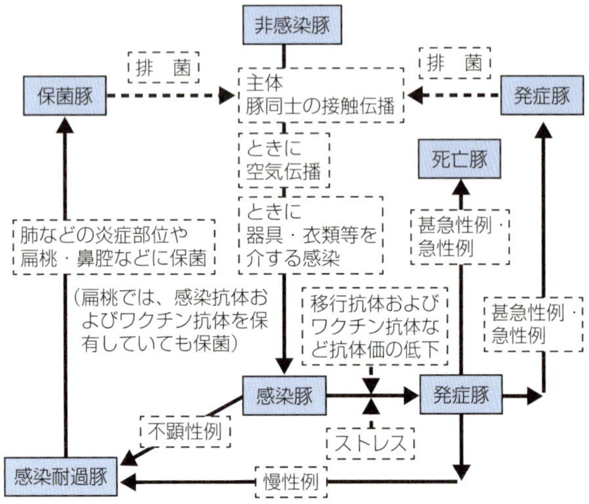

図　豚胸膜肺炎の感染環

しい呼吸器症状を示す。慢性例では，間歇的な発咳が認められる場合が多い。食欲減退の結果，飼料効率および1日平均増体量の低下を示す場合がある。

<病　理>　病変はほとんど胸腔内に限られる。甚急性・急性例では，胸水・心嚢水の増量・混濁や，肺に出血(**写真2**)が認められる。慢性例では，肺と胸膜の線維素性の癒着や，肺に膿汁を含んだ結節形成が認められる。組織所見としては，肺における壊死，出血，好中球や燕麦様細胞の浸潤，肺および胸膜における線維素の析出などが特徴的である。

<病原・血清診断>

病原診断：菌分離にはNADまたは新鮮酵母エキスを加えた馬血液寒天培地，またはチョコレート寒天培地が使用される。菌の染色性，形態とNAD要求性(生物型1のみ)および病原の項で記載した生化学・生物学的性状は，本菌同定のための重要な性状である。外膜リポ蛋白質遺伝子を標的にしたPCRによる同定・検出法が用いられる。さらに，莢膜合成遺伝子などを標的とした血清型用multiplex PCRが開発されており，現在，血清型1～18すべての型別が可能である。

血清診断：かつては血清診断法としてCF反応が用いられていたが，近年はELISAが主流になっている。海外ではELISAキットが市販されているが，日本でも近年市販されるようになった。

予防・治療

<予　防>　国内外で不活化ワクチンが開発・市販されているが，発病は予防できるものの，菌の感染を阻止することはできない。また，不活化全菌体ワクチンは，同一血清型に対してのみ発病予防効果を示すことが知られている。日本では，全菌体または菌体成分と，外毒素(ApxⅠ～Ⅲ)を混合した不活化ワクチンが市販されており，主要血清型である血清型1，2，5に対して予防効果を持つ。

不顕性感染豚の早期発見および飼育環境の管理(温度および換気管理など)が発生の予防に重要である。オールインオールアウト方式による飼育も発生予防に効果的である。投薬および早期離乳を組み合わせた方法による清浄化の成功事例も報告されている。

<治　療>　本菌は多くの抗菌薬に感受性を示すが，耐性株も確認されている。抗菌薬による治療は発病の初期に行うことが重要である。

(伊藤博哉)

33 グレーサー病
Glässer's disease

概　要　*Haemophilus parasuis*感染による多発性線維素性漿膜炎，多発性関節炎および化膿性髄膜炎などを主徴とする。主に若齢豚に発生する。

宿　主　豚

病　原　*H. parasuis*はグラム陰性，非運動性の小桿菌に分類されるが，球桿菌状からフィラメント状などの多形性を示す。通性嫌気性菌なので好気条件下でも発育するが，通常は5～10%の炭酸ガス存在下で培養する。発育にはV因子(nicotinamide adenine dinucleotide：NAD)を要求する。

本菌は加熱抽出抗原を用いた寒天ゲル内沈降反応で15種類の血清型に分類されているが，型別不能な株も多数存在する。感染試験では血清型により豚に対する病原性に違いが認められ，血清型1，5，10，12，13，14の病原性が強いことが報告されている。病変部から分離される血清型は4，5型の分離率が高く，これ以外にも2，12，13，14型などが分離される。

血清型とは別に，全菌体蛋白質のSDSポリアクリルアミド電気泳動(PAGE)により2つの型に大別され，健康豚の鼻腔など上部気道由来株の多くがPAGEⅠ型に，病変由来株のほとんどがPAGEⅡ型に型別される。

分布・疫学　本病は養豚が行われている世界各国で発生が認められる。日本では1971年の初発例報告以降，全国各地で発生が認められる。一般養豚場では，本菌は豚群に常在しており，離乳後の群編成，飼養環境の悪化や輸送などのストレス感作があった場合，限局的かつ散発的に発病する。通常3～10週齢の若齢豚で発生し，発症率は0.3～20%，死亡率は0～6%程度である。しかし，豚繁殖・呼吸障害症候群(PRRS)感染が発生している農場では集団発生し，発育の遅延をきたすことがある。本菌が常在していないSPF豚群で発生した場合は発生様式が異なり，ほとんどの場合は集団発生となる。SPF豚群では死亡率が10～50%と一般養豚場よりも重篤化する傾向にあり，種豚や月齢の進んだ肥育豚でも発生が認められる。菌の伝播は，感染豚や保菌豚との直接接触，病原体を含んだ飛沫の吸入や，汚染物との接触によって起こる。

診　断　臨床症状だけでは，豚丹毒，レンサ球菌症，*Mycoplasma hyorhinis*などの感染と類症鑑別が困難である。剖検所見や菌分離成績などから総合的に判断する必要がある。

<症　状>　本病は甚急性～急性に経過する。甚急性型は発症後48時間以内に急死するため，著変を認めない。急性型では発熱(41℃前後)，発咳，元気消失，食欲不振を示す。また，腹式呼吸や手根または足根関節の腫脹に伴う跛行が認められる。髄膜炎を併発すると後躯麻痺，起立不能，遊泳運動，全身麻痺などの神経症状が認められる。鼻端，肢端，腹部などにチアノーゼが認められることもある。血液所見では初期に好中球の増加と核の左方転移がみられ，重症例では白血球が減少する。感染耐過豚では発育

遅延が認められる。
＜病　理＞　剖検では線維素性または漿液線維素性の胸膜炎，心外膜炎，腹膜炎および関節炎を特徴とする。これらの病変は単発または組み合わさって認められる。耐過豚では線維素性の胸膜炎または腹膜炎が認められることがある。甚急性例ではグレーサー病の特徴的な病理変化が認められることはほとんどなく，胸水や心嚢水の増加，肺やリンパ節の充血水腫，肝臓や脾臓のうっ血などの循環障害を示す。
＜病原・血清診断＞　主要臓器，心嚢水，胸水，関節液を検査材料にして細菌分離を行う。分離培地にNAD（0.2mg/mL）または新鮮酵母エキスを添加したチョコレート寒天培地を用いて，37℃で24～48時間，5～10％炭酸ガス存在下で培養を行う。NADを添加した液体培地を用いた増菌培養を実施することで分離率が高まる。簡易な分離培養法として血液寒天培地にブドウ球菌を同時に画線培養し，衛星現象を利用する方法もある。なお，本菌は耐過豚や抗菌薬治療豚からの分離が非常に困難なので，菌分離は，発症初期で治療が行われていない豚を選定して実施すべきである。
　抗体検査法としてCF反応が用いられている。しかし，一般の養豚場では，多くの豚が不顕性感染し，抗体を保有していることから，抗体検査による診断的意義は低いと考えられる。

予防・治療

＜予　防＞　ワクチン接種が有効な予防対策になる。日本では血清型2型と5型菌を混合した不活化2価ワクチンが販売されている。ワクチン接種に加え，換気や保温など飼養衛生管理の徹底やストレスの低減など，発症誘因を取り除くことが重要となる。
＜治　療＞　原因菌はペニシリン系やテトラサイクリン系抗菌薬に高い感受性を示し，臨床的にも有効と考えられる。薬剤の投与においては投薬効果を確認しながら用法・用量を守り，慎重に使用する必要がある。

（勝田　賢）

34 豚のレンサ球菌症（人獣）　（口絵写真19頁）

Streptococcosis in swine

概　要　*Streptococcus*属菌感染により，敗血症，髄膜炎，心内膜炎，肺炎，多発性関節炎，流産，リンパ節炎などが引き起こされる疾病。

宿　主　豚。豚以外では，牛，馬，めん羊，山羊，鳥，犬，たぬき，人など

病　原　主として*S. suis*，*S. dysgalactiae*，*S. porcinus*の3菌種

S. suis：5％めん羊血液加寒天培地上でα溶血性を示す。灰白色，直径1～2mmの集落を形成し，グラム陽性，卵円ないし楕円形，短連鎖を呈する。Lancefield血清群はD群に属し，莢膜抗原の違いにより1～35型，1/2型を加えて36種類の血清型が報告されている。

S. dysgalactiae：5％めん羊血液加寒天培地上で多くはβ溶血性を示すが，α溶血あるいは非溶血性を示す菌株もある。Lancefield血清群C群あるいはL群抗原を保有する。

S. porcinus：5％めん羊血液加寒天培地上でβ溶血性を示す。灰白色，湿潤で，直径1～2mmの集落を形成し，グラム陽性，卵円ないし楕円形，長い連鎖を呈する。Lancefield血清群はE，P，UあるいはV群抗原を保有する。

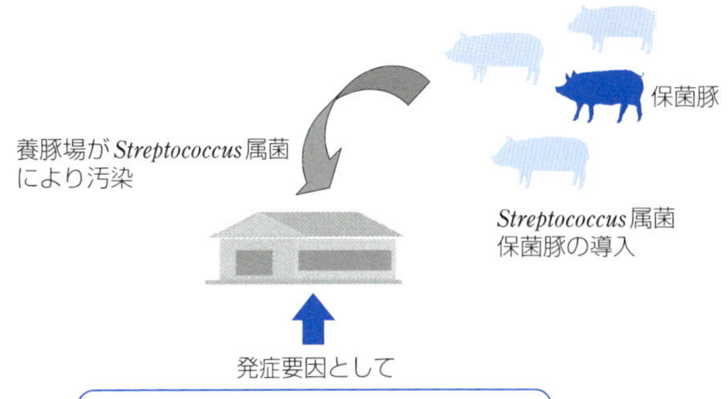

図　豚レンサ球菌病の発病機序

分布・疫学

***S. suis*感染症**：世界の主要な養豚国で発生している。日本では1979年以降本病が発生し，現在ではほぼ全国的に発生が認められている。莢膜血清型2型菌による発生が最も多く，ときに流行病的に発生することから，経済的被害の大きな疾病として位置付けられている。2005年には中国で2型菌を原因とする人の感染（食中毒）が発生，髄膜炎，毒素性ショック症状で多数の人が死亡した。

***S. dysgalactiae*感染症**：世界の主要な養豚国で発生している。レンサ球菌症のなかでも最も発生が多いとされてきたが，現在は*S. suis*感染症とほぼ同等の発生率である。特にC群菌による発生が多い。

***S. porcinus*感染症**：*S. porcinus*は世界的に分布しているが，特に米国ではLancefield血清群E群菌感染による頸部膿瘍が経済的被害の大きな疾病として注目されている。しかし，欧州諸国，オセアニア，日本を含むアジア諸国ではその発生が認められていない。世界的にはP，U，V群菌によるリンパ節炎，流産などが認められている。

診　断

＜症　状＞　潜伏期は24時間～2週間。初期症状として，発熱，元気消失，食欲不振などが認められ，症状が進行した場合は震え，平衡感覚喪失，運動失調，さらには後躯麻痺，起立不能などの神経症状が観察される（**写真1**）。また，急性敗血症の場合は顕著な症状を示さず急死する場合がある。
＜病　理＞　急性敗血症の場合は特徴的所見を欠くが，他の症例の場合は病変部に好中球，マクロファージの浸潤を伴った化膿性炎症象が観察される。また，神経症状を呈する豚では大脳に化膿性髄膜炎が観察される（**写真2**）。
＜病原・血清診断＞
病原診断：いずれの場合も病変部から原因菌の分離による。菌の分離には5％めん羊脱線維素血液加寒天培地が用いられる。菌の同定は市販の簡易キットが応用でき，Lancefield血清群別試験も市販キットがあるので応用可能である。また，遺伝学的診断も可能であり，PCRによる種特異的遺伝子の検出が行われている。
血清診断：実験的に蛍光抗体法，ELISAなどが開発されているが，実用化には至っていない。

予防・治療

＜予　防＞　*S. suis*感染症は，血清型2型死菌ワクチンが市販されている。血清型２型以外の*S. suis*感染症，およびその他の感染症では，有効な予防法がない。

飼養衛生管理を徹底し，密飼いを避け，ストレスを与えないようにすることが重要である。

＜治　療＞　グラム陽性球菌である*Streptococcus*属菌感染症は，一般的にペニシリン系，セファロスポリン系抗菌薬による治療が有効である。しかし，症状が進行した，あるいは神経症状を呈した個体では後遺症が残る場合がある。

（片岡　康）

35 滲出性表皮炎　（口絵写真19頁）

Exudative epidermitis

概　要　*Staphylococcus hyicus*の感染による豚の急性壊死性皮膚疾患。

宿　主　豚

病　原　*S. hyicus*。グラム陽性，カタラーゼ陽性，食塩耐性，コアグラーゼ陽性または陰性，非溶血性の球菌で，耐熱性Dnase，フィブリノリジン，ヒアルロニダーゼを産生し，Tween 80水解性を示す。本菌が産生するexfoliative toxin（染色体性のExhA～ExhDとプラスミド性のSHETB）は水疱形成，痂疲形成，皮膚剥離などの症状を起こす。近年は，*S. chromogenes*や*S. sciuri*による本病もまれにみられる。

分布・疫学　世界中の豚生産国に広く分布し，日本でも毎年散発的に発生している。発生はほとんどが１～６週齢の哺乳豚に限られており，まれに離乳後の子豚や成豚にもみられる。

同腹豚単位で発生し，発病率は10％程度であるが，１群の哺乳豚すべてが発病することもあり，その発生はたちまち豚房内の他の子豚に拡散する。死亡率は20％程度であるが，まれに80％以上になることもある。発生は年間を通じてみられるが，４～10月の比較的温暖な時期に多発する傾向がある。

診　断

＜症　状＞　感染初期には紅斑が現れ，次いで脂性滲出物が体表を覆い，汗をかいたような様相を呈する。滲出現象とともに表皮の脱落がみられ，滲出物に皮垢や塵埃が付着して黒褐色に変じ，悪臭を放つようになる（**写真1**）。体表の滲出物はやがて乾燥して痂疲となり，全身の皮膚は肥厚してところどころに亀裂を生じる。ときに下痢がみられることもある。体温は38～40℃で，食欲は低下し元気消失し，脱水症状がみられる。重症例では皮膚呼吸が困難となり，衰弱して死亡する。

＜病　理＞　感染は皮膚の創傷部から本菌が侵入することにより生じる。本菌の感染から発病に至る機序には不明な部分があるが，局所で増殖した菌が産生した表皮剥脱毒素により特徴的な症状である紅斑，滲出物，皮膚剥離，痂疲形成などが生じると考えられている（**写真2**）。

特徴的な病変は皮膚に限局してみられる。一般に発病初期には表皮の急性滲出性炎がみられ，経過とともに壊死性炎が皮膚深層部まで波及する。表皮表層部に菌塊を伴った細胞崩壊物が堆積し，角質層の肥厚がみられる。また，角質層と顆粒層間が解離し，空隙に好中球の浸潤がみられる。有棘細胞は増殖し（棘細胞症），空胞化を示す。

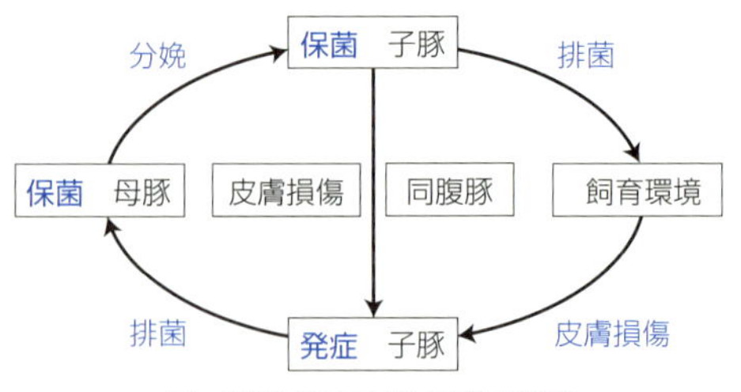

図　滲出性表皮炎の発病機序

病勢が進行した部位では表皮細胞が壊死し，真皮では充血と組織球，好中球の浸潤がみられる。

＜病原・血清診断＞

病原診断：*S. hyicus*選択分離培地を分離培養に用いると便利である。*S. hyicus*はTween 80水解能を有するため，培養18時間以内にコロニー周囲に白濁帯を形成するが，他の菌は白濁帯を形成しないか，形成するのに長時間を要する。Tween 80水解菌に対して生化学的性状を調べることで，*S. hyicus*と同定できる。また，16S-23S rDNA遺伝子間領域およびsuperoxide dismutase遺伝子中の特異的塩基配列を基に合成したプライマーを用いたPCRにより迅速に菌種同定することができる。*S. hyicus*はファージ型，multiplex PCRを用いた表皮剥脱毒素遺伝子型，パルスフィールドゲル電気泳動による遺伝子型などによりさらなる型別が可能である。

血清診断：一般的な血清学的診断法はないが，抗血清による表皮剥脱毒素血清型別は可能である。

予防・治療

＜予　防＞　ワクチンはない。豚舎の消毒や飼養環境の整備，飼育管理方法の改善が重要である。

＜治　療＞　化学療法薬の投与と皮膚の消毒が有効である。広範囲なスペクトルを持つペニシリン系やキノロン系抗菌薬の投与は，病状の初期段階では効果を期待できる。しかし，多剤耐性菌が増加してきているので，使用薬剤の選択には注意が必要である。皮膚は温水で洗浄した後に逆性石けんでよく洗い，乾燥後に保護剤（亜鉛華オリーブ油，ホウ酸軟膏など）を塗布する。脱水症状には生理食塩液，リンゲル液，ブドウ糖による輸液療法が有効である。

（佐藤久聡）

36 ㊎腸腺腫症候群　（口絵写真20頁）

Intestinal adenomatosis complex

概　要　*Lawsonia intracellularis*による腸管粘膜（回腸から大腸）の肥厚を特徴とする疾病である。豚では，急性の増殖性出血性腸症（proliferative haemorrhagic enteropathy：PHE）と慢性の増殖性腸症（porcine proliferative enteropathy：PPE）の２つの型がある。また，近年，馬に*L. intracellularis*が感染し，発症が認められ，馬増殖性腸症（equine proliferative enteropathy：EPE）として報告されている。

宿　主　豚，馬。その他多くの家畜あるいは野生動物種に広く感染する。ハムスター，うさぎ，きつね，鹿，フェレ

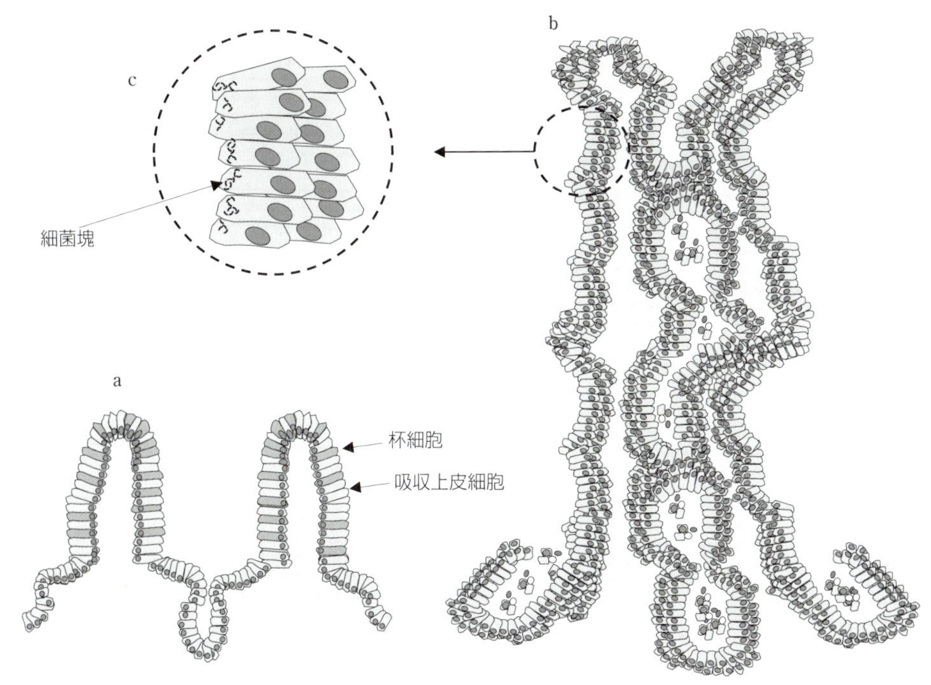

図　回腸の模式図

a：正常。絨毛が発達し，絨毛の上皮細胞は単層円柱状で，杯細胞が多い。
b：腸腺腫症の組織病変。陰窩の上皮細胞が重層に過形成し，腸粘膜は肥厚する。杯細胞は減数する。陰窩腔内には細胞退廃物がしばしば貯留する。
c：上皮細胞の核上部の細胞質内にカンマ状の小桿菌が多数増殖している。

ット，だちょうなどからの検出例がある。

病　原　*L. intracellularis*。グラム陰性，0.25～0.34 μm × 1.25～1.75 μmのカンマ状に弯曲した桿菌である。鞭毛および線毛はない。偏性細胞内寄生性で，腸管粘膜上皮細胞内でのみ増殖し，組織培養で分離されるが，人工培地での分離・培養は成功していない。馬およびハムスターを含む，様々な動物種からの分離株と豚からの分離株の16S rRNAは遺伝学的に98％相同であると報告されている。

分布・疫学　PHEおよびPPEは世界中の豚生産国で報告され，品種や性別に関係なく発生する。国内の疫学調査でも抗体陽性率が高いことが報告されている。PHEは16～38週齢の豚で，PPEは6～28週齢の豚で多く発生し，発育遅延がみられる。

一方，EPEは主に離乳子馬で発生する。1982年に初めて報告されて以降，散発例あるいは集団発生例が，米国，カナダ，欧州，オーストラリア，ブラジルおよび日本で報告され，近年は報告数が増加してきている。北半球では8～1月に発生する。国内では，北海道で2009年から発生が報告されており，馬生産地での発生増加が危惧されている。

診　断

＜症　状＞　PHEでは，急激な腸管内出血と重度の貧血がみられる。大量のタール様便を排泄し，体表は貧血により蒼白となる。発症豚の死亡率は50％に達することもある。PPEは，臨床症状は不明瞭で，発育不良，軽度の下痢がみられる。

EPEでは，食欲不振，発熱，嗜眠，沈うつ，末梢浮腫，急速な体重減少，疝痛および下痢を引き起こす。重度の場合には死に至る。罹患子馬に最も共通して現れる臨床所見は低蛋白血症である。腹部の超音波検査では，腸管壁の肥厚・浮腫あるいは消化管の運動性低下が確認される。

＜発病機序＞　経口感染（発病豚や保菌豚の糞便を直接摂取）で伝播する。小腸壁に達した菌は粘膜上皮細胞内に侵入し，核上部の細胞質内で定着，増殖し，腸管内腔に排菌される。本菌の感染した腸細胞は分化が遅延し，粘膜は未分化細胞の過形成で肥厚する。分化した吸収上皮細胞は減数あるいは消失するため，栄養，水分，電解質などの吸収不全が起き，発育不良，下痢が認められる。PHEで認められる出血性病変の機序は不明である。腸腺腫症候群の原因菌は*L. intracellularis*であるが，発症には本菌に加えて，他の腸内細菌あるいはストレスが関与しているとされる。

＜病　理＞

肉眼所見：PHEの肉眼的変化は小腸遠位部から大腸にかけて血液塊から黒褐色タール状の便が充満し，回腸粘膜の肥厚と皺壁形成が著明である。出血部位は明らかでない。臨床症状に乏しいPPEの症例は出荷時の食肉検査で発見される場合が多い。肉眼的病変として回腸のホース状の腫大と腸間膜の水腫がみられる。回腸壁は著しく肥厚し，しばしば粘膜表面に偽膜の形成がある（**写真1**）。

組織学的所見：PHEとPPEにおいて陰窩上皮細胞の腺腫様過形成が共通して認められる。典型的な症例では，粘膜は著明に肥厚する。陰窩は伸長あるいは枝分かれし，異型性を呈する。しばしば，腔内には細胞頽廃物が貯留する，いわゆる陰窩膿瘍がみられる。過形成した陰窩上皮細胞は未分化で，有糸核分裂像が観察され，重層化し，丈が高くなる。上皮細胞の核は基底部に位置し，杯細胞は著明に減少し，重度では杯細胞が消失する例もある。ときに，このような病変は回腸のみならず，空腸，盲腸，結腸あるいは直腸でも認められる。小腸においては腸絨毛が萎縮し，しばしば消失している。過形成した陰窩上皮細胞の細胞質の核上部には鍍銀染色（Warthin-Starry法），免疫組織化学的染色または電子顕微鏡による観察で，カンマ状に軽度に弯曲した小桿菌が多数観察される(**写真2**)。粘膜固有層あるいは粘膜下組織には好中球，組織球，形質細胞，好酸球などが浸潤するが，比較的軽度である。しばしば認められる偽膜は壊死細胞塊，浸潤細胞および線維素で構成されている。まれに，腸間膜リンパ節に未分化な腸管粘膜上皮細胞から構成された異型の腸陰窩が形成されることがある。本病の診断は肉眼所見と病理組織学的所見によってほぼ確定診断が可能である。

EPEの肉眼的および組織学的病変はPPEと類似している。

＜病原・血清診断＞

病原診断：糞便あるいは病変部腸管粘膜を材料として，IEC-18細胞あるいはMcCoy細胞に接種する。補助診断として，PCRは有用である。

血清診断：間接蛍光抗体法，免疫ペルオキシダーゼ法あるいはELISAが応用されている。

PHEとPPEの類症鑑別として，豚赤痢，豚結腸スピロヘータ症，サルモネラ症，豚鞭虫症，エンテロトキセミア，豚サーコウイルス関連疾病およびバランチジウム症がある。

予防・治療

＜予　防＞　PHEあるいはPPEでは，発病豚の糞便を介する経口感染が主体であるため，一般的な衛生管理の徹底が基本となる。経口生ワクチンがある。ワクチン接種の場合，前後の抗菌薬の給与を制限する必要がある。近年，EPEでも豚用のワクチンが試みられている。また，豚ではネズミの防除，馬ではうさぎなどの農場への侵入を防ぐことが必要とされる。

＜治　療＞　PHEあるいはPPEに対しては，一般にタイロシン，リンコマイシン，チアムリンなどが有効であるが，定期的に原因菌の薬剤感受性試験を実施し，その有効性を確認しておく必要がある。

EPEの治療としては，マクロライド系，リファンピシン，クロラムフェニコールなどの抗菌薬投与および補助的に輸液，血漿輸血および非経口栄養剤の投与が行われている。

(末吉益雄)

37 豚のトゥルエペレラ(アルカノバクテリウム)・ピオゲネス感染症

Trueperella (*Arcanobacterium*) *pyogenes* infection in pig

概　要　*Trueperella pyogenes*(旧*Arcanobacterium pyogenes*)による豚の化膿性疾患。

宿　主　豚，牛

病　原　*T. pyogenes*。グラム陽性通性嫌気性の小桿菌。松葉状(V字状)～柵状配列を示し，運動性はなく，カタラーゼ陰性，硝酸塩還元陰性，ゼラチンを液化し，ブドウ糖発酵を行う。溶血毒素(pyolysin)，プロテアーゼを産生する。

分布・疫学　日本をはじめ世界中で発生がみられる。床面が粗造の豚舎に好発し，尾咬りなど悪癖を有する豚での発生が多い。年間を通じて発生があるが，特に夏期に多発する。種雌豚は経産歴を重ねるに従い，悪化する。

診　断

＜症　状＞　皮下膿瘍発症豚では，四肢や躯幹の表面に波動感のある腫瘤が生じ，ときに自潰してクリーム状の悪臭ある膿を排出する。化膿性関節炎発症豚では，関節部が著しく腫脹し，跛行を呈し，起立不能に陥ることが多い。脊椎膿瘍発症豚では，体温の上昇，食欲の減退，廃絶を呈し，起立不能，後躯麻痺に陥る。その他，外陰部から膿汁を排出するものや，著明な症状がなく慢性的経過をたどるものもみられる。

＜病　理＞　多臓器に膿瘍を形成。神経症状をを示す豚では脊椎の化膿巣，蹄の潰瘍や尾のびらん部周辺の化膿巣が認められる。子豚の急死例では内臓のうっ血，リンパ節の充血と腫脹。

＜病原・血清診断＞　病変部を血液寒天平板に接種し，37℃2日間，好気または炭酸ガス存在下で培養し，溶血性を示す微小集落を確認する。溶血毒素をコードする*plo*遺伝子を標的としたPCRも補助的な同定手法として利用できる。

予防・治療　アンピシリンやエリスロマイシンなど一部抗菌薬に感受性を示すので軽症の個体に対しては治療も可能だが，予防策としては病豚の隔離と淘汰を原則とする。また豚房内の適正数と配分に留意し，豚舎の消毒を励行するなど飼育環境の改善を図ることが重要である。

(後藤義孝)

38 豚のブドウ球菌症

Staphylococcosis in swine

概　要　ブドウ球菌による豚の膿瘍，関節炎，心内膜炎，腟炎，敗血症など滲出性表皮炎以外の疾病の総称。

宿　主　豚

病　原　主として*Staphylococcus aureus*と*S. hyicus*。これらの菌は，グラム陽性，ぶどうの房状の集塊をなす球菌で，普通寒天培地上で黄色集落(*S. aureus*)および白色集落(*S. hyicus*)を形成する。両菌種ともカタラーゼ陽性，食塩耐性で，耐熱性DNase，フィブリノリジン，ヒアルロニダーゼを産生する。コアグラーゼは*S. aureus*が陽性，*S. hyicus*が不定。溶血性，VP反応，クランピング因子，マンニトール分解性は*S. aureus*のみ陽性となる。

分布・疫学　世界各国で発生。原因菌は健康豚の皮膚，扁桃，上部気道，生殖器道などに常在菌として保菌されており，上部気道への感染，直接接触による皮膚感染あるいは菌で汚染した環境から直接ないし間接的に感染が起こる。日齢，性，地域による発生頻度の差はなく，発病率は環境条件により異なる。

診　断

＜症　状＞　通常は皮膚や上皮細胞から菌が侵入し，菌血症を引き起こす。子豚の場合は急性敗血症となり死亡する。臨床的変化は膿瘍から始まる場合が多く，初期症状は発熱，食欲減退などである。症状が軽度でも骨髄炎や心内膜炎へ進展する場合がある。多発性関節炎の場合は，関節の腫脹が観察される。乳房炎，腟炎，子宮炎の場合は上行性感染により生じ，発熱，乳房の腫脹，外陰部からの膿汁の漏出などが観察される。子宮炎の後に流産を起こすこともある。

＜病　理＞　子豚の敗血症の場合には著変はみられないが，他の疾患の場合は病変部に菌塊と炎症性細胞の浸潤が観察される。膿瘍形成は，臍帯，皮膚，肝臓，肺，リンパ節，脾臓，腎臓，関節などにみられる。

＜病原・血清診断＞　病巣から菌分離を行い，上述の生化学的性状ならびに16S-23S rDNA遺伝子間領域およびsuperoxide dismutase遺伝子中の特異的塩基配列を基に合成したプライマーを用いたPCRにより同定する。疫学調査には，ファージ型，毒素型，パルスフィールドゲル電気泳動による遺伝子型などが利用できる。血清診断法はない。

予防・治療　ワクチンはない。一般的な飼養・衛生管理の徹底が重要である。治療にはペニシリン系，セフェム系抗菌薬およびニューキノロン系合成抗菌薬が有効であるが，近年多剤耐性菌が増加してきているので，使用薬剤の選択には注意が必要である。

（佐藤久聡）

39 豚の抗酸菌症（人獣）
Mycobacterium infection in swine

概　要　*Mycobacterium avium* subsp. *hominissuis*による豚の慢性肉芽腫性リンパ節炎症。不顕性感染のため農場が汚染されやすい。

宿　主　豚，人

病　原　*M. avium*と*M. intracellulare*。*M. avium*は生物学的性状または遺伝学的に4亜種に分類され，このうちsubsp. *avium*とsubsp. *hominissuis*の2亜種が豚に感染する。日本ではsubsp. *hominissuis*によるものが大部分でsubsp. *avium*や*M. intracellulare*によるものはきわめてまれである。

分布・疫学　世界中でみられ，国により原因菌種の割合に違いがみられる。菌は自然環境(土壌，水，植物)でも増殖が可能で，豚の床敷きに使用するピートモスやオガクズとともに農場に搬入される。一貫経営農場の繁殖母豚が感染すると，出荷肥育豚の感染率が90％近くに達することがある。哺乳期から育成期の豚が感染し，咽頭部や小腸粘膜上皮から侵入した菌は下顎リンパ節や腸間膜リンパ節に肉芽腫病巣を形成する。菌は長期にわたって体内潜伏するが，感染した妊娠豚では分娩前後数週間にわたって菌の体内増殖と糞便などへの体外排菌がみられる。そのため，新生子豚や哺乳豚への感染率が高くなる。

診　断

＜症　状＞　不顕性感染で，大部分は食肉検査時に摘発される。増体率や繁殖成績への影響が少ないため放置すると濃厚汚染が起こり，ときに全身感染し発育不良となる。欧州では流産や子宮炎を起こすsubsp. *hominissuis*の存在が知られている。subsp. *hominissuis*は人の非結核性抗酸菌症の原因となるが，豚から直接感染した例は知られていない。

＜病　理＞　感染後2～3週目の腸管粘膜固有層には肉芽腫性病変が認められるようになる。8週目以降には，腸間膜リンパ節や下顎リンパ節などに白色ないし黄白色の結節性病変で中心部が乾酪化した肉芽腫病変として認められることが多い。重症例では肝臓，肺などに結節病変が散在して認められる。病理組織学的にはこれら結節は乾酪壊死巣を類上皮細胞が取り囲み，さらにその周囲にリンパ球が浸潤して構成される肉芽腫性炎である。

＜病原・血清診断＞　腸間膜リンパ節や下顎リンパ節などに形成された結節性病変部の塗抹標本中の抗酸菌を検出するか，乳剤を作製し小川培地などで菌分離を行って同定する。

各菌種に特異的な遺伝子を標的としたPCRによる同定も可能である。鳥型ツベルクリンを耳翼背側皮内に注射すると感染豚では48～72時間後に5 mm以上の紅斑と腫脹がみられる。血清学的診断法は確立されていない。

予防・治療　ワクチンはなく，化学療法は行われない。鳥型ツベルクリンによる免疫診断で感染母豚の早期発見と摘発・淘汰を図る。濃厚汚染の場合はオールアウト後，畜舎を塩素系消毒薬や石灰で消毒し，環境の汚染防止を図るとともに非感染の繁殖候補豚を導入する。

（後藤義孝）

40 豚のエルシニア症（人獣）
Yersiniosis in swine

宿　主　豚。犬，猫，野生げっ歯類が保菌動物として重要。

病　原　*Yersinia enterocolitica*, *Y. pseudotuberculosis*。運動性を有するグラム陰性桿菌，カタラーゼ陽性，オキシダーゼ陰性，硝酸塩還元陽性，インドール産生で，*Y. enterocolitica*はVP反応陽性，*Y. pseudotuberculosis*はVP反応陰性である。

分布・疫学　世界各国。本菌に汚染された豚肉，あるいは本菌が汚染した環境から直接・間接的に人へと感染する。

診　断

＜症　状＞　12～20週齢の肥育豚に発熱，軽度の下痢，関節炎などを引き起こし，ときとして敗血症を引き起こす。豚の多くは不顕性感染で，腸管内，咽喉頭，扁桃などに保菌している。

＜病原・血清診断＞　診断は菌を分離同定するか，PCRにより特異的遺伝子を検出する。分離菌についてはO群型別を行う。血清学的診断法は確立されていない。

予防・治療　ワクチンはない。治療としてアミノグリコシド系やセフェム系などの抗菌薬を投与する。

（片岡　康）

41 豚のアクチノバチルス症
Actinobacillosis in swine

宿　主　豚

病　原　*Actinobacillus suis*。パスツレラ科に属し，β溶血性を有するグラム陰性菌で，OならびにK抗原による血清型に分類される。臨床分離株の95％以上がO1/K1またはO2/K3抗血清と交差反応性。O2/K2株は他の血清型より重篤となる。

分布・疫学　世界中で散発的に発生。本菌は，発症豚と健康豚の両方の気道および扁桃腺に見出され，後者はしばしば保菌豚となる。子豚は通常，早い段階で経気道感染する。清浄群に本菌が侵入すると爆発的流行を引き起こすことがある。

診　断

＜症　状＞　発熱，食欲減退，関節の腫脹，皮膚の発赤。哺乳豚および離乳豚に敗血症や突然死を起こす。また，若齢母豚で流産を起こすことが知られている。

<病　理>　臓器表面は充血し，フィブリンが沈着する。組織学的には主要臓器や腸管に出血性壊死を伴う栓塞性病変を認める。

<病原・血清診断>　血液寒天培地またはチョコレート寒天培地を用いた病変部からの菌分離と同定。分離菌については*A. pleuropneumoniae*との鑑別が必要である。本菌は*A. pleuropneumoniae*のapxⅠおよびapxⅡと類似の毒素遺伝子を有するが，毒性は低い。

予防・治療　リンコマイシン・スペクチノマイシン合剤などの抗菌薬投与による治療。*A. suis*感染動物は，*A. pleuropneumoniae*に対する部分的防御能を獲得。

（後藤義孝）

42 豚の膀胱炎および腎盂腎炎

Porcine cystitis and pyelonephritis

宿　主　豚

病　原　*Actinobaculum suis*。分類学的に*Trueperella*属菌に近縁なグラム陽性嫌気性菌で，非運動性のコリネ様菌形を示す。

分布・疫学　日本や欧米などで発生。不顕性に本菌を保有する雄から交配によって雌豚が感染。

診　断

<症　状>　ストール飼育の雌豚では泌尿器系の異常が多発する。血液を混じた膿を含む混濁尿や血尿を排泄し，背弯姿勢がみられ多尿となる。子宮炎，腟炎や流産がみられることもある。重症例では起立不能となる。

<病　理>　膀胱粘膜に重度の出血がみられ，重症例では偽膜の形成もみられる。腎臓は腫大し，腎盂部分に膿や血液を混じた粘液を含む。

<病原・血清診断>　尿および病変部を血液寒天培地などに塗布し，嫌気培養する。PCRによる菌種同定が可能。

予防・治療　病変が膀胱内に限局している場合は抗菌薬による治療が有効だが，膀胱より上部に病変が進行している場合は再発しやすく予後不良。

（後藤義孝）

43 豚の緑膿菌感染症

Pseudomonas aeruginosa infection in swine

宿　主　豚。ミンク，牛，馬，犬，猫，実験動物用マウス，うさぎ，鶏（特にひな），人

病　原　*Pseudomonas aeruginosa*。多くの毒素（外毒素Aなど）や酵素（プロテアーゼやエステラーゼ）を有する。

分布・疫学　自然界（土壌，水），動物の消化管，皮膚に広く生息。健常動物は自然抵抗性を示すが，易感染宿主に日和見感染する。抗菌薬に耐性を示す株が多く，菌交代症を起こしやすい。

診　断

<症　状>　豚では特徴的な臨床症状を示さない。

<病　理>　二次感染菌であり，皮膚炎，肺炎，腎炎，腸炎など種々の化膿性炎症に関与。生体防御機能が低下した易感染性宿主は，本菌の持つ毒素や酵素によって種々の化膿性炎症を起こし，肝臓や脾臓などの主要臓器に膿瘍を形成する。

<病原・血清診断>　病変部からの菌分離と同定。二次感染の場合が多いので，一次感染の原因微生物を明らかにすることも重要。

予防・治療　薬剤耐性菌が多く，抗菌薬による治療は困難。給水設備など畜舎環境の整備と飼養管理が重要で，薬剤耐性株による汚染に注意する。

（後藤義孝）

44 豚のバクテロイデス症

Bacteroides fragilis infection in swine

宿　主　豚。牛，めん羊，馬

病　原　*Bacteroides fragilis*。グラム陰性偏性嫌気性桿菌で芽胞を作らず，運動性もない。カタラーゼやSOD（superoxide dismutase）を持ち，偏性嫌気性菌のなかでも比較的酸素耐性があり，数時間，酸素に曝露してもほとんど死滅しない。病原因子として莢膜，線毛，エンテロトキシンなどが知られている。

分布・疫学　人を含む種々の動物の腸内に存在する常在菌の1つである。

診　断

<症　状>　日和見的に消化管腔から体内に侵入した菌は内部諸臓器に膿瘍を形成。創傷部から侵入した菌は体表部に膿瘍を形成。皮下膿瘍は波動性を有する腫瘤として認められる。関節炎では関節の腫脹が認められ，跛行を呈する。脊髄部の膿瘍では神経症状が，脳の膿瘍では後躯麻痺が認められる。*Trueperella*（*Arcanobacterium*）*pyogenes*との混合感染は病巣の拡大をもたらす。幼獣感染では急性下痢を引き起こす。

<病原・血清診断>　常在菌なので病巣（膿瘍）部からの菌分離と同定が診断の決め手となる。バクテロイデス培地やヘミンを添加したブレインハートインフュージョン培地に材料を接種後，嫌気培養する。

予防・治療　体表部の膿瘍は外科的処置と投薬により治療が可能。本菌のなかにはβ-ラクタマーゼ産生株があり，ペニシリンなどを不活化させるため，耐性菌が感染患部から分離された場合は，慎重に有効な薬剤を選択する必要がある。飼育環境の衛生管理が重要。

（後藤義孝）

45 豚のマイコプラズマ感染症

Swine mycoplasma infection　（口絵写真20頁）

概　要　マイコプラズマ感染によって起こる豚の慢性呼吸器病，多発性漿膜炎，中耳炎，関節炎および貧血。

宿　主　豚

病　原　豚に対して病原性が確認されているのは，*Mycoplasma hyopneumoniae*，*M. hyorhinis*，*M. hyosynoviae*，*M. suis*および*M. parvum*の5種である。*M. suis*および*M. parvum*はかつてリケッチア目に分類されていた赤血球寄生菌種であり，ここでは取り上げない。

*M. hyopneumoniae*は3カ月齢以降の豚に肺炎を起こし，豚マイコプラズマ肺炎（MPS）と呼ばれる。菌体表面には多糖体性の莢膜や蛋白性の付着因子，菌体内にはスーパー抗原活性を有する酵素蛋白質などがあり，肺にアレルギー様反応を起こす。人工培地への菌分離は2カ月間を要し，

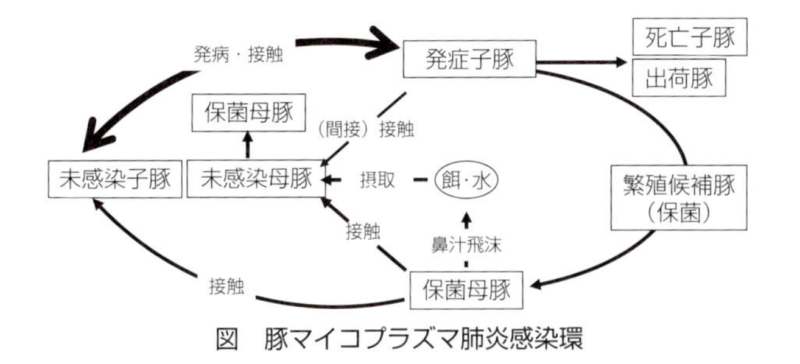

図　豚マイコプラズマ肺炎感染環

コロニーもきわめて小さく，マイコプラズマ特有の目玉焼き像は観察されない(**写真1**)。*M. hyorhinis*は1～3週齢の哺乳豚に関節炎，3～10週齢の離乳豚に多発性漿膜炎や中耳炎，まれに肺炎を起こす。*M. hyosynoviae*は12週齢以上の子豚に関節炎を起こすことがある。

分布・疫学　世界各地に分布。日本ではMPS病変を保有する出荷豚の割合は30～40％であるが，ほとんど病変が観察されない農場と，ほぼすべての出荷豚で病変が観察される農場の両極端に分かれる。感染豚との接触や感染豚から排泄された痰や鼻汁で汚染された餌や飲用水を介して感染する。感染後の病変形成には1カ月間程度を要する。*M. hyopneumoniae*に感染すると呼吸気道の機能が低下し，他の病原体の感染を助長させる，いわゆる「易感染化」が起こる。*M. hyorhinis*は概ね4カ月齢までの子豚の鼻腔内に常在する。株による病原性の差異が大きい。*M. hyosynoviae*は3カ月齢以上の子豚の10％程度で鼻腔内から分離される。後者2菌種は肺上皮細胞の損傷部位から血流を介し全身に移行し，関節炎や多発性漿膜炎を起こす。

診　断

＜症　状＞　MPSでは発咳の他に顕著な症状を認めない。肺病変部の表面積が肺全体の5％以下である場合，臨床症状は顕著でなく，飼料効率も低下しない。*M. hyorhinis*による幼若豚の感染では，1～2週齢時に起こる関節炎ではうずくまり症状がみられるが，数日で回復する。1～2カ月齢での多発性漿膜炎(腹膜炎と胸膜炎)発症子豚で肺炎を伴わない場合では，被毛粗剛となり発育遅延がみられる程度で死亡率は低い。他の病原体による肺炎を伴う場合は発熱，呼吸速迫となり腹式呼吸に至り，子豚の死亡率はきわめて高い。*M. hyosynoviae*は肥育期以降の豚に突然関節炎を起こすことがある。本菌はと畜場出荷豚のうち関節液貯留が顕著な検体の5～10％程度の割合で分離される。

＜病　理＞　MPSにおける肺病変部は健康部と境界が明瞭な，暗赤色の無気肺(肝変化病変という)として認められる。病変の好発部位は前葉，中葉，副葉であり，左右対称に認められることが多い(**写真2**)。組織学的には気管支，細気管支および血管周囲にリンパ系細胞が高度に浸潤(リンパ濾胞)したカタル性気管支肺炎像を示す(**写真3**)。*M. hyorhinis*感染症では関節炎の他，漿液線維素性の心膜炎，胸膜炎，腹膜炎を起こす(**写真4**)。臓器器官に異常はみられない。肺炎起病性の株は肉眼的にはMPS様の肺炎を起こすが，組織学的には化膿性肺炎像である。*M. hyosynoviae*の関節炎では滑膜が肥厚し，関節液は漿液線維素性あるいは漿液血液性となって著しく増量する。豚丹毒の関節炎でみられる関節周囲の線維素の増生は認められない。

＜病原・血清診断＞

病原診断：肺病変部，気管支肺胞洗浄液，急性期の関節内滲出液などからマイコプラズマを分離する。MPS病変には*M. hyopneumoniae*が長期間にわたり高濃度に存在するので菌分離の他，組織切片の免疫染色や病変部を乳剤化し，PCR検出用の試料を調整することも可能である。一方，回復期(3カ月齢以降)にある多発性漿膜炎からの*M. hyorhinis*の分離は病変の見かけの割に菌量が激減しており困難である。いずれのマイコプラズマ菌種に対する特異的PCRが確立されている。

血清診断：市販されている血清診断製品はMPSのELISAのみである。それぞれのマイコプラズマ感染症を血清学的に診断する手法としてはCF反応，IHA反応，ウエスタンブロット，代謝阻止試験など多くの手法が報告されている。

予防・治療　発症の引き金は悪環境によるストレスである。飼育密度の適正化，換気，畜舎洗浄，分娩舎や離乳豚舎のオールインオールアウトなどの衛生管理が最も重要である。MPSに対する不活化ワクチンが市販されているが感染防除効果はないものの，病変の軽減化とそれに伴う飼料効率の改善による本病の経済損失の改善に有効とされている。抗菌薬による対策として以前から高頻度で使用されてきたマクロライド系やニューキノロン系薬は耐性化が顕著であり，使用にあたっては事前の感受性検査が重要である。チアムリンやバルネムリンは抗菌スペクトルが狭いものの，マイコプラズマに対し最も少量で発育を抑制し耐性報告もない。

(小林秀樹)

46 豚のクラミジア病
Chlamydiosis in pigs

宿　主　豚

病　原　*Chlamydophila pecorum*, *C. abortus*, *Chlamydia suis*

分布・疫学　米国，英国，ルーマニア，ドイツ，日本で報告。感染動物の排泄物やその汚染物を介して直接接触などにより伝播。

診　断

＜症状・病理＞　結膜炎，腸炎，流産，呼吸器疾患など多彩な臨床症状を示す。子豚では発熱，食欲減退，呼吸器症状，および全身感染による症状を呈し，発育障害の一因となる。不顕性感染もみられる。

＜病原診断＞　病変部の塗抹標本から蛍光抗体法によって基本小体を検出する。PCRによる病原体遺伝子の検出。

予防・治療　ワクチンはない。テトラサイクリン系抗菌薬の投与による治療。衛生管理の徹底。

(福士秀人)

47 豚のニューモシスチス・カリニ肺炎
Pneumocystis carinii pneumonia in swine

宿　主　ほとんどすべての哺乳類

病　原　*Pneumocystis carinii*(子嚢菌門に属する真菌)

分布・疫学　世界的に分布。*P. carinii*は各種哺乳動物の肺胞内に常在している代表的な日和見感染症の病原体。感染経路は経気道感染が主。

診　断

<症状・病理>　通常は無症状。離乳期前後の子豚や肺に病変がある発育不良豚で発症が認められる。発熱や呼吸促迫などの症状を呈する。肺胞内に栄養体およびシストが充満し，肺栓塞の状態になる。間質性肺炎を呈する。

<病原・血液診断>　気道分泌物中や肺胞内のシストの証明。PCRによる遺伝子診断も可能である。ELISAや蛍光抗体法が抗体の検出に用いられる。

予防・治療　治療はスルファメトキサゾールとトリメトプリムの合剤が効果的。衛生管理の徹底。

（須永藤子）

48 豚のトキソプラズマ病（届出）（人獣）

Swine toxoplasmosis　（口絵写真21頁）

概　要　トキソプラズマ原虫感染による全身性疾患で，成獣では不顕性感染を呈することが多い。豚コレラによく似た症状を呈する。

宿　主　豚，いのしし，めん羊，山羊。終末宿主は猫科動物。中間宿主はほとんどすべての哺乳類と鳥類。動物種によっても感受性が異なるが，幼若動物は感受性が高い。

病　原　*Toxoplasma gondii*。アピコンプレックス門胞子虫綱真コクシジウム目アイメリア亜目に属する偏性細胞内寄生原虫。終末宿主（猫）体内では全身の組織の細胞内に寄生する無性生殖期の虫体（タキゾイトとブラディゾイト）と，小腸上皮細胞内に寄生し有性生殖を行いオーシストを形成する有性生殖期虫体（マクロガメトサイトとミクロガメトサイト）の２つのステージがある。中間宿主（豚）体内では無性生殖期のみである。

内部出芽２分裂により盛んに分裂増殖を行うタキゾイトは大きさ4～7×2～4μmで一端が他端より先鋭な三日月形を呈し，先鋭端部に存在するアピカルコンプレックスを宿主細胞膜に接着させて細胞内に侵入する。ブラディゾイトは脳，心筋などに形成された直径20～50μmの球状のシストのなかにぎっしりと詰まっている。タキゾイトはPAS染色陰性であるのに対し，ブラディゾイトはPAS染色陽性である。

終末宿主（猫）の空腸中部から回腸にかけての粘膜上皮細胞内には有性生殖期虫体が認められ，有性生殖を行った後，オーシストを形成する。猫にシストを経口投与すると初感染の場合，投与後4～7日から糞便中にオーシストを排出する。また，オーシスト排出期間は5～14日である。

分布・疫学　世界中に分布。豚への伝播は，感染猫が排出したオーシストに汚染された飼料などの経口摂取，感染動物組織・臓器の生食，胎盤感染があげられる。患畜との同居感染はまれ。通常発生は散発的。

飼育場がオーシストに汚染されると発生を繰り返す。感染が確認された畜肉はすべて廃棄する。

診　断

<症　状>

豚：罹患動物の月齢，感染原虫の病原性や感染原虫数によってかなり異なる。豚では3～4カ月齢の子豚での発生が多く一般に急性症状を呈し，40～42℃の稽留熱，元気消失，眼結膜充血，目脂，顕著な腹式呼吸，耳介や下腹などのうっ血性紫赤斑（**写真1**），起立不能を呈し，斃死することもある。成豚では不顕性感染や軽症で経過した後，回復するものが多い。

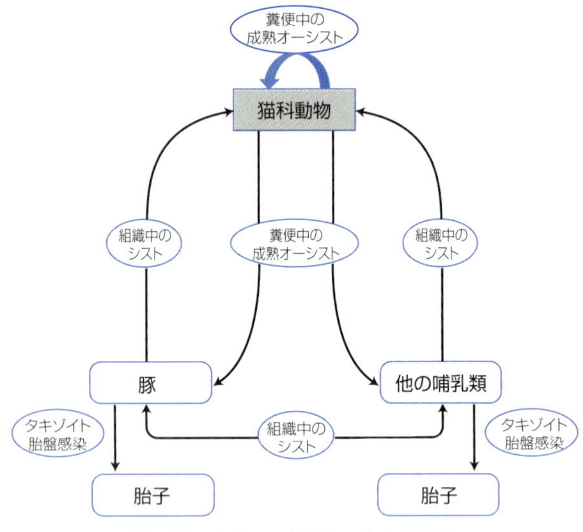

図　豚のトキソプラズマ病の感染環

めん羊，山羊：一般に慢性症状をとるが，流死産の発生頻度が高い。

<病　理>　急性感染時にリンパ節の腫大硬結と出血・壊死。肺には白色壊死巣が散在し，内部に多量の漿液が貯留して水腫性肺炎を呈する（**写真2**）。胸水の貯留。肝臓の混濁腫脹と針頭～肝小葉大の出血巣や壊死巣。腎臓表面と割面に点状出血。空腸から結腸にかけての腸粘膜肥厚，点～斑状出血などがみられる。

<病原・血清診断>　確定診断は，病豚の臓器生検標本からの虫体の直接検出である。虫体検出にはギムザ染色スタンプ標本の鏡検や蛍光抗体法が用いられる。現在普及している抗体検出法は間接ラテックス凝集反応である。他にSabin-Feldman色素試験（ダイテスト）がある。

予防・治療

<予　防>　有効なワクチンはない。飼料，飼育場周辺のオーシスト汚染防止が重要。そのために，飼育者と猫との接触を避ける，飼育場周辺に猫を近づけない，猫に生肉を与えないことを徹底する。オーシストは消毒剤や化学薬品にきわめて強い抵抗性を示すが，70℃２分程度の熱で死滅するので，発生のあった飼育場の熱湯消毒も有効な対策である。ハエ，ゴキブリなど衛生昆虫がオーシストを付着している可能性もあるため，これらの飼育場内への侵入を防ぐことも必要。

<治　療>　サルファ剤を20～100mg/kg体重皮下・筋肉内注射する。サルファ剤はタキゾイトに対してのみ有効で，シストに有効な薬は今のところない。

（井上　昇）

49 サルコシスティス病（人獣）

Swine sarcocystosis

宿　主　犬，猫，人を終末宿主とする種が知られており，豚は中間宿主。

病　原　*Sarcocystis miescheriana*（犬），*S. porcifelis*（猫），*S. suihominis*（人）。それぞれ（　）内が終末宿主。

分布・疫学　世界中に分布。日本では３種とも寄生の報告あり。豚の感染は終末宿主糞便中のオーシストの経口摂取による。筋肉内シストを経口摂取しても豚への感染は起こらない。サルコシスティスの病原性は弱いが，多量のオーシスト感染により，急性サルコシスティス病を起こすことがある。

診　断

＜症　状＞　豚は発熱，貧血，各種臓器の広範な点状・斑状出血および単核細胞の浸潤を示す。

＜病原・血清診断＞　終末宿主では糞便中にオーシストまたはスポロシストが排出されるので，浮遊法で検出可能だが，豚での生前診断は困難。

予防・治療　予防は，犬・猫に豚の生肉を給与しないこと。治療法はない。

（井上　昇）

50 豚の大腸バランチジウム症（人獣）

Balantidiosis in swine

宿　主　豚，まれに猿，牛，犬，げっ歯類，人

病　原　*Balantidium coli*，栄養型虫体とシストの２形態がある。

分布・疫学　世界中に分布。虫体は豚の糞便中から高率で検出。感染は成熟シストの経口摂取による。

診　断

＜症　状＞　成豚では不顕性感染が多く，幼豚で発症しやすい。虫体が大腸壁に侵入し組織を破壊したときに発症し，腸粘膜びらん，潰瘍を生じ，水様性下痢，食欲不振，脱水，削痩が認められる。

＜病原診断＞　診断は新鮮糞便中から栄養型虫体またはシストの検出による。

予防・治療　予防は汚染糞便の迅速かつ確実な処理。治療はメトロニダゾールの投与。

（井上　昇）

51 豚の旋毛虫症（人獣）

Swine trichinellosis

病名同義語：トリヒナ症（Trichinosis）

宿　主　豚，犬，猫，マウス，きつね，熊，人などほとんどの哺乳類と鳥類

病　原　*Trichinella spiralis*，他７種の旋毛虫

分布・疫学　世界中に分布。感染動物の筋肉を摂食することにより伝播。成虫は腸粘膜に寄生。幼虫は筋肉内に寄生し，長期感染では幼虫周囲に石灰沈着。

診　断

＜症　状＞　自然感染例は軽症が多い。重度感染は成虫寄生による「腸トリヒナ期」と，幼虫寄生による「筋肉トリヒナ期」の２期に分けられる。主な症状は発熱，腹痛，下痢，体末端部や眼瞼の浮腫，筋肉痛。

＜病原診断＞　筋肉の圧平法による幼虫検出。

予防・治療　予防は不完全調理肉や残飯の給餌を行わないこと。家畜や野生動物では生前診断は困難。治療せず，淘汰。

（井上　昇）

1 ニューカッスル病(法)(人獣) (口絵写真21頁)

Newcastle disease

低病原性ニューカッスル病(届出)(人獣)

Low pathogenic Newcastle disease

概　要 *Avian avulavirus 1*(同義：ニューカッスル病ウイルス)の病原性株に起因する鳥類の疾病。最も感受性の高い宿主は鶏で，典型的な顕性感染は胃腸炎や脳肺炎を特徴とする。

宿　主　ほとんどの鳥類に感染すると考えられるが，一般にきじ科の感受性が高い。動物園飼育の鳥類にも本病が起こる。家畜伝染病予防法上の対象動物として，**鶏，あひる，うずら，七面鳥**が指定されている。

病　原　*Mononegavirales*, *Paramyxoviridae*, *Avulavirus* に分類される *Avian avulavirus 1*(Newcastle disease virus)。病原性はウイルス株間で大きく異なり，鶏胚や鶏雛に対する病原性に基づいて，強毒，中等毒，弱毒の3つに分けられている。このうち強毒および中等毒が病原性ウイルスに相当する。ウイルスゲノムはマイナス1本鎖RNAで，遺伝子配列は3'leader-NP-P-M-F-HN-L-trailer 5'である。鶏への病原性には表面糖蛋白質であるF蛋白質開裂部位の塩基性アミノ酸の集積度が病原性に密接に関連していることが明らかとなっており，アミノ酸配列によって病原性株を識別することができる。

ウイルスは発育鶏卵でよく増殖し，尿膜腔液には赤血球凝集素が存在する。また，鶏をはじめ，うさぎ，豚，子牛の腎臓由来培養細胞など多くの培養細胞で融合性のCPEを伴い増殖する。

分布・疫学　世界中に広く分布。本病は，1926年インドネシアでの発生が最初とされる。英国でも同様の疾病が発生し，ニューカッスル病と名づけられ，家きんペストと区別されるようになった。

日本では1930年頃，当時，家きんペスト様疾病として報告されていたものがニューカッスル病であったと思われ，後にウイルス学的に証明された。明確にニューカッスル病として報告されたのは1951～1952年の発生例で，感染源は当時日本に駐留していた米軍の搬入した鶏材料とみられている。次いで1965～1967年の大流行に対して，生ワクチンが初めて導入された(1967年)。以降，生ワクチンの普及によってその発生数は激減した。しかし，ワクチン未接種の愛玩鶏や不適宜接種群を中心に散発が認められていることから，本病は常在していると考えられ，今後もワクチンによる制御が続くと思われる。

主な伝播様式は接触感染で，感染源は感染鳥の呼吸器や消化器からの排泄物中に含まれるウイルスである。排泄物に汚染された飼料，飲水，飼育用の諸器具あるいは飼養管理者の衣服などを介し，直接的，間接的にウイルスは容易に伝播する。回復鳥がキャリアーになる頻度や介卵感染の可能性はそれほど高くない。

診　断

＜症状・病理＞　同一の鳥種であっても病像は実に多様である。病像に関与する要因として，ウイルスの病原性，感染量，感染方法および宿主の日齢と免疫状態が考えられる。現在ではワクチンが広く使用されており，発生に際しては，ワクチン接種歴との関連に注意を払う必要がある。また，不完全な免疫を保有している鶏では明瞭な症状や病変を示さない場合が多い。

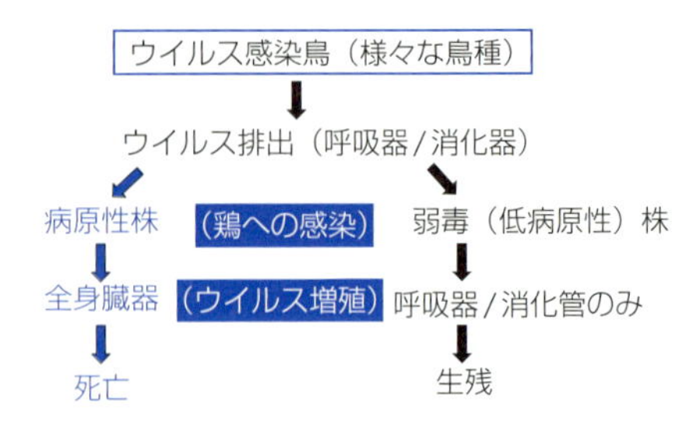

図1　ニューカッスル病の発病機序（鶏）

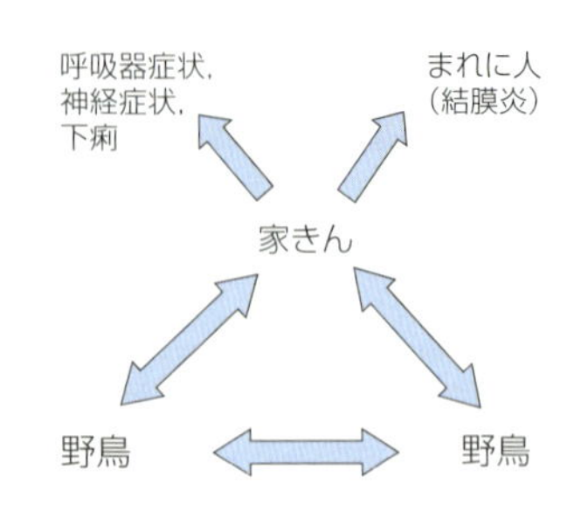

図2　ニューカッスル病ウイルスの感染環

病原性ウイルスによるものとして，以下の強毒内臓型，強毒神経型，中等毒型がある。病原性ウイルスではない弱毒型(低病原性)ウイルスによるものとして，弱毒型，無症状腸型がある。

強毒内臓型：ドイル型ともいわれる。急性の致死感染を起こすもので，日齢は問わない。1926年アジアで初めて認められたため，アジア型ともいう。呼吸促迫と咳を主徴とする著明な呼吸器症状(**写真1**)，緑色水様性の下痢および振顫，斜頸，また脚と翼の麻痺を主とする神経症状を呈する。肉眼病変は消化器にかなり特徴的に出現し，腺胃の出血が顕著で，腸粘膜の潰瘍も発現する(**写真2**)。

主な病理組織学的所見は出血，水腫および血管変性，呼吸器や結膜における壊死である。脳ではニューロンと神経節に広範な充血と囲管性細胞浸潤が起こる。

強毒神経型：ビーチ型ともいわれる。急性でしばしば致死感染を起こす。日齢は問わない。呼吸器と神経症状を特徴とする。ドイル型の発見から約15年後，米国で報告され，当初神経呼吸器病，肺脳炎型とも呼ばれた。一般に，呼吸困難，喘ぎ，咳などの呼吸器症状がまず発現し，続いて翼下垂，頭部と頸部の捻転，旋回運動，また後ずさりなどの神経症状を現わす(**写真3**)。神経症状は呼吸器症状に併発することもある。産卵鶏では産卵低下や産卵停止が起こる一方，異常卵を産出する。致死率は1カ月齢未満の鶏で50～90%，成鶏で5%程度である。肉眼病変は比較的少ない。

主な病理組織学的変化は，呼吸器粘膜の壊死と脳脊髄の非化膿性脳炎である。

中等毒型：ボーデット型ともいわれ，ビーチ型より病性が弱い。中等毒型ウイルスによる。軽い呼吸器症状や下痢，産卵低下を示すのみで，成鶏の死亡はごくまれで若齢のひなでも死亡率は数%である。

弱毒型：ヒッチナー型ともいわれる。軽い呼吸器症状または無症状である。弱毒型ウイルスによる。生ワクチンとして世界中で広く使われている。

無症状腸型：弱毒型ウイルスによる腸感染で，無症状である。腸管と糞便からウイルスが分離され，抗体も検出されることがある。

＜病原・血清診断＞

病原診断：ウイルス分離は一般に発育鶏卵尿膜腔内に接種して行う。この尿膜腔液について，鶏赤血球を用いて血球凝集性を調べる。赤血球凝集性があれば，抗血清を用いたHI反応により同定する。ウイルスが分離された場合，分離ウイルス株の病原性をOIEの指針に従って決定する。同指針では，ひな脳内病原性試験(intracerebral pathogenicity index：ICPI)，あるいはRT-PCRを利用してウイルスのF蛋白質開裂部位アミノ酸配列を決定することで，分離ウイルスの鶏病原性を決定する。これらの試験で病原性株(強毒および中等毒)と判定されればニューカッスル病，低病原性株(弱毒)と判定されれば低病原性ニューカッスル病と診断される。

血清診断：抗体検査には一般にHI反応が利用されている。

予防・治療　生ワクチンと不活化ワクチンがあり，鶏病研究会が立案した予防接種プログラムに準拠して使用されている。ワクチン接種による抗体価が確実に上昇していることを確認するのが望ましい。ニューカッスル病は家畜(法定)伝染病であるので，治療は行わない。低病原性ニューカッスル病の場合，行政による殺処分や移動制限の措置はかからない。

(真瀬昌司)

2 高病原性鳥インフルエンザ

(法)(人獣)(二類感染症)(口絵写真21頁)

Highly pathogenic avian influenza

低病原性鳥インフルエンザ

(法)(人獣)(四類感染症)

Low pathogenic avian influenza

鳥インフルエンザ

(届出)(四類感染症)

Avian influenza

概　要　インフルエンザAウイルス感染による家きんの高致死性急性全身性疾患を高病原性鳥インフルエンザ，それ以外のH5およびH7亜型のウイルスによる感染を低病原性鳥インフルエンザ，H5およびH7亜型以外のウイルスによる感染を単に鳥インフルエンザとして区別する。

宿　主　高病原性鳥インフルエンザの届出対象は鶏，あひる，うずら，きじ，だちょう，ほろほろ鳥，七面鳥。鳥インフルエンザの届出対象は鶏，あひる，うずら，七面鳥。この他，各種鳥類，人

病　原　*Orthomyxoviridae*, *Alphainfluenzavirus*に属する*Influenza A virus*。マイナス1本鎖RNAで分節状ゲノムを持つウイルスであり，ウイルス粒子表面の蛋白質突起であるヘマグルチニン(HA)とノイラミニダーゼ(NA)の抗原性により，インフルエンザAウイルスはH1～H18とN1～N11の亜型の組合せで区別される。

家きんに高致死性急性全身性疾患を引き起こすインフルエンザAウイルスを高病原性鳥インフルエンザウイルスと呼ぶ。これまで分離されたすべての高病原性鳥インフルエンザウイルスはH5あるいはH7亜型に属する。高病原性以外のH5およびH7亜型のウイルスを低病原性鳥インフルエンザウイルスという。これらのウイルスによる家きんの感染をおのおの高病原性鳥インフルエンザ，低病原性鳥インフルエンザと呼び，H5およびH7亜型以外のウイルスによる家きんの感染を単に鳥インフルエンザと呼んで区別する。

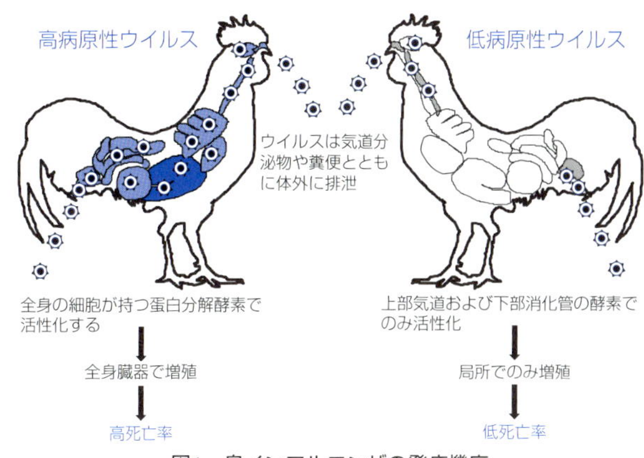

図1　鳥インフルエンザの発病機序

図2　鳥インフルエンザウイルスの感染環

分布・疫学　高病原性ウイルスはそのHAが宿主体内の細胞に普遍的に存在する蛋白質分解酵素によって活性化され，全身で増殖する。

低病原性ウイルスは通常，上部気道あるいは下部消化管のみに存在するトリプシン様の蛋白質分解酵素でしか活性化しないので，それら局所でしか増殖しない。

自然宿主である野生の水鳥はその腸内にウイルスを保有しているが，そのなかでH5およびH7亜型のウイルスが家きんに伝播し，家きんの間で増殖を繰り返すうちに高病原性ウイルスに変化すると考えられている。

1997年，香港でH5N1亜型のウイルスによる高病原性鳥インフルエンザが流行し，人へも伝播して18名中6名が死亡した。さらに2003年以降，H5N1ウイルスがアジアを中心に拡大流行し，さらに欧州やアフリカまでに広がって人の死亡例も増加した(2018年1月現在，死亡例数454例)。

日本では，高病原性鳥インフルエンザは1925年の発生以降，認められていなかったが，2004年に山口県，大分県，京都府，2007年に宮崎県，岡山県でH5N1亜型の高病原性鳥インフルエンザが発生した。さらに2010～2011年にも，島根県，宮崎県，鹿児島県，大分県など24農場でH5N1亜型，2014年4月(熊本県)と2014～2015年(宮崎県，岡山県，山口県，佐賀県)にはH5N8亜型，そして2016～2017年(青森県，新潟県，宮崎県など12農場)にはH5N6亜型の

高病原性鳥インフルエンザの発生が報告されている。

診　断

＜症　状＞

高病原性鳥インフルエンザ：元気消失，食欲および飲水欲の減退，産卵率の低下，衰弱，咳，くしゃみ，ラッセル呼吸音，流涙，羽毛逆立，顔面および肉冠・肉垂の浮腫とチアノーゼ(**写真1**)，神経症状，下痢など。急性ではこれらの症状を一切認めず，急死する場合もある。

低病原性鳥インフルエンザおよび鳥インフルエンザ：元気消失，食欲および飲水欲の減退，産卵率の低下などを認めるが，これらの症状は特異的ではなく，診断的価値はほとんどない。

＜病　理＞

高病原性鳥インフルエンザ：諸臓器および筋肉のうっ血，充出血および壊死で(**写真2**)，病理組織変化は肉冠・肉垂，脾臓，肝臓，肺，腎臓，心筋，脳および骨格筋の充・出血，壊死，リンパ球の浸潤，血管拡張および囲管性細胞浸潤などを認める。

低病原性鳥インフルエンザおよび鳥インフルエンザ：副鼻腔粘膜の腫脹，カタル性，線維素性，粘液膿性あるいは乾酪性炎症，漿液性あるいは乾酪性滲出物を伴う気管粘膜の水腫，気嚢の肥厚，カタル性あるいは線維素性腹膜炎または腸炎を，産卵鶏では卵管に滲出物を認めることがある。

＜病原・血清診断＞　ウイルス分離と特異抗体の検出。

病原診断：ウイルス分離には，発症鳥の呼吸器およびクロアカ拭い液，または呼吸器，腸管などの臓器乳剤を用いる。10日齢の鶏胚の尿膜腔内に接種して35℃で培養する。胚が死亡したとき，または48時間後に回収した尿液の鶏赤血球凝集能を検査する。陽性のときはその胚の尿膜乳剤とインフルエンザAウイルスに対する抗血清との間で寒天ゲル内沈降反応を行う。ウイルス内部蛋白質抗原による沈降線が形成されれば，次にHAとNAの抗原亜型をHI反応およびNA抑制(NI)試験で決定する。

血清診断：ペア血清について特異抗体を検出する。

予防・治療　治療法はない。中国，エジプト，インドネシア，ベトナムなどのH5ウイルス蔓延国では，家きんに不活化ワクチンが用いられているが，いまだ撲滅には至っていない。

野鳥を含む野生動物と家きんとの接触を防ぎ，消毒ならびに人，飼料，車輌および機材の衛生管理を徹底する。

高病原性鳥インフルエンザは家畜(法定)伝染病なので，本病の疑いがあるときは速やかに行政当局に届け，その指示に従う。発生が認められた場合には原則として殺処分，発生農場を中心とした原則10 km以内の地域の鶏および鶏肉・鶏卵の移動禁止などの防疫措置がとられる。

なお，日本では低病原性のH5およびH7ウイルスの感染が家きんに認められた場合にも，それらが高病原性ウイルスに変異する可能性を考慮して，高病原性ウイルスに準じた対応をとることになっている。

(伊藤壽啓)

3 トリ白血病・肉腫 (鶏白血病(届出))

(口絵写真22頁)

Avian leukosis and sarcoma (Avian leukosis)

概　要　トリ白血病・肉腫群の疾病は病理学的に多様で，採卵鶏でのリンパ性白血病が重要。肉用鶏ではJ亜群ウイルスの骨髄性白血病や発育障害もある。

宿　主　鶏。A～J亜群で宿主域が異なる。鶏では主にA，B，J亜群が分離され，それ以外の亜群はきじなどからも分離される。

病　原　*Ortervirales, Retroviridae, Orthoretrovirinae, Alpharetrovirus*に属するトリ白血病・肉腫ウイルス群(*Avian leukosis virus*)。ウイルス粒子コアのカプシド抗原(p27)はウイルス群に共通の群特異(group-specific：gs)抗原である。エンベロープ糖蛋白質のgp85は抗原性，干渉現象，宿主域などを決定し，6亜群に分類される。採卵鶏ではA，B亜群が広く分布し，肉用鶏ではJ亜群の疾病もある。

ウイルス群は内在性と外来性があり，E亜群などの内在性ウイルスは染色体内にプロウイルスとして存在するが，発現はまれで病原性は低い。外来性ウイルスには増殖欠損型と非欠損型がある。増殖欠損型は宿主癌遺伝子(c-*onc*)由来の癌遺伝子(v-*onc*)を持つが，ゲノムに欠損があり，増殖には非欠損型ヘルパーウイルスが必要。増殖非欠損型は通常v-*onc*を持たず病原性が低い。頻度は低いが感染後数カ月以上で腫瘍を起こす。v-*onc*を持たないウイルスは鶏胚線維芽細胞(CEF)にCPEもフォーカスも形成しない。v-*onc*を持つ肉腫ウイルスはCEFにフォーカスを形成する。

分布・疫学　リンパ性白血病(LL)を主とする疾病は世界各国で散発的にみられる。発生率は平均数%程度で，雌の感受性が高い。LLは産卵期前後の5～7カ月齢に多く，赤芽球症，骨髄芽球症，骨化石症の野外発生はまれである。J亜群ウイルスによる骨髄性白血病は肉用鶏(2カ月齢以上)で発生する。

垂直感染したひなでは免疫寛容となり大量のウイルスを糞便や唾液に排出し感染源となり，水平感染も起こる。免疫機構が備わったひなに感染すると一過性のウイルス血症後，残存ウイルスが持続感染する。

診　断

＜症　状＞　リンパ性白血病では，食欲減退，体重減少，産卵停止，緑色下痢便の排泄，肉冠の萎縮などがある。末期には外部から肝臓などの腫大を触知できることが多い。赤芽球症，骨髄芽球症，骨髄球腫症でも同様の症状に加え，嗜眠，肉冠の貧血やチアノーゼもある。さらに骨髄球腫症では頭部，胸郭，頸骨などに異常隆起がみられることがある。骨化石症では骨幹や骨幹端が肥厚し，特に中足骨が腫れ異常歩行を示す。

発病病理：v-*onc*を持つウイルスではプロウイルスが染色体内に組み込まれv-*onc*を発現し細胞を腫瘍化するので感染後数日～数週間で腫瘍を起こす。v-*onc*を持たないものはプロウイルスが挿入された近傍のc-*onc*発現を活性化して腫瘍化すると考えられる。

＜病　理＞　リンパ性白血病では肝臓の顕著な腫瘍性腫大がみられる(**写真1**)。腫瘍病変はびまん型，顆粒型，結節型，混合型などで脾臓，ファブリキウス嚢，腎臓，骨髄な

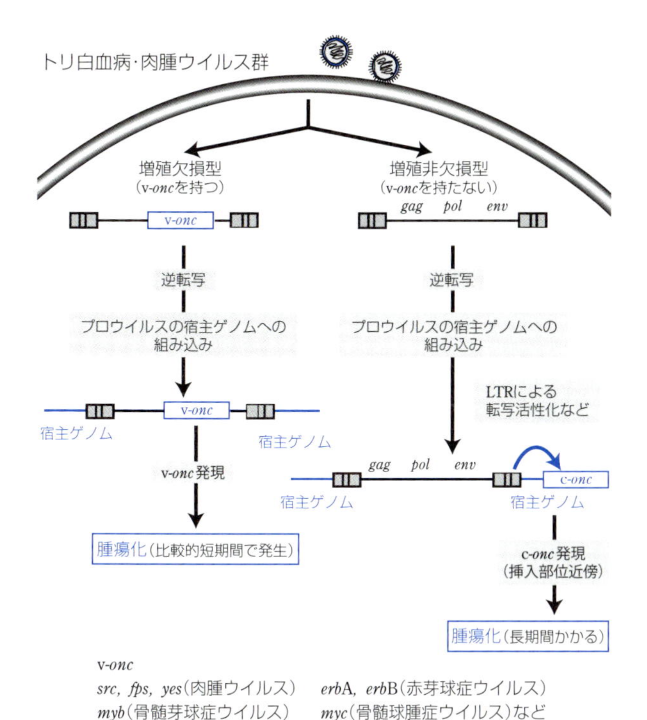

図 トリ白血病・肉腫群の発病(腫瘍化)病理

どにも病変が出現する(**写真2**)。組織学的に腫瘍は血管外性に増殖した均一な大きさの大型リンパ芽球からなり，マレック病と鑑別できる。

赤芽球症と骨髄芽球症では貧血，肝臓・脾臓などのびまん性腫大がみられる。骨髄芽球症では異常増殖した骨髄芽球の脈管内外での浸潤・増殖がある。骨髄球腫症でも肝腫大があり，腫瘍はびまん性・結節性に骨膜・軟骨周囲表面にみられ，肋軟骨・胸骨部に多発する。腫瘍細胞は骨髄球に似た均一な細胞からなる。

＜病原・血清診断＞ 感染したすべての個体が発症するわけではないため診断価値は乏しい。抗原検出にはgs抗原を検出するELISAやCOFALテストがある。RIFテストは干渉現象を利用して亜群を同定でき，血清，臓器乳剤や腟拭い液(母鶏)などを用いて検査する。腫瘍細胞はsIgM発現Bリンパ芽球なので，抗鶏IgM血清による蛍光抗体法や免疫染色法により検出可能で，マレック病と鑑別できる。*env*やLTR領域を検出するPCRなどの遺伝子診断も用いられる。抗体の証明も診断価値が乏しいが，蛍光抗体法，中和テスト，ELISAが用いられる。

予防・治療 ワクチンおよび治療法はない。垂直感染の予防が重要であり，ELISAにて種鶏群からALV排出鶏を摘発・淘汰し，種鶏を清浄化するのが効果的である。非感染ひなのみの清浄な環境下での飼育，発病抵抗性の高い種鶏群のひなを導入する。

(大橋和彦)

4 マレック病(届出)
Marek's disease

(口絵写真22頁)

概 要 マレック病ウイルス感染による末梢神経の腫大や種々の臓器組織におけるリンパ腫の形成を特徴とする疾病。

宿 主 鶏とうずらが自然宿主。外見上正常な七面鳥，きじなどからもウイルスが分離される場合がある。実験的にはあひるにも感染する。

病 原 *Herpesvirales*, *Herpesviridae*, *Alphaherpesvirinae*, *Mardivirus*に属するマレック病ウイルス(*Gallid alphaherpesvirus 2*および*3*：MDV)。MDVの血清型は2種類あり，七面鳥ヘルペスウイルス(*Meleagrid alphaherpesvirus 1*)が血清型3に分類される。血清型1のみが腫瘍原性で，血清型2，3は非病原性である。

MDVは鶏腎(CK)細胞やあひる胚線維芽細胞で増殖しCPEを形成する。リンパ球指向性・細胞随伴性が強く，感染性cell-freeウイルスは感染鶏の羽包上皮でのみ産生され，フケ・羽毛とともに拡散し鶏舎を汚染する。

分布・疫学 世界各地に分布。慢性経過で致死率は10%前後の古典型と，急性で諸臓器にリンパ腫形成がみられ，致死率が高い急性型がある。

感染性ウイルスを含むフケにより経気道感染し，垂直感染はない。病態には，ウイルス株の病原性や，宿主の日齢，性別，品種系統，移行抗体の有無，免疫抑制を起こす病原体の混合感染，環境からのストレスなどが影響する。若齢鶏や雌で発生が多い。遺伝的抵抗性はB遺伝子座に支配される。環境要因には，冬季の換気不良など飼育時の気温・湿度，衛生管理などがある。

診 断

＜症 状＞ 古典型と急性型(内臓型)は本質的に同じである。古典型は通常3～5カ月齢の鶏に発生し，主に神経症状を呈する。左右不対称の場合が多く，肢(坐骨神経)，翼，頸部に好発し，歩行異常・起立不能，翼下垂，頭部下垂・捻転・斜頸などを示す。急性型は，4カ月齢未満の若齢鶏に多発し，元気消失，衰弱，削痩，脱水，昏睡状態となるが，無症状で急死する場合もある。他に皮膚型や眼型がある。

発病機序：鶏体内でMDVは貪食細胞に取り込まれ，Bリンパ球に細胞溶解性感染を起こし免疫抑制を起こす。さらに，活性化したTリンパ球に潜伏感染し，免疫抑制やリンパ球に腫瘍性増殖性変化が起こり，末梢神経の腫大やリンパ腫形成が起こる。

＜病 理＞ 末梢神経の腫大と臓器や組織でみられるリンパ腫形成が特徴的病変である。感染初期は主に胸腺や脾臓などに変性・壊死性病変がみられ，その後リンパ球や細網細胞の変性・壊死，細網細胞やマクロファージの増生・浸潤がある。神経は正常時の2～3倍に腫大し，腕神経叢や腰仙骨神経叢などで観察できる(**写真1**)。神経線維の条斑は消失し，黄色～灰色に変色する。

末梢神経の病変は，小型リンパ球と形質細胞の軽度の浸潤と水腫を伴う炎症性病変と，リンパ-細網系細胞の浸潤を伴う腫瘍性増殖性病変に分けられる。リンパ腫は肝臓，脾臓，卵巣，腎臓，心臓，肺に好発し，びまん性や結節性の灰～白色の腫瘍となる(**写真2**)。リンパ腫は大小各種の

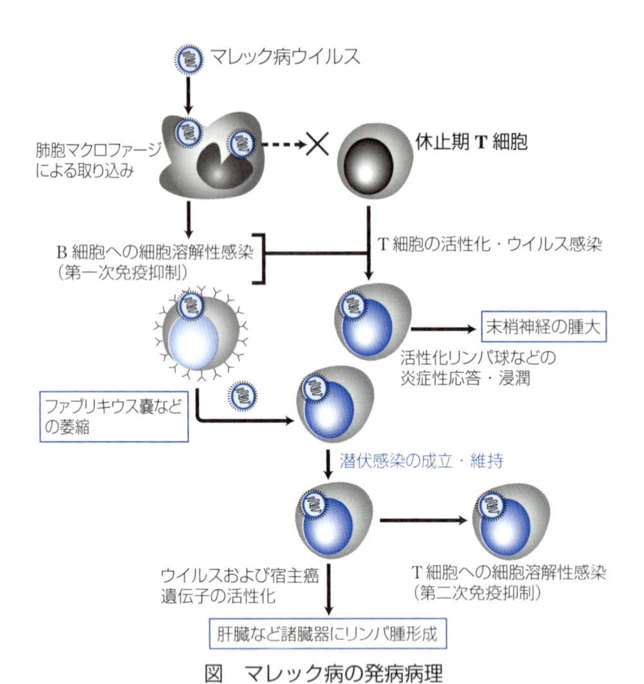

図 マレック病の発病病理

リンパ様細胞の増殖からなる。腫瘍化の標的は通常CD4⁺T細胞である。神経症状や介卵感染の有無，発症鶏の日齢，組織学的検索により，鶏白血病と鑑別する。

<病原・血清診断> 感染鶏すべてが発症するわけではなく，病原体の証明は診断価値が乏しい。

病原診断：ウイルス分離は，感染鶏の腎臓培養や，末梢血や脾臓細胞，腫瘍細胞浮遊液や皮膚・羽軸の乳剤を鶏腎培養細胞に接種して行う。PCRによるMDVゲノム検出も可能である。

血清診断：診断価値は低いが，寒天ゲル内沈降反応，蛍光抗体法などで行う。

予防・治療 生ワクチンを初生雛(1日齢)に接種する。弱毒化した血清型1や，血清型2，3のウイルス多価ワクチンもある。近年，ワクチン接種鶏でワクチンブレイクが報告されている。鶏舎の消毒を徹底した衛生管理，隔離育雛も重要である。治療はしない。

(大橋和彦)

5 伝染性気管支炎(届出)

Infectious bronchitis

(口絵写真22頁)

概　要 伝染性気管支炎ウイルス(IBV)に起因する伝染性呼吸器性疾病。腎臓や生殖器にも障害を与えることがある。

宿　主 鶏

病　原 伝染性気管支炎ウイルス(*Avian coronavirus*：Infectious bronchitis virus)は*Nidovirales*，*Coronaviridae*，*Coronavirinae*，*Gammacoronavirus*に属するプラス1本鎖RNAウイルスである。ウイルスは直径30～200nmで，エンベロープを有し，表面には長さ約20nmの棍棒状の突起(スパイク)を持つ。本ウイルスは抗原変異が激しく，多数の抗原型が存在する。抗原型には交差性があるものもあり，明確な血清型の区分は提唱されていない。

分布・疫学 世界中に広く分布。日本では1951年に初めて本病の発生が報告された。鶏のみの疾病と考えられるが，きじからウイルスが分離された例もある。年齢に関係なく感染する。主徴は呼吸器症状であるが，腎炎で死亡することもある。細菌の二次感染があると，気嚢炎などを起こし，死亡率が高くなる。

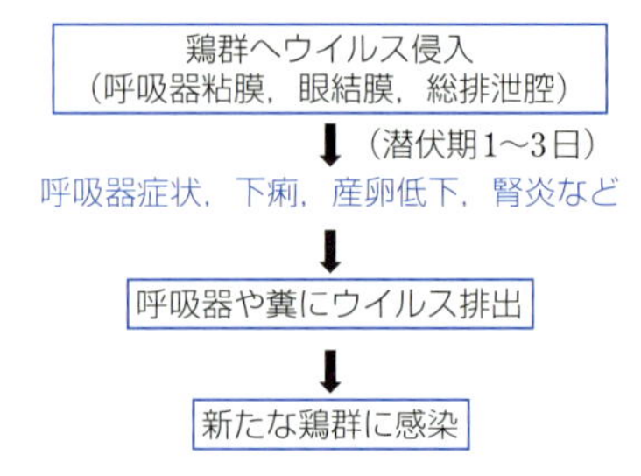

図 伝染性気管支炎の発病機序(鶏)

ウイルスの病原性が弱い場合，不顕性の形で流行する場合もある。産卵鶏群が感染すると，産卵率と卵質の低下が認められることがあり，これらの影響は回復しない場合も少なくない。

呼吸器からのウイルス排出は1～2週間で終了するが，糞便からの排出は長期間続くこともある。このような鶏が感染源となる可能性が高い。ウイルスの感染力は非常に強く，群内の数羽の鶏が感染した場合，48時間以内に群の全鶏が感染する。鶏舎間の伝播も容易に起こる。

診　断

<症　状> 主徴は呼吸器症状で，特に呼吸音は特徴的であり，感染初期は捻髪音，極期にはミューミューという猫の鳴き声に類似した奇声が認められる。腎病原性の株に感染した鶏の場合，呼吸器症状が認められた後に元気消失，羽毛逆立および水様便を呈し，死亡例が増加することがある。潜伏期は1～3日間で，呼吸器症状の極期は感染後4～9日である。腎炎による死亡は感染から5～16日後程度に認められることが多い。6週齢以上および成鶏における症状は弱く，気づかれずに過ぎることが多い。

<病　理> 気管，鼻道および副鼻腔において，漿液性，カタル性ないしチーズ様の滲出液が認められる(**写真1**)。気管粘膜は水腫状となり，線毛の消失，上皮細胞の円形化・脱落，ならびに偽好酸球・リンパ球の浸潤が認められる。腎病原性株が感染すると腎臓は腫大し退色しており，死亡鶏の腎臓は大理石様になっている(**写真2**)。腎臓の病変は主に間質性腎炎である。産卵鶏においては，輸卵管の粘膜固有層に浮腫および線維増殖が認められることがある。

<病原・血清診断>

病原診断：ウイルス分離はSPF発育鶏卵尿膜腔内や気管培養または鶏腎初代培養(CK)細胞に検査材料を接種して行う。発育鶏卵では鶏胚死または変性(カーリング，矮小化)(**写真3**)，気管培養では繊毛運動の停止，CK細胞ではCPEが認められた場合，IBV分離陽性の可能性が高い。分離陰性を確認するためには少なくとも数代盲継代を繰り返す必要がある。分離されたウイルスがIBVであることを同定するためには抗血清を用いた中和テスト，ゲル内沈降反応，蛍光抗体法を行う。近年ではRT-PCRによってIBV特異遺伝子を検出することが多い。電子顕微鏡を用いて直接ウイルス粒子を観察することもある。

本病では生ワクチンが多用されているので，病原性株とワクチン株を混同しないよう注意が必要である。血清型についてはSPF発育鶏卵やCK細胞を用いた中和テストで判定する。
血清診断：抗体検査には中和テストやELISAが利用されている。
予防・治療　生ワクチンと不活化ワクチンが用いられる。株間では若干の交差防御性が認められるが，高いワクチン効果を期待するには，当該農場で流行している血清型に近いワクチン株を選択する。現在，日本ではマサチューセッツ型，コネチカット型，その他(日本分離株由来の血清型)がある。生ワクチン投与鶏群には一過性の呼吸器症状が認められることがあるので，投与後はひなの飼育環境に注意する。

回復鶏は感染源となるおそれがあるので，早期に殺処分することが望ましい。

(真瀬昌司)

6 伝染性喉頭気管炎(届出)
Infectious laryngotracheitis

概　要　伝染性喉頭気管炎ウイルスは鶏に重度の急性呼吸器感染症(奇声を伴う強い咳，開口呼吸，結膜炎，血痰排泄など)を引き起こす。気管内の滲出物(血痰)が気道を閉塞した場合は窒息死する。

宿　主　鶏が主な自然宿主，その他きじ，七面鳥，クジャク

病　原　*Herpesvirales, Herpesviridae, Alphaherpesvirinae, Iltovirus*に属する伝染性喉頭気管炎ウイルス(*Gallid alphaherpesvirus 1*)。ウイルス粒子の大きさは195～250nm，不整円形のエンベロープが2本鎖DNAを含むヌクレオカプシドを囲んでいる。ウイルスの細胞への感染は，宿主細胞に吸着後エンベロープと細胞膜との融合によって開始される。ウイルスの増殖部位は核内である。感染細胞内では核内封入体が観察される。初代鶏腎培養細胞では核内封入体を伴う合胞体形成が認められる。発育鶏卵に接種すると漿尿膜に白色のポックが形成される。血清型は単一である。ウイルスは有機溶媒や界面活性剤，一般の消毒薬で容易に不活化される。また，温度には比較的感受性で，高い外気温(25～30℃)下ではきわめて抵抗性が弱い。

分布・疫学　世界中の養鶏産業の盛んな地域で認められているが，日本では1962年以降常在化している。近年では発生は減少しているが，根絶されていない。鶏種，性別，日齢を問わず発病する。病気は年間を通じて発生するが，ウイルスは温度感受性のため外気温の低い時期に発生が多い。自然感染ではウイルスが上部呼吸気道および結膜から侵入し，増殖することによって感染が成立する。ウイルスの体内分布は，呼吸気道と結膜に限られる。

伝播は主に感染鶏との直接接触やウイルスに汚染された器具器材，飼料，水，敷料，人などとの間接接触によっても起こる。また，発症後に回復した持続感染鶏も重要な感染源となる。ケージ飼育鶏舎での伝播速度は比較的遅いが，平飼いでは速い。糞便中へのウイルスの排出，離れた鶏舎への空気感染や介卵感染は認められていない。一旦発生が認められた養鶏場では常在化する傾向があり，根絶は容易ではない。

死亡率は0～70%，通常平均13%前後である。自然感染での潜伏期は6～14日である。

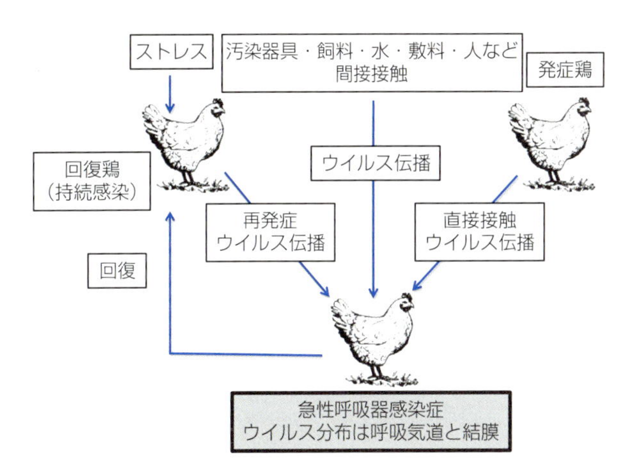

図　喉頭気管炎ウイルスの感染環

診　断

<症　状>　典型的な症状は，重度の呼吸器症状(開口呼吸，異常呼吸音，強い咳，奇声，鼻汁漏出など)である。そのほか，流涙を伴う結膜炎がみられる。発症極期には本病の特徴である血痰排泄が認められるが，強い咳によって気管内の滲出物(血痰)を排出できない場合は気道を塞ぎ窒息死する。血痰が排泄されれば回復に向かう。通常7日前後で一般症状はなくなる。産卵鶏では産卵率の低下が認められる。

<病　理>　喉頭から気管の全長にかけて最も強く，かつ特徴的な肉眼所見(著明な充出血，水腫性肥厚，粘膜表面に偽膜様に付着した血様，黄白色クリーム様あるいはチーズ様滲出物)が認められる。偽膜様滲出物は容易に剥離できる。そのほかの呼吸器官である肺や気嚢には肉眼病変はみられない

特徴的な組織所見は，気道粘膜に認められる粘膜上皮性細胞の変性，核内封入体を伴う合胞体形成であり，病気の初期によく検出される。

<病原・血清診断>
病原診断：発症鶏の気管(滲出物)や肺の乳剤を初代鶏腎培養細胞や発育鶏卵の漿尿膜上に接種してウイルス分離を行う。接種材料にウイルスが含まれていれば，鶏腎培養細胞では大型の融合性のCPE(合胞体)が観察される。また，発育鶏卵の漿尿膜には大きなポック(白色肥厚)が接種部のみに観察される。ウイルスの同定は，培養細胞やポックにおける核内封入体の確認と特異抗体を用いたウイルス抗原の検出，あるいは中和テストによって行う。気管切片を用いた酵素抗体法によるウイルス抗原の検出を行う。
血清診断：ペア血清を用いて中和テストやELISAにより行う。

予防・治療　予防対策は衛生管理の徹底と生ワクチンの接種によって実施する。ニューカッスル病生ワクチンにより干渉作用を受けるので，両ワクチンの接種は1週間以上の間隔をあける必要がある。本病の伝播力は強くないので，発生地域・農場との交流を避け，ウイルスを侵入させないことが予防上重要である。特に，回復鶏は持続感染によりウイルスキャリアーになる可能性があるので，導入を避けなければならない。治療法はない。

(今井邦俊)

7 禽痘
Avian pox
（口絵写真23頁）

概　要　鶏痘ウイルスなどの禽痘ウイルス感染による皮膚の無羽部や粘膜における発痘を主徴とする疾病。

宿　主　禽痘は23目，約230種の鳥類で報告

病　原　*Poxviridae*, *Chordopoxvirinae*, *Avipoxvirus*に属する鶏痘ウイルス(*Fowlpox virus*)，カナリア痘ウイルス(*Canarypox virus*)，*Juncopox virus*, *Mynahpox virus*，鳩痘ウイルス(*Pigeonpox virus*)，*Psittacinepox virus*, *Quailpox virus*, *Sparrowpox virus*, *Starlingpox virus*および*Turkeypox virus*の10種

1）鶏痘（届出）
Fowlpox

宿　主　主に鶏，その他にうずら，七面鳥，鳩など

病　原　鶏痘ウイルス。レンガ状の外観を呈し，大きさは約330×280×200nm。クロロホルムおよび1％水酸化カリウムに感受性で，1％フェノールおよび約0.03％のホルマリンに9日間抵抗性。乾燥した痂蓋内では，数カ月から数年間感染性を維持する。50℃ 30分および60℃ 8分の加熱で不活化される。

分布・疫学　全世界に分布。鶏種，日齢，性には無関係に認められる。日本では，発生が著しく減少している。罹患鶏の羽毛や病変部の痂蓋にウイルスが含まれ，これらとの直接および間接的接触や飛沫の吸入により，傷ついた皮膚や粘膜から感染する。蚊やヌカカ，ワクモなどの吸血節足動物による機械的伝播がある。

診　断

＜症　状＞　主に鶏冠，肉垂，眼瞼，その他皮膚の無羽部に結節状病変（発痘）が認められる皮膚型（**写真1**）と口腔，食道または気管粘膜に発痘を認める粘膜型（ジフテリア型）（**写真2**），およびこれらの混合型がある。

粘膜型では，伝染性喉頭気管炎に類似の呼吸器症状を示す場合がある。皮膚型は吸血節足動物が活動する夏季に，粘膜型は冬季に発生する傾向がある。感染率は多様だが伝播は一般に緩慢で，発育不良や一過性の産卵率低下を認めることがある。死亡率は低いが，皮膚型よりも粘膜型や混合型で高く，重篤な場合には50％に達する。

＜病　理＞　皮膚病変は，感染4日程度で小型の白色点状病変として認められ，5～6日目には丘疹が形成される。その後，肥厚して結節となり，2週間程度で出血，その後，痂皮が形成される。

粘膜では，やや隆起した白色あるいは黄色の結節がときに癒合し，黄色チーズ様の偽膜を形成する。組織学的には，病変部の炎症性変化と特徴的な上皮の過形成が観察される。感染細胞は膨化し，好酸性の細胞質内封入体（Bollinger小体）が認められる。

＜病原・血清診断＞

病原診断：ウイルスは初代鶏胚線維芽細胞などの鳥類由来細胞で増殖可能だが，一般に病変部組織を発育鶏卵漿尿膜上に接種し，漿尿膜におけるポック形成を確認する。PCRによる遺伝子検出も行われる。

血清診断：抗体検出はELISA，ウイルス中和テスト，寒天ゲル内沈降反応などによる。

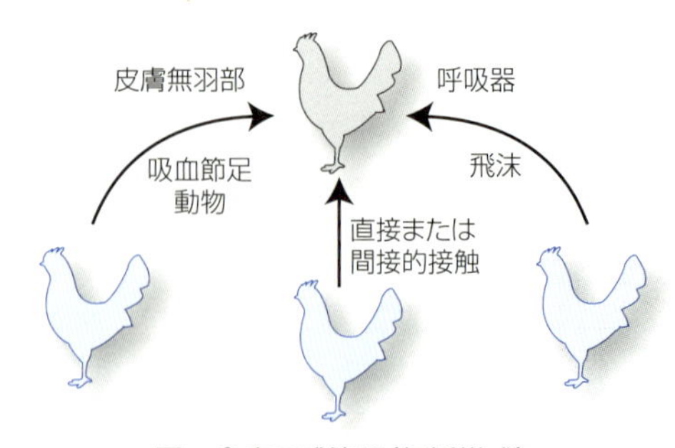

図　禽痘の感染環（伝播様式）

予防・治療　一般的な衛生管理とウイルス伝播に関与する吸血節足動物の制御。生ワクチンが有効で，日本では初生から2週齢で翼膜穿刺し，約90日齢で初回と反対側の翼膜に追加免疫をする。卵内接種法による免疫も行われる。

2）鳩痘
Pigeonpox

宿　主　主に鳩

病　原　鳩痘ウイルス

診　断　7～9日間の潜伏期を経て発症し，3～4週間程度で回復。病変は嘴周辺や眼瞼に好発する。

特徴的な発痘による外観および病理組織学的検索とウイルス学的検索により確定する。

予防・治療　日本にワクチンはない。一般に治療は行わず自然治癒を待つ。

3）カナリア痘
Canarypox

宿　主　主にカナリア

病　原　カナリア痘ウイルス

診　断　感染後10～14日で頭部および脚などの無羽部を中心に発痘。死亡率は高く，80～100％に達する。

予防・治療　衛生管理と吸血節足動物の制御。日本に入手可能なワクチンはない。

（山口剛士）

8 伝染性ファブリキウス嚢病（届出）
Infectious bursal disease
（口絵写真23頁）

病名同義語：ガンボロ病（Gumboro disease）

概　要　伝染性ファブリキウス嚢病ウイルス感染によるファブリキウス嚢の腫脹または萎縮を特徴とする免疫抑制性疾病。株により高い死亡率を示す。

宿　主　鶏。あひると七面鳥からのウイルス分離，水きん類，きじおよびペンギンなどからの抗体検出例，鳩およびほろほろ鳥からの遺伝子検出例がある。国内ではコガモやハシボソガラスから中和抗体が検出されている。

病　原　*Birnaviridae*, *Avibirnavirus*に属する伝染性ファブリキウス嚢病ウイルス(*Infectious bursal disease virus*：IBDV)。直径約60nmの正20面体構造で，2分節2本鎖RNAをゲノムに持つ。エンベロープはない。56℃ 5時間および60℃ 30分間の加熱や0.5％フェノール存在下での30℃ 1時間処理，エーテルおよびクロロホルムに抵抗性を示す。交差中和テストにより血清型1と2に分類され，血清

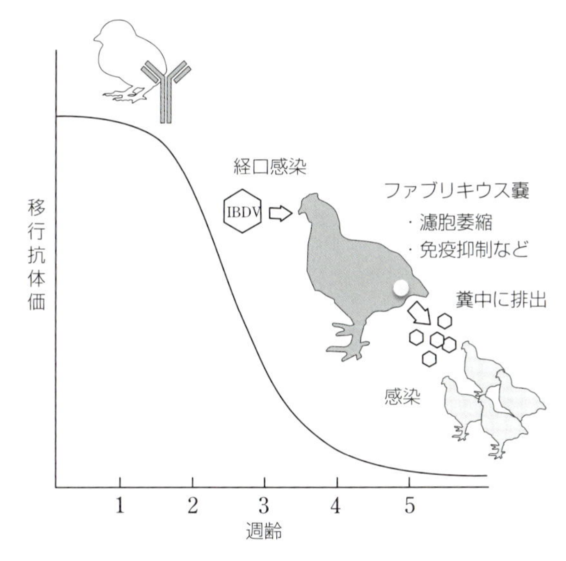

図 IBDVに対する移行抗体価の推移と感染

型1のみが鶏に病原性を示す。

分布・疫学 全世界に分布。日本では年間数例程度の届出がある。1980年代に欧州で致死性の高いvery virulent typeが突然発生し，その後，日本を含む世界各地に広がった。IBDVは経口感染し，ファブリキウス(F)嚢で増殖後，糞便中に排出され，感染源となる。垂直感染はない。多くは移行抗体の消失に伴って発生し，3～5週齢で最も感受性が高い。発症はF嚢を有する日齢に限られ，日齢とともに感受性は低下する。

診 断

＜症 状＞ 罹患鶏は感染2～3日目から軟便または水様下痢，食欲減退，羽毛逆立ちを示す。感染3～4日目には沈うつ状態となり，ときに死亡する。症状は一過性で生残鶏は感染1週程度で速やかに回復する。

感染率は100%に達し，死亡率は数%から数十%まで多様である。死亡率が高い場合，ニューカッスル病などの急性致死性感染症との鑑別を要する。

＜病 理＞ 感染2～4日目にF嚢の腫脹または萎縮，黄変化，水腫，出血およびゼリー様物の付着を認め，F嚢腔内には粘液または黄白色のチーズ様物を含むことがある(**写真1，2**)。また，胸腺の萎縮，脾臓と腎臓の腫大が認められる。

この他，筋肉内，皮下，腺胃および十二指腸に点状出血の認められる場合がある。感染5～6日目以降にはF嚢の高度な萎縮が認められる。

組織学的には，感染1～3日にかけてF嚢濾胞におけるリンパ球の高度な壊死と偽好酸球およびマクロファージの浸潤が認められ，その後，濾胞の萎縮が観察される。免疫組織学的検索により，F嚢の濾胞内リンパ球，盲腸扁桃および脾臓にウイルス抗原陽性細胞が検出される。

IBDVは主にF嚢のIgM陽性Bリンパ球に感染し，ネクローシスやアポトーシスの誘導によりこれを破壊する。このため罹患鶏のBリンパ球は著しく減少し，免疫抑制状態となる。減少したBリンパ球は，その後回復し濾胞を再形成する。罹患鶏のTリンパ球には一過性にマイトジェン刺激に対する応答低下も認められる。

＜病原・血清診断＞

病原診断：F嚢乳剤の発育鶏卵漿尿膜上接種によるウイルス分離，感染F嚢乳剤を用いた寒天ゲル内沈降反応，F嚢組織を用いた間接蛍光抗体法によるウイルス抗原の検出やカプシド蛋白質(VP2)コード領域を標的としたRT-PCRによる。増幅産物の制限酵素切断像または塩基配列から，生ワクチンと野外株との鑑別や型別が可能である。

ウイルス分離は迅速性の点で実用的ではない。

血清診断：抗体検出は，ウイルス中和テスト，ELISA，寒天ゲル内沈降反応および間接蛍光抗体法によるが，診断的価値は低い。

予防・治療 日常的な衛生管理とオールインオールアウトによる衛生環境の整備，ワクチンによる免疫が重要。消毒は0.05%水酸化ナトリウムを添加した逆性石けん，ヨード化合物または塩素化合物からなる消毒薬が有効で，0.5%ホルマリン6時間の処理でも感染性が著しく低下する。5週齢以下のひなが本病に高い感受性を示すため，予防には種鶏を生および不活化ワクチンで免疫し，コマーシャルひなに移行抗体を賦与する。また，ひなには，移行抗体消失時期に生ワクチンを複数回投与する。一般的ではないが，卵内接種法によるワクチン投与も行われることがある。治療法はない。

(山口剛士)

9 鶏のウイルス性関節炎／腱鞘炎
Viral arthritis/tenosynovitis in chickens

概 要 鳥レオウイルスの感染に起因する足関節部における関節炎と腱鞘炎。跛行と腓腹腱断裂(青脚)がみられる。

宿 主 鶏，七面鳥，そのほかの鳥類

病 原 *Reoviridae*，*Spinareovirinae*，*Orthoreovirus*に属する鳥レオウイルス(*Avian orthoreovirus*)。ウイルスは，エンベロープを持たない直径約80nmの正20面体対称の球形粒子。核酸は10分節からなる2本鎖RNA。本ウイルスは鶏群に広く浸潤しており，複数の血清型が報告されている。鶏に対する病原性は血清型と関係なく，ウイルス株によって様々である。赤血球凝集性はない。ウイルスは熱，エーテル，pH3に抵抗性。70%エタノールにより不活化される。ウイルスは鶏腎，鶏胚肝培養細胞や発育鶏卵で容易に増殖する。

分布・疫学 世界的に鶏，七面鳥，その他の鳥類にも広く感染が認められる。通常，発生は肉用鶏にみられるが，卵用鶏や七面鳥でも報告がある。年間を通じて発生。ウイルスは健康な鶏の腸管や呼吸器から分離され，80%以上のウイルスは非病原性株と考えられている。病原性の強いウイルス株に1カ月齢以上の鶏が感染しても加齢抵抗性のため発症しにくいが，幼雛の感染では重度の関節炎になりやすい。移行抗体保有雛は抵抗性である。

ウイルスの侵入門戸は経口および経気道である。ウイルスは水平伝播で広がるが，ウイルスを含む糞便が主な感染源である。介卵感染による発生もある。

診 断

＜症 状＞ 4～7週齢の肉用鶏に多発。発症鶏は跛行あるいは起立不能，足関節の腫脹と出血を示す。

＜病 理＞ 初期には腓腹腱や趾屈腱および周囲組織の水腫性腫脹，病期が進行して7週齢を過ぎた鶏では腓腹腱は

断裂し出血するため，いわゆる「青脚」となる。腓腹腱の断裂がない場合は慢性化するが，線維性結合組織の増殖による足関節上部の結節性の肥厚，硬化が著明となる。

組織所見として非化膿性腱鞘炎，腱鞘および周囲組織の線維性結合組織の増量が認められる。しばしば黄色ブドウ球菌などの二次感染(化膿性炎症)がみられる。

＜病原・血清診断＞

病原診断：病変部の腱および腱鞘の乳剤を鶏腎培養細胞や発育鶏卵の卵黄嚢内に接種してウイルス分離を行う。鶏腎培養細胞では融合性のCPE(合胞体)と細胞質内封入体が観察される。発育鶏卵接種では，鶏胚の死亡，充血や出血，矮小化が認められる。分離ウイルスの鶏に対する病原性は，ひなを用いた趾蹠内接種法で確認する。病期が進行した例，特に腱断裂を示すような例からのウイルス分離はきわめて難しい。

血清診断：ウイルスが広く分布し不顕性感染も多いことから，診断上補助的価値しかない。寒天ゲル内沈降反応，中和テスト，ELISAなど。

予防・治療　衛生管理の徹底により，特に幼雛期の感染を阻止する。種鶏用の生および不活化ワクチンの接種により幼雛に移行抗体を付与し本病の発生を防ぐ。ワクチンウイルスと異なる血清型のウイルスに対する効果は低い。治療法はない。

(今井邦俊)

10 鶏脳脊髄炎
Avian encephalomyelitis

概　要　鶏脳脊髄炎ウイルス感染によって起こる。幼雛に運動失調および頭頸部の震えなどの神経症状を，成鶏に産卵率低下を起こす。

宿　主　鶏，きじ，うずら，鳩，七面鳥

病　原　*Picornavirales*, *Picornaviridae*, *Tremovirus*に属する鶏脳脊髄炎ウイルス(*Tremovirus A*：Avian encephalomyelitis virus)。直径約26～30nmの正20面体で，プラス1本鎖RNAウイルス。血清型は単一で，種々の物理化学的処理に対し抵抗性を示す。鶏胚の各初代培養細胞で増殖するが，CPEは示さず，感染価も低い。SPF鶏由来発育鶏卵の卵黄嚢内接種によりウイルス分離が行われるが容易ではなく，胚に順化するには継代を必要とする。

分布・疫学　世界各地の養鶏地帯に存在し，不顕性感染が多い。垂直(介卵)感染と水平感染があり，介卵感染したひなとその同居ひなが発病(二峰性発生)する。1カ月齢以上の鶏は感染しても神経型は発症しない。

診　断

＜症　状＞　幼雛では元気消失，頭頸部の震え，歩様異常，脚麻痺などの運動失調がみられ，その後，横臥し採食・飲水困難により発育不良となり死亡。産卵鶏では，急激な産卵率低下と比較的早い回復(V字型産卵曲線)を示し，神経症状は発現しない。ひなでは後遺症として，水晶体の混濁により失明することがある。剖検ではひなの筋胃の平滑筋層に退色巣を認めることもあるが，特徴的な肉眼病変を欠き，介卵感染した場合，孵化できずに死亡(死ごもり卵)することがある。

＜病　理＞　発症鶏の組織学的変化は，中枢神経，特に脊髄膨大部や中脳における大型神経細胞の中心性色質(虎斑)融解と形質細胞浸潤を伴う囲管性細胞集簇およびグリオーシスが特徴。耐過したひなでは，消化管の平滑筋層を中心に筋胃，膵臓，心臓などに形質細胞浸潤およびリンパ濾胞の過形成が認められる。

＜病原・血清診断＞

病原診断：ウイルスの分離は容易ではなく，発症鶏の脳・脊髄乳剤をSPF初生ひなの脳内に接種するか，発育鶏卵の卵黄嚢内に接種し，孵化したひなの発症と中枢神経病変で確認する。発症鶏の中枢神経組織のウイルス抗原を酵素抗体法や蛍光抗体法で検出することも可能。PCRによる遺伝子検出も行われる。

血清診断：中和テスト，寒天ゲル内沈降反応，ELISAなどで行われる。中和抗体は感染後2～3週間から上昇し，1～2年間は陽性を示すので，ペア血清を用いて抗体の有意上昇を確認する必要がある。

予防・治療　生ワクチンがある。種鶏，採卵鶏ともに，少なくとも産卵4週間前にはワクチン接種により抗体を陽転させておく。発症鶏の治療法はないが，回復後に再度発症はしない。

(御領政信)

11 封入体肝炎
Inclusion body hepatitis

病名同義語：鶏のⅠ群アデノウイルス感染症(Group I adenovirus infection of chickens)

概　要　鶏のⅠ群アデノウイルス感染により起こる若齢鶏の肝臓の腫大や出血性病変を伴う急性感染症。症状を示さず，急性死(突然死)することが特徴。

宿　主　鶏

病　原　*Adenoviridae*, *Aviadenovirus*に属する鶏のⅠ群アデノウイルス。常在性で，*Fowl adenovirus A*～*E*に分類されており，すべての型で封入体肝炎が報告されているが，この分類と病原性は相関しない。病原性は株間でも差が大きい。鶏胚肝や鶏腎培養細胞で円形のCPEを示して増殖し(鶏胚線維芽細胞や気管培養では増殖しない)，好塩基性核内封入体を形成。発育鶏卵(漿尿膜上や卵黄嚢内)で増殖する株もある。赤血球凝集性はない。

*Fowl adenovirus C*は心膜水腫症候群(hydropericardium syndrome)の，*Fowl adenovirus A*はうずらの急性致死性呼吸器病の原因でもある。

分布・疫学　世界中に分布するが，日本における発生数は少ない。年齢に関係なく鶏は感受性であり，主に3～7週齢のブロイラーに発生し，産卵鶏でもみられる。垂直および水平感染し，潜伏期間は約24～48時間。ウイルスは感染個体の気管・鼻腔粘膜や糞便などに存在し，感染源となる。致死率は10～30%になる場合もあるが，他の要因，特に伝染性ファブリキウス嚢病ウイルスや鶏貧血ウイルスなどとの複合感染などが病態形成に大きく関係している。

診　断

＜症　状＞　症状を示さず甚急性の経過で突然死亡することが特徴であり，元気・食欲減退，うずくまり，羽毛逆立，嗜眠状態を呈する場合もある。また，心膜水腫症候群でも同様の症状を示す。

＜病　理＞　主な病変は，肝臓の腫大，黄色化，脆弱化および点状・斑状出血。出血は骨格筋でもみられる。心膜水腫症候群では肝臓の病変の他に，水様・ゼラチン様液の心膜貯留や肺水腫などがみられる。肝腫大は鶏貧血ウイルス病でもみられるため，鑑別が必要。

組織学的には，肝細胞の変性壊死や単核球の浸潤および肝細胞に核内封入体が出現。壊死性膵炎や筋胃びらんの症例では，ウイルス抗原を含む核内封入体が，それぞれ膵臓の腺細胞や筋胃上皮細胞でみられる。

＜病原・血清診断＞

病原診断：糞便，咽頭，腎臓や病変部から鶏腎培養細胞や発育鶏卵を用いてウイルスを分離する。あるいは蛍光抗体法などによる抗原検出により診断し，血清型別はウイルス中和テストで行う。

血清診断：寒天ゲル内沈降反応，蛍光抗体法，ELISAなどで可能だが，鶏アデノウイルスは常在化しており，診断的意義は低い。

予防・治療　ワクチンはない。伝染性ファブリキウス嚢病ウイルスや鶏貧血ウイルスなどとの混合感染により病態が悪化するので，一般衛生管理が重要である。

（大橋和彦）

12 産卵低下症候群

Egg drop syndrome

病名同義語：鶏のⅢ群アデノウイルス感染症（Group Ⅲ adenovirus infection of chickens）

概　要　産卵低下症候群ウイルスの感染による無殻卵・薄殻卵などの卵殻形成不全を伴う産卵率低下を主徴とする感染症。

宿　主　鶏，あひる，がちょう

病　原　*Adenoviridae*，*Atadenovirus*に属する産卵低下症候群（EDS）ウイルス（*Duck atadenovirus A*）。血清型は1種類で，3種類の遺伝子型がある。ウイルスはあひる，がちょうの発育卵および鶏胚線維芽細胞，あひる胚肝臓・腎臓培養細胞で増殖し，鶏胚肝培養細胞でも増殖するが，発育鶏卵では増殖しない。各種鳥類（鶏，七面鳥，あひる，がちょうなど。哺乳類は不可）の赤血球を凝集する。ⅠおよびⅡ群の鶏アデノウイルスとはそれぞれの特異血清間での交差反応はみられない。

分布・疫学　世界各国に分布。垂直（介卵）および水平感染する。介卵感染した受精卵は正常に孵化し，ひなは成長するが，ウイルスを保有する。糞便などの排泄物中のウイルスが感染源となり，直接接触や汚染飲水を介して伝播し，また汚染医療器具などからも伝播する。

診　断

＜症　状＞　退色卵，無殻・軟殻・薄殻卵・破卵の産生など卵殻形成異常がみられる（受精率・孵化率には影響なし）。卵の矮小化や卵白の水様化の報告もある。産卵最盛期の30～40週齢に多発し，4～10週間にわたるV字型の一過性の産卵低下を示す場合が多く，産卵率は10～40％低下する。一過性の下痢や食欲不振などがみられる場合もあるが，他の症状はみられない。

産卵率低下を引き起こす種々の疾病との鑑別が必要である。

＜病　理＞　野外の病鶏では肉眼病変が少なく，卵管の萎縮や卵管子宮部の水腫性肥厚，軟卵胞や子宮に水腫がみられる場合もある。

組織病変としては，卵管粘膜の水腫，上皮や粘膜固有層におけるマクロファージ，形質細胞，リンパ球などの炎症性浸潤，子宮腺の萎縮などが認められる。一部の上皮細胞には核内封入体が観察されることもある。

＜病原・血清診断＞

病原診断：あひるやがちょうの発育卵や培養細胞を用いたウイルス分離と赤血球凝集活性を確認する。

血清診断：ELISA，蛍光抗体法，寒天ゲル内沈降反応，HI反応などで抗体上昇を確認する。

予防・治療　採卵用鶏群には不活化ワクチンも使用されている（産卵開始までに2回接種）が，汚染種鶏群の摘発・淘汰が望ましい。糞便中にウイルスが存在するため，鶏舎の洗浄・消毒も重要。治療法はない。

（大橋和彦）

13 鶏貧血ウイルス病

Chicken anemia virus infection

病名同義語：鶏伝染性貧血（Chicken infectious anemia）

概　要　鶏貧血ウイルス感染による鶏の骨髄低形成と胸腺萎縮を伴う貧血を主徴とする疾病。

宿　主　鶏

病　原　*Anelloviridae*，*Gyrovirus*に属する鶏貧血ウイルス（*Chicken anemia virus*）。環状マイナス1本鎖DNAウイルスで，通常の培養細胞では増殖しないが，マレック病および鶏白血病由来リンパ系培養細胞株で増殖する。

分布・疫学　病原体は1979年に鶏貧血因子として日本で最初に分離報告された。ウイルスは世界各国の鶏群に常在し，ほとんどの鶏群が抗体を保有している。介卵および水平感染を起こすが，野外では抗体保有種鶏が多いので発症は散発的である。

診　断

＜症　状＞　介卵感染による発症時期は1～4週齢で，死亡・淘汰率は数％～20％程度であるが，60％に達する場合もある。中雛以上での発症は，伝染性ファブリキウス嚢病ウイルスやマレック病ウイルスなどの感染による免疫低下が原因と考えられている。

発症・死亡のピークは感染2～3週後であるが，ひなは食欲低下と元気消失を示し，羽を逆立てうずくまる。ヘマトクリット値は正常では30％以上であるが，重度の発症鶏は10％以下まで低下し，皮膚は蒼白となる。

封入体肝炎，マレック病との鑑別が必要。

＜病　理＞　発病鶏の剖検では，貧血による全身退色，点状出血，骨髄の退色・黄色化，胸腺萎縮，肝臓腫大がみられる。

組織学的には骨髄低形成，胸腺萎縮が特徴で，赤血球，白血球および栓球などのすべての種類の血球造血が抑制される汎血球減少症の像を示す。感染1週前後では，好酸性核内封入体を伴う胸腺リンパ芽球および造血細胞の腫大がみられる。

＜病原・血清診断＞

病原診断：発症日齢，臨床的な貧血の発現，剖検所見により仮診断する。ウイルス分離は，SPF鶏のひなを用いた接種実験による病変の再現，MDCC-MSB1細胞などのリンパ系培養細胞を用いて行う。PCRによる遺伝子診断も可能。広く鶏群に不顕性感染している場合が多いので，ウイルス分離の結果がそのまま診断には結びつかない。

血清診断：ウイルスに感染したリンパ系培養細胞を抗原とした間接蛍光抗体法，中和テスト，ELISAが用いられる。抗体検査も病気の直接的診断には役立たないが，種鶏群の免疫状態を知るために役立つ。

予防・治療　ウイルスの介卵感染による発病を防ぐために，種鶏用の弱毒生ワクチンが用いられている。

治療法は確立されていないが，二次感染に対する予防や衛生管理が重要である。

（御領政信）

14 家きんのメタニューモウイルス感染症
Metapneumovirus infection in poultry

概　要　鳥メタニューモウイルスは七面鳥鼻気管炎や鶏の頭部腫脹症候群の発生に関与する。

宿　主　主に鶏，七面鳥，きじ，クジャクなど

病　原　*Mononegavirales*, *Pneumoviridae*, *Metapneumovirus*に属する鳥メタニューモウイルス（*Avian metapneumovirus*：aMPV）。赤血球凝集活性およびノイラミニダーゼ活性を欠く。1970年代から発生が報告されるようになった七面鳥鼻気管炎（turkey rhinotracheitis：TRT）と鶏の頭部腫脹症候群（swollen head syndrome of chickens：SHS）の発生に関与している。

分布・疫学　aMPVの存在は，アフリカ，欧州，アメリカ大陸，中近東・日本を含むアジアなど多くの地域で確認されているが，オーストラリアでは認められていない。

日本においてaMPVは鶏群に広く浸潤している。多くは無症状であるが，鶏のSHSが問題になることがある。国内の初発は1989年。ブロイラーでは3～6週齢頃に多発する。30～60週齢頃の採卵鶏・種鶏でも発生する。発生率は鶏群により異なるが，aMPV単独の病原性は非常に低く，細菌の二次感染や他の微生物の重複または二次感染のほかに，換気不良・密飼いなどの飼育環境が病勢に影響を与える。接触感染により伝播。

七面鳥の飼育が盛んな国ではTRTは問題であるが，日本では七面鳥産業が小規模のため問題となっていない。

診　断

<症　状>　鶏のSHSは，aMPV感染が引き金になり，特に大腸菌などの細菌感染が症状発現に大きく関与していると考えられている。眼瞼周囲・頭部の水腫性腫脹が主徴。その他，沈うつ，呼吸器症状，結膜炎，流涙，産卵低下，神経症状など。

TRTでは，くしゃみ，鼻汁漏出，結膜炎，流涙，眼窩下洞・下顎部の腫脹，産卵低下などをみる。

<病　理>　肉眼所見は，頭部皮下組織の水腫性肥厚，ときに心膜や肝被膜に炎症。

組織所見は，頭部皮下組織・頭部骨気室の化膿性炎，眼瞼炎，上部気道炎，ときに心膜炎，肝被膜炎。

<病原・血清診断>　aMPVの分離は感染初期の鼻汁・眼窩下洞の組織・気管などを用いて鶏胚・七面鳥胚気管の器官培養，発育鶏卵（卵黄嚢内接種），Vero細胞などを用いて行う。RT-PCRによる遺伝子の検出，抗体検出（ELISA，蛍光抗体法など）は診断上価値がある。

予防・治療　不活化および生ワクチンがある。治療法はないが，特に十分に換気するなど衛生管理が重要。抗菌薬の投与は症状の軽減に効果的な場合もある。

（今井邦俊）

15 あひる肝炎（届出）
Duck hepatitis

概　要　6週齢未満のあひるのひなに認められる肝炎を主徴とする致死的ウイルス感染症。

宿　主　あひる

病　原　病原ウイルスの性状から，あひる肝炎ウイルス1型，2型，3型と呼称されてきたが，現在1型は*Picornavirales*, *Picornaviridae*, *Avihepatovirus*に属する*Avihepatovirus A*，2型は*Astroviridae*, *Avastrovirus*に属する*Avastrovirus 3*，3型は*Astroviridae*，属未定のあひるアストロウイルス2型（Duck astrovirus 2）とされる。抗原型はそれぞれ異なる。いずれの型もRNAをゲノムに持つ小型球状ウイルスで，エンベロープはなく，理化学的に安定で，野外環境下で長期間生存する。3型は形態学的にピコルナウイルスとされてきたが，近年，ゲノム配列からアストロウイルスに分類された。あひるアストロウイルスのゲノム配列は，七面鳥アストロウイルスに比較的近い。

分布・疫学　1型は抗原的に異なる3種類のアヒルA型肝炎ウイルス（DHAV-1，-2，-3）からなり，あひるを飼養している国で広く発生が認められている。2型は英国で，3型は米国でのみ確認されている。ただし，原因ウイルスの分類やゲノム配列が決定されたことから，RT-PCRが確立され，今後，世界各地での検出が考えられる。日本では1型が1962～1963年に関東で発生したが，その後認められていない。感染鳥は糞便中にウイルスを排出する。伝播力は強く，6週齢未満のあひるひなのみ発病する。経口感染，エアロゾル感染が認められているが，垂直感染はおそらくない。1型は多くの家きんに感染するが，発症はあひるひなのみで認められる。

診　断

<症　状>　迅急性のため症状はほとんどなく，発症ひなは群の動きに遅れ始め，横臥し，反弓緊張を呈して1～2時間以内に死亡する。致死率は70％以上と高い。3週齢未満で多く認められ，6週齢以上では発症・死亡はほとんどない。

<病　理>　肝臓の腫大と斑状出血が特徴的。脾臓はしばしば腫大し，斑状になる。腎臓は腫大し，血管は充血する。

<病原・血清診断>　肝臓乳剤を感受性の1週齢未満のあひるに接種し，特徴的な症状（24時間以内の死亡）をみる。発育あひる卵で分離でき，胚は出血・死亡する。胚の肝臓は腫大し，巣状壊死が認められる。長期継代により弱毒化する。1型と2型は発育鶏卵および初代あひる胚肝細胞で分離できる。抗血清は分離ウイルスの同定に用いられるが，抗体による血清学的診断は甚急性のため役に立たない。

予防・治療　感受性ひなの徹底隔離は効果的であるが，感

染が蔓延している地域では困難である。1型には弱毒生ワクチンや不活化ワクチンが，3型には弱毒生ワクチンがあるが，いずれも日本では認可されていない。種鳥へのワクチン接種により，移行抗体で感受性のひなを防御できる。感染耐過血清のひなへの投与も効果的である。2型にはワクチンはない。

（竹原一明）

16 あひるウイルス性腸炎（届出）（海外）

Duck virus enteritis

病名同義語：あひるペスト（Duck plague）

概　要　伝播力の高いあひる腸炎ウイルスによる腸管出血を伴う急性致死性疾病。

宿　主　かも目かも科の鳥（あひる，かも，がちょう，マスコビーダック，白鳥）が感染。野鳥も感受性あり。

病　原　*Herpesvirales*, *Herpesviridae*, *Alphaherpesvirinae*, *Mardivirus*に属するあひる腸炎ウイルス（*Anatid alphaherpesvirus 1*：Duck enteritis virus）。株により病原性が異なるが，免疫学的には同一と考えられている。

分布・疫学　米国，オランダ，中国，フランス，インド，タイ，英国，カナダ，ハンガリー，デンマーク，オーストリア，ベトナムなど，あひるを飼養している国で発生が認められている。日本での発生はない。商品価値の低下，産卵率の低下，高い致死率から，経済的損失は大きい。直接あるいは汚染環境との間接接触により水平伝播する。実験的には垂直感染も報告されている。ウイルスは22℃で約1カ月は生存する。ひなばかりでなく，成鳥も感染・死亡する。回復鳥はキャリアーとなり，ウイルスが1年以上にわたり定期的に糞便や卵表面から検出される。

診　断

＜症　状＞　食欲欠乏，元気消失，鼻汁流出，水様性下痢。発症後，急性経過（1～5日）で死亡する。産卵群では最も高い死亡率を示す期間に著しい産卵低下が認められる。種鳥群で最初に気づくのは突然の高い死亡率。2～7週齢のひなでは，脱水，体重減少，青い嘴，結膜炎，流涙，鼻汁がみられ，しばしば肛門や嘴に血がつく。全体的な致死率は5～100％。発症した場合，多くは死亡する。成鳥の方が高い死亡率を示す傾向にある。

＜病　理＞　血管透過性が亢進し，斑状出血が体内に出現。肝臓，膵臓，腸管，肺および腎臓の点状出血。腸管や胆嚢の内腔はしばしば血液で満たされる。これらの肉眼所見や核内封入体の検出でほぼ診断できる。

＜病原・血清診断＞　肝臓，脾臓，ファブリキウス嚢，腎臓，総排泄腔をウイルス分離材料とし，初代マスコビーダック胚線維芽細胞で分離する。感受性の1日齢あひるひな，あるいは9～14日齢の発育マスコビーダック卵の漿尿膜上に接種する。免疫蛍光法やPCRも利用できる。制限酵素切断断片パターンでウイルス株の識別ができる。感染血清で，ウイルス中和指数が1.75以上の場合，陽性とする。ELISAも開発されている。

予防・治療　徹底的な衛生対策（バイオセキュリティの強化とウイルス感染のないひなの導入など）が大事。感染が認められた場合，感染群の淘汰，消毒，感受性ひなへのワクチン接種で制御できる。鶏胚に馴化させた弱毒ウイルスが生ワクチンとして，オランダ，米国，カナダで広く用いられている。弱毒生ワクチンは，2週齢以上の鳥へ皮下あるいは筋肉に接種する。通常，種鳥群にワクチン接種をする。ワクチン投与されたひなは，接触ひなを免疫させるだけの量のウイルスを排出しない。

（竹原一明）

17 細網内皮症

Reticuloendotheliosis

宿　主　各種家きん類

病　原　*Ortervirales*, *Retroviridae*, *Orthoretrovirinae*, *Gammaretrovirus*に属する*Reticuloendotheliosis virus*（REV）。REV-T株は発癌遺伝子*v-rel*を持つ増殖欠損型で，他は発癌遺伝子を持たず増殖非欠損型（REV-A）。

分布・疫学　発生はまれ。水平・垂直伝播し，汚染生ワクチンによる発生もある。

診　断

＜症　状＞　T株の実験感染では肝臓・脾臓に点状・巣状の細胞増殖巣を伴う腫大，未分化単核細胞の腫瘍性増殖がみられ，高致死率。T株以外のREV群ウイルスでは発育不全，脚弱，脚麻痺，翼羽異常（中抜け），慢性腫瘍などを示す。

＜病原・血清診断＞　臓器や血液からのウイル分離。PCRによるプロウイルス検出。蛍光抗体法による抗原検出。ELISAや寒天ゲル内沈降反応などによる血清診断。

予防・治療　被害は少なく防疫対策はとられていない。

（大橋和彦）

18 鶏腎炎ウイルス感染症

Avian nephritis virus infection

宿　主　鶏，七面鳥

病　原　*Astroviridae*, *Avastrovirus*に属する*Avastrovirus 2*（Avian nephritis virus）。2つの血清型あり。

分布・疫学　日本や欧州の鶏や七面鳥に広く分布すると考えられている。

診　断

＜症　状＞　ウイルスは直腸内容にも存在し，接触伝播。幼雛（1カ月齢以下）で下痢，発育不良がみられるが，加齢とともに疾病抵抗性が増し，不顕性感染が多い。腎臓に病変が認められる（間質性腎炎など）。また，尿酸塩沈着症を示す場合がある。産卵には影響なし。伝染性ファブリキウス嚢病ウイルス感染により増悪。

＜病原・血清診断＞　腎臓・直腸内容からのウイルス分離（鶏腎細胞や発育鶏卵卵黄嚢内接種）。蛍光抗体法や中和テストによる抗体検出。鶏伝染性気管支炎との類症鑑別（腎臓病変）が必要。

予防・治療　ワクチン・治療法はなく，衛生管理に留意。

（大橋和彦）

19 ウイルス性腺胃炎

Viral proventriculitis

宿　主　鶏

病　原　原因ウイルスは不明。病変部に直径62～69nm

のエンベロープを持たないウイルス粒子を認める(*Birnaviridae*に属するChicken proventricular necrosis virusの可能性が示唆されている)。

分布・疫学　分布は不明であるが，米国などのブロイラーで発生。伝播経路は不明(実験的には経口などで伝播)。

診　断

＜症　状＞　蒼白，発育不良，飼養効率の低下がみられ，糞便中に未消化の餌が観察される。腺胃は白色～灰色・黄色で斑状を呈し，拡張がみられる。腺胃壁は肥厚し，粘膜固有層にはリンパ球・マクロファージの浸潤や腺上皮細胞の変性・壊死がみられる。

＜病原・血清診断＞　病原ウイルスが不明なので，病原・血清診断法はないが，病変部でのウイルス粒子観察による。

予防・治療　ワクチン・治療法はない。

(大橋和彦)

20 鳥類のアルボウイルス病(人獣)(海外)

Arbovirus disease of birds

〔ウエストナイル熱(人獣)(四類)(West Nile fever)〕

宿　主　多くの鳥類が感染。鳥と蚊の間で感染環を形成

病　原　*Flaviviridae*，*Flavivirus*に属する*West Nile virus*

疫学・症状　鳥の渡りで世界的に分布。通常，無症状に経過するが，野鳥，特にカラスでは，血中に高力価のウイルス(10^{10}PFU/mL)が存在し，死亡が認められる。今や，多くの国で風土病として存在している。流行は蚊の発生する時期。潜伏期は3～15日。家きんではがちょうが起立不能や麻痺などの神経症状を呈す。若齢のマスコビーダックへの実験感染で致死的である。加齢抵抗性で，12週齢以上のがちょうは不顕性となる。口腔咽頭部や糞便からウイルスが排出され，蚊の媒介を経ない接触感染も鳥類では認められる。人獣共通感染症で，人と馬で重度な髄膜脳炎を呈する。

診断・予防　鳥類では，脳，心臓，脾臓，肝臓などを材料とし，新生マウス脳，発育鶏卵，Vero細胞，うさぎや豚の腎細胞，蚊細胞でウイルス分離ができ，蛍光抗体法で確認する。RT-PCRが開発されている。血清学的診断として，HI反応やELISAがある。農場周辺の蚊が繁殖する水溜りをなくし，蚊を駆除することが最も重要である。がちょう用に不活化ワクチンがあるが，なるべく若いひな(3週齢)に接種する。移行抗体で防御はできない。馬用のワクチンがある。

(竹原一明)

21 ブロイラーの発育不良症候群

Runting stunting syndrome in broilers

宿　主　鶏(ブロイラー)

病　原　レオウイルス，ロタウイルス，アストロウイルス，コロナウイルス，エンテロウイルス，パルボウイルスなどが疑われているが，確かな病原因子は不明。発症したひなの糞便を感受性ひなに投与して，発育不良を再現できても，分離した病原体での発育不良が再現できていなかった。野外には多くの病原体が存在し，それらとの混合感染で重症になるとも考えられている。

疫学・症状　主に生後2週までのブロイラーに発生。下痢，発育遅延，羽毛発達不正(翼がヘリコプターのプロペラのようになる)。不消化物を含んだ拡張した腸管が主として認められる。膵臓の萎縮がみられることあり。

診断・予防　病原が確定せず，ワクチンはない。感受性のひなを病原体に曝さないように，一般衛生管理に注意。原因を特定するためには，分離されたウイルスの感染実験で，本症候群を再現する。近年，RT-PCRやELISAでパルボウイルス，アストロウイルスや鶏前胃壊死ウイルス(ビルナウイルス科)が検出され，分離されたウイルスによる再現試験から，本症との関連が示唆されている。

(竹原一明)

22 鳥のパラミクソウイルス病

Paramyxovirus infection of birds

宿　主　鶏，七面鳥，あひる，オウム，野鳥など

病　原　*Mononegavirales*，*Paramyxoviridae*，*Avulavirus*に属する*Avian avulavirus*(*Avian avulavirus 1*以外)

疫学・症状　野鳥も含め様々な鳥からウイルスが検出され，日本でも分離されている。近年の鳥インフルエンザウイルスやニューカッスル病ウイルス(NDV)のサーベイランスにより，赤血球凝集活性のあるウイルスが多数分離されており，HI反応やノイラミニダーゼ抑制反応により19の型が認められている。2，3，6，7型が家きんの病気(呼吸器症状および産卵低下)に関与する。野鳥での病気の発生は認められていない。七面鳥や鶏に呼吸器障害や産卵率の低下を認めることがあるが，多くの場合，疾病には関与しない。ただし，他の細菌やウイルスとの混合感染により，増悪効果が認められる。

診断・予防　NDVと同様に，鳥卵でのウイルス分離。赤血球凝集活性が認められたらHI反応で確認。NDVと交差することがある。野鳥との接触を避けること。七面鳥の場合，大規模な2型感染に際しては，殺処分を用いることもある。欧州や米国では，3型に対して不活化ワクチンがある。

(竹原一明)

23 うずら気管支炎(海外)

Quail bronchitis

宿　主　ボブホワイトうずら(bobwhite quail)と日本うずら(Japanese quail)，野鳥

病　原　*Adenoviridae*，*Aviadenovirus*に属するQuail bronchitis virus

疫学・症状　ボブホワイトうずらと日本うずらで顕性感染。他種のうずらや他の鳥類では不顕性感染。主に3週齢以下のボブホワイトうずらにみられ，急性致死性呼吸器病で致死率は50～100%。伝播力が強い。6週齢以上の鳥では死亡はまれである。通常は，高い死亡率で病気に気づく。飼料消費の減少，羽毛逆立て，保温器下でのうずくまり，翼下垂，開口呼吸，鼻汁流出などが認められる。日本での発生はない。

診断・予防　うずらひなに急激で高い致死率，多数の呼吸器症状を認めたら，本症を疑う。気管，気管支，気嚢への過剰粘液の存在は，本症を裏づける。確定診断はウイルス

分離で，肝臓，ファブリキウス嚢，盲腸扁桃からの材料を発育鶏卵に接種することで比較的容易にウイルス分離できる。鶏腎細胞や鶏肝細胞でも分離可能である。核内封入体の検出。感受性ひなを汚染源から可能な限り隔離すること。ワクチンはない。

（竹原一明）

24 七面鳥のウイルス性肝炎（海外）
Turkey viral hepatitis

宿　主　七面鳥

病　原　*Picornavirales*, *Picornaviridae*, *Megrivirus* に属する *Megrivirus C*（Turkey hepatitis virus）

疫学・症状　カナダ，米国，イタリア，英国で報告。主に感染鳥への直接，間接接触で容易に伝播。汚染糞便が主な汚染源と考えられている。卵を介した垂直感染も示唆されている。鶏，きじ，アヒル，うずらには感染しない。七面鳥では，通常は不顕性感染で，他の病因の混合感染や環境的ストレスで顕性になり，突然の死亡，産卵低下，受精率の低下，孵化率の低下などが症状としてみられる。感染率は100％に達することもある。6週齢以上の七面鳥では死亡報告はない。

診断・予防　肝臓が拡張し，巣状壊死が認められる。死亡個体では，巣状壊死が合体し，限局性出血も認められる。膵臓での病変を伴う場合は，肝臓と同様である。病理組織学的には，感染の初期には肝細胞の空胞形成，単核球の高密度浸潤，胆小管の増殖が認められる。診断は，病理組織学的あるいはウイルス分離による。血清学的診断はない。ウイルス分離材料としては，様々な臓器や糞便を用いることができるが，肝臓が最も適する。発育鶏卵に卵黄嚢内接種する。ウイルス量によっては，接種卵から卵黄を採取し，もう一継代する必要がある。治療法はなし。ストレスの軽減や他の病原体の感染を予防することで発症防止する。

（竹原一明）

25 七面鳥のコロナウイルス腸炎（海外）
Turkey coronavirus enteritis

宿　主　七面鳥

病　原　*Nidovirales*, *Coronaviridae*, *Coronavirinae*, *Gammacoronavirus* に属する *Avian coronavirus*

疫学・症状　米国とカナダで発生。最近では，ブラジル，イタリア，英国，オーストラリアでも認められる。米国の七面鳥産業の盛んな地域で最も認められる。異なる地域のウイルス株でも，交差防御試験から抗原性は近い。七面鳥が自然宿主。日齢に関係なく感染するが，症状が出るのは1カ月齢未満。汚染糞便で容易に水平感染する。沈うつ，緑色から褐色の水様性下痢，体重減少，幼雛で高死亡率。親鳥では産卵低下や卵質の低下を引き起こす。病変は主に腸とファブリキウス嚢に認められる。十二指腸と空腸は青白く弛緩し，盲腸は拡張して水様物を含む。ファブリキウス嚢の萎縮が認められる。

診断・予防　肉眼病変は腸管のカタル性変化とファブリキウス嚢の萎縮。腸管やファブリキウス嚢を材料とし，発育鶏卵あるいは七面鳥卵でのウイルス分離，RT-PCRでの検出。蛍光抗体法での抗体検出。感染後回復した鳥は，長期間ウイルスを糞便中に排出する。適切なバイオセキュリティが重要である。感染制御には，感染した七面鳥群の淘汰と畜舎の洗浄・消毒が重要である。ワクチンはない。

（竹原一明）

26 七面鳥の出血性腸炎（海外）
Hemorrhagic enteritis of turkeys

宿　主　七面鳥，きじ，鶏

病　原　*Adenoviridae*, *Siadenovirus* に属する *Turkey siadenovirus A*

疫学・症状　米国を始め，七面鳥飼養国で発生。4週齢以上の七面鳥で血便と沈うつが主徴。移行抗体の防御的な関与のほかに，腸管の標的細胞の成熟も関与しているらしく，発症日齢が遅い。発症から死亡まで1日という急性経過。ウイルス株により病原性が様々で致死率は0～80％。病原性にかかわらず免疫細胞に感染し，その結果，免疫抑制が起こり，細菌の二次感染により致死率が高くなる。七面鳥，きじ，鶏が本ウイルスおよび関連ウイルスの自然宿主。汚染物の経口感染で容易に水平感染する。垂直感染はない。

診断・予防　小腸が膨張し，なかに血様内容物を含む。脾臓は腫大化し，もろくなり斑模様を呈する。大量のウイルスが血様の腸内容物や脾臓に存在する。これらを材料に，ウイルス分離あるいは寒天ゲル内沈降反応（AGP）での抗原検出，PCRでの遺伝子検出を実施する。血清学的には，AGPやELISAでの血清診断を行う。抗体応答は，感染3日後で認められる。弱毒生ワクチンが市販されている。免疫抑制による細菌二次感染を抑えるための抗菌薬投与も効果的である。

（竹原一明）

27 七面鳥のリンパ増殖病（海外）
Lymphoproliferative disease of turkeys

宿　主　七面鳥，野鳥

病　原　*Ortervirales*, *Retroviridae*, *Orthoretrovirinae*, *Alpharetrovirus* に属すると考えられるLymphoproliferative disease virus

疫学・症状　欧州の一部の国とイスラエルで発生報告がある。8～18週齢の若いひなが重篤な感染を起こす。自然感染ルートは不明。実験感染では，水平感染が起こるが，垂直感染するかどうかは不明である。七面鳥の内因性レトロウイルスではなく，ゲノム内に腫瘍遺伝子はない。地方流行病。ウイルスゲノムは宿主ゲノム内に組み込まれる。貧血がある。

診断・予防　鶏卵大の大理石様を呈した脾腫が特徴。ウイルス分離はできず，感染七面鳥には抗体も検出されない。間接ELISAやPCRでウイルス検出が可能。一般衛生管理の徹底による予防。

（竹原一明）

28 七面鳥のアストロウイルス病（海外）

Astrovirus infection in turkeys

宿　主　七面鳥

病　原　*Astroviridae, Avastrovirus* に属する *Avastrovirus 1, 3*

疫学・症状　抗原的および遺伝的に異なる *Avastrovirus 1* と *Avastrovirus 3* が認められている。ウイルスは，様々な消毒薬や理化学的処理に対して抵抗性を示す。生後４週齢までの七面鳥に広く発生。七面鳥ひなの下痢，神経質，敷きわら喰い，発育不良を主徴とする。致死率は低いが罹患率は高い。汚染糞便の摂食による水平感染により伝播。

診断・予防　黄色液体およびガスにより拡張した盲腸が特徴的所見。電子顕微鏡観察による特徴的ウイルス粒子の検出。発育七面鳥卵で分離できるが，組織培養ではできない。RT-PCR，抗原捕捉ELISAによる診断が可能。ワクチンはない。一般衛生管理の徹底による予防。

（竹原一明）

29 がちょうパルボウイルス病

Goose parvovirus infection

病名同義語：がちょう肝炎（Goose hepaptitis），がちょうインフルエンザ（Goose influenza）

宿　主　がちょう，マスコビーダック

病　原　*Parvoviridae, Parvovirinae, Dependoparvovirus* に属する *Anseriform dependoparvovirus 1*（Duck parvovirus）

疫学・症状　がちょうやマスコビーダック飼養国では大きな問題。日本でも発生。汚染糞便の摂取による水平感染。１週齢未満のひなの感染で致死率100％。５週齢以上では一般に不顕性感染だが，ウイルスを排出し汚染源となる。食欲不振，脚弱，下痢，沈うつ，死亡。１週齢未満では甚急性の経過をとり，あひる肝炎の場合と酷似。哺乳類や鶏のパルボウイルスとは抗原的に異なる。パルボウイルスは，化学的・物理的な不活化に対して強い抵抗性を有するため，一度ウイルスが侵入した農場では，防疫は困難。

診断・予防　発育がちょう卵・マスコビーダック卵でのウイルス分離。他の種類の鳥由来の卵では増殖しない。PCRが確立されている。PCR-RFLPで株の識別ができる。中和テストでも識別できる。血清診断として，中和テストやELISAがある。外国には生および不活化ワクチンがあるが，日本にはない。種鳥を免疫し，移行抗体でひなを防御する。感受性ひなの徹底隔離は有効。

（竹原一明）

30 オウム・インコ類のヘルペスウイルス病

Psittacine herpesvirus infection

病名同義語：Pacheco's parrot disease

宿　主　オウム・インコ類

病　原　*Herpesvirales, Herpesviridae, Alphaherpesvirinae, Iltovirus* に属する *Psittacid alphaherpesvirus 1*

分布・疫学　経鼻・経口感染。潜伏期は３～７日。糞便中に排出されたウイルスによる汚染餌や飲水が感染源。回復鳥は無症状キャリアーとなる。新規導入鳥は感染源となりうる。

診　断　甚急性では無症状で急死。食欲不振，立毛，黄色下痢，嘔吐。瀕死期には神経症状。剖検所見は不定で，しばしば正常にみえる。組織学的には肝臓の壊死。好塩基性および好酸性核内封入体。突然死症候群では本病を疑う。

肝臓・脾臓から鶏胎子線維芽細胞によるウイルス分離ないしはPCRによる遺伝子検出。型別も可能。

（福士秀人）

31 鳥類のポリオーマウイルス病

Avian polyomavirus infection

病名同義語：フレンチモルト（French molt）

宿　主　オウム・インコ類

病　原　*Polyomaviridae, gammapolyomavirus* に属する *Aves polyomavirus 1*（Budgerigar fledgling disease polyomavirus）。血清型は単一。セキセイインコ胎子線維芽細胞で培養できる。

分布・疫学　セキセイインコおよび他のオウム・インコ類に発生。感染鳥は糞便中にウイルスを排出。感染経路は不明。

診　断　２週齢未満では死亡。それ以上では若齢鳥の翼羽発生異常や停止など羽毛病変。腹水，肝腫大など。好塩基性ないし両染性核内封入体。羽包，羽髄のリンパ球浸潤。オウム・インコ類のサーコウイルス病（嘴羽毛病）との類症鑑別は困難。

総排泄腔のスワブや排泄物，剖検組織抽出DNAを用いたPCRによるウイルス遺伝子検出。

（福士秀人）

32 オウム・インコ類のサーコウイルス病

Psittacine circovirus infection

病名同義語：オウム・インコ類の嘴羽毛病（Psittacine beak and feather disease）

宿　主　オウム・インコ類

病　原　*Circoviridae, Circovirus* に属する *Beak and feather disease virus*

分布・疫学　世界各国。現在，愛玩鳥類で最も重要な感染症。ウイルスを含む糞，羽毛の埃などの経口，経気道感染。ほとんどすべてのオウム・インコ類が感受性（オカメインコではまれ）。キャリアーとなる鳥種が存在。新生鳥，ひなでは甚急性（無症状敗血症死）あるいは急性疾患（フレンチモルト）。３歳までの鳥は慢性疾患（進行性の嘴の変形，羽毛異常を呈し，数年で死亡）。

診　断　現在，ウイルスが増殖可能な培養細胞はない。臨床症状から疑い，血液・糞，羽軸からのウイルス遺伝子検出（PCR）。

予防・治療　検疫による摘発と隔離。汚染環境の清浄化。

（福士秀人）

33 家きんのサルモネラ感染症

（口絵写真23頁）

1）ひな白痢（家きんサルモネラ感染症[法]）

Pullorum disease

概　要　ひな白痢菌（*Salmonella* Gallinarum-Pullorum）による幼雛の敗血症。白色下痢便を主徴とし，親鳥からの介卵感染と孵化後の同居感染による。死亡率は10日齢前後がピークである。

宿　主　主に鶏，**七面鳥**。**あひるやうずら**も感染する。

病　原　*S. enterica* subsp. *enterica* serovar Gallinarum（*S.* Gallinarum）のうちbiovar Pullorum（*S.* Gallinarum-Pullorum）。菌体（O）抗原はO1，9，12。鞭毛を欠き非運動性で，ほとんどの株が硫化水素を産生しないなどの点で他の多くのサルモネラ属菌とは異なる。これらの特徴は後述する*S. enterica* subsp. *enterica* serovar Gallinarum biovar Gallinarum（*S.* Gallinarum-Gallinarum）と共通しており，現在はともに単一の血清型Gallinarumに分類される。

分布・疫学　かつては世界的に発生があったが，現在では激減した。しかし，多くの国の庭先養鶏では依然として発生が認められる。日本では，徹底的な摘発淘汰により1970年代以降激減し，現在は数年に１度程度の発生にとどまる（直近では2010年に発生）。介卵感染が起こるため，特に保菌鶏を含む特定の種鶏場に由来するひなで発生がみられる。介卵感染雛は，多くが７日齢前後までに死亡し，孵化後に同居感染したひなは２～３日齢から10日齢前後をピークとして２～３週齢まで死亡が認められる。

診　断

＜症　状＞　急性例では無症状で死亡するものがみられる。孵化直後あるいは孵化２～３日後に発病した幼雛は，一般的に元気・食欲を失い，体を寄せ合って集まり，羽毛は逆立ち光沢を失い，しばしば総排泄腔付近に下痢便が付着する。中雛や成鶏は症状を示さず，不顕性感染となる場合が多く，その一部は保菌鶏となる。

＜病　理＞　ひな白痢の場合は介卵感染が主体である。また，幼雛は腸内細菌叢が未熟なため，サルモネラの組織内侵入が容易に起こる。そのため，幼雛はサルモネラに対する感受性が高く，同居感染が成立しやすい。現在では，抗菌薬の使用などで典型的な症例は少なくなっている。孵化後数日以内に死亡・淘汰されたひなでは，吸収不全で変色・硬化した卵黄嚢以外の病変は少ない。２週齢頃に死亡したひなでは，クリーム状あるいはチーズ状になった未吸収卵黄，肝臓の軽度の腫大と灰白色の小壊死巣（チフス結節）の散在，脾臓の腫大，心膜の混濁と心膜液の増量（心膜炎）などが認められる。成鶏では，一般的に無症状で経過している保菌鶏は病変を示さない。しかし，産卵率の低下などを示す例では卵巣・卵管の異常が認められる場合が多い。卵胞は萎縮・変形し，半熟卵状を呈する。卵管は萎縮・硬化する。

＜病原・血清診断＞　全血急速凝集反応あるいは血清凝集反応を実施する（ひな白痢検査）。なお，ひな白痢菌とO抗原が同一の血清型である*S.* Enteritidisなど（後述）に感染した鶏や，それを含む不活化ワクチンを接種した鶏では，しばしば陽性反応を呈することがある。このような場合は菌分離を実施し，ひな白痢菌であることを確認する。

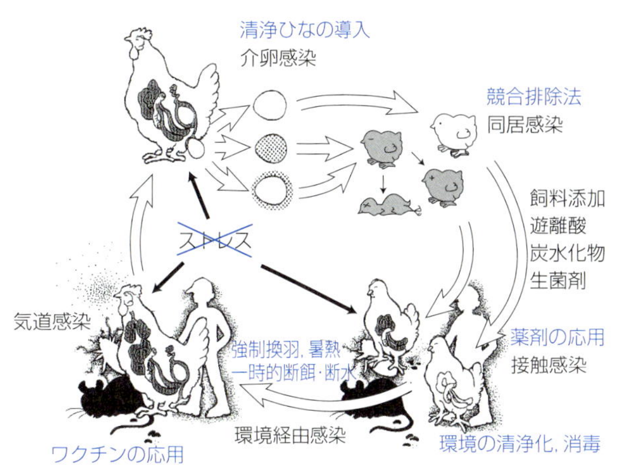

図　鶏における*Salmonella* **Enteritidis**の伝播経路と対策
（サルモネラ感染症全般に当てはまる）　（小島明美氏原図）

予防・治療　ひな白痢検査により保菌鶏を摘発淘汰し，種鶏群を清浄化する。治療はしない。海外では*S.* Gallinarum-Gallinarumの弱毒生ワクチンが使用されているが，日本では使用されていない。

2）家きんチフス（家きんサルモネラ感染症[法]）

Fowl typhoid

概　要　家きんチフス菌（*S.* Gallinarum-Gallinarum）による急性・慢性敗血症。中雛・成鶏でも高い病原性を示し，死亡率は比較的高い。

宿　主　主に鶏，**七面鳥**。**あひるやうずら**も感染する。

病　原　*S.* Gallinarumのうち生物型Gallinarum（*S.* Gallinarum-Gallinarum）。同じ血清型Gallinarumに属する前述*S.* Gallinarum-Pullorumと同様に，菌体（O）抗原はO1，9，12，非運動性で硫化水素を産生しない。

分布・疫学　欧州の数カ国，メキシコやブラジルなどの中南米，アフリカ諸国は常在国であり，現在も発生が報告されている。日本での発生は報告されていない。

診　断

＜症状・病理＞　ひな白痢とほぼ同じであるが，ひな白痢に比べて中雛や成鶏における発生が多い。

＜病原・血清診断＞　ひな白痢に準ずる。

予防・治療　ひな白痢に準ずる。

3）鶏パラチフス[人獣]

Avian paratyphoid

概　要　ひな白痢と家きんチフスの原因菌以外の血清型によるサルモネラ感染症を鶏パラチフスという。

宿　主　鶏，七面鳥，あひる，うずら

病　原　現在，サルモネラ属菌の血清型は2,600種類以上あり，このうち法定伝染病対象病原菌に指定されている*S.* Gallinarum-Pullorumと*S.* Gallinarum-Gallinarum以外の血清型のうち，鶏からは従来届出対象の*S.* Enteritidis，*S.* Typhimuriumが分離されていたが，その後*S.* Infantis，*S.* Hadar，現在は*S.* Thompsonや*S.* Braenderupなども分離されている。

分布・疫学　世界中で発生しており，分離される血清型は年々変化する一方で，数種の血清型は常に高頻度で分離さ

れている。日本ではブロイラーでの*S.* Infantisの報告が多かったが，最近は*S.* Thompsonや*S.* Braenderupなどの分離頻度が高まっている。これらは市販鶏肉からも分離され，食中毒との関連も指摘されている。米国では*S.* Enteritidis，*S.* Typhimuriumのほか，*S.* Heidelbergや*S.* Newportなどが鶏から分離されている。また，*S.* Infantis，*S.* Montevideo，*S.* Braenderup，*S.* I 4，[5]，12：i-，*S.* Mbandaka，*S.* Muenchenなどによる人の感染事例が複数の州で同時に起こっており，その原因として庭先養鶏やメールオーダーで購入した鶏，あひるなどのひなとの接触が報告されている。大部分は経口感染であり，その主体は飼料や環境からの伝播と考えられている。鶏舎を出入りするげっ歯類はサルモネラの増幅動物となり，糞便中に排菌することで汚染を拡大する。

診　断

＜症状・病理＞　ひなの場合の病勢は，原因となったサルモネラの血清型や感染菌量，環境条件，複合感染の有無などによって大きく影響を受ける。孵化直後の幼雛は感受性が高いため，ひな白痢と同様な症状を示すことがある。中雛や成鶏は経口的に感染しても発症はまれで，宿主体内に保菌ないし一時的通過菌として存在するに過ぎないことが多い。成鶏は感染してもほとんどが無症状に経過する。

＜病原・血清診断＞　感染後の血清学的診断は役に立たない場合が多いが，しばしば排菌が認められるため，糞便や敷料などの細菌学的検査を実施する。なお，糞便の場合は盲腸便からの分離が優れており，平飼飼育の場合は床面の牽引スワブによる採材が推奨されている。また，必要に応じて肝臓，脾臓，生殖器などの細菌学的検査を実施する。分離されたサルモネラについては市販の抗血清を用いた血清型別を実施する。

予防・治療　清浄ひなの導入，鶏舎の洗浄・消毒の励行，農場・鶏舎のバイオセキュリティの強化，ネズミ対策，鶏へのストレス軽減などを日常業務として励行する。また，飼料の汚染防止対策を実施する。日本では，現在*S.* Enteritidisおよび*S.* Typhimuriumに*S.* Infantisを加えた三価不活化ワクチンが使用され，これらは食中毒対策の一助と位置づけられている。さらに，腸内細菌叢の未熟な孵化直後のサルモネラに対する感受性の高い２週齢時までのひなに有効とされる競合排除(competitive exclusion：CE)法も実用化されている。なお，抗菌薬は完治が期待できないので通常は使用しないが，損耗を軽減する効果はあるため，状況に応じて投与する場合がある。ただし，耐性菌の出現も問題となるため，適正使用に十分配慮する必要がある。

4）鶏のサルモネラ症(届出)(人獣)

Avian salmonellosis caused by *S.* Enteritidis and *S.* Typhimurium

概　要　*S.* Enteritidisおよび*S.* Typhimuriumによる感染症。成鶏ではほぼ無症状で糞便に排菌し，特に前者による鶏卵汚染は人の食中毒の原因として世界的に問題となった。

宿　主　届出伝染病としては**鶏，七面鳥，あひる，うずら**が対象動物

病　原　鶏パラチフスのうち，*S.* Enteritidisおよび*S.* Typhimuriumによるものがサルモネラ症として届出伝染病に指定されている(1997年)。特に1980年代から*S.* Enteritidisに汚染された鶏卵による食中毒が世界的に急増し，大きな問題となったが，現在は激減している。

分布・疫学　鶏パラチフスと同様。*S.* Enteritidisの場合は介卵感染が問題とされ，日本では海外から導入された種鶏群に存在した保菌鶏からコマーシャル鶏群に汚染が拡大したと考えられている。

診　断

＜症状・病理＞　孵化直後の幼雛ではひな白痢と類似した症状を示す。成鶏は感染してもほとんどが無症状に経過するが，解剖すると脾腫をみることがある。まれに敗血症を引き起こし，肝臓に灰白色の壊死巣がみられることがある(**写真1**)。また，*S.* Enteritidisでは卵巣や卵管に病変を形成すると産卵低下などを示す(**写真2**)。

＜病原・血清診断＞　鶏パラチフスに準ずる。

予防・治療　鶏パラチフスに準ずる。

(岡村雅史)

34 家きんコレラ(法)

Fowl cholera

概　要　*Pasteurella multocida*感染による鳥類の疾病。通常は急性敗血症の経過をとり，発症率・死亡率が高いが，慢性経過や穏やかな感染もみられる。

宿　主　**鶏，あひる，うずら，七面鳥**など多くの家きん類，水きん類，野鳥など

病　原　*P. multocida*。グラム陰性，極染色性の球桿菌もしくは短桿菌で，血液寒天培地に発育するが，マッコンキー寒天培地には発育しない。カタラーゼ陽性，オキシダーゼ陽性，インドール陽性，硫化水素陽性で，硝酸塩を還元し，非運動性，非溶血性である。急性型由来の新鮮分離菌は莢膜を有し，透過光により蛍光を示すムコイド型集落を形成するが，慢性型由来株は莢膜を有さず，蛍光も発しない。*P. multocida*には菌体抗原型と莢膜抗原型があり，前者は免疫拡散法により１～16型に，後者は間接赤血球凝集反応によりA，B，D，E，Fの５型に型別できる。なお現在，莢膜抗原型別にはmultiplex PCRが用いられている。家きんコレラ起因菌は菌体抗原型１，３，４，莢膜抗原型Aが最も一般的である。ごくまれにB，D，F型による感染もみられる。

分布・疫学　鳥類の*P. multocida*感染症のうち，致死率が70％以上のものを家きんコレラと定義している。アジア，アフリカ，中近東および欧米諸国で発生があるが，日本では1954年以降，法的対象となった発生はない。ただし，1976年以降，九官鳥，きじ，やまどり，がちょう，かも，七面鳥，鵜，うずらなどで発生がみられ，地域も沖縄県から北海道まで広がった。野生の鳥類は頻繁に感染し，家きんへの感染源となっている。集団発生は一般に明らかに健康な群れ中の数羽の感染鳥から始まる。群れ中の毎日の死亡率は急激に上昇し，数日以内にピークに達する。死亡率は七面鳥で17～68％，鶏で０～20％になる。野鳥，七面鳥，水きん類は鶏よりも，成鳥はひなよりも本菌に対する感受性が高い。本病の発生は通年みられるが，夏の終わりから秋，冬にかけての季節の変わり目に発生しやすい。産卵中に成鶏が特徴的な臨床症状もなく突然死亡することが

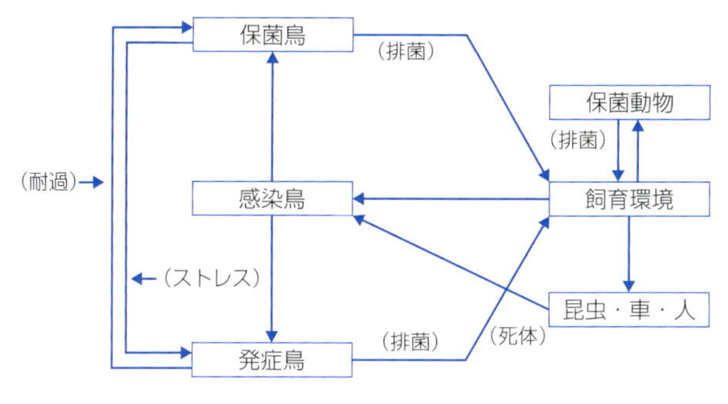

図　家きんコレラの感染機構

多い。性成熟後に感受性が高まるので，16週齢以下の鶏での発生は少ない。本病の発生と経過には気候の変化，栄養，外傷や興奮などの環境ストレス因子が影響を及ぼす。

本菌は通常，呼吸器粘膜を介して侵入するが，呼吸器以外の粘膜や皮膚の創傷からの侵入もある。侵入後の菌は血流を介して全身に広がり(菌血症)，各臓器で爆発的に増殖する。血液や各臓器の塗抹標本を染色後に鏡検すると，極染色性の球桿菌・短桿菌が多数観察される。

診　断

<症　状>　甚急性型の罹患鳥は，臨床症状を示さず突然死亡する。急性型の罹患鳥は一般に沈うつ，嗜眠，発熱，羽毛の粗鬆化，口からの粘液漏出，呼吸速迫，食欲不振，下痢等の症状を示し，２～３日の経過で死亡する。下痢便は白色水様性から緑色粘液性に変化する。通常は肉冠の下垂や肉垂のチアノーゼがみられた後に死亡する。生残鳥は削痩，脱水して死亡するか，慢性化もしくは回復する。慢性型の罹患鳥は侵された部位により症状が異なる。肉垂，眼窩下洞，関節，足蹠，胸骨の粘液嚢が腫脹し，結膜と咽頭に滲出物がみられる。気管のラッセル音，斜頸がみられることもある。

<病　理>　甚急性に死亡した鳥では肉眼的に著変はない。急性死亡例では，全身のうっ血，特に内臓，十二指腸粘膜の小静脈のうっ血と広範囲な点状・斑状出血，皮下組織や心外膜その他の漿膜下組織の点状出血(**写真1**)が認められる。肝臓は腫脹し，多数の小巣状凝固壊死がみられ，肺では水腫性変化が著しい。組織学的には，うっ血した血管内に多数の菌が，肝臓，脾臓には菌塊と偽好酸球浸潤を伴う多発性巣状壊死が，十二指腸出血巣では粘膜上皮の剥離と菌塊が認められる。慢性型では，呼吸器，結膜，中耳，頭蓋骨骨洞内に黄色チーズ様滲出物が認められる。

<病原診断>　甚急性および急性型では，血液や臓器の塗抹標本をメチレンブルーかギムザ液で染色すると，極染色性の球桿菌もしくは短桿菌(**写真2**)を観察できる。さらに，血液もしくは臓器乳剤を血液寒天で好気的に培養し，分離された純培養菌の生化学的性状ならびに莢膜抗原型別試験により，A型*P. multocida*と同定されたならば本病と診断できる。本菌は急性型の血液，骨髄，肝臓または脾臓からは単離することができるが，慢性型病変からの単離は困難な場合がある。

予防・治療

<予　防>　諸外国では不活化または生ワクチンが使用されている。本菌の感染防御は菌体抗原型特異的なので，不活化ワクチンには1，3，4型の死菌が混合されている。日本では，法的措置の対象となる家きんコレラと診断された場合には，発生群を直ちに殺・焼却処分によって淘汰する。また，汚染された飼育場は十分消毒する。

<治　療>　ペニシリン系，テトラサイクリン系，フルオロキノロン系抗菌薬の投与が本病に有効であるが，抗菌薬による治療は保菌鳥を作り，本病を拡散するおそれがあるため，通常は治療を行わず淘汰する。

(佐藤久聡)

35 家きんのクロストリジウム症
Clostridial disease in poultry

概　要　クロストリジウム属菌による疾病で，主として原因菌の産生する毒素により多様な病態を呈する。

1) 潰瘍性腸炎（うずら病）
Ulcerative enteritis, Quail disease

宿　主　うずら，鶏，七面鳥，きじ

病　原　*Clostridium colinum*による腸管の潰瘍および肝臓の壊死を主徴とする急性致死性疾病。原因物質として毒素の関与が疑われている。芽胞は100℃３分間の加熱に耐性。芽胞形成能は低い。

分布・疫学　世界各地に分布する。日本での発生はまれ。汚染飼料，水，床敷から感染し，幼若うずら(４～12週齢)が最も感受性が高く，死亡率は80～90%に達することがある。ブロイラーにおける死亡率は１～５%である。

診　断

<症　状>　外見上健康な鳥で突発的に発生し，元気消失，下痢，翼下垂，嗜眠状態を呈する。１週間以上経過した病鳥では胸筋の萎縮が著明である。

<病　理>　肉眼所見では出血性腸炎から腸粘膜潰瘍まで多様。肝臓と脾臓に点在性壊死が認められる。組織学的には腸粘膜上皮の剥離，浮腫，充血，リンパ球の浸潤，筋層の壊死がみられる。

<病原・血清診断>　菌分離と同定。蛍光抗体法による菌体抗原の検出。

予防・治療　抗菌薬(ストレプトマイシン，テトラサイクリン，バシトラシンなど)の投与が有効である。

2) 壊死性腸炎
Necrotic enteritis

宿　主　鶏，七面鳥

病　原　主としてウエルシュ菌(*C. perfringens*)A型菌の産生するα毒素による急性，亜急性疾患。まれにC型菌(αおよびβ毒素が関与)によっても起こる。本菌は腸管内における常在菌で，発症には他の因子(コクシジウムとの合併感染，小麦などの飼料給餌)が菌増殖の促進要因となる。

分布・疫学　世界各地。２～５週齢のブロイラーに多発。成長促進に使用された抗菌薬の飼料添加が禁止されたことによる本症発生の増加が認められる。

診　断

<症　状>　沈うつ，粗毛，下痢，食欲不振など。突然死亡する例が多い。

<病　理>　病変は小腸(空腸と回腸)に限局し，十二指腸や盲腸にはほとんど認められない。腸管はガスと黒褐色の粘液で膨化し，線維素性偽膜を形成する。糞便中に腸粘膜

組織片が混入している。壊死部と正常組織との境界は明瞭である。グラム陽性桿菌が認められるが，組織内には侵入しない。

<病原・血清診断>　菌分離と同定。α毒素の検出。潰瘍性腸炎との類症鑑別が必要。

予防・治療　予防には鶏舎内の消毒および飼養管理を徹底する。抗菌薬(リンコマイシン，バシトラシンなど)の経口投与が有効である。

3) 壊疽性皮膚炎

Gangrenous dermatitis

宿　主　鶏

病　原　*C. septicum*，*C. perfringens*および*Staphylococcus aureus*の単独あるいは混合感染

分布・疫学　世界各地(米国，英国，オーストラリアなど)。主として4～8週齢のブロイラーが罹患する。伝染性ファブリキウス嚢病や免疫不全により誘発される。飼育環境も発症の素因になる。

診　断

<症　状>　創傷あるいは免疫不全を誘因とする翼先端の壊死性疾患。運動失調，食欲不振，脚弱。発病後24時間以内に死亡する。

<病　理>　主として頭部，胸部，大腿部の脱毛，浮腫が認められる。皮下に赤色漿液の浸潤とガスの蓄積がみられる。肝臓と脾臓は軽度に肥大。皮膚，胸筋，肝臓からグラム陽性桿菌が検出される。

<病原・血清診断>　菌分離と同定。真菌性皮膚炎との類症鑑別が必要。

予防・治療　抗菌薬(テトラサイクリン，エリスロマイシンなど)の経口投与が有効である。

4) 鳥類のボツリヌス中毒(人獣)

Avian botulism

宿　主　鶏，七面鳥，水きん類などの鳥類

病　原　ボツリヌス菌(*C. botulinum*)C型

分布・疫学　原因菌(芽胞)は世界各地に分布し，中毒は世界中で発生している。水鳥における中毒事例も世界各地で報告がある。C型菌による中毒は，芽胞が腸管(盲腸)内で発芽，菌の増殖に伴って産生されたC型毒素により起こる。感受性の高い水きん類では，死亡鳥の体内で産生された毒素が蛆の体内に取り込まれ，これを摂取した鳥類が大量死を起こすことがある。

診　断

<症　状>　頭部，翼，脚の麻痺が特徴的。多くの事例で下痢が認められる。食欲不振，起立不能，首を保持できないリンバーネック(limberneck)を呈する。

<病　理>　著明な病変は認められない。

<病原・血清診断>　血中，糞便から毒素の検出と抗毒素による中和テスト。PCRによる神経毒素遺伝子の検出も可能。

予防・治療　特異療法はない。軽症の場合，隔離し十分な餌と水を与えれば治癒することもある。抗菌薬(ストレプトマイシン，テトラサイクリン，バシトラシンなど)の経口投与は有効である。

(勢戸祥介)

36 伝染性コリーザ

Infectious coryza

概　要　*Avibacterium*(*Haemophilus*) *paragallinarum*感染による鼻水の漏出，顔面の浮腫性腫脹，流涙を特徴とする鶏の急性呼吸器病。

宿　主　鶏，うずら，きじ，がちょう

病　原　*A. paragallinarum*。パスツレラ科に属するグラム陰性，両端濃染性(極染色性)，非運動性の短小桿菌で，培養条件により球桿菌状，短鎖状あるいは糸状などの多形性を示す。莢膜を形成するが，鞭毛や芽胞は認められない。

栄養要求性が高く，発育にはV因子(NAD)を必要とする。分離培養には，NADの他にNaCl(1～1.5%)，鶏血清(1%)などを添加する必要がある。5% CO_2存在下で良好な発育をする。近年，V因子を要求しない野外株が報告されている。血液寒天培地上で，直径0.3mm前後の灰白色半透明の光沢のある非溶血性の露滴状集落を形成する。実体顕微鏡を用いて反射透過斜光下で鏡検すると蛍光色を呈する。長時間培養により莢膜は失われ，蛍光色も消失する。

本菌は，HI反応に基づく血清型別により，A，B，Cの3型に型別され，分離株における血清型の分布は発生国により異なる。その他，赤血球凝集素の性状に基づく型別(Ⅰ～Ⅲ，HA1～7)や型特異赤血球凝集素に対するモノクローナル抗体による型別(MAb1～6)などの血清型別が報告されている。

分布・疫学　1927年頃，欧州で発生し，急速に世界各地に広がった。1年を通じて発生するが，季節の変わり目や高温多湿の地域で発生しやすい傾向にある。発展途上国での発生は大きな経済損失を伴う。日本では，1960年に初めて報告され，AおよびC型の菌による発生が1975年以降多発し，特に春から梅雨期や秋から冬にかけて好発し，大きな経済的被害がもたらされた。現在では，有効なワクチンの野外応用に伴い発生は激減している。

鶏は日齢にかかわらず感染，成鶏，特に産卵鶏において潜伏期が短く，発症後の経過が長い。発症鶏もしくは保菌鶏から排出された菌を含む鼻汁や涙などの分泌物への直接接触や，菌に汚染された飲水・飼料を介して，急速に水平伝播する。回復後の鶏も感染源となりうるため常在化に留意する必要がある。介卵感染は報告されていない。

診　断　症状や伝播様式から，容易に本症を疑うことが可能であるが，確定診断には菌の分離・同定を要する。

<症　状>　潜伏期間は1～3日で，感染初期には，水様性ないし粘液性鼻汁の漏出，流涙，顔面の浮腫性腫脹，くしゃみがみられる。重症例では，結膜炎により眼が閉じ，感染が下部気道に及んだ場合，開口呼吸，ゴロゴロという異常呼吸音や奇声を発する。また，雄では肉垂が腫脹する。飲水および採食量が減少し，しばしば下痢もみられる。採卵鶏では産卵率の低下・停止(10～40%)が起こる。

単独感染の場合，発症後2～3週で回復し，死亡率は低い。しかし，マイコプラズマをはじめ様々な呼吸器系病原体との混合感染により症状は重篤化し，慢性化する。

<病　理>　肉眼所見では，鼻腔および眼窩下洞に漿液性滲出物の貯留，結膜のカタル性炎ないし線維素化膿性炎，顔面および肉垂の皮下における浮腫が認められる。組織学

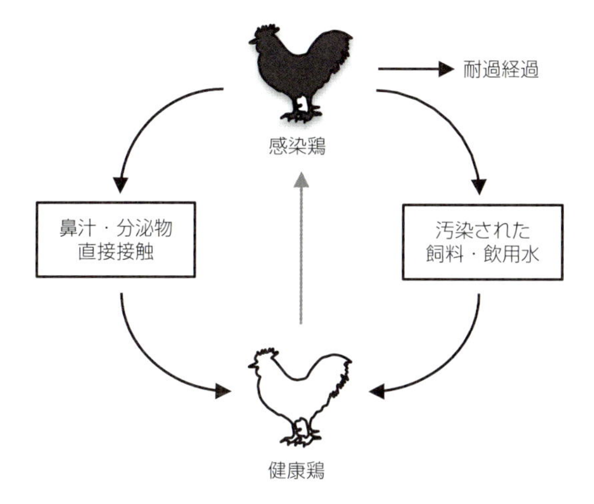

図　伝染性コリーザの感染環

的には，粘膜上皮細胞の変性・腫大，粘膜下組織の水腫および偽好酸球の浸潤が認められる。鼻腔，眼窩下洞および気管内における粘膜組織の肥厚，脱落および崩壊がみられる。

<病原・血清診断>　発症鶏の鼻汁および眼窩下洞の滲出液を塗抹し，メチレンブルー染色により両端染色性の短桿菌ないし球桿菌を観察する。菌分離には，新鮮な鼻汁，鼻腔内および眼窩下洞の滲出物を血液寒天培地に塗抹し，5～10％炭酸ガス下，37℃で培養する。培養24～48時間後に，微小な半透明の露滴状集落が観察される。また，血液寒天培地に画線塗抹した分離菌の上に，NADを産生するブドウ球菌を点状または線状に塗抹し培養すると，ブドウ球菌の周辺では産生されたNADにより *A. paragallinarum* の増殖が促進される（衛星現象）ので，鑑別に有用である。生化学的性状は，カタラーゼ非産生でトレハロースおよびガラクトースを発酵しないため，他の *Avibacterium* 属菌と鑑別できる。また，PCRにより菌の同定ができる。

本病は急性に経過するため，血清学的診断は難しい。しかし，新鮮および固定鶏赤血球に対する凝集性（A型菌は両方を凝集，C型菌は固定血球のみ凝集）により型別が可能である。血清反応は，本菌のHA抗原が感染防御に関与し，抗体価と防御能の相関性が高いことから，ワクチン接種後の免疫応答を判断する目的として用いられている。

予防・治療　本菌の主要な感染経路は病鶏との同居または飼育者を介した伝播であるため，一般的な防御対策と衛生管理の徹底により本菌の侵入を防止することが重要である。

不活化全菌体とアジュバントを混合したワクチンが広く応用されており，きわめて有効である。不活化ワクチンは血清型特異的に効果を発揮する。日本では，A型およびC型菌抗原を混合した2価のワクチンが用いられている。また，ニューカッスル病ウイルス，伝染性気管支炎ウイルス，産卵低下症候群ウイルスなどとの混合ワクチンが市販されている。内毒素を含むワクチンなので，接種後の副反応には十分な注意が必要である。

本菌は多くのサルファ剤や抗菌薬に感受性を持っているので，治療にはエリスロマイシンやオキシテトラサイクリンなどが有効である。早期の治療，病勢の悪化防止，二次感染の阻止が原則である。

（胡　東良）

37　鶏の大腸菌症
Colibacillosis in chickens

概　要　大腸菌に起因する疾病で，敗血症，心膜炎，肝漿膜炎，気嚢炎，腹膜炎，卵管炎，眼球炎あるいは関節炎などを呈する。

宿　主　ブロイラー鶏での発生が多い。

病　原　*Escherichia coli* の血清型はO2，O78，O1が比較的多いが，その他種々の血清型あるいは血清型別不能の大腸菌も多い。それらの大腸菌は鶏病原性大腸菌（avian pathogenic *E. coli*：APEC）とも称されるが，その分類は定かでない。

分布・疫学　世界中の鶏生産国で発生している。発生群の罹患率は10％前後，死亡率は5％程度であるが，ときに20％になる。大腸菌は鶏舎内環境で長期間生存し，劣悪な衛生管理の鶏舎では増加した菌に汚染された塵埃の吸入により感染する。鶏の腸管内に常在するが，健康な鶏は発病しない。しかし，鶏に病原細菌，マイコプラズマあるいはウイルスが感染したり，密飼い，換気不良に伴う塵埃量やアンモニア濃度の増大，鶏舎内の温・湿度の急激な変動などの環境変化があったとき，呼吸器感染から大腸菌性敗血症を引き起こし発病する。メタニューモウイルスなどの上部呼吸器感染後に，大腸菌が二次感染し，蜂窩織炎により頭部あるいは顔面が腫脹する頭部腫脹症候群もある。初生雛では介卵感染が主体で，種卵表面から大腸菌が卵殻を通過して侵入する場合（on egg）と，母鶏の卵巣炎や卵管炎が原因で卵の内部に大腸菌が侵入する場合（in egg）とがある。

診　断

<症　状>　ブロイラーでの発生率は高く，3～4週齢で多発する。初めに元気消失，呼吸器症状がみられ，敗血症に陥った鶏は体温が上昇し，羽毛が逆立ち，死亡する。関節炎がみられると脚弱を呈する。

<病　理>　肉眼的に心臓や気嚢，肝臓や腹腔に広く漿膜炎がみられ，脾臓と肝臓は腫大し，ときに卵管炎，眼球炎，関節炎，臍帯炎，肺炎もみられ，炎症のみられた臓器は黄白色を呈する。組織学的には線維素性化膿性漿膜炎を特徴とし，その他，脾臓の莢組織と濾胞の壊死，肝臓の類洞の線維素血栓，ファブリキウス嚢や胸腺でのリンパ球減少がみられる。

<病原・血清診断>　臓器の病変部や血液を腸内細菌選択培地（DHL寒天培地など）で培養し，菌の分離・同定を行った後，O群血清型を検査する。類症鑑別が必要な疾患として，サルモネラ感染症，パスツレラ症，ブドウ球菌症，レンサ球菌症およびマイコプラズマ病がある。

予防・治療　種鶏用に生ワクチンおよび不活化ワクチンがある。また，プレバイオティクス，プロバイオティクスあるいはシンバイオティクス給与による発症予防を図る。発症の誘因となる呼吸器障害や免疫抑制を起こす要因を排除し，良好な衛生管理と飼育管理を維持する。ひなによる起因菌伝播ならびに幼雛の損耗を防止するため孵卵衛生を改善する。

治療には抗菌薬を使用する。薬剤耐性菌の出現を未然に防ぐため，農場での薬剤感受性のモニタリングを実施し，慎重に使用する。

（末吉益雄）

38 鶏のブドウ球菌症
Staphylococcosis in chickens

概　要　黄色ブドウ球菌による鶏の浮腫性皮膚炎，骨髄炎，関節炎，趾底膿瘍，趾瘤症，壊死性肝炎，敗血症などの多様な病型の総称である。

宿　主　鶏，その他の鳥類

病　原　主として*Staphylococcus aureus*。本菌はグラム陽性の球菌で，普通寒天平板上で黄色集落を形成し，血液寒天平板上で溶血性を示す。コアグラーゼ産生性，食塩耐性，カタラーゼ陽性，マンニトール分解性を有し，他菌種と鑑別できる。また，Voges-Proskauer(VP)反応およびクランピング因子は陽性で，フィブリノリジン，ヒアルロニダーゼ，耐熱性DNase，スーパー抗原毒素など多様な病原因子を産生する。

分布・疫学　原因菌は自然界に広く分布しており，鶏の皮膚，粘膜，気道などから体内に侵入する。発生は一年中みられ，特に梅雨期や寒冷期に，また中・大雛に多くみられる傾向がある。日本を含む世界各国で発生。発生率・死亡率は飼育環境，ワクチン接種，断嘴などによる汚染状況によって異なる。また，大腸菌症，鶏痘，クロストリジウム症などとの合併症としても発生する。

診　断

<症　状>　本症の最も典型的な病型は翼下，胸部，腹部皮下などの広範なびまん性浮腫(浮腫性皮膚炎)であり，翼下部皮下や皮膚のびらん部からビール色あるいは帯赤色漿液性滲出液の漏出などがみられ，特有の異臭を放つ。発症鶏は下痢および沈うつ状態となり，死亡することが多く，かつてバタリー病と呼ばれていた。また，化膿性骨髄炎を起こした個体は，脚弱，歩行困難，へたり込み，起立不能，羽毛逆立て，沈うつを示し，数日の経過で死亡するため，かつてヘタリ病あるいは骨脆弱症と称されていた。関節炎，趾底膿瘍，趾瘤症では，患部腫脹および跛行がみられ，趾を床面に着けることや歩行を嫌がる。内臓型および敗血症では，壊死性肝炎，臍帯炎，胸部水疱などの病態もみられる。

<病　理>　浮腫性皮膚炎では皮膚の水腫性肥厚，壊死，菌塊および偽好酸球の浸潤がみられ，骨髄炎，関節炎，趾底膿瘍，趾瘤症では混濁滲出液の貯留，膿瘍の形成，チーズ様物がみられ，菌塊および偽好酸球の浸潤が観察される。内臓型や敗血症では，実質臓器の変性・壊死と偽好酸球の浸潤がみられる。肝臓は脆弱，黄色あるいは灰白色壊死像がみられ，壊死性肝炎を呈する。脾臓，肺などにも同様の壊死巣がみられる。

<病原・血清診断>　病巣から菌を分離し，上記の*S. aureus*の生化学的性状の特性に従って同定する。また，16S～23S rDNA遺伝子間領域およびsuperoxide dismutase遺伝子中の特異的塩基配列を標的としたPCRによる同定も可能である。菌の型別や疫学調査には，ファージ型別，遺伝子型別multilocus sequence typing(MLST)，スーパー抗原毒素型別などが利用できる。血清学的診断法はない。

予防・治療　本症は発病する鶏側にも誘発要因があると考えられているので，鶏舎内の換気，温度，湿度などの環境に配慮し，密飼いやストレスによる鶏の喧嘩・闘争の防止に努める。免疫抑制を引き起こす疾病を予防する。ワクチンはない。治療にはノボビオシン，ペニシリン系，テトラサイクリン系，マクロライド系，およびニューキノロン系抗菌薬などを早期投与するが，耐性菌があった場合は効果が期待できない。発症個体は淘汰し，十分な消毒など環境衛生に留意する。

（胡　東良）

39 鶏結核病(届出)
Avian tuberculosis

概　要　*Mycobacterium avium*の経口感染による鳥類の慢性伝染病で，内臓に特徴的な結核結節を形成する。

宿　主　届出伝染病の対象は**鶏，あひる，七面鳥，うずら**。ペンギン，だちょう，猛きん類も含めた野生鳥類。

病　原　*M. avium*が主な原因菌である。ペットとして飼育されている鳥(鳩など)では*M. avium*以外に*M. genavense*が問題となる。

分布・疫学　20世紀前半まで世界的に発生し，養鶏産業に大きな被害を与えたが，現在，先進国では本症の発生は減少している。2007年に北海道で家きんの発生報告があるが，その後の報告例はない。野鳥や動物園で飼育されている鳥類に関しては，これまでフラミンゴ，アオカケイ，烏骨鶏，ガン，かも，だちょう，ワシなどでの発生が報告されている。糞便中に排出された菌は飼育環境を汚染し，土壌中で3～4年間は感染力を保つ。汚染糞便を介した経口感染が主だが，飛沫などの気道感染例も知られている。

診　断

<症状・病理>　症状を認めない例が多く，剖検後の肉眼所見ならびに組織学的に本病と診断される。病末期には衰弱，嗜眠状態，ときに下痢，鶏冠や肉垂の退行・退色を認める。剖検所見の多くは粟粒から小豆大の灰黄白色の結核結節を肝臓，脾臓，腸管に認める。肺や卵巣，皮下にも結節性病変を認めることがある。病理組織学的には乾酪壊死を伴う慢性肉芽腫性病変が特徴的所見として認められる。

<病原・血清診断>　生前診断として鳥型ツベルクリンによる皮内反応を行うことが可能。剖検により肝臓や脾臓の結核結節を確認し，病変部材料を塗抹後チール・ネールゼン染色で赤紅色に染まる抗酸菌を確認する。さらに病変部および糞便からの菌分離と種(亜種)同定を行う。*M. avium*は4亜種が存在し，このうち遺伝子挿入配列IS*901*とIS*1245*を保有する2亜種(*avium*と*silvaticum*)のみが鳥類に病原性を有する。subsp. *avium*は小川卵培地で分離可能であるが，subsp. *silvaticum*はマイコバクチン要求性なので小川培地には増殖しない。また，*M. genavense*は遅発育性(6～12週)の上，液体培地にしか発育しないので，確定診断には遺伝子解析が不可欠である。

予防・治療　ワクチンによる予防法はない。罹患鳥を淘汰する。鶏など集団飼育する鳥類では野鳥との接触防止を図る。発生群や伝播の疑いのある群は全淘汰し焼却処分する。本菌は60℃ 30分の加熱処理，70%アルコール中に5分以上浸漬すれば失活するが，逆性石けん，ビグアニド化合物や低濃度の次亜塩素酸ソーダには抵抗性を示す。確実に殺菌可能な消毒薬(石灰など)で飼育施設および土壌の消毒を行う。

（後藤義孝）

40 家きんの鼻気管炎
Ornithobacterium rhinotracheale infection in poultry

宿　主　鶏，七面鳥

病　原　*Ornithobacterium rhinotracheale*。本菌はフラボバクテリウム科に属するグラム陰性多形性の桿菌。通性嫌気性で増殖が遅い。血液寒天上に小さな集落を形成する。オキシダーゼ陽性，ガラクトシダーゼ陽性。

分布・疫学　南アフリカの呼吸器症状を呈したブロイラーから初めて菌が分離され，その後，ドイツで七面鳥の新しい症候群の原因菌として確認された。米国や日本など多くの国で分離されている。飛沫や飲水器からの水平感染。孵化場では卵殻や卵殻膜に付着した細菌による介卵感染もある。

診　断

＜症状・病理＞　くしゃみ，気嚢炎，気管支炎，肺炎などの呼吸器症状，緑色便，首曲がり。ブロイラーでは死亡淘汰率の上昇。産卵鶏では産卵率および卵質の低下。呼吸器ウイルスワクチンの接種やウイルスとの混合感染などにより重症化し多様な症状を呈する。

＜病原・血清診断＞　気管，気嚢，肺から検体を採取し，羊血液寒天培地，チョコレート寒天培地を用いて微好気下で菌分離。煮沸抽出抗原（血清型A，B，C）を用いたELISAによる抗体検査。

予防・治療　徹底的な衛生管理，不活化ワクチン接種（欧州ではブロイラー種鶏用に認可されている）。アモキシシリン，クロルテトラサイクリンなどの抗菌薬による治療。

（胡　東良）

41 鶏のカンピロバクター症（人獣）
Campylobacteriosis in chickens

宿　主　鶏，七面鳥，うずら，がちょうなどの鳥類。哺乳動物

病　原　*Campylobacter jejuni*および*C. coli*。グラム陰性らせん菌，一端または両端に1本の鞭毛があり，コルクスクリュー様回転運動をする。微好気性菌。

分布・疫学　世界各国に分布。鶏の保菌率は20～100％と高いが，発症はまれ。養鶏場における主な伝播経路は保菌鶏。近年，フルオロキノロン耐性のカンピロバクターが分離されており，問題視されている。人への感染源として重要。

診　断

＜症状・病理＞　鶏は本菌に感染しても不顕性に経過し，無症状のまま保菌鶏となる。他の病原体との混合感染やストレスなどが誘因で発育遅延，産卵率の低下，軽度の下痢などを発症する。死亡例では肝臓の腫大，出血斑，点状壊死がみられる。

＜病原・血清診断＞　臨床症状と病理所見を参考に細菌検査を実施する。病鶏の肝臓，胆嚢，保菌鶏の臓器，腸内容などから菌分離を行う。

予防・治療　飼育衛生管理の改善，ストレスなどの誘発因子の除去。ゲンタマイシン，エリスロマイシンなどの抗菌薬による治療。

（胡　東良）

42 鳥類の仮性結核（人獣）
Pseudotuberculosis in birds

宿　主　鳥類，哺乳動物

病　原　*Yersinia pseudotuberculosis*。本菌は腸内細菌科に属するグラム陰性の通性嫌気性桿菌。発育至適温度は25～30℃だが，4℃でも発育する。

分布・疫学　鳥類や野生哺乳動物などの腸管内に分布する。日本では野生たぬきの保菌率が高い。感染動物の分泌・排泄物に汚染された土壌，飼料，水を介して伝播し，菌は消化器あるいは創傷を介して体内へ侵入する。

診　断

＜症状・病理＞　鳥類の*Y. pseudotuberculosis*感染の多くは不顕性感染であるが，発症する場合，急性型と慢性型に大別される。急性型では3～6日の潜伏期を経て，突発性下痢や急性敗血症を起こし死亡する。病変としては，腸炎や肝臓および脾臓の腫大がみられる。慢性型では，2週間以上の潜伏期を経て呼吸困難，下痢を呈し死亡する。病変としては腸炎，諸臓器，特に肝臓，脾臓，筋肉に栗粒大の結核様病変形成がみられる。

＜病原・血清診断＞　急性例では血液から，慢性例では病巣部からそれぞれ菌を分離し，同定する。

予防・治療　野生動物や豚などの糞便による汚染防止によって飼育環境の清浄化を図る。

（胡　東良）

43 家きんの豚丹毒菌症（人獣）
Erysipelothrix infection in poultry

宿　主　鶏，七面鳥，水きんなど

病　原　*Erysipelothrix rhusiopathiae*。グラム陽性非運動性の小桿菌で，通性嫌気性。16の血清型があり，鶏からは1a，1b，2，4，5，8，9，11，15および16型などが分離されている。

分布・疫学　世界各国に分布。高致死率。発育遅延や品質低下による経済的被害を起こす。日本ではこれまで，うずら，あひる，七面鳥，きじのほか，4採卵養鶏場での発生例が報告されている。伝播経路は脱羽後の羽痕部や皮膚粘膜の創傷部から感染。

診　断

＜症状・病理＞　発症経過は甚急性。元気・食欲の低下あるいは消失，肉冠のうっ血，緑色下痢便，産卵低下などを呈し，一般に急性経過で死亡する。死亡率は1～30％と様々である。病理所見は，皮下組織のうっ血，筋肉のびまん性あるいは点状出血，漿膜の出血，肝臓，脾臓および腎臓の腫大，肝臓および腎臓における壊死。

＜病原・血清診断＞　血液および主要臓器からの菌分離・同定。

予防・治療　北米では七面鳥に不活化ワクチンが使用されており，最近は生ワクチンも導入されている。日本では豚用ワクチンのみ。治療にはペニシリン系，テトラサイクリン系抗菌薬の飲水投与あるいは飼料添加。

（胡　東良）

44 家きんのアナチペスティファー感染症
Riemerella (*Pasteurella*) *anatipestifer* infection in poultry

宿　主　主に七面鳥，あひる，がちょう，かもなど。鶏，きじ，他の水鳥も感受性がある。

病　原　*Riemerella anatipestifer*。グラム陰性の極染色性小桿菌，莢膜あり。

分布・疫学　特に5週齢以下のひなに好発。発症1～2日後に死亡。致死率は5～75%で，高い罹患率を示す。経気道感染，足の創傷からも感染。

診　断

＜症状・病理＞　元気消失，流涙，鼻汁，咳，くしゃみ，緑色下痢，頭頸部の震顫，昏睡を呈する。病理所見では心膜，肝臓および気嚢表面の線維素性炎。

＜病原・血清診断＞　十分な湿度環境下で，微好気培養して菌分離を行う。

予防・治療　飼育環境の整備が最も重要。海外では不活化多価ワクチンが用いられているが，日本にはない。抗菌薬とサルファ剤による治療が可能。

（胡　東良）

45 鳥類のレンサ球菌症および腸球菌症
Streptococcosis and enterococcosis in birds

宿　主　鶏，七面鳥など

病　原　レンサ球菌では*Streptococcus equi* subsp. *zooepidemicus*（C群），*S. mutans*（E群）。腸球菌では*Enterococcus*属（D群），*E. faecalis*，*E. faecium*など

分布・疫学　世界各地で発生。原因菌は鳥類の腸内や粘膜の正常細菌叢構成菌の一部であるため，本症はそれらの日和見感染に起因する。致死率は0.5～50%。

診　断

＜症状・病理＞　*S. equi* subsp. *zooepidemicus*による感染症では，急性敗血症を呈し，頭部周辺組織あるいは羽毛に血液斑点，肉冠・肉垂の青白色変化を示す。*Enterococcus*による感染症では，急性敗血症型の場合，沈うつ，嗜眠，肉冠・肉垂の青白色変化，下痢，頭部震顫，羽毛逆立。亜急性型あるいは慢性型の場合，沈うつ，体重減少，跛行などがみられる。

＜病原・血清診断＞　肝臓，脾臓，腎臓および血液などからの菌の分離・同定。

予防・治療　ストレスの軽減，免疫抑制を惹起する疾病や環境因子の防除。鶏舎清掃や消毒も重要。急性あるいは亜急性の場合，ペニシリンやエリスロマイシンなどの抗菌薬が有効。

（胡　東良）

46 鳥類のスピロヘータ症
Spirochetosis in birds

宿　主　鶏，七面鳥，あひる，がちょうなど

病　原　*Borrelia anserina*。スピロヘータ科，らせん状菌体，運動性を有し，微好気性を好む。

分布・疫学　熱帯～亜熱帯に分布。3週齢以内の幼鳥が易感染性。ダニ媒介性感染症で，ニワトリダニはレゼルボアであり，主要なベクターである。

診　断

＜症状・病理＞　発熱，肉冠・肉垂のチアノーゼ，体重減少，緑色下痢便。感染後期は全身麻痺，貧血，嗜眠，昏睡，回復後も麻痺。脾臓の顕著な肥大と白い斑点形成，肝臓小出血巣における白斑。

＜病原・血清診断＞　ダニ幼虫の存在や，刺咬痕の確認。血液から病原体を検出。鍍銀染色によるスピロヘータの証明。凝集反応，寒天ゲル内沈降反応，蛍光抗体法による抗体の検出。

予防・治療　ニワトリダニの拡散阻止が最良の方策。ペニシリン，クロラムフェニコール，カナマイシンなどの抗菌薬による治療。

（胡　東良）

47 七面鳥コリーザ
Turkey coryza

宿　主　鶏，七面鳥，あひる

病　原　*Bordetella avium*。グラム陰性好気性桿菌，上部気道に付着し侵入。線毛，赤血球凝集素を持つ。

分布・疫学　北米，オーストラリア，欧州，イスラエル，南アフリカなどに分布。強い伝播性を有す。感染家きんとの直接接触または汚染敷料や飲料水などとの間接接触による感染。2～6週齢の七面鳥は発症率80～100%，致死率10%以下。大腸菌などの二次感染により致死率が上昇する。

診　断

＜症状・病理＞　くしゃみ，開口呼吸，透明鼻汁，上部気道の炎症・粘液性滲出物による呼吸困難。

＜病原・血清診断＞　菌の分離同定。モノクローナル抗体を用いたラテックス凝集反応や間接蛍光抗体法，PCRによる病原遺伝子の検査。凝集反応やELISAによる抗体の検出。

予防・治療　海外では温度感受性変異株を用いた生ワクチンが用いられている。抗菌薬による治療効果は期待できない。汚染した水，飼料，敷料などは強い感染性を有するので確実に滅菌することが重要である。

（胡　東良）

48 七面鳥のアリゾナ症
Arizona infection in turkeys

宿　主　七面鳥

病　原　*Salmonella enterica* subsp. *arizonae*。グラム陰性通性嫌気性桿菌

分布・疫学　世界的に発生していたが，1970年代以降激減。介卵感染と接触感染で伝播。日本での報告なし。

診　断

＜症状・病理＞　ひなには急性敗血症を起こす。症状として，下痢，沈うつ，脚麻痺，斜頸，失明。成熟七面鳥が経口的に感染すると菌は腸管に定着後，キャリアーとなり排菌。病変は鶏のパラチフス感染に類似。

＜病原・血清診断＞　糞便を分離培地（SS寒天，DHL寒天など）に塗抹し，病原菌を分離培養する。分離培地上に硫化水素を産生，中心部黒色，周辺部無色半透明を示す集落を鑑別培地（TSIおよびLIM）に接種・培養後，生化学的

性状により同定する。また，サルモネラ診断用血清を用いO抗原の型別を行い，血清型を決定する。

予防・治療　ワクチンはない。清浄雛の導入など，鶏のサルモネラ症と同様，徹底した飼育衛生管理を行う。

（胡　東良）

49 鶏の呼吸器性マイコプラズマ病
（鶏マイコプラズマ病（届出））
Respiratory mycoplasmosis in chickens (Avian mycoplasmosis)

概　要　*Mycoplasma gallisepticum* あるいは *M. synoviae* 感染により引き起こされる鶏の眼窩下洞炎，気管炎，気嚢炎，肺炎などを呈する慢性呼吸器病である。

宿　主　鶏，七面鳥の他，うずら，クジャク，ほろほろ鳥にも感染する。

病　原　*M. gallisepticum* と *M. synoviae*。特に *M. gallisepticum* は呼吸器に対する病原性が最も強く，形成される病変も重度である。マイコプラズマは一般細菌と異なり細胞壁を欠くため，宿主体外へ排出されると短期間で感染性を失う。一般的な消毒薬によっても容易に死滅するが，低温環境では飲水中あるいは鶏舎内塵埃・羽毛などに付着して約1カ月間も生存する。*M. gallisepticum* は宿主の粘膜上皮細胞に付着できるブレブ(bleb)と呼ばれる特殊な付着小器官を有し，それを介して気道上皮細胞に強固に付着すると考えられている。多くの株は鶏，七面鳥，モルモット，人などの赤血球を凝集する。Freyの寒天平板に接種し，37℃，5％CO_2存在下で培養すると，通常は2～3日後から目玉焼き状集落が発育する。*M. synoviae* は *M. gallisepticum* に比べて病原性は弱いが，感染力が強く，また長期間持続感染するため，*M. gallisepticum* より清浄化が難しい。

分布・疫学　世界中に広く分布。日本では1960年代の抗体調査で20～40％の鶏群に陽性鶏が認められたが，1976年の調査では3.4％まで減少した。現在，種鶏場では清浄化が進んだが，採卵鶏やブロイラー群では今なお発生が認められる。家畜伝染病予防法において届出伝染病に指定されており，対象動物は鶏，七面鳥である。

M. gallisepticum と *M. synoviae* は介卵感染による垂直伝播と気道感染などによる水平伝播が起こる。鶏群内の伝播速度は比較的遅く，感染率は高いが症状や持続の程度は様々である。鶏舎の換気不良，密飼によるアンモニア濃度や塵埃の増加あるいは寒冷化など飼育環境の悪化，生ワクチンの接種など鶏群にストレスが負荷されたときに，不顕性感染が顕在化される。呼吸器病の原因ウイルスや細菌との混合感染によって発症し，重症化または慢性化がみられる。感染は長期間にわたって持続するため，感染鶏は回復後も生涯にわたってキャリアーとなる。

診　断

<症　状>　菌株の病原性や混合感染の有無によって大きく異なる。マイコプラズマ単独感染では無症状に経過することが多い。採卵鶏では食欲減退，性成熟の遅延，育成率の低下，産卵の減少などが認められる。また，ブロイラーでは体重の減少，飼料効率や育成率の低下，気嚢炎（**写真1**）の多発，廃棄率の増加などによる大きな経済的損害が起こる。他の細菌やウイルスとの混合感染またはストレスにより症状は悪化し，気管のガラガラ音，開口呼吸，鼻汁漏出，くしゃみ，湿性の咳などの呼吸器症状がみられる。眼窩下洞炎による顔面の腫脹，流涙，結膜炎などの症状を呈する。七面鳥は *M. gallisepticum* に感受性が高く，症状も重いとされている。

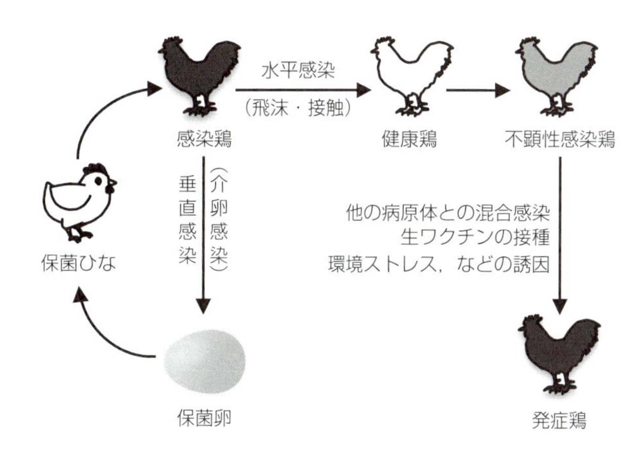

図　鶏マイコプラズマの感染経路

<病　理>　マイコプラズマ単独感染においては，肉眼病変は軽度で，鼻腔，眼窩下洞，気管および肺に多量な粘液，カタル性滲出液が認められる。炎症の進展により呼吸器粘膜の肥厚・粘液の増量，気嚢の混濁・肥厚，チーズ様滲出物が出現する（**写真2**）。気嚢内や気嚢壁にも同様の病変が認められるようになる。肉眼病変は他の微生物との混合感染や劣悪な環境因子の影響によりさらに重篤となる。

組織学的な病変では，呼吸器粘膜上皮の増生，肥大および浮腫が認められ，繊毛は脱落し，リンパ球や形質細胞の浸潤が顕著である。また，呼吸器組織全体にわたって単核球浸潤，粘液腺およびリンパ濾胞の過形成が認められる。

<病原・血清診断>

病原診断：鼻腔，眼窩下洞，気管上部や気嚢の滲出物を綿棒で採取し，豚血清，β-NAD，グルコースを添加したFreyの寒天平板および液体培地に接種する。マイコプラズマは寒天平板上では目玉焼き状のコロニーを形成するが，液体培地ではわずかに混濁するのみで，*M. gallisepticum* および *M. synoviae* はグルコースの分解により培地は黄変する。分離株はPCRあるいはコロニーの間接酵素抗体法による免疫染色で同定できる。発病鶏では検体から直接PCRで検出できる可能性もあるが，不顕性感染鶏ではPCR検査前に増菌培養が必須である。

血清診断：*M. gallisepticum* および *M. synoviae* の急速平板凝集反応用診断液が市販され，主としてIgM抗体を検出し，野外でも実施可能である。また，HI反応やELISAキットも用いられる。伝染性コリーザ，伝染性気管支炎などの呼吸器病と症状が似ており，混合感染することも多いため，鑑別診断が必要である。

予防・治療　本病の予防対策の基本は種鶏群の清浄化である。清浄な種鶏群由来のひなを清浄な鶏舎へ導入し，外部からの汚染防止対策を徹底するほか，外部からの人，物品の出入対策，野鳥の侵入防止，十分な衛生管理，飼育環境の改善などを徹底することが重要である。採卵鶏群における不活化あるいは弱毒生ワクチンの投与は産卵率の低下や症状をある程度軽減できるが，感染を阻止することができないため，注意が必要である。

抗菌薬として，テトラサイクリン，エリスロマイシン，タイロシン，チアムリンおよびニューキノロン系抗菌薬が用いられる。しかし，タイロシンなどマクロライド系抗菌薬には耐性菌の出現が報告されている。近年，治療にはニューキノロン系合成抗菌薬が使用されることが多いが，カンピロバクターにも耐性を与える可能性があり，慎重な投薬が望まれる。

ワクチンや薬剤による対策では完全な清浄化は困難であるため，種鶏群の清浄化には投薬による介卵感染菌数の抑制と種卵の加温処理による介卵感染の阻止の併用，その後の隔離飼育の徹底，抗体検査によるモニタリングなどが重要である。

（胡　東良）

50 家きんのマイコプラズマ滑膜炎
（鶏マイコプラズマ病（届出））
Mycoplasmal synovitis in poultry (Avian mycoplasmosis)

概　要　*Mycoplasma synoviae*感染による鶏および七面鳥の滲出性滑膜炎，腱鞘炎。

宿　主　主に鶏，七面鳥，ほろほろ鳥

病　原　*M. synoviae*。*M. synoviae*は*M. gallisepticum*より液体培地での増殖が速い。寒天平板上での集落は乳首状を示す目玉焼き状の乳首部がやや大きい。発育にはNADの添加が必要である。滑膜炎由来株は滑膜に，気嚢炎由来株は気嚢に起病性が強い。菌株によっては鶏や七面鳥の赤血球を凝集するものもあるが，その程度は*M. gallisepticum*に比して弱く，培養が古くなると吸着能は著しく低下する。*M. synoviae*はグルコースとマルトースを分解して酸を産生するが，ガスは産生しない。乳糖，ズルシトール，サリシン，トレハロースを分解しない。

分布・疫学　日本を含め世界中に広く分布する。*M. synoviae*は鶏，七面鳥，ほろほろ鳥に自然感染するが，実験的にがちょうやきじにも感染する。届出の対象動物は鶏，七面鳥である。4～12週齢の育成期に多発し，感染率が高いが死亡率は低い。ストレスや他の病原体との混合感染が引き金となり，滑膜炎や関節炎を惹起すると考えられている。感染経路は*M. gallisepticum*と同様に，病鶏との直接あるいは間接的な接触による水平感染の他に，卵を介して母鶏からひなに伝達する介卵感染がある。伝播性は*M. gallisepticum*よりも強く，鶏舎が汚染すると短期間で全体に感染が広がる。免疫機能を低下させる伝染性ファブリキウス嚢病ウイルス感染は本病の発症要因として知られている。また，鶏オルソレオウイルスとの混合感染により関節病変が重篤化する。

診　断

＜症　状＞　*M. synoviae*感染の場合は，無症状で抗体の上昇によってのみ感染を知る。発症鶏群のなかには，肉冠が蒼白となり，発育遅延，跛行を呈する。病勢の進行に伴い，羽毛の逆立ち，肉冠の萎縮，沈うつ，脱水状態に陥り，しばしば緑色便が排泄される。足関節と趾底は腫脹し，滑膜炎による関節炎が起こり，病鶏の足関節と足底を圧迫すると波動感を呈する。また，竜骨突起部に胸部水疱(breast blister)といわれる腫脹がみられる。

＜病　理＞　感染初期には関節，腱鞘，滑膜腔，胸骨稜骨液嚢の病変部にクリーム色ないし灰白色の粘稠な滲出物が貯留し，病勢の進行に伴い滲出物はチーズ状となり，その範囲も拡大する。組織学的には，滑膜や腱鞘の偽好酸球の浸潤を伴う水腫が主体であるが，次第に病変部は肥厚し，滑膜細胞の増殖や形質細胞，リンパ球の浸潤が認められる。

＜病原・血清診断＞　急性期の関節内滲出液などを検体として，マイコプラズマの分離・同定を行う。血清診断では*M. synoviae*の急速平板凝集反応，HI反応やELISAキットが用いられる。

予防・治療　種鶏群においてマイコプラズマの検査と血清反応による摘発・淘汰，薬剤投与，種卵の抗菌薬処理，徹底した衛生管理により清浄化を図る。外部からの汚染防止対策を徹底するほか，不活化あるいは弱毒生ワクチンを投与する。抗菌薬としては，テトラサイクリン，タイロシン，スペクチノマイシンなどが用いられてきたが，治療効果は顕著ではない。また，タイロシンには耐性菌の出現が報告されている。

（胡　東良）

51 七面鳥のマイコプラズマ・メリアグリデス病
Mycoplasma meleagridis infection in turkeys

宿　主　七面鳥，宿主の特異性が高い。

病　原　*Mycoplasma meleagridis*。七面鳥に感染する細胞壁のない病原体で，ギムザ染色では球状体を呈し，単在，双菌または小さな集まりを示す。

分布・疫学　世界中に分布し，七面鳥の感受性はきわめて高い。接触や飛沫による水平感染とともに，介卵感染する。雌雄間の交尾感染も報告されている。

診　断

＜症　状＞　介卵感染の場合，孵化率の低下，発育不良。ホック関節，関節周囲組織，頸部椎骨および隣接する骨の早期段階の成長に影響し，関節炎および首の捻挫または脚の変形といった骨格異常を呈する。呼吸音の異常（水泡音）。単独感染では不顕性の気嚢炎を起こす程度だが，他の病原体との混合感染やストレスなどにより重篤化。

＜病　理＞　ひなでは胸部気嚢の肥厚，混濁。気管支炎，細胞浸潤，チーズ様滲出物。1～6週後に骨髄炎や骨格変形がみられる。

＜病原・血清診断＞　気嚢病巣や関節液からのマイコプラズマの分離と同定。PCRによる遺伝子の検出。急速凝集反応，HI反応やELISAを用いた抗体検査。

予防・治療　ワクチンはない。予防には，清浄種鶏場から種卵やひなを導入する。種卵の抗菌薬処理など，徹底した衛生管理を行う。治療には，タイロシンなどの投与。

（胡　東良）

52 鳥類のクラミジア病（人獣） （口絵写真23頁）

Avian chlamydiosis

病名同義語：オウム病（Psittacosis）

概　要　オウム病クラミジアによる呼吸器と下痢を主徴とする全身感染症。

宿　主　オウム・インコ類およびドバトなどの鳥類，人も感染する。特にオカメインコ，セキセイインコ，ドバトは人への主な感染源となる。

病　原　*Chlamydophila psittaci*。偏性細胞内寄生性細菌で，形態学的変化を伴う感染環を有する。感染性粒子は基本小体，増殖型粒子は網様体と呼ばれる。基本小体は直径0.2〜0.4μmで感受性上皮細胞に吸着し，食作用により小胞に包まれて細胞内に侵入する。侵入後，網様体に変化し小胞内で2分裂増殖を繰り返し，封入体を形成する。分裂を繰り返した後，中間体を経て基本小体となり細胞破壊により放出される。呼吸器から感染後，マクロファージ系細胞により体内播種される。

分布・疫学　輸入オウム・インコ類の*C. psittaci*保有率は約5％である。死亡鳥では約30％に*C. psittaci*感染がみられる。ドバトでは群により保有率が異なり，0〜100％である。欧米では七面鳥のクラミジア感染症が問題になるが，日本では現在のところ，七面鳥におけるクラミジア感染症の発生報告はない。

鳥類間では接触，吸入，経口などにより伝播する。親鳥からひなへの垂直感染があるが，介卵感染については不明である。ひなが感染すると発症し死亡する。一部の感染雛は耐過しクラミジアが潜伏感染し，間欠的にクラミジアを排出する保菌鳥となる。

輸送，密飼いなどのストレス，栄養不良などにより発症する。発症鳥は大量のクラミジアを糞便などに排出するため人や他の鳥への感染源となる。

診　断

＜症　状＞　感染鳥の症状は日齢や鳥種により異なる。ひなの初感染では発症し死亡する。通常，元気消失，食欲減退，羽毛逆立，鼻腔からの漿液性ないし化膿性鼻漏がみられる。緑灰色下痢便がみられることもある。

無症状のまま死亡する場合もある。オカメインコやセキセイインコでは結膜炎もみられる。鳩ではクラミジアによる単独発症はまれである。治療が適切でない場合，予後不良となる。

＜病　理＞　肉眼病変として，脾臓に2〜10倍の腫大がみられる。剖検時に脾腫がみられた場合，本病を疑い，剖検を中止するとともにクラミジアの研究を行っている機関に検査を依頼する。肝臓の腫大（**写真**）も認められ，脆弱，黄白色に変化し，ときとして灰白色の小壊死巣が多数みられる。気嚢の混濁や線維素性滲出物がみられる。不顕性感染では脾腫がみられる程度である。

組織学的には肝臓と脾臓の壊死性病変が特徴である。肝臓には大小壊死巣がみられ，脾臓は主として莢組織周囲の網内系細胞の活性化に伴うマクロファージの浸潤増殖がみられる。また，変性壊死巣もみられる。

＜病原・血清診断＞　診断は臓器や糞便および滲出物を用いた病原体検出による。PCRは特異性，感度が高く，菌を短時間で検出することができる。分離には発育鶏卵卵黄嚢内接種法ないしHeLa細胞，L細胞などの培養細胞接種法を用いる。クラミジアの同定に直接法用蛍光抗体が市販されている。

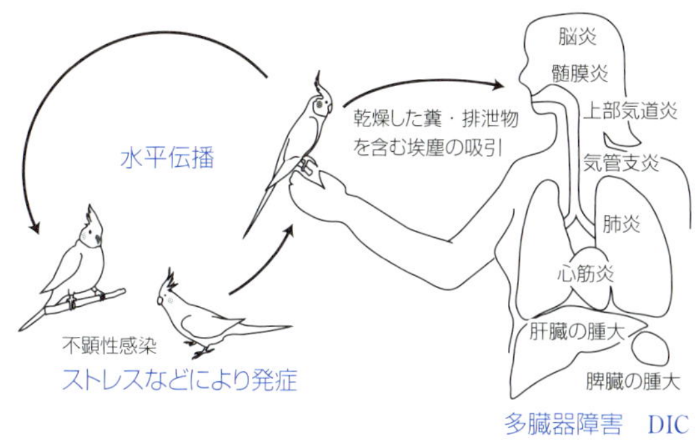

図　クラミジア病の感染環と人における症状

抗体検出にはオウム・インコ類やドバトでは通常のCF反応を用いる。オウム・インコ類や鳩抗体に対する二次抗体が入手可能であれば，感染細胞を抗原とする間接蛍光抗体法を用いることができる。

予防・治療　ワクチンはない。

保菌鳥にはドキシサイクリン，マクロライド系抗菌薬，キノロン系抗菌薬を飲水や飼料に混合し投与（45日間）することによって排菌が阻止できる。投薬方法は飲水，果汁，穀物飼料などそれぞれの鳥の嗜好に合わせ工夫する必要がある。

（福士秀人）

53 エジプチアネラ症（海外）

Aegyptianellosis

宿　主　鶏，がちょう，あひる，うずら，だちょう

病　原　*Aegyptianella pullorum*（リケッチア目，アナプラズマ科）

分布・疫学　鶏，がちょう，あひる，うずら，だちょうなどの赤血球に感染し，ナガヒメダニにより媒介される。アフリカ，東南アジア，南欧などに分布。日本での報告例はない。

診　断

＜症状・病理＞　幼雛では発熱，溶血性貧血，元気および食欲の低下，衰弱，緑色下痢便がみられる。死亡率は孵化間もないひなで高い。死亡例では黄疸と肝細胞の壊死が認められる。

＜病原診断＞　血液塗抹ギムザ染色標本で赤血球内の赤紫色の封入体を確認。このなかに基本小体が含まれる。

予防・治療　ワクチンはない。治療はテトラサイクリン系抗菌薬が用いられる。媒介ダニの駆除およびダニとの接触回避。

（須永藤子）

54 鶏のコクシジウム症

（口絵写真24頁）

Coccidiosis in chickens

概　要　鶏コクシジウム原虫の腸管感染による血便や下痢便を主徴とする疾患。

宿　主　鶏

病　原　*Eimeria*属原虫。全７種（８種ともされる）のうち，*E. tenella*と*E. necatrix*が最も病原性が強い。次いで，*E. brunetti*, *E. maxima*, *E. acervulina*が中程度の病原性を示す。*E. tenella*と*E. necatrix*は無性生殖期において，腸管の粘膜固有層の深部で大型のメロント（メロゾイトを含む寄生体胞。シゾントともいう）を形成する。血便は，このメロントの発育により組織が破壊され，出血を呈することによる。*E. brunetti*も粘膜固有層に侵入するが，メロントの大きさは中型であり，出血は軽度である。*E. maxima*と*E. acervulina*は，主に腸管粘膜の表層部で発育するため，出血は認められない。

分布・疫学　世界各地に分布する。国内の養鶏施設においても高率に存在する。感染しても耐過し，免疫を獲得した鶏で抵抗性を有するが，幼若鶏では発症しやすい。*E. tenella*では３～６週齢，*E. necatrix*では８～18週齢の鶏で発症する傾向がある。*E. brunetti*では週齢による発生の傾向はない。

感染経路は，成熟オーシストの経口感染である。感染鶏より糞便とともに排出された直後のオーシストには感染性はない。好適な温度と湿度のもと，おおよそ２日で内部にスポロシストとスポロゾイトを形成し，感染性を獲得する。オーシストは，鶏舎内に侵入した小動物や昆虫，器具類や塵埃に付着し，機械的に伝播され汚染エリアが拡大する。このオーシストは環境中で長期間生存可能で，一般的に使用される消毒剤にもきわめて強い抵抗性を有する。そのため，一旦，養鶏農場が本原虫に汚染された場合は，清浄化することは困難である。

診　断

<症　状>　血便，下痢，脱水および貧血，元気・食欲の低下などが一般的な症状。産卵鶏であれば，産卵率が低下する。*E. tenella*は鶏の盲腸に寄生し，感染した鶏は鮮血便を多量に排泄し，病態が悪化した場合は死亡する（**写真２**）。また，*E. necatrix*は主に小腸に寄生し，小腸は血様の内容物を貯留して膨満し，黒色を帯びた粘血便が多量に排泄される（**写真３**）。*E. brunetti*は小腸上部から直腸，*E. acervulina*は十二指腸，*E. maxima*は小腸中部に寄生し，水様性の下痢が認められる。*E. brunetti*ではときに血便を呈する。

<病　理>　病変は，鶏コクシジウム原虫が寄生する腸管に限局する。出血性またはカタル性の炎症像が認められる。上皮組織は壊死または脱落し，病原性の強い種による感染では，絨毛の萎縮などが認められる。感染期間はおおよそ１～２週間であり，死亡せずに耐過した場合，組織は速やかに修復される。

<病原・血清診断>　種により腸管内の寄生部位や病原性が異なるため，病態および病変部位により原因種を推定できる。原虫の検出は，糞便や腸内容物を用いて，含まれる虫体数が多い場合は直接塗抹法により，また少ない場合はショ糖や飽和食塩水を用いて浮遊法により行う。オーシストは種間で類似し，また実際には複数種による混合感染が多いため，検出されたオーシストの形態のみから種を鑑別することは実際には難しい。正確な種の同定は，糞便または鶏コクシジウム原虫が感染している腸管組織（オーシスト以外の発育期の虫体であっても実施が可能）から抽出したゲノムDNAを用いたPCRにより行われる。

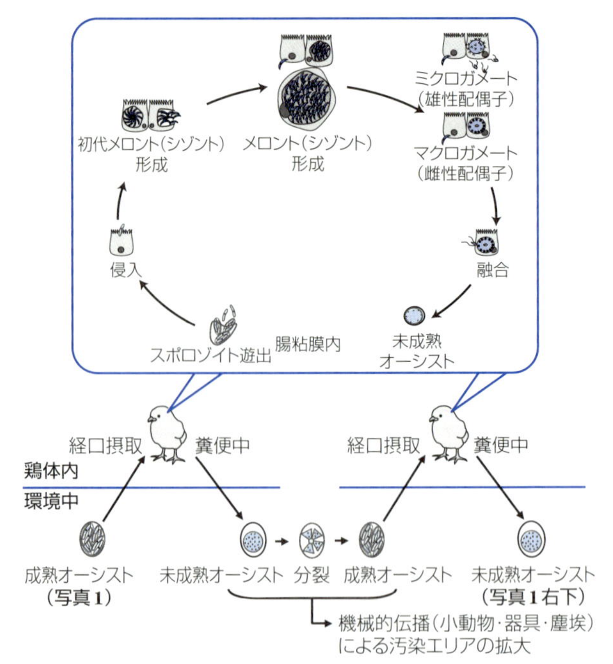

図　鶏コクシジウム原虫の感染環
（川原史也氏原図）

<血清診断>　鶏コクシジウム原虫の感染により抗体が産生されるが，一般的に実施されている血清診断はない。種間で抗原が共通する場合が多く，抗体は交差反応をする可能性が高い。交差反応性が低い組換え体蛋白質を抗原とするELISAが報告されている。

予防・治療　感染源となるオーシストは，一般的な消毒薬に強い抵抗性を有する。オルソ系消毒薬はオーシストに有効であるが，殺滅に時間がかかるため，踏み込み槽を中心に使用されている。ただし，熱，乾燥および凍結などの物理的な要因には比較的弱い。そのため，オールアウト後，鶏舎の空舎期間を十分に設けることは，感染性を有するオーシスト数を減らすために有効である。

<予　防>　ポリエーテル系抗菌薬（サリノマイシン，ナラシン，ラサロシドなど）が飼料添加されている。これらはイオノフォアとして作用し，虫体の細胞膜のイオン透過性を傷害する。薬剤耐性株の出現が問題となっているため，肥育前期と後期で薬剤を替えるシャトル（デュアル）プログラム，また年間で薬剤を切り替えるローテーションの実施が望ましい。

ワクチンは，弱毒株を含有する生ワクチン製剤が市販されている。この弱毒株は，野外株を鶏で数十代以上継代して早熟化したものであり，増殖性および病原性が減弱されている。このワクチンによる獲得免疫は，投与した種に対してのみ免疫が賦与される。そのため，養鶏農場に存在する種および鶏の飼育形態などから，適した種を含有するワクチン製剤を選択する。

<治　療>　サルファ剤，または葉酸拮抗薬との合剤を用いる。３～５日間の連用または反復投与を行う。本症には*Clostridium perfringens*の感染が併発している場合が多く，

鶏コクシジウム症に対する治療薬の投与により悪化することがあるため，本菌に有効なアンピシリンなどを併用する。

（松林　誠）

55 鶏のロイコチトゾーン病（届出）

Leucocytozoonosis in chickens　（口絵写真24頁）

概　要　ロイコチトゾーン原虫の感染による出血および貧血を主徴とする鶏の急性致死性疾病。

宿　主　鶏。日本でみられる鶏のロイコチトゾーン原虫も宿主特異性が強く，近縁のきじなどの鳥類では感染がみられない。

病　原　主に *Leucocytozoon caulleryi*，*L. sabrazesi* の2種。日本では前者のみがみられる。ロイコチトゾーン原虫の多くの種はブユにより媒介されるが，*L. caulleryi* はニワトリヌカカにより媒介される。

ニワトリヌカカが鶏を吸血する際に，唾液腺で形成されたスポロゾイトが鶏体内に注入されて感染する。スポロゾイトは血管内皮細胞に侵入し，シゾントへと発育する。シゾントは直径200μm以上に達し，塊を形成する。このとき，血管が破壊され，出血する。ひなでは死亡する場合もある。

生残した鶏では，シゾント内に形成されたメロゾイト（**写真1**）が赤血球内に寄生して，ミクロガメトサイトおよびマクロガメトサイトへと発育する。この発育過程で赤血球が破壊され，貧血が起きる。この血液をニワトリヌカカが吸血し，唾液腺内でスポロゾイトが形成されることで感染環が成立する。*L. caulleryi* は *L. sabrazesi* に比べ病原性が非常に強い。

分布・疫学　*L. caulleryi* は北海道を除く日本各地，海外では中国，韓国，台湾，タイ，インドネシア，マレーシアなどの東南アジア諸国に，*L. sabrazesi* は台湾，タイ，マレーシア，インドネシアなどの東南アジア諸国に分布する。日本では，ニワトリヌカカの発生する夏，特に7～9月を中心に *L. caulleryi* による本病の発生がみられる。

診　断

＜症　状＞　鶏の日齢，体重，感染スポロゾイト数により異なる。日齢の高い，体重の重い鶏では症状は軽く，また一度に注入されるスポロゾイト数が多いほど重い。重症の場合，沈うつ，うずくまり，羽毛を逆立て死亡する。生残鶏では，犬座姿勢，貧血，緑色便の排泄，削痩，産卵の低下や停止がみられる（**写真2**）。

＜病　理＞　喀血または出血死した鶏では，皮下，腎臓，ファブリキウス嚢などの全身の各臓器に針尖大，大豆大の点状出血あるいは不整出血斑がみられる。また，腹腔，気管および嗉嚢内に血液貯留を認める場合もある。さらに，心外膜，肝包膜，膵臓に針尖大のシゾントがみられることもある。貧血により鶏冠が退色し，緑色便を排泄している鶏では，脾臓の腫大がみられる。組織学的には，シゾントによる血管の栓塞，破綻性または漏出性出血，うっ血および水腫が認められ，壊れたシゾント周囲には，異物巨細胞，マクロファージ，リンパ球などの細胞浸潤がみられる。

＜病原・血清診断＞　喀血や出血により死亡した鶏では，出血部位の新鮮圧平標本や組織切片中のシゾントを確認する。貧血や緑色便を排泄している場合は，末梢血液塗抹標本を作製し，ギムザ染色後，メロゾイトまたはガメトサイトを検出する。抗体検出方法としては，寒天ゲル内沈降反応がある。

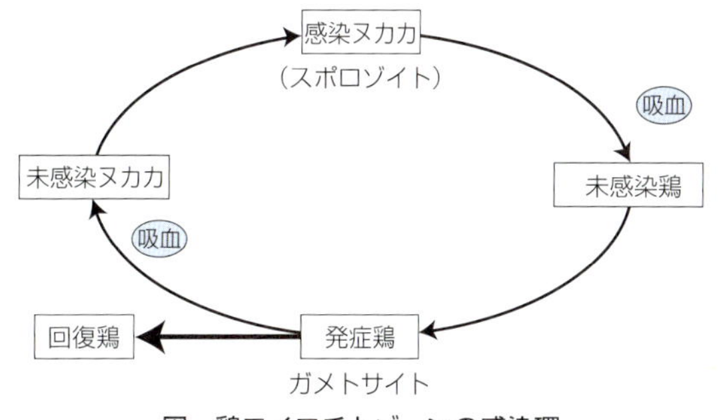

図　鶏ロイコチトゾーンの感染環
（磯部尚氏原図）

予防・治療

＜予　防＞　ブロイラーおよび10週齢までの採卵用ひなには，アンプロリウム-エトパベート-スルファキノキサリン合剤またはハロフジノンポリスチレンスルホン酸カルシウムの飼料添加により予防する。

10週齢以降，産卵開始前までの採卵用大雛にはスルファモノメトキシンなどのサルファ剤単剤，あるいはスルファモノメトキシンとオルメトプリムの合剤，サルファ剤とピリメタミン関連化合物の合剤などの動物用医薬品を用いて予防する。

産卵中の鶏には，カーバメイト系，ピレスロイド系または有機リン系殺虫剤を鶏舎内に散布し，ニワトリヌカカの数を減らして感染原虫数の軽減を図る。

＜治　療＞　有効な治療法はない。

（松林　誠）

56 鶏マラリア

Avian malaria

宿　主　鶏

病　原　*Plasmodium gallinaceum*，*P. juxtanucleare*

分布・疫学　*P. gallinaceum* は東南アジアにみられ，日本には分布しない。*P. juxtanuleare* は南米，東南アジア，日本を含む東アジアに分布。媒介動物はヤブカ属，イエカ属，ハマダラカ属，クロヤブカ属の蚊。

診　断

＜症状・病理＞　貧血，食欲減退，黄疸，緑色便がみられる。感染死した鶏の肝臓および脾臓は暗黒褐色，脾腫を呈し，網内系細胞は増殖し，肝臓や脾臓にマラリア色素の沈着がみられる。

＜病原診断＞　血液塗抹ギムザ染色標本による赤血球内のシゾント，トロホゾイトやガメトサイトの確認。また，臓器塗抹標本により赤外型虫体を検出。

予防・治療　防虫網や殺虫剤を用いて蚊の吸血を防止し，感染鶏は淘汰。

（須永藤子）

57 ヒストモナス病
Histomonosis

宿　主　うずら目の鳥類，鶏，七面鳥，ほろほろ鳥など
病　原　*Histmonas meleagridis*（有鞭毛アメーバ科）
分布・疫学　世界的に分布。糞便中に排出された栄養型虫体や，本原虫を包蔵する鶏盲腸虫卵・幼虫を摂取することで感染。クジャク，七面鳥の感受性が強く，死亡率も高い。
診　断
<症状・病理>　黄白色の下痢が認められる。盲腸組織と肝臓実質に寄生するが，細胞内には侵入しない。盲腸は壊死性・潰瘍性腸炎を呈し，肝臓はやや腫大し，菊花状や円型の巣状壊死がみられる。
<病原診断>　糞便からの虫体の検出は困難。肝臓および盲腸の病理組織標本で，エオジン好性，PAS陽性の原虫を検出。
予防・治療　予防は鶏盲腸虫の駆虫と糞便の適切な処理が重要。

（須永藤子）

58 鶏のクリプトスポリジウム症
Cryptosporidiosis of chicken

宿　主　鶏，七面鳥，うずら，愛玩鳥など
病　原　*Cryptosporidium baileyi*, *C. meleagridis*。*C. meleagridis* の病原性は低い。
分布・疫学　世界的に分布。成熟オーシスト内にスポロシストはなく，直接4つのスポロゾイトがあるのがこの属の特徴。感染はオーシストの経口および経鼻（吸入）摂取によって起こる。
診　断
<症状・病理>　ファブリキウス嚢や消化管寄生では症状がみられないことが多い。呼吸器寄生で咳，鼻汁がみられ，病勢が進めば呼吸困難を呈する。主にファブリキウス嚢，盲・結腸，排泄腔に寄生。
<病原診断>　糞便中からのオーシストの検出。検出には比重1.5程度のショ糖液を使った浮遊法を用いる。
予防・治療　有効な治療薬はない。消毒剤としては10%ホルマリン水，漂白剤が有効。

（須永藤子）

1 (全)狂犬病(法)(人獣)(海外)(四類感染症) (口絵写真25頁)
Rabies

概 要 狂犬病ウイルス感染による重篤な神経症状と，ほぼ100％の致死率を特徴とする脳脊髄炎。

宿 主 牛，馬，めん羊，山羊，豚，水牛，鹿，いのしし。この他，猫，アライグマ，きつね，スカンク。人を含むすべての哺乳動物が狂犬病ウイルスに対して感受性を持つ。自然宿主は不明。

病 原 *Mononegavirales*, *Rhabdoviridae*, *Lyssavirus*に属する狂犬病ウイルス(*Rabies lyssavirus*)。ウイルス粒子は特徴的な弾丸状の形態をとり(平均サイズ：直径75nm，長さ180nm)，その内部に5種類のウイルス蛋白質(N，P，M，G，L)をコードするマイナス1本鎖RNAゲノム(約1.2万塩基)を含む。エンベロープを持つため，アルコールなどの有機溶剤により容易に失活する。また，熱や紫外線に対しても感受性である。狂犬病ウイルスの抗原性は株間でよく保存されており，その血清型は単一。三種病原体等。野外株はBSL3での取り扱い。

分布・疫学 全世界的に分布。清浄国は日本，英国，オセアニア，スカンジナビア半島などのごく一部の島国・半島国に限定される。毎年，5.5万人以上が本病により死亡していると推定され，特に発展途上国において被害が著しく，全死者数の99％以上を占める。

日本では，狂犬病予防法(1950年に制定)に基づき，ワクチン接種や放浪犬の捕獲などが行われた結果，1957年の猫における発生を最後に本病の撲滅に成功した。しかし，1970年に1件(ネパール)，2006年に2件(いずれもフィリピン)の輸入症例が人において確認されている。

感染動物の唾液中のウイルスが咬傷を介して他個体に伝播される(創傷感染)。発展途上国では主に犬がレゼルボア(病原巣)となるのに対し，先進国では食肉目(きつね，たぬき，アライグマ，スカンク，マングース，コヨーテ，オオカミなど)や翼手目(各種コウモリ)など野生動物の間でウイルスが維持される。これらのレゼルボアは，人や家畜への感染源となる。最も重要な感染源は犬で，狂犬病の犠牲者の99％以上が犬による咬傷により感染している。人や家畜は通常，終末宿主となるため，感染環を形成しない。

診 断

＜症 状＞

動 物：長く不定な潜伏期(1週間～数カ月，平均1カ月)の後，非特異的な前駆症状(食欲不振，発熱，嘔吐，下痢など)が確認される。狂躁型では，やがて流涎，下顎下垂などの症状とともに，異常行動が次第に出現する。発症後1～2日目には，知覚過敏，興奮，痙攣，運動障害などの神経症状が顕著となり，攻撃行動も認められ，唾液中のウイルスによる創傷感染の原因となる(**写真1**)。神経症状が数日間持続した後，沈うつや昏睡を特徴とする麻痺期を経て，発症後7～10日目に死に至る(**写真2**)。

感染動物の約80％が上記のような狂躁型の病型を示す一方，約20％は攻撃性亢進や興奮などの所見を欠く麻痺型を示す。病型の違いにかかわらず，発症動物はほぼ100％死亡する。

人：動物の症状と大きな違いはない。50～80％の患者は，飲水に対する恐怖を訴える，いわゆる恐水症を発症する。風への恐怖も確認される場合がある(恐風症)。

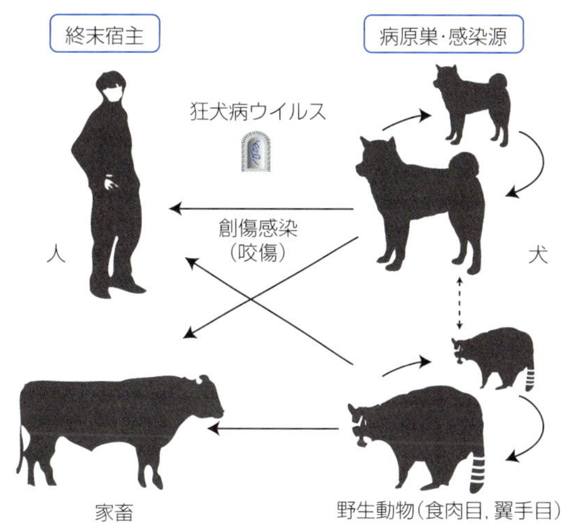

図1 狂犬病ウイルスの感染環と伝播

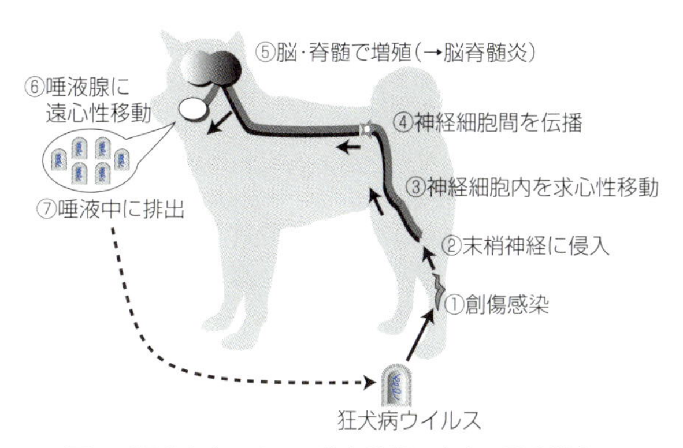

図2 狂犬病ウイルスの体内動態と本症の発症機序

＜発病機序＞ 潜伏期におけるウイルスの潜伏部位は不明。体内に侵入したウイルスは，末梢神経に感染し，その軸索を求心性に移動する。ウイルスはシナプスを越えて感染を拡大し，脊髄および脳に到達すると活発に増殖する。その後，再び軸索内を遠心性に移動し，唾液腺を含む全身の臓器の神経に移行する。その結果，唾液腺上皮細胞が感染し，唾液中に大量のウイルスが排出される。

＜病 理＞ 感染動物の脳に肉眼的な著変は認められない。病理組織学的には，非化膿性脳脊髄炎を示すが，顕著な炎症像は一般に確認できない。大脳皮質，海馬アンモン角，小脳などの神経細胞の細胞質に好酸性封入体(ネグリ小体：**写真3**)が検出される(検出率66～93％)。

＜病原・血清診断＞ 潜伏期における生前診断法は確立されていない。最も普及している診断法は，脳組織塗抹標本上のウイルス抗原の直接蛍光抗体法による検出である。本法で陰性となった検体については，マウスや培養神経細胞を用いたウイルス分離の後，ウイルス抗原を検出する。また，脳組織中のウイルス遺伝子をRT-PCRにより検出する。古典的な診断法であるネグリ小体の検出は，感度および特異性が低いため，現在は補助的に使用されるのみである。

予防・治療 治療法は確立されていない。ワクチン接種が本病に対する唯一の予防法である。通常，人や動物の免疫には，安全性の高い不活化ワクチンが使用されるが，海外では，野生動物の免疫に弱毒の狂犬病ウイルスやそのG蛋白質組換えワクチニアウイルスを含む経口生ワクチンが使用されている。

人の場合，曝露後免疫が行われる。また，獣医師，動物商，旅行者などの高リスク者に対しては，曝露前免疫(予防接種)も重要となる。

(伊藤直人)

2 犬ジステンパー
Canine distemper

(口絵写真25頁)

概　要　犬ジステンパーウイルス感染による犬の代表的感染症。呼吸器症状，消化器障害，神経症状を引き起こし，致死率は高い。

宿　主　犬および多くの食肉目動物(犬科，イタチ科，アライグマ科など)が感受性である。実験動物ではフェレットが高感受性。近年，それまで自然宿主とはされていなかったライオンやアザラシなどに流行が発生し，宿主域が広がった。

病　原　犬ジステンパーウイルス(Canine distemper virus：CDV)は，*Mononegavirales*，*Paramyxoviridae*，*Morbillivirus*に属する*Canine morbillivirus*に分類される。マイナス1本鎖RNAウイルス。構造蛋白質はN，P/C/V，M，F，H，Lからなる。血清型は単一とされているが，病原性や生物学的性状の面では流行株間に差異が認められる。また，1980年代後半以降の流行株は，病原性と抗原性がやや変異した。ウイルスは培養細胞に融合性多核巨細胞を形成する。熱に弱く，クロロフォルムやエーテル，フェノール，脂質溶解性の消毒薬で不活化される。

分布・疫学　世界各地に存在。犬では，1950年代初頭の弱毒生ワクチンの開発とその後の世界的な普及によって本病の発生数は激減し，世界的によく制御されていると考えられていた。しかし，1980年代後半から，世界各地で散発的流行が発生している。日本でも1960年代からワクチンにより制圧されていたが，近年各地で散発的流行が認められる。たぬき，アライグマなどでも流行が観察されている。ミンク飼育場など毛皮獣での流行により毛皮産業に大きな被害を与えたことがある。1980年代後半と1990年代前半に，野生のアザラシとライオンに大規模な流行が発生して多数の動物が死亡した。

ウイルスは鼻汁，唾液，眼分泌液，血液，尿に排出され，尿中には長期間排出される。発症犬は長期にわたり感染源になる可能性がある。完全に回復した犬ではウイルスは排出されない。

感染経路は，罹患犬との直接接触や，分泌物，排泄物との接触，飛沫の吸入による。ウイルスは排出後長時間は生存しないので，感受性動物の密度が感染効率の重要な要因となる。

診　断

<症　状>　潜伏期間は1週間以内から4週間以上で，長い場合は発症時に神経症状のみを示すことがある。臨床症状はほとんど示さないものから非常に重篤な症状まで多様である。感染後3～7日に発熱があり，数日後または断続的に再び発熱する。通常鼻汁分泌，くしゃみ，結膜炎，食欲減退，白血球減少を呈する。自然感染では内股部に発疹がみられる。続いて胃腸および呼吸器症状が起こり，血様下痢や削痩がみられる。

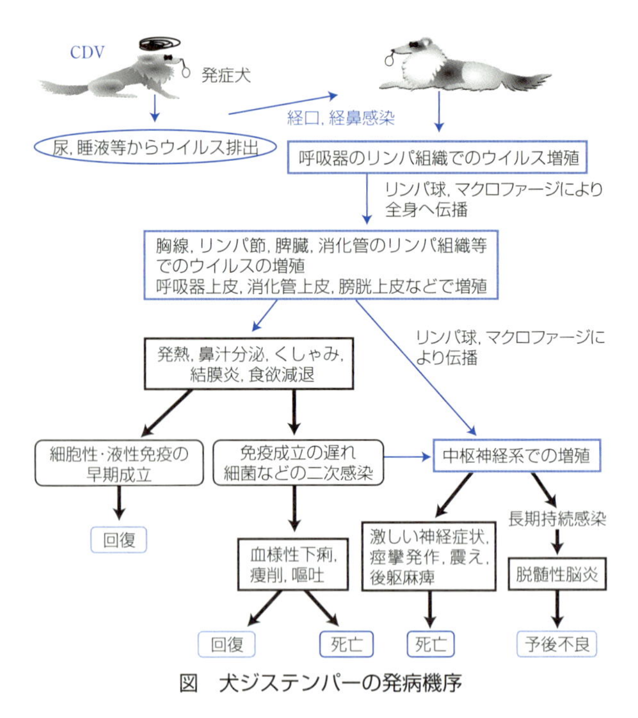

図　犬ジステンパーの発病機序

症状は二次感染によってしばしば重篤になる(**写真1**)。ウイルスが脳内に侵入し，ジステンパー脳炎を起こし，痙攣発作，震え，後躯麻痺などの神経症状を示すものもある。その頻度は10～30%とされているが，近年は，神経症状発症頻度はこれよりも高いと考えられる。

脳神経症状を呈すると予後は不良で，痙攣などの後遺症が残ることが多い。また脳内での持続感染により脱髄性脳脊髄炎が起こることもある。足蹠と鼻の角質化(硬蹠症：hard pad disease)がみられる例もある(**写真2**)。ワクチン歴のない若齢犬での致死率は高く，神経症状を呈した場合には90%という報告もある。一度感染すると終生免疫を獲得する。

<病　理>　ウイルスの主要標的組織はリンパ系組織と上皮組織である。胸腺の萎縮は必ず認められる。リンパ系組織ではウイルスがリンパ球や網内系の細胞で増殖し，初期にリンパ球の脱落が起こる。自然感染例では二次感染により激しい肺病変を引き起こし，間質性およびカタル性肺炎がよく観察される。エオジン好性の細胞質内および核内封入体が特徴的で，膀胱上皮，腎盂，グリア細胞，神経細胞，気管支上皮，肺胞上皮，脾臓，リンパ節の細網細胞，腸管上皮で観察される。脳内にウイルスが侵入しても組織学的には軽度の病変しかみられないことが多い。アストロサイトの増加，脱髄，囲管性細胞浸潤が観察される。

<病原・血清診断>

病原診断：生検では鼻粘膜や結膜の塗抹標本，剖検では膀胱粘膜や気管支上皮，リンパ節などの塗抹標本や組織切片について，封入体の観察(**写真3**)や抗体を用いた免疫染色により抗原を検出して診断する。また感染初期の分泌・排泄液やリンパ節，脳乳剤を用いたRT-PCRは有効である。ウイルス分離は新鮮臓器を用いれば可能である。

血清診断：ELISAや中和テストによる抗体の検出。

予防・治療

<予　防>　犬では，発育鶏卵漿尿膜または培養細胞継代

による弱毒生ワクチンが有効である。イタチ科やアライグマ科の動物では，生ワクチンでも病原性がみられるため，不活化ワクチンが用いられることがある。母犬からの移行抗体の95～99%は初乳を主とする乳汁を介して移行する。

母犬からの移行抗体消失時期は個体によって異なるが，通常は生後8～9週に1回，15週頃2回目などのワクチン接種方法がとられており，さらに毎年1回の追加接種を行うことが望ましい。

＜治　療＞　直接の治療法はない。発病した場合は，早期から二次感染による増悪を防ぐための抗菌薬投与とともに対症療法を行う。

（甲斐知恵子）

3　犬パルボウイルス感染症（口絵写真26頁）

Canine parvovirus infection

概　要　犬パルボウイルス2型による嘔吐や血便を伴う消化器症状，白血球減少，流死産，新生子犬の心筋炎を主徴とする疾患。免疫のない子犬では死亡率が高い。

宿　主　犬を含むすべての犬科動物，猫科動物，ハクビシン，テン，カワウソ，レッサーパンダ，ジャイアントパンダ，アライグマなども感染。

病　原　犬パルボウイルス2型（CPV-2）。*Parvoviridae*, *Parvovirinae*, *Protoparvovirus*に属する*Carnivore protoparvovirus 1*に分類される。ミンク腸炎ウイルス，アライグマパルボウイルス，猫パルボウイルスとともに猫汎白血球減少症ウイルスの亜種である。犬微小ウイルス（Canine minute virus）の犬パルボウイルス1型とは区別される。エンベロープのないDNAウイルスで，理化学的に抵抗性が強く，室温では数カ月から数年間感染性を保持できる。ウイルスの増殖には細胞由来のDNAポリメラーゼなどを必要とするため細胞周期のS期に依存してウイルスが増殖する。このため，標的臓器が限定される。

分布・疫学　世界各国。CPV-2感染症は1978年に北米で顕在化し，またたく間に世界中に広まった。1979年にはCPV-2a，1984年にはCPV-2b，2000年にはCPV-2cなど変異ウイルスが出現した。CPV-2a，-2b，-2cは猫にも感染する。飼育ケージや床に付着したウイルスは5カ月以上も感染性を保持しているため，糞便中に排出されたウイルスによって直接的あるいは汚染器物などから間接的に経口感染する。3カ月齢未満の子犬，ストレス，不衛生な犬舎，多頭飼育，混合感染が重症化のリスクファクターである。犬コロナウイルスとの混合感染で死亡率が高くなる。

診　断

＜症　状＞　CPV-2感染症は腸炎型と心筋炎型に大別される。

腸炎型：潜伏期は通常4～6日。不顕性から急性致死性腸炎まで様々である。発熱，激しい嘔吐，食欲減退から始まる。その後，灰白色ないし黄灰白色の下痢が起こる。下痢は次第に粘液状となり，重症例では血液が混ざったタール状下痢や血液がそのまま排泄される（**写真1**）。激しい嘔吐と下痢に伴い脱水症状を呈する。著しい脱水ではショック症状を呈する。白血球減少は，全く認められないものから100～400/μLまで減少する場合など様々である。重篤な腸炎発症例では，全身性の細菌感染や播種性血管内凝固

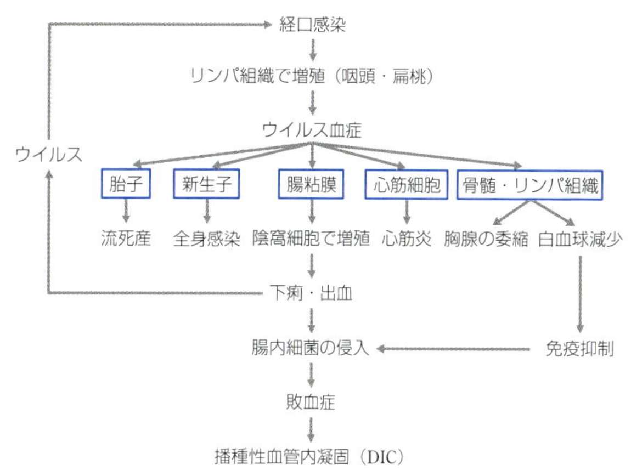

図　犬パルボウイルス感染症の発症機序

（DIC）により発症2日以内に死亡する例もある。細菌性敗血症や内毒素症に陥ると低体温，黄疸，DICによる出血傾向とショック症状が認められる。臨床病理学的には，脱水，低カリウム血症，白血球減少症，低血糖症，低アルブミン血症が認められる。

心筋炎型：胎子期あるいは8週齢以下の免疫のない子犬が感染した場合，非化膿性心筋炎が認められる。同腹の子犬すべてにおいて発症することが多い。前駆症状として，嘔吐，不整脈を伴うことがあるが，外見上健康な子犬が突然呼吸困難を起こして急死することもある。急性期にはクレアチンホスホキナーゼの上昇が認められる。多くの場合，発症後数日以内に死亡する。一時的に回復する例もあるが，予後不良で，数週間から数カ月後に心不全により死亡する。

＜発症機序＞　感染したCPV-2は扁桃や咽頭のリンパ組織で増殖し，血流を介して全身臓器に拡がる。標的臓器は細胞分裂が盛んな小腸，特に空回腸の陰窩上皮細胞と隣接する粘膜上皮細胞，骨髄，胸腺・脾臓・リンパ節などのリンパ系組織である。感染細胞や組織は破壊される。感染後3～4日目よりウイルスが糞便へ排出され，その後1～2週間にわたり大量のウイルスが糞便中に排出される。

腸炎型：腸管へのウイルス感染により，小腸粘膜の変性・壊死・脱落が起こり，蛋白喪失性の低アルブミン血症を呈する。また骨髄に拡散したウイルスは骨髄前駆細胞に感染し，造血細胞の著しい退行性変化が認められる。消化管粘膜の脱落と白血球減少症のため，消化管の細菌やその内毒素が全身に達し，細菌性敗血症や内毒素血症が引き起こされる。また，クロストリジウムやカンピロバクターなどの細菌や腸内寄生虫を有している子犬は腸炎の症状が悪化する傾向にある。死亡する最大の理由はグラム陰性桿菌敗血症のDICによると考えられている。

心筋炎型：主な標的細胞は心筋であり，非化膿性心筋炎のため甚急性あるいは急性の経過をたどって死亡する

＜病　理＞　病理組織学的所見としては小腸陰窩上皮細胞の変性・壊死，腸絨毛の脱落，脱落・壊死した細胞残屑により拡張した小腸陰窩腔が認められる（**写真2，3**）。心筋炎型では非化膿性心筋炎が特徴的でリンパ球と形質細胞を中心とする単核細胞の浸潤を伴う心筋の水腫・変性・壊死を認める。心筋細胞には核内封入体が形成される。

＜病原・血清診断＞　急性期の糞便を用いてラテックス凝集反応，イムノクロマト法でCPV-2抗原が検出されれば，

臨床症状とともにCPV-2感染であると診断できる。蛍光抗体により小腸病変部のウイルス抗原を検出して確定診断を行う。また，PCRによるウイルス遺伝子の検出や細胞培養によるウイルス分離も診断的な意義が高い。ペア血清を用いた中和テストあるいはHI反応による抗体価の上昇確認や特異的IgM抗体の検出も有用である。

予防・治療

＜予　防＞　CPV-2感染犬は糞便中に長期にわたり大量にウイルスを排出するので，排泄物の適切な処理と犬舎や水飲み・食器などの十分な消毒が必要である。有効な消毒薬は0.2％の次亜塩素酸ナトリウム，４％ホルマリン溶液，１％グルタールアルデヒドである。また，回復した犬も１週間は他の犬と隔離する。

ワクチンとしては不活化あるいは弱毒生ワクチンが有効である。不活化ワクチンは妊娠犬にも接種可能であるが，移行抗体の影響を受けにくい弱毒生ワクチンが多く使われている。ワクチンは他のコアワクチンとともに接種し，８～９週齢で初回，３～４週間隔で14～16週齢まで追加接種を行う。１年目に再度追加接種し，さらに３年以上の間隔をあけて追加のワクチンを打つことが推奨されている。

＜治　療＞　細菌感染を防ぐ目的で抗菌薬療法を行う。広域抗菌薬のセフェム系抗菌薬を非経口投与する。重症例ではアンピシリンとアミカシン，アンピシリンとゲンタマイシンなどの併用療法が選択される。エンドトキシンショックやDICにより突然死する例もあるため，抗菌薬とともにコルチコステロイドが併用される。

嘔吐が止まり経口で水分・食べ物を摂取できるようになるまで，塩化カリウム添加乳酸加リンゲルの輸液を実施して脱水と電解質不均衡を是正する。低アルブミン血症の場合血漿もしくはヘタスターチを投与する。

腸管出血のため貧血がひどい場合は，全血輸血を実施する。嘔吐が激しい場合は，クロルプロマジン，メトクロプラミド，H_2ブロッカーなどを投与する。

下痢にはロペラミドやビスマス製剤の経口投与を行う。猫組換えインターフェロンωも犬パルボウイルスの治療薬として市販されており，感染初期に処方するとウイルスの複製を阻止し，症状の重篤化を防止することができる。

（前田　健）

4　犬伝染性肝炎

Infectious canine hepatitis

（口絵写真26頁）

概　要　犬アデノウイルス1型感染による肝炎を主徴とする，主として犬科動物の全身性疾患。

宿　主　主に犬ときつねであるが，オオカミ，コヨーテ，スカンクも感受性が高い。クロクマ，ホッキョクグマでの流行例もある。

病　原　犬アデノウイルス１型（CAdV-1）。*Adenoviridae*, *Mastadenovirus*に属する*Canine mastadenovirus A*に分類される。同じウイルス種には呼吸器症状のみを起こす犬アデノウイルス２型（CAdV-2）も含まれているが（「犬伝染性喉頭気管炎」225頁参照），CAdV-1とは血清学的に区別され，ゲノムDNAの制限酵素切断パターンも異なる。人，ラット，モルモット，鶏を含む種々の動物の赤血球を４℃で凝集する。

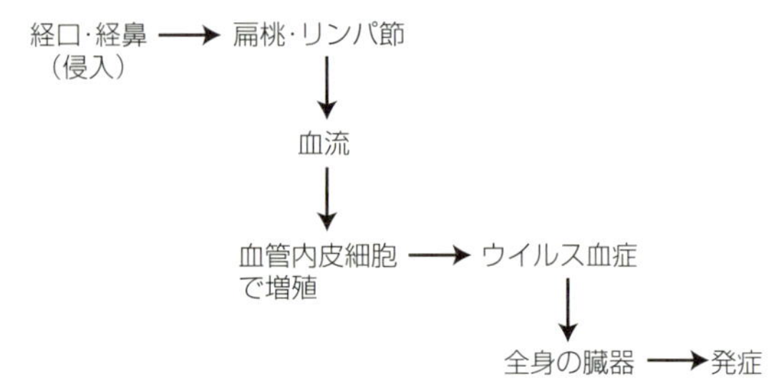

図　犬伝染性肝炎の発病機序

分布・疫学　世界各国で発生報告あり。日本では，1950年代まで高い発生率が認められていたが，その後ワクチンの普及とともに発生が減少し，特に顕性の本病発生はほとんどみられない。

ウイルスは感染犬の尿，糞便，唾液などに存在し，罹患犬との直接あるいは間接接触により，主に経口感染する。尿中へは回復後も半年以上，ときには２年にわたりウイルスが排出されることがあり，重要な持続的感染源である。

ワクチン未接種の犬が罹患し，不顕性感染が大部分であるが，離乳後から１年未満の若齢犬の発症率，致死率が高い。致死率は10～30％とされている。

診　断

＜症　状＞　突然死型，重症型，軽症型，不顕性型の４型に分けられる。一般に犬ジステンパーの感染初期との鑑別が難しい。２～８日の潜伏期の後，元気消失，水様鼻汁，流涙，ときに41℃に達する発熱が４～６日間みられるが，犬ジステンパーのような２相性ではなく，いわゆる鞍型で１相性の熱型である。

背の弯曲，腹部圧痛，渇き，食欲不振，下痢，嘔吐，粘膜発赤，口腔内点状出血，扁桃発赤・腫大，頭部皮下水腫などがみられ，ときに神経症状を呈することもあるが，黄疸の発現はまれである。死亡する場合は感染後２～12日が多い。

回復期の初期に片眼または両眼にしばしば白ないし青白色の角膜混濁（ブルーアイと呼ばれる）（**写真1**）がみられるが，２～８日程度で徐々に消失するので，治療の必要はないと考えられる。

呼吸器疾患，新生子感染，慢性感染，間質性腎炎，脳疾患なども認められる。

＜発病機序＞　経口または経鼻で侵入したウイルスは扁桃からリンパ組織へと移行後，血流に入る。ウイルスは血管内皮細胞で増殖してウイルス血症を起こし，肝臓，腎臓，眼，リンパ節，骨髄などの全身の臓器で増殖し，発病に至る。

＜病　理＞　急性死亡例では腹腔に血様腹水がみられ，肝臓は腫脹し，胆嚢壁の水腫性肥厚，諸リンパ節の発赤・腫脹，胸腺の点状出血が認められる。

組織学的所見としては，肝細胞および諸臓器の内皮細胞に核内封入体が認められ（**写真2**），肝臓の小葉中心性から全葉性の巣状壊死，類洞の激しい局所的うっ血および血行停止がみられる。脾臓，腸間膜リンパ組織には出血や退行性病変がみられ，間質性結合組織には水腫，出血がみられる。

＜病原・血清診断＞

病原診断：直接的な診断法はアセトン固定した罹患犬の肝臓，腎臓の凍結切片や組織スメアを用いた蛍光抗体法によるウイルス抗原の検出。ウイルス分離は検査材料を犬腎初代培養細胞または犬由来株化細胞へ接種して，アデノウイルスに特徴的なCPE(細胞の円形化)および核内封入体を検出し，同定を行う。ウイルス同定の際には，CAdV-1はCAdV-2と交差反応性を有しているので，それぞれのウイルスに対して特異的な抗血清を用いて比較する必要がある。接種材料は，リンパ組織，肺，腎臓を用いるが，生体では発熱期血液，尿，扁桃スワブを用いる。PCRによるウイルス遺伝子の検出とCAdV-2との型別も可能である。

血清診断：発病期と回復期のペア血清を用いて，中和テストまたはHI反応による特異抗体の上昇により行う。血清診断の場合もCAdV-1とCAdV-2を併用して比較する必要がある(「犬伝染性喉頭気管炎」参照)。

予防・治療

＜予　防＞　CAdV-1より副作用が少ないCAdV-2が弱毒生ワクチンとして用いられている。主に犬ジステンパーや犬パルボウイルスなどと混合多価ワクチンとして，子犬に皮下または筋肉内接種。

＜治　療＞　特異的な治療法はない。輸血，補液，細菌の二次感染による症状の増悪を防ぐために抗菌薬投与などの対症療法を行う。

(遠矢幸伸)

5　犬伝染性喉頭気管炎
Infectious canine laryngotracheitis

概　要　犬アデノウイルス２型感染による犬の上部気道感染症。

宿　主　犬，犬科の動物

病　原　犬アデノウイルス２型(CAdV-2)。*Adenoviridae*, *Mastadenovirus*に属する*Canine mastadenovirus A*に分類される。同じウイルス種には犬伝染性肝炎の原因であるCAdV-1も含まれている。人およびラットの赤血球を凝集する。

分布・疫学　日本を含む世界各国。感染経路は罹患犬との接触や，ウイルスを含む飛沫を介する経口・経鼻感染。実験用犬舎，ペットショップ，繁殖場などの高密度で飼育されている幼犬の間で流行する。短期間で蔓延し高い罹患率を示す。

細菌の二次感染や他のウイルスの混合感染によって症状が重くなるが，本ウイルス単独での病原性は弱い。多数の病原体が関与する犬伝染性気管気管支炎(kennel cough)の原因の１つである。

診　断

＜症　状＞　短く，乾いた咳を特徴とし，数日ないし２～３週間続くことがある。さらに，漿液性から膿性の鼻漏を伴う鼻炎，体温上昇，食欲不振などがみられる。他の病原体との混合感染を起こして重篤化した場合では肺炎に至ることもある。

＜発病機序＞　侵入したウイルスは呼吸器上皮で増殖し，感染３～６日後に増殖のピークに達し，症状が発現する。その後，局所免疫応答の始まる感染８～10日後にウイルスの増殖と排出は止まり，ウイルス血症や全身感染には至らないが，ウイルスはさらに数週間にわたり体内に残存する。

＜病　理＞　軽いカタル性鼻炎や気管気管支炎から重篤な気管支肺炎まで認められる。変性した呼吸器上皮細胞に核内封入体がしばしば観察される。

＜病原・血清診断＞

病原診断：鼻腔，咽喉頭拭い液を用いて犬腎初代培養細胞または犬由来株化細胞でのCPE(細胞の円形化)を指標としてウイルスを分離し，特異抗血清を用いた中和テストや蛍光抗体法で同定する。PCRによるウイルス遺伝子の検出とCAdV-1との型別も可能である。

血清診断：ペア血清を用いた抗体価の上昇をHI反応または中和テストで証明する。ウイルス同定や血清診断の際にはCAdV-1との鑑別が必要である(「犬伝染性肝炎」224頁参照)。

予防・治療

＜予　防＞　CAdV-2の弱毒生ワクチンは本病ばかりでなく，犬伝染性肝炎に対しても有効であるとともに，CAdV-1生ワクチンで認められる角膜混濁やワクチンウイルスの排出が認められないため，犬ジステンパーなどとの混合ワクチンとして広く用いられている。施設の換気や消毒などの通常の衛生管理に加え，集団飼育犬では飼育空間の確保が重要。

＜治　療＞　対症療法と二次感染菌に対する抗菌薬の投与。

(遠矢幸伸)

6　犬パラインフルエンザウイルス感染症
Canine parainfluenza virus infection

概　要　犬パラインフルエンザウイルス感染による犬の上部気道感染症。

宿　主　犬

病　原　*Mononegavirales*, *Paramyxoviridae*, *Rubulavirus*に属する*Mamalian rubulavirus 5*に分類される犬パラインフルエンザウイルス(Canine parainfluenza virus)。ゲノムはマイナス１本鎖RNAでエンベロープを有する。犬を含む種々の動物由来培養細胞でCPE(多核巨細胞形成)を伴い増殖し，細胞質内封入体を形成する。様々な動物の赤血球を凝集する。

分布・疫学　日本を含む世界各国。集団飼育犬の間で流行しやすく，犬伝染性気管気管支炎(kennel cough)の主要病原体の１つである。

感染経路は経口・経鼻感染で，罹患犬からくしゃみや発咳により排出されるエアロゾルが最も重要な感染源と考えられている。単独での病原性は弱く，他のウイルスとの同時感染や細菌の二次感染により症状が悪化する例が多い。

診　断

＜症　状＞　軽い上部気道炎に起因する発熱，発咳，くしゃみ，鼻漏，扁桃の発赤や腫脹。犬の伝染性気管気管支炎の様々な病原体との混合感染があり，臨床症状からは本ウイルスの関与を確定することは難しい。

＜発病機序＞　経口・経鼻で侵入したウイルスは鼻粘膜，咽頭，気管，気管支で増殖し，感染後６～８日間は鼻腔，咽頭にウイルスが検出される。その後ウイルスは排除され，持続感染や全身感染は起こさないと考えられている。

＜病　理＞　本ウイルス単独の自然感染では病理所見に乏

しいが，実験感染例においては気道およびリンパ節における各種炎症反応が認められる。

＜病原・血清診断＞

病原診断：鼻腔，咽頭拭い液を用いて培養細胞によりウイルス分離を行うが，分離当初はCPEが明瞭でないため，赤血球吸着現象や蛍光抗体法を併用してウイルス増殖の検出を行う。ウイルス遺伝子RNAを標的とし，逆転写反応後にPCRを行うRT-PCRも応用可能である。

血清診断：ペア血清を用いて，抗体価の有意上昇を中和テストまたはHI反応で証明する。

予防・治療

＜予　防＞　弱毒生ウイルスワクチンが犬ジステンパーや犬伝染性肝炎などとの混合ワクチンとして用いられている。集団飼育の幼犬に発生することが多いので，ワクチンに加えて飼育環境の一般的な向上も重要である。本ウイルスはエンベロープを有しているので，消毒剤で比較的容易に不活化できる。

＜治　療＞　細菌の二次感染による症状の増悪を防ぐために抗菌薬の投与と対症療法を行う。

（遠矢幸伸）

7　犬ヘルペスウイルス感染症
Canine herpesvirus infection　（口絵写真26頁）

概　要　犬ヘルペスウイルス1感染による4週齢以下の子犬における全身性の出血性・壊死性急性感染症。成犬では不顕性感染が主。

宿　主　すべての犬科動物に感染すると考えられる。飼育犬，きつね，カワウソなどで報告がある。

病　原　*Herpesvirales*, *Herpesviridae*, *Alphaherpesvirinae*, *Varicellovirus*に属する犬ヘルペスウイルス1（*Canid alphaherpesvirus 1*：CaHV-1）。ウイルス粒子は，130kbpの2本鎖DNAをゲノムとして含む正二十面体のカプシドの周りを脂質二重膜からなるエンベロープがとりまく。

大きさは約115～175nm。乾燥などの外的要因に弱く，一般的な消毒剤で死滅する。血清型は存在せず，分離株間の違いはあまりない。犬由来初代培養細胞や培養細胞で増殖し好酸性核内封入体を形成する。

分布・疫学　世界中の飼育および野生犬に感染している。繁殖施設では子犬の病気を引き起こすことなく抗体保有率100％近くまで及ぶこともある。感染は，感染性ウイルス粒子を含んだ分泌物との直接接触や産道を通過するときに起こる。

感染後は三叉神経節や，まれに腰仙椎神経節，扁桃，唾液腺などに潜伏感染し，移動や導入などのストレス，ステロイドなどの免疫抑制剤などにより再活性化され，鼻腔あるいは生殖器に排出される。免疫不全状態にある犬の初感染は重篤である。

診　断

＜症　状＞　ウイルスに曝露される時期が1～2週齢以上の場合には一般的に無症状である。移行抗体の存在しない新生子犬が感染した場合は致死的となる。新生子犬は産道あるいは感染犬の分泌物により感染し，ウイルスは鼻腔粘膜，扁桃，咽頭で増殖し，血流を介し，全身に広がる。潜伏期は6～10日で，発症するのは生後1～3週経ってか

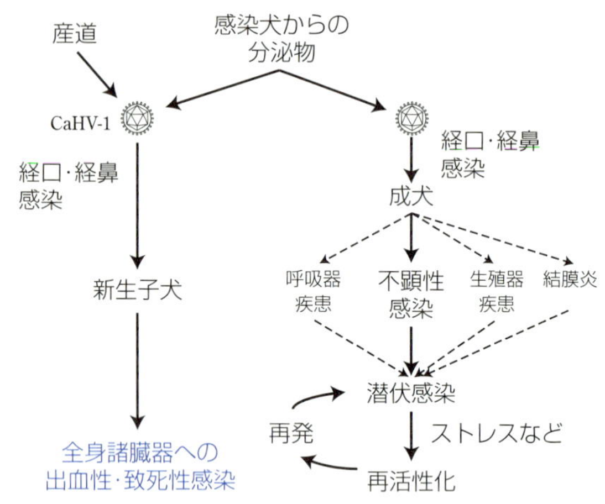

図　犬ヘルペスウイルス感染症の発病機序

らである。

食欲不振，呼吸困難，腹部の圧痛，運動失調，しばしば黄色または緑色下痢便を伴う。鼻からの漿液性あるいは出血性の分泌物，および点状出血が粘膜に認められる。発熱はない。

発症した子犬の致死率はほぼ100％である。死亡した子犬には血小板減少症が報告されている。妊娠中期に子宮内感染した場合は虚弱あるいは死産となり，妊娠後期に感染した場合は出産直後死の原因となる。腟や陰茎の充血，点状あるいは斑状出血，水疱の形成も発情前期に認められる。

犬伝染性気管気管支炎（kennel cough）との関連も示唆されているが，他の病原体による呼吸器疾患の結果として二次感染の可能性が高い。

＜病　理＞　腎臓に点状あるいは斑状出血，灰白色壊死が認められる（**写真1**）。同様の出血と壊死は，肺，肝臓，脳，腸にも認められる。リンパ節や脾臓は腫大し，髄膜脳炎，妊娠犬では胎盤の壊死も認められる。壊死部の細胞には核内封入体が認められる（**写真2**）。生殖器感染はリンパ性結節と充血が特徴で，しばしば点状あるいは斑状出血を呈する。

＜病原・血清診断＞

病原診断：確定診断は，ウイルス分離，ウイルス抗原あるいは遺伝子の検出。ウイルス分離には犬腎由来株化細胞であるMDCK細胞などを用いる。PCRによる遺伝子の検出も有効である。

血清診断：56℃ 30分非働化したペア血清にモルモットの補体を添加した補体要求性中和テストを行う。また，ELISAも抗体の検出には有効である。抗体陽性の犬は潜伏感染によりウイルスを体内に保有していることを意味するため，防疫上血清診断は重要である。

予防・治療

＜予　防＞　日本ではワクチンはない。欧州では妊娠犬のためのサブユニットワクチンが市販されている。

出産1カ月前の免疫を持たない妊娠犬の移動には注意を要する。その他，一般的な衛生管理は，潜伏感染からの再活性化の防止のためにも重要である。

＜治　療＞　抗ウイルス薬は一般的に有効ではない。抗ウイルス薬による治療により，中枢神経系や心臓への感染による後遺症が残る可能性がある。

（前田　健）

8 犬コロナウイルス感染症
Canine coronavirus infection

概　要　小腸絨毛上皮細胞への犬コロナウイルス感染による軽度の下痢。犬パルボウイルスとの混合感染で重篤化する。

宿　主　犬および犬科の動物

病　原　*Nidovirales, Coronaviridae, Coronavirinae, Alphacoronaviris*に属する犬コロナウイルス(*Alphacoronaviris 1*：Canine coronavirus)。エンベロープを有するプラス1本鎖RNAウイルス。犬腎細胞，猫腎株化細胞(CRFK細胞)，猫胎子株化細胞(fcwf-4細胞)などで増殖する。血清学的には単一ウイルスと考えられていたが，従来型とは異なり，I型猫コロナウイルスに近縁な遺伝子型のウイルスの存在も報告されている。従来型をII型，新遺伝子型をI型犬コロナウイルスとすることが提唱されている。

分布・疫学　世界各国で発生が認められている。糞便を介した経口感染で伝播。経口摂取されたウイルスは標的細胞の小腸絨毛上皮細胞に侵入し，様々な程度の下痢を起こす。

家庭飼育犬よりも集団飼育犬に蔓延し，犬パルボウイルスとの混合感染や細菌の二次感染によって病状が悪化する。ウイルスは発症後回復あるいは不顕性感染の犬から2週以上にわたって排出され感染源となる。

診　断

＜症　状＞　嘔吐と下痢を主徴とし，すべての年齢の犬が感受性であるが，特に幼犬では症状が重篤である。臨床症状の発現の程度は様々で，臨床症状を示さずに不顕性感染に終わる例が多い。下痢は感染後1～4日にみられ，粥状の軟便から水様便を示し，悪臭が強い。嘔吐は下痢とほぼ同時かやや早くみられ，元気消失，食欲減退が認められる。

一般に発熱や白血球減少症は認められず，多くは約1週間で回復する。単独感染例での死亡率は低い。

＜病　理＞　病変は小腸と腸間膜リンパ節に限局し，比較的軽度である。腸管は拡張し薄くなり水様・緑黄色の内容物，糞便で満たされている。組織学的には絨毛の萎縮と融合が特徴的である。

＜病原・血清診断＞　電子顕微鏡による糞便中のウイルス粒子の検出，RT-PCRによる糞便中のウイルスゲノムの検出，蛍光抗体法による腸上皮細胞中のウイルス抗原の検出，犬腎細胞や猫由来株化細胞(CRFK，fcwf-4細胞)を用いたウイルス分離などが実施されている。ペア血清を用いて中和抗体を検出する。

予防・治療　犬ジステンパーなどとの混合ワクチンとして生および不活化ワクチンが市販されている。犬舎の消毒などの衛生管理面での予防も大切である。

治療は，安静と保温を心掛け，下痢に対する輸液などの対症療法を適用する。また，細菌の二次感染による症状の増悪を防ぐため抗菌薬の投与も有効である。

（宝達　勉）

9 猫白血病ウイルス感染症
Feline leukemia virus infection　(口絵写真27頁)

概　要　猫白血病ウイルス感染により持続性ウイルス血症を呈した家猫に様々な疾患が発生する予後不良の感染症。リンパ腫や白血病，骨髄異形成症候群，免疫抑制，貧血の他，免疫介在性疾患，繁殖障害などがみられる。

宿　主　家猫。そのほかチーター，フロリダパンサー，スペインオオヤマネコ，ヨーロッパヤマネコ，スナネコ，ボブキャット，オセロット，ジャガーネコなどの野生猫科動物で感染が報告されている。

病　原　猫白血病ウイルス(*Feline Leukemia Virus*：FeLV)は*Ortervirales, Retroviridae, Orthoretrovirinae, Gammaretrovirus*に分類される。エンベロープを有するプラス1本鎖RNAウイルス。ウイルスゲノムは逆転写酵素の働きによってDNAとなった後，宿主細胞内のゲノムへ挿入されプロウイルスとなる。

FeLVゲノムは両端に発現調節にかかわるLTRを持ち，基本的な構造遺伝子である*gag, pol, env*から構成される。構造蛋白質としてコア主要蛋白質(p27)およびエンベロープ主要蛋白質(gp70)がある。

FeLVにはgp70によって規定されるA，B，C，D，Tなどのサブグループが存在し，それぞれウイルス受容体が異なる。干渉試験や異種細胞における感染性によって分類されている。猫の間で伝播するウイルスはFeLV-Aである。

FeLVは石けん，消毒薬，熱，乾燥などの処置で容易に感染性を失う。

分布・疫学　FeLV感染症は全世界の猫に認められる。感染は飼育環境と家猫の行動パターンに依存する。日本では，2006～2010年の調査では4.5%が陽性，さらに2008年度の調査では外出する家猫を対象とした場合12.2%が陽性を示しており，FIVとの混合感染が4.1%と報告されている。日本において温暖な地域ではFeLV陽性率が高い傾向にある。欧米の一部では，FeLVの発生頻度が著しく低下しており，日本とは状況が異なる。

ウイルスは外界では不安定のため，糞便，尿を介した伝播の頻度は低い。グルーミングなど猫同士の親密な接触や食器の共有により唾液を介して水平伝播する。母猫から胎子への経胎盤感染もあり得るが，分娩時および哺育中に感染母猫から子猫に感染することが多い。加齢によるFeLV感染抵抗性が増大するが，成猫では喧嘩などによってFIVとの混合感染が生じる場合がある。その他感染リスク要因は，高い個体群密度および劣悪な衛生環境である。日本ではFeLVの保有率は2歳でピークを示し，加齢とともに減少する。

診　断

＜症　状＞　最もよく認められる臨床症状は，造血系腫瘍，免疫抑制および貧血である。リンパ腫は代表的な造血系腫瘍で，解剖学的な好発部位によって，前縦隔型(胸腺型)，消化器型，多中心型または非定型に分類される。前縦隔型(**写真1**)は頻度が高く，胸水の貯留，呼吸促迫や困難などの症状が認められる。消化器型リンパ腫は消化管に認められ，嘔吐と下痢の症状を示す場合がある。多中心型リンパ腫は複数のリンパ節で高頻度に発生する。非定型リンパ腫は鼻腔，腎臓，中枢神経，眼，喉頭，皮膚などで発

図　猫白血病ウイルス感染症の発病機序

生する。

FeLV感染による急性骨髄性白血病(**写真2**)は様々な骨髄球系細胞(赤血球系，顆粒球系，単球系，血小板系)の悪性腫瘍である。前白血病段階と考えられる骨髄異形成症候群(**写真3**)は造血幹細胞の異常で，血液細胞の異形成，末梢血液では赤血球数や血小板数の減少，白血球数の異常が認められる。急性リンパ芽球性白血病の発生も認められる。胸腺の萎縮，リンパ球減少症，好中球減少症，好中球機能異常などによる免疫抑制が起こり，慢性的な口内炎や鼻炎の原因となる。その他，赤芽球癆，免疫介在性疾患，流産や死産，神経症状などが認められることもある。

＜発病機序＞　持続性ウイルス血症を有する猫の唾液中のウイルスが，経口・経鼻感染により口腔咽頭部のリンパ組織において増殖する。FeLVに対する免疫応答が不十分の場合には，引き続きウイルスが骨髄や全身のリンパ系組織で増殖し，持続性ウイルス血症となり臨床症状が現れる。しかし，持続性ウイルス血症であっても無症候性キャリアーのままでいる場合もある。免疫系の働きによって血中ウイルス抗原が陰性になる場合があり，これは潜伏感染の状態である。ウイルスによる骨髄抑制効果によって貧血が引き起こされる。また，腫瘍細胞が骨髄に浸潤することによって貧血が引き起こされることもある。腫瘍化はプロウイルスが細胞性癌遺伝子(c-*onc*)に組み込まれることや，ウイルス性癌遺伝子(v-*onc*)を保持したFeLVの出現により，それら遺伝子の発現異常が細胞増殖や分化の異常を引き起こすことが原因である。

＜病　理＞　リンパ腫の発生部位にリンパ系腫瘍細胞が増生し，しばしば全身各臓器に転移する。急性白血病では，腫瘍化した骨髄細胞の増生とそれに伴う正常な造血細胞の減少が認められ，腫瘍細胞が末梢血液中に認められることがある。ウイルス特異抗体を用いた免疫組織化学検査あるいはサザンブロット解析によってFeLVが原因の腫瘍発生かどうか調べることができる。

＜病原・血清診断＞　ウイルス血症の検出には血漿や血球などを検体とし，p27抗原を免疫クロマトグラフィーやELISAを用いて検出する。臨床現場では検査キットの利用が可能である。白血球や血小板に感染しているウイルスは血液塗抹を用いた蛍光抗体法で検査できる。FeLV感染の有無が確定できない潜伏感染の場合や，輸血用の血液はPCRによるプロウイルスDNAの検出が可能である。その他，上記材料などを猫胎子線維芽細胞に接種することによってウイルスを分離することができる。

予防・治療

＜予　防＞　FeLV陰性猫は陽性猫との接触を避けて飼育する。ウイルス曝露の可能性がある場合には，ワクチン接種が推奨される。不活化ワクチン，エンベロープ蛋白質サブユニットワクチンおよびカナリア痘ウイルス組換え生ワクチンがある。ワクチンはFeLV感染を完全に防御できないが，疫学的に効果が認められる。FeLV感染猫は易感染状態であるため，他の動物から病原体の感染を受けないようにする。生肉などの摂取は避ける。

＜治　療＞　定期的に健康診断を受けることが推奨される。何らかの疾患を伴う場合は，それぞれの疾患に対して用いられる対症療法を行う。感染猫は猫コアワクチンの接種を推奨されるが，免疫応答が不完全なことがある。造血系腫瘍に対する化学療法のプロトコールがあり，治療に反応する場合もあるが一般には難治性である。

(西垣一男)

10 猫免疫不全ウイルス感染症(口絵写真27頁)

Feline immunodeficiency virus infection

概　要　猫免疫不全ウイルス感染による長い無症候キャリアー期を経て，免疫不全状態に陥り，遂にはエイズを発症して死に至る家猫の疾病。

宿　主　自然宿主は家猫。ピューマ，ライオン，マヌルネコなどの野生猫科動物では，それぞれの種に固有の猫免疫不全ウイルスと近縁ウイルスの感染が報告されている。

病　原　*Ortervirales, Retroviridae, Orthoretrovirinae, Lentivirus*に属する猫免疫不全ウイルス(*Feline immunodeficiency virus*：FIV)。ウイルスゲノムはプラス１本鎖RNAであり，ゲノムRNAは，ウイルス粒子内の逆転写酵素の働きによって２本鎖DNAとなった後，プロウイルスDNAとして宿主ゲノム内に組み込まれる。FIVゲノムは，両端にあるLTR，基本的な構造遺伝子である*gag, pol, env,* およびウイルスの増殖や感染性を調節する数種類の遺伝子(*vif, rev, orf-A*など)からなる。*env*遺伝子の配列から，A～Eの５つのサブタイプ(クレード)に分けられる。これらのサブタイプから遺伝的に離れたFIVが，ニュージーランド，米国(テキサス州)，ポルトガルから分離されている。

分布・疫学　世界各地に存在。感染率は地域によって異なっており，健康猫における感染率は米国で１～５%と低いのに対し，日本では３～12%と高い。

感染猫は若齢から高齢まで広い年齢範囲で認められ，また雄の感染率は雌の２倍以上高い。ウイルスは血液，唾液，乳汁，精液中などに存在し，主に喧嘩の際の咬傷による感染によって水平伝播される。経乳汁感染などの母子感染の報告もあるが，野外における垂直感染の頻度は低いと考えられている。

診　断

＜症　状＞　FIVに感染した猫のすべてが発症するわけではないが，FIVにより発症した猫の臨床病期は5つに分類されている。

急性期(acute phase)：発熱，下痢，全身性のリンパ節

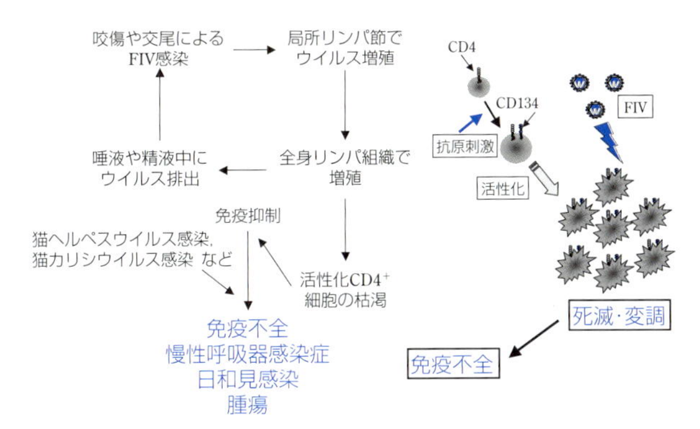

図　猫免疫不全ウイルス感染症の発病機序

腫大といった症状が認められ，感染後数週間～数カ月間持続する。

無症候キャリアー(asymptomatic carrier：AC) 期：急性期を過ぎると感染猫には臨床症状が全く認められなくなり，長い無症候キャリアー期に入る。AC期は数年から10年以上続くと考えられており，その間，FIV感染症に関連した症状は認められない。

一部の猫においてはその後，全身のリンパ節が腫大する持続性全身性リンパ節症(persistent generalized lymphadenopathy：PGL)期が認められることもある。PGL期は数カ月～1年程度持続するといわれているが，明らかではない。

エイズ関連症候群(AIDS-related complex：ARC) 期：ARC期の猫では，様々な程度の免疫異常に基づく慢性感染症や慢性炎症性疾患がしばしば認められる。慢性感染症，炎症性疾患としては歯肉炎，口内炎(**写真1**)，上部気道感染症などが多い。ARC期は数カ月～数年程度持続するものと思われる。

エイズ期：FIV感染症の末期であるエイズ期には，ARC期の症状に加えて著しい体重減少や日和見感染が認められる。日和見感染症としてはクリプトコックス，皮膚糸状菌，トキソプラズマ，常在細菌などの感染があり，対症療法によるコントロールは困難である(**写真2**)。また，リンパ腫をはじめとする様々な腫瘍が認められることも多く，腫瘍の発生にはFIV感染に伴う免疫不全状態が関与しているものと考えられる。エイズを発症した症例は数カ月以内に死に至ることが多い。エイズ期に進行した場合には，多くの例で末梢血中のリンパ球数の減少が認められ，また好中球減少症や貧血，血小板減少症といった様々な血液学的異常が認められることもある。

<発病機序>　体内に侵入したウイルスは，様々な細胞に感染する。主要な感染細胞は末梢およびリンパ系組織に存在するTおよびBリンパ球であるが，その他に単球，マクロファージ，アストロサイトなどへの感染も認められる。リンパ球指向性のFIVの感染には，細胞側に2つの受容体(CD134分子およびCXCR4分子)が発現していることが必要である。CD134は主に，活性化した$CD4^+$ヘルパーT細胞に発現する分子である。そのため，FIVはウイルスを排除しようとして増殖したヘルパーT細胞に感染し増殖する。FIV感染Tリンパ球は，アポトーシスにより死滅するため，FIV感染個体では，長い年月をかけて，ヘルパーT細胞が枯渇していくことになる。ヘルパーT細胞の減少により，免疫不全状態に陥るものと考えられる。

<病　理>　リンパ節は感染初期には腫大し，多数の胚中心が観察される濾胞過形成が認められるようになる。感染中期から後期にかけて退行，消耗，あるいはその混合型を呈するようになる。免疫不全症によって様々な感染症を発症している場合には，それぞれの感染症に起因した病変が観察される。

<病原・血清診断>　イムノクロマト，ELISA，間接蛍光抗体法，およびウエスタンブロットによりFIVの構成蛋白質に対する血清抗体を検出する方法が一般的である。白血球や血漿を用い，PCRもしくはRT-PCRによりプロウイルスDNAやウイルスRNAを増幅・検出する方法もある。

予防・治療

<予　防>　FIVに対するワクチンは，日本では2008年から販売されている。国内で行われた実験では，ワクチンの感染防御効果は約70％であった。最も確実な予防はFIV感染猫との接触を防ぐことである。猫を屋内で飼育すること，新しく猫を飼う場合にはウイルス検査を行うまで隔離すること，野良猫との接触をなくすために避妊，去勢手術を行うことなどは有効な方法である。また，FIV感染猫は，室内で飼育することにより，他の病原体に曝露されにくくなり，二次感染による発症予防が期待できる。

<治　療>　主に対症療法によって行われる。細菌や真菌の感染症に対しては有効な抗菌薬を選択して用いる。ジドブジンなどの逆転写酵素阻害剤がFIVの増殖を抑制することが報告されているが，副作用も認められるために，臨床に用いるには注意が必要である。

(宮沢孝幸)

11　猫汎白血球減少症
Feline panleukopenia

(口絵写真28頁)

概　要　猫汎白血球減少症ウイルスによって引き起こされる急性の下痢・嘔吐・白血球減少あるいは流産や異常子出産を特徴とする猫の重症感染症である。

宿　主　猫科動物とそれ以外のジャコウネコ科，イタチ科，アライグマ科の動物にも感染する。

病　原　猫汎白血球減少症ウイルス(Feline panleukopenia virus：FPLV)。*Parvoviridae*，*Parvovirinae*，*Protoparvovirus* に属する *Carnivore protoparvovirus 1* に分類される。ミンク腸炎ウイルス，アライグマパルボウイルス，犬パルボウイルスは猫汎白血球減少症ウイルスの亜種である。消毒薬や高い気温などの環境要因に対する抵抗性が強い。細胞由来のDNAポリメラーゼをウイルスの増殖に利用するため，増殖が盛んな細胞で増殖する(S期に依存)。

分布・疫学　世界中に存在する。糞便に排出されたウイルスが直接あるいは汚染器具を介して感染する。ウイルスは通常の環境で数カ月から数年感染性を維持している。

診　断

<症　状>　潜伏期は通常4～6日である。40℃以上の発熱，元気消失，食欲不振から始まる。二峰性発熱を示すことも多い。第二期発熱時に白血球数減少が最も激しく，50～3,000/μLにまで減少する。嘔吐や下痢は必発ではないが，多く認められる。下痢は後期に発現しやすく，食欲不振や下痢が続くと脱水や体重減少が顕著となる。通常5～7日の経過で細菌の二次感染が加わり，体温低下し死亡す

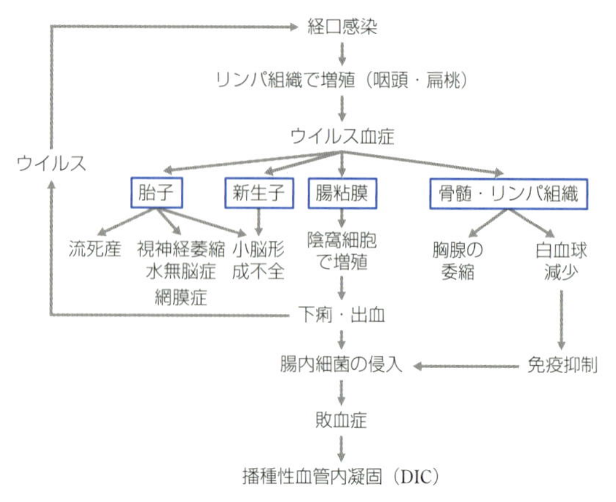

図　猫汎白血球減少症の発症機序

る。若齢猫ほど発症しやすく，重篤化する。幼若な猫では75～90％にまで致死率が達することがある。これを耐えると回復に向かう。

妊娠動物が感染した場合，妊娠初期は流産，後期は小脳形成不全が起き，出生後，歩行するようになって運動失調症として顕在化する。多くの場合，予後不良である。

＜病　理＞　腸炎型の場合は空・回腸部の漿膜下や粘膜面の充出血，腸間膜リンパ節の腫大と出血が認められる（**写真1**）。1～2カ月齢の子猫は胸腺萎縮が顕著である。

組織学的には腸陰窩，小腸粘膜，リンパ系組織，骨髄に変性壊死と核内封入体が認められる（**写真2**）。異常子は小脳形成不全が認められ，小脳皮質胚細胞やプルキンエ細胞壊死のため，分子層，神経細胞層，顆粒層構造が認められない。

＜発病機序＞　糞便に排出されたウイルスが直接あるいは汚染器具を介して感染する。口腔や鼻腔より感染し，咽喉頭粘膜のリンパ系組織で増殖後，血流を介し全身へ広がるが，細胞の増殖に依存するため，猫の年齢あるいは感染組織によって増殖が左右される。子猫（2週齢以内）に感染すると，ウイルスは細胞増殖が盛んな骨髄や腸管粘膜を標的として増殖する。そのため，白血球減少症や下痢が起こる。腸の陰窩細胞で増殖するため，粘膜は損傷され，出血傾向も強い。この場合，予後不良である。FPLV単独で死亡することはなく，腸管内のグラム陰性桿菌が腸の損傷部位から侵入し，敗血症と，それに続く播種性血管内凝固（DIC）による壊死と出血が直接の死因である。

妊娠動物が感染すると胎盤を介し，胎子に感染する。胎子の感染時期により，妊娠初期では流産が起こり，後期では小脳のプルキンエ細胞や皮質胚細胞の形成不全が起きる。

＜病原・血清診断＞　臨床症状から仮診断は可能であるが，確定診断は病原学的および血清学的に行う。ワクチン未接種の子猫が，元気消失，発熱，嘔吐，下痢などを呈し，好中球減少を主とする白血球減少が検出されれば仮診断して治療を開始する。糞便からの猫由来細胞を用いたウイルス分離を試みる。PCRによるウイルス遺伝子の検出は迅速で感度も高いので汎用されている。臨床の現場では犬パルボウイルス2型抗原検査用キットであるイムノクロマトによるウイルス検出が有用である。血清学的にはペア血清を用いた中和テストやHI反応による抗体価の上昇を確認する。また，FPLV特異的IgMの検出も急性期の診断には有用である。

予防・治療

＜予　防＞　子猫の移行抗体持続期間を考慮し，抗体消失後できるだけ早い時期に不活化あるいは弱毒生ワクチンを接種する。猫ウイルス性鼻気管炎と猫カリシウイルス感染症に対する他のコアワクチンとともに8～9週で初回接種，3～4週間後に2回目接種，16週齢またはそれ以降で3回目の投与，1年後の追加免疫，その後3年ごとの追加接種が推奨される。

ウイルスは環境中で長期間感染性を保持するため徹底した消毒が重要である。有効な消毒薬は0.2％の次亜塩素酸ナトリウム，4％ホルマリン溶液，1％グルタールアルデヒドである。また，新しく導入する猫は必ず予防接種後に導入するとともに，飼い主がウイルスを媒介する可能性もあるので，他の動物と接した場合は，手洗いや衣類の交換など衛生管理に注意する。

＜治　療＞　消化器症状による脱水や抵抗力の低下，腸内細菌の二次感染による増悪，敗血症とそれに続く出血傾向に対する対症療法が重要となる。

脱水症状には乳酸加リンゲル液を皮下投与する。摂食できない場合はビタミンB製剤の添加が必要である。食事や飲水を制限し，給餌は下痢や嘔吐が回復した後，徐々に与える。

細菌感染に関しては広域の抗菌薬を非経口投与する。アンピシリン，セファゾリン，ゲンタマイシンなどである。

場合により，クロルプロマジン，メトクロプラミド，プロクロルペラジンなどの制吐剤やシメチジンやラニチジンなどの胃保護剤も投与する。

市販されていないが受動免疫療法も選択肢の1つであるので，供血猫の血漿や血清の投与，全血輸血なども有効である。

小脳形成不全により運動失調症を呈している子猫に治療法はない。予後が悪いため，動物愛護的な処置が望まれる。

（前田　健）

12 猫伝染性腹膜炎／猫腸コロナウイルス感染症

（口絵写真28頁）

Feline infectious peritonitis / Feline enteric coronavirus infection

概　要　猫コロナウイルスによる感染症で，猫伝染性腹膜炎は免疫複合体介在性血管炎を，猫腸コロナウイルス感染症は軽度な腸炎を主徴とする。

宿　主　猫とその他の猫科動物

病　原　猫伝染性腹膜炎ウイルス（FIPV）と猫腸コロナウイルス（FECV）は*Nidovirales*, *Coronaviridae*, *Coronavirinae*, *Alphacoronavirus*に属する*Alphacoronavirus 1*に分類される。エンベロープを有するプラス1本鎖RNAウイルス。FIPVとFECVは，遺伝学的にも血清学的にも区別困難な類似ウイルスであり，両者の違いは猫に対する病原性のみである。両ウイルスはともにⅠ型とⅡ型の血清型に分けられる。FIPVとFECVは，それぞれが独立したウイルス種と考えるよりも，病原性の幅が広い1つの猫コロナウイルス（FCoV）として考えた方が適切ではないかと指摘さ

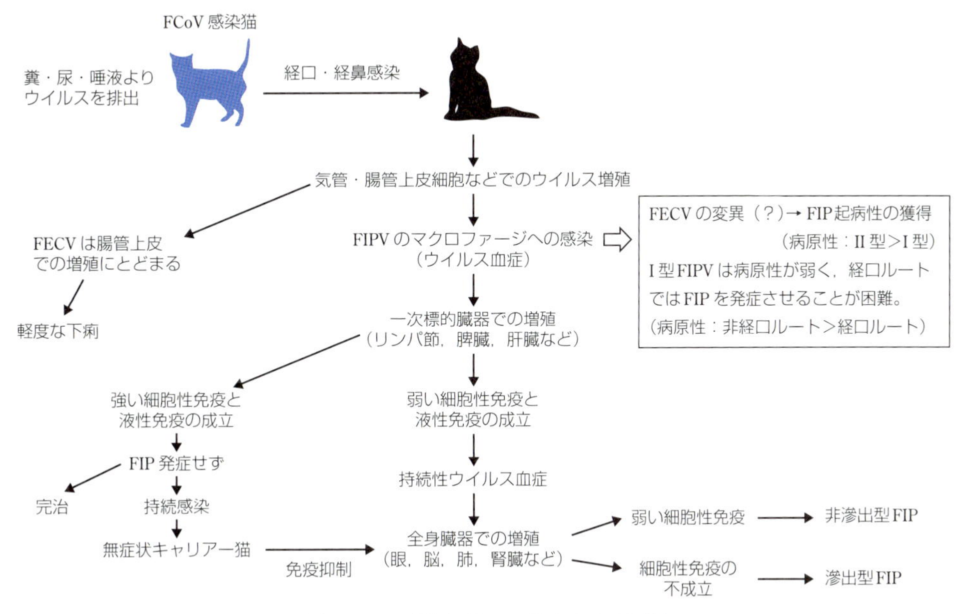

図　FCoV 感染からFIP 発症までの過程

れている。

FECVが体内で突然変異し猫伝染性腹膜炎(FIP)起病性を獲得する可能性も報告されている。また，FIPVの病原性の強さにも差があり，自然感染ルートである経口感染ではほとんどFIP起病性を示さない株も分離されている。FIPの発症には，FECV感染を含め，感染したウイルスの病原性の強さや宿主側の免疫状態などの要因が複雑に関与しているものと思われる。

分布・疫学　世界各国で発生が確認されている。FIPVは糞尿や口腔および鼻腔分泌物中に，FECVは主に糞便中に排出され，それらのウイルスが経口および経鼻感染し，体内に侵入する。日本では10～40％の猫がFCoV(FIPV/FECV)に対する抗体を保有している。多頭飼育の集団にFCoV陽性個体が導入されると抗体陽性率が高くなる(80～90％)。しかし，症状を伴うFIPの発生頻度は低く，FECV感染による抗体保有も含まれるため，正確なFIPの発症率は不明である。1歳未満の子猫で発症しやすく，発症した場合の致死率は非常に高い。

野外では病原性の弱いI型のFCoV感染が優勢である。猫白血病ウイルスや猫免疫不全ウイルスなどの混合感染による免疫抑制もFIPの発症率を高める原因となる。

診　断

<症　状>

FIP：ウイルス感染初期には発熱，食欲不振，嘔吐，下痢，体重減少などの一般的な症状を呈する。病勢の進行に伴い，FIPを発症する。病型は臨床的に滲出型(wet型)と非滲出型(dry型)に分けられる。前者は線維素性腹・胸膜炎とこれに由来する腹・胸水の貯留を特徴とし，後者は各種臓器における多発性化膿性肉芽腫形成を特徴とする。

滲出型の典型的な例では腹水貯留による腹部膨満，胸水貯留を示唆する呼吸困難が認められる。40℃を超える発熱が続き，食欲不振となり元気消失し体重が減少する。非滲出型では多少変動のある不安定な発熱が続き，次第に体重が減少し衰弱していく。中枢神経系が侵された場合，後躯運動障害や痙攣などの神経症状を示す。また，角膜浮腫，ぶどう膜炎，脈絡網膜炎などによる眼病変が形成されることもある。

FECV感染症：FECVは4～12週齢の幼若な子猫に下痢を伴う腸炎を起こすことがある。下痢には嘔吐，軽い発熱，食欲不振，元気消失を伴う場合もある。しかし，FECVの実験感染では臨床症状を発現しないことが多い。

<発病機序>　FIPVあるいはFIP起病性を獲得したFECVは粘膜のバリアーを通過後，貪食細胞(マクロファージ)に感染し血流を介して全身の標的器官に拡がっていく。全身にウイルスが散布された後の病態形成は，宿主の免疫状態，特に細胞性免疫誘導の有無に強く依存する。液性免疫の誘導は無効かむしろ病状を悪化させる(抗体依存性感染増強)。ウイルスの感染によって産生された抗体は血中や血管周囲に存在する遊離ウイルスと結合して免疫複合体を形成する。この免疫複合体が小血管内やその周囲に沈着し，そこに補体が結合することによって脈管組織が障害され脈管炎や血栓形成をきたす(Ⅲ型アレルギー)。病変形成が急性に進行した場合，血清成分の体腔内への漏出をもたらし滲出液の貯留を招く。一方，慢性化した場合は非滲出型FIPに特徴的な血管周囲の化膿性肉芽腫病変をもたらす。

<病　理>

FIP：滲出型の腹膜炎，胸膜炎に由来する腹・胸水には粘稠性があり，空気に曝されると凝固しゼラチン状になる(**写真1**)。腹腔内諸臓器の表面には線維素が析出し偽膜が形成されることがある。また，臓器表面には化膿性肉芽腫による壊死巣がみられることもある。

非滲出型では腹・胸水の貯留がなく内臓諸臓器の他，脳・脊髄などの中枢神経系に比較的大型(0.5～2.0cm)の灰白色で隆起した結節(化膿性肉芽腫)を形成する(**写真2**)。

滲出型，非滲出型いずれの病型も化膿性肉芽腫は壊死巣とこれを取り囲む好中球，リンパ球，プラズマ細胞および組織球(マクロファージ)からなる。

血液検査では白血球中に占める好中球の割合が増加し，逆にリンパ球の割合が低下する。血清蛋白質が上昇し，成猫では8.0g/dL以上の高値を示す。この高蛋白血症はα_2，βおよびγグロブリンの上昇に起因する。高グロブリン血症の電気泳動像はFIPに特異的な所見ではないが，比較的有意義な診断方法となる。腎臓に病変がある場合，血液尿素窒素と血清クレアチニンが増加する。また，炎症性病変が肝臓に形成されると血清アラニントランスアミナーゼと血清アルカリホスファターゼの増加および高ビリルビン血症が認められる。

FECV感染症：肉眼病変はまれである。組織学的変化も軽度であり，腸絨毛尖端部分の萎縮，融合，剥離などが共通所見である。

＜病原・血清診断＞ FCoV分離には猫胎子株化細胞(fcwf-4細胞)を使用するのが一般的である。Ⅱ型のFIPVとFECVは培養細胞で比較的よく増殖するが，Ⅰ型のFIPVは増殖性が悪く，ウイルス分離は非常に困難である。Ⅰ型のFECVは現在のところ，組織培養が不可能とされている。

滲出型FIP発症を疑う猫の材料を用いたRT-PCRによるウイルス遺伝子の検出は診断的意義が高い。非滲出型FIPは特異的な症状に乏しく，診断は困難な場合が多い。臨床病理学的および血清・病原学的検査の結果から総合的に診断する必要がある。蛍光抗体法やELISAでFCoVに対する抗体を検出することが可能であるが，FIPVとFECVが抗原的に交差するため抗体価だけでFIPと診断することはできない。しかし，抗体陰性所見はFIPの診断に否定的な材料となる。

予防・治療 米国で温度感受性変異株による生ワクチンが開発されている。しかし，このワクチンの安全性や効果に対する評価が異なっており，日本では使用されていない。

FIPに対する有効な治療法はない。免疫抑制剤やインターフェロン，抗ウイルス薬による治療が試みられているが，多少の延命効果をもたらすにすぎない。

（宝達　勉）

13 猫カリシウイルス病

（口絵写真28頁）

Feline calicivirus infection

概　要 猫カリシウイルス感染による猫の上部気道感染症。

宿　主 猫，および猫科の動物

病　原 *Caliciviridae*，*Vesivirus*に属する猫カリシウイルス(*Feline calicivirus*)。プラス1本鎖RNAウイルスで，エンベロープはない。猫の腎臓初代培養細胞や株化細胞で培養後12～24時間のうちに急激に主として細胞の円形化を伴うCPEを呈して増殖する。血清型は1つとされているが，野外株の中和抗原性に多様性が認められている。環境要因に対する抵抗性は比較的高く，塩素系，ヨウ素系およびホルマリン系の消毒剤が有効である。

分布・疫学 世界各国。主要感染経路は，罹患猫からの分泌物に含まれる病原体への直接接触による経口または経鼻感染であるが，汚染器具や人を介した感染もありうる。本ウイルスに感染した猫は回復後もキャリアーとなることが多く，感染源として重要である。

回復猫は無症状で数週から数カ月，場合によっては一生涯，ウイルスを断続的に排出する慢性感染状態となる。持続感染部位は扁桃上皮と考えられている。慢性の歯肉炎や口内炎から本ウイルスが分離されることが多いが，その病原としての役割は不明な点が残されている。

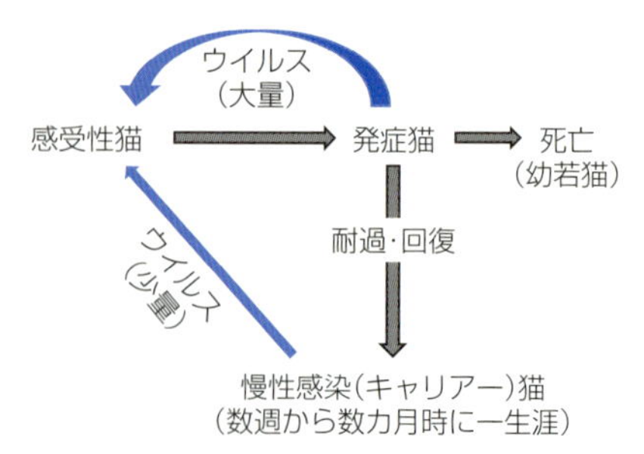

図　猫カリシウイルス病の感染環

診　断

＜症　状＞ 数日の潜伏期の後，元気消失，発熱，くしゃみ，鼻汁漏出，流涙などの一般的呼吸器症状に加え，舌や口腔内に水疱とそれから派生する潰瘍が頻発し(**写真1，2**)，肺炎や跛行を併発することもある。

臨床症状から猫ウイルス性鼻気管炎や猫のクラミジア症と鑑別することは，混合感染もあるため困難なことが多い。

＜発病機序＞ 経口，経鼻で侵入したウイルスは舌，口蓋，鼻腔から肺までの気道粘膜上皮および結膜で増殖し，各種炎症を引き起こす。ウイルス血症はまれと考えられている。二次感染が起きなければ，1週間程度で回復し始め，2～3週で治癒する。

＜病　理＞ 呼吸器上皮の炎症に加え，肺炎に至った場合には初期は滲出性肺炎で，再生期には間質性肺炎となる。関節炎が発生した場合には滑膜の肥厚と滑液の増加が認められる。

＜病原・血清診断＞

病原診断：感染猫の分泌物や咽頭拭い液を培養細胞に接種し，CPEを指標にウイルスを分離。特異抗体を用いた蛍光抗体法や中和テストなどの血清反応で同定する。ウイルスRNAを標的として逆転写反応後にPCRを行うRT-PCRによるウイルス遺伝子の検出も可能であるが，遺伝子変異により検出されない場合を考慮する必要がある。

血清診断：発病期と回復期のペア血清を用いた中和テストにより特異抗体の上昇を証明する。

予防・治療

＜予　防＞ 弱毒生および不活化ワクチンが猫ウイルス性鼻気管炎や猫汎白血球減少症に対するワクチンとの混合ワクチンとして用いられている。本病ワクチンの場合，臨床症状を抑制する防御能は付与できるが，ウイルスの感染を防ぐには至らない。

近年，本ウイルス野外株の多様な抗原性に対応するために，従来のワクチン株に加えて抗原性の異なるワクチン株を追加して，より広い免疫を付与しうるワクチンも使用されている。

＜治　療＞ 猫カリシウイルス病に対してはインターフェロン療法が実用化されている。対症療法を行うとともに細菌の二次感染による症状の増悪防止のために抗菌薬を投与する。

＜付　強毒全身性猫カリシウイルス病＞

1998年に米国カリフォルニア州において，全身性で出血性の猫カリシウイルス病の発生があり，その後米国内と欧州で散発的流行が報告されている。

ワクチン接種済の成猫も罹患し，50%に至る高い死亡率に加えて，浮腫，脱毛，潰瘍などの皮膚病変，肝炎，膵炎を発症するなどの従来の猫カリシウイルス病にはみられない特徴を有している。

各流行間に疫学的関連性はなく，病原性以外の原因ウイルスに共通する特徴はまだ明らかとはなっていない。米国と欧州以外での発生は知られていないが，日本においても警戒すべき新興感染症と考えられる。

（遠矢幸伸）

14 猫ウイルス性鼻気管炎 （口絵写真29頁）
Feline viral rhinotracheitis

概　要　猫ヘルペスウイルス１感染による結膜炎，鼻汁，くしゃみなどを主徴とする上部気道炎。

宿　主　感染はすべての猫科動物に起こると考えてよい。飼育猫，野生猫，ライオン，ピューマ，ヤマネコ，チーターでの報告がある。

病　原　*Herpesvirales*, *Herpesviridae*, *Alphaherpesvirinae*, *Varicellovirus*に属する猫ヘルペスウイルス１（*Felid alphaherpesvirus 1*：FeHV-1）。約136kbpの２本鎖DNAをゲノムに持ち，正二十面体のカプシドを脂質二重膜からなるエンベロープがとりまく。大きさは約150～200nm。乾燥などの外的要因に弱く，一般的な消毒剤で死滅する。血清型は存在せず分離株間の違いは余りない。

分布・疫学　FeHV-1は，主に発症猫から感受性猫への直接接触あるいは飛沫感染により伝播する様式と，回復猫がキャリアーとなって排出ウイルスを伝播する２種類の様式で猫の間を伝播している。多頭飼育や移行抗体が消失した若齢猫がFeHV-1による上部気道炎発症の危険因子である。FeHV-1は三叉神経節に潜伏感染し，密飼いや飼育形態の変化，分娩などのストレスや免疫抑制剤の使用などに応じて間欠的にウイルスを排出する。特に７～42日齢の子猫の死亡が多い。

診　断

＜症　状＞　発症までの潜伏期間は実験感染においては２～４日であり，自然感染においては10日までかかる場合もある。病気の兆候は沈うつ状態と散発的なくしゃみで始まる。24時間以内に目やにを伴う結膜炎が出現し，発咳も頻回認められ，おびただしい鼻汁漏出がある（**写真1**）。食欲は減少し，体温はときに40℃以上になる。中和抗体の出現とともに症状は軽減し始める。不顕性感染もある。

猫ウイルス性鼻気管炎の症状が出てから２～３日後に細菌の二次感染が起こり，重篤な気管支肺炎や副鼻腔炎となる場合がある。

結膜炎は一般的に両側性で重症には至らない。羞明やほそ目はFeHV-1感染による角結膜炎の特徴である。流産，膣炎，多発性皮膚炎，中枢神経症状および歯肉口内炎なども報告されている。

＜病　理＞　病理所見としては，肉眼では肺がピンク様の赤色に変色し，凝固している（肝変化）。組織所見では気管に潰瘍と粘膜下組織にリンパ球による炎症像が認められる。好酸性の核内封入体は気管上皮細胞，咽喉など粘膜細胞に認められる（**写真2**）。

＜病原・血清診断＞

病原診断：確定診断は，ウイルス分離，ウイルス抗原あるいは遺伝子の検出による。ウイルス分離には，猫腎臓由来株化細胞であるCRFK細胞が用いられる。発症猫の鼻粘膜あるいは結膜塗抹標本を作製し，蛍光標識したFeHV-1特異抗体を用いて蛍光抗体法により特異抗原を検出する。遺伝子の検出にはPCRが用いられる。角膜のフルオレセイン染色検査を行い，ヘルペスウイルス性角膜炎の診断を行う。

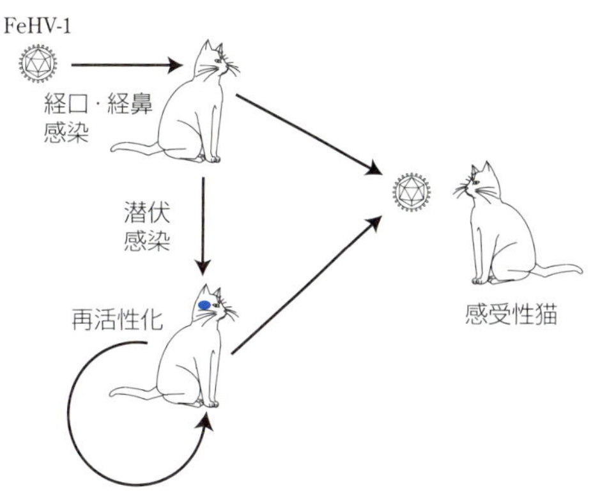

図　FeHV-1の感染環

血清診断：中和テスト，間接蛍光抗体法による。ペア血清の回復期において４倍以上抗体価が高ければFeHV-1感染であると判断する。

予防・治療

＜予　防＞　低温で高継代された弱毒株を用いた生ワクチンと野外株を不活化した不活化ワクチンの２種類がある。ほかのコアワクチンとともに８～９週齢で１回目，３～４週後に２回目，16週齢以降に３回目，１年後に追加接種し，その後は３年ごとあるいはそれ以下の間隔で接種する。ストレスの軽減，感染の機会の減少など良好な飼育管理が重要である。

猫ウイルス性鼻気管炎は幼若な猫で重篤であることから，特に幼若期の猫を他の猫から隔離するなどの措置も有効である。

＜治　療＞　眼疾患にはイドクスウリジン，トリフルオロチミジン，ガンシクロビルの点眼，また，全身投与としてはアシクロビル，インターフェロン-α，L-リジンの経口投与が有効であるといわれている。

特異的治療に加えて，鼻汁や目からの分泌物を取り除き，脱水などが認められれば補液を行うなどの対症療法が重要である。抗炎症目的のステロイドは使ってはならない。

（前田　健）

15 犬ウイルス性乳頭腫症
Canine viral papillomatosis

宿　主　犬

病　原　*Papillomaviridae*, *Firstpapillomavirinae*, *Lambdapapillomavirus*に属する犬口腔乳頭腫ウイルス（*Lambdapapillomavirus 2*：Canine oral papillomavirus）。直径50～60nmの２本鎖DNAウイルスでエーテルおよび酸に耐性。

分布・疫学　英国，米国，イタリアおよび日本で発生が報告されており，世界的に分布。直接接触で伝播し，１歳以下の子犬で発生率が高い。飼育形態の変化により発生数が減少傾向にある。宿主域が狭く，猫や人には感染しない。

診　断

＜症状・病理＞　1～2カ月の潜伏期の後，白色の隆起物として出現し，数週間でイボ状からカリフラワー状の形態をとる。通常，1～5カ月存続して自然退縮する。発生部位は口腔粘膜が主で，まれに眼や体表皮膚に認められる。乳頭腫の組織像は角化の亢進と細胞の限局性増殖で，腫瘍細胞の粘膜下織への浸潤は観察されない。乳頭腫の表層細胞に核内封入体がみられる。

＜病原診断＞　超薄切片法を用いた電子顕微鏡によるウイルス粒子の観察，免疫組織化学染色によるウイルス抗原の検出。

予防・治療　自然治癒することが多いが，病変が大きく，かつ多い場合は外科的に切除する。ワクチンはない。治癒した動物は再感染しない。

（宝達　勉）

16 犬呼吸器コロナウイルス感染症
Canine respiratory coronavirus infection

宿　主　犬

病　原　*Nidovirales*, *Coronaviridae*, *Coronavirinae*, *Betacoronavirus*に属する犬呼吸器コロナウイルス（Canine respiratory coronavirus）。エンベロープを有するプラス1本鎖RNAウイルス。*Alphacoronavirus*に属する犬コロナウイルスとは血清学的に交差せず，同じ*Betacoronavirus*属の牛コロナウイルスと交差する。

分布・疫学　英国，アイルランド，イタリア，米国，カナダ，日本などで流行が確認。鼻汁などの分泌物を介した飛沫感染により伝播する。すべての年齢の犬で発生し，多頭飼育場では急速に感染が広がる。

診　断

＜症状・病理＞　犬伝染性気管気管支炎（kennel cough）の原因となる。犬パラインフルエンザウイルスや*Bordetella bronchiseptica*などとの混合感染で，乾性の咳と鼻汁などの典型的な呼吸器症状を示す。

＜病原診断＞　口腔咽頭または鼻腔のスワブを材料としたRT-PCRによりベータコロナウイルスに特有のスパイク遺伝子または赤血球凝集素エステラーゼ遺伝子を検出する。牛コロナウイルス抗体を用いた免疫組織化学染色による抗原検出も可能である。

予防・治療　特異的な治療法およびワクチンはない。細菌の二次感染による症状の増悪を防ぐ。

（宝達　勉）

17 猫フォーミーウイルス感染症
Feline foamy virus infection

宿　主　猫

病　原　*Ortervirales*, *Retroviridae*, *Spumaretrovirinae*, *Felispumavirus*に属する猫フォーミーウイルス（*Feline foamy virus*）。直径80～120nmの1本鎖RNAウイルス。逆転写酵素を持ち，DNA型のウイルスゲノムを持つ粒子が存在。エーテル，クロロホルムなどの有機溶媒および各種界面活性剤に感受性。

分布・疫学　世界中に分布。ウイルスが感染すると持続感染状態となり，抗体は生涯産生・維持される。抗体陽性率は国や地域によって異なり，日本や英国では10～30％であるが，米国では30～90％と高い。ウイルスは唾液中に存在し，主にグルーミングや咬傷によって伝播する。

診　断

＜症状・病理＞　猫に対する病原性はないとされているが，慢性増殖性多関節炎との関連性も示唆されている。

＜病原・血清診断＞　ウイルス分離は口腔咽頭ぬぐい液や末梢血単核球を材料としてCRFK細胞などに接種する。感染細胞には多核巨細胞が形成される。末梢単核球を材料としてPCRによるプロウイルスDNA検出も可能である。間接蛍光抗体法やELISAなどで抗体を検出する。

予防・治療　特別な予防や治療は実施しない。

（宝達　勉）

18 猫のポックスウイルス病（人獣）
Poxvirus infection in cats

宿　主　猫科動物，げっ歯類，牛，人

病　原　*Poxviridae*, *Chordopoxvirinae*, *Orthopoxvirus*に属する牛痘ウイルス（*Cowpox virus*）。Vero細胞でよく増殖し，発育鶏卵漿尿膜上に出血病変を形成する。

分布・疫学　主に欧州とアジア。1977年のモスクワ動物園における大発生では，牛痘ウイルスに感染したげっ歯類との接触（摂取）が第1の感染経路。経皮，経気道または経口的に感染が成立する。猫から分離した株は，猫だけでなく人にも感染。

診　断

＜症状・病理＞　頭部，頸部，前肢などに皮膚病変を形成。1～3週後に二次病変として広範に分布する小結節の丘疹が続発する。小結節は痂皮で覆われた限界明瞭な潰瘍となり，1～2カ月のうちに回復する。猫白血病や猫免疫不全ウイルス感染猫または免疫抑制剤投与猫で悪化する。微小水疱およびケラチノサイトの細胞質内に好酸性封入体を形成。

＜病原診断＞　電子顕微鏡による病変部のウイルス粒子の検出。発育鶏卵やVero細胞を用いたウイルス分離，PCRによる遺伝子検出。

予防・治療　ワクチン，治療法はない。自然治癒することが多い。二次感染の予防には抗菌薬を投与する。

（宝達　勉）

19 重症熱性血小板減少症候群（人獣）（四類感染症）
Severe fever with thrombocypenia syndrome

概　要　重症熱性血小板減少症候群ウイルスはマダニによって媒介される致死率の高い重篤な疾患を引き起こす。

宿　主　多くの動物が感染。人のみならず猫，犬，チーターも発症。野生動物は不顕性感染が多いと考えられている。

病　原　*Bunyavirales*, *Phenuiviridae*, *Phlebovirus*に属する重症熱性血小板減少症候群ウイルス（*SFTS phlebovirus*）。三種病原体等。BSL3での取り扱いが必要。

分　布　日本，中国，韓国。国内では西日本で発生。米国には抗原性が交差するHeartlandウイルスが存在。

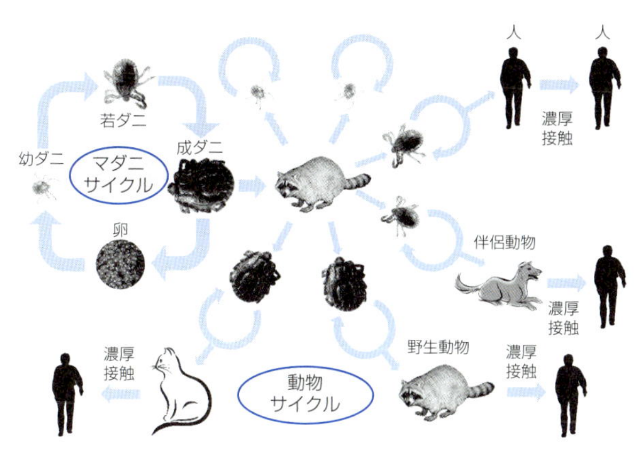

図　重症熱性血小板減少症候群の感染環

疫　学　主にフタトゲチマダニによって媒介されるが，他のマダニも関与。1年中発生はあるが，マダニの活動期の春先5月頃から患者の発生が多い。人では高齢者になるほど感染のリスクが高く，死亡率も高い。マダニを介さない感染様式として，患者との濃厚接触，発症猫や発症犬の咬傷による感染がある。

診　断

<症　状>　人や猫では発熱，血小板減少，白血球減少，肝酵素群の上昇を伴う重篤な症状を呈する。犬も同様な症状を呈する場合もあるが，多くは不顕性感染。ウイルス血症を示し，全身にウイルスが散布され，口腔や糞便中に排出される。

<病　理>　脾臓，リンパ節，パイエル板などリンパ系臓器に抗原が分布。Bリンパ球への感染が示唆されている。

<病原・血清診断>　血清，口腔拭い液，肛門拭い液などの材料からRT-PCRによる遺伝子検出。Vero細胞を用いたウイルス分離も比較的容易。ELISAならびに間接蛍光抗体法によるIgM抗体検出。

予防・治療　ワクチン開発が急がれている。基本はマダニ対策。発症した猫や犬の排泄物との直接接触を防ぐ。0.5%次亜塩素酸ナトリウムでの消毒の実施。

ウイルス特異的治療薬は現在臨床治験中である。それぞれの疾患に対する対症療法が基本である。

（前田　健）

20 犬のレプトスピラ症（届出）（人獣）

Canine leptospirosis　（口絵写真29頁）

概　要　病原性レプトスピラの感染による黄疸と貧血，血色素尿を主徴とする疾病で，宿主域の広い人獣共通感染症。

宿　主　犬，牛，水牛，鹿，豚，いのしし，馬など，人を含むあらゆる哺乳類が宿主となる。げっ歯類は高率に保菌する自然宿主であり，レゼルボアとして人や動物への感染に重要な役割を果たしている。

病　原　*Leptospira interrogans*をはじめとする病原性レプトスピラ。日本では7血清型（血清型Pomona，Canicola，Icterohaemorrhagiae，Hardjo，Grippotyphosa，Autumnalis，Australis）による疾病が届出伝染病に指定されている。届出伝染病のなかで犬を対象とする疾病は本症だけである。レプトスピラ属菌については「牛のレプトスピラ症」（114頁）を参照。

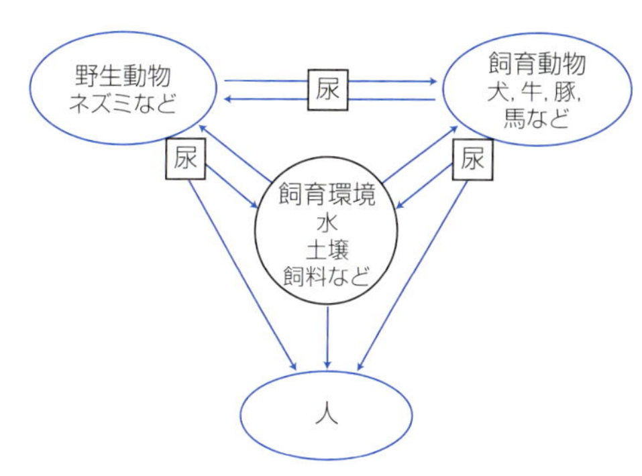

図　レプトスピラの感染環

分布・疫学　世界各地で発生がみられる。日本では毎年20～50頭程度の報告がある。主たる血清型はIcterohaemorrhagiaeとCanicolaで，届出対象に指定されていないHebdomadisによる症例も多い。

レプトスピラは感染動物の尿とともに排菌され，水や土壌などの環境を汚染する。動物は，本菌に汚染された地表水や湿った土壌，飼料などに接触することによって皮膚あるいは口腔や眼などの粘膜から感染する。回復しても犬では数カ月から数年にわたって尿中へ排菌することがある。ネズミなどのげっ歯類も，一生涯にわたって排菌し続けるため，感染源として注意が必要である。

診　断

<症　状>　感染した血清型によって重篤度に差がある。Icterohaemorrhagiae感染では，甚急性の場合，発熱，極度の沈うつ，震え，嘔吐，口内・口唇・結膜に出血が生じ，数時間から数日の経過で死亡する。黄疸型では同様な症状に加え，肝不全による強い黄疸を示し，重度のものは2～3日の経過で死亡する。

Canicolaは犬に広く存在する血清型であり，急性では嘔吐，脱水，虚脱を示し，口腔内や舌の粘膜に急激な壊死を生ずる。死亡率は高く，2～4日の経過で死亡する。亜急性のものは腎炎症状が特徴である。

<病　理>　Icterohaemorrhagiae感染の場合，肝臓障害が著明で，口腔，可視粘膜および皮膚に黄疸がみられる。また，凝固不全と血管損傷により全身各臓器，皮下および粘膜の出血傾向を示す。組織学的には肝臓に出血，小葉の中心性壊死，胆汁栓などが観察される。

Canicolaの感染では腎臓が腫大し，出血と壊死巣がみられる。尿細管の変性壊死と脱落がみられ，鍍銀染色により尿細管腔内の尿円柱内には糸屑状のレプトスピラ菌体が確認される。血液検査により血小板の減少，白血球の増加と核の左方移動がみられ，肝不全によりALT，AST，ALPが，腎不全によりBUNとクレアチンが著しく増加する。尿検査では蛋白質尿またはビリルビン尿がみられる。

<病原・血清診断>　牛のレプトスピラ症の場合と同様である。

ペア血清の診断には顕微鏡下凝集試験（MAT）が用いられる。階段希釈した血清と，各血清型の生菌株とを混和し，30℃で3時間静置。暗視野顕微鏡にて菌の凝集（**写真**）の有無や遊離している菌数の減少を確認する。

予防・治療　本菌は池，沼地，湿地などの湿潤な環境中に生存しているため，そのような場所に立ち入らせないように注意する。特に猟犬は野鼠の生息環境に立ち入ることが多く，発症例も多い。感染から回復した犬や，不顕性感染している犬の尿中に菌が排出されているので，尿を介した伝播に注意し，犬の居住環境の消毒を十分に行って乾燥に努める。

犬用ワクチンは，血清型Canicola，Copenhageni(Icterohaemorrhagiaeに有効)，Hebdomadis，Autumnalis，Australisに対する不活化ワクチンが市販されているので，地域の流行状況に適した混合ワクチンを接種する。

治療には各種抗菌薬が用いられているが，ストレプトマイシンが最も効果的である。その他アモキシシリン，ドキシサイクリン，エリスロマイシンが用いられている。

（村田　亮）

21 犬のブルセラ病（人獣）

（口絵写真29頁）

Canine brucellosis

概　要 *Brucella canis*の感染による流産，不妊，精巣上体炎などの繁殖障害を主徴とする疾病。

宿　主　犬。人への感染も報告されている。

病　原　*B. canis*。三種病原体等，BSL3に指定。好気性，無芽胞，非運動性の短桿菌で，ブルセラ培地，血清加TSA培地などに37℃で発育し，菌の増殖に炭酸ガスを必要としない。発育はやや遅く，3～5日で直径1.0～1.5mmの半透明集落を形成する。分離当初からR型抗原を保有し，*B. abortus*などのS型菌とは血清学的に交差しない。人への感染例も報告されているが，波状熱のような重篤な例はまれである。ブルセラ属菌に関する分類上の留意点については，牛のブルセラ病(107頁)を参照。

分布・疫学　世界各国。米国において*B. canis*が分離された後，日本においてもビーグル犬の繁殖場で流産胎子から*B. canis*が検出され，本病の存在が確認された。その後，感染はメキシコ，アルゼンチン，ドイツなどでも確認され，広く世界の犬科野生哺乳動物にも存在することが明らかにされた。訓練所，ペットホテル，実験動物施設の汚染は感染を急速に拡大させる。

*B. canis*の主要な感染経路は交尾感染である。経口および経皮感染などすべての経路において感染が成立し，動物間のみならず，感染動物から人への感染もほぼ同様の経過による。感染した犬の多くは無症状のまま長期間菌を保有し続ける。最初に菌に曝露されてから約3週間で菌血症になり，その後，菌は標的臓器である生殖器系の組織へ移行し，数カ月から数年は菌を排出し続ける。

雄の場合，前立腺，精巣上体などで菌は増殖し，精液中に菌が含まれるため，感染拡大の原因となる。感染後2カ月間は高濃度の菌が精液中に含まれ，その後，数年間は低濃度の菌を含む精液を排出し続ける。この間，犬に明確な症状は認められない。

犬舎内において，流産した雌は感染を広げる危険性が非常に高い。流産後4～6週間程度子宮から分泌物の排泄が続く場合がある。流産時に排出される胎盤組織および体液には大量の菌が含まれている。*B. canis*は感染した雌の乳汁のなかにも含まれており，垂直感染の原因となっている。菌が尿に混入するため，感染源として尿も注意が必要である。

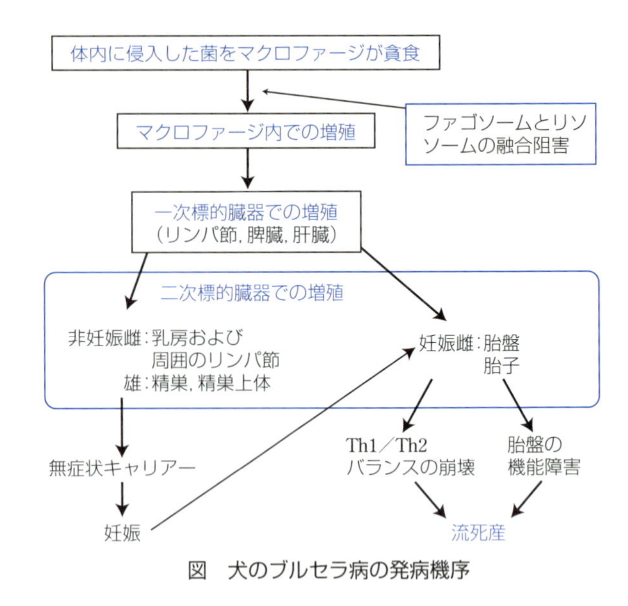

図　犬のブルセラ病の発病機序

診　断

＜症　状＞　一般症状はほとんどない。雌では妊娠後期45～55日頃に流産や死産がみられる(**写真**)。雄では精巣，精巣上体，前立腺の腫脹，後には精巣の萎縮，精液性状の悪化がみられる。

＜発病機序＞　ブルセラ属菌は宿主細胞内で増殖する細胞内寄生菌である。菌はマクロファージ内においてファゴソームとリソソームの融合を阻害し，細胞内での消化を回避し増殖する。菌は感染初期においてリンパ節，脾臓，肝臓など広く全身に分布する。その後は乳房およびその周囲のリンパ節に限局する傾向がみられる。妊娠雌の場合，他の臓器に比較して胎盤および胎子において菌の増殖がみられる。これにより胎盤の機能が阻害され，流産が起こる。また，母体のTh1/Th2のバランスの崩壊が流産を引き起こす一因であると考えられている。

＜病　理＞　肉眼的にはリンパ節と脾臓の腫大，胎盤炎，精巣炎，精巣上体炎および前立腺の腫大などがみられる。急性から慢性化した壊死性動静脈炎がみられる。主な組織所見として，リンパ組織のリンパ性過形成，形質細胞増生，種々の臓器での小肉芽腫形成がみられる。

＜病原・血清診断＞

病原診断：流産や死産胎子の消化管内容，胎盤，悪露，乳汁，精液，リンパ節，主要臓器を採取して菌の分離培養を行う。

血清診断：加熱殺菌ブルセラ・カニス菌液を用いた試験管凝集反応を行う。被検血清を20倍希釈から，2倍段階希釈で7段階の希釈系列を用意し，抗原菌液を加えて50℃で24時間静置後，判定する。血清の最終希釈倍数が160倍以上で50%以上の凝集を示すものを陽性とする。寒天ゲル内沈降反応は加熱抽出した可溶性抗原で行う。*B. canis*と*B. ovis*は同じR型で共通抗原を保有し，凝集反応，寒天ゲル内沈降反応ともに，いずれかの抗原が診断に共用できる。

予防・治療　ワクチンは実用化されていない。集団飼育施設では血清診断により抗体陽性犬を摘発し，隔離および淘汰。また，新たに導入する犬の検疫により，抗体陰性のもののみを収容するようにする。

B. abortus，*B. melitensis*，*B. suis*などによる牛，水牛，

めん羊，山羊，豚のブルセラ病は家畜(法定)伝染病に指定されているので，感染動物は治療は行わず淘汰する。*B. canis*による犬のブルセラ病に法的規制はないが，感染拡大を防ぐために牛や豚と同様に摘発・淘汰が望ましい。テトラサイクリン系とアミノグリコシド系抗菌薬などで治療することも可能だが，完全に菌を体内から排除することは困難である。また，細胞内寄生菌であるため長期間の薬剤投与が必要であり，中止後再び発症する場合が多い。

(度会雅久)

22 犬のライム病(人獣)(四類感染症)

(口絵写真29頁)

Canine Lyme disease (Lyme borreliosis)

概　要　ライム病ボレリア感染による関節炎，心内膜炎，髄膜炎，顔面麻痺などの神経症状を引き起こす疾病である。

宿　主　野鼠を中心とした野生鳥獣，犬，人

病　原　ライム病ボレリアには11菌種が報告されており，このうち病原性が強く問題となるのは，*Borrelia burgdorferi* sensu stricto，*B. garinii*，*B. afzelii*の３菌種である。本属菌は長さ４～30μm，幅0.18～0.25μmのらせん状を呈し，多数の鞭毛を有し，暗視野顕微鏡下で容易に観察できる。外膜蛋白質のうち，脂質分子にアンカーしている菌体表層膜蛋白質(outer surface protein：OspA-F)は感染における重要な役割を持つ生物活性分子として重要である。培養はBarbour-Stoenner-Kelly Ⅱ(BSK Ⅱ)培地を用い，31～34℃，微好気性条件下で数週間行う。

分布・疫学　ライム病は*Ixodes*属のマダニ分布地域に一致して発生し，主に世界各地の温帯から亜熱帯の森林地域に分布する。日本では*B. burgdorferi* sensu strictoは分離されず，シュルツェマダニ(**写真1**)から*B. garinii*や*B. afzelii*，ヤマトマダニ(**写真2**)から*B. japonica*が分離される。

ライム病ボレリアは野生鳥獣とそれらに寄生するマダニによって維持されている。幼ダニと若ダニの寄生対象は野鼠などの小型哺乳類と野鳥であり，自然界でのボレリア伝播の主要サイクルを形成している。ボレリア陰性幼ダニは保菌小型野生鳥獣から吸血する際にボレリアに感染する。飽血した幼ダニは落下し，脱皮してボレリア陽性若ダニとなる。保菌若ダニは小型野生鳥獣の他に鹿やきつねなどの中・大型哺乳類を吸血しボレリアを伝播するとともに，飽血落下後成ダニとなる。成ダニはさらに吸血後産卵する。経卵感染は認められないため，幼ダニはボレリア陰性である。このような感染伝播サイクルを経発育期感染と呼ぶ。

診　断

<症　状>　犬では多くの場合不顕性感染であるが，一部が発症する。発症した場合，病期に応じて皮膚，神経，循環器，筋骨格系に種々の症状がみられる。急性症状として発熱，食欲不振，元気消失，リンパ節の腫脹などの一般的なかぜ様の症状や関節痛などがみられる。慢性症状として関節炎が前肢部によくみられ，寛解と発症を繰り返す特徴がある。また，急性腎不全や糸球体腎炎を起こし，それに伴う症状が現れることもある。犬のライム病は神経症状が主体であり，髄膜炎や脳炎，顔面麻痺などがみられる。循環器症状として，心筋壊死や心内膜炎と，それに伴う房室ブロックが認められる。

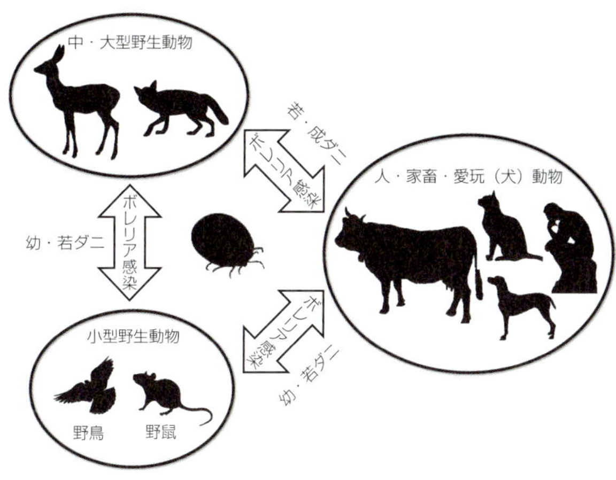

図　ライム病ボレリアの伝播様式

人のライム病に特徴的な皮膚の游走性紅斑(erythema migrans)は，犬での観察は難しい。

<病　理>　関節炎，中枢および末梢神経の脱髄病変，結膜炎，ぶどう膜炎，慢性萎縮性肢端皮膚炎，肝炎，肺炎，腎炎など病変の部位と程度は多様である。マダニは皮膚に深く頭部をめりこませ，周囲組織は壊死する。初期病変は血管周囲性の細胞浸潤で，好中球，次いでリンパ球が出現する。出血や紅斑はマダニ刺傷部のみならず，遠隔部の皮下にも認められる。

マダニの吸血に際し皮膚内に侵入したボレリアは，皮膚に局在するだけでなく，血管内皮に付着し，血流に乗って全身へ運ばれる。炎症性サイトカインが誘導され，凝固・線溶系の活性化とともに全身性の炎症病変が形成される。

<病原・血清診断>

病原診断：病原体の分離と同定が望ましいが，実用的ではない。PCRは簡便で迅速な方法なので，病原遺伝子の検出に用いる。

血清診断：ドットブロット，ウエスタンブロット，ELISA，間接蛍光抗体法などを組み合わせて用いる。感染の早期に抗菌薬を使用すると血清抗体が陰性となる場合があり，総合的に判断することが必要である。

予防・治療

<予　防>　マダニとの接触を回避する。マダニが付着した場合，早期に駆虫薬などで除去する。吸血された場合，抗菌薬の予防的投与も有効である。また，マダニ，ノミの忌避剤を含んだ首輪の使用も効果がある。犬用ワクチンが北米で実用化されているが，国内ではない。北米の犬用ワクチンや人用の遺伝子組換え型ワクチンは効果が期待できず，副作用だけでなく，菌種が異なると重症化することがあるので輸入して使うべきではない。

<治　療>　各種の抗菌薬が有効である。犬に対する治療としてはテトラサイクリン(22mg/kg，１日３回，経口もしくは静脈注射)などを少なくとも２週間以上続ける。その他，ドキシサイクリンやアモキシシリンなどが治療効果を示す。

(田中哲也)

23 犬・猫のカンピロバクター腸炎（人獣）
Campylobacteriosis in dogs and cats

概　要　カンピロバクター属菌が犬や猫に感染し，嘔吐，下痢，食欲不振，脱水などを引き起こすことがある。犬・猫では *Campylobacter jejuni*，*C. coli*，*C. upsaliensis* などの保菌が確認。

宿　主　*C. jejuni*，*C. coli* は鶏，豚，牛，犬，猫および野鳥が保菌。犬，猫では，この他に *C. lari*，*C. upsaliensis*，*C. helveticus* の保菌も確認されている。

病　原　*C. jejuni* と *C. coli*。グラム陰性，S字状に湾曲した運動性を有する微好気性桿菌で，オキシダーゼ，カタラーゼ陽性。42℃でも発育し，「thermophilic *Campylobacter*」と呼ばれ，人の下痢起因菌となる。乾燥に弱いのが特徴。30℃以下では増殖できないが，比較的長期間生存でき，少ない菌数でも腸管に定着できると考えられている。

分布・疫学　家畜，家きん，野生動物の消化管に広く分布し，河川や下水からも分離され，世界各国に存在する。*C. jejuni* は鶏で，*C. coli* は豚で保菌率が高いことが知られている。日本の犬の保菌率は3～35%，猫では1～29%と報告によりばらつく。

診　断

<症状・病理>　カンピロバクター症は通常，若齢の動物か，他の病原体との混合感染によって発症するため，様々な症状が現れる。一般的には水様性または粘血性下痢，嘔吐，食欲不振，脱水などが認められる。幼獣における下痢症での細菌学的検査で，カンピロバクターが分離される症例があるが，不顕性感染も多く，腸炎との直接的因果関係は不明確。*C. jejuni* と *C. coli* による下痢は，小腸下部から結腸にかけての粘膜への菌の侵入が原因となる。家畜では保菌が認められても無症状の場合が多く症例報告も乏しいことから詳しい発症機序は不明。

<病原・血清診断>　糞便塗抹標本でグラム陰性の弯曲した桿菌を確認することにより暫定診断を行う。確定診断は選択培地を用いた微好気培養による菌の分離同定。位相差顕微鏡による観察も同定の補助となる。菌の増殖速度が比較的遅く菌分離には日数を要するので，暫定的な診断によって治療を開始することが多い。生化学的性状検査による菌種の同定は容易ではないが，菌種特異的PCRなどの遺伝子同定，イムノクロマトによる簡易同定などが開発されている。

予防・治療　ワクチンはない。一般的な予防法，治療法はサルモネラ感染症に準ずる。*C. jejuni*，*C. coli* はエリスロマイシンに感受性があり，治療によく反応する。セファロスポリン系抗菌薬，トリメトプリムは効果を示さない。ニューキノロン系抗菌薬には本来感受性であるが，容易に耐性を獲得するため使用は控えた方がよい。

（中馬猛久）

24 犬・猫のサルモネラ感染症（人獣）
Salmonellosis in dogs and cats

概　要　サルモネラ属菌が犬や猫に感染し，嘔吐と下痢を伴った胃腸炎の原因となることがある。主として *Salmonella* Typhimurium の感染による。

宿　主　哺乳動物，鳥類，両生類，爬虫類が腸管に保菌。

病　原　*Salmonella* 属菌。運動性を有するグラム陰性通性嫌気性桿菌で，血清型や生化学的性状から多くの型に分類されている（「牛のサルモネラ症」110頁参照）。一部の血清型は，動物種によって病原性を示すことがあり，犬と猫からは，*S.* Typhimurium が分離されることが多い。

分布・疫学　サルモネラ属菌は自然界に幅広く存在する。犬と猫のサルモネラ保菌率は10%程度といわれている。

診　断

<症状・病理>　犬・猫で嘔吐と下痢を伴った胃腸炎がみられることがあるが，必ずしも発症するわけではない。サルモネラ症に罹患した猫の約半数では胃腸炎がみられず，発熱，抑うつ，虚弱，体温低下などがみられることがある。まれに心血管虚脱により死亡することもある。時折，子宮内感染を引き起こし，流産や死産の原因となる。

若齢動物の急性サルモネラ症では白血球が減少することがあるので，犬パルボウイルス感染症や猫汎白血球減少症と類似した臨床所見がみられることもある。

サルモネラ属菌による下痢は，小腸下部から結腸にかけての粘膜への菌の侵入が原因となる。

<病原・血清診断>　確定診断は糞便材料からの菌の分離と性状検査による同定。菌血症の場合は血液を培養する。菌の分離には日数を要し，また菌が分離できないことがあるため，菌分離前に治療が開始される場合が多い。

予防・治療

<予　防>　犬・猫用のワクチンはない。一般に消化器感染症では敗血症を起こさせないことが重要で，その危険があるときは抗菌薬の注射投与が必要。なお，抗菌薬の多用は耐性株の増殖を助長するばかりでなく，正常細菌叢を乱し症状を増悪させる場合があるので注意が必要である。非吸収性の抗菌薬の経口投与は保菌状態を長引かせることがあるので避けた方がよい。水分と電解質の喪失時には輸液を行う。食餌や食器が感染源になっていることがあるので，可能なものは洗浄消毒し，感染経路を断つ。

症状が改善した後も長期間にわたり糞便に菌が排出されることがあるので糞便の取扱いに注意し，他の動物もしくは人への感染を防止する。

<治　療>　トリメトプリム，クロラムフェニコール，セフェム系やニューキノロン系の抗菌薬などが有効ではあるが，近年，多剤耐性菌の出現が認められている。

（中馬猛久）

25 犬・猫のボルデテラ症
Bordetellosis in dogs and cats

宿　主　犬，猫，家畜，家きん，野生動物

病　原　*Bordetella bronchiseptica*。種々のウイルス感染後の二次感染菌で，特にジステンパー感染に際し致死的気管支肺炎の原因となる。

分布・疫学　分泌物を介して直接またはエアロゾルによる飛沫感染。健康犬の鼻腔からも高率に分離される。

診　断

＜症　状＞　1～3週間にわたって乾いた咳が続き，膿性鼻汁がみられた後に吐気と嘔吐が起きる。咳と鼻汁の症状は最長14日間持続する。犬では犬パラインフルエンザウイルス，犬アデノウイルス2型，犬ジステンパーウイルス，マイコプラズマ，猫では汎白血球減少症ウイルス，猫ヘルペスウイルス1との混合感染が多く，本菌感染による症状を重篤化させる。

＜病　理＞　繊毛性呼吸器粘膜への好中球浸潤が最も顕著な所見である。

＜病原・血清診断＞　気管粘液をボルデー・ジャング培地で培養し，菌を分離・同定する。

予防・治療　テトラサイクリン系，フルオロキノロン系抗菌薬が効果的である。海外ではパラインフルエンザウイルスやアデノウイルスとの混合ワクチンが使用されている。

（佐藤久聡）

26 猫ひっかき病（人獣）

Cat-scratch disease

宿　主　猫，人

病　原　グラム陰性，多形性短桿菌の*Bartonella henselae*

分布・疫学　世界各国。保菌猫から掻傷，咬傷により人が感染。患者は小児や，猫ノミが多数寄生した子猫を飼育している人に多い。7～12月に多発。日本の猫の約1割が保菌している。ノミが猫間のベクター。

診　断

＜症状・病理＞　猫は特に臨床症状を示さない。人では，3～10日の潜伏期の後，受傷部に丘疹・水疱が現れる。その1～2週後に発熱と，有痛性のリンパ節炎が受傷部付近の腋下部，鼠径部，頸部リンパ節などに現れる。リンパ節炎は中心部膿瘍を伴う肉芽腫像を示す。Warthin-Starry染色像では，組織内に黒色に染色された*B. henselae*が観察される。

＜病原・血清診断＞　病原巣の猫では血液から菌を分離する。5％ウサギ血液寒天培地を用い，35～37℃，5％ CO_2 下で4週間培養を続ける。患者の血清診断には間接蛍光抗体法を用い，IgG抗体価が128倍以上（単独血清），ペア血清で4倍以上の上昇を示したものを陽性とする。

予防・治療　人，猫ともにワクチンはない。予防は受傷部の消毒と一般的な衛生対策。定型的な猫ひっかき病患者に対する各種抗菌薬の治療効果は低い。

（丸山総一）

27 犬・猫のパスツレラ症（人獣）

Pasteurellosis in dogs and cats

宿　主　犬，猫，人

病　原　*Pasteurella multocida*ほかパスツレラ属菌

分布・疫学　世界各国。*Pasteurella*属菌（13菌種）により起こる呼吸器感染症（50％以上），咬・掻傷感染症（約30％），敗血症など多彩な病態を示す。本属菌は健康な犬の55％，猫の60～90％の体表，口腔や鼻腔内に存在。特に猫では高率に爪に保菌し，保菌動物によるひっかき傷や咬傷から人が感染，犬では咬傷から局所感染のほか顔を舐められた人が副鼻腔炎を起こした事例も知られている。咳やくしゃみなどエアロゾルによる伝染の可能性もある。

診　断

＜症状・病理＞　多くは無症状，不顕性感染。全身感染例はまれだが，肺炎，皮膚の化膿性炎などの局所感染は犬，猫，人で多くの報告事例がある。犬では心内膜炎，舌膿瘍のほか，致命的な肺炎を起こす場合がある。人の場合，数時間で創傷部位に発赤，腫脹，疼痛を発現し，滲出液中から菌が分離される。外傷が軽度の場合，症状は局所に限定され，所属リンパ節の腫脹程度にとどまる。

＜病原診断＞　病巣部からの滲出液や膿汁を材料とした菌の分離と同定。

予防・治療　ワクチンはない。動物の口腔衛生の維持，迅速な治療などの措置を講じる。犬や猫同士の咬傷や掻傷を防ぐとともに人は保菌動物との接触方法に気をつけ，菌の曝露を防ぐことが重要。

咬傷や掻傷局所の消毒とペニシリン系またはテトラサイクリン系の抗菌薬の投与が有効。

（後藤義孝）

28 犬・猫の非定型抗酸菌感染症（人獣）

Atypical mycobacterium infection in dogs and cats

宿　主　猫，犬，家畜，人。猫の症例が多い（免疫抑制性のウイルス感染や免疫抑制剤による免疫能低下が関係）。

病　原　環境中に広く分布する非定型抗酸菌。*Mycolicibacterium fortuitum*，*Mycobacterium avium*，*Mycobacterium lepraemurium*などが知られている。

分布・疫学　原因菌は環境中に広範に分布しており，動物は土壌や水から経皮感染。動物間の感染例はほとんど知られていない。人では免疫能が低下した患者の院内感染や，呼吸器（肺）機能の低下による日和見感染が問題。

診　断

＜症状・病理＞　鼠径部や尾根部周辺の皮膚結節や潰瘍形成などのほか，菌種によっては頭部や顔面皮下に結節性病変を形成。付属リンパ節の腫大も認められる。病理組織学的に真皮の浮腫や肉芽腫性炎像がみられる。

＜病原診断＞　病巣部の塗抹標本をチール・ネールゼン法など抗酸染色して，抗酸菌を確認後，病巣部から菌DNAを抽出し，16S rRNAや*DnaJ*を標的としたPCRを行って菌種を同定。ノカルジア症や他の細菌による肉芽腫性病変との鑑別のためには，細菌培養を行った方がよいが，集落形成までに3日（迅速発育菌）～数週間（遅発育菌）を要するため，迅速診断には利用できない。

予防・治療　皮膚結節や再発性瘻管などの病変部に対しては，外科的切除，洗浄による傷の管理。非定型抗酸菌は菌種により有効薬剤が異なること，投薬期間が長期化し耐性菌が容易に出現することに注意。アミノグリコシド系（カナマイシン，ストレプトマイシン）のほか，マクロライド（クラリスロマイシン），ニューキノロンなどが推奨されるが，難治性である場合も多い。

＊：*Mycobacterium*属は2018年，*Mycobacterium*属，*Mycobacteroides*属，*Mycolicibacterium*属，*Mycolicibacter*属，*Mycobacillus*属の5属に再分類された

（後藤義孝）

29 猫ヘモプラズマ感染症（猫ヘモバルトネラ症） （口絵写真29頁）

Feline hemoplasma infection,
Feline hemobartonellosis

病名同義語：猫伝染性貧血（Feline infectious anemia）

概　要　猫ヘモプラズマの赤血球寄生による溶血性貧血を主徴とする疾患。

宿　主　猫

病　原　*Mycoplasma haemofelis*（以前は*Haemobartonella felis*オハイオ株），*Candidatus* M. haemominutum（以前は*H. felis*カリフォルニア株）および*C.* M. turicensis。これら一連の赤血球寄生マイコプラズマをヘモプラズマと呼ぶ。

*M. haemofelis*の病原性は比較的強く，猫は本菌単独の急性感染症により貧血を発症するが，*C.* M. haemominutum単独の感染では貧血を発症することは少ない。また，*C.* M. turicensisの自然感染でも猫に貧血を発症させることがわかっている。

猫ヘモプラズマは，直径0.1～0.8μmの球菌状小体として，赤血球表面に吸着するような状態で寄生している（**写真**）。増殖期には，円錐型，桿菌状，リング状などの形態を示すこともある。グラム陰性で，非抗酸性の細胞壁を欠く原核生物であり，ロマノフスキー染色（ギムザ染色など）では好塩基性（青紫色～赤紫色）に染まる。

分布・疫学　世界的に広く分布する。実験的には，感染血の静脈内，腹腔内および経口投与により，感染が成立する。自然感染では，猫同士の咬傷，吸血性節足動物（ダニやノミ）および母子感染によって伝播されると考えられているが，まだ十分な確証はない。一方，尿と唾液には感染性がない。

診　断

＜症　状＞　貧血症の一次的要因になりうるが，不顕性感染も少なくない。発症した猫では，貧血（可視粘膜の蒼白化），間欠的発熱，元気消失，沈うつ，呼吸促迫，頻脈，食欲不振，黄疸，体重減少，脾腫などが認められる。猫ヘモプラズマ感染が主因であるか，二次感染であるかによって，症状の種類や程度が異なる。また，猫白血病ウイルス（FeLV）および猫免疫不全ウイルス（FIV）の感染により症状が修飾される。

＜発病病理＞　猫ヘモプラズマは赤血球膜を直接的に傷害して浸透圧脆弱性の亢進と赤血球寿命の短縮を生じさせる。感染が持続すると，猫ヘモプラズマに対する抗体に加えて，構造変化を生じた赤血球膜に対する自己抗体も生産されて，その結合により網内系のマクロファージによる赤血球貪食が進み，赤血球の自己凝集と球状化を経て，貧血はさらに悪化する。

一方，FeLVは潜在している猫ヘモプラズマを活性化させて，貧血を誘発する可能性があり，臨床症状をより重篤化させ予後を悪化させる。また，FIV感染猫にみられる貧血の40％が猫ヘモプラズマ陽性であるとの報告がある。

＜病　理＞　全身組織の貧血，脾腫，肝臓のうっ血，黄疸，リンパ節の腫大が認められる。組織学的には，脾臓，肝臓および骨髄において，マクロファージによる赤血球の貪食像が認められる。

＜病原・血清診断＞　確定診断は，赤血球膜に寄生する猫ヘモプラズマの存在の証明である。ロマノフスキー染色した血液塗抹で好塩基性に染まった猫ヘモプラズマを検索する。アクリジンオレンジ染色および蛍光抗体染色は検出感度が高い。猫ヘモプラズマの16S rRNA遺伝子における特異配列をPCRで増幅し，確定診断することも可能である。

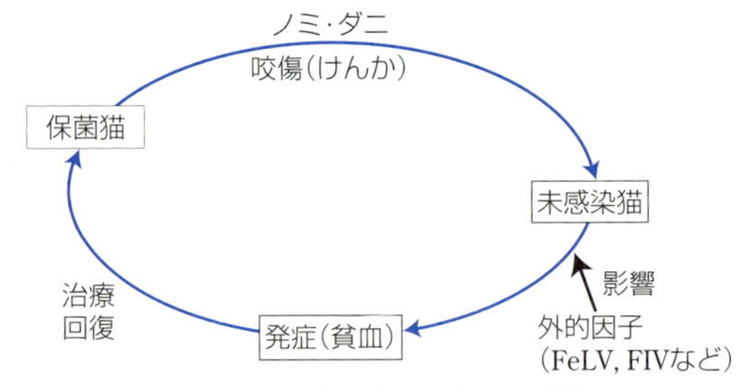

図　猫ヘモプラズマ感染症の感染環

予防・治療

＜予　防＞　FeLVやFIVなど他の感染症に対する予防接種，ダニやノミの駆除，猫同士の喧嘩（咬傷）の抑止などが，本症の予防につながる。

＜治　療＞　テトラサイクリン系抗菌薬が有効である。しかし，抗菌薬療法には，赤血球から猫ヘモプラズマを減少させ，臨床症状を軽減させる効果はあるが，猫ヘモプラズマを完全に除去することはできず，猫は回復後キャリアーとなる。

現在最も推奨される薬剤はドキシサイクリン（1～3 mg/kgを12時間ごとに3週間経口投与）である。オキシテトラサイクリン（25mg/kgを8時間ごとに3週間経口投与）と，テトラサイクリン（22mg/kgを8時間ごとに3週間経口投与）も使用可能である。

貧血が急激に進行し，自己抗体の産生による赤血球凝集や球状化が認められる場合には，免疫抑制量のコルチコステロイド（プレドニゾロン1～2 mg/kgを12時間ごとに，または2～4 mg/kgを24時間ごとに1～2週間経口投与）の使用が勧められている。貧血が著しい場合には，輸血が必要となる。

（大和　修）

30 犬のエールリヒア症（人獣）

Ehrlichiosis in dogs

概　要　リケッチア目アナプラズマ科に属する*Ehrlichia*属，*Anaplasma*属によって起こる犬の全身性感染症。

宿　主　*Ehrlichia*属は犬および人。*Anaplasma*属は犬，人，馬および牛。

病　原　*E. canis*は犬の単球およびマクロファージに，*E. ewinggi*は顆粒球に感染して病原性を示す。*E. ewinggi*が犬からダニを介して人に感染し，熱性疾患を起こしたことが確認されている。また，人に単球好性エールリヒア症を起こす*E. chaffeensis*は犬にも感染するが，発症するとは限らない。犬にはこの他，*A. platys*，*A. phagocytophilum*（「放牧熱」127頁参照）が感染する。

分布・疫学　*E. canis*感染はアフリカ，東南アジア，南米，北米，欧州など，広範囲で存在が報告されている。日本では海外での飼育歴を持つ犬で本病原体のDNAが検出されているだけで，流行は認められていない。

*E. ewingii*感染は米国で，*E. chaffeensis*感染は北米，欧州で報告されているが，日本での感染報告はない。*A. platys*は日本でも沖縄の犬で感染が報告されている。いずれのリケッチアもマダニ類によって媒介される。

診　断

＜症　状＞　*Ehrlichia*感染の急性期には発熱，リンパ節腫脹，脾腫，体重減少といった非特異的な症状の他，血小板減少がみられる。嘔吐・下痢，下肢の浮腫，咳・呼吸困難，ぶどう膜炎や角膜混濁などがみられる場合もある。急性症状は多くの場合，自然に治まるが，その後，無症状感染期が長く続く。この間，血小板減少，血中グロブリン濃度の上昇がみられる。再発すると体重減少，発熱，下肢の浮腫，食欲廃絶などを呈する。汎血球減少症を起こし，二次感染によって死亡する場合もある。*E. ewingii*感染では関節炎が起こることもある。

*Anaplasma*感染は*Ehrlichia*感染と似ているが，多発性関節炎が起こることが多い。

＜病　理＞　*E. canis*感染では実質臓器の点状出血，脾臓への形質細胞の浸潤，末梢血単球に桑の実状の封入体(morula)を認める。*E. ewingii*，*A. phagocytophilum*感染では末梢血顆粒球に，*A. platys*感染では血小板にmorulaが認められる。

＜病原・血清診断＞　抗体検出には感染細胞を抗原とする蛍光抗体法が一般的に用いられる。米国では検査用キットも市販されている。末梢血のDNAを用いたPCRが診断には有効である。

予防・治療　ワクチンはない。ダニの駆除が有効である。治療にはドキシサイクリンが広く用いられる。

（田島朋子）

31 ロッキー山紅斑熱(人獣)(海外)(四類感染症)

Rocky Mountain spotted fever

宿　主　野生動物，犬，人

病　原　*Rickettsia ricketsii*。媒介動物はマダニ。

分布・疫学　米国の南東部，太平洋岸および西部を主とするほぼ全土。4～9月に多い。野生動物とダニの間で感染環が維持されている。偶発的に人や犬が感染し，発病する。感染血液による医原性伝播も知られている。日本での発生はない。

診　断

＜症状・病理＞　人では血小板減少程度の無症状期の後，発熱，全身リンパ節腫脹，筋肉痛，関節痛，呼吸困難，神経症状，浮腫。犬では点状出血や斑状出血は20％以下。脈管炎。広範な臓器に点状出血，血栓，虚血壊死。

＜病原・血清診断＞　人についてはマイクロ蛍光抗体法によるペア血清の抗体測定。血液や組織からのPCRによる病原体遺伝子検出。

予防・治療　ワクチンはない。付着したマダニの迅速な除去。ドキシサイクリン投与。

（福士秀人）

32 サケ中毒(海外)

Salmon poisoning

宿　主　犬，野生の犬科動物

病　原　*Neorickettsia helminthoeca*。サケ，マスに寄生する吸虫(*Nanophyetus salmincola*)にリケッチアが感染し，そのサケ，マスを食することにより犬などが感染する。

分布・疫学　米国太平洋岸，カナダ，ブラジル。*N. helminthoeca*感染吸虫が寄生したサケ，マスを犬，クロクマ，野生の犬科動物が摂取後5～9日で発症。

診　断

＜症状・病理＞　高熱，元気消失，食欲不振，下痢，血便，嘔吐，脱水，鼻と眼からの分泌物，四肢内側の発疹。致死率は高い。消化管リンパ節の腫大，出血性・壊死性腸炎，扁桃，胸腺および脾臓の腫大。組織学的には壊死，出血，過形成。小脳に単球性軟膜炎，大脳に滲出性増殖性細胞変化。グリア細胞の集簇。

＜病原・血清診断＞　糞便中から吸虫卵の検出。PCRによる病原体遺伝子の検出。

予防・治療　ワクチンはない。早期治療としてサルファ剤，テトラサイクリン系抗菌薬の投与。

（福士秀人）

33 猫のクラミジア病(人獣)

Chlamydial infection in cats, Feline chlamydiosis

概　要　*Chlamydophila felis*感染による猫の結膜炎および上部気道炎を主徴とする疾病。

宿　主　猫。猫から人への感染が報告されている。

病　原　*C. felis*。血清学的には単一。偏性細胞内寄生菌。

分布・疫学　北米，英国，欧州，日本など世界各国に分布。動物実験施設や猫の生息密度が高い環境で発生しやすい。

日本の猫における抗体保有率は家猫で約20％，野良猫では約50％との報告がある。猫ヘルペスウイルス1との混合感染がしばしばみられる。感染猫との直接接触により伝播する。

診　断

＜症　状＞　潜伏期は2～3週間。結膜炎，ときとして角膜炎を呈する。粘性の目やにと鼻汁，くしゃみなど上部呼吸器症状がみられ，まれに肺炎を引き起こす。病原体は全身臓器で増殖し，二次感染がなければ2～3週間で回復する。新生猫では新生子眼炎など重症になりやすい。

猫ウイルス性鼻気管炎，猫カリシウイルス感染症，マイコプラズマ感染症，ボルデテラ感染症の類症鑑別に注意する。

＜病　理＞　組織学的には結膜上皮の剥離，粘膜下組織への炎症細胞浸潤，間質性肺炎，脾臓リンパ濾胞の増生が認められる。

＜病原・血清診断＞　結膜上皮擦過物塗抹標本の直接蛍光抗体法や結膜擦過物や鼻汁からPCRによって病原体遺伝子を検出する。

予防・治療

＜予　防＞　猫ウイルス性鼻気管炎・猫カリシウイルス感染症・猫汎白血球減少症・猫白血病との5種混合不活化ワクチンが市販されており，感染予防や発症後の症状軽減および発症期間の短縮などに有効である。感染猫の隔離と治療により蔓延を防ぐ。

＜治　療＞　テトラサイクリン系のドキシサイクリン，ミノサイクリンなど，マクロライド系のエリスロマイシン，クラリスロマイシン，アジスロマイシンなどを投与する。

（福士秀人）

34 犬・猫のクリプトコックス症（人獣）

Cryptococcosis in dogs and cats　（口絵写真30頁）

概　要　*Cryptococcus*属に分類される酵母様真菌（国内では主に*C. neoformans*）によって起こる呼吸器，皮膚，神経系が侵される疾病。日和見感染症と考えられる。

宿　主　人を含めた哺乳類，鳥類，爬虫類

病　原　*Cryptococcus*属には現在約35種の菌が知られているが，病原菌として重要なのは*C. neoformans*，*C. deneoformans*，*C. gattii*の3種で3菌種は遺伝子解析によって分けられる。

本属菌は，サブローブドウ糖寒天培地上に37℃で培養すると集落は急速に発育し，表面平滑，湿潤性，粘質，初め白色で後にクリーム色，黄色，オレンジ色などになる。また，ヒマワリ培地およびニガーシード培地で培養すると，メラニンを産生するため，褐色の集落になるのが特徴である。菌の形態は球形から卵形，3.5～8 μm，薄壁で粘着性多糖体の莢膜に包まれている。そのため，本属菌を水で約2～3倍に希釈した墨汁に懸濁して，顕微鏡下で観察すると，菌体周囲に莢膜が認められる（**写真1**）。そのほか，ウレアーゼの産生，メラニン産生（フェノールオキシダーゼ陽性），莢膜産生，炭素源資化性，硝酸塩を同化しないなどの性質を持つ。また，多極性に出芽し，娘細胞は薄い頸部によって母細胞に接続している。

分布・疫学　世界中の湿潤な気候で，温暖な土壌や鳩の糞などに菌が存在し，散発的に疾病が発生する。犬よりも猫での報告が多い。塵埃とともに気道に吸引され，病変を形成する。また，日和見感染症で，健康な犬および猫の鼻腔内から10数%の率で菌が分離された報告がある。

診　断

<症　状>　上部呼吸器の症状が主で，鼻汁漏出（片側，両側），くしゃみ，鼻梁部の堅い腫脹や下顎リンパ節の腫脹が認められる。頭部や他の体表の皮膚に丘疹や結節を形成し，肉芽腫性の病変を形成する（**写真2**）。滲出性の潰瘍が認められることもある。沈うつ，痴呆，発作，運動失調，後駆麻痺などの神経症状が認められる。中枢神経の疾患や播種性の疾患に伴い失明や網膜炎などの眼病変が起こる。

本症の発病には宿主の免疫状態が強く関連する。

<病　理>　気道，肺，皮膚，眼，リンパ節，腎臓，脾臓などの感染した組織内で，肉芽腫性病変を形成する。病巣は莢膜の厚い菌体が集塊を形成し，嚢腫状態を呈し，その周囲には著しい炎症反応を伴わないのが特徴である。髄膜炎，末梢神経炎，肉芽腫性脈絡網膜炎が認められる場合もある。

<病原・血清診断>　病変部位の生検材料や滲出液，膿汁，喀痰，脳脊髄液から押捺標本を作製し，菌体を確認する（**写真3**）。さらに標本と菌体の墨汁標本を作製して直接鏡検によって莢膜を検出する（**写真1**）。菌の分離培養はサブローブドウ糖寒天培地などを用いて25℃と37℃で行う。特にヒマワリ培地およびニガーシード培地上で培養し，褐色の集落を確認する。

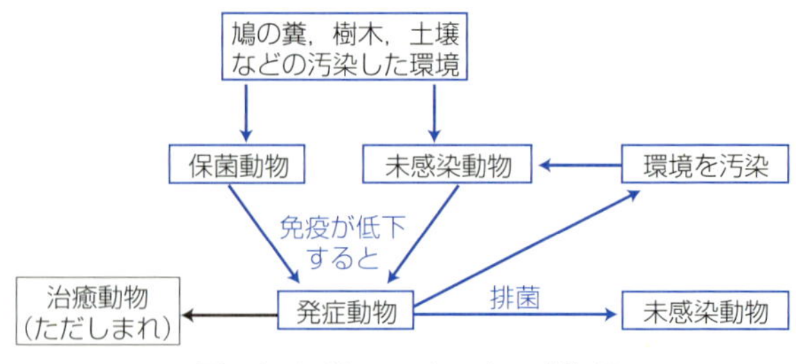

図　クリプトコックス症の感染環

免疫学的には，血液，髄液，尿中に存在する莢膜多糖類抗原を市販の診断キットを用いたラテックス凝集反応で検出する。この検出法は猫の本症の診断に有用であると報告されている。しかし，局所感染の場合には，陰性結果の場合もある。

病変部位に存在する本菌の*CAP59*遺伝子をPCRによって特異的に検出する方法が検討されている。

迅速同定法として，生物学的性状を基に同定する。

予防・治療　有効なワクチンはない。クリプトコックス症の成立には種々の要因が関与しているため，有効な予防対策の明示は困難である。予防法としては汚染土壌や鳩の糞への曝露を避ける。本症は日和見感染症なので，猫では猫白血病ウイルス，猫免疫不全ウイルス感染を防止する。また，猫や犬に免疫抑制剤および抗癌剤を投与するときには本症に注意する。アムホテリシンBやアゾール系薬剤が有効である。

本症は分泌物などに多数の菌体が存在しているため，治療時にはマスク，手袋を着用し分泌物，排泄物および開放性病巣の扱いには注意する。

（加納　塁）

35 犬・猫の皮膚糸状菌症（人獣）

Dermatophytosis in dogs and cats　（口絵写真30頁）

概　要　皮膚糸状菌（dermatophyte）の感染による脱毛，紅斑，水疱，痂皮，落屑などの皮疹を主徴とする疾病。

宿　主　人を含めた哺乳類，鳥類，爬虫類

病　原　犬への感染の約70％が*Microsporum canis*で，*Nanizzia gypsea*および*N. incurvata*（旧*M. gypseum*）が20％，*Trichophyton mentagrophytes*および*T. benhamiae*が約10%といわれている。きわめてまれに*T. rubrum*の感染が報告されている。

猫への感染の約90%以上が*M. canis*であるが，不顕性感染の例も少なくない。その他，*N. gypsea*，*N. incurvata*および*T. mentagrophytes*の感染が報告されている。

*M. canis*は，サブローブドウ糖寒天培地上に24℃で培養すると急速に発育する。集落は扁平で薄く，最初白色で，明るい黄色の色素を産生するため，1～2週間後表面は淡黄褐色の粉末状ないし綿状となる（**写真1**）。

大分生子は紡錘形（60～80 μm × 15～25 μm），壁は厚く粗造で，隔壁によって数室に分かれる（**写真2**）。また，小分生子も認められる。本菌が感染した被毛はウッド灯下で蛍光を発するのが特徴である。

N. gypsea，*N. incurvata*は，サブローブドウ糖寒天培地上，24℃培養で速やかに発育する。集落の表面は扁平で，

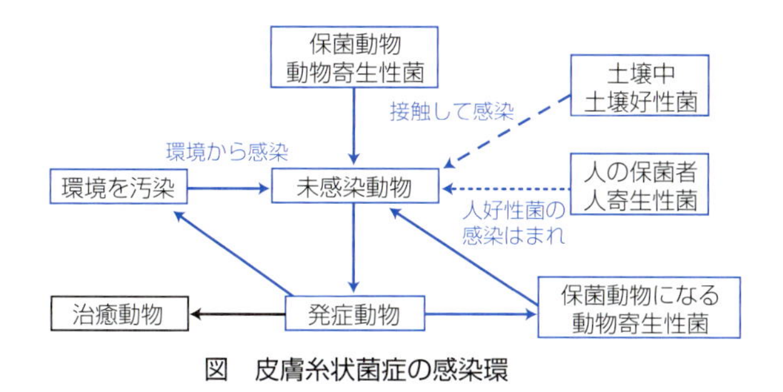

図　皮膚糸状菌症の感染環

辺縁部は白色短絨毛性を呈するが，表面全体は粉末状を呈する。多数の大分生子が認められ，形は樽型（45～50μm×10～13μm）で，壁は薄く，表面に棘がある。また，隔壁によって3～7室に分けられている。小分生子は単細胞，棍棒状を呈し，菌糸に側生している。本菌は通常土壌中に生息し，罹患動物から直接人へ感染することはほとんどないと考えられる。

T. mentagrophytes および *T. benhamiae* は，サブローブドウ糖寒天培地上，24℃培養で発育良好である。株によって様子は様々で，扁平で顆粒状粉末集落，隆起と皺壁がある絨毛性ないし短絨毛性のもの，さらに主として扁平な絨毛性のものである。産生色素も黄色，赤色，褐色と異なる。多数の大分生子が認められる株もあれば，ほとんど認められない株もある。その他，らせん菌糸なども認められる。

診　断

＜症　状＞　皮膚の脱毛，紅斑，水疱，痂皮，落屑，爪の変色や変形などが認められる（**写真3**）。皮下の肉芽腫病変を形成することもある。

＜病原診断＞

直接鏡検：病巣の周辺部など新しい病巣から採取した被毛，落屑を10～20％のKOH溶液に15～20分間浸してから検鏡する。菌糸と分節分生子が検出される（**写真4**）。

ウッド灯検査：*M. canis* に感染している被毛に360nmの波長の紫外線を照射すると，蛍光を発するので診断に応用されている。

菌の同定：病変部位の被毛，落屑をクロラムフェニコールおよびシクロヘキサミド添加サブローブドウ糖寒天培地またはdermatophyte test medium（DTM）上で24℃培養し，形態学的特徴により菌を同定する。

感染病巣のPAS染色を行い，菌を検出する。

感染病巣の被毛または鱗屑からPCRによって皮膚糸状菌の *CHS1* 遺伝子を検出する方法が報告されている。

予防・治療

＜予　防＞　海外ではワクチンの報告があるが，日本にはない。予防は罹患動物および保菌動物を隔離して治療する。汚染物の除去，焼却，消毒。

＜治　療＞　外用療法剤として，各種抗真菌薬が添加されている液剤，クリーム剤，軟膏などがあるが，動物の使用には限界がある。抗真菌薬添加のシャンプーを用いた洗浄が有効であるとする報告がある。

内服療法として，イトラコナゾール，テルビナフィン投与。

（加納　塁）

36 犬・猫のヒストプラズマ症（人獣）
Histoplasmosis in dogs and cats

宿　主　犬，猫，牛，猿，人

病　原　*Histoplasma capsulatum*。*H. capsulatum* var. *capsulatum*，*H. capsulatum* var. *duboisii* の2亜種がある。二形性真菌で，サブローブドウ糖寒天培地上25℃での培養では菌糸形，同じ培地上37℃での培養では酵母形を示す。

分布・疫学　世界中に分布。特に中米から北米の南部で発生が多い。日本では犬の感染報告がある。分生子を吸入する経気道感染と傷口からの経皮的感染が考えられる。

診　断

＜症　状＞　発熱，衰弱，元気消失，慢性の発咳，喀血，貧血，水様から血様下痢。全身性のヒストプラズマ症では，内臓のリンパ節腫大，肝膿瘍，黄疸，腹水。肺炎による発咳，呼吸困難。

＜病　理＞　感染組織に，直径2～4μmの酵母細胞を貪食した多数の組織球からなる肉芽腫性炎症がみられる。

＜病原診断＞　喀痰，排膿液中の菌体をギムザまたはライト染色して確認するか，培養によって菌を証明する。ヒストプラスミンによる皮内反応もある。

予防・治療　汚染土壌への曝露を避ける。治療はアムホテリシンB，アゾール系抗真菌薬の投与。

（加納　塁）

37 犬・猫のカンジダ症（人獣）
Candidiasis in dogs and cats

宿　主　犬・猫を含めた哺乳類，鳥類，爬虫類

病　原　原因菌で最も多いのは *Candida albicans* で，サブローブドウ糖寒天培地状上で滑らかで，クリーム色の集落を呈する。鏡検するとほとんどが出芽酵母で，わずかに菌糸が認められる。牛血清に接種して37℃で1～3時間培養すると発芽管を形成する。他に，*C. glabrata*，*C. guilliermondii*，*C. krusei*（現在は *Pichia kudriavzevii*），*C. parapsilosis*，*C. tropicalis* も感染する。カンジダの分類については，近年，再検討されているため，菌種名が変更される可能性がある。

分布・疫学　動物の皮膚，口腔粘膜，消化管，腟，外陰部などの粘膜に常在。

診　断

＜症　状＞　長期の抗菌薬，ステロイド，免疫抑制剤投与によって免疫が低下した動物に認められる。皮膚の紅斑，びらん，膿疱や，口腔内，消化管，呼吸器，生殖道，尿道，膀胱に炎症を引き起こす。

＜病　理＞　各臓器に白色点状の病巣がみられる。この病巣には多数の膿瘍と壊死像が，ときに分芽胞子，仮性菌糸，真性菌糸などが認められる。

＜病原・抗原診断＞　病変部からの材料の直接鏡検，菌の分離培養，ラテックス凝集反応による血清中カンジダ抗原の検出。

予防・治療　日和見感染を防ぎ，治療にはアムホテリシンBやアゾール系抗真菌薬を投与する。

（加納　塁）

38 犬・猫のマラセチア症（人獣）
Malasseziosis in dogs and cats

宿　主　犬・猫を含めた哺乳類
病　原　*Malassezia*属に分類される酵母菌。ピーナッツ状，ボーリングのピンのような特異な形態をしている。脂質を好む特徴がある。原因菌で最も多いのは*M. pachydermatis*。
分布・疫学　動物の体表，外耳道に常在し，世界各国で発生。
診　断
＜症　状＞　外耳炎では悪臭を伴う耳漏，発赤，痒みや疼痛が認められる。炎症が続くと外耳が肥厚する場合もある。脂漏性皮膚炎では，悪臭を伴う脂状の落屑とともに，紅斑，脱毛，苔癬化が認められる。
＜病　理＞　組織内に菌は証明されないが，多数の菌が体表で増殖している例がほとんどである。
＜病原診断＞　直接鏡検による異常増殖した菌の確認。
予防・治療　抗真菌薬の塗布や抗真菌薬が添加されているシャンプーによる洗浄。アゾール系抗真菌薬の内服も有効。アレルギー性皮膚炎，内分泌疾患などの皮膚の基礎疾患が問題となっていることが多いので，基礎疾患に対処する必要がある。

（加納　塁）

39 犬・猫のニューモシスチス肺炎
Pneumocystis pneumonia in dogs and cats

宿　主　犬・猫を含めた哺乳類に常在
病　原　犬に感染するのは主に*Pneumocystis canis*。遺伝学的解析によって現在は真菌に分類されている。人のニューモシスチス肺炎の起因菌は*P. jiroveci*に分類されている。
分布・疫学　世界各地に分布。動物の肺組織内に常在しているが，免疫不全になると肺炎を引き起こす。
診　断
＜症状・病理＞　呼吸困難，咳などの呼吸器症状。発熱，元気消失。画像検査で間質性肺炎像を認める。肺胞組織はエオジン好染性の泡沫物が充満しているが，これは*P. canis*のシストとトロフォゾイトの菌塊である。グロコット染色，トルイジン青染色，メセナミン銀染色を行うと4～7 μmの円形や半月状の菌体が確認しやすい。
＜病原診断＞　肺胞洗浄液，肺生検材料から*P. canis*をギムザ染色や上記の染色法で直接鏡検する。PCRによる診断も報告されている。
予防・治療　免疫不全状態のときには本症の発症に注意する。ST（スルファメトキサゾール/トリメトプリム）合剤の投与。

（加納　塁）

40 犬・猫のブラストミセス症（人獣）（海外）
Blastomycosis in dogs and cats

病名同義語：北アメリカ分芽菌症（North American blastomycosis）（South American blastomycosisは，原因菌が*Paracoccidiodes brasiliensis*で，異なる感染症）

宿　主　犬，猫，野生動物，人
病　原　*Blastomyces dermatitidis*で，完全時代は*Ajellomyces dermatitidis*として子嚢菌類に分類される。酵母形と菌糸形を呈する二形性真菌である。
分布・疫学　米国，カナダ，南米，アフリカ，アジアでの報告があるが，日本での発生はない。猫や人よりも，犬で発生が多い。湿度の高い地方の土壌や腐敗した植物に生息しており，自然界ではネズミやビーバーなどが感染していると考えられている。土壌を激しく嗅ぎ回ったり，疾走したりすると呼吸器や傷から感染する。
診　断
＜症　状＞　犬では呼吸器感染が最も多いが，皮膚病変，眼球炎，気管支肺炎，中枢神経障害などが認められる。
＜病　理＞　感染病巣は化膿性から肉芽腫性炎症で，病巣内に酵母様菌体（直径8～20 μm）が認められる。
＜病原・血清診断＞　病巣からの生検材料の押捺標本を作製し，顕微鏡で酵母様菌体を検出する。分離培養は特殊な施設でのみ可能。血清反応，皮内反応，PCRがある。
治療・予防　ワクチンはない。アムホテリシンB，アゾール系抗真菌薬の投与。

（加納　塁）

41 犬・猫のコクシジオイデス症（人獣）
Coccidioidomycosis in dogs and cats

宿　主　犬，猫，野生動物，人
病　原　遺伝子解析によって，*Coccidioides immitis*および*C. posadasii*の2種に分かれる。前者は主にカリフォルニアの砂漠地帯，後者はアリゾナからメキシコの砂漠地帯および中南米に分布。感染組織内では，球状体の内部に多数の内生胞子が認められ，土壌や培地上では菌糸と分節分生子を呈する二形性真菌である。
分布・疫学　日本では発症例はあるものの分離されておらず，輸入真菌症と考えられる。土壌中で生育した分節分生子の吸入および外傷から感染する。感染力が強く，全身に播種しやすく，人，動物ともに死亡率が高い。
診　断
＜症　状＞　発熱，呼吸不全，リンパ節腫大，食欲不振，倦怠，下痢，消耗。全身性のコクシジオイデス症では，肝・腎機能不全，骨の腫大，跛行，皮膚の潰瘍や瘻管を形成，中枢神経症状，眼疾患（ブドウ膜炎，角膜炎）を認める。
＜病　理＞　主に化膿性肉芽腫性炎を呈する。
＜病原・血清診断＞　病巣内における，内生胞子または球状体の確認。菌体抽出抗原を用いた皮内（遅延型アレルギー）反応のほか，免疫沈降反応，CF反応，ラテックス凝集反応による抗体の検出。菌分離は感染の危険性が高く，専門施設に依頼する。
予防・治療　アムホテリシンB，アゾール系抗真菌薬の投与。

（加納　塁）

42 犬・猫のスポロトリコーシス（人獣）
Sporotrichosis in dogs and cats

宿　主　猫，人。海外では犬，猫，牛，馬，豚，らば，らくだ，アルマジロ，海生哺乳類のイルカ，鶏などで報告。

病　原　*Sporothrix schenckii*は1属1菌種であったが，現在，*S. brasiliensis*，*S. schenckii* sensu stricto，*S. globosa*，*S. mexicana*，*S. luriei*，*S. pallida*（*S. albicans*）の6菌種に細分類されている。そのうち*S. brasiliensis*，*S. globosa*，*S. schenckii* sensu stricto，*S. luriei*に病原性が認められる。国内では*S. globosa*および*S. schenkii* sensu strictの2種が確認。二形性真菌で，感染組織内では酵母形，サブローブドウ糖寒天培地上で30℃以下では菌糸形を呈する。

分布・疫学　熱帯，亜熱帯地域で発症が多い。湿った土壌や腐敗した植物に生育。汚染物からの創傷感染。猫は感受性が高く，保菌猫によるひっかき傷や咬傷によって感染する場合もある。

診　断

＜症状・病理＞　皮下腫瘤，びらん，潰瘍。リンパ組織に沿って感染が拡大しやすく，リンパ管に沿って求心性かつ飛び石状の転移病巣形成や，リンパ節腫大が認められる。皮膚病巣を舐め，顔面や鼻に感染し，新たな肉芽腫性炎を形成。感染病巣の肉芽腫性炎症部にPAS陽性の酵母様菌体が確認。

＜病原診断＞　病変部位の塗抹標本をライト染色して，酵母様の菌体を確認。生検材料，膿汁などの検査試料から菌を分離。

予防・治療　有効なワクチンはない。アゾール系抗真菌薬の内服。

（加納　塁）

43 犬・猫のリノスポリジウム症（人獣）
Rhinosporidiosis in dogs and cats

宿　主　犬，猫，馬，らくだ，鳥類，魚類，人

病　原　mesomycetozoaに分類される*Rhinosporidium seeberi*。厚い細胞壁で直径100～400 μmの球状体（胞子囊）内に直径4～10 μmの内生胞子が存在。分離培養は成功していない。自然界における生息状態についても不明。

分　布　主にアジア，アフリカ，南米の熱帯から亜熱帯地域で発生。まれに北米でも報告。日本では過去に沖縄で散発したが，最近の発症は不明。吸入と傷口から感染。

診　断

＜症　状＞　くしゃみ，鼻汁，呼吸困難，いびき，鼻腔内の肉芽腫性炎および腫瘤形成，角膜炎。

＜病　理＞　肉芽腫または血管線維腫様の腫瘤形成。

＜病原診断＞　病変部位の塗抹標本をライト染色やPAS染色して，菌の確認。

予防・治療　菌生息地域における環境からの創傷感染や感染動物との接触を避ける。治療は病巣部の外科的切除。有効な薬剤は報告されていない。

（加納　塁）

44 犬・猫のプロトテカ症（人獣）
Protothecosis in dogs and cats

宿　主　犬，猫，人，牛

病　原　*Prototheca wickerhamii*および*P. zopfii*。藻類であるが，葉緑素が退化しているために外界から栄養を摂取している。

分布・疫学　世界中の河川，沼，湿地帯，湿潤な土壌，植物の表面，動物の皮膚・粘膜や消化管内から分離。創傷感染ないし免疫不全時の消化管感染の場合がある。

診　断

＜症　状＞　日和見感染の場合は，皮膚や粘膜のびらん，潰瘍，痂皮，下痢。全身に播種した場合には肉芽腫性炎症を伴う多臓器不全を引き起こし，重篤になる。

＜病　理＞　化膿性から肉芽腫性炎症で病巣内に大小の酵母様または桑実様の藻類を認める。PASやグロコット染色を行うと菌が検出しやすい。

＜病原診断＞　病理組織診断とともに，サブローブドウ糖寒天培地を用いて分離。

予防・治療　河川や沼での創傷を避け，免疫状態や菌交代症を呈した慢性の下痢に注意する。アムホテリシンB，アゾール系抗真菌薬を投与するが，あまり感受性は高くない。病巣の外科的摘出を行う。

（加納　塁）

45 犬・猫のトキソプラズマ症（人獣）
Toxoplasmosis in dogs and cats

（口絵写真30頁）

概　要　トキソプラズマ原虫感染による全身性疾患で，成獣では不顕性感染を呈することが多い。犬は中間宿主で，猫科動物が終末宿主。

宿　主　終末宿主は猫科動物。中間宿主はほとんどすべての哺乳類と鳥類。一般に成獣では不顕性感染であることが多いが，幼獣では急性の全身症状を呈することもある。

病　原　*Toxoplasma gondii*。真コクシジウム目に属する偏性細胞内寄生原虫。発育期については，豚のトキソプラズマ病（190頁）を参照。

分布・疫学　世界中に分布。

犬：犬は中間宿主であるため，本疾病の伝播様式は豚と同じである。主な感染経路は成熟オーシストや感染動物由来のシスト（ブラディゾイト虫体）の経口摂取であるが，胎盤感染もある。

猫：猫科動物（家猫，ライオン，チーターなど）はトキソプラズマの終末宿主であるが，中間宿主にもなり得る。主な感染経路はトキソプラズマ感染中間宿主体内のシストの経口摂取である。感染猫の糞便由来成熟オーシストを未感染猫が経口摂取することによる感染は成立しにくい。感染した場合でもオーシスト排出までの期間がシストの経口摂取では4～7日のところ，20～24日（実験感染例）に遅延したとの報告がある。猫が排出するオーシストは大きさ11～14×9～11 μmで，新鮮糞便中では未成熟であるため感染性がない。未成熟オーシストが外界でスポロゾイトを形成して感染性を獲得するには24℃で2～3日を要する。

診　断

＜症　状＞　罹患動物の月齢，感染原虫の病原性や数によ

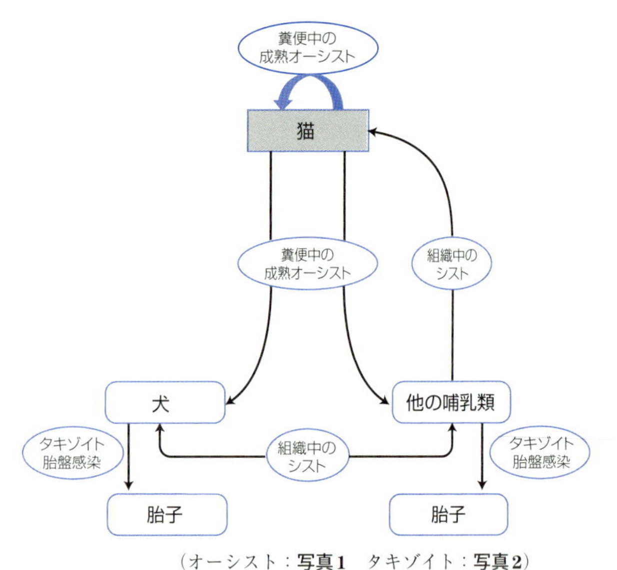

図　犬･猫のトキソプラズマ症の感染環

ってかなり異なるが，一般に成獣では不顕性や慢性に経過することが多い。しかし，様々なストレスやウイルス病(犬ではジステンパー，猫では猫伝染性腹膜炎，猫汎白血球減少症，猫免疫不全ウイルス感染症など)との混合感染によって発病することがある。

猫：幼猫での発症例は死亡率が高い。抗菌薬に反応しない40℃以上の発熱，大葉性肺炎による呼吸困難，白血球の軽度～中等度の減少，ビリルビン尿，腸間膜リンパ節腫大，網膜脈絡膜炎，虹彩炎などがみられる。

まれに腹水や胸水が貯留する。胎盤感染では流・早・死産や出生後に様々な症状を呈して死亡することがある。過去の調査によると，20～50%の猫が本原虫に感染している。

犬：症状は猫の場合と同じ。血清学的な調査では10～30%の抗体陽性率であり，猫の場合より低い。

＜病　理＞　急性感染時，リンパ節の腫大硬結と出血・壊死。肺の水腫。肝臓の混濁腫脹と針頭～肝小葉大の出血巣や壊死巣。腎表面と割面に点状出血，心筋炎，脳脊髄炎などを呈する。

＜病原・血清診断＞　現在普及している方法は間接ラテックス凝集反応による抗トキソプラズマ抗体の検出である。虫体の直接検出には腹水や胸水などの炎症性滲出液や病変が認められる臓器のスタンプ標本をギムザ染色し鏡検するか，蛍光抗体法による。他にSabin-Feldman色素試験(ダイテスト)がある。これらに加えて猫では比重1.2～1.6のショ糖液を用いて浮遊法を実施し，糞便中のオーシストを検出する。

予防・治療

＜予　防＞　犬・猫とも有効なワクチンはない。犬や猫に生肉を与えないことや，猫の糞便をオーシストが成熟する前(排泄後24時間以内)に適切に処理することが重要である。

オーシストは消毒剤や化学薬品にきわめて強い抵抗性を示すが，60℃ 30分，70℃ 2分，100℃では瞬時に死滅する。

＜治　療＞　サルファ剤を25～50mg/kgの用量で皮下・筋肉内注射する。サルファ剤はタキゾイトに対してのみ有効で，シストに有効な薬は今のところない。

(井上　昇)

46 犬・猫の腸管内原虫感染症
Enteric protozoal infections in dogs and cats

概　要　腸管内寄生原虫による犬猫の下痢を主徴とする疾病。

1）ジアルジア症(人獣)(五類感染症)
Giardiasis

宿　主　犬，猫，牛，豚，羊，げっ歯類，人など

病　原　*Giardia lamblia*(別名*G. intestinalis, G. duodenalis*)。ディロモナス目，ヘキサミタ科に属し，複数の遺伝型がある。生活環は栄養体(トロホゾイト)と嚢子(シスト)の二形態からなる。体内に侵入したシストは，小腸でトロホゾイトを脱嚢する。トロホゾイト(7～11×12～17μm)は左右対称の洋梨型で2個の核と4対の鞭毛を有する。腹部に吸着円盤があり，十二指腸から小腸上部の腸管壁に付着し大腸で卵円形のシスト(7～9×9～13μm)となり，糞便とともに環境中へ排出される。シストは適度な湿気のもとで数カ月生存。

分布・疫学　世界各地に広く分布。動物はシストが付着した食物や水を介して経口感染する。

診　断

＜症　状＞　多くは不顕性感染。幼若な動物や，基礎疾患や薬剤投与による免疫の低下によって発症。小腸性下痢が認められる。

＜病　理＞　十二指腸～空腸粘膜における炎症性病変。原虫の上皮細胞への侵入は認められない。

＜病原・血清診断＞　糞便中のトロホゾイトあるいはシストの検出。下痢便の直接顕微鏡検査によって「木の葉が舞うような」運動性を示すトロホゾイトを検出する。正常便にはシストしか排出されない場合も多く，数が少ない場合には検出が困難なこともある。市販ELISAキットによる糞便中の原虫抗原の検出が可能。PCRによる原虫遺伝子検出も有用。

予防・治療　メトロニダゾールを犬に対して15～30mg/kg，猫は10～25mg/kgを1日2回，5～7日間経口投与する。メトロニダゾールの長期間投与によって神経毒性が発現することがあるため注意して使用する。フェバンテル30mg/kg，1日1回，3日間の連続投与も有効。いずれの治療薬も完全に駆虫することが困難な場合がある。消毒は無効なものが多いため，感染予防には飼育環境を熱湯で洗浄した後，乾燥し清潔に保つことが重要。

2）トリコモナス症(人獣)
Trichomoniasis

宿　主　トリコモナス目の腸トリコモナス(*Pentatrichomonas hominis*)は犬，猫，人，牛胎子トリコモナス(*Trichomonas foetus*)は犬，猫，牛，豚。

病　原　*P. hominis*は2分裂による増殖を行うトロホゾイトのみで，シストを形成しない。トロホゾイト(3～14μm×8～20μm)は楕円～洋梨型で，前方に3～5本の鞭毛，後方に1本の鞭毛を有し，虫体には波動膜を有する。

感染動物から排出されたトロホゾイトを摂食することによって感染。

分布・疫学　両原虫とも世界各地に広く分布。

診　断

<症　状>　*P. hominis*は不顕性感染が多いが，血液や粘液を伴う大腸性下痢を起こすことがある。*T. foetus*は猫の大腸性下痢を引き起こし，慢性かつ難治性の下痢症の原因となる。

<病　理>　回腸，盲腸，結腸のリンパ球形質細胞性および好中球性炎症，陰窩上皮細胞の肥大や杯細胞の消失が認められる。

<病原・血清診断>　糞便の直接顕微鏡検査によって，早いスピードで直線状に動く虫体を検出する。あるいは糞便の塗抹標本を作製し，ギムザ染色によって染色された虫体を検出。PCRによる糞便中のトリコモナス遺伝子の検出も有用。

予防・治療　*P. hominis*にはメトロニダゾールが第一選択薬として使用される。犬に対して15～30mg/kg，猫は10～25mg/kgを1日2回，5～7日間経口投与。メトロニダゾールの長期間投与によって神経毒性が発現することがあるため注意。*T. foetus*感染症では効果は一時的な場合が多く，再発する可能性がある。トロホゾイトは湿性の環境中で長期間生存するため，飼育環境を乾燥させ，糞便は滅菌消毒を行う。

3）アメーバ症（人獣）（五類感染症）

Amoebiasis

宿　主　犬，猫，人および霊長類

病　原　赤痢アメーバ（*Entamoeba histolytica*）はシスト（10～20μm）とトロホゾイト（20～40μm）の二形態からなり，感染した人の糞便中に排出されたシストによって汚染された水や食物を動物が経口的に摂取することで感染。犬や猫から人へ感染することはまれ。シストは小腸内で脱嚢してトロホゾイトとなる。まれに肝臓，肺，脳，肛門周囲の皮膚，外陰部にも感染することがある。

分布・疫学　熱帯～亜熱帯地域の途上国に分布。日本国内での発生は近年増加傾向にあり，人の届出数は年間500例を超える。

診　断

<症　状>　不顕性感染が多いが，出血や粘液を伴う下痢など潰瘍性大腸炎の症状がみられることがあり，食欲低下，体重減少などを伴う。

<病　理>　粘膜下層のトロホゾイトによる大腸粘膜の糜爛および潰瘍性病変形成。

<病原・血清診断>　糞便の直接顕微鏡検査によって運動性のあるトロホゾイトを検出する。ヨード染色によって4核のシストを検出できるが，糞便中に排出される数は少ない。

治　療　メトロニダゾールが第一選択薬として使用される。犬に対して15～30mg/kg，猫は10～25mg/kgを1日2回，5～7日間経口投与する。メトロニダゾールの長期間投与によって神経毒性が発現することがあるため注意。環境の消毒には1％次亜塩素酸ナトリウム（30分以上）や2％グルタールアルデヒドが有効。

4）バランチジウム症（人獣）

Balantidiasis

宿　主　犬，豚，猿，げっ歯類，人

病　原　大腸バランチジウム（*Balantidium coli*）はトロホゾイトとシストの二形態からなる。トロホゾイト（30～100μm×20～70μm）は大型の卵円型で大腸に寄生もしくは片利寄生する。感染動物から糞便とともにシスト（40～70μm）が排出され感染源となる。

分布・疫学　世界各地に広く分布するが，国内の発生はまれ。

診　断

<症　状>　血液を伴う持続性の下痢。腹痛，食欲不振，体重減少などを伴う。

<病　理>　大腸の潰瘍性病変と，病変部に豆型で大型の核と繊毛を有するトロホゾイトが認められる。

<病原・血清診断>　糞便の直接顕微鏡検査により運動性のある虫体を検出する。シストは硫酸亜鉛浮遊法で回収し，顕微鏡検査で検出。

治　療　犬の治療についての報告はわずかであり，人の治療法に基づいてメトロニダゾールやテトラサイクリンが有効であると考えられる。

（松鵜　彩）

47 犬・猫のバベシア症 （口絵写真31頁）

Babesiosis in dogs and cats

概　要　バベシア原虫の赤血球内寄生により引き起こされる発熱，溶血性貧血，血小板減少および血色素尿症を主徴としたマダニ媒介性の疾患。

宿　主　犬，猫およびそれらの近縁種

病　原　胞子虫類ピロプラズマ綱バベシア科原虫。犬には*Babesia gibsoni*（**写真1**），*B. canis*（**写真2**）や*B. conradae*が，猫には*B. felis*や*B. cati*，*B. herpailuri*，*B.lengau*が感染することが報告されている。赤血球内では無性生殖，マダニ体内では有性生殖で増殖する。近年，遺伝子解析の進歩によりこれまで同一と思われていたものが別種であると証明されたり，新種が発見されていることから，犬および猫に感染するバベシア原虫の種類が増加している。

赤血球内で*B. gibsoni*は小型（直径1.0×3.2μm）で単一の環状型として観察される。*B. canis*は大型（直径2.4×5.0μm）の双洋梨型として観察される。*B. canis*は分布，病原性，ベクターの違い，遺伝子解析から3種（*B. canis*，*B.rossi*，*B. vogeli*）に分類されたが，亜種として*B. canis canis*，*B. canis rossi*および*B. canis vogeli*と表記されている場合がある。*B. conradae*は*B. gibsoni*に似た小型のバベシア原虫である。*B. felis*と*B. cati*は小型の，*B. herpailuri*は大型の猫のバベシア原虫である。*B. lengau*はチーターから飼い猫に感染したとの報告がある。

分布・疫学　*B. gibsoni*はアジア（日本，韓国，マレーシア，インド，スリランカなど），エジプトおよび北米に，*B. canis*は欧州からアジアの一部にかけて，*B. rossi*はアフリカ（南アフリカ，スーダンなど）に，*B. vogeli*は世界中に広く分布する。*B. conradae*は近年北米で同定された種である。

B. felis，*B. herpailuri*および*B. lengau*はアフリカ，*B.*

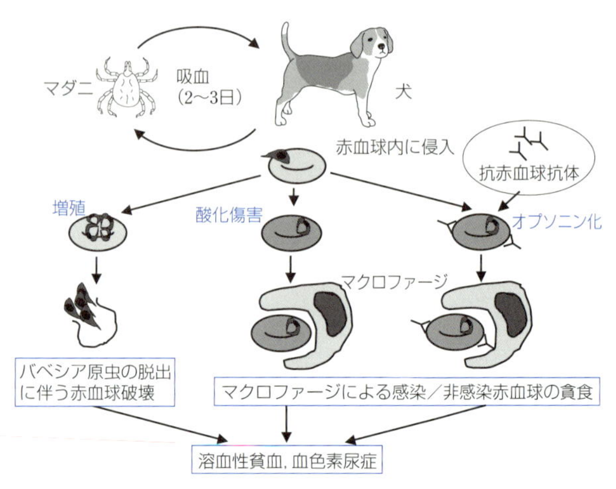

図　犬・猫のバベシア症の発病機序

*cati*はインドに分布する。

日本では，*B. gibsoni*が近畿以西の西日本を中心に関東にも広く分布している。ベクターは主にフタトゲチマダニで，この他ツリガネチマダニ，ヤマトマダニ，クリイロコイタマダニである。感染の成立にはマダニの吸血を２日以上受ける必要がある。青森県では闘犬用の土佐犬の間で感染が広がっていることから血液を介した犬から犬への直接伝播，あるいは胎盤感染も疑われている。輸血によっても感染する。

*B. vogeli*は沖縄県にのみ分布するとされているが，近年その遺伝子が本州のダニから検出されており，分布の広がりが懸念されている。ベクターはクリイロコイタマダニである。

診　断

＜症　状＞　バベシア症の重症度は感染したバベシア原虫の病原性と宿主の免疫力の強弱に依存する。

甚急性では，食欲不振，低体温，ショックおよび昏睡を起こし，幼犬と老犬では致死率が高い。

急性では，感染後貧血が徐々に進行し，７〜10日後に発熱と貧血で，粘膜蒼白，頻脈，頻呼吸，抑うつ，食欲不振，衰弱を示す。血管内溶血の結果，血色素尿症や黄疸がみられ，さらに血色素による腎臓障害が起こることがある。血液検査では溶血性貧血と軽度から重度の血小板減少症がみられる。脾腫や肝腫を起こす。重症例では播種性血管内凝固や代謝性アシドーシスが起こることがある。

慢性感染では，軽度の溶血性貧血と血小板減少が持続してみられ，体重減少と食欲不振を示す。

＜発病機序＞　バベシア症による貧血は，①バベシア原虫の脱出に伴う赤血球の血管内溶血，②脾臓における赤血球および血小板のうっ滞，③抗赤血球抗体の産生と結合（オプソニン化），④原虫の代謝および白血球の放出した活性酸素による赤血球の酸化傷害，⑤上記③④で傷害を受けた赤血球のマクロファージによる貪食など，複雑な免疫反応の相互作用の結果起こる。⑤は非感染赤血球でも起こる。また，抗血小板抗体による血小板減少症も起こる。

＜病　理＞

肉眼所見：脾臓，肝臓，リンパ節の腫大，貧血，黄疸，皮下浮腫などがみられる。

組織所見：骨髄や脾臓，肝臓で盛んな赤血球の再生像。脾臓とリンパ節でマクロファージによる赤血球の貪食。さらに脾臓での赤血球のうっ滞とヘモジデリンの沈着。

＜病原・血清診断＞

病原診断：薄層血液塗抹標本をライト・ギムザ，あるいはギムザ染色し，原虫を検出する。しかし，貧血の程度に比べて末梢血における原虫数が少なく，検出が困難な場合がある。PCRによるバベシア原虫の遺伝子の検出。

血清診断：ELISAや間接蛍光抗体法などにより血清中の抗バベシア原虫抗体を検出する。間接蛍光抗体法で80倍以上の抗体価は陽性とされるが，病犬の状態により偽陰性となる場合がある。

予防・治療

＜予　防＞　マダニなどを吸血完了前に駆除することで予防できる。欧州では*B. canis*に対するワクチンが利用できるが，症状を軽くするのみで感染防御はできない。

＜治　療＞　イミドカルブ，ジミナゼン，フェナミジン，ペンタミジンが*B. canis*に有効である。*B. gibsoni*にも同じ薬が有効であるが，イミドカルブの効果は低くジミナゼンが広く使用されている。近年はアトバコンの有効性が報告されているが，薬剤耐性株の出現が指摘されており，アジスロマイシンやプログアニルとの併用が研究されている。*B. conradae*に対してはアトバコンとアジスロマイシンの併用が報告されている。プリマキンが*B. felis*に対して有効である。クリンダマイシンやドキシサイクリンが弱い抗バベシア原虫効果を持つと報告されている。上記の薬剤に対する耐性を獲得することも報告されている。

貧血や衰弱の程度に合わせて輸血，輸液などの対症療法を行う。

治療による回復後も原虫は完全には排除されず，体内に持続感染しており，宿主の抵抗力の低下により再発，重症化するため，グルココルチコイドおよび免疫抑制剤の使用，あるいは摘脾には注意が必要である。

（山﨑真大）

48　犬・猫のクリプトスポリジウム症

（人獣）（五類感染症）

Cryptosporidiosis in dogs and cats

概　要　クリプトスポリジウム属原虫による疾患で，オーシストの経口摂取により下痢を起こす場合がある。

宿　主　哺乳動物全般

病　原　アピコンプレックス門*Cryptosporidium*属原虫。犬では*C. canis*，猫は*C. felis*の感染が多くみられるが，*C. paruvum*や*C. muris*が検出されることがある。*C. paruvum*の遺伝子型１，２は四種病原体等に指定。感染動物から排出されたオーシストの経口接種によって伝播。宿主消化管内でオーシストからスポロゾイトが脱嚢し，腸管上皮細胞の微絨毛に侵入し寄生胞を形成する。その内部で無性生殖（メロゴニー）によるメロゾイト形成を行う。放出されたメロゾイトはさらに別の部位で寄生胞を形成して増殖を繰り返す。メロゾイトの一部は有性生殖を行い，４つのスポロゾイトを含むオーシストを形成する。成熟オーシストは糞便とともに体外へ排出されて感染源となるが，一部は体内でスポロゾイトを放出して自家感染を繰り返す。

分布・疫学　世界各地に分布。国内で飼育されている犬の*Cryptosporidium*属保有率は数％とされている。

診　断

＜症　状＞　犬や猫の多くは不顕性感染で，若齢，基礎疾患や薬剤投与などによる免疫抑制状態では下痢や体重減少を引き起こすことがある。

＜病　理＞　粘膜上皮細胞の絨毛萎縮，細胞内小器官の膨化および空胞化，固有粘膜層におけるリンパ球，形質細胞，マクロファージ浸潤が認められる。

＜病原・血清診断＞　糞便中のオーシストの検出。硫酸亜鉛法やショ糖浮遊法により糞便中のオーシストを回収した後，抗酸染色や蛍光染色し，光学顕微鏡もしくは蛍光顕微鏡を用いて観察する。虫体が小型のため診断が難しいことがあり，PCRによる遺伝子検出も有用である。

治　療　アジスロマイシン５～10mg/kg（犬），７～15mg/kg，１日２回，14日間経口投与を行う。オーシストは消毒剤に耐性であることから，環境中を乾燥させ衛生管理を徹底することが予防につながる。

（松鵜　彩）

49　犬のネオスポラ症
Canine neosporosis

概　要　*Neospora caninum*感染による犬の麻痺を主徴とする疾病。

宿　主　犬（終宿主ならびに中間宿主），牛，めん羊，山羊，鹿（中間宿主）。コヨーテ，ディンゴなど，他の犬科動物も終宿主となることが確認あるいは類推されている。

病　原　*N. caninum*。アピコンプレックス門真コクシジウム目ザルコシスティス科ネオスポラ属に属する原虫で，トキソプラズマと同様な生活環をとる。

分布・疫学　1988年に初めて報告されて以降，多数の国で本症の発生または抗体陽性が報告されており，その分布は世界的であると考えられる。回顧的な病理学的研究により，本病は1957年に米国ですでに存在していたことが明らかになっている。

日本では，本病の発生報告は数件しかないが，抗体陽性率は，酪農家で飼育されている犬では31％，都市部で飼育されている犬では７％と報告されている。発生に地域性および季節性はない。犬種や性別による感受性の差異はない。感染経路には，垂直感染と水平感染の両方があり，垂直感染のみでは犬群内の感染は持続しないと報告されている。

診　断

＜症　状＞　年齢にかかわらず発症するが，胎子感染した６カ月齢以下の子犬で症状がより重篤である。同腹犬が複数発症することもある。主な症状は運動失調と麻痺で，麻痺は後肢から起きることが多い。皮膚炎が生ずることもある。抗体陽性犬からは高頻度に胎子感染子犬が娩出されるが，大多数は不顕性感染のまま成長し，シストを中枢神経系組織に保持し続ける。妊娠中にシストからブラディゾイトが遊出しタキゾイトとなり，感染が再活性化して胎子感染が起こる。

＜病　理＞　病理解剖学的には筋肉に黄白色線状病変が観察されることがある。本症の確定診断は病理組織学的および免疫組織化学的検査による。病理組織学的には，非化膿性脳脊髄炎，骨格筋炎および肝臓の巣状壊死が観察される。皮膚炎症例では潰瘍性皮膚炎がみられる。病変部では，タキゾイトが高頻度に観察される。シストは中枢神経（まれに骨格筋）でみられる。上記組織病変を有する症例で，免疫組織化学的にタキゾイトあるいはシストを検出することにより，確定診断がされる。

＜病原・血清診断＞　PCRにより本原虫の特異的核酸の検出が，間接蛍光抗体法，ELISA，ドットブロットおよび凝集法により抗体検査が可能である。ジステンパー，蓄積病などとの類症鑑別が必要。

予防・治療　ワクチンはない。生肉や生臓器を与えない。感染雌犬を繁殖に使用しない。クリンダマイシン，ピリメタミンおよびスルファジアジンなどの投与が発症初期に有効。

（木村久美子）

50　犬・猫の腸管内コクシジウム病
Enteric coccidiosis of dogs and cats

宿　主　犬，猫

病　原　犬では*Isospra canis*と*I. ohioensis*が主な原因で，その他に*I. heydorni*，*I. burrowsi*および*Sarcocystis*属のコクシジウムが腸管に寄生。

猫では*I. felis*と*I. rivolta*が主な原因で，その他に*Toxoplasma gondii*，*Hammondia hammondi*，*H. pardalis*，*Besnoitia*属および*Sarcocystis*属のコクシジウムが腸管に寄生する。

分布・疫学　世界的に分布。成熟オーシスト（スポロゾイト形成オーシスト）や被鞘原虫（ユニゾイトシスト）を持つ媒介動物などを摂取することにより感染。

診　断

＜症　状＞　感染後約１週に泥状および水様の下痢が起こる。まれではあるが，血便や衰弱死もみられる。若齢動物で発症しやすい。

＜病　理＞　腸管上皮細胞の壊死，脱落。

＜病原診断＞　糞便中のオーシストまたはスポロシスト（*Sarcocystis*属）を浮遊法で検出。

予防・治療　サルファ剤やトルトラズリル製剤の投与は有効。臨床症状に対する対症療法，すなわち，止瀉剤の投与，輸液，栄養補給，保温などもしばしば行われる。汚染源となる糞便は適切に処理・消毒する。

（平　健介）

51　犬・猫のトリパノソーマ病（人獣）（海外）
Trypanosomiasis in dogs and cats

宿　主　哺乳動物全般

病　原　*Trypanosoma cruzi*は，感染したサシガメの排泄物を介して経皮的に伝播。*T. brucei*はツェツェバエが媒介。動物体内に侵入した*Trypanosoma*属原虫は循環血液中に入り，マクロファージおよび単球内に寄生し各臓器へ移動するが，特に心臓および脳へ侵入する。

分布・疫学　*T. cruzi*によるアメリカトリパノソーマ病は中南米，北米。*T. brucei*によるアフリカトリパノソーマ病はアフリカ大陸で認められる。国内での発生はない。

診　断

＜症　状＞　*T. cruzi*に感染した犬の急性例では全身性リン

パ節の腫大，急性心筋炎が，慢性的に進行するとうっ血性心不全による症状が認められる。猫も感受性があるものの発症例はこれまで報告されていない。*T. brucei*の感染は発熱，顔面の浮腫，リンパ節腫大，髄膜脳炎を引き起こす。
＜病　理＞　びまん性肉芽腫性心筋炎が特徴で，全身臓器特に心筋，眼，中枢神経における重度の細胞変性および局所壊死が認められる。病変部には原虫の無鞭毛体(アマスティゴート)が検出される。
＜病原・血清診断＞　末梢血液や，リンパ節，骨髄，脳脊髄液の塗抹標本の鏡検によって虫体を検出。ELISAや間接蛍光抗体法を利用したトリパノソーマ特異抗体の検出。
治　療　*T. cruzi*に対して痛風および高尿酸血症治療薬であるアロプリノールが有効とされ，30mg/kg，1日2回経口投与が行われる。*T. brucei*に対してはジミナゼンやペンタミジンが用いられる。

（松鵜　彩）

52 犬のリーシュマニア症(人獣)(海外)
Canine leishmaniasis

宿　主　犬科動物，人
病　原　*Leishmania*属原虫が原因。犬を宿主とする種は*L. infantum*，*L. tropica*，*L. major*，*L. brasiliensis*。サシチョウバエの刺咬により動物皮内に侵入した後，マクロファージのなかで無鞭毛型原虫となる。刺咬部位に原発巣が形成され，感染したマクロファージが循環することで骨髄，脾臓，肝臓へと感染が拡大。
分布・疫学　中南米，北米，中東アジア，南欧。日本国内の発生はない。
診　断
＜症　状＞　感染初期にはサシチョウバエの刺咬部位(顔面や趾間，耳介内側などが好発部位)に鱗屑を伴う皮膚炎や脱毛が認められ潰瘍に進行する。爪周囲炎として認められることもある。体重減少，脾腫，リンパ節腫大，眼病変(ぶどう膜炎など)，貧血，腎不全，腸炎，筋炎，骨髄炎など多臓器不全が認められる。いずれの症状も必発ではなく，臨床症状のみで診断は困難。多くの症例で単一あるいは二峰性のγグロブリン血症が認められる。
＜病　理＞　皮膚，粘膜，内臓における肉芽腫性病変形成。
＜病原・血清診断＞　皮膚病変やリンパ節の生検材料，血液の塗抹標本から無鞭毛型の虫体を検出。PCRによる遺伝子検査やELISA，間接蛍光抗体法による血清学的診断も可能。
治　療　アロプリノールやアムホテリシンBが用いられる。一部の発生国では犬用ワクチンが市販。

（松鵜　彩）

53 犬・猫のエンセファリトゾーン症(人獣)
Encephalitozoonosis in dogs and cats

宿　主　犬，猫，うさぎ，げっ歯類，人など哺乳動物全般
病　原　微胞子虫門エンセファリトゾーン原虫が原因。犬や猫では*Encephalitozoon cuniculi*が主に感染。宿主細胞内に寄生体胞を形成し，その内部で発育する偏性細胞内寄生性原虫。
分布・疫学　世界各地に広く分布。国内ではペットや動物園などで飼育されているうさぎに多く感染が認められており，不顕性感染が多いものの腎不全や中枢神経傷害を発症することがある。近年犬や猫の抗体陽性例が多く存在することが報告。感染動物から排泄される尿や糞便中に含まれる胞子を経口的に摂取することで感染。胎盤感染や外傷からの感染も報告がある。
診　断
＜症　状＞　成犬や成猫の多くは不顕性感染。犬の発症は新生子や子犬で認められ，腎不全や神経症状を示す。猫の場合は痙攣，眼瞼痙攣を伴う角膜炎，抑うつなどで，突然死亡することもある。
＜病　理＞　肝臓，腎臓，脳における壊死性病変が認められる。
＜病原・血清診断＞　尿，糞便，組織生検材料から微胞子虫胞子を光学顕微鏡や電子顕微鏡を用いて検出。PCRによる原虫遺伝子の検出。また，ELISAや間接蛍光抗体法による抗体の検出も有用だが，不顕性感染が多いことから慎重な判断が必要。
治　療　犬や猫の有効な治療薬は報告されていない。人で用いられるベンゾイミダゾール系薬剤が有効である可能性がある。

（松鵜　彩）

54 犬のヘパトゾーン症
Hepatozoonosis in dogs

宿　主　犬
病　原　アピコンプレックス門ヘパトゾーン科の*Hepatozoon canis*と*H. americanum*。原虫を保有するマダニを経口摂取することによって感染。犬の消化管内でマダニからスポロゾイトが放出され，骨格筋にシストを形成する。シスト内で成熟したメロゾイトは好中球に寄生し，血液を循環する。
分布・疫学　*H. canis*はクリイロコイタマダニによって媒介され，南米，アフリカ，欧州など世界各地に分布。日本でも九州南部で認められる。*H. americanum*は*Amblyomma maculatum*によって媒介され，北米の一部の地域に限局。
診　断
＜症　状＞　*H. canis*は比較的軽度で不顕性感染も多い。通常白血球の上昇は伴わず，高グロブリン血症を伴う非再生性貧血が認められる。*H. americanum*の感染は明らかな白血球の増加と全身の疼痛を伴い，急激な全身状態の悪化が見られる。
＜病　理＞　脾臓および肝臓，リンパ節の腫大が認められ，車輪状の成熟メロントが多数観察される。
＜病原・血清診断＞　ギムザ染色した血液塗抹を観察し，感染好中球を確認。末梢血を材料としてPCRによる遺伝子検査も有用。
治　療　ジミナゼン3mg/kgを3日に1回筋肉内投与，あるいはドキシサイクリン10mg/kgを1日1回約2週間経口投与。マダニ駆除剤を用いて予防。

（松鵜　彩）

55 自由生活性アメーバ感染症
Free-living amoeba infection

宿　主　なし。犬や人は偶発的に感染。

病　原　自由生活性アメーバの*Naegleria*属，*Acanthamoebas*属，*Balamuthia*属および*Sappinia*属。自然環境中に生息し，動物宿主を必要としない。

分布・疫学　国内ではこれまでに数例の人の臨床例が報告。

診　断

＜症　状＞　疾患の原因となることはまれ。犬の臨床症状はジステンパーに類似。初期には鼻汁，眼脂，食欲不振，発熱を呈し，その後，神経症状が進行する。人では脳炎，角膜炎。

＜病　理＞　肺と脳に肉芽腫性炎症性病変が確認。また，腎臓や肝臓の小結節性病変も認められることがある。

＜病原・血清診断＞　確立された診断法はなく，生前診断は困難。

治　療　確立された治療法は報告されていない。

（松鵜　彩）

56 サイトークゾーン症（海外）
Cytauxzoonosis

宿　主　猫科動物

病　原　ピロプラズマ目タイレリア科に属する*Cytauxzoon felis*。感染するとシゾントが臓器の組織球で無性生殖（シゾゴニー）を行い，放出されたメロゾイトが赤血球や単球に感染。

分布・疫学　北米。日本国内の発生はない。自然宿主はボブキャットやフロリダピューマなどの野生猫科動物で，家猫への伝播はマダニ媒介性に起こると考えられる。

診　断

＜症　状＞　食欲不振，リンパ節の腫大，発熱，活動性の低下などを示し，脱水，呼吸困難，黄疸，起立困難と急激に進行し，多くは致死的。

＜病　理＞　脾臓，膀胱粘膜，肺，心臓における点状出血，リンパ節の腫大と充出血および壊死，脾腫や肺浮腫が顕著で血管内には感染マクロファージの集簇が認められる。

＜病原・血清診断＞　ギムザ染色した血液塗抹標本上で，赤血球内，単球，マクロファージに寄生するピロプラズマ虫体を検出。PCRによる遺伝子検出も有用。

治　療　イミドカルブ，ジミナゼンが用いられるが，予後は不良の場合が多い。

（松鵜　彩）

1 Bウイルス感染症（人獣）（四類感染症）
B virus infection in monkeys

宿　主　アカゲザル，カニクイザル，タイワンザル，ベニガオザル，ニホンザルなどのアジア産マカカ属猿

病　原　*Herpesvirales*, *Herpesviridae*, *Alphaherpesvirinae*, *Simplexvirus*に属する２本鎖DNAウイルス（*Macacine alphaherpesvirus 1*）で，人の単純ヘルペスウイルス（HSV）と近縁。三種病原体等。BSL3での取り扱いが必要。

分布・疫学　群飼育の場合は80～90％の個体がウイルスキャリアー。幼若期に感染母猿から離すとウイルスフリーの猿として飼育可能。ウイルスは三叉神経節などに潜伏感染。人の感染例は米国で1932年に研究者が感染死亡したケースが最初で，その後も数例報告。

診　断

＜症　状＞　人では最初水疱が出現し，潰瘍形成，局所リンパ節の腫脹，発熱，頭痛，燕下困難などの神経症状の後，麻痺が進行し死亡する。

＜病　理＞　脳脊髄の広範な変性・壊死。ときに核内封入体形成。初感染の猿は最初舌の背側，口唇の粘膜・上皮移行部，口腔粘膜，ときには皮膚に小水疱形成。病巣は直ちに潰瘍となり，痂皮が形成され７～14日で治癒。

＜病原診断＞　ELISAやウエスタンブロットで行う。

予防・治療　有効なワクチンはない。抗ヘルペス薬であるアシクロビル，ガンシクロビル，バラシクロビルが有効。

（久和　茂）

2 マールブルグ病（人獣）（一類感染症）
Marburg disease

宿　主　猿，人。アフリカ・中近東のエジプトルーセットオオコウモリが自然宿主として疑われている。

病　原　*Mononegavirales*, *Filoviridae*, *Marburgvirus*に属するビクトリア湖マールブルグウイルス（*Marburg marburgvirus*）。マイナス１本鎖RNAウイルスで，ウイルス粒子はひも状などの多形性を示す。一種病原体等。BSL4での取り扱いが必要。

分布・疫学　1967年，ドイツのマールブルグなどで，ウガンダからの輸入アフリカミドリザルを感染源とした大流行が発生。その後，南アフリカ，ケニア，コンゴ民主共和国，アンゴラおよびウガンダで本病の発生が確認。人での致死率は約80％。

診　断

＜症　状＞　感染した人あるいは動物の血液，体液，分泌物，排泄物などの汚染物との濃厚接触により感染。人の潜伏期は２～20日。高熱，頭痛，結膜炎，咽喉頭痛，筋肉痛に始まり，皮膚の発疹，斑状出血，消化管出血がみられる。猿類では，アフリカミドリザルが本ウイルスに対して高い感受性を示す。

＜診　断＞　ウイルス分離，血清学検査，抗原捕捉ELISAによる抗原検出，RT-PCRによるウイルスゲノム検出。

予防・治療　ワクチンはない。治療は対症療法。

（久和　茂）

3 エボラ出血熱（人獣）（一類感染症）
Ebola hemorrhagic fever

宿　主　猿，人。自然界での生活環は不明。フルーツコウモリが自然宿主と推定されている。

病　原　*Mononegavirales*, *Filoviridae*, *Ebolavirus*に属する*Sudan ebolavirus*, *Zaire ebolavirus*, *Taï Forest ebolavirus*, *Bundibugyo ebolavirus*, *Reston ebolavirus*の５種が知られている。*Reston ebolavirus*は猿には病原性があるが，人にはないといわれている。一種病原体等。BSL4での取り扱いが必要。

分布・疫学　*Reston ebolavirus*以外はアフリカに分布。1976年のザイール（現：コンゴ民主共和国）での発生が最初。その後20数回発生。2014～2015年に西アフリカで大流行し，約29,000人の患者が発生し，そのうち約11,000人が死亡。

診　断

＜症　状＞　人の発症は突発的で進行が早い。潜伏期は２～21日。発熱，悪寒，筋肉痛，頭痛などのインフルエンザ様症状に続き，腹痛，嘔吐，下痢，皮膚の発疹がみられ，末期には出血および多臓器不全で死亡。動物の感受性や病態は動物種によって異なる。

＜病原診断＞　RT-PCRによるウイルスゲノムの検出。蛍光抗体法やELISAによる血清抗体の検出。

予防・治療　ワクチンはない。治療は対症療法のみ。本病を疑う患者の血液などを素手で触れないことが重要。空気感染はないとされている。

（久和　茂）

4 サル痘（人獣）（四類感染症）
Monkeypox

宿　主　げっ歯類，リス，猿

病　原　*Poxviridae*, *Chordopoxvirinae*, *Orthopoxvirus*に属するサル痘ウイルス（*Monkeypox virus*）。長径300nmを超え，特徴的なレンガ状の形態を持つ２本鎖DNAウイルス。感染性ウイルス粒子は細胞内成熟ウイルスと，さらに細胞膜由来脂質膜を被った細胞外外皮ウイルスからなる。三種病原体等。BSL3での取り扱いが必要。

分布・疫学　1957年，コペンハーゲン動物園にいた捕獲猿で初めて報告。1970年代からアフリカのサハラ砂漠周辺国で人のサル痘が報告。2003年には米国でアフリカから輸入されたげっ歯類を原因とする流行があった。2014年，野生のスーティーマンガベイから分離された。人への感染は感染動物との接触による。動物では猿，うさぎ，プレーリードックなどが高感受性。

診　断

＜症　状＞　人におけるサル痘の潜伏期間は７～21日。臨床症状としては発疹，発熱，頭痛，悪寒，咽頭痛，リンパ節腫脹などがみられる。重症例では臨床的に痘瘡と区別できない。致死率は数～10％。

＜病原診断＞　ウイルス分離，電子顕微鏡検査，PCR，ELISA，中和テスト，病理組織学的検査などが用いられる。

予防・治療　特異的な治療法はない。種痘がサル痘に対しても有効との報告がある。

（久和　茂）

5 サル出血熱
Simian hemorrhagic fever

宿　主　バブーン，アフリカミドリザル，パタスモンキー，コロブスモンキーなどのアフリカ産猿類

病　原　*Nidovirales*，*Arteriviridae*，*Simartevirus*に属する*Simian hemorrhagic fever virus*

分布・疫学　アフリカ産猿類は不顕性感染であり，キャリアーとなっている。野生のアフリカ産猿類での陽性率は1～10％といわれている。1960年代に米国研究所のマカク属猿類コロニーで本疾患のアウトブレイクが発生。入れ墨あるいはツベルクリンの針を介して，アフリカ産猿類からマカク属猿類にウイルスが伝播した可能性が指摘されている。

診　断

＜症　状＞　マカク属猿類の臨床症状は発熱，顔面紅疹，食欲不振，沈うつ，皮膚出血など。発病後10～15日でほぼ100％死亡。

＜発病機序＞　アフリカ産猿類では不顕性感染で，生涯持続感染する（キャリアー）。一方，アジア産マカク属猿類が感染すると発症し，死亡する。

＜病　理＞　多臓器での巣状出血。リンパ濾胞壊死。

＜病原・血清診断＞　ウイルス分離。中和テスト，CF反応による抗体検査。RT-PCR，塩基配列解析可能。

予防・治療　治療法はない。アフリカ産猿とアジア産猿の同居を避ける。他のウイルス性出血熱との鑑別診断が必要。

（久和　茂）

6 猿の赤痢（人獣）（三類感染症）
Dysentery in monkeys

宿　主　猿，人

病　原　*Shigella flexneri*，*S. sonnei*，*S. dysenteriae*，*S. boydii*。本属菌は腸内細菌科に属するグラム陰性通性嫌気性桿菌。鞭毛を持たず，菌には自発的な運動性はない。

分布・疫学　自然界では人と猿類のみが感染。野生の猿類にはみられないので，捕獲後あるいは飼育中に人から猿類に感染すると推定されている。菌で汚染された食物などによる経口感染が主な感染経路。

診　断

＜症　状＞　潜伏期間は2～9日。発症例では死亡率が高い（70％のこともある）。主な臨床症状は下痢，粘血便，元気消失，嘔吐。健康保菌猿も存在。

＜発病機序＞　腸管上皮細胞に感染する通性細胞内寄生性菌で，細胞内ではアクチンを利用して細胞質内を移動。同様に，隣接する細胞に侵入し感染を広げる。

＜病　理＞　病変は概ね大腸に限局。粘膜の充血，出血，びらんおよび潰瘍。組織学的にはカタル性炎，偽膜性炎。

＜病原診断＞　糞便からの赤痢菌分離。無症状の場合，菌分離は3日間以上の間隔で，3回以上の検査が必要。

予防・治療　衛生管理を徹底するとともに，検査などにより迅速に感染個体を摘発する。感染個体は隔離し，リファンピシン，アンピシリン，ネオマイシン，クロラムフェニコールなどの抗菌薬を投与。乳酸リンゲル液による維持療法。

（久和　茂）

7 猿の結核（人獣）
Tuberculosis in monkeys

宿　主　猿。類人猿，マカカ属猿類は特に感受性が高い。

病　原　*Mycobacterium tuberculosis*，*M. bovis*。両菌種はBSL3の実験室で取り扱う。

分布・疫学　世界中に分布。繁殖・飼育猿，動物園の猿類が人から感染。飛沫核感染，経気道感染，経口感染による。

診　断

＜症　状＞　感染が進行した状態で発症。発咳，体重減少，被毛粗造，下痢，呼吸困難，食欲不振，元気消失などが一般な症状。

＜病　理＞　主に肺や腸管およびそれら臓器の付属リンパ節にいわゆる結核結節を形成する。

＜病原・血清診断＞　ツベルクリン検査（眼瞼皮内にオールドツベルクリンを接種）。特異的抗原によるインターフェロンγ遊離試験。塗抹標本，組織標本における菌の証明（チール・ネールゼン染色）。分子遺伝学的手法としてPCRはじめ菌体に含まれる16S rRNAを増幅対象とし，増幅産物を特異的なDNAとハイブリダイゼーションさせて検出する*M. tuberculosis* direct（MTD）法がある。

予防・治療

＜予　防＞　衛生管理の徹底。検査などにより，迅速に感染個体を摘発する。

＜治　療＞　感染類人猿は隔離し，抗菌薬投与（イソニアジド，リファンピシン，エタンブトールの3剤）による治療。通常，マカカ属猿類は治療しないで殺処分。

（久和　茂）

8 猿のマラリア（人獣）（四類感染症）
Simian malaria

宿　主　猿類，人（中間宿主）

病　原　*Plasmodiumu knowlesi*，*P. cynomolgi*

分布・疫学　マレーシアを中心とした東南アジアに分布。ハマダラカ属の蚊が媒介する。

診　断

＜症　状＞　無症状の場合が多い。重度の場合は発熱，不隠行動，自発運動の低下，嘔吐，黒褐色尿の排泄，貧血，昏睡がみられる。

＜病原診断＞　末梢血液塗抹ギムザ染色標本で虫体を検出。

予防・治療　飼育施設搬入時に血液検査を行い陽性動物を摘発。

（須永藤子）

9 猿のアメーバ赤痢（人獣）（五類感染症）
Amoebic dysentery in monkeys

宿　主　猿類，人，豚，犬

病　原　*Entamoeba histolytica*

分布・疫学　世界各地に分布。熱帯・亜熱帯地方に多い。糞便中の成熟シストの経口摂取により感染。

診　断

＜症　状＞　不顕性感染が主。発症した場合は下痢，粘血

便。大腸粘膜の壊死と潰瘍が認められる。
<病原診断>　新鮮便から栄養体または球形のシストを検出。非病原性の*E. disper*との鑑別（PCR）が必要。
予防・治療　適切な糞便の処理と検疫の徹底。

（須永藤子）

1 腎症候性出血熱（人獣）（四類感染症）
Hemorrhagic fever with renal syndrome

宿　主　げっ歯類（セスジネズミ，ドブネズミ）
病　原　*Bunyavirales*, *Hantaviridae*, *Orthohantavirus*に属する各種ハンタウイルス（*Hantaan*, *Seoul*, *Dobrava-Belgrade*, *Puumala orthobunyavirus*：血清型／遺伝子型）。三種病原体等
分布・疫学　野生げっ歯類を感染源として，極東アジア（中国，ロシア，韓国：患者数年間数万人）と欧州（北欧，東欧，中欧：年間数千人）で発生。
　実験用ラットによる実験室内流行もあり。糞尿中のウイルスにより人やげっ歯類間で呼吸器感染する。
診　断
<症　状>　哺乳マウス・ラットやヌードマウス，SCIDマウスのみが実験感染により死亡。成熟動物では一過性感染。
<病　理>　免疫組織学的検査によって，自然感染げっ歯類の肺や腎臓の小血管の内皮細胞中にウイルス抗原が検出されるが，病理的変化は認められない。
<病原・血清診断>　抗体検出（間接蛍光抗体法，ELISA）やゲノム検出（RT-PCR）による。ELISAキットが市販。人の診断は感染症法の届出基準に従う。
予防・治療　げっ歯類の駆除。実験用ラットでは血清モニタリング，摘発・淘汰。感染腫瘍細胞や株化細胞のラットへの接種によって感染拡大の事例がある。人の治療は対症療法による。不活化ワクチンが中国と韓国で開発。

（有川二郎）

2 センダイウイルス病
Sendai virus disease

宿　主　げっ歯類と兎類
病　原　*Mononegavirales*, *Paramyxoviridae*, *Respirovirus*に属するセンダイウイルス（*Murine respirovirus*）
分布・疫学　世界中の実験用マウスに感染が認められるが，近年発生頻度は減少している。
診　断
<症　状>　感染マウスは摂餌・摂水量の低下，不活発，立毛，円背，異常呼吸音などを呈する。乳子では死亡率，発育不良の割合が高い。繁殖マウスでは妊娠率の低下，妊娠期間の延長，産子数の減少，喰殺がみられる。不顕性感染もある。マウス・ラットの肺炎，マウス肝炎と類症鑑別が必要。
<病　理>　ウイルスは呼吸器系上皮細胞で増殖するが，免疫反応により約1週間程度で消失。肉眼的病変は肺の充血と硬化。組織学的には，感染初期に肺の浮腫，充出血，次いで気管支細気管支上皮細胞の変性脱落，気管支周囲の好中球浸潤。回復期には上皮細胞の過形成あるいは立方上皮化生，肺胞中隔の肥厚とともに気管支周囲のリンパ球浸潤。ヌードマウスの慢性例では肺腺腫症がみられる。
<診　断>　ELISAなどの血清反応が一般的である。
予防・治療　ワクチンや治療法はない。導入動物の検疫と衛生的飼育管理が重要。本病発生の場合，伝播防止のため全群淘汰すべきである。

（久和　茂）

3 マウス肝炎
Mouse hepatitis

宿　主　マウス
病　原　*Nidovirales*, *Coronavidae*, *Coronavirinae*, *Betacoronavirus*に属するマウスコロナウイルス（*Murine coronavirus*）。エンベロープを有するRNAウイルスで，臓器特異性や病原性の異なる多くの分離株が存在する。
分布・疫学　世界中の実験動物用マウスに感染。汚染率は低下しつつある。感染マウスの糞便中に排出されたウイルスに経口あるいは経鼻接触によって感染。通常，感染耐過マウスは強い免疫を獲得するが，一部の感染マウスでは数週間にわたりウイルスを排出する。
診　断
<症　状>　通常，成熟マウスは不顕性感染。乳飲みマウスでは発症し，死亡することもある。一方，ヌードマウスやSCIDマウスでは持続感染し，消耗病を呈し，比較的長い経過をたどり死亡する。ティザー病，センダイウイルス病との鑑別が必要。
<病　理>　肝臓表面の白色斑散在，小腸の水腫性肥厚。組織学的に，肝臓では周囲に炎症性細胞浸潤を伴う巣状壊死。消化管では絨毛の萎縮が観察される。
<病原診断>　ELISAや間接蛍光抗体法などによる血清検査。
予防・治療　ワクチンや治療法はない。実験動物導入時の検疫と感染動物の淘汰が基本。

（久和　茂）

4 マウスノロウイルス病
Mouse norovirus disease

宿　主　マウス
病　原　*Caliciviridae*, *Norovirus*に属するマウスノロウイルス（Murine norovirus）。直径約30nmの小型球形で，プラス1本鎖RNAウイルス。2003年に新しく発見された。物理化学的に安定で不活化されにくい。
分布・疫学　世界中の実験用マウスに感染。日本においても微生物コントロールが行われていないマウスのコロニーでは高率（15～50%）に感染。糞口感染で広がり，ウイルス株に依存するが，持続感染し数カ月間ウイルスを排出する例が多い。
診　断
<症　状>　通常のマウスでは不顕性感染。インターフェロン系機能不全マウスでは発症し，死亡する場合もある。
<病　理>　腸管膜リンパ節，小腸，脾臓のマクロファージや樹状細胞で主に増殖。感染1日目の腸管で好中球などの炎症細胞が増加するが，病理組織学変化はほとんどの場合，軽微。マウスの系統により本病との重感染がヘリコバクター病を増悪するとの報告がある。
<診　断>　ELISAや蛍光抗体法などの血清検査が一般的。RT-PCRも用いられる。
予防・治療　ワクチンや治療法はない。導入動物の検疫と衛生的飼育管理が重要である。

（久和　茂）

5 兎粘液腫(届出)
Rabbit myxomatosis

宿　主　うさぎ

病　原　*Poxviridae*, *Chordopoxvirinae*, *Leporipoxvirus*に属する粘液腫ウイルス(*Myxoma virus*)

分布・疫学　北米，欧州，オーストラリアに地域的流行。日本での発生はない。うさぎ間の直接接触感染の他，節足動物(主にウサギノミ)がベクター。

診　断

＜症　状＞　潜伏期は2～8日。高熱，眼瞼腫脹，粘液分泌。アナウサギとカイウサギは高感受性で，発症11～18日で100％死亡。

＜病　理＞　鼻，口，肛門，生殖器周辺皮下にゼラチン様腫瘤。ウイルスに抵抗性を示す品種はベクター吸血部位に小線維腫を形成するのみである。

＜病原・血清診断＞　臨床症状，病理学所見によって診断。確定診断は感受性兎へ検体を接種し，その抗体陽転を指標としウイルス分離を行う。

予防・治療　ワクチンや治療法なし。摘発・淘汰。

(有川二郎)

6 兎ウイルス性出血病(届出)
Rabbit viral hemorrhagic disease

病名同義語：兎カリシウイルス病(Rabbit calicivirus disease)

宿　主　うさぎ

病　原　*Caliciviridae*, *Lagovirus*に属する兎出血病ウイルス(*Rabbit hemorrhagic disease virus*)

分布・疫学　アジア，欧州，北アフリカ，中米，米国，オーストラリアで発生。アナウサギ，カイウサギが感受性。日本では1994年発生後，各地で散発的に発生。分泌物，血液による経口感染が主であるが，ハエなどによる機械的伝播もあり。

診　断

＜症　状＞　甚急性経過(感染後30～90時間で死亡)。成兎(2カ月齢以上)のみが発症し，高死亡率(90～100％)。元気消失，発熱，呼吸困難，鼻出血，神経症状を呈する。パスツレラ症，中毒性疾患との鑑別が必要。

＜病　理＞　全身諸臓器の出血。肝臓壊死。

＜病原・血清診断＞　臨床的診断による。確定診断には肝臓組織からRT-PCR，ELISA，電子顕微鏡，免疫染色によりウイルス遺伝子，抗原の検出。ELISA，HI反応による抗体検出。

予防・治療　治療法なし。同居兎を含め摘発・淘汰。徹底した消毒。オーストラリアではペットのうさぎを対象に不活化ワクチンが開発されているが，日本では用いられていない。

(有川二郎)

7 リンパ球性脈絡髄膜炎(人獣)
Lymphocytic choriomeningitis

宿　主　げっ歯類(マウス，ハムスターなど)。犬，豚，猿類，人にも感染する。

病　原　*Arenaviridae*, *Mammarenavirus*に属するリンパ球性脈絡髄膜炎マンマレナウイルス(*Lymphocytic choriomeningitis mammarenavirus*)。

分布・疫学　世界中に分布。経気道あるいは経皮感染により水平感染する。マウス，ハムスターでは垂直感染もみられる。2005年，フランスから輸入されたマウスが感染していたことが発覚し，問題となった。

診　断

＜症状・発病機序・病理＞　マウスやハムスターが胎子期あるいは新生子期に感染すると免疫寛容が成立し，長期の無症状ウイルスキャリアーとなり，糞尿等にウイルスを生涯排出する。しかし，老齢の無症状ウイルスキャリアーでは腎臓などに免疫複合体病形成が認められることがある。成熟マウスが本ウイルスに初感染すると，リンパ球性脈絡髄膜炎を発症する。人が発症すると，発熱，頭痛，筋肉痛，倦怠感などのインフルエンザ様症状を示し，まれに髄膜炎，髄膜脳炎などを引き起こす。

＜病原・血清診断＞　培養細胞を用いたウイルス分離と間接蛍光抗体法やELISAによる抗体の証明。

予防・治療　動物に対するワクチンや治療法はない。動物および動物由来試料の検疫が重要。

(久和　茂)

8 アルゼンチン出血熱(人獣)(一類感染症)
Argentinian hemorrhagic fever

宿　主　げっ歯類(*Calomys musculinus*)

病　原　*Arenaviridae*, *Mammarenavirus*に属するアルゼンチン出血熱ウイルス(別名フニンウイルス)(*Argentinian mammarenavirus*)。一種病原体等。BSL4での取り扱いが必要。

分布・疫学　アルゼンチンで農業従事者を中心に1959年から発生。不顕性に持続感染したげっ歯類(*C. musculinus*)が自然宿主。糞尿中のウイルスによりげっ歯類と人に呼吸器感染する。1991年に生ワクチンが導入され，患者数は年間30～50人に激減した。日本での発生はない。

診　断

＜症　状＞　発熱，筋肉痛，倦怠感，皮膚・消化器・性器からの出血，中枢神経障害を示す。南米出血熱に共通した症状である。

＜病理・血清診断＞　臨床材料(血液，脳脊髄液，尿)からのウイルスの分離・同定ないしPCRによる病原体の遺伝子の検出。ELISAまたは蛍光抗体法によるIgMもしくはIgG抗体の検出。一類感染症を診断した医師は直ちに届出が必要。

予防・治療　流行地の感染げっ歯類の摘発・淘汰。治療は対症療法による。回復期患者血清・リバビリン投与が有効。弱毒生ワクチンが開発されている。院内感染防止のため，患者の隔離とバリアー看護が必要。

(有川二郎)

9 ボリビア出血熱(人獣)(一類感染症)
Bolivian hemorrhagic fever

宿　主　げっ歯類(*Calomyss callosus*)

病　原　*Arenaviridae*, *Mammarenavirus*に属するボリビア

出血熱ウイルス(別名マチュポウイルス)(*Machupo mammarenavirus*)。一種病原体等。BSL4での取り扱いが必要。
分布・疫学　ボリビア北東部で1959年初発。げっ歯類(*C. callosus*)が自然宿主。糞尿中のウイルスによりげっ歯類間および人に経口，経皮感染。げっ歯類は不顕性に持続感染。人に重篤な出血熱を起こす。1964年までに千数百例発生(死亡率15%)。1973～1993年には1例のみ発生。日本での発生はない。
診　断
＜症　状＞　発熱，筋肉痛，倦怠感，皮膚・消化器・性器からの出血，中枢神経障害を示す。南米出血熱に共通した症状である。
＜病原・血清診断＞　臨床材料(血液，脳脊髄液，尿)からのウイルスの分離・同定ないしPCRによる病原体の遺伝子の検出。ELISAまたは蛍光抗体法によるIgMもしくはIgG抗体の検出。
予防・治療　流行地の感染げっ歯類の摘発・淘汰。治療は対症療法による。回復期患者血清・リバビリン投与が有効。院内感染防止のため，患者の隔離とバリアー看護が必要。

(有川二郎)

10 ベネズエラ出血熱(人獣)(一類感染症)
Venezuelan hemorrhagic fever

宿　主　げっ歯類(*Zygodontomys brevicauda*)
病　原　*Arenaviridae*, *Mammarenavirus*に属するベネズエラ出血熱ウイルス(別名グアナリトウイルス)(*Guanarito mammarenavirus*)。一種病原体等。BSL4での取り扱いが必要。
分布・疫学　ベネズエラ中央部草原で農業従事者を中心に1989年に発生。不顕性，持続感染げっ歯類(*Sigmodon alstoni*)が自然宿主。糞尿中のウイルスによる呼吸器および経皮感染。人に重篤な出血熱を起こす。1989年初発。1991年までに104例発生(26例死亡)。日本での発生はない。
診　断
＜症　状＞　発熱，筋肉痛，倦怠感，皮膚・消化器・性器からの出血，中枢神経障害を示す。南米出血熱に共通した症状である。
＜病原・血清診断＞　臨床材料(血液，脳脊髄液，尿)からのウイルスの分離・同定ないしPCRによる病原体の遺伝子の検出。ELISAまたは蛍光抗体法によるIgMもしくはIgG抗体の検出。
予防・治療　流行地の感染げっ歯類のコントロール。治療は対症療法による。回復期患者血清・リバビリン投与が有効。院内感染防止のため，患者の隔離とバリアー看護が必要。

(有川二郎)

11 ハンタウイルス肺症候群(人獣)(四類感染症)
Hantavirus pulmonary syndrome(HPS)

宿　主　げっ歯類〔シカシロアシマウス(北米)，コメネズミ(南米)〕
病　原　*Bunyavirales*, *Hantaviridae*, *Orthohantavirus*に属するハンタウイルス(*Orthohantavirus*：Sin Nombre型，Andes型)
分布・疫学　南北アメリカ大陸に生息するげっ歯類が自然宿主。不顕性・持続感染する。糞尿中に排泄されたウイルスによりげっ歯類および人に呼吸器感染する。咬傷でも伝播する。1993以降，米国で合計700例以上，南米で1,000例以上発生。日本での発生はない。
診　断
＜症　状＞　人では急性の発熱，呼吸困難(肺浮腫)，ショック症状を示し高い死亡率(約40%)。
＜病原・血清診断＞　臨床材料(血液，肺組織材料)からのウイルスの分離・同定ないしPCRによる病原体の遺伝子の検出。ELISAまたは蛍光抗体法によるIgMもしくはIgG抗体の検出。
予防・治療　げっ歯類の駆除。対症療法，特にショックへの対応。ワクチンは未開発。

(有川二郎)

12 ラッサ熱(人獣)(一類感染症)
Lassa fever

宿　主　げっ歯類(*Mastomys natalensis*)
病　原　*Arenaviridae*, *Mammarenavirus*に属するラッサウイルス(*Lassa mammarenavirus*)。一種病原体等。BSL4での取り扱いが必要。
分布・疫学　ナイジェリアのラッサ村で1969年に初発。以後，サハラ砂漠以南の西アフリカ諸国(ナイジェリア，リベリア，セネガル，ギニア，シエラレオネ)で毎年流行がある。感染者の約80%は軽症だが，毎年10万人以上が感染し，5,000人程度が死亡しているものと考えられている。日本での発生はない。
診　断
＜症　状＞　発熱，頭痛，倦怠感，咽頭痛，嘔吐，下痢，下血を示す。脳炎症状や聴覚障害を示す場合もある。
＜病原・血清診断＞　臨床材料(血液，咽頭拭い液，尿)からのウイルスの分離・同定ないしPCRによる病原体の遺伝子の検出。ELISAまたは蛍光抗体法によるIgMもしくはIgG抗体の検出。
予防・治療　流行地の感染げっ歯類のコントロール。ワクチンはない。治療は対症療法による。リバビリン投与が発症早期には特に有効。院内感染防止のため，患者の隔離とバリアー看護が必要。

(有川二郎)

13 唾液腺涙腺炎
Sialodacryoadenitis

宿　主　ラット
病　原　*Nidovirales*, *Coronaviridae*, *Coronavirinae*, *Betacoronavirus*に属する唾液腺涙腺炎ウイルス(*Murine coronavirus*)
分布・疫学　世界中に分布。自然感染はラットのみ(実験的にはマウスにも感染する)。伝播力は強く，発病率も高い。日本の汚染率は以前に比べ，低率となった。伝播は飛沫・接触感染。
診　断
＜症状・発病機序＞　経過は急性で，唾液腺周囲皮下の浮腫による頸部の腫大，涙腺腫脹による眼球の突出と眼周囲や鼻端部への赤色分泌物（ポルフィリン）付着を主徴とする。感染ラットは光に対して過敏（羞明）。死亡例はほとんどない。発病後，数日で回復。唾液腺，顎下腺，涙腺の上皮細胞に感染し，炎症と腫脹を引き起こす。
＜病原・血清診断＞　マウス肝炎ウイルスと共通抗原を有するので，この抗原を用いた間接蛍光抗体法やELISAによる抗体検査が一般的。唾液腺の腫脹，眼・鼻周辺の赤色分泌物などによる臨床診断。RT-PCRもある。
予防・治療　動物導入時の厳格な検疫により予防。バリアシステムの完備とその適切な運用が重要。感染個体を摘発し，淘汰する。治療法はない。

（久和　茂）

14 マウスのパルボウイルス病
Parvovirus infection in mice

宿　主　マウス
病　原　*Parvoviridae*, *Parvovirinae*, *Protoparvovirus*に属するマウス微小ウイルス（Minute virus of mice：MVM），マウスパルボウイルス（Mouse parvovirus：MPV1）（*Rodent protoparvovirus 1*：ラットのパルボウイルス病参照）
分布・疫学　自然宿主はマウスのみ。ウイルスは環境中で安定であり，感染力は強い。主に糞口感染。汚染した生物材料によっても伝播。MVMは垂直感染する。MPV1は欧米の実験用マウスでは検出率の高い病原体であるが，日本ではほとんどみつからない（その理由は不明）。
診　断
＜症状・発病機序＞　自然感染では不顕性。ウイルスは細胞増殖が活発な消化管，骨髄・リンパ系組織で増殖する。MVMは持続感染しないが，MPV1は感染個体内で持続する。MPV1感染マウスではT細胞異常活性化が認められ，それにより免疫関係の動物実験の成績に悪影響が及ぶ。
＜病　理＞　病原性はほとんどない。
＜病原・血清診断＞　ELISAが一般的である。PCRでも診断可能。MVMとMPV1を鑑別するELISAやPCRもある。
予防・治療　予防は動物導入時の厳格な検疫，バリアシステムの完備とその適切な運用。治療法はない。体外受精による汚染マウス系統の清浄化は他の病原体より難しい。

（久和　茂）

15 ラットのパルボウイルス病
Parvovirus infection in rats

宿　主　ラット
病　原　*Parvoviridae*, *Parvovirinae*, *Protoparvovirus*に属する。以前は，*H-1 parvovirus*, *Kilham rat virus*（KRV），*Rat parvovirus*（RPV），*Rat minute virus*（RMV）などのウイルスが知られていたが，国際ウイルス分類委員会においてこれらのウイルスおよびマウス微小ウイルス，マウスパルボウイルス1を統合し，その種名を*Rodent protoparvovirus 1*とすることが提案されている。
分布・疫学　ウイルスは感染性，伝播性とも強く，各種不活化処理に対する抵抗性が高い。尿や乳汁に排泄され，経鼻あるいは経口感染する。米国の実験用ラットのパルボウイルス汚染率は日本に比べ著しく高い（ほとんどはRPV）。
診　断
＜症状・発病機序＞　胎子期あるいは哺乳期のKRV感染により流産，小脳低形成，運動失調，黄疸などが起こる。成獣では通常，不顕性持続感染。KRV以外のウイルスは不顕性。ウイルスはリンパ組織，血管内皮，尿細管上皮などで増殖。
＜病原・血清診断＞　抗体検査が一般的。本ウイルスは持続感染するため，感染個体の摘発にはPCRによる遺伝子診断も用いられる。
予防・治療　予防は厳格な検疫。対策としては汚染コロニーの淘汰が一般的。

（久和　茂）

16 マウスの幼子下痢
Infantile diarrhea of mice

宿　主　マウス
病　原　*Reoviridae*, *Sedoreovirinae*, *Rotavirus*に属する*Rotavirus A*。マウス幼子下痢症ウイルス（Epizootic diarrhea of infant mice virus）とも呼ばれる。
分布・疫学　おそらく世界中に分布。経口感染により伝播。不顕性感染動物は2週間以上にわたり，糞便中にウイルスを排出する。乾燥や熱に強く，伝播力は強い。垂直感染はない。日本の実験用マウスにおける陽性率はきわめて低いと考えられる。
診　断
＜症状・発病機序＞　発症は10日齢前後までの哺乳マウスに限定。水様性下痢を主徴とし，下痢便が肛門周囲から広範な体表の被毛に付着し，汚れた外観を呈する。削痩するも死亡例はまれで，症状は一過性。2週齢以上では発病率が低下し，成獣では不顕性感染。ウイルスは腸粘膜上皮に感染する。
＜病　理＞　結腸中に黄色便をみる。組織学的には腸粘膜上皮細胞の腫脹，空胞変性，脱落，粘膜固有層の浮腫。炎症像は乏しい。
＜病原・血清診断＞　血清診断が一般的。RT-PCRも可能。MA104細胞を用いた病変部からのウイルス分離も可能。幼子に下痢症を起こす他の疾病との鑑別が必要。
予防・治療　予防は厳格な検疫と衛生管理。対策としては汚染コロニーの淘汰が一般的。

（久和　茂）

17 エクトロメリア（奇肢症）
Ectromelia

宿　主　マウス
病　原　*Poxviridae*, *Chordopoxvirinae*, *Orthopoxvirus*に属する*Ectromelia virus*。マウス痘（mousepox）とも呼ばれる。
分布・疫学　病原性，伝播力もきわめて強い。皮膚の病変部位からの接触感染が主な感染ルート。環境中でウイルスは安定。近年，日本での発生はない。2000年頃に米国の研究機関で輸入マウス由来の生物試料を汚染源とする感染事故が発生している。
診　断
＜症　状＞　急性の経過では肝臓や脾臓の腫大，巣状壊死が認められ，数日～数週間以内に一般状態が悪化し，50

～90％が死亡。亜急性から慢性に経過した例では感染10日頃より皮膚表面に発疹（ポック）が出現し，四肢末端部，耳翼，尾端に壊疽が発生し脱落することがある。不顕性感染も認められる。

＜病　理＞　皮膚上皮細胞に好酸性のタイプA封入体が，すべての感染細胞に好塩基性のタイプB封入体が存在。ただし，後者は一般に発見しにくい。皮膚病変の他に肝臓や脾臓の出血・壊死，消化管の充出血がみられる。

＜病原・血清診断＞　ワクシニアウイルスを抗原とする抗体検査が一般的。PCRによる遺伝子診断や組織病理検査による封入体検査も可能。典型例は臨床症状により診断可能。

予防・治療　予防は厳格な検疫。汚染コロニーは淘汰。実験動物領域では最重要な疾病の1つ。

（久和　茂）

18 乳酸脱水素酵素上昇ウイルス病

Lactate dehydrogenaseelevating virus infection

宿　主　マウス

病　原　*Nidovirales*，*Arteiviridae*，*Porartevirus*に属する*Lactate dehydrogenase-elevating virus*

分布・疫学　感染マウスは常時ウイルス血症を呈し，ウイルスを糞便，尿，唾液，乳汁などに排出。マウスで継代されてきた株化腫瘍細胞はしばしば汚染されている。

診　断

＜症　状＞　マウスは感染すると血中乳酸脱水素酵素（LDH）値が著しく上昇するが，無症状。近交系のC58マウスでは，加齢による細胞性免疫の低下に伴い灰白脳炎を起こす。

＜病原・血清診断＞　血中LDHレベルの測定。PCRによるウイルスRNAの検出。

予防・治療　ワクチン，治療法はない。動物および動物由来試料の検疫が重要。

（久和　茂）

19 マウス白血病

Mouse leukemia

宿　主　マウス

病　原　*Ortervirales*，*Retroviridae*，*Orthoretrovirinae*，*Gammaretrovirus*に属する*Murine leukemia virus*

分布・疫学　ウイルスゲノムは逆転写され，マウスゲノムに組み込まれる（プロウイルス）。生殖細胞を介して垂直感染する。また，乳汁中に含まれるウイルスにより哺乳マウスに伝播する。ウイルスの分布はマウスの生息域と同じと考えられる。

診　断

＜症状・発病機序＞　すべての近交系マウスはウイルスゲノムを保有。マウスの*Fv-1*遺伝子型により白血病好発系と嫌発系がある。生後6カ月以降発症。末期には削痩，腹部膨満，脾臓・リンパ節の肥大。貧血，呼吸困難。ヌードマウスやヘアレスマウスは，非感染性のレトロポゾンが遺伝子内に挿入された突然変異により誕生。

＜病　理＞　リンパ性白血病。リンパ腫。マウス系統により病態は異なる。AKRマウスは6～12カ月で胸腺リンパ腫を発症し，BALB/cマウスでは多中心性リンパ腫が起こりやすい。

＜病原・血清診断＞　ウイルス分離。細胞中のウイルス抗原検出（ELISA，間接蛍光抗体法，免疫沈降法，イムノブロット）。逆転写酵素活性検出。

予防・治療　予防は導入動物の検疫。治療法はない。

（久和　茂）

20 ネズミアデノウイルス病

Mouse adenovirus disease

宿　主　マウス

病　原　*Adenoviridae*，*Mastadenovirus*に属する*Murine mastadenovirus A*（MAV-1），*Murine mastadenovirus B*（MAV-2）

分布・疫学　マウスアデノウイルスの疫学に関する情報は多くないが，実験用マウスでの陽性率は低いと考えられている。野生マウスに関しては不明。感染は主に糞口感染。

診　断

＜症　状＞　成熟マウスにMAV-1を実験感染すると不顕性であるが，持続感染しウイルスが尿中に長期間排出される。MAV-1を幼若マウスに実験的に接種すると激しい臨床症状を示し，10日以内に死亡。成熟マウスにMAV-2を実験感染すると，約3週間は糞にウイルスが排出されるが最終的には回復する。自然感染においてはMAV-2が多く，ほとんど臨床症状を示さないが，幼若マウスでは一時的な丸背がみられる。

＜病　理＞　MAV-1接種幼若マウスでは褐色脂肪，心筋，副腎皮質，唾液腺，腎臓などで激しい壊死が認められる。核内封入体がみられる。MAV-2は遠位小腸や結腸に両染性核内封入体を形成する。

＜病原・血清診断＞　診断は血清検査が一般的。PCRも可。病理組織学検査による腸管上皮の封入体は特徴的で，他のウイルス感染症と鑑別できる。

予防・治療　予防は導入動物の検疫。治療法はない。

（久和　茂）

21 モルモット・うさぎの仮性結核（人獣）

Pseudotuberculosis in guinea pigs and rabbits

宿　主　げっ歯類，うさぎ，豚，犬，猫，鳥類，猿類，人

病　原　*Yersinia pseudotuberculosis*

分布・疫学　愛玩動物のモルモット・うさぎともに病原体保有状況は不明である。実験動物のモルモット・うさぎはSPF化が進んでいるため陽性率は低い。感染動物の糞便や汚染された飼料からの経口感染が主である。

診　断

＜症　状＞　多くの場合，不顕性感染であるが，ときに腸炎ならびに腸間膜リンパ節，肝，脾などに壊死巣を形成し，敗血症を起こして死亡する。

＜病原・血清診断＞　病変部，血液，糞便から血液寒天培地を用いて，低温増殖法により菌の分離。凝集反応により抗体検出。

予防・治療　本菌フリーのコロニーを作出し，野生動物との接触防止。

（佐々木宣哉）

22 げっ歯類のサルモネラ症(人獣)
Salmonellosis in rodents

宿　主　マウス，ラット，ハムスター，モルモットなど多くのげっ歯類，鳥類，爬虫類，両生類にも感染。

病　原　*Salmonella enterica* subsp. *enterica*

分布・疫学　感染動物の糞便，汚染された飼料・床敷からの経口感染。実験動物で重要な血清型はEnteritidisとTyphimurium。

診　断

＜症　状＞　マウス，モルモットの場合，急性経過では敗血症死。亜急性で脾腫，肝の腫大による腹部膨大。慢性感染では立毛，食欲不振，下痢，流産，結膜炎。

＜病原・血清診断＞　糞便，盲腸内容物，病変部よりDHL寒天，マッコンキー寒天，SS寒天を用いて菌の分離を行った後，血清型別を行う。

予防・治療　実験動物の場合はSPF動物を施設に導入。定期的に微生物モニタリングを行う。人の治療では，アンピシリン，ホスホマイシンおよびニューキノロン系抗菌薬の投与。

（佐々木宣哉）

23 ストレプトバチラス・モニリフォルミス病(人獣)
Streptobacillus moniliformis infection, Rat-bite fever(RBF)

宿　主　自然宿主はラット。

病　原　*Streptobacillus moniliformis*

分布・疫学　野生ラットの口腔内常在菌。ラットからマウスや人へ創傷感染，空気感染，汚染食品からの経口感染。

診　断

＜症　状＞　ラットは不顕性感染。マウスでは頸部リンパ節炎，結膜炎，下痢を呈し，敗血症死。慢性感染では化膿性多発性関節炎。人に対する創傷感染を鼠咬症，経口感染をハーバーヒル(Haverhill)熱という。咬傷部の腫脹，発赤に続いて頭痛，発熱，リンパ節腫大などが現れる。

＜病原・血清診断＞　咽喉頭粘液などからATCC medium 488寒天培地を用いて菌分離。PCRによる遺伝子検出。ELISAによる抗体検出。

予防・治療　本菌フリーのコロニーを作出し，野生動物との接触防止。

（佐々木宣哉）

24 ティザー病
Tyzzer's disease

宿　主　マウス，ラット，ハムスター，モルモット，うさぎ，犬，猫，猿類など多くの動物に感染。

病　原　*Clostridium piliforme*。グラム陰性の大型桿菌。偏性細胞内寄生性で，芽胞を形成，周毛性鞭毛を有する。人工培地には発育しない。

分布・疫学　感染動物の糞便中の芽胞を摂取することによる経口感染。

診　断

＜症　状＞　肝炎と腸炎，心筋炎を伴う場合もある。発症例では元気消失，下痢，削痩。急性例では無症状で死亡する場合がある。

＜病　理＞　腸管の肥厚，肝臓の巣状壊死や心臓に大きな壊死巣を形成。

＜病原・血清診断＞　ギムザ染色により細胞質中にアズール顆粒を有する針状の桿菌および芽胞を確認。鍍銀染色やPAS染色による菌体の確認。肝臓，心臓，盲腸，糞便を用いたPCR検出。間接蛍光抗体法，ELISAによる抗体検出。

予防・治療　実験動物の場合はSPF動物を施設に導入。定期的に微生物モニタリングを行う。

（佐々木宣哉）

25 ネズミコリネ菌病
Murine corynebacteriosis

宿　主　マウスとラット。ハムスター，モルモット，ハタネズミにも感染。

病　原　*Corynebacterium kutscheri*。通性嫌気性グラム陽性で，松葉状あるいは棍棒状形態をとる桿菌。

分布・疫学　糞便や汚染飼料からの経口感染。多くが不顕性感染。免疫抑制や放射線照射によって顕在化。マウスでは感受性に系統間で差がみられ，雌雄間の感受性については雄で高い。

診　断

＜症　状＞　発症例では元気消失，立毛を呈する。出血性，潰瘍性腸炎や四肢の関節炎。

＜病　理＞　肺，肝，腎臓における灰白色の化膿性壊死性結節形成。

＜病原・血清診断＞　血液寒天培地を用いて病変部を培養し，灰白色の光沢のないコロニーを分離。不顕性感染動物では，口腔拭き取り材料と盲腸内容物あるいは糞便を用いてFNC寒天培地で培養。

予防・治療　実験動物の場合はSPF動物を施設に導入。定期的に微生物モニタリングを行う。

（佐々木宣哉）

26 げっ歯類のパスツレラ症
Pasteurellosis in rodents

宿　主　マウス，ラット，ハムスターなど多くのげっ歯類

病　原　*Pasteurella pneumotropica*(JawetsとHeylの2つの生物型があり，両者は生化学的性状が異なる)。

分布・疫学　感染動物の分泌物や汚染物との接触による経鼻・経口・経腟感染。正常な動物では不顕性感染。

診　断

＜症　状＞　マイコプラズマ，センダイウイルス等との混合感染により，肺炎，皮膚の膿瘍形成。免疫不全動物では眼周囲の膿瘍，死亡を伴う重篤な肺炎。

＜病　理＞　化膿性炎(皮膚炎，結膜炎，涙腺炎，乳腺炎など)を起こす。

＜病原・血清診断＞　咽喉頭や気管粘液スワブを血液寒天培地で培養，得られる灰白色コロニー(Jawets型)または淡黄色コロニー(Heyl型)を市販の生化学検査キットにて同定。抗血清を用いたスライド凝集試験。

予防・治療　実験動物の場合はSPF動物を施設に導入。定期的に微生物モニタリングを行う。免疫不全動物飼育施

設では特に注意が必要。

（佐々木宣哉）

27 うさぎのパスツレラ病
Pasteurellosis in rabbits

宿　主　うさぎ，犬，猫，豚，牛，鳥類などに感染する。
病　原　*Pasteurella multocida*
分布・疫学　感染兎の鼻腔粘液，汚染給水管からの経鼻感染。飛沫核による空気感染も起こる。
診　断
＜症　状＞　激しいくしゃみ，膿性鼻汁，膿性目脂（結膜炎），斜頸（中・内耳炎），肺炎，子宮筋腫，髄膜脳脊髄炎，敗血症がみられる。
＜病原・血清診断＞　鼻腔粘液，病変部より血液寒天やクリンダマイシン加培地あるいは改良K-B培地培地で培養。ELISA，寒天ゲル内沈降反応による抗体検出。
予防・治療　実験動物の場合は非感染動物を施設に導入。感染動物との接触防止。

（佐々木宣哉）

28 げっ歯類のヘリコバクター病
Helicobacteriosis in rodents

宿　主　自然宿主はマウス。
病　原　*Helicobacter hepaticus*，*H. bilis*。
分布・疫学　経口感染によって伝播する。免疫異常のない動物では通常，不顕性感染。
診　断
＜症　状＞　本属菌に対する感受性にはマウス系統間で差がある。感受性系統では肝病変を発現するが，抵抗性系統では不顕性感染となる。雌より雄で病変発現率が高い。
＜病　理＞　感染後数週間で肝臓に小さな壊死斑（白斑）が認められる。免疫不全動物では下痢や直腸脱の臨床症状が認められ，肝炎に加えて大腸炎を引き起こし，腸管壁の肥厚がみられる。
＜病原・血清診断＞　盲腸，糞便あるいは病変の認められた肝臓からのPCR検査。病変部組織切片標本のWarthin-Starry染色。
予防・治療　実験動物の場合はSPF動物を施設に導入。免疫不全動物の場合，微生物モニタリングを行う。

（佐々木宣哉）

29 げっ歯類の溶血レンサ球菌病
Hemolytic streptococcosis

宿　主　主な宿主はモルモット。
病　原　*Streptococcus pneumoniae*，*S. equi* subsp. *zooepidemicus*
分布・疫学　空気感染および結膜や腟から感染。菌は粘膜を通過してリンパ管に入り，頸部の所属リンパ節に達し，増殖して病変を形成する。
診　断
＜症　状＞　慢性例では頸部リンパ節の腫脹・膿瘍形成。ときに斜頸，鼻汁や目脂の排出。急性経過では軽度の鼻炎，副鼻腔炎，結膜炎，表在リンパ節の腫脹，敗血症死。
＜病原・血清診断＞　生前診断では鼻汁粘液，目脂，剖検では頸部リンパ節病変，化膿巣，鼻粘膜，結膜から血液寒天で菌分離。コロニー周辺の大きい透明溶血環（α溶血）。
予防・治療　実験動物の場合はSPF動物を施設に導入。感染動物との接触防止。本菌フリーのコロニーを作出。

（佐々木宣哉）

30 げっ歯類の肺炎球菌病
Pneumococcosis in rodents

宿　主　ラット，ハムスター，モルモット，猿類などに感染し，特にラットとモルモットは感受性が高い。
病　原　*Streptococcus pneumoniae*。血液寒天培地上でα溶血を示すグラム陽性のレンサ球菌。多糖体で構成される莢膜を有する。
分布・疫学　空気感染，接触感染，出産時の産道感染。菌は上部気道に生息。
診　断
＜症　状＞　多くが不顕性感染だが，ストレスや栄養不良により発症。急性例では死亡率高く，亜急性例では元気消失，目やに，くしゃみ・咳，斜頸，流産，ときに死亡することがある。
＜病　理＞　化膿性炎が主。フィブリン化膿性胸膜炎，心膜炎，化膿性肺炎，中耳炎，子宮内膜炎などがある。
＜病原・血清診断＞　鼻腔および気管粘膜から血液寒天培地を用いて菌の分離・同定を行う。オプトヒン感受性などの生化学的性状を調べるとともに，多価抗体あるいは型血清を用いた膨化反応によって同定。
予防・治療　実験動物の場合はSPF動物を施設に導入。定期的に微生物モニタリングを行う。人が感染源となるので，人からの感染を防止する。

（佐々木宣哉）

31 気管支敗血症菌病
Bordetellosis

宿　主　ラット，モルモット，うさぎ，フェレットなど多くの動物に感染。
病　原　*Bordetella bronchiseptica*。偏性好気性，ブドウ糖非発酵性のグラム陰性微小球桿菌
分布・疫学　咳，くしゃみを介した経鼻感染により伝播。伝播力は強く，感染動物からの菌の排出は感染後２～３日後から始まり，同居動物は４～５日後にほぼ全例が感染。また本菌は乾燥に強く，飼育器材に付着した後も，しばらく生存するため，これらを介して伝播する。
診　断
＜症　状＞　モルモットは通常不顕性であるが，発症例では立毛，食欲不振，削痩，鼻汁漏出，呼吸困難，ときに肺炎による呼吸困難で死亡。うさぎでは無症状で長期間にわたって保菌。
＜病　理＞　肺では，線維素性あるいは線維素性化膿性気管支肺炎の病巣を形成。
＜病原・血清診断＞　気管粘液から血液寒天培地やDHL寒天培地を用いて菌分離。グラム染色と抗血清を用いたスライド凝集反応。ELISAより抗体検出。
予防・治療　実験動物の場合はSPF動物を施設に導入。

定期的にラットやうさぎの微生物モニタリングを行う。

（佐々木宣哉）

32 マウス腸粘膜肥厚症

Megaenteron of mice

宿　主　多くのげっ歯類

病　原　*Citrobacter rodentium*。乳糖遅分解性のグラム陰性で，通性嫌気性無芽胞短桿菌。

分布・疫学　感染動物の糞便，糞便で汚染された飼料・床敷からの経口感染。

診　断

＜症状・発病機序＞　2～3週齢のマウスで発症率が高い。下痢，立毛，被毛の汚れ，体重減少，直腸脱。発症個体の多くは死亡。成熟マウスの多くは不顕性感染。経口感染した菌は結腸の粘膜に付着して微絨毛を消失させ定着する。

＜病　理＞　病理組織学的には，粘膜上皮細胞の過形成による粘膜の著しい肥厚を認める。粘膜下織にはほとんど変化はみられず，細胞浸潤も認めない。

＜病原・血清診断＞　糞便材料をマッコンキーやDHL寒天に塗布し，中心部がピンクで周辺が透明な光沢のあるコロニーを，市販のキットにて菌種同定する。さらに病原性に関与する*eaeA*遺伝子をPCRで検出。

予防・治療　実験動物の場合はSPF動物を施設に導入する。定期的に微生物モニタリングを行う。

（佐々木宣哉）

33 うさぎのスピロヘータ病

Rabbit syphilis

宿　主　兎目のすべての動物が感染。

病　原　*Treponema paraluiscuniculi*

分布・疫学　うさぎ間でのみ感染が成立，多くは不顕性感染。子兎（母子感染）の場合は2～3カ月齢で発症。感染部位は口唇ならびに鼻孔周囲，生殖器。

診　断

＜症　状＞　口唇ならびに鼻孔周囲，生殖器に潰瘍・びらん，水疱，紅斑，痂皮形成。鼻孔周囲にびらん・潰瘍がある場合は，くしゃみ。

＜病原・血清診断＞　病変部の塗抹標本のギムザおよび鍍銀染色。梅毒血清反応には，カルジオリピン，レシチンのリン脂質を抗原とする脂質抗原検査と梅毒トレポネーマ由来の抗原を用いるRPR法がある。

予防・治療　感染兎との接触を避ける。クロラムフェニコールを数週間投与する。

（佐々木宣哉）

34 緑膿菌感染症

Pseudomonas aeruginosa infection

宿　主　げっ歯類，うさぎ，鳥類など多くの動物に感染。

病　原　*Pseudomonas aeruginosa*。土壌や水中など自然界に広く分布する日和見感染病原体。

分布・疫学　環境中の菌が人，器材などを介して飼育室に侵入し，動物の給水瓶中で自動給水装置の配管内で増殖して感染。ほとんどが不顕性感染。免疫不全動物やストレスにより発症。

診　断

＜症状・発病機序＞　発症例では鼻汁漏出，結膜炎，体重減少，頭部の浮腫。マウスではまれに中耳炎による旋回症状。放射線照射や免疫抑制剤の投与により敗血症が誘発される。また，ウイルスの感染により本菌の感染が増強される場合がある。

＜病　理＞　菌血症に続発する肝，脾などの臓器における壊死と膿瘍形成。

＜病原・血清診断＞　病変部，盲腸内容物，糞便，口腔および飲水からNAC寒天を用いて緑色色素（ピオシアニン）産生菌を分離。市販のキットを用いた同定が可能。

予防・治療　実験動物の場合はSPF動物を施設に導入する。定期的に微生物モニタリングを行う。飼育室の消毒および塩素添加飲水を供給する。

（佐々木宣哉）

35 マウス・ラットの肺炎

Pneumonia in mice and rats

宿　主　マウス，ラット

病　原　*Mycoplasma pulmonis*（*Mycoplasmatales*，*Mycoplasmataceae*，*Mycoplasma*）

分布・疫学　直接接触や飛沫による経鼻感染が主。雌生殖器から*M. pulmonis*が分離されるため，出生子の母獣からの垂直感染も疑われている。中耳や脳に菌が侵入することもある。日本の実験用マウス，ラットではまれである。諸外国では日本よりも汚染率が高いとの報告がある。野生動物における本菌の保有状況は不明。

診　断

＜症　状＞　不顕性感染が多いが，急性期には異常鼻音（chatteringあるいはsnuffing）や鼻汁を認める。感染例では慢性化することが多く，呼吸困難，食欲欠乏，体重減少などがみられる。

＜病　理＞　肺病変部は肝変化し，無気肺あるいは膿瘍形成が認められる。慢性例では，気管支に沿った灰白色の連珠状結節性病変。組織学的には気管支および肺胞内への好中球の滲出，気管支周囲のリンパ球浸潤が特徴。

＜病原・血清診断＞　鼻腔や気管拭い液，あるいは病変部からマイコプラズマの分離・同定（PPLO寒天培地）。PCRによる菌DNAの検出。ELISAなどの血清検査。

予防・治療　ワクチンはなく，治療もしない。予防は導入動物の検疫。

（久和　茂）

36 ラットの関節炎

Polyarthritis in rats

宿　主　ラット

病　原　*Mycoplasma arthritidis*（*Mycoplasmatales*，*Mycoplasmataceae*，*Mycoplasma*）

分布・疫学　1～数週齢の若いラットに多発。自然発生における感染経路は特定されておらず，飛沫感染，胎盤感染，産道感染などが疑われている。本菌は関節炎病巣部のほか，鼻腔，気管，中耳，顎下腺などからも分離される。

日本の実験用ラットではほとんどみられない。欧米においてもまれ。野生ドブネズミにおける本菌の保有状況は不明。

診　断

＜症状・発病機序＞　自然感染例の四肢の関節腔は膿性滲出物で充満し，関節部が発赤，腫張。慢性経過をとる例では指や爪を失ったり，脚が関節部で切れたりする例がある。人の関節リウマチとの関連性を指摘する報告がある。

＜病　理＞　化膿性の滲出液による腫瘍の形成，滑膜の肥厚，浮腫，好中球などの浸潤。

＜病原・血清診断＞　急性期の関節病巣部からマイコプラズマの分離・同定(PPLO寒天培地にて微好気条件下37℃１週間培養)。病理学的検査やELISAによる抗体検査を併用。PCRによる菌DNAの検出。PCR-RFLPにより，*M. pulmonis*と*M. arthritidis*は判別可能。

予防・治療　ワクチンはなく，治療もしない。予防は導入動物の検疫。感染個体を摘発し，淘汰。

（久和　茂）

37 マウスの回転病
Rolling disease in mice

宿　主　マウス

病　原　*Mycoplasma neurolyticum*(*Mycoplasmatales*, *Mycoplasmataceae*, *Mycoplasma*)

分布・疫学　普通環境下のマウスの眼結膜，鼻粘膜，肺，脳から分離され，特に脳からの分離頻度が高い。しかし，本病の自然発生例は報告されていない。

診　断

＜症　状＞　菌あるいは毒素の静脈接種により，マウスは頭部を背側に反らし突然走り出して，胴体を軸として樽を転がすように回転。痙攣，後躯麻痺，昏睡状態を示し死亡。

＜病原・血清診断＞　発症個体の脳や汚染材料からのマイコプラズマの分離・同定(PPLO寒天培地)。PCRによる菌DNAの検出。MALDI-TOF質量分析法により*M. pulmonis*, *M. arthritidis*および*M. neurolyticum*を同定できる。

予防・治療　ワクチンはなく，治療もしない。予防は導入動物の検疫および清浄環境下での飼育。

（久和　茂）

38 実験動物のコクシジウム病
Coccidiosis of laboratory animals

宿　主　マウス，ラット，モルモット，うさぎなどの実験動物

病　原　*Eimeria*属原虫が主な原因。マウスには*E. falciformis*など13種，ラットには*E. nieshulzi*などの９種，モルモットには*E. caviae*，うさぎには*E. stiedai*や*E. perforans*など12種が寄生。*Eimeria*属原虫は通常消化管に寄生するが，うさぎの*E. stiedai*だけが胆管上皮に寄生。

*Eimeria*属以外では，マウスの小腸に*Cryptosporidium muris*や*C. parvum*，モルモットの腎臓に*Klossiella cobayae*が寄生。

分布・疫学　世界的に分布。

診　断

＜症　状＞　*E. stiedai*の病原性は強く，幼齢兎での死亡率は高い。激しい下痢と食欲廃絶で，鼓腸や黄疸がみられることもある。感染した肝臓は著しく肥大し，胆管には腫脹と大小不同の壊死巣がみられる。

その他のコクシジウム原虫については，症状を示さない軽度感染がほとんどであり，病原性は低いあるいは不明。しかし，うさぎの*E. magna*, *E. matsubayashii*，ラットの*E. nieshulzi*，マウスの*E. krijgsmani*については，比較的病原性が高いとする報告もある。

＜病原診断＞　糞便中のオーシストを浮遊法で検出。*K. cobayae*では尿中のスポロシストを検出。

予防・治療　サルファ剤の投与は有効だが，動物実験成績への影響について検討が必要。

（平　健介）

39 うさぎのエンセファリトゾーン症
Encephalitozoonosis in rabbits

宿　主　うさぎ，マウス，ラット，ハムスター，モルモット，犬，猫など

病　原　*Encephalitozoon cuniculi*

分布・疫学　世界各地に分布。尿中に排泄されたsporeの経口摂取により感染。

診　断

＜症状・病理＞　通常は不顕性感染。発症例では脳炎による運動失調，斜頸，痙攣や腎不全，白内障，ブドウ膜炎がみられる。病理組織学的には大脳や腎臓に肉芽腫性炎を形成。

＜病原・血清診断＞　確定診断には病理検査または病原体の分離が必要であり，生前診断は非常に困難。間接蛍光抗体法は補助的に用いられる。

予防・治療　衛生的な飼育管理の徹底。

（須永藤子）

40 ジアルジア症（五類感染症）
Giardiasis

宿　主　マウス，ラット，ハムスター，スナネズミ

病　原　*Giardia muris*(鞭毛虫類)

分布・疫学　栄養体またはシストの経口摂取。３週齢未満の動物およびヌードラットのような免疫不全動物で感受性が高い。

診　断

＜症　状＞　主として十二指腸に寄生。通常不顕性感染。発症個体は軽い下痢，発育の遅延，哺乳マウスの死亡率の増加がみられる。

＜病原診断＞　十二指腸内容から直接塗抹標本を作製し，栄養体を検出し，形態学的に同定する(栄養型：７～13×５～10 μm。丸みを帯びた洋梨型で，４本の鞭毛を有する)。

予防・治療　導入する動物の検査の励行と，衛生的な飼育管理の徹底。

（須永藤子）

41 スピロヌクレウス

Spironucleosis

宿　主　マウス，ラット，ハムスター，スナネズミ

病　原　*Spironucleus muris*（鞭毛虫類）

分布・疫学　栄養体またはシストの経口摂取。3週齢未満の動物およびヌードラットのような免疫不全動物で感受性が高い。

診　断

<症　状>　主として小腸上部に寄生する。通常不顕性感染。発病個体には，下痢，体重減少が認められ死亡する場合もある。

<病原診断>　ジアルジアと同様に検査し，形態学的に同定する（栄養型：7～9×2～3 μm。小型で細長く，前部に6本，後部に2本の鞭毛を有する）。

予防・治療　導入する動物の検査の励行と，衛生的な飼育管理の徹底。

（須永藤子）

1 ミンクアリューシャン病
Aleutian disease of mink

宿　主　ミンク，フェレット，スカンク，アライグマ

病　原　*Parvoviridae*，*Parvovirinae*，*Amdoparvovirus*に属する*Carnivore amdoparvovirus 1*（Aleutian mink disease virus）。ミンク由来のウイルスとは生物学的に性質の異なるフェレット由来のウイルスも確認されている。

分布・疫学　世界各地。ミンクではアリューシャン系の品種で多発し症状も重い。感染後，長期にわたる潜伏期の間，感染動物はウイルスを排出して感染源となる。

診　断

<症　状>　食欲不振，元気消失，削痩，タール状の下痢。新生子では急性肺炎。予後は不良である。

<病　理>　脾，肝，リンパ節の腫大。腎は腫大，退色。プラズマ細胞が腎，肝，脾，リンパ節，骨髄に浸潤。膜性糸球体腎炎，動脈炎を認める。

<病原・血清診断>　猫腎由来株化細胞に脾・リンパ節の細胞を接種し，蛍光抗体法によるウイルス抗原の確認。脾・リンパ節の細胞から抽出したDNAを用いたPCR。抗体検出には向流免疫電気泳動法が特異性が高く多用される。

予防・治療　ワクチン，治療法ともにない。

（田島朋子）

2 ミンクウイルス性腸炎
Mink viral enteritis

宿　主　ミンク

病　原　*Parvoviridae*，*Parvovirinae*，*Protoparvovirus*に分類されるMink enteritis virus。猫汎白血球減少症ウイルスの亜種

分布・疫学　世界中。糞便中のウイルスから経口感染。ウイルスは物理化学的抵抗性が強い。塩素系消毒薬が有効。

診　断

<症　状>　食欲不振，元気消失，下痢。下痢は粘液便，水様便のほか，血液を混じることもある。脱水により死亡，突然死を認める場合もある。白血球減少が顕著。

<病　理>　小腸の弛緩，膨張，充血と悪臭を伴う液体の貯留。小腸粘膜表面のびらんと絨毛の萎縮，腸陰窩の拡張。膨化した上皮細胞に核内封入体が出現。脾臓とリンパ節ではリンパ球の減少と壊死が起こる。

<病原・血清診断>　猫腎株化細胞の培養開始時に検体を接種してウイルス分離。PCRによる遺伝子診断。抗体検査は豚赤血球を用いたHI反応が可能。

予防・治療　不活化ワクチンを接種。

（田島朋子）

3 伝達性ミンク脳症
Transmissible mink encephalopathy

宿　主　自然感染はミンク。実験感染ではアライグマに経口感染が成立。

病　原　プリオン

分布・疫学　米国で1948～1985年に発生。散発的な発生はカナダ，フィンランド，旧東ドイツ，旧ソ連で報告があるが，現在は発生なし。プリオンを経口摂取して感染する。汚染飼料摂取のほか，感染ミンクを共食いすることによる水平感染も認められている。

診　断

<症　状>　6～12カ月の潜伏期の後，飲食が困難になり，毛づくろいをしなくなる。その後，興奮して咬みつくようになり，尾をリスのように背中に持ち上げる特徴的な姿勢をとる。末期には嗜眠，無反応となり，発症後2～8週で死亡。

<病　理>　脳脊髄灰白質の神経細胞の空胞変性。

<病原診断>　他のプリオン病と同様に病理組織学的検査と異常プリオンの検出。

予防・治療　予防，治療法ともにない。汚染飼料を与えない。発症したミンクを隔離。

（田島朋子）

4 ミンクの出血性肺炎
Hemorrhagic pneumonia in mink

宿　主　ミンク

病　原　*Pseudomonas aeruginosa*。活発な運動性を有するグラム陰性桿菌で，青緑色のピオシアニンを産生。菌体外に外毒素A，エラスターゼなど多数の蛋白毒素を産生。O抗原の特異血清によりA～N群に分類。分離菌の血清型は様々。

分布・疫学　世界各国で発生。飼育環境中に広く分布し，経口または経鼻感染。若いミンクに多発する傾向。ストレスが本病の誘因で，特に糞尿のアンモニアが誘発。

診　断

<症　状>　食欲の廃絶から始まり，呼吸困難となって，最後に喀血。発症後1日以内で死亡。

<病　理>　出血性肺炎と敗血症。出血と線維素の析出を伴う化膿性壊死性肺炎により，不規則な斑状暗赤色巣の形成を伴う黄色調充実性肺がみられる。

<病原・血清診断>　血液や主要臓器からの菌分離。死亡直後の材料からは純培養状態で検出される。

予防・治療　予防にはワクチン接種が有効で，全菌体不活化ワクチンが世界的に利用されている。血清型特異的。抗菌薬による治療は期待できない。

（田村　豊）

5 ミンクのボツリヌス症
Botulism in mink

宿　主　ミンク

病　原　*Clostridium botulinum*のC型菌。神経毒であるC型毒素が病原因子であり，毒素産生はバクテリオファージにより支配。

分布・疫学　欧州北部，北米，日本などの高緯度地域に発生。ただし，日本ではミンクの飼育がほとんど行われていない。獣肉，鯨肉，魚肉中の菌増殖により産生された毒素の経口摂取により発症。集団発生が多く，死亡率は高い。

診　断

<症　状>　毒素は末梢神経に作用して特徴的な麻痺症状を起こす。麻痺は最初後肢に現われ，全身に拡大し，呼吸困難となり死亡。眼球突出，瞳孔拡大，流涎がしばしば現

われる。
<診　断>　胃内容物や肝臓から毒素を証明。給与飼料からの菌分離と毒素検出。
予防・治療　ミンク腸炎ウイルスとC型菌の培養上清の混合不活化ワクチンが市販されている。抗菌薬による治療は期待できない。

（田村　豊）

1 腐蛆病(法)

(口絵写真31頁)

Foulbrood

概　要　蜜蜂の幼虫，蛹を致死させる細菌による感染症。アメリカ腐蛆病とヨーロッパ腐蛆病がある。

1）アメリカ腐蛆病

American foulbrood

宿　主　蜜蜂

病　原　*Paenibacillus larvae*。芽胞形成性のグラム陽性桿菌(**写真1，2**)。菌株により毒力は異なる。

分布・疫学　日本を含め，養蜂が行われている多くの国で確認されており，季節を問わずに発生する。幼虫は*P. larvae*の芽胞を経口的に摂取して感染する。本菌に対する感受性は孵化後時間とともに低下し，53時間後以降は感染が成立しない。

感染幼虫は巣房に蓋がされる前に敗血症死する場合と，有蓋巣房内で変態時に死ぬ場合がある。前者の場合は，働き蜂により死んだ幼虫が巣箱外に捨てられ，空の巣房が残る。後者の場合は，働き蜂による清掃除去が遅れて粘稠性のある腐蛆となり，その後，乾燥してスケイルとなる。腐蛆およびスケイル中には大量の芽胞が含まれる。芽胞はスケイルや環境中で長期間生存し，次の感染源になる。

診　断

＜症　状＞　蓋が凹んだり，穴が空いた巣房がみられ(**写真3**)，それらの巣房内に薄茶色から茶褐色の腐蛆を認める。腐蛆は楊枝や綿棒などですくい上げると糸を引く(**写真4**)。症状が進むと巣箱内に異臭が漂い，産卵圏の乱れが顕著になる。

＜病原診断＞　腐蛆を0.5w/v%スキムミルク水溶液に入れて，室温ないし37℃で10～20分放置すると菌が産生した蛋白質分解酵素の働きで液が透明になる(Holstのミルクテスト)。*P. larvae*が存在していてもミルクテスト陰性になる場合もある。スライドグラスに塗抹した腐蛆をチール・ネールゼンカルボールフクシン染色液で染色するか，ニグロシン溶液と混和した腐蛆をスライドグラスに塗抹・乾燥させて鏡検すると，アメリカ腐蛆病による腐蛆中には多数の芽胞が観察される。菌分離は，腐蛆をJ寒天培地またはコロンビア血液寒天培地に接種して，37℃，5～10%炭酸ガス下で2～4日間培養して行う。*P. larvae*は白色～灰白色またはオレンジ～赤色の集落を形成する。分離菌はPCRで同定可能。また，腐蛆の乳剤から抽出したDNAを用いて，腐蛆中の*P. larvae*の遺伝子を直接，PCRで検出することも可能。

予防・治療　予防薬として，マクロライド系抗菌薬であるミロサマイシンとタイロシンが承認されている。発症蜂群は治療せず，焼却処分する。

2）ヨーロッパ腐蛆病

European foulbrood

宿　主　蜜蜂

病　原　*Melissococcus plutonius*。卵円形または槍先状のグラム陽性菌で連鎖状に配列(**写真5**)。菌株により毒力は異なる。

分布・疫学　ニュージーランドなどの一部の国や地域を除き，養蜂が行われている多くの国で発生が認められている。日本国内でも発生がある。幼虫は，*M. plutonius*に汚染された餌を経口的に摂取することで感染し，摂取された菌は幼虫の中腸内で増殖する。蜂群が原因菌に汚染されている場合，流蜜期(花蜜集めが盛んな時期)に幼虫の世話をする育児係の働き蜂が不足し，幼虫が栄養不足になると発症する傾向がある。

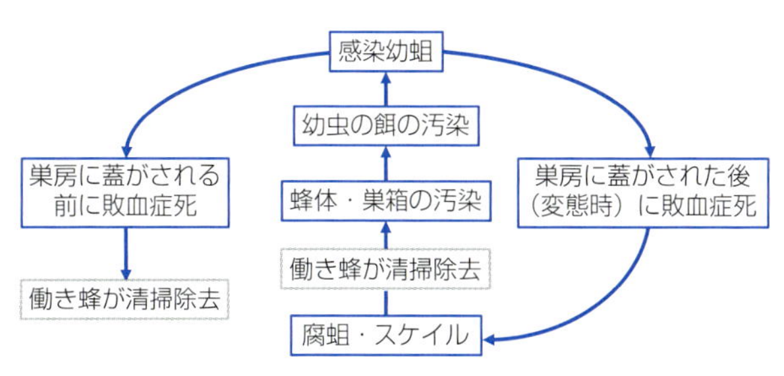

図1　アメリカ腐蛆病の感染環

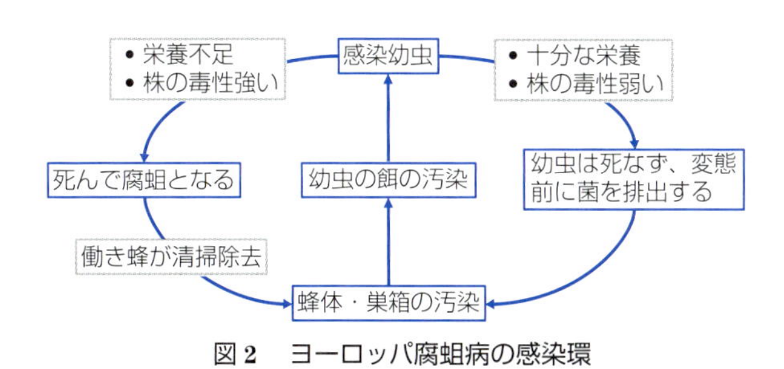

図2　ヨーロッパ腐蛆病の感染環

診　断

＜症　状＞　巣房に蓋がされる前の4～5日齢の幼虫が死ぬことが多い。腐蛆は原型を留めたまま乳白色～褐色・灰黒色を呈し，粘稠性はなく，水っぽい(**写真6，7**)。

＜病　理＞　死んだ幼虫を解剖するとチョークの粉様の白い凝集塊が中腸内に観察される。

＜病原診断＞　菌分離は，乳剤化した腐蛆をKSBHI寒天培地またはBailey培地に接種し，35～37℃，嫌気下で4日以上培養して行う。*M. plutonius*は，白色～灰白色の微小集落を形成する。分離菌はPCRで同定可能。また，腐蛆の乳剤から抽出したDNAを用いて，腐蛆中の*M. plutonius*の遺伝子を直接，PCRで検出することも可能。

予防・治療　予防薬はない。発症蜂群は治療せず，焼却処分する。

(髙松大輔)

2 チョーク病(届出)(チョークブルード)

Chalk disease, Chalkbrood

宿　主　蜜蜂

病　原　*Ascosphaera apis*(ハチノスカビ)。Ascosphaeraceae科の菌糸型真菌である。本菌胞子は環境中で長期間生存可能。

分布・疫学　日本では1979年に初めて発生が報告され，その後，全国に蔓延した。原因菌に汚染された飼料の給餌により経口感染する。健康な蜜蜂も保菌。

診　断

＜症　状＞　幼虫は真菌の菌糸に覆われて，灰白色ミイラ化または黒褐色化して死亡。白いチョーク様にみえることからチョーク病と呼ばれる。高湿度や冷涼環境が発症要因となる。
＜病原診断＞　感染幼虫からの真菌の分離，または組織内に真菌を確認することで診断する。
予防・治療　日本では認可された薬剤はない。発生した蜂群での病原菌根絶は容易ではないが，器具の熱湯消毒，火炎滅菌，エチレンオキサイドガス燻蒸消毒，アンモニウム塩液噴霧が行われる。女王蜂の入れ替えが必要な場合もある。巣箱の温度管理，養蜂場の環境改善が発症予防になる。

（猪熊　壽）

3 ノゼマ病（届出）
Nosema disease

宿　主　蜜蜂
病　原　*Nosema apis*。微胞子虫類ノゼマ科の原虫
分布・疫学　日本では過去に発生例があるが，まれである。病原原虫は感染蜂の中腸上皮で増殖して多量の胞子を排出し，汚染源となり感染が拡大する。胞子は巣箱内を汚染した乾燥排出物中で数カ月間にわたり生残する。早春に発生しやすい。
診　断
＜症　状＞　成虫の下痢および巣箱の汚れ，腹部膨満，飛翔不能がみられる。経口感染した原虫（微胞子虫）が腸管内で発芽した極糸を通して胞子原形質を中腸上皮細胞に送り込むため，消化器症状が発現する。
＜病原診断＞　中腸内容の塗抹標本の鏡検により原虫を検出することで診断。
予防・治療　日本ではダニに対して認可された薬剤がない。空巣箱の酸化エチレンまたは酢酸液による燻蒸消毒，器具の熱湯消毒・火炎滅菌を行う。

（猪熊　壽）

4 バロア病（届出）
Varroa disease

宿　主　蜜蜂
病　原　中気門目ヘギイタダニ科の*Varroa destructor*（ミツバチヘギイタダニ）。以前，バロア病の原因とされていた近縁種の*V. jacobsoni*はトウヨウミツバチに限定して寄生し，病原性が弱い。
分布・疫学　*V. destructor*によるバロア病は日本を含む世界各地のセイヨウミツバチに発生がみられる。ミツバチヘギイタダニは蜂巣内で産卵増殖し，幼虫・蛹・成虫に寄生する。寄生蜂との接触により伝播する。蜂群の移動により地域を越えて伝播する。
診　断
＜症　状＞　ダニの体液吸引により，幼虫の発育障害や死亡が，また成虫では腹部萎縮，翅のねじれ・縮みなどの奇形，脚の変形，飛翔回数や時間の減少，帰巣蜂数減少などがみられる。養蜂用セイヨウミツバチに強い病原性を示す。
＜病原診断＞　ダニの検出，肉眼的に観察可能。
予防・治療　蜂群に対し殺ダニ剤としてフルバリネート製剤（ピレスロイド）を用いた化学的防除を行う。シュウ酸や蟻酸噴霧も有効。発生蜂群は移動禁止とする。

（猪熊　壽）

5 アカリンダニ症（届出）
Acarapis woodi disease

宿　主　蜜蜂
病　原　前気門目ホコリダニ科の*Acarapis woodi*（アカリンダニ）
分布・疫学　寄生蜂との接触により伝播するため，蜂の迷い込みが原因となる。日本では2009年にアカリンダニが確認され，翌2010年にニホンミツバチにおける発生が報告された。現在は全国的に蔓延している。
診　断
＜症　状＞　多くの場合は無症状であるが，気管の黒色斑点，黒色化がみられる。重度の感染では蜂数減少，まれに寄生蜂の寿命短縮が生じる。成蜂の前胸部気管に寄生するため，気管が物理的に閉塞し呼吸困難となる。
＜病原診断＞　成蜂気管内から病原ダニを検出することにより診断。
予防・治療　日本では本病に対して認可された薬剤がない。巣箱へのメントール使用が予防法として用いられる。

（猪熊　壽）

6 サックブルード病
Sacbrood disease

宿　主　蜜蜂
病　原　*Picornavirales*，*Iflaviridae*，*Iflavirus*に属するサックブルードウイルス（*Sacbrood virus*）。RNAサイズと塩基配列はカイコの*Infectious flacherie virus*に似る。
分布・疫学　働き蜂からの王乳（ロイヤルゼリー）や蜜を介してウイルスが幼虫に感染。バロアダニによる伝播も起こる。春先，蜂群の増勢期に発生しやすい。アジアを中心に発生がみられ，日本でも散発。
診　断
＜症　状＞　幼虫が灰色～褐色に変色し，体と表皮との間に多量の液体を入れた袋状（サック）となり死亡。トウヨウミツバチでの病原性が強く，セイヨウミツバチでは重症例はない。
＜病原・血清診断＞　死亡幼虫の特徴的形態から疑う。死亡幼虫乳剤からウイルス分離。電子顕微鏡によるウイルス粒子の検出も可能。確定診断はELISA，蛍光抗体法，RT-PCRにより行う。
予　防　有効な治療薬はなく，衛生管理の徹底を行う。器具は煮沸または次亜塩素酸ソーダで消毒。

（猪熊　壽）

1 伝染性膵臓壊死症
Infectious pancreatic necrosis

宿　主　サケ科魚類。淡水，海水の様々な魚種からも分離されている。

病　原　伝染性膵臓壊死症ウイルス(*Infectious pancreatic necrosis virus*)。*Birnaviridae*，*Aquabirnavirus*に属し，2分節の2本鎖RNAをゲノムとする。直径60nmの正20面体構造で，エンベロープを持たない。多くの血清型があり，病原性は多様。有機溶媒に強く，淡水，海水中で長期間安定。

分布・疫学　世界各国。日本では現在沈静化している。病魚は大量のウイルスを排出し，接触，経口，介水などにより水平伝播する。成魚は不顕性感染によりキャリアー化。汚染卵による垂直感染で伝播する。

診　断

＜症　状＞　急激に発生し，稚魚の大量死がみられる。回転などの異常遊泳，体色黒化，眼球突出，腹部膨満，肛門から白色糸状の粘液便がみられる。

＜病　理＞　腸管内に乳白色の粘液物が貯留，幽門垂の点状出血，膵臓細胞の壊死を認める。細胞質封入体を形成。

＜病原診断＞　魚類由来株化細胞(BF-2, CHSE-214, RTG-2)を用いたウイルス分離。蛍光抗体法によるウイルス検出。中和テストによる血清型別。RT-PCRによる遺伝子検出。

予防・治療　有効な治療法なし。日本ではワクチンなし。ウイルスフリー魚の導入，魚卵消毒による予防の徹底。

(川本恵子)

2 伝染性造血器壊死症(特定)
Infectious hematopoietic necrosis

宿　主　サケ科魚類。ギンザケは抵抗性あり。

病　原　*Mononegavirales, Rhabdoviridae, Novirhabdovirus*の*Salmonid novirhabdovirus*。伝染性造血器壊死症ウイルス(Infectious hematopietic necrosis virus)と呼ばれる。ゲノムはマイナス1本鎖RNA。ウイルスは弾丸状でエンベロープを有する。20℃以上で失活。複数の血清型が存在。

分布・疫学　北米，欧州，アジア，日本。南半球での発生報告なし。10℃付近の低水温期に発生。成魚は不顕性感染によりキャリアー化し，卵巣や体腔液にウイルスを保有して汚染源となる。シラミやヒルなどの無脊椎ベクターの関与の報告あり。

診　断

＜症　状＞　幼稚魚の突然の大量斃死。狂奔遊泳や不活発，摂餌不良などの異常行動，体色黒化，鰓の白色化，眼球突出，腹水貯留，腹部膨満がみられる。鰭基部の出血と筋肉に沿ったV字状出血をみる。粘液を肛門から下垂する。

＜病　理＞　筋肉内の線状出血。腸管内乳白粘液物の貯留，頭腎細胞の壊死が特徴。細胞質封入体を形成。

＜病原診断＞　魚類由来株化細胞によるウイルス分離。蛍光抗体法によるウイルス検出。中和テストによる血清型別。RT-PCRによる遺伝子検出。

予防・治療　有効な治療法なし。日本ではワクチンなし。発生群は淘汰し，施設や器具の消毒。ウイルスフリー魚の導入，魚卵のヨード消毒。飼養管理の徹底。

(川本恵子)

3 コイヘルペスウイルス病(特定)
Koi herpesvirus disease

宿　主　コイのみ(マゴイ，ニシキゴイ)

病　原　*Herpesvirales*，*Alloherpesviridae*，*Cyprinivirus*に属する*Cyprinid herpesvirus 3*。コイヘルペスウイルス(Koi herpesvirus)と呼ばれる。ゲノムは2本鎖DNAで，正20面体構造のカプシドがエンベロープに覆われた球状粒子。

分布・疫学　イスラエル，英国，ドイツ，オランダ，ベルギー，米国，台湾，インドネシア。日本では2003年に初めて発生。自然治癒や昇温治療したコイの一部は保菌魚となり，ストレスなどで免疫が低下した場合に発病し，感染源となる。病魚との接触感染と介水伝播による感染拡大。

診　断

＜症　状＞　魚齢に関係なく高い死亡率(90～100%)。目立った外部所見に乏しい場合が多い。2～3週間の潜伏期後，食欲不振，遊泳緩慢，平衡失調などの行動異常。眼球や皮膚の陥没，体表粘液の過多がみられる。鰓の退色，びらん，鰓基部のうっ血や出血。*Flavobacterium columnare*との複合感染による鰓ぐされも認められる。

＜病　理＞　鰓の退色，びらん，鰓上皮細胞の増生，肥大および巣状壊死，二次鰓弁(さいべん)の癒合，内臓の癒着などがみられる。

＜病原診断＞　PCRによる遺伝子検査，コイ由来株化細胞によるウイルス分離。

予防・治療　有効な治療法，ワクチンなし。焼却，埋却による殺処分，発生域のコイの移動禁止。ウイルスフリー魚の導入，厳重な検疫。

(川本恵子)

4 マダイイリドウイルス病(口絵写真32頁)
Red sea bream iridoviral disease

宿　主　多種海水魚。日本ではマダイのほか，カンパチ，シマアジなどのスズキ目を中心に，カレイ，ヒラメ，フグなどに魚齢を問わず発生。

病　原　*Iridoviridae*，*Alphairidovirinae*，*Megalocytivirus*に属するマダイイリドウイルス(*Red sea bream iridovirus*)。正20面体構造で，2本鎖DNAを有し，エンベロープは持たない。

分布・疫学　輸入種苗の導入により日本に侵入した可能性。水平感染により伝播。夏の高温期を中心に発生。

診　断

＜症　状＞　緩慢遊泳，摂餌不良。体色黒化，著しい貧血，鰓の白色化を認める。軽度の眼球突出もみられる。

＜病　理＞　鰓弁の点状出血，囲心腔内の出血，内臓諸器官の退色，脾臓の腫大が認められる。細胞質が塩基性色素で染まる異形肥大細胞が心臓，腎臓，肝臓，鰓，特に脾臓に多数観察される。

＜病原診断＞　脾臓スタンプのギムザ染色による異形肥大細胞の観察(**写真**)，蛍光抗体法による異形肥大細胞中のウイルス抗原検出，PCRによるウイルス遺伝子の検出。

予防・治療　有効な治療法はない。不活化ワクチン接種による予防。ウイルスフリー種苗の導入，厳重な検疫。

（川本恵子）

5 ウイルス性腹水症
Viral ascites

宿　主　ブリ，ヒラメ
病　原　ブリウイルス性腹水症ウイルス（*Yellowtail ascites virus*）。*Birnaviridae*, *Aquabirnavirus*に属する２本鎖RNAウイルス。単一の血清型のみ知られる。
分布・疫学　1985年に日本人研究者により病原性のあるマリンビルナウイルスとして世界で初めて分離された。春から初夏にかけて発生し，水温が25℃以上で沈静化。
診　断
＜症　状＞　腹部膨満。生け簀の底に沈み，不活発。体色黒化，鰓の貧血による退色，脊椎側弯を示す。
＜病　理＞　黄色あるいは赤色の透明感のある低粘稠性の腹水液の貯留や腎臓，脾臓，鰓の退色。肝臓，膵臓の出血，肝細胞や膵細胞の巣状壊死，崩壊が認められる。腎臓尿細管上皮の変性・壊死，胃の漏出性出血と水腫が著明。剥離性カタル性腸炎もみられる。
＜病原診断＞　魚類由来株化細胞を用いてウイルス分離。中和テストにより同定。RT-PCRによるウイルス遺伝子検出。飼料性中毒による腹水貯留との類症鑑別が必要。
予防・治療　有効な治療法，予防法なし。

（川本恵子）

6 コイの春ウイルス血症（特定）（海外）
Spring viremia of carp

宿　主　コイ科魚類。実験感染では，その他の魚種でも感染が確認されている。
病　原　*Mononegavirales*, *Rhabdoviridae*, *Sprivivirus*に属するコイ春ウイルス血症ウイルス（*Carp sprivivirus*：Spring viremia of carp virus）で，マイナス１本鎖のRNAウイルス。４つの遺伝子型（Ⅰa：アジア，ⅠbとⅠc：ロシア，モルドバ，ウクライナ，Ⅰd：主に英国）と１つの血清型が存在。
分布・疫学　欧州，米国，中国でのみ発生。日本では未発生。水温が10～15℃で最も被害が大きい。23℃を超えると死亡率は下がる。病魚とキャリアー化した感染耐過魚が感染源となる。潜伏期間は１～２週間。接触，介水による水平感染の他，病魚に寄生するシラミやヒルによる機械的伝播もある。
診　断
＜症　状＞　致死率が高い（90%）。遊泳緩慢，腹部膨満，体表および筋肉内の点状出血，眼球突出，粘液便を認める。発生初期や終期において，コイ以外の魚種では外観症状が明確でない場合がある。
＜病　理＞　鰓の退色，内臓，腹膜や腹部脂肪組織，鰾（うきぶくろ）に点状出血がみられる。腹水の貯留，浮腫も認める。
＜病原診断＞　魚類由来培養細胞によるウイルス分離，蛍光抗体法，RT-PCRによる同定。
予防・治療　有効な治療法，予防法なし。発生した場合は，法に基づき，蔓延防止措置（移動制限，焼却など）がとられる。

（川本恵子）

7 ヒラメラブドウイルス病
Hirame rhabdovirus disease

宿　主　ヒラメ，クロダイ，マダイ，メバル，アユなど
病　原　*Mononegavirales*, *Rhabdoviridae*, *Novirhabdovirus*に属するヒラメラブドウイルス（*Hirame novirhabdovirus*）。20℃以上では増殖しない。
分布・疫学　日本，韓国，中国。冬から春にかけて発生。水温が上昇するにつれ終息する。
診　断
＜症　状＞　体表や鰓の充出血。腹部膨満，腹水貯留，眼球突出を認める。
＜病　理＞　鰓の退色，鰓蓋（さいがい）の発赤。肝臓の退色。筋肉内出血，腎臓，脾臓の壊死。脂肪組織や生殖腺のうっ血がみられる。
＜病原診断＞　魚類由来培養細胞によるウイルス分離，蛍光抗体法，RT-PCRによる同定。
予防・治療　有効な治療法，予防法なし。受精卵消毒，衛生管理の徹底。

（川本恵子）

8 ウイルス性出血性敗血症（特定：Ⅳa型を除く）
Viral hemorrhagic septicemia

宿　主　サケ科魚類（特にニジマス）やその他の多種海水，淡水魚
病　原　*Mononegavirales*, *Rhabdoviridae*, *Novirhabdovirus*に属する*Piscine novirhabdovirus*。ウイルス性出血性敗血症ウイルス（Viral hemorrhagic septicemia virusまたはEgtved virus）と呼ばれる。ウイルスの遺伝子型によって感受性魚種は異なる。血清型は１つで，３つの亜型がある。
分布・疫学　欧州，米国，カナダ，日本。北半球にのみ分布。魚齢に関係なく感染する。感染源は病魚とキャリアー化した感染耐過魚で介水および介卵伝播する。
診　断
＜症　状＞　遊泳不活発や異常遊泳を示す。眼球突出，腹部膨満，貧血，眼球，鰓，鰭基部の出血が認められる。
＜病　理＞　鰓，肝臓の退色。筋肉の点状出血。肝臓，腎臓，脾臓および骨格筋に限定して壊死性病変，空胞化，核濃縮や核融解がみられる。封入体形成。
＜病原診断＞　魚類由来培養細胞によるウイルス分離。中和テスト，蛍光抗体法，RT-PCRによるウイルス同定。
予防・治療　ウイルスフリー魚の導入，飼養管理と防疫の徹底，卵の消毒。

（川本恵子）

9 サケ科のヘルペスウイルス病
Herpesvirus disease

宿　主　サケ，マス類（ウイルス感受性が高い順に，ヒメマス，サケ，サクラマス，ギンザケ，ニジマス。これらのほかにヤマメなど野生のサケ，マス類）

病　原　*Herpesvirales, Alloherpsviridae, Salmonivirus*に属する*Salmonid herpesvirus 2*(Oncorhynchus masou virus)。そのほか，分離魚種により様々に命名されてきた。
分布・疫学　日本。クウェートで報告あり。病魚およびキャリアー魚の排泄物，卵，体腔液，体表の粘液中のウイルスが接触感染や水系環境を介した水平伝播(鰓や消化管が侵入門戸)および垂直伝播する。
診　断
<症　状>　通常，15℃以下の水温で発生。実験感染での潜伏期は2週間ほど。感染魚は食欲不振，不活発となり，体色黒化，皮膚潰瘍がみられる。稚魚や幼魚では致死率が高く，感受性の高い魚種ではときに死亡率80%以上。感染耐過した魚では数カ月～1年後に頭部や顎を中心に鰭や鰓蓋，体表に腫瘍を形成。
<病　理>　急性感染では，浮腫および出血がみられる。腎臓，肝臓の白点および壊死。腫瘍は基底細胞癌で，頭部や体表のほか，腎臓や肝臓にも観察される。
<病原・血清診断>　潰瘍部位や腫瘍組織をサケ科魚類由来培養細胞に接種しウイルス分離。中和テスト，免疫染色，ELISAなどによる血清学的診断，PCRによる遺伝子診断。
予防・治療　効果的な治療法はなく，速やかに病魚を淘汰。キャリアー魚の摘発，淘汰，発眼卵のヨード消毒。また，ウイルス汚染器具や水槽なども汚染源となるため，衛生的な飼養管理。バイオセキュリティの強化。

(川本恵子)

10 コイの上皮腫（ポックス病，鯉痘）

Carp epithelioma, Koi carp pox　(口絵写真32頁)

宿　主　コイ科魚類(特にニシキゴイ，ドイツゴイ)。キンギョ
病　原　*Herpesvirales, Alloherpsviridae, Cyprinivirus*に属する*Cyprinid herpesvirus 1*
分布・疫学　米国，欧州，ロシア，イスラエル，マレーシア，中国，韓国，日本。水温が低下すると発症し，水温の上昇(15℃以上)により自然治癒するが，キャリアー化し，水温変化により再発もみられる。
診　断
<症　状>　頭部や尾部，鰭などの体表に滑らかな乳白色～灰色の腫瘍性隆起を形成。腫瘍が直接の死因になることはほとんどないが，感染魚では免疫力低下により，細菌などによる二次感染が起きやすい。幼稚魚では致死率が高い。
<病　理>　良性，非壊死性の上皮腫(乳頭腫)(**写真**)。
<病原診断>　肉眼病変と皮膚の病理所見のほか，魚類培養細胞を用いたウイルス分離。中和テスト，PCRによるウイルス同定。電子顕微鏡によるウイルス粒子の検出。
予防・治療　効果的な予防・治療法はなく，病魚の駆除，隔離を行う。

(川本恵子)

11 リンホシスチス病

Lymphocystis disease　(口絵写真32頁)

宿　主　多種の海水，汽水，淡水魚。日本ではヒラメなどカレイ目，スズキ目で多く発生。
病　原　*Iridoviridae, Alphairidovirinae, Lymphocystivirus*に属するリンホシスチス病ウイルス1(*Lymphocystis disease virus 1*)。血清型は1つ。感染経路は接触，創傷感染。
分布・疫学　世界的に分布。
診　断
<症　状>　頭部，口腔周囲，鰭などの体表に不規則な白色，灰白色，黒色の腫瘤を形成。重度の場合を除き，死亡率は低い(自然治癒)が，外観を損ねるため市場価値を失う。
<病　理>　巨大化した結合織細胞(リンホシスチス細胞)の集塊が形成される(**写真**)。細胞質内に塩基性封入体を認める。
<病原診断>　肉眼病変から容易に診断が可能。培養によるウイルス分離は困難。電子顕微鏡によるウイルス粒子の検出。
予防・治療　効果的な予防・治療法はなく，病魚の駆除，隔離，移動禁止により感染拡大を防ぐ。過密養殖を避ける。

(川本恵子)

12 ウイルス性神経壊死症

Viral nervous necrosis

宿　主　海水魚と一部の淡水魚。日本ではクロマグロ，イシダイ，シマアジ，トラフグ，ハタ科など。
病　原　*Nodaviridae, Betanodavirus*に属する*Striped jack nervous necrosis virus*(SJNNV)。基準種のSJNNVを含む4種の遺伝子型がある。
分布・疫学　南米以外の世界各国で発生。野生魚でウイルスの保有率が高いとの報告あり。保菌魚からの水平，垂直伝播のほか，汚染された生餌を介した感染の可能性。
診　断
<症　状>　回転，旋回遊泳，不活発な遊泳，浮遊などの遊泳異常。体表や内臓諸器官には異常が認められない。子稚魚では100%の死亡率。
<病　理>　脳，脊髄の中枢神経および網膜組織の神経細胞の壊死，崩壊，空胞変性が認められる。
<病原診断>　魚類株化細胞(SSN-1)を用いたウイルス分離，ELISAや蛍光抗体法によるウイルス抗原の検出，外殻蛋白質遺伝子を標的としたRT-PCR，電子顕微鏡によるウイルス粒子の検出。
予防・治療　有効な治療法はないが，日本では不活化ワクチンが承認されている。RT-PCRによるウイルスフリー親魚の選別，卵，飼育水や餌の殺菌，オゾン消毒。

(川本恵子)

13 トラフグの口白症

Kuchijirosho

宿　主　トラフグ。フグ類
病　原　分類不明のウイルス
分布・疫学　日本では西日本各地で発生。現在，被害は減少傾向にある。種苗期に発生すると経済的被害が大きい。
診　断
<症　状>　狂奔遊泳と攻撃性行動を示す。口吻部の発赤，潰瘍，壊死がみられる。噛み合いは魚同士だけでなく，人に対してもみられる。

＜病　理＞　肝臓のうっ血，帯状出血斑を認める。延髄～脊髄の神経細胞壊死と核内封入体を形成。
＜病原診断＞　トラフグ由来培養細胞を用いたウイルス分離，電子顕微鏡によるウイルス粒子の検出。
予防・治療　有効な治療法，予防法はない。ウイルスフリー魚の導入。

（川本恵子）

14 赤血球封入体症候群
Erythrocytic inclusion body syndrome

宿　主　サケ科魚類(ギンザケ，マスノスケ，大西洋サケ)
病　原　赤血球封入体症候群ウイルス(Erythrocytic inclusion body syndrome virus)。病原体はトガウイルスかレオウイルスが疑われていたが，全ゲノム解析結果から*Orthoreoviridae*，*Spinareovirinae*に属する魚オルソレオウイルス(*Piscine orthoreovirus*：PRV)の新種と判明し，PRV-2という名称が提唱されている。
分布・疫学　米国，欧州。日本では現在は沈静化している。感染耐過魚は抗体価の上昇により再発しないが，未感染魚に対して感染源となる。
診　断
＜症　状＞　食欲低下，成長不良，大量死。重度の貧血による鰓の退色が著しい。
＜病　理＞　肉眼病変に乏しい。赤血球内封入体の形成，黄疸，肝臓の黄変，腎臓の退色が認められる。
＜診　断＞　貧血が顕著で，Ht値が10％以下を示す場合あり。電子顕微鏡によるウイルス粒子の検出。赤血球内封入体の検出。
予防・治療　有効な治療法，予防法はない。ウイルスフリー魚の導入，卵の消毒。

（川本恵子）

15 ウイルス性血管内皮壊死症
Viral endothelial cell necrosis

病名同義語：鰓うっ血症

宿　主　ウナギ
病　原　Japanese eel endothelial cells-infecting virus (JEECV)。未分類の環状２本鎖DNAウイルス。ウナギ由来の株化細胞で増殖し，CPEを示す。
分布・疫学　日本各地の加温ハウス養鰻場で発生。ウナギにおける被害は甚大。実験感染では，20～35℃の広い水温域で感染・発病するが，28～31℃での死亡率が高い。
診　断
＜症　状＞　鰓弁中心静脈洞のうっ血により鰓弁中心部が異常に赤くみえる。鰓蓋・鰭の発赤。鰓蓋部の膨満。
＜病　理＞　鰓，鰭，肝臓の血管や腎臓の糸球体毛細血管などにおける血管内皮細胞の壊死を特徴とする。鰓弁中心部・肝臓の広範囲なうっ血・出血や腹水貯留がみられる。
＜病原診断＞　特徴的な症状と病理所見による診断可能。PCRによるウイルス遺伝子検出。
予防・治療　有効な予防手段はない。飼育水温を数日間，35℃前後に上げて飼育する昇温療法と餌止めにより死亡率が低減したとする報告がある。

（木島まゆみ）

16 流行性造血器壊死症(特定)(海外)
Epizootic hematopoietic necrosis

宿　主　ニジマスおよびレッドフィンパーチ
病　原　*Iridoviridae*，*Alphairidovirinae*，*Ranavirus*に属する*Epizootic hematopoietic necrosis virus*。魚類由来株化細胞で増殖し，CPEを形成する(22℃，14日間)。きわめて乾燥に強く，水中で数カ月間生存可能。
分布・疫学　発生はオーストラリアに限定。ニジマスでは主に若齢魚が感染。不顕性感染もある。レッドフィンパーチの感受性は高く，幼魚成魚を問わず死亡する。
診　断
＜症　状＞　ニジマスは，外観症状がほとんどなく，多くは死亡して感染が確認される。摂餌不良。緩慢遊泳。体色黒化を認める。
　レッドフィンパーチは，旋回遊泳。脳および外鼻孔周辺の発赤。えら基部の点状出血。
＜病　理＞　腎臓造血組織・肝臓・脾臓の壊死が特徴。腎臓・肝臓・脾臓の腫大。肝臓の小白斑。
＜病原診断＞　ウイルス分離，PCRおよびPCR産物の制限酵素断片長解析，またはPCR産物の塩基配列解析から確定診断を行う。
予防・治療　有効な予防・治療法はない。サケ科魚類は輸入検疫の対象で，OIEリスト疾病。

（木島まゆみ）

17 せっそう病
(口絵写真32頁)
Furunculosis

宿　主　サケ科魚類
病　原　*Aeromonas salmonicida* subsp. *salmonicida*。グラム陰性，非運動性の短桿菌。普通寒天培地などに発育。至適発育温度は20～25℃。新鮮分離株はR型で自己凝集性を示す。水溶性の褐色色素を産生し，コロニー周辺の培地が茶褐色に染まるのが特徴。
分布・疫学　世界各国で発生。国内では，全国に被害が及ぶ。春から夏，または夏から秋の水温変動期に多発。皮膚創傷感染部位に化膿性の血液を混入する水ぶくれ，いわゆる「せっそう病変」を形成。
診　断
＜症　状＞　体側に直径数mm～数cmの特徴ある膨隆と表面の潰瘍化や鰭基部の出血(**写真**)，腸炎などがみられる。特に症状がみられない場合もある。
＜病　理＞　患部の膨隆は，化膿性の血液を混入する限局性膿瘍で，漿液の滲出や出血により軟化。膿瘍内部に組織の崩壊物および多数の細菌を含む。
＜病原診断＞　外観症状と病変から診断可能。病変部の塗抹標本で，多数の非運動性短桿菌を観察する。菌を分離後，抗血清を用いたスライド凝集反応によって同定。
予防・治療　受精卵の消毒。感染魚の早期発見・除去。抗菌薬の投与。野生魚による飼育水の汚染を防止。飼育池の清掃と消毒。体表のスレやストレスの軽減。

（木島まゆみ）

18 ビブリオ病
Vibriosis

宿　主　宿主域は広く，ほとんどの魚種が感受性。
病　原　主に *Vibrio*(*Listonella*)*anguillarum*。淡水魚では血清型J-O-1(03)型が，海水魚ではJ-O-3(01)型が多い。他に*V. harveyi*(ハタ，カンパチ他)，*V. vulnificus*(ウナギ)，*V. salmonicida*(北欧などのサケ)の報告もある。グラム陰性の弯曲した桿菌で，極鞭毛を持ち，活発な運動性を示す。
分布・疫学　国内では，マダイ，マアジ，ブリ，カンパチ，ギンザケ，ヒラメ，アユ，ニジマスでの被害が大きい。輸送や網による体表のスレ・傷などが発症の誘引となる。
診　断
＜症　状＞　体表，鰓，肛門周辺の発赤・出血，潰瘍。眼球突出。体色黒化。摂餌不良。遊泳不活発などを主徴とする。
＜病　理＞　腹膜，腸管，肝臓，脾臓などに点状出血が認められる。腸管のカタル性炎。壊死もみられる。
＜病原診断＞　外観症状で予備診断。菌分離後，生化学的検査や抗血清を用いたスライド凝集反応により同定。
予防・治療　ワクチン接種(ブリ属魚類，アユおよびサケ科魚類)および抗菌薬の投与。飼育密度を緩和し，体表のスレやストレスの軽減を図る。

（木島まゆみ）

19 エドワジエラ症
Edwardsiella disease

宿　主　ヒラメ，ウナギ，マダイ，その他の海水魚
病　原　*Edwardsiella tarda*。腸内細菌科のグラム陰性短桿菌。爬虫類の常在菌で，哺乳類，鳥類も保菌。
分布・疫学　本菌の発育適温が30℃前後であるため，高水温期，加温ハウス式養鰻で多発。幼魚成魚を問わず発症。病魚は摂餌不良となるが，すぐには死なず，流行が長期化する。累積死亡率は高く，被害は甚大。ウナギでは，以前の菌名にちなみパラコロ病(paracolo disease)と呼ばれる。
診　断
＜症　状＞　ヒラメは，体色黒化，血液を含む腹水貯留による腹部膨満，肛門から直腸部が突出(脱腸)する。マダイは，緩慢遊泳，頭部・尾柄部の発赤，出血，膿瘍がみられる。ウナギは，鰓・腹部の発赤。症状が進むと肛門周囲・腹部に重篤な発赤，腫張，潰瘍形成を認め，腐敗臭を伴う。
＜病　理＞　肝臓・腎臓の膿瘍・出血，腫大がみられ，腹水が貯留する。
＜病原診断＞　本菌は硫化水素産生性のため，DHL寒天培地に中心部が黒色で周辺部が透明な比較的小さなコロニーを形成する。抗血清を用いたスライド凝集反応によって同定。
予防・治療　感染魚の早期発見・除去。抗菌薬の早期投与による感染拡大防止。ワクチン接種(ヒラメ)。飼育密度の緩和。養殖池の消毒。

（木島まゆみ）

20 冷水病
(口絵写真32頁)
Cold water disease, Peduncle disease

宿　主　アユ。サケ科魚類(ニジマス，ギンザケなど)
病　原　*Flavobacterium psychrophilum*。グラム陰性の長桿菌で，弱い滑走性を示す。発育適温15～20℃。30℃では発育しない。
分布・疫学　サケ，マスでは低水温期に多発。アユでは5～6月に多いが周年発生。採卵場では垂直感染が問題となる。ウイルスや他の細菌との混合感染も多く，環境悪化，体表のスレなどが発症の誘引となる。アユにおける被害は甚大。
診　断
＜症　状＞　貧血。鰓・体表の白色化。鰓蓋下部の出血，尾柄部の欠損，体表の潰瘍などの穴あき症状が特徴(写真)。
＜病　理＞　内臓の退色，出血がみられる。菌はコラーゲン組織，筋肉内で増殖し，炎症性病変を形成する。
＜病原診断＞　改変サイトファーガ寒天培地上で15～18℃，3～5日で黄褐色コロニーを形成。分離菌はPCRで同定する。抗血清を用いたスライド凝集反応や蛍光抗体法でも診断は可能。
予防・治療　死亡魚・残餌・糞の除去。過密飼育や急激な水温変化を避ける。飼育施設や器具などの消毒のほか，卵の消毒を行う。抗菌薬の投与。アユでは加温処理(28℃)。放流前の検査および適切な放流時期を選択する。根本的な治療法はないので，蔓延防止に努める。

（木島まゆみ）

21 類結節症（ブリのフォトバクテリウム症）
(口絵写真32頁)
Pseudotuberculosis, Photobacteriosis in yellowtail

宿　主　ブリ，カンパチ。その他の海水魚
病　原　*Photobacterium damselae* subsp. *piscicida*。グラム陰性，非運動性の短桿菌で，両極染色性を示す。新鮮分離株は粘稠性が強い。発育適温22～30℃。37℃では生育できない。プラスミド性の薬剤耐性が多く，継代などで病原性が低下しやすい。
分布・疫学　春～初夏に0歳魚の養殖ブリ・カンパチで多発するが，夏～秋にも発生が認められる。近年の発生は減少傾向にある。欧米でも発生あり。
診　断
＜症　状＞　異常遊泳などの認められない魚が急激に摂餌不良となり，遊泳を停止して生け簀の底に沈下し，そのまま死亡。体色黒化。外観病変はほとんどない。
＜病　理＞　脾臓，腎臓，肝臓に多数の小白点を形成するのが特徴(写真)。脾臓腫大。
＜病原診断＞　剖検所見と流行期からほぼ診断可能。2～3％ NaCl加トリプチケースソイ培地などで菌を分離し，抗血清を用いたスライド凝集反応で診断。
予防・治療　抗菌薬の投与。ワクチン接種(ブリ属魚類)。稚魚導入時の検疫強化。感染魚の早期発見・除去。

（木島まゆみ）

22 ノカルジア症

Nocardiosis

宿　主　ブリ，カンパチ，シマアジ，ヒラメ，カワハギ，ウマズラハギ

病　原　*Nocardia seriolae*。弱抗酸性の分枝したグラム陽性好気性糸状菌。小川培地上で橙黄色の緻密な固い集落を形成。

分布・疫学　ブリ養殖が行われている海域で広く発生。富栄養化の進んだ海域に定着していると考えられる。7～2月にかけて流行する(最盛期は9～10月)。

診　断

<症　状>　躯幹部に膿瘍や結節が形成される躯幹結節型と，鰓に結節が多発する鰓結節型に大別される。

<病　理>　躯幹部，鰓，心臓，腎臓，脾臓，鰾に化膿性肉芽腫性病変が多発し，肉芽腫内部に分枝する糸状菌が多数伸長する。

<病原診断>　膿汁塗抹標本をグラム染色しグラム陽性糸状菌を検出して推定診断。確定診断には1％ないし3％小川培地などを用いて菌を分離し，本菌種を特異的に検出するPCRによる遺伝子解析で同定。

予防・治療　過密飼育を避け，自家汚染を防止する。選別時などの網ズレ防止。サルファ剤の経口投与。

(和田新平)

23 α溶血性レンサ球菌症 (ブリのレンサ球菌症)

α-hemolytic streptcoccosis,
Streptcoccosis of yellowtail

宿　主　ブリ属魚類。他にマアジ，その他の海水魚

病　原　*Lactococcus garvieae*。グラム陽性球菌。以前*Streptococcus*属に分類されていたことからこの病名があるが，近年，ラクトコッカス症とも呼ばれる。莢膜の有無で病原性が異なる。37℃でも発育可能。

分布・疫学　発生は周年みられるが，水温の高い夏場に多発。出荷直前の1～2歳魚でも発症するため被害額が大きい。ワクチンにより発生が減少したが，近年，血清型の異なるⅡ型株の報告がある。また，*S. dysgalactiae* subsp. *dysgalactiae*による類似疾病がみられ，新型レンサ球菌症と呼ばれている。

診　断

<症　状>　眼球周囲の出血，眼球突出。鰭基部・尾柄部の膿瘍・潰瘍形成。体色黒化。脳炎に起因する狂奔遊泳，脊椎弯曲がみられる。

<病　理>　剖検的には心外膜炎が特徴。患部には化膿性炎および肉芽腫性炎が認められる。

<病原診断>　外観症状による診断可能。菌を分離し，抗血清を用いたスライド凝集反応により同定。脳からも高頻度に菌が分離される。

予防・治療　ワクチン接種(ブリ属魚類)。抗菌薬の投与。大型魚では死亡率低減などのため断餌を行う。

(木島まゆみ)

24 β溶血性レンサ球菌症(人獣) (レンサ球菌症)

β-hemolytic streptococcosis,
Streptococcosis

宿　主　ヒラメ。他にマダイ，ニジマス，テラピアなど

病　原　*Streptococcus iniae*。β溶血性を示すグラム陽性球菌で，37℃でも発育可能。莢膜の有無で病原性が異なるとの報告あり。培地上の菌は，比較的速やかに死滅する。

分布・疫学　夏～秋の高水温期を中心に幼魚成魚を問わず発生。特にヒラメにおける被害が大きい。*S. iniae*は人に対しても病原性を有し，これまでに養殖従事者などの感染事例報告がある。近年，α溶血を示す*S. parauberis*の感染がみられ，ヒラメの新型レンサ球菌症とも呼ばれている。

診　断

<症　状>　眼球周囲の出血・白濁・突出。体色黒化。腹部膨満。摂餌不良を示す。

<病　理>　腹水貯留。腎臓・脾臓の腫大。肝臓うっ血。鰓蓋内側の発赤が認められる。

<病原診断>　臓器からTodd Hewitt寒天培地などで菌を分離し，抗血清を用いたスライド凝集反応で診断。外観症状による診断も可能。

予防・治療　ワクチン接種(ヒラメ)。抗菌薬の投与。過密飼育を避け，死亡率低減などのため断餌を行う。

(木島まゆみ)

25 穴あき病 (非定型エロモナス・サルモニサイダ感染症)

(口絵写真32頁)

Ulcer disease,
Atypical *Aeromonas salmonicida* infection

宿　主　キンギョ，コイ科魚類。他にウナギや海産魚の報告もあり。

病　原　非定型*Aeromonas salmonicida*(*A. salmonicida* subsp. *salmonicida*以外の亜種の総称)。グラム陰性，非運動性の短桿菌。せっそう病の病原菌である定型エロモナスと異なり，色素を産生しない。

分布・疫学　キンギョやニシキゴイの穴あき病として，春や秋の水温変化期に発生することが多い。水質悪化やストレス，他の感染症が誘因となる。二次感染により悪化する。ウナギの頭部潰瘍病も非定型*A. salmonicida*が原因とされる。

診　断

<症　状>　体表の脱鱗，充出血に続き，体表に穴があき，筋肉が露出した潰瘍を形成する(**写真**)。潰瘍は，躯幹部の他，鰭基部，口吻部，鰓蓋などにもみられる。内臓諸器官の肉眼的病変はほとんどみられない。

<病　理>　皮膚組織の変性脱落や壊死が主徴。

<病原診断>　皮膚や内臓の病変部から菌を分離し，抗血清を用いたスライド凝集反応や蛍光抗体法で同定。

予防・治療　適切な飼育や水質管理を行い，二次感染を防止する。抗菌薬の投与。

(木島まゆみ)

26 エロモナス・ハイドロフィラ感染症
Aeromonas hydrophila infection

宿　主　ウナギ，アユ，コイのほか，多種の淡水魚

病　原　*Aeromonas hydrophila*。グラム陰性，短桿菌。単極毛で活発に運動することから運動性エロモナスとも呼ばれる。普通寒天培地に発育し，灰白色，半透明の円形コロニーを形成する。37℃でも発育可能。

分布・疫学　世界各国の淡水域に広く分布する。環境変化が発病誘因となり，腸管から感染する。鰭赤病（ウナギ），立鱗病（キンギョ・コイ科魚類）とも呼ばれる。

診　断

<症　状>　ウナギは，皮膚・鰭充出血・潰瘍，肛門充出血がみられる。アユは，口唇部の赤変，皮膚・鰭充出血・潰瘍，肛門発赤・拡張を示す。キンギョ・コイ科魚類は，立鱗・腹部膨満（鱗が逆立ち，松かさのようにふくれる），体表出血が認められる。

<病　理>　ウナギは，腸管の剥離性カタル性炎，腸粘膜上皮壊死，肝うっ血や腎臓・脾臓の腫脹・壊死を認める。キンギョ・コイ科魚類は，腸炎，腹水貯留，肝うっ血，腎壊死を示す。

<病原診断>　外観症状から本症を推定可能。病巣部から菌を分離し，抗血清を用いた蛍光抗体法による確定診断。

予防・治療　飼育環境を改善し，消毒を励行する。抗菌薬の投与。

（木島まゆみ）

27 細菌性腎臓病

（口絵写真32頁）

Bacterial kidney disease（BKD）

宿　主　サケ科魚類

病　原　*Renibacterium salmoninarum*。グラム陽性，非運動性の小桿菌。多くの場合，中央がやや弯曲した双桿状を示す。発育適温は15～18℃。37℃では発育できない。遅発育性で，KDM-2培地などでコロニーを形成するのに2週間以上を要する。

分布・疫学　欧州，北米，南米および日本に分布。低水温期，特に水温が10～15℃前後の春先や秋に多発。慢性疾病で潜伏期間が長いため，幼稚魚の発症例は少ない。介卵伝播の報告あり。

診　断

<症　状>　元気消失。削痩。体色黒化。腹部膨満。眼球突出および点状出血を認める。感染初期の個体では病変が認められないことも多い。

<病　理>　腎臓に白色の膨隆，白斑状の肉芽腫様病変がみられる（**写真**）。白斑状の病変は，ときに脾臓や肝臓でもみられる。腹水貯留。

<病原診断>　剖検所見による診断が可能。腎臓の塗抹標本で小桿菌を確認する。蛍光抗体法，寒天ゲル内免疫拡散法，凝集反応，抗原捕捉ELISAによる抗原の検出が可能。PCRによる遺伝子検出で同定。

予防・治療　環境を浄化する。感染魚，汚染卵の導入回避。受精前に洗卵と卵の消毒をし，感染予防。

（木島まゆみ）

28 海水魚の滑走細菌症
Gliding bacterial disease in sea water fish

宿　主　ヒラメ，タイ，その他の海水魚

病　原　*Tenacibaculum maritimum*（旧*Flexibacter maritimus*）。グラム陰性，長桿菌。菌体の弯曲により滑走運動を示す。培養には海水成分を必要とし，扁平な淡黄色のコロニーを形成する。強い蛋白質分解活性を持つ。

分布・疫学　海水魚，特にヒラメ，タイの稚魚期における被害が大きい。ヒラメ稚魚では，春期に多発する。接触感染，創傷感染。過密飼育など，環境条件の悪化により発病する。他の細菌の二次感染で被害が大きくなる。

診　断

<症　状>　遊泳緩慢。体色黒化。口腔周囲・鰭・体表・尾柄部の白濁・びらん・発赤・壊死。尾鰭の欠落などが認められる。

<病原診断>　患部塗抹標本で無数の長桿菌を確認する。海水加培地で菌を分離し，PCRによって菌を同定。

予防・治療　過密飼育を避け，飼養環境を整備し，良質な餌料を投与する。感染魚の早期発見・除去。ブロノポールの薬浴（50g以下のカレイ目魚類の稚魚）。

（木島まゆみ）

29 カラムナリス病
Columnaris disease

宿　主　多種淡水魚。サケ科魚類

病　原　*Flavobacterium columnare*（旧*Flexibacter columnaris*）。グラム陰性，長桿菌。菌体の弯曲により滑走運動を示す。サイトファーガ寒天培地などに辺縁が樹根状をした黄色の扁平なコロニーを形成。塩分濃度0.5％では発育するが，2％では発育しない。

分布・疫学　世界的に分布。コイの被害が大きい。高水温期に多発する。過密飼育など，環境条件の悪化により発病する。

診　断

<症　状>　活力消失。水面近くを遊泳し，水流の弱い場所に集合する。体表・鰭・鰓・口腔周辺に黄白色～褐白色の斑点・潰瘍を形成。粘液の過剰分泌。鰓の部分的欠損を認める。

<病　理>　鰓薄板（さいはくばん）上皮の増生・肥厚・癒着。鰓弁の棍棒化・壊死・脱落がみられる。

<病原診断>　患部塗抹標本で，活発に運動する無数の長桿菌を確認する。菌を分離後，PCRにより同定。

予防・治療　過密飼育を回避し，飼育環境を改善する。塩水浴。抗菌薬の投与（コイ）。

（木島まゆみ）

30 細菌性鰓病
Bacterial gill disease

宿　主　淡水で飼育されるサケ科魚類，アユなど

病　原　*Flavobacterium branchiophilum*。グラム陰性，長桿菌。運動性はなく，滑走細菌に特徴的な樹根状のコロニーやスウォーミングはみられない。サイトファーガ寒天培地などに微小コロニーを形成。発育可能塩分濃度は0～

0.1％程度で，海水濃度では生育しない。

分布・疫学　世界各国に分布。比較的低水温期に，稚魚期のサケ・マス類で多く発生する。天然水域に常在し，過密飼育など，環境条件の悪化により発病する。

診　断

＜症　状＞　元気消失。摂餌不良。水面，池壁付近を力なく遊泳し，排水口付近に集合する。粘液分泌のため，鰓蓋が開き，呼吸障害により死亡する。

＜病　理＞　鰓が腫脹し，粘液の過剰分泌がみられ，長桿菌が多数繁殖。鰓薄板上皮細胞の増生・肥厚・癒合。鰓弁の棍棒化を認める。

＜病原診断＞　鰓弁の鏡検により，長桿菌の存在と細胞増生・鰓薄板の癒合などを確認する。菌を分離し，蛍光抗体法やPCRを用いて菌を同定。

予防・治療　過密飼育を回避し，飼育環境を改善する。短時間の塩水浴を行う。

（木島まゆみ）

31 レッドマウス病（特定）

Enteric redmouth disease

宿　主　サケ科魚類。他にコイ，キンギョなど

病　原　*Yersinia ruckeri*。腸内細菌科に属する通性嫌気性グラム陰性短桿菌。

分布・疫学　欧米，アジアなどに分布。水温が13℃以上，多くは18℃前後で発生する。ニジマスが最も感受性が高い。日本での発生はなかったが，2017年に石川県のシロザケで発生が確認され，全数処分と施設消毒が行われた。感染耐過魚が感染源となる。

診　断

＜症　状＞　遊泳緩慢。体色黒化。眼球突出。口腔内・口吻部・下顎・鰭基部の発赤・点状出血がみられる。

＜病　理＞　内部諸臓器・脂肪組織・筋肉などに出血。脾臓腫大。腸炎。腸内に黄色粘液が貯留する。

＜病原診断＞　菌を分離し，PCRで確定診断を行う。

予防・治療　発生地域からの魚・受精卵の導入禁止。本病は持続的養殖生産確保法に基づく特定疾病で，輸入検疫の対象（サケ科，コイ，フナ属，コクレン，ハクレンおよびナイルティラピア）。発生が認められた場合，届出が必要で，移動制限，消毒などの蔓延防止を行う。

（木島まゆみ）

32 非結核性抗酸菌症（人獣）

Nontuberculous mycobacteriosis

宿　主　多くの淡水・海水魚（主としてブリ，カンパチ）

病　原　*Mycobacterium marinum*, *Mycolicibacterium fortuitum*, *Mycobacteroides chelonae*, *Mycobacterium pseudoshottsii*, *Mycobacteroides salmoniphillum* など

診　断

＜症　状＞　一般に慢性的。熱帯魚では眼球突出，腹部膨満（腹水）。海水魚では削痩，遊泳緩慢，衰弱。脾臓・腎臓などに多数の白色結節を認める。これら結節は肉芽腫性炎症部である。同種の菌が人の皮膚非結核性抗酸菌症より分離されることから，人獣共通感染症と考えられる。

＜病原診断＞　剖検所見により診断可能。内臓スタンプ標本や病理組織標本の抗酸菌染色によって診断。

予防・治療　病魚を淘汰し，瀕死魚や死亡魚を除去する。食用魚以外では抗菌薬投与。

（和田新平）

33 アユのシュードモナス病（細菌性出血性腹水症）

Pseudomonas disease of ayu,
Bacterial hemorrhagic ascites

宿　主　アユ

病　原　*Pseudomonas plecoglossicida*。グラム陰性桿菌。極毛性の複数の鞭毛で運動する。非運動性株の報告もある。普通寒天培地で発育し，無色の円形コロニーを形成。広範囲の温度および塩分濃度で増殖可能。

分布・疫学　5～7月に水温が15～20℃で発生する。冷水病との混合感染が多く，冷水病対策として加温処理や投薬後に発生することも多い。幼魚成魚を問わず発生。スレなどの創傷から感染する。

診　断

＜症　状＞　肛門の拡張・出血。頭部・下顎の発赤・出血。鰓の退色がみられる。

＜病　理＞　血液が混じった多量の腹水が貯留するのが特徴。腎臓・脾臓の腫大。内臓の点状出血，直腸部の出血が認められる。出血性の敗血症で死亡する。

＜病原診断＞　発生時期と臨床症状から診断可能。菌を分離し，抗血清を用いた凝集反応によって同定。

予防・治療　水質改善。過密飼育を回避し，病気発生地域からの魚類の導入禁止。制限給餌。

（木島まゆみ）

34 ピシリケッチア症（特定）（海外）

Piscirickettsiosis

宿　主　サケ科魚類（ことにギンザケ）

病　原　非運動性グラム陰性細菌で偏性細胞内寄生性の *Piscirickettsia salmonis*

分布・疫学　低水温期に発生。伝播様式は不明。

診　断

＜症　状＞　不活発遊泳，食欲不振，体色黒化など非特異的症状を示す。貧血による鰓の退色。体表に小型の潰瘍を形成。脾臓および腎臓の腫大，鰾と腹膜の小出血点がみられる。日本には未侵入。

＜病原診断＞　内臓スタンプや血液塗抹標本のギムザ染色，アクリジンオレンジ染色あるいは間接蛍光抗体法によって菌の確認。菌を分離し，抗原捕捉ELISAやPCRで同定。

予防・治療　適切な防除法なし。

（和田新平）

35 細菌性溶血性黄疸

Bacterial hemolytic jaundice

宿　主　ブリなどの大型魚

病　原　*Ichthyobacterium seriolicida*。グラム陰性，運動性の長桿菌（4～6 μm）

分布・疫学　水温が20℃以上で発生。2年魚以上のブリ大型魚で頻発。
診　断
<症　状>　口唇・眼窩・腹部体表の黄色化や鰓の退色がみられる。脾臓および腎臓の腫大・脆弱化(ことに巨脾)。腹壁・内臓漿膜・筋肉の黄色化も認める。
　ヘマトクリット値が10～20％に低下。血漿総ビリルビン量は1 mg/dL以上に増加。
<病原診断>　特徴的な外観症状や剖検所見から診断可能。血液塗抹標本のギムザ染色によって菌の確認。L-15培地(牛胎子血清10％加)での菌分離。
予防・治療　マクロライド系抗菌薬の経口投与。

(和田新平)

36 水カビ病
Fungus disease

宿　主　サケ科魚類，ウナギ，温水性魚類，淡水性熱帯魚
病　原　*Saprolegnia parasitica*，*S. diclina*，*Achlya*属真菌，*Aphanomyces*属真菌。*S. parasitica*はサケ科魚類やウナギに，*S. diclina*は温水性魚類に，*Achlya*属真菌，*Aphanomyces*属真菌は淡水性熱帯魚に感染。
分布・疫学　全世界に分布。外傷または寄生虫感染に続き，二次的に感染する。
診　断
<症　状>　体表や鰭に綿毛様の白色の小丘を形成。
<病原診断>　感染部位を直接塗抹し，顕微鏡観察して菌を確認。培養後，遊走子の形態により属を判定。
予防・治療　マラカイトグリーンによる薬浴(0.1～0.5ppm)は有効であるが，使用禁止。有効な薬剤は見出されていない。

(森友忠昭)

37 真菌性肉芽腫
Mycotic granulomatosis

宿　主　アユなど多くの淡水魚
病　原　*Aphanomyces invadans*
分布・疫学　全国各地で散発的に発生している。
診　断
<症　状>　筋肉内に菌糸が伸張し，アユでは皮膚の腫脹・出血・壊死後，鮮紅色の肉芽腫が露出する。肉芽腫内には，類上皮細胞層で囲まれた無数の菌糸が観察される。
<病原診断>　患部組織の圧扁標本を作製し，菌糸を確認。
予防・治療　かつてはマラカイトグリーンによる治療が行われていたが，現在は使用禁止。有効な予防・治療法はない。

(森友忠昭)

38 サケ科魚類の内臓真菌症
Visceral mycosis

宿　主　サケ科魚類の稚魚
病　原　*Saprolegnia diclina*
分布・疫学　餌付け後1～2週間の稚魚にみられる。
診　断
<症　状>　菌は胃内で発育し，胃壁を貫通した後，さらに腹腔内で発育する。魚体内すべてが菌糸で被われる。外見的には腹部の膨満が特徴的。
<病原診断>　感染臓器の圧扁標本で菌糸(無隔)を確認。
予防・治療　頻繁に飼育池の清掃を行い，残餌の除去に努める。

(森友忠昭)

39 オクロコニス症
Ochroconis infection

宿　主　主にサケ科魚類でみられる。
病　原　*Ochroconis tshawytschae*，*O. humicola*(黒色真菌)
分布・疫学　サケ科魚類のみならず，海水魚でもみられる。
診　断
<症　状>　外見的には，体表の潰瘍と腹部膨満が特徴的。剖検では，腹水貯留と腎臓の腫大がみられる。腎臓内には褐色の菌糸が繁殖。
<病原診断>　腎臓などの圧扁標本で黒色真菌(褐色の菌糸)を確認。
予防・治療　有効な予防・治療法はない。

(森友忠昭)

40 胃鼓張症
Tympanites ventriculi

宿　主　サケ科魚類
病　原　*Candida sake*(酵母)
分布・疫学　サケ科魚類にのみみられる。
診　断
<症　状>　外見的には，腹部膨満が特徴的。剖検すると胃の拡張が認められ，胃内に大量の酵母が観察される。
<病原診断>　胃内容物の鏡検により，酵母を確認。
予防・治療　有効な予防・治療法はない。

(森友忠昭)

41 白点病
White spot disease

宿　主　ほとんどの淡水魚および海水魚
病　原　繊毛虫類の*Ichthyophthirius multifiliis*(淡水魚)，*Cryptocaryon irritans*(海水魚)
分布・疫学　世界中で発生。
診　断
<症　状>　水槽壁などに身体を擦りつける異常遊泳(フラッシング)。体表，鰓，鰭に白色の小型類円形異物が多数形成される。
<病原診断>　表皮の顕微鏡観察により栄養体の大核の形態を確認(*I. multifiliis*は馬蹄形，*C. irritans*は連珠状)。
予防・治療　メチレンブルー，二酸化塩素などによる薬浴(*I. multifiliis*)，塩化リゾチームの経口投与(マダイ，*C. irritans*)。

(和田新平)

42 イクチオホヌス症
Ichthyophonosis

宿　主　淡水魚・海水魚の多くの魚種。養殖ニジマスで問題となっている。コイなどの無胃魚には感染しない。

病　原　*Ichthyophonus hoferi*。以前は接合菌類に属する真菌類に分類されていたが，現在では原虫の一員として扱われている。多核球状体を魚が経口摂取すると，胃粘膜で発芽して糸状体が宿主に侵入する。その後，各臓器に多核球状体を形成する。

分布・疫学　ニジマス養殖で周年発生するが，ブリ養殖(稚魚期)でもみられる。

診　断

＜症　状＞　外見的に，腹部膨満・眼球突出がみられる。剖検すると肝・脾・腎臓などの表面に白色点がみられる。

＜病原診断＞　病変部の圧扁標本で多核球状体を確認する。

予防・治療　死亡魚は感染源となるので除去する。

(森友忠昭)

43 アミルウージニウム症
Amyloodiniosis

宿　主　温水性海水魚(水族館飼育魚，養殖魚ではトラフグ)

病　原　植物性鞭毛虫類の *Amyloodinium ocellatum*

分布・疫学　世界中の温暖な地域に広く分布。

診　断

＜症状・病理＞　鰓弁上に最大350μmに達する体内にデンプン顆粒を多数含む虫体が寄生。仮根状突起で固着し鰓弁上皮の増生を引き起こす。

＜病原診断＞　鰓や体表の顕微鏡観察によりルゴール・ヨウ素液染色で褐色に染まる栄養体を確認。

予防・治療　観賞魚および水族館飼育魚では硫酸銅溶液で治療するが，養殖魚では使用不可。

(和田新平)

44 イクチオボド症
Ichthyobodosis

宿　主　多くの淡水魚，海水魚

病　原　動物性鞭毛虫類の *Ichthyobodo necator*

分布・疫学　世界中の温暖な地域。

診　断

＜症状・病理＞　食欲廃絶し遊泳不活発となる。寄生部位の鰓や体表は白濁し，やがて潰瘍化。表皮は肥厚して粘液過剰分泌が起こるが，やがて剥落。

＜病原診断＞　鏡検で虫体を確認する。

予防・治療　観賞魚および水族館飼育魚ではホルマリンで治療するが，養殖魚では使用不可。

(和田新平)

45 微胞子虫症
Microsporidiosis

病名同義語：ブリのベコ病(Beko disease in yellowtail)

宿　主　ブリ種苗・稚魚

病　原　微胞子虫類の *Microsporidium seriolae*。胞子2.9～3.7μm，幅1.9～2.4μm

分布・疫学　6～7月が感染期。日本でのみ発生。

診　断

＜症　状＞　躯幹筋内に白色不整形で数mm～1cm大のシスト形成(この段階までは外部症状なし)。シスト内で胞子が形成されるとシストが崩壊し，筋組織の融解壊死が起こり，体表の陥没がみられる("ベコ" 症状)。

＜病原診断＞　特徴的な臨床所見から診断可能。患部のウェットマウント，塗抹標本，病理組織標本のUvitex 2B染色による胞子確認。PCRによる遺伝子診断も可能。

予防・治療　砂濾過海水を用いた沖出し前陸上飼育。

(和田新平)

46 グルゲア症
Glugeosis

宿　主　アユ(種苗以外に河川のアユでも観察される)

病　原　微胞子虫類の *Glugea plecoglossi*

分布・疫学　日本各地の養殖，天然アユにみられる。

診　断

＜症状・病理＞　腹腔内臓器の漿膜面，腹膜に径数mmの白色シストが多数観察。皮下や躯幹筋内にシストが形成されると体表に隆起部を形成。寄生体が宿主細胞内に寄生して複合体(キセノマ)を形成し，大型シストとなる。

＜病原診断＞　患部のウェットマウント標本観察により胞子確認。

予防・治療　種苗導入後早期に28～29℃で5日間飼育し，7日後に再度高水温飼育することで防除可能。

(和田新平)

47 ヘテロスポリス症
Heterosporiosis

ウナギのベコ病
Beko disease in eel

宿　主　ニホンウナギ

病　原　微胞子虫類の *Heterosporis anguillarum*

分布・疫学　日本，台湾で確認。

診　断

＜症状・病理＞　体表に顕著な凹凸が観察されて「ベコ病」と呼ばれる。寄生体が躯幹筋内でシストを形成し，それが崩壊する際に蛋白分解酵素を放出し，それによって躯幹筋が融解する。死亡率は高くないが，商品価値を失う。

＜病原診断＞　筋肉患部のウェットマウント標本観察により胞子確認。

予防・治療　選別により病徴のある魚を除去。治療法はなし。

(和田新平)

48 キロドネラ症
Chilodonelliasis

宿　主　多くの淡水魚
病　原　繊毛虫類の *Chilodonella piscicola*
分布・疫学　世界中。日本ではニシキゴイやキンギョで発生。
診　断
＜症状・病理＞　鰓蓋を開き体色が黒化する。食欲廃絶して衰弱・死亡する個体が慢性的に出現する。体表，鰓に寄生して上皮増生および壊死を引き起こす。
＜病原診断＞　患部組織の擦過標本ないし生検標本の鏡検による虫体の確認。
予防・治療　飼育密度の低減，水質改善で防除。0.5～0.7％塩水浴で治療。

（和田新平）

49 エピスチリス症
Epistyliosis

宿　主　多くの淡水魚
病　原　有柄繊毛虫類の *Epistylis* 属寄生虫
分布・疫学　世界中の水域で確認される。
診　断
＜症　状＞　体表に白色隆起性患部を形成。外観的にカラムナリス病に類似。細菌の二次感染で潰瘍化する。
＜病原診断＞　白色患部の直接鏡検で繊毛運動する有柄繊毛虫を確認。
予防・治療　0.2％ NaClで5～8時間，2.0％ NaClで5分間の塩水浴。細菌感染には抗菌薬を併用。

（和田新平）

50 トリコジナ症
Trichodiniasis

宿　主　多くの淡水魚，海水魚
病　原　繊毛虫類の *Trichodina* 属寄生虫。水中に常在し，健康魚でも鰓や体表に少数観察される。
分布・疫学　世界中の水域で確認される。
診　断
＜症状・病理＞　ストレスを受け生体防御能が低下した際に発症。体表，鰭，鰓に寄生し粘液過剰分泌，異常遊泳を示す。上皮面で大量寄生し上皮を著しく損傷。
＜病原診断＞　顕微鏡観察により回転運動をする虫体を確認。
予防・治療　観賞魚では過マンガン酸カリウム0.005％で5分間薬浴。養殖魚ではストレスの低減。

（和田新平）

51 マイアミエンシス症
Miamiensis infection

宿　主　ヒラメの種苗・稚魚
病　原　アンキスツルム目に分類される繊毛虫の *Miamiensis avidus*。30～45μm，洋梨型で長軸に沿って8～12本の繊毛列，尾端に1本の長繊毛を有する。
分布・疫学　日本の南西海域。
診　断
＜症　状＞　体色の白化，びらん，出血。皮下組織，鱗嚢内にも寄生。脳内に寄生した場合には外観症状を示さない。
＜病原診断＞　患部のウェットマウント標本観察による虫体の確認。
予防・治療　侵入経路不明。有効な防除・治療法はないが，飼育密度を適切に保ちストレスを軽減。

（和田新平）

52 旋回病(特定)(海外)
Whirling disease

宿　主　ニジマス，ベニザケ，カワマス，マスノスケの順に感受性が強い。
病　原　粘液胞子虫類の *Myxobolus cerebralis*（交互宿主のイトミミズ内では放線胞子虫となる）
分布・疫学　世界中。日本には未侵入。
診　断
＜症状・病理＞　頭骨・脊椎の変形，尾部の黒化，旋回遊泳。頭蓋骨や脊椎が原因虫の寄生を受けて変形し，肉芽腫性炎症が起きて神経組織を損傷。
＜病原診断＞　頭骨などを酵素処理して虫体検出ないし18S rDNAのPCR検査。
予防・治療　有効な予防・治療法はないが，飼育環境中からイトミミズの除去。

（和田新平）

53 粘液胞子虫性側弯症
Myxosporean scoliosis

宿　主　ブリ
病　原　粘液胞子虫類の *Myxobolus acanthogobii*（分布・生活環は不明）
分布・疫学　西日本を中心に養殖ブリで発生。他種の天然魚でもみつかっている。
診　断
＜症状・病理＞　脊椎が左右側方に1～2回弯曲，ないし尾部が上方に弯曲。ときに短躯となる。脳内（第4脳室，視蓋，下葉，延髄など）にシストが形成され，その物理的刺激で神経系が損傷して躯幹筋の強度の収縮などが起こる。
＜病原診断＞　脳内のシストを検出して極嚢が2つある虫体を確認。
予防・治療　有効な駆虫法はない。

（和田新平）

54 粘液胞子虫性やせ病
Emaciation disease

宿　主　トラフグ，ヒラメ，マダイ成魚
病　原　粘液胞子虫類の *Enteromyxum leei*，*Leptotheca fugu*
分布・疫学　春～秋に発生。トラフグにはどちらか1種が寄生する場合と2種が同時寄生する場合がある。ヒラメ，マダイは*E. leei*のみ寄生。

診　断

<症　状>　眼窩が落ち凹み，背部・頬部が痩ける。腸管上皮内に寄生し，脱出時に上皮を破壊して消化吸収不全を招く。

<病原診断>　腸管上皮ないし内容物のウェットマウント検査。PCRによる遺伝子診断。

予防・治療　有効な防除・治療法なし。種苗導入前の検査により病魚が検出された群の導入回避。

（和田新平）

55 コイ稚魚の鰓ミクソボルス症

Carp gill myxoboliosis

宿　主　コイ（0歳魚）。他の魚種での発症報告なし。

病　原　粘液胞子虫類の*Myxobolus koi*，*M. toyamai*，*M. musseliusae*。水中に常在し，健康魚の鰓にも少数みられる。

分布・疫学　日本を含む東南アジア，米国，欧州

診　断

<症状・病理>　初夏から鰓に大型シストが多数形成され，鰓蓋が押し上げられる（頬腫れ）。鰓薄板内に多数の虫体を含むシストが多数観察される。

<病原診断>　鰓生検標本中で極嚢が2つある虫体を含むシストを検出。

予防・治療　夏場の感染時に十分なエアレーションを行い，飼育密度を下げて水温変化に注意する。

（和田新平）

56 筋肉クドア症

Muscle kudoasis

宿　主　ブリおよびマダイ

病　原　*Kudoa amamiensis*（ブリ），*K. iwatai*（マダイ）

分布・疫学　日本では奄美大島，沖縄県（*K. amamiensis*），鹿児島県，宮崎県（*K. iwatai*）

診　断

<症状・病理>　躯幹筋内にきわめて多数の白色シストを形成。シスト周囲の筋肉が融解壊死し，「ジェリーミート」を引き起こす場合がある。

<病原診断>　シストおよび筋肉内に極嚢が4つある虫体を検出。

予防・治療　原因虫の分布海域で感受性魚種の飼育を行わない。

（和田新平）

1 バキュロウイルス性中腸腺壊死症

Baculoviral midgut grand necrosis

宿　主　クルマエビ（幼生〜稚エビ期）

病　原　Midgut gland necrosis virus。以前は，バキュロウイルス科に属していたが，現在は未分類。

分布・疫学　日本。感染耐過した親エビ排出ウイルスの経口感染，垂直感染。

診　断

＜症状・病理＞　幼生は食欲不振，行動不活発，成長不良を呈し，稚エビでは中腸腺の白濁・軟化が特徴的。死亡率は高い。ウイルス感染細胞の核は暗視野顕微鏡下で白色にみえる。

＜病原診断＞　顕微鏡による中腸線細胞のウイルス感染核の観察，暗視野顕微鏡下で白色のウイルス感染核の確認。

予防・治療　受精卵の洗浄により，ウイルスの卵への付着を防止する。発症群の殺処分による水平感染の防止。

（森友忠昭）

2 クルマエビ急性ウイルス血症

Penaeid acute viremia

病名同義語：白斑病（White spot disease）

宿　主　クルマエビ。多くのエビ・カニ類から検出される。

病　原　*Nimaviridae*, *Whispovirus*に属する*White spot syndrome virus*。Penaeid rod-shaped DNA virusとも呼ばれる。

分布・疫学　日本を含むアジア諸国。米国。

診　断

＜症状・病理＞　体色の発赤や外骨格の白点形成が特徴的。皮下織，造血組織などの感染細胞核の肥大。

＜病原診断＞　PCRによる遺伝子診断。

予防・治療　PCRによりウイルスフリーの親エビを選別。受精卵のヨード消毒など。

（森友忠昭）

3 イエローヘッド病（特定）（海外）

Yellow head disease

宿　主　ウシエビ，クルマエビ，ホワイトシュリンプ，テンジクエビなど。実験感染では多くのクルマエビ類が感染。

病　原　*Nidovirales*, *Roniviridae*, *Okavirus*に分類されるYellowhead virus。

分布・疫学　東南アジア諸国で発生。日本での発生はない。

診　断

＜症状・病理＞　病エビの頭胸部は黄色味を帯び，鰓の色も褐色に変わる。累積死亡率は100%に達する場合もある。リンパ組織，造血組織，鰓，皮下，筋肉，腸などの組織に強い壊死と細胞質内封入体が観察される。

＜病原診断＞　病エビの材料を用いたRT-PCRによる遺伝子診断。

予防・治療　有効な予防，治療法はない。

（森友忠昭）

4 伝染性皮下造血器壊死症（特定）（海外）

Infectious hypodermal and hematopoietic necrosis

宿　主　クルマエビ，ホワイトレッグシュリンプ，ブルーシュリンプなど。実験的に多くのエビ類に感染。

病　原　*Parvoviridae*（属未確定）に分類されるInfectious hypodermal and hematopoietic necrosis virus

分布・疫学　米国，中南米，東南アジア。日本での発生はない。感染耐過個体はキャリアーとなり水平感染，垂直感染の感染源となる。

診　断

＜症　状＞　食欲不振，緩慢遊泳などの行動異常。クチクラ上皮に白点の形成。

＜病原診断＞　PCRによる遺伝子診断。

予防・治療　有効な治療法はない。ヨード剤，塩素剤による養殖池の消毒。

（森友忠昭）

5 バキュロウイルス・ペナエイ感染症（特定）（海外）

Tetrahedral baculovirosis

宿　主　多くのクルマエビ類の幼生および稚エビ

病　原　*Baculoviridae*に属すると考えられているBaculovirus penaei。

分布・疫学　米大陸，ハワイ。日本での発生はない。汚染飼育水，排泄物を介する水平感染。感染雌エビから垂直感染。

診　断

＜症　状＞　幼生の大量死亡。稚エビの成長不良や生残率低下。中腸腺や腸の上皮細胞に包埋体が認められる。

＜病原診断＞　ウエットマウント標本で包埋体確認。PCRによる遺伝子診断。

予防・治療　有効な治療法はない。受精卵のホルマリン，ヨード剤による消毒。

（森友忠昭）

6 タウラ症候群（特定）（海外）

Taura syndorome

宿　主　ホワイトレッグシュリンプ，ブルーシュリンプなど。主に稚えびに発生。

病　原　*Picornaviridae*に属すると考えられているTaura syndrome virus。

分布・疫学　米国，中南米，東南アジア。日本での発生はない。

診　断

＜症　状＞　病エビの体色（特に尾節・遊泳脚）は赤みを帯びる。脱皮中に死亡することが多い。

＜病原診断＞　RT-PCRによる遺伝子診断。

予防・治療　有効な治療法はない。養殖池の塩素剤，ヨード剤による消毒。

（森友忠昭）

7 クルマエビのビブリオ病
Vibriosis of kuruma prawn

宿　主　主にクルマエビ
病　原　*Vibrio penaeicida*。グラム陰性通性嫌気性の短桿菌。海外では，多くのビブリオ属菌が原因となる。
分布・疫学　クルマエビ養殖池に常在し，外見上健康なエビの多くが保菌している。ストレス(環境悪化など)により発症。主に経口感染。
診　断
＜症　状＞　外観はほぼ無症状。リンパ様器官の肥大，硬化，小黒点(小結節)の形成。病気が進行すると，リンパ様器官は黒変(黒変症)・壊死し死亡する。
＜病原診断＞　スライド凝集反応による同定。PCRによる遺伝子診断。
予防・治療　オキシテトラサイクリン，オキソリン酸などの化学療法剤の経口投与。不活化ワクチンが有効との報告がある。

（森友忠昭）

8 フザリウム感染症
Fusarium infection

病名同義語：鰓黒病(Black gill syndrome)
宿　主　クルマエビ類，コエビ類，ロブスター類
病　原　*Fusarium solani*, *F. moniliforme*, *F. graminearum*。
分布・疫学　日本，南米，北米で発生。日本では*Fusarium solani*や*F. moniliforme*などによるクルマエビの被害が大きい。
診　断
＜症　状＞　メラニン色素沈着のため，鰓が黒色を呈し，鰓黒病と呼ばれる。鰓組織の崩壊，菌糸および壊死組織などが血管を閉塞することによる呼吸障害によって死亡すると考えられている。養殖場内で周年発生し，生産量の低下を招く。
＜病原診断＞　病変部を直接鏡検し，菌糸および大・小分生子を検出。菌の分離・同定。
予防・治療　塩素剤などによる養殖池の消毒など。

（森友忠昭）

1 海獣類のモルビリウイルス感染症
Morbillivirus infectious disease in marine mammals

宿　主　アザラシ，イルカ

病　原　*Mononegavirales, Paramyxoviridae, Morbillivirus* に属するアザラシジステンパーウイルス(*Phocine morbillivirus*)。

分布・疫学　北海のゼニガタアザラシの大量死として知られるアザラシジステンパーウイルスは，欧州の食肉目動物でみられる犬ジステンパーウイルスに類似する。

診　断

＜症　状＞　罹患動物は呼吸器症状と神経症状を示し，多くの動物が死に至る。アザラシジステンパーウイルスの他に，マイルカジステンパーウイルスやネズミイルカジステンパーウイルスが知られ，下痢，肺炎，脳炎などを引き起こす。

＜病原診断＞　病理学的診断である程度診断がつく。確定診断はRT-PCRを用いた遺伝子検査による。

予防・治療　ワクチン・治療法ともになし。

（坪田敏男）

2 ヤブノウサギ症候群(海外)
European brown hare syndrome

宿　主　ヤブノウサギ(*Lepus europaeus*)

病　原　*Caliciviridae, Lagovirus* に属する *European brown hare syndrome virus*。兎出血病ウイルスに類似。

分布・疫学　主に欧州で発生がみられ，汚染地域はヤブノウサギの分布域に一致している。主として糞口感染あるいは呼吸器感染により伝播する。

診　断

＜症　状＞　顕著な臨床症状は示さない。急性で重篤な壊死性肝炎を引き起こし，剖検時に発見される場合がほとんどである。

＜病原診断＞　確定診断はRT-PCRを用いた遺伝子検査による。

予防・治療　ワクチン・治療法ともになし。

（坪田敏男）

3 重症急性呼吸器症候群 (SARS)(二類感染症)(人獣)
Severe acute respiratory syndrome

宿　主　ハクシビン，たぬき，イタチアナグマ，人。自然宿主はおそらくキクガシラコウモリ。

病　原　SARSコロナウイルス(*Severe acute respiratory syndrome-related coronavirus*：SARS-CoV)は *Nidovirales, Coronaviridae, Coronavirinae, Betacoronavirus* に分類。プラス1本鎖RNAで約30kbのゲノムを持つエンベロープウイルス。直径100～180nmの多形性ないし球形。ウイルス受容体はACE2である。二種病原体等。BSL3。

分布・疫学　2002年11月中国で初発，2003年7月に終息。29の国および地域で8,098名が感染，うち774名が死亡。患者の60％は中国本土で発生。動物から人への直接の感染は不明だが，野性動物の調理人が初発である。人－人感染は飛沫および糞口感染と考えられる。

診　断

＜症　状＞

動　物：ハクビシンを含む野生動物が感染を受けたが，症状は不明。

人：中央値5日の潜伏期。悪寒戦慄，発熱，筋肉痛などインフルエンザ様の前駆症状が続き，咳嗽，呼吸困難，大量の水様性下痢がみられる。患者の約20％は急性呼吸促迫症候群(ARDS)を呈する。致死率は9.6％。

＜病原・血清診断＞　VeroE6細胞でのウイルス分離。RT-PCRやLAMPによる遺伝子診断。ELISAや中和テストによる血清抗体測定。

予防・治療　特異的な予防法や治療法はない。

（西垣一男）

4 中東呼吸器症候群 (MERS)(指定感染症)(人獣)(海外)
Middle east respiratory syndrome

宿　主　ヒトコブラクダ，アルパカ，人

病　原　MERSコロナウイルス(*Middle East respiratory syndrome-related coronavirus*：MERS-CoV)は *Nidovirales, Coronaviridae, Coronavirinae, Betacoronavirus* に分類。プラス1本鎖RNAをゲノムとするエンベロープウイルス。三種病原体等。BSL3。

分布・疫学　2012年サウジアラビアで初発生後，アラビア半島諸国を中心に世界27カ国で発生。2018年1月までに2,143名が感染，うち750名が死亡。

アラビア半島，北アフリカ，東アフリカ地域のヒトコブラクダではMERS-CoV抗体の保有率がきわめて高い。ヒトコブラクダが感染源であり，MERS発生地域ではらくだとの接触，らくだの未加熱肉や未殺菌乳の摂取により感染のリスクがある。発症した人と濃厚接触や，咳などによる飛沫感染で人－人感染が生じる。

診　断

＜症　状＞

ヒトコブラクダ：鼻汁漏出。感染性ウイルスが鼻汁に検出される。

人：潜伏期間の中央値は5日。無症状から重症例まで様々。発熱，咳嗽などから始まり，急速に肺炎を発症。呼吸不全，下痢，多臓器不全がみられる場合がある。

＜病原診断＞　呼吸器分泌物を用いたRT-PCRによる遺伝子診断。

予防・治療　特異的な予防法や治療法はない。

（西垣一男）

5 慢性消耗病(法)(海外)
Chronic wasting disease

宿　主　エルク，ミュールジカ，ヘラジカなどの鹿科動物

病　原　プリオン。BSEやスクレイピー病原体とは性質が異なる。

分布・疫学　米国，カナダ，ノルウェー，フィンランド。日本では発生なし。鹿から鹿への水平伝播の可能性。

診　断

＜症状・病理＞　削痩，衰弱，運動障害などの神経症状。神経細胞の空胞変性。

＜病原診断＞　病理組織学的検査および免疫染色による異

常プリオン蛋白質の検出。
予防・治療　治療法はない。発症動物の速やかな淘汰。

（坪田敏男）

6 リッサウイルス感染症（人獣）（海外）
Lyssavirus infection

宿　主　コウモリ，げっ歯類，人
病　原　*Mononegavirales, Rhabdoviridae, Lyssavirus*に属する狂犬病ウイルス以外のRabies-related lyssviruses
分布・疫学　主として欧州，ロシア，アフリカ，オーストラリアに分布。これらのウイルスを保有する野生哺乳類の咬傷や接触により感染すると考えられる。
診　断
＜症　状＞　動物の症状は不明。人では狂犬病様症状を示す。
＜病原診断＞　臨床症状から狂犬病との鑑別診断は不可能。RT-PCRによる確定診断が必要。
予防・治療　流行地域ではコウモリなどとの接触を避ける。ワクチンはない。

（坪田敏男）

7 日本紅斑熱（人獣）（四類感染症）
Japanese spotted fever

宿　主　野生小動物や野鳥
病　原　*Rickettsia Japonica*。紅斑熱群リケッチアの一種。三種病原体等。BSL3。
分布・疫学　感染経路はマダニの咬傷による。病原体はマダニの経卵巣感染により維持される。マダニは幼虫，若虫，成虫のいずれも哺乳動物を刺咬・吸血することから，ベクターであり，リザーバー（感染巣）でもある。自然界では小動物（特にげっ歯類や野鳥），あるいは野生の鹿などがリザーバーとなる。マダニは日本全土に分布するが，患者は主に関東以西の太平洋側の温暖な地域に多い。
診　断
＜症　状＞　人では，発熱，頭痛，発疹は全身性でしばしば出血性になる。ツツガムシ病との類症鑑別が必要。
＜病原・血清診断＞　PCRによる遺伝子診断。蛍光抗体法による血清学的診断が有効である。
予防・治療　ダニ咬傷の防止。早期にテトラサイクリン系抗菌薬で治療する。

（坪田敏男）

写真出典・提供者一覧

掲載書

犬と猫の感染症カラーアトラス(1996年　共立商事 発行)
獣医感染症カラーアトラス(1999年　文永堂出版 発行)
獣医住血微生物病(1986年　近代出版 発行)
増補版家畜疾病カラーアトラス（1997年　家畜伝染病予防法施行40周年記念出版事業協賛会 発行）
馬鼻肺炎（1984年　軽種馬防疫協議会 発行）
馬の感染症（1994年　日本中央競馬会馬事部 発行）
監視伝染病診断指針 牛編（2001年　日本獣医師会 発行）

写真		提供者(敬称略)
【牛】		
口蹄疫	写真１～４	宮崎県
牛疫	写真１	「図解海外家畜疾病診断便覧」(監視伝染病診断指針 牛編　４頁(６))
	写真２	「図解海外家畜疾病診断便覧」(監視伝染病診断指針 牛編　３頁(３))
	写真３	「図解海外家畜疾病診断便覧」(監視伝染病診断指針 牛編　４頁(10))
イバラキ病	写真１～２	農研機構動物衛生研究部門
牛伝染性鼻気管炎	写真１	農研機構動物衛生研究部門(獣医感染症カラーアトラス 14頁 写真１)
	写真２	農研機構動物衛生研究部門(獣医感染症カラーアトラス 15頁 写真５)
	写真３	農研機構動物衛生研究部門(獣医感染症カラーアトラス 15頁 写真７)
牛ウイルス性下痢	写真１	益田大動物診療所
ウイルス感染症	写真２	佐賀県中部家畜保健衛生所
	写真３	岩手県県南家畜保健衛生所
アカバネ病	写真１，２，４	鹿児島県
	写真３	明石博臣
牛白血病	写真１～３	村上賢二
	写真４，５	福島県
水胞性口炎	写真１	農研機構動物衛生研究部門(監視伝染病診断指針 牛編 25頁(２))
	写真２	農研機構動物衛生研究部門(監視伝染病診断指針 牛編 25頁(３))
	写真３	農研機構動物衛生研究部門(監視伝染病診断指針 牛編 25頁(４))
牛流行熱	写真１	沖縄県八重山家畜保健衛生所
	写真２	農研機構動物衛生研究部門
ロタウイルス病	写真	農研機構動物衛生研究部門
アイノウイルス感染症	写真１，２	浜名克己
牛海綿状脳症(**BSE**)	写真１	Central Vet Lab, UK
	写真２	堀内基広
炭疽	写真１～４	農研機構動物衛生研究部門
牛の結核病	写真１～３	横溝祐一
ブルセラ病	写真１，２	呂　栄修
	写真３	伊佐山康郎
ヨーネ病	写真１～３	農研機構動物衛生研究部門
牛のサルモネラ症	写真１，２	農研機構動物衛生研究部門
	写真３，４	埼玉県中央家畜保健衛生所
	写真５	岐阜県東濃家畜保健衛生所
乳房炎	写真１～５	農研機構動物衛生研究部門
	写真６，７	篠塚康典
牛のレプトスピラ症	写真	村田　亮
気腫疽	写真１	青森県十和田家畜保健衛生所
	写真２	農研機構動物衛生研究部門
悪性水腫	写真	農研機構動物衛生研究部門
子牛の大腸菌性下痢	写真１，２	末吉益雄
壊死桿菌症	写真１	浜名克己(獣医感染症カラーアトラス 324頁 写真１)
	写真２	新城敏晴(獣医感染症カラーアトラス 323頁 写真１)

牛肺疫	写真１	RAJ Nicholas（Central Veterinary Laboratory, UK） （獣医感染症カラーアトラス 390頁 写真１）
	写真２	RAJ Nicholas（Central Veterinary Laboratory, UK） （獣医感染症カラーアトラス 390頁 写真２）
牛のマイコプラズマ肺炎	写真１	北海道農政部 生産振興局畜産振興課（監視伝染病診断指針 牛編 158頁（１））
	写真２	北海道農政部 生産振興局畜産振興課（監視伝染病診断指針 牛編 158頁（２））
アナプラズマ病	写真１	農研機構動物衛生研究部門
	写真２	（左） 大城 守 （右） 農研機構動物衛生研究部門（獣医住血微生物病 340頁 写真148）
アスペルギルス症	写真	農研機構動物衛生研究部門
牛のタイレリア病	写真１	農研機構動物衛生研究部門（獣医住血微生物病 334頁 写真116）
	写真２	農研機構動物衛生研究部門（獣医住血微生物病 335頁 写真120）
	写真３	農研機構動物衛生研究部門（獣医住血微生物病 346頁 写真183，184）
牛のバベシア病	写真１	農研機構動物衛生研究部門（獣医住血微生物病 327頁 写真69）
	写真２	農研機構動物衛生研究部門（獣医住血微生物病 329頁 写真81）
	写真３	農研機構動物衛生研究部門（獣医住血微生物病 328頁 写真77）
牛のトリパノソーマ病	写真１	杉本千尋
	写真２	蛭海啓行

【めん羊・山羊】

スクレイピー	写真１～３	堀内基広

【馬】

馬伝染性貧血	写真１～３	農研機構動物衛生研究部門
馬鼻肺炎	写真１	日本中央競馬会競走馬総合研究所（馬鼻肺炎 ２頁 写真１）
	写真２，３	岡本 実
破傷風	写真	日本中央競馬会競走馬総合研究所（馬の感染症 27頁 図１）
馬伝染性子宮炎	写真	日本中央競馬会競走馬総合研究所
ロドコッカス・エクイ感染症	写真１，２	樋口 徹
馬のトリパノソーマ病（媾疫）	写真１～３	井上 昇

【豚】

豚コレラ	写真１～５	迫田義博
アフリカ豚コレラ	写真１，２	農研機構動物衛生研究部門
豚の日本脳炎	写真１	農研機構動物衛生研究部門（獣医感染症カラーアトラス 66頁 写真２）
	写真２	農研機構動物衛生研究部門（獣医感染症カラーアトラス 66頁 写真３）
オーエスキー病	写真１	農研機構動物衛生研究部門（獣医感染症カラーアトラス 18頁 写真２）
	写真２	農研機構動物衛生研究部門（獣医感染症カラーアトラス 18頁 写真３）
伝染性胃腸炎	写真	農研機構動物衛生研究部門
豚繁殖・呼吸障害症候群	写真１，２	農研機構動物衛生研究部門
豚丹毒	写真	農研機構動物衛生研究部門
豚の大腸菌症	写真１	末吉益雄（増補版家畜疾病カラーアトラス 118頁 写真②）
	写真２	末吉益雄
豚のサルモネラ症	写真１	沖縄県家畜衛生試験場（増補版家畜疾病カラーアトラス 116頁 写真①）
	写真２	沖縄県家畜衛生試験場（増補版家畜疾病カラーアトラス 116頁 写真②）
豚赤痢	写真１，２	末吉益雄
豚のパスツレラ肺炎	写真	農研機構動物衛生研究部門
豚胸膜肺炎	写真１，２	山本孝史
豚のレンサ球菌症	写真１，２	片岡 康
滲出性表皮炎	写真１，２	佐藤久聡
腸腺腫症候群	写真１	農研機構動物衛生研究部門
	写真２	末吉益雄
豚のマイコプラズマ感染症	写真１～４	農研機構動物衛生研究部門
豚のトキソプラズマ病	写真１，２	農研機構動物衛生研究部門

【家きんおよび鳥類】

ニューカッスル病	写真１，３	堀内貞治
	写真２	農研機構動物衛生研究部門
高病原性鳥インフルエンザ	写真１，２	伊藤壽啓
トリ白血病・肉腫（鶏白血病）	写真１	板倉智敏
	写真２	栃木県県央家畜保健衛生所（増補版家畜疾病カラーアトラス 162頁 写真②）

マレック病	写真１	板倉智敏
	写真２	農研機構動物衛生研究部門
伝染性気管支炎	写真１	堀内貞治
	写真２	野牛一弘
	写真３	農研機構動物衛生研究部門
鶏痘	写真１	山口剛士
	写真２	堀内貞治
伝染性ファブリキウス嚢病	写真１，２	山口剛士
鶏のサルモネラ症	写真１，２	岡村雅史
鳥類のクラミジア病	写真	平井克哉
鶏のコクシジウム症	写真１～３	川原史也
鶏のロイコチトゾーン病	写真１，２	磯部　尚

【犬・猫】

狂犬病	写真１	源　宣之(獣医感染症カラーアトラス 112頁 写真１)
	写真２	源　宣之
	写真３	源　宣之(獣医感染症カラーアトラス 112頁 写真２)
犬ジステンパー	写真１～３	橋本　晃
犬パルボウイルス感染症	写真１～３	橋本　晃
犬伝染性肝炎	写真１，２	橋本　晃
犬ヘルペスウイルス感染症	写真１，２	橋本　晃
猫白血病ウイルス感染症	写真１	西垣一男
	写真２，３	久末正晴
猫免疫不全ウイルス感染症	写真１	橋本　晃
	写真２	宮沢孝幸
猫汎白血球減少症	写真１，２	橋本　晃
猫伝染性腹膜炎	写真１，２	宝達　勉
猫カリシウイルス病	写真１	橋本　晃
	写真２	江尻紀子
猫ウイルス性鼻気管炎	写真１	前田　健
	写真２	橋本　晃
犬のレプトスピラ症	写真	村田　亮
犬のブルセラ病	写真	筒井敏彦(犬と猫の感染症カラーアトラス 57頁 図２)
犬のライム病	写真１	高田　歩
	写真２	山内健生
猫ヘモプラズマ感染症	写真	大和　修
犬・猫のクリプトコックス症	写真１～３	加納　塁
犬・猫の皮膚糸状菌症	写真１～４	加納　塁
犬・猫のトキソプラズマ症	写真１，２	井上　昇
犬・猫のバベシア症	写真１，２	前出吉光

【蜜蜂】

腐蛆病	写真１，２，５	農研機構動物衛生研究部門
	写真３	脇田嘉宏
	写真４	牛山市忠
	写真6，７	荒井理恵

【魚類】

マダイイリドウイルス病	写真	児玉　洋
コイの上皮腫	写真	児玉　洋
リンホシスチス病	写真	児玉　洋
せっそう病	写真	児玉　洋
冷水病	写真	児玉　洋
類結節症	写真	児玉　洋
穴あき病	写真	児玉　洋
細菌性腎臓病	写真	児玉　洋

索　引

あ

い

う

え

お

か

き

く

け

こ

さ

し

す

せ

そ

た

ち

つ・て

と

な

に

ね

の

は

ひ

ふ

へ

ほ

ま

み

む・め

も

A

B

C

D

E

F

G

H

I

J・K

Q

R

S

T

U

V

W

Y・Z

動物の感染症<第四版>
Infectious Diseases of Animals 4th edition

2002年3月15日 初版発行
2006年5月20日 第二版発行
2011年5月10日 第三版発行
2019年3月 1 日 第四版発行
2023年1月31日 第四版2刷

編 集 明石博臣／内田郁夫／大橋和彦／
後藤義孝／須永藤子／髙井伸二／宝達 勉
発行者 菅原律子
発行所 株式会社 近代出版
〒150-0002 東京都渋谷区渋谷2-10-9
電話：03-3499-5191 FAX：03-3499-5204
E-mail：mail@kindai-s.co.jp
印刷所 シナノ印刷株式会社

ISBN978-4-87402-250-4
©2019 printed in Japan

JCOPY〈(社)出版者著作権管理機構委託出版物〉
本書の無断複写は，著作権法上での例外を除き禁じられています。本書を複写される場合は，そのつど事前に(社)出版者著作権管理機構（電話 03-3513-6969，FAX 03-3513-6979，e-mail：info@jcopy.or.jp）の許諾を得てください。

獣医学教育モデル・コア・カリキュラム準拠

動物感染症学

日本獣医学会 微生物学分科会 編
B5判204頁　本体価格 4,500円＋税

獣医疫学〈第二版〉

獣医疫学会 編
B5判240頁　本体価格 5,500円＋税

獣医臨床薬理学

日本比較薬理学・毒性学会 編
B5判240頁　本体価格 5,000円＋税

獣医薬理学

日本比較薬理学・毒性学会 編
B5判296頁　本体価格 5,000円＋税

獣医毒性学

日本比較薬理学・毒性学会 編
B5判248頁　本体価格 4,700円＋税

放射線生物学〈第二版〉

獣医放射線学教育研究会 編
B5判200頁　本体価格 4,000円＋税

牛病学〈第三版〉

編集　明石博臣／江口正志／神尾次彦／加茂前秀夫
酒井　豊／芳賀　猛／眞鍋　昇

B5 判 448 頁　本体価格 13,500 円＋税

主な内容　生理・育種／栄養・肉質／繁殖／繁殖障害／感染症の制御（免疫／ワクチン／化学療法薬／プロバイオティクス／消毒法と飼養衛生管理基準）／ウイルス病，プリオン病／細菌病／真菌病／原虫病／寄生虫病／非感染性疾病／経済疫学／関連法規／動物愛護法とアニマルウェルフェア

動物微生物検査学

編集　福所秋雄／青木博史／田村　豊／前田秋彦／村上洋介／吉川泰弘
B5判248頁　本体価格 5,000円＋税

〒150-0002　東京都渋谷区渋谷2-10-9
TEL 03-3499-5191　FAX 03-3499-5204
http://www.kindai-s.co.jp